工程建设标准规范分类汇编

室外给水工程规范

(修订版)

中国建筑工业出版社 编

中国建筑工业出版社
中国计划出版社

图书在版编目（CIP）数据

室外给水工程规范/中国建筑工业出版社编. 修订版.
—北京：中国建筑工业出版社，中国计划出版社，2003
（工程建设标准规范分类汇编）
ISBN 7-112-06011-7

Ⅰ.室... Ⅱ.中... Ⅲ.室外场地-给水工程-规范-汇编-中国 Ⅳ.TU991.03

中国版本图书馆 CIP 数据核字（2003）第 080342 号

工程建设标准规范分类汇编
室外给水工程规范
（修订版）
中国建筑工业出版社 编

*

中国建筑工业出版社
中国计划出版社 出版
新 华 书 店 经 销
北京云浩印刷有限责任公司印刷

*

开本：787×1092 毫米 1/16 印张：60¾ 插页：1 字数：1490 千字
2003 年 11 月第二版 2003 年 11 月第五次印刷
印数：8001—12500 册 定价：**123.00** 元
ISBN 7-112-06011-7
TU·5284（12024）

版权所有 翻印必究
如有印装质量问题，可寄本社退换
（邮政编码 100037）

本社网址：http://www.china-abp.com.cn
网上书店：http://www.china-building.com.cn

修 订 说 明

"工程建设标准规范汇编"共35分册，自1996年出版（2000年对其中15分册进行了第一次修订）以来，方便了广大工程建设专业读者的使用，并以其"分类科学，内容全面、准确"的特点受到了社会的好评。这些标准是广大工程建设者必须遵循的准则和规定，对提高工程建设科学管理水平，保证工程质量和工程安全，降低工程造价，缩短工期，节约建筑材料和能源，促进技术进步等方面起到了显著的作用。随着我国基本建设的发展和工程技术的不断进步，国务院有关部委组织全国各方面的专家陆续制订、修订并颁发了一批新标准，其中部分标准、规范、规程对行业影响较大。为了及时反映近几年国家新制定标准、修订标准和标准局部修订情况，我们组织力量对工程建设标准规范分类汇编中内容变动较大者再一次进行了修行。本次修订14册，分别为：

《混凝土结构规范》

《建筑结构抗震规范》

《建筑工程施工及验收规范》

《建筑工程质量标准》

《建筑施工安全技术规范》

《室外给水工程规范》

《室外排水工程规范》

《地基与基础规范》

《建筑防水工程技术规范》

《建筑材料应用技术规范》

《城镇燃气热力工程规范》

《城镇规划与园林绿化规范》

《城市道路与桥梁设计规范》

《城市道路与桥梁施工验收规范》

本次修订的原则及方法如下：

（1）该分册内容变动较大者；

（2）该分册中主要标准、规范内容有变动者；

（3）"▲"代表新修订的规范；

（4）"●"代表新增加的规范；

（5）如无局部修订版，则将"局部修订条文"附在该规范后，不改动原规范相应条文。

修订的 2003 年版汇编本分别将相近专业内容的标准汇编于一册，便于对照查阅；各册收编的均为现行标准，大部分为近几年出版实施的，有很强的实用性；为了使读者更深刻地理解、掌握标准的内容，该类汇编还收入了有关条文说明；该类汇编单本定价，方便各专业读者购买。

该类汇编是广大工程设计、施工、科研、管理等有关人员必备的工具书。

关于工程建设标准规范的出版、发行，我们诚恳地希望广大读者提出宝贵意见，便于今后不断改进标准规范的出版工作。

中国建筑工业出版社

2003 年 8 月

目　　录

▲ 室外给水设计规范（1997年版）	GBJ 13—86	1—1
▲ 供水水文地质勘察规范	GB 50027—2001	2—1
水文测验术语和符号标准	GBJ 95—86	3—1
工业循环水冷却设计规范	GBJ 102—87	4—1
▲ 给水排水制图标准	GB/T 50106—2001	5—1
工业用水软化除盐设计规范	GBJ 109—87	6—1
给水排水设计基本术语标准	GBJ 125—89	7—1
水位观测标准	GBJ 138—90	8—1
河流悬移质泥沙测验规范	GB 50159—92	9—1
河流流量测验规范	GB 50179—93	10—1
城市给水工程规划规范	GB 50282—98	11—1
● 城市居民生活用水量标准	GB/T 50331—2002	12—1
供水管井设计、施工及验收规范	CJJ 10—86	13—1
供水水文地质钻探与凿井操作规程	CJJ 13—87	14—1
城市供水水文地质勘察规范	CJJ 16—88	15—1
含藻水给水处理设计规范	CJJ 32—89	16—1
高浊度水给水设计规范	CJJ 40—91	17—1
城镇给水厂附属建筑和附属设备设计标准	CJJ 41—91	18—1
城市规划工程地质勘察规范	CJJ 57—94	19—1
城市地下水动态观测规程	CJJ/T 76—98	20—1

● 城市供水管网漏损控制及评定标准	CJJ 92—2002	21—1
高层建筑岩土工程勘察规程	JGJ 72—90	22—1
城镇供水水量计量仪表的配备和管理通则	CJ/T 3019—93	23—1
生活饮用水水源水质标准	CJ 3020—93	24—1
生活杂用水水质标准	CJ 25.1—89	25—1
生活杂用水标准检验法	CJ 25.2—89	26—1
栅条、网格絮凝池设计标准	CECS 06:88	27—1
埋地给水钢管道水泥砂浆衬里技术标准	CECS 10:89	28—1
预应力混凝土输水管结构设计规范（震动挤压工艺）	CECS 16:90	29—1
室外硬聚氯乙烯给水管道工程设计规程	CECS 17:90	30—1
室外硬聚氯乙烯给水管道工程施工及验收规程	CECS 18:90	31—1
供水水文地质勘察遥感技术规程	CECS 34:91	32—1
饮用水除氟设计规程	CECS 46:93	33—1
滤池气水冲洗设计规程	CECS 50:1993	34—1
农村给水设计规范	CECS 82:96	35—1

"▲"代表新修订的规范；"●"代表新增加的规范。

中华人民共和国国家标准

室外给水设计规范

GBJ 13—86
(1997年版)

主编部门：上海市基本建设委员会
批准部门：中华人民共和国国家计划委员会
施行日期：1987年1月1日

工程建设国家标准局部修订公告

第 11 号

国家标准《室外给水设计规范》GBJ13—86 由上海市政工程设计研究院会同有关单位进行了局部修订，已经有关部门会审，现批准局部修订的条文，自1998年3月1日起施行，该规范中相应条文的规定同时废止。现予公告。

中华人民共和国建设部
1997年12月5日

关于发布《室外给水设计规范》的通知

计标〔1986〕805号

根据原国家建委(81)建发设字第546号通知,由上海市建委主编,具体由上海市政工程设计院会同有关部门所属设计院、高等院校等单位共同修订的《室外给水设计规范》,已经有关部门会审。现批准《室外给水设计规范》GBJ13—86为国家标准,自一九八七年一月一日起施行。原《室外给水设计规范》TJ13—74自一九八七年一月一日起废除。

本规范由上海市建设委员会管理,其具体解释等工作,由上海市政工程设计院负责。

国家计划委员会

一九八六年五月二十二日

修 订 说 明

本规范是根据原国家基本建设委员会(81)建发字第546号文件的要求,由上海市建设委员会主管,责成上海市政工程设计院组织修订组,对原《室外给水设计规范》TJ13—74(试行)进行修订而成。

修订组由上海市政工程设计院、北京市市政设计院、中国市政工程华北设计院、中国给水排水东北设计院、中国市政工程西北设计院、中国市政工程中南设计院、中国市政工程西南设计院、同济大学、哈尔滨建筑工程学院、航空部第四规划设计院、华东电力设计院、东北电力设计院、湖北省轻工业科学研究所等十三个单位组成。

修订本规范时,根据我国给水工程的现实情况,考虑到国民经济发展的需要,保留了原规范中适用的内容,删除、修改了部分条文,并增加了若干新的内容。修订过程中,曾在全国范围内征求意见,最后由上海市建设委员会邀请有关部门审查定稿。

本规范共分七章和一个附录。原规范中有关冷却、稳定和软化、除盐部分,因已另有有关规范规定,故全部删去。本规范新列"水厂总体设计"一章,其中包括原规范第八章有关生产辅助构筑物的内容。

在执行本规范过程中,如发现需要修改补充之处,请将意见及有关资料寄上海市政工程设计院室外给水排水设计规范管理组,以便今后修订时参考。

上海市建设委员会

一九八六年一月

目 次

第一章 总则 ··· 1—4
第二章 用水量、水质和水压 ·· 1—5
第三章 水源 ··· 1—6
  第一节 水源选择 ·· 1—6
  第二节 地下水取水构筑物 ·· 1—7
    (Ⅰ) 一般规定 ··· 1—7
    (Ⅱ) 管井 ·· 1—7
    (Ⅲ) 大口井 ·· 1—8
    (Ⅳ) 渗渠 ·· 1—8
  第三节 地表水取水构筑物 ·· 1—11
第四章 泵房 ··· 1—12
第五章 输配水 ·· 1—15
第六章 水厂总体设计 ··· 1—16
第七章 水处理 ·· 1—16
  第一节 一般规定 ·· 1—17
  第二节 预沉 ··· 1—17
  第三节 凝聚剂和助凝剂的投配 ································· 1—17
  第四节 混凝、沉淀和澄清 ·· 1—18
    (Ⅰ) 一般规定 ··· 1—18
    (Ⅱ) 混合 ·· 1—18
    (Ⅲ) 絮凝 ·· 1—19
    (Ⅳ) 平流沉淀池 ··· 1—19
    (Ⅴ) 异向流斜管沉淀池 ····································· 1—19
    (Ⅵ) 同向流斜板沉淀池 ····································· 1—19
    (Ⅶ) 机械搅拌澄清池 ·· 1—19
    (Ⅷ) 水力循环澄清池 ·· 1—19
    (Ⅸ) 脉冲澄清池 ··· 1—19
    (Ⅹ) 悬浮澄清池 ··· 1—20
    (Ⅺ) 气浮澄清池 ··· 1—20
  第五节 过滤 ··· 1—20
    (Ⅰ) 一般规定 ··· 1—20
    (Ⅱ) 快滤池 ·· 1—21
    (Ⅲ) 压力滤池 ··· 1—22
    (Ⅳ) 虹吸滤池 ··· 1—22
    (Ⅴ) 重力式无阀滤池 ·· 1—23
    (Ⅵ) 移动罩滤池 ··· 1—23
  第六节 地下水除铁和除锰 ·· 1—23
    (Ⅰ) 工艺流程选择 ·· 1—23
    (Ⅱ) 曝气装置 ··· 1—24
    (Ⅲ) 除铁滤池 ··· 1—24
    (Ⅳ) 除锰滤池 ··· 1—25
  第七节 消毒 ··· 1—26
附录 规范用词说明 ·· 1—26
附加说明 ··· 1—27

第一章 总 则

第1.0.1条 为指导我国给水事业的建设,使给水工程设计符合党的方针政策,有利于提高人民健康水平和社会主义建设,特制订本规范。

第1.0.2条 本规范适用于新建、扩建或改建的城镇、工业企业及居住区的永久性的室外给水工程设计。

第1.0.3条 给水工程设计必须正确处理城镇、工业与农业用水之间的关系,妥善选用水源,节约用地和节省劳动力。

第1.0.4条 给水工程设计应在服从总体规划的前提下,近远期结合,以近期为主。近期设计年限宜采用5～10年,远期规划年限宜采用10～20年。

对于扩建、改建的工程,应充分利用原有设施的能力。

第1.0.5条 给水工程系统中统一、分区、分压分质的选择,应根据当地地形、水源情况、城镇和工业企业的规划、水量、水质、水温和水压的要求及原有给水工程设施等条件,从全局出发,通过技术经济比较后综合确定。

第1.0.6条 工业企业生产用水系统(复用、循环或直流)的选择,应从全局出发考虑水资源的节约利用和水体的保护,并应采用复用或循环系统。

第1.0.7条 给水工程设计应提高供水水质,提高供水安全可靠性,降低能耗,降低漏耗,降低药耗,应在不断总结生产实践经验和科学试验的基础上,积极采用行之有效的新技术、新工艺、新材料和新设备。

给水工程设备机械化和自动化程度,应从提高供水水质和供水可靠性,降低能耗,提高科学管理水平,改善劳动条件和增加经济效益出发,根据需要和可能及设备供应情况,妥善确定。对繁重和频繁的手工操作,有关影响给水安全和危害人体健康的主要设备,应首先考虑采用机械化或自动化装置。

第1.0.8条 设计在地震、湿陷性黄土、多年冻土以及其它地质特殊地区给水工程时,尚应按现行的有关规范执行。

第1.0.9条 设计给水工程时,除应按本规范执行外,尚应符合国家现行的有关标准、规范的规定。

第二章 用水量、水质和水压

第2.0.1条 设计供水量应根据下列各种用水确定：

一、综合生活用水(包括居民生活用水和公共建筑用水)；
二、工业企业生产用水和工作人员生活用水；
三、本款删去；
四、消防用水；
五、浇洒道路和绿地用水；
六、未预见用水量及管网漏失水量。

第2.0.2条 居民生活用水定额和综合生活用水定额，应根据当地国民经济和社会发展规划、城市总体规划和给水工程发展规划、城市给水专业规划，结合给水实际用水发展情况，在现有用水定额基础上，在缺乏实际用水资料情况下可采用表2.0.2-1和表2.0.2-2的规定。

居民生活用水定额(L/cap·d)　　　表2.0.2-1

城市规模 用水情况 分区	特大城市		大城市		中、小城市	
	最高日	平均日	最高日	平均日	最高日	平均日
一	180~270	140~210	160~250	120~190	140~230	100~170
二	140~200	110~160	120~180	90~140	100~160	70~120
三	140~180	110~150	120~160	90~130	100~140	70~110

注：cap表示"人"的计量单位。

综合生活用水定额(L/cap·d)　　　表2.0.2-2

城市规模 用水情况 分区	特大城市		大城市		中、小城市	
	最高日	平均日	最高日	平均日	最高日	平均日
一	260~410	210~340	240~390	190~310	220~370	170~280
二	190~280	150~240	170~260	130~210	150~240	110~180
三	170~270	140~230	150~250	120~200	130~230	100~170

注：①居民生活用水指：城市居民日常生活用水。
②综合生活用水指：城市居民日常生活用水和公共建筑用水，但不包括浇洒道路、绿地和其它市政用水。
③特大城市指：市区和近郊区非农业人口100万及以上的城市；
大城市指：市区和近郊区非农业人口50万及以上、不满100万的城市；
中、小城市指：市区和近郊区非农业人口不满50万的城市。
④一区包括：贵州、四川、湖北、湖南、江西、浙江、福建、广东、广西、海南、上海、云南、江苏、安徽、重庆；
二区包括：黑龙江、吉林、辽宁、北京、天津、河北、山西、河南、山东、宁夏、陕西、内蒙古河套以东和甘肃黄河以东的地区；
三区包括：新疆、青海、西藏、内蒙古河套以西、甘肃黄河以西以西的地区。
⑤经济开发区和特区城市，根据用水实际情况，用水定额可酌情增加。

第2.0.2A条 城市供水水中，时变化系数、日变化系数应根据城市性质、城市规模、国民经济与社会发展和城市供水系统并结合现状供水曲线和日用水变化分析确定；在缺乏实际用水资料情况下，最高日城市综合用水的时变化系数宜采用1.3~1.6，日变化系数宜采用1.1~1.5，个别小城镇可适当加大。

第2.0.3条 生活饮用水的水质，必须符合现行的《生活饮用水卫生标准》的要求。

当按建筑层数确定生活饮用水管网上的最小服务水头时：一层为10米，二层为12米，二层以上每增高一层高加4米。

注：计算管网时，对单独高层建筑物或在高地上的建筑物所需的水压可不作为控制。

制条件。为满足上述建筑物的供水,可设置局部加压装置。

第2.0.4条 工业企业生产用水量、水质和水压,应根据生产工艺要求确定。工业企业内工作人员生活用水量,应根据车间卫生特征确定,一般可采用25~35升/人/班,其时变化系数为2.5~3.0。

工业企业内工作人员的淋浴用水量,应根据车间卫生特征确定,一般可采用40~60升/人/班,其延续时间为1小时。

第2.0.5条 公共建筑内的生活用水量,应按现行的《室内给水排水和热水供应设计规范》执行。

第2.0.6条 消防用水量、水压及高层民用建筑设计防火规范》等设计防火规范执行。

第2.0.7条 浇洒道路和绿地用水量,应根据路面、绿化、气候和土壤等条件确定。

第2.0.8条 城镇的未预见用水量及管网漏失水量可按最高日用水量的15%~25%合并计算;工业企业自备水厂的未预见用水量及管网漏失水量可根据工艺及设备情况确定。

第三章 水 源

第一节 水源选择

第3.1.1条 水源选择前,必须进行水资源的勘察。

第3.1.2条 水源的选用应通过技术经济比较后综合考虑确定,并应符合下列要求:

一、水量充沛可靠;

二、原水水质符合要求;

三、符合卫生要求的地下水,宜优先作为生活饮用水的水源;

四、与农业、水利综合利用;

五、取水、输水、净化设施安全经济和维护方便;

六、具有施工条件。

第3.1.3条 用地下水作为供水水源时,应有确切的水文地质资料,取水量必须小于允许开采量,严禁盲目开采。

第3.1.4条 用地表水作为城市供水水源时,其设计枯水流量的保证率,应根据城市规模和工业大用户的重要性选定,一般可采用90%~97%。

用地表水作为工业企业供水水源时,其设计枯水量,应得有关部门同意,取水地点和取水量等,可根据具体情况适当降低。

注:镇的设计枯水流量保证率,可根据具体情况适当降低。

第3.1.5条 生活饮用水水源,取水地点和卫生防护,还应符合现行的《生活饮用水卫生标准》的要求。

第二节 地下水取水构筑物

（I）一般规定

第3.2.1条 地下水取水构筑物的位置，应根据水文地质条件选择，并应符合下列要求：

一、水质良好，不易受污染的富水地段；

二、靠近主要用水地区；

三、施工、运行和维护方便。

第3.2.2条 地下水取水构筑物型式的选择，应根据水文地质条件通过技术经济比较确定。

各种取水构筑物一般适用于下列地层条件：

一、管井适用于含水层厚度大于5米，其底板埋藏深度大于15米；

二、大口井适用于含水层厚度在5米左右，其底板埋藏深度小于15米；

三、渗渠仅适用于含水层厚度小于5米，其底板埋藏深度小于6米；

四、泉室适用于有泉水露头，且覆盖层厚度小于5米。

第3.2.3条 地下水取水构筑物的设计，应符合下列要求：

一、有防止地面污水和非取水层水渗入的措施；

二、过滤器有良好的进水条件，结构坚固，抗腐蚀性强，不易堵塞；

三、大口井、渗渠和泉室应有通气措施；

四、有测量水位的装置。

第3.2.4条 井群的运行应采用集中控制。

第3.2.5条 井群不宜超过500m，管内流速可采用0.5~0.7m/s，水管段沿水流方向的向上坡度不宜小于0.001。

虹吸管的长度不宜大于500m，管内流速可采用0.5~0.7m/s，水平管段沿水流方向的向上坡度不宜小于0.001。

（Ⅱ）管 井

第3.2.6条 从管井补给水源充足、透水性良好，且厚度在40m以上的中、粗砂及砾石含水层中取水，经抽水试验并通过技术经济比较，可采用分段取水。

第3.2.7条 管井及其过滤管、过滤器和沉淀管的设计，应符合现行的供水管井设计规范的有关规定。

第3.2.8条 管井井口应加设套管，并填入油麻、优质粘土或水泥等不透水材料封闭。其封闭深度视当地水文地质条件，一般应自地面算起向下不小于3米。当井上直接有建筑物时，应自基础底起算。

第3.2.9条 含有粉砂、细砂的含水层中取水的管井，当直接向管网送水时，在水泵的出水管道上应设除砂和排砂装置。

第3.2.10条 采用管井取水时应设设备备用井，备用井的数量一般可按10%~20%的设计水量确定，但不得少于一口井。

（Ⅲ）大 口 井

第3.2.11条 大口井的深度一般不宜大于15米。其直径应根据设计水量、抽水设备布置和便于施工等因素确定，但不宜超过10米。

第3.2.12条 大口井的进水方式（井底进水、井壁进水或井壁加辐射管等），应根据当地水文地质条件确定。有条件时宜采用井底进水。

第3.2.13条 大口井井底反滤层宜做成凹弧形。反滤层可做3~4层，每层厚度宜为200~300毫米。与含水层相邻一层的反滤层滤料粒径可按下式计算：

$$\frac{d}{d_i} = 6 \sim 8 \quad (3.2.13)$$

式中 d —— 反滤层滤料的粒径；

d_i —— 含水层颗粒的计算粒径。

当含水层为细砂或粉砂时，$d_i = d_{40}$；为中砂时，$d_i = d_{30}$；为粗砂第3.2.23条 渗渠的端部、转角和断面变换处应设置检查井。直线部分检查井的间距，应视渗渠的长度和断面尺寸而定，一般可采用50米。

第三节 地表水取水构筑物

第3.3.1条 地表水取水构筑物位置的选择，应根据下列基本要求，通过技术经济比较确定：

一、位于水质较好的地带；

二、靠近主流，有足够的水深，有稳定的河床及岸边，有良好的工程地质条件；

三、尽可能不受泥沙、漂浮物、冰凌、冰絮、支流和咸潮等影响；

四、不妨碍航运和排洪，并符合河道、湖泊、水库整治规划的要求；

五、靠近主要用水地区；

六、供生活饮用水的地表水取水构筑物的位置，应位于城镇和工业企业上游的清洁河段。

第3.3.2条 从江河取水的大型取水构筑物，当取水量占河道最枯流量比例较大时，在设计前应进行水工模型试验。

第3.3.3条 取水构筑物的型式，应根据取水量和水质要求，结合河床地形及地质，河床冲淤，水深及水位变幅，泥沙及漂浮物，冰情和航运等因素以及施工条件，在保证安全可靠的前提下，通过技术经济比较确定。

第3.3.4条 取水构筑物在河床上的布置及其形状的选择，应考虑取水工程建成后，不致因水流情况的改变而影响河床的稳定性。

第3.3.5条 江河取水构筑物的防洪标准不应低于城市防洪标准，其设计洪水重现期不得低于100年。水库取水构筑物的防洪标准应与水库大坝等主要建筑物的防洪标准相同，并应采用设计

时，d_4、d_{20}（d_{40}、d_{30}、d_{20}分别为含水层颗粒过筛重量累计百分比为40%、30%、20%时的颗粒粒径），宜为2～4。

第3.2.14条 大口井井壁进水孔的反滤层的粒径比，宜为2～4。两相邻反滤层的计算粒径比，宜为2～4。

第3.2.15条 无砂混凝土大口井适用于中、粗砂及砾石含水层，其井壁的透水性能，阻砂能力和制作要求等，应通过试验或参照相似条件下的经验确定。

第3.2.16条 大口井应设置下列防止污染水质的措施：

一、人孔应采用密封的盖板，高出地面不得小于0.5米；

二、井口周围应设不透水的散水坡，其宽度一般为1.5米；在渗透土壤中，散水坡下面还应填筑厚度不小于1.5米的粘土层。

（Ⅳ）渗　渠

第3.2.17条 渗渠的规模和布置，应考虑在检修时仍能满足用水要求。

第3.2.18条 渗渠中管渠的断面尺寸，应采用下列数据并经计算确定：

一、水流速度为0.5～0.8m/s；

二、充满度为0.5；

三、内径或短边长度不小于600mm。

第3.2.19条 水流通过渗渠孔眼的流速，不应大于0.01米/秒。

第3.2.20条 渗渠外侧应做反滤层，其层数、厚度和滤料粒径的计算应符合本规范第3.2.18条规定，但最内层滤料的粒径应略大于进水孔孔径。

第3.2.21条 集取河道表流渗透水的渗渠设计，应根据水质井结合使用年限等因素选用适当的阻塞系数。

第3.2.22条 位于河床及河漫滩的渗渠，应根据河道冲刷情况设置防护措施。

和校核两级标准。

设计枯水位的保证率，应根据水源情况和供水重要性选定，一般可采用90%～99%。

第3.3.6条 设计固定式取水构筑物时，应考虑发展的需要，采取相应的保护措施。

第3.3.7条 取水构筑物应根据水源情况，采取下列防止下列情况发生的相应保护措施：

一、漂浮物、泥沙、冰凌和水生生物的阻塞；

二、洪水冲刷、淤积、冰冻层挤压和雷击的破坏；

三、冰凌、木筏和船只的撞击。

在通航河道上，取水构筑物应根据航运部门的要求设置标志，必要时尚应增设防止浪爬高的措施。

第3.3.8条 岸边式取水泵房进水孔下缘距河床的高度，应根据河床泥沙沉积、水质较清，河床稳定特性以及河床稳定程度等因素确定，一般不得小于0.5米，其高度可减至0.3米。

一、当泵房在渠道边时，为设计最高水位加0.5米。

二、当泵房在江河边时，为设计最高水位加浪爬高再加0.5米，并应设防止浪爬高的措施；

三、当泵房在湖泊、水库或海边时，为设计最高水位加浪高再加0.5米，并应设防止浪爬高的措施。

第3.3.9条 位于江河上的取水构筑物最低层进水孔下缘距河床的高度，应根据河床泥沙沉积和变迁情况等因素确定，一般不得小于1.0米。

第3.3.10条 位于湖泊或水库边的取水构筑物最低层进水孔下缘距水体底部的高度，应根据水体底部泥沙沉积和水质变迁情况等因素确定，但一般不宜小于1.0米，当水深较浅、水质较清、且取水量不大时，其高度可减至0.5米。

第3.3.11条 取水构筑物淹没进水孔上缘在设计最低水位下的深度，应根据河流水文、冰情和漂浮物等因素通过水力计算确定，并应分别遵守下列规定：

一、顶面进水时，不得小于0.5米；

二、侧面进水时，不得小于0.3米；

三、虹吸进水时，一般不宜小于1.0米，当水体封冻时，可减至0.5米。

注：①上述数据在水体封冻情况下应从冰层下缘起算；

②湖泊、水库、海边或大江河边的取水构筑物，还应考虑风浪的影响。

第3.3.12条 取水构筑物的取水头部宜分设两个或分成两格。进水间应分格数目，相邻头部或取水流方向宜有较大间距。

第3.3.13条 取水构筑物进水孔应设置格栅，栅条间净距应根据取水量大小、冰凌、大、中型取水构筑物一般为30～50毫米，小型取水构筑物一般为80～120毫米。中冰凌或漂浮物较多时，栅条间净距宜取较大值。必要时应采取清除栅前积泥、漂浮物和防止冰凌阻塞的措施。

第3.3.14条 进水孔的过栅流速，应根据水中漂浮物数量、有无冰絮、取水地点的水流速度、取水量大小、检查和清理格栅的方便等因素确定，一般宜采用下列数据：

一、岸边式取水构筑物，有冰絮时为0.2～0.6米/秒；无冰絮时为0.4～1.0米/秒。

二、河床式取水构筑物，有冰絮时为0.1～0.3米/秒；无冰絮时为0.2～0.6米/秒。

第3.3.15条 当需要清除通过格栅后水中漂浮物时，在进水间内可设置平板式格网或旋转式格网。

平板式格网的阻塞面积应按50%考虑，通过流速不应大于0.5米/秒；旋转式格网的阻塞面积应按25%考虑，通过流速不应大于1.0米/秒。

第3.3.16条 进水自流管或吸水虹吸管的数量及其管径，应根据

1—9

最低水位,通过水力计算确定。其数量不得少于两条。当一条管道停止工作时,其余管道的通过流量应满足用水要求。

第 3.3.17 条 进水自流管和虹吸管的设计流速,一般不宜小于 0.6 米/秒。必要时,应有清除淤积物的措施。

虹吸管宜采用钢管,但埋入地下的管段也可采用铸铁管。

第 3.3.18 条 取水构筑物进水口上应设便于操作的闸阀启闭设备和格网起吊设备,必要时还应设情除泥沙的设施。

第 3.3.19 条 当水源水位变幅大,水位涨落速度小于 2.0 米/时,且水流不急,要求施工周期短和建造固定式取水构筑物有困难时,可考虑采用缆车或浮船等活动式取水构筑物。

第 3.3.20 条 活动式取水构筑物的个数,应根据供水规模、连络管接头型式及有无安全贮水池等因素,综合考虑确定。

第 3.3.21 条 活动式取水构筑物的缆车或浮船,应有足够的稳定性和刚度,机组、管道等的布置应考虑缆车或船体的平衡,机组基座的设计,应考虑减少机组对缆车或船体的振动,每台机组均宜设在同一基座上。

第 3.3.22 条 缆车式取水构筑物的设计应符合下列要求:

一、其位置宜选择在岸坡稳定的地段;

二、缆车轨道的坡面宜原岸坡相接近。当坡面有泥沙淤积时,应考虑冲沙措施;

三、缆车轨道的坡面宜为 10~28°的地段。

四、缆车上的出水管与输水斜管间的连接管段,应根据具体情况,采用橡胶软管或曲臂式连接管等;

五、缆车应设安全可靠的制动装置。

第 3.3.23 条 浮船式取水构筑物的位置,应选择在河岸较陡和停泊条件良好的地段。

浮船应有可靠的锚固设施。浮船上的出水管与输水管间的连接管段,应根据具体情况,采用摇臂式或阶梯式等。

第 3.3.24 条 山区浅水河流的取水构筑物可采用低坝式(活动坝或固定坝)或底栏栅式。

低坝式取水构筑物一般适用于推移质不多的山区浅水河流;底栏栅式取水构筑物一般适用于大颗粒推移质较多的山区浅水河流。

第 3.3.25 条 低坝位置应选择在稳定河段上。坝的设置不应影响原河床的稳定性。

第 3.3.26 条 低坝的坝高应满足取水深度的要求。坝的泄水闸的位置及过水能力,应按主槽稳定取水口前,并能冲走淤积泥沙过水能力及按河道主槽定取水口前,并能冲走淤积泥沙的要求确定。

第 3.3.27 条 底栏栅的位置选择在河床稳定,纵坡大,水流集中和山洪影响较小的河段。

第 3.3.28 条 底栏栅式取水构筑物的栏栅宜组成活动分块形式。其间隙宽度应根据因素确定。栏栅长度,应按进水流量、水水质要求和山洪等因素确定。栏栅长度,应按进水要求设施。

底栏栅式取水构筑物的栏栅宜组成活动分块形式。其间隙宽度应根据因素确定。栏栅长度,应按进水要求设施。

取水口宜布置在坝前河床凹岸处。

第四章 泵 房

第4.0.1条 选择工作水泵的型号及台数时,应根据逐时、逐日和逐季水量变化情况,水压要求,水质情况,调节水池大小,机组的效率和功率等因素确定,综合考虑水池大小,当水量变化大时,应考虑水泵大小搭配,但型号不宜过多,电机的电压宜一致。

第4.0.2条 水泵的选择应符合节能要求。当供水水量和水压变化较大时,宜选用叶片角度可调节的水泵,机组调速或更换叶轮等措施。

第4.0.3条 泵房一般宜设一至二台备用大泵。备用水泵型号宜与工作水泵中的大泵一致。

第4.0.4条 不得间断供水的泵房,应设两个外部独立电源;如不可能时,应设备用动力设备,其能力应能满足事故发生时的用水要求。

第4.0.5条 要求起动快的大型水泵,宜采用自灌充水。非自灌充水水泵的引水时间,不宜超过5分钟。

第4.0.6条 水泵吸水管及出水管的流速,宜采用下列数值:

一、吸水管:
直径小于250毫米时,为1.0~1.2米/秒;
直径在250至1000毫米时,为1.2~1.6米/秒;
直径大于1000毫米时,为1.5~2.0米/秒。

二、出水管:
直径小于250毫米时,为1.5~2.0米/秒;
直径在250至1600毫米时,为2.0~2.5米/秒;
直径大于1600毫米时,为2.0~3.0米/秒。

第4.0.7条 非自灌充水水泵宜分别设置吸水管。设有三台或三台以上的自灌充水水泵,如采用合并吸水管,其数目不得少于两条,当一条吸水管发生事故时,其余吸水管仍能通过设计水量。

第4.0.8条 泵房内起重设备,可按下列规定选用:

一、起重量小于0.5吨时,设置固定吊钩或移动吊架;
二、起重量在0.5至2吨时,设置手动起重设备;
三、起重量大于2吨时,设置电动起重设备。

注:起吊高度大,吊运距离长,起吊次数多或水泵双行排列的泵房,可适当提高起吊的机械化水平。

第4.0.9条 水泵机组的布置,应遵守下列规定:

一、相邻两个机组及机组至墙壁间的净距:电动机容量不大于55千瓦时,不小于0.8米;电动机容量大于55千瓦时,不小于1.2米。

二、考虑就地检修时,至少在每个机组一侧设水泵机组宽度加0.5米的通道,并应保证泵轴和电动机转子在检修时能拆卸;

三、泵房的主要通道宽度不小于1.2米。

注:①地下式泵房或活动式取水泵房的机组间净距,可根据情况适当减小。
②电动机容量小于20千瓦时,机组间净距可适当减小。

第4.0.10条 当泵房内设有集中检修场地时,其面积应根据水泵或电动机外形尺寸确定,并在周围留有宽度不小于0.7米的通道。地下式泵房宜利用空间设集中检修场地。装有深井水泵的湿式竖井泵房,还应设堆放管材的场地。

第4.0.11条 泵房内的架空管道,不得阻碍通道和跨越电气设备。

第4.0.12条 泵房地面层的地坪至屋盖突出构件底部间的净高,除应考虑通风采光等条件外,尚应遵守下列规定:

一、当采用固定吊钩或移动吊架时,其值不小于3.0米;
二、当采用单轨起重机时,应保持吊起物底部与吊运所越过的物体顶部之间有0.5米以上的净距。

三、当采用桁架式起重机时，除遵守第二款规定外，还应考虑起重机安装和检修的需要。

第4.0.13条 设计装有立式水泵的泵房时，除应符合上述条文中有关规定外，还应考虑下列因素：

一、尽量缩短水泵传动轴长度；
二、水泵层的楼盖上设吊装孔；
三、设置通向中间轴承的平台和爬梯。

第4.0.14条 管井泵房内应设一个可以搬运最大设备的门。应设吊装孔。在条件许可时，可建成露天式。

第4.0.15条 泵房至少应有一个可以搬运最大设备的门。

第4.0.16条 泵房内直径300毫米及300毫米以上的阀门，如启动频繁，可采用液压或电力驱动。

第4.0.17条 根据生产需要，水泵的运行可采用集中或自动控制。

第4.0.18条 泵房设计应根据具体情况采用相应的采暖、通风和排水设施。

泵房的防噪措施应符合现行的《城市区域环境噪声标准》及《工业企业噪声控制设计规范》的规定。

第4.0.19条 设计负有消防给水任务的泵房时，其耐火等级和电源以及水泵的启动、吸水管、与自动力输水管的连接和备用等，还应符合现行的《建筑设计防火规范》和《高层民用建筑设计防火规范》的要求。

第4.0.20条 向高地输水的泵房，当水泵设有止回阀或底阀时，应进行停泵水锤压力计算。当计算所得的水锤压力值超过管道试验压力值时，必须采取消除水锤水量的措施。

停泵水锤消除装置应装设在泵房外部的每根出水总管上，且应有库存备用。

第五章 输 配 水

第5.0.1条 输水管渠线路的选择，应根据下列要求决定：

一、尽量缩短线路长度；
二、减少拆迁，少占农田；
三、管渠的施工、运行和维护方便。

第5.0.2条 从水源至坡镇水厂或工业企业自备水厂的输水管渠的设计流量，应按最高日平均时供水量加自用水量确定。当生产管渠输水时，输水管渠的设计流量应计入管渠渗漏失水量。

向管网输水的管道设计流量，当管网内有调节构筑物时，应按最高日最高时用水条件下，由水厂所负担供应的水量确定；当无调节构筑物时，应按最高日最高时供水量确定。

输水管渠，当负有消防给水任务时，应分别包括消防补充流量或消防流量。

注：上述输水管渠，当负有消防给水任务时，应分别包括消防补充流量或消防流量。

第5.0.3条 输水干管一般不宜少于两条，当有安全贮水池或其他安全供水措施时，也可修建一条输水干管和连通管。输水干管根数，应按输水干管任何一段发生故障时仍能通过事故水量计算确定。城镇的事故水量为设计水量的70%，工业企业用水量事故水量按有关工艺要求确定。当有消防给水任务时，还应包括消防水量。

第5.0.4条 当采用明渠输送原水时，应有可靠的保护水质和防止水量流失的措施。

第5.0.5条 输水管渠应根据具体情况设置检查井和通气设施。

检查井间距：当管径为700毫米以下时，不宜大于200米；当管径为700至1400毫米时，不宜大于400米。

非满流的重力输水管渠，必要时还应设置跌水井或控制水位的措施。

第5.0.6条 城镇配水管网宜设计成环状，当允许间断供水时，可设计为枝状，但应考虑将来有连成环状管网的可能。在枝状管段的末端应装置排水阀。

工业企业配水管网的形状，应根据厂区总图布置和供水安全要求等因素确定。

第5.0.7条 城镇生活饮用水的管网，严禁与非生活饮用水的管网连接。

城镇生活饮用水管网，严禁与各单位自备的生活饮用水系统直接连接。

第5.0.8条 管道（渠）的单位长度水头损失，宜按下列公式计算：

一、旧钢管和旧铸铁管

当 $v<1.2$ 米/秒时：

$$i=\frac{0.000912v^2}{d_j^{1.3}}\left(1+\frac{0.867}{v}\right)^{0.8} \quad (5\text{-}8\text{-}1)$$

当 $v\geqslant 1.2$ 米/秒时：

$$i=\frac{0.00107v^2}{d_j^{1.3}} \quad (5\text{-}8\text{-}2)$$

二、混凝土管、钢筋混凝土管和各种渠道

$$i=\frac{v^2}{C^2R} \quad (5\text{-}8\text{-}3)$$

式中 i ——每米管道（渠）的水头损失（米）；
d_j ——管道（渠）的计算内径（米）；
v ——平均流速（米/秒）；
R ——水力半径（米）；
C ——流速系数。

第5.0.9条 混凝土管和钢筋混凝土管的流速系数 C 可按下式计算：

$$C=\frac{1}{n}R^{\frac{1}{6}} \quad (5\text{-}9\text{-}1)$$

式中 n ——粗糙系数。

对各种渠道，流速系数 C 可按下式计算：

$$C=\frac{1}{n}R^y \quad (5\text{-}9\text{-}2)$$

式中 n ——与渠槽材料和状况有关的粗糙系数；
y ——与 R 和 n 有关的指数，按下列公式确定：

$$y=2.5\sqrt{n}-0.13-0.75\sqrt{R}(\sqrt{n}-0.1) \quad (5\text{-}9\text{-}3)$$

第5.0.10条 配水管网应按下列三种情况和要求进行校核：

一、最高日最高时用水量及设计水压进行计算，并应按下列三种情况和要求进行校核；
二、发生消防时的流量和水压要求；
二、最大转输时的流量和水压要求；
三、最不利管段发生事故用水量的事故用水量及最不利管段发生事故用水量的最小直径，不应小于100毫米；室外消火栓的间距不应大于120米。

第5.0.11条 负有消防给水任务管道的最小直径，不应小于100毫米；室外消火栓的间距不应大于120米。

第5.0.12条 输配水管道材料的选择应根据水压、外部荷载、土的性质、施工维护和材料供应等条件确定。有条件时，宜采用承插式预应力自应力钢筋混凝土管、承插式自应力钢筋混凝土管等非金属管道。

第5.0.13条 承插式铸铁管一般宜采用橡胶圈、膨胀性水泥或石棉水泥接口；当有特殊要求时，可采用青铅接口。承插式预应力钢筋混凝土管和承插式自应力钢筋混凝土管一般可采用橡胶圈接口。

第5.0.14条 输水管道和配水管网应根据具体情况设置分段和分区检修的阀门。配水管网上的阀门间距，不应超过5个消火栓的布置长度。

在输水管道和配水管网隆起点和平直段的必要位置上，应装应根据土壤的渗水性及地下水位情况，妥善确定净距。

表 5.0.21

构 筑 物 名 称	与给水管道的水平净距(米)
铁路远期路堤坡脚	5
铁路远期路堑坡顶	10
建筑红线	5
低、中压煤气管(<1.5公斤/厘米²)	1.0
次高压煤气管(1.5～3.0公斤/厘米²)	1.5
高压煤气管(3.0～8.0公斤/厘米²)	2.0
热力管	1.5
街树中心	1.5
通讯及照明灯杆	1.0
高压电杆支座	3.0
电力电缆	1.0

注：如旧城镇的设计布置有困难时，在采取有效措施后，上述规定可适当降低。

第5.0.23条 给水管道与污水管道或输送有毒液体的管道交叉时，给水管道应敷设在上面，且不应有接口重叠；当水管敷设在下面时，应采用钢管或钢套管，套管伸出交叉管的长度每边不得小于3米，套管两端应采用防水材料封闭。

第5.0.24条 当给水管道与铁路交叉时，其设计应按《铁路工程技术规范》规定执行，并取得铁路管理部门同意。

第5.0.25条 管道穿过河流时，可采用管桥或新建桥梁穿越等型式，有条件时应尽量利用已有或新建桥梁进行架设。穿越河底的给水管道应采用钢管或钢套管，穿越河底每边不得小于0.5米，但在航运范围内不得小于1.0米，并均应有检修和防止冲刷的设施。

设排(进)气阀，低处应装设泄水阀。其数量和直径应通过计算确定。

第5.0.15条 设计满流输水管道时，应考虑发生水锤的可能，必要时应采取消除水锤的措施。

第5.0.16条 金属管道应考虑防腐措施。当金属管道需要内防腐时，宜首先考虑水泥砂浆衬里。生活饮用水管道的内防腐不得采用有毒材料。

当金属管道敷设在腐蚀性土中，电气化铁路附近或其他有杂散电流存在的地区时，应考虑发生电蚀的可能，必要时应采取阴极保护措施。

第5.0.17条 管道的埋设深度，应根据冰冻情况、外部荷载、管材强度及与其它有管道交叉等因素确定。

露天管道应与管道调节伸缩口等处应根据需要采取防冻保温措施。

第5.0.18条 承插式管道在垂直或水平方向转弯处及支墩的设置，应根据管径、转弯角度、试压标准和接口摩擦力等因素通过计算确定。

第5.0.19条 生活饮用水管道应尽量避免穿过毒物污染区及腐蚀性等地区，如必须穿过时应采取防护措施。

第5.0.20条 城镇给水管道综合设计要求；工业企业给水管道的平面和竖向标高，应符合厂区的管道综合设计要求。

第5.0.21条 城镇给水管道与建筑物、铁路和其它管道的水平净距，应根据管道建筑物基础种类、路面种类、卫生安全、管道埋深、管径、管材、施工条件、管内工作压力、管道上附属构筑物的大小及有关规定等条件确定。一般不得小于表5.0.21中的规定：

第5.0.22条 给水管与污水管平行设置时，管外壁净距不应小于1.5米。当给水管与污水管设置在污水管下方时，给水管必须采用金属管材，并部门的同意,并应得到当地航运管理部门的同意,并应取得当地航运管理部门的立标志。

第5.0.26条 在土基上,输配水管道一般应敷设在未经扰动的原状土层上;在岩基上,应铺设砂垫层;对于淤泥和其它承载能力达不到设计要求的地基,必须进行基础处理。

第5.0.27条 集中给水站设置地点,应考虑取水方便,其服务半径一般不大于50米。

第5.0.28条 城镇水厂内清水池的有效容积,应根据产水曲线、送水曲线,自用水量及消防储备水量等确定,并应满足水曲线接触时间要求,当厂外无调节水池时,在缺乏资料情况下,一般可按水厂最高日设计水量的10%~20%计算。

厂外调节水池的有效容积,应根据水厂送水曲线,用水曲线及消防储备水量等确定,当缺乏资料时,亦可参照相似条件下的经验数据确定。

第5.0.29条 工业用水的贮水池和水塔的有效容积,应根据调度、事故和消防等要求确定。

第5.0.30条 清水池的个数或分格数不得少于两个,并能单独工作和分别泄空;如有特殊措施能保证供水要求时,亦可修建一个。

第5.0.31条 生活饮用水的清水池和水塔,应有保证水的流动、避免死角、防止污染、便于清洗和透气等措施。

第5.0.32条 水塔应设避雷装置。

第六章 水厂总体设计

第6.0.1条 水厂厂址的选择,应根据下列要求,通过技术经济比较确定:

一、给水系统布局合理;
二、不受洪水威胁;
三、有较好的废水排除条件;
四、有良好的工程地质条件;
五、有良好的卫生环境,并便于设立防护地带;
六、少拆迁,不占或少占良田;
七、施工、运行和维护方便。

第6.0.2条 水厂生产构筑物的布置应符合下列要求:

一、高程布置应充分利用原有地形坡度;
二、构筑物间距应紧凑,但应满足各构筑物间的管线的施工要求;
三、生产构筑物间连接管道的布置,应流顺首和防止迂回布置;
四、水厂生产附属建筑物(修理间、车库、仓库等)宜分别集中布置;
五、与水厂生活福利设施(食堂、浴室、托儿所等)应分开布置。

第6.0.3条 并联运行的净水构筑物间应配水均匀性。

第6.0.4条 加药间、沉淀池和滤池相互间的布置,宜通行方便。

第6.0.5条 水厂排水一般宜采用重力流排放。必要时可设排水泵站。

第6.0.6条 水厂应考虑绿化,新建水厂绿化占地面积不宜少于水厂总面积的20%。

清水池池顶宜铺设草皮。

第6.0.7条 本条删去。

第6.0.8条 各建筑物的造型宜简洁美观，材料选择恰当，并考虑建筑的群体效果及与周围环境的协调。

第6.0.9条 水厂内应根据需要，设置滤料、管配件等露天堆放场地。

第6.0.10条 锅炉房及危险品仓库的防火设计应符合《建筑设计防火规范》的要求。

第6.0.11条 水厂内应采用水洗厕所，厕所和化粪池的位置应与净水构筑物保持大于10米的距离。

第6.0.12条 水厂内应设置通向各构筑物和附属建筑物的道路。一般可按下列要求设计：

一、主要车行道的宽度：单车道为3.5米，双车道为6米，并应有回车道。人行道路的宽度为1.5～2.0米。大型水厂和有自备水车道，中、小型水厂一般可设单车道。

二、车行道转弯半径不宜小于6米。

第6.0.13条 城镇水厂或设在工厂区外的工业企业自备水厂周围，应设置围墙，其高度一般不宜小于2.5米。

第6.0.14条 水厂的防洪标准不应低于城市防洪标准，并应留有适当的安全裕度。

第七章 水 处 理

第一节 一 般 规 定

第7.1.1条 水处理工艺流程的选择及主要构筑物的组成，应根据原水水质，设计生产能力，处理后水质要求，参照相似条件下水厂的运行经验，结合当地条件，通过技术经济比较综合研究确定。

注：高浊度水处理，应按有关设计规范执行。

第7.1.2条 水处理构筑物的生产能力，应按最高日供水量加自用水量确定，必要时还应包括消防补充水量。

城镇水厂和工业企业自备水厂的自用水量应根据原水水质和所采用的处理方法以及构筑物类型等因素通过计算确定。城镇水厂的自用水率一般可采用供水量的5%～10%。

第7.1.3条 水处理构筑物的设计，应按原水水质最不利情况（如沙峰等）时，所需供水量进行校核。

第7.1.4条 设计城镇水厂和工业企业自备水厂时，应考虑任一构筑物或设备进行检修、清洗或停止工作时仍能满足供水要求。

第7.1.5条 净水构筑物应根据具体情况设置排泥管、排空管、溢流管和压力冲洗设备等。

第7.1.6条 城镇水厂和工业企业自备水厂的废水和泥渣，应根据具体条件做出妥善处理。

滤池反冲洗水的回收应通过技术经济比较确定。在贫水地区应优先考虑回收。

第7.1.7条 净水构筑物上面的主要通道，应设防护栏杆。

第7.1.8条 在寒冷地区，水处理构筑物应有防冻措施。当采暖时，室内温度可按 5℃设计；加药间、检验室和值班室等的室内温度可按 15℃设计。

第二节 预 沉

第 7.2.1 条 当原水含沙量高时，宜采取预沉措施。当有天然地形可以利用，且技术经济合理时，也可采取蓄水措施，以供沙峰期间取用。

第 7.2.2 条 预沉措施的选择，应根据原水含沙量及其组成、沙峰持续时间、排泥要求、处理水质要求和地形等因素，并参照相似条件下的运行经验确定，一般可采用沉沙、自然沉淀或凝聚沉淀等。

第 7.2.3 条 预沉池的设计数据，可参照当地运行经验或通过原水沉淀试验确定。

第 7.2.4 条 预沉池一般按沙峰持续时期内原水日平均含沙量设计（但计算期不应超过一个月）。当原水含沙量超过设计值时，必要时应考虑在预沉池中投加凝聚剂或采取其它设施的可能。

第三节 凝聚剂和助凝剂的投配

第 7.3.1 条 用于生活饮用水的凝聚剂或助凝剂，不得使用对人体健康产生有害的影响；用于工业企业生产用水的水质对生产有对有害的成份。处理后对生产有对生产有害的成份。

第 7.3.2 条 凝聚剂和助凝剂品种的选择及其用量，应根据相似条件下的水厂运行经验或原水凝聚沉淀试验资料，结合当地药剂供应情况，通过技术经济比较确定。

第 7.3.3 条 凝聚剂的投配方式可采用湿投或干投。当湿投时，凝聚空气等搅拌方式。湿投凝聚剂时，溶解次数应根据凝聚剂性质、溶解次数应根据凝聚剂用量和

第 7.3.4 条 湿投凝聚剂时，溶解次数应根据凝聚剂用量和配制条件等因素确定，一般每日不宜超过 3 次。溶解池宜设在地下。凝聚剂用量较小时，溶解池可兼作投药池。

第 7.3.5 条 凝聚剂投配的溶液浓度，可采用 5%～20%（按固体重量计算）。

第 7.3.6 条 石灰宜制成乳液投加。

第 7.3.7 条 投药间指示的计量设备和稳定加注量的独立措施。

第 7.3.8 条 与凝聚剂接触的池内壁、设备、管道和地坪，应根据凝聚剂性质采取相应的防腐措施。

第 7.3.9 条 加药间应在发生异臭或粉尘的保障工作人员，应在通风良好的劳动保护措施。当采用发生异臭或粉尘的凝聚剂时，应在通风良好的单独房间内制备，必要时应设置通风设备。

第 7.3.10 条 加药间与药剂仓库毗连，并宜靠近投药点。加药间的地坪应有排水坡度。

第 7.3.11 条 药剂仓库及加药间应根据具体情况，设置计量工具和搬运设备。

第 7.3.12 条 药剂仓库的固定储备量，应按当地供应、运输等条件确定，一般可按最大投药量的 15～30 天用量计算。其周转储备量应根据具体条件确定。

第 7.3.13 条 计算固体凝聚剂和石灰贮藏仓库的面积时，堆放高度一般当采用凝聚剂时可为 1.5～2.0 米；当采用石灰后的为 1.5 米。

当采用机械搬运设备时，堆放高度可适当增加。

第四节 混凝、沉淀和澄清

（1）一般规定

第 7.4.1 条 本节所指沉淀、澄清均系通过投加凝聚剂后的混凝沉淀和混凝澄清。

第7.4.2条 选择沉淀池或澄清池类型时，应根据原水水质、设计生产能力，处理后水质要求，并考虑当地水温变化，制水均匀程度以及是否连续运转等因素，结合当地条件通过技术经济比较确定。

第7.4.3条 沉淀池和澄清池的个数或能够单独排空的分格数不宜少于两个。

第7.4.4条 经过混凝沉淀或澄清处理的水，在进入滤池前的浑浊度一般不宜超过10度，遇高浊度原水或低温原水时，不宜超过15度。当生产中允许沉淀或澄清后水的浑浊度高于10度时，本节有关条文中的设计指标可适当放宽。

第7.4.5条 设计沉淀池和澄清池时应考虑均匀的配水和集水。

第7.4.6条 沉淀池积泥区和澄清池沉泥浓缩室（斗）的容积，应根据进出水的悬浮物含量，处理水量、排泥周期和浓度等因素通过计算确定。

第7.4.7条 当沉淀池和澄清池排泥次数较多时，宜采用机械化或自动化排泥装置。

第7.4.8条 澄清池应设取样装置。

第7.4.9条 混合设备的设计应根据所采用的凝聚剂品种，使药剂与水进行恰当的急剧、充分混合。

第7.4.10条 混合方式一般可采用水泵混合或专设的混合设施。

（Ⅱ）混　合

第7.4.11条 絮凝池宜与沉淀池合建。

第7.4.12条 絮凝池型式的选择和絮凝时间的采用，应根据原水水质情况和相似条件下的运行经验或通过试验确定。

第7.4.13条 设计隔板絮凝池时，应符合下列要求：

一、絮凝时间一般宜为20～30分钟；

（Ⅲ）絮　凝

二、絮凝池廊道的流速，应按由大到小的渐变流速进行设计，起端流速一般宜为0.5～0.6米/秒，末端流速一般宜为0.2～0.3米/秒；

三、隔板间净距一般宜大于0.5米。

第7.4.14条 设计机械絮凝池时，应符合下列要求：

一、絮凝时间一般宜为15～20分钟；

二、池内一般设3～4挡搅拌机；

三、搅拌机的转速应根据搅拌桨板边缘的线速度通过计算确定，线速度宜自第一挡的0.5米/秒逐渐变小至末挡的0.2米/秒；

四、池内宜设置防止水体短流的设施。

第7.4.15条 设计折板絮凝池时，应符合下列要求：

一、絮凝时间一般宜为6～15分钟；

二、絮凝过程应逐段降低，分段数一般不宜少于三段，各段流速可分别为：

第一段：0.25～0.35米/秒；

第二段：0.15～0.25米/秒；

第三段：0.10～0.15米/秒；

三、折板夹角采用90°～120°。

第7.4.16条 设计穿孔旋流絮凝池时，应符合下列要求：

一、絮凝时间一般宜为15～25分钟；

二、絮凝池孔口流速，应按由大到小的渐变流速进行设计，起端流速一般宜为0.6～1.0米/秒，末端流速一般宜为0.2～0.3米/秒；

三、絮凝池每格孔口应作上下对角交叉布置；

四、每组絮凝池分格数不宜少于6格。

（Ⅳ）平流沉淀池

第7.4.17条 平流沉淀池的沉淀时间，应根据原水水质、水温等，参照相似条件下的运行经验确定，一般宜为1.0～3.0小时。

第7.4.18条 平流沉淀池的水平流速可采用10～25毫米/

秒,水流应避免过多转折。

第7.4.19条 平流沉淀池的有效水深,一般可采用3.0~3.5米。沉淀池的每格宽度(或导流墙间距),一般宜为3~8米,最大不超过15米,长度与宽度之比不得小于4,长度与深度之比不得小于10。

第7.4.20条 平流沉淀池宜采用穿孔墙配水和溢流堰集水,溢流率一般可采用小于500米^3/米·日。

（Ⅴ）异向流斜管沉淀池

第7.4.21条 异向流斜管沉淀池宜用于浑浊度长期低于1000度的原水。

第7.4.22条 斜管沉淀区液面负荷,应按相似条件下的运行经验确定,一般可采用9.0~11.0米^3/米^2·时。

第7.4.23条 斜管设计一般可采用下列数据:管径为25~35毫米;斜长为1.0米,倾角为60°。

第7.4.24条 斜管沉淀池的清水区保护高度一般不宜小于1.0米;底部配水区高度不宜小于1.5米。

（Ⅵ）同向流斜板沉淀池

第7.4.25条 同向流斜板沉淀池宜用于浑浊度长期低于200度的原水。

第7.4.26条 斜板沉淀区液面负荷,应根据当地原水水质情况及相似条件下水厂的运行经验或试验资料确定,一般可采用30~40米^3/米^2·时。

第7.4.27条 斜板设计一般可采用下列数据:

一、斜板同距35毫米;

二、斜板长度2.0~2.5米;

三、沉淀区斜板倾角40°;

四、排泥区斜板倾角60°;

五、排泥区斜板长度不小于0.5米。

第7.4.28条 同向流斜板沉淀池应设均匀集水的装置,一般可采用管式、梯形加翼或纵向沿程集水等型式。

（Ⅶ）机械搅拌澄清池

第7.4.29条 机械搅拌澄清池宜用于浑浊度长期低于5000度的原水。

第7.4.30条 机械搅拌澄清池清水区的上升流速,应按相似条件下的运行经验确定,一般可采用0.8~1.1毫米/秒。

第7.4.31条 水在机械搅拌澄清池中的总停留时间,可采用1.2~1.5小时。

第7.4.32条 搅拌叶轮提升流量可为进水流量的3~5倍,叶轮直径可为第二絮凝室内径的70%~80%,并应设调整叶轮转速和开启度的装置。

第7.4.33条 机械搅拌澄清池是否设置机械刮泥装置,应根据池径大小、底坡大小、进水悬浮物含量及其颗粒组成等因素确定。

（Ⅷ）水力循环澄清池

第7.4.34条 水力循环澄清池宜用于浑浊度长期大于2000度的原水,单池的生产能力一般不宜大于7500米^3/日。

第7.4.35条 水力循环澄清池清水区的上升流速,应按相似条件下的运行经验确定,一般可采用0.7~1.0毫米/秒。

第7.4.36条 水力循环澄清池导流筒(第二絮凝室)的有效高度,一般可采用3~4米。

第7.4.37条 水力循环澄清池的回流水量,可为进水流量的2~4倍。

第7.4.38条 水力循环澄清池斜壁与水平面的夹角不宜小于45°。

（Ⅸ）脉冲澄清池

第7.4.39条 脉冲澄清池宜用于浑浊度长期低于3000度的原水。

第7.4.40条 脉冲澄清池清水区的上升流速,应按相似条件

1—19

下的运行经验确定，一般可采用0.7~1.0毫米/秒。

第7.4.41条 脉冲周期可采用30~40秒，充放时间比为3:1~4:1。

第7.4.42条 脉冲澄清池的悬浮层高和清水区高度，可分别采用1.5~2.0米。

第7.4.43条 脉冲澄清池应采用穿孔管配水总管，上设人字形稳流板。

第7.4.44条 虹吸式脉冲澄清池的配水总管，应设排气装置。

（X）悬浮澄清池

第7.4.45条 悬浮澄清池宜用于浑浊度长期低于3000度的原水。当水浑浊度大于3000度时，宜采用双层式悬浮澄清池。

第7.4.46条 悬浮澄清池的上升流速及强制出水量比例，应根据进水悬浮物含量及其变化情况，参照相似条件下的运行经验确定，一般可采用表7.4.46的数据。

悬浮澄清池上升流速 表7.4.46

序号	型式	清水区上升流速（毫米/秒）	沉泥浓缩室上升流速（毫米/秒）	强制出水量占总出水量的百分比(%)
1	单层	0.7~1.0	0.6~0.8	20~30
2	双层	0.6~0.9	—	25~45

第7.4.47条 悬浮澄清池清水区高度不宜大于3米。

第7.4.48条 清水区高度宜采用1.5~2.0米；悬浮层高度宜采用2.0~2.5米；悬浮层下部倾斜池壁和水平面的夹角宜采用50°~60°。

第7.4.49条 悬浮澄清池宜采用穿孔管配水，水在进入澄清池前应有气水分离设施。

（XI）气浮池

第7.4.50条 气浮池一般宜用于浮浊度小于100度及含有藻类等密度小的悬浮物质的原水。

第7.4.51条 接触室的上升流速，一般可采用10~20毫米/秒，分离室的向下流速，一般可采用1.5~2.5毫米/秒。

第7.4.52条 气浮池的单格宽度不宜超过10米；池长不宜超过15米；有效水深一般可采用2.0~2.5米。

第7.4.53条 溶气罐的运行压力及回流比，应根据原水气浮试验情况或参照相似条件下经验确定，溶气压力一般可采用2~4公斤/厘米²；回流比一般可采用5%~10%。

第7.4.54条 压力溶气罐的总高度一般可采用3.0米，罐内溶气释放器的型号及个数应根据单个释放器在选定压力下的出流量及作用范围确定。

填装填料，其高度一般为1.0~1.5米，罐的截面水力负荷可采用100~150米³/米²·时。

第7.4.55条 气浮池宜采用刮渣机排渣，刮渣机的行车速度一般不宜大于5米/分。

第五节 过 滤

（I）一般规定

第7.5.1条 供生活饮用水的过滤池出水水质，应符合现行的《生活饮用水卫生标准》的要求。

第7.5.2条 滤池型式的选择，应根据设计生产能力、进水水质和工艺流程的高程布置等因素，结合当地条件，通过技术经济比较确定。

第7.5.3条 滤料应具有足够的机械强度和抗蚀性能，并不得含有有害成分，一般可采用石英砂、无烟煤和重质矿石等。

第7.5.4条 快滤池、无阀滤池和压力滤池的个数及单个滤池面积,应根据生产规模和运行维护等条件通过技术经济比较确定,但个数不得少于两个。

第7.5.5条 滤池应按正常情况下的滤速设计,并以检修情况下的强制滤速校核。

注:正常情况系指全部水厂全部滤池进行工作,检修情况系指全部滤池中的一个或两个停产进行检修、冲洗或翻砂。

滤池的滤速及滤料组成 表7.5.7

序号	类别	滤 料 组 成			正常滤速强制滤速	
		粒径(毫米)	不均匀系数 K80	厚度(毫米)	(米/时)	
1	石英砂滤料过滤	$d_{最小}=0.5$ $d_{最大}=1.2$	<2.0	700	8～10	10～14
2	双层滤料过滤	无烟煤 $d_{最小}=0.8$ $d_{最大}=1.8$	<2.0	300～400	10～14	14～18
		石英砂 $d_{最小}=0.5$ $d_{最大}=1.2$	<2.0	400		
3	三层滤料过滤	无烟煤 $d_{最小}=0.8$ $d_{最大}=1.6$	<1.7	450	18～20	20～25
		石英砂 $d_{最小}=0.5$ $d_{最大}=0.8$	<1.5	230		
		重质矿石 $d_{最小}=0.25$ $d_{最大}=0.5$	<1.7	70		

注:滤料的相对密度为:无烟煤1.4～1.6;石英砂2.6～2.65;重质矿石4.7～5.0。

第7.5.6条 滤池的工作周期,宜采用12～24小时。

第7.5.7条 滤池的滤速及滤料组成,宜按表7.5.7采用。

第7.5.8条 快滤池宜采用大阻力或中阻力配水系统。大阻力配水系统孔眼总面积与滤池面积之比为0.20%～0.28%;中阻力配水系统孔眼总面积与滤池面积之比为0.6%～0.8%。

虹吸滤池、无阀滤池和移动罩滤池宜采用小阻力配水系统,其孔眼总面积与滤池面积之比为1.0%～1.5%。

第7.5.9条 水洗滤池的冲洗强度及冲洗时间,宜按表7.5.9采用。

当有技术经济依据时,还可增设表面冲洗设施,或改用气水冲洗法。

水洗滤池的冲洗强度及冲洗时间(水温为20℃时) 表7.5.9

序号	类 别	冲洗强度(升/秒·米²)	膨胀率(%)	冲洗时间(分钟)
1	石英砂滤料过滤	12～15	45	7～5
2	双层滤料过滤	13～16	50	8～6
3	三层滤料过滤	16～17	55	7～5

注:①当采用表面冲洗设施时,冲洗强度可取低值。
②应考虑由于全年水温、水质变化因素,有适当调整冲洗强度的可能。
③选择冲洗强度应考虑所用混凝剂品种的因素。
④膨胀率数值仅作设计计算用。

第7.5.10条 每个滤池应设取样装置。

(Ⅰ)快 滤 池

第7.5.11条 快滤池冲洗前的水头损失,宜采用2.0～3.0米。

第7.5.12条 滤层表面以上的水深,宜采用1.5～2.0米。

第7.5.13条 当快滤池采用大阻力配水系统时,其承托层宜按表7.5.13采用。

第7.5.17条 洗砂槽的平面面积，不应大于滤池面积的25%，洗砂槽底面到滤料表面的距离，应等于滤层冲洗时的膨胀高度。

第7.5.18条 滤池冲洗水的供给方式可采用冲洗水泵或高位水箱。

当采用冲洗水泵时，水泵的能力应按冲洗单格滤池考虑，并应有备用机组。

当采用冲洗水箱时，水箱有效容积应按单格滤池冲洗水量的1.5倍计算。

第7.5.19条 快滤池应有下列管（渠），其断面宜根据下列流速通过计算确定：

一、进水管 0.8～1.2米/秒；
二、出水管 1.0～1.5米/秒；
三、冲洗水管 2.0～2.5米/秒；
四、排水管 1.0～1.5米/秒。

（Ⅲ）压力滤池

第7.5.20条 压力滤池的设计数据，可参照本节有关规定执行。

第7.5.21条 当压力滤池的直径大于3米时，宜采用卧式。

（Ⅳ）虹吸滤池

第7.5.22条 虹吸滤池的分格数，应按滤池在低负荷运行时，仍能满足一格滤池冲洗水量的要求确定。

第7.5.23条 虹吸滤池冲洗前的水头损失，一般可采用1.5米。

第7.5.24条 虹吸滤池冲洗水头应通过计算确定，一般宜采用1.0～1.2米，并应有调整措施。

第7.5.25条 虹吸进水管的流速，宜采用0.6～1.0米/秒。

虹吸排水管的流速，宜采用1.4～1.6米/秒。

快滤池大阻力配水系统承托层粒径与厚度　　表7.5.13

层次（自上面下）	粒径（毫米）	承托层厚度（毫米）
1	2～4	100
2	4～8	100
3	8～16	100
4	16～32	本层顶面高度应高出配水系统孔眼100

第7.5.14条 大阻力配水系统应按冲洗流量设计，并根据下列数据通过计算确定：

一、配水干管（渠）进口处的流速为1.0～1.5米/秒；
二、配水支管进口处的流速为1.5～2.0米/秒；
三、孔眼流速为5～6米/秒。

干管（渠）上宜装通气管。

第7.5.15条 三层滤料滤池宜采用中阻力配水系统。

第7.5.16条 三层滤料滤池滤层承托层材料、粒径与厚度宜按表7.5.16采用。

三层滤料滤池滤层承托层材料、粒径与厚度　　表7.5.16

层次（自上面下）	材料	粒径（毫米）	厚度（毫米）
1	重质矿石	0.5～1	50
2	重质矿石	1～2	50
3	重质矿石	2～4	50
4	重质矿石	4～8	50
5	砾石	8～16	100
6	砾石	16～32	本层顶面高度应高出配水系统孔眼100

注：配水系统如用滤砖，其孔径为≤4毫米时，第六层可不设。

（Ⅴ）重力式无阀滤池

第7.5.26条 每个无阀滤池应设单独的进水系统，进水系统应有不使空气进入滤池的措施。

第7.5.27条 无阀滤池冲洗前的水头损失，一般可采用1.5米。

第7.5.28条 过滤室滤料表面以上的直壁高度，应等于冲洗时滤料最大膨胀高度再加保护高。

第7.5.29条 无阀滤池应有辅助虹吸措施，并设调节冲洗强度和强制冲洗的装置。

（Ⅵ）移动罩滤池

第7.5.30条 移动罩滤池的分组分格及每组的分格数，应根据生产规模、运行维护等条件通过技术经济比较确定，但不得少于8格。每组的两组，每组运行分格数不得少于2～1.5米，堰顶宜做成可调节过滤水头，可用1.2～水应有调节装置。

第7.5.31条 移动罩滤池的设计过滤水头，可用1.2～1.5米，堰顶宜做成可调节过滤水头的形式，移动罩滤池过滤水应有调节装置。

第7.5.32条 移动罩滤池集水区的高低可调节过滤水头及格数，一般不宜少于0.4米。

第7.5.33条 过滤室滤料表面以上的直壁高度应等于冲洗时滤料最大膨胀高度再加保护高。

第7.5.34条 移动罩滤池的运行宜采用程序控制。

第六节 地下水除铁和除锰

（Ⅰ）工艺流程选择

第7.6.1条 作为生活饮用水的地下水水源，当铁锰含量超过《生活饮用水卫生标准》的规定时，应考虑除铁除锰。生产用水是否考虑除铁除锰，应根据用水要求确定。

第7.6.2条 地下水除铁除锰工艺流程的选择及构筑物的组成，应根据原水水质、处理后水质要求，除铁除锰试验或参照水质相似的水厂运行经验，通过技术经济比较确定。

第7.6.3条 地下水除铁一般采用接触氧化法或曝气氧化法。当受到硅酸盐影响时，应采用接触氧化法。

接触氧化法的工艺：

原水曝气——接触氧化过滤

曝气氧化法的工艺：

原水曝气——氧化——过滤

注：①接触氧化曝气后水的pH值宜达到6.0以上。
②曝气氧化法曝气后水的pH值宜达到7.0以上。

第7.6.4条 地下水除锰宜采用接触氧化法，其工艺流程应根据下列条件确定：

一、当原水含铁量低于2.0毫克/升，含锰量低于1.5毫克/升时，可采用：

原水曝气——单级过滤除铁除锰

二、当原水含铁量或含锰量超过上述数值时，应通过试验确定。必要时可采用：

原水曝气——氧化——一次过滤除铁——二次过滤除锰

三、当原水受硅酸盐影响时，应通过试验确定。曝气——二次过滤除铁——一次过滤除铁（接触氧化）——二次过滤除锰

注：①二次滤池滤前水的pH值宜达到7.5以上。
②二次过滤除锰滤池滤前水含铁量宜控制在0.5毫克/升以下。

（Ⅱ）曝气装置

第7.6.5条 曝气设备应根据原水水质及曝气程度的要求选定，一般可采用跌水、淋水、喷水、射流曝气、压缩空气、板条式塔、接触式曝气塔或叶轮式表面曝气等装置。

第7.6.6条 采用跌水装置时，跌水级数可采用1～3级，每级跌水高度为0.5～1.0米，单宽流量为20～50米^3/时·米。

第7.6.7条 采用淋水装置（穿孔管或莲蓬头）时，孔眼直径

可采用 4~8 毫米，孔眼流速为 1.5~2.5 米/秒，安装高度为 1.5~2.5 米。当采用莲蓬头时，每个莲蓬头的服务面积为 1.0~1.5 平方米。

第 7.6.8 条 采用喷水装置时，每 10 平方米集水池面积上宜装设 4~6 个向上喷出的喷嘴，喷嘴处的工作水头一般采用 7 米。

第 7.6.9 条 采用射流曝气装置时，其构造应根据工作水的部分原水或其他压力水通过计算确定。工作水可采用全部或部分原水或其他压力水。

第 7.6.10 条 采用压缩空气曝气时，每立方米水的需气量（以升计），一般为原水二价铁含量（以毫克/升计）的 2~5 倍。

第 7.6.11 条 采用板条式曝气塔时，板条层数可为 4~6 层，层间净距为 400~600 毫米。

第 7.6.12 条 采用接触式曝气塔时，填料层层数可为 1~3 层，填料采用 30~50 毫米粒径的焦炭块或矿渣，每层填料厚度为 300~400 毫米；层间净距不宜小于 600 毫米。

第 7.6.13 条 淋水塔的淋水密度，一般可采用 5~10 米³/时·米²，板条式曝气装置、喷水装置、板条式曝气塔和接触式曝气塔容积，一般按 30~40 分钟处理水量计算。接触式曝气塔底部集水池容积，一般按 15~20 分钟处理水量计算。

第 7.6.14 条 采用叶轮表面曝气时，曝气池容积可按 20~40 分钟处理水量计算；叶轮直径与池长边或直径之比可为 1:6~1:8，叶轮外缘线速度可为 4~6 米/秒。

第 7.6.15 条 当跌水、淋水、喷水、板条式曝气塔、接触式曝气塔或叶轮表面曝气装置设在室内时，应考虑通风设施。

(Ⅲ) 除 铁 滤 池

第 7.6.16 条 除铁滤池滤料一般宜采用天然锰砂或石英砂等。

第 7.6.17 条 除铁滤池滤料的粒径：石英砂一般为 $d_{最小} = 0.5$ 毫米，$d_{最大} = 1.2$ 毫米；锰砂一般为 $d_{最小} = 0.6$ 毫米，$d_{最大} = 1.2~2.0$ 毫米。厚度为 800~1200 毫米，滤速为 6~10 米/时。

第 7.6.18 条 除铁滤池宜采用大阻力配水系统，其承托层组成可按表 7.5.13 选用。当采用锰砂滤料时，承托层的顶面两面需改为锰矿石。

第 7.6.19 条 除铁滤池的冲洗强度和冲洗时间可按表 7.6.19 采用。

表 7.6.19 除铁滤池冲洗强度、膨胀率、冲洗时间

序号	滤料种类	滤料粒径（毫米）	冲洗方式	冲洗强度（升/秒·米²）	膨胀率（%）	冲洗时间（分钟）
1	石英砂	0.5~1.2	无辅助冲洗	13~15	30~40	大于 7
2	锰砂	0.6~1.2	无辅助冲洗	18	30	10~15
3	锰砂	0.6~1.5	无辅助冲洗	20	25	10~15
4	锰砂	0.6~2.0	无辅助冲洗	22	22	10~15
5	锰砂	0.6~2.0	有辅助冲洗	19~20	15~20	10~15

注：表中所列锰砂滤料冲洗强度系按滤料相对密度在 3.4~3.6 之间，且冲洗水温为 8℃时的数据。

(Ⅳ) 除 锰 滤 池

第 7.6.20 条 除锰滤池的滤料可采用天然锰砂或石英砂等。

第 7.6.21 条 两级过滤除锰滤池的设计宜遵守下列规定：

一、滤料粒径和滤层厚度同除铁滤池的规定；

二、滤速 5~8 米/时；

三、冲洗强度：锰砂滤料时：16~20 升/秒·米²；
石英砂滤料时：12~14 升/秒·米²；

四、膨胀率：锰砂滤料：15%~25%；
石英砂滤料：27.5%~35%；

五、冲洗时间：5~15 分钟。

第 7.6.22 条 单级过滤除锰滤池，可参照两级过滤除锰滤池

的有关规定进行设计。但滤速宜采用低值,滤料层厚度可采用高值。

第七节 消 毒

第7.7.1条 生活饮用水必须消毒,一般可采用加氯(液氯、漂白粉或漂粉精)法。

第7.7.2条 选择加氯点时,应根据原水水质、工艺流程和净化要求,可单独在滤后加氯,或同时在滤前和滤后加氯。

第7.7.3条 氯的设计用量,应根据相似条件下的运行经验,按最大用量确定。

第7.7.4条 当采用氯胺消毒时,氯和氨的投加比例应通过试验确定。一般可采用重量比为3∶1~6∶1。

第7.7.5条 水和氯应充分混合。其接触时间不应小于30分钟,氯胺消毒的接触时间不应小于2小时。

第7.7.6条 投加液氯时应设加氯机。加氯机应至少具备校核示瞬时投加量的仪表和防止水倒灌氯瓶的措施。加氯间宜设校核氯量的磅秤。

第7.7.7条 采用漂白粉消毒时应先制成浓度为1%~2%的澄清溶液再通过计量设备注入水中。每日配制投加不宜大于3次。

第7.7.8条 加氯(氨)间应尽量靠近加氯点。

第7.7.9条 液氯、加氨间的集中采暖设备宜用暖气。如采用火炉时,火口宜设在室外。散热片或热火炉应离开氯(氨)瓶和加注机。

第7.7.10条 加氯间及氯库内宜设置测定空气中氯气浓度的仪表和报警措施。必要时可设氯气吸收设备。

第7.7.11条 防毒面具应严密封藏,以免失效。照明和通风设备应设工具箱。防毒面具、抢救材料和枪救设备应设置室外开关。

第7.7.12条 加氯(氨)间必须与其它工作间隔开,并设下列安全措施:
一、直接通向外部且向外开的门;
二、观察窗。

第7.7.13条 加氯(氨)间及其仓库应有每小时换气8~12次的通风设备。加漂白粉间及其仓库可采用自然通风。

第7.7.14条 通向加氯(氨)间的给水管道,应保证不间断供水,并尽量保持管道内水压稳定。

投加消毒药剂的管道及配件应采用耐腐蚀材料,加氨管道及设备不应采用铜质材料。

第7.7.15条 加氯、加氨设备及其管道应根据具体情况设置备用。

第7.7.16条 液氯和液氨或漂白粉应分别堆放在单独的仓库内,且宜与加氯(氨)间毗连。

药剂仓库的固定储备量应当按当地供应、运输等条件确定。城镇水厂一般可按最大用量的15~30天计算。其周转储备量应根据当地具体条件确定。

附加说明

附录 规范用词说明

一、执行本规范条文时,对于要求严格程度的用词,说明如下,以便在执行中区别对待。

1. 表示很严格,非这样做不可的用词:
   正面词采用"必须";
   反面词采用"严禁"。

2. 表示严格,在正常情况下均应这样做的用词:
   正面词采用"应";
   反面词采用"不应"或"不得";

3. 表示允许稍有选择,在条件许可时,首先应这样做的用词:
   正面词采用"宜"或"可";
   反面词采用"不宜"。

二、条文中指明必须按其他有关标准和规范执行的写法为:"应按……执行"或"应符合……要求或规定"。非必须按所指定的标准和规范执行的写法为"可参照……"。

本规范主编单位

主编单位: 上海市政工程设计院

参加单位: 北京市市政设计院
中国市政工程华北设计院
中国给水排水东北设计院
中国市政工程西北设计院
中国给水排水中南设计院
中国市政工程西南设计院
同济大学
哈尔滨建筑工程学院
航空部第四规划设计院
华东电力设计院
东北电力设计院
湖北省轻工业科学研究所

参加单位和主编人、主要起草人名单

主要起草人: 吴 骓 万玉成 王兰君 孙振堂 朱克绍 刘 超
刘妆义 刘明远 陆奔骊 费莹如 李丰白 郑义滔
张林华 赵若盛 徐廷章 范瑾初 范懋功
陈翼弥 屠家荣

中华人民共和国国家标准

室外给水设计规范

GBJ 13—86

条 文 说 明

前　言

根据原国家基本建设委员会(81)建设字第546号文件的要求,由上海市政工程设计院负责主编,具体由会同有关单位共同编制的《室外给水排水设计规范》GBJ 13—86,经国家计委1986年5月22日以计标〔1986〕805号文批准发布。

为便于广大设计、施工、科研、学校等有关单位人员在使用本规范时能正确理解和执行条文规定,《室外给水设计规范》编制组根据国家计委关于编制标准、规范条文说明的统一要求,按《室外给水设计规范》的章、节、条顺序,编制了《室外给水设计规范条文说明》供国内各有关部门和单位参考。在使用中如发现本条文说明有欠妥之处,请将意见直接函寄上海市政工程设计院规范管理室。

"说明"中的原《室外给规》TJ13—74版系1974年出版的《室外给水设计规范》TJ13—74版的简称。

本《条文说明》由国家计委基本建设标准定额研究所组织出版印刷,仅供国内有关部门和单位执行本规范时使用,不得外传和翻印。

一九八六年

目 次

第一章 总则	1—29
第二章 用水量、水质和水压	1—30
第三章 水源	1—32
第一节 水源选择	1—32
第二节 地下水取水构筑物	1—33
（Ⅰ）一般规定	1—33
（Ⅱ）管井	1—34
（Ⅲ）大口井	1—34
（Ⅳ）渗渠	1—35
第三节 地表水取水构筑物	1—36
第四章 泵房	1—42
第五章 输配水	1—44
第六章 水厂总体设计	1—50
第七章 水处理	1—51
第一节 一般规定	1—51
第二节 预沉	1—52
第三节 凝聚剂和助凝剂的投配	1—52
第四节 混凝、沉淀和澄清	1—54
（Ⅰ）一般规定	1—54
（Ⅱ）混合	1—55
（Ⅲ）絮凝	1—55
（Ⅳ）平流沉淀池	1—56
（Ⅴ）异向流斜管沉淀池	1—56
（Ⅵ）同向流斜板沉淀池	1—57
（Ⅶ）机械搅拌澄清池	1—58
（Ⅷ）水力循环澄清池	1—59
（Ⅸ）脉冲澄清池	1—60
（Ⅹ）悬浮澄清池	1—60
（ⅩⅠ）气浮池	1—60
第五节 过滤	1—61
（Ⅰ）一般规定	1—61
（Ⅱ）快滤池	1—62
（Ⅲ）压力滤池	1—63
（Ⅳ）虹吸滤池	1—63
（Ⅴ）重力式无阀滤池	1—64
（Ⅵ）移动罩滤池	1—64
第六节 地下水除铁和除锰	1—64
（Ⅰ）工艺流程选择	1—65
（Ⅱ）曝气装置	1—66
（Ⅲ）除铁滤池	1—67
（Ⅳ）除锰滤池	1—67
第七节 消毒	1—67

第一章 总 则

主要针对本规范的编制宗旨、适用范围、给水工程设计的基本原则以及本规范与其他标准、规范或规定的关系等方面作了明确的规定。

第1.0.1条 本条阐明了编制本规范的宗旨。

第1.0.2条 规定了本规范的适用范围，明确提出本规范适用于新建、扩建或改建的城镇、工业企业及居住区的永久性室外给水工程设计。

近年来，随着农村经济的发展，一些大城市附近的自然村、水厂日益增多，有必要订规范，但考虑到农村给水的条件和要求与城镇给水存在较大差别，难以置于同一规范中，为此，本规范适用范围不包括农村给水在内。

鉴于临时性室外给水工程的某些标准和安全要求都比永久性工程为低，为此，本规范适用范围不包括临时性室外给水工程在内。

第1.0.3条 给水工程设计应结合当地城镇工农业发展规划考虑，当同一水源有几种不同用途的取水要求时，应认真考虑出发，做到综合利用、互不干扰，充分发挥有限水资源的效益。

第1.0.4条 原条文中"规划"改为"设计"。删去城镇或企业给水的协作。

给水工程设计应与邻近城市水厂近期设计年限、新增设计年限和远期规划年限。年限的确定考虑了在满足城市供水需求的前提下，根据目前建设资金投入的可能，作相应规定。

为节约投资，充分挖潜，对改建工程，应充分考虑利用原有设施的能力。

第1.0.5条 关于给水工程系统选择的规定。根据以往实践经验，给水工程系统一般有全市生活和工业的合并统一供水系统；根据各地区或各集中用户区对不同水质或水压要求的分质或分压供水系统等多种类型。设计中应从全局出发根据当地规划和实际情况统筹考虑，经技术经济比较后选择最合理的供水系统方案。

第1.0.6条 删去原条文中直流系统和"水资源缺乏地区一般不宜采用直流系统"的规定。

采用复用或循环系统是城市节水的主要内容之一。工业用水占城市用水量比重较大，应贯彻开源与节流并重的方针，故本条对工业给水系统的选择一般不提倡直流系统，尤其是在水资源缺乏地区。

第1.0.7条 根据建设部城建司组织中国城镇供水协会编制的《城市供水行业2000年技术进步发展规划》，以提高城市供水水质、提高供水安全可靠性，降低能耗、降低漏耗、降低药耗作为行业的主要技术进步方向，故本条文增加了相应内容。

关于采用新技术、新工艺、新材料和新设备以及给水工程设备机械化、自动化程度的原则规定，原规范条文中仅着重于给水从减轻劳动强度，影响给水安全和危害人体健康等方面出发，考虑机械化自动化程度。根据现代化企业管理的要求这显然是不够的。给水工程设备机械化和自动化程度的要求，还应从提高供水水质和供水可靠性、降低能耗、提高科学管理水平和增加经济效益出发。

第1.0.8条 提出了特殊地质地区的给水工程设计的要求。

第1.0.9条 提出了关于给水工程设计时需同时执行的有关遵守其他规范的规定。

标准、规范或规定。

第二章 用水量、水质和水压

第 2.0.1 条 根据重新修改的第 2.0.2 条，原条文中居住区生活用水和公共建筑用水综合为综合生活用水定额。故将本条"一、居住区生活用水"相应改为"综合生活用水（包括居民生活用水和公共建筑用水）"。

由于第 2.0.2 条中注①～②对居民生活用水和综合生活用水的分类标准有明确规定，因此将原条文中"三、公共建筑用水"删去。

第 2.0.2 条 对原条文修订的内容有：

一、原条文和原表 2.0.2 对居住区生活用水定额及注①～④全部内容删去。

原表 2.0.2 是以气候条件将全国分为五个地区，按室内 5 种给水设备类型规定用水定额，难以符合生活用水工程设计时的要求，且该定额反映原规范原规定的生活用水水平，与当前生活用水实际情况有一定出入。现根据建设部下达的科研项目"城市生活用水定额研究"的成果修改了本条文。

"城市生活用水定额研究"的数据来源于全国用水人口 35%，全国市政供水量 40%，在约 10 万个数据基础上进行统计分析后综合确定。适用于城市给水工程设计及规划。

二、用水定额中，地域的划分系按照现行国家标准《建筑气候区划标准》作相应规定。

原用水定额划分标准，现改为三大区。现行国家标准《建筑气候区划标准》主要根据气候条件将全国分为七个大区。由于用水定额不仅同气候有关，还与经济发达程度、水资源分布、人民生活习惯和住房标准密切相关，故用水定额中综合用水按气候分区大致相当建筑气候区划标准的 I、II 区；大致相当建筑气候区划标准的 III、IV、V 区；二区；大致相当建筑气候区划标准的 VI、VII 区。

水定额划分为三个区，并按行政区划作了适当调整，即：一区；大致相当建筑气候区划标准的 I、II 区；二区；大致相当建筑气候区划标准的 III、IV、V 区；三区；大致相当建筑气候区划标准的 VI、VII 区。

三、城市规模分类系参照《中华人民共和国城市规划法》的有关规定，与现行的国家标准《城市给水工程项目建设标准》基本协调。城市规划法规定：

特大城市指：市区和近郊区非农业人口在 100 万以上；

大中城市指：市区和近郊区非农业人口在 100 万以下，50 万以上；

中小城市指：市区和近郊区非农业人口在 50 万以下。

四、居民生活用水指城市中居民的饮用、烹调、冲厕、洗涤等日常生活用水；

综合生活用水包括：城市居民日常生活用水和公共建筑及设施用水二部分的总水量。公共建筑及设施用水包括娱乐场所、宾馆、浴室、商业、学校和机关办公楼等用水，但不包括城市浇洒道路、绿地和市政用水。

五、关于国家级经济开发区和特区的城市生活用水，根据调查资料，因暂住及流动人口较多，它们的用水定额较高，一般要高出所在城市分区和同等规模城市用水定额的 1～2 倍，故建议根据该城市的用水实际情况，经上级主管部门同意，其用水定额可酌情增加。

六、表 2.0.2－1、表 2.0.2－2 中数据以 2000 年水定额为基准。

七、由于城市综合用水，工业用水、市政用水及其他用水的水量（指水厂总供水量除以用水人口，包含综合生活用水、工业用水、市政用水及其他用水的水量）中工业用水是重要组成部分，鉴于各城市的工业结构和规模及发展水平千差万别，因此本规范中未列入城市综合用水定额。现将城市综合用水量的调查数据附后供参考。见表 2.1。

第2.0.2A条 新增条文。系根据55个城市自来水公司1990年以来最高日供水变化曲线,得出最高日城市综合用水的时变化系数。由于各城市水厂供水的时变化系数规律性不强,采取综合分析研究后,规定时变化系数宜采用1.3～1.6;日变化系数宜采用1.1～1.5。

特大城市和大城市宜取下限,中小城市宜取上限,个别小城镇时变化系数可大于1.6;日变化系数可大于1.5。

第2.0.3条 关于生活饮用水水质和水压的规定。明确规定水质应符合国家标准。条文中管网上的最小服务水头是指配水管网上用户接管点处为满足用水要求所应维持的最小水头。对于居住区用户来说,通常以建筑物层数确定。管网计算一般根据当地规定的标准层数所需的水头作为服务水头。在管网计算时,不宜将单独的或少量的高层建筑物所需的水压作为设计依据,否则将导致投资和运行费的较大浪费。

第2.0.4条 关于工业企业生产和生活用水量的规定。由于各工厂工艺性质不同,生产用水量、水质和卫生要求各异,劳动条件的不同,其工作人员的生活用水量也有差别。由于车间温度、劳动强度要求的不同,其工作人员的淋浴用水量不同,可按具体情况在本条文规定范围内选用。工业企业内工作人员在上班时冲凉或冲洗的用水,应与工厂生产而提供给所需车间附设的为劳动保护需要下班后沐浴及含有毒物质或生产性粉尘的程度、室内温度等条件决定,详见《工业企业设计卫生标准》。

第2.0.5条 关于公共建筑内生活用水量的原则规定。

第2.0.6条 关于消防用水量、水压及延续时间的原则规定。

第2.0.7条 关于浇洒道路和绿化用水量的原则规定。

第2.0.8条 关于未预见用水量及管网漏失水量的规定。未预见用水系指在给水系统设计中对难于预见的因素(如规划的变化等)而保留的水量。由于我国国民经济发展较快,在设计的大部分水厂对用水量发展情况估计不足,建成水厂偏小,刚建成的水厂就要扩建,造成被动局面。考虑到上述因素,未预见用水率应适当提高,宜按10%～15%考虑。管网漏失水量系指给水管网中未经使用而漏掉的水量,包括管道接口不严、管道腐蚀穿孔、水管爆裂、闸门封水圈不严以及消火栓等用水设备的漏水。根据国外有关报导,管网漏失水率在7%左右。根据国内调查,一般在10%左右。考虑到各地情况不同,宜将此两项水量一并计算,故条文中规定"城镇未预见用水及管网漏失水量可按最高日用水量的15%～25%计算"。

城市综合用水量调查表(L/cap·d)   表2.1

城市规模 用水情况分区	特大城市		大城市		中、小城市	
	最高日	平均日	最高日	平均日	最高日	平均日
一	507～682	437～607	568～736	449～597	274～703	225～656
二	316～671	270～540	249～561	214～433	224～668	189～449
三	—	—	229～525	212～397	271～441	238～365

第三章 水 源

第一节 水源选择

第 3.1.1 条 明确在水源选择前应先进行水资源勘察。多年来，对在确定水量前，没有对水资源进行详细勘察和综合评价，以致造成工程失误的事例时有发生。有些工程在建成后，发现水源水量不足，或以农业用水发生矛盾，不得不另选水源。有的工程采用兴建水库作为水源，而在设计前没有对水库汇水面积进行详细勘察，造成水库蓄水量不足，不少地区在没有对地下水资源进行勘察的情况下，首目兴建地下水取水构筑物，以致因过量开采而造成地面沉降，或取水量不足。为此，本条规定在水源选择前，必须进行水资源的勘察。

第 3.1.2 条 关于水源选择的原则规定。确保水源水量可靠和水质符合要求是水源选择的首要条件。由于地下水水源不易受污染，一般水质较好，故应当在水质符合要求时，优先考虑地下水。选用地下水源除考虑基建投资外，还应注意经常费用的经济，当有几个水源可以选择时，应通过技术经济比较确定。随着国民经济的发展，用水量上升很快，不少地区和城市，特别是水资源缺乏的北方干旱地区，生活用水与工业用水、工业与农业用水的矛盾将日益突出。因此，确定水源时，要统一规划，合理分配，综合利用。此外，选择水源时，还需考虑施工条件和施工方法，例如施工期问是否影响航行、陆上交通是否方便等。

第 3.1.3 条 规定了选用地下水水源时，必需有确切的水文地质资料，并强调地下水取水量不得大于允许开采量，以保护地下水源。鉴于国内某些城市首目建井，长期过量采地下水，造成区域性水位不断下降，引起地层下沉，管井阻塞等事故，因此地下水

取水量必须限制在允许开采量以内。
确定允许开采量时，应有确切的水文地质资料，并对各种用途的水量进行合理分配，与有关部门协商并取得同意。在设计井群时，可根据具体情况，设立观察孔，以便积累资料，长期观察地下水动态。

第 3.1.4 条 规定了地表水设计枯水流量的保证率。在调查中，对以地表水作为城市供水水源时的设计枯水量保证率可归纳为两种意见：

一、处于水资源丰富地区的有关单位认为最枯流量保证率可取 95%～97%，个别设计院建议不低于 97%，对于大中城市应为 99%；

二、处于干旱地带的华北、东北地区的有关单位认为，枯水流量保证率以定为 90%～97% 为适当。国内个别设计院建议将枯水量保证定为 90%～95%。综合上述情况，一方面考虑到目前城市供水中工业用水的比例增大，城市的发展，人民生活水平的提高及旅游事业的兴起，对城市安全可靠供水的要求有所提高，有必要将枯水流量保证率提高到 97%（原《室外给规》TJ13—74版的上限为 95%）；另一方面考虑到干旱地区及山区枯水季节径流量很小的具体情况，枯水流量保证率的下限仍保留为 90%，以便灵活采用。

根据我国目前经济情况，小城镇的保证率不宜作硬性规定，故在"注"中规定其保证率可适当降低。

工业企业的地表水枯水期流量保证率，视工业企业性质及用水特点而定。有关的调查资料如表 3.1.4。

鉴于上述规定，本条对工业企业的地表水枯水流量保证率不作统一规定，均按各有关部门的规定执行。

第 3.1.5 条 确定水源时，为确保取水量及水质的可靠，应取得水源主管部门的书面同意。对于水源卫生防护，应积极取得环保部门等有关部门的支持配合。

表 3.1.4

序号	有关单位或标准名称	最枯流量保证率
1	《火力发电厂设计技术规程》	97%
2	冶金系统编制的设计手册	钢铁企业:95%~97%;矿山 90%~95%
3	《铁路工程技术规范》	1.2倍的正常用水量
4	交通部某工程局	97%
5	某化工设计院	
6	某工业建筑设计院	90%
7	某省林业设计院	认为林区有一定开采年限,不作硬性规定

第二节 地下水取水构筑物

（Ⅰ）一般规定

第3.2.1条 关于选择地下水取水构筑物位置的规定。由于地下水有水质好不易受污染等特点,因此,不少城市和工业企业取用地下水作为生活饮用水源。但据调查,近年来有些城市由于地下水取水构筑物位置选择不当,尤其宜作为生活饮用水源,致使水质恶化,水量不足以及取水构筑物阻塞等情况时有发生。据铁道部某设计院1980年对四十七个城市的调查,发现地下水受污染的城市取水构筑物位置也有类似情况。因此,条文着重作出了取水构筑物"不易受污染"的规定。

第3.2.2条 关于选择地下水取水构筑物型式的规定。正确选择取水构筑物的型式,对于确保取水量、水质和降低工程造价影响很大。取水构筑物的型式除与含水层的岩性、厚度、埋深及其变化幅度等有关外,还与设备材料供应情况、施工条件和工期等因素有关,故应通过技术经济比较确定。

地下水取水构筑物主要有管井、大口井、渗渠和泉室等。管井取水构筑物的型式,除与含水层的岩性、厚度、埋深和藏情况是取水构筑物型式选择的最重要因素,从节省工程造价和便于施工两方面考虑,本条规定了各种取水构筑物的适用条件。

近年来,由于我国凿井事业的迅速发展,管井取水在全国各地迅速推广,管井的数量逐年增多。据调查,某油田就有管井近千口,辽宁某市也有一百多口管井。华北、西北等不少城市都有相当数量的管井。经统计,一般含水层厚度大于5米及其他条件适宜时,大多采用管井。而建大口井因为管井可以机械钻进,施工进度快,但当含水层厚度在5米左右,底板埋藏深度小于15米时,可考虑采用大口井。鉴于上述情况,本条规定了管井和大口井的适用条件。

渗渠取水,由于施工困难和出水量逐年减小,受到很大限制,只有在其他取水型式无条件采用时,才采用渗渠取水。因此,条文对含水层厚度和渗渠最大埋深方面作了限制。

据调查,山东、云南、广西等地一些城市的泉水取水情况,普遍存在三个问题:
一、泉水流量下降,甚至枯竭;
二、水质受到污染;
三、与农业用水有较大矛盾。

由于地下水的过量开采,人工抽取代替了自然排泄,致使泉水流量大幅度减少,甚至涸废弃。因此,规范对泉室作了适用条件的规定,而不另列具体条文。

第3.2.3条 关于进行地下水取水构筑物设计时具体要求的规定。

地下水取水构筑物多数建在市区附近、农田中或江河旁,这些地区容易受到污染、农业和河流的影响。因此,必须防止地面污水不经地层过滤直接流入井中,另外在多层含水层取水时,有可

第 3.2.5 条 虹吸管管材的选用，在以往工程设计中有使用铸铁管的。但从发展看，铸铁管管材不够理想，在黑龙江省某地，有两层含水层，上层水含铁量高达 15～20 毫克/升，而下层含水层含铁量只有 5～7 毫克/升，且水量充沛。因此，封闭上层含水层，取用下层含水层，取得了经济合理的效果。为合理利用地下水资源，提高供水水质，条文规定了应有防止地面污水和非取水层水渗入的措施。

当虹吸管管路长时，接口多，增加了漏气机会。考虑到安全运行，将原条文中规定虹吸管长度不宜超过 600m 改为 500m。

(Ⅰ) 管 井

第 3.2.6 条 原条文规定含水层厚度在 60m 以上时可采用分段取水，是基于井径采用 400mm 的管井，其过滤器的有效长度约为 30m。但随着井径扩大，过滤器的有效长度也随之减小，因此对分段取水含水层厚度的规定由 60m 改为 40m。

第 3.2.7 条 关于管井过滤器、过滤器和沉淀管设计的规定。

第 3.2.8 条 关于管井井口封闭材料及其做法的规定。为防止地面污水直接流入管井，各地采用了不同的不透水性材料对井口进行封闭。调查表明，最常用的封闭材料有水泥粘土。封闭深度与管井所在地层的岩性和土质有关，但绝大多数在 3m 以上。

第 3.2.9 条 关于管井供水设置除砂和排砂装置的规定。实践证明，在含有粉砂、细砂的含水层中取水的管井，直接向管网送水时，如果不在水泵的出水管上设置除砂和排砂装置，会出现管道磨损、集砂、闸门处集砂而关闭不严以及水质不符合标准等问题，造成维修、管理和使用中的许多困难。因此制订了本条的规定。

第 3.2.10 条 关于管井设置备用井数量的规定。原《室外给水规》TJ13—74 版条文中对备用井数量规定为可按 10%考虑。据调查各地对管井水源备用井的数量意见较多，普遍认为 10%备用率的数值偏低，认为井泵检修时间较长，每次检修时间较频繁，10%的备用井数显得不足，因此本条对备用井的数量规定为 10%～20%，并提出不少于一口井的规定。

(Ⅱ) 大 口 井

第 3.2.11 条 关于大口井技术的发展和大口井设计施工困难等因素，近年来由于凿井技术的发展和大口井过深造成施工困难，设计人

能出现上层地下水受到地面水的污染，或者某层含水层所含有害物质超过允许标准而影响相邻各含水层等情况。例如，在黑龙江省某地，有两层含水层，上层水含铁量高达 15～20 毫克/升，而下层含水层含铁量只有 5～7 毫克/升，且水量充沛。因此，封闭上层含水层，取用下层含水层，取得了经济合理的效果。为合理利用地下水资源，提高供水水质，条文规定了应有防止地面污水和非取水层水渗入的措施。

过滤器是管井取水的核心部分。根据各地调查资料，由于过滤器的结构不适当、强度不够、耐腐蚀性能差等，使用寿命多数在 5～7 年。黑龙江省某市采用钢筋骨架滤水管，因强度不够而压坏；有的城市地下水中含有铁，采用混合填砾无缠丝滤水管，管井使用年限只有 2～3 年；而在同一地区，采用混合填砾无缠丝滤水管，管井使用寿命增长。因此按照水文地质条件，正确选用过滤器的材质和型式是管井取水成败的关键。

需进人检修的取水构筑物，都应考虑人身安全和必需的卫生条件。某市曾发生大口井内由火灾引起的人身事故，其它地方也曾发生大口井内使人窒息的事故。由于地质条件复杂，地层中微量有害气体在长期聚集，如不及时排除，必将造成危害。据此本条规定了大口井、渗渠和泉水取水构筑物应有通气措施。

地下水取水构筑物应设有测量水位的装置非常必要。特别近年来，城市和工业用水大幅度增加，水位显著下降，常使生产运行发生困难。为此，从维护管理和正确评价地下水位的情况出发，在取水构筑物上，设置测量水位的装置是必要的。凡是有条件的城市和工业企业都应设置水位自动测量装置。

第 3.2.4 条 关于井群集中控制的规定。近年来我国给水事业自动化水平有很大的提高，井群自动控制已在不少城市和工业企业实现。广东、华北、黑龙江等地人力，节约便于调度，安全可靠实现井群集中自动化水平，建成井群集中自动控制，以节约人力，便于调度，安全可靠今后应逐渐提高自动化水平，尽早推广井群集中"三遥"控制。

和建造的大口井井深均不大于15米，使用普遍良好。据此规定大口井井深"一般不宜大于15米"。

根据国内实践经验，大口井直径在5~8米时，在技术经济方面较为适宜，并能满足施工要求。据此规定了大口井径不宜超过10米。

第3.2.12条 关于大口井进水方式的规定。据调查，辽宁、山东、黑龙江等地多采用井壁进水的大口井堵塞严重。铁道部某设计院曾对东北、华北铁路系统的63个大口井进行调查，其中60口为井壁进水。

另据调查，一些地区井壁进水的大口井只有井壁进水，经产二年后，80%的进水孔已被堵塞。辽宁某水源地井壁进水的大口井采用井底进水，经多年运转，效果良好。水源地的大口井均为井壁进水并井底同时进水，井壁进水不完整井，井量不匀，水量不匀进水也不匀，其余30%孔为井底进水，主要靠井底进水。

上述运行经验表明，有条件时大口井宜采用井底进水。

第3.2.13条 根据给水工程实际情况修改滤料粒径计算公式，将原条文规定的 $d/d_a ≤ 8$ 改为 $d/d_a = 6~8$。

关于大口井井底反滤层做法的规定。根据东北、西北等地区使用大口井的经验，井底反滤层粒料一般设3~4层，每层厚度一般为200~300mm，相邻反滤层滤料粒径比一般为2~4，每层厚度一般为200~300mm，井底反滤层总厚度为700~1000mm。

某市自来水公司起初对井底反滤层未做成回弧形，平行铺设了二层，第一层粒径20~40mm，厚度200mm；第二层粒径50~100mm，厚度300mm，运行后若干井发生翻砂事故。后改为三层滤料组成的回弧形反滤层，刃脚处厚度为1000mm，井中心处厚度为700mm，运行效果良好。

执行本条文时应认真研究当地的水文地质资料，确定井底反滤层的做法。

第3.2.14条 关于大口井井壁进水孔的反滤层做法的规定。经调查，大口井井壁进水孔的反滤层，多数采用二层，总厚度与井壁厚度相适应。故规定大口井井壁进水孔反滤层一般可分两层填充。

第3.2.15条 关于无砂大砂混凝土大口井适用条件及其做法的规定。前一时期，西北铁道部门采用无砂大砂混凝土井筒进水，取得了一定经验，并在陕西、甘肃等地使用。运行经验表明，无砂大砂混凝土井筒虽有堵塞，但比钢筋混凝土大口井井壁进水孔的滤水性能好些。西北各地采用无砂大砂混凝土大口井多建在中砂、粗砂、砾石、卵石含水层中，尚无修建干粉砂、细砂含水层中的生产实例。

根据调查，近年来无砂大砂混凝土大口井使用较少。因此，执行本条文时，应认真研究当地水文地质资料，通过技术经济比较确定。

第3.2.16条 关于大口井防止污染措施的规定。鉴于大口井一般设在覆盖层较薄，透水性能较好的地段，为了防止雨水和地面污水的直接污染，特制订本条文。

（Ⅳ）渗 渠

第3.2.17条 关于渗渠规模和布置的规定。经多年运行实践，渗渠取水的使用寿命较短，并且出水量逐年明显减少，这主要由于水文地质条件限制和渗渠位置布置不适当所致。正常运行的渗渠，每隔7~10年也应进行翻修或扩建，鉴于渗渠翻修或扩建工期长和施工困难，在设计渗渠时，应有足够的备用水量，以备在检修或扩建时确保安全供水。

第3.2.18条 据调查，由于渗渠相负着集水和输水的作用，原条文规定的渗渠充满度0.4偏低，将充满度改为0.5。

管渠取水的流速应按不淤流速进行设计。最好控制在0.6~0.8m/s，最低不得小于0.5m/s，否则会产生淤积现象。

管渠内反滤层中的流速，延缓渗渠堵塞时间，保证渗渠出水水质，增长渗渠使用寿命。

根据对东北和西北地区16条渗渠的调查，管径均在600mm以上，最大可为1000mm。

黑龙江某厂的渗渠管径为600mm，因检查井井盖被冲走，涌进地表水和泥砂，淤塞严重，需进入清理，才能恢复使用。吉林某厂渗渠管径为700mm，由于渠内厌气菌及藻类作用，影响水质，也需进入清理。因此本条文制订了"内径冲短或长边不小于600mm的规定"。

在设计渗渠时，应根据水文地质条件考虑清理渗渠的可能性。

第3.2.19条 关于渗渠孔眼水流流速和反滤层水流流速的规定。渗渠孔眼水流流速与水流流速在地层和反滤层有直接关系。在设计渗渠时，应严格控制水流在地层和反滤层的流速，这样可以延缓渗渠的堵塞时间，增加渗渠的使用年限。因为渗渠进水断面的孔隙率是固定的，只要控制渗渠孔眼水流流速，也就控制了水流在地层和反滤层中的流速。经调查，绝大部分运转正常的渗渠孔眼和反滤层流速均大于0.01米/秒。因此，本条文制订了"渗渠孔眼水流流速不应大于0.01米/秒"的规定。

第3.2.20条 关于渗渠外侧反滤层做法的规定。反滤层是渗渠取水的重要组成部分。反滤层设计是否合理直接影响渗渠的水质、水量和使用寿命。

据对东北、西北等地14条渗渠的调查，其中五条做四层反滤层，九条做三层反滤层。每层反滤层的厚度大多数为200~300毫米，只有少数厚度为400~500毫米。

东北某渗渠采用四层反滤层，每层厚度为400毫米，总厚度为1600毫米。同一水源的另一渗渠采用三层反滤层，总厚度为900毫米。两者厚度虽差约一倍，而效果却相同。

第3.2.21条 关于集取河道表流渗透水的渗渠，地表水系经原河砂回填层和人工反滤层垂直渗入渗渠中，河道表流水的悬浮物，大部分截留在

原河砂回填层中，细小颗粒通过人工反滤层而进入渗渠，水中悬浮物含量越少，渗渠堵塞越快，因此集取河道表流水的渗渠适用于常年水质较清的河道。为保证渗渠的使用年限，减缓渗渠的淤塞程度，在设计渗渠时，应根据河水水质和渗渠使用年限，选用适当的阻塞系数。

第3.2.22条 关于河床及河漫滩的渗渠防护措施的规定。

河床及河漫滩的渗渠多布置在河道的平直河段。洪水期市设在河床及河漫滩的渗渠人工反滤层未考虑防冲刷措施，洪水期往往急剧增加，有可能冲毁渗渠人工反滤层。例如，吉林某市设在河床及河漫滩的渗渠因设计时未考虑防冲刷措施，洪水期将渗渠人工反滤层冲毁，致使渗渠报废和重新翻修。为使渗渠在洪水期所在河道的洪水情况，设置必要的防冲措施。

第3.2.23条 关于渗渠设置检查井的规定。为了渗渠的清水和检修的需要，渗渠上应设检查井。根据各地经验，检查井间距一般不大于50米。

第三节 地表水取水构筑物

第3.3.1条 关于选择地表水取水构筑物位置的规定。地表水取水构筑物都设于江河、湖泊和水库的岸边或水体中，故在选定水取水构筑物位置时，应对所取水源的岸边河床地质情况，如主流与支流，冲刷与淤积，漂浮物，冰凌以及水位和流量变化等，进行全面的分析论证。此外，还需对河道的整治规划和航行规划进行详细调查与落实，以保证取水构筑物的安全。对于生活饮用水的水源，良好的水质是最重要的条件，因此在选择取水地点时，必须避开城镇和工业企业的污染的地段，到上游清洁河段取水。

第3.3.2条 关于大型取水构筑物进行水工模型试验的规定。根据电力系统等有关部门的实践经验，对下列情况的取水构筑物在设计前需进行模型试验：

一、当大型取水构筑物的取水量占河道最枯流量的比例较

大时；

二、由于河道及水文条件复杂，需采取复杂的河道整治措施时；

三、设置壅水构筑物的情况复杂，需采取相应的有效措施时；

四、拟建的取水构筑物对河道安全产生影响，需采取相应的有效措施时。

第3.3.3条 关于取水构筑物型式选择的原则规定。综合各地设计院的实践，在确定取水构筑物型式时，应根据所在地的河流水文特征及其他一些因素，选用不同特点的取水型式。如：西北地区常采用斗槽式取水构筑物，以减少泥沙和防止冰凌；对于水位变幅特大的重庆地区常采用土建工程量的淹没式深井泵房，广西地区对能节省土建工程量的淹没式取水泵房有丰富的实践经验；中南、西南地区电力工程量大大避免冬季工程采用了能适应水位涨落、基建投资省的活动式取水构筑物；中南、西南地区很多山区浅水河床上常建造低坝式或底栏栅式取水构筑物等。

根据各地设计的实践，在决定取水安全合理的前提下确定，应经过技术经济比较，在保证取水安全合理的前提下确定。

第3.3.4条 关于取水构筑物在河床上的布置及稳定性的规定。

取水构筑物在影响取水安全、影响河床形状、若选择不当，会破坏河床的稳定性和影响取水安全。据调查，上海某厂在某支流上建造一座不稳定性取水构筑物，其岸边式水闸稍微突入河槽，压缩了水流断面，流速增大，造成对面河岸的冲刷，后不得不增做护岸措施。福建省某市政水构筑物，采用自流管引水，自流管伸入河道约80米，当时为了便于施工，在管道上设置了几座高出水面的检查井，建成后，产生丁坝作用，影响主流，洪水后在自流管下游形成大片沙滩，使取水头部有遭遇淤积的危险。上述问题应引起设计部门的注意与重视。必要时，应通过水工模型试验验证。

第3.3.5条 行业标准《城市防洪工程设计规范》和国家标准

《防洪标准》都明确规定，堤防工程采用"设计标准"一个级别；但水库大坝和取水构筑物采用设计和校核两级标准。

对城市堤防工程的设计洪水标准不得低于江河流域堤防的防洪标准；江河取水构筑物的防洪标准不应低于城市的防洪标准的规定，旨在强调取水构筑物在确保城市安全供水的重要性。

洪水位是固定式取水构筑物的取水头部及泵组安装标高设计决定因素。据调查，并参照《水力发电厂水工设计技术规范》，本条文将设计枯水位保证率上限规定为99%，比设计枯水流量保证率上限规定（第3.1.4条）略高，主要考虑枯水量保证仅影响取水量的多少，而枯水位保证率则关系到水厂能否取水，故其安全要求更高。但考虑到某些小型城镇、小型工业企业及北方干旱地区的实际情况，设计保证率过高难以实现，据此，设计时可根据水源和供水工程的重要性等具体情况选定。其范围幅度较大，定为90%~99%。

第3.3.6条 规定取水构筑物的设计规模应考虑发展需要。

根据我国实践经验，考虑到固定式取水构筑物工程量大，施工复杂，扩建困难等因素，设计时，一般都结合发展需要统一考虑。

第3.3.7条 关于取水构筑物各种保护措施的规定。据调查，北方寒冷地区河流冬季一般可分为三个阶段：河流冻结期，封冻期和解冻期。河流冻结期，水内冰、冰凇，甚至会堵塞取水口，冰凌会凝固在取水口，从而增加进水口的水头损失，故需考虑防冰措施，如：取水口上游设置导凌设施，采用像木格栅、木格栅拦冰措施，热进水格栅等。河流在封冻期形成较厚的冰盖层，由于温度的变化，冰盖水层所产生的巨大压力，使取水构筑物遭到破坏，如：某水库取水塔因冰层挤压而产生裂缝。为了预防冰盖的破坏，可采用压缩空气鼓动法、高压水破冰法等措施，或在构筑物的结构计算时考虑冰压力的作用。根据有关设计院的经验，斗槽式取水构筑物能减少泥沙及防止冰凌的危害，如：建于黄河某工程的双向斗槽式取水构筑物，在冬季运行期间，水由斗槽下游闸孔进水，斗槽内约99%

面积较出树挂，冰厚达 40～50 厘米，河水在冰盖下流入泵房进水间，槽内无冰凌现象。

据调查，某些取水构筑物投产后发生不同程度的淤积或冲刷危及正常取水，个别情况严重的已不能正常取水，需要另建新的取水口，造成一定损失。如四川省1981年7月的特大洪水，冲毁了六座水厂的取水构筑物。又如长江下游，南京等地的河床重力流取水管或保护桩，由于河床的冲刷或淤积，曾被冲断或淤塞。

第3.3.8条 关于取水泵房进口地坪标高的确定。泵房建于堤内，由于受河道堤岸的防护，取水泵房不受江河、潮汐本规范中有关确定的影响，进口地坪高程可按高水位设计，取水泵房高水位确定。房屋地面层高程的几条规定仅适用于修建在堤外的岸边固定式取水泵房。

据调查，地处宽江面或河面的岸边，当受大风影响时，会产生较大波浪的现象，本条第二款中列出了"必要时尚应增设防止浪爬高的措施"的规定。

第3.3.9条 关于从江河取水孔下缘距河床最小高度的规定。江河进水孔下缘距河床的距离取决于河床的淤积程度和河床质的性质。根据对中南、西南地区60余座固定式泵站取水头部及全国100余个地面水取水构筑物进行的调查，总结：现有江河上取水构筑物进水孔下缘距河床的高度，一般都大于0.5米，而水质情、河床稳定的浅的取水河床，当取水量较小时，其下缘的高度为0.3米，本条据此制订。当进水孔设于取水头部的高程差、对于斜板式取水全部堵死取水头部，因此规定了较大的高程差，对于斜板式取水头部，为使从斜板槽下能随水冲向下游，确保取水安全，不致泥沙淤积，要加大进水孔距河床的高度。

第3.3.10条 关于从湖泊或水库取水孔下缘距河床最小高度的规定。本条文根据国内实践经验制订。

据调查，某些湖泊水质较清，但水质较清，故湖底泥沙沉积较缓慢，对于小型取水边式取水构筑物，取水口下缘距湖底的高度可从原《室外给水规》TJ13—74版规定的1.0米减少至0.5米。

第3.3.11条 关于进水孔上缘最小淹没深度的规定。进水口淹没水深不足，会形成漩涡，带进大量空气和漂浮物，使取水量大大减少。本条系根据调查已建取水头部进水孔的淹没水深，一般都在0.45～3.2米之间，其中大部分在1.0米以上。考虑到河流封冻后，水面不受各种因素的干扰，故条文中规定"虹吸进水时，一般不宜小于1.0米，当水体封冻时，可减至0.5米"。

在确定通航区进水孔的最小淹没深度时，应注意船舶通过时引起波浪的影响以及满足船舶航行的要求。

第3.3.12条 关于取水部及进水孔同分格内进水部的规定。据调查，为取水安全，取水头部常设置二个。有些工程为减少水下工程量，将二个取水头部合成一个，但分成二格。另外，相邻二格，因相隔过近，将加剧水流的扰动及相互作用，如有条件，应在高程上或伸入河床的距离上彼此错开。某工学院为某厂取水头部进行的水工模型试验指出："一般两根管间距不小于取水部在水流方向最大尺寸的三倍"。由于各地河流特性的不同及挟带漂浮物等情况的差异，头部间距应根据具体情况确定。

第3.3.13条 关于栅条间净距的制订。非淹没式取水部格栅一般都设有格栅，以利漂浮物的清除。某些大型泵站为减轻劳动强度，设有固定式或移动式捞草机。

直接吸水式取水头部上的栅距或淹没式取水头部进水孔的尺寸，应根据水泵大小及泵后水质要求确定。

第3.3.14条 关于过栅流速的规定。主要根据西南、中南、东北地区淹没取水头部（无冰絮）多数在0.2～0.5米/秒，个别为0.6米/秒以上，东北地区淹没式取水头部的过栅流速多数在0.1～0.3米/秒（有冰絮），对于岸边淹没式取水构筑物，格栅起吊、清渣都很方便，故过栅流速比河床式取水构筑物的规定略高。

过栅流速是确定取水头部外形尺寸的主要设计参数。如流速过大，易带入泥沙、杂草和冰凌；流速过小，会加大部件尺寸，增加造价。因此过栅流速应根据诸因素决定。如取水地点的水流速度大、漂浮物少，取水规模大，则过栅流速可取上限，反之，则取下限。

第3.3.15条 关于过网流速的规定。根据电力系统经验，旋转滤网标准设计采用的过网流速为1.0米/秒；通过平板格网的最大流速可用0.5米/秒。故本条文将原《室外给规》TJ13—74版中的过网流速作了适当提高。由于各地采用的网眼的网格大小很不一致，故本条文中仅对最大流速作了规定。

第3.3.16条 关于进水管设计原则的规定。据水管设计二条以上，以保证取水安全。当一条清理或发生事故时，其余进水管仍能继续运行，以满足事故用水要求。

第3.3.17条 关于进水管最小设计流速的规定。进水流速不应小于不淤流速。据调查，四川某电厂设有三条进水管，其中平均流速为0.37米/秒，造成进水管淤积，其中一条报废。当小设计二条文中提高到0.55米/秒，管内流速上升至0.6米/秒，运转正常。根据国内其他水厂运行经验，进水管流速不宜小于0.6米/秒，以保证取水安全。在确定进水管管径及根数时，应考虑本条规定的最小设计流速，使管内初期取水及后期取水流速亦能满足不淤流速的要求。

第3.3.18条 根据国内实践经验，进水间平台上一般设有闸阀、启闭设备及格网起吊设备。泥沙多的地区，还需设冲动泥沙设施或吸泥装置。

第3.3.19条 关于活动式取水构筑物适用范围的规定。本条系根据中南西南地区活动式取水构筑物的使用情况及运行经验制订。

当建造固定式取水构筑物有困难时，可采用活动式取水。在水流不稳定，河势复杂的河流，修建固定式取水构筑物在需要进行耗资巨大的河道整治工程，对于中小型水厂常带来困难，而活动式（特别是浮船）具有适应性强，灵活性大的特点，能适应水流的变化；此外，某些河流由于水深不足，若修建取水口会影响航运，也可采用浮船取水，又当修建固定式取水口有大量水下工程量，施工困难，投资较高，若当地受施工及资金的限制，也可选用缆车或浮船取水。

根据使用经验，活动式取水构筑物存在着操作、管理麻烦及供水安全性差等缺点，特别在水流湍急、河水涨落速度大的河流上设置活动式取水构筑物时，尤需慎重。故本条文强调了"水位涨落速度小于2.0米/时，且水流不急"的限制条件，并规定"……要求施工周期短和建造固定式取水构筑物有困难时，可考虑采用活动式取水构筑物"。

另据调查，目前已运行的浮船取水单船取水能力最大达30万米³/日，连络管首径最大达1200毫米，已属大型取水工程，缆车取水工程近年来新建不多，按原已建成的缆车规模有的亦达10余万米³/日，其取水规模不算小，故本条文取消了原《室外给规》TJ13—74版中"取水量不大"的限制条件。

第3.3.20条 关于确定活动式取水构筑物个数应考虑的因素。运行经验表明，决定活动式取水构筑物个数的因素很多，如供水规模，供水要求，接头形式，有无调节水池，船体能否进坞修理等，但主要取决于供水规模、接头形式及有无调节水池。

根据国内使用情况，特别是浮船取水中钢桁架摇臂连络管实践成功，在洪水期间接头拆换频繁，拆换时迫使接水中断，一般设计成一座取水构筑物，在洪水期间再加阔活络接头的改进，供水连续性较前有了大的改善，摇臂式连络管，甚至不需拆换，曲臂式连络管，使拆换接头次数大为减少，一个取水构筑物只设置一个活络接头也牵引力，接头材料等因素的影响（如橡胶管最大只到800~900毫米），因此活动式取水构筑物个数受到供水规模的限制，本条文仅作原则性规定。设计时，应根据具体情况，在保证供水安全的前提下确定取水构筑物的个数。

第3.3.21条 关于缆车，浮船应有足够的稳定性、刚度及平衡要求的规定。本条根据西南、中南地区的实践经验制订。

据调查，缆车结构刚度的关键同题是车架的振动与变形，故条文中强调了稳定性和刚度的要求。车架的稳定性和刚度除应通过泵车结构工作状态验算，保证结构不产生共振现象外，还应通过泵车管道的布置及基座设计，采取结构上与泵车轴线重合或将机组直接布置在架上，或使机组重心放在两福桁架之间等措施，以保持缆车平衡，防止车架振动，增加其稳定性。

为保证浮船取水安全运行，浮船设计应满足有关平衡与稳定性要求。根据实践经验，浮船可通过设备和管道布置来保持浮船平衡，并通过计算验证。当浮船设备安装完毕，可根据浮船只倾斜及吃水情况，采用固定重物或底压载平衡；浮船在运行中，也可根据具体条件采用移动压载或液压载平衡。

浮船的稳定性设计应通过验算确定。浮船要有足够的稳定性，以保证在风浪中或起吊连络管时能安全运行。

机组基座设计要减少对船体的振动，对于钢丝网水泥船尤应注意。

第3.3.22条 规定了缆车式取水构筑物的位置选择和轨道、输水斜管等设计要点。本条系根据中南和西南地区的缆车式取水构筑物的调查资料制订。

一、缆车式取水构筑物有斜桥和斜坡式二种。前者适用于取水量小，后者适用于取水量大些。调查到的最大缆车式取水量为14.5万米^3/日，其设计取水量为14.5万米^3/日。车上一般设一台水泵。

二、水位变幅一般在20米左右，最大的达30米。坡道的坡角在11°～27°范围内。

三、泵车的移动，采用主副钢丝绳的居多，少数用链条。泵车移动速度在0.6～0.8米/分范围内。绞车为电动。

四、泵车出水管与输水斜管的连接方法主要有橡胶软管和曲臂式连接管两种。小直径橡胶软管拆换一次接头约需半小时。对于直径较大的刚性接头，拆换一次需历时1～6小时（4～6人）。

五、四川某厂在岷江上的缆车取水构筑物，本来用刚性接头，由于水位涨落速度快，泵车拆换次数频繁，费时费力，使用以来，工作安全可靠受到影响。1959年改装曲臂式连络管。泵车可在坡道下单向行走14.6米，适应水位变化2.2米，泵车在洪水期拆换次数从原先的7～8次降低到2～3次。此曲臂式连络管能适应水平、垂直方向移动，直径为500毫米。

六、泵车在固定时的保险措施均采用安全挂钩。

第3.3.23条 本条根据中南和西南地区的浮船式取水构筑物的调查资料制订：

一、武汉地区的浮船式取水构筑物水位变幅为20米左右，西南地区水位落差变化最大的是四川某化肥厂为38米。最大一座泵房的设计取水量为30万米^3/日，每艘船上一般装2～3台水泵，水泵安装大多为上承式。

二、船体材料一般为钢丝网水泥、钢筋混凝土或钢板。锚固措施有抛锚和岸边系缆。

三、采用阶梯式连络管的岸坡约为20～30度；采用摇臂式连络管的岸坡可达40～45度。

四、浮船出水管与输水管的连接方式有阶梯式活动连接和摇臂式活动连接。其中以摇臂式连接适应水位变幅最大。浮船取水最早采用阶梯式连接，洪水期移船频繁，操作困难，新建工矿企业，不用经常移船，一般很少采用。摇臂式连接得到了改善，使用较为广泛。摇臂接头、连络管大致有球形摇臂、套筒接头摇臂管、钢桁架摇臂管以及橡胶连络管摇臂接头摇臂四种形式。目前套筒接头摇臂管最大直径已达

1200毫米（武汉某公司），连络管跨度可达28米（贵州某化肥厂），适应水位变化最大的是四川某化肥厂，达38米。中南某厂采用钢桁架有二组活动连接，每条取水浮船上设二组钢桁架上敷有二根Dg600毫米的连络管，每条船取水能力达18万米³/日。中南某厂水库取水用的浮船接管为橡胶管接头摇臂管。

第3.3.24条 阐明了山区浅水河流取水河流取水构筑物的适用条件。

本条文主要根据中南、西南和西北地区的山区浅水河流取水构筑物的建设经验制订。

推移质取水不多的山区河流常采用低坝取水，如：青海某电厂、北川桥头取水口，贵州某电厂取水口，陕西某河取水口等均取水取得了成功的经验。为了解决坝前淤积检的问题，有的工程采用了活动坝，洪水来时能自动迅速开启泄洪、排沙，水退时又能迅速关闭蓄水，以满足取水要求。活动闸门是低水头活动坝的一种型式。近几年来，橡胶坝，浮体闸，水力自动翻板闸等新型活动坝，已在取水工程中得到了应用。

活动闸门，水力自动翻板闸等新型方法运用于底栏栅取水在新疆、山西、陕西、云南、贵州、四川及湖南等地使用较多，适用于推移质较多的山区河流。

第3.3.25条 关于低坝取水口位置选择的规定。本条根据西北、西南地区有关单位的调查资料制订。

根据实践经验，取水口应尽量布置在坝前河床凹岸处。当无天然稳定的凹岸时，可通过修建弧形取水构筑物设计引水渠造成类似的水流条件。如西北某设计院通过研究，成功地设计并建成了某电厂取水枢纽，在主河槽上将坝布置成斜向上游的弧形溢流坝，起到了凹岸的作用，溢流坝对岸的取水口虽建于直岸，实成为凹岸，由于弧形溢流坝沿程污流线造成弯曲，产生较强的横向环流，将大量底沙输送至取水口对岸，从坝顶排在下游，并利用弧形坝与进水闸成喇叭形冲沙槽，通过翻板型闸门将剩余的底沙排走，进水闸在槽的侧面构成了新型的侧面引水，侧面排沙闸的取水枢纽，侧面构成了新型的侧面引水，侧面排沙闸的取水枢纽。

第3.3.26条 规定低坝，冲沙闸的设计原则，也会根据西北某设计院调查报告及西南有关设计院的资料制订。

据调查：江西某工程低坝取水，有利取水，未设冲沙闸，经常开闸冲沙，而闽西某电厂低坝取水设有三孔3米宽的冲沙闸，坝前泥沙淤积靠近闸门形成主流，有利取水，使用效果较好。福建山区河流低坝取水的几个实例表明，冲沙闸与取水口的距离越近越好，冲沙闸上游冲沙范围可达10～20米。但冲沙闸与取水口距离较远，也会产生漂浮物大部份集中在冲沙闸前及取水口附近，使滤网的清污工作量增加。另据调查，青海省某电厂某枢纽原采用"引水冲沙"措施，不能满足不间断运行要求，后经弧形改造并经模型试验确定采用4孔冲沙闸，7孔冲沙闸，上游设弧形冲沙槽，溢流坝，使7孔冲沙闸形成7条冲沙道，下游形成5条冲沙道，加大了冲沙槽内流速，并利用上游冲沙闸单孔开启冲沙，冲沙槽冲沙取得良好，使用效果良好。设计冲沙流量、冲沙槽冲沙的计算方法运用于所采用的稳定冲沙河宽，均取得良好效果。

第3.3.27条 关于底栏栅式取水设计院关于底栏栅式取水口在设计底栏栅式取水图纸汇编及有关资料。定。本条根据西北某设计院编制的底栏栅式，低坝式取水口调查报告，长沙某设计院编制的底栏栅式，低坝式取水图纸汇编及有关资料制订。

栏栅坝一般都放在主河槽或枯水河槽处，切断河床部分的宽度大致与主河槽一致，主河槽必须稳定，否则需在上游修建导流整治构筑物。如新疆某渠道将栏栅坝放在稳定的主河槽处，运行效果较好。

据调查，坝后淤积较为普遍，是底栏栅式取水口存在的主要问题，故坝址应尽可能选在河床纵坡较陡的河段。必要时还可考虑把下游河床适当缩窄，使水流集中下泄，以增加下游的输沙能力、加较陡的河床纵坡，能增大廊道，近沙池的水力排沙能力，可加强排沙作用，冲沙效果。

1—41

第3.3.28条 规定底栏栅式取水构筑物的设计要点。据调查,为便于栅条装卸更换、直将栏栅组成分块型式安装,并采取措施,防止栅条卡塞。坝前淤积、集水井淤积是栏栅坝底取水存在的一个普遍问题。新疆某两项工程,设有专门的冲沙室(与栏栅坝并列布置),冲沙室上设有泄洪闸,泄洪的同时可冲沙,效果较好。又如广东某工程,也因坝前严重淤积,改造后增建了三个冲沙闸孔,沙淤才得以解决。

设置沉沙池可以处理进入廊道的小颗粒推移质,避免集水井淤积,改善水泵运行条件及维护管理,故条文中予以强调。

第四章 泵 房

第4.0.1条 关于选用泵型号及台数的原则规定。选用的水泵机组应能适应泵房在常年运行中供水水量和水压的变化,并满足调度灵活和使水泵机组经常处在高效率情况下运行,同时还应考虑提高电网的功率因数,以节省用电、降低运行成本。

若供水量变化较大,选用水泵的台数又较少时,需考虑水泵大小搭配,为方便管理和减少检修用的备件,选用水泵的型号不宜过多,电动机的电压也宜一致。

当提升含沙量较高的水时,宜选用耐磨水泵或低转速水泵。

第4.0.2条 规定选用水泵应符合节能要求。泵房设计一般按最高日最高时选泵。当水泵运行工况改变时,水泵的效率会在任何情况下降低,故当供水水量和水压变化较大时,宜采用改变水泵运行特性的方法,以提高水泵机组的效率。目前国内采用的办法有调节水泵叶片角度、机组调速或更换水泵水泵叶轮等。

第4.0.3条 关于设置备用水泵的规定。备用水泵设置的数量应考虑供水的安全要求、工作水泵的台数以及水泵检修的频率和难易等因素,在提升含沙量较高的水时,应适当增加备用能力。

第4.0.4条 关于备用动力的规定。不得同断供水的泵房自设置备用动力。由一个发电机供电或变电所引出的两个电源,如每段母线由不同的发电机供电或变电所中两段系的母线供电,也可认为是两个独立电源。若泵房无法取得两个独立电源时,则需自设备用动力或设柴油机拖动的水泵,以作事故备用。

在短时间中断供水也将导致企业生产设备损坏和复杂工艺过程破坏的泵房,还应设有在启动备用动力的间歇时间内保证连续供水的设施(如水塔等)。

第4.0.5条 关于水泵充水时间的规定。据调查，电厂和化工厂的大型泵房，当供水安全要求高或为便于自动化运行时，往往采用自灌充水，以便及时启动及简化水泵自动控制程序。为便于管理，使水泵能按需要及时调度，对非自灌充水的引水时间规定不宜超过5分钟。

第4.0.6条 关于泵房内管道采用流速的规定。根据技术经济因素的考虑，规定水泵吸水管及出水管的流速采用值。

第4.0.7条 关于水泵合并吸水管的规定。自灌充水水泵系指正水头自灌充水的水泵。由于自灌充水水泵如采用合并吸水管，运行的安全性差，一旦漏气将影响与吸水管连接的各台水泵的正常运行。故条文对此作了限制。

第4.0.8条 规定泵房内起重设备的机械化水平。在征求各地意见过程中，一般认为考虑检修、安装、检修和减轻工人劳动强度，泵房内起重设备的机械化水平宜适当提高。但也有部分单位认为，电动机起重设备仅在检修时用，设置手动起重设备就可满足使用要求。

第4.0.9条 关于水泵机组布置的规定。为方便操作和检修，规定了水泵机组布置的最小净距。由于在就地拆卸电动机转子时，电动机也需移位，因此规定考虑就地检修时，应在机组一侧设水泵机组宽度加0.5米的通道。

第4.0.10条 关于泵房内设检修场地的规定。为满足检修要求，规定了检修场地的最小通道宽度。

第4.0.11条 关于泵房内架空管道布置的规定。考虑安全运行的要求，架空管道不得跨越电气设备。为方便操作，架空管道宽度应能满足通风、采光和吊运设备的需要。

第4.0.12条 关于设计泵房地面层以上高度的规定。泵房高度应能满足通风、采光和吊运设备的需要。

第4.0.13条 规定设计装有立式水泵的泵房时应考虑的特殊要求。

若立式水泵的传动轴过长，轴的底部摆动大，易造成泵轴填料函处大量漏水，且需增加中间轴承及其支架，检修安装也比较麻烦。因此规定应尽量缩短传动轴长度，降低电动机层楼板高程。

第4.0.14条 规定设计管井泵房时应考虑设备的特殊要求。

第4.0.15条 规定设计泵房的门需考虑设备的进出。

第4.0.16条 关于泵房内阀门的工作压力、启闭频繁程度、启闭的时间要求及操作自动化等因素确定。据调查，一般认为启闭较为频繁的水泵出水管工作阀门，采用液压电力驱动与手动驱动的界限，以阀门直径300毫米为宜，故条文中作此规定。

第4.0.17条 关于水泵运行控制方式的原则规定。

第4.0.18条 关于泵房采暖、通风和排水设施的规定。为改善操作人员的工作环境和满足周围环境对防噪的要求，应考虑泵房的采暖、通风和防噪措施。

为确保泵房安全运行（特别是地下式或半地下式泵房），泵房内应有可靠的排水措施。

第4.0.19条 关于负有消防给水任务的泵房设计原则的规定。

第4.0.20条 关于停水锤消除器设置的规定。向高地输水的泵房，当水泵设有止回阀或底阀时，若电源突然中断或电动机发生故障，会产生由降压开始到压力稍低，阀体又迅速关闭，继而产生破坏性很大的二次水锤，有的甚至造成泵道破裂。

过去曾使用过杠杆式或弹簧式安全阀来消除停泵水锤，但此类安全阀在消除波型压力时，在任开始时间滞后于水锤发生时间，目释放水量也不够，到压力稍低时，阀体又迅速关闭，情况良好，能有效的消除二次水锤。下开式停泵水锤消除器使用多年，情况良好，能有效的消除停泵水锤、避免爆管现象。近年来，下开式停泵水锤消除器又增加了自动复位装置简化人工复位操作的改进措施。

第五章 输 配 水

第5.0.1条 关于输水管渠线路选择的原则规定。根据国内给水工程建设的经验，输水管渠的选线，涉及城乡工农业建设多方面的问题，选线的正确与否，对工程投资、建设周期，运行和维护等均产生直接的影响。原《室外给规》TJ13—74版条文中设有对此作出规定，本条文参照日本规范和《火力发电厂水工设计技术规定SDGJ5—78》的有关条文，并综合国内给水工程输水管渠设计的实践经验，对选线工作应考虑的主要因素作了原则规定。强调选线时应尽量缩短线路长度，减少占农田，同时还要为施工和运行维护创造方便条件，从而达到节约工程投资，缩短建设周期，尽快发挥工程效益等目的。

第5.0.2条 由于输水管渠的距离较长，其沿程漏失水量不能忽视，故条文中增加了的供水量中已包括了漏水时有关的内容。

由于水厂的供水量不再另计管道漏失水量。

管渠漏失水量多少应根据输水管渠距离，材质，施工条件及施工方法等因素综合考虑确定。

关于水厂向管网输水的设计流量。考虑到国内城镇水厂一般均设有调节构筑物，因此本条文规定，从水源至水厂的输水管渠的设计流量按最高日平均时供水量加自用水量确定。原规范条文中规定的"当无调节构筑物时，应按最高日最高时供水量确定用水量设计"一段，相应予以取消。

条文中"向管网输水的管道"系指水厂与配水管网相距较远时连接水厂与配水管网，当配水管网中无调节构筑物（如水塔，厂外调节池等）时，其设计流量，应能满足配水管网的最大供水量，按最高日最高时供水量确定。当有调节构筑物时，调节构筑物调节一定水量，因此输水管道的设计流量可在最高日最高时供水量减去由调节构筑物每小时调节的水量。应为最高日最高时供水量由消防负有消防任务的水管渠均负有消防任务时，其设计流量以在本条文中加注说明：当输水管渠负有消防任务时，其设计流量应包括消防补充流量。

根据调查，一般城市供水的输水管渠，连通管管径和根数，以及事故水量的规定。

第5.0.3条 关于输水干管条数、连通管管径和根数，以及事故水量的规定。

在本规范修订过程中，有34个设计院（所、室）、自来水公司、水厂和工业企业对本条文提出了意见，归纳起来有：

一、19个单位认为：两条输水管道是安全供水的保证，即使建设初期不能实现，也应采取分期建设投资有限和管材不易解决的办法实现；

二、9个单位认为：从国家基本建设投资有限和管材不易解决的实际情况出发，规范条文应取为将一条管道改为一条管道和设安全水池；

三、2个单位认为：多水源供水的城镇和工业企业可设单管；

四、铁路部门4个单位认为：管道长度小于3公里者设双管，大于3公里者设单管加安全水池。

根据对53个给水工程管道条数的实际调查，其中：34个工程是单管加安全水池，占64%；18个工程是双管（其中12个同时设有安全水池），占34%；1个工程是三条管，并设有安全水池，占2%。

国内外有关管网及建筑给水系统供水等级和建设顺序来决定。

室外管网必须根据供水系统供水等级和建设顺序来决定。苏联《给水管线的数量必须根据供水系统供水等级和建设顺序来决定》规定："输水管道条数应无规定。我国《铁路工程技术规范CHиⅡⅡ—31—74》规定："输水管道应设2条。每条应设置备用贮水设备和扬水设备"。当其超过3公里时可设1条，但必须设置备用贮水设备和扬水设备"。《火力发电厂水工设计技术规定SDGJ5—78》规定："一般不少于两条"，"当有一定容量的贮水池或其他供水措施时，可采用一条"。

总结建国三十余年来输水管道建设的实践经验,参照国内外有关规范修订的精神,本次修订将原《室外规》TJ13—74版有关条文作了调整。规定为"输水干管一般不宜少于两条",使有条件的城镇和工业企业采用修建双管以提高供水的安全程度。同时规定:"当有安全贮水池或其他安全供水措施时,也可修建一条输水干管",使投资和供应受限制的城镇和工业企业,以及多水源供水的城镇和工业企业,可以采用单管供水或采用单管加安全贮水池或采用其他安全供水措施。

本条文还规定了"城镇的事故水量按设计水量的70%,工业企业按有关工艺要求确定"。因此,双管输水干管的输水干管和连通管管径及连通管根数、单管输水的安全贮水池的容量等,均应以满足供水量的要求确定。

在设计中还应注意,当输水干管负有消防给水任务时,事故水量中还应包括消防水量。

第5.0.4条 关于明渠输送原水的原则规定。随着我国经济建设的发展,不少城市已感水源不足,特别是工业生产发展较快的北方大中城市和沿海城市,缺水问题已成为影响经济发展和人民生活提高的主要矛盾之一,常需采取长距离输水的措施来解决。由于工程规模大,需要投资较多,有可能部分或全部采用明渠输送原水。例如河南省已建成的××水干从1972年起全部利用明渠和河道输送原水,全长30公里;天津市已建成的××工程输水线路全长236公里,其中利用河道127.4公里,新建明渠65公里,设计流量分别为30和50米³/秒;辽宁省已部分投产的××工程输水线路全长167公里,其中利用了现有河道53公里,国家已批准修建的山东省××工程也将采用明渠输送原水。今后长距离、大流量的引水工程还将陆续修建,采用明渠输送原水将不可避免。原《室外给规》TJ13—74版对明渠输水没有作出规定,在这次修订过程中,从我国实际情况出发,采用明渠输送原水主要存在两方面的问题,一是水质易被污染,二是容易发生工农和城乡争水,导致水量流失。因此,在设计中应注意采取防止污染和水量流失的措施。

第5.0.5条 关于输水管渠设置检查井和通气孔的规定。

第5.0.6条 关于配水管网布置的原则规定。随着我国经济建设的发展,城镇人民生活水平正在逐步提高,故对供水安全程度的要求也随之提高。国内外小城镇等的基本措施是将配水管网布置成环状。考虑到某些中、小城镇等特殊情况,例如城市新规划区在建设初期,或限于投资,一时不能形成环网,则可按树枝状设计,但要有将来连成环状管网的可能,并应在枝状管段的末端设置排水阀。

工业企业由于生产的特殊性,对供水有不同的要求。因此,本条文规定其管网的形状应根据厂区总图布置和供水安全要求等因素确定。

第5.0.7条 关于严禁生活饮用水管网与非生活饮用水管网连接的规定。据调查,辽宁省曾发生过由于管道连接错误造成污染生活饮用水的事故。辽宁省××市的某医院由于蓄水池溢流管与污水检查井直接连通,没有装逆止阀等措施,1981年4月20日因污水倒流而造成全院210人发病。辽宁省××市弹簧元件厂锅炉水泵和市自来水管网连接,没有装逆止阀等措施,使氢氟酸液被放入食堂液中,造成25人食物中毒。辽宁省××市1981年1月29日下午,混合备水源一个液压过油水管进自来水管过氯化学厂的热水和碱液进入自来水管和石油七厂的液化气串进自来水管等事故。广东省××市也发生过类似事件。闸阀和逆止阀不能保证不渗漏,安装有一个闸和一个逆止阀,就难以保证生活饮用水与各单位自备的生活饮用水系统直接连接,对此,我国《生活饮用水卫生标准》明确规定"各单位自备的生活饮用水系统,不得与城镇供水系统连接"。因此,本条文规定:严禁城镇生活饮用水管网与非生活饮用水管网和各单位自备生活饮用水供水系统直接连接，以避免污染城镇生活饮用水管网水质的事故出现。

第5.0.8条 关于管(渠)水头损失计算公式的规定。在规范修订过程中，曾对现代各国采用的各种水头损失计算公式进行比较，包括：舍维列夫公式、谢才公式、巴甫洛夫斯基公式、海曾-威廉公式、勃洛克公式、满宁公式、达尔塞-韦斯巴哈公式和美国陆军工程兵团水力设计准则推荐的公式等。比较结果认为，在设有中国自己的水头损失计算公式以前，还是舍维列夫公式(即本条文所列钢管和旧铸铁管、钢筋混凝土管和各种渠道的水头损失计算公式)比较适用。

但是，本条文中所列舍维列夫公式是苏联六十年代给水设计规范中的公式，在七十年代给水设计规范中公式已作了如下改变：

当流速 $v < 1.2$ 米/秒时

$$i = 0.00148 \frac{q^2}{d_p^{5.3}} \left(1 + \frac{0.867}{v}\right)^{0.3}$$

当流速 $v \geq 1.2$ 米/秒时

$$i = 0.001735 \frac{q^2}{d_p^{5.3}}$$

式中 d_p——管内径(米)；
q——流量(立方米/秒)。

苏联《给水、室外管网及建筑物规范 СНиП Ⅱ-31-74》规定，上述公式适用于钢筋混凝土管、铸铁管和钢管。上述公式与六十年代规范中的舍维列夫公式的计算结果比较，约大1%左右；与谢才公式的计算结果比较，当 n 值采用0.013时，大体相近。根据我国公式的实际情况，并考虑到渠道水头损失计算要求及各种渠道、对钢管、铸铁管和钢筋混凝土管、钢筋混凝土管及谢才公式，分别采用了本条文中所列的舍维列夫公式和谢才公式。

鉴于工程中敷设的新钢管和新铸铁管在使用后其内壁的粗

度必然日益增加，因此，在本条文中一律按照旧铸铁管和旧铸铁管对待，采用相应的舍维列夫计算水头损失。

原《室外给规》TJ13-74版设有列出各种渠道的水头损失计算公式，本条文规定各种渠道的计算，同混凝土管和钢筋混凝土管一样，均采用谢才公式。

第5.0.9条 关于流速系数 c 值的规定。本条文对混凝土管、钢筋混凝土管和各种渠道的 c 值分别规定采用 $c = \frac{1}{n} R^{1/6}$ 和 $c = \frac{1}{n} R^y$ 两种公式。这两种公式中的参数 n 值主要取决于管内壁的粗糙度。鉴于国内各制管厂所生产的混凝土管和钢筋混凝土管内壁粗糙度不尽一致，故本条文对 n 值不作具体规定(原《室外给规》TJ13-74版规定采用0.013~0.014)。近几年内，国内一些单位对几条钢筋混凝土输水干管的 n 值进行过测算，大约为0.012~0.0132。鉴于城市给水管道一般流速不大，水中夹带粗糙颗粒砂砾的情况比较罕见，因此，混凝土管和钢筋混凝土管长期运行以后管内壁粗糙度一般不会加大。上海市一条直径625毫米的钢管，1933年敷设，采用水泥砂浆衬里，运转已50多年，n 值一直稳定在0.012~0.0132之间。因此，在设计中选用 n 值时，只要水质无特殊问题，可以不考虑混凝土管和钢筋混凝土管长期运行以后管内壁粗糙度增大的问题。

对于各种渠道的 n 值，则应根据渠道的建筑材料和渠槽内表面光洁等综合分析后选定。鉴于各种渠道有遭受各种因素损坏的可能，在设计中选用 n 值时应加以注意。

第5.0.10条 关于配水管网的管径、水泵扬程及校核条件的规定。为合理确定配水管网的管径、水泵扬程及高地水池水位的标高，必须进行配水管网的水力平差计算。为确保管网在任何情况下均能保证居民和工业企业的用水要求，配水管网除按最高日最高时的水量及控制点的水压进行计算外，还应按最高日最高时的水量加消防水量、最大转输流量及管事故水量等三种情况进行校核。如校核结果不能满足要求,则需调整某些管段。例如小型给水工程,由于消防水量占计算流量的比例较大,故常需根据最高时水量加消防水量的计算结果,调整管径;又如当给水力平差计算结果,在最高时和最大转输时水泵的扬程相差太大,则需考虑适当加大进高地水池的管段或最不利管段最大泵的扬程,以减少各种工况下水泵的扬程差,使水泵能经常在高效率范围内运行。

第5.0.11条 关于负有消防给水任务管道的最小直径及室外消火栓间距的规定。

第5.0.12条 关于输和配水管道材料选择的原则规定。承插式预应力钢筋混凝土管和承插式自应力钢筋混凝土管(以下简称混凝土管)分别于1959年和1966年试制成功,并先后在全国许多大中城市用作输配水管道。这两种管材与金属管道相比,具有节约金属材料、耐腐蚀和使用寿命长等优点。河北省××市引水工程,直径1200毫米的输水干管全长40公里,其中有8公里管段敷设在膨胀土地基上,该地区膨胀土的最大胀缩变形幅度为5.9厘米,管道投入运行已经三年余,胶圈土的承插式预应力钢筋混凝土管适应能良好。目前,这两种管正在升级换代,准备积极发展混凝土管材升级为国家标准,产品在制造标准已由部颁标准升级为国家标准,产品在升级换代,准备积极发展混凝土管材生产,以解决我国管材供不应求的矛盾。

但混凝土管并不能适用于一切埋地管和土壤环境。混凝土管国家标准规定:"对管体和密封圈有腐蚀作用的水和土壤,应采取防护措施方可使用"。因为土壤和水中的酸、碱、盐含量过大,会腐蚀混凝土管的高强钢丝,从而导致爆管事故。辽宁省××市的一条预应力钢筋混凝土输水管因埋设在盐碱地里,高强钢丝被腐蚀而导致爆管,后来采取阴极保护措施,方使该条管线免遭继续破坏,并能继续正常运转。

鉴于上述情况,本条文规定"有条件时,宜采用承插式预应力钢筋混凝土管、承插式自应力钢筋混凝土管等非金属管道。考虑到抗震

和提高对地基基础的适应能力,承插式铸铁管已普遍采用橡胶圈接口。原《室外给规》TJ13—74版没有对此作出规定,本条文增加了承插式铸铁管一般采用橡胶圈接口的内容。

条文中的橡胶圈接口系指滑入式接口,并非指橡胶圈外再加水泥的接口。

第5.0.14条 关于输水管道和配水管网设置检修阀门、排(进)气阀和泄水阀的规定。

关于输水管道检修段的长度,在规范修订的征求意见过程中,各地意见不一致。根据对16条输水管道的调查,检修段的最小长度为50米,最大为8~10公里,平均为2.6~2.8公里。

当敷设两条或两条以上输水管时,苏联《给水、室外管网及建筑物规范》CHиП II—31—74规定检修段的长度为:"在没有连通管条件下不超过5公里,在有连通管时其长度等于连通管间距"。

当敷设成一条输水管时,苏联《给水、室外管网及建筑物规范》CHиП II—31—74规定检修段长度为:"不大于3公里"。日本规范规定:"每间隔500~1000米设一个制水闸"。我国铁路工程技术规范规定"应每隔500~100米设制水闸"。

鉴于上述情况,本条文应根据具体情况来确定输水管检修段的长度并设置检修阀门。

配水管网设置检修阀门亦应根据分段和分区检修的具体情况来确定,但在设计中应注意检修阀门的间距不应超过5个消火栓的布置长度。

原《室外给规》TJ13—74版对直径为500毫米及500毫米以上的管道,规定可装置直径为管道直径0.8倍的阀门。考虑到阀门直径减小,虽可降低造价,但其能耗损失较大,因此从总体考虑是否合理,需经比较确定,故本次修订中取消了这一内容的规定。

根据国内外一些工程的实践经验,管道平直段倒存在窝气堵塞过水断面的问题。为此,本条文规定在隆起点和平直段的必要位置上应设置排(进)气阀的内容。

对于在输水管道和配水管网上设置泄水阀问题，苏联《给水、室外管网及建筑物规范 СНиП Ⅱ—31—74》规定："排水口安装在每一个检修段的低处，以及用作管道冲洗的地方"。日本规范规定："排水管设在管线凹下部位"。我国铁路工程技术规范是"在低洼处设置排泥阀"。综合上述内容，本条文中规定了在低处设置泄水阀的内容，以满足管道排空、排泥和泄水阀冲洗的需要。

关于排（进）气阀和泄水阀的数量和管径均应在设计中通过计算确定。

第5.0.15条 关于满流输水管道考虑消除水锤措施的原则规定。

第5.0.16条 关于金属管道防腐措施的原则规定。金属管道的外防腐措施，国内已积累了不少经验。长期来钢管均采用沥青玻璃布（或玻璃布）防腐层，近年来正在陆续采用氯磺化聚乙烯涂料和环氧煤沥青涂料，这些都是有效的外防腐措施。

关于金属管道的内防腐措施，是国外各方面十分关注的一个问题。因为它不仅对防腐措施的使用寿命，而且影响水头损失和能源消耗，关系到金属管健康密切相关，并与人体健康、卫生有关。上海市××路一条直径1000毫米的铸铁管，1967年通水后管内壁逐年结垢，1970年测定粗糙系数 n 值由0.012升为0.017，即不到三年时间输水能力降低了23%。上海市××路一条直径625毫米的钢管，1933年敷设，管内壁采用水泥砂浆涂衬，通水至今已五十多年，未发现结垢，仅在水泥砂浆涂层表面附有一层薄腻的沉积物，n 值一直稳定在0.012～0.0132之间。鉴于水泥砂浆衬里对铸铁管和铸铁管均适用，技术上可靠，经济上合理，且对人体健康无害，上海一些城市已推广使用，天津市××工程也采用了这项技术。据此，本条文增加了"当金属管道需要内防腐时，宜首先考虑水泥砂浆衬里"的内容。同时，还增加了"生活饮用水管道的内防腐不得采用有毒材料"的规定。

考虑到有机电车虽已基本淘汰，而高压变电站和高压输电线等附近均可能有杂散电流存在，并对金属管材造成腐蚀，另外，当金属管附近土壤中酸、碱、盐含量偏高和电阻率偏低时，也会对各种金属管材造成腐蚀，而阴极保护措施是金属管材防腐的有效措施，故本条将原《室外给规》TJ13—74版第105条的"注"予以适当修改，并纳入正文中。

第5.0.17条 关于管道埋设深度的原则规定。此规定国内外有关规定大体上相同。苏联《给水、室外管网及建筑物规范 СНиП Ⅱ—31—74》，日本规范，我国铁路工程现行规范，都强调埋设在土壤冰冻线以下，埋设深度应根据调节设在土壤冰冻线以上或露天敷设，并应采取管道伸缩节和防寒保温措施。

我国生产的预应力钢筋混凝土管、球墨铸铁管、承插式预应力钢筋混凝土管和承插式自应力钢筋混凝土管等管材的壁厚，一般均能满足埋深0.7~2.0米的要求。而对管道埋设深度只可根据埋深等设计条件通过热力计算和技术经济论证时才允许埋设在土壤冰冻深度以上或露天敷设。因此，本条文对管道埋设深度只做了原则规定。在设计中可根据具体情况选或通过计算确定。

第5.0.18条 关于承插式管道支墩设置的规定。支墩是防止承插式管道的接口脱离的措施。国内外有关规范规定，承插式给水管道在水流转弯处根据不同情况应设置支墩。故本条文规定支墩的设置应根据管径、转弯角度、试压情况和接口摩擦力等因素通过计算确定。

第5.0.19条 关于生活饮用水管道穿过毒物污染及腐蚀性等地区的规定。原《室外给规》TJ13—74版条文中规定"生活饮用水管道应尽量避免穿过毒物污染区，如必须穿过时应采取防护措施"。鉴于"垃圾堆"的词义不确切，而生活饮用水管道对其所穿过地区主要满足两条要求，一是避免水质对其污染，二是避免腐蚀物对管道的腐蚀。为此，本条文对原《室外给规》TJ13—74版第108条作了适当修改，删掉"垃圾堆"一词，增加了"腐蚀性等地区"的内容。

第5.0.20条 关于给水管道平面布置和竖向标高的规定。

第5.0.21条 关于城镇给水管道与建(构)筑物和其它管道的水平净距的规定。本条文中给水管道与建(构)筑物和其它管道的水平净距的数据,系根据各部门现行规范中规定的数据编列,鉴于原《室外给水》TJ13—74版第110条中关于给水管至煤气管的水平净距与现行煤气设计规范不一致,本条文根据城市煤气设计规范TJ28—78中的数据予以校正。

第5.0.22条 关于给水管道与污水管道相邻敷设的规定。

第5.0.23条 关于相互交叉的给水管道与污水管道和毒液输送管道交叉敷设时的有关规定。

第5.0.24条 关于给水管道与铁路交叉的原则规定。

第5.0.25条 关于给水管道穿越河流的规定。考虑到原《室外给规》TJ13—74版第116条的"注"中的内容具有与条文正文同样重要的意义,故本条文将其列为正文。

第5.0.26条 关于管道地基基础的规定。考虑到管道安全与其地基有密切关系,设计时应进行选择或作必要的处理。总结建国以来给水管道敷设的经验,增列了本条文。

第5.0.27条 关于集中给水站的规定。原《室外给规》TJ13—74版对管道地基有作出规定。考虑到管道安全与其地基有密切关系,设计时应进行选择或作必要的处理。总结建国以来给水管道敷设的经验,增列了本条文。

第5.0.27条 关于集中给水站设置地点和服务半径的规定。根据规范修订过程中的调查,各地对是否设置集中给水站以及采用合适的服务半径意见颇不一致。考虑到现阶段还不能全部取消集中给水站,而服务半径除了与人口密度、排水设施、气候条件、用水习惯和收费制度等有关外,还应考虑到随着人民生活水平不断提高,服务半径应随之缩短。为此,根据调查资料,将原《室外给规》TJ13—74版第104条中"服务半径一般为100米"改为"一般不大于50米"。

第5.0.28条 关于城镇水厂内清水池和厂外调节水池有效容积的规定。根据历年来水厂及设计单位的实践经验,当厂外无调节构筑物,城镇水厂内清水池的有效容积为最高日设计水量的10%~20%时,已能满足调节的需要。小水厂拟采用大值,对于大中型城市,当水厂离配水管网较远或配水管网范围较大时,经技术经济比较,可在管网的适当位置设置调节水池,以减少高峰时水厂的供水量。调节水池的有效容积可以管网的用水曲线减去水厂送水曲线求得,必要时还应加上消防储备水量。调节水池的进水量可利用供水低峰时由水厂供给。

第5.0.29条 关于工业用水贮水池和水塔有效容积的原则规定。

第5.0.30条 关于清水池个数或分格数的规定。为确保供水安全,设计时应考虑当某个清水池清洗或检修时仍能保持正常生产,据此条文中作了有关规定。

第5.0.31条 关于生活饮用水清水池和水塔工艺布置的有关规定。

第5.0.32条 关于水塔设置避雷装置的规定。

1—49

第六章 水厂总体设计

第6.0.1条 提出水厂厂址选择的主要考虑因素。水厂厂址选择正确与否,涉及到整个供水工程系统的合理性,并对工程投资、建设周期和运行维护等方面都会产生直接的影响。影响水厂厂址选择的因素很多,设计中应根据这些因素的影响大小,通过技术经济比较确定水厂厂址。据此,本条对选择水厂厂址应考虑的因素作出了规定。

第6.0.2条 关于水厂生产构筑物布置的原则规定。当水厂位于丘陵地区或山坡时,厂址的土方平整量往往很大,如水厂构筑物能根据流程和埋深深进行合理布置,充分利用地形,则可使土方平整量达到最小。

为使操作管理方便,水厂生产构筑物宜布置紧凑,构筑物间的间距必须满足各构筑物施工及埋设管道的需要。构筑物间的络管道应尽量顺直,防止迂回,以减少流程损失。

为使水厂布置合理和整洁,并使操作管理方便,条文中规定水厂生产构筑物与各附属建筑物宜分别集中布置。

水厂是安全和卫生防护要求很高的部门,为避免生活福利设施中人员流动和污水、污物排放件的影响,条文规定在布置水厂与水厂生活福利设施应分开布置。

第6.0.3条 关于水并联运行的净水构筑物应考虑配水均匀性的规定。水厂若有两组以上相同流程的净水构筑物时,进水管道应考虑配水的均匀性,使每组净水构筑物的负荷达到均匀。本条文据此作出相应规定。

第6.0.4条 规定在加药间、水厂中加药间、沉淀池和滤池的布置中,应考虑相互间通行方便。相互间通行方便和巡视是操作频繁的构筑物,为有利于操作人员巡视和取样,应考虑相互间通行方便,不少水厂采用天桥等连接方式作为构筑物间的联络过道,据调查,以避免上下频繁走动。

第6.0.5条 关于水厂排水系统设计的有关规定。为使沉淀池和快滤池等构筑物的排泥通畅,并及时将水厂区雨水排出,水厂应设有排水系统。当条件允许时,水厂排水首先应考虑采用重力流排放。若采用重力流有困难时,可在厂区内设置排水调节池和排水泵,通过提升后排放。

第6.0.6条 关于水厂绿化的规定。本条系参照"上海市规划管理技术规定"制订。鉴于水厂绿化要求较高,宜采用工厂企业绿化面积指标的较高值。据此,条文中规定为水厂的绿化面积不宜少于水厂总面积的20%。

为避免清水池池顶因绿化施肥而影响清水水质,条文中规定"清水池池顶宜铺设草皮",以限制施用对水质有害的肥料和杀虫剂。

第6.0.7条 因为现行的《城镇给水厂附属建筑和附属设备设计标准》已有有关规定,故将第6.0.7条取消。

第6.0.8条 规定水厂内建筑物设计的原则。城镇水厂的特点,在满足实用和经济的条件下,还应考虑美观。但应符合水厂的特点,强调简洁、朴素,不宜过于豪华,避免色彩多样或过多的装饰。

第6.0.9条 考虑到堆放露天堆放场地件的场地,堆放场地宜设置在水厂平面时,需考虑设置堆放配管两侧。滤池翻砂等需专设场地,场地大小应不小于堆放一只滤池的滤料和支承料所需面积。滤池翻砂场地尽可能设在滤池附近。

第6.0.10条 关于锅炉房及危险品仓库设计的有关规定。

第6.0.11条 关于水厂内厕所设置的有关规定。干厕易于传染疾病,故规定水厂使用水洗厕所,并规定水洗厕所和化粪池应离开净水构筑物10米以上的距离。

第6.0.12条 关于水厂道路的有关规定。车行道宽度系根据交通部颁发的《公路设计规范》中的规定,单车道为3.5米,双车道为6.0米。

车行道转弯半径系参照北京市政工程设计院编制的《道路设计手册》制订。

第6.0.13条 关于水厂围墙的规定。水厂围墙主要为安全而设置,故围墙高度不宜太低。据调查,一般以采用2.5米以上为宜。

第6.0.14条 本条为新增条文,水厂安全供水是城市居民正常生活和城市经济健康发展的生命线。当水厂可能遭受洪水威胁时,应采取必要的防洪设施,且其防洪标准不应低于该城市的防洪标准,并应留有适当的安全裕度,以确保发生设计洪水时水厂能够正常运行,安全供水。

第七章 水 处 理

第一节 一 般 规 定

第7.1.1条 规定了水处理工艺流程选择及主要构筑物组成的原则。

第7.1.2条 关于确定水处理构筑物生产能力的有关规定。自用水量系指水厂内沉淀池或澄清池的排泥水、溶解药剂所需水、滤池冲洗水以及各种净化构筑物的清洗用水等。自用水量与构筑物类型、原水水质和处理方法等因素有关。根据我国各地水厂经验,一般自用水率为5%~10%,下限用于原水水质较清、处理方法较简单、排泥不频繁的水厂。上限用于原水水质较浑、处理方法复杂和排泥频繁的水厂。

当水厂规模较小、消防水量占设计供水量比例较大时,水处理构筑物的生产能力还应包括消防补充水量。

第7.1.3条 关于水处理构筑物设计校核条件的规定。通常水处理构筑物按最高日供水量加自用水量进行设计。但当遇到水温较低或原水浊度较高而处理较困难时,尚需对这种情况下的最大供水量和相应设计指标进行校核,以策安全。

第7.1.4条 关于水厂安全供水方面的要求。净水构筑物和设备常因大修而撤离岗位,但供水量仍要满足外界需要,不可因某一池或某设备停止运行而影响供水量,据此拟订了本条。

第7.1.5条 关于净水厂废水多直接泄入附近河道内。当泄入水厂因设备因素而需辅助管道和设备的规定。

第7.1.6条 关于水厂的废水和泥渣处理的原则规定。据调查,目前国内大部分水厂的废水多直接排入河道或造成河道淤积,而需经常挖泥。某些水厂因废水无出路,也有就地利用池塘或河道废地进行干化和堆放。在国外报

1—51

导中，有些国家对水厂污泥处置处较重视，一般采用浓缩、脱水、干化等步骤，废水经处理后再排入水体。我国目前尚未推广，拟作为今后努力方向。据此，本条文规定"应根据具体条件作出妥善处理"。

滤池反冲洗量占水厂自用水量比例较大，一些水厂采用了回收利用的措施，取得了较好的技术经济效果。因此，在设计中对滤池反冲洗水是否回收利用，应通过技术经济比较确定。对取得改善絮凝效果的原水的水厂，宜考虑回用滤池反冲洗水，以改善絮凝效果，作为原水的辅助措施。在贫水地区水资源较缺乏，更应考虑充分利用水源，故本条文规定"在贫水地区应优先考虑"。

第7.1.7条 关于净水构筑物走道设置栏杆的规定。

第7.1.8条 关于寒冷地区防冻措施的规定。本条文规定了寒冷地区置于室内的净水构筑物的采暖标准，5℃的规定系按环境操作不被冻结考虑，15℃的规定系按操作环境的要求而提出。

第二节 预 沉

第7.2.1条 当原水含沙量很高，致使常规净水构筑物不能负担时，或者药剂投加量很大仍不能达到水质要求时，都应在常规净水构筑物前增设预沉池，或建造蓄水池，以供高峰期同时应用。

第7.2.2条 关于预沉措施选择的有关规定。一般预沉措施有沉沙、自然沉淀和凝聚沉淀等多种型式。当原水中的悬浮物大多为沙性大颗粒时，一般可采用沉沙池；当原水除含沙性颗粒外尚含有较多粘土性颗粒时，一般可采用自然沉淀池或凝聚沉淀池。

第7.2.3条 关于预沉池设计数据的原则规定。

第7.2.4条 关于预沉池设计依据的规定。由于预沉池一般按沙峰时期的日平均含沙量设计，因此当含沙量超过日平均含沙量时，有可能难以达到预沉的效果，故本文规定必要时应考虑在预沉池中投加凝聚剂或通过试验相似条件下水厂的运行经验来确定。

第三节 凝聚剂和助凝剂的投配

第7.3.1条 关于对凝聚剂和助凝剂品种有害成份的规定。凝聚剂和助凝剂是水处理过程中添加的化学物质，其成份将直接影响成水水质。为此，规定了用于生活饮用水的凝聚剂或助凝剂，必须满足无毒，对人体健康无害的要求。用于生产用水处理的药剂，必须不含有对生产有害的成份。

近年来，有些水厂将工业废料制成的凝聚剂用于生活饮用水处理，而其凝聚剂中常含有一些有害健康的物质，故本条对此特别强调。聚丙烯酰胺常被用作处理高浊度水的助凝剂，但它聚丙烯酰胺用于生活饮用水处理时，应注意其毒性。国外对此药剂的应用有不同的规定：有的国家已禁止使用；有的国家则根据其聚合程度对最大加量作了限制。

目前国内有些地方生产的碱化氯铝带有某些有害杂质，故使用时也须严格把关，以免影响人体健康。

第7.3.2条 关于凝聚剂和助凝剂品种选择的规定。凝聚剂的品种直接影响凝聚效果，而不同的凝聚剂又有对原水水质不同的适用范围。为此，凝聚剂品种的选择宜通过对原水进行凝聚沉淀试验来比较确定。缺乏试验条件或类似水源已有成熟的水处理经验时，则可根据相似条件下水厂运行经验选择，在同样达到水处理要求的条件下，可以选用多种凝聚剂品种时，则应根据生产的运行费用和药剂的供应条件，进行比较确定。

助凝剂的采用常可改变凝聚性能、提高出水水质、特别对低温低浊度水以及高浊度水的处理。助凝剂更具明显作用。例如：我国北方地区常采用活化硅作为低温低浊水的助凝剂，西北地区则以聚丙烯酰胺作为高浊度水的助凝剂。因此，在设计中对助凝剂是否采用也应通过试验或相似条件下水厂的运行经验来确定。

第7.3.3条 关于凝聚剂的投配。一般有湿式投配和干式投加两种，目前国内大部分采用湿式投加。

湿式投加的搅拌方式取决于选用凝聚剂的易溶程度。当凝聚剂很易溶解时，可利用水力搅拌方式。当凝聚剂难以溶解时，则宜采用机械或压缩空气来进行搅拌。此外，用药量的大小也影响搅拌方式的选择，用药量小可用水力方式，用药量大则宜用机械或压缩空气搅拌。

第7.3.4条 关于湿投凝聚剂时溶解次数的规定。原《室外给规》TJ13—74版条文中对溶解次数规定为一般每日不超过8次。现据调查，各地水厂一般采用每日3次，即每班一次，个别大型水厂也有采用每日不超过6次的。一般人工配制每日不超过3次，机械配制每日不超过6次。据此本条修订为"一般每日不超过三次"。

为使药剂投入溶解池操作方便，凝聚池与溶解池在投放时的垂直提升。

第7.3.5条 关于凝聚剂投放布置的规定。本条的溶液浓度系指固体本重量浓度，即按包括结晶水的商品固体重量计算的浓度。此外，考虑到有些凝聚剂（如三氯化铁）若浓度太低，在投加过程中易因水解而造成输送管道结垢；而有些凝聚剂在溶解过程中当浓度太高时容易对溶液池造成较强腐蚀，故条文对投配溶液浓度的范围较原《室外给规》TJ13—74版条文作了适当放宽，采用5%～20%。

第7.3.6条 提出了石灰不宜干投，宜制成乳液投加，以防止粉末飞扬的要求。

第7.3.7条 关于计量和稳定加注量的规定。按要求正确投加药剂并保持加注量的稳定是凝聚处理的重要关键。因此，设置能反映投加注量的计量设备和稳定加注量的措施是加药系统必须具备的条件。据调查，有些水厂（特别是工业企业自备水厂）由于无瞬时计量设备和稳定加注量措施，常导致投药量无法控制，波动很大，而影响处理效果或造成凝聚剂的浪费。为此，本条对瞬时计量设备和稳定加注量措施作了规定。常用的瞬时计量和稳定加注量措施有苗子、浮杯、转子流量仪和计量泵等，设计中可根据具体条件选用。

第7.3.8条 关于凝聚剂防腐措施的规定。常用的凝聚剂一般对混凝土及水泥砂浆等都具有一定的腐蚀性，因此对于凝聚剂接触的池壁、设备及管道等都要考虑防腐措施。与凝聚剂接触的地坪也常受凝聚剂的腐蚀影响，故也应采取防腐措施。

凝聚剂品种不同，其腐蚀性能也不同，如三氯化铁较硫酸铝腐蚀性强，故与三氯化铁接触的设备和地坪等应采用较高标准的防腐蚀措施，一般池内壁可采用涂刷防腐涂料、铺设塑料板或采用花岗岩板的内衬，也可用大理石制作溶液池。塑料板遇高温易变形，故不宜用作溶解时产生高温的搅拌池。硫酸铝凝聚剂腐蚀性较小，一般溶液池可采用耐酸水泥砂浆砌筑或贴面或耐酸瓷砖贴面或采取较高的防腐措施。

搅拌池因溶液浓度较高，仍宜采取较高的防腐措施。

第7.3.9条 关于加药间劳动保护措施的规定。加药间是水厂中劳动强度较大和操作环境较差的部门，因此对于安全生产的劳动保护需特别注意。有些凝聚剂在溶解过程中将产生异臭，影响人体健康和操作环境，如三氯化铁在溶解时所产生的气味和热量，故必须考虑有良好的通风条件。

第7.3.10条 规定了加药间与药剂仓库应毗连。为便于操作管理，加药间可尽量靠近投药点，以缩短加药管长度，确保凝聚效果。

第7.3.11条 规定了药剂仓库应设置计量工具和搬运设备的原则。药剂仓库内一般可设旁秤作为计量设备。药剂的搬运是劳动强度较大的工作，故应考虑必要的搬运设施，一般中型和大型水厂的加药间内可设悬挂式或单轨式起吊设备。

第7.3.12条 关于药剂仓库内储备量的规定。固定储备量系指由于非正常原因导致药剂供应中断，而在药剂仓库内设置的一般情况下不被动用的安全储备量。周转储备量系指药剂消耗与供应间之间的差值而需的储备量。

第7.3.13条 关于固体凝聚剂和石灰堆放高度的规定。

第四节 混凝、沉淀和澄清

(I) 一般规定

第7.4.1条 阐明本节所指沉淀和澄清的适用条件。本节所述沉淀和澄清池均指混凝沉淀和混凝澄清。自然沉淀(澄清)与混凝沉淀(澄清)有较大区别，本节规定的各项指标不适用于自然沉淀(澄清)。

第7.4.2条 规定沉淀池或澄清池类型的选择原则。随着净水技术的发展，沉淀和澄清构筑物的类型越来越多，各地均有不少经验。在不同情况下，各类池子有其各自的适用范围。正确选择沉淀池、澄清池型式，不仅对保证出水水质、降低工程造价，而且对后长期运行管理等方面均有重大影响。设计时应根据原水水质、处理水量和水质要求等主要因素，并考虑水温和水量的变化以及是否间歇运行等情况，结合当地成熟经验和管理水平等条件，通过技术经济比较确定。

第7.4.3条 规定了沉淀池或澄清池检修、为不致造成水厂停产，故规定了沉淀池和澄清池的个数或能够单独排空的分格数不宜少于两个。在运行过程中，有时需要停池清洗或检修，为不致造成水厂停产，故规定了沉淀池和澄清池的分格数不宜少于两个。

第7.4.4条 关于混凝沉淀或澄清处理后水的浑浊度的规定。原《室外给规》TJ13—74版条文对经混凝沉淀或澄清处理的水，在进入滤池前的浑浊度规定为不宜超过20度。随着我国国民经济的发展，为适应人民对生活饮用水水质要求的日益提高，即将颁布的"饮用水卫生标准"，拟将出厂水浑浊度由不宜超过5度降低为3度。为与其相适应，有必要将进入滤池前的浑浊度适当降低，以保证滤后水的水质。据此本条文改写为"经过混凝沉淀或澄清处理的水，在进入滤池前的浑浊度一般不宜超过10度"。

考虑到某些地区在处理高浊度原水或低温低浊原水时，沉淀水较难控制在10度以内，为此条文中又补充了"遇高浊度原水或低温低浊度原水时，不宜超过15度"的规定。

某些工业企业直接应用沉淀或澄清处理的出水作为生产用水，此时沉淀或澄清的出水浑浊度应根据生产的用水要求而定。由于本节规定的设计指标均按沉淀或澄清的出水浑浊度不超过10度为条件，故当允许出水浑浊度高于10度时，有关指标可适当调整。

第7.4.5条 规定了沉淀和澄清池的均匀配水和集水的原则。沉淀池或澄清池的均匀配水和均匀集水，对于减少短流，提高处理效果有很大影响。因此，设计中必须注意配水和集水的均匀。对于大直径的圆形澄清池，为达到均匀集水均，可取了增强内圈集水的经验，自1968年投产以来，运转一直正常，效果良好。另据查阅国外资料，大直径的机械搅拌澄清池，设计时吸取了增强内圈集水的经验，自1968年投产以来，运转一直正常，效果良好。另据查阅国外资料，大直径的机械搅拌澄清池(例如直径为23.5米和28米)，均有内圈集水的措施。

大直径的机械搅拌澄清池，增强内圈集水，能提高出水水质，各地均有经验。如北京某水厂直径23.9米的机械搅拌澄清池，设计时采用辐射槽集水，无内圈集水措施。投产后，水在分离区的水流条件不佳，池边带出絮粒，影响出水水质。后在池中央增设环形内圈集水槽澄清池，运行效果显著改善。又如上海某厂直径29.5米的机械搅拌澄清池，运行时增强内圈集水的设置内圈集水的措施。

第7.4.6条 关于沉淀池积泥区和澄清池沉泥浓缩斗容的的规定。

第7.4.7条 规定了沉淀池或澄清池设置机械化或自动化排泥的原则。沉淀池或澄清池沉积污泥的及时排除对提高出水水质有较大影响。当沉淀池或澄清池排泥较频繁时，若采用人工开启阀门,劳动强度较大,故宜考虑采用机械化或自动化排泥装置。平流沉淀池和斜管盘式机械沉淀池一般可采用机械吸泥机或搭配刮泥机,澄清池则可采用底部转盘式机械刮泥装置。

考虑到各地加工条件及设备供应条件不一,故条文中并不要求所有水厂都能达到机械化、自动化排泥,仅规定了在排泥次数较多时,宜采用机械化或自动化排泥装置。

第7.4.8条 关于澄清池应设取样装置的规定。
澄清池的正常运行,澄清池需经常检测沉渣的沉降比,为保持澄清池的正常运行,为此规定了澄清池应设取样装置。

（Ⅰ）混 合

第7.4.9条 混合系指投入的凝聚剂能均匀地分布于整个水体的过程。在混合阶段具有相互接触而吸附聚集颗粒或其介水性被破坏,对金属盐凝聚剂普遍采用急剧、快速混合法。据国外资料介绍,西德比河上游十洲标准"规定混合时间不超过30秒;日本规范采用混合时间为1至5分钟,苏联规范规定混合时间不大于2分钟,高分子聚合物的混合则不宜过分急剧。据此,条文中提出"使药剂与水进行恰到好处的急剧、充分混合"。

第7.4.10条 关于混合方法的规定。据调查,我国现用的混合方式有水泵混合、管式混合、机械混合以及管道静态混合器等,其中多数水厂采用水泵混合或管道混合。据国外资料,美国和日本均以机械混合为主。

（Ⅱ）絮 凝

第7.4.11条 "絮凝池"曾称"反应池"。
"反应"、"絮凝池"曾称"反应池",絮凝过程所形成的絮粒不致破碎,故宜将絮凝池与沉淀池合建成一个整体构筑物。

第7.4.12条 关于选用絮凝池型式和絮凝设计参数的要求。

第7.4.13条 关于隔板絮凝池设计参数的有关规定。絮凝池

内的停留时间和流速,是设计絮凝池的重要参数,也是决定水池尺寸的基础。

隔板絮凝池的设计指标受原水多年来水温、被去除物质的类别和浓度的影响。根据多年来多数水厂的运行经验,一般可采用停留时间为20~30分钟;起端流速0.5~0.6米/秒;末端流速0.2~0.3米/秒。故本条对絮凝时间和廊道的流速作了相应规定。考虑到若隔板间净距过小,不易施工和清洗,故规定了隔板净距一般不宜大于0.5米。

第7.4.14条 关于机械絮凝效果较隔板絮凝池设计参数的有关规定。实践证明,机械絮凝池絮凝效果较絮凝池为佳,故絮凝时间可适当减少。根据各地水厂运行经验,机械絮凝时间一般宜为15~20分钟。

第7.4.15条 关于折板絮凝池设计参数的有关规定。自1977年以来,在江苏、湖北等地陆续建成使用了折板絮凝设备。目前统计,除小型净水器外,已建成投产的有十座,正在施工或设计的有四座。其中最大设计能力为4万米³/日。各地区根据不同情况采用了平流折板、竖流折板、竖流波纹板等型式。竖流絮凝池又分同步、异步两种型式。经过数年来的运转证明,折板絮凝具有对水量消耗电等特点,是一种高效絮凝工艺。1983年12月由城乡建设环境保护部对高效絮凝器组织了技术鉴定。

本条文是在总结国内已实践经验的基础上制订的。由于目前收集到的资料中以折板型式絮凝方面的规定。

一、据调查,各地水厂目前实际运行指标中,絮凝时间一般采用6~10分钟(个别水厂采用12分钟)。本条根据调查资料,并适当留有余地,订为6~15分钟。

二、据调查,各地水厂设计中,大多根据逐段降低流速的要求,将絮凝池分为三段,第一段流速一般采用0.25~0.35米/秒,第二

段流速一般采用 0.15～0.25 米/秒,第三段一般采用 0.10～0.15 米/秒。

三、据调查,各地区水厂已安装的折板絮凝池,其折板夹角大部分采用 120 度和 90 度两种。本条文订为 90 度到 120 度均可采用。设计时可根据池深、折板材料及安装条件选用。

第 7.4.16 条 关于穿孔旋流絮凝池设计参数的有关规定。原《室外给水规》TJ13—74 版条文中仅规定穿孔旋流絮凝池一般采用隔板式或机械式絮凝,根据各地水厂调查资料表明,穿孔旋流絮凝池也是一种较适宜的絮凝设备。条文中絮凝时间和絮凝速度的规定系根据各地水厂调查资料制订。

(Ⅳ) 平流沉淀池

平流沉淀池是沉淀池布置中最早应用的一种型式。由于具有处理水质稳定,适应性强,操作方便等优点,故至今仍在各地区普遍采用,尤其适用于 5 万米³/日以上的大型水厂。

第 7.4.17 条 关于平流沉淀池沉淀时间的规定。沉淀时间是平流沉淀池设计中的一项主要指标,它不仅影响造价,而且对出水水质和投药量也有较大关系。根据实际调查,我国现采用沉淀时间大多低于 3 小时,出水水质均能符合进入滤池的要求。据此,条文中规定平流沉淀池沉淀时间一般宜为 1.0～3.0 小时。

第 7.4.18 条 关于平流沉淀池水平流速的规定。原《室外给水规》TJ13—74 版条文中,对平流沉淀池水平流速规定一般为 5～20 毫米/秒。考虑到提高沉淀池水平流速有利于增加水池的容积利用系数,同时可使水池的稳定性增加,以减少温差、异重流以及风力等对水流的影响。因此,一般认为加快沉淀池水平流速,对提高沉淀池的絮动性、影响颗粒沉降、有好处。但水平流速也不宜过高,否则会增高沉淀池水平流速适当提高为 10～25 毫米/秒。设计大型平流沉淀池时,为满足长宽比的要求,水平流速可采用高值。

《室外给水规》TJ13—74 版条文中规定沉淀池体尺寸比例的规定。沉淀池的形状对沉淀效果有很大影响,一般宜做成狭长型。原《室外给水规》根据浅层沉淀原理,在相同沉淀时间的条件下,池子越深,沉淀池截留悬浮物的效率越低。但池子过浅,易使池内沉泥带起,并使处理构筑物的高程布置带来困难,故需采用给水厂的实际情况及目前采用的设计数据,平流沉淀池深一般均小于 4 米。据此,本条文将沉淀池深规定一般可采用 3.0～3.5 米。

为改善沉淀池中水流条件,平流沉淀池宜布置成狭长的型式,为此需对池长度与深度的比例以及长度与宽度作适当限制,订为"长度与深度比一般不得小于 3～8 米,最大不超过 15 米"。并规定了"长度与宽度比不得小于 4;长度与深度比不得小于 10"。

第 7.4.20 条 关于平流沉淀池配水和集水形式的规定。平流沉淀池进水与出水均匀与否是影响沉淀效率的重要因素之一。为使进水能达到整个水流断面上配水均匀,一般宜采用穿孔墙,但应避免絮粒在通过穿孔墙处的破碎,根据实践,平流沉淀池出水一般采用溢流堰,为不致因堰负荷过高而使已沉降的絮粒被出水带出,故条文规定一般可采用溢流率小于 500 米³/米·日"。

(Ⅴ) 异向流斜管沉淀池

异向流斜管沉淀池自七十年代初在国内推广使用以来,全国

各地平流沉淀池的沉淀时间(小时)

地区	上海	武汉	重庆	成都	广州
沉淀时间	0.5～2	1～2.5	1～1.5	1～1.5	2 左右
地区	长春	吉林	天津	哈尔滨	
沉淀时间	2.5～3	2.5 左右	3 左右	3 左右	

各地陆续采用。据不完全统计，各地建成投产及旧池改造的异向流斜管沉淀池已近百座。各地区还根据当地材料供应的可能，采用了不同的斜管材质。经过十多年的运转证明，异向流斜管沉淀池具有适用范围广，处理效率高，占地面积小等优点。为此，本规范在总结国内实践经验的基础上，对异向流斜管沉淀池的设计作出了规定。

第7.4.21条 关于异向流斜管沉淀池适用范围的规定。各种类型的沉淀池或澄清池都具有各自的特性和优缺点，其适用范围也有差异。异向流不宜采用的高浊度水沉淀池，由于水流在池中停留时间较短，故原水水质变化不宜太急剧。同时，异向流斜管沉淀池的处理效率较高，单位时间内的沉泥量较大，故当原水浊度较高时，容易造成出水水质的不稳定。根据实践经验，一般异向流斜管沉淀池适用的原水浊度长期不宜大于1000度。

第7.4.22条 关于斜管区设计指标的规定。斜管沉淀池的主要设计指标，目前常采用上升流速。为了与同向流斜管沉淀池的指标相一致，本规范也以液面负荷作为斜管沉淀池的主要设计指标（两者可通过数学关系换算）。

液面负荷值与原水水质，出水浊度，药剂品种，投药量以及选用的斜管直径或斜板间距，长度等有关。据调查，各地水厂斜管沉淀池的液面负荷一般为9.0～11米³/米²·时。为考虑到对沉淀池出水水质要求的提高，故本条文中规定液面负荷9.0～11.0米³/米²·时"。对于北方寒冷地区液面负荷宜取低值。

各地斜管沉淀池液面负荷(米³/米²·时)

福州	10.8	三明	12.6	武汉	5.4～10.8
无锡	7.2～10.8	上海	10.8	杭州	10.8
南京	10.8	广州	9.0	南宁	10.4
西宁	10.8	九江	10.8	成都	10.8
南昌	10.8	广西	12.6	长春	10.8
哈尔滨	9.0～10.8	天津	10.8		

第7.4.23条 规定斜管沉淀池斜管的几何尺寸及倾角。斜管沉淀池斜管的常用形式一般有正六边形、矩形及正方形，而以正六边形的斜管最普遍。条文中斜管口径系指正六边形的内切圆直径或矩形、正方形的高。据调查，国内异向流斜管的管径，一般为25～35毫米，国内斜管的常用直径径、一般为25~35毫米。据此，本条文规定采用此数值。

国内各地区异向流斜管管径（毫米）

杭州	25	云南	50	昆名	35	哈尔滨	36
上海	35	成都	35	广州	35～50	广西	35
南昌	35	天津	35	石岐	25	长春	35
南宁	32	武汉	35	江西	35		

据调查，全国各地区水厂的异向流斜管沉淀池的斜管长一般多采用1米；斜管倾角，考虑能使沉泥自然滑泻，大多采用60度。据此，本文规定采用此两数值。

第7.4.24条 斜管沉淀池的集水一般采用集水槽或集水管，其间距一般为1.5～2.0米。为使整个斜管沉淀池的出水达到均匀，清水保护高度不宜小于1.0米。

斜管以下底部配水区的高度需满足进入斜管区的水量达到均匀，并考虑排泥设施检修的可能。据调查，"底部配水区高度一般在1.5～1.7米之间。据此，本条规定："底部配水区高度不宜小于1.5米"。

(Ⅵ) 同向流斜板沉淀池

同向流斜板沉淀池自1973年开始在国内试验后，相继有八座同向流斜板沉淀池在各地建成投产。其中有的因运行不正常而中断，但天津的两座水厂至今运行正常，并积累了一定的经验。1979

国内同向流斜板沉淀池一览表

厂名	规模 (米³/日)	原水浊度 (度)	液面负荷 (米³/米²·时)	沉淀区斜板倾角	集水装置型式	运行情况
天津甲水厂	9.0万	11～176	30～50	40°	管式	1981年投产，运行正常
天津乙水厂	1.5万	—	26.5～50	—	—	1973年开始试验，现运行正常
湖南某水厂	—	最高500	≤40	30°	—	因效果不好已拆除
北京某水厂	8.64万	小于300	20～50	35°	原为梯形，改为纵向沿程集水	1977年投产，运行正常
四川某水厂	0.5万	—	—	—	—	短期运行后因斜板损坏而拆除
江苏某水厂	2.0万	—	—	—	—	堵塞，已不用
福建某水厂	1.5～2.0万	—	—	—	—	木制斜板开裂，已拆除

年5月在天津召开了同向流斜板沉淀池的专题技术讨论会。1983年11月，由天津市科学技术委员会和天津市公用局组织通过了鉴定。

同向流斜板沉淀池具有沉淀效率高、占地面积小等优点。但由于同向流斜板沉淀池对原水水质、水量变化适应性较差，集水装置要求较高、造价贵，斜板加工困难，故目前尚未被广泛应用。

关于同向流斜板沉淀池的条文，是在总结国内实践经验的基础上新增的。

第7.4.25条 关于同向流斜板沉淀池适用范围的规定。同向流斜板沉淀池是一种高效率的沉淀池型式，故在池中停留时间很短，悬浮物在池中沉降效率较高，单位时间内沉降的泥量较大，其他型式的沉淀池成倍增加。同时，该型式对原水水质的变化也较敏感。为确保出水水质符合要求，沉淀池进水水浊度不宜长期大于经验，一般同向流斜板沉淀池适用的原水浊度不宜大于200度。

第7.4.26条 关于同向流斜板沉淀池液面负荷的规定。根据调查，目前实际运行的同向流斜板沉淀池液面负荷多数为30～50米³/米²·时。本条考虑到对沉淀池出水水质要求的提高，规定液面负荷"一般可采用30～40米³/米²·时"。

第7.4.27条 本条中规定的斜板倾角及各项尺寸均根据目前各水厂运行经验及1983年11月天津市科学技术委员会颁发的鉴定书为依据而制订的。

第7.4.28条 集水装置是同向流斜板沉淀池的重要组成部分，它直接影响沉淀池的出水水质。据调查，目前已运行的同向流斜板沉淀池集水装置大致有：梯形、梯形加翼、纵向沿程集水、管式和带分离斜板下部开孔等五种型式，而以管式和纵向沿程集水等型式较为理想。

（Ⅵ）机械搅拌澄清池

机械搅拌澄清池在原《室外给规》TJ13—74版中称为"机械加速澄清池"，考虑到"加速"二字含义不清，为此，本次修订中改为机械搅拌澄清池。

机械搅拌澄清池自六十年代在国内推广使用以来，全国各地区已陆续采用。各地区根据原水特点及材料设备的供应条件，采用了平底刮泥装置和水力驱动搅拌叶轮等型式。经过二十多年的运行证明，机械搅拌澄清池对水量、水质和水温变化的适应性较强，效果稳定，投药量少，易于控制。在设计和运行上均已积累了较成熟的经验，是目前水处理工艺中常用的净化构筑物。

第7.4.29条 规定机械搅拌澄清池进水水浊度的适用范围。

以确保出水水质的稳定性。

(Ⅷ) 水力循环澄清池

水力循环澄清池自六十年代在国内推广使用以来，已有二十余年。各地均有建造，一般用于中小型给水工程。单池水量最大产水量多数在7500米³/日以下。实践证明，水力循环澄清池具有构造简单，易于上马等优点，但由于本身构造的特点，池深较大，絮凝时间较短，因此投药量较大。同时，水力循环澄清池对水质、水量和水温变化的适应性较差。

第7.4.34条 关于水力循环澄清池适用范围的规定。由于水力循环澄清池对水质、水量和水温变化的适应性较差，故原水浑浊度过大，原水浊度在2000度以下时，处理效果较稳定。据调查，原水浊度过大，水力循环澄清池宜用于浑浊度长期低于2000度的原水。据此，条文中规定"水力循环澄清水区上升流速不均匀，处理效果不够理想。故因池子直径若过大，清水区上升流速不均匀，处理会影响处理效果。据调查，单池生产能力大于7500米³/日时，处理效果不够理想。故条文中规定"单池的生产能力一般不宜大于7500米³/日"。

第7.4.35条 关于水力循环澄清池清水区上升流速的规定。清水区上升流速是澄清池设计的主要指标。原《室外给规》TJ13—74版对水力循环澄清池清水区上升流速规定为0.8~1.1毫米/秒。根据对各水厂调查表明，水力循环澄清池清水区上升流速大于1.0毫米/秒时，处理效果欠稳定，对水质有影响。为保证出水水质标准的提高，同时，考虑到生活饮用水标准的提高，故本条文对水力循环澄清池上升流速的指标降低一般可采用0.7~1.0毫米/秒。低温低浊原水宜选用低值。

第7.4.36条 关于水力循环澄清池导流筒有效高度的规定。导流筒有效高度系指导流筒内水面至导流喉管下端一定的距离，此高度对于稳定水流，进一步完善絮凝，保证水力循环澄清水区高度和停留时间，有重要的作用。据调查，各地水力循环澄清池的导流筒有效高度一般认为以3.0~3.5米为

个别地区短时间可达10000度。实践证明，运转正常。3000度以下时，处理效果良好，当原水浊度经常在3000~5000度时，采用池底机械刮泥装置，也可达到较好的处理效果。据此，本条中规定"机械搅拌澄清池宜用于浑浊度长期低于5000度的原水"。

第7.4.30条 规定机械搅拌澄清池清水区的上升流速。原《室外给规》TJ13—74版根据当时的调查资料，清水区上升流速为0.9~1.2毫米/秒。但近年来，各地对机械搅拌澄清池的上升流速均有采用较低值，一般约为1.0毫米/秒。国家标准图上升流速均有采用较低值，一般约为1.0毫米/秒。考虑到生活饮用水质标准的提高，为减轻滤池负荷，保证出水水质，本条订为"机械搅拌澄清池清水区的上升流速，应按相似条件下的运行经验确定，一般可采用0.8~1.1毫米/秒"。低温低浊时宜采用低值。

第7.4.31条 规定机械搅拌澄清池的总停留时间。根据我国实际运行经验，条文规定水在机械搅拌澄清池中的总停留时间，可采用1.2~1.5小时。

第7.4.32条 关于搅拌叶轮提升流量及叶轮直径的规定。搅拌叶轮提升流量即第一絮凝室回流量，对循环澄清池形成的水质经验确定的形成的水质较大。条文参照国外资料及国内实践经验确定"搅拌叶轮提升流量可为进水流量的3~5倍"。

第7.4.33条 规定机械搅拌澄清池是否设置机械刮泥装置及其颗粒组成等因素，设计时应根据上述因素通过分析确定。机械搅拌澄清池是否设置机械刮泥装置，主要取决于池子直径大小和进水含沙量及其颗粒组成等因素，设计时应根据上述因素通过分析确定。

对于澄清池直径较小（一般大于15米以内），原水含沙量又不太高，并将池底做成不小于45度的斜坡时，可考虑不设置机械刮泥装置。但当原水含沙量较高时，为确保排泥通畅，一般应设置机械刮泥装置。对原水含沙量虽不高，但因池子直径较大，为了降低池深宜将池子底部坡度减小，并增设机械刮泥装置来防止池底积泥。

宜。浙江某厂原设计导流筒高度为1.5米，投产后出水水质较差，后加至2.5米，效果显著改善。为此，本条文综合各地的设计和运行经验，规定"水力循环澄清池导流筒（第二絮凝室）的有效高度，一般可采用3～4米"。

第7.4.37条 关于水力循环澄清池回流水量的规定。

第7.4.38条 关于水力循环澄清池斜壁与水平面夹角的规定。本条从排泥通畅考虑，规定了斜壁与水平面的夹角不宜小于45度。

（Ⅸ）脉冲澄清池

脉冲澄清池自六十年代在国内应用以来，七十年代曾在各地广泛推广使用。据不完全统计，设计规模在7200米³/日以上已投产的脉冲澄清池就有80余座。有些是由原平流沉淀池改建而成。但根据目前调查，有些地区因脉冲澄清池运行效果不够理想，已被拆除或改建其它形式沉淀池。其主要原因是脉冲澄清池对水量、水质和水温变化的适应性较差，排泥控制要求严格，否则处理效果不稳定。据某厂对比试验，脉冲澄清池处理效果明显较机械搅拌澄清池为差。考虑到脉冲澄清池在某些地区仍能正常运行，故本规范仍将其作为澄清池的一种型式制订有关条文。

脉冲澄清池的脉冲发生器有真空式、S型虹吸式、钟罩式、浮筒切门式、皮膜式和脉冲阀切门式等型式，后三种型式处理效果不佳。

第7.4.39条 关于脉冲澄清池适用范围的规定。据国内运行经验表明，当原水浑浊度经常在3000度以下时，处理效果较稳定。在高浊度地区使用时，曾出现因底部积泥塞穿孔配水管而影响出水的事例。据此，本条文规定"脉冲澄清池宜用于平均浊度长期低于3000度的原水"。

第7.4.40条 关于脉冲澄清池清水区上升流速的规定。原《室外给水规》TJ13-74版对上升流速规定为0.8～1.1毫米/秒。根据近几年对各地运行经验的调查表明，由于其对水量、水质变化的适应性较差，上升流速过高，一般以低于1.0毫米/秒为宜。结合生活饮用水水质标准的提高，本条文将上升流速的规定修改为"一般可采用0.7～1.0毫米/秒"。

第7.4.41条 关于脉冲周期及其充放时间比的规定。脉冲周期及其充放时间比的正常运行有重要作用。由于目前一般采用时间控制，对脉冲发生器不能根据进水量自动地调整脉冲周期和充放时间。因而当进水量小于设计水量时，常造成池底积泥，当进水量大于设计水量时，造成出水水质不佳。故设计时应根据进水量的变化幅度选用适当指标。本条系根据国内调查资料，结合国外资料制订。

第7.4.42条 关于脉冲澄清池悬浮层高度及清水区高度的规定。本条系根据国内调查资料的综合分析制订。

第7.4.43条 关于脉冲澄清池配水形式的规定。

第7.4.44条 规定了虹吸式脉冲澄清池的配水总管应设排气装置。虹吸式脉冲澄清池易在放水过程中将空气带入配水系统，若不排除，将导致配水不均匀和搅乱悬浮层。据此，本条文规定配水总管应设排气装置。

（Ⅹ）悬浮澄清池

根据多年来全国各地运行经验表明，悬浮澄清池的处理效果对水量的适应性差，影响处理效果的因素较多，不易控制，目前国内除西南地区有所采用外，其它地区已较少在新建厂中应用。

第7.4.45至7.4.49条 系根据设计院的《悬浮澄清池设计暂行规定（草案）》（1965年12月）制订。

（Ⅺ）气浮池

我国在给水工程中应用气浮池，是从1979年4月江苏省某水厂开始的，水运量为5000米³/日。至今全国已投入正常运行的约有20余处。处理水量最大为8万米³/日。气浮池的主要优点是：占地少，造价低，净水效率高，泥渣含水率低。对处理含藻低浊，含藻的原水

1—60

尤为适用。该工艺的关键装置压力溶气罐和溶气释放器等均较国外有所改进,运行稳定可靠,技术指标达到或超过国外水平。

第7.4.50条 关于气浮池适用范围的规定。根据气浮池处理原水的特点,适宜于处理低浊度原水。试验表明,虽然气浮池处理浑浊度为200～300度的原水是可行的,但考虑到气浮池的生产性经验还不多,故本条规定"气浮池一般用于浑浊度小于100度"。

第7.4.51条 关于气浮池接触室上升流速及分离室向下流速的规定。气浮池接触室上升流速应以接触室内流水流态稳定,气泡对絮粒有足够的捕捉时间为准。根据各地调查资料,上升流速大多采用20毫米/秒。某些水厂的实践表明,当上升流速过低,也会因接触室面积过大而使释放器的作用范围受影响,造成净水效果不好。又据各地调查资料,上升流速以10毫米/秒较多,据此本条规定"上升流速可采用1.5～2.5毫米/秒"。上限用于处理的水质,下限用于难处理的水质。

第7.4.52条 关于气浮池的单格宽度,池长及水深的规定。为考虑刮渣机的安全运行及水流稳定性,减少风对渣面的干扰,池的单格宽度不宜超过10米。

据调查,各地水厂气浮池水深大多在2.0米左右。实际测定有效水深1米处的水质已符合要求。但为安全起见,条文中规定"有效水深一般可采用2.0～2.5米"。

气浮池的泥渣上浮较快,一般在水平距离10米范围内即可完成。为防止池末端因无气泡托起池面浮渣下落而造成水质可完成。故规定池长不宜超过15米。

第7.4.53条 关于溶气罐压力及回流比的规定。国外资料中的溶气罐压力均采用4～6公斤/厘米²。根据我国的试验成果,提高溶气罐的溶气量及释放器的释放性能后,可适当降低压力,以减少电耗。因此,按国内试验及发生溶气压力,一般可采用可采用2.0～4.0公斤/厘米²范围,回流比一般可采用5%～10%。

第7.4.54条 关于压力溶气罐填料层厚度及水力负荷的规定。溶气罐铺设填料层,对溶气效果有明显提高,但填料层厚度超过1米,对提高溶气效率已作用不大。为考虑布水均匀,本条规定其高度一般采用1.0～1.5米。

根据试验资料,溶气罐的截面水力负荷一般采用100～150米³/米²·时较宜。

第7.4.55条 关于气浮池排渣的规定。由于采用刮渣机刮出的浮渣浓度较高,耗用水量少,设备也较简单,操作条件较好,故各地一般均采用刮渣机排渣。根据试验,刮渣机行车速度不宜过大,以免浮渣因激动剧烈而影响出水水质。据调查,以采用5米/分以下为宜。

第五节 过 滤

(I) 一 般 规 定

第7.5.1条 规定滤池出水的水质标准。一般过滤池的出水经消毒后即直接供给用户,故虑后水质除细菌等指标外,其它物理、化学饮用指标的应符合用水的水质要求。对于生活饮用水,则应符合相应生产工艺对水质的要求,《生活饮用水卫生标准》。

第7.5.2条 关于选择滤池型式的原则规定。影响滤池选择的因素很多,主要取决于设计生产能力,进水水质和工艺流程的布置。对于生产能力较大的滤池,不宜选用单池面积受限制的池型;在滤池出现水质可能出现较高浊度或含藻类多的情况下,不宜选用翻砂检修困难或滤池冲洗强度受限制的池型。选择池型还应考虑滤池改进,出水水位和厂区地坪高程间的关系,滤池冲洗水排水的条件等因素。

第7.5.3条 关于滤料性能的规定。

第7.5.4条 关于滤池个数的规定。为避免滤池在冲洗时对其它工作滤池滤速的过大影响，滤池应设有一定的个数。为保证一只滤池检修时不致影响整个水厂的正常运行，条文规定了滤池个数不得少于两个。

第7.5.5条 关于滤池设计条件的规定。滤池可按正常情况下的滤速设计，但应对检修情况下的滤速进行校核。正常滤速是指水厂全部滤池均在工作时的滤速。强制滤速是指全部滤池中有一个或两个滤池在冲洗或检修时的滤速。

第7.5.6条 关于滤池工作周期的规定。理想的滤池工作周期应当达到水头损失值的同时，滤池出水浊度也上升到要求的浊度。根据国内各水厂的运行经验，在本规范规定的滤速与进水浊度条件下，工作周期宜采用 12～24 小时。

第7.5.7条 关于滤速及滤料组成的规定。为了与《生活饮用水卫生标准》TJ13—74 版的有关规定相适应，本条文对正常滤速作了适当降低。为使用方便，本条文对滤料粒径规定以最小粒径和最大粒径表示。表中所列 K_{80} 数值系根据国内采用的滤料情况制订。表中所列滤料厚度数值为国内的常用值。

第7.5.8条 关于滤池配水系统的规定。滤池配水系统的开孔比是影响滤池冲洗均匀性的因素。开孔比越小，冲洗越均匀。本条文根据国内滤池运行经验，对各种型式滤池的配水系统作了规定。小阻力配水系统一般不适宜用于过滤面积较大的滤池。开孔比为 0.6%～0.8% 的中阻力配水系统，国内使用较多的为滤砖和三角槽。小阻力配水系统一般采用穿孔板，上铺两层 32～40 目/英寸尼龙网。

第7.5.9条 关于滤池的冲洗强度和冲洗时间的数值。冲洗强度一般可按列表选用，当水温偏离 20℃ 较大时，选用的冲洗强度可适当增减。

膨胀率随冲洗强度和水温的变化而变化，表中所列膨胀率是从不利情况考虑，以作为计算滤池排水槽高度之用。

增设表面冲洗或用气水冲洗法，目前国内较少采用，故未列入具体设计数据。

第7.5.10条 关于滤池设设取样装置的规定。为检测滤池出水水质，滤池出水管上应设取样龙头。

(Ⅰ) 快 滤 池

目前国内采用的快滤池以单层滤料滤池和双层滤料滤池为多。三层滤料滤池自 1973～1975 年在国内试验，使用以来，先后在多座城市水厂中建成投产，至今运转正常，其中规模最大的为 7 万米³/日。由于三层滤料滤池具有反粒度过滤的特点，故其有滤速高，过滤周期长和滤池出水水质好等优点。

第7.5.11条 关于快滤池冲洗前水头损失的规定。根据国内运行经验，单层、双层滤料快滤池的冲洗前水头损失较大，因此滤池冲洗前的水头损失也相应增加，一般需采用 2.5～3.0米才能保证滤池有 12～24 小时的正常工作周期。为了保证滤池正常运行，及时了解过滤池的水头损失，条文规定了每个滤池应装设水头损失计。

第7.5.12条 关于滤层表面以上水深的规定。为保证快滤池有足够的工作周期，避免砂层中产生负压以及从工艺流程的高程布置和构筑物的造价作考虑，条文规定了滤层表面以上水深，宜采用 1.5～2.0 米。

第7.5.13条 关于大阻力配水系统承托层的规定。表列承托层的粒径及厚度均根据国内经验制订。由于配水系统孔眼距池底的高度不一，故最底层承托层厚度规定从孔眼以上开始计算。一般认为承托层最上层的粒径宜采用 2～4 毫米，但也有部分单位认为再增加一层厚 50～100 毫米，粒径 1～2 毫米的承托层为好。

第7.5.14条 关于大阻力配水系统设计的规定。根据国内运本节有关规定执行。

第7.5.15条 关于三层滤料滤池配水系统的规定。由于三层滤料滤池的滤速较高,过滤滤水头损失较大,而采用开孔率较大而孔率为0.2%～0.28%的大阻力配水系统时,过滤滤水头损失过大,又因滤池面积较大而不易做到配水均匀。故本条文中规定三层滤料滤池宜采用中阻力配水系统。

第7.5.16条 关于三层滤料滤池承托层的规定。由于三层滤料滤池承托层上部多为重质矿石滤料。经试验,为了避免在反冲洗强度偏大并夹带少量小气泡时产生混层,粒径在8毫米以下的承托层宜采用重质矿石,粒径在8毫米以上可采用砾石,以保证承托层的稳定。

根据试验资料,当配水系统的孔径为4毫米时,承托层最大粒径宜为16毫米;当配水系统的孔径为9毫米时,承托层最大粒径宜为32毫米。

第7.5.17条 关于滤池冲洗砂面布置均匀,并防止滤料在冲洗膨胀时的流失,规定了本条文。

第7.5.18条 关于滤池冲洗水供给方式的规定。据调查,国内采用高位水箱冲洗滤水较多的水厂,一般按单格滤池冲洗水量的1.5～2.0倍计算。对于滤池格数较多的水厂,冲洗的滤池格数也均未超过2格。根据生产实际的要求,同时尽量减少水箱容积以降低造价的原则,规定水箱的有效容积按1.5倍单格滤池冲洗水量计算。

第7.5.19条 关于快滤池各管(渠)采用流速的规定。从技术经济考虑,规定了快滤池中管(渠)宜采用的流速值。

(Ⅲ) 压 力 滤 池

第7.5.20条 关于压力滤池设计数据的规定。因压力滤池的性能与普通快滤池一样,故本条规定压力滤池的设计数据,可参照

第7.5.21条 关于压力滤池形式的规定。压力滤池一般为3米,当直径大于3米时,竖式压力滤池的过滤面积较卧式压力滤池的过滤面积小,故本条作此规定。

(Ⅳ) 虹 吸 滤 池

第7.5.22条 关于虹吸滤池分格数的规定。虹吸滤池的反冲洗水量来自相邻滤格。当运行水量降低时,其倍数也将增加。因此,为保证滤池有足够的冲洗强度,本条对分格数作了相应的规定。滤速度约为5～6倍。

第7.5.23条 关于虹吸滤池的过滤型式。虹吸滤池冲洗前水头损失过大,易保证出水水质,且滤池深将过滤前水头提高;冲洗前水头设计及损失过低,则会缩短过滤周期,增加冲洗水率。根据多年来设计及水厂运行经验,本条规定了一般可采用1.5米。

第7.5.24条 虹吸滤池冲洗水头,也即虹吸滤池出水堰板标高与冲洗排水管淹没水面的高程差,应根据采用的虹吸滤池型式要求的冲洗流量。根据目前采用的虹吸滤池型式,一般采用1.0～1.2米,故本条据此作了规定。

第7.5.25条 关于虹吸进水管和排水管流速的规定。

(Ⅴ) 重力式无阀滤池

第7.5.26条 关于无阀滤池进水系统的规定。无阀滤池是属于等滤速的过滤方式,如不设置单独的进水系统,势必造成各个滤池的相互干扰,也会导致单独的滤池发生同时冲洗的现象。故每个滤池应设单独的进水系统。在滤池冲洗后投入运转的初期,由于滤层水头损失较小,进水管中水位较低,易产生跌水和将空气带入,故进水管应有不使空气进入的措施。无阀滤池冲洗前的水头损失决定虹吸冲洗的高度,冲洗周期以及前处理构筑物的高程。本条根据历年来的设计经验制订。

1—63

第7.5.28条 关于滤料表面以上直壁高度的规定。为防止冲洗时滤料从过滤室中流走，滤料表面以上的直壁高度（一般采用10～15厘米）高度外，还应加保护高度。

第7.5.29条 关于辅助虹吸促进冲洗时虹吸强度的快速达到，设计时应予考虑。辅助虹吸措施能促进冲洗时虹吸作用的快速发生，较大出水人，故应设置调节冲洗强度的装置。为避免实际冲洗强度与理论计算未达到规定冲洗水头损失之前进行冲洗（如出水水质已超过标准），滤池需设有强制冲洗的装置。

（VI）移动罩滤池

移动罩滤池自1975～1976年首先在江苏省南通市建成以来，已先后在上海、武汉、广东、浙江、江苏、安徽等省市的30余个水厂采用。基本上运转正常，取得一定的经济效果。这些水厂的规模，最大为60万米³/日，最小为2000米³/日。滤池单格面积最大为11.85米²，最小为0.48米²。1982年4月在上海召开了移动罩滤池及其数控装置的技术鉴定会，会议一致认为移动罩滤池造价便宜，出水水质符合《生活饮用水卫生标准》的要求，可以推广使用。

第7.5.30条 关于移动罩滤池滤格分组和分格数的规定。移动罩滤池的构造与普通快滤池不同，当某一滤格检修时，全组滤池均需停产，故条文规定移动罩滤池不得少于可独立运行的两组。

移动罩滤池各滤格冲洗的冲洗水量5～6倍的过滤出水量，在正常情况下约需一滤格的冲洗水量才能满足，当滤池的出水水量较低时，则需更多组的分格的冲洗水量才能满足。故本条规定每组的分格数不得少于8格。

第7.5.31条 关于设计过滤水头和水位恒定装置的规定。移动罩滤池设计过滤水头指滤池设计水面与出水堰前水面标高的高程差。由于移动罩滤池滤速的水力特性较复杂，目前尚无完整的计算方法，故本条根据生产实践经验，规定为可采用1.2～1.5米。移动罩滤池各滤格的过滤是阶梯形下降，由于虹吸出水水位固定，为避免过滤周期内池水位变化过大，有必要在虹吸管端端设置水位恒定水位的装置。

第7.5.32条 关于移动罩滤池集水区高度的规定。移动罩滤池一般采用小阻力配水系统。集水区的高度直接影响冲洗的均匀性。本条据此作出不小于0.4米的规定。

第7.5.33条 关于移动罩指砂层以上到罩壁高度的规定。移动罩滤池的直壁高度系指砂层以上罩口的高度，应等于冲洗时滤料的膨胀高度再加保护高度，保护高度一般取10～15厘米。

第7.5.34条 关于移动罩滤格所组成，为保证各滤格能按时冲洗，条文中规定滤池是由许多滤格所组成，为保证各滤格能按时冲洗，条文中规定宜采用程序控制的方式。

第六节 地下水除铁和除锰

（I）工艺流程选择

第7.6.1条 关于地下水要否除铁和除锰的规定。微量的铁和锰是人体必需的元素，但饮用水中含有超量的铁和锰，会产生危害。当水中含铁量＜0.3毫克/升时无任何异味，含铁量为0.5毫克/升时色度可达30度以上，含铁量达1.0毫克/升时便有明显的金属味。水中有超量的铁和锰，会使衣物、器具洗后染色并留下锰斑（含锰量>0.15毫克/升即可产生此种影响）。含锰量较高时会使水产生金属涩味。锰化物能在管道内壁逐渐沉积，当管中水流速度和方向发生变化时，沉积物会引起"黑水"现象。因此，《生活饮用水卫生标准》规定，饮用水中铁的含量应不超过0.3毫克/升，锰的含量应不超过0.1毫克/升。

生产用水，由于水的用途不同，对水中铁和锰含量的要求也不尽相同，纺织、造纸、印染、酿造等工业企业，为保证产品质量，对水中铁和锰含量有严格的要求。软化、除盐系统对处理水对水中铁和锰含量，亦有严格的要求。但有些工业企业用水对水中铁和锰含量，并无严格要求或要求不一。因此，对工业企业用水中铁锰含量不宜做出统一的规定,设计时应根据用水要求考虑是否需要除铁除锰。

第7.6.2条 关于地下水除铁除锰工艺流程选择原则的规定。地下水除铁除锰实验研究和实践经验表明,合理选择工艺流程是地下水除铁除锰成败的关键,并将直接影响水厂的经济效益。工艺流程选择与原水水质密切相关,而天然地下水水质又是千差万别的,这就给工艺流程选择带来很大困难。因此,掌握较详尽的水质资料,在设计前进行除铁除锰试验,以取得可靠的设计依据是十分必要的。如无条件进行试验确定工艺流程也可参照原水水质相似水厂的经验,通过技术经济比较后确定工艺流程。

第7.6.3条 关于地下水除铁除锰方法与工艺流程混清。据大量资料记载,除铁除锰方法一般常把除铁除锰方法及其相应工艺流程的规定。过去一般常把除铁除锰方法有:

(1) 自然氧化法(或曝气法)。
(2) 曝气接触氧化法。
(3) 化学氧化法(包括氯氧化法和高锰酸钾氧化法等)。
(4) 混凝法。
(5) 碱化法(投加石灰或碳酸钠等)。
(6) 离子交换法。
(7) 稳定处理法。
(8) 生物氧化法。

根据我国生产实践经验,除铁除锰则多采用曝气接触氧化法或曝气自然氧化法;除铁则常采用曝气接触氧化法。原《室外给水规范》TJ13—74版条文中关于曝气—石英砂过滤法"及给排水设计手册中关于"曝气—天然锰砂过滤法"的提法均不确切。因这些工艺流程范畴,使用时应加以区别,故命名为:接触氧化法和曝气氧化法。曝气氧化法,系指原水经曝气后充分溶氧和散除CO_2,一般pH达7.0以上,水中Fe^{2+}全部或大部氧化为Fe^{3+},可直接进入滤池进行接触过滤除去。

第7.6.4条 关于地下水除锰方法及相应工艺流程选择的规定。试验和生产实践表明,曝气接触氧化法除锰与其他除锰方法相比,具有投资省、制水成本低、管理简便、处理效果良好且稳定等优点,故推荐采用曝气接触氧化法除锰。本规范有关除锰经验,铁锰共存情况下的工艺流程:当原水含铁量<2.0~5.0毫克/升(北方为采用2.0,南方为采用5.0毫克/升),含锰量<1.5毫克/升时,采用曝气—单级过滤,可在除铁的同时将锰去掉。当铁锰含量超过上述数值时,铁将明显干扰除锰,如仍采用上述工艺,有时只能除铁而不能除锰。因此,应通过试验研究,以确定除锰工艺。如两级过滤工艺,先除铁后除锰。过滤过程中,可直接采用曝气、硅酸盐含量较高时,铁的最佳沉淀层范围偏向酸性一侧。因此,充分曝气将使高铁穿透滤层而致使出水水质恶化。此时,也应通过试验确定曝锰工艺,必要时可采用如下工艺流程:

原水曝气—接触氧化过滤除铁—曝气—接触氧化过滤除锰。

第7.6.5条 关于曝气设备选用的规定。

(I) 曝气装置

第7.6.6条 关于曝气装置主要设计参数的规定。国内使用情况表明,跌水级数一般采用1~3级,每级跌水高度一般采用0.5~1.0米,但单宽流量各地采用的数值相差悬殊,低者只4.7米^3/时·米,高者达280米^3/时·米,多数采用20~50米^3/时·米,故条文规定了单宽流量为20~50米^3/时·米。值得注意的是,设计中一般不宜作最不利数据组合,例如跌水级数和跌水高度选用下限值,而单宽流量选用上限值,其结果必然使装置产生较差的曝气效果。

第7.6.7条 关于淋水装置多采用穿孔管,因其加工安装简单,曝气效果良好,而采用淋水装置多采用穿孔管,因其加工安装简单,曝气效果良好,而采

第7.6.14条 关于叶轮式表面曝气装置主要设计参数的实践经验的规定。试验研究和东北地区采用的叶轮式表面曝气装置的实践经验表明，原水经曝气后饱和度可达80％以上，二氧化碳散除率可达70％以上，pH值可提高0.5～1.0。可见，叶轮表面曝气装置不仅溶氧效率较高，而且能充分散除二氧化碳，大幅度提高pH值。使用中还可根据要求适当调节曝气程度，管理条件也较好，故近年来已逐渐在工程中得以推广使用。设计时应根据曝气程度的要求来确定设计参数，当要求曝气程度高时，曝气池容积和叶轮的外缘线速度设计应选用条文中规定数据的上限，叶轮直径与池长池宽直径之比应选用条文中规定数据的下限。

第7.6.15条 关于曝气装置设在室内时应考虑通风设施的原则规定。

（Ⅲ）除铁滤池

第7.6.16条 关于除铁滤池滤料的规定。六十年代发展起来的天然锰砂除铁技术，由于其明显的优点而迅速在全国推广使用。近年来，除铁技术又有了新的发展，接触氧化除铁理论认为，在滤料成熟之后，无论何种滤料均能有效地除铁，均起着铁质活性滤膜载体的作用。因此，除铁滤池滤料可选择天然锰砂，也可选择石英砂及其他适宜的滤料。"地下水除铁课题组"调查及试验研究结果表明，石英砂滤料更适用于原水含铁量低于15毫克/升的情况，当原水含铁量>15毫克/升时，宜采用无烟煤一石英砂双层滤料。

第7.6.17条 关于除铁滤池试验研究结果的规定。滤料粒径，当采用石英砂时，滤料粒径一般为0.5～0.6毫米，最大粒径一般为1.2～1.5毫米，最小粒径一般为0.5～0.6毫米；当采用天然锰砂时，最大粒径一般为0.6毫米，最大粒径一般为1.2～2.0毫米。条文对滤料层厚度规定的范围较大，使用时可根据原水水质和选用的滤池型式而定。国内已有的重力式滤池的滤层厚度一般采用800～1000毫米，压力式滤池的滤层厚度一般采

滤池上的喷淋的滤速。

用莲蓬头者较少。理论上，孔眼直径愈小，曝气效果愈好，但孔眼直径太小易于堵塞，反而会影响曝气效果。根据国内使用经验，孔眼直径以4～8毫米为宜，孔眼流速以1.5～2.5米/秒为宜，安装高度以1.5～2.5米为宜。淋水装置的安装高度，对板条式曝气塔为淋水出口至最高一层板条的高度；对接触式曝气塔为淋水出口至最高一层填料面的高度；直接设在滤池上的淋水装置为淋水出口至滤池内最高水位的高度。

第7.6.8条 关于喷水装置主要设计参数的规定。条文中规定了每10米²面积设喷嘴的个数，实际上相当于每个喷嘴的服务面积约为1.7～2.5米²。

第7.6.9条 关于射流曝气装置设计计算原则的规定。某部队水厂原射流曝气装置设计计算未经计算，安装位置不当，使装置不仅曝不出气，反而从吸气口喷水。后经计算，并改变了射流曝气装置的位置，结果效果很好。可见，通过计算来确定射流曝气装置的构造是很重要的。东北两个城市采用射流曝气装置已有15年历史，由于它具有设备少、造价低、容易加工、管理方便等优点，故迅速得以在国内十多个水厂推广使用，实践表明，原水经射流曝气后溶解氧饱和度可达70％～80％，但CO₂散除率一般不超过30％，pH值无明显提高，故射流曝气装置适用于原水铁锰含量较低、对散除CO₂和提高pH值要求不高的场合。

第7.6.10条 关于压缩空气曝气装置淋水密度的规定。

第7.6.11条 关于板条式曝气塔主要设计参数的规定。

第7.6.12条 关于接触式曝气塔主要设计参数的规定。实践表明，接触式曝气塔运转一段时间以后，填料层易被堵塞。原水含铁量愈高，堵塞愈快。一般每1～2年就应对填料层进行清洗。这是一项十分繁重的工作，为方便清理，层间净距一般不宜小于600毫米。

第7.6.13条 关于设有喷淋设备的曝气装置淋水密度的规定。根据生产经验，一般可采用5～10米³/时·米²，但直接装设在滤池上的喷淋设备，其淋水密度相当于滤池的滤速。

用1000～1200毫米，甚至有厚达1500毫米的。然而重力式滤池和压力式滤池并无实质上的区别，只是构造不同而已，因此主要应根据原水水质来确定滤层厚度。

第7.6.18条 关于除铁滤池配水系统和承托层选用的规定。

第7.6.19条 以往设计和生产中采用的冲洗强度、膨胀率和冲洗时间的数据也偏高。如天然锰砂滤池冲洗给规《TJ13—74版》条文中规定的数据亦偏高。如天然锰砂滤池冲洗强度规定为24升/秒·米²，膨胀率为30%；石英砂滤池冲洗强度规定为15～17升/秒·米²，膨胀率为40%～45%。近年来，通过试验研究和生产实践发现，滤池表面活性滤膜破坏，致使初滤水长时间不合格，也有个别把承托层冲翻的实例。冲洗强度太低则易使滤层结泥球，甚至板结。因此，除铁滤池冲洗强度应适当，当天然锰砂滤池的冲洗强度为18升/秒·米²，石英砂滤池的冲洗强度为13～15升/秒·米²时，即可使全部滤层浮动，达到预期的冲洗目的。

(Ⅳ) 除锰滤池

第7.6.20条 关于除锰滤池滤料的规定。近年来，我国地下水除锰技术得到了迅速发展。"地下水除锰课题组"经两次全国性调查测试和饮重点试验研究，并参阅了大量国外技术资料，做出了较全面的经验总结，并已于1982年通过鉴定，为本规范编制有关地下水除锰条文提供了科学依据。曝气接触氧化除锰处理原水成熟后均能有效地除锰，各种滤料的起着锰质活性滤膜载体的作用。但是，不同水质，原水含锰5～6毫克/升，石英砂成熟期为65天；吉林某地除锰试验表明，原水含锰6～8毫克/升，用江西乐平锰砂、广西马山锰砂、湖南湘潭锰砂成熟期仅36～51天，无烟煤为71天，而石英砂和锦西锰砂长达96天；辽宁某水厂原水含锰为1.0～1.2毫克/升，采用马山锰砂作为除锰滤料，开始运转即可获

得除锰水，即不存在成熟期。鉴于上述原因，本条推荐了除锰效果良好的天然锰砂和经济易得的石英砂，但不作硬性规定，设计中也可参照已有水厂的成熟经验采用。

第7.6.21条 关于除锰滤池主要设计参数的规定。试验研究和生产实践慎重，除锰要比除铁困难得多，因此除锰滤池设计参数采用下限值，原水含锰量低时宜采用5～8米/时。锰质活性滤膜是依赖以除锰的催化物质，冲洗强度过大（如>20升/秒·米²），锰质活性滤膜会严重脱落而影响处理效果，且易跑走。另外，活性滤膜会严重脱落而影响处理效果，且易跑走。另外，对密度有变大的趋势，相对密度的相对密度为2.65，而成熟的石英砂则只有2.38，减轻了约10%。天然锰砂也有类似情况。因此，除锰滤池的冲洗强度宜略低于除铁滤池，滤池投产初期，滤料相对密度虽尚未成熟，也不宜采用过大的冲洗强度。

第7.6.22条 关于单级过滤除锰池设计原则的规定。单级过滤池是指一单级过滤工艺流程中既除锰又除锰的曝气一单级过滤池。当原水铁又除锰含量均较低时，采用此法。此时，由于铁质干抗除锰，锰更不易除掉，滤料成熟期将更长。国内某水厂原水锰含量均为1.5毫克/升左右，采用石英砂滤料的成熟期长达半年以上。铁、锰往往同一滤池去除采用的低值，滤料层厚度宜采用高值。

第七节 消　毒

第7.7.1条 关于生活饮用水必须消毒以及消毒方法的规定。消毒的目的是杀灭病原微生物，使水质达到生活饮用水卫生标准。我国目前仍以加氯作为常用的消毒法。国外目前也仍以氯作为主要消毒剂。氯价格便宜，来源丰富，一般情况下用氯作为消毒剂是适宜的。但氯对微污染水源可能合产生氯酚味或三因甲烷等

副作用。故国外尚有采用臭氧、二氧化氯等消毒剂来代替加氯。采用二氧化氯作为消毒水中因加氯而产生的氯酚味,也不合形成三卤甲烷,但因二氧化氯价格昂贵,其主要原料亚氯酸钠极易爆炸,故至今在国外尚未很广泛使用,国内在净水处理方面亦尚无应用。美国《大湖—密西西比河上游十洲标准》规定"当原水受工业废水污染,加氯产生氯酚时,可采用二氧化氯作为消毒剂,但必须保证有确当的储藏和操作亚氯酸钠的措施,以避免引起爆炸的危险"。故本列范根据目前国内实际使用的情况,仅列加氯作为主要消毒剂。

第 7.7.2 条 关于加氯点的规定。当原水水质较好,不受污染时,一般采用滤后一次加氯。当水源水质较差时,常采用二次加氯,即在沉淀池或澄清池前进行预加氯,以氧化水中有机物和藻类,去除水中色、嗅、味,经过滤后再次加氯,以进行水的消毒。鉴于各地原水水质各异,加氯点不一,以及加氯的目的不同,因此投氯量相差悬殊,条文中难以统一规定,应根据相似条件下的运行经验确定。

第 7.7.3 条 关于氯的设计用量的原则规定。

第 7.7.4 条 规定氯氨消毒时,氯和氨的投加比例。

第 7.7.5 条 关于氯水和消毒剂接触时间的规定。采用加氯消毒法,水中主要形成游离性余氯。实践表明,水与肠道致病菌(如伤寒、痢疾等)、钩端螺旋体、布氏杆菌等都有杀灭作用。采用氯胺消毒法,水中主要形成化合性余氯。化合性余氯一般应为游离性余氯量的二倍以上,且接触时间不少于2小时,才能获得相同效果。据此,条文中规定"氯胺消毒的接触时间不应短于2小时"。

肠道病菌(传染性肝炎、小儿麻痹病毒等)对氯消毒剂的耐受力较肠道致病菌为强。有资料报导,如使肠道病毒灭活,在0.5毫克/升,接触时间为30~60分钟,亦可使肠道病毒灭活。因此,在怀疑水源可能受到肠道病毒污染时,应增加投氯量和延长接触时间,以保证饮水安全。

第 7.7.6 条 关于投加液氯时设置加氯机的有关规定。

第 7.7.7 条 关于采用漂白粉消毒时的有关规定。原《室外给水规范》TJ13—74版条文中,对漂白粉澄清液每日配制次数规定为不大于6次。据调查,为减轻劳动强度,目前各水厂每日配制次数均不大于3次。故本条文修改为"每日配制次数不宜大于3次"。

第 7.7.8 条 关于加氯(氨)间位置的规定。加氯机出液压力不够,容易阻塞。目因管中水头损失较大,加氯管过长,会导致液氯投加困难。故本条作此规定。

第 7.7.9 条 关于加氯(氨)间采暖方式的规定。从安全防爆出发,条文作了相应的规定。

第 7.7.10 条 关于加氯间及氯库设置安全措施的规定。根据国外资料及我国《工业企业设计卫生标准》的规定,室内空气中氯气允许浓度不得超过1毫克/米³,故加氯间及氯库内宜设置测定氯气浓度的仪表和报警措施。有条件时,对较大规模的水厂,可设置氯气吸收塔等吸氯设备。

第 7.7.11 条 关于加氯(氨)间设置防毒面具等措施的有关规定。原《室外给水规范》TJ13—74版条文规定加氯(氨)间内需设置防爆灯具。据调查,实际应用中无此必要。故本条文予以删去。

第 7.7.12 条 关于加氯(氨)间及其仓库通风的规定的有关规定。

第 7.7.13 条 关于加氯(氨)间及其仓库布置的有关规定。为防止因氯瓶或加氯机漏氯,条文对通风要求作了相应规定。

第 7.7.14 条 关于加氯(氨)管道有腐蚀作用,条文中规定加消毒药剂的管道及配件应采用耐腐蚀材料。一般氯气管和配件可用铜制,液氯及氨强氧化剂,对某些材料有腐蚀作用,条文中规定消毒药剂均系对铜有腐蚀性,故宜用塑料制品。

第 7.7.15 条 关于室外给水加氯(氨)、加氨设备及其管道设备用的规定。据调查,本条文对备用作了相应的规定。

第 7.7.16 条 关于消毒储备量指由于非正常原因导致药剂供应中断,而在药剂固定储备量系指由于非正常原因导致药剂供应中断,而在药剂仓库内设置的在一般情况下不准动用的储备量,应按水厂的重要性来决定。据调查,一般设计中均按最大用量的15～30天计算。周转储备量系指考虑药剂消耗与供应时间之间的差异所需的储备量,可根据当地货源和运输条件确定。

中华人民共和国国家标准

供水水文地质勘察规范

Standard for hydrogeological investigation of water-supply

GB 50027—2001

主编部门：原国家冶金工业局
批准部门：中华人民共和国建设部
施行日期：2001年10月1日

关于发布国家标准
《供水水文地质勘察规范》的通知

建标[2001]144号

根据我部《关于印发一九八八年工程建设国家标准制订、修订计划（第二批）的通知》（建标[1998]244号）的要求，由原国家冶金工业局会同有关部门共同修订的《供水水文地质勘察规范》，经有关部门会审，批准为国家标准，编号为 GB 50027—2001，自2001年10月1日起施行。其中，1.0.3，1.0.4，3.2.7，5.1.2，5.2.4，5.3.7，5.4.2，9.1.1，9.1.3，9.2.1，9.4.1，10.0.1，10.0.2，10.0.5，11.0.2，11.0.3，11.0.4，11.0.5，11.0.6 为强制性条文，必须严格执行。自本规范施行之日起，原国家标准《供水水文地质勘察规范》GBJ 27—88 同时废止。

本规范由中冶集团武汉勘察研究总院负责具体解释工作，建设部标准定额研究所组织中国计划出版社出版发行。

中华人民共和国建设部
二〇〇一年七月四日

本规范主编单位、参编单位和主要起草人：

主 编 单 位：中国冶金建设集团武汉勘察研究总院
参 编 单 位：中国市政工程西南设计研究院
　　　　　　冶金勘察研究总院
　　　　　　国家电力公司东北电力设计院
　　　　　　国土资源部储量司
主要起草人：彭易华　龙建中　陈树林　张锡范　韩再生
　　　　　　韩国良　李天成

前　言

本规范是根据建设部建标[1998]244号文的要求，由国家冶金工业局主编，具体由中冶集团武汉勘察研究总院会同中国市政工程西南设计研究院、国土资源部储量司、国家电力公司东北电力设计院等单位组成修订组，对《供水水文地质勘察规范》GBJ 27—88进行修订而成。经建设部 2001 年 7 月 4 日以建标[2001]144 号文批准，并会同国家质量监督检验检疫总局联合发布。

在修订过程中，修订针对原规范在执行中发现的问题及在勘察中提出的新要求，结合近年来有关生产科研所取得的新成果，列出专题进行了深入的调查研究，提出修订稿。经在全国范围内广泛征求意见，反复修改，最后由原国家冶金工业局会同有关部门审查定稿。

本规范共分 11 章和 4 个附录。修改的主要内容有：增写了术语与符号一章；增补了地下水量计算时段的选择、利用同位素测井资料计算渗透系数的公式；水文地质条件复杂程度的划分等条文；扩充了采用数值法计算允许开采水量的条款，调整了勘察阶段的划分，修正了非填砾过滤器进水缝隙尺寸的规定等条文；肯定了当前供水水文地质勘察的一些成熟作法，强调了环境保护和对新技术、新工艺的推广应用。

在执行本规范过程中，希望各单位在勘察实践中注意积累资料，总结经验。如发现需要修改和补充之处，请将意见和有关资料寄交武汉市青山区冶金大道 177 号中冶集团武汉勘察研究总院《供水水文地质勘察规范》国家标准管理组[邮政编码 430080，传真(027)86861906，E-mail：wsgri@public.wh.hb.cn]，以供今后修订时参考。

目 次

1 总则 ················· 2—4
2 术语与符号 ············ 2—5
　2.1 术语 ·············· 2—5
　2.2 符号 ·············· 2—7
3 水文地质测绘 ·········· 2—8
　3.1 一般规定 ············ 2—8
　3.2 水文地质测绘内容和要求 ···· 2—9
　3.3 各类地区水文地质测绘的专门要求 ·· 2—9
4 水文地质物探 ·········· 2—11
5 水文地质钻探与成孔 ······ 2—11
　5.1 水文地质勘探孔的布置 ····· 2—11
　5.2 水文地质勘探孔的结构 ····· 2—12
　5.3 抽水孔过滤器 ·········· 2—12
　5.4 勘探孔施工 ··········· 2—13
6 抽水试验 ············· 2—15
　6.1 一般规定 ············· 2—15
　6.2 稳定流抽水试验 ········· 2—15
　6.3 非稳定流抽水试验 ········ 2—16
7 地下水动态观测 ········· 2—17
8 水文地质参数计算 ········ 2—18
　8.1 一般规定 ············· 2—18
　8.2 渗透系数 ············· 2—18
　8.3 给水度和释水系数 ········ 2—20
　8.4 影响半径 ············· 2—20
　8.5 降水入渗系数 ·········· 2—20
9 地下水量评价 ··········· 2—21
　9.1 一般规定 ············· 2—21
　9.2 补给量的确定 ·········· 2—22
　9.3 储存量的计算 ·········· 2—23
　9.4 允许开采量的计算和确定 ···· 2—23
10 地下水水质评价 ········· 2—26
11 地下水资源保护 ········· 2—26
附录 A 供水水文地质勘察报告编写提纲 ·· 2—27
附录 B 地层符号 ············ 2—29
附录 C 供水水文地质勘察常用图例及符号 ·· 2—30
附录 D 土的分类 ············ 2—33
本规范用词说明 ············· 2—33
条文说明 ················· 2—34

1 总 则

1.0.1 为了做好供水水文地质勘察工作,正确地反映水文地质条件,合理地评价、开发和保护地下水资源,保持良好的生态环境,特制定本规范。

1.0.2 本规范适用于城镇和工矿企业的供水水文地质勘察。

1.0.3 供水水文地质勘察工作开始前,必须明确勘察任务和要求,搜集分析现有资料,进行现场踏勘,提出勘察纲要。水文地质勘察工作结束后,应编写供水水文地质勘察报告。

1.0.4 供水水文地质勘察工作的内容和工作量,应根据水文地质条件的复杂程度、需水量的大小、不同勘察阶段、勘察区已进行工作的程度和拟选用的地下水资源评价方法等因素,综合考虑确定。

1.0.5 供水水文地质条件的复杂程度,可划分为简单、中等和复杂三类。其划分原则宜符合表1.0.5中的规定。

表1.0.5 供水水文地质条件复杂程度分类

类别	水文地质特征
简单	基岩岩层水平或倾角很缓,构造简单,岩性稳定均一,多为低山丘陵;第四系沉积物均匀分布,河谷宽广;含水层埋藏浅,地下水的补给、径流、排泄条件清楚;水质类型较单一
中等	基岩褶皱和断裂变动明显,岩性岩相不稳定,岩貌形态多样;第四系沉积物分布不均匀,有多级阶地且显示不一;含水层埋藏深浅不一,地下水型较复杂,补给边界条件不易查清;水质类型较复杂
复杂	基岩褶皱和断裂变动强烈,构造复杂,火成岩大量分布,岩相变化大,地貌形态多且难鉴别;第四系沉积物分布综合复杂;含水层不稳定,其规模、补给和边界难以判定;水质类型复杂

1.0.6 拟建供水水源地按需水量大小,可分为四级:

特大型	需水量≥15万 m³/d
大 型	5万 m³/d≤需水量<15万 m³/d
中 型	1万 m³/d≤需水量<5万 m³/d
小 型	需水量<1万 m³/d

1.0.7 供水水文地质勘察工作划分为地下水普查、详查、勘探和开采四阶段。不同勘察阶段工作的成果,应满足相应设计阶段的要求。

注:在区域水文地质调查不够、相关资料缺乏的地区进行勘察时,可根据需要开展地下水调查工作。

1.0.8 供水水文地质勘察阶段的任务和深度,应符合下列要求:

1 普查阶段:概略评价区域或需水地区地下水的资料。推断的地下水可能性的资料,推断的地下水可开采的可能性,或研究水量应满足D级的精度要求,为设计前期的城镇规划、建设项目总体设计或厂址选择提供依据。

2 详查阶段:应在几个可能的富水地段基本查明水文地质条件,初步评价地下水资源,进行水源地方案比较,为水源地初步设计提供依据。允许开采量应满足C级精度的要求。控制的地下水允许开采量应满足C级精度的要求。

3 勘探阶段:查明拟建水源地范围内的地下水允许开采量,评价地下水资源,提出合理开采方案,探明的地下水允许开采量应满足B级精度的要求,为水源地施工图设计提供依据。

4 开采阶段:查明水源地扩大开采的可能性,或研究水量减少,水质恶化和不良环境工程地质现象等发生的原因。在开采动态或专门试验研究的基础上,验证的地下水允许开采量应满足A级精度的要求,为合理开采和保护地下水资源、为水源地的改、扩建设计提供依据。

1.0.9 勘察阶段应与设计阶段相适应外,尚可根据需水量、现有资料和与合并等实际情况,进行简化与合并。勘察阶段简化与合并后提出的允许开采量,应满足其中高阶段的精度要求。

1.0.10 当水文地质条件简单,现有资料较多,水源地已基本确定,少数管井能满足需水量要求时,可直接打勘探开采井。对有使用价值的勘探孔,如不影响统一开采布局,也可结合成井。

1.0.11 在供水水文地质勘察的过程中,应加强对成熟的经验和有科学依据的新技术、新工艺和新方法的推广应用,以不断提高勘察工作的效率和水平。

1.0.12 供水水文地质勘察工作,除应执行本规范规定外,尚应执行国家现行有关标准的规定。

1.0.13 供水水文地质勘察报告编写内容、符号及图例选用应符合本规范附录A、附录B、附录C的规定。

2 术语与符号

2.1 术 语

2.1.1 含水层 aquifer
导水的饱水岩土层。

2.1.2 潜水 phreatic water
地表以下,第一个稳定隔水层(渗透性能极弱的岩土层)之上具有自由水面的地下水。

2.1.3 承压水 confined water
充满于两个隔水层之间具承压性质的地下水。

2.1.4 水文地质条件 hydrogeological condition
地下水的分布、埋藏、补给、径流和排泄条件,水质和水量及其形成地质条件等的总称。

2.1.5 水文地质单元 hydrogeological unit
具有统一边界和补给、径流、排泄条件的地下水系统。

2.1.6 完整孔 completely penetrating well
进水部分揭穿整个含水层的钻孔。

2.1.7 非完整孔 partially penetrating well
进水部分仅揭穿部分含水层的钻孔。

2.1.8 钻孔结构 borehole structure
构成钻孔柱状剖面技术要素的总称,包括孔身结构、实管、过滤管及止水的位置等。

2.1.9 水文地质勘探孔 hydrogeological exploration borehole
为查明水文地质条件,按水文地质勘探要求施工的钻孔。

2.1.10 抽水孔 pumping well
水文地质勘探中用作抽水试验的钻孔。

2.1.11 过滤器 screen assembly
位于抽水孔的试验含水层部位,起滤水,挡砂及护壁作用的装置。

2.1.12 填砾过滤器 gravel-packed screen
滤水管外充填某种规格滤料的过滤器。

2.1.13 过滤器骨架孔隙率 percentage of open area of screen
骨架管的滤水眼孔的总面积与滤水管的表面积之比。

2.1.14 稳定流抽水试验 steady-flow pumping test
在抽水过程中,要求抽出水量和动水位同时相对稳定,并有一定延续时间的抽水试验。

2.1.15 非稳定流抽水试验 unsteady-flow pumping test
在抽水过程中,一般仅要求抽水量固定而观测地下水位变化或保持水位降深固定,而观测抽水量和含水层中地下水位变化的抽水试验。

2.1.16 单孔抽水试验 single well pumping test
只在一个抽水孔中进行的不带或带观测孔的抽水试验。

2.1.17 群孔抽水试验 pumping test of well group
两个或两个以上的抽水孔同时抽水,各孔的水位和水量有明显相互影响的抽水试验。

2.1.18 试采性抽水试验 trail-exploitation pumping test
按开采条件或接近开采条件要求进行的抽水试验。

2.1.19 水文地质参数 hydrogeological parameters
表征地层水文地质特征的数量指标,包括渗透系数,导水系数,释水系数,给水度,越流参数等。

2.1.20 地下水补给量 groundwater recharge
在天然或开采条件下,单位时间内以各种形式进入含水层的水量。

2.1.21 地下水储存量 groundwater storage
赋存于含水层中的重力水体积。

2.1.22 地下水允许开采量(地下水可开采量) allowable yield of groundwater
通过技术经济合理的取水方案,在整个开采期内出水量不会减少,动水位不超过设计要求,水质和水温变化在允许范围内,不影响已建水源地正常开采,不发生危害性的环境地质现象的前提下,单位时间内从水文地质单元取水地段中能够取得的水量。

2.1.23 水文地质概念模型 conceptual hydrogeological model
把含水层实际的边界类型,内部结构,渗透性质,水力特征和补给,排泄等条件概化为便于数学与物理模拟的模式。

2.1.24 地下水数值模型 numerical model of groundwater
以水文地质概念模型为基础所建立的,能通过近实际地下水系统结构,水流运动特征和各种渗透要素的一组数学关系式。

2.1.25 数值模型识别 calibration of numerical model
根据已知的初始,边界条件,对地下水数值模型的计算结果进行分析,以达到选择正确参数(即参数识别),校正已建数值模型和边界条件的计算过程。

2.1.26 数值模型检验 verification of numerical model
采用模型识别后的参数和初始,边界条件,选用不同计算时段的资料进行数值模拟,将计算所得数据和实际观测数据进行对比,检验数值模型的正确性。

2.1.27 地下水预报 groundwater forecast
在模型识别和检验的基础上,给定模型的初始,边界条件,预报地下水位,水量在时间和空间上的变化。

2.1.28 同位素示踪测井 radioactive tracer logging
利用人工放射性同位素 ^{131}I,^{82}Br 等标记天然流场或人工流场中钻孔内的地下水流,采用示踪原理测定含水层某些水文地质参数的方法。

2.2 符 号

B——计算断面的宽度、越流参数;
E——地下水的蒸发量、降水入渗参数;
F——含水层的面积、降水入渗面积;
H——自然情况下潜水含水层的厚度;
h——承压含水层自顶板算起的压力水头高度、潜水含水层在抽水试验时和抽水位恢复时的潜水含水层的厚度、潜水含水层在降水入渗补给时测孔中的水位高度、水位恢复时的潜水含水层的厚度;
$\bar{h}$——潜水含水层在自然情况下和抽水试验时的潜水含水层的厚度平均值;
Δh^2——潜水含水层在自然情况下的厚度 H 和抽水试验时的厚度 h 的平方差;
I——地下水的水力坡度;
K——渗透系数;
l——过滤器的长度;
M——承压水含水层的厚度;
m_i——曲线拐点处的斜率;
N_0——同位素初始计数率;
N_b——放射性本底计数率;
N_t——同位素 t 时计数率;
Q——出水量、地下水径流量、降水入渗补给量;
R——影响半径;
r——抽水孔过滤器的半径、观测孔至抽水孔的距离;
r_0——探头的半径;
S——承压含水层的释水系数;
s——水位下降值、水位恢复时的剩余下降值;
t——时间;
V——潜水含水层的体积;
V_f——测点的渗透速度;
$W(u)$——井函数;
W——地下水的储存量、弹性储存量;
ΔW——连续两年内相同一天的地下水储存量之差;
X——降水量;
α——降水入渗系数、流场畸变校正系数;
μ——潜水含水层的给水度。

3 水文地质测绘

3.1 一般规定

3.1.1 水文地质测绘,宜在比例尺大于或等于测绘比例尺的地形地质图基础上进行。当只有地形图或地质图而无地形地质图,或地质图的精度不能满足要求时,应进行地质测绘、水文地质测绘。

3.1.2 水文地质测绘的比例尺,宜采用为 1:100000~1:50000;详查阶段宜为 1:50000~1:25000;勘察阶段宜为 1:10000 或更大的比例尺。

3.1.3 水文地质测绘的观测路线,宜按下列要求布置:
1 沿垂直岩层(或岩浆岩体)、构造线走向。
2 沿地层变化显著方向。
3 沿河谷、沟谷和地下水露头多的地带。
4 沿含水层(带)走向。

3.1.4 水文地质测绘的观测点,宜布置在下列地点:
1 地层界线、断层线、褶皱轴线、岩浆岩与围岩接触带、标志层、典型露头和岩性、岩相变化带等。
2 地貌分界线和自然地质现象发育处。
3 井、泉、钻孔、矿井、坎儿井、地表塌陷、岩溶水点(如暗河出入口、落水洞、地下湖)和地表水体等。

3.1.5 水文地质测绘每平方公里的观测点数和观测路线长度,可按表 3.1.5 确定。

表 3.1.5 水文地质测绘的观测点数和观测路线长度

测绘比例尺	地质观测点数(个/km²)		水文地质观测点数(个/km²)	观测路线长度(km/km²)
	松散层地区	基岩地区		
1:100000	0.10~0.30	0.25~0.75	0.10~0.25	0.50~1.00

续表 3.1.5

测绘比例尺	地质观测点数(个/km²)		水文地质观测点数(个/km²)	观测路线长度(km/km²)
	松散层地区	基岩地区		
1:50000	0.30~0.60	0.75~2.00	0.20~0.60	1.00~2.00
1:25000	0.60~1.80	1.50~3.00	1.00~2.50	2.50~4.00
1:10000	1.80~3.60	3.00~8.00	2.50~7.50	4.00~6.00
1:5000	3.60~7.20	6.00~16.00	5.00~15.00	6.00~12.00

注:1 同时进行地质和水文地质测绘时,表中地质观测点数应乘以 2.5,复核性水文地质测绘时,观测点数为规定数的 40%~50%。
2 水文地质条件简单时采用小值,复杂条件时采用大值,条件中等时采用中间值。

3.1.6 进行水文地质测绘时,可利用现有遥感影像资料进行判释与填图,减少野外工作量和提高图件的精度。

3.1.7 遥感影像资料的选用,宜符合下列要求:
1 航片的比例尺与填图的比例尺宜接近。
2 陆地卫星影像选用不同时间各个波段合成或其他增强处理的图像,1:250000 的黑白像片以及彩色合成或其他增强处理的图像不小于 1:500000 或 1:250000 的黑白图像片的比例尺不小于 1:50000。
3 热红外图像的比例尺不小于 1:50000。

3.1.8 遥感影像图的野外工作,应包括下列内容:
1 检验判释标志。
2 检验判释结果。
3 检验外推结果。
4 补充室内判释难以表得的资料。

3.1.9 遥感观测点数宜为水文地质测绘观测点数和观测路线长度,宜符合下列规定:
1 地质观测点数宜为水文地质测绘观测点数的 30%~50%。
2 水文地质观测点数宜为水文地质测绘观测点数的 70%~100%。
3 观测路线长度宜为水文地质测绘观测路线长度的 40%~60%。

3.2 水文地质测绘内容和要求

3.2.1 地貌调查,宜包括下列内容:
1 地貌的形态、成因类型及各地貌单元间的界线和相互关系。
2 地形、地貌与含水层的分布及地下水的埋藏、补给、径流、排泄的关系。
3 新构造运动的特征、强度及其对地貌和区域水文地质条件的影响。

3.2.2 地层调查,宜包括下列内容:
1 地层的成因类型、时代、层序及接触关系。
2 地层的产状、厚度及分布范围。
3 不同地层的透水性、富水性及其变化规律。

3.2.3 地质构造调查,宜包括下列内容:
1 褶皱的类型、轴向和倾伏方向;两翼和核部地层、裂隙发育特征,长度及延伸及富水地段。
2 断层的位置、类型、规模、产状、断距、力学性质和活动断层上、下盘的节理发育程度;断层带充填物的性质和胶结情况,断层带的导水性、含水性和富水性及富水地段的位置。
3 不同岩层位的构造部位中节理的力学性质、发育特征、充填情况、延伸和交接关系及其富水性。
4 测区所属的地质构造类型、规模、等级(包括对构造变动历史、新构造运动的发育特点及其与古老构造的关系的了解)和测区所在的构造部位及其意义。

3.2.4 泉的调查,宜包括下列内容:
1 泉的出露条件、成因类型和补给来源。
2 泉的流量、水质、水温、气体成分和沉淀物。
3 泉的动态变化、利用情况;若有供水意义时,应设观测站进行动态观测。

3.2.5 水井调查,宜包括下列内容:
1 井的类型、深度、井壁结构、井周地层剖面、出水量、水位、水质及其动态变化。
2 地下水的开采方式、开采量、用途和开采后出现的问题。
3 选择有代表性的水井进行简易抽水试验。

3.2.6 地表水调查,宜包括下列内容:
1 地表水的流量、水位、水质、水温、含砂量及地下水(包括农田灌溉和开放)与地下水(包括暗河和泉)的补排关系。
2 利用现状及其作为人工补给地下水的可能性。
3 河床或湖底的岩性和淤塞情况,以及岸边的稳定性。

3.2.7 水质调查,应包括下列内容:
1 水质简易观察点分析:取样水点数不应少于本规范表 3.1.5 中水文地质观察点总数的 40%。分析项目包括:颜色、透明度、嗅和味、沉淀、Ca^{2+}、Mg^{2+}、(Na^{+}+K^{+})、HCO_3^{-}、Cl^{-}、SO_4^{2-}、pH 值、可溶性固形物总量、总硬度等。
2 水质专门分析:生活饮用水应符合现行国家《生活饮用水卫生标准》GB 5479 的要求;生产用水应按不同工业企业的具体要求确定;在有地方病或水质污染地区,应根据病情和污染的类型确定。
3 划分地下水的水化学类型,了解地下水水化学成分的变化规律。
4 了解地下水污染的来源、途径、范围、深度和危害程度。

3.3 各类地区水文地质测绘的专门要求

3.3.1 各类地区水文地质测绘的专门内容,应根据勘察任务要求和地区的水文地质条件来确定调查的范围及其工作精度。

3.3.2 山间河谷及冲洪积平原地区的调查,宜包括下列内容:

况及其特点。

2 阶地的形态、分布范围、地质结构、成因和叠置关系。

3.3.3 冲洪积扇地区的调查,宜包括下列内容:

1 冲洪积扇的边界、规模和分布、扇轴方向的位置和走向、沿扇轴方向的岩性变化规律。

2 地下水溢出带的位置和水文地质特征。

3.3.4 滨海平原、河口三角洲和沿海海岛地区的调查,宜包括下列内容:

1 海水的入侵范围、咸水(包括现代海水和古代残留海水)与淡水的分界面及其变化规律。

2 淡水层(透镜体)的分布范围、厚度和水位,及其动态变化。

3 咸水区中淡水泉的成因、补给来源、出露条件、水质和水量。

4 潮汐对地下水动态的影响。

3.3.5 黄土地区的调查,宜包括下列内容:

1 黄土层中所夹粉土、姜结石和砂卵石含水层的分布范围、埋藏条件和富水性。

2 黄土柱状节理、孔隙、溶蚀孔洞的发育特征和含水性。

3 黄土塬上洼地的分布、成因和含水性。

4 黄土底部岩层的含水性或隔水性。

3.3.6 沙漠地区的调查,宜包括下列内容:

1 古河道、潜蚀洼地和微地貌(砂丘、草滩、湖岸、天然堤)的关系。

2 喜水植物的分布和近代河道两侧地下水的淡水层的埋深和化学成分的关系。

3 砂丘覆盖和其及近代河道两侧地下水的淡水层的分布及其埋藏条件。

3.3.7 冻土地区调查,宜包括下列内容:

1 多年冻土和地貌(醉林、冰锥、冰丘和冰水岩盘等)的分布规律及其与地下水的关系。

2 多年冻土层的上下限、厚度、分布规律和赋存的地下水类型(冻结层上水、层间水、层下水)。

3 融区的成因、类型、分布范围和水文地质特征。

3.3.8 碎屑岩地区的调查,宜包括下列内容:

1 岩层的互层情况、风化裂隙、构造裂隙的发育程度和深度,及其与地下水赋存的关系。

2 可溶盐的分布和溶蚀程度、咸水与淡水的分界面。

3.3.9 可溶岩地区的调查,宜包括下列内容:

1 微地貌(岩溶漏斗、竖井和洼地等)和岩溶泉与地下水分布的分界面及其变化。

2 构造、岩性、地下水径流和地表水文网等因素与岩溶发育的关系。

3 暗河(地下潮)的位置、规模、水位和流量,及其补给条件和开发条件。

4 大型洞穴的形状、规模和充填物。

3.3.10 岩浆岩和变质岩地区的调查,宜包括下列内容:

1 风化壳的发育特征、分布规律和含水性。

2 岩体、岩脉的岩性、产状、规模、穿插特征,及其与围岩接触带破碎程度和含水性。

3 玄武岩的柱状节理和孔洞的发育特征及其含水性。

4 水文地质物探

4.0.1 采用水文地质物探(简称物探)方法,应根据勘察区的水文地质条件、被探物体的物理特征和不同内容的工作方法的基础上确定。宜采用多种物探方法进行综合探测。

4.0.2 采用物探方法时,被探测体应具备下列基本条件:
1 与相邻介质对同一物性参数有明显的差异。
2 有一定的规模。
3 所引起的异常值,在干扰情况下尚有足够的显示。

4.0.3 采用物探方法,可探测下列内容:
1 覆盖层的厚度,隐伏的古河床和掩埋的冲洪积扇的位置。
2 断层、裂隙带、岩脉等的产状和位置、含水层的宽度和厚度。
3 地质剖面。
4 地下水的水位、流向和渗透速度。
5 地下水的可溶性固形物和咸水、淡水的分布。
6 暗河和隐伏岩溶的分布。
7 多年冻土层下限的埋藏深度等。

4.0.4 物探工作的布置,参数的确定、检查点的数量和重复测量的误差,应符合国家现行有关标准的规定。

4.0.5 对勘探孔宜进行水文测井工作,配合钻探取样划分地层,为取得有关参数提供数据依据。

4.0.6 对物探的实测资料,应结合地质和水文地质条件进行综合分析,提出具有相应水文地质解释的物探成果。

5 水文地质钻探与成孔

5.1 水文地质勘探孔的布置

5.1.1 勘探孔的布置,宜在水文地质测绘和物探的基础上进行。

5.1.2 勘探孔的布置,应能查明勘察区的地质和水文地质条件,取得有关水文地质参数和评价地下水资源所需的资料。

5.1.3 松散层地区勘探线的布置,勘探孔的布置应满足查明水文地质边界条件和水文地质参数分区的要求。

注:采用数值法评价地下水资源时,勘探孔的布置应满足查明水文地质边界条件和水文地质参数分区的要求。

表5.1.3 松散层地区勘探线的布置

类型	勘探线的布置
宽度小于5km的山间河谷、冲积阶地地区	垂直地下水流向或地貌单元布置。在傍河或在河床下取渗透水时,应结合拟建水构筑物类型布置垂直和平行河床的勘探线
冲洪积平原地区	垂直地下水流向布置勘探线
冲洪积扇地区	沿扇轴布置勘探线,选择富水地段,再在富水地段布置垂直扇轴(或垂直地下水流向)的勘探线
滨海沉积地区	垂直海岸线布置勘探线,查明咸水与淡水的分界面,再在分界面上游选择一定距离(按咸水不能入侵拟建水源地考虑),垂直地下水流向布置勘探线
黄土地区	垂直和沿河布置,黄土柱地貌,平行或垂直黄土塬的长轴布置
沙漠地区	垂直和沿丘覆盖沙的冲积、湖积和地下水流中的地貌切耐寨或垂直沿河布置,或垂直沙丘覆盖的冲积、湖积和地下水流中的地貌切耐寨或布置
多年冻土地区	垂直河流布置,查明融区类型,并结合地貌区分布界限,查明冻土与融区横切地段布置

5.1.4 松散层主要类型地区勘探线、孔距离,宜符合表 5.1.4 的规定。

表 5.1.4 松散层主要类型地区勘探线、孔距离

类 型	勘察阶段	勘探线间距(km)	勘探孔间距(km)
冲洪积平原地区	详查	3.0~6.0	1.0~3.0
	勘探	1.0~3.0	0.5~1.5
宽度为 1~5km 的山间河谷冲积阶地地区	详查	1.0~4.0	0.3~1.5
	勘探	0.5~2.0	0.2~1.0
宽度小于 1km 的山间河谷冲积阶地地区	详查	0.5~2.0	0.2~0.4
	勘探	0.3~1.0	0.1~0.3
冲洪积扇地区	详查	1.0~4.0	0.3~1.5
	勘探	0.5~2.0	0.2~1.0

注:普查阶段,当搜集现有资料达不到精度要求时,应布置少量勘探孔。

5.1.5 基岩地区勘探孔的布置,宜按表 5.1.5 确定。

表 5.1.5 基岩地区勘探孔的布置

类型	勘探孔的布置
碎屑岩地区	布置在下列富水地段:(1)厚层砂岩、砾岩分布区的断裂破碎带(张性断裂或压性断裂发育带主动盘一侧破碎带)的外侧;(2)背斜轴部及倾斜端变陡变缓的地段;(3)岩层倾角由陡变缓的地段;(4)背斜轴部及倾斜端变陡变缓等构造变动显著的地段;(5)产状近于水平的岩层的裂隙密集带和其孤裂隙密集带的接触带附近;(6)碎屑岩与火成岩岩脉或侵入体的接触带附近;(7)地下水的集中排泄带
可溶岩地区	按碎屑岩地区规定布置外,尚可布置在可溶岩与其他岩层(包括非可溶岩和弱可溶岩)的接触带、裂隙岩溶发育带和岩溶微地貌(如溶蚀洼地、串珠状漏斗洼地等)发育处、强径流带
岩浆岩地区	布置在断裂破碎带、岩体接触带、不同岩体原生和次生节理发育层、风化裂隙发育带以及原生和次生节理发育层

5.2 水文地质勘探孔的结构

5.2.1 勘探孔的深度,宜钻穿有供水意义的主要含水层(带)或含水构造带。

5.2.2 勘探孔的孔径设计,应包括下列内容:
1 开孔直径。
2 孔身各段直径及变径的位置。
3 终孔直径。

5.2.3 勘探孔抽水试验段的直径应根据含水层的类型及外径确定。试验的技术要求应根据勘探孔可能的出水量大小、抽水试验的技术要求应根据勘探孔可能的出水量大小,抽水试验段的水位、水质、水温、透水性或隔离水质不好的含水层时,应进行止水工作,并检查止水效果。

5.2.4 当需查明各含水层(带)的水位、水质、水温、透水性或隔离水质不好的含水层时,应设置观测管,并设置管底封闭的沉淀管,其长度宜为 2~4m。

5.2.5 抽水孔结构的设计,应根据勘察区的地层特性、测试要求及钻探工艺等因素综合考虑,并应尽量简化。

5.2.6 勘探孔观测孔亦应在观测层之间进行止水。

注:长期观测孔亦应在观测层之间进行止水。

5.3 抽水孔过滤器

5.3.1 抽水孔过滤器的类型,根据不同含水层的性质,可按表 5.3.1 采用。抽水试验孔,宜采用包网过滤器。

表 5.3.1 抽水孔过滤器的类型选择

含水层	抽水孔过滤器类型
具有裂隙、溶洞(其中有大量充填物)的基岩	骨架过滤器、缠丝过滤器或填砾过滤器
卵(碎)石、圆(角)砾	缠丝过滤器或填砾过滤器
粗砂、中砂	缠丝过滤器或包网过滤器
细砂、粉砂	填砾过滤器或包网过滤器

注:基岩含水层,当裂隙、溶洞中很少或无填物为稳定时,可不设置过滤器。

5.3.2 抽水孔过滤器骨架管的内径,在松散层中,宜大于200mm;在基岩中,宜大于100mm。抽水试验观测孔过滤器骨架管的外径,不宜小于75mm。

5.3.3 抽水孔过滤器的长度,宜符合下列规定:
1 含水层厚度小于30m时,可与含水层厚度一致。
2 含水层厚度大于30m时,可采用20~30m;当含水层的渗透性差时,其长度可适当增加。

5.3.4 抽水试验观测孔过滤器骨架管孔隙率,不宜小于15%。

5.3.5 非填砾过滤器的包网网眼、缠丝缝隙尺寸,宜按表5.3.5确定。

表 5.3.5 非填砾过滤器进水缝隙尺寸

过滤器类型	网眼、缝隙尺寸(mm)	
	含水层不均匀系数 $\eta_1 \leqslant 2$	含水层不均匀系数 $\eta_1 > 2$
缠丝过滤器	$(1.25\sim1.5)d_{50}$	$(1.5\sim2.0)d_{50}$
包网过滤器	$(1.5\sim2.0)d_{50}$	$(2.0\sim2.5)d_{50}$

注:1 d_{50} 取较小值,粗砂层取较大值。
2 d_{50} 为含水层筛分颗粒组成中,过筛质量累计为50%时的最大颗粒直径。

5.3.6 填砾过滤器的滤料规格和填料规范规定:
1 当砂土类含水层 η_1 小于10时,填砾过滤器的滤料规格,宜按下式计算:

$$D_{50} = (6\sim8)d_{50} \quad (5.3.6-1)$$

2 当碎石类含水层 d_{20} 小于2mm时,填砾过滤器的滤料规格,宜采用下式计算:

$$D_{50} = (6\sim8)d_{20} \quad (5.3.6-2)$$

3 当碎石类含水层 d_{20} 大于或等于2mm时,应充填粒径10~20mm的滤料。
4 填砾过滤器滤料的 η_2 值应小于或等于2。

5 填砾过滤器的缠丝同间隙和非缠丝过滤器的孔隙尺寸,可采用 D_{10}。

注:1 η_1 为砂土类含水层的不均匀系数,即 $\eta_1 = d_{60}/d_{10}$;η_2 为填砾过滤器滤料的不均匀系数,即 $\eta_2 = D_{60}/D_{10}$。
2 d_{10}、d_{20}、d_{60} 为含水层试样筛分中能通过网眼的颗粒,其累计质量占试样总质量分别为10%、20%、60%时的最大颗粒直径。
3 D_{10}、D_{50}、D_{60} 为滤料试样筛分中能通过网眼的颗粒,其累计质量占试样总质量分别为10%、50%、60%时的最大颗粒直径。

5.3.7 填砾过滤器的滤料层厚度,粗砂以上含水层应为75mm,中砂、细砂和粉砂含水层应为100mm。

5.4 勘探孔施工

5.4.1 水文地质勘探孔的钻进和成孔工艺,应符合下列要求:
1 基岩勘探孔,应采用清水钻进。
2 松散层勘探孔,根据含水层特性和勘探要求,可采用水压或泥浆钻进。
3 冲洗介质的质量应符合国家现行的《供水管井技术规范》GB 50296 的有关规定。
4 在钻进有供水意义的含水层时,严禁采用向孔内投放粘土块代替泥浆护壁。
5 在下过滤器和填料前,应将孔内的稠泥浆换为稀泥浆或泥浆钻孔。
6 抽水孔必须及时洗孔。抽水试验观测孔也应进行洗孔,洗至水位变化反映灵敏。

5.4.2 水文地质勘探孔的成孔质量,应符合下列要求:
1 孔身各段直径达到设计要求。
2 孔身在100米深度内其孔斜度不大于1.5°。
3 孔深误差不大于2‰。
4 洗孔结束前的出水含砂量不大于1/20000(体积比)。

5.4.3 钻探过程中采取的土样、岩样,宜符合下列规定:
1 取出的土样宜能正确反映原有地层的颗粒组成。

2 采取鉴别地层的岩、土样,含水层宜每 2～3m 取一个,变层时,应加取一个,非含水层宜每 3～5m 取一个,含水层厚度小于 4m 时,应取一个。

3 采取试验用的土样,厚度大于 4m 的含水层,宜每 4～6m 取一个,含水层厚度小于 4m 时,应取一个。

4 试验用土样的取样质量,宜大于下列数值:

砂　　　　　　　　　　　　　1kg
圆砾(角砾)　　　　　　　　　3kg
卵石(碎石)　　　　　　　　　5kg

5 基岩岩芯的采取率,宜大于下列数值:

完整岩层　　　　　　　　　　70%
构造破碎带、风化带、岩溶带　　30%

6 有测井和井下电视配合工作时,鉴别地层的土样、岩样的数量可适当减少。

5.4.4 松散层土的分类,应按本规范附录 D 的规定执行。

5.4.5 土样和岩样(岩芯)的描述,应符合表 5.4.5 的规定。

表 5.4.5 土样和岩样(岩芯)的描述内容

类别	描述内容
碎石土类	名称、岩性成分、磨圆度、分选性、粒度、胶结情况和充填物(砂、粘性土含量)
砂土类	名称、颜色、矿物成分、粒度、分选性、胶结情况和包含物(粘性土、动植物残骸、卵砾石等含量)
粘性土类	名称、颜色、矿物成分、结构、构造、有机物含量、可塑性和包含物
岩石类	名称、颜色、矿物成分、结构、构造、胶结物、包裹物、岩脉、风化程度、裂隙性质、裂隙和岩溶发育程度及其充填情况

5.4.6 在钻探过程中,应对水头、水位、水温、冲洗液消耗量、漏水位置、自流水的水头和自流量、孔壁坍塌、涌砂和气体逸出的情况、岩层变层深度、含水层顶底板和岩溶洞的起止深度等进行观测和记录。

5.4.7 钻探结束时,应对准确分层,并根据合水层的水头、水质情况分别进行回填或隔离封孔。

5.4.8 勘探孔应测量坐标和孔口高程。

5.4.9 勘探开采井的钻探工作除应遵守本章的规定外,尚应符合现行《供水管井技术规范》GB 50296 的要求。

6 抽水试验

6.1 一般规定

6.1.1 抽水孔的布置，应根据勘察阶段、地质、水文地质条件和地下水资源评价方法等因素确定，并宜符合下列要求：

1 详查阶段，在可能富水的地段均宜布置抽水孔。

2 勘探阶段，在含水性较好和拟建取水构筑物的地段均宜布置抽水孔。

6.1.2 抽水孔占勘探孔（不包括观测孔）总数的百分比（%），宜不少于表6.1.2的规定。

表6.1.2 抽水孔占勘探孔总数的百分比

地区	详查阶段	勘探阶段
基岩地区	80	90
岩性变化较大的松散层地区	70	80
岩性变化不大的松散层地区	60	70

注：抽水试验的工作量中，宜包括带观测孔的抽水试验。

6.1.3 在松散含水层中，可用放射性同位素稀释法或示踪法实际测定地下水流向、实际流速和渗透速度等，了解地下水的运动状态。

6.1.4 抽水试验观测孔的布置，应根据试验目的和计算公式的要求确定，并宜符合下列要求：

1 以抽水孔为原点，宜布置1~2条观测线。

2 1条观测线时，宜垂直地下水流向布置；2条观测线时，其中一条宜平行地下水流向布置。

3 每条观测线上的观测孔宜为3个。

4 距抽水孔最近的第一个观测孔，应避开开三维流的影响，其距离不宜太远，并应保证各观测孔的厚度小于含水层的厚度，最近的观测孔距第一个观测孔的距离不宜小于含水层的厚度；最近的观测孔距第一个观测孔和同一含水层和同一深度。

5 各观测孔的过滤器长度宜相等，并安置在同一含水层和同一深度。

6.1.5 对富水性强的大厚度含水层，需要划分几个试验段进行抽水时，试验段的长度可采用20~30m。

6.1.6 对多层含水层，需分层研究时，应进行分层（段）抽水试验。

6.1.7 采用数值法评价地下水资源时，宜进行一次大流量、大降深的群孔抽水试验，并应以非稳定流抽水试验为主。

6.1.8 抽水前和抽水试验时，必须同步测量抽水孔和观测孔（包括附近的水井、泉和其他水点）的自然水位和动水位，并掌握其变化规律。抽水试验停止后，必须按本规范第6.3.3条的要求测量抽水孔和观测孔的恢复水位。

抽水试验结束后，应检查孔内沉淀情况。必要时，应进行处理。

6.1.9 抽水试验时，应防止抽出的水在抽水影响范围内回渗到含水层中。

6.1.10 水质分析和细菌检验的水样，宜在一试验结束前采取。

6.1.11 水位的观测，在同一试验中应采用同一方法和工具。抽水孔、观测孔的水位测量应读数到厘米，观测孔的水位测量应读数到毫米。

6.1.12 出水量的测量，采用堰箱、量桶或采用孔板流量计时，水位测量应读数到毫米；采用堰箱、量桶充满水所需的时间不宜少于15s，应读数到0.1s；采用水表时，应读数到0.1m³。

6.2 稳定流抽水试验

6.2.1 抽水试验时，水位下降的次数根据试验目的确定，宜进行3次。其中最大下降值可接近孔内的设计动水位，其余2次下降值分别为最大下降值的1/3和2/3。

注：当抽水出水量很小，试验时的出水量已达抽水孔极限出水能力时，水位下降次数可适当减少。

6.2.2 抽水试验的稳定标准，应符合在抽水稳定延续时间内，抽水孔出水量和动水位在抽水稳定延续时间内的一定的范围内波动，且没有持续上升或下降的趋势。

注：1 当判别动水位有无上、下降趋势时，应以最近观测孔的动水位判定。
2 在判别抽水孔时，应以观测孔的动水位判定，应考虑自然水位的影响。

6.2.3 抽水试验的稳定延续时间，宜符合下列要求：
1 卵石、圆砾和粗砂含水层为8h。
2 中砂、细砂和粉砂含水层为16h。
3 基岩含水层（带）为24h。

注：根据含水层的类型、补给条件、水质变化和试验的目的因素，稳定延续时间可适当调整。

6.2.4 抽水试验时，动水位和出水量观测的时间，宜在抽水开始后的第5、10、15、20、25、30min各测一次，以后每隔30min或60min测一次，水温、气温观测的时间，宜每隔2~4h同步测量一次。

6.3 非稳定流抽水试验

6.3.1 抽水孔的出水量，应保持常量。

6.3.2 抽水试验的延续时间，并应符合下列要求：
1 $s(\Delta h^2)\sim \lg t$关系曲线有拐点时，则延续时间宜至拐点后的线段趋于水平。
2 $s(\Delta h^2)\sim \lg t$关系曲线没有拐点时，则延续时间宜根据试验目的确定。

注：1 在承压含水层中抽水时，采用$s\sim \lg t$关系曲线；在潜水含水层中抽水时，采用$\Delta h^2\sim \lg t$关系曲线。
2 拐点是指曲线上斜率的导数等于零的点。
3 当观测孔时，应采用最近观测孔的$s(或\Delta h^2)\sim \lg t$关系曲线。

6.3.3 抽水试验时，动水位和出水量观测的时间，宜在抽水开始后第1、2、3、4、6、8、10、15、20、25、30、40、50、60、80、100、120min各观测一次，以后可每隔30min观测一次。

6.3.4 群孔性抽水试验，宜符合下列要求：
1 当一个抽水孔抽水时，对另一个最近的抽水孔产生的水位下降值，不宜小于20cm。
2 抽水孔的水位下降次数应根据试验目的而定。
3 出水量宜等于或接近地下水或地表水露头水量的80%）。

6.3.5 开采性抽水试验，宜符合下列要求：
1 宜在枯水期进行。
2 总出水量宜等于或接近需水量（宜大于需水量的80%）。
3 下降漏斗的水位能稳定时，则稳定延续期不宜少于1个月。
4 下降漏斗的水位不能稳定时，则抽水时间宜延续至下一个补给期。

7 地下水动态观测

7.0.1 地下水动态观测线、观测点的布置，应能控制勘察区或水源地开采影响范围内的地下水动态。根据不同的观测目的，观测孔、线的布置宜分别符合下列要求：

1 查明各含水层之间的水力联系时，可分层布置观测孔。

2 需要获得边界地下水动态资料时，观测孔宜在边界有代表性的地段布置。

3 查明污染源对水源地地下水动态的影响时，观测线宜垂直污染源和水源地的方向布置。

4 查明咸水与淡水分界面的动态特征（包括海水入侵）时，观测线宜在咸淡水垂直分界面布置。

5 需要获得用于计算地下水径流量的水位动态资料时，观测线宜垂直和平行计算断面布置。

6 需要获得用于计算地区降水入渗系数的水位动态资料时，观测孔宜在有代表性的不同地段布置。

7 查明地下水与地表水体之间的水力联系时，观测线宜垂直地表水体的岸边布置。

8 查明水源地在开采过程中下降漏斗的发展情况时，宜通过漏斗中心垂直相互开采两个方向布置观测线。

9 查明两个水源地相互影响或附近排水对水源地的影响时，观测孔宜在连接两个开采漏斗中心的方向上布置。

10 为满足数值计算法对采数保证要求，观测孔的布置应保证对计算区各分区参数的控制。

7.0.2 地下水动态观测点，宜利用已有的勘探孔、水井和泉。

7.0.3 地下水动态观测孔过滤器的结构和类型，可按本规范第 5.3.1～5.3.5 条抽水试验观测孔的有关规定执行。

7.0.4 地下水动态观测孔的过滤器，应置于所需观测的含水层最低水位以下 2～5m，其管口应高出地面 0.5～1m。孔口至少设置保护装置，在孔口地面应采取防渗措施。分层观测的观测孔应分层止水。观测孔的洗井应符合本规范第 5.4.1 条的要求。

7.0.5 观测井、孔的出水量、水位、水温、气温和泉的流量，宜每隔 5～10d 观测一次，当其变化剧烈时应增加观测次数。各观测点的观测，应定时进行。

计算降水入渗系数所需的水位的观测时间，应根据计算的具体要求确定。

7.0.6 水质分析和细菌检验用的水样，宜在丰水期和枯水期各取一次，在污染地区应增加取样次数。采取水样前宜进行抽（捞）水洗井（孔）。

7.0.7 查明咸水与淡水分界面时，宜每月取水样一次，作单项离子分析。

7.0.8 查明地表水和地下水之间的水力联系时，应在观测地下水动态的同时，观测有关的地表水的动态。

7.0.9 查明水源地观测期间，宜系统掌握有关的气象和水文资料。

7.0.10 地下水动态观测，应在勘察期间尽早进行。观测的持续时间，详查阶段不宜少于一个枯水季节；勘探阶段不宜少于一个水文年；开采期应进行长期观测。

7.0.11 观测孔如有淤塞，反应不灵敏和孔口有变动时，应及时处理。

8 水文地质参数计算

8.1 一般规定

8.1.1 水文地质参数的计算，必须在分析勘察区水文地质条件的基础上，合理地选用公式（选用的公式应注明出处）。

8.1.2 本章所列公式的计算公式，当采用观测孔资料时，其使用范围应限制在抽水孔水位下降漏斗坡度小于1/4处。

8.2 渗透系数

8.2.1 单孔稳定流抽水试验，当利用抽水孔的水位下降资料计算渗透系数时，可采用下列公式：

1 当 $Q \sim s$（或 Δh^2）关系曲线呈直线时，

1）承压水完整孔：

$$K = \frac{Q}{2\pi sM} \ln \frac{R}{r} \quad (8.2.1-1)$$

2）承压水非完整孔：

当 $M > 150r$，$l/M > 0.1$ 时，

$$K = \frac{Q}{2\pi sM} \left(\ln \frac{R}{r} + \frac{M-l}{l} \ln \frac{1.12M}{\pi r} \right) \quad (8.2.1-2)$$

或当过滤器位于含水层的顶部或底部时：

$$K = \frac{Q}{2\pi sM} \ln(1 + 0.2\frac{M}{r}) \quad (8.2.1-3)$$

3）潜水完整孔：

$$K = \frac{Q}{\pi(H^2 - h^2)} \ln \frac{R}{r} \quad (8.2.1-4)$$

4）潜水非完整孔：

当 $\bar{h} > 150r$，$l/\bar{h} > 0.1$ 时，

$$K = \frac{Q}{\pi(H^2 - h^2)} \left(\ln \frac{R}{r} + \frac{\bar{h} - l}{l} \cdot \ln \frac{1.12\bar{h}}{\pi r} \right) \quad (8.2.1-5)$$

或当过滤器位于含水层的顶部或底部时：

$$K = \frac{Q}{\pi(H^2 - h^2)} \left[\ln \frac{R}{r} + \frac{\bar{h} - l}{l} \cdot \ln(1 + 0.2\frac{\bar{h}}{r}) \right] \quad (8.2.1-6)$$

式中 K——渗透系数（m/d）；
Q——出水量（m³/d）；
s——水位下降值（m）；
M——承压水含水层的厚度（m）；
H——自然情况下潜水含水层的厚度（m）；
$\bar{h}$——潜水含水层在自然情况下抽水试验时的厚度的平均值（m）；
h——潜水含水层在抽水试验时的厚度（m）；
l——过滤器的长度（m）；
r——抽水孔过滤器的半径（m）；
R——影响半径（m）。

2 当 $Q \sim s$（或 Δh^2）关系曲线呈曲线时，可采用插值法得出 $Q \sim s$ 代数多项式，即：

$$s = a_1 Q + a_2 Q^2 + \cdots + a_n Q^n \quad (8.2.1-7)$$

式中 $a_1, a_2, \cdots, a_n$——待定系数。

注：a_1 宜按均差表求得后，可相应地将公式(8.2.1-1)、(8.2.1-2)、(8.2.1-3)中的 Q/s 和公式(8.2.1-4)、(8.2.1-5)、(8.2.1-6)中的 $\frac{Q}{H^2-h^2}$ 以 $1/a_1$ 代换，分别进行计算。

3 当 s/Q（或 $\Delta h^2/Q$）～Q 关系曲线呈直线时，可采用作图截距法求出 a_1 后，按本条第二款代换，并计算。

8.2.2 单孔稳定流抽水试验，若观测孔中的水位下降值 s（或 Δh^2）在 s（或 Δh^2）～$\lg r$ 关系曲线上能连成直线，可采用下列公式计算渗透系数时：

1 承压水完整孔:

$$K=\frac{Q}{2\pi M(s_1-s_2)}\ln\frac{r_2}{r_1} \quad (8.2.2\text{-}1)$$

2 潜水完整孔:

$$K=\frac{Q}{\pi(\Delta h_1^2-\Delta h_2^2)}\ln\frac{r_2}{r_1} \quad (8.2.2\text{-}2)$$

式中 s_1, s_2 ——在 $s\sim\lg r$ 关系曲线的直线段上任意两点的纵坐标值(m);

$\Delta h_1^2, \Delta h_2^2$ ——在 $\Delta h^2\sim\lg r$ 关系曲线的直线段上任意两点的纵坐标值(m^2);

r_1, r_2 ——在 s(或 Δh^2)$\sim\lg r$ 关系曲线的直线段的两点至抽水孔的距离(m)。

8.2.3 单孔非稳定抽水位下降资料或观测孔的水位下降资料计算渗透系数时,可采用下列公式:

1 配线法:

1) 承压水完整孔:

$$\begin{cases}K=\dfrac{0.08Q}{Ms}W(u)\\ u=\dfrac{S}{4KM}\cdot\dfrac{r^2}{t}\end{cases} \quad (8.2.3\text{-}1)$$

2) 潜水完整孔:

$$\begin{cases}K=\dfrac{0.159Q}{\Delta h^2}W(u)\\ u=\dfrac{\mu}{4KH}\cdot\dfrac{r^2}{t}\end{cases} \text{或} \begin{cases}K=\dfrac{0.08Q}{hs}W(u)\\ u=\dfrac{\mu}{4Kh}\cdot\dfrac{r^2}{t}\end{cases} \quad (8.2.3\text{-}2,\ 8.2.3\text{-}3,\ 8.2.3\text{-}4)$$

式中 $W(u)$ ——井函数;

S ——承压水含水层的释水系数;

μ ——潜水含水层的给水度。

2 直线法:

当 $\dfrac{r^2S}{4KMt}$(或 $\dfrac{r^2\mu}{4Kht}$)<0.01 时,可采用公式(8.2.2-1)、(8.2.2-2)或下列公式:

1) 承压水完整孔:

$$K=\frac{Q}{4\pi M(s_2-s_1)}\cdot\ln\frac{t_2}{t_1} \quad (8.2.3\text{-}5)$$

2) 潜水完整孔:

$$K=\frac{Q}{2\pi(\Delta h_2^2-\Delta h_1^2)}\cdot\ln\frac{t_2}{t_1} \quad (8.2.3\text{-}6)$$

式中 s_1, s_2 ——观测孔或抽水孔在 $s\sim\lg t$ 关系曲线的直线段上任意两点的纵坐标值(m);

$\Delta h_1^2, \Delta h_2^2$ ——在 $\Delta h^2\sim\lg t$ 关系曲线的直线段上任意两点的纵坐标值(m^2);

t_1, t_2 ——在 s(或 Δh^2)$\sim\lg t$ 关系曲线上纵坐标为 s_1, s_2(或 $\Delta h_1^2, \Delta h_2^2$)两点的相应时间(min)。

8.2.4 单孔非稳定流抽水试验,在有越流补给(不考虑弱透水层水的释放)的条件下,利用 $s\sim\lg t$ 关系曲线上拐点处的斜率计算渗透系数时,可采用下式:

$$K=\frac{2.3Q}{4\pi\cdot M\cdot m_i}\cdot e^{r/B} \quad (8.2.4)$$

式中 r ——观测孔至抽水孔的距离;

B ——越流参数;

m_i ——拐点处的 $s\sim\lg t$ 关系曲线的斜率。

注:1 拐点处的斜率,应根据抽水孔或观测孔水位下降值中的最大下降值的 $1/2$ 确定曲线的拐点位置及根据拐点作切线计算得出;

2 越流参数,应根据 $e^{r/B}\cdot K_0 r/B=2.3\dfrac{s_i}{m_i}$,从函数表中查出相应的 r/B,然后确定越流参数 B。

8.2.5 稳定流抽水试验或非稳定流抽水试验,当利用水位恢复资料计算渗透系数时,若抽水位已稳定,可采用公式(8.2.4)计算:

1 停止抽水前,若动水位已稳定,可采用公式(8.2.4)计算,

式中的 m_i 值应采用恢复水位 $s\sim\lg(1+\dfrac{t_i}{t_t})$ 曲线上拐点的斜率。

2 停止抽水前，若动水位没有稳定，仍呈直线下降时，可采用下列公式：

1) 承压水完整孔：

$$K = \frac{Q}{4\pi M s} \ln(1 + \frac{t_k}{t_T}) \qquad (8.2.5-1)$$

2) 潜水完整孔：

$$K = \frac{Q}{2\pi(H^2 - h^2)} \ln(1 + \frac{t_k}{t_T}) \qquad (8.2.5-2)$$

式中 t_k——抽水开始到停止的时间 (min)；
t_T——抽水停止时算起的恢复时间 (min)；
s——水位恢复时的剩余下降值 (m)；
h——水位恢复时的潜水含水层厚度 (m)。

注：1 当利用观测孔资料时，应符合 $\frac{r^2 S}{4KMt_k}$（或 $\frac{r^2\mu}{4Kh t_k}$）<0.01 的要求。

2 如恢复水位曲线直线段的延长线不通过原点时，应分析其原因，必要时应进行修正。

8.2.6 利用同位素示踪测井资料计算渗透系数时，可采用下列公式：

$$K = \frac{V_t}{I} \qquad (8.2.6-1)$$

$$V_t = \frac{\pi(r^2 - r_0^2)}{2art} \ln \frac{N_0 - N_b}{N_t - N_b} \qquad (8.2.6-2)$$

式中 V_t——测点的渗透速度 (m/d)；
I——测试孔附近的地下水水力坡度；
r_0——测试孔滤水管内半径 (m)；
r——探头半径 (m)；
t——示踪剂浓度在孔中从 N_0 变化到 N_t 所需的时间 (d)；
N_0——同位素在孔中的初始计数率；
N_t——同位素 t 时的计数率；
N_b——放射性本底计数率；
a——流场畸变校正系数。

8.3 给水度和释水系数

8.3.1 潜水含水层的给水度和承压水含水层的释水系数，可利用单孔非稳定流抽水试验观测孔水位下降资料计算确定，或采用野外试验和室内试验的方法确定。

8.4 影响半径

8.4.1 利用稳定流抽水试验观测孔中的水位下降资料计算影响半径时，可采用下列公式：

1 承压水完整孔：

$$\lg R = \frac{s_1 \lg r_2 - s_2 \lg r_1}{s_1 - s_2} \qquad (8.4.1-1)$$

2 潜水完整孔：

$$\lg R = \frac{\Delta h_1^2 \lg r_2 - \Delta h_2^2 \lg r_1}{\Delta h_1^2 - \Delta h_2^2} \qquad (8.4.1-2)$$

8.4.2 缺少观测孔水位下降资料时，影响半径可采用经验数据，也可选用有关公式计算。

8.5 降水入渗系数

8.5.1 勘察区或附近设有地下水水均衡场时，降水入渗系数可直接采用均衡场的降水入渗系数的观测计算值或采用比拟法确定。

8.5.2 在平原地区，利用降水过程前后的地下水水位观测资料计算潜水含水层的一次降水入渗系数时，可采用下式近似计算：

$$\alpha = \mu(h_{\max} - h \pm \Delta h \cdot t)/X \qquad (8.5.2)$$

式中 α——一次降水入渗系数；
$h_{\max}$——降水后观测孔中的最大水柱高度 (m)；
h——降水前观测孔中的水柱高度 (m)；

Δh——临近降水前,地下水水位的天然平均降(升)速(m/d);

t——从 h 变到 h_{max} 的时间(d);

X——t 日内降水总量(m)。

9 地下水水量评价

9.1 一般规定

9.1.1 进行地下水的水量评价,应具备下列资料:

1 勘察区含水层的岩性、结构、厚度、分布规律、水力性质、富水性以及有关参数。

2 含水层的边界条件,地下水的补给、径流和排泄条件。

3 水文、气象资料和地下水动态观测资料。

4 初步拟定的取水构筑物类型和布置方案。

5 地下水的开采现状和今后的开采规划。

9.1.2 地下水水量评价的方法,应根据需水量、勘察阶段和勘察区水文地质条件确定。宜选择几种适合于勘察区特点的方法进行计算和分析比较,得出符合实际的结论。

9.1.3 进行地下水水量评价时,应根据需水量要求,结合勘察区的水文地质条件,计算地下水的补给量和允许开采量,必要时应计算储存量。

9.1.4 进行地下水水量评价时,宜按下列步骤进行:

1 根据初步估算的地下水水量和拟定的开采方案,计算取水构筑物的开采能力和区域动水位。

2 确定开采条件下能够取得的补给量,包括补给量的增量、蒸发与溢出的减量。

3 根据需水量和水源地类型(常年的、季节性或非稳定型的),论证在整个开采期内的开采和补给的平衡。

4 确定允许开采量。

9.1.5 计算和评价地下水水量时,计算时段的选择应符合下列规定:

1 补给量充足,水文地质单元具有多年调蓄能力时,可采用"多年平均"补给量作为计算时段。

2 补给量不充足,水文地质单元调蓄能力不大时,可采用需水保证率年份作为计算时段。

3 介于上述两者之间,可采用连续枯水年组或设计枯水年组作为计算时段。

9.2 补给量的确定

9.2.1 地下水的补给量应计算由下列途径进入含水层(带)的水量:

1 地下水径流的流入。
2 降水渗入。
3 地表水渗入。
4 越层补给。
5 其他途径渗入。

9.2.2 计算补给量时,应按自然状态和开采条件下两种情况进行。

9.2.3 进入含水层的地下水径流量,可按下式计算:

$$Q = K \cdot I \cdot B \cdot M \quad (9.2.3)$$

式中 Q——地下水径流量(m³/d);
K——渗透系数(m/d);
I——自然状态或开采条件下的地下水水力坡度;
B——计算断面的宽度(m);
M——承压含水层的厚度(m)。

9.2.4 降水入渗的补给,可按下列公式计算:

1 按降水入渗系数计算时:

$$Q = F \cdot \alpha \cdot X / 365 \quad (9.2.4-1)$$

式中 Q——日平均降水入渗补给量(m³/d);
F——降水入渗补给的面积(m²);
α——年平均降水入渗系数;
X——年降水量(m)。

2 在地下水径流条件较差,以垂直补给为主的潜水分布区,计算降水入渗补给量时:

$$Q = \mu \cdot F \cdot \Sigma \Delta h / 365 \quad (9.2.4-2)$$

式中 $\Sigma \Delta h$——一年内每次降水后,地下水位上升幅之和(m);
μ——潜水含水层的给水度。

3 地下水径流条件良好的潜水分布区,可用数值法计算降水入渗补给量。

9.2.5 农田灌溉水和人工漫灌水的入渗补给量,可根据灌入量、排放量减去蒸发量及其他消耗量进行计算。

9.2.6 河、渠的入渗补给量,可根据勘察区上下游断面的流量差或河渠渗入的有关公式计算和确定。

9.2.7 利用各单项补给量之和确定总补给量时,应对各单项补给项目进行具体分析,确定对本区起主导作用的项目,并避免重复。

9.2.8 利用开采区内的地下水排泄量和含水层中地下水储存量之差计算补给量时,可按下式计算:

$$Q_B = E + Q_Y + Q_I + Q_K + \Delta W / 365 \quad (9.2.8)$$

式中 Q_B——日平均地下水补给量(m³/d);
E——日平均地下水蒸发量(m³/d);
Q_Y——日平均地下水溢出量(m³/d);
Q_I——流向开采区外的日平均地下水径流量(m³/d);
Q_K——日平均地下水开采量(m³/d);
ΔW——连续两年内相同一天的地下水储存量之差(年储存量小于上年者取负值)(m³/d)。

9.2.9 地下水总补给量,可根据水源地上游地下水径流量与水源地影响范围内潜水最高、最低水位之间的储存量之和确定。

9.3 储存量的计算

9.3.1 潜水含水层的储存量,可按下式计算:

$$W = \mu \cdot V \qquad (9.3.1)$$

式中 W——地下水的储存量 (m^3);
μ——潜水含水层的给水度;
V——潜水含水层的体积 (m^3)。

9.3.2 承压水含水层的弹性储存量,可按下式计算:

$$W = F \cdot S \cdot h \qquad (9.3.2)$$

式中 W——地下水的弹性储存量 (m^3);
F——含水层的面积 (m^2);
S——弹性释水系数;
h——承压水含水层自顶板算起的压力水头高度 (m)。

9.4 允许开采量的计算和确定

9.4.1 允许开采量的计算和确定,应符合下列要求:

1 取水方案在技术上可行,经济上合理。
2 在整个开采期内动水位不超过设计值,出水量不会减少。
3 水质、水温的变化不超过允许范围。
4 不发生危害性的环境地质现象和影响已建水源的正常生产。

9.4.2 当能够勘察地下水在开采条件下的各项均衡要素时,宜采用水均衡法计算和确定允许开采量。

9.4.3 在地下水的补给以地下水径流为主,含水层厚度大,储存量很少且下游又允许疏干的情况下,可采用地下水断面流量法确定允许开采量,其值不宜大于最小的地下水径流量。

9.4.4 水源地具有长期开采的水位下降漏斗资料,证明地下水有充足的补给,且能形成较稳定的水位下降漏斗时,可根据漏斗中心处的水位下降稳定的相关关系,计算单位下降系数,并应结合相应的补给量确定扩大开采时的允许开采量。

9.4.5 含水层埋藏较浅、开采期间地表水能充分补给时,可根据取水构筑物的型式和布局,采用岸边渗入公式确定允许开采量。

9.4.6 需水量不大,且地下水有充分补给时,可只计算取水构筑物的总出水量作为允许开采量。

9.4.7 当地下水属周期性补给,且有足够的储存量,采用枯水期进行疏干储存量的方法计算允许开采量,应满足枯水期的连续开采,且抽水孔中动水位的下降不超过设计要求。

1 能够取得的部分储存量能在补给期得到补偿。
2 应保证疏干的部分储存量在补给期得到补偿。

9.4.8 利用泉作为供水水源时,可根据泉的动态观测资料,结合地区的水文、气象资料,评价泉的允许开采量,宜分别符合下列规定:

1 需水量显著小于泉的枯水流量时,可根据枯水期河出口处的实测实测资料直接进行评价。
2 需水量接近泉的枯水流量时,可根据泉流量的动态曲线进行评价。如有长期观测资料,也可结合地区的水文气象资料,根据流量频率曲线进行评价。
3 需水量大于泉的枯水流量时,可建立泉流量的消耗方程式进行评价,宜在枯水期进行降低水位的试验,确定有无扩大泉水流量的可能性。在此基础上进行评价。

9.4.9 利用暗河作为供水水源时,可根据枯水期暗河出口处的实测流量评价允许开采量。如有长期观测资料,也可结合地区的水文、气象资料,根据流量频率曲线进行评价。

9.4.10 在暗河分布地区,某个地段的允许开采量可采用地下径流模数法进行评价,也可选择合适的断面,通过天然落水洞、竖井或抽水孔进行抽水,计算过水断面上的总径流量进行评价。

9.4.11 勘察区某一开采区的水文地质条件基本相似,且开采区已具有多年的实际开采资料时,根据两地区的典型比拟指标,可采用比拟法评价勘察区的允许开采量。

9.4.12 布置群井开采地下水时,允许开采量可根据群孔抽水试验的总出水能力和开采条件下的相应补给量,并结合设计要求的动水位,反复试算和调整后确定。

9.4.13 水文地质条件复杂,补给条件资料难以查明时,可采用开采性抽水试验的实测资料直接(或适当推算)确定允许开采量。

注:当实测的总出水量大于或等于需水量,停抽后动水位又能较快恢复时,动水试验的时间不宜过长,否则应符合本规范第6.3.5条的要求。

9.4.14 当采用数值法计算允许开采量时,应符合下列要求:

1 水文地质条件的概化。

1)宜以完整的水文地质单元作为计算区。

2)按含水层的岩性结构、水力性质、导水特征等,可分区概化为:潜水或承压水,均质或非均质,各向同性或各向异性、单层、双层或多层。

3)地下水流状态,可根据其特征分别概化为稳定流或非稳定流,一维、二维平面流或剖面流,准三维或三维流。

4)计算区边界可概化为给定地下水位(水头)的一类边界,或给定流量侧向径流量的二类边界或给定地下水侧向流量与水位关系的三类边界。

如需在模型识别过程中调整分区,应与其水文地质特征相符合。

2 数值模型的建立。

1)计算网格剖分的疏密,应与相应勘察阶段的资料适合、布局合理。

2)含水层特征分区识别过程中,给出水文地质参数的初始估算值。

3)宜采用拟合—校正方法求反水文地质参数、识别和检验数值模型;数值模型的识别和检验,必须利用相互独立的不同时段的资料分别进行。

4)利用非稳定流试验资料识别模型,应使地下水位的实测观测值与模拟计算的变化曲线 h~t 趋势一致,并采用使得水位拟合方差等目标函数达到最小,作为判断标准。

5)利用稳定流试验资料识别模型,模拟的流场应与实测流场的形态一致,且地下水流向应相同。

3 地下水预报。

1)对计算区的大气降水和河川径流进行水文分析,评价平、丰、枯、主干不同年份的降水量和径流量,作为地下水预报的基础。

2)根据预测分时段给出预报的外部条件,包括预报期间的边界的流量,水位、垂向交换的水量等。必要时,可建立相应的统计模型或对计算区外围的区域大模型进行计算。

3)对给定的方案或各种可行的开采方案进行预报,应论证其是否满足各种技术、经济和环境的约束条件。

4)预报成果的精度,可采用地下水预报模型进行地下水均衡计算的结果,进行分析和评定。

9.4.15 在确定允许开采量的过程中,如需计算各抽水孔内或邻近孔内的水位下降值时,应考虑由于三维流、紊流、孔损等因素的影响而产生的水位附加下降值。

9.4.16 地下水允许开采量可划分为A、B、C、D四级,各级的精度宜按下列内容进行分析和评价:

1 水文地质条件的研究程度。

2 动态观测时间的长短。

3 计算所引用的原始数据和参数的精度。

4 计算方法和公式的合理性。

5 补给的保证程度。

9.4.17

1 推断的(D级)允许开采量(带)的空间分布及水文地质特征:

初步查明含水层(带)的空间分布及水文地质特征;

3 掌握3年以上水源地连续的开采动态资料，并对地下水允许开采量进行系统的多年均衡计算和评价。
4 提出水源地改造、扩建及保护地下水资源的具体措施。

2 初步圈定可能富水的地段。
3 根据单孔抽水试验确定所需的水文地质参数。
4 概略评价地下水资源，估算地下水允许开采量。

9.4.18 控制的（C级）允许开采量的精度应符合下列规定：
1 基本查明含水层（带）的空间分布及水文地质特征。
2 初步掌握地下水的补给、径流、排泄条件及其动态变化规律。
3 根据带观测孔的单孔抽水试验或枯水期的地下水动态资料确定有代表性的水文地质参数。
4 结合开采方案初步计算允许开采量，提出合理的采用值。
5 初步论证补给量，提出拟建水源地的可靠性评价。

9.4.19 探明的（B级）允许开采量的精度应符合下列规定：
1 查明水源地区的水文地质条件与供水有关的环境水文地质问题，提出开采地下水必需的有关资料和数据。
2 根据一个水文年以上的地下水动态资料和群孔抽水试验或开采性抽水试验，验证水文地质计算参数，掌握含水层的补给条件及供水能力。
3 结合具体的开采方案建立和完善数值模型，计算和评价补给量，确定允许开采量。
4 预测开采条件下的地下水量减少和水质变差可能发生的变化。
5 提出不使地下水量减少和水质变差的保护措施。
注：直接利用泉水天然流量作为允许开采量时，应具有20年以上泉流量系列观测资料。

9.4.20 验证的（A级）允许开采量的精度应符合下列规定：
1 具有为解决水源地具体课题所进行的专门研究和试验成果。
2 根据开采的动态资料进一步完善地下水数值模型，并逐步建立地下水管理模型。

10 地下水水质评价

10.0.1 地下水水质评价，应在查明地下水的物理性质、化学成分、卫生条件和变化规律的基础上进行。对开采的含水层，其他有关的其他含水层，以及能影响该层水质的地表水均应进行综合评价。

10.0.2 生活饮用水的水质评价，应按国家现行的《生活饮用水卫生标准》GB 5749 执行。在有地方病的地区，应根据当地环境保护和卫生部门等有关单位提出的水质标准要求进行。

10.0.3 生产用水的水质评价，应按生产或设计提出的水质要求和现行的有关生产用水的水质标准进行评价。

10.0.4 地下水质变化复杂的地区，应分层、分区、分层进行评价。

10.0.5 在地下水受到污染的地区，应查明污染现状的基础上，着重对水质变化有害的有害成分进行评价，并提出改善水质和防止水质进一步恶化的建议和措施。

10.0.6 评价地下水水质时，应预测地下水开采后水质可能发生的变化，并提出卫生防护措施。

11 地下水资源保护

11.0.1 勘察期间应根据全面规划、合理开采、开源节流、化害为利的原则，及时开展与地下水资源保护有关的水文地质工作。

11.0.2 凡出现下列情况的地区，在没有采取专门措施，不应再进行扩大开采量的勘察：

1 现有水源地的开采量和补给量已趋平衡，且在当前的技术经济条件下补给量已不能增加。
2 水质明显恶化，不能满足需要。
3 现有水源地的开采已产生危害性的环境地质问题。

11.0.3 在已有水源地的附近，进行新水源地或扩大已有水源地的勘察时，应符合下列要求：

1 掌握已有水源地的开采动态和发展规划。
2 协调新建水源地和已有水源地的开采动水位。
3 合理利用多层含水层。

11.0.4 在地下水开采过程中，根据地下水动态观测资料，应对地下水的补给量和允许开采量进一步计算和评价，对水位、水质提出预测和不良环境地质现象的发生作出预测。必要时，应提出调整开采方案或采取防护措施的建议。

11.0.5 在有污染源（包括咸水）的地区进行勘察时，应符合下列规定：

1 水源地应选择在污染源的上游。
2 进行污染调查，了解污染源对地下水水质的影响，并应预测开采后可能发生的变化。
3 控制开采量和开采动水位，防止污水的入侵。
4 对开采井及观测孔采取防止垂直采水措施，防止垂直方向上不同含水层中水质优劣不同的地下水直接发生联系。

5 水质分析除进行一般项目的分析外，应根据污染源的类型、性质和有害物质成分，进行相应的有害元素和有机化合物的分析及放射性物质的测定。

11.0.6 大量开采地下水的地区，应根据上部土体的压缩性和各层地下水的区域水位下降值，应建立地下水观测网，评价有无引起地面沉降的可能性。在已产生地面沉降的地区，设置开采方案的措施进行分层和基岩标志进行监测，并采取调整开采方案的措施进行控制。

11.0.7 在开采地下水的地区，为地下水的合理开发和保护，应做好地下水动态监测工作，并按国家有关规定的要求，设置水源卫生防护带。

附录 A 供水水文地质勘察报告编写提纲

序言

说明任务的来源及要求。

简要评述勘察区以往水文地质工作的程度及地下水开发利用的现状和规划。

概述勘察工作的进程以及完成的工作量。

1 自然地理及地质概况

概述勘察区的地形和地貌条件。

简述气象和水文特征。

叙述地层和主要地质构造的分布及特征。

本部分应侧重叙述与地下水的形成、补给、径流、排泄条件以及与地下水污染有关的内容。

2 水文地质条件

叙述含水层(带)的空间分布及其水文地质特征。

阐述地下水的补给、径流、排泄条件及其变化规律。

叙述地下水化学特征、污染现状及其变化规律。

说明拟采含水层(带)与相邻含水体之间的水力联系状况。

3 勘察工作

结合地下水资源评价方法的需要，论述勘察工作的主要内容及其布置，提出本次勘察工作的主要成果，并评述其质量和精度。

2—27

4 地下水资源评价

论述水文地质参数计算的依据,正确计算所需的水文地质参数。

论述水文地质条件概化和数学模型的建立。

水量计算:计算地下水的天然补给量和储存量,以及开采条件下的补给增量。根据保护水资源,合理开发的原则,提出相应勘察阶段的允许开采量,论证其保证程度,并预测其可能的变化趋势。

水质评价:根据任务要求,说明水质的可用性,结合环境水文地质条件,预测开采条件下地下水水质有无遭受污染的可能性,提出保护和改善地下水水质的措施。

预测地下水开采可能引起的环境地质问题。

5 结论和建议

提出拟建水源地的地段和主要水文地质数据和参数。

评价地下水源地的允许开采量、水质及其精度。

建议取水构筑物的型式和布局。

指出水源地在施工中和投产后应注意的事项。

建议地下水动态观测网点的设置及要求。

建议水源地卫生防护带的设置及要求。

指出本次工作的不足和存在问题。

主要附件

1. 勘察工程平面布置图
2. 水文地质图及其剖面图
3. 与地下水有关的各种等值线图
4. 勘探孔柱状图及抽水试验综合图
5. 水文、气象资料图表
6. 井(泉)调查表
7. 水质分析成果统计表
8. 颗粒分析成果统计表
9. 地下水动态观测图表

注:编写报告时,应根据需水量大小、水文地质条件的复杂程度和勘察阶段,对本提纲的内容进行合理的增、删。论述应突出资源评价,言简意赅。文字与图表应相互呼应。

附录B 地层符号

B.1 地层年代符号

界	系	统
新生界 K_z	第四系 Q	全新统 Q_4 或 Q_h
		更新统 Q_p 上更新统 Q_3
		中更新统 Q_2
		下更新统 Q_1
	第三系 R	上第三系 N 上新统 N_2
		中新统 N_1
	下第三系 E	渐新统 E_3
		始新统 E_2
		古新统 E_1
中生界 M_z	白垩系 K	上白垩统或白垩系上统 K_2
		下白垩统或白垩系下统 K_1
	侏罗系 J	上侏罗统或侏罗系上统 J_3
		中侏罗统或侏罗系中统 J_2
		下侏罗统或侏罗系下统 J_1
	三叠系 T	上三叠统或三叠系上统 T_3
		中三叠统或三叠系中统 T_2
		下三叠统或三叠系下统 T_1
古生界 P_z	上古生界 P_{z2}	二叠系 P 上二叠统或二叠系上统 P_2
		下二叠统或二叠系下统 P_1
		石炭系 C 上石炭统或石炭系上统 C_3
		中石炭统或石炭系中统 C_2
		下石炭统或石炭系下统 C_1
		泥盆系 D 上泥盆统或泥盆系上统 D_3
		中泥盆统或泥盆系中统 D_2
		下泥盆统或泥盆系下统 D_1

续表

界	系	统
古生界 P_z	下古生界 P_{z1}	志留系 S 上志留统或志留系上统 S_3
		中志留统或志留系中统 S_2
		下志留统或志留系下统 S_1
		奥陶系 O 上奥陶统或奥陶系上统 O_3
		中奥陶统或奥陶系中统 O_2
		下奥陶统或奥陶系下统 O_1
		寒武系 ϵ 上寒武统或寒武系上统 ϵ_3
		中寒武统或寒武系中统 ϵ_2
		下寒武统或寒武系下统 ϵ_1
元古界 P_t	上元古界 P_{t3}	震旦系 Z 上震旦统或震旦系上统 Z_2
		下震旦统或震旦系下统 Z_1
		青白口系 Q_n	
	中元古界 P_{t2}	蓟县系 J_x
		长城系 C_h
	下元古界 P_{t1}	
太古界 A_r	上太古界 A_{r2}	
	下太古界 A_{r1}	

注:1 时代不明的变质岩为 M;前寒武系为 $A_n\epsilon$;前震旦系为 A_nZ。
2 "震旦系"一名限用于湖北长江三峡东部剖面为代表的一段晚前寒武系地层,分上、下两统。
3 我国北方晚前寒武系地层划分仍有不同意见,为便于工作,自下而上可沿用长城系,蓟县系,青白口系三个年代地层单位名称。

附录 C 供水水文地质勘察常用图例及符号

C.1 土和岩石

C.1.1 松散沉积物

人工堆积　粘土　黄土　粉砂　粗砂　圆砾　块石

耕表土　粉质粘土　黄土状粉质粘土　细砂　砾砂　碎石　漂石

淤泥　粉土　黄土状粉土　中砂　角砂　卵石

C.1.2 沉积岩

角砾石　砂岩　泥岩（粘土岩）　泥灰岩　泥质灰岩

砾岩　石英砂岩　灰岩　泥质灰岩　硅质灰岩

砂质岩　页岩　结晶灰岩　白云质灰岩　含燧石结核灰岩

B.2 第四纪地层成因类型符号

人工填土	Q^{ml}	海陆交互相沉积层	Q^{mc}
植物层	Q^{pd}	冰积层	Q^{gl}
冲积层	Q^{al}	冰水沉积层	Q^{fgl}
洪积层	Q^{pl}	火山堆积层	Q^{u}
坡积层	Q^{dl}	崩积层	Q^{col}
残积层	Q^{el}	滑坡堆积层	Q^{del}
风积层	Q^{eol}	泥石流堆积层	Q^{sef}
湖积层	Q^{l}	生物堆积层	Q^{o}
沼泽沉积层	Q^{b}	化学堆积层	Q^{ch}
海相沉积层	Q^{m}	成因不明堆积层	Q^{pr}

注：1 两种成因混合的沉（堆）积层，可用混合符号。例如：冲积与洪积混合层，可用 Q^{al+pl} 表示。
2 地层与成因的符号可合起来使用。例如：由冲积形成的第四系上更新统，可用 Q_3^{al} 表示。

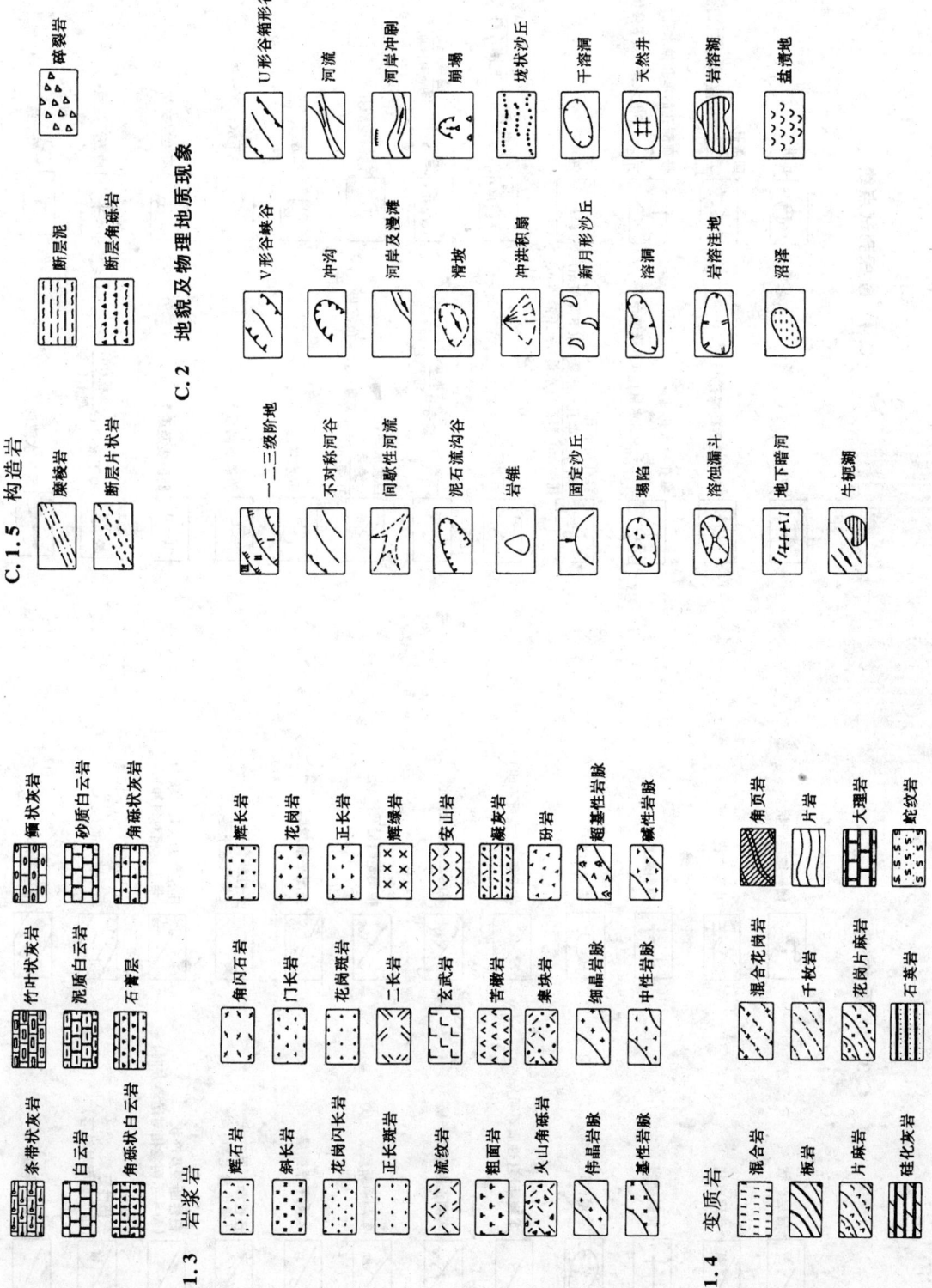

C.3 地质构造

符号	名称	符号	名称
岩层产状	倒转地层产状
节理产状	片理产状
背斜轴线	向斜轴线
盆地构造	穹窿构造
实测断层（性质不明）	推测断层（性质不明）
实测正断层及产状	推测正断层及产状
实测逆断层及产状	推测逆断层及产状
实测平推断层	推测平推断层
压性断裂及产状（箭头示两盘相对运动方向）	张性断裂及产状（带齿盘相对下落）
扭性断裂及产状（箭头示两盘相对运动方向）	压扭性断裂及产状（带齿盘相对斜冲）
张扭性断裂（带齿盘相对斜落）	断层破碎带
挤压破碎带	节理密集带

C.4 勘探测试点线

符号	名称	符号	名称
民井	机井
水文地质勘探孔	回灌孔 编号／回流量 L/s（孔口高程 m）／孔深（m）
单孔抽水孔 编号／出水量 L/s（下降值 m）／孔深（m）	带观测孔的单孔抽水孔 编号○出水量 L/s（下降值 m）／孔深(m)
群孔抽水孔 编号／单孔出水量 L/s（下降值 m）／孔深（m）○群孔出水量 L/s（下降值 m）	注水孔
压水孔	上升泉 编号／流量(L/s)
下降泉 编号○水量(L/s)／观测日期	温泉 编号○温度(℃)／观测日期
自流水钻孔 编号○自流量 L/s（水位高程 m）／孔深（m）	动态观测孔
取水样点	过滤器
剖面线及编号 II—II′	地下水位等值线
地下水位 高程(m)／观测日期	河流水文站
地下水流向	地表污染源
	气象台站

本规范用词说明

1 为便于在执行本规范条文时区别对待，对要求严格程度不同的用词说明如下：

1) 表示很严格，非这样做不可的用词：
   正面词采用"必须"；反面词采用"严禁"。
2) 表示严格，在正常情况下均应这样做的用词：
   正面词采用"应"；反面词采用"不应"或"不得"。
3) 表示允许稍有选择，在条件许可时，首先应这样做的用词：
   正面词采用"宜"；反面词采用"不宜"；
   表示有选择，在一定条件下可以这样做的，采用"可"。

2 规范中指定应按其他有关标准、规范执行时，写法为："应符合……规定"或"应按……执行"。

附录D 土的分类

类别	名称	说　　明
碎石类土	漂石	圆形及亚圆形为主，粒径大于200mm的颗粒超过总质量的50%
	块石	棱角形为主，粒径大于200mm的颗粒超过总质量的50%
	卵石	圆形及亚圆形为主，粒径大于20mm的颗粒超过总质量的50%
	碎石	棱角形为主，粒径大于20mm的颗粒超过总质量的50%
	圆砾	圆形及亚圆形为主，粒径大于2mm的颗粒超过总质量的50%
	角砾	棱角形为主，粒径大于2mm的颗粒超过总质量的50%
砂土类	砾砂	粒径大于2mm的颗粒占总质量的25%～50%
	粗砂	粒径大于0.5mm的颗粒超过总质量的50%
	中砂	粒径大于0.25mm的颗粒超过总质量的50%
	细砂	粒径大于0.075mm的颗粒超过总质量85%
	粉砂	粒径大于0.075mm的颗粒不超过占总质量的50%～85%
粘性土类	粉土	塑性指数：$I_p \leq 10$
	粉质粘土	塑性指数：$10 < I_p \leq 17$
	粘土	塑性指数：$I_p > 17$

注：1 土的名称应根据颗粒组由大到小以最先符合者确定。
　　2 野外临时确定土的名称时，可采用一般常用的经验方法。

中华人民共和国国家标准

供水水文地质勘察规范

GB 50027—2001

条文说明

目　次

1　总则 …… 2—35
2　术语与符号 …… 2—38
2.1　术语 …… 2—38
2.2　符号 …… 2—38
3　水文地质测绘 …… 2—38
3.1　一般规定 …… 2—39
3.2　水文地质测绘内容和要求 …… 2—40
3.3　各类地区水文地质测绘的专门要求 …… 2—40
4　水文地质物探 …… 2—41
5　水文地质钻探与成孔 …… 2—41
5.1　水文地质勘探孔的布置 …… 2—41
5.2　水文地质勘探孔的结构 …… 2—44
5.3　抽水孔过滤器 …… 2—45
5.4　勘探孔施工 …… 2—45
6　抽水试验 …… 2—46
6.1　一般规定 …… 2—47
6.2　稳定流抽水试验 …… 2—48
6.3　非稳定流抽水试验 …… 2—48
7　地下水动态观测 …… 2—48
8　水文地质参数计算 …… 2—48
8.1　一般规定 …… 2—48
8.2　渗透系数 …… 2—52
8.3　给水度和释水系数 …… 2—53
8.4　影响半径 ……

8.5 降水入渗系数 ……………………………………………… 2—53
9 地下水水量评价 ……………………………………………… 2—54
9.1 一般规定 ……………………………………………… 2—54
9.2 补给量的确定 ……………………………………………… 2—55
9.3 储存量的计算 ……………………………………………… 2—55
9.4 允许开采量的计算和确定 ……………………………………………… 2—58
10 地下水水质评价 ……………………………………………… 2—58
11 地下水资源保护 ……………………………………………… 2—59
附录A 供水水文地质勘察报告编写提纲 ……………………………………………… 2—60
附录B 地层符号 ……………………………………………… 2—60
附录C 供水水文地质勘察常用图例及符号

1 总 则

1.0.1 多年来,由于过量开采地下水,各地相继出现了诸如水量减少、水质恶化、地面沉降、土地沙化等一系列与生态环境失衡所产生的环境水文地质问题。为了把有限的水资源合理开发而保持良好的生态环境,本次修订时对供水水文地质勘察的宗旨,增加了对生态环境保护的强调。

1.0.2 随着国民经济的发展,农村集镇和乡镇企业迅速兴起,同时也增加了对用水的需求。由于地下水具有许多地表水不可比拟的优点,所以集镇和乡镇企业都越来越多地利用地下水。事实上,不少单位已承担过这方面的任务,并按本规范的要求,向委托单位提交了勘察资料。鉴于上述情况,故本规范的适应范围也相应地扩大到城镇。

1.0.3 勘察纲要是根据搜集已有资料和现场踏勘结果编制的,是指导勘察工作,编制各项具体计划以及检查所完成勘察工作的主要依据。

考虑到勘察纲要用语在许多部门和系统已习用多年,同时又为避免与设计部门的有关设计书相混淆,所以本规范仍沿用"勘察纲要"的称谓。

由于勘察纲要内容及涉及许多方面,且有些内容如施工进度、人员设备、经济预算等,又多属经营管理内容和工作量悬殊很大,故本规范未编勘察纲要内容提要,仅在条文中提出编制的基本要求。实际工作中可根据具体工程的特点和需要来编制,并且应该注意两点:一是必须充分搜集已有资料,避免重复;二是现场踏勘必须认真,避免遗漏重要的地质现象。

1.0.4 本条强调的勘察工作的内容和工作量，是根据一系列因素，结合勘察区具体情况及拟选用的地下水资源评价方法综合考虑确定的。条文所述诸因素中的"拟选用的地下水资源评价方法"，其含义是不同的资源评价方法对勘察工作布置的大小及其布置的要求是不同的。譬如，采用数值法评价地下水资源，与传统的稳定流解析法有所不同。数值法要求勘探孔应在勘察区有控制性的布置，以查明边界的水文地质条件，而且抽水试验应在勘察区有控制性的布置，以查明边界的水文地质条件，而且抽水试验应在勘察方法等。强调在获得的勘察资料有的放矢、实用可靠。

1.0.5 原规范第1.0.4条，对影响水文地质勘察工作内容和深度应综合考虑的诸多因素作了规定，其中水文地质条件的复杂程度列在首位。但是在实际工作中如何具体判定水文地质条件的复杂程度，未作进一步规定，以致难以操作。为了正确指导供水水文地质勘察工作，合理确定勘察工作的规模，以达到技术和经济效果的统一，本次修订时采纳了各单位的意见，增补了该条文，将水文地质条件的复杂程度划分为简单、中等、复杂三类，详见表1.0.5。该表所列特征是影响一个地区水文地质勘察补充和赋存机制的主导因素的多样性和复杂性。值得说明的是，由于实际工作中研究对象的多样性和复杂性，制约一个地区地下水形成和赋存机制的主导因素是相吻合的。值得说明的是，由于实际工作中研究对象的多样性和复杂性，1.0.5中所列的各种特征，往往难以准确判断，因此在工作初期（如普查阶段），当把握不准时，可把复杂程度提高一个档次处理。其次，规定本条文后，当使用表3.1.5时可按注②的规定执行；当使用表5.1.4时，在水文地质条件采用大数值，反之，则相反；条件是中等时，则采用中间值。

1.0.6 需水量是用户根据用水需要提出的，也是水勘察委托任务书中的主要内容，也是勘察单位和业主签定勘察合同协议书中的主要内容，也是勘察单位按合同协议书布置勘察工作内容和重要依据。不言而喻，勘察单位按合同协议书布置勘察工作内容和工作量，即组织一定的勘察工作量，为用户找到的水源地，其允许开采量必须满足需水量，用户方可验收。因此，本次修订时增补了该条文，以满足实际工作的需要。条文中按需水量大小将拟建水源地规模划分为四级，是参照各部门有关标准中的相关内容制订的。

1.0.7 20世纪80年代中期修订规范（TJ 27—78）时，国家计委标准定额局明确指出，水文地质勘察阶段的划分应按储发[1987] 27号文规定执行。所以，修改后的规范（GBJ 27—88）将水文地质勘察划分为地下水调查、普查、详查、勘探和开采五个阶段，以适应各部门和单位在实际工作中的不同要求。但是，经过十余年的实施行，各单位普遍反映，上述划分不适合供水勘察的实际情况与需要。鉴于下述基本事实：一、有关资料表明，从建国至1994年止，全国区域水文地质调查工作已全部完成，区域水文地质条件和地下水资源的分布已基本查清，多年来对供水的水文地质勘察工作一般均是在上述工作的基础上进行的。二、从抽样性地收集到的近十年来各地所完成的50个水源地勘察资料来看，未见有涉及地下水调查阶段工作的项目，目前国内从事水文地质勘察的冶金、电力、铁路等部门所制订的供水水文地质勘察规范，均未将地下水调查列为一个勘察阶段，勘察阶段基本都是划分为四个阶段，只是名称的叫法不一。本次修订时将供水水文地质勘察阶段调整为普查、详查、勘探和开采四个阶段，删除了地下水调查阶段。

值得指出的是，水文地质勘察虽然分为上述四个阶段，但核心的阶段应是详查和勘探（也即过去习用多年，与供水设计阶段相对应的初步勘察和详细勘察），普查和开采可认为是核心阶段的前后延伸。诚然，只有如此理解供水水文地质勘察的全过程，才能获取完整的地下水资料。

其次，目前我国少数地区，尤其是西部地区仍有空白。倘在此类地区为城市、工矿进行供水水文地质勘察时，还需进行地下水调查阶段的工作，比例尺小于1：200000的区域水文地质调查工作的内容和作,故在本条后加注作了规定。

1.0.8 本条文规定与本规范条文比较,有两点不同:一是删除了原条文第一款有关地下水资源评价阶段调查的内容;二是对供水勘察各阶段设计的工作与设计全过程各期工作的对应关系作了进一步的明确。

针对实际工作的需要,建设部城建司于1993年颁发了市政工程设计技术管理标准,规定设计工作的全过程分为设计前期、设计阶段、设计后期三个阶段。设计前期工作主要包括项目可行性研究、编制项目建议书及可行性研究报告。设计阶段包括初步设计和施工图设计,工程设计的全过程也应基本如此。参加工程试运行、设计回访,工程设计总结等。无疑,供水设计对供水勘察基础资料的要求,本次修订供水设计全过程各期勘察阶段分别对不同勘察阶段的深度作了明确规定。

条文中强调各阶段的要求,可以理解为勘察阶段工作和工作量应达到明确规定的标准。本规范第9.4.17~9.4.20条对此已有明确规定。

以"推断的"、"提出的"、"探明的"、"验证的"分别相应替代本条款中"推断的"、"探明的"、"提出的"、"重新评价的"等用词,但对于B、C、D各级精度的要求,据了解,美国等国外有关的分类标准对此量应相应满足A、B、C、D各级精度的要求。本规范第9.4.17~9.4.20条对此已有明确规定,使表述更加明确和贴切。据了解,美国等国外有关的分类标准对此也是如此表述的。

1.0.9 本次修订,将水文地质勘察工作调整为四个阶段,但对于具体的勘察工程,不必循序逐一进行,可根据实际情况、缩短勘察周期都是有利的。所以,凡属下列情况之一者,勘察阶段均可简化与合并。只有一个水源地方案,水量容易得到满足的工程。二、只有一个水源地方案。三、详查者过程中,需水量容易满足的工程,设计部门根据所获初步资料能确定水源地。四、勘察阶段难以划分的基岩地区找水。

1.0.11 众所周知,多年来有关水文地质勘探、测试、地下水动态监测、地下水资源评价等方面行之有效的新技术,新方法,新工艺,如先进的物探、同位素、遥感、计算机等技术,可谓层出不穷。例如,激发极化法,电导率成像系统,核磁共振等物探新技术已取得了满意的效果;又如井下彩色电视系统、单孔声波测井仪、轻便测井仪、超声波流量计、水位监测自动采集系统、水质连续测试仪等先进设备仪器的应用,全国范围内各部门、各单位的推广应用已不平衡,胜枚举。但是,全国范围内各部门、各单位的推广应用尚不平衡,且力度也不大,这不仅束缚和阻碍着水文地质勘察科学技术的发展速度,而且在一定程度上也制约着本规范内容的完善与水平的提高。有鉴于此,本次修订时在总则中增加了本条文,以引起各方面对这一问题的重视。

2 术语与符号

2.1 术 语

2.1.1~2.1.28 截至目前，国内已先后出版了几本涉及水文地质勘察的名词术语标准，如《钻探工程名词术语》、《水文地质术语》、《地质词典》、《给水、排水设计基本术语标准》等，但这些标准对同一概念的冠名与解释，往往不尽相同，甚至差异较大。不仅如此，就是原规范也存在类似不严谨的问题。例如"抽水井"，也称为"抽水试验孔"、"抽水试验钻孔"、"抽水孔"，概念有四个不同名称，而且"孔"和"井"的内涵还是有所不同的。诸如此类，不乏其例。显然，这样不给实际工作和相互交流带来不便。所以，为了协调认识，统一标准，本次修订规范时在参考了有关各名词术语标准和技术标准的基础上，对本规范所涉及的术语及其定义作了统一规定，增补了以"孔"为中心的"术语"部分。必须指出，本术语部分不同于系列化的术语标准，所以术语可能广而不全，而是按国内当前要求，选择国内各部门供水勘察工作中共同使用较多的术语和要求。因此，各部门在今后的实际工作中如尚感不足，可根据工程的特点和要求，另选其他有关标准中的术语。

2.2 符 号

本次修订时在原规范所列符号的基础上，增加了同位素示踪测井求参数的有关符号。

3 水文地质测绘

3.1 一般规定

3.1.1、3.1.2 城镇和工矿企业的供水水文地质勘察工作，一般是在已有水文地质测绘资料的基础上进行的。所以，第3.1.2条可理解为应根据不同的勘察阶段搜集相应精度的水文地质测绘图件。

水文地质测绘是一项专门性的工作，有其独立性。鉴于这种情况，也是为了对被利用的地质和水文地质测绘资料进行研究和校核，本规范规定了测绘工作的一般要求。显然，独立完成不同比例尺的水文地质测绘工作，还需遵循相应的设计书、本规范和水文地质测绘规程的要求。

3.1.5 观测点数量和观测路线长度是表征水文地质测绘工作精度的主要指标。自20世纪70年代编制规范（TJ 27—78）时予以规定以来，原规范表2.1.5中的指标一直未曾修订而沿用至今。近年来，随着遥感技术和其他新技术、新方法在水文地质勘察中卓有成效的应用，使许多部门在实际工作中，在不影响工作精度的前提下，减少了野外工作量，提高了生产效率，获益匪浅。不少部门和单位反映，在今后的实际工作中，若按原规范中的定额指标要求布置工作量，显然在技术和经济上是不合理的。为此，在本次修订过程中，通过搜集国内近十年来78个各种类型水源地的实例资料，经过综合分析和归纳，对原规范表2.1.5中的部分定额指标做了适当修改。但从修改的结果（本规范表3.1.5）来看，由于实际资料的局限，改动的不多，而且定额表宽的幅度也不大，仅在0.1~1.5之间，所以此项工作仍有待今后继续调研和补充。

值得指出的是,有些部门在勘探阶段为了查明取水地段有供水意义的构造形迹特征,常进行大比例尺1:5000的水文地质测绘、冶金、建设,水电部门就是如此,并且在本部门的水文地质勘察规范中,列入了比例尺1:5000的水文地质测绘观测点数和观测路线长度的定额。考虑到这方面的实际需要,在本规范表3.1.5中增加了比例尺1:5000的定额标准。

3.1.7 关于遥感影像比例尺的选用

遥感影像比例尺的选用,应以保证图像质量获得最佳判释效果为原则。从使用的情况来看,遥感影像资料的不同,所选用的比例尺也不一样。

1 利用航片填图时,应使用的航片比例尺,与任务图的比例尺接近。当小于任务图比例尺,但放大倍数不宜大于4倍。表1为原煤炭部《大比例尺航空地质测量规程》规定的比例尺,可供遥感水文地质填图参考。

表1 航空地质测量使用的航片比例尺

填图比例尺	航片比例尺
1:50000	1:30000~1:60000
1:25000	1:16000~1:30000
1:10000	1:10000~1:18000
1:5000	1:8000~1:15000

2 规定可选用不同时间的陆地卫星像片,旨在在放宽像片的用尺度。当有不同时间的陆地卫星像片时,以选用近期的为好。加工处理后的影像最佳放大倍数为3倍,相应的比例尺为1:100万,美国地质调查所的经验证明,影像放大6倍(相应比例尺为1:50万)仍能保证图像的质量。在地质应用中也有把影像放大1:25万使用的。

3 热红外图像规定的比例尺是根据表2中有关资料的统计结果提出来的。热红外图像应用比例尺一般不小于1:5万。

表2 热红外图像应用效果表

时间(年)	单位	地区	传感器	波长(mm)	比例尺	有效显示
1980	广东地质局	广州~从化	DS-1230	10~12	1:26000	热污染,地热异常增强等
1980	岩溶所	桂林	DS-1230	10~12	1:5000~1:36000	区分白云岩,石灰岩,古河道等
1980	地质遥感中心	内蒙河套			1:25000	古河道
1983	原水文四队	广东瑶山	THy-2	8~14	1:50000	隐水断裂

3.1.8 遥感影像填图的检验

遥感影像填图是由室内判释和野外检验两个部分组成的。需要强调的是,野外检验是必不可少的工序。尤其是那些在遥感影像上难以获得的资料,如岩层和断层的产状,断层的某些性质,钻孔、井、泉的所属含水层类型,水位,出水量和水质等,必须到野外实地去补充。

3.1.9 遥感影像填图的野外工作量

遥感影像填图的野外工作与室内判释和追索调查相同,观测路线采用穿越法,有些地段采用追索法,或者两者相结合。条文中应用航片填图的精度,一是提高成图的精度,二是减少野外观测点数和路线长度得以比较,前者是主要。条文根据我国14个应用遥感资料填图的有关技术数据统计得出的数量要求,是根据本条款时,应根据航片图像的有关研究程度、地区的多少等综合确定。执行本条款时,应根据航片图像可判程度、地区的研究程度以及影像上难以获见资料的多少等综合确定。

3.2 水文地质测绘内容和要求

3.2.1~3.2.7 在执行时,应结合勘察区的具体条件、特征、突出重点。

本规范把有关水文地质测绘内容和要求的条款另列一节，这样与前节"一般规定"的内容不致混淆；与后节的"专门要求"也较为协调。

3.3 各类地区水文地质测绘的专门要求

3.3.1~3.3.10 原则上规定了各类地区进行水文地质测绘时，其调查内容、调查范围和工作精度，应根据接受受任务的技术要求和勘察区的水文地质条件来确定。

4 水文地质物探

4.0.1 物探方法在解决水文地质问题时，有成功的经验，也有不理想的实例。在这样的情况下，使用多种方法互相对照，对获得正确的结果是有帮助的。必须指出，采用多种物探方法进行探测时，应考虑被探测体本身具备的各种可被利用的物理条件和其他条件，这才是应用物探方法获得成功的基本条件，切忌盲目使用。

4.0.2 物探在供水勘察中已被广泛应用，从经验看，在解决某些特定问题上，有相对成熟的或相对不成熟的。查其原因是，对物探适用条件的认真考虑与否，则是同题问探用条件成熟的关键所在。因此，为提高物探的应用效果，本条文规定了采用物探方法的适用条件不尽一致，在此只能对被探测体的共性要求，作出一般规定。

4.0.5 水文测井多用，做到一孔多用，在物探孔中配合进行物探水文测井工作，是十分必要的。譬如采用视电阻率、自然电位、人工放射性同位素等方法测井，可为确定含水层深度、厚度和结构提供依据；在抽水试验过程中进行流量测井、抽水后进行扩散法测井，均可提高含水层渗透性和涌水量确定的精度。

5 水文地质钻探与成孔

5.1 水文地质勘探孔的布置

5.1.1 钻探是水文地质勘探工作的主要手段之一。如何合理地布置勘探孔，直接关系到整个勘察工程的质量。在程序上，勘探孔的布置应在水文地质测绘和物探测绘资料的基础上进行布置，以避免水文地质布置的盲目性。

5.1.2 布置勘探孔的目的，一是查明地质和水文地质条件，二是取得计算参数和评价地下水资源所需的资料。本条为强调勘探孔布置与满足评价地下水资源计算方法对资料的需求，特加注规定。当采用数值法计算评价地下水资源时，需侧重对勘察区水文地质边界的了解和运用数值法时所需的水文地质参数分区的要求，以避免在采用传统的解析方法计算评价资源时，勘探孔的布置侧重在拟建井任的范围内，而对外围（或补给区）地段考虑较少。

5.1.3～5.1.5

1 勘察钻孔的布置方式。1）松散层地区：从大量工程实例来看，基本上都采取勘探线以平行垂直地下水流向或地表水体布置为主（当拟在岸边取渗透水时，勘探线以平行地表水体岸边或布置）。因此，本规范依据这些资料，对比较常见各类地区的钻孔方式按水文地质条件作了规定。2）基岩地区：通过多年来大量地区勘探找水工作，已积累了不少的经验，成功地解决了许多实际问题。从目前规定的基岩新构造等方法寻找储水构造布置方案。地质力学和如何多实际看，本规范所规定的勘探孔位的选择，都是以往工作经验的研究和总结，且这些地段或地段较多成为在松散层或松散

岩地区的勘探孔布置方案，仍有待今后继续调研并加以补充。

2 松散层地区勘探线、孔的间距。本规范对松散层地区勘探孔的间距，还是保留了常用的剖面线距形式。从收集到的工程实例来看，凡采用这种布孔方式的工程，一般均采用解析方法。当采用其他方法（如数值法）评价地下水资源时，可不受这种传统布孔方案的限制，应以满足数值模型对评价勘察区水资源的需要来布置勘探孔。

5.2 水文地质勘探孔的结构

5.2.1 勘探孔深度是根据任务要求和勘察区的水文地质条件而确定的，不能规定一个具体的数值。为此，本条文只作了原则的规定，即应钻穿有供水意义的主要含水层（带）或含水构造带。这样规定，是基于正确取得水文地质数据及评价地下水资源的需要。但是本条文不能理解为在勘探工程中所有的勘探孔都要求钻穿含水层或含水构造带。譬如，当勘察区地下水丰富，远远大于需水量要求时，勘探孔深度也可根据具体任务要求来定。条文中的"有供水意义"，应理解为是针对任务的"需水量"而言的。

5.2.4 本条文对止水的规定与要求，主要是针对勘探孔而言的。同样，作为长期观测孔，为保证观测资料的正确，也应分层止水，故本次修订时以注的形式对此作了规定。

5.2.6 本条文是新增条文，旨在要求在实际工作中充分搜集、研究利用已有资料，合理设计钻孔结构，达到节省勘察费用、提高效益的目的。

5.3 抽水孔过滤器

规范的原版（TJ 27—78）及其第一次修订版（GBJ 27—88）（称原规范），均将有关过滤器类型选择和设计的规定作为一节放在《抽水试验》一章。实践表明，大多数的钻孔是在不稳定或松散

孔壁的情况下，必须设置过滤器过滤料，所以设置过滤器才能进行抽水试验，而过小又不能安装抽水设备，为至少能满足空气压缩机抽水的要求，并保证获得比较正确的抽水试验资料，所以本条文仍规定"在基岩层中，宜大于100mm"。

5.3.1 原规范将填砾过滤器、非填砾过滤器、滤料，改称为"填粒过滤器"、"非填粒过滤器"、"填粒"，是基于滤径并非都是粒径大于2mm的砾石这一实际情况而为。但填砾过滤器、滤料之名称已沿用多年，同仁认可，并为现行国家标准《供水管井技术规范》GB 50296所采用。鉴于上述情况，并为与相邻规范在相关问题方面保持协调一致，故本次修订时予以更改，恢复使用原名称。

关于过滤器类型的选择，本次修订时，对粗砂、中砂含水层而言，去掉了包网过滤器，而对细砂、粉砂含水层则增加了包网过滤器。这样，不仅能节省勘察成本，降低施工难度，而且由于抽水孔抽水是为求取参数，抽水时间不长，包网过滤器对试验资料精度影响不大，所以如此修改是适应时下勘察市场要求的。

5.3.2 松散层中的一些专门试验过滤器的直径增加，其出水量有关的生产实践表明，在相同的条件下，抽水试验过滤器的直径增加，其出水量相应增加。当直径增加到一定限度时，出水量增加的幅度逐渐减小。管过滤器直径增加到过滤器直径大于200mm时，出水量增加的幅度一般就很小。如图1所示（图中数字1～10为试验孔组的编号，1号孔为地层渗透系数最小，10号孔组为地层渗透系数最大）。据此，当采用ϕ200mm过滤器抽水孔的出水量去推算大口径生产井的出水量，可以理解为，其误差相对会小一些。另外，从施工条件来看，为在松散层地区设置ϕ200mm以上过滤器，一般需钻凿ϕ300～500mm的钻孔，这在勘察时容易满足。所以，本条文规定"抽水孔过滤器直径，在松散层中宜大于200mm"。

至于基岩勘探孔中的过滤器直径，因缺乏实际试验资料，出水量与孔径的关系更难掌握。但考虑到基岩勘探

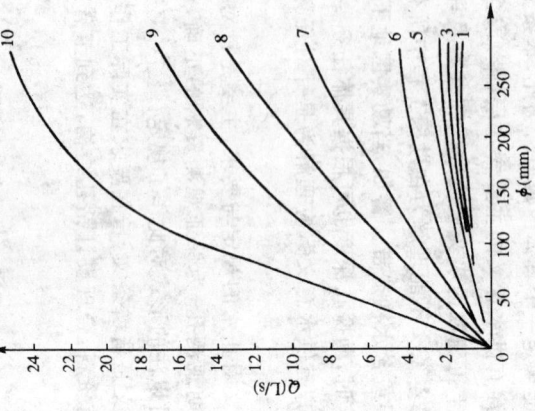

图1 过滤器直径与出水量关系曲线图

5.3.3 一些试验研究资料揭示了过滤器长度与出水量的关系，在相同条件下，抽水孔出水量随过滤器长度的增加而增加。但当过滤器长度达到某一数值后，出水量增加的幅度却很小，甚至毫无实际意义，如图2所示。由此，从实用的角度可以引出一个过滤器"有效长度"的概念，即指抽水孔整个抽水孔水位下降强度$\Delta Q(L/s)/\Delta L(m)<0.5$，或过水量占整个抽水孔出水量90%～95%时的过滤器长度。在通常的出水位下降值的情况下，过滤器"有效长度"大致为20～30m（见表3）。

表中数值基本上是在渗透性能较好的砂砾、卵石层中得出的。对于渗透性差一些的含水层，L_0（为井液中）的数值将偏大一些。本条文对上井管长度之和的算术平均长度可采用 20～30m，在执行中可以理解对厚含水层中过滤器长度较小或渗透性能较好的情况下，可采用 20～30m；当水位下降值较大或渗透性能较弱的情况下，可确有把握采用某些计算公式换算不同过滤器长度的出水量时，也可采用其他数值。

5.3.4 原规范第 5.2.3 条对抽水孔过滤器骨架管的孔隙率所作的规定，对供水水文地质勘察而言，显然是要求过高，因为超过了现行国标《供水管井技术规范》GB 50296 有关规定的要求，故本次修订时将其由不小于 20%，降低至不小于 15%。

5.3.5 对非填砾的包网过滤器的网眼尺寸及缠丝过滤器的缠丝间隙尺寸，原规范第 5.2.6 条分两款作了相应的规定。从规定的内容看，第一款是明显的引用了原苏联国家规范关于均匀含水层非填砾过滤器的规定，但第二款却是套用英、美等国对非填砾过滤器进水缝隙尺寸的要求。必须指出，原苏联和英、美对相关问题的规定是不同的。如原苏联规范规定井水含砂量标准为 1/10000，而美、等国规则大多规定在 1/20000 以下。两者相差悬殊。显然，如果把两个宽严不同的规定加以混合，势必会导致非均匀含水层中过滤器的网眼、缝隙尺寸反而小于均匀含水层情况下的不合理结果。

须知，抽水孔出水含砂量的高低，不仅直接反映孔质量的好坏，而且也直接影响抽水试验资料的精度。我国多年的勘察实践表明，原苏联国家规范对非填砾过滤器进水缝隙尺寸的规定是符合抽水孔的实际情况的，所以也是原规范第 5.2.6 条第一款规定的依据所在。因此，对非均匀含水层，亦应采用同一标准的规定，使之相互协调。为此，本次修订时对原规范第 5.2.6 条作了修正。

5.3.6 规范（TJ 27-78）对填砾过滤器滤料规格的要求是采用表

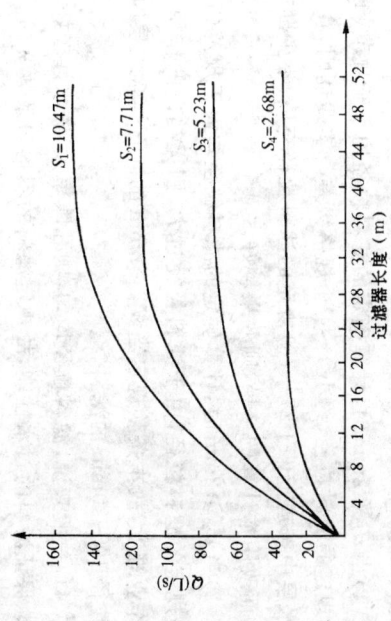

图 2 出水量与过滤器有效长度关系示意图

表 3 过滤器"有效长度"（L_0）值表

S(m)	Q(L/s)	q(L/s·m)	L_0(m)
4.31	39.92	9.26	(38.15+24.90)/2=31.50
1.50	20.10	13.40	22.50
1.30	18.30	14.10	21.50
1.00	14.80	14.80	20.50
3.57	32.60	9.13	26.08
0.94	10.30	10.90	18.05
		9.05	24.32
10.47	155.36	15.02	36.80
7.77	116.58	15.00	30.00
5.23	76.16	14.53	26.00
2.56	35.91	14.01	19.20
4.59	107.66	23.40	30.80

注：S——水位下降值（m）。
Q——单位时间的总出水量（L/s）。
q——单位水位下降值的出水量（L/s·m）。

或等于2。

5 为了保证缠丝或骨架管的穿孔孔径能阻挡90%滤料，规定缠丝间隙尺寸采用D_{10}。

5.3.7 关于填砾过滤器的滤料层厚度的规定，多年来的工程实践证明是合适的，既有利于水量增加，又有利于钻探施工。

5.4 勘探孔施工

5.4.1 基岩钻孔由于孔壁稳定，应采用清水钻进。在松散层地区，当孔壁不易坍塌，钻进比较容易的情况下，为避免复杂的洗井工作，可采用水压钻进；反之，则应采用泥浆钻进。当采用泥浆护壁钻进时，为了避免滤料层功能又有化学功能的洗孔法，如焦磷酸钠和压气联合洗孔法，或者说既有机械功能又有化学功能的洗孔法，液态二氧化碳洗孔法，且洗孔效果均较好。据此，本条文强调选用洗孔方法时，要根据实际情况采用多种有效的方法。

近几年来，在以往任何洗孔方法的同时，又出现不少采用化学洗孔的方法，日前者约为后者的2倍。我国的习惯做法是，在现场按体积比测定水中含砂量，无需再烘干称重再换算成质量比，这样简便易行。故本条规定的含砂量数值能满足生产实示需要的。

5.4.2 规定孔斜的要求，不仅能保证抽水试验正常进行，而且也能保证正确判定地层或孔隙岩溶的深度和位置。本条文规定孔斜不宜大于1.5°的要求，是考虑到目前我国常用的井斜仪的精度，其误差一般为±0.5°。

1 公式的形式。根据含水层的颗分资料确定的标准粒径d_i乘以滤水系数(D_{50}/d_i)来确定，按此规定分档过细，使用不便。据此，原规范将滤料粒径改用国际上普遍采用的以标准粒径乘滤水系数确定滤料粒径是适用的，故对原条文又未作改动。实践证明，按计算方法确定的滤料粒径，多年来的工程实践说明是合理的。

2 砂土类含水层的滤料规格。对砂土类含水层，通过国内18个工程实例的反复试算，并参考苏、日、英、西德等国的规定，确定合我国的d_i为d_{50}，则滤水系数D_{50}/d_{50}为6～8。由此计算的结果，与规范(TJ 27—78)的规定一致。

试算中发现，若砂砾和粗颗砂地层的不均匀系数η_1(d_{50}/d_{10})值大于10时，则应除去其中的粗颗粒后重新筛分，直至η_1<10后才能按本条款的公式计算。否则，计算的滤料粒径过大。

3 碎石土类含水层的滤料规格。确定d_i较为困难，国外有关规范也都回避此规定。经20个工程实例的对比和检验，最终确定碎石土类含水层的滤料粒径d_i为d_{20}，其滤水系数D_{50}/d_{20}为6～8。按此计算的结果与规范(TJ 27—78)的规定比较，出现两种情况：

1) 当d_{20}<2mm时，计算确定的滤料粒径均小于规范(TJ 27—78)规定的滤料粒径，约小1～4个规格级差。实践证明，不少勘探孔含水层中按规范(TJ 27—78)规定的滤料粒径充填，不少勘探孔出砂，而改用本计算的结果，则效果较好。

2) 当d_{20}≥2mm时，计算确定的滤料粒径过大，由于滤料粒径过大，则无挡砂作用。为减少作业难度，故本条款规定当d_{20}≥2mm的碎石土类含水层时，可充填粒径10～20mm的滤料。

4 一般来说，滤料粒径均匀，则孔隙率大，透水性较好，为较好地保证滤料的过水性能，故规定滤料的不均匀系数η_1值小于或本条文中规定,孔深误差不宜超过2‰,是综合分析了各行业所编规范的有关规定,为保证钻探精度和相应的观测误差,测量工具本身的误差和鉴定钻探精度而得出的。该数据包括了所编规范的有关规定的有效数据和相应的观测误差。

5.4.3 钻探中的取样,直接影响鉴定地层的准确程度。因此本规范首先提出"取出的土样应能正确反映原有地层的颗粒组成"的原则规定。在执行本条款时,应注意取样方法及不断改进取样工具,以期提高取样的准确性。

在取样数量方面,各部级规范的要求出入不大,而且实际做法也基本相同。因此在综合这些资料的基础上作了相应的规定。对于试验用土样的鉴定,本条规定应加强调在现场进行,尤其是砂土类和碎石土类。

6 抽水试验

6.1 一般规定

6.1.3 应用人工放射性同位素稀释法是确定地下水运动状态要素行之有效的测试手段。

国外对稀释法和示踪法久已广为应用,且有成熟的经验。近年来,我国已推广应用不少单位对放射性同位素技术在水文地质勘察方面的推广应用进行了大量工作,并有不少应用实例,效果较佳。采用人工放射性同位素可测定松散含水层中渗透流速、实际流速、流向、有效孔隙度和弥散度等参数,进而可确定含水层的渗透系数和弥散系数。

6.1.4

1 关于观测孔布置的方向,当地下水存在着坡度(尤其是水力坡度较大)时,在不同方向上的水头损失是不相等的。因此,需要根据试验的目的来考虑观测线的布置方向。譬如,为计算水文地质参数,观测线通常垂直地下水流向布置,以减少水力坡度对计算参数的影响;若测量含水层不同方向的非均匀性和实测抽水对观测的影响范围,可根据具体条目的布置观测;若需要查明边界条件时,应在边界外有代表性的地段布置观测孔。

2 关于观测孔的距离,应取决于抽水从观测孔中测得的水头下降值是否符合抽水孔计算公式的要求。譬如常用的计算公式:

$$s = \frac{Q}{2\pi KM} \ln \frac{R}{r} \quad (1)$$

是假设地下水为二维层流和二维流的情况下推导出来的,而没有考虑在产生紊流和三维流时所造成的水头损失。因此从观测孔中

2—46

和边界条件，利用地下水自然动态资料能满足数值法计算要求，就不必进行群孔抽水试验；反之，当计算区地下水赋存条件复杂，其补给和边界条件难以查明时，则必须进行非稳定流群孔抽水试验。至于强调应以非稳定流抽水试验为主，因为建立数值模型所需的含水层导水系数(T)、释水系数(S)、越流参数(B)及给水度(μ)等水文地质参数，用稳定流抽水试验是无法获得的。

6.1.8 自然水位是抽水试验的基础资料，必须正确测定和获得。若抽水前后自然水位发生变化，应分析产生原因（如降雨、气压、生产用水等），予以校正。

考虑到利用非稳定流抽水试验的恢复水位资料按非稳定流计算水文地质参数的需要，本条文规定，恢复水位的测量应按非稳定流抽水试验的观测时间间隔进行。

本次修订时，对本条文内容未作大的改动，仅在测量抽水孔、观测孔……的"测量"一词前加了"同步"二字，以保证资料对比和分析结果的精度。

6.1.12 目前在抽水试验工作中，出水量的测量，除了原条文所规定的方法外，不少单位也采用水表计数法测定，结果可靠。故本次修订时，也将此法纳入本规范。

6.2 稳定流抽水试验

6.2.1 稳定流抽水试验不宜少于3次下降，其理由是：

1 可以获得抽水试验特性曲线，以便正确选择计算水文地质参数的公式。

2 有可能推算孔的出水量。

3 有可能验证所得的抽水文地质参数的计算是否准确，例如采用3次不同下降值计算的渗透系数应基本一致。

6.2.2 关于下降的稳定标准，本条文没有采用通常的"在多长时间内不超过某一数值"的规定。因为抽水试验中常遇到相同的间隔内不超过某一数值的

测得的水位下降值应满足推导上述公式的条件。

观测孔距抽水孔的距离，一般当 $r>M$ 时，紊流、三维流的影响就很小，对计算精度不会有大的影响。所以本规范规定，距抽水孔的第一个观测孔的距离大于含水层厚度。三维流的影响与抽水孔的出水量及过滤器直径的大小有关，如抽水孔出水量很小，过滤器直径比较大时，则第一个观测孔可以算抽水孔的距离更近一些。

关于远观测孔的距离，一般要求从孔中测得的水位尽量不受含水层边界的影响且易于达到稳定，以便于资料的分析和采用多种方法计算水文地质参数。为此，原则规定"距第一个观测孔的距离不宜太远"。这样，也可保证观测孔中有一个较大的水位降，减少测量时的观测误差。

上述规定，主要是为了利用观测孔中的水位下降求水文地质参数而制定的。若是为了实测影响范围或其他用途，则可不受其限制。

3 关于观测孔的数量。观测孔的数量与所采用的计算公式的要求有关。为了能使用同一资料采用多种方法进行计算，相互比较，因此规定同一观测线上的观测孔数宜为3个。

5 关于观测孔过滤器的设置。对观测孔过滤器长度、过滤器的设置要求同一含水层，同一深度，过滤器长度相同，以增强可比性，给分析、利用资料提供方便。

6.1.7 原规范条文规定，采用数值法评价地下水资源时，采用数值法规定的抽水试验，究竟是单孔，还是群孔抽水试验，则未作明确规定。实践表明，认识识别和评价地下水资源时，有时需要反求参数，有时需要对模拟域的水量、大降深参数，唯通过大流量，大降深条件的群孔抽水试验才能达到目的。为了满足这些要求，本次修订时，进一步明确规定，大降深的群孔抽水试验，采用数值法时宜进行大流量，大降深的群孔抽水试验。此处相同为宜，表示允许选择。例如，当水文地质条件简单，通过常规勘察手段能够查明补给

在"稳定流抽水试验"一节。本次修订时,将其列入"非稳定流抽水试验"一节,并且按本目改称为"群孔抽水试验"和"开采性抽水试验"。勘察实践表明:一、这两种抽水试验的下降水位不易稳定,能够达到稳定的情况是不多见的,且任任需要经历相当长的非稳定期,所以理应放在"非稳定流抽水试验"一节,并按非稳定抽水试验要求进行;二、两种抽水试验,一般都是进行定流量一次降深抽水,所以分析和应用试验资料时,均着重分析降深与时间$(s \sim \lg t)$、降速与出水量$(\Delta s/\Delta t \sim Q)$关系,与非稳定抽水试验相同。

群孔抽水试验,一般为定流量,一次降深抽水。但有时在有补给保证的前提下,可根据总出水量与水位下降关系推断允许开采量(在适当范围内),因此增补了"其下降次数应根据开采目的而定"一款的规定。

开采性抽水试验,一般是在水文地质条件复杂,补给条件不清的地区进行。由于这类地区地下水资源比较困难,一般的解析方法难以解决问题或可靠性不大时,需要借助开采抽水试验来验证地下水补给量或确定允许开采量,消耗大,除特殊情况需在勘探阶段进行外,一般应利用开采井结合试生产进行。

由于这种抽水试验方法的工期长,消耗大,除特殊情况需在勘探阶段进行外,一般应利用开采井结合试生产进行。

这样的情况,即使在规定的时间间隔内水位变化不超过规定的数值,但是从相邻的时间间隔内水位变化的对比来看,水位还没有稳定,而呈现持续上升或下降的趋势。因此,动水位的升降持续时间是不够的,更主要的是要考虑有无持续上升或下降持续的波动范围是不够的,更主要的是要考虑有无持续下降的趋势。所谓"在一定范围内波动",是指不同的抽水设备,可能出现的水位上下波动值。在执行时,必须注意自然水位的变化及其对抽水时动水位的影响。

6.2.3 规定稳定延续时间,主要是为了检查抽水试验地段,由孔中抽出的水量与地下水对各种补给量是否已经达到两者平衡的时间,对各种补给条件和不同颗粒组成的含水层是不一样的。实际上,一旦出水量与补给量能达到平衡时,稳定延续时间就没有必要太长,因为在整个稳定延续时间内,水位的波动已在允许范围内。

据此,本条文将稳定延续时间适当作了缩短。但在补给条件较差的地区,应特别注意是否达到了稳定,必要时,应延长稳定延续时间。

6.3 非稳定流抽水试验

6.3.1 本条规定出水量在抽水试验过程中应保持常量。事实上,有的非稳定流计算公式,抽水试验的出水量也可以不保持常量,或呈阶梯状流量进行。所以,不排斥根据勘察工程的具体情况而选用相适应的抽水试验技术要求,以满足计算公式的需要。

6.3.3 对非稳定流抽水试验观测时间的要求,各部门的认识不尽一致。"瞬时现象"的要求,即观测次数增加20s,40s的观测次数,另一种意见认为,由于这是水层的释放现象存在"滞后现象",本条文规定抽水开始后1min前的数据也无意义。考虑到目前测试技术的抽水水平,本条文规定抽水开始后1min进行观测,以便观测数据应在$s \sim \lg t$曲线上达到均匀分布。

6.3.4、6.3.5 在原规范中,"互阻抽水试验"和"开采试验抽水"放

2—47

7 地下水动态观测

7.0.1 一般来说，地下水动态观测孔的布置，应能控制勘察区或水源地开采影响范围内的地下水动态。随着观测目的，亦即所要解决的问题的不同，观测孔的具体布置也就各不相同，原规范对此作了一些原则性的规定。本规范考虑了采用数值法计算和评价地下水资源时，应在有代表性的边界处布置动态观测孔，并应保证原始计算区各分区参数的控制，故本次修订时对此作了强调。

7.0.5 按时进行地下水动态的观测，并取得有关资料，计算和评价地下水的运动规律，都是很重要的。

认识勘察区水文地质条件，检验勘察成果的质量等，都是很重要的。
地下水动态观测的时间间隔，因条件而异，如自然条件变化大时和变化小时不一样，目的不同时也不一样，等等。因此本条规定的5~10d观测一次，只是代表一般情况下所需要这样做。具体执行时，观测的时间间隔可因时、因地增长或缩短，以达到预期的目的。

7.0.10 本次修订时，一是这本条文最后增加了"开采阶段应进行长期观测"的要求；二是与9.4.20条第三款的规定相呼应。

8 水文地质参数计算

8.1 一般规定

8.1.1 水文地质参数是计算和评价地下水资源必不可少的数据。为了准确地求得参数，不仅对抽水试验的技术要求作出规定，保证原始数据的精度，而且对参数计算的技术要求也应作出具体规定。在实际工作中，由于计算方法和公式选择不当，往往出现参数计算不准（有时对计算值可达数倍）的现象。这说明对计算作一些规定是有必要的。

鉴于目前对参数计算的经验总结和科研作得还不够，加之自然界、抽水孔的情况和试验的方法又是多种多样，所以规范的规定要满足各种情况下的计算需要。因此本规范只规定了一些基本的要求和列举少数最基本的计算公式，如承压—潜水孔、非均质含水层中的孔的计算公式，以及非稳定流的越流公式均没有列出。基岩裂隙含水层和岩溶含水层的计算方法也未能很好解决。故在选择计算公式和水文地质条件具体公式的限制，应根据勘察区具体的水文地质条件，合理地选用公式，避免盲目地套用。

8.1.2 本规范所列的公式，除应符合含水层均质、等厚和产状水平等一般条件外，还应符合下降漏斗的坡度应小于1/4的条件。只有这样，实际情况与推导公式的假定条件（流线倾角的正弦用正切代替）才能比较相符，计算结果的误差才可能在允许范围之内。

8.2 渗透系数

8.2.1、8.2.2
1 考虑公式的适用条件。利用稳定流抽水试验资料计算参透系数,仍为目前勘察报告中常用的方法。但实际应用的结果同一水文地质条件下,算出的K值不是常数(不论采用同一公式或不同公式计算,结果均非常数),有时偏大,有时偏小。出现这些问题的原因,除勘探孔施工方面的因素外,主要是由于公式推导时的假设条件与实际水文地质条件不符,以及抽水试验时,井壁及其周围含水层中产生的三维流、紊流系数的影响等。所以,应用本规范列出的公式及未列出的稳定流公式,都应尽量考虑这些因素对计算渗透系数的影响。

2 采用单孔稳定流抽水试验资料计算渗透系数的方法。本规范规定,根据抽水试验关系曲线$Q \sim s(\Delta h^2)$的不同类型,选用相应的公式以求符合公式的适用条件。

公式 8.2.1-1~8.2.1-6。

1) 当抽水试验关系曲线$Q \sim s(\Delta h^2)$呈直线时,可用本规范水试验资料孔损影响小,可直接选用公式计算K值。

2) 当抽水试验关系曲线$Q \sim s(\Delta h^2)$呈曲线时,说明该抽水试验孔损较大,若要计算K值,应消除这部分的影响,以提高单孔计算K值的精度。为此,本条文采用截距法和插值法多项式,以消除K值的影响。

所谓孔损系指由于孔壁与滤水管的阻力以及地下水自孔周含水层的水平运动转化为滤水管内的垂直运动而产生孔壁内外水位不一致的现象。

理论推导可知,任何$Q \sim s$关系曲线均可采用一个高次方多项式表达:

$$s = a_1 Q + a_2 Q^2 + \cdots + a_n Q^n \quad (2)$$

式中 $a_1, a_2 \cdots a_n$ 为待定系数。

由此可知,当求得a_1值后,即可用下式表达:

$$a_1 = \frac{1}{2\pi KM} \cdot \ln \frac{R}{r} \quad (3)$$

而一次项系数a_1可用下式表达,即求得a_1值后,即可求得K值。

(1) 插值法$Q \sim s$代数多项式。以四组$Q \sim s$抽水试验资料为例,则(2)式可简化为:

$$s = a_1 Q + a_2 Q^2 + a_3 Q^3 + a_4 Q^4 \quad (4)$$

采用表(见表4)求$Q \sim s$多项式及其待定参数a_1。

表4 均差表

n	Q (m³/d)	s (m)	一阶均差	二阶均差	三阶均差	四阶均差
0	0	0	a_{11}			
1	Q_1	s_1	a_{12}	a_{22}		
2	Q_2	s_2	a_{13}	a_{23}	a_{33}	
3	Q_3	s_3	a_{14}	a_{24}	a_{34}	a_{44}
4	Q_4	s_4				

表中

$$a_{11} = \frac{s_1 - 0}{Q_1 - 0} \quad a_{12} = \frac{s_2 - s_1}{Q_2 - Q_1} \quad a_{22} = \frac{a_{12} - a_{11}}{Q_2 - Q_1} \quad a_{13} = \frac{s_3 - s_2}{Q_3 - Q_2}$$

$$a_{14} = \frac{s_4 - s_3}{Q_4 - Q_3} \quad a_{23} = \frac{a_{13} - a_{12}}{Q_3 - Q_1} \quad a_{33} = \frac{a_{23} - a_{22}}{Q_3 - Q_1}$$

$$a_{24} = \frac{a_{14} - a_{13}}{Q_4 - Q_2} \quad a_{34} = \frac{a_{24} - a_{23}}{Q_4 - Q_2} \quad a_{44} = \frac{a_{34} - a_{33}}{Q_4 - Q_1}$$

则:$s = a_{11} Q + a_{22} Q(Q-Q_1) + a_{33} Q(Q-Q_1)(Q-Q_2)$
$\quad + a_{44} Q(Q-Q_1)(Q-Q_2)(Q-Q_3) \quad (5)$

对(5)式展开得:

$a_1 = a_{11} - a_{22} Q_1 + a_{33} (Q_1 Q_2) - a_{44} Q_1 Q_2 Q_3$

求得待定系数a_1后,即可按本条款的规定,以$1/a_1$取代相应公式中的Q/s[或$Q/(H^2-h^2)$]分别计算K值。

据百余实例的统计,$Q \sim s$资料多项式的阶数,一般只要3~4阶即能准确地描述$Q \sim s$资料的函数关系。在作均差表时,要求抽水段落的$Q \sim s$曲线上均匀分布,否则,需要在$Q \sim s$图上取等距点

法。规范推荐的公式是常用的裘布依——蒂姆公式,但使用该式时常遇到两个问题:

1) 采用靠近抽水孔的观测孔资料时,算得的 K 值有偏小现象。

2) 采用远离抽水孔的观测孔资料时,算得的 K 值又往往偏大。

产生这些现象的主要原因,除可能是抽水没有达到稳定的要求外,还在于没有考虑公式的适用条件,即抽水试验关系曲线 $s\sim \lg r$ 应成直线关系:

$$s = \frac{Q}{2\pi KM}\ln R - \frac{Q}{2\pi KM}\ln r \qquad (6)$$

只有利用 $s\sim \lg r$ 曲线上的直线段上的 K 值(也就是利用直线的斜率)才能得到准确的 K 值。因为靠近抽水孔的观测孔由于受孔周阻力的影响,容易偏离直线段;远离抽水孔的观测孔则受边界的形状和性质的影响,也将偏离直线段。因此在采用本公式时,要求观测孔内的 s(或 Δh^2)值在 s(或 Δh^2)$\sim \lg r$ 关系曲线上能连成直线(如图 4 所示)。

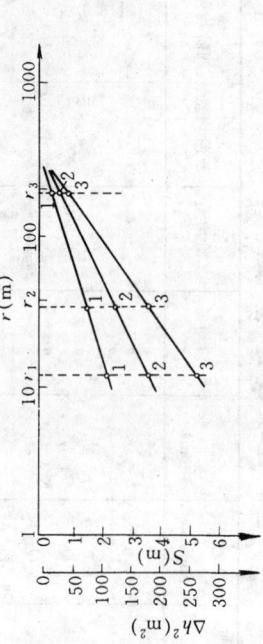

图 4 s(或 Δh^2)$\sim \lg r$ 关系曲线示意图

当然,由于水文地质条件的多种多样,抽水试验获得的 $s\sim \lg r$ 关系曲线可能不出现理想的直线段,这时选择的计算数据具有一定的近似值。

作均差表。

对于 $Q\sim s$ 多项式,其待定系数还可采用联立方程式或最小二乘法等其他方法求解。

(2) 作图截距法。当 $s/Q\sim Q$(或 $\Delta h^2/Q\sim Q$)关系曲线呈直线时,可采用作图截距法求待定系数 a_1(如图 3 所示)。

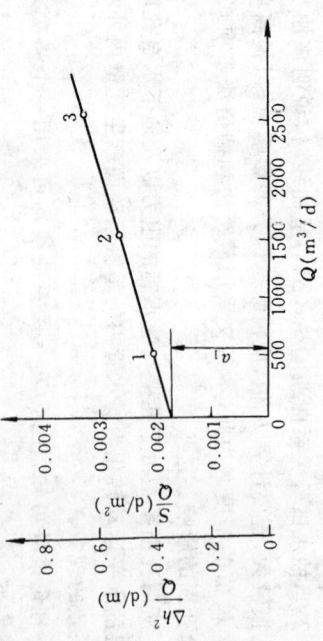

图 3 s/Q(或 $\Delta h^2/Q$)$\sim Q$ 关系曲线示意图

显然,为求得 a_1 应做一次小下降的抽水,以使 $s/Q\sim Q$ 关系曲线上能有一个实测点靠近纵轴,从而提高截距的精度。另外,作图截距法的应用条件是抽水试验资料的曲线关系应为抛物线型(即 $s=a_1Q+a_2Q^2$)。当 $Q\sim s$ 不是抛物线型,即 $s/Q\sim Q$ 不呈直线而呈曲线,则该资料包括 Q 的高次方项,且曲线的"截距"存在随意性,故本条文给出的 $Q\sim s$ 的多项式是描述抽水资料的一般公式。

3 非完整井公式。本规范列出的两个非完整井公式由我国学者导出。与常用的国外公式(如马斯盖特公式、吉林斯基公式、巴布什金公式、纳斯列尔格公式等)进行对比验证的结果表明,规范列举的非完整井公式的计算精度是比较高的。

4 利用带观测孔的单孔稳定流抽水试验资料计算 K 值的方

8.2.3、8.2.2.4

1 地下水无补给时。 当抽水试验时地下水无补给，而且含水层又是无界，即边界尚未明显起作用的情况下，可采用泰斯公式及雅可布公式进行计算。但是，自然界可布使用完全符合泰斯公式条件的比较少，因此使用时应充分考虑含水层和抽水条件与公式的推导条件是否相符。

当采用配线法时，一般来说，实测曲线与标准曲线的重选段不应少于1个对数周期，否则计算结果会出现随意性。

当采用直线法时，则不能忽视 $\dfrac{r^2 s}{4KMt} < 0.01$ 的要求。

2 地下水有补给时。 本规范列举了相邻补给条件下汉度水层弹性储量的释放可忽略不计，上覆的补给层具有常水头不变等），无界含水层中任一点的水位下降值，在抽水时间足够长时，可用下式表示：

$$s = \dfrac{Q}{2\pi KM} \cdot K_0\left(\dfrac{r}{B}\right) \tag{7}$$

按照 $s \sim \lg t$ 关系曲线上拐点的特性可知：

$$s_i = \dfrac{s_{\max}}{2} \tag{8}$$

$$r/BK_0(r/B) = 2.3 s_i/m_i \tag{9}$$

式中 s_i——$s\sim\lg t$ 关系曲线上拐点处的水位下降值；
$s_{\max}$——最大水位下降值（稳定下降值）；
$K_0(r/B)$——虚变元零阶贝塞尔函数；
B——越流参数；
m_i——$s\sim\lg t$ 曲线上拐点处的切线斜率（见图5）。

以（8）、（9）代入（7）得：

$$K = 2.3Q/4\pi Mm_i \cdot e^{r/B} \tag{10}$$

使用该方法的要点是拐点必须取准。

关于非稳定流抽水试验计算水文地质参数的公式，若考虑不同补给类型、边界条件及含水层延迟释水等，则有各种模型的公

式。为与公式配套，有关手册还编制出了专用的标准曲线和函数表。在选用这些公式时，应根据地区条件，并分析公式推导的假设条件和适用范围，务必做到所选用的公式与勘察区条件相符，才能获得比较满意的结果。

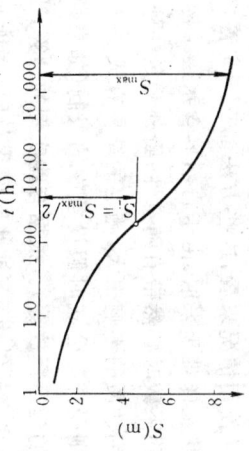

图5 $s\sim\lg t$ 关系曲线示意图

此外，非稳定流抽水试验，当抽水孔出水量大时，往往也会产生井损影响。由于采用非稳定流公式计算 K 值时，多数不是利用抽水孔内水位降的绝对值，而是利用 $s\sim\lg t$ 曲线关系上的斜率，究竟各抽水孔水位降时有多大影响，有待继续研究；当采用抽水孔反虑及非完整性的影响，采用恢复水位资料计算 K 值，由于抽水孔中水位有波动等干扰因素影响，故取得的原始数据精度比抽水试验时的高。在选用公式时，应注意试验结束前动水位变化的状态。根据动水位已稳定（如图6的实线曲线所示）或设有稳定（如图6虚直线所示），选用不同公式，并考虑是否满足公式的适用条件。

8.2.6 本条所列合水层渗透系数计算公式，是国内外有单位对单孔同位素测试技术历时四十多年潜心试验研究所得出的。实践证明，该公式理论推导严格，方法可行，完全可以求得渗透系数。此项研究与试验成果详见江苏科学技术出版社出版的《同位素示踪测井》一书，是一项值得大力推广的技术。故本次修订时将其纳入本规范。

2—52

式中 f —— 滤水管（网）孔隙率。

$$K_2 = C_2 d_{50}^2$$

式中 C_2 —— 受滤料颗粒形状、样品选取和滤层厚度影响的值，一般可取 $C_2 = 0.45$；

d_{50} —— 筛余滤料占总质量 50% 的最大颗粒（或网眼）直径（cm）。

$$K_3 = C_3 d_m^2$$

式中 C_3 —— 受含水层颗粒形状、取含度、地层密度影响的系数，$C_3 = 116$；

d_m —— 标准的颗粒粒径。

根据 Hazen 的经验，如 $d_m = d_{10}$ (cm) 时，则相同的砂，$C_3 = 150$；不同的砂，$C_3 = 60$；$d_{10} < 0.3$cm 的任意砂，$C_3 = 116$。

此外，K_3 也可根据实际经验估算或选用近似法求算求得。

8.3 给水度和释水系数

8.3.1 目前给水度的确定方法仍是采用实验室法、经验系数法、野外测定法和抽水试验法等；而释水系数的确定一般均采用抽水试验法。但从使用情况来看，这些方法都有不完善之处。实验室法需要的原状土样难于采取；由于自然界含水层结构复杂带有多样性，而目受指示剂影响系数采用时必然带有随意性；野外测定法比较麻烦，而抽水试验法则受抽导公式推导公式假设条件的限制（如泰斯公式没有考虑补给和水的延迟释放等）。根据有些实例的计算，当抽水时间短时，得出偏小很多的结果；若抽水时间很长时，倘能确证该法有成功的也有失败的结果；野外测定法受抽水假设条件的限制（如泰斯公式没有考虑补给和水的延迟释放等）。根据有些实例的计算，当抽水时间短时，得出偏小很多的结果；若抽水时间很长时，倘能确证设施参入进来，则得出偏多很多较理想，但结果参入进来，只能在某种特定条件下使用，才能获得正确的结果，因此本节对给水度和释水系数只是定性地加以规定，在执行时应根据具体条件采用不同的方法。

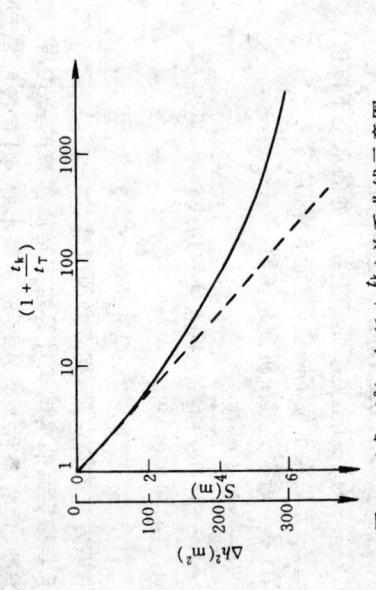

图 6 s（或 Δh^2）~ $\lg(1+\frac{t_k}{t_T})$ 关系曲线示意图

求 α 可采用下列公式：

当为填砾过滤器时：

$$\alpha = \frac{8}{(1+(\frac{r_1}{r_2})^2)(1+(\frac{r_1}{r_2})^2) + (1-\frac{K_3}{K_2})[(1-(\frac{r_1}{r_2})^2] + \frac{K_2}{K_1}[(\frac{r_1}{r_3})^2 - (\frac{r_2}{r_3})^2]} \quad (11)$$

当为未填砾过滤器时，即 $r_2 = r_3$，$K_2 = K_3$ 时，上述公式可简化为下式：

$$\alpha = \frac{4}{1 + (\frac{r_1}{r_2})^2 + \frac{K_3}{K_1}[1-(\frac{r_1}{r_2})^2]} \quad (12)$$

式中 r_1, r_2, r_3 —— 分别为滤水管内半径、滤水管外半径、勘探孔半径 (m)；

K_1, K_2, K_3 —— 分别为滤水管（网）、滤料层、含水层的渗透系数 (m/d)；

K_1, K_2, K_3 的求取分述如下：

$$K_1 = 0.1f$$

当为基岩裸孔不下入滤水管时，一般可直接采用 $\alpha = 2$。

注：此式仅适用于塑料管材，其他材质情况下的 K_1 值则应另选算式。

考虑降水期间由于其他因素可能造成的水位降（L）。

5 公式求得的是一次降水过程的入渗系数。

6 基岩地区，由于μ值较难获得和含水层的非均匀性，一般不宜采用本公式。

8.4 影响半径

8.4.1、8.4.2 影响半径采用裘布依公式求得。但由于裘布依公式推导时的条件与实际不符，因此计算结果只是一个近似值。此外，在没有观测孔的情况下，影响半径的确定，目前只能依赖于经验数据或经验公式。

值得指出的是，用稳定流抽水试验所求得的影响半径，在数值法计算中是不需要的。可以断言，随着非稳定抽水试验和数值法在地下水资源计算和评价中的推广和应用，影响半径在实际工作中的应用会逐步淡化。

8.5 降水入渗系数

8.5.1 国内陆续建立了一些地下水均衡场，这是研究有关地下水运动的野外实验室，应充分利用均衡场取得的数据和成果。地下水均衡场比较精确可靠，水文地质勘察工作中应充分利用这些资料。如果勘察区没有地下水均衡场，而邻近地区有地下水文地质拟比法间接采用这些观测值和计算值。

8.5.2 本条款列举的计算公式是根据降水入渗系数α的定义，结合平原区地下水运动的特点得出的，故只适用于平原区。此外，还应注意下列几点：

1 公式中应用的降雨幅（△h），即把降雨期前后细雨期间的地下水位平均降（L）看作是和降雨前相等的。

2 对有毛细现象，但在降雨前后细雨高度不变的含水层，可不考虑毛细的影响；反之，则应考虑其影响。

3 当含水层分布较广，入渗条件因地段而异时，应分区（分段）计算，或取得有代表性的多点的α值，然后取加权（以降雨量为权）平均值。

4 公式只考虑由于降水直接入渗而引起的水位降（L），没有

9 地下水水量评价

9.1 一般规定

9.1.3、9.1.4 本次修订对地下水资源分类未作改动,仍采用补给量、储存量和允许开采量的分类方法。此分类方法突出了补给量在地下水资源评价中的重要性。

地下水水量的评价,最终是提出允许开采值,并论证其补给保证程度。因为在地下水的补给、径流和排泄(开采是人为排泄)运动过程中,补给是起主导作用的。径流是补给与排泄来补给。无补给就无排泄,地下水终究会枯竭或潜流其径流结果。勘察区地下水水量的评价是多因素综合评价的结果,一般应根据需水量、勘察阶段、开采方案等要求,利用的水文地质条件、考虑地下水补给量的补给和排泄的调节,最终确定出允许开采量。所以,对于储存量不一定每个工程都要计算,只有在补给量不足时,才应计算储存量,并论证其动用后的可恢复性,以发挥其调节作用。虽然补给量的补偿能力决定的,竟能补偿能力愈大,调节能力也愈强。汲取超过年补给量由补偿能力的开采,则按此建设此水条件下的水体增量和排泄减量。另外,应突出预计开采下的水体增量和排泄减量。

9.1.5 计算和评价地下水允许开采量的诸多方法,涉及到均衡期,涉及到预报期,又如当利用泉或暗河作为供水水源时,规范第9.4.8~9.4.10条规定采用河流频率曲线法、地下径流模数法、泉流量频率分析法等水文分析方法,涉及到计算时间的选择,计算和评价地下水允许开采量时,其精度与计算时段的选择有着

密切的关系。但原规范对计算时段如何合理选择未予规定,所以本次修订时,在水量计算的"一般规定"中增补了本条文,并分三款对不同情况下如何选择计算时段作了规定。现具体说明于下:

1 采用"多年平均"作为计算时段。目前实际工作中大致有如下三种:一是采用平水年($P=50\%$)的丰、平、枯水季作为计算时段;二是采用勘察年份的前几年(如取前5年或7年);三是采用典型年组合,如取丰($P=25\%$)、平($P=50\%$)、枯($P=75\%$)水三年作为计算时段(如农田供水)。实际工作中常应用后两种。

2 采用需水保证率作为计算时段。这是在不考虑储存量或供水量小,其调节能力有限时而常用的方法。如以岩溶泉水水源时,要求直接进行评价;又如具有当年调节能力的孔隙潜水水源地,采用需水保证率作为计算时段。

3 采用连续枯水年组或设计枯水年组作计算时段。这是目前电力系统在傍河地下水源地大气降水、上游地表径流及开采条件下的河水补给量。由于水源地面积小,前两项补给量有限,因此河水的补给量任占允许开采量的70%~80%,所以合理确定河水年组与枯水年组多年交替出现的变化规律中,选取对供水最不利的连续枯水年组作为计算时段。具体方法是,设已知河流量序列中的连续枯水年组作为计算时段。具体方法是,设已知河流量序列中的序号为减系列 $Q_1、Q_2、Q_3 \cdots\cdots Q_n$,其总项数为 n,每项在序列中的序号为 m,用数学期望公式 $P=\dfrac{m}{n+1}\times 100$ 计算各项的经验频率。然后以各年年径流量的经验频率为纵坐标,以年序为横坐标,绘制该经验频率过程线,在 $P=50\%$ 以下过程线所包围的面积最大者为最不利的枯水年组,至于设计枯水年组,则是由连续枯水年频率组合起来的,即是由实测资料系列分析出来的,而不是人为拟定的。

9.2 补给量的确定

9.2.1 原条文为定义性的解释,现改为技术法规性的表述形式,以满足规范条文编写的要求。其次考虑到农田灌溉水、人工灌水对地下水的补给作用,故本次修订将第五款的规定修改为"其他途径渗入"补给,从而拓广了该款所规定的内容。

9.2.3~9.2.9 降水入渗补给量计算公式,但地下水径流补给量却是常用的补给量计算公式,但补给量公式中的参数和原始数据都应尽量准确,否则,影响计算的精度。关于地表水体(河、湖、灌溉水等)的补给量计算,目前缺乏比较符合实际情况的计算公式(如河流补给量计算,一般都要求垂直岸边切穿整个含水层到隔水底板,但这种情况是很少有的);断面法亦涉及断面流量的准确测定问题。这些都影响着计算的精度。

根据地下水均衡原理,补给量也可采用排泄量反算,无论是直接求单项补给量或是根据排泄量反求总的补给量,均应根据勘察项目的具体条件选取主要项目,而舍去非主要项目,且避免有重复的项目计算。

9.3 储存量的计算

9.3.1、9.3.2 储存量系指储存于含水层内的重力水体积,随时间而变。因此,可根据计算目的不同,采用不同时间的储存量。关于承压水的弹性储存量,由于本规范中规定了非稳定流计算公式,故本次规范列出了相应的计算公式。

9.4 允许开采量的计算和确定

9.4.1 原规范条文内容为定义性的解释,现改为技术法规性的编写原则,所以本次修订时,条文内容保持不变,仅在表达形式上作了修正。

9.4.2 水均衡法是论证各种计算方法和评价地下水资源的基本理论和基础,而且也是论证采用各种方法计算和评价地下水资源结果的保证程度的基本方法。所以当能确定地下水在邻近地区开采条件下的各项补给量和消耗量时,应首先采用此法计算和评价地下水资源,故本次修订时增补了该条文。条文中的用词为第三级,因为水均衡法是集计算和论证补给量、开采量和评价为一体的方法,所以如条件具备,是首先采用的计算和评价方法。

当采用水均衡法时,应注意均衡要素及均衡时段的选择:

1 均衡区:原则上应为整个水文地质单元,仅为整个水文地质单元的一部分时,应分两种情况确定:一是以水源地或地段作为均衡区,其应将整个地质单元作均衡;但不论何种情况,其计算的地下水允许开采量应分别满足勘察阶段的要求。

2 均衡要素:包括各项补给量和消耗量,计算时应选择主要因素。同时应注意均衡要素在开采前后可能发生的变化,并以计算开采均衡条件下的均衡要素为主。

3 均衡计算时段:选择均衡时段时应参考本规范9.1.5条的规定。

9.4.3~9.4.15 允许开采量的计算方法较多,本规范仅列出一些常用的方法。这些方法的选用应根据勘察区的需水量、勘察阶段和水文地质条件等因素确定,也可选用本规范未提反及的方法又适用于勘察区的确定方法。在选用可开采量方法时,应注意方法的适用条件。

1 地下水径流量法(9.4.3条)。使用这种方法时,应注意两点:

1)只有在开采时能控制整个含水层横断面(如含水层呈带状)的情况下,地下水径流量才能接近全部获得。

2)"以地下水径流补给为主",是指不论开采前、后,均以径流补给为主,不产生其他途径进入含水层的新的补给源。"含水层厚度不大"的含意是指取用储存量的意义不大的。

2 相关分析法(9.4.4、9.4.8、9.4.9条)。使用这种方法的前提是,必须有足够的动态观测资料,大致有两种情况:一种是已经投产的水源地,根据对其动态观测所获得的区域动水位和总开采量建立相关关系,预测动水位再进一步下降时的允许开采量;另一种是利用泉或暗河的流量资料和气象、水文资料建立相关关系,以求得扩大开采时的允许开采量。很明显,前一种相关关系没有考虑到大开采时的补给因素的增加,若大开采时补给不足时,仅根据相关关系预测是否有问题的,应进一步动态观测相应的补给量对于一种相关关系,当需水量大于验证相应的最枯水期水流量后,其结果将偏小,也存在类似的问题。

3 群孔抽水试验法(9.4.5、9.4.12、9.4.15条)。采用有关岸边渗入公式(如常用的映像法)确定傍河取水孔的允许开采量,一应注意公式的适用条件;二应考虑边界条件对开采量的影响;三应考虑长期开采后的淤塞对渗入条件的影响。根据群孔抽水试验确定的允许开采量,可以与拟建的井群布置方案结合起来考虑,这样更能提高允许开采量的精度。由于一般的解析公式计算抽水孔内或附近的水位影响所引起的附加水位下降值,所以计算抽水孔内或附近的水位下降值时,其结果会偏小。

4 开采储存量法(9.4.7条)。有两种可能的情况:一种是含水层地下水的储存量很大,而补给水源相对较小,水源地以开采储量为主。此时水源地的动水位始终不能稳定,保持持续下降的趋势;另一种是在开采量不大,但允许开采的部分储存量,到丰水期可以得到补偿。上述两种情况,都应该保证在开采期间,计算开采水位降值不应超过设计要求(设计的取水设备最低安装深度),否则就应减少开采量(或调整孔间的距离),并以最小储存量的水位作为计算开采动水位的起点。

5 试验开采法(9.4.13条)。在基岩地区,由于补给一时很难查清,常采用这种方法确定允许开采量。鉴于这种试验方法工期长,费用较高,故只适用于孔数不多、开采量不大的工程。当使用这种方法时,技术上应满足群孔抽水试验的要求。

6 数值解法(9.4.14条)。20世纪90年代以来,随着水文地质计算软件的迅速开发,数值法在地下水资源计算和评价中的应用已趋普遍,故本次修订时删除了原条文中的"对复杂的大型水源地"的限制性用语。原规范对勘探试验资料应如何取得满足数值法计算要求的勘察资料作了规定。历时十年之后,许多单位已在数值法计算方面积累了不少的经验和资料。在此基础上,为使其更具可操作性,本次修订时对原条文作了充实、扩为三款13项。现将建模过程中应注意的两个问题简强调如下:一是关于水文地质条件对勘察区水文地质条件概化、合理数值模型精度的关键,所以实际地质条件的概化。这是直接影响所建数值模型精度的关键,所以实际工作中可参考有关的水文地质概念模型。所谓合理概化,既忌太抽象、太简单化,也忌过分强调符合实际而保留众多因素,使模型复杂化,离实际,也忌过分强调符合实际,鉴于目前逆问题(反求水文地质参数)的直接解法在计算中的稳定性差,所以一般采用间接法,即拟合一校正反求参数的方法。又由于识别和检验是建模的两个阶段,所以必须利用相互独立的不同阶段的实际应用作了必要的较为具体的规定,至于细节性的技术事项,在实际工作中可参考有关的工程资料和手册。

7 比拟法(9.4.11条)。当勘察区邻近地区有开采水源地的长观资料,应该充分利用这些资料。可以断言,用比拟法确定的允许开采量,其精度直接取决于水文地质条件的相似程度。

9.4.16~9.4.20 地下水允许开采量是通过一系列的勘察工作,并对所获得的勘察资料进行归纳、计算和分析后得出的一项定量水源地提交的允许开采量都是在某种补给条件下得到的。当补给条件发生变化时,其精度就会直接受到影响。因此,有关允许开采量的精度必须继续深入地研究。

成果。这项成果的精度是与勘察阶段相适应的。勘察阶段不同,相应勘察工作布置的密度和深度,水文地质条件的研究程度,以及各项计算所依据的原始数据的精度均有差异。据此,本规范对允许开采量的精度从4个方面进行论证和评价,并同时对4个不同勘察阶段的允许开采量的精度要求作了具体规定。这是对勘察工作进行全面评价的标准。

四级允许开采量的精度,D级精度最低,由低到高,A级精度最高。应该指出的是,对于不同小比例尺的水文地质测绘,本规范对允许开采量的规定,首先是对C级允许开采量与B级允许开采量精度的区分。其次是B级允许开采量在于完成的工作量不同;其次是B级允许开采量的精度,强调了对大型而复杂的水源地要求有一个水文年以上的地下水动态观测资料,并进行群孔抽水或开采性抽水试验,还需要建立和不断完善勘察区地下水资源评价的数值模型。这些要对地下水的合理开发、管理和保护,是必不可少的基础工作。

对于直接利用较大的泉天然流量作为勘探量的允许开采量,要求具有20年以上泉流量系列观测资料的规定,应理解为:直接由泉长期流量观测资料确定其开采量,不进行勘察工作,这时泉流量系列观测资料应相当于第9.4.8条第一款或第二款的内容,能保证达到勘探阶段的精度。譬如娘子关泉。具有20年以上流量观测资料,其预报量系列流量误差一般在20%以内,可达到勘探阶段的精度。

当勘察区范围较大时,其不同地段水文地质条件的研究程度可能是不同的。也就是说有研究程度高的地段,也存在研究程度低的地段。这样,在提交水源地的允许开采量时,根据勘察工作和研究程度的不同,可以提交一种以上(含一种)精度级别的地下水允许开采量。

必须强调指出:本条文对允许开采量的分级,对水源地生产后引起的地下水的流动性和恢复性,研究是不够的,譬如,勘察

10 地下水水质评价

10.0.2、10.0.3 生活饮用水的水质标准,国家颁布《生活饮用水卫生标准》GB 5749,生活水质的评价应根据此标准进行。有地方病的地区,水质的评价应根据当地水环保部门和卫生部门提出的水质特殊要求进行。关于生产用水的水质要求,由于企业用水目的不同,标准不一,目前国内尚无全国统一的规定,所以只能根据相应的部颁标准或按使用单位、设计单位提出的要求进行评价。

10.0.6 必须强调指出,水质的预测是一个重要的问题,不仅要了解水质的现状,尤其是要预测地下水开采后水质可能发生的变化。这在以往任务书中是注意不够的。所以,本条文作了原则性的规定。

11 地下水资源保护

原规范本章有关条文中所涉及到的地下水人工补给,不论为何目的而施,不外乎都是促使地下水产生量和质的变化。而且是一项必须与环保密切结合的工作。所以严格地说,此项保护地下水资源与环境的工作应属环保工作范畴,不应是供水文地质勘察任务的范围。鉴于此,本规范未再列入这方面的内容。

11.0.1 水源的勘察和水源的保护有着密切的联系,而水源的保护实质上是属于生态环境保护的范畴。所以,从勘察地下水源开始,就必须从保护生态环境的角度出发,考虑到可能发生的问题,并尽量避免或解决这些问题。由于过去不少地区地下水位大幅度下降,地面沉降,地下水污染等,导致地下水的勘察、开发、利用和保护,必须强调"全面规划,合理开采,开源节流,化害为利"的原则。

11.0.3 在已采水源地的邻近地段勘察新水源(或原有补给量还有剩余)时才能建立新水源,避免形成袭夺同一补给量的格局。

11.0.5 勘探工作对天然地层的一种"破坏",俗称开了许多"天窗",而使得水质优劣不同的地下水发生联系,甚至成为人为污染地下水的"捷径"。据此,本规范应强调认真做好井、孔的止水或回填等工作。

11.0.7 为了做好地下水资源的保护,一项重要的基础工作是对地下水动态的长期观测,尤其是水源地投产后,进一步开展地下水动态的长期观测工作,不断积累资料,及时发现和解决问题,显得更为重要。过去这方面的工作一般只是建议生产部门去作,结果是有些生产部门往往只顾使用，未对地下水动态进行观测。因此，为了协调各方面的关系，共同做好地下水动态的监测工作，应在当地政府有关部门的统一领导和规划下进行。

附录A 供水水文地质勘察报告编写提纲

本提纲的编制，是按正规大型水源地考虑的，侧重阐述勘察区的水文地质条件及其密切相关的内容，以便对一个地下水单元建立起清晰、完整的概念，从而有助于正确选择计算和评价地下水资源的方法。

关于供水水文地质勘察的任务，主要是确定水源地的允许开采量，并论证其保证程度。所以本提纲强调的核心内容是补给量，尤其是开采条件下的补给量和有关地下水污染等方面的问题，以便合理开发、保护地下水资源。

关于水文地质条件和地下水资源评价，前者是阐明一个地区的基本条件，也是后者地下水资源评价的基础和依据。以便有些报告对水文地质条件的叙述缺乏有机地联系。前者条件的叙述应该是为后者数值模型的建立服务。同样，本提纲的文字叙述和附件也应相互呼应，密切衔接。

本提纲未分详查和勘探两个阶段编写。详查和勘探的目的、工作内容和方法是相似的，不同的是要求勘察成果的精度不一样，因此毋须分阶段编制。对此，本提纲的注已作了说明，执行中可据实际需要灵活掌握和运用。另外，本提纲没有明确提出勘察报告章节的划分，可以理解为允许根据工程任务的大小和特点灵活掌握。此外，勘察工程名称应注明×省×市×县，×××水源地供水水文地质勘察（××阶段）报告，以便存档和查阅。

附录 B 地层符号

关于"地层年代符号"中震旦系的划归问题，建国以来的大量实际资料证实，我国南方"震旦系"新于北方"震旦系"。20 世纪 70 年代对"震旦系"同题多次进行讨论，一直没有得到统一认识。1975 年编制中国地质图时，提出了一个折中的临时办法，将原来南方的"震旦系"保留，称之为"震旦系"，而将北方的"震旦系"总称为"震旦亚界"。这样则出现一名二用之弊。全国地层委员会于1982 年 7 月召开的《晚前寒武纪地层分类命名会议》，重点讨论了"震旦系"的含义和使用范围，最后决定停止使用"震旦亚界"一名，将"震旦系"一名限用于湖北长江三峡东部剖面为代表的一段晚前寒武纪地层（即晚前寒武系最上部的一个系一级的地层年代单位）；对以蓟县剖面为代表的北方的晚前寒武纪地层的划归，仍有分歧意见。为便于今后工作，自下而上暂可沿用"长城系"、"蓟县系"、"青白口系"3 个地层年代单位。

附录 C 供水水文地质勘察常用图例及符号

本图例的编制：

一、求其通用图例性，通用的具体体现是常用。从搜集到的各部门所编制的图例看，通用的比较简单，有的比较为复杂，但共同使用的图例还是比较多的。本图例则是选择这些共同使用的图例组成。

二、关于图例的名称，虽然各部门的名称谓不一，但其所表示的内容是一样的。本图例采用"图例"的统称而未采用"花纹"的名称，以符合习惯叫法。

三、关于相邻规范涉及同一内容的图例，应求得统一，以便交流和使用。

另外，本图例还尽量做到宜简避繁，宜粗避细，以符合国标通用的要求。至于各部门为照顾工程特点，可根据需要，另行选择或拟定其他的图例。为便于微机成图，本次修订时对少数图例花纹作了修改。

中华人民共和国国家标准

水文测验术语和符号标准

GBJ 95—86

主编部门：中华人民共和国水利电力部
批准部门：中华人民共和国国家计划委员会
施行日期：1987年7月1日

关于发布《水文测验术语和符号标准》的通知

计标〔1986〕1564号

根据国家计委计标发〔1984〕第26号通知的要求，由水利电力部负责主编的《水文测验术语和符号标准》，已经有关部门会审，现批准《水文测验术语和符号标准》GBJ 95—86为国家标准，自一九八七年七月一日起施行。

本标准由水利电力部管理，其具体解释工作由水利电力部水文局负责，由我委基本建设标准定额研究所组织出版发行。

国家计划委员会
一九八六年八月二十三日

编 制 说 明

本标准是根据国家计划委员会计标发〔1984〕第26号文的通知，由水利电力部水文局会同有关单位共同编制的。在编制过程中，曾以多种方式广泛地征求了全国各有关单位的意见，并会同有关部门审查、修改后定稿。

本标准共分为总则、术语及符号和计量单位三章。其中，术语的涵义尽量采用现代应用的概念并结合我国的实际情况和经验子以解释，同时参照了国际标准《明渠水流测量词汇和符号》（ISO 772—1978）和联合国教科文组织、世界气象组织编印的《国际水文测验中有着广泛应用的其他专业的术语。在本标准中有着广泛应用的其他专业的术语末子列入。在本文词汇》（1974年，第一版）等。含义自明的术语末子列入。在本文测验中有着广泛应用的其他专业的术语，根据需要直接引用有关的国家标准。与术语对应的英文术语推荐使用。符号采用国家标准《有关量、单位和符号的一般原则》（GB 3101—82）的规定，并参照采用上述国际标准的规定。计量单位是以《中华人民共和国法定计量单位》为依据，并采用《中华人民共和国法定计量单位使用方法》的规定。

鉴于本标准在水文领域中是第一次编制，有些内容还有待于在今后工作实践中进行补充和提高。因此，请各有关单位在执行本标准的过程中，对需要补充或修改之处，请将修改意见经寄水利电力部水文局，以供今后修订时参考。

水利电力部

1986年6月

目 次

第一章 总则	3—3
第二章 术语	3—4
第一节 一般术语	3—4
第二节 水文站网术语	3—4
第三节 设站与测验方式术语	3—6
第四节 水位观测术语	3—7
第五节 冰凌观测术语	3—8
第六节 地下水观测术语	3—10
第七节 流量测验术语	3—11
第八节 泥沙测验术语	3—18
第九节 潮汐河流水文测验术语	3—20
第十节 水质监测术语	3—22
第十一节 降水量与蒸发量观测术语	3—23
第十二节 水库水文测验术语	3—25
第十三节 水文实验研究术语	3—25
第十四节 水文调查术语	3—26
第十五节 水文资料整编术语	3—27
第三章 符号和计量单位	3—30
附加说明	3—31

第一章 总 则

第1.0.1条 为了合理地统一我国水文测验的术语、符号和计量单位，特制定本标准。

第1.0.2条 本标准适用于水文测验及其有关领域。

第1.0.3条 本标准中的符号、术语及其涵义采用国家标准《明渠水流测量词汇和符号》（GB 3101—82）的规定和参照采用国际标准《明渠水流测量词汇和符号》（ISO 772—1978）的规定；计量单位是以《中华人民共和国法定计量单位》为依据，并有关量、单位和符号的一般原则》（GB 3101—82）的规定，采用《中华人民共和国法定计量单位使用方法》的规定。

第二章 术 语

第一节 一般术语

第2.1.1条 水文测验的一般术语及其涵义应符合下列规定：

1. 水文测验
   hydrometry

   从站网布设到收集和整理水文资料的全部技术过程。狭义的水文测验专指测量水文要素所需要的全部作业。

2. 水文自动测报系统
   automatic system of hydrological data collection and transmission

   为收集、传递和处理水文实时数据而设置的总体。一般由水文测站、信息传递通道和接收中心三部分组成。

3. 水文遥感
   remote sensing in hydrology

   利用安装在运载工具（如飞机、人造卫星或航天飞机）上的传感仪器（如摄像机、扫描仪、雷达），进行远距离收集水体和流域的图像和波谱，经过处理和分析，获得水文数据的全部技术过程。

第二节 水文站网术语

第2.2.1条 水文测验的水文站网术语及其涵义应符合下列规定：

1. 水文测站
   hydrometric station

   为经常收集和提供水文测验观测场的总称。
   各种水文观测场的总称。

2. 基本站
   basic station

   为了公用目的，经过统一规划而设立的，能获取基本水文要素值多年变化规律的水文测站。它应执行水文测验规范，进行较长时期的连续观测，资料刊入水文年鉴或以其它方式长期存贮。

3. 专用站
   special station

   为诸如科学研究、工程建设、管理运用等特定目的而设立的水文测站。它可用来补充一个地区内基本站的资料。其观测项目和年限，依设站目的而定。

4. 水文站
   flow gauging station

   设置在河流、渠道、湖泊和水库上以测定流量和水位为主的水文测站。根据需要还可测定降水、蒸发、泥沙、水质等有关项目。

5. 水位站
   stage gauging station

   以观测水位为主，可兼测降水量等项目的水文测站。

6. 雨量站（降水量站）
   rain gauge station (precipitation statin)

   观测降水量的水文测站。

7. 实验站
   experimental station

   负有水文实验研究任务的一个或一组水文测站。

8. 水质站（水质监测站）

water quality monitoring station

为了长期掌握水系水质变化动态、收集和积累水质基本资料而设置的水文测站。

9. 干流控制站

  main river control station

为探索大河水文特征值及其沿河长的变化规律和防汛需要而在这些河流上布设的水文站。

10. 区域代表站

  regional representative station

为探索中等河流水文特征地区规律而在有代表性的中等河流上布设的水文站。

11. 小河站

  small-stream station

为探索各种下垫面条件下的小河径流变化规律而在有代表性的小河流上布设的水文站。

12. 水文站网

  hydrological network

在一定地区或流域内，由各类水文测站所组成的有机集合体。

13. 水文站网规划

  hydrological network design

为满足各方面对水文资料的需要，根据科学的、经济合理的原则，对一个地区或流域的水文测站（包括测站的类别、数量、位置、观测项目和年限等）进行总体布局的工作。

14. 基本站网

  basic network

由经过统一规划的基本站所组成的有机集合体。

15. 站网密度

  density of network

反映一个地区或流域内的水文测站数量多少的指标。可以每站平均控制的面积或一定面积内多少站来表示。

16. 容许最稀站网

  minimum network

在某一地区内布设的由起码数量的水文测站所组成的集合体。

17. 水文分区

  hydrological region

根据地区的气候、水文特征和自然地理条件，所划成的不同水文区域，在同一水文区域内，各个水体具有相似的水文状况及变化规律。

18. 流域

  basin (catchment, watershed)

地表水及地下水分水线所包围的集水区域的统称。习惯上指地表水的集水区域。

19. 流域特征

  characteristics of basin

流域的几何特征、自然地理条件和人类活动影响等的总称。流域的几何特征包括流域的形状、面积、长度、平均宽度、平均比降和平均高度等；流域的自然地理特征包括地理位置、气候条件、土壤岩石特性、地质构造、地形地貌和植被等；人类活动影响包括水利工程、水保措施和都市化等。

20. 集水面积

  drainage area

流域分水线所包围的面积。

21. 河口

  river mouth

河流注入海洋、湖泊或其它河流的河段。分为入海河口、入湖河口及支流河口。

注：入海河口的对应英文名词为"estuary"。

22. 河长

river length

从河源沿河流中泓线至河口或测站断面的距离。

23. 水系

hydrographic net

由相互关联的河流和其它永久性或临时性的水道以及湖泊、水库等所组成的总体。

第三节 设站与测验方式术语

第2.3.1条 水文测验的设站与测验方式术语及其涵义应符合下列规定：

1. 基面

datum

计算水位和高程的起始面。基面可以取用海滨某地的多年平均海平面或假定平面。

2. 绝对基面

absolute datum

将某一海滨地点平均海水面的高程定为零的水准基面。我国的标准基面是黄海基面。

3. 假定基面

arbitrary datum

为计算水文测站水位或高程而暂时假定的水准基面，常在测站附近没有国家水准点，或者一时不具备接测条件的情况下使用。

4. 测站基面

station datum

水文测站专用的一种假定的固定基面。一般选在略低于历年最低水位或河床最低点的基面上。

5. 冻结基面

stationary datum

水文测站专用的一种固定基面。一般将测站第一次使用的基面固定下来，作为冻结基面。

6. 水准点

benchmark

用水准测量方法测定的高程控制点。该点相对于某一采用基面的高程是已知的，并设有标志或埋设带有标志的标石。

7. 基本水准点

basic benchmark

水文测站水久性的高程控制点。应设在测站附近历年最高水位以上不易损坏且便于引测的地方。

8. 校核水准点

check benchmark

用来引测和检查水位测站的断面、水尺和其它设备高程的控制点。可根据需要设在便于引测的地点。

9. 断面

cross-section

垂直于水流方向的河渠横断面。

10. 基本水尺断面

basic gauge cross-section

为经常观测水位而设置的断面。

11. 流速仪测流断面

current meter measuring cross-section

为用流速仪法测定流量而设置的断面。可与基本水尺断面重合。

12. 浮标测流断面

float measuring cross-section

为用浮标法测定流量而设置的断面。一般选在略低于历年最低水位或河床最低点的固定基面。中断面某些水文测站在取得多年实测资料以后，经分析证明二要素（如水位、流量）间历年关系稳定，或其变化在允许误差范围内，对其中一要素（如流量）停测一个时期后再行施测的这种测停相间的测验方法。停测期间，其值可由另一要素的实测值来推算。

第四节 水位观测术语

第2.4.1条 水位测验的水位观测术语及其涵义应符合下列规定：

1. 水位
   stage (water level)
   河流或其它水体的自由水面相对于某一基面的高程。

2. 最高（最低）水位
   maximum (minimum) stage
   一定时段内在一观测点所出现的瞬时最高（最低）水位。

3. 平均水位
   mean stage
   （1）一定时期内在某一观测点的水位的平均值，如日、月、年平均水位等。
   （2）同一水体（如湖泊、水库等）上各观测点同时水位的平均值。

4. 水位变幅
   stage fluctuation range (range of stage)
   一定时段内某一观测点所发生的最高水位与最低水位的差值。

5. 水尺
   gauge (stage gauge)
   为直接观测河流或其它水体的水位而设置的标尺。

6. 直立式水尺

13. 比降水尺断面
    slope measuring cross-section
    为观测河段水面比降而设置的，下游两个或更多的断面。

14. 基线
    base line
    用来测算各垂线及浮标在断面线上的位置而在岸上设置的线段。

15. 基线桩
    base line stake
    设在基线两端的测量标志。

16. 断面桩
    cross-section line stake
    设立在各种水尺断面和测流断面两岸的测量标志。

17. 测站控制
    station control
    对水文站水位流量关系起控制作用的断面或河段的水力因素的总称。若测站控制良好，则水文站的水位与流量的关系就稳定；反之，则不稳定。

18. 驻测
    stationary gauging
    水文测验人员驻在河流上或流域内的固定观测站点对流量、降水量等水文要素所进行的观测。

19. 巡测
    tour gauging
    水文观测人员以巡回流动的方式定期或不定期地对一个地区或流域内各观测点进行流量等水文要素的观测。

20. 间测
    intermittent gauging

可与流速仪测流断面或基本水尺断面重合。

6. 垂直式水尺
   vertical gauge
   垂直于水平面设置的一种固定水尺。
7. 倾斜式水尺
   inclined gauge
   沿稳定岸坡或水工建筑物边壁的斜面设置的一种水尺,其刻度直接指示相对于该水尺零点的垂直高度。
8. 悬锤式水尺
   wire weight gauge
   由一条带有重锤的绳或链所构成的水尺,它用于从水面以上某一已知高程的固定点(可位于坚固陡岸、桥架或水工建筑物的边壁上)测量距离水面的垂直高差米计算水位。
9. 矮桩式水尺
   stake gauge
   由设置于观测断面上的一组固定桩和便携测尺组成的水尺。将测尺直立于水面以下某一桩顶,据其已知桩顶高程和测尺上的水面读数确定水位。
10. 基本水尺
    base gauge
    水文站或水位站用来经常观测水位的主要水尺。
11. 水尺零点高程
    elevation of gauge zero
    水尺的零刻度线相对于某一基面的高程。
12. 水尺读数
    gauge reading
    水面截于水尺上的刻度数,水尺读数与水尺零点高程之和即水位。
13. 自记水位计
    stage recorder
    能自动记录水位变化过程的仪器。
14. 自记水位计台
    stage recorder installation
    用来安置自记水位计以进行自记水位观测的建筑物。
15. 静水井
    stilling well
    为能在比较平静的水面条件下测记水位而在岸边建造的与被测水体连通、能防止风浪影响的测井。
16. 校核水尺
    check gauge
    为校订自记水位记录的水位数值而设置的水尺。
17. 河干
    river dry
    在测验河段中,河槽无水或只有零星不连贯积水的现象。

第五节 冰凌观测术语

第2.5.1条 水文测验的冰凌观测术语及其涵义应符合下列规定:

1. 冰淞
   rime ice
   漂浮于水面成细针状或极薄片状的冰晶,在流动中常聚集成松散的小片或小团。
2. 微冰
   slight ice
   多在岸边出现的透明易碎的薄冰。
3. 岸冰
   border ice (shore ice)
   沿河岸冻结的冰带。因形成的时间和条件不同,可分为初生岸冰、固定岸冰、冲积岸冰、再生岸冰和残余岸冰几种形式。
4. 冰花

5. 冰花 (slush ice; sludge)

frazil slush (slush ice; sludge)

浮于水面或水中的水内冰、棉冰和冰屑等。

6. 冰花尺

frazil slush ruler

测量冰花层厚度的专用测尺。

7. 冰花密度

density of frazil slush

单位体积冰花的质量。

8. 冰花折算系数

adjustment factor of frazil slush

平均冰花密度与密实冰块密度的比值。

9. 流冰花

slush ice run

冰花随水流流动的现象。

10. 流冰

ice run

冰块或兼有少量冰凇、冰花等随水流流动的现象。

11. 水内冰

submerged ice

在水面以下任何部位存在的冰。

12. 冰流量

ice discharge

单位时间内通过测验断面的冰块体积或冰花的折实体积。

13. 疏密度

ice concentration

测验河段内,冰块和冰花的平面面积与敞露水面面积的比值。

14. 敞露水面宽

open-water width

测验断面上,固定岸冰以外的自由水面宽度。

15. 冰盖

ice cover

横跨两岸复盖水面的固定冰层。

16. 封冻

freeze-up

测验河段内出现冰盖,且敞露水面面积小于河段总面积的20%时的现象。

17. 封冻日期

freeze-up date

出现封冻现象的开始日期。

18. 水浸冰厚

depth of immersed ice

冰层凿孔后所量得的自由水面至冰底面的距离。

19. 量冰尺

ice ruler

测验冰厚的专用测尺。

20. 冰上雪深

depth of snow on ice

冰面上未受扰动的积雪厚度。

21. 层冰层水

ice-water alternating layers

冰层中夹有水层的现象。

22. 锚冰

anchor ice

水面以下冻结于河底或建筑物上的冰。

23. 清沟

lead

封冻期间,河流中未冻结的狭长水沟。

23. 连底冻
freezing through
从水面到河底全断面冻结成冰的现象。
24. 冰塞
ice jam
冰盖下面因大量冰花堆积，阻塞了部分过水断面，造成上游水位壅高的现象。
25. 冰坝
ice dam
在河流的浅滩、卡口或弯道等处，横跨断面并显著壅高水位的冰块堆积体。
26. 岸边融冰
ice melting by shore
封冻冰层自岸边开始发生明显融化，出现冰上积水或敞露水面的现象。
27. 冰滑动
ice creep
整片或被分裂的封冻冰层顺流滑动一段距离后，又停滞不动的现象。
28. 解冻
ice break-up
测验河段内，已无冰盖，或敞露水面面积已超过河段总面积的20%的现象。在较长河段内有上下贯通敞露水面者，俗称开河。
29. 解冻日期
break-up date
出现解冻现象的开始日期。
30. 残冰堆积
ice ledge
春季解冻后，沿河流两岸堆积的冰块。
31. 冰期
ice period
河流中出现冰情现象的整个时期。
32. 封冻期
freezing period (duration of ice cover)
河流中出现封冻现象的整个时期。

第六节 地下水观测术语

第2.6.1条 水文测验的地下水观测术语及其涵义应符合下列规定：

1. 地下水
groundwater (subsurface water, subterranean water)
埋藏在地表以下岩土空隙中可以流动的水体。

2. 含水层
aquifer
能够保持、透过和提供相当水量的岩土层。

3. 透水层
permeable strata
能够透过一定水量的岩土层。

4. 隔水层
impermeable strata
结构致密、不能透水的岩土层。

5. 观测井（孔）
observation well of groundwater
用来观测地下水位或兼测地下水开采量、水质、水温等的井（孔）。

6. 观测井（孔）固定点
reference mark on observation well

为进行地下水水位观测,在观测井(孔)口上设置的或直接标记在井(孔)口上已知高程的坚固标志点。

7. 地下水位
   water table (groundwater level)
   地下水的自由水面相对于某一基面的高程。

8. 潜水
   phreatic water
   地表以下第一个稳定隔水层以上具有自由水面的地下水。

9. 潜水位
   phreatic water level
   潜水的自由水面相对于某一基面的高程。

10. 潜水埋深
    depth of phreatic water
    从地面到潜水面的垂直距离。

11. 承压水
    confined water
    充满于上、下两个隔水层的含水层中,对顶板产生压力的地下水。

12. 承压水顶板埋深
    depth of confined water top
    从地面到承压水与上面隔水层接触面的垂直距离。

13. 承压水头
    height of confined water
    当承压水穿过隔水顶板后其自由水面与该顶板底面的垂直距离。

14. 抽水试验
    pumping test
    通过从连通含水层的井(孔)中抽水,来确定含水层的水文地质参数和井(孔)出水能力等的一种野外水文地质作业。

15. 地下水开采量
    groundwater yield
    在一定时段内,从某一地区范围内的含水层中实际抽取的总水量。

16. 单井开采量
    individual well yield
    在一定时段内,从某一个地下水井(孔)中实际抽出的水量。

17. 地下水均衡场
    balance plot of groundwater
    研究地下水水量平衡及其有关影响要素变化的观测试验场地。

第七节 流量测验术语

第2.7.1条 水文测验的流量测验术语及其涵义应符合下列规定:

1. 流量
   discharge
   单位时间内通过某一断面的水体体积。

2. 平均流量
   mean discharge
   某一测验断面处一定时段内流量的平均值,如年、月、日平均流量等。

3. 最大(最小)流量
   maximum (minimum) discharge
   一定时段(日、月、年等)内流量的最大(最小)值。

4. 单宽流量
   discharge for unit width
   通过测验断面某一垂线为中心线的单位宽度过水断面的流

3—11

量。其值为该垂线的平均流速与其水深的乘积。

5. 流速
   velocity
   水质点在单位时间内沿某一特定方向移动的距离。

6. 测点流速
   velocity at a point
   在测验断面上某一点测得的水流速度。

7. 垂线平均流速
   mean velocity on a vertical
   某一测速垂线上各测点流速的平均值。

8. 断面平均流速
   mean velocity at a cross-section
   通过河道断面某一测验断面的流量与其水道断面面积的比值。

9. 流向
   direction of flow
   水流流动的方向。

10. 断面平均流向
    mean direction of flow at a cross-section
    由测验断面内各部分流量（其大小为部分流量，其方向为该部分水流流向）所确定的合矢量方向。

11. 流向偏角
    oblique angle of flow
    测验断面上各点水流动的方向与垂直于断面线的方向的夹角。

12. 脉动
    pulsation
    某定点水流瞬时运动速度（大小和方向）随时间不断变化的现象。

13. 断面面积
    cross-sectional area
    测验断面的某一水位线与河床线所包围的面积。

14. 水面宽
    top width
    测验断面上两岸水边点之间水面线的水平距离。

15. 水深
    water depth
    水体的自由水面到其床面的垂直距离。

16. 有效水深
    effective depth
    在冰期中冰底或冰花底以下水的深度。

17. 断面平均水深
    mean depth at a cross-section
    某一测验断面的水道断面面积与其水面宽的比值。

18. 水面比降
    water surface slope
    沿水流方向每单位水平距离的水面高程差，以千分率或万分率表示。

19. 湿周
    wetted perimeter
    过水断面的水流与河床接触部分的长度。

20. 水力半径
    hydraulic radius
    过水断面面积与其湿周的比值。

21. 糙率
    roughness
    表征河渠底部和岸壁影响水流阻力的各种因素的一个综合系数。

22. 流速—面积法

velocity-area method
通过实测断面上的流速和水道断面面积来推求流量的方法。

23. 比降—面积法
slope-area method
通过实测或调查河段的水面比降和水道断面面积利用水力学公式来推求流量的方法。

24. 流速仪法
current meter method
用流速仪测定水流速度，并由流速与断面面积的乘积来推求流量的方法。

25. 精测法
intensive method
为研究河渠水流运动规律和进行流量测验精简分析提供依据，比较精确地推求流量的方法。它通常是在测验断面的垂线和测点，用流速仪测定流速以推求流量。

26. 常测法
conventional method
测站在经常性的测验中所采用的推求流量的方法。它通常是在测验断面上以较少的垂线，测点或水层用流速仪测定流速以推求流量。

27. 简测法
simplified method
为适应特殊水情，在保证一定测验精度的前提下，在测验断面上以尽可能少的垂线，测点反测速历时测定流速以推求流量的方法。

28. 动船法
moving boat method
利用装有专用仪器设备的机动测船沿选定的垂直于水流方向的断面线横渡，连续地施测各测点（垂线）的流速、水深和航距以推求流量的方法。

29. 积宽法
width-integrated method
利用测船或缆道等拖带流速仪匀速横渡测流断面以施测水层平均流速，并结合断面资料来推求流量的方法。

30. 积深法
depth-integrated method
流速仪沿测速垂线匀速提放以测定垂线平均流速的方法。

31. 旋杯式流速仪
cup-type current meter
以旋杯作为转子的流速仪。旋杯绕着与水流方向垂直的竖轴转动，其转速与周围流体的局部流速成单值对应关系。

32. 旋桨式流速仪
propeller-type current meter
以旋桨作为转子的流速仪。旋桨绕着与水流方向平行的轴转动，其转速与周围流体的局部流速成单值对应关系。

33. 流速仪检定
current meter calibration (current meter rating)
建立流速仪转子的旋转速率与水流速度之间对应关系的全部作业。

34. 检定槽
calibration tank (rating tank)
流速仪检定的专用水槽（通常为静水槽）。

35. 水文测船
hydrometric boat
配备有水文测验设备并用来进行水文测验作业的专用船。

36. 水文测桥
bridge for stream-gauging (bridge for streamflow

3—13

measurements)

横跨河渠上进行水文测验作业的工作便桥。

37. 水文缆道
    hydrometric cableway
    为把水文测验仪器送到测验断面任一指定位置以进行测验作业而架设的一套索道工作系统。

38. 悬索缆道
    hydrometric cableway with cable suspension
    用柔性悬索悬吊测量仪器设备的水文缆道。

39. 悬杆缆道
    hydrometric cableway with rod suspension
    用刚性悬杆悬吊测量仪器设备的水文缆道。

40. 水文缆车
    hydrometric cable car
    悬吊在水文缆道或缆道行车上的、用来承载人员、设备并能在测量断面附近水面上任一点直接进行测验作业的工作小车及其索道工作系统。

41. 过河索吊船
    boat anchored by cableway
    由过河索、吊船索、测船组成的水文测验设施。吊船索上端连在过河索的滑轮上，下游端连在测船上。测船的横向运动是在水流的动力作用下通过改变船舵的方向来实现的。

42. 断面索
    tag line
    用来标志测量断面并带有标记以指示起点距（或兼示测线位置）的钢索。

43. 起点距
    distance from initial point
    测验断面上的固定起始点至某一垂线的水平距离。

44. 测深
    sounding
    测量水体水面某点到其床面的垂直距离的作业。

45. 测深垂线
    sounding vertical
    在测验断面上进行水深测量的竖直线位置。

46. 回声测深仪（超声波测深仪）
    echo sounder (ultrasonic sounder)
    利用声波在水中的传播特性和从水下床面的反射特性来测定水深的仪器。

47. 悬索偏角改正
    sounding line correction
    用悬索悬吊铅鱼或测深锤测深时，因水流作用使悬索对垂线发生偏斜而对所测水深进行的改正。它通常包括干绳改正和湿绳改正两部分。

48. 干绳改正
    air line correction
    用悬索悬吊铅鱼或测深锤测深时，针对水面以上悬索偏斜影响所作的改正，即悬索支点到水面的垂直距离与该部分实测悬索长度的差值。

49. 湿绳改正
    wet line correction
    用悬索悬吊铅鱼或测深锤测深时，针对水面以下悬索偏斜影响所作的改正，即水面到测点的垂直距离与该部分实测悬索长度的差值。

50. 河底高程
    river bed elevation
    河床上某点相对于某一基面的高程，其值为水位与该点水深之差。

51. 测速垂线
   velocity meauring vertical
   在测验断面上进行流速测量的竖直线。
52. 流速测点
   velocity measuring point
   在测速垂线上某一水深处测定流速的位置。
53. 测速历时
   velocity measuring duration
   用流速仪按一定方法测速时，一次测速过程中仪器的有效起讫信号之间所经历的时间。
54. 垂线流速系数
   vertical velocity coefficient
   垂线平均流速与该垂线上某一测点流速的比值。
55. 相应水位
   equivalent stage
   在一次实测流量过程中，与该次实测流量值相等的某一瞬时流量所对应的水位。
56. 浮标法
   float method
   通过测定水面或水中的天然或人工漂浮物随水流运动的速度以推求流量的方法。
57. 中泓
   middle thread of stream
   河道中水面最大流速的运动轨迹。
58. 水面流速
   surface velocity
   水流表面某一点的流速。
59. 浮标流速
   float velocity
   浮标随水流运动的速度，即浮标通过测验河段上、下浮标断面间的距离与其历时的比值。
60. 浮标投放器
   float thrower
   在测验河段上游设置的投放浮标的缆索系统。
61. 水面浮标
   surface float
   漂浮于水流表层用以测定水面流速的人工或天然漂浮物。
62. 小浮标
   small float
   在流速仪无法施测的浅水中测量水流速度的小型人工浮标。
63. 浮杆
   float-rod (velocity-rod)
   底端系有重物的一种浮动测速杆，其入水长度可以调节，用以测定垂线平均流速。
64. 双浮标
   double float
   用来测定水面以下一定水层流速的浮标。它由上下二个标组成，下浮标感应该水层的水流速度，上浮标起浮托和标志作用，中间以细线相连。
65. 中泓浮标
   middle thread float
   用来施测河道主流部分水面最大流速的浮标。
66. 虚流量
   virtual discharge
   用浮标法或其它简测法测得的流速与过水断面资料求得的未加改正的流量。
67. 浮标系数

68. 超声波测流法
   ultrasonic gauging method
   利用超声波在水流中的传播特性来测定流速以推求流量的方法。

69. 电磁流速仪
   electromagnetic current meter
   利用电磁感应原理，根据流体切割磁场所产生的感应电势与流体速度成正比的关系而制成的流速测量仪器。

70. 建筑物测流法
   structure gauging method
   利用标准型式的测流建筑物（如堰、槽）或河渠中已建的水工建筑物（如闸、水电站）来测定流量的方法。

71. 堰流
   weir flow
   具有连续自由水面，不受闸门或胸墙等约束的过堰水流。

72. 孔流
   sluice flow
   具有不连续自由水面，受闸门或胸墙等约束的过堰水流。

73. 流态
   flow pattern
   在一定的边界条件下，由各种作用力的对比关系决定的水流运动状态。

74. 自由流
   free flow
   流经测流建筑物或水工建筑物的流量不受建筑物下游水位影响的水流。

75. 淹没流
   submerged flow
   流经测流建筑物或水工建筑物的流量受建筑物下游水位影响的水流。

76. 水头
   head
   单位质量液体所具有的机械能，包括位置水头、压力水头与流速水头。

77. 淹没比
   submergence ratio
   以堰顶为基准面，堰区内的下游水头与上游水头之比。

78. 淹没系数
   submergence coefficient
   淹没流量与上游水位相同的自由流量之比。

79. 收缩断面水深
   depth of vena contracta
   流经堰顶或闸门孔的水束在堰闸后形成的最小断面处的水深。

80. 垂直收缩系数
   coefficient of vertical contraction
   孔流的收缩断面水深与闸门开启高度之比。

81. 临界流
   critical flow
   河渠中对应某一流量的断面单位能量为最小时的一种流态。

82. 临界水深
   critical depth
   河渠中某断面发生临界流时的水深。

83. 行近河槽
   approach channel
   水流状况适宜于测量要求的邻近测流建筑物或水工建筑物上游的河槽。

float coefficient
流经断面的实际流量与浮标法测得量流量的比值。

84. 行近流速
approach velocity
行近河槽内某断面的平均流速。

85. 测流堰（量水堰）
stream gauging weir
用以测定河渠流量的溢流建筑物。

86. 宽顶堰
broad-crested weir
沿水流方向上堰顶上具有三角形剖面的长底堰。在堰顶发生的一种堰。

87. 薄壁堰
thin-plate weir
具有锐缘堰口，溢流时水舌离开堰壁的薄板型堰。

88. 三角形剖面堰
triangular-profile weir
沿水流方向上具有三角形剖面的长底堰。

89. 平坦V形堰
flat-V weir
具有夹角为钝角的V形过水断面的三角形剖面堰。

90. 三角堰
triangular notch weir
堰壁缺口形状为三角形的薄壁堰。

91. 梯形堰
trapezoidal notch weir
堰壁缺口形状为梯形的薄壁堰。

92. 矩形堰
rectangular notch weir
堰壁缺口形状为矩形的薄壁堰。

93. 复合堰
compound weir
具有二个或多个不同型式、不同尺寸的截面组合而成的堰。

94. 堰高
height of weir
堰体上缘最低点的高程与堰底板或上游河床高程之差。

95. 堰顶水头
weir head
堰顶溢流时，堰上游水面未发生降落处的水位与堰体上缘最低点高程之差。

96. 水舌
nappe
堰上水头所形成的射流。

97. 闸门开启高度
gate opening
水工建筑物过水时闸底板或堰顶至闸门下缘的垂直距离。

98. 测流槽（量水槽）
stream gauging flume
用以测定河渠流量的标准人工水槽。

99. 喉道
throat
测流槽内断面最小并产生临界水深的一段水槽。

100. 人工控制
artificial control
为使水位流量关系稳定，通过工程措施而形成的测站控制。

101. 河底控制
river bottom control

段。

102. 槛式控制

sill control

在测验断面下游建造潜水坝而形成的一种人工控制断面。

103. 稀释法

dilution method

在测验河段的上断面注入一定浓度的示踪剂，在下游取样断面测定稀释后示踪剂的浓度或稀释比率来推求流量的方法。

104. 示踪剂

tracer

在稀释法测流中所采用的能与流水充分混合、不会损失又便于检测的物质。

105. 等速注入法

constant-rate injecting method

将一定浓度的示踪剂，以均匀的注入量持续地注入测验河段的上断面，通过测定下游取样断面的示踪剂浓度来推求流量的一种稀释法。

106. 一次注入法（积分法）

gulp injecting method (integrating method)

将一定浓度体积的示踪剂一次全部倾注入测验河段的上断面，在下游取样断面连续测定示踪剂浓度过程来推求流量的一种稀释法。

第八节 泥沙测验术语

第2.8.1条 水文测验的泥沙测验术语及其涵义应符合下列规定：

1. 悬移质

suspended load

悬浮于水中并随水流移动的泥沙。

2. 推移质

bed load

沿河底滚动、移动或跳跃的泥沙。

3. 全沙

total load

悬移质和推移质的总称。

4. 河床质

bed material

组成河床的物质。

5. 单样

index sample

在断面的代表垂线或测点上所采集的水样。

6. 悬移质输沙率

suspended sediment discharge

单位时间内通过河渠某一断面的悬移质质量。

7. 推移质输沙率

bed load discharge

单位时间内通过河渠某一断面的推移质质量。

8. 单宽推移质输沙率

bed load discharge for unit width

单位时间内通过单位宽度河床的推移质质量。

9. 单样推移质输沙率

index bed load discharge

在具有代表性的垂线上测得的单宽推移质输沙率。

10. 含沙量

sediment concentration

单位体积浑水中所含悬移质干沙的质量。

11. 测点含沙量 sediment concentration at a measuring point
垂线上某一测点的含沙量。

12. 垂线平均含沙量 mean sediment concentration on a vertical
垂线上各点含沙量的平均值。

13. 断面平均含沙量 mean sediment concentration at a cross-section
断面上各点含沙量的平均值。

14. 单断沙关系 index sediment concentration
断面上有代表性的垂线或测点的含沙量。

15. 相应单样含沙量 equivalent index sediment concentration
在一次实测悬移质输沙率过程中，与该次断面平均含沙量所对应的单样的含沙量。

16. 单断沙关系 index-sectional sediment concentration relation
断面平均含沙量与其相应单样含沙量之间所建立的相关关系。

17. 悬移质采样器 suspended sediment sampler
为测定悬移质含沙量及其颗粒级配，采集河渠悬移质水样的仪器。

18. 积深法 depth-integrated method
用积分式悬移质采样器在垂线上匀速提放连续采集水样的方法。

19. 定比混合法 fixed proportional mixing method
将垂线上各测点所采集的水样按一定容积比例混合成一个水样，以推求垂线平均含沙量的方法。

20. 全断面混合法 sectional mixing method
将断面上各测点所采集的水样混合成一个水样，以推求断面平均含沙量的方法。

21. 水样处理 sample processing
测定水样中悬移质泥沙质量的过程。

22. 泥沙密度 density of sediment
单位体积泥沙的质量。

23. 同位素测沙仪 radioisotope sediment concentration meter
根据放射性同位素伽马射线通过不同含沙浮液时，其强度有不同程度衰减的原理来测定含沙量的仪器。

24. 推移质移动带 bed load moving strip
在断面上有推移质通过的宽度范围。

25. 器测法 sampling method
用仪器采集推移质样品，以推求推移质输沙率的方法。

26. 坑测法 pit method
用河床上的人工测坑定测推移质输沙率的方法。

27. 推移质采样器 bed load sampler

为测定推移质输沙率及其颗粒级配，采集河流推移质样品的仪器。

28. 河床质采样器
bed material sampler
为了解河床质组成情况，采集河床质样品的仪器。

29. 泥沙颗粒分析
particle size analysis
确定泥沙样品中各粒径组泥沙质量占样品总质量的百分数，并以此绘制级配曲线的全部技术操作过程。

30. 粒径
particle diameter (grain size)
与泥沙颗粒体积相等的球体直径。

31. 中数粒径
median particle diameter
小于某粒径的沙量百分数为50%的粒径，以d_{50}表示。

32. 平均粒径
mean particle diameter
各粒径组的平均粒径以其相应的沙量百分数加权平均所得的粒径。

33. 粒径组
fraction of particle size
按照泥沙颗粒大小划分的级组。

34. 沉降速度
fall velocity
泥沙颗粒在静水中等速沉降时的速度，简称沉速。

35. 平均沉速
mean fall velocity
各粒径组的平均沉速以其相应的沙量百分数加权平均所得的沉速。

36. 颗粒级配曲线
grain size distribution curve
粒径与小于该粒径的沙量百分数的关系曲线，简称级配曲线。

37. 絮凝
flocculation
由于静电引力和范德华力的作用而产生相邻泥沙颗粒互相连接的现象。

38. 反凝剂
deflocculation agent
能促使泥沙颗粒互相分离的化学试剂。

39. 筛分析法
sieve analysis
用一组具有各种孔径的筛进行泥沙颗粒分析的方法。

40. 水分析法
analysis in still water
根据不同粒径的泥沙颗粒在静水中具有不同沉降速度的原理而进行颗粒分析的方法。

41. 光电颗分仪
photoelectric particel size meter
利用光电线通过含沙浑液时，其光强减弱程度与泥沙浓度的关系，直接在浑液中测出小于某粒径沙量百分数的仪器。

第九节 潮汐河流水文测验术语

第2.9.1条 水文测验的潮汐河流水文测验术语及其涵义应符合下列规定：

1. 潮汐
tide
海水在太阴和太阳等引潮力作用下产生的周期性涨落现象。

2. 潮流
   tidal current
   海水在太阴和太阳等引潮力作用下产生的周期性水平流动。

3. 月中天
   transit
   月球经过某地子午圈的时间。离天顶较近的一次称"上中天"，离天顶较远的一次称"下中天"。

4. 潮汐日
   tidal day
   某一地点，连续两次月球上（下）中天的间隔时间平均约24小时50分。

5. 潮汐周期
   tidal cycle
   潮汐在一个潮汐日、半个朔望月或更长时间内的涨落变化周期。

6. 潮汐河流（潮水河）
   tidal river
   潮汐和潮流影响所及的河段。

7. 潮流界
   tidal current limit
   潮流沿入海河道向上游传播时，潮流所能到达的河道最远处。

8. 潮区界
   tidal limit
   潮流界以上潮继续上溯，潮波传播所到达的河道最远处。

9. 潮期
   interval from low (high) water
   相邻两次低（高）潮的间隔时间。

10. 涨（落）潮
    flood (ebb) tide
    一个潮期内，水位上升（下降）的过程。

11. 高（低）潮位
    high (low) water level
    一个潮汐涨落周期内的最高（最低）水位。

12. 高（低）潮间隙
    high (low) water lunitidal interval
    当地月中天与随后出现的高（低）潮的间隔时间。

13. 大潮
    spring tide
    朔（初一）、望（十五）后一至三天，由太阴引起的潮汐与太阴引起的潮汐相叠加而形成的潮差最大的潮。

14. 小潮
    neap tide
    上弦（初七、八、下弦（二十二、三）太阴引起的潮汐与太阴引起的潮汐相减而形成的潮差最小的潮。

15. 涨（落）潮历时
    duration of rise (fall)
    一个潮期内，从低（高）潮位至随后的高（低）潮位的间隔时间。

16. 涨（落）潮潮差
    flood (ebb) tide range
    一个潮期内，从低（高）潮位至随后的高（低）潮位的差值。

17. 涨（落）潮流
    flood (ebb) current
    沿河槽向内陆（海洋）流动的潮流。

18. 憩流

slack tide

涨潮潮流与落潮潮流交替之际，潮流短暂停止流动的现象。落潮流转为涨潮流的憩流为涨潮憩流；涨潮流转为落潮流的憩流为落潮憩流。

19. 潮流期

    interval of tidal current

相邻两次落潮憩流的间隔时间。

20. 涨（落）潮流历时

    duration of flood (ebb) current

从落（涨）潮憩流至下个涨（落）潮憩流的间隔时间。

21. 潮流量

    tidal discharge

单位时间内通过某断面的潮流水量。有涨潮流流量与落潮流流量之分。

22. 涨（落）潮量

    flood (ebb) tide volume

落（涨）潮憩流至涨（落）潮憩流之间通过某断面的水量。

23. 潮流总量

    sum of tidal volume

在一潮汐期内，落潮潮量与涨潮潮量的代数和。

第十节 水质监测术语

第2.10.1条 水文测验的水质监测术语及其涵义应符合下列规定：

1. 水质

    water quality

水体质量的简称，是水中物理、化学和生物学方面的诸因素所决定的水体特性。

2. 水质监测

    water quality monitoring

为掌握水体质量变化动态，对有关水质参数进行间断或连续的测定和分析。

3. 流动监测

    movable monitoring

利用安装有测试仪器设备的运载工具，对江河湖库等不同水体的水质参数进行流动性的现场测定。

4. 自动监测

    automatic monitoring

利用由自动采样、传感、自动记录（或传输、数据处理）等部件组成的自动监测装置，对若干水质参数进行自动、连续的测定。

5. 生物监测

    biological monitoring

通过测定水生生物的种群、个体数量、生理功能或群落结构的变化，来判断水体水质状况的方法。

6. 污染源调查

    pollution source survey

为摘清水体污染来源而进行的工作。

7. 采样断面

    sampling cross-section

为进行水质监测而设置的采取水样的断面。

8. 对照断面

    check cross-section

在河流经城市或工业排污区（口）前，未受其污染影响的采样断面。

9. 控制断面

    control cross-section

在排污区（口）的下游，能反映本污染区污染状况的采样断面面。

10. 削减断面

    attenuation cross-section

    在河流经污染区后，污染物得到一定程度（视管理要求而定）稀释后的采样断面。

11. 混合样

    mixed sample

    不同时间或不同位置采集的水样混合后的样品。

12. 水质本底

    water quality background

    在自然环境条件下形成、未受人为污染影响的天然水质。

13. 底质

    substratum

    沉淀在水体底部的底泥和沉积物。

14. 离子含量

    ion concentration

    单位容积水样中各种离子的总质量。

15. 离子总量

    total ion concentration

    单位容积水样中所含有某种离子的质量。

16. 离子流量

    ion discharge

    单位时间内通过河渠某一断面的离子质量。

17. 检出率

    detection rate

    检出某种成分的样品个数占被检验样品总数的百分数。

18. 超标率

    over-limit rate

    检出某成分的含量超过规定标准的样品个数占被检验样品总数的百分数。

19. 痕迹量

    minor value

    有检出显示，但小于分析方法最低检出限的量。

20. 未检出

    nonreadout

    检测结果小于分析方法最低检出限而难以判断有无的现象。

21. 水质标准

    water quality standard

    人们在一定的时期和地区内，依据水质污染与效应的关系及一定的目标而制订的对水的质量要求而制定的规定。它是经权威机关批准和颁布的特定形式文件。

22. 水质评价

    water quality evaluation

    采用一定的标准和方法，依据水质监测资料，对水体的质量状况，开发利用的价值或保护和改善水质等问题作出评价的工作。

23. 分析质量控制

    analysis quality control

    为保证水质分析质量，在分析过程中将误差控制在允许范围内所采取的措施。

24. 回收率

    recovery

    在水样中加入已知数量的标准物质，加入后与加入前该物质的测得值之差占所加入量的百分数。它是评定分析方法的精度或检验分析质量的一个指标。

第十一节 降水量与蒸发量观测术语

第2.11.1条 水文测验的降水量与蒸发量观测术语及其语义

应符合下列规定：

1. 降水量
   precipitation
   在一定时段内，从大气中降落到地表的液态和固体水所折算的水层深度。

2. 降水历时
   duration of precipitation
   降水开始到终止的时间。

3. 降雨强度
   rainfall intensity
   单位时间内的降雨量。

4. 雨量器
   raingauge
   人工观测时段降水量的标准器具。

5. 自记雨量计
   rainfall recorder
   自动记录降雨量及其过程的仪器。

6. 虹吸订正
   siphoning correction
   当虹吸式自记雨量计的虹吸排水量与记录量的不符值超过允许限度时，对记录量所作的修正。

7. 降水日数
   number of precipitation days
   在指定时段内，日降水量在0.1毫米以上的天数。

8. 蒸发量
   evaporation
   在一定时段内，液态水和固体水变成水汽逸入大气的水量。

9. 潜水蒸发
   phreatic evaporation
   潜水沿土壤孔隙或植物枝叶以水汽形式逸入大气的过程。

10. 水面蒸发量
    evaporation of water
    在一定时段内，由地表水体的自由水面逸入大气的水量。

11. 土壤蒸发量
    soil evaporation
    在一定时段内，土壤中的水分沿土壤孔隙以水汽形式逸入大气的水量。

12. 散发量（蒸腾量）
    transpiration
    在一定时段内，土壤中的水分经植物传递以水汽形式逸入大气的水量。

13. 蒸散量
    evapotranspiration
    在一定时段内，水面蒸发量、土壤蒸发量与散发量之和。

14. 蒸发能力（可能蒸发）
    evaporative capacity (potential evaporation)
    一定的气象和下垫面条件下，有充足水分供给时的蒸发量。

15. 蒸发器
    evaporation pan (evaporimeter)
    观测水面蒸发量或土壤蒸发量的标准器具。

16. 漂浮蒸发场（漂浮蒸发站）
    evaporation station on water surface
    为探求水体表面和陆面两者水面蒸发的相互关系，在陆上水面蒸发场附近的水体表面上设立的水面蒸发观测现场。

第十二节 水库水文测验术语

第2.12.1条 水库水文测验术语及其涵义应符合下列规定：

1. 水库水文测验

   hydrometry for reservoir

   为水库管理运用和研究水库水文要素状况，在库区及其上游附近进行的水文测验工作。

2. 坝上水位

   stage at dam front

   坝上游跌水线以上水流平稳处的水位。

3. 库区水位

   stage in reservoir region

   水库回水区内某一地点的水位。

4. 水库淤积量

   reservoir sedimentation volume

   水库蓄水以后，由于河流挟带泥沙进入水库以及库岸崩塌等原因而在库区淤积的泥沙体积。

5. 水库淤积测量

   reservoir sedimentation survey

   为了解水库内泥沙的淤积状况和规律而进行的有关测量工作。

6. 淤积物密度

   density of sedimentation

   单位体积淤积物的质量。

7. 异重流

   density current

   入库水流含沙量较大时，因入库水与库水两者的密度差异（含沙量差异）而产生相对运动的现象。

8. 水库渗漏量

   reservoir leakage

   在一定时段内，水库中的水沿岩石裂缝或土壤空隙等途径渗漏的水量。

9. 水库蓄水量

   reservoir storage

   某一时刻水库蓄水的数量。

10. 水库蓄水变量

    variation of reservoir storage

    某一时段始末水库蓄水量的差值。

11. 蓄水量变率

    rate of storage change

    某一时段内，水库蓄水量变量与时间的比值。

12. 库容曲线

    stage-capacity curve

    水库的水位与水库容积的关系曲线。

第十三节 水文实验研究术语

第2.13.1条 水文测验的水文实验研究术语及其涵义应符合下列规定：

1. 代表流域

   representative basin

   为观测研究水文分区的一般水文过程的，且对某种类型的地形、植被等条件有良好代表性的闭合流域。

2. 实验流域

   experimental basin

   为深入研究水文现象和水文过程的某些方面，特别是为研究人类活动影响，而在一定人为条件控制下所设置的野外闭合小流域。

3. 径流场
   runoff plot
   用以研究地面径流、地表侵蚀，经人为设计和划定的小面积实验场地。

4. 蒸发池
   evaporation tank
   为研究水面蒸发而设置的具有较大面积（如 20 平方米）和适当深度（如 2 米）的标准型盛水池。

5. 土壤蒸发器
   soil evaporimeter
   根据水量平衡原理测定时段土壤蒸发量的标准器具。

6. 蒸散器
   evapotranspirometer
   用以测定蒸散量的标准器具。

7. 蒸渗仪
   lysimeter
   为研究水文循环系中的下渗、径流和蒸散发等而设置的带有地面、地下排水和土壤水测定装置的容器。

8. 土壤水
   soil water
   靠近地表的包气带土层中所含有的水分。

9. 土壤含水量
   soil moisture content
   单位体积土壤中所含吸湿水、薄膜水、毛管水和重力水的总水量，可将其折合为一定厚度土层中所含有的水层深度。

10. 土壤含水率
    percentage of soil moisture content
    （1）一定体积土壤中吸湿水、薄膜水、毛管水和重力水的总体积或总质量与该土壤体积的比值，以百分数，克每立方厘米或总质量与该体积肉干土质量的比值，以百分数、克每克计。

    （2）一定体积土壤中吸湿水、薄膜水、毛管水和重力水的总质量与该体积肉干土质量的比值，以百分数、克每克计。

11. 中子测水仪
    neutron moisture gauge
    根据中子散射和快中子慢化原理用快中子源所制作的测定土壤水分含量的仪器。

第十四节 水文调查术语

第2.14.1条 水文测验的水文调查术语及其涵义应符合下列规定：

1. 水文调查
   hydrological investigation
   为弥补水文基本站网定位观测不足或其他特定目的，采用勘测、调查、考证等手段而进行的收集水文及有关资料的工作。

2. 测站常规调查
   normal investigation of hydrometric station
   为查明水文站定位观测资料受水利设施和分洪决口等因素的影响而进行的水文调查。

3. 暴雨调查
   storm investigation
   为查明有关地区的暴雨情况而进行的调查工作。

4. 洪水调查
   flood investigation
   为推算某次洪水的洪峰水位和流量、总量、过程及其重现期而进行的现场调查和资料收集工作。

5. 枯水调查
   low water investigation
   为查明测站或特定地点的最低枯水位和流量而进行的调查

工作。

6. 水面曲线法
   water surface profile method
   根据调查洪痕所确定的水面线与用有关水力学公式试算求得的水面线的相符程度来推求洪峰流量的方法。

7. 洪峰流量
   peak discharge
   一次洪水过程中的最大流量。

8. 洪水总量
   flood volume
   一次洪水过程中流过某一断面的全部水量。

第十五节 水文资料整编术语

第2.15.1条 水文测验的水文资料整编术语及其函义应符合下列规定：

1. 水文资料（水文数据）
   hydrological data
   各种水文要素的测量、调查记录及其整理分析成果的总称。

2. 水文资料整编
   hydrological data processing
   对原始水文资料按科学方法和统一规格进行整理、分析、统计、审查、汇编和刊印的全部技术工作。

3. 水位流量关系
   stage-discharge relation
   河渠中某断面的实测流量与其相应水位之间所建立的相关关系。

4. 定线（关系曲线确定）
   determination of the relation curve
   建立两种或两种以上实测水文要素间关系的分析工作。

5. 推流（流量推算）
   estimation of discharge
   根据已建立的水位或其它水力要素与流量的关系来推求流量的工作。

6. 水文过程线
   hydrograph
   水文要素随时间变化的连续曲线。

7. 水文资料插补
   hydrological data interpolation
   根据水文资料中断前后的实测值或相邻测站的同期资料推算出中断部分数据的工作。

8. 关系曲线延长
   extension of the relation curve
   对已确定的关系曲线的两端，根据测站特性，在实际极值范围内进行外延。

9. 径流量
   runoff
   在一定时段内通过测验断面的水量。

10. 径流深度
    runoff depth
    单位集水面积的径流量所折算的平均水层厚度。

11. 径流模数
    runoff modulus
    一定时段内单位集水面积所产生的平均流量。

12. 断流水位
    stage of zero flow
    测验断面处流量为零时所对应的水位。

13. 年（月）平均输沙率
    yearly (monthly) mean sediment discharge

其数值和符号以不可预见的方式而变化的那部分误差。

22. 系统误差
   systematic error
   在同一条件下，对某一测定量的同一量值进行多次测量时，其数值和符号保持不变，不能随观测次数增加而减少的那部分误差。

23. 方差
   variance
   观测值距离算术平均的平均平方偏差。对于n个观测值 x_1, x_2, ……, x_n, 算术平均为 $\bar{x}$, 方差用下式表示
   $$S^2 = \frac{1}{n-1} \sum_i (x_i - \bar{x})^2$$

24. 标准差
   standard deviation
   方差的正平方根。

25. 精密度
   precision
   在确定条件下，将实验步骤实施多次所得结果之间的一致程度。

26. 准确度
   accuracy
   表示测量结果中系统误差与随机误差大小的综合，表示测量结果与真值的一致程度。

27. 不确定度
   uncertainty
   指测量值可能出现的误差的上界值。被测定的真值能以规定概率落入该界值所包围的区间之内。

28. 随机不确定度（偶然不确定度）
   random uncertainty
   在同一条件下，对某一测定量的同一量值进行多次测量时，

一年（月）内各日平均输沙率的平均值。

14. 年（月）平均含沙量
   yearly (monthly) mean sediment concentration
   一年（月）内通过测验断面的水流的平均含沙量，即年（月）平均输沙率除以年（月）平均流量所得之商。

15. 输沙量
   sediment runoff
   一定时段内通过测验断面的泥沙质量。

16. 输沙模数
   sediment runoff modulus
   一定时段内单位集水面积的输沙量。

17. 离子径流量
   ion runoff
   一定时段内通过河渠测验断面各种离子的质量。

18. 合理性检查
   rational examination of data
   为保证资料整编的质量，根据水文要素的时空变化规律和各要素间的关系，对整编成果的规律性所作的检验工作。

19. 表面一致性检查
   general consistency check
   为消灭整编图表中残存的矛盾和错误，在审查资料的最后阶段，对各个图表、各个项目的一致性所作的检验工作。

20. 误差
   error
   实测值与真值之差。也常指某一实测值与真值的最优近似值（可能是几次或多次测量结果的平均值）之差。

21. 随机误差（偶然误差）
   random error
   在同一条件下，对某一测定量的同一量值进行多次测量时，

29. 系统不确定度
    systematic uncertainty
    某一变量的测量中，误差纯属随机性质的不确定度。

30. 统计检验
    statistical test
    为了确定一个或多个总体分布的假设应该予以拒绝还是不予以拒绝（予以接受）的程序。

31. 统计量
    statistic
    样本观测值的函数。

32. 原假设（零假设）
    null hypothesis
    根据检验结果准备予以拒绝或不予拒绝（予以接受）的假设，以 H_0 表示。

33. 备择假设（对立假设）
    alternative hypothesis
    与原假设不相容的假设，以 H_1 表示。

34. 拒绝域
    critical region
    所使用的统计量可能取值的集合的某个子集合。如果根据观测值得出的统计量的数值属于这一集合，拒绝原假设，相反，不拒绝（即接受）原假设。

35. 显著性水平
    significance level
    当原假设正确时，而被拒绝的概率的最大值，记为 α，α 值通常是很小的，例如 5% 或 1%。

36. 置信水平
    confidence level
    在置信区间或统计容许区间中所涉及的概率 $1-\alpha$ 的值。

37. 随机变量的概率分布
    probability distribution of a random variable
    表示一个随机变量取值或属于一给定集合的概率的函数。随机变量在整个变化范围内取值的概率等于1。

38. 水文年鉴
    water year-book
    按照统一的要求和规格并按流域、水系统一编排卷册，逐年刊印的水文资料。

39. 电算整编
    processing by computer
    用电子计算机整编水文资料的全部技术过程。

40. 水文资料库（水文数据库）
    hydrological data bank
    用电子计算机贮存、编目和检索水文资料的系统。

第三章 符号和计量单位

第3.1.1条 水文测验的符号和计量单位应按表3.1.1的规定采用。

符号和计量单位

表3.1.1

量的名称	符号	单位名称	计量单位
面积	A	平方米	m^2
集水面积	A	平方公里	km^2
水面宽	B	米	m
部分宽	b	米	m
流量系数	C		
谢才系数	C		$m^{\frac{1}{2}}/s$
含沙量	c_s	公斤每立方米,克每立方米	kg/m^3, g/m^3
粒径	D	毫米	mm
水深	d	米	m
冰厚	dg	毫米	mm
蒸发量	E	米	m
误差	E		
闸门开启高度	e	米	m
总水头	H	米	m
水头	h	米	m
浮标系数	K_j		

续表3.1.1

量的名称	符号	单位名称	计量单位
长度	L	公里,米	km, m
质量	m	公斤,克	kg, g
糙率	n		
降水量	P	毫米	mm
堰高	p	米	m
流量	Q	立方米每秒	m^3/s
冰流量	Qg	立方米每秒	m^3/s
输沙量	Q_s	公斤每秒,吨每秒	$kg/s, t/s$
部分流量	q	立方米每秒	m^3/s
径流量	R	立方米	m^3
水力半径	R	米	m
比降	S		
样本标准差	s		
样本方差	s^2		
历时	t	秒	s
水库蓄水量	V	立方米	m^3
容积	V	立方米	m^3
流速	V_0	米每秒	m/s
水面流速	X	米每秒	m/s
不确定度	Z	米	m
水位	z	米	m
高程			

续表3.1.1

量的名称	符号	单位名称	计量单位
显著性水平	a		
温 度	Θ	摄氏度	℃
泥沙密度	ρ		
总体标准差	σ		
总体方差	σ^2		
湿 周	χ	米	m
沉降速度	ω	厘米每秒	cm/s
最 大 值	$(\ )_{max}$		
最 小 值	$(\ )_{min}$		
上 游 值	$(\ )_u$		
下 游 值	$(\ )_l$		
平 均 值	$\overline{(\ )}$		
差 值	$\Delta(\ )$		

注:( )表示某一符号,如水位差为△Z。

附加说明:

本标准主编单位、参加单位和主要起草人名单

主编单位: 水利电力部水文局

参加单位: 水利电力部长江流域规划办公室水文局、成都电力科技大学、华东水利学院、城乡建设环境保护部环境保护局、交通部标准计量研究所、国家海洋科学研究院和地质矿产部水文气象局、国家气象局标准计量中心、国家地质工程地质司。

主要起草人: 张德尧、黄维衡、王金鑫、李世镇、潘久根、夏佩玉、熊楷懋、林传真。

关于发布《工业循环水冷却设计规范》的通知

计标〔1987〕384号

根据原国家建委（81）建发设字第546号文的要求，由水利电力部会同有关部门共同制订的《工业循环水冷却设计规范》，已经有关部门会审，现批准《工业循环水冷却设计规范》GBJ102—87为国家标准，自1987年10月1日起施行。

本标准由水利电力部负责管理，其具体解释等工作由水利电力部东北电力设计院负责。出版发行由我委基本建设标准定额研究所负责组织。

国家计划委员会

1987年3月5日

中华人民共和国国家标准

工业循环水冷却设计规范

GBJ 102—87

主编部门：中华人民共和国水利电力部
批准部门：中华人民共和国国家计划委员会
施行日期：1987年10月1日

编制说明

本规范是根据原国家建委(81)建发设字第546号通知的要求，由水利电力部负责主编，具体由水利电力部东北电力设计院会同有关单位共同编制而成。

在编制过程中，规范编制组遵照国家有关的方针政策，进行了比较广泛的调查研究，认真总结了我国工业循环水冷却设施的建设和使用的实践经验，吸取了国内外近年来在工业循环水冷却方面的科学技术最新成果，并参考国外同类标准规范，经广泛地征求了全国有关单位的意见，反复讨论修改，最后由我部会同有关部门审查定稿。

本规范共分四章计120条和一个附录。主要内容有：总则，冷却塔，喷水池，水面冷却等。

鉴于本规范是新编制的，认真总结经验，注意积累资料，结合工程实践和科学研究，希望各单位在执行过程中，如发现需要修改和补充之处，请将意见和有关资料寄交水利电力部东北电力设计院(吉林长春)，以便今后修改时参考。

水利电力部
1986年12月31日

目　次

第一章　总则 ·· 4—3
第二章　冷却塔 ·· 4—4
　第一节　一般规定 ·· 4—4
　第二节　机械通风冷却塔 ······································ 4—7
　第三节　风筒式冷却塔 ·· 4—8
　第四节　开放式冷却塔 ·· 4—8
第三章　喷水池 ·· 4—9
第四章　水面冷却 ·· 4—10
　第一节　一般规定 ·· 4—10
　第二节　冷却池 ·· 4—11
　第三节　河道冷却 ·· 4—12
附录　本规范用词说明 ·· 4—13
附加说明 ·· 4—14

第一章　总　则

第 1.0.1 条　本规范适用于新建和扩建的敞开式工业循环水冷却设施的设计。

第 1.0.2 条　工业循环水冷却设施的设计应符合安全生产、经济合理、保护环境、节约能源、节约用水和节约用地，以及便于施工、运行和维修等方面的要求。

第 1.0.3 条　工业循环水冷却设施的设计应在不断总结生产实践经验和科学试验的基础上，积极开发和认真采用先进技术。

第 1.0.4 条　工业循环水冷却设施的类型选择，应根据生产工艺对循环水的水量、水温、水质和供水的运行方式等使用要求，并结合下列因素，通过技术经济比较确定：

一、当地的水文、气象、地形和地质等自然条件；
二、材料、设备、电能和补给水的供应情况；
三、场地布置和施工条件；
四、工业循环水冷却设施与周围环境的相互影响。

第 1.0.5 条　工业循环水冷却设施应靠近主要用水车间，并应避免修建过长的给水排水管、沟和复杂的水工建筑物。

第 1.0.6 条　工业循环水冷却设施的设计除应执行本规范外，尚应符合现行有关的国家标准、规范的规定。

要求，通过技术经济比较后确定。

第2.1.4条 冷却塔一般可不设备用。冷却塔检修时应有不影响生产的措施。

第2.1.5条 冷却塔的热力计算宜采用焓差法或经验方法。

第2.1.6条 冷却塔的热交换特性宜采用原型塔的实测数据。当缺乏原型塔模拟塔的实测数据时，可采用模拟塔的冷却塔的试验数据，并应根据模拟塔的试验条件与设计的冷却塔的运行条件之间的差异，对模拟塔阻力系数进行修正。

第2.1.7条 冷却塔的通风阻力数据宜采用原型塔的实测数据。当缺乏实测数据时，可按经验方法计算。

第2.1.8条 冷却塔的最高冷却水温不应超过生产工艺允许的最高值；计算冷却塔的各月的月平均冷却水温时，应采用近期连续不少于五年的相应各月的月平均气象条件应符合下列规定：

一、根据生产工艺的要求，宜采用按湿球温度频率统计方法计算的频率为5%～10%的日平均气象条件；

二、气象资料应采用近期连续不少于五年，每年最热时期三个月的日平均值。

第2.1.9条 计算冷却塔的各月的月平均冷却水温时，应采用近期连续不少于五年的相应各月的月平均气象条件。

第2.1.10条 气象资料应选用能代表冷却塔所在地气象特征的气象台、站的资料，必要时在冷却塔所在地设气象观测站。

第2.1.11条 冷却塔的水量损失应根据蒸发、风吹和排污各项损失确定。

第二章 冷却塔

第一节 一般规定

第2.1.1条 冷却塔在厂区总平面布置中的位置应符合下列规定：

一、冷却塔宜布置在厂区主要建筑物及露天配电装置的冬季主导风向的下风侧；

二、冷却塔应布置在贮煤场等粉尘污染源的全年主导风向的上风侧；

三、冷却塔应远离厂内露天热源；

四、冷却塔之间或冷却塔与其他建筑物之间的距离除应满足冷却塔的通风要求，还应满足管、沟、道路、建筑物的防火和防爆要求，以及冷却塔和其他建筑物施工和检修场地要求；

五、冷却塔的位置不应妨碍工业企业的扩建。

第2.1.2条 当环境对冷却塔的噪声有限制时，宜采取下列措施：

一、机械通风冷却塔应选用低噪声型的风机设备；

二、冷却塔周围宜设置消声设施；

三、冷却塔的位置宜远离对噪声敏感的区域。

第2.1.3条 冷却塔使用循环水的车间数量、分布位置及各车间的用水应根据循环水的集中或分散布置方案的选择，分布位置及各车间的用水和排污各项损失确定。

第 2.1.12 条 冷却塔的蒸发损失水量占进入冷却塔循环水量的百分数可按下式计算：

$$P_e = K \cdot \Delta t \quad (2.1.12)$$

式中 P_e——蒸发损失率（%）；
Δt——冷却塔进水与出水温差（℃）；
K——系数（1/℃），可按表 2.1.12 采用；环境气温为中间值时可用插法计算。

系 数 K 表 2.1.12

环 境 气 温（℃）	-10	0	10	20	30	40
K（1/℃）	0.08	0.10	0.12	0.14	0.15	0.16

第 2.1.13 条 冷却塔的风吹损失水量占进入冷却塔循环水量的百分数可按表 2.1.13 采用。

风吹损失率（%） 表 2.1.13

塔 型	机械通风冷却塔	风筒式冷却塔	开放式冷却塔
有除水器	0.2~0.3	0.1	
无除水器		0.3~0.5	1.0~1.5

第 2.1.14 条 排污损失水量应根据对循环水水质的要求计算确定。

第 2.1.15 条 淋水填料的型式和材料的选择应根据下列因素综合考虑确定：
一、循环水的水温和水质；
二、填料的热力特性和阻力性能；
三、填料的物理力学性能、化学性能和稳定性（耐温度变化、抗老化和抗腐蚀等）；
四、填料的供应情况；
五、填料的价格和供应情况。

六、施工的检修方便；
七、填料的支承方式和结构。

第 2.1.16 条 机械通风冷却塔和风筒式冷却塔一般应装设除水器。视工程具体条件，经过论证，风筒式冷却塔也可不装除水器。除水器应选用除水效率高、通风阻力小、经济、耐用的型式。

第 2.1.17 条 冷却塔的配水系统应满足配水均匀、通风阻力小，能量消耗低和便于维修等要求，并应根据塔型、循环水质等条件按下列规定选择：
一、逆流式冷却塔宜采用管式、槽或管槽结合型式；当循环水含悬浮物和泥砂较多时宜采用槽式；
二、横流式冷却塔宜采用池式；
三、小型机械通风逆流式冷却塔宜采用管式或旋转布水器。

第 2.1.18 条 管式配水系统的配水干管起始断面设计流速宜采用 1.0~1.5 m/s。

第 2.1.19 条 槽式配水系统应符合下列要求：
一、主水槽的起始断面设计流速宜采用 0.8~1.2 m/s；配水槽的起始断面设计流速宜采用 0.5~0.8 m/s；
二、配水槽的设计水深应大于溅水喷嘴内径的 6 倍，且不应小于 0.15 m；
三、配水槽的超高一般不应小于 0.1 m；在可能出现的超过设计水量工况下，配水槽不应溢流；
四、配水槽断面净宽不宜小于 0.12 m；
五、主、配水槽均宜水平设置，水槽连接处应圆滑。

剂、缓蚀剂处理时，集水池的容积应满足水处理药剂在循环水系统内允许停留时间的要求。

第 2.1.20 条 配水池应符合下列要求：

一、池内水流平稳，水深应大于溅水喷嘴内径或配水底孔直径的6倍；

二、池壁超高不宜小于 0.1 m；在可能出现超过设计水量工况下不应溢流；

三、喷溅高不宜小于 0.1 m；池顶宜设盖板或采取防止光照入池底宜水平设置；池底宜有防止滋长微生物和苔藓的措施。

第 2.1.21 条 溅水喷嘴应选用结构合理、流量系数大、喷溅均匀和不易堵塞的型式。

第 2.1.22 条 配水竖井或竖管应有放空措施。槽式配水系统的配水竖井内应保持水流平稳，不产生旋涡流。

第 2.1.23 条 逆流式冷却塔的进风口与淋水面积之比宜采用下列数值：

一、机械通风冷却塔不小于 0.5；

二、风筒式冷却塔不小于 0.4。

第 2.1.24 条 横流式冷却塔的淋水填料的高和深应根据工艺对冷却水温的要求、冷却塔的通风措施、淋水填料高和径深的比、通过技术经济比较确定。淋水填料高和径深的比一般采用下列数值：

机械通风冷却塔宜为 2～2.5；

风筒式冷却塔当淋水面积小于 1000 m² 时，宜为 1～1.5；当淋水面积等于和大于 1000 m² 时，宜为 1.5～2.0。

第 2.1.25 条 冷却塔的集水池应符合下列要求：

一、集水池的深度不宜大于 2.0 m。当循环水采用阻垢剂、缓蚀剂处理时，集水池的容积应满足水处理药剂在循环水系统内允许停留时间的要求；

二、集水池水应有溢流、排空及排泥措施。池底宜有便于排水及排泥的适当坡度，排空及排泥措施。池底宜有便于排水及排泥的适当坡度，池底的适当坡度宜为 0.2～0.3 m；小型机械通风冷却塔不得小于 0.1 m；

四、出水口宜有拦污设施。大、中型冷却塔的出水口宜设置安全防护栅；

五、集水池周围应设回水台，其宽度宜为 1.5～2.0 m。坡度宜为 3%～5%。回水台外围应有防止周围地表水流入池内的措施。

六、沿集水池周围宜设置栏杆。

第 2.1.26 条 冷却塔内同空气流通部位的构件应采用气流阻力较小的断面及型式。

第 2.1.27 条 冷却塔内、外与水汽接触的金属构件、管道和机械设备均应采取防腐蚀措施。

第 2.1.28 条 视不同塔型和具体条件，冷却塔应有下列设施：

一、通向塔内的人孔；

二、从地面通向塔内和塔顶的扶梯或爬梯；

三、配水系统顶部的人行道和栏杆；

四、塔顶的避雷保护装置和指示灯；

五、运行监测的仪表；

六、验收测试使用的仪器和仪表的安装位置和设施。

第 2.1.29 条 寒冷和严寒地区的冷却塔，根据具体条件，宜采用下列防冻措施：

一、在冷却塔的进口上缘沿塔内壁宜设置向塔内下方喷射热水的喷水管，喷射热水的总量宜为进塔总水量的20%～40%；

二、在冷却塔的进水干管上宜设能通过部分或全部循环水的旁路水管；

三、淋水填料内外围宜采用分区配水；

四、机械通风冷却塔可采取停止风机运行、减小风机叶片的安装角，或选用变速电动机以及允许倒转的风机设备等措施。风筒式冷却塔可在进风口设置挡风设施；

五、当冷却塔数量较多时，可减少运行的塔数。停止运行的塔的集水池应保持一定量的热水循环或采取其他保温的加热措施；

六、风筒式逆流冷却塔的进风口上缘内壁宜设挡水檐，檐宽宜采用0.3～0.4m；

七、风机减速器有润滑油循环系统时，应有对润滑油的加热措施；

八、塔的进水阀门及管道应有防冻放水管或其他保温措施。

第2.1.30条 冷却塔的运行管理宜设专人。冷却塔设计应对施工、运行及维护提出要求，并附有冷却塔的热力特性曲线。

第二节 机械通风冷却塔

第2.2.1条 机械通风冷却塔一般宜采用抽风式冷却塔。当循环水对风机的侵蚀性较强时，可采用鼓风式塔。

第2.2.2条 单格的机械通风冷却塔的平面宜为圆形或正多边形；多格毗连的机械通风冷却塔的平面宜采用正方形或矩形。

当塔格的平面为矩形时，边长不宜大于4:3；进风口宜设在矩形的长边。

第2.2.3条 逆流抽风式冷却塔的淋水填料顶面至风机风筒的进口之间气流收缩段的顶角宜采用90°～110°。

第2.2.4条 抽风式塔的风机风筒进口应采用流线型。风筒的出口应考虑减少动能损失的措施，必要时宜设扩散筒。扩散筒的高度不宜小于风机半径，中心角宜采用14°～18°。

第2.2.5条 横流式机械通风冷却塔的淋水填料从顶部至底部应有直线中轴线的收缩倾角。点滴式淋水填料的收缩倾角宜为9°～11°；薄膜式淋水填料的收缩倾角宜为5°～6°。

第2.2.6条 单侧进风的塔的进风面宜平行于夏季主导风向；双侧进风的塔的进风面宜面向夏季主导风向。

第2.2.7条 当塔的格数较多时宜分成多排布置。每排的长度与宽度之比不宜大于5:1。

第2.2.8条 两排以上的塔排布置应符合下列要求：

一、长轴位于同一直线上的相邻塔排净距不小于4m；

二、长轴不在同一直线上相互平行布置的塔排净距不小于塔的进风口高的4倍。

第2.2.9条 周围进风的机械通风冷却塔之间的净距不宜小于冷却塔的进风口高的4倍。

第2.2.10条 根据冷却塔的通风要求，塔的进风口侧与其他建筑物的净距不应小于塔的进风口高的2倍。

第2.2.11条 设计机械通风冷却塔时,应考虑冷却塔排出的湿热空气回流和干扰对冷却效果的影响,必要时应对设计气象条件进行修正。

第2.2.12条 机械通风冷却塔格数较多且集中布置时,冷却塔的风机宜集中控制;各台风机必须有可切断电源的转换开关及就地控制风机启、停的操作设施。

第2.2.13条 风机设备应采用效率高、噪声小、安全可靠、材料耐腐蚀,安装及维修方便,符合标准的产品。

第2.2.14条 风机的设计运行工况点应根据冷却塔的设计风量和计算的全塔总阻力确定。风机在设计运行工况点应有较高的效率。

第2.2.15条 风机减速器采用稀油润滑时应配有油位指示装置,大型风机应配有防振保护装置。

第2.2.16条 机械通风冷却塔应有起吊风机设备的措施。

第2.2.17条 采用工厂生产的冷却塔时,应根据该型产品实测的热力特性曲线进行选用。选用的产品应符合国家有关产品标准。

第三节 风筒式冷却塔

第2.3.1条 风筒壳体的几何尺寸应满足循环水的冷却要求,并应结合结构、施工等因素通过技术经济比较确定。双曲线型风筒壳体一般宜采用表2.3.1规定的数值。

第2.3.2条 相邻的风筒式冷却塔的净距应符合下列规定:

双曲线型风筒壳体几何尺寸

表2.3.1

塔高与壳体直径的比	喉部面积与壳底面积的比	喉部高度与塔高的比	喉部以上扩散角 α	壳体子午线倾角 α_D
1.20~1.40	0.30~0.36	0.80~0.85	8°~10°	19°~20°

一、逆流式冷却塔不应小于塔的进风口下缘的塔筒半径;

二、横流式冷却塔不应小于塔的进风口高的3倍;

三、当相邻两塔几何尺寸不同时应按较大的塔计算。

第2.3.3条 根据冷却塔的通风要求,塔与其他建筑物的净距不应小于塔的进风口高的2倍。

第2.3.4条 塔筒的有效抽风高度应采用淋水填料顶中部至塔顶的高度。

第2.3.5条 冷却塔的淋水面积应采用淋水填料顶部面积。

第2.3.6条 风筒式冷却塔的塔顶应设人行道及栏杆,人行道上应设检修孔,检修孔平时应封盖。

第2.3.7条 风筒式冷却塔从地面通向塔顶的爬梯必须设护栏。

第四节 开放式冷却塔

第2.4.1条 当循环水量较小,工艺对冷却水温要求不严格时可采用开放式冷却塔,在大风、多砂地区不宜采用开放式冷却塔。

第2.4.2条 开放式冷却塔的位置应选择气流通畅的地方。

第 2.4.3 条 开放式冷却塔的淋水填料宜采用点滴式。淋水填料安装的宽度不宜大于 4.0 m。淋水填料的安装高度与宽度之比宜采用 2~3。

第 2.4.4 条 塔的平面宜采用矩形。塔的长边宜与夏季主导风向宜布置。

第 2.4.5 条 开放式冷却塔的填料周围宜设百页窗。

第 2.4.6 条 开放式冷却塔与其他建筑物的净距应大于 30 m。

第三章 喷水池

第 3.0.1 条 当循环水量较小，工艺对冷却水温要求不严格，且场地开阔，环境允许时可采用喷水池；在大风、多砂地区不宜采用喷水池。

第 3.0.2 条 喷水池可按经验曲线进行热力计算。

第 3.0.3 条 计算喷水池的冷却水温时，选用的气象条件应符合本规范第 2.1.8 条、第 2.1.9 条和第 2.1.10 条的规定。

第 3.0.4 条 喷水池的损失水量应根据下列各项确定：

一、蒸发损失水量应符合本规范第 2.1.12 条的规定；

二、风吹损失水量占循环水量的百分数可取 1.5%~3.5%；

三、排污损失水量应根据对循环水质的要求经计算确定。

第 3.0.5 条 喷水池的淋水密度应根据当地气象条件和工艺要求确定，一般可采用 0.7~1.2 m³/(m²·h)。

第 3.0.6 条 喷水池不宜少于两格，当允许间断运行时亦可为单格。

第 3.0.7 条 喷水池的喷嘴宜选用新伸线型 C—6 型。

喷嘴前的水头：渐伸线型应为 5～7 m；C—6 型不应小于 6 m。

喷嘴布置宜高出水面 1.2 m 以上。

第 3.0.8 条 喷水池内的设计水深宜为 1.5～2.0 m。

第 3.0.9 条 喷水池的超高不应小于 0.25 m；池底应有坡向放空管的适当坡度。

第 3.0.10 条 喷水池宽不宜大于 60 m，最外侧喷嘴距池边不宜小于 7 米。喷水池的长边应与夏季主导风向垂直布置。

第 3.0.11 条 喷水池边缘应有回水台。回水台的宽度不宜小于 5 米。回水台倾向水池的坡度宜为 2～5%。回水台外围应有防止间围地表水流入池内的措施。

第 3.0.12 条 喷水池内应设置拦污栅设施。

第 3.0.13 条 配水管末端应装设放空管。配水管应有坡向放空管的 0.1～0.2% 的坡度。

第 3.0.14 条 寒冷和严寒地区的喷水池采取下列防冻措施：

一、在进水干管上宜设旁路水管，旁路水管的排水口应位于水池出水口的对面一侧；

二、干管及配水管上的闸门应设装防冻放水管或采取其他保温措施。

第四章 水面冷却

第一节 一般规定

第 4.1.1 条 利用水面冷却循环水时，宜利用已有水库、湖泊或河道等水体，也可根据自然条件新建冷却池。

第 4.1.2 条 利用水库、湖泊或河道等水体冷却循环水时，水质和水量，水体的水温应满足工业企业取水和冷却的要求。

第 4.1.3 条 利用水库、湖泊或河道等水体冷却循环水时，应征得农业、渔业、航运和环境等有关部门的同意。

第 4.1.4 条 设计水面冷却工程，应考虑排水和冷却水体的综合利用。

第 4.1.5 条 工业企业使用综合利用水库或水利工程设施冷却循环水，应取得水利工程管理单位的供水协议。

第 4.1.6 条 取水、排水建筑物的布置和型式应有利于吸取冷水和热水的扩散冷却。有条件时，宜采用深层取水和深层排水。

排水口应使出流平顺，排水水面与受纳水体水面的衔接宜平缓。

第 4.1.7 条 在有温差异重流的冷却水体内，采用深层取水建筑物取底部冷水时，其进水口流速宜通过模型试验确定，一般可采用 0.1～0.2 m/s。

第4.1.8条 采用重叠式取排水建筑物的冷却水体应有足够的水深。设计应考虑各种不利因素对设计最低水位和表面热水层厚度的影响。

第4.1.9条 水面的综合散热系数应根据工程地区的热水面实测资料确定，当缺乏实测资料时，可利用经验公式计算确定。

第4.1.10条 当水体的冷却能力不足或需要降低排水温度时，可根据综合技术经济分析，选用辅助性的冷却设施。

第4.1.11条 冷却水体中有渔业生产时，取水建筑物应设拦鱼设施。

第4.1.12条 取水口和排水口应设置测量水温和冷却水体水位的仪表。

第二节 冷却池

第4.2.1条 新建冷却池，应不占或少占耕地。设计应采取防止池岸和堤坝冲刷及崩塌的防护措施；还应采取对冷却池附近农田和建筑物的防护措施，防止因冷却池附近地下水位升高对农田和建筑物造成不良影响。

第4.2.2条 利用水库或湖泊冷却循环，应根据水体的水文标准等资料，水利计算、运行方式和水工建筑物的设计标准等资料进行设计。

第4.2.3条 冷却池的设计最低水位，应根据水体的自然水文气象条件，冷却要求的最小水深和最低水温和取水口的布置等条件确定。

第4.2.4条 冷却池在夏季最低水位时，水流循环区的水深不宜小于2 m。

第4.2.5条 冷却池的正常水位和洪水位，应根据水量平衡和调洪计算成果，循环水系统对水位的要求和池区淹没损失等条件，通过技术经济分析确定。

第4.2.6条 新建冷却池，应根据冷却、取水、卫生和其他方面的要求，对池底进行清理。

第4.2.7条 新建冷却池，初次灌水至运行要求的最低水位所需的时间，应满足工业企业投入生产的要求。

第4.2.8条 设计冷却池，应通过物理模型试验、数学模型计算或其他经济分析方法，确定冷却池的冷却能力和取水工程的最优布置方案。工程条件允许时，也可利用数学模型计算其他水工程水体的冷却能力和排水工程的最优布置方案。

第4.2.9条 冷却池的冷却水设计温度，不应超过生产工艺允许的最高值。

计算冷却池的设计冷却水最高温度的水文气象条件，应根据生产工艺的要求，一般宜符合下列规定：

一、深水型冷却池，采用多年平均的年最热月月平均自然水温和相应的气象条件；

二、浅水型冷却池，采用多年平均的年最热月最大连续五天平均自然水温和相应的气象条件。

第4.2.10条 计算冷却池的各月月平均冷却水温，应采用多年相应的各月月平均水文和气象条件。

第4.2.11条 自然水温应根据实测资料或条件相似水体的观测资料确定。当缺乏上述资料时，可按热量平衡方程或经验公式计算确定。

表 4.2.15

进入冷却池水温（℃）	5	10	20	30	40
系数 K（1/℃）	0.0008	0.0009	0.0011	0.0013	0.0015

第 4.2.12 条 冷却池必须有可靠的补充水源。冷却池补充水源的设计标准，应根据工业企业的重要性和生产工艺的要求确定。一般可采用频率为 95%～97% 的枯水年水量。

第 4.2.13 条 冷却池的损失水量应按自然蒸发、附加蒸发、渗漏和排污等各项计算的损失水量确定。

第 4.2.14 条 冷却池的自然蒸发量应按当地水面自然蒸发量公式或邻近相似水体的自然蒸发量计算确定。

自然蒸发水量的计算应符合下列规定：

一、年调节水源或有地表径流补给的冷却池，当为地表径流补给标准一设计标准的枯水年，人工补水时，可采用与蒸发量与降水量的差值最大年份考虑，按历年中蒸发量与降水量的差值最大年值计算；

二、多年调节水源的冷却池，可采用多年平均值；

三、蒸发量年内各月分配可采用设计枯水年内月分配率。

第 4.2.15 条 冷却池的附加蒸发水量可按下式计算：

$$q_e = K \cdot \Delta t \cdot Q \quad (4.2.15)$$

式中 q_e——附加蒸发水量 (t/h)；
Δt——循环水的进出水温度差 (℃)；
Q——循环水量 (t/h)；
K——系数 (1/℃)，可按表 4.2.15 采用。水温为中间值时，可用内插法计算。

第 4.2.16 条 冷却池的渗漏水量可根据池区的水文地质条件和水工建筑物的型式等因素确定。必要时，冷却池应采取防渗漏的措施。

第 4.2.17 条 冷却池的排污水量，应根据对循环水、排水的要求计算确定。

第 4.2.18 条 冷却池应考虑泥沙淤积对取水口、排水口的位置和冷却池的影响，必要时应采取防止或控制淤积发展的措施。

第 4.2.19 条 当冷却池有地表径流补给时，宜设置向冷却池下游排放洪水的旁路设施。

第 4.2.20 条 冷却池取水口和排水口方位的选择，应考虑风向对取水温度和热水扩散的影响。

第 4.2.21 条 为提高冷却池的冷却能力或降低取水温度，可采用导流堤、潜水堰和挡热墙等工程措施。

第 4.2.22 条 地表径流补水的冷却池，应有泄洪水的建筑物。人工补水的冷却池，设置溢流和放水等设施。

第 4.2.23 条 工业企业自建的冷却池，应设专人管理。

第三节 河道冷却

第 4.3.1 条 利用河道冷却循环水，应根据工程的具体条件，利用物理模型试验或数学模型计算，确定河段水面的冷却能力和河段的水温分布，取水温度和河段的水温分布，并结合技术经济分析选择取水和排水工程的最优布置方案。

第4.3.2条 计算河道的设计冷却水能力或冷却水最高温度的水文气象条件，应根据生产工艺的要求确定。一般可采用历年最炎热时期（一般以三个月计算）频率为5%～10%的日平均水温和相应的水文气象条件。冷却水的最高计算温度，不应超过生产工艺允许的最高值。

第4.3.3条 利用河网冷却循环水，应根据河网的规划设计，论证和选择设计最低水位。

第4.3.4条 排水口宜设在取水口下游。当排水口设在上游时，应采取减少进入取水口的热量的措施。

第4.3.5条 感潮河段应采取避免取水河道中积蓄对取水温度影响的措施和减少排水热量在河道中积蓄对取水温度影响的措施。

附录 本规范用词说明

（一）对本规范条文执行严格程度的用词，采用以下写法。

（1）表示很严格，非这样作不可的用词：
正面词采用"必须"；
反面词采用"严禁"。

（2）表示严格，在正常情况下均应这样作的用词：
正面词采用"应"；
反面词采用"不应"或"不得"。

（3）表示允许稍有选择，在条件许可时首先应这样作的用词：
正面词采用"宜"或"可"；
反面词采用"不宜"。

（二）条文中必须按其他有关标准、规范的规定执行的写法为"应按……执行"或"应符合……要求或规定"。非必须按所指的标准规范执行的写法为"参照……"。

附加说明

本规范主编单位、参加单位和主要起草人名单

主编单位： 水利电力部东北电力设计院

参加单位： 水利水电科学研究院冷却水研究所
西安冶金建筑学院
化学工业部第三设计院
中国有色金属工业总公司北京有色冶金设计研究总院
水利电力部华东电力设计院
水利电力部中南电力设计院
水利电力部西北电力设计院
水利电力部西南电力设计院

主要起草人： 李志悌　孙泽民　陆振铎
王大哲　潘　椿　陈廷耀
姚国济　朱伟德　盛均平
沈思刚　黄振权　刘景春

中华人民共和国国家标准

给 水 排 水 制 图 标 准

Standard for water supply and drainage drawings

GB/T 50106—2001

主编部门：中华人民共和国建设部
批准部门：中华人民共和国建设部
施行日期：2002年3月1日

关于发布《房屋建筑制图统一标准》
等六项国家标准的通知

建标[2001]220号

根据建设部《关于印发一九九八年工程建设国家标准制定、修订计划（第二批）的通知》（建标[1998]244号）的要求，由建设部会同有关部门共同对《房屋建筑制图统一标准》等六项标准进行修订，经有关部门会审，现批准《房屋建筑制图统一标准》GB/T 50001—2001，《总图制图标准》GB/T 50103—2001，《建筑制图标准》GB/T 50104—2001，《建筑结构制图标准》GB/T 50105—2001，《给水排水制图标准》GB/T 50106—2001和《暖通空调制图标准》GB/T 50114—2001为国家标准，自2002年3月1日起施行。原《房屋建筑制图统一标准》GBJ 1—86、《总图制图标准》GBJ 103—87、《建筑制图标准》GBJ 104—87、《建筑结构制图标准》GBJ 105—87、《给水排水制图标准》GBJ 106—87和《暖通空调制图标准》GBJ 114—88同时废止。

本标准由建设部负责管理，中国建筑标准设计研究所负责具体解释工作，建设部标准定额研究所组织中国计划出版社出版发行。

中华人民共和国建设部
二〇〇一年十一月一日

前言

根据建设部建标[1998]244号文件印发一九九八年工程建设国家标准制订、修订计划（第二批）的通知》下达的任务，本标准编制组对《给水排水制图标准》(GBJ 106—87)进行了修编。本标准编制组首先参照1990年收集到的反馈意见征求意见稿、面向全国广泛征求意见，随后提出了送审稿，再经函审和专家审查通过，使之具有较好的群众基础。

本标准的修编目的是：

一、与1990年以来发布实施的《技术制图》中相关的国家标准（包括ISO TC/10的相关标准）在技术内容上协调一致。

二、充分考虑ISO TC/10的相关标准与计算机制图的各自特点，兼顾二者的需要和更新的要求。

三、对不适合当前使用过时的图例，表达方式和制图规则进行了修改，删除或增补，使之更符合实际工作需要。

本标准为推荐性国家标准。

本标准由中国建筑标准设计研究所负责具体解释工作。在应用过程中如有需要修改补充之处，请将意见或有关资料寄送该所（北京西外车公庄大街19号，邮编100044），以供修订时参考。

本标准主编单位、参编单位和主要起草人：

主 编 单 位：中国建筑标准设计研究所
参 编 单 位：建设部建筑设计研究院
主要起草人：贾 苇 杨世兴 车爱晶

目 次

1 总则	5—3
2 一般规定	5—3
2.1 图线	5—3
2.2 比例	5—4
2.3 标高	5—4
2.4 管径	5—5
2.5 编号	5—6
3 图例	5—7
4 图样画法	5—18
4.1 一般规定	5—18
4.2 图样画法	5—19
本标准用词说明	5—21
条文说明	5—22

1 总 则

1.0.1 为了统一给水排水专业制图规则,保证制图质量,提高制图效率,做到图面清晰、简明,符合设计、施工、存档的要求,适应工程建设的需要,制定本标准。

1.0.2 本标准适用于下列制图方式绘制的图样:
1 手工制图;
2 计算机制图。

1.0.3 本标准适用于给水排水专业的下列工程制图:
1 新建、改建、扩建工程的各阶段设计图、竣工图;
2 总平面设计图;
3 原有建筑物、构筑物、总平面图的实测图;
4 通用设计图、标准设计图。

1.0.4 给水排水专业制图,除应遵守本标准外,还应符合《房屋建筑制图统一标准》(GB/T 50001—2001)以及国家现行的有关强制性标准的规定。

2 一般规定

2.1 图 线

2.1.1 图线的宽度 b,应根据图纸的类别、比例和复杂程度,按《房屋建筑制图统一标准》中第 3.0.1 条的规定选用。线宽 b 宜为 0.7 或 1.0mm。

2.1.2 给水排水专业制图,常用的各种线型宜符合表 2.1.2 的规定。

表 2.1.2 线 型

名称	线 型	线宽	用 途
粗实线	——————	b	新设计的各种排水和其他重力流管线
粗虚线	— — — —	b	新设计的各种排水和其他重力流管线的不可见轮廓线
中粗实线	——————	0.75b	新设计的各种给水和其它压力流管线;原有的各种排水和其他重力流管线
中粗虚线	— — — —	0.75b	新设计的各种给水和其它压力流管线及原有的各种排水和其它重力流管线的不可见轮廓线
中实线	——————	0.50b	给水排水设备、零(附)件的可见轮廓线;总图中新建的建筑物和构筑物的可见轮廓线;原有的各种给水和其他压力流管线

续表2.1.2

名称	线型	线宽	用途
中粗线	——	0.50b	给水排水设备、零（附）件的不可见轮廓线；总图中新建筑物和构筑物的不可见轮廓线；原有其他压力流管线的种类和建筑给水排水管线的不可见轮廓线
细实线	——	0.25b	建筑的可见轮廓线；总图中原有建筑物和构筑物的可见轮廓线
细虚线	------	0.25b	原有的建筑物和构筑物的不可见轮廓线
单点长画线	—·—	0.25b	中心线、定位轴线
折断线	—/—	0.25b	断开界线
波浪线	～～	0.25b	平面图中水面线；局部构造层次范围线；保温范围示意线等

2.2 比 例

2.2.1 给水排水专业制图常用的比例，宜符合表2.2.1的规定。

表2.2.1 常用比例

名称	比例	备注
区域规划图 区域位置图	1:50000、1:25000、1:10000 1:5000、1:2000	宜与总图专业一致
总平面图	1:1000、1:500、1:300	宜与总图专业一致
管道纵断面图	纵向:1:200、1:100、1:50 横向:1:1000、1:500、1:300	

续表2.2.1

名称	比例	备注
水处理厂（站）平面图	1:500、1:200、1:100	
水处理构筑物、设备间、卫生间、泵房平、剖面图	1:100、1:50、1:40、1:30	宜与建筑专业一致
建筑给排水平面图	1:200、1:150、1:100	宜与相应图统一致
建筑给排水轴测图	1:150、1:100、1:50	
详图	1:50、1:30、1:20、1:10、1:5、1:2、1:1、2:1	

2.2.2 在管道纵断面图中，可根据需要对纵向与横向采用不同的组合比例。

2.2.3 在建筑给排水轴测图中，如局部表达有困难时，该处可不按比例绘制。

2.2.4 水处理流程图、水处理高程图和建筑给排水系统原理图均不按比例绘制。

2.3 标 高

2.3.1 标高符号及一般标注方法应符合《房屋建筑制图统一标准》中第10.8节的规定。

2.3.2 室内工程应标注相对标高；室外工程宜标注绝对标高，当无绝对标高资料时，可标注相对标高，但应与总图专业一致。

2.3.3 压力管道应标注管中心标高；沟渠和重力流管道宜标注沟（管）内底标高。

2.3.4 在下列部位应标注标高：

1 沟渠和重力流管道的起讫点、转角点、连接点、变坡点及交叉点；

2 压力流管中的标高控制点；

3 管道穿外墙、剪力墙和构筑物的壁及底板等处;
4 不同水位处;
5 构筑物和土建部分的相关标高。

2.3.5 标高的标注方法应符合下列规定:
1 平面图中管道标高应按图2.3.5-1的方式标注。

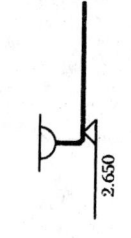

图2.3.5-1 平面图中管道标高标注法

2 平面图中沟渠标高应按图2.3.5-2的方式标注。

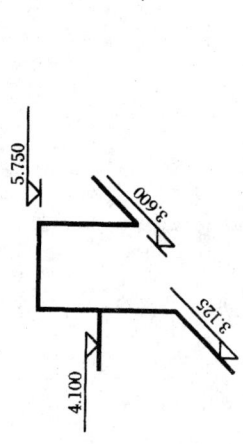

图2.3.5-2 平面图中沟渠标高标注法

3 剖面图中,管道及水位的标高应按图2.3.5-3的方式标注。

图2.3.5-3 剖面图中管道及水位标高标注法

4 轴测图中,管道标高应按图2.3.5-4的方式标注。

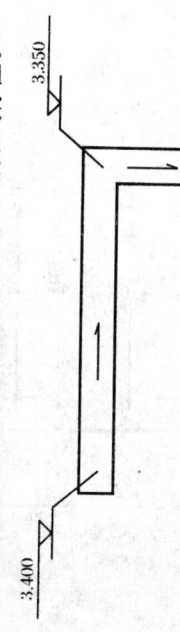

图2.3.5-4 轴测图中管道标高标注法

2.3.6 在建筑工程中,管道也可注相对本层建筑地面的标高,标注方法为 $h+\times.\times\times\times$,$h$ 表示本层建筑地面标高(如 $h+0.250$)。

2.4 管 径

2.4.1 管径应以 mm 为单位。
2.4.2 管径的表达方式应符合下列规定:
1 水煤气输送钢管(镀锌或非镀锌)、铸铁管等管材,管径宜以公称直径 DN 表示(如 $DN15$、$DN50$);
2 无缝钢管、焊接钢管(直缝或螺旋缝)、铜管、不锈钢管等管材,管径宜以外径 $D\times$壁厚表示(如 $D108\times4$、$D159\times4.5$ 等);
3 钢筋混凝土(或混凝土)管、陶土管、耐酸陶瓷管、缸瓦管等管材,管径宜以内径 d 表示(如 $d230$、$d380$ 等);
4 塑料管、管径宜按产品标准的方法表示;
5 当设计均用公称直径 DN 表示管径时,应有公称直径 DN 与相应产品规格对照表。

2.4.3 管径的标注方法应符合下列规定:
1 单根管道时,管径应按图2.4.3-1的方式标注。

$$\frac{\quad\quad\quad}{DN20}$$

图2.4.3-1 单管管径表示法

2 多根管道时,管径应按图2.4.3-2的方式标注。

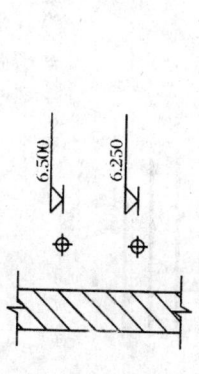

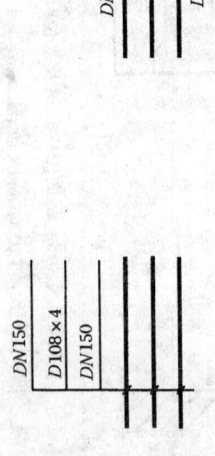

图 2.4.3-2 多管管径表示法

2.5 编 号

2.5.1 当建筑物的给水引入管或排水排出管的数量超过 1 根时，宜进行编号，编号宜按图 2.5.1 的方法表示。

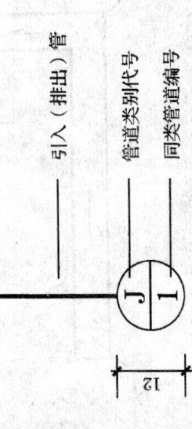

图 2.5.1 给水引入（排水排出）管编号表示法

2.5.2 建筑物内穿越楼层的立管，其数量超过 1 根时宜进行编号，编号宜按图 2.5.2 的方法表示。

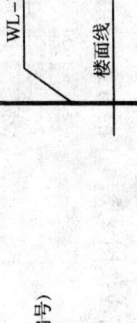

图 2.5.2 立管编号表示法

2.5.3 在总平面图中，当给排水附属构筑物的数量超过 1 个时，宜进行编号。

1 编号方法为：构筑物代号—编号；
2 给水构筑物的编号顺序宜为：从水源到干管，再从干管到支管，最后到用户；
3 排水构筑物的编号顺序宜为：从上游到下游，先干管后支管。

2.5.4 当给排水机电设备的数量超过 1 台时，宜进行编号，并应有设备编号与设备名称对照表。

3 图 例

3.0.1 管道类别应以汉语拼音字母表示,并符合表 3.0.1 的要求。

表 3.0.1 管道图例

序号	名称	图例	备注
1	生活给水管	——J——	
2	热水给水管	——RJ——	
3	热水回水管	——RH——	
4	中水给水管	——ZJ——	
5	循环给水管	——XJ——	
6	循环回水管	——Xh——	
7	热媒给水管	——RM——	

续表 3.0.1

序号	名称	图例	备注
8	热媒回水管	——RMH——	
9	蒸汽管	——Z——	
10	凝结水管	——N——	
11	废水管	——F——	可与中水源水管合用
12	压力废水管	——YF——	
13	通气管	——T——	
14	污水管	——W——	
15	压力污水管	——YW——	
16	雨水管	——Y——	
17	压力雨水管	——YY——	
18	膨胀管	——PZ——	

3.0.2 管道附件的图例宜符合表3.0.2的要求。

表3.0.2 管道附件

序号	名 称	图 例	备 注
1	套管伸缩器		
2	方形伸缩器		
3	刚性防水套管		
4	柔性防水套管		
5	波纹管		
6	可曲挠橡胶接头		
7	管道固定支架		
8	管道滑动支架		
9	立管检查口		

续表3.0.1

序号	名 称	图 例	备 注
19	保温管		
20	多孔管		
21	地沟管		
22	防护套管		
23	管道立管	XL-1 平面 XL-1 系统	X:管道类别 L:立管 1:编号
24	伴热管	KN	
25	空调凝结水管		
26	排水明沟	坡向	
27	排水暗沟	坡向	

注:分区管道用加注角标方式表示:如 J_1、J_2、RJ_1、RJ_2……。

续表 3.0.2

序号	名 称	图 例	备 注
10	清扫口		
11	通气帽	成品 铅丝球	
12	雨水斗	YD- 平面 YD- 系统	
13	排水漏斗	平面 系统	
14	圆形地漏		通用。如为无水封，地漏应加存水弯
15	方形地漏		
16	自动冲洗水箱		
17	挡墩		
18	减压孔板		

续表 3.0.2

序号	名 称	图 例	备 注
19	Y形除污器		
20	毛发聚集器	平面 系统	
21	防回流污染止回阀		
22	吸气阀		

3.0.3 管道连接的图例宜符合表 3.0.3 的要求。

表 3.0.3 管道连接

序号	名 称	图 例	备 注
1	法兰连接		
2	承插连接		
3	活接头		
4	管堵		

表 3.0.4 管 件

序号	名 称	图 例	备 注
1	偏心异径管		
2	异径管		
3	乙字管		
4	喇叭口		
5	转动接头		
6	短 管		
7	存水弯		
8	弯 头		
9	正三通		

续表 3.0.3

序号	名 称	图 例	备 注
5	法兰堵盖		
6	弯折管		表示管道向后及向下弯转90°
7	三通连接		
8	四通连接		
9	盲 板		
10	管道丁字上接		
11	管道丁字下接		
12	管道交叉		在下方和后面的管道应断开

3.0.4 管件的图例宜符合表 3.0.4 的要求。

续表 3.0.4

序号	名称	图例	备注
10	斜三通		
11	正四通		
12	斜四通		
13	浴盆排水件		

3.0.5 阀门的图例宜符合表 3.0.5 的要求。

表 3.0.5 阀 门

序号	名称	图例	备注
1	闸阀		
2	角阀		
3	三通阀		

续表 3.0.5

序号	名称	图例	备注
4	四通阀		
5	截止阀	$DN \geqslant 50$ / $DN < 50$	
6	电动阀		
7	液动阀		
8	气动阀		
9	减压阀		左侧为高压端
10	旋塞阀	平面 / 系统	
11	底阀		
12	球阀		

续表 3.0.5

序号	名　称	图　例	备　注
13	隔膜阀		
14	气开隔膜阀		
15	气闭隔膜阀		
16	温度调节阀		
17	压力调节阀		
18	电磁阀		
19	止回阀		
20	消声止回阀		
21	蝶阀		

续表 3.0.5

序号	名　称	图　例	备　注
22	弹簧安全阀		左为通用
23	平衡锤安全阀		
24	自动排气阀	平面　系统	
25	浮球阀	平面　系统	
26	延时自闭冲洗阀		
27	吸水喇叭口	平面　系统	
28	疏水器		

3.0.6 给水配件的图例宜符合表 3.0.6 的要求。

表 3.0.6 给水配件

序号	名 称	图 例	备 注
1	放水龙头		左侧为平面，右侧为系统
2	皮带龙头		左侧为平面，右侧为系统
3	洒水(栓)龙头		
4	化验龙头		
5	肘式龙头		
6	脚踏开关		
7	混合水龙头		
8	旋转水龙头		
9	浴盆带喷头混合水龙头		

表 3.0.7 消防设施

序号	名 称	图 例	备 注
1	消火栓给水管	——XH——	
2	自动喷水灭火给水管	——ZP——	
3	室外消火栓		
4	室内消火栓（单口）	平面 系统	白色为开启面
5	室内消火栓（双口）	平面 系统	
6	水泵接合器		
7	自动喷头（开式）	平面 系统	
8	自动喷洒头（闭式）	平面 系统	下喷
9	自动喷洒头（闭式）	平面 系统	上喷

3.0.7 消防设施的图例宜符合表 3.0.7 的要求。

续表 3.0.7

序号	名称	图例	备注
10	自动喷洒头（闭式）	平面 / 系统	上下喷
11	侧墙式自动喷洒头	平面 / 系统	
12	侧喷式喷洒头	平面 / 系统	
13	雨淋灭火给水管	—YL—	
14	水幕灭火给水管	—SM—	
15	水炮灭火给水管	—SP—	
16	干式报警阀	平面 / 系统	
17	水炮		
18	湿式报警阀	平面 / 系统	

续表 3.0.7

序号	名称	图例	备注
19	预作用报警阀	平面 / 系统	
20	遥控信号阀		
21	水流指示器		
22	水力警铃		
23	雨淋阀	平面 / 系统	
24	末端测试阀	平面 / 系统	
25	手提式灭火器		
26	推车式灭火器		

注：分区管道用加注角标方式表示：如 XH_1、XH_2，ZP_1、ZP_2……。

3.0.8 卫生设备及水池的图例宜符合表 3.0.8 的要求。

表 3.0.8 卫生设备及水池

序号	名 称	图 例	备 注
1	立式洗脸盆		
2	台式洗脸盆		
3	挂式洗脸盆		
4	浴 盆		
5	化验盆、洗涤盆		
6	带沥水板洗涤盆		不锈钢制品
7	盥洗槽		
8	污水池		
9	妇女卫生盆		

续表 3.0.8

序号	名 称	图 例	备 注
10	立式小便器		
11	壁挂式小便器		
12	蹲式大便器		
13	坐式大便器		
14	小便槽		
15	淋浴喷头		

3.0.9 小型给水排水构筑物的图例宜符合表3.0.9的要求。

表 3.0.9 小型给水排水构筑物

序号	名 称	图 例	备 注
1	矩型化粪池	─HC─	HC 为化粪池代号

5—15

续表 3.0.9

序号	名 称	图 例	备 注
2	圆型化粪池	HC	
3	隔油池	YC	YC 为除油池代号
4	沉淀池	CC	CC 为沉淀池代号
5	降温池	JC	JC 为降温池代号
6	中和池	ZC	ZC 为中和池代号
7	雨水口		单口
			双口
8	阀门井 检查井		
9	水封井		
10	跌水井		
11	水表井		

3.0.10 给水排水设备的图例宜符合表3.0.10的要求。

表 3.0.10 给水排水设备

序号	名 称	图 例	备 注
1	水泵	平面　系统	
2	潜水泵		
3	定量泵		
4	管道泵		
5	卧式热交换器		
6	立式热交换器		
7	快速管式热交换器		
8	开水器		
9	喷射器		小三角为进水端

续表 3.0.10

序号	名 称	图 例	备 注
10	除垢器		
11	水锤消除器		
12	浮球液位器		
13	搅拌器		

3.0.11 给水排水专业所用仪表的图例宜符合表 3.0.11 的要求。

表 3.0.11 仪 表

序号	名 称	图 例	备 注
1	温度计		
2	压力表		
3	自动记录压力表		

续表 3.0.11

序号	名 称	图 例	备 注
4	压力控制器		
5	水表		
6	自动记录流量计		
7	转子流量计		
8	真空表		
9	温度传感器		
10	压力传感器		
11	pH值传感器		
12	酸传感器		

续表 3.0.11

序号	名 称	图 例	备 注
13	碱传感器	—[Na]—	
14	余氯传感器	—[Cl]—	

4 图样画法

4.1 一般规定

4.1.1 设计应以图样表示，不得以文字代替绘图。如必须对某部分进行说明时，说明文字应通俗易懂，简明清晰。有关全工程项目的问题应在首页说明，局部问题应注写在本张图纸内。

4.1.2 工程设计中，本专业的图纸应单独绘制。

4.1.3 在同一个工程项目的设计图纸中，图例、术语、绘图表示方法应一致。

4.1.4 在同一个工程子项的设计图纸中，图纸规格应一致。如有困难时，不宜超过2种规格。

4.1.5 图纸编号应遵守下列规定：

1 规划设计采用水规-×××。

2 初步设计采用水初-×××，水扩初-×××。

3 施工图采用水施-×××。

4.1.6 图纸的排列应符合下列要求：

1 初步设计的图目录应以工程项目为单位进行编写；施工图的图目录应以工程单体项目为单位进行编写。

2 工程项目的图纸目录，使用标准图幅面不够使用时，可采用2张图纸材表、设计说明等，如同一张图纸幅面不够使用时，可采用2张图纸编排。

3 图纸图号应按下列规定编排：

1) 系统原理图在前，平面图、剖面图、放大图、轴测图、详图依次在后；

2) 平面图中应地下各层在前，地上各层依次在后；

3) 水净化（处理）流程图在前，平面图、剖面图、放大图、详

图依次在后;
  4) 总平面图在前,管节点图,阀门井示意图,管道纵断面图或管道高程表,详图依次在后。

4.2 图样画法

4.2.1 总平面图的画法应符合下列规定:
1 建筑物、构筑物、道路等高程坐标应与总平面图纸相一致。
2 给水、排水、雨水、热水、消防和中水等管道宜绘制在同一张图上。如管道种类较多、地形复杂,在同1张图纸上表示不清楚时,可按不同管道种类分别绘制。
3 应按本标准第3章规定的图例绘制各管道、阀门井、消火栓井、洒水栓井、检查井、跌水井、水封井、水表井、雨水口、隔油池、降温池、水表井等,并按本标准 2.5 节的规定进行编号。
4 绘出水流方向。
5 绘出各建筑物、构筑物类管道及连接点井的位置、连接点井、标高、坐标及水流方向。
6 图上应标注各类管道的管径、坐标或定位尺寸。
  1) 用坐标时,标注管道等转点(井)等处坐标或中心或两对角处坐标;
  2) 用控制尺寸时,以建筑物外墙线或轴线、或道路中心线为定位起始基线。
7 仅有本专业管道的单体建筑物局部总平面图,可从阀门井、检查井绘出引出线,线上标注井盖面标高;线下标注管中心标高。
8 图面的右上角应绘制风玫瑰图,如无污染源时可绘制指北针。

4.2.2 给水管道节点图应按下列规定绘制:

1 管道节点位置、编号应与总平面图一致,但可不按比例示意绘制。
2 管道应注明管径、管长。
3 节点应绘制所包括的平面形状和大小,阀门、管件、连接方式及定位尺寸。
4 必要时,阀门井节点应绘制剖面图。

4.2.3 管道纵断面图应按下列规定绘制:
1 压力流管道用单中粗实线绘制。
注: 当管径大于 400mm 时,压力管道可用双中粗实线绘制,但对应平面示意图用单中粗实线绘制。
2 重力流管道用双中粗实线绘制,但对应平面示意图用单中粗实线绘制。
3 设计地面线用细实线绘制,阀门井或检查井、竖向定位标高、自然地面线用细虚线绘制。
4 绘制与本管道相交的道路、铁路、河谷及其他专业管道、管沟及电缆等与本管道的水平距离和标高。

4.2.4 重力流管道不绘制管道纵断面图时,可采用管道高程表,管道高程表应按表 4.2.4 的规定绘制。

表 4.2.4 管道高程表

序号	管段编号		管长 (m)	管径 (mm)	坡度 (%)	管底坡降 (m)	设计地面标高 (m)		管内底高 (m)		埋深 (m)		备注
	起点	终点					起点	终点	起点	终点	起点	终点	

5—19

4.2.5 取水、水净化厂（站）宜按下列规定绘制高程图：
 1 构筑物之间的管道以中粗实线绘制。
 2 各种构筑物必要时形状按形状以单细实线绘制。
 3 各种构筑物的水面、管道、构筑物名称。
 4 构筑物下方应注明构筑物名称。

4.2.6 各种净水和水处理系统宜按下列规定绘制水净化系统流程图：
 1 水净化流程图可不按比例绘制。
 2 水净化设备及附加设备形状按设备形状以细实线绘制。
 3 水净化系统设备之间的管道以中粗实线绘制，辅助设备的管道以中实线绘制。
 4 各种设备用编号表示，并附设备编号各名称对照说明。
 5 初步设计说明中可用方框图表示水净化流程图。

4.2.7 建筑给水排水平面图应按下列规定绘制：
 1 建筑物轮廓线、轴线号、房间名称、绘图比例等均应与建筑专业一致，并用细实线绘制。
 2 各类管道、用水器具及设备、消火栓、喷洒头、雨水斗、阀门、附件、立管位置等应按图例以正投影法绘制在平面图上，绘制按本标准2.1.2条的规定执行。
 3 安装在下层空间或埋设在地面下而为本层使用的管道，可绘制于本层平面图上，如有地下层、排出管、引入管、汇集横干管可绘于地下层内。
 4 各类管道应标注管径。生活热水管要示出伸缩装置及固定支架位置。立管、消火栓可按需要分层注明编号。
 5 引入管、排出管代号自左至右分别按顺序编号。
 6 ±0.000标高层平面图应在右上方绘制指北针。

4.2.8 屋面雨水平面图按下列规定绘制：
 1 屋面形状、伸缩缝位置、轴线号等应与建筑专业一致，不同层或标高的屋面应注明屋面标高。
 2 绘制出雨水斗位置，汇水天沟或屋面坡向，每个雨水斗汇水范围，分水线位置等。
 3 对雨水斗进行编号，并宜注明每个雨水斗汇水面积。
 4 雨水管应注明管径、坡度，无剖面图时应在平面图上注明起始及终止点管道标高。

4.2.9 系统原理图按下列规定绘制：
 1 多层建筑，中高层建筑和高层建筑系统立管以立管为主要表示对象，管道类别分别绘制立管原理图。如绘制立管原理图，该立管以乙字管）设置，该层偏设立管宜另行编号。
 2 以平面图左端立管为起点，顺时针自左向右按编号依次顺序均匀排列，不按比例绘制。
 3 横管以首根立管相连接，按平面图的连接顺序，水平方向在所在层为起点，如水平呈环状管网，绘两条平行线并于两端封闭。
 4 立管上的引出管在该层水平绘出。如支管上的用水或用水器具另有详图时，其支管可在分户水表后断掉，并注明详见图号。
 5 楼地面线、层高相同时应等距离反映，在图纸的左端注明楼层数和建筑标高。降部分应以楼层线反映出。
 6 管道阀门及附件（过滤器、除垢器、水泵接合器、水池、水箱、增压气帽、波纹管、固定支架等）、各种设备及构筑物（水池、水箱、增压水泵、气压罐、消毒器、冷却塔、水加热器、仪表等）均应示意绘出。
 7 系统的引入管、立管、横管均应标注管径、排水管出穿墙轴线号。
 8 立管、横管均应标注管径，排水立管、排水管上的检查口及通气帽应示意绘出。

4.2.10 平面放大图按下列规定绘制：
 1 管道类型较多，正常比例表示不清时，可绘制放大图。注明距楼地面或屋面高度。

2 比例等于和大于1:30时,设备和器具按原形用细实线绘制,管道用双线以中实线绘制。

3 比例小于1:30时,可按图例绘制。

4 应注明管径、器具附件、预留管口的定位尺寸。

4.2.11 剖面图按下列规定绘制:

1 设备、构筑物布置复杂,管道交叉多,轴测图不能表示清楚时,宜辅以剖面图,管道线型应符合本标准2.1.2条的规定。

2 表示清楚各和设备、管道、阀门及附件,形式和相互关系。

3 注明管径、标高、设备及构物有关定位尺寸。

4 建筑、结构的轮廓线应与建筑及结构专业相一致。本专业有特殊要求时,应加注附说明,线型宜采用细实线。

5 比例等于和大于1:30时,管道宜采用双线绘制。

4.2.12 轴测图按下列规定绘制:

1 卫生间应放大绘制管道轴测图。

2 轴测图宜按45°正面斜轴测投影法绘制。

3 管道布置图方向应与平面图一致,并按比例绘制。局部管道按比例不易表示清楚时,该处可不按比例绘制。

4 楼地面线、管道上的阀门和附件应予以表示,管径、立管编号与平面一致。

5 管道应注明管径、标高(亦可标注距楼地面尺寸)、接出或接入管道上的设备、器具宜编号或注字表示。

6 重力流管道宜按坡度方向绘制。

4.2.13 详图按下列规定绘制:

1 无标准设计图可供选用的设备、器具安装图及非标设备制造图,宜绘制详图。

2 安装或制造总装图,应对零部件进行编号。

3 零部件应按实际形状绘制,并标注各部尺寸、加工精度、材质要求和制造数量,编号应与总装图一致。

本标准用词说明

1 为便于执行本标准条文时区别对待,对要求严格程度不同的用词说明如下:

1)表示很严格,非这样做不可的用词:
   正面词采用"必须";
   反面词采用"严禁"。

2)表示严格,在正常情况下均应这样做的用词:
   正面词采用"应";
   反面词采用"不应"或"不得"。

3)表示允许稍有选择,在条件许可时首先应这样做的用词:
   正面词采用"宜";
   反面词采用"不宜";

表示有选择,在一定条件下可以这样做的用词,采用"可"。

2 本标准中指定按其他有关标准执行时,写法为"应符合……规定"或"应按……执行"。

中华人民共和国国家标准

给水排水制图标准

GB/T 50106—2001

条文说明

目次

1 总则 …………………………………… 5—23
2 一般规定 ……………………………… 5—23
 2.1 图线 ………………………………… 5—23
 2.2 比例 ………………………………… 5—23
 2.3 标高 ………………………………… 5—23
 2.4 管径 ………………………………… 5—23
3 图例 …………………………………… 5—24
4 图样画法 ……………………………… 5—25
 4.1 一般规定 …………………………… 5—25
 4.2 图样画法 …………………………… 5—25

1 总 则

1.0.2 新增条文。明确了本标准适用于手工及计算机制图。

1.0.3 本标准主要适用于民用建筑工程中给水排水专业制图，其他工程的给水排水专业制图可参考使用。另外，本标准只规定了制图的基本要求及方法，关于制图深度应符合国家现行的有关规定。

1.0.4 绘制给水排水图样时，除应遵守本标准外，对于图纸规格、图线、字体、符号、定位轴线及尺寸标注等没有规定的内容，应遵守《房屋建筑制图统一标准》。同时，对于上述轴线及尺寸标注等均应遵守《房屋建筑制图统一标准》。规范、规定。

2 一般规定

2.1 图 线

2.1.1 修改条文。明确了线宽 b 宜为 0.7 或 1.0mm。

2.1.2 修改条文。为了区别重力流与压力流管道，增加了 0.75b 的线宽。在线宽上一般重力流管线较压力流管线粗一级，新设计的线宽，管线较原有管线粗一级。

2.2 比 例

2.2.1～2.2.4 修改条文。在总结我国给水排水制图经验的基础上，对原条文略作调整；还将部分内容改为现第 2.2.2、2.2.3 条。如果工程需要也可以采用表 2.2.1 以外的比例。另外，将原建筑给水排水透视图按投影方法改称为建筑给水轴测图；同时增加了建筑给水排水系统原理图，相关内容详见第 4 章。

2.3 标 高

2.3.1 新增条文。明确了标高符号形状及尺寸，标高数字的位数及常用注法等应符合《房屋建筑制图统一标准》中第 10.8 节的规定。

2.3.4 修改条文。文中沟渠包括明沟、暗沟、管沟及渠道。

2.3.6 新增条文。为了方便施工方增加了一种管道距本层建筑地面的标注方式，一般为正值。

2.4 管 径

2.4.2 修改条文。所述内容仅指图样中的管径表达方式。目前给水排水工程所使用的管材种类日趋多样化，各类管材生产企业对管径的表达方式不统一。为了与沟通，规定了制图中的管径表达方式宜与标准一致。标准中规定了几种常用管材的管径表示方式。对于塑料管材有实壁管和双壁波纹管，它们的表达方式不同；同时实壁管产品标准的表示方式也正在按国际标准统一中，因此只作了原则规定。另外，考虑目前实际情况只增写了公称直径DN设计，但应在说明中有公称直径DN与相应产品规格对照表。

3 图 例

3.0.1 本条系原标准第三章第一节的改写。为方便设计使用，将管道图例独立设条，并统一规定用汉语拼音字母表示管道类别，删除用符号表示图例的内容。如在设计中出现上述图例不能满足要求时，可根据工程需要，按本条规定原则，自行增加。

3.0.2 本条系将原标准第三章第一节中管道附件内容独立设条，并根据近些年新出的附件，对图例作了补充规定。

3.0.3 本条系原标准第三章第二节的改写，将管道连接方式专列一条。

3.0.4 本条系原标准第三章第二节和第三节的改写，将两节中属于管件的图例合并后专列一条。

3.0.5 本条系原标准第三章第二节的改写，增加了一些常用的阀门表示图例，删除了一些在民用建筑工程中难以用到的阀门图例。

3.0.6 本条系原标准第三章第三节的改写，为方便设计人员查阅应用，将属于给水配件的图例专列一条。

3.0.7 本条系原标准第三章第三节的改写，因其消防设计所用图例应与消防主管部门通用图例符号相一致，而且它有其专用性的一面，本次修订将其专门列为一条，同时补充了一些常用的图例。

3.0.8 本条系原标准第三章第四节的改写，将其中属于卫生器具和水池的内容专列一条。

3.0.9 本条系原标准第三章第四节的改写，将其中属于小型给水排水构筑物的内容独立设条。

3.0.10 本条系原标准第三章第五节的改写，将其中属于给水排水工程中所用设备的内容独立列一条。

3.0.11 本条系原标准第三章第五节的改写,将其中属于给水排水测量仪表的内容独立列一条。

4 图样画法

4.1 一般规定

4.1.1 本条系新增条文。规定设计图不得用文字说明代替,以及图中必须进行说明时,对说明文字提出应通俗易懂、简明清晰的要求。

4.1.2 本条系新增条文。规定本专业的图纸应单独绘制,有利于表达清楚和方便施工。当然对于极简单的子项,如传达接待室等只有一个卫生间,单独绘制似无必要,这时可与其他专业共同编制在一起。

4.1.3 本条系新增条文。对图幅面的安排提出要求,以防图面过于稀疏或过于紧密。

4.1.4 本条系新增条文。当一个大的工程有若干个单体项目,分为若干个人员同时设计,为保证出现表达方法、技术要求不一致的现象。同一个项目的图规格应力争一致,不应大小参差不齐,造成丢失,不利管理。

4.1.5 本条系新增条文。规定不同设计阶段图纸编号方法,以利统一。

4.1.6 本条系新增条文。对设计图的编排方法作了规定。

4.2 图样画法

4.2.1 本条系原标准第4.0.1条的改写。针对近几年各设计院的实际情况,除保留原条文的规定内容外,对一些简单的项目,如在某一区内仅增建一栋建筑,可以将总平面与管道工程合为一张图时,对如何表示做出规定,并补充具体图样画法。

4.2.2 本条系原标准第4.0.3条的改写。

4.2.4 本条系新增条文。根据各设计院反映意见，对于地形较平坦的居住小区、校园可不必绘制管道纵断图，而采用列管道高程表的方法，既节省工作量，提高效率，又能满足要求。该意见是可行的，故予以采纳，并对表格的形式作一统一规定。

4.2.5 本条系原标准第4.0.2和第4.0.9条的合并保留。

4.2.6 本条系新增条文。随着高层建筑、大型公共建筑的增多，二次加压供水和设置中水站的现象越来越多，对于给水的深度净化及中水的处理流程图的画法作了规定。冗竟采取何种形式表示，设计人员可根据工程实际情况确定。

4.2.7 本条系原标准第4.0.5条的改写。增加了对有地下室的建筑，其排出管、引入管或汇集横干管等可单独绘制在地下层，这有利于表达清楚。还增加了平面图上应绘制的内容，使条文更具操作性。

4.2.8 本条是原标准第4.0.6条的改写。增加了该图应表示的具体内容。至于雨水斗是否标注汇水面积可由设计人决定，条文用词可以灵活。

4.2.9 本条系新增条文。由于高层建筑越来越多，按原来绘制轴测图的方法绘制管道系统的轴测图已很难表示清楚，而且效率低，所以，规定对整栋建筑绘制以主管为主的系统原理图，代替以往的轴测图，经相当数量设计单位多年的实践和施工单位任的反应，此系统图能够满足设计要求及施工要求，是可行的。同时，这种表示方法也是国际上通用的。

4.2.10 本条系原标准第4.0.7条的改写。在大型民用建筑中，在正常比例的平面图中，如卫生间、设备机房（泵房、加热机房等），因管道、设备较多，难以表示清楚，需要绘制放大图，本条规定了此图的绘制方法及要求。

4.2.11 本条系原标准第4.0.8条的保留。

4.2.12 本条系原标准第4.0.7条的改写。建筑栋整建筑管道的全貌，只能表示一个局部；叫透视图又不确切，根据反馈意见，改为轴测图。

4.2.13 本条系新增条文。为满足绘制给水排水标准图或构件加工制造图之需要而增加的。

中华人民共和国国家标准

工业用水软化除盐设计规范

GBJ 109—87

主编部门：中华人民共和国水利电力部
批准部门：中华人民共和国国家计划委员会
施行日期：1988年4月1日

关于发布《工业用水软化除盐设计规范》的通知

计标〔1987〕1244号

根据原国家建委(81)建发设字第546号文的通知，由水利电力部会同有关部门共同制订的《工业用水软化除盐设计规范》，已经有关部门会审，现批准《工业用水软化除盐设计规范》GBJ 109—87为国家标准，自1988年4月1日起施行。

本标准由水利电力部管理，其具体解释工作等由水利电力部西北电力设计院负责。出版发行由我委基本建设标准定额研究所负责组织。

国家计划委员会
1987年7月25日

编制说明

本规范是根据原国家基本建设委员会(81)建发设字第546号文通知的要求,由我部西北电力设计院负责主编,并会同有关部门的设计单位共同编制而成。

在本规范编制过程中,遵照我国经济建设的有关方针政策,结合国内现有技术经济状况,进行了较为广泛的调查研究,认真总结了全国各地的实践经验,征求了全国有关设计、施工、科研和高等院校等单位的意见,最后由我部会同有关部门审查定稿。

本规范共分六章和三个附录。其主要内容有:总则,水处理站、软化和除盐、后处理,药品贮存和计量,控制及仪表等。

鉴于本规范系初次编制,在执行过程中,请各单位结合工程实践,认真总结经验,注意积累资料。如发现需要修改和补充之处,请将意见和资料寄水利电力部西北电力设计院(西安市),并抄送水利电力部电力规划设计院(北京市六铺炕),以便今后修订时参考。

水利电力部
1987年7月

目　次

第一章　总则	6—3
第二章　水处理站	6—4
第一节　一般规定	6—4
第二节　设备布置	6—4
第三节　管道布置	6—4
第三章　软化和除盐	6—5
第一节　一般规定	6—5
第二节　系统选择	6—6
第三节　设备选择	6—8
第四章　后处理	6—11
第五章　药品贮存和计量	6—12
第一节　一般规定	6—12
第二节　石灰	6—13
第三节　凝聚剂	6—13
第四节　酸碱	6—13
第五节　盐	6—14
第六章　控制仪表及仪表	6—14
附录一　习用的非法定计量单位与法定计量单位	6—15
的换算关系表	插页
附录二　离子交换器设计数据	6—17
附录三　本规范用词说明	6—17
附加说明	

第一章　总　则

第1.0.1条　工业用水软化、除盐设计，必须认真执行国家的技术经济政策，结合工程特点，合理选用水源，节约能源和水资源，保护环境，改善劳动条件，提高经济效益，并便于安装、操作和维修，做到技术先进，工艺合理，安全适用。

第1.0.2条　本规范适用于新建、扩建和改建的工业用水软化、除盐工程的设计。

第1.0.3条　工业用水软化、除盐系统的设备和厂房是分期建设或一次建成，应根据主体工程建设规划、生产特点、原水和供水条件（供水量、水压、水质等要求）综合考虑并经经济比较确定。

第1.0.4条　扩建或改建水处理站的设计，应充分合理利用原有的建筑物和水处理设施。

第1.0.5条　工业用水软化、除盐设计，应在不断总结生产实践经验和科学实验的基础上，结合工程具体情况，积极慎重地采用新技术、新材料、新设备。

第1.0.6条　在工程设计中，除应执行本规范外，还应执行国家现行的有关标准、规范的规定。

三、便利操作与维修。

第2.2.2条 澄清池（器）、过滤池（器）和各种水箱可布置在室外，顶部宜设人行通道。

第2.2.3条 当水处理设备布置在室外时，其运行操作部位及仪表、取样装置、阀门等宜集中布置，并有防雨、防冻、防晒的措施。

第2.2.4条 主操作通道的净宽不宜小于2m，并应满足设备的检修需要。巡回检查通道净宽不宜小于0.8m。

第2.2.5条 经常检修的水处理设备和阀门应设检修扶梯、平台和起吊装置。

第2.2.6条 酸碱贮存槽宜布置在室外，寒冷地区碱贮存槽可布置在室内。酸碱贮存槽宜靠近废液中和池。

第2.2.7条 空气压缩机和罗茨鼓风机宜布置在单独的房间内，并应采取消声减噪措施。

第2.2.8条 程序控制室和化学精密仪器室应采光良好，并应装设空气调节装置。

第三节 管道布置

第2.3.1条 管道布置应符合下列要求：

一、管线短，附件少，整齐美观；
二、便于安装，检修和支吊；
三、不应影响设备的起吊和搬运；
四、不应布置在配电盘和控制盘的上方。

第2.3.2条 石灰乳液的自流管坡度不应小于5%，管道应减少弯头、U形管等。管道的弯头、三通和穿墙处管段应设法兰，水平直管超过3m时，应分段用法兰连

第二章 水处理站

第一节 一般规定

第2.1.1条 水处理站在厂区的总平面布置应符合下列要求：

一、靠近主要用水对象。
二、交通运输方便。
三、宜远离煤场、灰场等有粉尘飞扬的场所，并位于散发有害气体、烟尘、水雾等的构筑物常年主导风向的上风侧。

第2.1.2条 水处理站宜设计为独立建筑，规模不大时，也可与其它建筑物合建，但不宜建在楼层上。

第2.1.3条 水处理站应设置生产管理、仪表控制、化学分析、设备维修、药品贮存和值班人员所需要的辅助间。当工厂内设有中心化验室和维修车间时，辅助间的面积应相应减少。

第二节 设备布置

第2.2.1条 水处理站的设备布置应符合下列规定：

一、按工艺流程顺序排列；
二、节约用地，减少对主操作区的噪声干扰；

接。

第 2.3.3 条 经常有人通行的地方，酸、碱液及液氨液管道不应架空敷设，如架空敷设必须采取防护措施。

第三章 软化和除盐

第一节 一般规定

第 3.1.1 条 工业用水软化、除盐设计应取得当地地貌、利用水源的水量和水质分析资料，掌握其变化规律和外界环境对水源水量、水质的各种影响，并应选择有代表性的水质分析资料作为设计依据。

收集全年水质分析资料的份数宜符合下列要求：

一、当原水为地下水或海水时，每季度一份，全年共四份；

二、当原水为地表水时，每个月一份，全年共十二份。

第 3.1.2 条 软化除盐装置的进水水质应符合表 3.1.2 的要求。

软化除盐装置进水水质要求　　　　表 3.1.2

装置\指标\项目	软化		电渗析	除盐		
	顺流化煤	离子交换树脂		卷式膜（醋酸纤维素）	中空纤维膜（芳香聚酰胺）	离子交换
污染指数 SDI	—	—	—	<4	<3	—
浊度 FTU 对流再生	—	<2	12～15	—	—	<2
顺流再生	—	<5	—	—	—	<5

第二节 系统选择

(I) 软 化

第 3.2.1 条 软化系统可按表 3.2.1 选择。

软化系统选择 表 3.2.1

系统名称及代号	出水水质			进水水质		
	硬度 (mg/L以CaCO₃表示)	碱度 (mg/L以CaCO₃表示)	总硬度 (mg/L以CaCO₃表示)	碳酸盐硬度 (mg/L以CaCO₃表示)	总硬度 (mg/L以CaCO₃表示)	碳酸盐硬度强酸阴离子 (mg/L以阴离子表示)
石灰—钠 CaO—Na	<2	40~60	—	>150	>0.5	—
单钠 Na	<2	—	≤325	—	—	—
氢钠串联 H-D-Na	<2	≤25	—	—	<0.5	—
氢钠并联 Na〕—D	<2	≤17.5	—	—	>0.5	<200
二级钠 Na—Na	<0.15	—	—	—	—	—

注：① 采用离子交换树脂作交换剂时，进水强酸阴离子值不受限制。
② 表中符号：H—强酸阳离子交换器 D—除二氧化碳器
Na—钠离子交换器 CaO—石灰软化处理装置

第 3.2.2 条 石灰软化处理时，宜采用硫酸亚铁或其它铁盐作为凝聚剂。

第 3.2.3 条 石灰软化处理并要求除硅酸盐时，可加入氧化镁或白云石粉。原水应加热至 40±1℃。

续表

指标 装置	软化		除盐			
项目	离子交换		电渗析	反渗透		离子交换树脂
	磺化煤	离子交换树脂		卷式膜(醋酸纤维素)	中空纤维膜(芳香聚酰胺)	
水温℃	≤40	—	5~40	15~35	15~35	≤40
pH	<9.3	—	—	5~6	3~11	—
化学耗氧量 mg/L(以O₂表示)	—	0.1~0.3	<3	1.5	1.5	<3
游离氯 mg/L(以Cl₂表示)	—	<0.3	<0.3	0.3~1	<0.1	<0.1
含铁量 mg/L(以Fe表示)	—	<0.3	<0.3	<0.05	<0.05	<0.3
含锰量 mg/L(以Mn表示)	—	—	<0.1	—	—	—

注：离子交换除盐装置进水化学耗氧量指标系指使用凝胶型强碱阴离子交换树脂时的要求。

第 3.1.3 条 软化和除盐系统的选择应根据进水水质和对出水水质的要求、出水量、化学药品及离子交换剂的供应情况，经技术经济比较确定。

第 3.1.4 条 软化和除盐系统的出水量应根据供水量加系统的自用水量确定。

第 3.1.5 条 离子交换树脂的工作交换容量，应按树脂性能曲线或参照类似条件下的运行经验确定。

第 3.1.6 条 用于除硅的强碱阴离子交换树脂，其再生碱液宜加热至 35~40℃。

第 3.1.7 条 水处理软化和设备的选择，应减少废酸、废碱、废渣及其他有害物质的排放量，并应采取处理和处置措施。

(Ⅱ) 除 盐

第 3.2.4 条 离子交换除盐系统可按表 3.2.4 选择。

离子交换除盐系统选择 表 3.2.4

系统名称及代号	出水水质			进水水质			
	电导率(25℃)(μS/cm)	SiO_2(mg/L)		碱度(mg/L 以$CaCO_3$表示)	碳酸盐硬度(mg/L 以$CaCO_3$表示)	强酸阴离子(mg/L 以$CaCO_3$表示)	SiO_2(mg/L)	总含盐量(mg/L)
一级除盐 顺流再生 H－D－OH	<10	<0.1		<200	—	<100	—	—
一级除盐加混床 对流再生 H－D－OH－H/OH	<5	<0.02		<200	—	<100	—	—
弱酸一级除盐 Hw－H－D－OH 或 Hw－D－OH	0.1~0.5	<0.1		—	>200	—	—	—
弱酸一级除盐加混床 Hw－H－D－OH－H/OH 或 Hw－D－OH	0.1~0.5	<0.02		—	>200	<100	—	—

续表

系统名称及代号	出水水质		进水水质				
	电导率(25℃)(μS/cm)	SiO_2(mg/L)	碱度(mg/L 以$CaCO_3$表示)	碳酸盐硬度(mg/L 以$CaCO_3$表示)	强酸阴离子(mg/L 以$CaCO_3$表示)	SiO_2(mg/L)	总含盐量(mg/L)
弱碱一级除盐 H－D－OHw－OH 或 H－OH w－D－OH	<10	<0.1	<200	—	>100	—	—
弱碱一级除盐加混床 H－OHw－D－OH－H/OH	0.1~0.5	<0.02	<200	—	>100	—	—
弱酸、弱碱一级除盐 Hw－H－D－OHw－OH	<10	<0.1	—	>200	>100	—	—
弱酸、弱碱一级除盐加混床 Hw－H－D－OHw－OH－H/OH	0.1~0.5	<0.02	—	>200	>100	—	—
二级除盐 H－D－OH－H－D－OH	0.2~1	<0.1	>200	—	>100	—	—
二级除盐加混床 H－D－OH－H－D－OH－H/OH	0.1~0.5	<0.02	>200	—	>100	—	—
强酸弱碱加混床 H－OHw－D－H/OH	0.1~0.5	<0.1	<200	—	>100	<1	—

续表

系统名称及代号	出水水质		进水水质			
	电导率(25℃)(μS/cm)	SiO₂(mg/L)	碱度(mg/L以CaCO₃表示)	碳酸盐硬度(mg/L以CaCO₃表示)	强酸阴离子(mg/L以CaCO₃表示)	SiO₂(mg/L)	总含盐量(mg/L)
二级混床 H/OH—精制H/OH	<0.1	<0.02	—	—	—	—	100~150
电渗析加二级混床 ED—H/OH—精制H/OH	<0.1	<0.02	—	—	—	—	>200
反渗透(电渗析)加一级除盐加混床处理 RO 或 >H—D—OH—H/OH ED	<0.1	<0.02	—	—	—	—	>500

注：①二级混床处理适用于小型高纯度水处理。
②当对出水有机物、微生物、细菌、颗粒等项指标有特殊要求时，反渗透器加除盐联合系统，在进水总含盐量<500mg/L时也可选用。
③表中符号：H—强酸阳离子交换器；
OH—强碱阴离子交换器；
Hw—弱酸阳离子交换器；
OHw—弱碱阴离子交换器；
H(OH)——阴阳混合离子交换器(混床)精制H/OH—精制阳阴混合离子交换器(精制混床)；
D—除二氧化碳器；
RO—反渗透装置；
ED—电渗析装置。

第3.2.5条 当进水强酸阴离子与弱酸阴离子比值变化不大时，一级除盐系统中阳、阴离子交换器宜采用单元制串联。装入阴离子交换器的树脂体积，应为计算值加10~15%裕量。

第3.2.6条 当进水强酸阴离子与弱酸阴离子比值变化较大时，一级除盐系统中阳、阴离子交换器宜采用母管制并联。当同一种离子交换器的数量为六台及以上时应分组。

第3.2.7条 在无垫层的阳、阴离子交换器之间和离子交换除盐系统出口应设装树脂捕捉器。

第三节 设 备 选 择

(Ⅰ) 石 灰 软 化

第3.3.1条 石灰软化澄清池(器)宜选用悬浮澄清池(器)或机械搅拌澄清池(器)。

第3.3.2条 过滤池(器)的设置应满足检修的要求，可不备用。澄清池(器)不宜少于2台，设计应符合下列要求：
一、应设有空气和水的反洗设施；
二、每台每昼夜反洗次数，可按1~2次设计。

(Ⅱ) 离 子 交 换

第3.3.3条 用于软化的离子交换器设计数据可按本规范附录二附表2—1选用。

第3.3.4条 用于除盐的离子交换器设计数据可按本规范附录二附表2—2、2—3、2—4选用。

第3.3.5条 使用强酸、强碱离子交换树脂的一级除盐系统中,顺流再生固定床、逆流再生固定床、浮动床和移动床的选型,应经技术经济比较确定,其进水水质及出水量宜符合下列规定:

一、顺流再生固定床,进水含盐量小于 150 mg/L(以CaCO₃表示);强酸阴离子等于或小于 100 mg/L(以CaCO₃表示);阴离子小于 50 mg/L(以CaCO₃表示);

二、逆流再生固定床,进水含盐量小于 500 mg/L(以CaCO₃表示);总阴离子小于 350 mg/L(以CaCO₃表示);强酸阴离子小于 200 mg/L(以CaCO₃表示);

三、浮动床进水含盐量为 300~500 mg/L(以CaCO₃表示);总阴离子为 100~200 mg/L(以CaCO₃表示);强酸阴离子为 50~125 mg/L(以CaCO₃表示);设备出水量大于 100 m³/h;

四、移动床进水含盐量小于 300 mg/L(以CaCO₃表示);总阴离子 100~200 mg/L(以CaCO₃表示);强酸阴离子 50~125 mg/L(以CaCO₃表示)。设备出水量大于 100 m³/h。且水质较稳定。

第 3.3.6 条 采用弱型树脂时,离子交换器应选用顺流再固定床。

第 3.3.7 条 经常间歇运行的系统,不宜采用浮动床。

第 3.3.8 条 一级离子交换器的台数,不宜少于两台,当一台检修(或离子交换器复床)时,其余设备和水箱能满足正常供水和自用水的要求时,可不设检修备用。二级离子交换器和混合离子交换器可不设检修备用。

第 3.3.9 条 一级离子交换器再生次数,应根据进水水质和再生方式确定。正常再生次数,可按每台每昼夜 1~2 次设计,当采用程序控制时,也可按 2~3 次设计。

第 3.3.10 条 离子交换器的交换剂层高,应通过计算确定。采用离子交换树脂时不宜小于 1.0 m,采用磺化煤时,不宜小于 1.5 m。

第 3.3.11 条 用于软化和除盐的离子交换器,当采用硫酸分步再生时,再生液浓度、酸量分配和再生流速,可按表 3.3.11 选择。

硫酸分步再生数据选择   表 3.3.11

分步数据 再生方式	第一步			第二步			第三步		
	浓度(%)	流速(m/h)	再生剂占总量百分率(%)	浓度(%)	流速(m/h)	再生剂占总量百分率(%)	浓度(%)	流速(m/h)	再生剂占总量百分率(%)
二步再生	0.8~1	7~10	≤40	2~3	5~7	≤60	—	—	—
三步再生	<1	8~10	33	2~4	5~7	33	4~6	4~6	34

第 3.3.12 条 离子交换剂应有贮存和装卸设施。

第 3.3.13 条 离子交换剂的年补充率宜符合以下规定:

一、采用凝胶型强酸阳离子交换树脂时,固定床、浮动床为装入交换器树脂体积的 5~10%,移动床为装入交换器磺化煤体积的 10~15%;

二、采用凝胶型强碱阴离子交换树脂时,为装入交换器树脂体积的 10~15%;

三、采用磺化煤时,为装入交换器磺化煤体积的 10~15%。

第 3.3.14 条 除二氧化碳器或真空除气器的填料

层高度，应根据填料品种和尺寸，进、出水二氧化碳含量，水温以及所选淋洒密度下的实际解析系数因素经计算确定。

第 3.3.15 条 除盐系统中，除二氧化碳器水箱容积，宜按下列规定选用：

一、采用单元制串联联接时，为本单元设备 2～5 min 出水量的贮水容积；

二、采用母管制并联联接时，为并联设备 15～30 min 出水量的贮水容积。

(Ⅲ) 电渗析和反渗透

第 3.3.16 条 确定电渗析器的出水量和脱盐率时，应留有 20～30% 富余量。

第 3.3.17 条 电渗析器进水阀门前应设流量表、压力表及启动冲洗排水阀。

第 3.3.18 条 电渗析器应有事故停水报警或自动切断直流电的设施。

第 3.3.19 条 电渗析器的连接管路应采用非金属管或衬胶管。

第 3.3.20 条 电渗析器的数量为五台及以下时，宜设一台检修备用；当为五台以上时，应设两台备用。

第 3.3.21 条 电渗析器出口管的最高位处应设置真空破坏阀或在倒装的 U 形管的上部排水。

第 3.3.22 条 电渗析器的进水压力宜小于 0.294 MPa (3 kgf/cm²) 并保持压力稳定。

第 3.3.23 条 电渗析器应设置倒换电极和酸洗设备。酸洗用的盐酸浓度应小于 3%。

第 3.3.24 条 反渗透装置应有流量、压力、温度等控制措施。当几台反渗透器并联使用时，应保证各反渗透器进水端配水均匀。

第 3.3.25 条 反渗透装置宜连续运行。

第 3.3.26 条 反渗透装置的高压泵加药和清洗设施、反渗透装置和压力报警开关，在进水管、浓水管及淡水管上，宜设置止回阀，在出水侧不应设有阀门及高位水箱等。

第四章 后 处 理

第 4.0.1 条 对除盐水电导率、有机物、微生物、细菌、颗粒等有特殊要求时，应进行后处理。后处理系统应根据除盐系统出水水质、用水对象的水质要求及用水量等因素确定，可按表 4.0.1 选择。

后处理系统选择　　　　　表 4.0.1

系统名称及代号	出水水质			进水水质
	电导率(25℃)(μS/cm)	SiO₂(mg/L)		总含盐量(mg/L)
(一级除盐加混床) 水箱—泵—UV—精制H/OH 　　　　　　　　　　　　　　大循环 3～5μmMF—用水对象	<0.067	<0.02		<500
(反渗透加一级除盐) 5μmMF—水箱—泵—UV— 　　　　　　　　　　　大循环 精制H/OH—0.2或0.5μmMF—用水对象	<0.067	<0.02		>500
(Na—反渗透加精制H/OH) 水箱—泵—精制H/OH 　　　　　　　　　　　大循环 —UV—0.2μmMF—用水对象	<0.067	<0.02		>500

续表

系统名称及代号	出水水质		进水水质
	电导率(25℃)(μS/cm)	SiO₂(mg/L)	总含盐量(mg/L)
净化器(大孔阴树脂)—Na— 5μmMF—(反渗透加混床除盐) —水箱—泵—精制H/OH 　　　　　　　　　　　大循环 —UV—UF或0.2μmMF—用水对象	<0.067	<0.02	>500
(反渗透加一级除盐加混床) 5μmMF—水箱—泵—UV— 　　　　　　　　　　大循环 精制H/OH—UF—0.2μmMF—用水对象	<0.067	<0.02	>500

注：①经后处理，水质符合高纯水标准即除盐水电导率、<0.1μS/cm，≥0.5μm 尘粒<300粒/mL，活微生物<9个/mL。

②表中符号：MF—微孔过滤；UF—超滤；UV—紫外线杀菌。

第 4.0.2 条 精制混床内所装填的离子交换树脂宜采用优质树脂，其再生剂的纯度，应选用化学纯。

第 4.0.3 条 在后处理系统中，宜设置大循环供水管路，管路内水流速度宜选用 1.5～3.0 m/s，大循环供水的回流水量约为设计供水量的 50%。也可在用水对象附近，设置带有后处理设备（如精制混床、超滤、微孔过滤或反渗透等）的循环供水管路。

第 4.0.4 条 后处理系统应选择结构严密并便于更换和拆卸的设备。在布置上应留有适当的操作和检修场地。

第4.0.5条 后处理系统中设备和管路的材质应选用物理化学性能良好的聚丙烯、高密度聚乙烯、无添加剂的硬聚氯乙烯及经过处理的不锈钢等。

第4.0.6条 在供水管路中应设有杀灭细菌和微生物的措施，水中细菌数量应符合以下规定：

一、一级小于3个/mL；
二、二级小于9个/mL。

第五章 药品贮存和计量

第一节 一般规定

第5.1.1条 化学水处理药品仓库（贮存槽），应根据药品消耗量、运距、包装、供应和运输条件等因素确定，并宜能贮存15～30 d的消耗量。

当药品由本地供应时，宜为5～7 d的贮存量；当由铁路运输时，应满足贮存一车皮容积加10 d的药品消耗量。

第5.1.2条 药品贮存间的设计应符合下列规定：

一、仓库和贮存箱、槽靠近铁路、公路、码头；
二、设置装卸、运输的机械并有安全防护措施；
三、药品干贮存时，其堆积高度宜为1.5～2 m；
四、药品采用湿贮存时，贮槽应有盖板或护沿。

第5.1.3条 药品贮存和计量设备以及建筑物，应采取相应的防水、防腐蚀、通风、除尘、冲洗等措施。盐酸贮存和计量间不宜布置电气设备和开关，灯具应采取防腐措施。

第5.1.4条 连续加药时，溶液计量箱的有效容积，应满足8 h的药品消耗量。

第5.1.5条 酸、碱、盐液计量箱的有效容积，应根据一台离子交换器一次再生最大药量确定。当有两台离子交换器同时再生时，应设两台计量箱。阴阳混合离子交换器宜专设酸、碱再生计量箱各一台。计量箱均可不设备用。

第二节 石 灰

第 5.2.1 条 采用粉状石灰（或氢氧化钙粉）时，应设贮粉仓，并应有防堵措施。采用块状石灰时，应贮存于室内，并设有石灰吊运设备。

第 5.2.2 条 石灰消化及石灰乳液配制用水应采用石灰处理后的软水。

第 5.2.3 条 石灰乳计量设备、管道应有除渣和冲洗设施。石灰乳计量设备的设计宜符合下列规定：

一、石灰乳计量宜采用柱塞计量泵。每台澄清池（器）宜设两台计量泵，其中一台备用。泵入口应有捕渣设施；

二、采用计量泵时，石灰乳液箱不应少于两台，并采用机械搅拌；

石灰乳液浓度宜为2～3%（以CaO,表示）

三、当采用石灰乳计量器加药时，每台澄清池（器）可设一套计量器；

石灰乳液浓度宜小于 6%（以CaO,表示）

四、石灰乳液箱（槽）应有搅拌设施。

第三节 凝 聚 剂

第 5.3.1 条 凝聚剂、助凝剂的品种和剂量，应根据原水水质（pH值、碱度、浊度）、处理系统和出水水质要求，通过试验或根据相似条件下的运行经验确定。

量泵（柱塞泵或隔膜泵）或计量箱，计量泵入口应设过滤设施。

第 5.3.2 条 凝聚剂、助凝剂的计量设备可选用计量泵。

第 5.3.3 条 每台澄清池（器）宜设两台计量泵，其中一台备用。当计量泵集中布置时，可只设一台公用备用泵。当采用计量器加药时，每台澄清池（器）可只设一台计量器。

第四节 酸 碱

第 5.4.1 条 酸、碱贮存设备的台数，应根据药品耗量、运输和供应条件等因素确定。

第 5.4.2 条 酸、碱贮存设备应有安全和事故排放、检修及清洗的措施。碱贮存设备附近应设有防护及水淋浴设施。

第 5.4.3 条 盐酸贮存槽、计量箱、计量酸雾吸收器体石蜡密封，或在通气口装设酸雾吸收器

浓硫酸贮存槽通气口宜装设除湿器

第 5.4.4 条 浓碱液、装卸设备及管道应有加热或稀释、伴热等设施。

第 5.4.5 条 装卸或输送浓酸、碱液体，可采用压抽吸、泵输送或自流方式。当用压缩空气输送时，应有确保安全的措施。

采用固体烧碱时，应有吊运和溶解设备。

第5.4.6条 酸、碱再生液的计量和输送宜采用喷射器—计量箱方式。

第五节 盐

第5.5.1条 盐宜采用湿贮存，贮存槽不少于两个，并设有清洗措施。当采用盐溶解过滤器时，也可采用干贮存。

第5.5.2条 盐液应进行过滤。

第5.5.3条 海滨地区的一级钠离子交换器可采用海水再生，不设计量箱，但应有过滤海水的设施。

第六章 控制及仪表

第6.0.1条 软化和除盐系统的控制方式，应根据工艺流程、水质要求、设备出水量、控制元件供应情况以及操作维护条件等因素确定。

第6.0.2条 软化和除盐系统，采用自动控制时，宜符合下列要求：

一、澄清池（器）排泥、过滤池（器）反洗、离子交换器再生、投运、停运及移动床运行等采用程序控制；

二、除盐系统（或设备）出水量、水温、澄清池（器）加药量、再生碱液温度、除二氧化碳器液位及气源压力等采用自动调节；

三、主要水泵能自启动和联锁保护；

四、自控装置的执行机构可用手动操作。

第6.0.3条 和除盐系统控制仪表的设置，应根据系统联接和控制方式不同情况按以下要求确定：

一、单元制串联除盐系统，采用电导率表（装在阴离子交换器出口）和累积流量表监督效终点；

二、母管制并联除盐系统，阳、阴离子交换器再生系统，应设再生浓度指示或液位控制表计等。

采用程序控制或液位控制表计等。

第6.0.4条 气动阀门的操作气源应安全可靠，工作气体应稳压装置，并应除油和干燥。

除盐离子交换器（逆流再生）设计数据　　附表 2-3

设　备　名　称		强酸阳离子交换器	强碱阴离子交换器
运 行	滤速 (m/h)	20~30	20~30
小反洗	流速 (m/h)	5~10	5~10
	时间 (min)	15	15
反 洗	流速 (m/h)	5~10	5~10
	时间 (min)	15	15
顶压	气顶压　压力 (MPa)	0.029~0.049 (0.3~0.5 kgf/cm²)	
	流量 (Nm³/m²·min)	0.2~0.3 (除油，除尘净化空气)	
	水顶压　压力 (MPa)	0.049 (0.5 kgf/cm²)	
	流量	再生液流量的 0.4~1	
再 生	药剂 (100%)	H₂SO₄	HCl	NaOH
	再生剂耗量 (kg/kg CaCO₃)	≤1.4　一步再生 1±0.2	1~1.1	1.2~1.3
	浓度 (%)	一步再生 8~10	1.5~3	1~3
	流速 (m/h)	4~6	4~6
	时间 (min)	同　再　生　速　度		
置 换	流速 (m/h)	计　算　确　定		
	时间 (min)	10~15	7~10
小正洗	流速 (m/h)	5~10	5~10
	时间 (min)	15~20	15~20
正 洗	流速 (m/h)	1~3	1~3
	水耗 (m³/m³树脂)		
工作交换容量 (kg CaCO₃/m³树脂)		25~32.5	40~50	12.5~15

注：①反洗间隔时间宜为 10~20 d 反洗一次，反洗后第一周期可视情况增加再生剂量 50~100%。

②采用无顶压方式再生时，应具有足够厚的压脂层，并注意中间排水系统排水畅通。

附录一　习用的非法定计量单位与法定计量单位的换算关系表

序号	量的名称	非法定计量单位		法定计量单位		单位换算关系
		名称	符号	名称	符号	
1	压力	千克力每平方厘米	kgf/cm²	帕 兆帕	Pa MPa	1 Pa＝1.02×10⁻⁵ kgf/cm² 1 MPa＝10.2 kgf/cm²
2	功率	瓦	W	千瓦	kW	1 kW＝10³W
3	流量	吨每小时	t/h	千克每秒	kg/s	1 kg/s＝3.6 t/h
4	流速	米每小时	m/h	米每秒	m/s	1 m/s＝3600 m/h
5	溶液浓度	毫克每升 微克每升	mg/L μg/L	千克每立方米	kg/m³	1 kg/m³＝10³mg/L ＝10⁶μg/L
6	电导率	微西每厘米	μS/cm	西每米	S/m	1 S/m＝10⁴μS/cm

除盐离子交换器(浮动床)设计数据　　附表2-4

设 备 名 称		强酸阳离子交换器	强碱阴离子交换器
运行	滤速 (m/h)	30~50	30~50
再生	药剂400%	H_2SO_4	HCl	NaOH
	再生剂耗量(kg/kgCaCO_3)	≤1.4	1~1.1	1.2
	浓度(%)	一步再生1±0.2　1.5~3		0.5~2
	流速(m/h)	一步再生8~10　4~6		4~6
置换	流速 (m/h)	同再生流速	同再生流速
	时间 (min)	计算确定	计算确定
正洗	流速 (m/h)	15	15
	水耗 (m³/m³树脂)	1~2	1~2
成床	流速 (m/h)	15~25	15~25
	时间 (min)	3~5	3~5
	运行前逆洗时间(min)	3~5	3~5
工作交换容量(kgCaCO_3/m³树脂)		25~32.5　40~45	12.5~15

注：①反洗应在清洗罐中进行，反洗后第一周期可视情况增加再生剂量50~100%。
②为防止落床，阳床运行滤速最低不应低于10 m/h，阴床不应低于7 m/h。
③树脂输送管流速宜为1~2 m/s。

附录三 本规范用词说明

一、执行本规范条文时,对要求严格程度的用词,说明如下,以便执行中区别对待。

1. 表示很严格,非这样作不可的用词:
   正面词采用"必须";
   反面词采用"严禁"。

2. 表示严格,在正常情况下均应这样作的用词:
   正面词采用"应";
   反面词采用"不应"或"不得"。

3. 表示允许稍有选择,在条件许可时,首先应这样作的用词:
   正面词采用"宜"或"可";
   反面词采用"不宜"。

二、条文中指明应按其它有关标准、规范执行的写法为,"应按……执行"或"应符合……要求"。

非必须所指定的标准、规范或其它规定执行的写法为"可参照……"。

本规范主编单位、参加单位和主要起草人名单

主编单位: 水利电力部西北电力设计院

参加单位: 水利电力部规划设计院
中国石化总公司兰州石油化工设计院
电子工业部第十设计研究院
铁道部专业设计院
铁道部第三勘测设计院
冶金部北京钢铁设计研究总院
水利电力部西南电力设计院
湖南省电力勘测设计院

主要起草人: 潘有道　徐　卫　金久远
王俊嵋　刘　霖　奚连根
张金汇　刘秉均　廖天仕
刘树威　张恩江　杨诗模

中华人民共和国国家标准

给水排水设计基本术语标准

GBJ 125—89

主编部门：上海市建设委员会
批准部门：中华人民共和国建设部
施行日期：1989年10月1日

关于发布国家标准《给水排水设计基本术语标准》的通知

(89)建标字第63号

根据原国家建委（82）建设字20号文和国家计委综[1984]305号文通知编制的《给水排水设计基本术语标准》，由上海市建设委员会会同有关部门共同编制的《给水排水设计基本术语标准》，经有关部门会审，现批准为国家标准，编号：GBJ125—89，自一九八九年十月一日起施行。

本标准由上海市建设委员会管理，其具体解释工作由上海市政工程设计院负责。出版发行由中国建筑工业出版社负责。

中华人民共和国建设部
一九八九年二月十六日

编 制 说 明

本标准是根据原国家建委（82）建设字第20号文和国家计委计综[1984] 305号文的要求，由上海市政工程设计院会同各有关单位共同编制而成的。

在编制过程中，曾以多种方式多次在全国有关专业范围内广泛征求意见，并根据各方面提出的意见进行了几次补充、修改和删节工作，最后由我委同有关部门审定成稿。

本标准收录的术语基本上为本国家标准为：室外给水设计规范、工业用水软化除盐设计规范、工业循环水冷却设计规范、工业循环冷却水处理设计规范、室外排水设计规范、电镀排水设计规范和建筑给水排水设计规范。

本标准共分总则、通用术语、工业用水软化除盐术语、工业循环冷却水术语、工业循环冷却水处理术语、室外给水术语、工业循环给水排水术语、电镀排水术语等九章。本标准力求使术语科学地反映它的本质特征，并能为大众普遍接受。术语的定义尽量采用现代的概念，以说明术语归属范畴内的主要意义。与术语对应的英文术语属推荐使用。

在给水排水领域中，编制这类国家标准尚属首次，缺乏经验，难免有不足之处。本标准执行过程中，请各单位随时将有关的问题和意见寄给上海市政工程设计院（上海市国康路3号），以便今后修订时参考。

上海市建设委员会

一九八八年十一月

目 次

第一章 总则	7—3
第二章 通用术语	7—4
第三章 室外给水术语	7—6
第四章 工业用水软化除盐术语	7—11
第五章 工业循环水冷却术语	7—14
第六章 工业循环冷却水处理术语	7—17
第七章 室外排水术语	7—20
第八章 电镀排水术语	7—26
第九章 建筑给水排水术语	7—28
附录 本标准用词说明	7—31
附加说明	7—31

第一章 总 则

第 1.0.1 条 为了合理地统一我国给水排水工程设计的基本术语，以利于在这一领域中科学技术的合作、交流和发展，特制订本标准。

第 1.0.2 条 本标准适用于给水排水工程设计及其有关领域。

第二章 通用术语

第 2.0.1 条 给水排水工程的通用术语及其涵义应符合下列规定:

1. 给水工程 water supply engineering
原水的取集和处理以及成品水输配的工程。

2. 排水工程 sewerage, wastewater engineering
收集、输送、处理和处置废水的工程。

3. 给水系统 water supply system
给水的取水、输送、水质处理和配水等设施以一定方式组合的总体。

4. 排水系统 sewerage system
排水的收集、输送、水质处理和排放等设施以一定方式组合的总体。

5. 给水水源 water source
给水工程所取用的原水水体。

6. 原水 raw water
由水源地取来的原料水。

7. 地表水 surface water
存在于地壳表面，暴露于大气的水。

8. 地下水 ground water
存在于地壳岩石裂缝或土壤空隙中的水。

9. 苦咸水（碱性水） brackish water, alkaline water
碱度大于硬度的水，并含大量中性盐，pH值大于7。

10. 淡水 fresh water
含盐量小于500mg/L的水。

11. 冷却水 cooling water
用以降低被冷却对象温度的水。

12. 废水 wastewater
居民活动过程中排出的水及径流雨水的总称。它包括生活污水、工业废水和初期径流以及流入排水管渠的其它水。

13. 污水 sewage, wastewater
受一定污染的来自生活和生产的排出水。

14. 用水量 water consumption
用水对象实际使用的水量。

15. 供水量 output
向用水对象提供的水量。

16. 污水量 wastewater flow, sewage flow
排水对象排入污水系统的水量。

17. 用水定额 water consumption norm
对不同的用水对象，在一定时期内制订相对合理的单位用水量的数值。

18. 排水定额 wastewater flow norm
对不同的排水对象，在一定时期内制订相对合理的单位排水量的数值。

19. 水质 water quality
在给水排水工程中，水的物理、化学、生物学等方面的性质。

20. 渠道 channel, conduit

天然、人工开凿、整治或砌筑的输水通道。

21. 干管 main

输送水的主要管道。

22. 泵房 pumping house

设置水泵机组、电气设备和管道、闸阀等的房屋。

23. 泵站 pumping station

泵房及其配套设施的总称。

24. 给水处理 water treatment

对不符合用水对象水质要求的水,进行水质改善的过程。

25. 污水处理 sewage treatment, wastewater treatment

为使污水达到排入某一水体或再次使用的水质要求,对其进行净化的过程。

26. 废水处置 wastewater disposal

对废水水的最终安排。一般将废水排入地表水体、排放土地和再次使用等。

27. 格栅 bar screen

一种栅条形的隔污设备,用以拦截水中较大尺寸的固体物或其他杂物。

28. 曝气 aeration

水与气体接触,进行溶氧扩散或除水中溶解性气体和挥发性物质的过程。

29. 沉淀 sedimentation

利用重力沉降作用去除水中杂物的过程。

30. 澄清 clarification

通过与高浓度泥渣层的接触而去除水中杂物的过程。

31. 过滤 filtration

借助粒状材料或多孔介质截除水中杂物的过程。

32. 离子交换法 ion exchange

采用离子交换剂去除水中某些盐类离子的过程。

33. 消毒 disinfection

采用物理、化学或生物方法消灭病原体的过程。

34. 氯化 chlorination

在水中投氯氧化合氯氧化以达到氧化和消毒等目的的过程。

35. 余氯 residual chlorine

水中投氯,经一定时间接触后,在水中余留的游离性氯和结合性氯的总和。

36. 游离性余氯 free residual chlorine

水中以次氯酸和次氯酸盐形态存在的余氯。

37. 结合性余氯 combinative residual chlorine

水中以二氯胺和一氯胺形态存在的余氯。

38. 污泥 sludge

在水处理过程中产生的,以及排水管渠中沉积的固体与水的混合物或胶体物。

39. 污泥处理 sludge treatment

对污泥进行浓缩、调治、脱水、稳定、干化或焚烧的加工过程。

40. 污泥处置 sludge disposal

对污泥的最终安排。一般将污泥作农肥、制作建筑材料、填埋和投弃等。

41. 水头损失 head loss

水流通过管渠、设备和构筑物等所引起的能量消耗。

42. 贮水池 storage reservoir, storage tank

43. 过河管 river crossing

穿越江河的管道。管道过河可架空跨越，也可倒虹穿越河底。

44. 倒虹管 inverted siphon

管道遇到河道、铁路等障碍物，不能按原有高程埋设，而从障碍物下面绕过时采用的一种倒虹形管段。

45. 稳定 stabilization

（1）在水处理系统中，指将可降解有机物（溶解或悬浮的）氧化为无机物或不易降解的物质的生物或化学过程。

（2）在冷却水系统中，指水中碳酸钙的浓度达到平衡状态，既不由于碳酸钙沉淀而产生结垢，也不由于其溶解而产生腐蚀的过程。

46. 异重流 density current

两种或两种以上不同密度的流体层发生的相对运动。

第三章 室外给水术语

第 3.0.1 条 给水工程中系统和水量方面的术语及其涵义，应符合下列规定：

1. 直流水系统 once through system

水经一次使用后即行排放或处理后排放的给水系统。

2. 复用水系统 water reuse system

水经重复利用后再行排放或处理后排放的给水系统。

3. 循环水系统 recirculation system

水经使用后不予排放而循环利用或处理后循环利用的给水系统。

4. 生活用水 domestic water

人类日常生活所需用的水。

5. 生产用水 process water

生产过程所需用的水。

6. 消防用水 fire demand

扑灭火灾所需用的水。

7. 浇洒道路用水 street flushing demand, road watering

对城镇道路进行保养、清洗、降温和消尘等所需用的水。

8. 绿化用水 green belt sprinkling, green plot sprinkling

对市政绿地等所需用的水。

9. 未预见用水量 unforeseen demand

10.自用水量 water consumption in water—works
水厂内部生产工艺过程和为其它用途所需用的水量。
11.管网漏失水量 leakage
水在输配过程中漏失的水量。
12.平均日供水量 average daily output
一年的总供水量除以全年供水天数所得的数值。
13.最高日供水量 maximum daily output
一年中最大一日的供水量。
14.日变化系数 daily variation coefficient
最高日供水量与平均日供水量的比值。
15.时变化系数 hourly variation coefficient
最高日最高时供水量与该日平均时供水量的比值。
16.最小服务水头 minimum service head
配水管网在用户接管点处应维持的最小水头。

第 3.0.2 条 给水工程中取水构筑物的术语及其涵义应符合下列规定:
1.管井 deep well, drilled well
井径小,自地面打到含水层,抽取地下水的井。
2.管井滤水管 deep well screen
设置在管井动水位以下,用以从含水层中集水的有缝隙或孔隙的管段。
3.管井沉淀管 grit compartment
位于管井最下部,用以容纳进入井内的砂粒和从水中析出的沉淀物的管段。
4.大口井 dug well, open well

由人工开挖或沉井法施工,设置井筒,以截取浅层地下水的构筑物。
5.井群 battery of wells
数个井组成的群体。
6.渗渠 infiltration gallery
壁上开孔,以集取地层浅层地下水的水平管渠。
7.地下水取水构筑物反滤层 inverted layer
在大口井或渗渠进水处铺设的粒径沿水流方向由细到粗的级配砂砾层(简称反滤层)。
8.泉室 spring chamber
集取泉水的构筑物。
9.取水构筑物 intake structure
取水原水而设置的各种构筑物的总称。
10.取水口(取水头部) intake
河床式取水构筑物的进水部分。
11.进水间 intake chamber
连接取水管与吸水井,内设格栅或格网的构筑物。
12.格网 screen
一种状栅的用以拦截水中较大尺寸的漂浮物、水生动物或其他污染物的拦污设备。其网眼尺寸较格栅为小。
13.吸水井 suction well
为水泵吸水管专门设置的构筑物。

第 3.0.3 条 给水构筑物中净水构筑物的术语及其涵义应符合下列规定:
1.净水构筑物 purification structure
以去除水中悬浮固体和胶体杂质等为主要目的的构筑物的总称。

2. 投药 chemical dosing
为进行水处理而向水中投加一定剂量的化学药剂的过程。

3. 混合 mixing
使投入的药剂迅速均匀地扩散于被处理水中以创造良好的凝聚反应条件的过程。

4. 凝聚 coagulation
为了消除胶体颗粒间的排斥力或破坏其亲水性，使颗粒易于相互接触吸附的过程。

5. 絮凝 flocculation
(1)完成凝聚的胶体在一定的外力扰动下相互碰撞、聚集，以形成较大絮状颗粒的过程。曾用名絮凝。
(2)高分子絮凝剂在悬浮固体和胶体杂质之间吸附架桥的过程。

6. 自然沉淀 plain sedimentation
不加注任何凝聚剂的沉淀过程。

7. 凝聚沉淀 coagulation sedimentation
加注凝聚剂的沉淀过程。

8. 凝聚剂 coagulant
在凝聚过程中所投加的药剂的统称。

9. 助凝剂 coagulant aid
在水的沉淀、澄清过程中，为改善絮凝效果，另投加的辅助药剂。

10. 药剂固定储备量 standby reserve
为考虑非正常原因导致药剂供应中断，而在药剂仓库内设置的一般情况下不准动用的储备量。简称固定储备量。

11. 药剂周转储备量 current reserve
考虑药剂消耗与供应时间之间的差异所需的储备量。简称周转储备量。

12. 沉砂池（沉砂池）desilting basin, grit chamber
去除水中自重很大，能自然沉降的较大粒径砂粒或杂粒的水池。

13. 预沉池 pre-sedimentation tank
原水中泥砂颗粒较大或浓度较高时，在进行凝聚沉淀处理前设置的沉淀池。

14. 平流沉淀池 horizontal flow sedimentation tank
水沿水平方向流动的沉淀池。

15. 异向流斜管（或斜板）沉淀池 tube (plate) settler
池内设置斜管（或斜板），水自下而上经斜管（或斜板），沉泥沿斜管（或斜板）向下滑动的沉淀池。

16. 同向流斜板沉淀池 lamella
池内设置斜板，沉淀过程在斜板内进行，水流与沉泥均沿斜板向下流动的沉淀池。

17. 机械搅拌澄清池 accelerator
利用机械使水提升和搅拌，促使泥渣循环，并使原水中固体杂质与已形成的泥渣接触凝聚而分离沉淀的水池。

18. 水力循环澄清池 circulator clarifier
利用水力使水提升，促使泥渣循环，并使原水中固体杂质与已形成的泥渣接触凝聚而分离沉淀的水池。

19. 脉冲澄清池 pulsator
悬浮层不断产生周期性的压缩和膨胀，促使原水中固体杂质与已形成的泥渣进行接触絮凝而分离沉淀的水池。

20. 悬浮澄清池 sludge blanket clarifier

加药后的原水由下向上通过处于悬浮状态的泥渣层,使水中杂质与泥渣悬浮层的颗粒碰撞凝聚而分离沉淀的水池。

21. 液面负荷 surface load

在沉淀池、澄清池等沉淀构筑物的净化部分中,单位液(水)面积所负担的出水流量。其计量单位通常以 $m^3/(m^2 \cdot h)$ 表示。

22. 气浮池 floatation tank

运用絮凝和浮选原理使原液体中的杂质分离上浮而去除的池子。

23. 气浮溶气罐 dissolved air vessel

在气浮工艺中,水与空气在有压条件下相互溶合的密闭容器。简称溶气罐。

24. 气浮接触室 contact chamber

在气浮工艺中,设于絮凝室后,使水与饱和溶气水充分混合接触的地方。简称接触室。

25. 快滤池 rapid filter

应用石英砂或白煤、矿石等粒状滤料自上而下来进行快速过滤而达到截留水中悬浮固体部分细菌、微生物等目的的池子。

26. 虹吸滤池 siphon filter

以虹吸管代替进水和排水阀门的快滤池形式之一。滤池各格出水互相连通,反冲洗水由其他滤格的过滤水位补给,每个滤格均在等滤速变水位条件下进行。

27. 无阀滤池 valveless filter

一种没有阀门的快滤池,在运行过程中,出水位保持恒定,进水水位则随滤层的水头损失增加而不断在虹吸管内上升,当水位上升到虹吸管顶,并形成虹吸时,即自动开始滤层反冲洗,冲洗废水沿虹吸管排出池外。

28. 压力滤池 pressure filter

在密闭的容器中进行压力过滤的滤池。

29. 移动罩滤池 movable hood backwashing filter

滤池上部设有可移位的冲洗罩,对各滤格按顺序依次进行冲洗的滤池。它由若干小滤格组成,并具有同一进水和出水系统。

30. 滤料 filtering media

用以进行过滤的粒状材料,通常指石英砂、白煤或矿石等。

31. 承托层 graded gravel layer

滤池过滤时为防止滤料从集水系统中流失,在滤池滤料层下面铺设的级配卵砾石层。在反冲洗时可起一定的均匀布水辅助作用。

32. 滤速 rate of filtration

单位过滤面积在单位时间内的滤过水量。其计量单位常以 m/h 表示。

33. 强制滤速

水厂中部分滤池因进行检修或翻砂而停运时,在总滤水量不变的情况下其它运行滤格的滤速。

34. 滤池配水系统 filter underdrain system

在滤料层的底部,为使冲洗水在整个滤池平面上均匀分布而设置的布水系统。

35. 表面冲洗 surface washing

采用固定式或旋转式的水射流系统，对滤料表面层进行冲洗的一种方式。

36.反冲洗 backwash

当滤层截污到一定程度时，用较强的水流自下而上对滤料进行冲洗。

37.气水冲洗 air-water washing

采用空气和水共同冲洗滤池的方式。

38.滤池冲洗水量 filter wash water consumption

滤料层反冲洗一次所耗用的水量。

39.冲洗强度 intensity of back washing

冲洗滤池时，单位滤池面积在单位时间内通过的水量。其计量单位通常以L/(m²·s)表示。

40.膨胀率 percentage of bed-expansion

滤池滤料层在反冲洗时的膨胀程度，以滤料层厚度的百分比计。

41.除铁接触氧化法 contact-oxidation

在除铁过程中，利用接触催化作用，加快低价铁氧化速度而使之去除的处理方法。简称接触氧化法。

42.清水池 clear-water reservoir

为贮存水厂中净化后的清水，以调节水厂制水量与供水量之间的差额，并为满足加氯接触时间而设置的水池。

第3.0.4条 给水工程中输配水管网的术语及其涵义应符合下列规定：

1.自灌充水

将离心泵的泵顶设于最低吸水位标高以下，启动时水靠重力无人泵体的引水方式。

2.转输流量

水厂向设在配水管网中的调节构筑物输送的水量。

3.配水管网 distribution system, pipe system

将水送到分配管网以至用户的管系。

4.环状管网 pipe network

配水管网的一种布置形式，管道纵横相互接通，形成环状。

5.枝状管网 branch system

配水管网的一种布置形式，干管和支管分明，形成树枝状。

6.水管支墩 buttress, anchorage

为防止由水管内水压引起的水管配件接头移位而造成漏水，需在水管干线适当部位砌筑的敏座。简称支墩。

第四章 工业用水软化除盐术语

第 4.0.1 条 工业用水软化除盐的术语及其涵义，应符合下列规定：

1. 软化水 softened water
   除掉大部分或全部钙、镁离子后的水。

2. 除盐水 demineralized water
   通过不同水处理工艺系统，去除悬浮物和无机的阳、阴离子等水中杂质后，所得的成品水的统称。

3. 高纯水 high-purity water, ultra-high purity water
   主要指水的温度为25℃时，电导率小于0.1μs/cm，pH值为6.8～7.0及去除其他杂质和细菌的水。

4. 除硅 desilication, silica removal
   采用离子交换或其他方法除掉水中二氧化硅的过程。

5. 脱碱 dealkalization
   采用化学或离子交换法除掉或减少水中的碳酸氢根离子的过程。

6. 酸洗 acid cleaning
   采用酸去除设备或离子交换剂上不溶于水的沉积物的过程。

7. 石灰浆 lime slurry
   石灰经消化后与水混合呈糊状的浆液。

8. 石灰乳 milk of lime
   石灰浆用水稀释后的混浊液。

9. 树脂污染 resin fouling
   树脂的表面和孔隙中积累污垢或树脂的交换基团上吸附了不可逆离子的污染物质。

10. 树脂降解 resin degradation
    阴树脂受氧化剂和高温作用，它的季胺逐渐转为叔、仲、伯胺，而使其碱性减弱，表现出强碱交换基团的数量逐渐减少。

11. 离子交换剂 ion exchanger
    能与水中离子进行交换反应的材料。有离子交换树脂、磺化煤等。

12. 离子交换树脂 ion exchange resin
    由高分子化合物和交联剂经聚合反应而生成的离子交换剂。

13. 弱碱性阴离子交换树脂 weak-base anion exchange resin
    主要交换基团为伯、仲、叔胺基的阴离子交换树脂。

14. 强碱性阴离子交换树脂 strong-base anion exchange resin
    主要交换基团为季胺基的阴离子交换树脂。

15. 弱酸性阳离子交换树脂 weak-acid cation exchange resin
    主要交换基团为羧基（－COOH）或酚基等的阴离子交换树脂。

16. 强酸性阳离子交换树脂 strong-acid cation exchange resin
    主要交换基团为磺酸基（－SO_3H）的阴离子交换树脂。

17. 凝胶型离子交换树脂 gel-type ion exchange resin

树脂只有化学结构孔,当树脂浸入水中时,树脂颗粒本身发生溶胀过程中才显示出孔眼。

18. 大孔型离子交换树脂 macro-reticular type ion exchange resin

大孔型树脂具有不连续的离散的孔眼。它在水溶液中不显示膨胀。英文简称MR。

19. 磺化煤 sulfonated coal

细颗粒烟煤经发烟硫酸处理得到的离子交换剂。

20. 后处理 post-treatment

联接在除盐系统后面的精密处理系统,通常由超滤、精密过滤、紫外线杀菌及反渗透器等装置组成。它多安装在用水点附近。

21. 再生 regeneration

离子交换剂失效后,用再生剂使其恢复到原型原状态交换能力的工艺过程。

22. 再生液置换 rinse displacement

离子交换器再生过程的一个步骤。离子交换器再生时,在停止注入再生液后,继续注入水(水的流速与再生液流速相同),将离子交换器中的再生液排挤出来的工序。

23. 二级钠钠离子交换 two stage sodium ion exchange

两台钠离子交换器串联运行的系统。

24. 顺流再生 co-current regeneration

再生液和处理水流经离子交换剂层的方向一致的离子交换工艺。英文简称SS。

25. 对流再生 counter-current regeneration

再生液流经离子交换剂层的流向与处理水流经离子交换剂层的流向相反的离子交换工艺。英文简称C.C.R。

26. 逆流再生 up-flow regeneration

对流再生形式之一。再生时再生液由下向上流经离子交换剂层,运行时处理水由上向下流经离子交换剂层。英文简称SN。

27. 浮动床 fluidized bed

对流再生离子交换器形式之一。再生时,再生液由上向下流经离子交换剂层,运行时处理水由上向下流经悬浮的离子交换剂层。简称浮床或NS。

28. 混合离子交换器 mixed bed

阳、阴两种离子交换树脂,互相充分地混合在一个离子交换器内,同时进行阳、阴离子交换的设备。简称混床。

29. 空气顶压逆流再生 air hold down C.C.R. air blanket C.C.R

在逆流再生过程中,交换剂层上部空间充压压缩空气来维持床层稳定不乱层。

30. 水顶压逆流再生 water hold down C.C.R. water blanket C.C.R

在逆流再生过程中,交换剂层上部空间用压力水来维持床层稳定不乱层。

31. 无顶压逆流再生 atmospheric press bed C.C.R

在逆流再生过程中,交换剂层上部空间没有顶压措施(通大气),采取再生液低流速和小阻力的中间排水装置或加压脂层以维持床层稳定不乱层。

32. 离子交换床层膨胀率 ion exchange bed expansion

反洗时，水逆流通过交换剂层时，交换剂层发生膨胀的百分率。

33. 移动床 moving bed

离子交换树脂在交换器、再生器和清洗塔之间，周期性流动的离子交换装置。

34. 再生剂耗量 chemical consumption, regenerant consumption

恢复失效离子交换剂的离子交换容量1kg碳酸钙时，所需要的再生剂实际用量（kg）。其计量单位通常以kg/kg $CaCO_3$表示。

35. 再生剂量 regeneration level

再生单位体积的离子交换器所需的再生剂用量。

36. 再生剂计量 chemical measurement

将一定浓度的再生剂利用某种装置，按需要量注入离子交换器。

37. 超滤器 ultrafilter

孔径小于20nm的过滤装置，用来除去水中微粒杂质。英文简称UF。

38. 微孔过滤器 microporous filter

孔径为0.2～1μm的滤膜过滤设备的统称。英文简称MF。

39. 双层床 stratabed, multibed

离子交换器的一种形式。内装同性弱、强型离子交换树脂，中间不设隔板。

40. 双室床 double bed

离子交换器的一种形式，中间设有隔板，分为上下二室，内装同性弱、强型离子交换树脂。

41. 分步再生 stepwise regeneration

用硫酸再生阳离子交换剂时，为防止交换剂表面生成硫酸钙沉淀，分2～3步逐渐地增大硫酸再生液的浓度的再生方法。

42. 工作交换容量 operating capacity

离子交换器从投入运行开始，直至出水中出现被除掉的离子漏出量超过要求时为止，单位体积离子交换剂吸着的离子量。

43. 树脂捕捉器 resin trapper

用来捕集随水带出离子交换器的树脂颗粒的装置。

44. 电渗析器 electrodialyzer

利用离子交换膜和直流电场，使水中电解质的离子产生选择性迁移，从而达到使水淡化的装置。英文简称ED。

45. 反渗透器 reverse osmosis unit

利用外加压力，使浓溶液中的水克服有机纤维素半透膜的渗透压而渗透到淡水侧，达到使水除盐、淡化的装置。英文简称RO。

46. 一级除盐系统 primary demineralization system

水串流经过强酸阳离子交换器和强碱阴离子交换器的基本除盐形式。

47. 单塔单周期移动床 monobed and single cycle moving bed

树脂的再生和清洗都在一个塔中进行，再生——清洗塔

7—13

置于离子交换器顶部而形成为一个（单）塔。失效树脂送入再生——清洗塔中，先由下部进再生液，再生完毕后，仍由下部进水清洗，直到合格待用的一种移动床形式。

48. 双塔连续再生移动床 dual bed continuous contactor

失效树脂在再生——清洗塔中呈悬浮状态，连续向下移动，再生液和清洗水同时从再生——清洗塔的中部和底部连续地向上流经树脂层的一种移动床形式。

49. 单床离子交换器 mono-bed ion exchanger

只装有一种离子交换剂的离子交换器。

第五章 工业循环水冷却术语

第 5.0.1 条 工业循环水冷却的术语及其涵义应符合下列规定：

1. 冷却塔 cooling tower

水冷却的一种设施。水被输送到塔内，使水和空气之间进行热交换或质交换，达到降低水温的目的。

2. 湿式冷却塔 wet cooling tower

水和空气直接接触，热、质交换同时进行的冷却塔。

3. 干式冷却塔 dry cooling tower

水和空气不直接接触，只有热交换的冷却塔。

4. 干一湿式冷却塔 dry-wet cooling tower

由干式、湿式两部分组成的冷却塔。

5. 自然通风冷却塔 natural draft cooling tower

靠塔内外的空气密度差或自然风力形成的空气对流作用进行通风冷却的冷却塔。

6. 机械通风冷却塔 mechanical draft cooling tower

靠风机进行通风的冷却塔。

7. 风筒式冷却塔 chimney cooling tower

具有双曲线形、圆柱形、多棱形等几何线型的一定高度的风筒的冷却塔。

8. 开放式冷却塔 atmospheric cooling tower

没有风筒，冷却塔的通风靠自然风力，在淋水填料周围设置百页窗的冷却塔。

9. 抽风式机械通风冷却塔 induced draft mechanical cooling tower
风机设置在冷却塔顶部空气出口处的冷却塔。

10. 鼓风式机械通风冷却塔 forced draft mechanical cooling tower
风机设置在冷却塔进风口处的冷却塔。

11. 横流式冷却塔 crossflow cooling tower
水流从塔上部垂直落下,空气水平流动通过淋水填料,气流与水流正交的冷却塔。

12. 逆流式冷却塔 counterflow cooling tower
水流在塔内垂直落下,气流方向与水流方向相反的冷却塔。

13. 淋水填料 packing
设置在冷却塔内,使水和空气间有充分接触,具有热、质交换表面的填充材料。

14. 点滴式淋水填料 splash packing
能使水流被连续溅散成无数细小水滴的淋水填料。

15. 薄膜式淋水填料 film packing
能使水流在填料表面形成连续薄水膜的淋水填料。

16. 点滴薄膜式淋水填料 splash-film packing
能使水流在被连续溅散成细小水滴的同时,也在填料表面形成薄水膜的淋水填料。

17. 冷却塔配水系统 cooling tower distribution system
在冷却塔内由槽、管和溅水喷头组成的水分配系统。

18. 槽式配水系统 troughing distribution system

19. 管式配水系统 piping distribution system
由管和溅水喷头组成的水分配系统。

20. 槽—管结合式配水系统 pipe-troughing distribution system
由水槽和水管联合组成的水分配系统。

21. 池式配水系统 hot water distribution basin
由池底开孔,或池底安装喷嘴的淡水池构成的水分配系统。

22. 旋转布水器 rotating distributor
由旋转轴和若干条配水管组成的配水装置。它利用从配水管孔口喷出的水流的反作用力,推动配水管绕转轴旋转,达到配水的目的。

23. 溅水喷嘴 spray nozzle
冷却塔配水系统中的部件。通过它使水喷溅成细小水滴。

24. 冷却塔配水竖井 vertical well of water distribution
把进入冷却塔的循环水,输送并分配到配水系统中去的井式构筑物。简称配水竖井。

25. 淋水面积 area of water drenching
冷却塔内淋水填料层顶部的断面面积。

26. 淋水密度 water drenching density
单位时间通过每平方米淋水填料断面的水量。其计量单位通常以kg/(m²·h)表示。

27. 逼近度 approach
经过冷却塔冷却后的水温与环境湿球温度的差值。

28. 冷却水温差 cooling range
进入冷却水设施的热水温度与冷却后水温度的差值。

29. 除水器 drift eliminator
设置在冷却塔内，用来收集出塔气流中夹带的飘滴的装置。

30. 飘滴 drift
冷却塔排出的空气中所含有的细小水滴。

31. 湿空气回流 recirculation of wet air
冷却塔排出的湿热空气一部分又被吸入到该冷却塔内的现象。简称回流。

32. 喷水池 spray pond
水冷却的一种设施。在水池内架设一定数量的喷嘴，水被溅到大气中，形成细小的水滴和水股，与空气充分接触，达到降低水温的目的。

33. 冷却池 cooling pond
水冷却的一种设施。用来冷却循环水的池塘、水库、湖泊或专用水池等，统称为冷却池。

34. 深水型冷却池 deep cooling pond
一般水池水深大于4m，有明显稳定的温差异重流的冷却池。

35. 浅水型冷却池 shallow cooling pond
一般水池水深小于3m，仅在局部池区产生微弱的温差异重流或完全不产生温差异重流的冷却池。

36. 挡热墙 skimmer wall
设置在取水口前，并伸入到水面下一定深度的幕墙，以达到防止表层热水被吸入取水构筑物的目的。

37. 潜水堰 submerged weir
设置在排水出口前并潜入水表层一定深度的过水堤堰。

38. 蒸发损失 evaporation loss
在冷却水设施中，由于蒸发而损失的水量。

39. 风吹损失 windage loss
在冷却水设施中，以水滴形式被空气带走的水量。

40. 渗漏损失 seepage loss
在冷却水系统中，通过管道、设备和冷却设施的裂缝、孔隙缓慢渗漏的水量。

41. 温差异重流 thermal density flow
水体因温差而产生的异重流。

42. 水面综合散热系数 heat transfer coefficient
蒸发、对流和水面辐射三种水面散热系数的综合。指单位时间内，水面温度变化1°K时，水体通过其单位表面积散失热量的变化量。其计量单位通常以W/(m².°K)表示。

第六章 工业循环冷却水处理术语

第 6.0.1 条 循环冷却水处理设计的水与水系统的术语及其涵义，应符合下列规定：

1. 循环冷却水 recirculating cooling water
经换热而返回冷却构筑物降温，并经必要的处理后，再循环使用的冷却水。

2. 直流冷却水 once-through cooling water
在冷却过程中，只使用一次就被排掉的冷却水。

3. 直接冷却水 direct cooling water
与被冷却物质直接接触换热的冷却水。

4. 间接冷却水 indirect cooling water
与被冷却物质通过换热设备间接换热的冷却水。

5. 补充水 make-up water
循环冷却水系统中，由于蒸发、风吹、渗漏和排污损失，而需不断补充的水。

6. 旁流 side stream
从循环冷却水中分流出来，经适当处理后，再返回系统。

7. 排污 blowdown
在冷却水系统中，为避免由于蒸发而产生盐类的过量浓缩，必须排掉的水。

8. 循环冷却水系统 recirculating cooling water system
冷却水换热并经降温，再循环使用的给水系统，包括敞开式和密闭式两种类型。

9. 直流冷却水系统 once-through cooling water system
冷却水只使用一次即被排掉的给水系统。

10. 敞开式循环冷却水系统 opened recirculating cooling water system
冷却水换热后，借水的蒸发作用得到降温，再循环使用的给水系统。

11. 密闭式循环冷却水系统 closed recirculating cooling water system
冷却水（通常为软化水或除盐水）在密闭的系统中换热，通过空气换热器或水一水换热设备降温，再循环使用的给水系统。

第 6.0.2 条 循环冷却水处理设计的结垢与腐蚀方面的术语及其涵义，应符合下列规定：

1. 结垢 scale
由于水中的微溶性盐类沉积在换热热面上而形成的垢层。

2. 污垢 fouling
冷却水系统中，任何不溶解物质的聚集。

3. 生物粘泥 slime, biological fouling
由微生物及其产生的粘液，与其他有机的和无机的杂质混在一起，粘着在物体表面产生的粘滑性物质。

4. 污垢热阻 fouling resistance
换热面上沉积物所产生的传热阻力。

5. 生物粘泥量 slime content
采用生物粘泥过滤网法测定的循环冷却水中所含粘泥的浓

6. 腐蚀 corrosion

各种材料受环境介质作用而变质破坏的过程。冷却水处理中，主要指金属表面电化学或微生物作用所引起的破坏。

7. 全面腐蚀（均匀腐蚀） general corrosion

在整个金属表面上基本上是均匀的腐蚀。

8. 局部腐蚀 localized corrosion

集中在金属表面某些部位的腐蚀。

9. 垢下腐蚀 under-deposit corrosion

金属表面沉积物下产生的腐蚀。

10. 点蚀 pitting

金属表面相对地集中在一个很小部位的局部腐蚀。

11. 腐蚀率 corrosion rate

腐蚀时间内，单位面积上金属材料损失的重量，或单位时间内，金属材料损失的平均厚度。

12. 点蚀系数 pitting factor

金属材料或腐蚀试片的最大点蚀深度与以重量损失计算的表面平均损失深度的比值。

第 6.0.3 条 循环冷却水处理设计及水处理方面的术语及其涵义，应符合下列规定：

1. 阻垢 scale inhibition

利用化学或物理的方法，防止换热设备的受热面产生沉积物的处理过程。

2. 缓蚀 corrosion inhibition

抑制或延缓金属被腐蚀的处理过程。

3. 防腐蚀 corrosion prevention

泛指防止各种材料在各种环境中被腐蚀的处理过程。

4. 浓缩倍数 cycle of concentration

循环冷却水中，由于蒸发而浓缩的溶解固体与补充水中溶解固体的比值，或指补充水流量对于排污水流量的比值。

5. 系统容积 volumetric content of system

在敞开式循环冷却水系统中冷却水容量的总和。包括系统中换热设备、冷却塔、水池、管道和水泵等设备在运行过程中所有的总和。

6. 饱和指数 saturation index, langelier index

由理论推导公式得出的一个指数，以定性地预测水中碳酸钙沉淀或溶解的倾向性。以水的实际pH值减去其在碳酸钙处于平衡条件下理论计算的pH值之差来表示。

7. 稳定指数 stability index, Ryzner index

由经验公式得出的一个指数，以相对定量地预测水中碳酸钙沉淀或溶解的倾向性。以水在碳酸钙处于平衡条件下理论计算的pH值的两倍减去水的实际pH值之差来表示。

8. 冷却水处理 cooling water treatment

泛指冷却水在系统内的各种处理。一般包括控制结垢、污垢、腐蚀和微生物繁殖的处理。

9. 旁流水处理 side-stream treatment

为控制循环冷却水水质不超过规定的指标，对系统中的旁流水进行的处理。包括旁流过滤、软化和去除某种离子或其他杂质的处理。

10. 补充水处理 make-up water treatment

对循环冷却水系统的补充水进行的处理。除了通常为去除水中悬浮物和胶体的沉淀、过滤处理以外，还可以包括某菌、除藻、软化或除盐和除气等处理。

11. 加酸处理 acidification

阻垢的一种方法。一般用硫酸。冷却水中加硫酸后，可使水中碳酸钙转化为溶解度较高的硫酸钙，以防止产生碳酸钙沉淀。

12. 菌藻处理 microbiological control

在冷却水系统中，为控制水中细菌和藻类的繁殖而引起金属腐蚀与生成粘泥的处理。

13. 旁流过滤 side-stream filtration

对循环冷却水系统的旁流水进行过滤处理。简称旁滤。

14. 预膜 prefilming

紧接冷却水系统清洗之后，投入预膜剂运行，使换热设备管道的金属表面形成一层覆盖完整的保护膜的操作过程。

15. 降解 degradation

物质受生物作用引起的分解。

16. 监测试片 monitoring coupon

在冷却水系统中或试验室条件下，为获取腐蚀或沉积现象的资料所采用的标准试片。

17. 腐蚀试片 corrosion coupon

在流动的冷却水中，用来测试水的腐蚀性的监测试片。

第 6.0.4 条 循环冷却水处理设计使用药剂的术语及其涵义，应符合下列规定：

1. 阻垢剂 scale inhibitor

阻碍或延缓水中不溶盐类沉积的药剂。

2. 分散剂 dispersant

使水中析出的微粒悬浮分散的药剂。

3. 缓蚀剂 corrosion inhibitor

抑制或延缓金属腐蚀过程的药剂。

4. 杀生物剂 biocide

用以杀死水中生物的药剂。

5. 预膜剂 prefilming agent

用于循环冷却水系统，使金属表面形成保护膜的药剂。

6. 剥离剂 stripping agent

能将微生物及其生成的粘泥从换热设备的金属表面或冷却塔壁上剥离的药剂。

7. 表面活性剂 surfactant

能显著降低液体表面张力的药剂。

8. 消泡剂 defoaming agent

用于消除水处理过程中所产生的泡沫的一种表面活性剂。

第七章 室外排水术语

第7.0.1条 排水工程中排水制度和管渠附属构筑物的术语及其涵义应符合下列规定:

1. 排水制度 sewer system

在一个地区内收集和输送废水的方式。它有合流制和分流制两种基本方式。

2. 合流制 combined system

用同一种管渠收集和输送废水的排水方式。

3. 分流制 separate system

用不同管渠分别收集和输送各种污水、雨水和生产废水的排水方式。

4. 检查井 manhole

排水管渠上连接其他管渠以及供养护工人检查、清通和出入管渠的构筑物。

5. 跌水井 drop manhole

上下游管底跌差较大的检查井。

6. 事故排出口 emergency outlet

当排水系统发生故障时,把废水临时排放到天然水体或其它地点去的设施。

7. 暴雨溢流井(截流井) storm overflow well, intercepting well

合流制排水系统中,用来截留、控制合流水量的构筑物。

8. 潮门 tide gate

在排水管出水口处设置的单向启闭的阀,以防止潮水倒灌。

第7.0.2条 排水工程中水和水处理的术语及其涵义应符合下列规定:

1. 生活污水 domestic sewage, domestic wastewater

居民在日常生活中排出的废水。

2. 工业废水 industrial wastewater

生产过程中排出的水。它包括生产废水和生产污水。

3. 生产污水 polluted industrial wastewater

被污染的工业废水。还包括水温过高,排放后造成热污染的工业废水。

4. 生产废水 non-polluted industrial wastewater

未受污染或受微污染以及水温稍有升高的工业废水。

5. 城市污水 municipal sewage municipal wastewater

排入城镇污水系统的污水的统称。在合流制排水系统中,还包括晴天时输送的雨水。

6. 旱流污水 dry weather flow

合流制排水系统在晴天时输送的污水。

7. 水体自净 self-purification of water bodies

河流等水体在自然条件生化作用下,有机物降解,溶解氧回升和水体生物群逐渐恢复正常的过程。

8. 一级处理 primary treatment

去除污水中的漂浮物和悬浮物的净化过程,主要为沉淀。

9. 二级处理 secondary treatment

污水经一级处理后，用生物处理方法继续去除污水中胶体和溶解性有机物的净化过程。

10. 生物处理 biological treatment

利用微生物的作用，使污水中不稳定有机物降解和稳定的过程。

11. 活性污泥法 activated sludge process

污水生物处理的一种方法。该法是在人工充氧条件下，对污水和各种微生物群体进行连续混和培养，形成活性污泥。利用活性污泥的生物凝聚、吸附和氧化作用，以分解去除污水中的有机污染物。然后使污水分离，大部分污泥再回流到曝气池，多余部分则排出活性污泥系统。

12. 生物膜法 biomembrane process

污水生物处理的一种方法。该法采用各种不同载体，通过污水与载体的不断接触，在载体上繁殖生物膜，利用膜的生物吸附和氧化作用，以降解去除污水中的有机污染物。脱溶下来的生物膜与污水进行分离。

13. 双层沉淀池（隐化池）Imhoff tank

由上层沉淀槽和下层污泥消化室组成。

14. 初次沉淀池 primary sedimentation tank

污水处理中第一次沉淀的构筑物，主要用以降低污水中的悬浮固体浓度。

15. 二次沉淀池 secondary sedimentation tank

污水生物处理出水的沉淀构筑物，用以分离其中的污泥。

16. 生物滤池 biological filter, trickling filter

由碎石或塑料制品填料构成的生物处理构筑物。污水与填料表面上生长的微生物膜间歇地接触，使污水得到净化。

17. 塔式生物滤池 biotower

一种高8～24m，直径1～3.5m，填料分层布设的塔柱形生物滤池，填料一般用塑料制品。

18. 生物转盘 rotating biological disk

由水槽和部分浸没于污水中的旋转盘体组成的生物处理构筑物。盘体表面上生长的微生物膜反复地接触污水和空气中的氧，使污水获得净化。

19. 生物接触氧化 bio-contact oxidation

由浸没在污水中的填料和人工曝气系统构成的生物处理工艺。在有氧的条件下，污水与填料表面的生物膜反复接触，使污水获得净化。

20. 曝气池 aeration tank

利用活性污泥法进行污水生物处理的构筑物。池内提供一定污水停留时间，满足好氧微生物所需要的氧量以及污水与活性污泥充分接触的混合条件。

21. 推流曝气 plugflow aeration

活性污泥法中的一种运行方式。曝气池中液体的流动沿池纵长方向从池子进口端顺序地流向出口端。

22. 完全混合曝气 complete-mixing aeration

活性污泥法中的一种运行方式。污水和回流污泥进入曝气池后，立即与整个池内的混合液均匀混合。

23. 普通曝气 conventional aeration

推流曝气的一种标准形式。污水与回流污泥全部在矩形曝气池进口端进入，沿池纵长方向向下游流动至出口端。

24. 阶段曝气 step aeration

32. 固定布水器 fixed distributor
生物滤池中由固定的穿孔管或喷嘴等组成的布水设施。
33. 活动布水器 movable distributor
生物滤池中由穿孔管、喷嘴或水槽等组成旋转或移动式布水设施。有回转式布水器和往返式布水器两类。
34. 空气扩散曝气 diffused air aeration
利用鼓风机供给空气,通过各种类型扩散器,以气泡形式分布至曝气池混合液中,达到对混合液充氧和混合的目的。
35. 浅层曝气 Inka aeration
一种空气扩散曝气系统,栅状扩散器位于水深约80cm处,并占池面积之半,可采用低压离心风机,达到常规水深的曝气池充氧和混合的要求。
36. 机械表面曝气 mechanical surface aeration
依靠某种位于液体表面的机械的旋转,搅动water和提升曝气混合液,不断更新气水接触面,达到充氧和混合的要求。
37. 混合液 mixed liquor
活性污泥与污水在曝气池内的混合物。
38. 堰门 weir gate
设置在堰口,用以调节堰的高度的闸门。
第7.0.3条 排水工程中污泥和污泥处理的术语及其涵义应符合下列规定:
1. 原污泥 raw sludge
未经污泥处理的初沉污泥、二沉剩余污泥或两者的混合污泥。
2. 初沉污泥 primary sludge
从初次沉淀池排出的沉淀物。

普通曝气的一种改进形式。回流污泥在曝气池进口端进入,而污水沿池长方向分多点进入,然后流向出口端。
25. 吸附再生曝气 biosorption process, contact stabilization
普通曝气的一种改进形式。回流污泥先在曝气池上游再生区作较长时间的再曝气,然后与污水在曝气池下游吸附区作较短时间的混合接触,流向出口端。
26. 高负荷曝气 high-rate aeration
活性污泥法的一种形式。特点是污泥负荷高、曝气时间短与BOD去除率较低。
27. 延时曝气 extended aeraion
活性污泥法的一种形式。特点是污泥负荷低、曝气时间长、有机物氧化度高和剩余污泥量少。
28. 氧化沟 oxidation ditch
平面呈椭圆环形或跑道式的活性污泥法处理构筑物,一般用机械充氧和推动水流,以降解水中有机物。
29. 稳定塘(氧化塘) stabilization pond, oxidation pond
一种污水停留时间长的天然或人工塘。污水在塘内主要依靠微生物的好氧和(或)厌氧作用,以多级串联运行,稳定污水中的有机污染物。有好氧塘、厌氧塘、兼性塘和曝气塘。
30. 灌溉田 sewage farming
利用土地对污水进行天然生物处理的一种设施。它一方面利用污水培育植物,另一方面利用土壤和植物净化污水。
31. 隔油池 oil separator
利用油与水的比重差异,分离去除水中颗粒较大的悬浮油的一种水处理构筑物。

3. 二沉污泥 secondary sludge
从二次沉淀池（或沉淀区）排出的沉淀物。
4. 活性污泥 activated sludge
曝气池中繁殖的含有各种好氧微生物群体的絮状体。
5. 消化污泥 digested sludge
经过好氧消化或厌氧消化的污泥，所含有机物浓度有一定程度的降低，并趋于稳定。
6. 回流污泥 returned sludge
由二次沉淀池（或沉淀区）分离出来，回流到曝气池的活性污泥。
7. 剩余污泥 excess activated sludge
活性污泥系统中从二次沉淀池（或沉淀区）排出系统外的活性污泥。
8. 污泥气 sludge gas
在污泥厌氧消化时，有机物分解所产生的气体。主要成分为甲烷和二氧化碳，并有少量的氢、氮和硫化氢。俗称沼气。
9. 污泥消化 sludge digestion
在有氧或无氧条件下，利用微生物的作用，使污泥中有机物转化为较稳定物质的过程。
10. 好氧消化 aerobic digestion
污泥经过较长时间的曝气，其中一部分有机物由好氧微生物进一步降解和稳定的过程。
11. 厌氧消化 anaerobic digestion
在无氧条件下，污泥中的有机物由厌氧微生物进行降解和稳定的过程。
12. 中温消化 mesophilic digestion
污泥在温度为 $33\sim35$ ℃时进行的厌氧消化工艺。
13. 高温消化 thermophilic digestion
污泥在温度为 $53\sim55$ ℃时进行的厌氧消化工艺。
14. 污泥浓缩 sludge thickening
采用重力或气浮法降低污泥含水量，使污泥稠化的过程。
15. 污泥淘洗 elutriation of sludge
改善污泥脱水性能的一种污泥预处理方法。用清水或废水淘洗污泥，降低消化污泥碱度，节省污泥处理投药量，提高污泥过滤脱水效率。
16. 污泥脱水 sludge dewatering
对浓缩污泥进一步去除一部分含水量的过程，一般指机械脱水。
17. 污泥真空过滤 sludge vacuum filtration
利用真空使过滤介质一侧减压，造成介质两侧压差，将污泥水强制滤过介质的污泥脱水方法。
18. 污泥压滤 sludge pressure filtration
采用正压过滤，使污泥水强制滤过介质的污泥脱水方法。
19. 污泥干化 sludge drying
通过渗滤或蒸发等作用，从污泥中去除大部分含水量的过程，一般指采用污泥干化场（床）等自然蒸发设施。
20. 污泥焚烧 sludge incineration
污泥处理的一种工艺。它利用焚烧炉将脱水污泥加温干燥，再用高温氧化污泥中的有机物，使污泥成为少量灰烬。

第 7.0.4 条　排水工程中物理量的术语及其涵义应符合下列规定：

1. 合流水量 combined flow
合流管渠的总设计流量，它是生活污水、工业废水和截

1. 留雨水三者设计流量的总和（有时包括地下水渗入量）。

2. 雨水量 storm runoff
降雨期间进入雨水管渠的地表径流量。

3. 暴雨强度 rainfall intensity
单位时间内的降雨量。其计量单位通常以mm/min或L/(s·10⁴m²)表示。

4. 人口当量 population equivalent
某种工业废水的有机污染物总量，用相当于生活污水污染量的人口数表示。

5. 重现期 recurrence interval
在一定长的统计期间内，等于或大于某暴雨强度的降雨出现一次的平均间隔时间。其计量单位通常以年表示。

6. 降雨历时 duration of rainfall
降雨过程中的任意连续时段。其计量单位以min表示。

7. 地面集水时间 inlet time
雨水从相应汇水面积的最远点地表径流到雨水管渠入口的时间。其计量单位通常以min表示。简称集水时间。

8. 管内流行时间 time of flow
雨水在管渠中流行的时间，其计量单位以min表示。简称流行时间。

9. 汇水面积 catchment area
雨水管渠汇集降雨的面积。其计量单位常以万m²表示。

10. 充满度 depth ratio
水流在管渠中的充满度，管道以水深与管径之比值表示、渠道以水深与最大设计水深之比值表示。

11. 表面水力负荷 hydraulic surface loading
每平方米表面积单位时间内通过的污水体积数，其计量单位通常以m³/(m²·h)表示。

12. 固体负荷 solid loading
每平方米过水断面积单位时间通过的污泥固体量。其计量单位通常以干固体kg/(m²·h)表示，用于二次沉淀池和污泥浓缩池。

13. 堰负荷 weir loading
沉淀池每米出水堰长度，单位时间通过的污水体积数。其计量单位以L/(s·m)表示。

14. 容积负荷 volume loading
每立方米池容积每日负担的五日生化需氧量公斤数（曝气池、生物接触氧化池和生物滤池）或挥发性悬浮固体公斤数（污泥消化池）。其计量单位通常以kg/(m³·d)表示。

15. 表面有机负荷 organic surface loading
每平方米表面积（生物转盘盘片面积或稳定塘池面积）单位时间负担的五日生化需氧量公斤数。其计量单位通常以kg/(m²·d)表示。

16. 污泥负荷 sludge loading
曝气池内每公斤活性污泥单位时间负担的五日生化需氧量公斤数。其计量单位常以kg/(kg·d)表示。

17. 需氧量 oxygen demand
去除每单位重量五日生化需氧量需要的氧量。其计算单位通常以kg/kg表示。

18. 供氧（气）量 oxygen(air) supply
去除单位重量五日生化需氧量供应的氧（或空气）量。其计量单位通常：供氧量以kg/kg表示，供气量以m³/kg表示。

19. 氧转移率 oxygen transfer efficiency

在水温20℃和标准大气压状态下，空气通过某种扩散器向无氧清水中转移的氧量占总供氧量的百分数。

20. 充氧能力 oxygenation capacity

在水温20℃和标准大气压状态下，某种表面曝气机械于单位时间内向无氧清水中转移的公斤氧量。其计量单位通常以kg/h表示。

21. 泥饼产率 sludge cake production

每平方米真空过滤机或板框压滤机有效面积单位时间生产泥饼的公斤数（干重）。其计量单位通常以kg/(m²·h)表示。

22. 污泥回流比 return sludge ratio

曝气池中回流污泥的流量与进水流量的比值。

23. 污泥液度 sludge concentration

单位体积污泥含有的干固体重量，或干固体占污泥重量的百分比。

24. 截流倍数 interception ratio

合流排水系统在降雨时截留的雨水量与旱流污水量之比值。

25. 径流系数 runoff coefficient

一定汇水面积内雨水量与降雨量的比值。

26. 总变化系数 peaking variation factor

最高日最高时污水量与平均日平均时污水量的比值。

27. 生化需氧量 biochemical oxygen demand

水样在一定条件下，于一定期间内（一般采用5日，20℃）进行需氧生物氧化所消耗的溶解氧量。英文简称BOD。

28. 化学需氧量 chemical oxygen demand

水样中可氧化物从氧化剂重铬酸钾中所吸收的氧量。英文简称COD。

29. 耗氧量 oxygen consumption

水样中可氧化物从氧化剂高锰酸钾所吸收的氧量。英文简称OC或COD$_{Mn}$。

30. 悬浮固体 suspended solid

水中呈悬浮状态的固体，一般指用滤纸过滤水样，将滤后截留物在105℃温度中干燥恒重后固体重量。英文简称SS。

第八章 电镀排水术语

第 8.0.1 条 电镀排水的术语及其涵义，应符合下列规定：

1. 电镀废水 electroplating wastewater
在电镀生产过程中所排出的各种废水。

2. 电镀清洗废水 electroplating rinse-waste water
镀件在清洗槽清洗过程中所排出的废水。不包括冲洗地坪和容器以反跑、冒、滴、漏等槽外废水和废液。

3. 闭路循环 closed system, closed loop
利用有效处理方法，使废水达到循环利用的要求。

4. 连续处理 continuous treatment
废水连续进入处理设备，进行不间断运行。

5. 间歇处理 batch treatment
废水间歇或分批进入处理设备，即第一批废水达到处理要求排出后，再进入第二批废水。

6. 清洗槽 rinse tank
用于清洗镀件所带出的电镀槽液的槽子，按不同清洗方法又可分为漂洗、浸洗槽、回收槽等。

7. 连续式逆流清洗 continuous countercurrent rinsing
采用多级清洗槽对镀件进行漂洗，从末级清洗槽补水，水流方向与镀件运行方向相反。补水方式有常流补水与间歇补水两种（间歇补水是指每当镀件进行清洗时补水）。

8. 间歇式逆流清洗 intermittent countercurrent rinsing
采用多级清洗槽，对镀件进行浸洗。当末级清洗槽达到控制浓度时，将第一级清洗槽水抽出，其它各级清洗槽逐级逆向换水，末槽补充新水。

9. 反喷式清洗 back spray rinsing
每级清洗槽设有喷洗装置，镀件通过各级清洗槽时先浸洗，然后用后一级的清洗水喷洗，是清洗效果较好的一种清洗方法。

10. 清洗用水定额 rinsing water norm
单位镀件表面积达到清洗要求时所需的水量，取决于清洗方法和电镀槽液带出量等因素。

11. 末级清洗浓度 final rinse tank concentration

12. 清洗倍率 rinsing ratio
末级清洗槽单位体积内所含某种元素或化合物的量。
清洗水量与镀件带出的电镀槽液量之比。

13. 碱性氯化法 alkaline chlorination process
在碱性条件下，用氯系氧化剂氧化废水中的氰化物，是处理电镀含氰废水常用的一种方法。

14. 一级氧化处理 first stage oxidation treatment
用氧化剂处理含氰废水，氰被氧化成氰酸盐的阶段。

15. 二级氧化处理 second stage oxidation treatment
用氧化剂处理含氰废水，将氰氧化成氰酸盐后，进一步再将氧酸盐氧化成二氧化氮和水。

16. 槽内处理法 tank treatment
在清洗槽内，直接用含有一定浓度的化学药剂（如氧化剂、还原剂等）的溶液来清洗镀件所附着的污染物，使污染物得到去除的一种处理方法。

17. 铁氧体法 ferrite technique
铁氧体是指具有铁离子、氧离子及其它金属离子所组成的氧化物的晶体。一般批亚、高铁酸盐的总体，是一种半导体。含有重金属离子的污泥，加工成铁氧体之后可防止污染的二次污染。

18. 树脂交换容量 resin exchange capacity
单位体积或重量树脂内的交换基团所能交换的阴、阳离子克当量数（或毫克当量数），是对树脂交换能力的一种量度。又可分为树脂工作交换容量、树脂饱和工作交换容量、树脂全交换容量等。

19. 空间流速 space flow rate
单位时间内单位体积树脂内所流过的废水量，或以单位时间内流过废水量为单位树脂体积的若干倍计。

20. 交换流速 exchange flow rate
单位时间内通过单位面积树脂层的水量。

21. 再生周期 regeneration period
离子交换树脂两次再生所间隔的时间。

22. 洗脱液 spent regenerant
再生液流过已饱和的离子交换树脂后所得到的溶液。

23. 离子交换柱 ion exchange column
用来进行离子交换反应的柱状压力容器。

24. 电解处理法 electrolytic treatment
利用电解反应处理电镀废水的一种方法。

25. 电极密度 electrode density
阳极或阴极的极板表面积与电解槽溶液体积之比。

26. 极距 electrode distance
电解槽内相邻两块阴、阳极板间的距离。

27. 双极性电极 bipolar electrode
一个不与外电源相连的浸入阴极与阳极间电解液中的导体，靠近阳极的一面起着阴极的作用，而靠近阴极的一面起着阳极的作用。即同一块板，一面是阳极，另一面是阴极。

28. 不溶性阳极 insoluble anode
在电解过程中，不发生或极少发生阳极溶解反应的阳极。

29. 周期换向 periodic reversal
在进行电解法处理废水时，在某些情况下，要求电流方向作周期性变化。

30. 脉冲电解 pulse electrolysis
使用脉冲电源代替直流电源的电解处理方法。

第九章 建筑给水排水术语

第 9.0.1 条 建筑给水排水工程中的术语及其涵义应符合下列规定：

1. 流出水头 static pressure for outflow
为保证给水配件的给水额定流量值，而在其阀前所需的静水压。

2. 给水额定流量 rate of flow
卫生器具配水出口在单位时间内流出的规定水量。

3. 设计秒流量 design flow, design load
按瞬时高峰给排水量制订的用于设计建筑给排水管道系统的流量。

4. 卫生器具当量 fixture unit
不同卫生器具的流量与某一卫生器具流量作为一个当量的流量值的比值。

5. 设计小时耗热量 heat consumption
热水供应系统中，用水设备（或用水计算单位）最大小时所消耗的热量。

6. 热水循环流量 hot water circulating flow
热水供应系统中，当全部或部分配水点不用水时，将一定量的水回流重新加热，以保持热水供应系统中所需热水水温，此流量为热水循环流量。

7. 循环附加流量 additional circulating flow
在机械循环的热水管网中，为了保证管网某些配水点启用时循环不致被破坏，而在确定配水管路水头损失时考虑的附加循环流量。

第 9.0.2 条 建筑给水排水工程中系统布置的术语及其涵义，应符合下列规定：

1. 配水点 points of distribution
生活、生产给水系统中的用水点。

2. 上行下给式 upfeed system
给水横干管位于配水管网的上部，通过连接的立管向下给水的方式。

3. 下行上给式 downfeed system
给水横干管位于配水管网的下部，通过连接的立管向上给水的方式。

4. 单向供水 one way service pipe system
室内给水管网只由一条引入管给水的方式。

5. 双向供水 multi-way service pipe system
从建筑物不同侧的室外给水管网中设两条或两条以上引入管。

6. 竖向分区 vertical division block
在室内连成环状或贯通枝状的给水方式。

7. 明设 exposed installation
建筑给水系统中，在垂直向分成若干供水区。

8. 暗设 concealed installation, embedded installation
室内管道明露布置的方法。

9. 回流污染 backflo pollution
筑装饰所隐蔽的敷设方法。

（1）由于给水管道内负压引起卫生器具或容器中的水

或液体倒流入生活给水系统的现象。

（2）非饮用水或其它液体、混合物进入生活给水管道系统的现象。

10. 空间间隙 air gap

（1）给水管道出口或水龙头出口用水设备溢流水位间的垂直空间距离。

（2）间接排水的设备或容器的排出管口与受水器溢流水位间的垂直空间距离。

11. 粪便污水 soil

居民日常生活中排泄的大小便污水。

12. 生活废水 waste

居民日常生活中排泄的洗涤水。

13. 水流转角 angle of turning flow

水流原来的流向与其改变后的流向之间的夹角。

14. 内排水系统 interior storm system

屋面雨水通过设在建筑物内的雨水管道排至室外的排水系统。

15. 外排水系统 outside storm system

屋面雨水排水管设在端外侧的排水系统。

16. 集中热水供应系统 central heating system

由加热设备集中制备热水，并用管道输送至建筑物的配水点的系统。

17. 开式热水供应系统 open system of hot water supply

设有直接连通大气的设备或管道的热水供应系统。

18. 单管式热水供应系统 single pipe system of hot water supply

仅设一根管道供应使用温度的热水系统。

19. 自然循环 natural circulation

采用热水的供水与回水温差而使热水在管网中自行循环的方式。

20. 机械循环 mechanical circulation

采用动力机械使热水管网中的水进行循环的方式。

21. 第一循环管系 primary circulating system

热水供应系统中制备热水的循环管系。

22. 第二循环管系 secondary circulating system

热水供应系统中输配热水的循环管系。

第 9.0.3 条 建筑给水排水工程中管道和附件的术语及其涵义，应符合下列规定：

1. 引入管 service pipe, inlet pipe

由室外给水管引入建筑物的管段。

2. 排出管 building drain, outlet pipe

从建筑物内至室外检查井等的排水横管段。

3. 立管 vertical pipe, riser, stack

呈垂直或与垂线夹角小于45度的管道。

4. 横管 horizontal pipe

呈水平或与水平线夹角小于45度的管道。

5. 悬吊管 hanged pipe

悬吊在屋架、楼板和梁下或架空在柱上的雨水横管。

6. 清扫口 cleanout

装在排水横管上，用于清扫排水管的配件。其上口与地面齐平。

7. 检查口 checkhole, checkpipe

带有可开启检查盖的短管，装设在排水立管及较长水平

7—29

管段上，作检查和清通之用。

8. 存水弯 trap, water-sealed joint

在卫生器具内部或排水管段上设置的一种内有水封的配件。

9. 水封 water seal

在装置中有一定高度的水柱，防止排水管系统中气体窜入室内。

10. 通气管 vent pipe, vent

为使排水系统内空气流通，压力稳定，防水封破坏而设置的与大气相通的管道。

11. 伸顶通气管 stack vent

排水立管与最上层排水横支管连接处向上垂直延伸至室外作通气用的管道。

12. 专用通气立管 specific vent stack

仅与排水主管连接，为污水主管内空气流通而设置的垂直管道。

13. 主通气立管 main vent stack

连接环形通气管和排水主管，并为排水支管和排水主管内空气流通而设置的垂直管道。

14. 副通气立管 secondary vent stack, assistant vent stack

仅与环形通气管连接，为使排水横支管内空气流通而设置的通气管道。

15. 环形通气管 loop vent

在多个卫生器具的排水横支管上，从最始端卫生器具下游端接至通气立管那一段通气管段。

16. 器具通气管 fixture vent

卫生器具存水弯出口端接至主通气管的管段。

17. 结合通气管 yoke vent, yoke vent pipe

排水立管与通气立管的连接管段。

18. 间接排水管 indirect waste pipe

设备或容器的排水管道与排水系统非直接连接，其间留有空气间隙。

19. 雨水斗 rain strainer

将建筑物上的雨水导入雨水立管的装置。

20. 回水管 return pipe

在循环管系中仅通过循环流量的管段。

第9.0.4条　建筑给水排水工程中设备与构筑物的术语及其涵义，应符合下列规定。

1. 卫生器具 plumbing fixture, fixture

供水或接受、排出污水或污物的容器或装置。

2. 气压给水设备 pneumatic tank

由水泵和密闭罐以及一些附件组成，水泵将水压入密闭罐，依靠罐内的空气压力，将水送入给水系统的设备。

3. 隔油井 grease interceptor

分离、拦集污水中油类物质的小型处理构筑物。

4. 降温池 cooling tank

降低排水温度的小型处理构筑物。

5. 化粪池 septic tank

将生活污水分格沉淀，及对污泥进行厌氧消化的小型处理构筑物。

6. 接触消毒池 disinfecting tank

使消毒剂与污水混合，进行消毒的构筑物。

附录 本标准用词说明

一、为便于在执行本标准条文时区别对待，对要求严格程度不同的用词说明如下：

1. 表示很严格，非这样作不可的：
   正面词采用"必须"，
   反面词采用"严禁"。

2. 表示严格，在正常情况下均应这样作的：
   正面词采用"应"，
   反面词采用"不应"，或"不得"。

3. 表示允许稍有选择，在条件许可时首先应这样作的：
   正面词采用"宜"或"可"，
   反面词采用"不宜"。

二、条文中指定应按其它有关标准、规范执行时，写法为"应符合……的规定"。非必须按所指定的标准、规范或其它规定执行时，写法为"可参照……"。

附加说明

本标准主编单位、参加单位和主要起草人名单

主编单位： 上海市政工程设计院

参加单位： 能源部西北电力设计院
能源部东北电力设计院
中国寰球化学工程公司
机械电子部第七设计院
上海市民用建筑设计院

主要起草人： 吴 骓、龚钧陶、孙振堂、洪嘉年、费莹如、王俊帼、李志惕、禹贤琛、胡冠民、张 淼

7—31

中华人民共和国国家标准

水 位 观 测 标 准

GBJ 138—90

主编部门：中华人民共和国水利部
批准部门：中华人民共和国建设部
施行日期：1991年6月1日

关于发布国家标准《水位观测标准》的通知

(90)建标字第318号

根据国家计委计综〔1986〕250号文的要求，由原水利电力部会同有关部门共同制订的《水位观测标准》，已经有关部门会审，现批准《水位观测标准》GBJ 138-90为国家标准，自1991年6月1日起施行。

本标准由水利部管理，其具体解释等工作由水利部长江水利委员会水文局负责，出版发行由建设部标准定额研究所负责组织。

中华人民共和国建设部
1990年7月2日

目　次

第一章　总则	8—3
第二章　水位站	8—4
第一节　水位站的站址选择	8—4
第二节　基面的确定	8—4
第三节　水准点的设置	8—4
第四节　水尺断面的布设	8—5
第五节　水位断面地形测量和大断面测量	8—6
第六节　测站考证	8—6
第三章　水位观测设备	8—7
第一节　水尺	8—7
第二节　测针式、悬锤式水位计	8—9
第三节　自记水位计	8—10
第四节　设置安装水尺的误差来源与控制	8—13
第五节　使用水尺断面时的水位比测	8—14
第四章	8—14
第一节　一般规定	8—14
第二节　河道站的水位观测	8—15
第三节　水库、湖泊、堰闸站的水位观测	8—16
第四节　潮水位观测	8—16
第五节　枯水位观测	8—16
第六节　高洪水位观测	8—17
第七节　迁移基本水尺断面时的水位比测	8—17
第八节　附属项目的观测	8—17

编制说明

本标准是根据国家计划委员会计综（1986）250号文的要求，由水利部长江水利委员会水文局负责主编，并会同有关单位共同编制而成。

在本标准编制过程中，标准编制组进行了广泛的调查研究，认真总结了我国几十年来水文工作的实践经验，参考了有关国际标准和国外先进标准，针对主要技术问题开展了科学研究与试验验证工作，并广泛征求了全国有关单位的意见。最后，由我部会同有关部门审查定稿。

鉴于本标准系初次编制，在执行过程中，希各单位结合工程实践和科学研究，认真总结经验，注意积累资料，如发现需要修改和补充之处，请将意见和有关资料寄交水利部长江水利委员会水文局（武汉市解放大道1155号），以供今后修改时参考。

水　利　部
1990年5月

第九节 水尺零点高程变动时的水位订正方法	8—18
第十节 人工观读的误差来源与控制	8—19
第五章 使用自记水位计的水位观测	8—20
第一节 自记水位计的检查和使用	8—20
第二节 自记水位计的比测	8—20
第三节 自记水位记录的订正和摘录	8—20
第四节 自记水位记录的误差来源与控制	8—22
第六章 水位观测结果的计算	8—23
第一节 日平均水位的计算	8—23
第二节 水面比降的计算	8—23
第三节 潮水位特征值的统计	8—25
第七章 水位观测的不确定度估算	8—25
附录一 报表的编制规定	8—27
附录二 弧形闸门开启高度的换算	8—37
附录三 本标准用词说明	8—38
附加说明	8—39

第一章 总 则

第1.0.1条 为了合理地统一我国水位站建立、水位观测设备设置、水位观测和计算等方面的技术规定，水位观测资料的质量，以便为各类工程建设提供可靠的依据，特制定本标准。

第1.0.2条 本标准适用于天然河流、湖泊、水库、人工河渠，受潮汐影响河段和水工程附近的水位观测。

第1.0.3条 水位观测的时制应采用北京标准时。

第1.0.4条 水位观测除执行本标准外，尚应执行国家现行的有关标准。

第二章 水 位 站

第一节 水位站的站址选择

第2.1.1条 水位站的站址选择应满足建站的目的和观测精度的要求，选择在观测方便和靠近居民镇或居民点的地点，并应符合下列规定：

一、河道水位站，宜选择在河道顺直，河床稳定和水流集中的河段。

二、湖泊出口水位站应设在出流断面以上水流平稳处，堰闸水位站和湖泊、水库内的水位站宜选在岸坡稳定，水位有代表性的地点。

三、河口潮水位站宜选在河床平坦，不易冲淤、河岸稳定、不易受风浪直接冲击的地点。

第2.1.2条 水位站建站方案，必须根据查勘提供的河道地形、河床演变、水文特征，水力条件和水位站工作条件等情况，经过技术经济综合比较确定。

第2.1.3条 水位站应根据水文站网规划将发展成水文站时，站址应根据水文站的要求进行选择。

第二节 基面的确定

第2.2.1条 水位站观测所采用的基面应符合下列规定：

一、已设水位站，应将原用的基面与冻结基面一致的基面，并作为本站冻结基面。

二、新设站应采用与上下游测站相一致的基面，并作为本站冻结基面。

三、水位站已采用测站基面的可继续沿用。

四、水位站采用的冻结基面应尽快与我国现行的国家高程基面相连结，各项水位、高程资料中应写明本站采用的基面与国家高程基面之间的换算关系。

第三节 水准点的设置

第2.3.1条 测站水准点的设置，应符合下列规定：

一、基本水准点应设在测站附近历年最高水位以上，地形稳定，便于引测保护的地点。当测站附近设有国家水准点时，应在不同的位置设置三个基本水准点，并应选择其中一个为常用水准点。

二、当基本水准点离水尺断面较远时，校核水准点应设在便于引测的地点。当基本水准点离水尺断面较近时，可不设置。

三、测站水准点应统一编号，保持不变。

第2.3.2条 基本水准点的底层最小土埋深：不冻结地区直

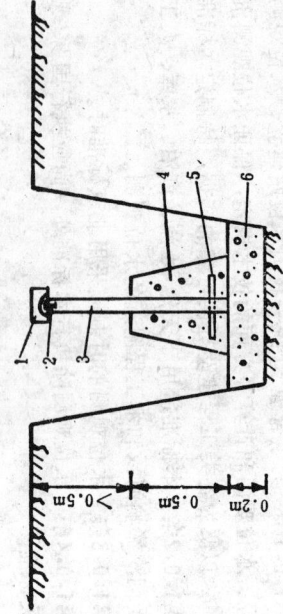

图2.3.2 水准点埋设示意图
1——标志盖；2——水准点标志；3——铁管；4——混凝土基座；
5——铁轴根络；6——混凝土底层

为1.2～1.5m；冻土层厚度小于1.5m地区宜为2.0m，冻土层厚度大于1.5m地区宜在冻土层以下1.0m。见图2.3.2。

水准点可直接浇注在基岩或稳定的永久性建筑物上。在基岩上浇注水准点时，应选择坚固稳定的岩石。当岩石表面有风化层时，应先予以清除；当基岩露出地面时，可将岩石上凿孔槽，将金属或将磁料制成的标志浇注在孔槽中。当基岩距地面不深处，应先将带混凝土底座的铁管或钢管焊在基岩上，再将水准点标志浇注在罐有水泥砂浆的铁管顶端，当采用钢轨时，应在其上端直接旋成半圆球形的永久性水准标志。

第2.3.3条 校核水准点可用长柱形石料、混凝土桩或钢筋混凝土制成，上端通常浇注成半圆球形的标志，下端浇注混凝土底座，或在坚固的岩石上凿刻或浇定的永久性建筑物上浇注而成。

校核水准点埋设的最小入土深度可按基本水准点的规定执行。

第2.3.4条 水准点高程测量应符合下列规定：
一、基本水准点应列入国家二、三等水准网。二、三等水准点除列入国家二、三等水准网的以外，其他应引测。
二、校核水准点应从基本水准点采用三等水准接测。当条件不具备时，可采用四等水准接测。
三、水准点稳定性较好的，或水位精度要求较高的测站，基本水准点宜3～5年校测一次，其他测站宜5～10年校测一次。校核水准点宜每年校测一次。当有变动迹象时，应及时校测。
四、当上下比降断面附近分别有校核水准点时，且基本水准点向两个校核水准点分别引测的测距之和与两个校核水准点之间的测距相比差较大，应从基本水准点先引测其中一个，再连测另一个，当基本水准点处于上下比降断面校核水准点之间时，可分别引测。

第四节 水尺断面的布设

第2.4.1条 基本水尺断面的布设应符合下列规定：

一、河道水位站的上基本水尺断面，应设在顺直河段的中间，并与流向垂直。

二、堰闸水位站的上基本水尺断面，应设堰闸上游水流平稳处，与堰闸的距离不宜小于堰闸最大水头的3～5倍；下游基本水尺断面的距离在闸下游水流平稳处，距消能设备末端的距离不宜小于消能设备总长的3～5倍。

三、水库水位站的基本水尺，应于坝上游基本水尺断面，当坝上水位不能代表闸上水位时，应另设闸上水尺。当需用坝下游水位推流时，应在邻近下游水流平稳处设置水尺断面。

四、湖泊水位站基本水尺断面应设于有代表性的水流平稳处。

第2.4.2条 比降水位观测的站、比降水尺断面应符合下列规定：

一、要求进行比降观测时，应在基本水尺断面的上下游分别设置比降水尺断面。当受地形限制时，可用基本水尺断面兼作比降上或下断面。

二、比降水尺断面应在顺直河段上。上下比降断面间不应有外水流入或流出，河底和水面比降不应有明显的转折。上、下比降断面间的距离应使测得比降的综合不确定度不超过15%（置信水平为95%）。

三、比降断面面间距离的测量，往返不符值，应小于测段距离的1/1000。

四、比降断面间距可按下式计算：

1. 当校核水准点在一个断面上时：

$$L = \frac{2}{\Delta Z^2 X_S^2}(S_m^2 + \sqrt{S_m^4 + 2\Delta Z^2 X_S^2 S_g^2}) \quad (2.4.2-1)$$

式中 L ——比降断面间距 (Km)；
S_g ——水尺水位观读的标准差 (mm)，无波浪或有静水设备时为5mm；

S_m——水准测量1km线路上的标准差（mm），三等水准为6mm，四等水准为10mm；

X_s——比降观测允许的综合不确定度（15%）；

ΔZ——河道长1km的落差（mm），落差变幅较大时，应视比降观测的主要目的选用适当的ΔZ值，一般测站可选用中水位时的落差值。

2. 当上下比降断面分别设有校核水准点，且其中一个校核水准点是由基本水准点经过另一个校核水准点按三等水准连测时：

$$L = \frac{2}{\Delta Z \cdot X_s}\sqrt{S_m^2(L_u + L_l) + 2S_m'^2} \quad (2.4.2-2)$$

式中 S_m'——三等水准测量1km线路上的标准差；
L_u——上断面水准点至上断面水尺断面的平均测距（km）；
L_l——下断面水准点至下断面水尺断面的平均测距（km）。

第五节 水位站地形测量和大断面测量

第2.5.1条 水位站只进行简易地形测量，当对测站地形图在使用上有较高要求时，应按现行的有关标准执行。

第2.5.2条 水位站的简易地形测量应在设站初期进行，以后在河道、地貌有显著变化时，可根据变化情况进行全部或局部重测。当核查地区测图有适合测站应用的地形图时，可根据需要进行补充测绘。

第2.5.3条 水位站简易地形的测量范围，测绘内容应按现行有关标准执行。简易地形测量的平面控制可采用视距导线或罗盘仪导线，视距导线的边长可采用视距法测定。罗盘仪导线可采用钢尺或皮尺测定。视距导线的角度可采用经纬仪半测回测定，罗盘仪导线的角度可用刻度至半度的罗盘仪测定。高程控制应采用四等水准，水准点、高程控制点以外的测点的高差可用视距高差测量。

第2.5.4条 基本水尺断面和比降水尺断面应根据需要进行大断面测量和复测，大断面测量范围和测量方法应按现行标准进行。

对河面宽阔的湖泊水位站、潮水位站、水库内水位观测点，大断面测量资料无使用要求，且施测大断面比较困难时，可不进行大断面测量，或观测大断面离岸边一定距离内施测半江横断面。

第六节 测 站 考 证

第2.6.1条 水位站考证簿必须在建站初期编制测站考证簿，编制时应认真考证，详尽填写。以后遇有变动的站，应在当年对变动部分及时补充修订，内容变动较多的站，应隔一定年份重新全面修订一次。

第2.6.2条 测站考证簿的主要内容应包括下列各项：

一、测站位置。
二、测站沿革。
三、自然地理情况。
四、测站附近河流情况。
五、测站断面布设与变动情况。
六、引据水准点、基本水准点、校核水准点、水准基面及其变动情况。
七、水位观测设备的设置及其变化。
八、观测项目及其变更情况。
九、与附近目的有关的观测站。
十、附近河流形势及测站布设图、测站地形图或简易地形图，大断面图，水位观测设备布设图及其他必要的图表。

第三章 水位观测设备

第一节 水 尺

第3.1.1条 水尺的刻度必须清楚且大小适宜，数字的下边缘应放在靠近相应的刻度处。刻度面宽不应小于5cm。数字、刻度、底板的色彩对比应鲜明，且不易褪色，不易剥落。

最小刻度为1cm，误差不大于0.5mm，当水尺长度在0.5m以下时，累积误差不得超过0.5mm，当水尺长度在0.5m以上时，累积误差不得超过该段长度的1‰。

第3.1.2条 选择水尺形式时，应优先选用直立式水尺。直立式水尺设置或观读有困难而断面附近有固定的岸坡或水工建筑物的护坡时，可选用倾斜式水尺；在易受流水、航运、浮运或漂浮物等冲击且复杂情况下，可选用缓桩式水尺。当断面情况复杂时，可按不同岸坡十分平坦的水位级分别设置不同形式的水尺。

第3.1.3条 水尺的布设应符合下列规定：

一、水尺设置的位置必须便于观测人员接近，直接观读水位，并应避开涡流、回流、漂浮物等影响。在风浪较大的地区，必要时应采用静水设施；

二、水尺布设的范围，应高于测站历年最高，低于测站历年最低水位0.5m。

三、同一组的各基本水尺，应设在同一断面线上。同一组的各支水尺必须离开同一断面线设置时，其最上游与最下游之间同向的水尺比差不应超过1cm。当因地形限制或其他原因必须开同一断面线设置时，下游一支水尺之间的同时水位差不应超过1cm。

四、同一组的各支水尺不能设置在同一断面线上时，偏离断面线的距离不得超过5m，同时任何两支水尺的顺流向距离不得超过上、下比降断面间距的1/200。

五、相邻两支水尺的观测范围宜有0.1～0.2m的重合，当风浪经常较大时，重合部分可适当放大至0.4m。

第3.1.4条 水尺的编号应符合下列规定：

一、对设置的水尺必须统一编号，各种编号的排列顺序应为：组号、脚号、支号、支号辅助号。组号应代表水尺名称，脚号应代表同类水尺的不同位置，支号应代表该组水尺中从岸上向河心依次排列的各支水尺的次序，支号的辅助号应代表支水尺零点高程的变动次数或在原处改设的次数。当在原设一组水尺中增加水尺时，应从原组水尺中最后排列的支号连续排列。当某支水尺坡破，新设水尺的相对位置不变时，应在支号后面加辅助号，并用连接符"—"与支号连接。

二、当设立临时水尺时，在组号前面应加一符号"T"，支号应按设置的先后次序排列。当再改设为正式水尺时，应按测定的先后顺序编号，与正式水尺统一编号。

三、当水尺变动较大时，可经一定时期后将全组水尺的岸桩上部，可一年重编一次。

四、水尺编号（见表3.1.4）应标在直立式水尺的岸桩上，缓桩式水尺的桩顶上，或倾斜式水尺的斜面上的明显位置，以油漆或其他方式标明。

第3.1.5条 直立式水尺的安装应符合下列规定：

一、直立式水尺的水尺板应固定在垂直的靠桩上，靠桩宜做成流线型，靠桩可用型钢、铁管或钢筋混凝土等材料做成，或可用直径10～20cm的木桩做成。当采用木质靠桩时，表面应作防腐处理。安装时，应将靠桩浇注在稳固的岩石或水泥护坡上，或直接刻绘或将水尺板安装在阻将靠桩打入，或埋设至河底。

有条件的测站，可将水尺刻度直接刻绘或将水尺板安装在阻水作用小的坚固岩石上，或混凝土块石的河岸、桥梁、水工建筑度的换算关系绘制水尺。

第3.1.7条 矮桩式水尺入土深度与直立式水尺靠桩相同，桩顶宜高出床面5～20cm，木质矮桩顶面打入直径为2～3cm的金属圆头钉，以便放置测尺。平坦岸坡宜在0.2～0.4m之间，两相邻矮桩顶面的高差宜在0.4～0.8m之间，淤积严重的地方，不宜设矮桩式水尺。

第3.1.8条 临时水尺或特枯水位，超出原设置水尺的观读界限。

一、发生下列情况之一时，应及时设置临时水尺。

1. 发生特大洪水或特枯水位，超出总流量的20％；
2. 原水尺损坏；
3. 断面出现分流，超出总流量的20％；
4. 河道情况变动，原水尺处干涸；
5. 结冰的河流，原水尺冻实，需要在断面上其它位置另设水尺；
6. 分洪口。

二、临时水尺可采用直立或矮桩式，并应保证临时水尺在使用期间牢固可靠。

三、当发生特大洪水、特枯水位或水尺处干涸实时，临时水尺宜在原水尺失效前设置。

四、当发现测时发现测设设备损坏时，可打一个木桩至水下，使矮桩测时水面齐平或在邻近的固定建筑物、岩石上标记，用校测水尺零点高程的方法测得水位后，再设法恢复观测设备。

第3.1.9条 水尺设置后，应测定其零点高程，并应符合下列规定：

一、水尺零点高程的测量，应按四等水准的要求进行，当受条件限制时，可按表3.1.9的要求执行。

水尺代号 表3.1.4

类别	代号	意义
	P	基本水尺
组号	C	流速仪测流断面水尺
	S	比降水尺
	B	其它专用或辅助水尺
脚号	u	设于上游的
	i	设于下游的
	a, b, c, d……	一个断面上有多根水尺时，自左岸开始的序号

注：①设在重合断面上的水尺编号，按P、C、S、B顺序，选用前面一个，当基本水尺兼流速仪测流断面水尺时，组号用"P"。
②必要时，可另行规定其组号。

二、水尺靠桩入土深度宜为1.0～1.5m；松软土层或冻土层地带，宜埋设至松软土层或冻土层以下至少0.5m；在淤泥河床上，入土深度不宜小于靠桩在河床以上高度的1.5～2倍。

三、水尺应与水面垂直，安装时应吊线垂直校正。

第3.1.6条 倾斜式水尺应符合下列规定。

一、倾斜式水尺应将金属板紧固在岩石岸坡上或水工建筑物的斜坡上，按斜线与垂直线长度的换算，在金属板上刻划尺度，或直接在水工建筑物的斜面上刻划，刻度的坡度应均匀，刻度面应光滑。

二、刻划尺度可采用下列两种方法：

1. 用水尺零点高程的水准测量方法在水尺板或斜面上插内插比例控制线，然后按比例内插需要的分划刻度。

2. 先测出斜面与水平面的夹角α，然后按照斜面长度与垂直长度的换算关系绘制水尺。

第3.1.12条 校测水尺零点高程时,当校测前后高程相差不超过本次测量的允许不符值,或虽超过允许不符值,但可采用一般水尺小于10mm或沉降水尺比降水尺小于5mm时,可采用校测前的高程。尺小于10mm或沉降水尺比降水尺大于5mm时,应采用校测后的高程,并应及时查明水尺变动的原因及日期,以确定水位的改正方法。

第二节 测针式、悬锤式水位计

第3.2.1条 测针式水位计适用于资料精度要求较高的小河站测流断面建筑物上,或有较好的静水湾或静水井的水位站。

第3.2.2条 测针式水位计的设置应符合下列规定:

一、测针式水位计可设置在不同高程的一系列基准板或合座上,设置这有两个以上的水位计时,各支水位计应设置在同一断面线上。当条件限制不能设置在同一断面线上时,水位计偏离断面线的距离不宜超过 m。

二、安装测针式水位计时,应将水位计支架固紧在钢筋混凝土或水泥浇注的台座上。测杆必须与水面垂直,安装时可用吊垂线调整,并可加装简单电器设备来判断指示针尖是否恰好接触水面。

第3.2.3条 悬锤式水位计,适用于断面附近有坚固陡岸、桥梁或水工建筑物的坚固壁可以利用的测站。

第3.2.4条 悬锤式水位计的设置应符合下列规定:

一、应能测到历年最高、最低水位,应选择水流顺平水势不受阻水物影响的地方,当条件限制,测不到历年最高、最低水位时,应配置其它观测设备。

二、安装时,支架应固紧在坚固的基础上,滚筒轴线应与水面平行,悬锤拉索应垂直无卡。安装后,应进行严格率定,悬锤重量应能拉直悬索,

---

水尺零点高程测量允许高差不符值和视线长度 表3.1.9

同尺黑红面读数差 (mm)	同站黑红面所测高差之差 (mm)	往返不符值 (mm)		视线长度 (m)		单站前后视距不等差 (m)
		不平	平	不平	平	
3	5	$±3\sqrt{n}$	$±4\sqrt{n}$	5～50	50～100	≤5

注:① 仪器类型可采用 S_3 或 S_{10}。
② 采用单面尺时,变换仪器高度前后所测两尺高差之差与同站黑红面高差之差限差相同。
③ n 为单程仪器站数。当往返站数不等时,取平均值计算。
④ 测量过程中应注意不使前后视距不等差累积增大。

二、往返两次水准测量应由校核水准点开始推算各测点高程。往返两次测量测所高程的差,在允许误差之内时,取允许测量数六入法测至厘米。当超出允许差时,应予重测。

第3.1.10条 水尺零点高程应记至毫米。当对计算水位无特殊要求时,水尺零点高程可按四舍五入法测取至厘米。

第3.1.11条 水尺零点高程的校测应符合下列规定:每年年初或水尺变动前应将所有水尺全部校测一次,取得准确的水位资料为原则,汛后应将本年洪水到达的水尺全部校测一次。有封冻的测站,还应在每年封冻前与解冻后各校测一次。当封冻后校测一次,在每次洪水后,必须对冲淤严重或漂浮物较多的测站,可以减少校测次数。

当发现水尺变动或在整理水位观测结果时发现水尺零点高程有疑问时,应及时进行校测。

自记水位计允许走时误差

表3.3.3-2

记录周期	误差	精密级(min)	普通级(min)
日记		±0.5	±3
周记		±2	
双周记		±3	
月记		±4	±10
季记		±9	
半年记		±12	±12
年记		±15	

注：日记精密级老产品误差允许±1min，日记普通级老产品误差允许±5min。

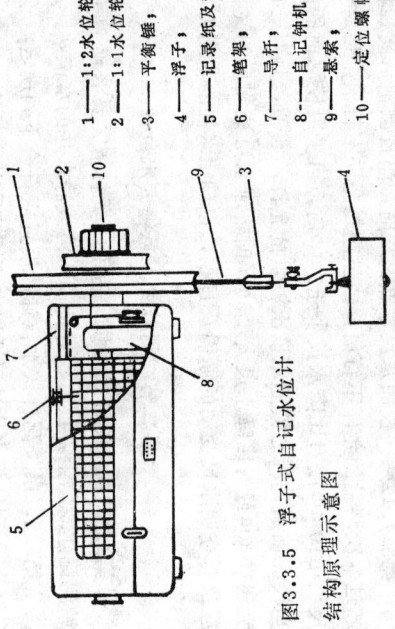

图3.3.5 浮子式自记水位计结构原理示意图

1—1:2水位轮；
2—1:1水位轮；
3—平衡锤；
4—浮子；
5—记录纸及滚筒；
6—管架；
7—导杆；
8—自记钟机；
9—悬索；
10—定位螺帽

并定期检查测索引出的有效长度与记数器或刻度盘数的一致性，其误差应为±1cm。

第3.2.5条 测针式和悬锤式水位计的基准板或基准点的高程测量与水尺零点高程测量的要求相同，可每年汛前校测一次，当发现有变动迹象时，应及时校测。反编号方法可按水尺尺编的有关规定执行。

第三节 自记水位计

第3.3.1条 自记水位计的型式，应根据河流特性、河道地形、河床土质、断面形状或河岸地貌以及水位或潮水位变幅、涨落率、泥沙等情况确定。

第3.3.2条 选用的仪器，必须是经过国家水文仪器检测中心检验，符合现行国家标准的产品。

第3.3.3条 测站选用的自记水位计测量精度应符合表3.3.3-1的要求，走时机构时间误差应符合表3.3.3-2的要求，涨落急剧的小河站，应选择该估读时间误差±2.5min的日记仪器。

自记水位计允许测墨误差

表3.3.3-1

水位量程(m) ΔZ	≤10 m	10 m<ΔZ<15 m	>15 m
综合误差(cm)	2cm	2‰·ΔZ	3cm
室内测定保证率	95%	95%	95%

第3.3.4条 设置自记水位计，应能测到历年最高水位和最低水位，当受条件限制测不到历年的最高、最低水位时，应配置其他水文观测设备。

第3.3.5条 浮子式自记水位计适用于修建测井、无封冻、河床无较大冲淤变化的测站。见图3.3.5。

第3.3.6条 浮子式自记水位计应设置在岸边顺直、水位代表性好、不易淤积、主流不易改道的位置，并应避开回水和受水工建筑物影响的地方。

第3.3.7条 浮子式自记水位计和自记台断面上的位置可分为岛式、岸式和岸结合式。自记台按结构形式和自记台两部分分为岛式、岸式和岸结合式。见图3.3.7。

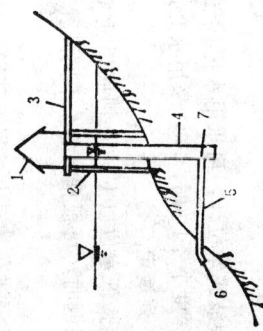

图3.3.7 岛岸结合式自记示意图

1—仪器室，2—支架，3—测桥，4—测井，5—进水管，6—进水管入水口，7—测井入水口

岛式自记台由测井、支架、仪器室和连接至岸边的测桥组成，适用于不易受冰凌、船只和漂浮物撞击的测站。

岸式自记台由设在岸上的测井、仪器室和进水管组成，可以避免冰凌、漂浮物、船只等碰撞，淤积坡较缓，淤积较少的测站。

岛岸结合式自记兼有岛式、岸式的特点，岸式的岸边受冰凌、漂浮物、船只撞击，与岸式自记合用进水管，适用于中低水位易受冰凌撞击的测站。

第3.3.8条 测井的设计应符合下列规定：

一、测井不应干扰水流的流形。测井截面可建成圆形或矩圆形。

二、井壁必须垂直。井底应低于设计最低水位0.5～1m，测井口应高于设计最高水位0.5～1m。

三、测井井底及进水管应设防淤和清淤设施。多沙河在入水口建筑沉沙池。测井及进水管应定期清除泥沙。多沙河流，测井应设在经常流水处，并在测井下部上下游两侧开防淤对流孔。

四、测井可用金属、钢筋混凝土、砖或其他适宜的材料建成。

五、测井截面应能容纳浮子随水位自由升降，浮子与井壁应有5～10cm间隙。水位滞后不宜超过1cm，测井内外的含沙量差异引起的水位差不超过1cm，并应使测井具有一定的削弱波浪对的性能。

第3.3.9条 进水管，测井、测井入水管，进水管底部0.3～0.5m。高于河底0.1～0.3m，管道密封不漏水，进水管底部0.3～0.5m。有封冻的地区，进水管入水口应低于冰冻线。进水管可用钢管、水泥瓷釉管等材料建成。根据需要可以设置多个不同高程的进水管。

第3.3.10条 在设计进水管和测井时，滞后量可按下式计算：

$$\Delta Z = \frac{1}{2gc^2}\left(\frac{A_w}{A_p}\right)^2\left(\frac{dZ}{dt}\right)^2 \quad (3.3.10)$$

式中 ΔZ——滞后量（m）；
    c——流量系数；
    g——重力加速度（m/s²）；
    A_w——测井的横截面面积（m²）；
    A_p——进水管的横截面面积（m²）；
    $\frac{dZ}{dt}$——水位变率（m/s）。当设计测井和进水管时，$\frac{dZ}{dt}$取河流最大水位变率，当计算测井滞后量时，$\frac{dZ}{dt}$取测井中实际水位变率。

第3.3.11条 测井内外水体密度差异引起的水位差可按下式计算：

$$\Delta Z = \left(\frac{1}{\rho_0} - \frac{1}{\rho}\right) h \cdot C_s / 1000 \quad (3.3.11)$$

式中 ΔZ——测井内外水位差（m）；
ρ_0——清水密度（t/m³）；
ρ——泥沙密度（t/m³），可实验分析确定，或采用 2.65t/m³ 计算；
h——进水管的水头（m）；
C_s——含沙量（kg/m³）。

第3.3.12条 在冰期，测井内可采用水面数油数或加热的方法防冻。

第3.3.13条 仪器室应能容纳记录仪器和一位工作人员在里面正常工作；应能通风、防雨、防潮，可安装百叶窗，维修工具，以及定期更换的易耗品。

第3.3.14条 超声波式水位计，可采用水体或气体作为声波的传播介质。当水体的深度小于1m时，不宜采用水介式。超声波式水位计的设置应符合下列规定：

一、宜设置在历年最低水位以上 0.5m，河底以上 1m 时，可根据情况分级设置多个换能器。

二、换能器底座应浇注在基岩上，当无基岩可利用时，应将底座深埋入河底。换能器的安装应牢固。

三、换能器发射表面应平行于水面，并应定时为换能器冲砂。

四、换能器的引线管应沿河底理设，并应有防水、防腐、防犯措施。

五、换能器表面的高程可按水尺零点高程测量的要求测定。

六、当换能器设置在水面上方时，其基础或支架必须牢固，高程应稳定。

第3.3.15条 气泡式水位计适用于水质污染严重或有腐蚀性工业废水的地方。

第3.3.16条 气泡式水位计的设置应符合下列规定：

一、入水管口可设置在历年最低水位以下 0.5m，河底以上 0.5m处。入水管应牢固紧，管口高程应稳定。当设一级入水管会超出测压计的量程时，可分不同高程设置多级一级入水管。

二、水下管口的高程可按水尺零点高程测量的要求测定。

三、供气装置的压力，应随时保持在测量所需的压力以上。

四、当水位上涨时，应向管内连续不断地供气，防止水流进管内。

五、测量水位时，从水下溢出的气泡应调节在每秒一个左右。当观测气泡不便时，可观测气流指示器。

第3.3.17条 压阻式水位计的设置应符合下列规定：

一、压力传感器宜置于仪表中增设阻尼装置。当受波浪影响时，可在二次仪表中增设阻尼装置。

二、压力传感器应根据情况分级设置多个传感器。当设一个传感器量程不够时，可根据情况分级设置多个传感器。

三、传感器的底座及安装应牢固，传感器的高程可按水尺零点高程测量的要求测定。

第3.3.18条 接触式水位计的设置应符合下列规定：

一、管道应顺直坡度铺设，管道口宜设置在历年最低水位以下 0.5m 处。

二、管道安装应牢固，与水平面的夹角不小于安息角。

三、进水口尺寸应使得道中的水位滞后不超过1cm，并应具有较好的削弱波浪的性能。

三、安装测量轮时，应使导电感索处在管道中心位置，不应使导电感索与管道内壁发生摩擦。

第3.3.19条 配有远传装置的水位计，其远传部分应按产品说明书进行安装和使用。

第3.3.20条 水位长期自动存储装置的设置应符合下列规定：

一、水位应记至厘米，时间应记至分，测量误差和走时误差应符合本标准表3.3.3—1、表3.3.3—2的规定。

二、应具有通过显示或指令显示出最近一次记录的水位测量值和测量时间的功能。

三、应能直接或经数据读出机送入计算机整编，并可长期作资料保存。

第3.3.21条 在有条件的重点防洪地区、水库、水电站供水渠系和灌区，可建立自动测报系统。自动测报系统应能满足预报和基本资料收集的要求，并应符合下列规定：

一、自动测报系统的各项设备或部件应选用已通过定型鉴定、性能良好的产品。

二、自动测报系统应能在可预见的当地温度、湿度、压强变化范围内正常工作。

三、自动和闸门开启高度应记至厘米，时间应记至分，自动测报系统的一次仪表或传感器测量误差应符合本标准表3.3.3—1的规定。

四、自动测报系统应具有自动检测、识别纠错、故障报警以及按设计要求进行数据处理的功能。

第四节 设置安装的误差来源与控制

第3.4.1条 设置安装的误差来源应考虑下列各项：

一、直立式水尺安装不垂直。

二、倾斜式水尺坡度不均匀。

三、浮子式、悬锤式水位计零点指示调整不准确。

四、浮子式自记水位计的滚筒轴线与水面不平行。

五、水位观测设备设置的位置不当。

在设置和安装水位观测设备时，应采取相应的措施避免或控制上述误差。

第4.1.5条 观测人员必须携带观测记载簿准时测记水位，严禁追记、涂改和伪造。

第4.1.6条 水位观测报表的编制及填写，应符合本标准附录一的规定。

第四章 使用水尺的水位观测

第一节 一般规定

第4.1.1条 水位的基本定时观测时间为北京标准时间8时，在西部地区，冬季8时观测有困难或枯水期8时水位代表性不好的，根据具体情况，经实测资料分析，主管领导机关批准，可改在其它代表性较好的时间定时观测。

观测员应每天将使用的时钟与北京标准时间核对一次，时间误差不应超过本标准表3.3.3—2的规定。

第4.1.2条 水位应读记至1cm，当上下比降断面的水位差小于0.20m时，比降水位应读记至0.5cm。

第4.1.3条 水位观测测次应根据河流特性及水位涨落变化情况合理分布。应能测到完整的水位变化过程，满足资料整编和水情拍报的要求。各项特征值要求测得峰谷和完整的水位涨落过程；水位涨落急剧时，应加密测次。高洪和枯水期应按本章第五、六节的有关规定加强观测。

第4.1.4条 当水位的涨落需要换水尺观测时，应对两支相邻水尺同时比测一次。换尺频繁时，当能确定水尺零点高程无变动时，可不必每次换尺比测。当比测的水位差不超过2cm，以平均值作为观测水尺零点高程。当比测的水位差超过2cm，应查明原因或校测水尺零点。当能判明是某种原因使某支水尺观测不准确时，可选用较准确的那支水尺读数计算水位，并应在观测记载数值的根据数值栏详细注明。选用水位数值时加一圆括号。选用的记录结果填入按本标准附表1.4的要求编制的记录，并将记录结果填入表的备注栏内。

第二节 河道站的水位观测

第4.2.1条 基本水尺水位的观测次数应符合下列规定：

一、水位平稳时，每日8时观测一次。稳定封冻期没有冰塞现象且水位平稳时，可每2～5日观测一次，月初月末两天必须观测。

二、水位变化缓慢时，每日8时、20时观测二次，枯水期20时观测确有困难的站，可提前至其它时间观测。

三、水位变化较大或出现缓慢的峰谷时，每日2时、8时、14时、20时观测4次。

四、洪期或水位变化急剧时期，可每1～6小时观测一次，水位变化急剧时，应根据需要增为每半小时或若干分钟观测一次，应测得各峰谷和完整的水位过程。

五、结冰、流冰和发生冰凌堆积，冰塞的时期应增加测次。

六、某些结冰河流在封冻和解冻初期，出现冰凌堵塞、溃变化频繁的测站，应按本条四款的要求观测。

七、冰雪融水补给的河流，水位出现日周期变化时，在测得完整变化过程的基础上，经过分析可精简测次，每隔一定时期观测一次全过程进行验证。

八、枯水期使用临时断面水位推算流量的小河上的水位站，当基本水尺水位无独立使用价值时，可在此期间停测。

九、当上下游因人类活动影响或分洪、决口而造成水位有变化时，应及时增加观测次数。

第4.2.2条 比降水尺水位的观测应符合下列规定:

一、受变动回水影响,比降水尺降资料作为推算流量的辅助资料的测站,应在测流的开始和终了同时,观测比降水尺水位。

二、需要取得河床糙率资料时,应在测流的开始和终了观测基本水尺水位。

三、采用比降——面积法推流的测站,应按流量测次的要求观测比降水尺水位,并同时观测基本水尺水位。

四、当上述资料是用于其它目的时,其测次应根据收集资料的目的合理安排。

五、比降水尺水位应由两名观测员同时观测。水位变化缓慢时,可由一人观测,观测步骤为:先观读上(或下)比降水尺,后观读下(或上)比降水尺,再返回观读一次上(或下)比降水尺,取上(或下)比降水尺的均值作为与下(或上)比降水尺的同时水位,两次往返观测的间应基本相等。

第4.2.3条 畅流期水位观测方法应符合下列规定:

一、水面平稳时,直接读取水面截于水尺上的读数;有波浪时,应读记波浪峰谷两个读数的均值。

二、采用绞桩式水尺时,测尺应垂直放在桩顶固定点上观读。

三、当水面低于桩顶且下部水尺设水尺面,应将水尺设水尺底及水面,读取与桩顶固定点齐平时的读数,并应在记录数字前加负号。

四、采用悬锤式或锤针式水位针计时,应使悬锤或测针恰抵水面,读取固定点至水面的高度,并应在记录观测方法应符合下列规定:

第4.2.4条 封冻期水位观测方法应符合下列规定:

一、待水面静稳后观读,应将水层的冰层打开,捞除碎冰,当水面起伏不息时,应测记平均水位;当水面低于冰层底面时,应按冰面自由水面的水位。

从孔中冒出向冰上四面溢流时,应待水面回落平稳后观测;当水面不能回落时,可筑冰堰,待水面平稳后,观测或避开流水处另设新冰尺进行观测。

三、当发生全断面冰上流水时,应将冰层打开,观测自由水面的水位,并量取冰上水深;当水下已冻实时,可直接观读冰上的水位。

四、当发生多层冰层水时,应将各个冰层逐一打开,然后再观测自由水层水位。当上述情况只是断面上的局部现象时,应避开这些地点重新凿孔,设尺观测。

五、当水尺处冻实时,应向河心方向另打冰孔,找出流水位,增设水尺进行观测;当全断面冻实时,可停测,记录冻实时间。

六、当出现本条二至五款所述冰情时,应在水位记载簿中注明。

第三节 水库、湖泊、堰闸站的水位观测

第4.3.1条 水库站基本水尺水位的观测次数,应按河道站的要求布置,并应在水位变化情况加密测次。

水库坝下基本水尺水位和洪水入库以及水库泄洪时,应根据河道站的测次,应按河道站的要求布置,并应在水库洩洪开始和终止前后加密测次。

湖泊水位站的测次可按河道站的规定布置。

堰闸上下游基本水尺水位的测次,应按河道站的要求布置,并应在每次闸门变动开启前后加密测次。闸上、下游水位应同时观测。

第4.3.2条 用堰闸测流的测站,在观测水位的同时应观测闸门的开启高度、孔数及流态,并应符合下列规定:

一、应分别记载各闸孔的编号及垂直开启高度。当各孔宽度不一致时,可计算其平均开启高度。各孔宽度相

同的，应采用算术平均法；各孔宽度不相同的，应采用宽度加权平均法。

闸门开启高度读记至厘米，当闸门提出水面后，仅记"提出水面"。

弧形闸门的开启高度应换算成垂直高度，换算方法应按本标准附录二的规定执行。

当闸门开启高度用悬吊闸门的钢丝绳放长度计算时，应对夹闸时钢丝绳松弛所造成的读数误差进行改正。

叠梁式闸门应测记堰顶高程，当有多个闸孔的，应计算平均堰顶高程。各孔宽度相同的，应采用算术平均法计算；对各孔宽度不相同的，应采用宽度加权平均法计算。

二、堰闸出流的流态分为自由式堰流、淹没式堰流、淹没式孔流和半淹没式孔流，流态记载可用"自堰"、"淹堰"、"淹孔"、"半淹孔"或以符号"○"、"◐"、"●"、"◑"分别代表自由式堰流、淹没式堰流、淹没式孔流和半淹没式孔流。

流态可用目测，不易识别时，可按水力学方法计算确定。

第四节 潮水位观测

第4.4.1条 使用水尺时的潮水位观测应符合下列规定：

一、潮水位应记录至厘米，时间应记至分。

二、潮水位观测的次数应能测到潮汐变化的全过程，并应满足水情拍报的要求。

三、一般站应在半点或整点时每隔1小时观测一次，低潮前后，应每隔5~15min观测一次，应能测到高、低潮水位及其出现时间。

当受台风影响期间或混合潮副振动影响，高、低潮过程测次，当受混合潮落起伏时，应加密测次。

当受台风影响潮汐变化规律遭到影响期间加密测次，当潮水位小时的涨落起伏出现1~2次时，应加密测次。

四、已有多年连续观测资料，基本掌握潮汐变化规律且无显著的日潮不等现象的测站，白天可按本条三款时间要求进行观测，夜间日潮只在高、低潮出现1小时前至高、低潮时间内观测。对夜间缺测部分，可根据情况用直线或比例插补。

五、对临时测站，当资料应用上不需要掌握潮位的全部变化过程时，可仅在高、低潮前后一段时间加密测次，并应测出高、低潮前后一段时间潮位涨落变化。

六、封冻期应破冰观测高、低潮水位。

七、不受潮汐影响时期，可按河道站的要求布置测次。

第五节 枯水位观测

第4.5.1条 当水边即将退出最后一支水尺时，应及时向河心方向增设水尺，以测得最低水位及其出现时间。

第4.5.2条 河道干涸或断流时，应密切注视水情变化，并应记录干涸或断流起迄时间。

第4.5.3条 通航河流在接近最低水位期间时，应根据需要增加测次，测得最低水位及其出现时间。

第六节 高洪水位观测

第4.6.1条 在高洪期间，应测得最高水位及其过程。对未设置自记水位计的测站，可设置洪峰水位计。当漏测洪峰水位时，应在断面附近找出两个以上的可靠洪痕，以四等水准测定其高程，取其均值作为峰顶水位，并应判断出现的时间和水位观测记载簿的备注栏中说明情况。

第4.6.2条 当遇特大洪水或洪水漫滩漫堤时，应在断面附近另选适当地点设置临时水尺，当附近有稳固的建筑物或相近的建筑物上面安装水尺板进行观测或在高于水面的大树、电线杆时，可在上面一个固定点向下测定水位，其零点高程可待水位退下后再进行测量。

第七节 迁移基本水尺断面时的水位比测

第4.7.1条 基本水尺断面不宜轻易迁移，当河岸崩裂、淘刷不能进行观测，或当河道发生较大变动、受到回水及其它影响，使原断面水位失去代表性时，经上级主管部门批准后，可迁移断面。

第4.7.2条 迁移的新断面应设在原断面附近，并宜与原断面水位进行一段时间的比测。比测的水位变幅应达到年平均水位变幅的75％以上，并应包括涨落过程的各级水位，且能满足绘制同时水位相关线的需要。

第4.7.3条 当新旧断面水位变化规律不一致或比测困难时，可不进行比测，作为新设站处理。

第八节 附属项目的观测

第4.8.1条 风向、风力观测应符合下列规定：

一、河道、面向下游，从上游吹来的风为"逆风"，从左岸吹来的风为"左岸风"，从右岸吹来的风为"右岸风"，堰闸站及水库坝下游断面的风向以河流流向为准，面向下游，从上游吹来的风为"顺风"，从下游吹来的风为"逆风"，从左岸吹来的风为"左岸风"，从右岸吹来的风为"右岸风"，记载以箭头表示，如图4.8.1。

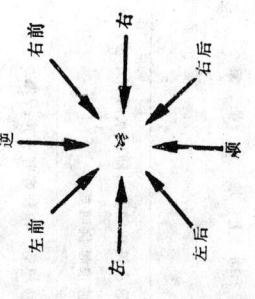

图4.8.1 风向记法

二、水库、湖泊和潮水位站的风向，应以磁方位表示，记录符号应按表4.8.1—1的规定采用。

表4.8.1—1

方位	北	东北	东	东南	南	西南	西	西北
符号	N	NE	E	SE	S	SW	W	NW

三、风向、风力可用风向仪、风速计观测，无仪器观测时，可目测。使用仪器观测时，应按仪器说明书的规定进行观测，目测时风力按表4.8.1—2估测。

表4.8.1—2

风力等级	名称	陆 上 地 物 征 象	相当于平地10米高处的风速 (m/s)	
			范围	中数
0	无风	静，烟直上	0.0～0.2	0
1	软风	烟能表示风向，树叶无摆动	0.3～1.5	1
2	轻风	人面感觉有风，树叶有微响，旗子开始飘动	1.6～3.3	2
3	微风	树叶及小枝摆动不息，旗子展开，高的草摆动不息	3.4～5.4	4
4	和风	能吹起地面灰尘和纸张，高的草呈波浪起伏，树枝动摇	5.5～7.9	7

定分级记载。对水库、湖泊和潮水位站，当起伏度达到4级时，应加测波高，并应记在记载簿的备注栏内。

二、当水尺设有静水设备时，水面起伏度应由静水设备内实际观测表的备注栏中加以说明。

第4.8.3条 风力和水面起伏度的观测，可根据要求编制的水位观测记载表的备注栏中加以说明。

第4.8.4条 流向观测应符合下列规定：

一、对有顺逆流，应测流向。

二、流向采用浮标或漂浮物测流，当岸边与中泓流向不一致时，应以中泓为准。

三、顺流、逆流、停滞分别应以∧、∨、×符号记载。

第4.8.5条 当发生下列现象时，应在水位记载簿备注栏中予以详细记载或在报领机关：

一、风暴潮、漫滩、分流串沟、回水顶托、干涸断流、流冰、冰塞、浮运木材和航运对水流阻塞等。

二、水库、堤防、闸坝、桥梁等建筑物的修建或损坏，人工改道、引水开渠或引洪疏洪，分洪决口，河岸坍塌，滑坡，泥石流等。

第九节 水尺零点高程变动时的水位订正方法

第4.9.1条 当水尺零点高程发生大于1cm的变动时，应查明变动原因及时间，并应对有关的水位记录进行改正。

第4.9.2条 水尺零点高程变动的时间，可根据绘制的本站上、下游站的逐时水位过程线或相关线比较分析确定。

第4.9.3条 当能确定水尺零点高程突变点变动的原因和日期时，在变动前应采用原测高程，校测后采用新测高程，变动开始至校测期间应加以改正数，见图4.9.3-1。

续表4.4.1-2

风力等级	名称	陆 上 地 物 征 象	相当于平地10米高处的风速 (m/s)	
			范围	中数
5	清劲风	有叶的小树摇摆，内陆的水面有小波，的草波起伏明显	8.0~10.7	9
6	强风	大树枝摇动，电线呼呼有声，撑伞困难，高的草呼不时倾伏于地	10.8~13.8	12
7	疾风	全树摇动，大树枝弯下来，迎风步行感觉不便	13.9~17.1	16
8	大风	可折毁小树枝，人迎风前行有感觉阻力较大	17.2~20.7	19
9	烈风	草房遭受破坏，屋瓦被掀起，大树枝可折断	20.8~24.4	23
10	狂风	树木可被吹倒，一般建筑物被破坏	24.5~28.4	26
11	暴风	大风可吹倒，一般建筑物遭严重破坏	28.5~32.6	31
12	飓风	陆上少见，其摧毁力极大	>32.6	>33

第4.8.2条 水面起伏度观测应符合下列规定：

一、水面起伏度应以水尺处的波浪变幅为准，按表4.8.2的规定分级记载。

水面起伏度分级   表4.8.2

水面起伏级别	0	1	2	3	4
波浪变幅（cm）	≤2	3~10	11~30	31~60	>60

第十节 人工观读的误差来源与控制

第4.10.1条 水尺水位观读的误差来源应考虑下列因素：

一、当观测员视线与水面不平行时所产生的折光影响。

二、波浪影响。

三、水尺附近停靠船只或有其它障碍物的阻水、壅水影响。

四、时钟不准。

五、在有风浪、回流、假潮影响时，观察时间过短，读数缺乏代表性。

第4.10.2条 在观测水位时，应按下列要求消除或控制误差。

一、观测员观测水位时，身体应蹲下，使视线尽量与水面平行，避免产生折光。

二、有波浪时，可利用水面的暂时平静进行观读或者读取峰顶峰谷水位，取其平均值。波浪较大时，可先等好静水稍再进行观测。

三、当水尺水位受到阻水影响时，应尽可能先排除阻水因素，再进行观测。

四、随时校对观测的时钟。

五、采取多次观读，取平均值。

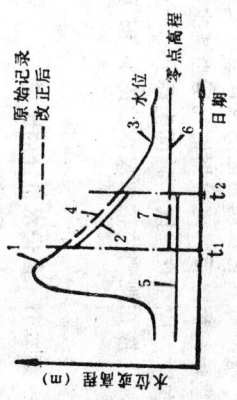

图4.9.3-1 水尺零点高程突变时水位订正

1、2、3—原始记录水位过程线，4—改正后水位过程线，5—校测前水尺零点高程，6—校测后水尺零点高程，7—改正后水尺零点高程，t_2—水尺零点高程变动时间

当已确定水尺零点高程在某一段期间内发生渐变时，应在变动前采用原测高程，校测后采用新测高程，渐变期间的水位应按时间比例改正，渐变终止至校测期间的水位应加同一改正数，见图4.9.3-2

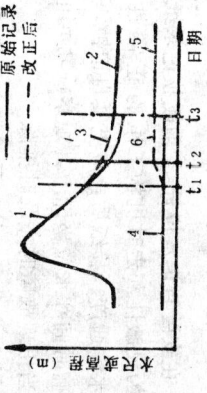

图4.9.3-2 水尺零点高程渐变时水位订正

1、2—原始记录水位过程线，3—改正后水位过程线，4—改正后水尺零点高程，5—校测后水尺零点高程，6—改正前水尺零点高程，t_1、t_2—分别为水尺零点逐渐上抬的起迄时间，t_3—校测期间水尺零点高程时间

第五章 使用自记水位计的水位观测

第一节 自记水位计的检查和使用

第5.1.1条 在安装自记水位计之前感自记录时，应检查水位轮感应水位计的灵敏性和走时机构的正常性。电源应充足，记录笔、墨水应适度。换纸后，将自记笔尖调整到当时的准确时间和水位坐标上，待一切正常后方可离开，当出现故障时应及时排除。

第5.1.2条 自记水位计应按记录周期定时换纸，并应注明换纸时间与校核水位。当换纸恰逢水位急剧变化或高、低潮时，可适当延迟换纸时间。

第5.1.3条 对自记水位计定时进行校测和检查，并应符合下列规定：

一、使用日记式预报的潮水位计时，每日8时定时校测一次。资料用于潮汐预报水位变化较大时，应根据水位变化情况适当增加测次。

二、使用长周期自记水位计时，对周记和双周记自记水位根据实际情况，对其它长期自记水位计使用初期应校测次数需要加强校测，当运行稳定后，可根据情况适当减少校测次数。需要校测附属项目时，应在自记水位时间坐标上一短线，准测记附属项目。

第二节 自记水位计的比测

第5.2.1条 自记水位计应与校核水尺进行一段时期的比

测，比测合格后，方可正式使用。

第5.2.2条 比测时，可将水位变幅分为几段，每段比测次数应在30次以上，测次应在涨落水面均匀分布，并应包括水位平稳、变化急剧等情况下的比测值。长期自记水位并应取得一个月以上连续完整的比测记录。

第5.2.3条 比测结果应符合下列规定：

一、置信水平95%的综合不确定度不应超过3cm，系统误差不应超过1%。

二、机械钟的时间误差不应超过表3.3.3—1普通级的规定；石英钟时间误差不应超过表3.3.3—2精密级的规定。

第5.2.4条 在已经比测合格的水位变幅内，仪器可正式使用，并可将比测资料作为正式记录。

第三节 自记水位记录的订正和摘录

第5.3.1条 自记水位记录的订正应符合下列规定：

一、取回自记纸时，应检查记录纸上有关栏目，当漏或错写时，应检视纠正。当记录线呈锯齿形时，应用红色铅笔通过中心位置划一细线；当记录线呈阶梯形时，应用红色铅笔画成写时。

二、当记录曲线中断不超过3小时且不是水位转折时期时，一般测站可按虚曲线的趋势用红色铅笔以虚线描补描绘，潮水位站可按虚曲线的趋势并参考前一天的自记曲线，用红色铅笔，以虚线描补描绘。当中断时间较长或跨峰时，不宜描绘，其中断时同的潮水位，可采用表1.5的格式要求曲线趋势或曲线法摘补计算，并应在按水标准附表1.5的格式要求编制的水位记录摘录表内注明。

三、使用日记式自记水位计时，一般站一日内水位与校核水位之差超过2cm，时间误差超过5min，应进行订正。资料用于潮汐预报的潮水位，当使用精度较高的自记水位计时，一日内水位差误差超过1cm，时间误差超过1min，应进行订正。

使用长周期自记水位计时，时间误差超过表3.3-2的规定，水位误差超过2cm，应进行订正。

当堰闸站采用闸上、下游同时水位推流水位差误差很小时，可按推流精度的要求确定时间和水位误差的订正界限。

当自记水位记录的时间和水位误差超过上述规定时，宜先作时间订正，后作水位订正。

四、时间订正可采用直线比例法，水位订正可采用直线比例法或曲线趋势法。当时间和水位误差采用直线比例订正时，可按下式计算：

$$t = t_0 + (t_2 - t_3) \times \frac{t_0 - t_1}{t_3 - t_1} \quad (5.3.1-1)$$

式中 t ——订正后的时刻（h）；
t_0 ——订正前的时刻（h）；
t_1 ——前一次校对的准确时刻（h）；
t_2 ——相邻后一次校对的自记时刻（h）；
t_3 ——相邻后一次校对的自记时刻（h）。

$$Z = Z_0 + (Z' - Z'') \frac{t - t_1}{t_2 - t_1} \quad (5.3.1-2)$$

式中 Z ——订正后的水位（m）；
Z_0 ——订正前的水位（m）；
Z' —— t_1 时刻校核水尺水位（m）；
Z'' —— t_1 时刻自记水位所对应的水位（m）；
t_1 ——上次校测水位的时刻（h）；
t_2 ——相邻下一次校测水位的时刻（h）。

五、对于因测井滞后所产生的水位差进行订正时，可按下式计算：

$$\Delta Z_1 = \frac{1}{2gc^2} \left(\frac{A_w}{A_p} \right)^2 \left[\alpha \left(\frac{dZ}{dt} \right)^2 - \beta \left(\frac{dZ}{dt} \bigg|_{t=0} \right)^2 \right] \quad (5.3.1-3)$$

式中 ΔZ_1 ——订正值（m）；
c ——流量系数；
A_w ——测井截面积（m²）；
A_p ——进水管截面积（m²）；
$\frac{dZ}{dt}$ ——订正时刻测井内的水位变率（m/s）；
$\frac{dZ}{dt}\bigg|_{t=0}$ ——换纸时刻测井内的水位变率（m/s）；
α、β ——分别为 $\frac{dZ}{dt}$，$\frac{dZ}{dt}\bigg|_{t=0}$ 的系数。当 $\frac{dZ}{dt} > 0$时，α取+1，$\frac{dZ}{dt} < 0$时，α取-1，当 $\frac{dZ}{dt}\bigg|_{t=0} > 0$时，$\beta$取+1，当 $\frac{dZ}{dt}\bigg|_{t=0} < 0$时，$\beta$取-1。

六、对测井内外含沙量不同而产生的水位差进行订正时，可按下式计算：

$$\Delta Z_2 = \left(\frac{1}{\rho_0} - \frac{1}{\rho} \right) (h_0 C_{s_0} - h_t C_{s_t}) / 1000 \quad (5.3.1-4)$$

式中 ΔZ_2 ——订正值（m）；
ρ_0 ——清水密度（1.00 t/m³）；
ρ ——泥沙密度（t/m³）；
h_0、h_t ——分别为换纸时刻、订正时刻进水管的水头（m）；
C_{s_0}、C_{s_t} ——分别为换纸时刻、订正时刻测井外含沙量恰当的测井和进水管尺寸予以控制。对由测井内外流体的密度差异所引起的水位误差，可在测井的上、下游面对井进出水孔予以控制。

第5.4.4条 校核水尺水位的观读不确定度应控制在1.0cm以内。

（kg/m³）。

第5.3.2条 水位记录的摘录应符合下列规定：

一、自记水位记录的摘录应在订正后进行，摘录的成果，应能反映水位变化的完整过程，并应满足计算日平均水位、统计特征值和推算流量的需要。

二、一般站水位变化不大且变率均匀时，可按等时距摘录；水位变化急剧且变率不均匀时，应加摘录转折点。摘录的时刻直选在6分钟的整数倍之处。8时水位变率均匀时，摘录的时刻必须摘录水位变化不大的日平均水位时，零时和24时水位必须摘录。当需要用面积包围法计算日平均水位线上逐一标识，并应注明水位数值。摘录点应在记录线上逐一标出，并应注明水位数值。

三、潮水位站应摘录高、低潮水位出现时刻。对具有代表性的大潮以及受水影响的最大洪峰、在较大转折点处应选点摘录。当观测涨憩时，应摘录断面平均流向的相应水位。沿海及河口附近测站，当有需要时，应加摘录每小时的潮水位。

第四节 自记记录的误差来源与控制

第5.4.1条 自记记录水位的仪器测量误差应考虑下列各项：

一、机械摩阻产生的滞后误差。

二、悬索重量转移改变浮子吃水深度产生的误差。

三、平衡锤重量改变浮子入水深度引起的误差。

四、水位轮、悬索直径公差形成的误差。

五、环境温度变化引起水位轮悬索尺寸变化造成的误差。

六、机械传动空程引起的误差。

七、走时机构的时间误差。

八、记录纸受环境温湿度影响所产生伸缩引起的误差。

第5.4.2条 记录纸可通过密封，加放干燥剂的方法加以控制。

第5.4.3条 对由水位变率所引起的测井水位误差和时间误差，可选政

第六章 水位观测结果的计算

第一节 日平均水位计算

第6.1.1条 当采用算术平均法计算的结果与面积包围法相比超过2cm时,应采用面积包围法计算。

第6.1.2条 当一日内水位变化缓慢,且系等时距观测或电算整编资料时,可采用算术平均法计算日平均水位,当采用面积包围法计算时,应按面积包围法编程计算。

第6.1.3条 当一日内水位变化较大,且不等时距观测或摘录时,可采用面积包围法计算日平均水位,应根据前后相邻水位按直线插补。面积包围法包围法计算日平均水位可按下式计算,见图6.1.3。无自记录和零时实测水位时,可按下式计算:

$$\bar{Z}=\frac{1}{48}[Z_0 a + Z_1(a+b) + Z_2(b+c) + \cdots \cdots$$
$$+Z_{n-1}(m+n) + Z_n n] \quad (6.1.3)$$

式中 $a, b, c \cdots \cdots m, n$——为各个不同时距(h);
$Z_1, Z_2 \cdots \cdots Z_n$——为相应时刻的水位值(m)。

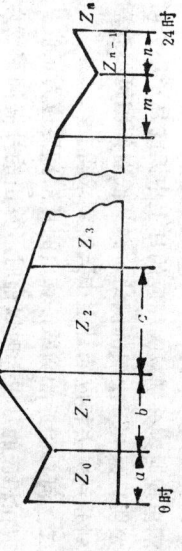

图6.1.3 面积包围法

第6.1.4条 在可每2～5日观测一次水位的期间,其未观测水位各日的日平均水位可按直线插补计算。当一日内部分时间河干或连底冻结,其余时间有水时,不宜计算日平均水位,应在水位记载簿中注明情况。

第6.1.5条 日平均水位无使用价值的测站,可不计算日平均水位。

第二节 水面比降计算

第6.2.1条 水面比降应以万分率表示,可按下式计算:

$$S = \frac{Z_u - Z_l}{l} \times 10000 \quad (6.2.1)$$

式中 S——水面比降(‰);
Z_u——上比降断面水位(m);
Z_l——下比降断面水位(m);
l——上下比降断面间距(m)。

第三节 潮水位特征值的统计

第6.3.1条 高、低潮水位及其出现时刻的统计应符合下列规定:

一、高、低潮水位及其出现时刻应从实测的潮水位或订正后的自记录中挑选。

二、当一次潮期内出现两个峰或谷时,应对照前后涨落潮历时及上、下游潮水位,选取出现时刻较合理的高、低潮。另一个峰或谷应在备注栏内注明。当格式要求编制的潮水位逐日统计表的各注栏内注明高度和时刻,当为月、年格式要求编制的潮水位最高时,年统计表的各注栏内出现的峰或谷为准。当月、年计算表的备注栏内注明。当无法分析判断时,应以先出现的峰或谷为准。当高潮或低潮发生平均停潮现象时,出现时间应以平潮或停潮开始和终了的平均时间为准,当平潮或停潮超过20min

以上时,应根据涨落潮历时分析确定。

四、当各次高、低潮的出现时间有超前或滞后现象时,应以实测为准,并应在潮水位逐日统计表的备注栏内说明原因。

第6.3.2条 高、低潮间隙的统计计算应符合下列规定。

一、一个太阴潮日出现两次高潮的测站,高、低潮间隙可将相应的月上中天或月下中天时刻求得。和低潮出现时刻分别减去相应的月上、高、低潮间隙可将高潮和低潮出一个太阴潮日只有一次潮的测站,高、低潮间隙可将高潮和低潮出现时刻分别减去相应的月上中天时刻求得。

二、河口附近相应的测站,算出的月潮间隙应为正值。当潮早出现在相应的月中天以前时,算出的月潮间隙应为负值,当这种情况很少,且对月平均高潮间隙计算的影响不大时,可作为月潮间隙处理。当高潮间隙计算影响较大时,不宜计算月潮间隙或月平均月潮间隙。

三、离河口较远的测站,当月上(下)中天所产生的高潮,推迟到相邻的月下(上)中天或最后附近一段时间出现时,月潮间隙不宜计算,当需要计算时,该站的月潮间隙应按照河口附近测站计算月平均月潮间隙所对应的月上中天或月下中天来计算。

四、月内无负流期的测站,月潮间隙不宜作统计。

五、月上(下)中天时根据国家海洋局有关资料查算或根据格林威治中天时推算,当采用格林威治的月上(下)中天推算时,可按下列各式计算:

1、采用格林威治的月上中天及下中天计算时,

$$t_0 = t_n' - \frac{t_n - t_n'}{12} \times \frac{l_0}{15} - \frac{l_n - l_n}{15} \quad (6.3.2-1)$$

式中 t_0——某地某日的月上(下)中天出现时间;
t_n'——格林威治的月下(上)中天出现时间;
t_n——格林威治相应的前一个月下(上)中天出现时间;
l_0——某站所在地的经度;
l_n——某站所根据的标准时区经度。

2、采用格林威治的前后两个月上(下)中天计算时,

$$t_0 = t_n' - \frac{t_n - t_n''}{24} \times \frac{l_0}{15} - \frac{l_0 - l_n}{15} \quad (6.3.2-2)$$

式中 t_n''——格林威治相应的前一日的月上(下)中天时间。

其余符号代表的意义与公式(6.3.2-1)相同。

用以上两式计算时,时间单位应以小时计。天文年的历时换算为世界时时可减去换算值△t或忽略不计。

第七章 水位观测的不确定度估算

第7.0.1条 水位观测的不确定度应以绝对量值衡量，并应按正态分布，置信水平取95%。

第7.0.2条 在估算水位观测不确定度之前，应先分析各个独立的误差来源及其差性质。对不定系统误差和随机误差可采用适当的方法进行修正，对不定系统误差和随机误差不确定度，应按误差传递与综合理论分别估算随机不确定度和系统不确定度，然后估算水位观测的综合不确定度。

第7.0.3条 当水位观测的随机误差有相互独立的若干项 E_1'、E_2'……E_n'时，水位观测总随机不确定度应按下式计算：

$$X_z' = \sqrt{X_1'^2 + X_2'^2 + \cdots + X_n'^2} \qquad (7.0.3-1)$$

式中 X_z'——水位观测的总随机不确定度；

X_1'、X_2'……X_n'——分别为 E_1'、E_2'……E_n'各单项的随机不确定度。

当水位观测的不定系统误差有相互独立的若干项 E_1''、E_2''……E_n''时，水位观测总系统不确定度应按下式计算：

$$X_z'' = \sqrt{X_1''^2 + X_2''^2 + \cdots + X_n''^2} \qquad (7.0.3-2)$$

式中 X_z''——水位观测的总系统不确定度；

X_1''、X_2''……X_n''——分别为 E_1''、E_2''……E_n''各单项的系统不确定度。

第7.0.4条 对需要通过试验才能确定的单项不确定度，应收集30次以上的试验资料，当反复试验有困难而少于30次时，可按学生氏t分布改正求得单项不确定度。

第7.0.5条 当采用水尺观测水位时，其误差来源应考虑水尺零点高程测量的系统不确定度，水尺刻划系统误差和水尺观测的随机不定度。对上述三项误差因素，可看作相互独立，水尺刻划系综合不确定度应由水尺零点高程测量系统不确定度和水尺观测随机不确定度和水尺观测随机不确定度三项合成。

一、水尺零点高程的系统不确定度，可通过收集试验资料进行估算或根据测定水尺零点高程时所采用的水准测量精密等级取相应的标准差按下式估算：

$$X_1'' = 2S_m\sqrt{L} \qquad (7.0.5-1)$$

式中 X_1''——水尺零点不准引起的系统不确定度（mm）。

S_m——水准测量1Km线路往返测量的标准差（mm）；

三等水准为6mm，四等水准为10mm。

L——往返测量或左右路线所算得之测段，路线的平均长度（km）。

当水尺零点高程定按表3.1.9的规定测定时，其系统不确定度可按水尺长度的1‰估算，当水尺长度为1.2m时，水尺刻划系统不确定度为 $X_2''=1.2$mm。

二、水尺刻划系统不确定度，可按水尺长度的1‰估算，当水尺长度为1.2m时，水尺刻划系统不确定度为 $X_2''=1.2$mm。

三、水尺刻划系统不确定度，可采用具有代表性的测站所收集的试验资料估算。在收集试验资料时，应用无波浪，一般波浪和较大波浪三种情况，在水位基本无变化的5～20min内连续观读水尺30次以上。

1. 各种情况下的水尺观读标准差可按下式计算：

$$S_a = \sqrt{\frac{\sum_{i=1}^{N}(P_i-\bar{P})^2}{N-1}} \qquad (7.0.5-2)$$

第7.0.6条 用水尺观测水位的综合不确定度和随机不确定度成果,应分别按无波浪、一般波浪和较大波浪三种情况提出,并应记入按本标准附表1.6的格式要求编制的水位观测统计表中。

式中 S_g——水尺观读标准差(m);
P_i——第i次水尺读数(m);
$\bar{P}$——N次水尺读数的平均值(m);
N——观读次数。

2. 水尺观读随机不确定度可按下式计算:

$$X_g' = 2S_g \quad (7.0.5-3)$$

式中 X_g'——水尺观读随机不确定度,与P_i、$\bar{P}$具有相同的量纲。

3. 当观读次数N少于30次时,水尺观读随机不确定度应按下式计算:

$$X_g' = t \cdot S_g \quad (7.0.5-4)$$

式中 t——学生氏t分布改正系数。

五、水尺观读数可采用多次读值的平均值,当观读N次时,水尺观读随机不确定度应按下式计算:

$$\overline{X_g'} = \frac{X_g'}{\sqrt{N}} \quad (7.0.5-5)$$

式中 $\overline{X_g'}$——N次平均值的水尺观读随机不确定度;
N——实测时的观读次数。

六、水位观测不确定度的综合应符合下列规定:

1. 随机不确定度应按下式计算:

$$(X_z')_{95} = X_g' = 2\sqrt{\frac{\sum_{i=1}^{N}(P_i - \bar{P})^2}{N-1}} \quad (7.0.5-6)$$

2. 系统不确定度应按下式计算:

$$X_z'' = \sqrt{X_1''^2 + X_0''^2} \quad (7.0.5-7)$$

3. 综合不确定度应按下式计算:

$$X_z = \sqrt{(X_z')_{95}^2 + X_z''^2} \quad (7.0.5-8)$$

附录一 报表的编制规定

(一) 一般规定

1. 本标准报表格式，可根据情况作适当调整，但各流域省、自治区、直辖市和各部门的报表格式必须统一。
2. 报表格式中规定的栏目可根据情况增加，但不宜减少。
3. 水位观测簿及水面比降、堰闸水位记载簿应现场随记。记录应真实、准确、清晰，每次观测阿拉伯数字现场填记后，应就地复测一次。当发现第一次观测记录数字有错时，应用斜线划去，但划去的数字应能认出，并应在下一横行的相应栏中填写复测的数字。严禁用橡皮擦拭、涂改、挖补。
4. 各项原始观测记载簿的整理及计算必须及时进行。原始观测记载簿应每月或数月装订成册，妥善保存。

(二) 报表格式

1. 报表的编号及规格应符合附表1.1的规定。

附表1.1

报表类别	报 表 名 称	报表编号	规格
观测	一、水位观测记载簿	19水位1－5／潮1－6	32开
	1. 封 面	19水位1－5／潮1－6	32开
	2. 观测应用的设备和水尺零点(或固定点等)高程说明	19水位1／潮	32开

续附表1.1

报表类别	报 表 名 称	报表编号	规格
观测	3. 基本水尺错情记载表	19水位2／潮	23开
	4. 自记水位记录摘录表	19水位3／潮	32开
	5. 水位月统计表	19水位4	32开
	6. 潮位逐日统计表	19潮4	32开
	7. 潮位月统计表	19潮5	32开
	8. 检查人员意见及审核人员意见	19水位5／潮6	32开
	二、水面比降观测记载簿堰闸水位	19位7－11	32开
	1. 封 面	19位7－11	32开
	2. 观测人员记载及检查人员意见	19位7	32开
	3. 观测应用的设备和水尺零点(或固面定点等)高程说明	19位8	32开
	4. 比降水尺水位记载表	19位9	32开
	5. 堰闸水尺水位记载表	19位10	32开
	6. 堰闸水位月统计表	19位11	32开
整理	三、潮水位逐日月报表	19位12	8开
	四、水位观测年报表	19位13	16开

2. 水位观测记载簿的封面及其中各表的格式应分别符合附表1.2～附表1.9的要求。
3. 水面比降观测记载簿的封面及其中各表的格式应分别符合附表1.10～附表1.15的要求。
4. 潮水位观测月报表的格式应符合附表1.16的要求。
5. 潮水位观测年报表的格式应符合附表1.17的要求。

附表1.2

（机关名称）_____

测站编码 _____

站 水位观测记载簿
潮

（包括附属项目）

拟稿：_____ 水系：_____ 河名：_____

省 _____ 市 _____ 乡 _____ 村 _____

区 _____ 县 _____ 镇 _____

观测：_____   19   年   月份

校核：_____   （   月   日）～（   月   日）   水位1—5
                                                   潮位1—8
共   页   第   页   19   年   始长：

附表1.3

观测应用的设备和水尺零点（或固定点等）高程说明（____基面以上米数____m）

基面在 _____ 基面以上。

水尺高程变动的日期、原因，校测水尺和设置临时水尺的情况记载

附表1.4

站基本水尺水位记载表
潮

19   年   月份   第   页

日	时：分	水尺编号固定点	水尺零点（或高程（m）	水尺读数（m）	水位（m）	日平均水位（m）	流向	风及起伏度	备注

19   水位1
     潮位2

潮水位逐日统计表 附表1.7

_____站 19___年___月份 第___页

日期		潮别	潮水位(m)	时	分	月上中下天时	间隙	潮差(m)	历时	备注
阴历月	日									
		低潮								
		高潮								
		低潮								
		高潮								
		低潮								
		高潮								
		低潮								
		高潮								
		低潮								
		高潮								
		低潮								
		高潮								
		低潮								

_____站自记潮水位记录摘录表 附表1.5

19___年___月份 第___页

自记类型_____

日	时	分	纸上水位(m)	校核水尺水位(m)	水位改正数(m)	改正后水位(m)	权数	积数总数	日平均水位(m)	备注

_____站水位月统计表 附表1.6

19___年___月份 第___页

项目	总数	平均	最高	日期	最低	日期
水位(m)						
		无波浪	一般波浪		较大波浪	
不确定度						
综合不确定度						
随机不确定度						
备注						

附表1.9

检查人员意见　　审核人员意见

检	审
查	查
19　年　月　日	19　年　月　日

附表1.10

（机关名称）

水面比降观测记录簿
站堰闸水位观测记录簿

测站编码＿＿＿＿＿＿＿

流域：＿＿＿＿＿　　水系：＿＿＿＿＿　　河名：＿＿＿＿＿

　　　　　　　　省　　县　　　　　乡
　　　　　　　　区　　市　　　　　镇

19　　年　　月份　　　校核：

观测：　　　　　（　月　日）站长　　　19　位7—11

共　　页

附表1.8　第　　页

潮水位月统计表　　月份

项目	次数	平均或最大	最高或最小	时	分	阴历月 日	阳历月 日
潮位	高潮						
	低潮						
时间	高潮						
	低潮						
潮差	涨潮						
	落潮						
历时	涨潮						
	落潮						

不确定度	无波浪	一般波浪	较大波浪
综合不确定度			
随机不确定度			
备注			

19　潮位5

_____站比降水尺水位记载表   附表1.13

上、下比降水尺断面间距_____m   19____年____月份   第____页

日	时:分	基本水尺水位(m)	流向	上、下比降水尺(m)							上、下比降水尺(m)						水位差(m)	水面比降(10^{-4})	备注
				编号	水尺零点高程(m)	第一次读数(m)	风及起伏度	第二次读数(m)	风及起伏度	读数平均(m)	水位(m)	编号	水尺零点高程(m)	读数(m)	风及起伏度	水位(m)			

观测人员记载   检查人员意见   附表1.11 第____页

检查：____   19 年 月 日   附表1.12

观测应用的设备和水尺零点（或固定点等）高程说明（____基面以上米数）

基面在____基面以上____m

水尺高程变动的日期、原因，校测水尺和设置临时水尺的情况记载

站堰闸水尺水位记载表

附表1.14

19____年____月份　　　第____页

| 日 | 时:分 | 流向 | 风及起伏度 | 闸上、下水尺（m） ||||| 闸上、下水尺（m） ||||水位差（m）|闸孔编号|开启高度（m）|流态|平均开启高度（m）|备注|
				水尺编号	第一次读数（m）	第二次读数（m）	读数平均（m）	水位（m）	日平均水位（m）	水尺编号	读数（m）	水位（m）	日平均水位（m）						

堰闸水位月统计表

附表1.15

月份　　　第　　页

项目	总数	平均	最高	日期	最低	日期
闸上水位（m）						
闸下水位（m）						
不确定度	无波浪		一般波浪		较大波浪	
综合不确定度						
随机不确定度						
备注						

附表1.16

_____站 _____年 _____月份 潮水位观测月报表

潮位以米计，基面_____

潮时 潮高 日期\农历	0	1	2	3	4	5	6	7	8	9	10	11	12	13	14	15	16	17	18	19	20	21	22	23	总计	平均	高潮潮时	高潮潮高	高潮潮时	高潮潮高	低潮潮时	低潮潮高	低潮潮时	低潮潮高
1																																		
2																																		
3																																		
4																																		
5																																		
6																																		
7																																		
8																																		
9																																		
10																																		
11																																		
12																																		
13																																		
14																																		
15																																		
16																																		
17																																		
18																																		
19																																		
20																																		
21																																		
22																																		
23																																		
24																																		
25																																		
26																																		
27																																		
28																																		
29																																		
30																																		
31																																		

备注：

最高高潮高 _____ m, 潮时 _____ 时 _____ 分　　月总数 _____

最低高潮高 _____ m, 潮时 _____ 时 _____ 分　　月平均 _____

最高低潮高 _____ m, 潮时 _____ 时 _____ 分　　平均高潮高 = _____ m　　最大潮差 _____ m　　平均低潮高 = _____ m

最低低潮高 _____ m, 潮时 _____ 时 _____ 分　　平均潮差 _____ 　　　　　日　月　　　　　　19　位12　　最小潮差 _____ m
　　　　　　　　　　　　　　　　　　　　　　　　　　　　　　　　　　日　月

制表：　　月　日　　　初校：　　月　日　　　复校：　　月　日　　　审查：　　月　日

(三) 填制说明

1. 水位观测记载簿封面（19 水位1-6 / 潮1-6）的填写应符合下列规定：

（1）"共___页"：应用阿拉伯数字填写本月水位观测记载簿的实际页数。

（2）"站名"：应填写测站名称的全称。如汉口（武汉关）、湘阴（二）、陆水岸（坝上）等。

（3）"流域"、"水系"、"河名"：应根据流域机构或资料汇编刊印机构统一划分的名称填写。

（4）"省（区）"、"县（市）"、"乡（镇）"：应填写测站基本水尺断面水尺所在岸的行政区划名称。

（5）"年月份"：应填写本记载簿中观测资料的年度和月份。

2. 观测应用的设备和水尺零点（或固定点等）高程说明、水尺高程变动的日期、原因，校测时水尺的情况及设置临时水尺情况等记载表（19 水位1 / 潮1）的填写应符合下列规定：

（1）"___基面以上米数"：应填写测站所采用的冻结基面的名称。如"冻结基面"、"测站基面"。

（2）"基面在___基面以上___m"：应填写测站所采用的冻结基面或测站基面与现行的国家高程基准面的换算关系。如"冻结基面在1985国家高程基准以上-0.276m"，当换算关系有变动时，应在下面横栏内加以说明。

（3）"水尺高程变动记载表"：应由测量者和测站观测人员根据校测结果及观测现场了解到的情况，共同填写。

3. 基本水尺水位表（19 水位2 / 潮2）的填写应符合下列规定：

附表1.17

___站 ___年 潮水位观测年报表

潮位以米计

月份	最高潮		最低潮		月平均			平均潮差	最大潮差	最小潮差
	潮高	日 时分	潮高	日 时分	高潮潮高	低潮潮高				
1										
2										
3										
4										
5										
6										
7										
8										
9										
10										
11										
12										
特征统计	年平均							年最大潮差		年最小潮差
		年最高潮 日 月 时分		年最低潮 月 日 时分						

备注：

制表： 月 日 初算： 月 日 复核： 月 日 审核： 月 日 位13

定：

(1)"日"、"时分"：应填写两位数字，小于10分钟的数字，应在个位数前加写"0"字。如："13：06"。

(2)"水尺编号"：应填写该次所读的水尺的编号。

(3)"水尺零点（或固定点）高程"：应填写该支水尺或固定点的相应应用高程。

(4)"水尺读数"、"水位"：当换尺比测时，应将本标准第4.1.4条的规定填记。不参加计算日平均水位的水位，应用铅笔在数值下方划一横线；选为月特征值的最高水位，应用红铅笔在数值下方划一横线；选为月特征值的最低水位，应用蓝铅笔在数值下方划一横线。

(5)"日平均水位"：应将计算所得的日平均水位填入该日第一次观测时间的相应栏内。用自记水位计观测的站，本栏不填，应改在"自记水位记录摘录表"上填写。有顺流逆流、停潮流或一日兼有逆流、停潮时，应加记"×"符号；当全日停潮时，应加记"∨"符号，加记"∨"符号外加记顺流符号。

(6)"流向"、"风及起伏度"等附属项目观测时，按测站任务书中规定需要进行流向或风及起伏度测记。风向用箭头表示，风力的级数记在箭头尾处，水面起伏度记在箭头处。如：右前方吹来二级风，在水尺处有起伏约5cm的波浪，记为"↙2"。当水面起伏无风（观测当时无风），可只记水面起伏度，例如"1"。风力母的字母用丁字母表示，风力记在字母的左边，河口测位站，应用拉丁字母表示风向。北风四级，水尺处发生起伏约20cm的波浪，则记为"4N2"。前后两次符号相同时，不应省略，不应以"〃"代替。

(7)"备注"：可记载影响水情的有关现象以及其它需要记载的事项。

4.自记水位记录摘录表（19 水潮3）的填写应符合下列规定：

(1)"自记类型"：应填写自记测站观测应用的自记水位计的类型。如"浮子式（日记）"、"日记式（月记）"等。

(2)"纸上水位"：应填写由自记纸上读得并经过时间订正后的相应水位数值。

(3)"校核水尺水位"：应填写该支水尺水位记载表内摘录。

(4)"水位改正数"：应按本标准5.3.1条规定需要对自记水位记录加以水位订正的水位改正数。当纸上读数偏高时，水位改正数为负；反之，纸上读数偏低，则水位改正数为正。当自记水位记录不需要进行订正时，水位改正数填"0"。

(5)"改正后水位"：应填写纸上水位"与"水位改正数的代数和。

(6)"日统计表"：日平均方法同基本水尺水位记载表。

5.月统计表(19 水位4)的填写应符合下列规定。

(1)"总数"：应填写一月内各日平均水位之总和，当一月内记录不全时应加括号。

(2)"平均"：应填写月总数除以本月日数之商。当发生河干、连底冻或记录不全时，不宜计算月平均水位，应在该栏填写"河干"、"连底冻"或"不全"。

(3)"最低"、"最高"及"日期"：应填写在全月瞬时水位记录中挑选的最高、最低水位发生日期。当最高、最低水位不加出现的任何符号数值上加一括号"1"。当发生"连底冻"或"河干"或其连底冻所选特征水位不加出现符号数值上加一括号"河干"或"连底冻"栏填写"河干"或"连底冻"。"连底冻"发生时，最连底冻发生日期。当一月内"河干"及"连底冻"现象都有发生时，最低水位日期，最低水位最低发生日期及其现象发生日期。

低水位栏可只填"河干"。

（4）"不确定度"：应填人按本标准第七章规定的方法进行估算的结果。

（5）"备注"：应记载临时委托旁人代理观测情况及其它有关事项。

6. 检查人员意见及审核人员意见表（19 水位5）的填写应符合下列规定：

（1）"检查人员意见"，应由检查人员在测站检查工作时填写。

（2）"审核人员意见"，应由审核人员在进行资料审核时填写。

7. 水面比降、堰闸水位观测记簿封面（19 位7-11）的填写应符合下列规定：

（1）当封面用于水面比降水位观测记簿时，应将"堰闸水位"四字划去。当比降水尺分开观测记载时，应将"水面比降"或以下字划去，并加上括号。

（2）其它各项的填写同基本水尺水位观测记簿封面。

8. 观测人员记载及检查人员意见表（19 位7）的填写应符合下列规定：

（1）"观测人员记载"：应记载临时委托旁人代理观测情况，以及对水位观测精度有影响的其它事项。

（2）"检查人员意见"：应由检查人员在测站检查工作时填写。

9. 观测应用的设备和水尺零点（或固定点）高程说明、水尺高程变动的日期原因，校测水尺的情况及设置临时水尺等记载表（19 位8）的填写应符合本标准附录一、（三）、2 的规定。

10. 比降水尺水位记载表（19 位9）的填写应符合下列规定：

（1）"上、下比降水尺间距____m"：应填上、下比降水尺断面间的水平距离。

（2）"上下比降水尺"：应根据实际观测方法，次序，分别将"上"字或"下"字划去。

（3）"上下比降读数"、"读数平均"：当两人同时观测上下比降水尺时，其"读数"和"读数平均"两栏可不填。当采用自记水位计观测时，其"读数"和"风及起伏度""各栏可不填，水位可由自记摘录表中抄录。当上下比降水尺分别由两人观测时，应分别记载，观测后，再将其中一本的观测记录抄入另一本中，两本观测记簿都应按月合并装订，妥善保存。

（4）"水位差"：应填写上下比降水尺同时水位相减之差。

（5）"水面比降"：应填写以上下水尺断面间距算得之商。

（6）其它各栏的填写应同基本水尺水位记载表。

11. 堰闸水位记载表（19 位10）的填写应符合下列规定：

（1）"闸孔编号"、"开启高度"、"流态"、"平均开启高度"、填写方法应符合本标准第4.3.2条的规定。

（2）"流向"、"风及起伏度"、"日平均水位"的填法同基本水尺水位记载表。

（3）其他各栏的填写方法同比降水位记载表。

12. 潮水尺水位观测月报表（19 位12）的填写应符合下列规定：

（1）农历日期应填写在对应的公历日期旁。每月公历1日对应的农历日期应注明月份，分母代表月份，分母采用分式表示，分母代表月份，分子代表日期。月中农历日期换月时，该月的初一也应采用分式填写。遇农历闰月，则月份应加注"闰"字。公历进入新的一年，农历的年份可不注明。

(2) 各正点潮高及最高潮或最低潮潮高、潮时，应从经高潮时订正后的自记录纸上抄录。高潮或低潮应按出现时间顺序填入。当某日为半日潮，且缺少一个高潮或低潮时，后一个高潮或低潮栏内填"**"，后一个高潮和低潮的潮高，潮时栏内填"***"。当某日为日潮，潮时栏应填"**"；当日出现一个高潮时，前一个低潮或高潮应记在最低的两个，低潮填在高、低潮栏内，其余高潮或低潮应不参加统计。备注栏内，各注栏内的高潮或低潮可不填。如：306(4)。

(3) 月平均高潮高或低潮高应为两个高潮月总潮高与月平均低潮个数，月平均潮差应为月平均高潮高与月平均低潮高之差。

(4) 月最高高潮或月最低低潮及其相应的潮时挑选。当出现两个相同时，应从高潮并记；当出现三个或三个以上时，应在潮高数字后记个数并外加括号，潮时栏可不填。

(5) 月最大潮差应考虑上月末的一个潮。

13. 挑选时应考虑上月末的一个潮。挑选时应符合下列规定：

(1) 各月特征值及日期可以从潮水位观测月报表中抄录。
(2) 年统计中各项数值应从各月极值中挑选。
(3) 年平均应将全年总数除以全年总天数或将12个月的月平均潮高之和除以12录得。

附录二 弧形闸门开启高度的换算

(一) 当能方便地观测到闸门开启移动的角度 α 时，垂直高度 e 可按下式计算（附图2.1）:

$$e = 2R\sin\frac{\alpha}{2}\cos\left(\varphi - \frac{\alpha}{2}\right) \quad (附2.1)$$

式中 R——弧形闸门臂长 (m)；
α——弧形闸门移动角度；
φ、φ'——关闸时闸门底、闸门顶至弧形连线与水平线的夹角，可从设计图上量得。

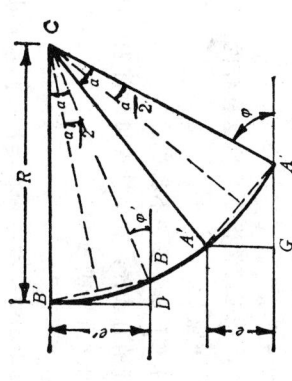

附图2.1 弧形闸门

A、B——闸门关闭时闸门底、闸门顶的位置，A'、B'——闸门开启时闸门底、闸门顶的位置，e——闸门开启高度，e'——闸门顶移动的垂直高度

(二）当不能方便地观测到闸门开启移动的角度α时，可选取若干个α值，分别计算e'和e，并点绘e'与e的关系线，从线上查出e'为0.1，0.2，……米时的e'值，以B点为零点，按各e'值刻划在岸墙或闸墩上，并注记相应的e值。e'值可按下式计算：

$$e' = 2R\sin\frac{\alpha}{2}(\varphi' - \frac{\alpha}{2}) \qquad (附2.2)$$

式中各符号意义同上。

附录三 本标准用词说明

（一）为便于在执行本标准条文时区别对待，对要求严格程度不同的用词说明如下：

1. 表示很严格，非这样作不可的：
   正面词采用"必须"；
   反面词采用"严禁"。
2. 表示严格，在正常情况下均应这样作的：
   正面词采用"应"；
   反面词采用"不应"或"不得"；
3. 表示允许稍有选择，在条件许可时首先应这样作的：
   正面词采用"宜"或"可"；
   反面词采用"不宜"。

（二）条文中指定应按其他有关标准、规范执行时，写法为"应符合……的规定"或"应按……执行"。

附加说明

本标准主编单位、参加单位和主要起草人名单

主编单位： 水利部长江水利委员会水文局

参加单位： 水利部水文司
国家海洋局海洋技术研究所
国家海洋局东海分局
交通部水运规划设计院

主要起草人： 王本宸　张长清　陈宏藩　朱晓原
吴德枭　李洪泽　沈勤业

中华人民共和国国家标准

河流悬移质泥沙测验规范

GB 50159—92

主编部门：中华人民共和国水利部
批准部门：中华人民共和国建设部
施行日期：1992年12月1日

关于发布国家标准《河流悬移质泥沙测验规范》的通知

建标[1992]516号

根据国家计委计综[1986]250号文和建设部建标[1991]727号文的要求，由水利部会同有关部门共同制订的《河流悬移质泥沙测验规范》，已经有关部门会审。现批准《河流悬移质泥沙测验规范》GB 50159—92为强制性国家标准，自1992年12月1日起施行。

本规范由水利部负责管理，其具体解释等工作由水利部黄河水利委员会水文局负责。出版发行由建设部标准定额研究所负责组织。

中华人民共和国建设部
1992年8月10日

目 次

第一章	总则	9—3
第二章	悬移质测验仪器的选择和操作要求	9—4
第一节	仪器的技术要求	9—4
第二节	不同悬移质测验仪器的适用条件	9—5
第三节	仪器的操作要求	9—5
第三章	悬移质输沙率及颗粒级配测验	9—6
第一节	一般规定	9—6
第二节	悬移质输沙率及颗粒级配的测次分布	9—6
第三节	悬移质输沙率的测验方法	9—7
第四节	悬移质输沙率及颗粒级配的取样方法	9—8
第五节	相应单样的采取	9—8
第六节	沙质河床用间接法测定全沙输沙率	9—8
第七节	误差来源及控制	9—9
第四章	单样含沙量测验	9—9
第一节	一般规定	9—9
第二节	单样含沙量测验的测次分布	9—10
第三节	单样颗粒级配的测验方法	9—10
第四节	单样含沙量的测验方法	9—10
第五节	单样含沙量的停测和目测	9—11
第六节	误差来源及控制	9—11
第五章	高含沙水流条件下的泥沙颗级配测验	9—11
第一节	含沙量及颗粒级配测验	9—11

编 制 说 明

本规范是根据国家计委计综〔1986〕250号文的要求，由我部黄河水利委员会水文局负责主编，并会同有关单位共同编制而成。

在本规范的编制过程中，认真总结了我国河流悬移质泥沙测验的实践经验，参考了有关国际标准和国外先进标准，针对主要技术问题开展了科学研究与试验验证工作，并广泛征求了全国有关单位的意见，最后，由我部会同有关部门审查定稿。

鉴于本规范系初次编制，在执行过程中，希望各单位结合工程实践和科学研究，认真总结经验，注意积累资料，如发现需要修改和补充之处，请将意见和有关资料寄交我部黄河水利委员会水文局（河南郑州市城北路2号，邮编：450004），以供今后修订时参考。

中华人民共和国水利部
1992年1月

第二节　流变特性的测定 ………………………………… 9—11
第三节　泥石流、浆河、揭河底观测 …………………… 9—12
第六章　悬移质水样处理 ………………………………… 9—13
第一节　一般规定 ………………………………………… 9—13
第二节　烘干法 …………………………………………… 9—14
第三节　置换法 …………………………………………… 9—15
第四节　过滤法 …………………………………………… 9—16
第五节　误差来源及控制 ………………………………… 9—16
第七章　悬移质泥沙测验资料的计算、检查与分析 …… 9—17
第一节　实测含沙量的计算 ……………………………… 9—17
第二节　断面输沙率及断面平均含沙量的计算 ………… 9—18
第三节　实测成果的合理性检查 ………………………… 9—19
第四节　简化颗粒级配及输沙率测验方法的分析 ……… 9—19
第五节　简化颗粒级配取样方法的分析 ………………… 9—20
第六节　单样取样位置的分析 …………………………… 9—21
第七节　悬移质输沙率及颗粒级配的间测分析 ………… 9—21
第八章　悬移质泥沙测验不确定度估算 ………………… 9—22
第一节　一般规定 ………………………………………… 9—22
第二节　悬移质泥沙测验误差组成及所需资料的收集 … 9—22
第三节　悬移质输沙率的估算及控制指标 ……………… 9—23
第四节　分项不确定度及总随机不确定度和系统误差估算 … 9—24
附录一　悬移质水样处理设备及操作方法 ……………… 9—25
附录二　悬移质泥沙测验报表格式及填制说明 ………… 9—28
附录三　高含沙水流变特性试验方法 …………………… 9—38
附录四　本规范用词说明 ………………………………… 9—45
附加说明 …………………………………………………… 9—45

第一章　总　则

第1.0.1条 为了对河流悬移质输沙率、含沙量和颗粒级配测验及悬移质泥沙测验不确定度估算等，规定统一的方法和技术要求，使悬移质泥沙测验做到技术先进和经济合理，为经济建设提供可靠的基础资料，制定本规范。

第1.0.2条 本规范适用于国家基本水文站、水文实验站和专用站的悬移质泥沙测验。

第1.0.3条 国家基本水文站的分类，应符合下列规定：

一、一类站为对主要产沙区、重大工程设计及管理运用、河道治理或河床演变研究等起重要控制作用的站；

二、二类站为一般控制站和重点区域代表站；

三、三类站为一般代表站和小河站。

第1.0.4条 各站应施测的测验项目和要求应符合下列规定：

一、一类站应施测悬移质输沙率、含沙量及悬移质床沙的颗粒级配，测验精度应高于二、三类站，并进行长系列的全年观测；

二、二类站应施测悬移质输沙率和含沙量，大部分二类站应测悬移质颗粒级配，测验精度悬移质输沙率可低于一类站；

三、三类站应施测悬移质含沙量，部分三类站应测悬移质颗粒级配，测验精度悬移质输沙率可低于一、二类站。

第1.0.5条 国家基本水文站的单沙测验装置，应符合下列规定：

一、已建站或采用自动测沙装置进行单样含沙量测验，汛期应有专人驻站或采用自动测沙装置进行单样含沙量测验，汛期应有专人驻站，非汛期可实行巡测，汛期应专人驻站测验，测次分布应能控制含沙量变化过程，巡测输沙率时应检查单样含沙量测验方法和校核单断沙关系；

二、流量与输沙率关系较稳定的站，可只测输沙率，输沙率测次分布应满足资料整编要求。

第1.0.6条 二、三类站的悬移质输沙率及颗粒级配测验，当符合本规范第七节间测条件时，可实行间测。

第1.0.7条 悬移质测验术语和符号除执行本规范外，还应遵守现行国家标准《水文测验术语和符号标准》、《水位观测标准》及《河流流量测验规范》等的有关规定。

第二章 悬移质测验仪器的选择和操作要求

第一节 仪器的技术要求

第2.1.1条 各类积时式采样器应符合下列规定：

一、仪器外形应为流线型，管嘴进水口应设置在水流扰动较小处，取样时，应使仪器内的压力与仪器外的静水压力相平衡；

二、当河流流速小于5m/s和含沙量小于30kg/m³时，管嘴进口流速系数在0.9～1.1之间的保证率应大于75%，含沙量为30～100kg/m³时，管嘴进口流速系数在0.7～1.3之间的保证率应大于75%；

三、仪器取样容积应能适应取样方法和室内分析要求，可采用较长的取样历时，以减少泥沙脉动影响；

四、其进水管嘴至河床面距离宜小于0.15m；

五、当采用各种混合法取样时，仪器应能减少管嘴积沙影响；

六、仪器研制作简单，结构牢固，工作可靠，维修方便，各器可卸下冲洗。

第2.1.2条 横式采样器应符合下列规定：

一、仪器内壁应光洁和无锈迹；

二、仪器两壁口门应保持瞬时同步关闭和不漏水；

三、仪器的容积应准确；

四、仪器筒身纵轴应与铅鱼纵轴平行，且不受铅鱼阻水影响。

第2.1.3条 现场测线仪应符合下列规定：

一、仪器组成化学特性比较稳定，对水温、泥沙颗粒形状、颗粒组成及化学特性等的影响，应能自行校正，或能将误差控制在允许范围内；

二、仪器在施测低含沙量时，其稳定性与可靠性应不低于积时式采样器；

三、仪器在连续8h工作时应保持稳定；

四、仪器的校测方法应简便可靠且校测频次较少；

五、仪器能可靠吊悬测取接近河床面的含沙量；

六、仪器应便于携带、操作和维修。

第二节　不同悬移质测验仪器的适用条件

第2·2·1条　调压积时式采样器，适用于含沙量小于$30kg/m^3$时的选点法取样。

第2·2·2条　皮囊积时式采样器，适用于不同水深和含沙量条件下的选点法、积深法和混合法取样。

第2·2·3条　普通瓶式采样器，适用于水深在$1.0\sim5.0m$的双程积深法和手工操作取样。

第2·2·4条　横式采样器，能在不同水深和含沙量条件下取样，但不适用于缆道测沙，精度要求较高时不宜使用。

第2·2·5条　同位素测沙仪，适用于含沙量大于$20kg/m^3$时的选点测沙。

第三节　仪器的操作要求

第2·3·1条　各种采样器使用前应进行检查。在测验过程中，发现问题应及时查明原因并进行处理。取样后，除更换盛样容器或现场测量容积有困难外，应在现场记水样容积，并应将盛样器冲洗干净。

第2·3·2条　采用积深法取样时，应符合下列规定：

一、取样仪器应小于或等于速提放；

二、当水深小于或等于10m时，采用积深法取样，提放速度应小于垂线平均流速的1/5；当水深大于10m时，提放速度应小于垂线平均流速的1/3；

三、二类站水深取样时，一类站的水深不宜小于2.0m，采用积深法应水深大于1.0m；

四、仪器处于开启状态时，不得在河底停留；

五、仪器的悬吊方式，应保证仪器进水管正对流向；

六、仪器取样容积与仪器水样仓或盛样容器的容积之比应小于0.9，发现仪器灌满时，所取水样应作废重取。

第2·3·3条　采用横式采样器取样，应符合下列规定：

一、在水深较大时，应采用铅鱼悬挂仪器；

二、采用锤击式开关取样时，必须在仪器关闭后再提升仪器；

三、倒水样前，应稍停片刻，防止仪器外部带水混入水样。

第2·3·4条　采用普通瓶式采样器取样，应符合下列规定：

一、当垂线平均流速小于或等于$1.0m/s$时，应选用管径为$6mm$的进水管嘴；

二、当垂线平均流速大于$1.0m/s$时，应选用管径为$4mm$的进水管嘴；

三、仪器排气管的管径，均应小于进水管的管径。

第2·3·5条　采用同位素测沙仪测沙，应符合下列规定：

一、仪器使用前，应精确率定工作曲线；

二、测量含沙量时，仪器探头至水面、河底的距离，均不得小于放射源的探测半径；

三、仪器在使用期间，应定期用积时式采样器对工作曲线进行校测，当前后两次校测的关系点与原工作曲线系统偏离小于或等于2%时，原工作曲线可继续使用，超过2%时，应重新确定工作曲线。

第三章 悬移质输沙率及颗粒级配测验

第一节 一般规定

第3.1.1条 采用不同的悬移质输沙率测验方法测定断面平均含沙量,均必须符合部分流量加权原理和精度要求。

第3.1.2条 悬移质输沙率测验的工作内容,应符合下列规定:

一、布置测速和测沙垂线,在各垂线上施测起点距和水深,在测速垂线上测流速,在测沙垂线上采取水样,测沙垂线应与测速垂线重合;

二、需要建立单断沙关系时,应采取相应单样;

三、采用浮标法测流或采用全断面混合法测输沙率时,只在测沙垂线上采取水样。

四、水样需作颗粒分析时,应加测水温。

第3.1.3条 测定悬移质泥沙断面平均输沙率加权原理和精度要求。

第二节 悬移质输沙率及颗粒级配的测次分布

第3.2.1条 一年内悬移质输沙率的测次,应主要分布在洪水期,并符合下列规定:

一、采用断面平均含沙量过程线法进行资料整编时,每年测次应能控制含沙量变化的全过程,每次较大洪水洪峰测次不应少于5次,平、枯水期,一类站每月测5~10次,二、三类站每月测3~5次;

二、一类站历年单断沙关系线与历年综合关系比较,

化在±3%以内时,年测次不应少于15次,二、三类站作同样比较时,其变化在±5%以内时,年测次不应少于10次,二、三类站在历年变化在±2%以内时,年测次不应少于6次,并应均匀分布在含沙量变幅范围内;

三、单断沙关系线随水位或时段不同而分为两条以上关系曲线时,每条悬移质输沙率测次,一类站不应少于变化处,年测次分布,应分布适当测次。

四、采用单断沙关系曲线发生转折时,在关系曲线发生转折点,二、三类站不应少于15次,在关系曲线系数比例系数的转折点,测次应比例分布,应分布适当测次。

五、堰闸、水库站和潮汐站资料整编时,应分主要洪峰变化过程、平、枯水期,含沙量变化情况及资料整编要求,分别适当测次。

第3.2.2条 新设站在三年内,应增加输沙率测次。

第3.2.3条 一年内测定断面平均颗粒级配的测次,应主要分布在洪水期,并应符合下列规定:

一、当采用断面平均颗粒配过程线法进行资料整编时,一、二类站,每年测次应能控制颗粒级配变化过程,每次河流每月测2~3次~5次,汛期每月不应少于4次,非汛期,多沙河流每月1~2次,少沙河流每月测1~2次;

二、一类站历年单样颗粒级配与断面平均关系比较

(以下简称单断颗关系线)与历年综合关系比较,粗部分变化在±2%以内,细部分变化在±4%以内时,每年测次不应少于15次,二类站作同样比较时,粗部分变化在±3%以内,细部分变化在±6%以内时,每年测次不应少于10次,二类站不应少于20次,二类站不应少于15次;

三、单断颗关系线随水位或时段不同而分为两条以上关系曲线时,每条测次,一类站不应少于15次,其变

四、单断沙关系点散乱或新开展颗粒级配测验的站，应相应增加测次；

五、三类站每年在汛期的洪水时，应测 5~7 次，非汛期测 2~3 次，可不计算月、年平均颗粒级配。

第三节 悬移质输沙率的测验方法

第 3.3.1 条 悬移质输沙率测验方法，应根据测站特性、精度要求和设备条件等情况分析确定。

第 3.3.2 条 测沙垂线布设方法和测沙垂线数目，应由试验分析确定。在未经试验分析前，可采用单宽输沙率转折点布线法。一类站测沙垂线数目，一类站不应少于 10 条，二类站不应少于 7 条，三类站不应少于 3 条。

第 3.3.3 条 当悬移质输沙率测验同时施测流量时，垂线取样方法，可采用选点法、积深法、积点法和垂线混合法。各种选点法的测点位置，应符合表 3.3.3-1 的规定：

一、采用选点法，应同时施测各点流速，测点位置应符合表 3.3.3-1 的规定。

表 3.3.3-1 各种选点法的测点位置

河流情况	方法名称	测点的相对水深位置
畅流期	五点法	水面、0.2、0.6、0.8 及河底
	三点法	0.2、0.6、0.8
	二点法	0.2、0.8
	一点法	0.6
封冻期	六点法	冰底或冰花底、0.2、0.4、0.6、0.8 及河底
	二点法	0.15、0.85
	一点法	0.5

注：相对水深为仪器入水深与垂线水深之比。在冰期，相对水深应为有效相对水深。

二、采用积深法时，应同时施测垂线平均流速。

三、采用垂线混合法时，应同时施测垂线平均流速，各种取样方法的取样位置，并应符合下列规定：

1. 按取样历时比例取样混合时，各种取样方法的取样位置与历时，应符合表 3.3.3-2 的规定。

表 3.3.3-2 各种取样方法的取样位置与历时

取样方法	取样的相对水深位置	各点取样历时 (s)
五点法	水面、0.2、0.6、0.8、及河底	0.1t、0.3t、0.2t、0.2t、0.1t
三点法	0.2、0.6、0.8	t/3、t/3、t/3
二点法	0.2、0.8	0.5t、0.5t

注：t 为垂线总取样历时。

2. 按容积比例取样混合时，取样方法应经试验分析确定。

第 3.3.4 条 测验河段为单式河槽且水深较大的站，可采用等部分水深全断面混合法进行悬沙率测验。各垂线采用积深取样的仪器和管嘴提放速度和仪器进水管径各应相同，并应按部分水深中心布线。

第 3.3.5 条 矩形断面用固定垂线取样进行悬沙率测验。每条垂线所代表部分面积的权重系数分配各垂线用积深法取样的站，各垂线水各部积及所代表断面部分流量应相等。

第 3.3.6 条 断面比较稳定用悬移质输沙率测验，各垂线水各部积及所代表断面部分流量应相等。

面混合法进行悬移质输沙率测验的站，各垂线取样方法和垂线布置应相同。当部分面积不相等时，应按部分面积的权重系数分配各垂线取样历时。

第 3.3.7 条 各类站用输沙取样方法测定断面平均含沙量时，经试验分析，其垂线取样方法和垂线布置的允许误差，不应超过表 3.3.7 的规定。

垂线取样方法和垂线布置的允许误差　　　　表3·3·7

测站类别	垂线取样方法的相对标准差(%)	垂线布置的相对标准差(%)	垂线取样方法的系统误差(%)		垂线布置的系统误差(%)	
			全部悬沙	粗沙部分	全部悬沙	粗沙部分
一类站	6.0	2.0	±1.0	±5.0	±1.0	±2.0
二类站	8.0	3.0	±1.5	—	±1.5	—
三类站	10.0	5.0	±3.0	—	±3.0	—

第3·3·8条 一类站中的部分和二、三类站中有代表性的站应进行悬移质输沙率测验方法的精度试验。

第四节 悬移质输沙率颗粒级配的取样方法

第3·4·1条 采用悬移质输沙率测验水样进行颗粒分析时，应符合下列规定：

一、采用流速仪法测流时，悬移质输沙率测验水样可兼作颗粒分析。也可在同一测沙垂线上，另取水样作颗粒分析。

二、经试验分析确定的各种全断面混合法，全断面混合法取样前经试验分析确定，未经试验分析的不应混合法。粒级配的取样数目，一类试验站不应少于5条，二、三类站不应少于3条。

第3·4·2条 一类站采用五点法在7～10条测沙垂线上进行2～3次输沙率颗粒垂线试验，每次取样数目，二、三类站应增加测次，每年汛期应作颗粒分析。

第3·4·3条 应经试验检验：一、二类站悬移质输沙率粒级配取样方法的精度，差的不确定度：一、二类站应小于6，三类站应小于9。各类站断面平均悬移质输沙粒径的累积百分数绝对误差的系统误差，粗沙部分应在±2.0%以内，细沙部分应在±3.0%以内。

各类站的试验和资料分析，应与悬移质输沙率测验方法的精度试验结合进行。

第五节 相应单样的采取

第3·5·1条 采用单断沙或单断颗关系进行资料整编的站，在进行输沙率测验的同时，应取采相应单样。

第3·5·2条 相应单样的取样方法和仪器，应与经常的单样取样方法相同。

相应单样与单样颗粒分析相同时，可用相应单样作颗粒分析；兼作颗粒分析的输沙率垂线沙重测次，应同时观测水温。当相应单样含沙量取样方法与单样颗粒分析方法不同时，应另取水样作颗粒分析。

第3·5·3条 相应单样的取样次数，在水情平稳时取一次；有缓慢变化时，应增了各取一次；水沙变化剧烈时，应增加取样次数，并控制转折变化。

第六节 沙质河床用间接法测定全沙输沙率

第3·6·1条 沙质河床需要测全沙的一类站和重要水利工程设计、管理运用及河床演变研究需要全沙资料的站，可用间接法测定全沙输沙率。

第3·6·2条 采用间接法测定全沙输沙率时，应在施测悬移质输沙率的同时，加测床沙、水温和水面比降，并用泥沙颗粒分析。

第3·6·3条 采用间接法测定全沙输沙率的测次，应主要分布在洪水期，每三年进行一次全沙输沙率资料整编。每年测10～15次。

第七节 误差来源及控制

第3·7·1条 对测验方法所产生的系统误差，应按下列规定进行控制：

一、二类站采用按容积比例进行垂线混合法，应经试验分析检验，当误差超过允许范围时，应改进垂线取样方法；

二、一类站的输沙率测验，除水深小于0.75m外，不得采用一点法；

三、一类站用五点法测验时，其最低点相对水深0.95处；

四、一类站采用积深法取样时，仪器进水管嘴至河底距离不宜超过垂线水深的5%；

五、当含沙量横向分布和断面发生较大变化时，应及时分析资料，调整测沙垂线位置和垂线数目。

第3·7·2条 对测验仪器和操作技术所产生的系统误差，应按下列规定进行控制：

一、一类站不宜采用横式采样器；

二、当悬索偏角超过30°时，不宜采用积深法取样；

三、使用积时式采样器，应经常检查仪器进口流速，发现显著偏大或偏小时，应查明原因，及时处理；

四、在各种测验设备条件下，应保证仪器能准确地放至取样位置；

五、缆道测沙使用普通瓶式采样器时，宜用手工操作双程积深；

六、用积时式采样器取样，应检查和清除管嘴积沙。

第3·7·3条 经过试验确定的水样处理的各种系统误差超过允许范围时，应进行改正。

第四章 单样含沙量测验

第一节 一般规定

第4·1·1条 单样含沙量测验方法应能使一类站单断沙关系线的比例系数在0.95~1.05之间，二、三类站在0.93~1.07之间。

第4·1·2条 单样兼作颗粒分析水样时，取样方法应满足代表断面平均颗粒级配的要求。当出现单颗比断颗显著偏粗或偏细时，应改进单样取样方法，或另确定单颗取样方法。

第4·1·3条 采取单样应包括下列内容：

一、观测基本水尺水位；

二、施测取样垂线的起点距；

三、施测或推算垂线水深；

四、按确定的方法取样；

五、单样需作颗粒分析时，应加测水温。

第二节 单样含沙量测验的测次分布

第4·2·1条 一年内单样含沙量的测次分布，应能控制含沙量的变化过程，并符合下列规定：

一、洪水期，每次较大洪水，一类站不应少于8次，二类站不应少于5次，三类站不应少于3次，洪峰重迭、水沙峰不一致或含沙量变化剧烈时，应增加测次，在含沙量变化转折处应分布测次；

二、汛期的平水期，在水位定时观测时取样一次，非汛期含沙量变化平缓时，一类站可每2~3d取样一次，二、三类站可每5~10d取样一次；

三、含沙量有周期性日变化时，应经试验确定在代表性的时间取样。

第4·2·2条 堰闸、水库站应根据闸门变动和含沙量变化情况，适当分布测次，控制含沙量变化过程。

第4·2·3条 潮流站应根据设站目的、要求和测验条件，确定单样含沙量测验的测次分布。

第三节 单样颗粒级配的测次分布

第4·3·1条 需进行单样颗粒分析的一、二类站，颗分测次应主要分布在洪水期，非汛期分布少量测次，控制泥沙颗粒级配的变化过程，并应符合下列规定：

一、洪水期，在正常水流处取样，并加备注说明，对水边取样成果，应写为独立断面平均颗分测次；

二、汛期分析处应分布颗分测次；

三、非汛期、多沙河流 7～10d 分析一次，少沙河流可 10d 分析一次；

四、选作颗粒分析的累积水样混合处理次，其相应单样测次，均应单样、累积水样进行分析。

第4·3·2条 三类站如无特殊要求，每年只在汛期每次洪水过程中取样分析1～3次。非汛期需要时分析2～3次。

第四节 单样含沙量的测验方法

第4·4·1条 单样含沙量测验的垂线布设应经试验确定，并符合下列规定：

一、断面比较稳定和主流摆动不大的站，可采用固定取样线位置，并按本规范第7·6·1条的规定分析确定，当复式河槽或不同水位级横向分布有较大变化时，应按不同水位级分别确定代表线的取样位置；

二、断面不稳定主流摆动的一、二类站，应根据测站条件，按全断面混合法的规定，布设3～5条取样垂线，进行单样测验。

第4·4·2条 单样含沙量测验的垂线取样方法，应与输沙率测验的垂线取样方法一致，并符合下列规定：

一、一类站的垂线取样方法，不得采用一点法；

二、当单样兼作含沙量颗粒满足精度要求时，对水边取样位置，应经试验另行确定单颗取样方法。

第4·4·3条 特殊情况下采取取样，可按下列规定处理：

一、洪水、流冰及流放木材时期，不能在选定位置取样时，应离开井岸边、在正常水流处取样，并加备注说明，对水边取样成果，应写为断面平均颗粒水尺的分流，应作为独立断面选择取样位置。

二、单独设置基本水尺的分流，应作为独立断面选择取样位置。

第五节 单样含沙量的停测和目测

第4·5·1条 一类站和对枯季枯水资料有需要的站，应全年施测单样含沙量。其它站枯水期连续三个月以上的时段输沙量小于年平均输沙量 3.0%时，在该时段内，可以停测单样含沙量和输沙率，停测期间的含沙量作零统计。

第4·5·2条 当含沙量小于 0.05kg/m³ 时，可将等时距沙量和等容积的水样、累积混合处理。作为累积期间各日的单样含沙量，累积时段不宜跨月跨年。当发现河水含沙量有显著变化时，应停止累积。

第4·5·3条 在施测含沙量处理、枯水时期，含沙量作零处理。当含沙量明显增大时，应及时恢复测目测。

在洪水及平、枯水时期，可用比色法、沉淀量高法、简易比色法、沉淀量高法试验。

重计法和简易置换法等估测方法，估测含沙量和确定加测、停测和恢复测验的取样时机。

第六节 误差来源及控制

第4·6·1条 单样含沙量的测验误差，包括单次测验的综合误差和测次分布不足的误差，主要来源于下列规定进行控制：

一、单次测验误差。主要来源于垂线布设位置、垂线取样方法、仪器性能、操作技术及水样处理等方面。除严格执行有关规定外，对取样垂线位置，应经常注意含沙量横向分布和单断沙关系的变化，发现有明显变化时，应及时调整垂线位置；断面上游附近有较大支流加入或有可能产生异重流时，应适当增加垂线数目或增加垂线上靠近底部的测点；

二、测次分布。在洪水组成复杂、水沙峰过程不一致的情况下，除根据水位变化的转折点并适时取样，还应用简易方法估测含沙量，掌握含沙量变化过程外，

三、因特殊困难难必须在靠近水边取样时，应避开场或其它非正常水流的影响，以保证水样具有一定代表性。

第4·6·2条 当断面上游进行工程施工或挖沙、淘金等造成局部泥沙现象时，应及时查清泥沙来源和影响河段范围，并将情况在记载簿及整编资料中注明。

第五章 高含沙水流条件下的泥沙测验

第一节 含沙量及颗粒级配测验

第5·1·1条 断面平均含沙量测验，一类站可采用全断面混合法，二、三类站可采用主流边一点或积半深一线取样。一类站经试验符合精度要求时，可采用主流边一线取样。含沙量取样方法，可兼作断面平均颗粒级配取样方法。

第5·1·2条 洪水时，含沙量测次分布应按本规范第4·2·1条规定的测次相应增加3～5次。

颗分测次，每次较大洪峰，一类站应测不少于5次，二、三类站应不少于3次。

第5·1·3条 在高含沙量时，可用横式采样器取样，取样不必时重复。采用积时采样器时，应采用大管径的进水管嘴，对进口流速系数可不作限制。特殊情况下，可用其它取样器皿。

第5·1·4条 高含沙水流含技带粗颗粒泥沙，在测定含沙量及泥沙颗粒级配时，必须包括全部粗颗粒粒在内。

第二节 流变特性的测定

第5·2·1条 在高含沙河流，应根据需要选择部分重要控制站，在一定时期内，采取水样进行流变特性的测定。

第5·2·2条 在每次较大洪水时，用测含沙量的取样方法，另取水样2～3次作流变特性试验。取样的体积或重量，应根据试验项目的需要确定。

第5·2·3条 用于流变特性测定的试样应保持原样，当保持原样确有困难时，测站应在测定原样的容重和PH值后，将湿沙样装入塑料袋，并编号写递送单，送中心实验室。试样存

9—11

放时间不宜超过半月。

第5.2.4条 流变特性的试验方法可按本规范附录三的规定执行。资料整理时，应排除紊流条件下的点据，并以实测雷诺数2000为判别值。

第5.2.5条 流变特性试验资料在满足要求后，可以停测。

第三节 泥石流、浆河、揭河底观测

第5.3.1条 有泥石流活动的地区，当测站的测验河段内发生泥石流时，应及时按下列要求进行观测：

一、连续观测洪水过程的水位；

二、用中泓浮标或漂浮物连续测流速，每施测一个浮标，应同时观测一次水位并记录观测时间；

三、在主流边用横式采样器或取样桶连续施取并记录取样时间，当在主流边用横式采水样有困难时，可在岸边取样，另取泥石浆水样本2~3次，样品的体积或重量应满足试验要求。

四、有流变特性试验任务的测站，在每次泥石流过程中，不得剔除水样中所有的固体颗粒。

第5.3.2条 在测站附近发生泥石流时，应及时向领导机关报告，并根据需要按下列要求进行调查：

一、调查暴发泥石流前后的降水过程或时段降水过程历时，并详细记录现场实景；

二、调查流域面积、河沟长度、山坡及河沟坡度、土质、植被及河床冲淤、滑坡或塌方等地质、地貌情况，估算固体物质来量并详细记录和拍摄现场实景，采取代表性的泥石流堆积物样品，仿原样观测后取样，送中心实验室进行含沙量、颗粒级配及有关项目的测定与分析；

三、在不同断面处，采取代表性的泥石流堆积物样品，仿原样观测后取样，送中心实验室进行含沙量、颗粒级配及有关项目的测定与分析；

四、估算泥石流洪峰流量和总量等特征值，最后整理调查记录，编写调查报告。

第5.3.3条 当测验河段发生"浆河"现象时，应及时按下列要求进行观测：

一、观测从流动到停滞、再流动的起迄时间，相应水位、水面比降和水温；

二、记录每次停滞和流动的起迄时间，相应水位、水面比降和水温；

三、用横式采样器在主流边的垂线上测取水面、半深及河底处的样品，分别测定含沙量、颗粒级配及流变特性；

四、浆河流动时，应测量水深和流速，计算断面泥浆流量；

五、详细记述现场情况，并拍摄全过程实景。

第5.3.4条 当测验河段发生"揭河底"现象时，应及时按下列要求进行观测：

一、记录发生的起迄时间，目测发生的位置及河宽范围，观测被掀起的河床块状物露出水面的体积尺寸、向下游推进的速度、延续的历时和距离；

二、施测水深、流速、加测水位、水面比降、水温；

三、增加流量及颗粒分析测次，加测全过程实景；

四、详细记述现场情况，并拍摄全过程实景。

第5.3.5条 泥石流、浆河、揭河底等特殊现象，具有突然性和短暂性的特点，平时必须作好充分准备，对发生机遇较多的站，应有计划地配置现场录像或连续摄影设备。

第六章 悬移质水样处理

第一节 一般规定

第6.1.1条 泥沙室的设置应符合下列要求:

一、室内应宽敞明亮,无有阳光直接照射,经常保持干燥,无有害气体及灰尘侵入,温度和湿度比较稳定;

二、有泥沙颗粒分析任务时,室内应有调温设备;

三、四周无震颤,无噪声;

四、天平应安置在专用房间里,远离门窗和热源,天平台基应稳定牢固,台身不与墙壁相连,台面应平整;

五、烘箱应安置在干燥通风处;

六、水样宜存放在专用房间里。

第6.1.2条 水样处理所需最小沙重,应符合下列规定:

一、烘干法和过滤法所需最小沙重,应符合表6.1.2-1的规定。

烘干法、过滤法所需最小沙重 表6.1.2-1

方法	天平感量 (mg)	最小沙重 (g)
烘干法	0.1	0.01
	1	0.1
	10	1.0
过滤法	0.1	0.1
	1	0.5
	10	2.0

二、置换法所需沙重,应符合表6.1.2-2的规定。

置换法所需最小沙重 表6.1.2-2

天平感量 (mg)	比重瓶容积 (ml)					
	50	100	200	250	500	1000
1	0.5	1.0	2.0	2.5	5.0	10.0
10	2.0	2.0	3.0	4.0	7.0	12.0

第6.1.3条 颗粒分析的取样沙重,应符合下列规定:

一、筛析法:

1. 沙样中含有大于20mm颗粒时,沙重应大于500g;

2. 沙样中大于2mm颗粒占总沙粒10%以上时,沙重不应少于80g,沙样中大于2mm颗粒占总沙粒10%以下时,沙重不应少于60g;

3. 沙样中粒径小于2mm时,沙重不应少于50g;

4. 当取样有困难时,沙重可适当减少,但应在备注中说明情况。

二、用粒径计法分析,沙重应大于0.3g;

三、用吸管法分析,沙重应大于1.0g;

四、用消光法分析,沙重应大于0.03g。

第6.1.4条 量水样容积,应符合下列规定:

一、量水样容积,宜在取样现场进行;

二、所取水样,应全部参加量容积;

三、在量容积过程中,不得使水样容积和泥沙减少或增加。

第6.1.5条 沉淀浓缩水样,应符合下列规定:

一、水样不足而产生沉淀损失时应根据试验确定,并不得少于24h,因沉淀时间不足大于1.0%、1.5%和2.0%,一、二、三类站,分别不得大于1.0%、1.5%和2.0%,当洪水期与平水期沉淀时间,相对消失大于量相差悬殊时,应分别试验确定沉淀时间;

二、当细颗粒泥沙含量较多,沉淀损失超过本条第一款规定情况时,应分别试验确定沉淀时间,沉淀损失超过本条第一款规定。

时，应作细沙损失改正。

三、不作颗粒分析的水样，需要时可加氯化钙或明矾液凝聚剂加速沉淀，凝聚剂沉淀后，可用虹吸管将上部清水吸出，吸水时不得吸出底部的泥沙。

四、悬移质颗粒分析水样的递送，应符合下列规定：

一、在水样处理时，作沉淀损失或漏沙改正的沙样和改正沙重，单中应注明该次处理所得的沙样和改正沙重，在递送单中应注明该次处理所漏沙样及改正沙重；

二、颗粒分析，必须采用天然水样；

三、当泥沙数量超过多需要分沙时，应先过 0.5mm 或 0.062mm 筛，再对筛下部分进行分沙，注明沙样总沙重、筛上泥沙及筛下沙重，取 0.062mm 筛下分沙沙样，分别装入两个水样瓶内，便于冲洗及筛下分沙次数；

四、送传颗粒分析水样的容器，应采用容积适当、漏水、漏气有机物腐蚀，和密封的专用水样瓶；

五、装运水样时，应防止碰重、冰冻，必要时可加防腐剂；

六、水样递送单必须填写清楚，内容应包括：站名、断面、取样日期、沙样种类、测次、垂线起点距及相对水深位置，取样方法、分沙情况、沙重损失改正百分数及装入瓶号等，水样和递送单应一并寄送。

第 6·1·7 条 分沙可采用两分式或旋转式分沙器，其设备及操作方法可按本规范附录一中的规定进行。

第 6·1·8 条 分沙器的分样质量应符合下列规定：

一、分样容积误差应小于 10%；

二、选粒径小于 0.062mm 的两种不同级配的沙样，分别用分沙器分取 20 个以上分样，用吸管法作颗粒分析，以各分样级配的平均值作为该种沙样的标准级配，分样小于某粒径沙重百分数的不确定度应小于 6。

第二节 烘 干 法

第 6·2·1 条 采用烘干法处理水样应按下列步骤进行：

一、量水样容积；

二、沉淀浓缩水样；

三、烘干烘杯并称重；

四、将浓缩水样倒入烘杯，烘干、冷却；

五、称沙重。

第 6·2·2 条 烘干烘杯时，应充将烘杯洗净，放入温度为 100～110℃烘箱中烘 2h，稍后，移入干燥器内冷却至室温，再称烘杯重。

第 6·2·3 条 沙样烘干称重应符合下列规定：

一、用少量清水将浓缩水样全部冲入烘杯，加热至无流动水时，移入烘箱，在温度为 100～110℃时烘干。烘干所需时间，应由试验确定；

二、烘干后的沙样，可采用前后两次时间差 2h 的烘干沙重之差，不大于天平感量时，可采用前次时间为烘干时间。

第 6·2·4 条 采用烘干法时，应及反烘干大于 1.0%、1.5% 和 3.0%时，三类站分别对溶解质的影响进行改正。

一、二、三类站对溶解质的影响的澄清河水，注入烘杯烘干后，称其沉淀物重量，用下式计算河水溶解质含量：

$$C_i = \frac{W_i}{V_w} \quad (6·2·4-1)$$

式中 C_i——河水溶解质含量 (g/m^3)；
W_i——溶解质重量 (g)；
V_w——溶解水体积 (cm^3)。

二、作溶解质改正时，沙重可按下式计算：

$$W_s = W_{bsj} - W_b - C_j \cdot V_{nw} \quad (6\cdot 2\cdot 4-2)$$

式中 W_s ——泥沙重；
$\quad W_{bsj}$ ——烘杯、泥沙、溶解质总重（g）；
$\quad W_b$ ——烘杯重（g）；
$\quad V_{nw}$ ——浓缩水样容积（cm^3）。

第三节 置 换 法

第 6·3·1 条 采用置换法处理水样应按下列步骤进行：

一、量水样容积；
二、沉淀浓缩水样；
三、测定比重瓶装满浑水后重量（以下简瓶加浑水重）及浑水的温度；
四、计算泥沙重量。

第 6·3·2 条 测定瓶加浑水重及浑水温度应符合下列规定：

一、水样装入比重瓶后，瓶内浑水不得有气泡；
二、比重瓶内浑水应充满瓶塞孔；
三、称重后，应迅速测定瓶内水温。

第 6·3·3 条 泥沙重量可按下式计算：

$$W_s = \frac{\rho_s}{\rho_s - \rho_w}(W_{ws} - W_w) \quad (6\cdot 3\cdot 3)$$

式中 W_s ——泥沙重量（g）；
$\quad \rho_s$ ——泥沙密度（g/cm^3）；
$\quad \rho_w$ ——清水密度（g/cm^3）；
$\quad W_{ws}$ ——瓶内浑水重（g）；
$\quad W_w$ ——同温浑水下瓶加清水重（g）。

置换系数 $\dfrac{\rho_s}{\rho_s - \rho_w}$ 值表   表 6·3·3

泥沙密度 (g/cm³)	水温 (℃)					
	0～11.9	12.0～18.4	18.5～23.1	23.2～27.0	27.1～30.4	30.5～36.5	36.6～39.2
2.60							
61			1.62				
62							
63							
64				1.61			
65							
66					1.60		
67							
68						1.59	
69							
2.70							
71							1.58
72							
73							
74							1.57
75							
76							
77							1.56
78							

第 6·3·4 条 比重瓶检定，每年不应少于一次，检定方法可按本规范附录一中的规定进行。比重瓶在使用期间，应根据水饮数和温度变化情况，用室温法及时进行校测，并与检定图表对照。当两者相差超过表 6·3·4 规定的允许误差时，该比重瓶应停止使用，重新检定。

比重瓶检定允许误差（g）   表 6·3·4

天平感量 (mg)	比重瓶容积 (ml)					
	50	100	200	250	500	1000
1	0.007	0.014	0.027	0.033	0.065	0.13
10	0.03	0.03	0.04	0.05	0.08	0.14

第 6·3·5 条 采用置换法处理水样的站，应在不同时期用

一、根据水样体积大小，采用浓缩水样不经浓缩前直接过滤，操作方法应按本规范附录一中的规定进行；

二、在滤沙过程中，滤纸应无破裂，滤纸内浑水面必须低于滤纸边缘；

三、过滤时，必须将水样容器内残留的泥沙用清水冲到滤纸上。

第6.4.6条 沙包的烘干时间，应由试验确定，并不得少于2h。当不同时期的沙重或细颗粒泥沙含量相差悬殊时，应分别试验和确定烘干时间；

二、在干燥器内存放沙包的个数，应经沙包吸湿重试验确定，沙包吸湿重与泥沙重之比，一、二、三类站分别不应大于1.0%、1.5%、2.0%。

第五节 误差来源及控制

第6.5.1条 用烘干法处理水样，应采取下列技术措施对误差进行控制：

一、量水样容积的量具，必须经过检验合格，观读容积时，视线应与水面齐平，读数以弯液面下缘为准；

二、沉淀浓缩水样，必须严格按确定的沉淀时间进行，在抽吸清水时，不得吸出底部泥沙，吸具宜采用底端封闭四周开有小孔的吸管；

三、河水溶解质影响误差，可采用减少烘杯中的清水容积或增加取样数量进行控制；

四、控制沙样烘干后的吸湿影响作用，应使干燥器中的干燥剂经常保持良好的吸湿作用，天平箱内、外环境应保持干燥；

五、使用天平称重时，应定期进行检查校正。

第6.5.2条 采用置换法处理水样时，除与本规范第6.5.1条第一、二、五款要求相同外，并应采取下列技术措施对误差进行控制：

第四节 过滤法

采用过滤法处理水样，应按下列步骤进行：

第6.4.1条

一、量水样容积；

二、沉淀浓缩水样；

三、过滤泥沙；

四、烘干沙包（滤纸和泥沙）并称重。

第6.4.2条 选用滤纸，应经过试验，滤纸质地坚韧，烘干后吸湿性小和含可溶性物质少。

第6.4.3条 滤纸在使用前，应按下列规定进行可溶性质含量的试验：

一、从选用的滤纸中抽出数张进行编号，放入烘杯，在温度为100～105℃的烘箱中烘2h，稍后，将烘杯加盖入干燥器内冷却至室温后称重，再将滤纸浸入清水中，经相当于滤沙时间后，取出烘干、冷却称重，算出平均每张滤纸浸水前、后的重量，其差值即平均每张滤纸含可溶性物质的重量；

二、当一、二、三类站的滤纸含可溶性物质重量与泥沙重之比，分别大于1.0%、1.5%、2.0%时，必须采用浸水后泥沙的烘干滤纸重。

第6.4.4条 每种滤纸在使用前，应按下列规定作漏沙试验：

一、将过滤得的水样，经较长时间的沉淀浓缩，吸出清水，用烘干法求得沙重，即为漏沙重；

二、根据烘干的多次试验结果，计算不同时期的平均漏沙重，非汛期与汛期应分别求时期的平均漏沙重；

三、当一、二、三类站的平均漏沙重与泥沙重之比，分别大于1.0%、1.5%、2.0%时，应作滤纸改正。

第6.4.5条 用滤纸过滤泥沙，应符合下列规定：

一、不同时期泥沙密度变化较大的站，应根据不同时期的试验资料分别选用泥沙密度值；

二、应增加比重瓶检定次数；

三、水样在装入比重瓶检定过程中，当出现气泡时，应将水样倒出重装；

四、比重瓶在使用过程中逐渐磨损，在使用约100次后，应对比重瓶进行校测或重新检定。

第6·5·3条 采用过滤法处理水样时，除与本规范第6·5·1条第一、二、四、五款要求相同外，并应采取下列技术措施对误差进行控制：

一、对滤纸含可溶性物质影响，可采用浸水后的滤纸；

二、对滤纸漏沙影响，在相对误差较大的时期，应作漏沙改正；

三、控制沙包吸湿影响误差，应减少干燥器开启次数，或将沙包放在烘杯内烘干、加盖后从干燥器内移入干燥器冷却。

第6·5·4条 各种水样处理方法允许误差的分项允许误差，应符合表6·5·4的规定。

水样处理分项允许误差（%）　　　　　　　　表6·5·4

站类	水样处理方法	随机误差		系统误差				
		重积误差	沙重误差	沉淀损失	河水溶解质	滤纸溶解质	滤纸漏沙	沙包吸湿
一类站	烘干法	0.5	1.0	-1.0	1.0	—	—	—
	置换法	0.5	2.0	-1.0	—	—	—	—
	过滤法	0.5	1.0	—	—	-1.0	-1.0	—
二类站	烘干法	0.5	1.0	-1.5	1.5	—	—	1.0
	置换法	0.5	2.0	-1.5	—	—	—	—
	过滤法	0.5	1.0	—	—	-1.5	-1.5	1.5
三类站	烘干法	0.5	2.0	-2.0	2.0	—	—	—
	置换法	0.5	2.0	-2.0	—	—	—	—
	过滤法	0.5	1.0	—	—	-2.0	-2.0	2.0

第七章　悬移质泥沙测验资料的计算、检查与分析

第一节　实测含沙量的计算

第7·1·1条 水样经处理、校核后，其实测含沙量应按下式计算：

$$C_s = \frac{W_s}{V} \quad (kg/m^3 或 g/m^3) \quad (7·1·1)$$

式中　C_s——实测含沙量（kg/m^3或g/m^3）；
　　　W_s——水样中的干沙重（kg或g）；
　　　V——水样容积（m^3）。

用积深法、垂线混合法采集的水样，其实测含沙量为垂线平均含沙量；用全断面混合法采集的水样，其实测含沙量为断面平均含沙量。

第7·1·2条 采用选点法取样时，垂线平均含沙量应按下列公式计算：

一、五点法：

1. 畅流期：

$$C_{sm} = \frac{1}{10V_m}(V_{0.0}C_{s0.0} + 3V_{0.2}C_{s0.2} + 3V_{0.6}C_{s0.6} \\ + 2V_{0.8}C_{s0.8} + V_{1.0}C_{s1.0}) \quad (7·1·2-1)$$

2. 三点法：

$$C_{sm} = \frac{V_{0.2}C_{s0.2} + V_{0.6}C_{s0.6} + V_{0.8}C_{s0.8}}{V_{0.2} + V_{0.6} + V_{0.8}} \quad (7·1·2-2)$$

3. 二点法：

4. 一点法：

$$C_{sm} = \frac{V_{0.2}C_{s0.2} + V_{0.8}C_{s0.8}}{V_{0.2} + V_{0.8}} \quad (7 \cdot 1 \cdot 2 - 3)$$

二、封冻期：

1. 六点法：

$$C_{sm} = \eta_1 C_{s0.6} \quad (7 \cdot 1 \cdot 2 - 4)$$

$$C_{sm} = \frac{1}{10V_m}(V_{0.0}C_{s0.0} + 2V_{0.2}C_{s0.2} + 2V_{0.4}C_{s0.4} + 2V_{0.6}C_{s0.6} + 2V_{0.8}C_{s0.8} + V_{1.0}C_{s1.0}) \quad (7 \cdot 1 \cdot 2 - 5)$$

2. 二点法：

$$C_{sm} = \frac{V_{0.15}C_{s0.15} + V_{0.85}C_{s0.85}}{V_{0.15} + V_{0.85}} \quad (7 \cdot 1 \cdot 2 - 6)$$

3. 一点法：

$$C_{sm} = \eta_2 C_{s0.5} \quad (7 \cdot 1 \cdot 2 - 7)$$

式中 C_{sm} ——垂线平均含沙量 $(kg/m^3, g/m^3)$；
$C_{s0.0}, C_{s0.2} \cdots C_{s1.0}$ ——垂线中各取样点的含沙量 $(kg/m^3 或 g/m^3)$；
$V_{0.0}, V_{0.2} \cdots V_{1.0}$ ——垂线中各取样点的流速 (m/s)；
$\eta_1、\eta_2$ 是一点法系数。应根据多点法资料分析确定，无试验资料时可采用1。

第7·1·3条 一次输沙率测验过程，应将各次单样含沙量的算术平均值作为相应单样含沙量。

第二节 断面输沙率及断面平均含沙量的计算

第7·2·1条 采用选点法、垂线混合法与积深法测定垂线平均含沙量，并用流速面积法测流时，断面输沙率及断面平均含沙量应按下列公式计算：

$$Q_s = (C_{sm1}q_0 + \frac{C_{sm1} + C_{sm2}}{2}q_1 + \frac{C_{sm2} + C_{sm3}}{2}q_2 + \cdots \cdots + \frac{C_{smn-1} + C_{smn}}{2}q_{n-1} + C_{smn}q_n) \quad (7 \cdot 2 \cdot 1 - 1)$$

$$\overline{C}_s = \frac{Q_s}{Q} \quad (7 \cdot 2 \cdot 1 - 2)$$

式中 Q_s ——断面输沙率 $(t/s 或 kg/s)$；
$C_{sm1}、C_{sm2} \cdots C_{smn}$ ——各取样垂线的垂线平均含沙量 $(kg/m^3, g/m^3)$；
$q_0、q_1 \cdots q_n$ ——以取样垂线分界的部分流量 (m^3/s)；
$\overline{C}_s$ ——断面平均含沙量 $(kg/m^3, g/m^3)$；
Q ——断面流量 (m^3/s)。

当断面上有顺逆流时，可用顺逆流的输沙率及流量的代数和，按式 $(7 \cdot 2 \cdot 1 - 2)$ 计算断面平均含沙量。

第7·2·2条 采用选点法、垂线混合法与积深法测定垂线平均含沙量，并用浮标法测流时，断面输沙率及断面平均含沙量计算可按下列步骤进行：
一、绘制虚流速横向分布曲线图；
二、将取样垂线的起点距、水深及垂线平均含沙量，填入流速率测验记载计算表；
三、在虚流速横向分布曲线上，查出各取样垂线处的虚流速，并填入流量、输沙率部分平均含沙量和部分输沙率计算表；
四、按填表说明按式 $(7 \cdot 2 \cdot 1 - 1)$ 算得的断面虚输沙率，乘以断面浮标系数，得断面平均含沙量。
六、按式 $(7 \cdot 2 \cdot 1 - 2)$ 计算断面平均含沙量。

第7·2·3条 采用全断面混合法施测时，实测悬移质输沙率应按下式计算：

分别作颗粒分析,加测水温;

二、一、二类站用七点法(水面、0.2、0.4、0.6、0.8、0.9、近河底)公式,三类站用五点法公式计算垂线平均含沙量作为近似真值,与三点法、二点法及各种垂直混合法比较,计算误差。一类站还应根据颗分资料计算各种沙质床沙径组的垂线平均含沙量近似真值,并分析误差。各类站经分析采用的取样方法,应符合本规范第3·3·7条的规定;七点法可按下式计算垂线平均含沙量:

$$C_{smt} = [V_{0.0}C_{s0.0} + 2V_{0.2}C_{s0.2} + 2V_{0.4}C_{s0.4} + 2V_{0.6}C_{s0.6} + 1.5V_{0.8}C_{s0.8} + (1 - 5\eta_b)V_{0.9}C_{s0.9} + (0.5 + 5\eta_b)V_bC_{sb}]/[V_{0.0} + 2V_{0.2} + 2V_{0.4} + 2V_{0.6} + 1.5V_{0.8} + (1 - 5\eta_b)V_{0.9} + (0.5 + 5\eta_b)V_b] \quad (7.4.1)$$

式中 C_{smt} ——垂线平均含沙量的近似真值 (kg/m³, g/m³);

C_{sb} ——近河底处测点含沙量 (kg/m³, g/m³);

V_b ——近河底处测点流速 (m/s);

η_b ——从河底起算的近河底测点的相对水深。

三、采用积深法时,应按本条第一款的规定,收集积深法的比测资料,分析积深法目的分析可按下列规定进行;七点法或五点法 精简垂线平均含沙量的分析可按下列规定进行;

第7·4·2条 精简测验垂线数目,应收集各级水位、各级含沙量的多条垂线资料,垂线数目按表7·4·2的规定分布设,每条垂线同时用一点法或一类站七点法以上的二点法作颗粒分析,加测水温;

一、在水沙变化平稳时,每条垂线或断面下列精简,垂线数目可按表7·4·2的规定布设,每条垂线同时用一点法测速、含沙量同时测验,加测水温;

河宽(m)	<100	100~300	300~1000	>1000
垂线数	10~15	15~20	20~25	25~30

测沙试验垂线数目 表7·4·2

二、按式(7.2.1-1)与式(7.2.1-2)计算含沙量的近似真值。然后按等部分流量的原则精简垂直

当取样与测流同时进行时,Q为实测流量;不同时进行时,则Q为推算的流量。

第7·2·4条 当有分流漫滩将断面分成几部分施测时,应分别计算每一部分平均含沙量,再按式(7.2.1-2)计算断面平均含沙量。

$$Q_s = Q \cdot \bar{C}_s \quad (7.2.3)$$

第三节 实测成果的合理性检查

第7·3·1条 实测成果的合理性检查,应选择不同水位、不同含沙量级的五点法或七点法的含沙率测试,绘出垂线上的含沙量分布曲线,分析不同水沙情况下含沙量横向与横向变化分布规律,再将每次实测输沙率资料与上述分布图进行对照,发现问题,应分析原因,及时处理。

第7·3·2条 采用单断沙关系曲线的站,每次输沙率测验后,应检查单断沙关系点的偏离,如发现有特殊偏离,应分析原因,及时处理。

第7·3·3条 在水位、流量与单样含沙量或断面平均含沙量综合过程线上,比较与其他两个因素不相应的突出点,检查测验过程线是否恰当,发现突变时,应从取样位置、断面冲淤变化、主流摆动及水样处理等方面进行检查分析,予以处理。

第四节 简化悬移质输沙率测验方法的分析

第7·4·1条 简化垂线取样方法的分析,可按下列规定进行:

一、在水沙变化平稳的不少于30条垂线的试验资料,中泓边与近岸边同时采用七点法或五点法同时测验,一类站各点水样应

新计算断面平均含沙量，按本规范式(8·3·3-2)与式(3·3·3)计算误差。

一类站经分析并应根据颗分资料，对床沙质部分进行同样的误差分析，其允许误差应符合本规范第3·3·7条的规定。

第7·4·3条 采用水面宽全断面混合法时，精简垂线数目的分析应按下列步骤进行：

一、按本规范表7·4·2规定的垂线数目上限，按等水面宽布设垂线；

二、每条垂线用等积水深法取样，经审核后，计算得断面平均沙重积累和，再按等沙重分别累积求和，计算不同取样垂线数目所产生的误差；

三、一类站水面宽中心布设垂线，用两点或一点法测速，并加测水温；

四、收集30次以上(7·2·1-1)及(7·2·1-2)计算断面平均含沙量作为近似真值，并与精简垂线取样的取样含沙量相比，计算不同取样垂线数目所产生的误差。

第7·4·4条 采用等部分面积全断面混合法时，精简垂线数目的分析应按下列步骤进行：

一、按本规范表7·4·2规定的垂线数目上限，按等部分面积中心布设垂线；

二、每条垂线用等速等深法取样，同时测速，并加测水温；

三、一类站水面宽中心布设垂线，各点水样分别分析；

四、收集30次以上(7·2·1-1)及(7·2·1-2)计算断面平均含沙量作为近似真值，并与精简垂线数目分析后的取样垂线的平均含沙量相比，计算不同取样垂线数目所产生的误差。

第7·4·5条 采用等部分流量全断面混合法时，精简垂线数目的分析应按下列步骤进行：

一、按本规范表7·4·2规定的垂线数目上限，按等部分流量中心布设垂线；

二、每条垂线按同一取样方法采取等积的混合水样，用二点法或一点法测速，各垂线水样分别处理；

三、一类站水面宽中心布设垂线，用两点以上法分析，并加测水温；

四、收集30次以上(7·2·1-1)及(7·2·1-2)计算断面平均含沙量作为近似真值，并将这些垂线平均含沙量与近似真值相比，计算不同取样垂线数目所产生的误差。

第7·4·6条 一类站在分析各种全断面混合法取样和取样垂线数目作误差时，应同时对悬移质的床沙质部分作分析。

第7·4·7条 当按本规范第七章第四节规定分析后的垂线取样方法或符合本规范第3·3·7条规定，允许用分析后的垂线取样方法或取样垂线数目进行悬移质输沙率测验。

第五节　简化颗粒级配取样方法分析

第7·5·1条 一、二类站简化颗粒级配取样方法的分析，应结合简化输沙率测验方法进行。三类站可直接采用简化方法采取颗分水样。

第7·5·2条 一、二类站按本规范第7·4·1条规定收集试验资料后，可用下式计算垂线平均颗粒级配作为近似真值，并与简化的取样方法计算垂线平均颗粒级配比较，进行误差分析。

$$P_{mi} = [P_{0.0}C_{s0.0}V_{0.0} + 2P_{0.2}C_{s0.2}V_{0.2} + 2P_{0.4}C_{s0.4}V_{0.4} + 2P_{0.6}C_{s0.6}V_{0.6} + 1.5P_{0.8}C_{s0.8}V_{0.8} + (1$$

$-5\eta_b)P_{0.9}C_{s0.9}V_{0.9}+(0.5+5\eta_b)P_bC_{sb}V_b]/[C_{s0}V_{0.0}+2C_{s0.2}V_{0.2}+2C_{s0.4}V_{0.4}+2C_{s0.6}V_{0.6}+1.5C_{s0.8}V_{0.8}+(1-5\eta_b)C_{s0.9}V_{0.9}+(0.5+5\eta_b)C_{sb}V_b]$ (7·5·2)

式中 P_{mi}——垂线平均小于某粒径沙重百分数(%)；

$P_{0.0}$，$P_{0.2}$……P_b——垂线中各取样点的小于某粒径沙重百分数(%)；

其它符号同前。

第7·5·3条 一、二类站按本规范第7·4·2条规定收集试验资料后，可用下式计算断面平均颗粒级配作为近似真值，并与精简垂线数目后重新计算断面平均颗粒级配比较，进行误差分析。

$$\bar{P}_i=\frac{(2q_{s0}+q_{s1})P_{im1}+(q_{s1}+q_{s2})P_{im2}+\cdots\cdots+(q_{s(n-1)}+2q_{sn})P_{imn}}{(2q_{s0}+q_{s1})+(q_{s1}+q_{s2})+\cdots\cdots+(q_{s(n-1)}+q_{sn})}$$ (7·5·3)

式中 $\bar{P}_i$——断面平均小于某粒径沙重百分数(%)；

q_{s1}，q_{s2}……q_{sn}——以取样垂线分界的部分输沙率(kg/s，t/s)；

P_{im1}，P_{im2}……P_{imn}——各垂线平均小于某粒径沙重百分数(%)。

第7·5·4条 采用简化的颗粒级配垂线取样方法和精简垂线数目后，符合本规范第3·4·3条规定时，可用分析后的垂线取样方法和取样数目进行颗粒级配测验。

第六节 单样取样位置的分析

第7·6·1条 采用本节条件下的输沙率资料后，应进行单样含沙量资料整编过程中，取得30次以上的各种水沙条件下的测验含沙量的测验方法和取样位置，分析。

第7·6·2条 断面比较稳定，主流摆动不大的站，应选择几次能代表各级水位，各级含沙量的输沙率资料，绘制垂线平均含沙量与断面平均含沙量的比值$(C_{sm}/\bar{C}_s)$，在图上选择$C_{sm}/\bar{C}_s$值最为集中，且等于1处，确定一条或两条垂线，作为单样取样位置，由此建立单断沙关系曲线，进行统计分析，一类站相对标准差不应大于7%，二、三类站不应大于10%。

第7·6·3条 断面不稳定，主流摆动大，无法固定取样垂线位置的站，应按下列方法确定单样取样位置：

一、在中泓处选2～3条垂线，采用本规范第7·6·2条的方法进行误差分析；

二、用取样垂线不多于5条的全断面混合法作为单样取样方法，并按本规范第七章第四节中与输沙率测验断面不一致法，在单样取样断面上选几条垂线取垂线分析，进行误差分析。

第7·6·4条 当单样输沙量测验方法，在单样取样断面与输沙率测验断面不一致时，应按本规范第七章第四节中的分析方法，分别处理，进行误差分析。

第7·6·5条 单样含沙量测验方法，需要在不同水位采用不同测验方法确定各种方法的使用范围。如为复式河槽，应经资料分析确定在各级水位应保持垂线位置，并调整取样方法和调整垂线的使用范围。

第七节 悬移质输沙率及颗粒级配的间测分析

第7·7·1条 二、三类站当有5～10年以上的资料证明，实测输沙量变幅占历年变幅的70%以上，水位变幅占历年水位变幅的80%以上时，可按以下规定进行间测输沙率分析：

一、将历年悬移质输沙率和相应单样含沙量实测成果，按沙量分成若干组，用各组平均值绘制历年综合单断沙关系线；

二、将多年单断沙关系线套绘于历年综合单断沙关系曲线图上，当各年关系线偏离综合线的最大值在±5%以内时，可实行同测；

三、同测期间可只测单样含沙量，并用历年综合关系线整编资料。

第7·7·2条 二、三类站当有5～10年以上的资料证明，颗粒分析所包括的含沙量变幅占历年变幅的80%以上时，可按以下规定进行同测输沙率颗粒级配的分析：

一、将历年断颗关系与相应单颗粒分析成果，按小于某粒径沙重百分数分成若干组，用各组平均值绘制历年综合单颗关系线；

二、将各年单断颗关系套绘于历年综合单断颗关系曲线图上，当各年关系线偏离综合线在±6%以内，且断颗多于单颗少于单颗一个粒径以内，细沙部分在±3%以内，细沙部分在±3%以内，细沙部分次占总测次的30%以下时，可实行间测或停测。

第7·7·3条 同一河流上下游相邻两站，有5～10年以上的资料证明，两站各年相应月平均粒级配，小于某粒径沙重百分数差数的不确定度：粗沙部分小于8，细沙部分小于16，且无显著的系差证明时，可停止其中一个站的颗粒分析。

第八章 悬移质泥沙测验不确定度估算

第一节 一般规定

第8·1·1条 悬移质泥沙测验不确定度应以百分比衡量按正态分布，置信水平取95%，随机不确定度在数值上应为2倍标准差。

第8·1·2条 悬移质泥沙测验误差分量应为仪器、水样处理、垂线取样方法和取样垂线数目等各项，不同测验方法历时，应由各分项误差组成。

第8·1·3条 悬移质泥沙测验误差应按系统误差与随机不确定度分别综合。本章提供的方法，用于估算一次断面平均含沙量、输沙率和单样含沙量的总随机误差与系统误差的不确定度。

第二节 悬移质泥沙测验误差组成及所需资料的收集

第8·2·1条 一次断面平均含沙量测验分项误差组成，应由以下两类分项含沙量误差组成：

一、垂线平均含沙量误差，包括：

1. 仪器误差，为仪器处于标准工作状态下，同参证仪器比测的偏差；

2. 水样处理误差，为不同的水样处理方法或操作带来的误差；

3. C_s I 型误差，为垂线上单点取样的有限历时所引起的脉动误差；

4. C_s II 型误差，为有限取样点数和计算规则所引起的垂线平均含沙量误差；

二、C_sⅢ型误差，为有限垂线数目和计算规则所引起的断面平均含沙量的误差。

第 8・2・2 条 确定各分项误差所需资料的收集方法，应符合下列规定：

一、分析仪器、分析水样处理方法的主要误差，应根据不同水样处理方法有关规定，通过试验水样处理方法的比测资料；

二、分析水样处理误差，应根据不同水样处理方法有关规定，通过试验水样处理方法的比测资料；

三、分析 C_sⅠ型误差，应在不同水位与含沙量级时，在中泓、按本规范第六章有关规定；

四、分析 C_sⅡ型和 C_sⅢ型误差，应按本规范第七章第四节的规定收集资料。

第三节 分项不确定度的估算和控制指标

第 8・3・1 条 C_sⅠ型误差的相对标准差可按下式计算：

$$S_I = \sqrt{\frac{\sum_{i=1}^{n}\left(\frac{C_{si}}{C_{st}} - 1\right)^2}{(n-1)}} \qquad (8 \cdot 3 \cdot 1 - 1)$$

式中 S_I——C_sⅠ型误差的相对标准差（%）；

C_{st}——每试验组以算术平均值计算的测点含沙量近似真值（kg/m³，g/m³）；

C_{si}——第 i 点的测点含沙量（kg/m³，g/m³）；

n——每组取样个数。

当垂线平均含沙量采用本规范第 7・1・2 条所列公式计算时，垂线的 C_sⅠ型误差可按下式估算：

$$S_{I(V)}^2 = \sum_{k=1}^{P} W_k^2 S_I^2 \qquad (8 \cdot 3 \cdot 1 - 2)$$

式中 $S_{I(V)}$——按一定历时取样的垂线的 C_sⅠ型相对标准差（%）；

P——垂线测点数；

W_k——测点含沙量的权系数。

第 8・3・2 条 在进行 C_sⅡ型误差计算时，应按本规范式 (7・1・2-1) 或式 (7・4・1) 计算垂线平均含沙量作近似真值，并按下列公式计算误差：

$$E_{II(n)} = \frac{C_{smi(n)}}{C_{smti}} - 1 \qquad (8 \cdot 3 \cdot 2 - 1)$$

$$\hat{u}_{II} = \frac{1}{I}\sum_{i=1}^{I} E_{II(n)} \qquad (8 \cdot 3 \cdot 2 - 2)$$

$$S_{II}^2 = \frac{1}{I-1}\sum_{i=1}^{I}[E_{II(n)} - \hat{u}_{II}]^2 \qquad (8 \cdot 3 \cdot 2 - 3)$$

式中 $E_{II(n)}$——某试验组第 i 条垂线试验成果；

$C_{smi(n)}$——用第 i 次测量成果，按 n 个测点计算的垂线平均含沙量（kg/m³，g/m³）；

C_{smti}——第 i 条垂线差的垂线平均含沙量近似值（kg/m³，g/m³）；

$\hat{u}_{II}$——C_sⅡ型误差平均值（即系统误差）；

I——试验组组数；

S_{II}——C_sⅡ型误差的相对标准差。

第 8・3・3 条 在进行 C_sⅢ型误差估算时，应根据多垂线试验资料，按本规范式 (7・2・1-1) 及 (7・2・1-2) 计算断面平均含沙量作为近似真值，并按下列公式计算误差：

$$E_{III(m)} = \frac{\overline{C}_{si(m)}}{\overline{C}_{sti}} - 1 \qquad (8 \cdot 3 \cdot 3 - 1)$$

$$\hat{u}_{III} = \frac{1}{I}\sum_{i=1}^{I}\left(\frac{\overline{C}_{si(m)}}{\overline{C}_{sti}} - 1\right) \qquad (8 \cdot 3 \cdot 3 - 2)$$

$$S_{\mathrm{III}}^2 = \frac{1}{I-1}\sum_{i=1}^{I}[E_{\mathrm{III}(m)} - \hat{u}_{\mathrm{III}}]^2 \quad (8\cdot3\cdot2-3)$$

式中 $E_{\mathrm{III}(m)}$ ——某试验组的第i断面的C_s III型误差，用m条垂线测量成果，按m条垂线计算的断面平均含沙量 (kg/m^3)；

$\overline{C}_{si(m)}$ ——第i次断面平均含沙量近似真值（即系统误差）(kg/m^3)；

$\overline{C}_{sri}$ ——C_s III型误差平均值；

$\hat{u}_{\mathrm{III}}$ ——试验组数；

I ——C_s III型误差的相对标准差。

S_{III}

第8·3·4条 各类站应根据表8·3·4进行控制，对各分项随机不确定度和系统误差按本规范表8·3·4进行控制：

各分项随机不确定度与系统误差控制指标（%） 表8·3·4

站类	仪器		水样处理		C_s I型		C_s II型		C_s III型	
	X'	S_e	X'	S_e	X'	S_e	X'	S_e	X'	S_e
一类站	10	±1.0	4.2	-2.0	$\frac{6.6}{\sqrt{n}}$		12	±1.0	4.0	±1.0
二类站	16	±1.5	4.2	-3.0			16	±1.5	6.0	±1.5
三类站	20	±3.0	4.2	-4.0			20	±3.0	10.0	±3.0

注：X'——随机不确定度，S_e——系统误差。

第四节 总随机不确定度和系统误差估算

第8·4·1条 一次断面平均含沙量测验的总随机不确定度和系统误差，应按下列规定进行综合：

一、总随机不确定度按下式计算：

$$X' = \left[X_{\mathrm{III}}'^2 + \frac{1}{m+1}(X_{\mathrm{I}}'^2 + X_{Y_q}'^2 + X_{c1}'^2 + X_{\mathrm{II}}'^2)\right]^{1/2} \quad (8\cdot4\cdot1)$$

式中 X'——总随机不确定度；

X_{I}'、X_{II}'、X_{III}'——分别表示C_{sI}、C_{sII}与C_{sIII}型误差的随机不确定度；

X_{Y_q}'、X_{cl}'——分别表示仪器与水样处理的随机不确定度；

m——垂线数目。

二、总系统误差，应为各分项系统误差的代数和。

第8·4·2条 悬移质断面输沙率测验的总随机不确定度可按下式估算：

$$X_{Q_s}' = (X_{\overline{C}_s}'^2 + X_Q'^2)^{1/2} \quad (8\cdot4\cdot2)$$

式中 X_{Q_s}'——一次断面输沙率测验的总随机不确定度；

$X_{\overline{C}_s}'$——一次断面平均含沙量测验的总随机不确定度；

X_Q'——一次流量测验的总随机不确定度。

第8·4·3条 单样含沙量测验总随机不确定度，可采用下列方法进行估算：

一、按本规范第7·4·1条规定的方法，分析垂线取样方法的误差；

二、单样取样位置的误差分析，应按本规范第8·4·1条的规定进行；

三、分项误差确定后，应按本规范第七章第六节的规定，估算总随机不确定度与系统误差。

附录一 悬移质水样处理设备及操作方法

（一）分沙器设备及其操作方法

1. 两分式分沙器，如附图1·1所示。

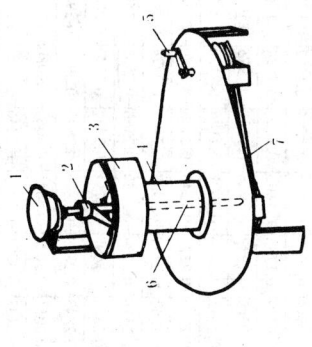

附图1·1 两分式分沙器

器高约260mm，中部长111mm，中部宽50mm，两腿间隔约160mm，宽102mm。在中部向两边同隔排列着用薄铜皮制成的30个分沙槽，其它部分用不锈材料制作。分沙时，将水样摇匀，均匀，以小股，往返地倒入分沙槽内，用清水将原盛水样容器及分沙器内冲洗干净。

2. 旋转式分沙器，如附图1·2所示。

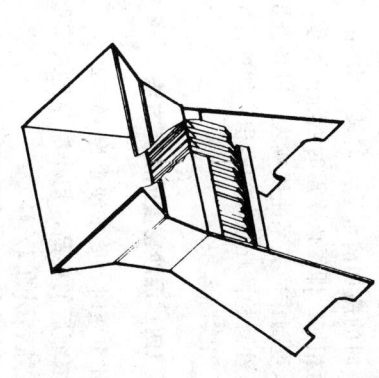

附图1·2 旋转式分沙器

1. 漏斗；2. 偏心管嘴；3. 分隔漏斗；4. 支承圆筒；
5. 摇把；6. 中心轴；7. 传动带

器高350mm，长360mm，宽270mm，用有机玻璃或其它不锈材料制成。分隔漏斗数目，不宜超过10个。分沙时，转动分沙器，转速宜为110～130r/min.将摇匀的水样，均匀倒入分沙漏斗中，然后用清水将原盛水样容器及分沙器内分沙漏斗内冲洗干净。

（二）室温法检定比重瓶

1. 将待检定的比重瓶洗净，注满清水（用本站澄清河水），插好瓶塞，用手指抹去塞顶水分，用毛巾擦干瓶身，再放入天平称瓶加清水重，迅速测定瓶内水温；

2. 重复以上步骤，当两次称重之差不大于天平感量的2倍时，取用平均值；

3. 将称重后的比重瓶，妥为保存，待室温每变化5℃左右时，再按上述步骤，称瓶加清水重及测定水温，直至取得所需各级温度的全部检定资料为止；

4. 点绘比重瓶加清水重与温度关系曲线，以备使用。

附表 1·1 某一温度与 4℃时 50ml 比重瓶加清水重之差值 (g)

水温(℃)	0	1	2	3	4	5	6	7	8	9
6	0.0004	0.0003	0.0003	0.0002	0.0001	0.0000	-0.0001	-0.0002	-0.0003	-0.0004
7	-0.0005	-0.0007	-0.0008	-0.0010	-0.0011	-0.0013	-0.0015	-0.0016	-0.0018	-0.0020
8	-0.0022	-0.0024	-0.0026	-0.0029	-0.0031	-0.0033	-0.0036	-0.0038	-0.0041	-0.0043
9	-0.0046	-0.0049	-0.0052	-0.0054	-0.0057	-0.0060	-0.0064	-0.0067	-0.0070	-0.0073
10	-0.0077	-0.0080	-0.0084	-0.0087	-0.0091	-0.0094	-0.0098	-0.0102	-0.0106	-0.0110
11	-0.0114	-0.0118	-0.0122	-0.0127	-0.0131	-0.0135	-0.0140	-0.0144	-0.0149	-0.0153
12	-0.0158	-0.0164	-0.0167	-0.0172	-0.0177	-0.0182	-0.0187	-0.0192	-0.0198	-0.0203
13	-0.0208	-0.0214	-0.0219	-0.0224	-0.0230	-0.0236	-0.0241	-0.0247	-0.0253	-0.0259
14	-0.0265	-0.0271	-0.0277	-0.0283	-0.0289	-0.0295	-0.0301	-0.0308	-0.0314	-0.0321
15	-0.0327	-0.0334	-0.0340	-0.0347	-0.0354	-0.0361	-0.0367	-0.0374	-0.0381	-0.0388
16	-0.0396	-0.0403	-0.0410	-0.0417	-0.0424	-0.0432	-0.0439	-0.0447	-0.0454	-0.0462
17	-0.0470	-0.0477	-0.0485	-0.0493	-0.0501	-0.0509	-0.0517	-0.0525	-0.0533	-0.0541
18	-0.0549	-0.0558	-0.0566	-0.0574	-0.0583	-0.0591	-0.0600	-0.0608	-0.0617	-0.0626
19	-0.0635	-0.0643	-0.0652	-0.0661	-0.0670	-0.0679	-0.0688	-0.0697	-0.0707	-0.0716
20	-0.0725	-0.0734	-0.0744	-0.0753	-0.0763	-0.0772	-0.0782	-0.0792	-0.0801	-0.0811
21	-0.0821	-0.0831	-0.0841	-0.0851	-0.0861	-0.0871	-0.0881	-0.0891	-0.0901	-0.0912
22	-0.0922	-0.0932	-0.0943	-0.0953	-0.0964	-0.0974	-0.0985	-0.0996	-0.1006	-0.1017
23	-0.1028	-0.1039	-0.1050	-0.1061	-0.1072	-0.1083	-0.1094	-0.1105	-0.1116	-0.1128
24	-0.1139	-0.1150	-0.1162	-0.1173	-0.1185	-0.1196	-0.1208	-0.1220	-0.1231	-0.1243
25	-0.1255	-0.1267	-0.1279	-0.1290	-0.1302	-0.1314	-0.1327	-0.1339	-0.1351	-0.1363
26	-0.1376	-0.1388	-0.1400	-0.1412	-0.1425	-0.1437	-0.1450	-0.1463	-0.1475	-0.1488
27	-0.1501	-0.1513	-0.1526	-0.1539	-0.1552	-0.1565	-0.1578	-0.1591	-0.1604	-0.1617
28	-0.1631	-0.1644	-0.1657	-0.1670	-0.1684	-0.1697	-0.1711	-0.1724	-0.1738	-0.1751
29	-0.1765	-0.1779	-0.1792	-0.1806	-0.1820	-0.1834	-0.1848	-0.1862	-0.1876	-0.1890
30	-0.1904	-0.1918	-0.1932	-0.1946	-0.1961	-0.1975	-0.1989	-0.2004	-0.2018	-0.2033
31	-0.2047	-0.2062	-0.2076	-0.2091	-0.2106	-0.2120	-0.2135	-0.2150	-0.2165	-0.2180
32	-0.2195	-0.2210	-0.2225	-0.2240	-0.2255	-0.2270	-0.2285	-0.2300	-0.2316	-0.2331
33	-0.2346	-0.2362	-0.2377	-0.2393	-0.2408	-0.2424	-0.2439	-0.2455	-0.2471	-0.2486
34	-0.2502	-0.2518	-0.2534	-0.2550	-0.2566	-0.2582	-0.2598	-0.2614	-0.2630	-0.2646
35	-0.2662	-0.2678	-0.2695	-0.2711	-0.2727	-0.2744	-0.2760	-0.2777	-0.2793	-0.2810
36	-0.2826	-0.2843	-0.2859	-0.2876	-0.2893	-0.2910	-0.2927	-0.2943	-0.2960	-0.2977
37	-0.2994	-0.3011	-0.3028	-0.3045	-0.3062	-0.3080	-0.3097	-0.3114	-0.3131	-0.3149
38	-0.3166	-0.3183	-0.3201	-0.3218	-0.3236	-0.3253	-0.3271	-0.3288	-0.3306	-0.3324

(三) 瓶加清水重差值法检定比重瓶

1. 将待检定的比重瓶,按本规范附录一中(二)的规定,在室温条件下连续测得一组(3～5次)瓶加清水重及相应水温,取用平均值;

2. 根据平均水温,在附表 1·1 中查出与水温 4℃时的清水重差值(若比重瓶容积不是 50ml,则表内清水重差值应乘以比重瓶实际容积与 50ml 之比值),然后,用平均瓶加清水重减去查得的清水重差值,即得水温在 4℃时的瓶加清水重;

3. 用水温 4℃时的瓶加清水重,与某一水温时附表 1·1 中相应的清水重差值相加,即得该水温时瓶加清水重。将算得的不同温度时的瓶加清水重制作成关系曲线或表,以备查用。

用此法时,应注意检测比重瓶的容积。如实际称得瓶加清水重与实际容积不一致时,应采用实际容积。

(四) 泥沙密度的测定方法

1. 用 100ml 比重瓶时,要求沙重为 15～20g;

2. 将经沉淀浓缩过比重瓶后的样品,用小漏斗注入比重瓶内,瓶内浑液不宜超过比重瓶容积的 2/3;

3. 将装好样品的比重瓶放在砂浴锅上(或在铁板上铺一层砂子,放在电炉上)煮沸,并不时转动比重瓶,经 15min 后,冷却至室温;

4. 用清水缓慢注入比重瓶,使水面达到适当高度,插入瓶塞,瓶内不得有气泡存在。然后用手抹去瓶顶水分,用毛巾擦干瓶身,称瓶加清水重后,拔去瓶塞,迅速测定瓶内水温,冷却至室温;

5. 将瓶称重后的浑水,倒入已知重量的烧杯内。放在砂浴锅上蒸至无水流动水后,移入烘箱,在 100～110℃下烘 4～8h,移入干燥器内冷却至室温后称重,准确至 0.001g;

6. 每个沙样均须平行测定两次，其密度相差不得大于0.02g，取用平均值。

泥沙密度可按下式计算：

$$\rho_s = \frac{W_s \rho_w}{W_s + W_w - W_{ws}}$$

式中　ρ_s——泥沙密度 (g/cm³)；
　　　ρ_w——纯水密度 (g/cm³)；
　　　W_s——泥沙重 (g)；
　　　W_w——瓶加浑水重 (g)；
　　　W_{ws}——同温度下瓶加清水重 (g)。

（五）过滤泥沙的操作方法

1. 水样经沉淀浓缩后的过滤方法：

将已知重量的滤纸铺在漏斗内或筛上，将浓缩后水样倒在滤纸上，进行过滤。再用少量清水将水样桶中残留泥沙全部冲于滤纸上。

2. 水样不经沉淀浓缩直接过滤：

(1) 放好漏斗、滤纸和盛水器；
(2) 在铺好滤纸的漏斗内加入适量清水；
(3) 塞紧瓶口，将瓶子倒转，瓶口向下放入架子夹口内，使瓶口没入漏斗水面以下，水样即可陆续过滤，如附图1·3 (甲) 所示；
(4) 当瓶口较大时，为使出水均匀，可将瓶口加双孔瓶塞，插入瓶中两根玻璃管，一根进气，一根出水。放置时，应使气管没入漏斗水面，取出空瓶，如附图1·3 (乙) 所示；
(5) 过滤结束，用清水将瓶内及瓶塞上残留的泥沙，冲洗到滤纸上。

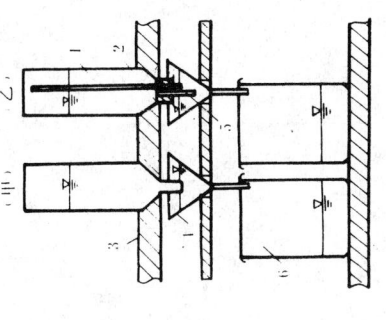

附图1·3　直接过滤示意图
1. 气管　2. 瓶塞　3. 支架　4. 漏斗
5. 液管　6. 盛水容器

附录二 悬移质泥沙测验报表格式及填制说明

Ⅰ 报表格式

索 引

报 表 名 称	报表编号	备 注
(一)流量及悬移质输沙率测验记载簿		
1. 封面	1992—悬 1—3	16 开 公用，16 开
2. 流量及悬移质输沙率测验记载计算表(一)(畅流期流速仪法)	1992—悬 1(1)	16 开 无统计栏
3. 流量及悬移质输沙率测验记载计算表(二)(畅流期流速仪法)	1992—悬 1(2)	16 开 有统计栏
4. 流量及悬移质输沙率测验记载计算表(一)(冰期流速仪法)	1992—悬 2(1)	16 开 无统计栏
5. 流量及悬移质输沙率测验记载计算表(二)(冰期流速仪法)	1992—悬 2(2)	16 开 有统计栏
6. 悬移质输沙率测验记载簿(全断面混合法)	1992—悬 3	32 开 有统计栏
(二)单样含沙量测验记载簿		
1. 封面	1992—悬 4—4	16 开 公用，16 开
2. 单样含沙量测验记载表	1992—悬 4—4	16 开
(三)悬移质水样处理记载簿		
1. 封面	1992—悬 5—7	16 开 公用，16 开
2. 悬移质水样处理记载表(烘干法)	1992—悬 5	16 开
3. 悬移质水样处理记载表(置换法)	1992—悬 6	16 开
4. 悬移质水样处理记载表(过滤法)	1992—悬 7	16 开
(四)泥石流浆河底观测记载簿		
1. 封面	1992—悬 8—8	32 开
2. 泥石流浆河底观测记载表	1992—悬 8—8	32 开
	1992—悬 8	32 开

（机关名称）

_____站流量及悬移质输沙率测验记载簿

流域：_____ 水系：_____ 河名：_____

_____省_____市_____县_____区_____乡_____村（镇）

流量施测号数：_____至_____

输沙率施测号数：_____至_____

施测时间：199____年____月____日至____月____日

站长：_____

1992—悬 1—3

_____站 流量及悬移质输沙率测验记载计算表 〈一〉 （畅流期流速仪法）

施测时间:199 年 月 日 时 分至 日 时 分(平均: 日 时 分)天气: 风向风力: 流向: 水温: (℃)

流速仪牌号及公式: 检定后使用次数: 基线号及计算公式: 采样器型号: 铅鱼重: 垂线取样方法:

垂线号				角度	测深测速时间或水位	水深	悬索偏角	干湿绳长度改正数	仪器位置		床沙沙样编号	盛水样器编号	水样容积	测速记录		流向偏角	流速(m/s)				测深垂线间	水道断面面积(m²)	部分流量(m³/s)	含沙量(kg/m³)			部分输沙率
测深	测速	取样	床沙						测点深	相对				信号数总转数	总历时		测点	流向改正后	系数	垂线平均	部分平均	平均水深(m)	间距(m)	部分	测深垂线间	取样垂线间	测点含沙量	单位输沙率	垂线平均	部分平均
起点距(m)					(s,m)	湿绳总长(m)	(°)	(m)		(m)			(m³)		(s)	(°)														

施测: 计算: (月 日)初校: (月 日)复校: (月 日)施测号数: 流量: 输沙率: 单样: 1992-悬1(1)

_____站 流量及悬移质输沙率测验记载计算表 〈二〉 （畅流期流速仪法）

施测时间:199 年 月 日 时 分至 日 时 分(平均: 日 时 分)天气: 风向风力: 流向: 水温: (℃)

流速仪牌号及公式: 检定后使用次数: 基线号及计算公式: 采样器型号: 铅鱼重: 垂线取样方法:

垂线号				角度	测深测速时间或水位	水深	悬索偏角	干湿绳长度改正数	仪器位置		床沙沙样编号	盛水样器编号	水样容积	测速记录		流向偏角	流速(m/s)				测深垂线间	水道断面面积(m²)	部分流量(m³/s)	含沙量(kg/m³)			部分输沙率
测深	测速	取样	床沙						测点深	相对				信号数总转数	总历时		测点	流向改正后	系数	垂线平均	部分平均	平均水深(m)	间距(m)	部分	测深垂线间	取样垂线间	测点含沙量	单位输沙率	垂线平均	部分平均
起点距(m)					(s,m)	湿绳总长(m)	(°)	(m)		(m)			(m³)		(s)	(°)														

断面流量	m³/s	水面宽	m	断面平均含沙量	kg/m³	水位记录	水尺名称	编号	水尺读数(m)	零点高程(m)	水位(m)
断面面积	m²	平均水深	m	相应单样含沙量	kg/m³		基 本		始: 终: 平均:		
死水面积	m²	最大水深	m	水面比降	×10⁻⁴		测 流		始: 终: 平均:		
平均流速	m/s	相应水位	m				比降上		始: 终: 平均:		
最大测点流速	m/s	断面输沙率		测线数/测点数			比降下		始: 终: 平均:		
备 注										

施测: 计算: (月 日)初校: (月 日)复校: (月 日)施测号数: 流量: 输沙率: 单样: 1992-悬1(2)

_____ 站　流量及悬移质输沙率测验记载计算表　〈一〉　　（冰期流速仪法）

施测时间：199　年　月　日　时　分至　日　时　分（平均：日　时　分）天气：　　风向风力：　　流向：　　水温：　　（℃）

流速仪牌号及公式：　　检定后使用次数：　　采样器型号：　　垂线取样方法：

垂线号	角度	水深	水浸冰厚	平均水浸冰厚	平均冰花厚	有效或应用水深	仪器位置	床沙样编号	盛水样器编号	水样容积	测速记录		流向偏角	流速(m/s)		测深垂线间		水浸冰面积	冰花面积	水道断面面积(m²)		部分流量(m³/s)	含沙量(kg/m³)			部分输沙率
测深 测速 取样 床沙	起点距(m)	冰厚 (m)	冰花厚 (m)	(m)	(m)	(m)	相对 测点深 (m)			(m³)	信号数 总转数	总历时(s)	(°)	测点 流向改正后	系数 垂线平均	部分 平均水深(m)	间距 (m)	(m²)	(m²)	测深垂线间	部分	测速垂线间	取样垂线间	测点含沙量	单位输沙率	垂线平均 部分平均	( ) ( )

施测：　计算：　（月日）初校：　（月日）复校：　（月日）施测号数：　流量：　输沙率：　单样：　　　　1992—悬 2(1)

_____ 站　流量及悬移质输沙率测验记载计算表　〈二〉　　（冰期流速仪法）

施测时间：199　年　月　日　时　分至　日　时　分（平均：日　时　分）天气：　　风向风力：　　流向：　　水温：　　（℃）

流速仪牌号及公式：　　检定后使用次数：　　采样器型号：　　垂线取样方法：

垂线号	角度	水深	水浸冰厚	平均水浸冰厚	平均冰花厚	有效或应用水深	仪器位置	床沙样编号	盛水样器编号	水样容积	测速记录		流向偏角	流速(m/s)		测深垂线间		水浸冰面积	冰花面积	水道断面面积(m²)		部分流量(m³/s)	含沙量(kg/m³)			部分输沙率
测深 测速 取样 床沙	起点距(m)	冰厚 (m)	冰花厚 (m)	(m)	(m)	(m)	相对 测点深 (m)			(m³)	信号数 总转数	总历时(s)	(°)	测点 流向改正后	系数 垂线平均	部分 平均水深(m)	间距 (m)	(m²)	(m²)	测深垂线间	部分	测速垂线间	取样垂线间	测点含沙量	单位输沙率	垂线平均 部分平均	( ) ( )

断面流量		m³/s	水浸冰面积		m²	平均水深		m	水尺名称		编号		水尺读数(m)		零点高程(m)	水位(m)
水道断面面积		m²	冰花面积		m²	平均有效水深		m	水尺记录	基本		始：	终：	平均：		
死水面积		m²	断面总面积		m²	最大水深		m		测流		始：	终：	平均：		
平均流速		m/s	水面宽		m	最大有效水深		m	断面输沙率			断面平均含沙量			kg/m³	
始大测点流速		m/s	冰底宽		m	相应水位			相应单样含沙量			kg/m³	测线数/测点数			
备注																

施测：　计算：　（月日）初校：　（月日）复校：　（月日）施测号数：　流量：　输沙率：　单样：　　　　1992—悬 2(2)

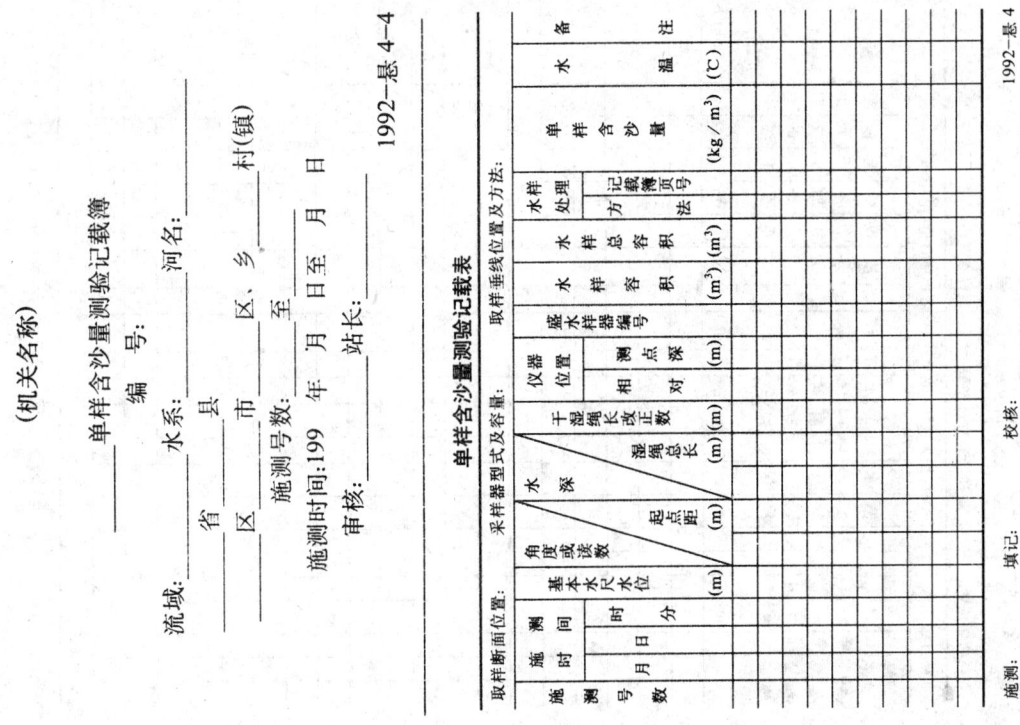

_____站 199___年悬移质水样处理记载表（烘干法）

取样断面位置：　　　　采样器形式及容积：　　　取样垂线位置：
取样方法：　　　　　　沉淀损失（%）：　　　　　溶解质含量（g/cm³）：

施测号数	取样垂线号	起点距 (m)	施时	测时	基本水位	仪器位置	水样沉淀器编号	水样桶编号	烘杯容积	烘杯编号	浓缩水样容积 (cm³)	烘杯加沙重 (g)	烘杯重 (g)	泥沙重 (g)	校正系数	校正后沙重 (g)	含沙量 (kg/m³)
单样水沙率			月 日	时 分	水位 (m)	相对水深	测点深 (m)										
输沙率																	

备注：

处理：　　　计算：　　　（月 日）校核：　　　（月 日）复核：　　　（月 日）

1992—悬 5

（机关名称）

_____站悬移质水样处理记载簿
　　　　　　　　　　　（_____法）

　　　　　　　　编号_____

流域：_____　水系：_____　河名：_____

　　　　　　省（区）_____县（市）_____区、乡_____村（镇）

输沙率施测号数：_____至_____

单样水样施测号数：_____至_____

施测时间：199__年__月__日至__月__日

审核：_____

站长：_____

1992—悬 5—7

___站 199___ 年悬移质水样处理记载表（过滤法）

取样断面位置：　　　采样器形式及容积：　　　取样垂线位置：
取样方法：　　　沉淀损失（%）：　　　漏砂损失（%）：

施测号数	取样垂线号	起点距 (m)	施测时间 月 日 时 分	基本水位 (m)	仪器位置 相对水深	仪器位置 测点深 (m)	水样桶编号	水沉淀容器编号	水样容积 (m³)	滤纸编号	滤纸加砂重 (g)	泥砂重 (g)	砂重校正数 (g)	校正后砂重 (g)	含砂量 (kg/m³)	备注

备注：
处理：　（月 日）　校核：　（月 日）　复核：　（月 日）
计算：　（月 日）　校核：　（月 日）　复核：　（月 日）

1992—悬 7

___站 199___ 年悬移质水样处理记载表（置换法）

取样断面位置：　　　采样器形式及容积：　　　取样垂线位置：
取样方法：　　　沉淀损失（%）：

施测号数	取样垂线号	起点距 (m)	施测时间 月 日 时 分	基本水位 (m)	仪器位置 相对水深	仪器位置 测点深 (m)	水样桶编号	水样容积 (m³)	比重瓶编号	比重瓶加浑水重 (g)	浑水温度 (℃)	比重瓶加清水重 (g)	$\dfrac{W_1-W_w}{\rho_s/(\rho_s-\rho_w^*)}$ (g)	泥砂重 (g)	砂重校正数 (g)	校正后砂重 (g)	含砂量 (kg/m³)

备注：
处理：　（月 日）　校核：　（月 日）　复核：　（月 日）
计算：　（月 日）　校核：　（月 日）　复核：　（月 日）

1992—悬 6

Ⅱ 填制说明

(一) 悬移质输沙率及含沙量测验计量单位及有效数字规定

名称	符号	单位符号	取用单位及有效数字	示例	备注
水样体积	V	cm³	取两位有效数字，小数不超过5位	1010	
溶解质含量	C_l	g/cm³		0.00002 0.00015	
泥沙密度	ρ_s	g/cm³	取两位小数	2.65	
温度	Θ	℃	水温记至0.1，记至两位	15.6 106	
沙重及其它重量	W_s W	g	天平感量10mg，记至 0.01g；天平感量1mg，记至 0.001g；天平感量 0.1mg，记至0.0001g	1.56 0.125 2.56 0.0124	沙重超过1g，天平感量1mg也可记至0.01g
含沙量	C_s	kg/m³ g/m³	取三位有效数字，小数不超过三位	1.37 0.012 44.6 8.3	
单沙 输沙率	q_s	kg/s·m² g/s·m²	取三位有效数字，小数视计算含沙量的需要而定		
垂线 输沙率		kg/s·m g/s·m	取三位有效数字，小数视计算含沙量的需要而定		
输沙率	Q_s	kg/s t/s	均取三位有效数字，小数位但小数不过三位	1380 0.072	

(机关名称)

_____站泥石流、浆河、揭河底观测记载簿

流 域: _____
水 系: _____ 河名 _____
_____省_____县_____村(镇)
_____区_____市_____区、乡_____

施测号数: _____ 施测时间:199 年 月 日至 月 日
审核: _____ 站长: _____

1992—悬8-8

泥石流浆河揭河底观测记载表

观测号数	观测时间			基本水尺水位(m)	水流状态	取样垂线相对位置(m)	仪器位置	测深点(m)	水样筒编号	水样容积(m³)	含沙量(kg/m³)	颗分及流变试验水样编号	比降(10⁻⁴)	水温(℃)	泥石流、浆河、揭河底观测和记述
	月	日	时 分												
备注															

观测: _____ 填记: _____ 校核: _____

1992—悬8

(二) 流量及悬移质输沙率测验记载簿

1. 流量输沙率测验记载计算表（一）、（二）（畅流期流速仪法）（1992—总1）：

(1) "施测时间"：填写输沙率测验起止时间；

(2) "天气"：测验时天气情况，分别以晴、阴、雾、雨、雪表示；

(3) "风向风力"：按国标《水位观测标准》有关规定填记。

(4) "流向"：流向指主流而言，局部回流可不考虑，顺流记"∧"、逆流记"∨"、停滞记"×"；

(5) "采样器型号"：填记如，调压积时式、皮襄积时式、横式、普通瓶式等；

(6) "垂线取样方法"：填记如，一点法、二点法、三点法、五点法、六点法、积点法、某种垂线混合法；

(7) "垂线号数"：测验过程中，测深、测速、取水样或加测床沙，根据实际情况，按自一岸向另一岸顺序分别编号并填记；

(8) "角度 / 起点距"：分子填入测流断面与测流器交会的角度，分母填入交会角度或其它读数算出的垂线起点距；

(9) "测深测速时间或水位"：水位变化快时填每条垂线测速时间或水位，水位变化平缓时，此栏可空白不填；

(10) "水深 / 湿绳总长"：用测深杆、测深锤或悬杆测深时，测得水深即为实际水深，填入此栏时，应将分母"湿绳总长"四字划去，用悬索测深时，分母填湿绳长度；

(11) "悬索偏角"：填测悬索接触河底时的悬索偏角读数；

(12) "干湿绳长度改正值"：根据"干湿绳长度改正表"和"湿绳长度改正表"查得二项改正数之和，均取以负值，悬架支点至水面高差很小时，可不作干绳改正，悬索偏角小于10°时，不作偏角改正；

(13) "仪器位置"："相对"，填仪器入水深度与实际水深的比值，"测点深"，填仪器实际入水深度，用悬索悬吊仪器时，为经悬索偏角改正后的仪器入水深度与实际水深之差值；

(14) "床沙取沙样编号"：填相应于床沙采样所取垂线床沙砂样的编号，一般为盛沙样器皿的编号，不测床沙时，本栏空白；

(15) "盛水样器编号"：填盛水样器的号数，用积深法或垂线混合法时，每条垂线只有一个水样，只填一个号数，记入本垂线的第一行；

(16) "水样容积"：在现场积时填记；

(17) "测速记录"："信号数"，填测速开始至终止时接收信号的总数，"总转数"填一个信号与断面间夹角90°之差；

(18) "流向偏角"：填测点向与流向一个信号与断面间夹角90°之差；

(19) "测点流速"：根据总历时和总转数，由流速仪公式计算得出；

(20) "流向改正后"流速：填测点流速与流向偏角度数的余弦函数的乘积；

(21) "系数 / 垂线平均"流速："系数"，用一点法且不在0.6相对水深处测速，需乘以由试验确定的经验系数，填入本栏，"垂线平均"按有关规定填入；

(22) "部分面积"和"部分流量"：按《河流流量测验规范》有关规定计算填写；

(23) "测点含沙量"：自水样处理记载表内抄记；

(24) "单位输沙率"：填测点流速与测点含沙量的乘积，用积深法或垂线混合法或一点法时，本栏不填；

(25) "垂线平均"含沙量：用选点法时，按本规范第7.1.2条规定计算，用积深法或垂线混合法时，自水样处理记载表中抄录；

(26) "部分平均"含沙量：为相邻取样垂线平均含沙量

其余有关流量测验统计栏,按现行国家标准《河流流量测验规范》的规定填写;

3. 悬移质输沙率测验记载表（全断面混合法）(1992—总3):

(1)"断面流量"：用全断面混合法测输沙率,一般不测流量,填推算的断面流量；

(2)"流量推算方法"：如用水位流量关系或其它方法推算,填推算方法；

(3)"水样总容积"：为各测线水样容积以总容积的总和；

(4)"断面平均含沙量"：为总沙重除以总容积,自水样处理记载表中抄录；

(5)"断面输沙率"：为断面流量与断面平均含沙量的乘积；

其它各项按现行国家标准《河流流量测验规范》的规定填记。

(三) 单样含沙量测验记载簿

1. 封面 (1992—总4-4)："施测号数"：填测单样含沙量的施测号数,自年初编起。

2. 单样含沙量测验记载表 (1992—总4):

(1)"取样断面位置"：填记单样取样断面的位置,以与基本水尺断面的关系表示；

(2)"采样器型式及容量"：填采所用采样器型式及容量,如使用2dm³的横式采样器,即填横式"2",使用3dm³的调压积式采样器,即填调压积式"3"；

(3)"取样垂线位置及方法"：简要说明取样垂线位置,数目与在垂线上的取样方法。如"120m一线积深法"；"等流中三线,0.2、0.8等流速混合法"；

(4)"水样处理方法"：填使用的方法。如"烘干法"；

(5)"记载薄页号"：填写本次水样处理所在的记载薄号与页号,如3号薄第5页,记为3~5；

(6)"单样含沙量"：自水样处理记载表内抄录。

的算术平均值；

(27)"部分输沙率"：为"部分平均含沙量"与"取样垂线间流量"之乘积；

(28)"断面输沙率"：为"部分输沙率"之总和；

(29)"断面平均输沙率"：为"断面输沙率"与"断面流量"之比值；

(30)"相应单样含沙量"：按本规范第7.1.3条规定计算填记；

(31)"测线数/测点数"：分子为测沙垂线数目,分母为各测沙垂线测沙点数的总和,用积深法和垂线混合法时,"测点数"三字划去；

其它各项按现行国家标准《河流流量测验规范》的规定填记。

2. 流量输沙率测验记载计算表 (一)、(二) (冰期流速仪法) (1992—总2):

(1)"冰厚"：填量冰尺几次在冰面所截读数的平均值；

(2)"水浸冰厚"：填量冰尺连量几次在水面处所截读数的平均值；

(3)"冰花厚"："水浸冰厚"的差值；

(4)"平均水浸冰厚"：为相邻垂线的"水浸冰厚"的算术平均值；

(5)"平均冰花厚"：为相邻垂线的"冰花厚"的算术平均值；

(6)"有效或应用水深"：填"水深"减去"水浸冰厚及冰花厚"之和；

(7)"测深垂线间水浸冰面积"：填"垂线间距"与"垂线间平均水浸冰厚"的乘积；

(8)"测深垂线间冰花面积"：填"垂线间距"与"垂线间平均冰花厚"的乘积。

(四) 悬移质水样处理记载簿

1. 悬移质水样处理记载表烘干法 (1992—悬 5)：

(1) "溶解质含量"：由实验确定，填写实测值，并注明取样日期；

(2) "沉淀容器编号"：填沉淀水样时，所用器皿的编号，如系直接在水样桶中沉淀的，本栏不填；

(3) "烘杯编号"：填所用烘杯的编号；

(4) "浓缩水样的容积"：用烘干法且要作溶解质改正时，填烘干前烘杯里浓缩水样的容积；

(5) "烘杯重"：填所用烘杯的重量；

(6) "烘杯加沙重"：填烘干后 "烘杯加泥沙" 的总重量；

(7) "泥沙重"：填 "烘杯加沙重" 减去 "烘杯重" 以后的重量；

(8) "沙重校正数"：填泥沙损失改正与溶解质改正数的代数和；

(9) "校正后沙重"：填 "烘杯加沙重" 与 "泥沙校正数" 的代数和，由比重瓶检定曲线或表上查得。

2. 悬移质水样处理记载表（置换法）(1992—悬 6)：

(1) "比重瓶编号"：填所用比重瓶的号数；

(2) "瓶加浑水重"：填比重瓶与其中的水样之总重量；

(3) "浑水温度"：填称重后迅速测定的瓶内浑水的温度；

(4) "瓶加清水重"：填与测得水温相应的比重瓶内清水及瓶的总重量，由比重瓶检定曲线或表上查得；

(5) "$W_{ws}-W_w$"：填 "瓶加浑水重" 减 "瓶加清水重"；

(6) "$\dfrac{\rho_s}{\rho_s-\rho_w}$"：根据采用的泥沙密度和浑水温度，由有关表中查得；

(7) "沙重"填 $(W_{ws}-W_w)$ 与 $\dfrac{\rho_s}{\rho_s-\rho_w}$ 的乘积；

(8) "沙重校正数" 填沉淀损失改正数，不超过允许误差时可不填；

(9) "校正后沙重" 填沙重与沙重校正数的代数和。

3. 悬移质水样处理记载表（过滤法）(1992—悬 7)：

(1) "滤纸编号"：所用滤纸的号数；

(2) "滤纸重"：填过滤前称得的烘干后滤纸的重量；

(3) "滤纸加沙重"：填沙样包烘干后称得的重量；

(4) "沙重校正数"：填沉淀损失改正数与溶解质改正数的代数和，不超过允许误差时，可不填；

(5) "校正后沙重"：填沙重与沙重校正数的代数和。

(五) 封面、浆河、揭河底观测记载簿

1. 封面 (1992—悬 8-8)：

"施测号数"：填在本年度内发生并进行观测泥石流及 "浆河"、"揭河底" 等特殊现象的号数。

2. 泥石流、浆河、揭河底记载表 (1992—悬 8)：

(1) "观测编号"：填进行泥石流及揭河底特殊现象观测的编号，各项观测统一编号；

(2) "水流状态"：主要为 "泥石流"、"浆河"、"揭河底" 等几种，根据实际情况填写一种；

(3) "颗分及流变试验水样编号"：根据流变试验的沙重要求另取的试验水样，填写所用盛样桶的号数，如 "单样" 测定含沙量后，可兼作颗分及流变试验水样，则此栏不填；

(4) "泥石流、浆河、揭河底观测和记述"：本栏应根据具体的 "水流状态" 来填写，如 "泥石流"、"浆河" 现象观测，如发生的位置、"泥石流" 经过断面全过程观测，如发生和发展过程的记述、"浆河" 发生和发展过程的速度和距离等等，为了详尽地记述现场各主要特征，如栏格不够用，可加附页。

(3) 露出水面的大小，向下游推进的速度和距离，由有关表中查得；

附录三 高含沙水流流变特性试验方法

Ⅰ 本附录名词解释与计量单位

(一) 名词解释：

1. 剪切：流体互相平行的相邻流层间发生的相对运动。
2. 剪切应力（剪应力或切应力）τ：剪切运动时，发生剪切平面上的切向应力。
3. 剪切速率（切变速率或流速梯度）：剪切平面处流速随垂直变化的法向变化率。
4. 流变特性：流体运动时所受剪切应力与剪切速率之间的关系，表达这种关系的数学方程为流变方程。
5. 牛顿体：流体单位面积上所承受的剪应力 τ，与单元的剪切速率 $\frac{du}{dy}$ 成正比，称为牛顿定律，服从这一定律的流体称为牛顿体。
6. 与时间无关的非牛顿体：流体任何一点的剪切速率只是该点的剪切应力的函数，而与其它因素无关的流体。其中，常见的有宾汉体、伪塑性体和膨胀性体三种；牛顿体及与时间无关的非牛顿体的流变特性及流变方程曲线分别见附表 3·1 和附图 3·1。

牛顿体及与时间无关的非牛顿体的流变特性   附表 3·1

流 型		流变曲线	流变方程	参数的定义及意义
牛顿体		A	$\tau = \mu \frac{du}{dy}$	μ——粘度系数，直线 A 的斜率
非牛顿体	宾汉体	B	$\tau = \tau_B + \eta \frac{du}{dy}$	τ_B——宾汉极限剪力，直线 B 的截距 η——刚度系数，直线 B 的斜率
	伪塑性	C	$\tau = K \left(\frac{du}{dy}\right)^n$	K——稠度系数 n——流动指数，$n<1$
	膨胀体	D	$\tau = K \left(\frac{du}{dy}\right)^n$	K——稠度系数 n——流动指数，$n>1$

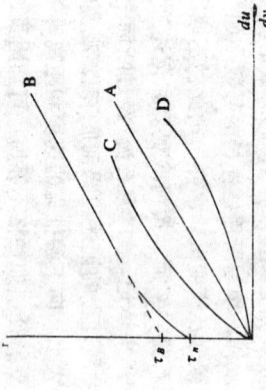

附图 3·1 与时间无关的流体的流变曲线

(二) 符号及计量单位如附表 3·2。

符号及计量单位   附表 3·2

量的名称	量的符号	量的单位	换 算 关 系
刚度系数	η	$Pa \cdot s$	$1Pa \cdot s = 0.0102 g \cdot s / cm^2$
剪切应力	τ	Pa	$1Pa = 0.0102 g / cm^2$

Ⅱ 毛细管粘度计试验方法

(一) 试验方法：毛细管粘度计（以下简称毛管计），是通过测量流体流过毛细管时的压力降和出流量来推算管壁处剪切应力与剪切速率，并由此确定流体的流变特性。

(二) 仪器设备及主要技术要求：

1. 仪器设备主要包括：毛管计和贮样筒，测压管和调压装置，搅拌器和电机，比重瓶和秒表。
2. 主要技术要求：

(1) 毛管计管径不宜小于试样泥沙最大颗粒粒径的 5 倍；长径比 (L/D) 不小于 200。应备制几种不同直径的毛细管，组成一套测量系统。常用毛细管直径范围为 3～8mm，根据试样浓

度和粒径选定;

(2) 每支毛管计必须对管径、动能修正系数 α 和局部损失系数 β 进行校正;

(3) 贮样筒应采用透明材料制作,便于直接观察试样深、容积按可连续测试 15 个以上点据的需要量来确定。筒内应置搅拌器,防止固、液分离沉降,保证试样无分渗混均匀;

(4) 设置调压系统,进行正、负压调节,以能扩大试验范围,保持不同含沙浓度下的正常试验;

(5) 测定出流量的量杯或比重瓶带采定预先率定。

(三) 仪器率定方法:

1. 毛管直径率定可采用重量法,并按下列步骤进行:

(1) 将毛细管冲洗干净,用软布或纸擦拭并烘干;

(2) 测定管长 (L),应测量三次,取最接近的两次的平均值;

(3) 测定毛细管容积的方法是:先称出空管重量 (W_1),再称量注满蒸馏水后的毛细管重量 (W_2),同时测量水温并查得相应水的密度 (ρ_w),按下式计算蒸馏水的体积:
$V = (W_2 - W_1) / \rho_w$ (cm³)

有条件时可向管中注入水银,称量注满水银后的毛细管重量 (W_2);

(4) 按下式计算毛细管的直径:
$$D = \sqrt{\frac{4V}{\pi L}} \text{ (cm)}$$

采用任何方法,均应测量三次,取最接近的两次的平均值,记至 0.001cm.

2. 毛细管校正系数 $(\alpha+\beta)$ 的率定,可按下列规定进行:

(1) 按下式测量不同条件下的毛细管内平均流速 V 及对应的 $(\alpha+\beta)$ 值:
$$(\alpha+\beta) = \frac{[P_a/\gamma_m + (L+h)]2g}{V^2} - \frac{64\mu L g}{\gamma_m V D^2}$$

式中
α——流速分布系数;
β——局部损失系数;
P_a——测压管压力 (Pa);
γ_m——试样的容重 (g/cm³);
L——毛细管长度 (cm);
h——贮样深度 (cm);
g——重力加速度 (cm/s²);
V——毛细管内平均流速 (cm/s);
μ——液体的动力粘带系数 (g·s/cm²);
D——毛细管直径 (cm).

(2) 点绘 $(\alpha+\beta) \sim V$ 关系图并取 $(\alpha+\beta)$ 的平均值。

3. 量杯与比重瓶容积可采用重量法进行率定:

(1) 量杯容积率定步骤:

第一,清洗、擦净、烘干量杯,并称空量杯重 (W_1);

第二,加入蒸馏水至一定刻度(设计容积 V'),称量杯加水重 (W_2),同时测量水温,查得相应的水的密度 (ρ_w),按下式计算得出不同容积刻度时的重量:
$V = (W_2 - W_1)/\rho_w$

第三,重复进行第二步操作,称得相应的水的重量与水重;

第四,用下式计算不同刻度时瓶加水重的测定;

第五,重复进行各种温度下的比重瓶加水重的测定;

直到最大刻度为止。

(2) 比重瓶容积率定步骤:

第一,清洗、擦净、烘干比重瓶,称空瓶重 (W_1);

第二,加入蒸馏水到加规定刻度,称瓶加水重 (W_2),同时测量水温,查得相应的水的密度 (ρ_w);

$V = (W_2 - W_1)/\rho_w$

第三,按第二步,重复进行各种温度下的比重瓶加水重的测定;

第四,按上式计算不同温度下的比重瓶的实际容积 (V);

第五,将 N 对相应的 V 与 V' 点绘关系图。

4. 测压管读数率定，应事先率定出测压的一个支管读数与该支管读数差乘以水银（或水）密度的压力数值，点绘关系图备用。

（四）试样操作技术要求：

1. 准备工作：将取得的样品（包括原样和湿砂样），按规定备制试样用的毛管计，量杯或比重瓶并擦洗干净，备好试验用的天平、温度计、秒表、提桶和记录表格等。

2. 备制试样：

(1) 当野外调查只能取得干土样时，试样前应先浸泡三天以上，再搅样至无团粒为止。然后，按调查的原样容重和 pH 值大小备制试样。

备制的试样必须充分搅拌均匀，然后采取一定数量的分样目测定容量、颗粒级配。极限体积含沙度及 pH 值等项目测定，方能开始试验。在试验过程中或试验结束时，视水砂分选沉降情况，再取样测定含沙量，必要时同时进行颗粒分析；

(2) 当需要备制不同浓度的试样时，应从高到低控制。

3. 仪器安装调试：首先应将仪器组装配套，再将毛管计调直和贮筒调平；采用吊锤法校正毛管计的垂直度是否一致，调整筒装适重调一致，观察四周间的水深是否一致，调整后将支架固定，防止滑动。

4. 装试样：将备制的试样装入贮样筒，装至筒容积的 2/3 为宜。

5. 进行试验：

(1) 开启或关闭相应的阀门，连通管路加压或抽气，使测压管压力达到一定值。待压力稳定后，记录该时次的起始压力的贮样筒内试样深，同时，立即拔开毛管堵塞开关，让试样流出后关闭开关，贮样筒内的试样应搅拌。搅拌停止后，即打开开关，开始试验；

(2) 开动秒表记时，同时在毛管计出口用量杯（或比重瓶）

接取试样，取样终止时立即关停秒表，关闭毛管计开关，取样历时和出流体积，在流速较大时以时间控制，不宜小于 5s；在低流速时，以体积控制，一般不少于 10ml；

(3) 记录秒表时同测点的压力、停止时刻的压力、试样泵、积等，即完成一个测点的测验；

(4) 尔后，通过阀门控制、改变压力，继续进行第 2、3、4……等测点的测验。

毛管计最大压力根据试样情况选定，一般应使流速超过层流区，能得到整个层流区 10 个以上的试验区测点数据，压力控制视最大压力差而定，在低切变速率测点应多一些；

(5) 有温控装置的，控制温度以 20℃ 为标准；无温控设备的，必须测量试验开始及终止时的试样温度。温度计分度值不大于 0.2℃；

(6) 试验结束，立即进行仪器、仪表、工具用品等的清洗、整理，妥善保管和保养。

（五）试验资料的计算：

1. 边壁剪切应力 τ_w，按下式计算：

$$\tau_w = \Delta PD/4L \text{ (Pa)}$$

式中 ΔP——毛细管两端的压力差（Pa）。

2. 剪切速率 $\left(\dfrac{du}{dy}\right)$ 与流变参数的边壁剪切速率的计算：

牛顿体每一测点的边壁剪切速率为：

$$\left(\dfrac{du}{dy}\right)_w = \dfrac{8\bar{u}}{D}$$

式中 $\bar{u}$——为流体在毛细管内的平均流速。

牛顿体液体的流变参数 μ 可按下式计算：

$$\mu = \dfrac{\tau_w}{8\bar{u}/D}$$

对于非牛顿体中的宾汉体,可用虚流变曲线来求宾汉体的二个流变参数 η 和 τ_B。流变曲线的方程为:

$$\tau_w = \frac{4}{3}\tau_B + \eta\left(\frac{8\bar{u}}{D}\right)$$

由试验所得对应的 $(8\bar{u}/D, \tau_w)$ 点据,应在普通坐标纸上点绘 $\tau_w \sim 8\bar{u}/D$ 关系图,通过点据作一直线交于 τ_w 轴,其截距即为 $\frac{4}{3}\tau_B$,直线的斜率即为 η。但应注意,上式是一个忽略掉 τ_B/τ_w 项后所得的近似式,图解作直线时,应以 $\tau_w \gg \tau_B$ 的点据为依据。

(六)毛细管粘度计流变试验

1. 记录表格及填写说明:
(1) 表式(附表3·3):

毛细管粘度计流变试验记录表　　　　　　附表3·3

试样号:		取样地点:			粘度计名称、型号:					
取样时间:	年 月 日				测压管尺寸(cm): 长　　直径					
试验时间:	年 月 日				测压管类型					
试验温度: ℃					试样颗粒直径(cm): d_{max}　　d_{50}					
试样含沙量(kg/m³):				试样密度(g/cm³):		试验者:				

测点编号	测压管读数			试样深读数			瓶杯号	出流体积	历时	备注
	起	止	平均	起	止	平均				
	(cm)	(cm)	(cm)	(cm)	(cm)	(cm)		(cm³)	(s)	
(1)	(2)	(3)	(4)	(5)	(6)	(7)	(8)	(9)	(10)	(11)

(2) 填写说明:(4)栏和(7)栏若用量杯接测,即为实测值,若未平均值,算到0.1cm;(9)栏若用量杯接测,止读数应,即为实测值,若用比重瓶接测,则用牛顿体的宾汉体的二用比重瓶接测,则按附表3·4进行测算求得;(11)栏,说明试样系用原样还是湿土备制;出体积是用量杯还是用比重瓶测出。

2. 出流体积及试样容重测验记录。
(1) 表式(附表3·4):

出流体积及试样容重测验记录　　　　　　附表3·4

试样号:		取样地点:								
测验时间:	年 月 日	取样时间:	年 月 日					测验者:		

测点编号	比重瓶号	瓶重	瓶加试样重	瓶加试样加清水重	比重瓶容积	清水体积	试样体积	试样容重	含沙量	备注
		(g)	(g)	(g)	(cm³)	(cm³)	(cm³)	(g/cm³)	(kg/m³)	
(1)	(2)	(3)	(4)	(5)	(6)	(7)	(8)	(9)	(10)	(11)	(12)

(2) 填写说明:(6)栏,是指比重瓶加入试样再加清水后的总刻度;(7)栏 = (6) − (5)栏,算到 0.1g,即等于清水重,略去温度的影响,取水的密度等于 1.0,则清水重即等于清水体积,规定刻度后的影响;(8)栏,根据试验时的温度及比重瓶的温度曲线查取,该值即是附表3·2中的出流体积;(9)栏 = (8) − (7) = (4) / (9)栏,算到小数后三位(10)栏 = [(10)−1]ρ_s × 1000 / (ρ_s − 1),算到三位有效数字。式中的 ρ_s 为泥沙的密度。

3. 毛细管粘度计流变特性试验计算表。
(1) 表式(附表3·5):

(2) 填写说明：(4) = (2) / (3) 栏，算到三位数；(5) = (4) / 毛管深+毛管长度；(8) = (6) × (7) 或 (7) 栏×0.0102；(9) 栏，根据附表3·3的测压管平均读数，从率定的相关图上查取；(10) = (8) + (9)；(11) 栏，按 $\bar{u}^2/2g$ 计算 (g=980cm²)；(12) = (α+β) × (6) × 0.0102；(13) = (10) − (12) 栏；(14) = (12) 栏 × D/4L，算到0.001g/cm³×0.0102，算到四位数；(16) 栏，按 $\mu_e = \tau_w D/8\bar{u}$ 计算，算到0.1g/cm² 计算；(17) 栏雷诺数：$Re = \dfrac{(5)×(6)×D}{\mu_e}$。

4. 流变特性成果

(1) 表式（附表3·6）：

流变特性成果   附表3·6

取样地点：											粘度计名称、型号：		计算者：	校核者：

试样编号	试样含沙量 (g/cm³)	试样容重 (g/cm³)	试样颗粒直径 d_m (cm)	d_{50} (cm)	极限体积浓度 (小数计)	τ_B (Pa)	η (Pa·s)	(α+β)	pH	颗分编号	备注
(1)	(2)	(3)	(4)	(5)	(6)	(7)	(8)	(9)	(10)	(11)	(12)

(2) 填写说明：(2) 至 (5) 栏和 (9) 栏和 (10) 栏，可从附表3·3到附表3·5以及颗分资料中抄录；(6) 栏，一定体积的试样，经自由沉降后，泥沙颗粒达到最大紧密度时的体积的确定；根据 τ_B 与 η 值的确定：将 τ_w 与 $8\bar{u}/D$ 关系图（即虚流变特性曲线），将直线段延长与 τ 轴相交，其交点读数即为 τ_B；直线斜率 $\eta = \left(\tau_w - \dfrac{4}{3}\tau_B\right)D/8\bar{u}$。

毛细管粘度计流变特性试验计算   附表3-5

试验号：	取样地点：		取样时间： 年 月 日		流变试验时间： 年 月 日
试样含沙量(kg/m³)：		试样容重(g/cm³)：	测管尺寸：长(L)=	直径(D)=	(α+β)=
计算时间： 年 月 日		计算者：		校核者：	

测点编号	出流体积 (cm³)	历时 (s)	流量 (cm³/s)	流速 (cm/s)	试样容重 (g/cm³)	总压差 (cm)	试样压力 (Pa)	测压管压力 (Pa)	总压力 (Pa)	流速水头 (cm)	局部损失及动能校正 (Pa)	摩阻压降 (Pa)	管壁切应力 (Pa)	平均切变速率 (1/s)	实测有效粘度 (Pa·s)	实测雷诺数	备注
(1)	(2)	(3)	(4)	(5)	(6)	(7)	(8)	(9)	(10)	(11)	(12)	(13)	(14)	(15)	(16)	(17)	(18)

Ⅲ 同轴圆筒旋转式粘度计试验方法

(一) 试验方法：测量系统的两个同轴圆筒，其内筒以已知角速度旋转，流体受剪切力发生剪切变形，流体的粘滞阻力与旋转角速度成正比。通过测量转筒的扭力矩和旋转角速度，其转动力矩与粘滞阻力矩成正比。测量转筒表面，其旋转角速度来推算试样的剪切应力和剪切速率，并由此确定流体的流变特性。

(二) 仪器设备及主要技术要求

1. 仪器主要组成部分包括：
(1) 支座：安装整个测试系统的基础；
(2) 测量头：扭矩读数设备，采用直接（弹簧装置）或间接（机电转换）显示扭矩值；
(3) 测量系统：包括内、外筒和恒温装置。

2. 主要技术要求：
(1) 为适应不同含沙量及颗粒级配的试样，需备制几种不同直径的内、外筒，组成几套测量系统；
(2) 内、外筒构成的缝隙 ΔR，$\Delta R/R$ 为缝隙比，应根据不同试样，确定几级缝隙比；
(3) 测量系统的缝隙宽度应不小于试样泥沙最大颗粒直径的5倍；
(4) 外筒直径，必须精确测定；
(5) 内筒结构式，应使端面效应小，一般采用两端凹形，边缘为锐角刃口型式；
(6) 内、外筒壁面要求有一定粗糙度，以防止出现滑移现象；
(7) 以弹簧装置量测扭矩时的仪器，使用一段时间后，弹簧可能发生变形，必须校正。

(三) 试验操作技术要求

1. 准备：将取得的样品（包括原样和湿沙样）按毛管计试验的同样要求制备试样；选择试验用的测量系统，并清洗擦净；

2. 仪器安装调试，应达到同心与水平要求；

3. 装试样：按仪器实际需要量的要求装表样，为防止泥沙沉降和产生气泡等现象，装满试样后，应将转筒上下移动多次，以观察试样是否达到所需用量。

4. 试验：
(1) 开启"旋转开关"（或电机），从小到大或从大到小逐步调定转速，并记录（或自记）每级转速下测量头指示稳定后转速和扭矩读数。
(2) 要求装好试样到开始试验的间隔时间不超过10~15s，不能连续测读时，每次测读前必须对试样重新搅拌装填一次；
(3) 试样反映有触变性时，转子起动后到读数的间隔时间不超过30s。此时若转子尚有小量摆动，可读取平均值。

(四) 试验资料的计算

1. 内筒边壁处剪切应力 τ_b 的计算

由施加于内筒壁上的扭矩求得，即：

$$\tau_b = \frac{M}{2\pi R_b^2 h} \quad (\text{Pa})$$

式中 M——扭矩 (mN·cm)；
R_b——内筒半径 (cm)；
h——内筒有效高度 (cm)。

上式对牛顿体和非牛顿体均适用。

2. 内筒边壁处剪切速率 $\left(\dfrac{du}{dr}\right)_b$ 的计算

对牛顿体为：

$$\left(\frac{du}{dr}\right)_b = \frac{2R_c^2}{R_c^2 - R_b^2}\Omega \quad (1/s)$$

对宾汉体为：

样还是湿样配制；试验方式是转速递增还是递减等。

2. 旋转式粘度计流变试验计算

(1) 表式（附表3·8）：

旋转式粘度计流变试验计算　　附表3·8

流变试验时间：　年　月　日　　取样地点：　　　取样日期：　年　月　日
测量系统尺寸(cm): R_b　R_c　计算时间：　年　月　日　h
试样含砂量(kg/m³):　　　　R_c/R_b:　　试样容重(g/cm³):
计算者：　　　　　　　　　　校核者：

测点编号	扭矩 (mN·cm)	角速度 (1/s)	内筒壁切应力 (Pa)	内筒壁剪切速率 (1/s)	实测有效粘度 (Pa·s)	实测雷诺数	备注
(1)	(2)	(3)	(4)	(5)	(6)	(7)	(8)

(2) 填写说明：(2) 栏，根据测点相应的扭力矩读数填写；
(3) 栏，根据测点稳定后的转速填写；(4) 栏，按公式计算；
(5) 栏，根据测点相应的实测参数，按公式计算。

3. 流变特性成果

(1) 表式（附表3·9）：

流变特性成果　　附表3·9

取样地点：　　　　　　　　　粘度计名称、型号：
试验者：　　　　　　　　　　校核者：
计算者：

试样号	试样容重 (kg/m³)	试样含砂量 (kg/m³)	试样颗粒直径		极限体积浓度	粘度系数 (以小数计)	τ_B (Pa)	η (Pa·s)	pH	颗分编号	备注
			d_m (cm)	d_{50} (cm)							
(1)	(2)	(3)	(4)	(5)	(6)	(7)	(8)	(9)	(10)	(11)	

(2) 填写说明：各栏可以从有关的测验和计算附表中抄录。

$$\left(\frac{du}{dr}\right)_b = \frac{M}{4\pi h}\left(\frac{1}{R_b^2} - \frac{1}{R_c^2}\right) - \tau_B Ln\frac{R_c}{R_b} \quad (1/s)$$

式中　Ω——角速度 (1/s);
　　　R_c——外筒半径 (cm);
　　　τ_B——宾汉极限切应力，用它来处理数据时，必须先选定一个初始值，根据前面两个公式算得一系列的 τ_b 和 $\left(\frac{du}{dr}\right)_b$，然后在普通坐标纸上点绘 $\tau_b \sim \left(\frac{du}{dr}\right)_b$ 的关系，用图解法通过点据作一直线交于 τ 轴，其截距为 τ_B，如与假定值不符，应重新假定，重复上述过程，直至两者接近为止，直线的斜率即为 η 值。

上式是假定环形缝隙同都发生剪切时推导的，适用于 $\tau_c > \tau_B$ 的数据。

(五) 记录表格及填写说明

1. 同轴圆筒旋转式粘度计流变试验记录

(1) 表式（附表3·7）：

同轴圆筒旋转式粘度计流变试验记录　　附表3·7

取样地点：　年　月　日　取样时间：　年　月　日 起　止
试验时间：　年　月　日　试验温度(℃):　　粘度计名称型号：
试样含砂量(kg/m³): 泥砂密度(g/cm³):　　试验者：
试样颗粒直径(cm): d_{max}　d_{50}　　　　h
测量系统尺寸(cm): R_b　R_c

测点编号					备注

备注 由于使用仪器和测量方式多样，本表中试验的原始读数项目和有关单位自定 表栏的格式，需根据实际情况，由有关单位自定 试样系原

(2) 填写说明：备注栏应说明内，外筒加随型式；试样系原

附录四 本规范用词说明

一、为便于在执行本规范条文时区别对待，对要求严格程度不同的用词说明如下：

1. 表示很严格，非这样作不可的：
   正面词采用"必须"；
   反面词采用"严禁"。
2. 表示严格，在正常情况均应这样作的：
   正面词采用"应"；
   反面词采用"不应"或"不得"。
3. 表示允许稍有选择，在条件许可时首先应这样作的：
   正面词采用"宜"；
   反面词采用"不宜"。

二、条文中指定应按其它有关标准执行时，写法为"应符合现行标准《……》规定"或"应按现行标准《……》执行"。

附加说明

本规范主编单位、参加单位和主要起草人名单

主 编 单 位：水利部黄河水利委员会水文局

参 加 单 位：水利部水文水利调度中心
　　　　　　　铁道部科学研究院西南研究所

主要起草人：赵伯良、李兆南、朱宗法、刘振新、
　　　　　　谢慎良、王雄世、牛占

中华人民共和国国家标准

河流流量测验规范

GB 50179-93

主编部门：中华人民共和国水利部
批准部门：中华人民共和国建设部
施行日期：1994年2月1日

关于发布国家标准
《河流流量测验规范》的通知

建标〔1993〕544号

根据国家计委计综〔1986〕250号文的要求，由水利部门会同有关部门共同制订的《河流流量测验规范》，已经有关部门会审。现批准《河流流量测验规范》GB50179-93为强制性国家标准，自一九九四年二月一日起施行。

本规范由水利部负责管理，其具体解释等工作由水利部长江水利委员会水文局负责，出版发行由建设部标准定额研究所负责组织。

中华人民共和国建设部
一九九三年七月十九日

目 次

第一章 总则	10—3
第二章 测验河段的选择和断面设立	10—5
第一节 测验河段选择	10—5
第二节 测验河段勘察和断面布设	10—6
第三章 断面测量	10—9
第一节 大断面测量	10—9
第二节 水道断面测量	10—10
第三节 误差来源与控制	10—10
第四章 流速仪法测流	10—11
第一节 一般规定	10—11
第二节 测速垂线布设	10—12
第三节 流速测量	10—13
第四节 流向偏角测量	10—16
第五节 其他项目观测	10—16
第六节 测速主要仪器的检查和养护	10—16
第七节 枯水期测流	10—17
第八节 实测流量计算	10—17
第九节 误差来源与控制	10—22
第五章 浮标法测流	10—23
第一节 一般规定	10—23
第二节 水面浮标法	10—25
第三节 深水浮标和浮杆法	10—25

编 制 说 明

本规范是根据国家计委计综[1986]250号文的要求,由水利部长江水利委员会水文局会同有关单位共同编制而成。

在本规范的编制过程中,规范编制组进行了广泛的调查研究,认真总结我国流量测验工作的实践经验,参考了有关国际标准和国外先进标准,针对主要技术问题开展了科学研究与试验验证工作,并广泛征求了全国有关单位的意见。最后,由我部会同有关部门审查定稿。

鉴于本规范系初次编制,在执行过程中,希望各单位结合工程实践和科学研究,认真总结经验,注意积累资料,如发现需要修改和补充之处,请将意见和有关资料寄交我部长江水利委员会水文局(湖北省武汉市解放大道1155号,邮政编码430010),以供今后修订时参考。

水 利 部

一九九一年十二月

第四节 小浮标法 …… 10—26
第五节 其他项目观测 …… 10—26
第六节 浮标系数的试验和确定 …… 10—27
第七节 实测流量计算 …… 10—29
第八节 误差来源与控制 …… 10—31
第六章 高洪测验 …… 10—32
　第一节 一般规定 …… 10—32
　第二节 高洪测流方案的优选 …… 10—32
　第三节 比降-面积法高洪测流 …… 10—33
　第四节 误差来源与控制 …… 10—35
第七章 流量测验总不确定度估算 …… 10—36
　第一节 一般规定 …… 10—36
　第二节 流量测验误差 …… 10—36
　第三节 流速仪法流量测验各分量随机不确定度的估算 …… 10—37
　第四节 各分量不确定度的确定 …… 10—38
　第五节 流量测验总不确定度 …… 10—40
　第六节 误差来源与控制 …… 10—41
第八章 流量测验成果检查和分析 …… 10—42
　第一节 单次流量测验成果的检查分析 …… 10—42
　第二节 测站特性分析 …… 10—43
附录一 断面测宽、测深方法 …… 10—44
附录二 偏角处理方法 …… 10—46
附录三 确定测流断面方向的方法 …… 10—49
附录四 流速仪法流量测验允许误差及方案优选 …… 10—52
附录五 高洪测验方案优选 …… 10—65
附录六 本规范用词说明 …… 10—67
条文说明 …… 10—68

第一章　总　　则

第1.0.1条　为统一全国水文站的流量测验方法与分析计算等方面的技术要求，保证流量测验精度，提供可靠的基础资料，制定本规范。

第1.0.2条　本规范适用于天然河流、湖泊、水库、人工河渠、潮汐影响河段附近河段的流量测验。

第1.0.3条　国家基本水文站的划分应符合表1.0.3的各项规定。

表1.0.3　各类精度的水文站的划分

项目 类别	测验精度要求	测站主要任务	集水面积(km²)	
			湿润地区	干旱、半干旱地区
一类精度的水文站	应达到按现有测验手段和方法能取得的可能精度	收集探索水文特征值在时间上和沿河长变化规律所需要的资料和防汛需要的资料	≥3000	≥5000
二类精度的水文站	可按测验条件拟定	收集探索水文特征值河长区域的变化规律和具有代表性的系列样本资料	<10000 ≥200	<10000 ≥500
三类精度的水文站	应达到设站任务对使用精度的要求	收集探索小河在各种下垫面条件下的产、汇流规律，以及水文定分析计算对系列资料所需要的资料	<200	<500

当水文测站因受测站控制和测验条件限制而需调整时，可降低一个精度类别。

第1.0.4条　集水面积等于和大于10000km²的一类精度

的水文站和集水面积小于10000km²，且不符合巡测、间测条件的各类精度的水文站，流量测验均应实行常年驻测或汛期驻测。

第1.0.5条 集水面积小于10000km²的各类精度的水文站，符合下列条件之一者，流量测验可实行巡测：

一、水位流量关系呈单一线，流量定线可达到规定精度，并可需要施测洪峰流量和洪水流量过程者；

二、实行间测的测站，在停测期间实行检测者；

三、冰、枯水期水位流量关系比较稳定或流量变化平缓，采用巡测资料推算流量、年径流量和水情变化在允许范围以内者；

四、枯水期采用水位推流测量者。

五、水文通讯方便，能按水情变化及时施测流量者。

第1.0.6条 集水面积小于10000km²的各类精度的水文站，有10年以上资料证明实测流量的水位流量关系（包括大水、枯水年份）水位变幅80%以上，历年水位流量关系为单一线，并符合下列条件之一者，可实行间测：

一、每年水位流量关系曲线之间历年综合关系曲线之间的最大偏离不超过允许误差范围者；

二、各相邻年份的水位流量关系曲线之间的最大偏离不超过允许误差范围者，可停测一年；

三、在年水位变幅的部分范围内，当水位流量关系呈单一线并符合本条第一款所规定的条件时，可在一年内的部分水位级范围实行间测。

四、水位流量关系呈复式绳套，通过本条第二款所规定的处理，可达到本条第一款或第二款所规定的精度者。

五、在枯水期，流量变化不大，枯水径流总量占年径流总量的5%以内，且对这一时期不需要施测流量过程，经根据多年资料分析证明，月径流量与其前期流量或降水量等因素能建立关系并达到规定精度者。

六、对潮流站，当有多年资料证明潮汐要素与潮流量关系比较稳定者。

第1.0.7条 在间测期间，当人类活动对测站控制条件有明显影响时，或发现水利工程措施等对在间测期间实行检测者，当测结果超出允许误差范围时，应随即检查，增加检测次数或恢复正常测流。对在间测期间实行检测者，当测结果超出允许误差范围时，应随即检查原因，增加检测次数或恢复正常测流。

第1.0.8条 流量测验次数的布置，应符合下列规定：

一、水文站一年中的测流次数，必须根据江、河、湖、库不同时期的水位、水情特征和各项特征值的转折点处，水流特性、测站控制和水位级精度要求，掌握各个时期的水位流量关系变化规律，合理地分布于各级水位和水情变化过程的转折点处。水位流量关系不稳定的测站的测流次数，每年不应少于15次。水位流量关系超出历年实测流量的水位时，应对超出部分增加测次。

二、潮流量测验应根据试验资料确定的各代表潮期测流的大小、缓急适当调整测次，以能准确掌握全潮过程中流速变化变化的转折点为原则。每个潮流量测次的分布，应以控制流量变化过程或冰期改正系数变化过程为原则。流冰期小于五天者，应1~2d施测一次，超过五天者，应2~3d施测一次。稳定封冻期测次可较流冰期适当减少。封冻前和解冻后可酌情加测，一日内较大性的测次时间，应通过加密测次的试验分析确定。

三、结冰河流测流次数的分布，应以控制流量变化过程或冰期改正系数变化过程为原则。

四、对新设测站测流初期的测流次数，应校本条第一款的规定增加测次。

第1.0.9条 对本规范所规定的各项精度，应选择具有代表性的测站长期收集、积累试验资料进行检验。

第1.0.10条 流量测验采用的仪器和方法，应符合国家现行有关标准的规定的其他流量测验方法，应选用本规范规定外的其他流量测验方法，应选用本规范规定的。

第二章 测验河段的选择和断面设立

第一节 测验河段选择

第2.1.1条 测验河段应满足设站目的、保证测验资料的精度，符合观测方便和测验资料计算整理简便的要求。并应符合下列规定：

一、测验河段应在石梁、急滩、卡口和人工堰坝等易形成断面控制的上游河段。其中石梁、卡口和上游的底坡应离开断面控制的距离为河宽的5倍，或选在河槽受河槽沿程阻力作用形成河槽断面形状、糙率等因素比较稳定和易受河槽沿程阻力作用形成河槽控制的河段。河段内无巨大块石阻水、无巨大旋涡、乱流等现象，应选择断面控制和河槽控制发生在某河段的不同地址时，应在几处具有相同控制特性的河段上，应选择水深较大的窄深河段作为测验河段。

第2.1.2条 测验河段宜顺直、稳定、水流集中、无分流岔流、斜流、回流、死水等现象。顺直河段长度应为大于洪水时主河槽宽度的3倍。宜避开有较大支流汇入或水库大水体产生变动回水的影响。并应符合下列规定：

一、在平原区河流上，要求河段顺直平整，全河段应有大体一致的河宽、水深和比降，单式河床上宜无水草丛生。当必须在游荡性河段设站时直避免选在河岸易崩坍和变动沙洲附近等河槽宽为3倍、水深等于河宽的河段。

二、在潮汐河流上，宜选择河面较窄、通视条件好、横断面较单一、受风浪影响较小的河段。有条件的测站可利用桥梁、堰闸布置测验。

三、水库、湖泊出口站或堰闸站的测验河段应选在建筑物的下游，避开水流大的波动和异常紊动影响。当在下游测验有困难，而建筑物上游又有较长的顺直河段时，可将测验河段选在建筑物上游。

四、结冰河流的测验河段不宜选择在有冰凌堆积、冰塞、冰坝的地点。对层冰情况较简单的多冰层结构的顺直河段，应经仔细访问、勘繁、选取其结冰情况简单的，对特殊地形地理条件，宜选择不冻河段为测验河段。

第2.1.3条 当测站采用流速仪法以外的其他测流方法时，测验河段的选择应符合下列规定：

一、浮标法测流河段，要求顺直段的长度应大于上、下浮标断面间距的两倍。浮标中断面应有代表性，并无大的串沟、回流发生。各断面之间应有讯号联系和较好的通视条件。

二、比降一面积法测流河段，其顺直段应满足比降观测精度所需的长度。两岸边坡等高线接近平行，水面横比降甚小，纵比降均匀无明显转折点，并必须避开边滩、分汊河段和明显的扩散型河段。

三、量水建筑物测流法的测验河段，其顺直河段长度应大于行近河槽最大水面宽度的5倍。行近槽段内应水流平顺、河槽断面规则，断面内流速分布对称均匀，河床和岸边无乱石、土堆、水草等阻水物。当天然水建筑物测流达不到以上要求时，必须进行人工整治使其符合量水建筑物测流的水力条件，并应避开陡峻、水流湍急或使损失，并应避免支流汇入、分流或河岸溢流。测验河段长度加或使损失。

四、稀释法测流的测验河段，可选弯道、狭窄、浅滩、暗礁、跌水、无水草和死水区支流汇入。测验河段内水量不得有增减，应保证注入水流中的示踪剂能充分自然混匀。

第2.1.4条 测验河段应在有测量标志、测验设施的附近及最高洪水位以下河滩上、下游的一定范围内，应经常保持良好的行洪与通视条件。

第二节 测验河段勘察和断面布设

第2.2.1条 当确定测验河段的位置和进行断面布设时，应对流域地质、地物、地貌、河流特性、河道特性、工程情况、植被情况及资源开发规划等进行仔细的勘察，并应勘察水源史及河道弯曲和顺直段长度，两岸和堤防控制洪水的能力，以及有无溢流缺口等。

第2.2.2条 河流特性勘察应包括下列基本内容：

一、调查控制断面的位置，鉴别断面控制或河槽控制的稳定程度。

二、调查分流、串沟、回流、死水以及边滩宽度是否便于布置测验设施。在初步选定的河段内布设若干河道断面，并测绘其中一个断面的流速分布。

三、了解河床组成、断面形状、冲淤变化、沙洲消涨和河道变迁，以及各级水位的主泓、流速、流向及其变化情况，并勘察河床上岩石、砾石、卵石、漂石、砂、壤土、淤泥等沿测验河段的分布。

四、了解水草生长的季节和范围、封冻和冰情、冰坝、冰塞的地点和雍水高度。

第2.2.3条 非潮流站的测验河段应选在变动回水范围以外，并按下列规定查清下游变动回水发生概率及传播距离：

一、测验构筑物设计最高洪水工建筑下的回水计算资料，判断是否受其影响，并向工程管理单位或个人询问目睹或观测到的回水传播距离。

二、测验河段下游一定距离内有河流汇入或湖泊时，应向当地群众了解下游发生概率、传播的极限距离等情况。

第2.2.4条 选择测验河段的方案及设备，应了解洪水落、涨缓急程度，历史最高最低水位和最大漫滩边界，粗估最大、最小流量，调查洪水来源以及水土流失和泥石流形成原因。

第2.2.5条 调查流域自然地理情况，应包括下列内容：

一、勘察地物、地貌、了解分水岭闭合情况，有无客水引入及内水分出。

二、勘察土壤分布、植被情况，了解水土流失及上游产沙情况。

三、了解地质及水文地质情况，对石灰岩地区要重点了解喀斯特发育程度及分布情况。

四、了解测站附近居民点、学校、通讯、交通、学校等条件。

第2.2.6条 调查流域内建设工程措施及其测量控制情况，应包括下列内容：

一、蓄、引水工程规模、数量的现状及其近期、远景规划安排。

二、水土保持措施的类型及其可能对洪水泥沙产生的影响。

三、拟建测站附近的高程控制点、平面控制点的坐标位置、高程及其等级。

四、农田水利、水土保持措施的类型及其放运方式。

五、河道通航、木材流放季节及其放运方式。

第2.2.7条 编写勘察报告应包括下列内容：

一、本次勘察的目的、任务、主要工作人员的专业类别及技术水平、勘察时间和范围。

二、整理各项调查资料，分类归纳成简明成果。

三、推荐勘选的测验河段，阐述分析意见，提出对水文测验项目、方法及基本设施等工作的建议。

第2.2.8条 基本水尺断面的设置应符合下列要求：

一、断面处水流平顺，两岸水面无横比降，无旋涡、回流、死水等发生，地形条件便于观测及安装自记水位计和其他测验设备。

二、断面应垂直于流向，可设在测验河段中央且与测流断面重合或者接近。当基本水尺断面与测流断面不能重合时，两断面上的水位应有稳定的关系。

三、高水位的断面平均流速相差悬殊时，可按不同水位分别设置上、下浮标断面。

第2．2．11条 比降断面布设应符合下列规定：

一、在比降水位观测河段上应设置上、中、下三个比降断面，可取流速仪测流断面或基本水尺断面兼比降中断面。

二、当断面上水面有明显的横比降时，应在两岸各立水尺观测水位。当有困难时，可在上、下比降断面应立水尺计算水面平均比降。

三、上、下比降断面间距，应使水面落差远大于落差观测误差。上、下比降断面间距可采用下式估算：

$$L_s = \frac{2}{\Delta Z^2 X_s^2}(S_m^2 X_s^2 + \sqrt{S_m^4 + 2 \Delta Z^2 X_s^2 S_z^2}) \quad (2.2.11)$$

式中 L_s——比降断面间距（km）；
ΔZ——河道每公里长度的水面落差（mm），宜取中水位的平均值；
X_s——比降观测允许的不确定度，可取15%；
S_m——比降测量每公里线路上的标准差（mm），视水准测量的等级而定，三等水准为6mm，四等水准为10mm；
S_z——比降断面水位观测的误差（mm）。

第2．2．12条 基线布设应符合下列要求：

一、测站使用经纬仪或平板仪交会法施测断起点距时，基线应垂直于断面设置。基线的起点恰在断面上。当受地形条件限制时，基线可不垂直于断面。基线长度应使断面上最近一点的仪器视线与断面的夹角不大于30°，特殊情况下应不大于15°。不同位置高、低水位的测量，可在河滩上和岸上分别设置高、低水位的基线。

二、基本水尺断面一经设置，不得轻易变动断面位置。当遇不可预见的特殊情况必须迁移断面位置时，应进行新旧断面位置比测，比测的水位级应达到平均年水位变幅的75%左右，且两者之间没有稳定关系时，宜分别设立水尺断面。

四、当河段内有固定分流、分汇时，分流量超过断面总流量的20%，分流处之间没有稳定关系时，宜分别设立水尺断面。

第2．2．9条 流速仪测流断面的布设，应符合下列要求：

一、应选择在河岸顺直、等高线走向大致平行、水流集中的河段中央。当进行浮标法测流或比降水位观测时，可将浮标法测流断面、比降断面与流速仪测流断面重叠布设，配合应用。

二、高、中、低水位分别施测时，流速、流向测量方法应符合本规范第三条附录的规定。流速仪测流断面应根据垂线不同时期的流向、流速分别布设。流向测次流速偏角不得超过10°。当超过10°时，应在测流断面之间不应有水量加入或分出。

三、偏角不得超过10°。当超过10°时，应根据各测时期的流向分别布设测流断面，不同时期间各测流断面之间不应有水量加入或分出。

四、在水库、堰闸等水利工程的下游布设流速测流断面，应避开水流异常扰动影响。

五、受潮汐影响的各类测流站，可按照本条一～四款的要求布设流速仪测流断面。

第2．2．10条 浮标法测流断面的布设应执行第2．2．9条规定，并应符合下列规定：

一、浮标法测流的中断面宜与流速仪法测流断面、基本水尺断面重合。当有困难时，可分别设置。但两断面间不应有水量加入或分出。

二、上、下浮标断面必须平行于浮标中断面并等距。浮标断面间的距离应大于最大断面平均流速的50倍，当条件困难时可适当缩短，但不得小于最大断面平均流速的20倍。

三、上、下浮标断面间河底地形的变化大，或受潮汐影响的各类测流站，且其间河道地形的变化大，或受潮汐影响的各类测流站，

二、测站使用六分仪交会法施测起点距时,布置基线应使六分仪两视线的夹角大于30°,小于或等于120°。基线两端至近岸水边的距离,宜大于交会标杆高差的7倍。当一条基线不能满足上述要求时,可在两岸同时设置两条以上或分别设置高、低水位交会基线。

三、基线长度应取10m的整倍数,用钢尺校正过的其他尺往返测量两次,往返测量不符值不得超过1/1000。

第2·2·13条 高程基点布设应符合下列规定:

一、当地形条件许可使用极坐标交会法施测起点距时,应在断面上设置高程基点,其高度应使仪器对最近测点视线的俯角大于4°或等于4°,大于或等于2°。当受地形等条件限制时,高程基点可设在断面上、下游附近。

二、高程基点应设在坚固的岩石或标桩上,其高程可采用四等水准测定。当基点高出最高洪水位的高差小于5m时,宜采用三等水准测量高程。

第2·2·14条 当基线、断面桩以及其他必要的测量标志定后,设立基桩、断面桩、断面标志桩的测量标志时,应符合下列规定:

一、基线桩宜设在基线的起点和终点处,并可用基线桩作断面点;高水位断面的基线桩应设在历年最高洪水位以上。

二、各种水尺断面和流速、浮标的断面桩应设在两岸分别设立永久性的断面;高水位的断面桩应设在历年最高洪水位以上0.5~1.0m处,可设在堤防背侧的地面上。

三、流速仪、缆道、桥梁、浮标等建筑物测流的测站的断面桩,可设在历年洪水边界以外;有堤防的断面。

四、漫滩或桥梁、浮标测流断面均应设立坚固、醒目的断面标志桩。当断面较窄时,可在一岸设立两个断面标桩,两桩的间距应为近岸标志桩到最近测点距离的5%~10%,并不得小于5m。
当河口感潮河面较宽采用六分仪站时,宜在两岸设立醒目的基线标志。

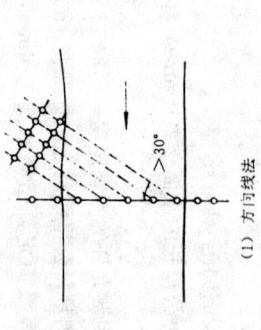

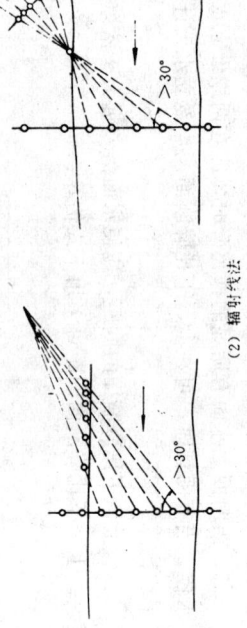

图2·2·15 辐射线及方向线

第2·2·15条 水文测验河段应设立保护标志。在通航河道测流,应根据需要设立安全标志。严重漫滩的河流,可在滩地固定岸水边设立标志杆,其顶部应高出历年最高洪水位以上。用辐射线或方向线法固定柱线与标志的测站,测深垂线上设置固定标志,应使每一辐射线或方向线与测流断面的夹角不小于30°,根据地形条件可按方向线法或辐射线法之一布设标志(图2·2·15)。同一视线内前后两标志的距离不得小于由近岸标志到固定测速、测深垂线距离的5%~10%,并不得小于5m。

第2·2·16条 各类精度的水文站必须在建站初期编制测站考证簿,认真考证,详细填写。以后遇有变动,应在当年对变动部分及时补充修订，内容变动较多的站，应隔一定年份重新全部修订一次。测站考证簿应包括下列主要内容：

一、测站位置。
二、测站沿革。
三、流域概况及自然地理情况。
四、测站河段及其附近河流形势。
五、基本水尺断面、比降水尺断面和测流断面布设与变动情况。
六、基面、引据水准点、基本水准点、校核水准点和水尺零点高程及其变动情况。
七、测验设施布设及其变动情况。
八、观测项目及其变动情况。
九、水位观测、流量测验的时制及水位、流量历年最大最小特征值。
十、测验河段及其附近河流形势与测站位置图、测站地形图、大断面图、测验设施布设图，水文站以上（区间）主要水利工程基本情况表及其分布图。

考证簿的格式，应分别在各流域和各省（区）或部分范围内统一。

第三章 断面测量

第一节 大断面测量

第3·1·1条 新设测站的基本水尺断面、流速仪测流断面、浮标中断面和比降断面均应进行大断面测量。测量的范围，应为水下部分的测量结果，应换算为河底高程。岸上部分应测至水准测量。水下部分的测量结果，应换算为河底高程。岸上部分应测至历年最高洪水位以上0.5～1.0m。漫滩较远的河流，可测至历年最高洪水边界；有堤防至堤防背河侧的地面为止。

第3·1·2条 测流断面河床稳定的测站，水位与面积关系点偏离关系曲线应控制在±3%范围内，并可在每年汛前或汛后施测一次大断面。河床不稳定的测站，应在每年汛前或汛后施测一次大断面，并在当次洪水后及时施测过水断面部分。

第3·1·3条 大断面和水道断面的起点距应以高水位时的断面桩作为起算零点。起点距离末断面桩之间总距离应按本规范附录一的规定执行。两岸始末断面桩之间总距离的任距离不应超过1/500。

第3·1·4条 大断面岸上部分的高程，应采用四等水准测量。施测前应清除杂草及障碍物，可在地形转折点处打入有编号的木桩作为高程的测量点。地形比较复杂时，可低于四等水准测量，往返测量的高差不符值应控制在30$\sqrt{K}$mm范围内，前后视距不等值不应大于5m；累积差不应大于10m。当复测大断面时，可单程测量因合于已知高程的固定点。

注：K为往返测量或左右路线算之测段路线长度的平均公里数。

第3·1·5条 大断面测深垂线的布设应符合下列规定：

一、新设测站或增设大断面时,应在水位平稳时期,沿河宽进行水深连续探测。当河宽大于25m时,垂线数目不得小于50条;当水面宽小于或等于25m时,垂线数目宜为30~40条,但最小间距不得小于0.5m。探测的测深垂线数,应能满足水道断面形状的要求。

二、测深垂线的布设宜均匀分布,并应能控制河床变化的转折点。使部分水道断面积无大补大割情况。当河道有明显的边滩时,主槽部分的测深垂线应较滩地为密。

三、设备条件不够或有其他困难的测流站或较难施测的半河或靠近水尺的局部大断面,可仅测半河或按本条、二款的规定执行。

第3·1·6条 水深测量垂线的测深开始和终了时,应各观测或摘录水位一次。

第3·1·7条 湖泊及河宽较宽的水位站,可按本条一、二款的规定执行。

第二节 水道断面测量

第3·2·1条 水道断面的测量,应符合下列规定:

一、水道断面测深垂线的布设原则应按本规范第3·1·5条二款的规定执行,并使测深垂线与测速垂线一致。对游荡性河流的测站,可在测深以外适当增加测深垂线。

二、新设水文站或断面冲淤变化大的水文站,每次测流应同时测量水深。当出现特殊水情,同时测量有目变化规律明显时,测流前后断面测量可不在测流前后的有利时机进行。

三、河床稳定的测站,枯水期适当增加测次,汛期每隔两个月,岩石河床的测站,水期每月应全面测深一次。当遇大洪水时适当增加测次,冰期每月应增加测次,控制断面的测量前后应增加测次。

四、冰期测深,应同时测量水深、冰面边、冰厚、水浸冰厚和冰花厚。当冰底不平整时,应采用探测的方法加测冰底冰花厚的次数可减少。

当冰底平整时,可用岸边冰孔的冰底高程在断面图上查得冰底边位置。

第3·2·2条 水道断面测量,测深的方法应根据河宽、水深大小、设备情况和精度要求确定,并应符合本规范第7·5·2条的规定。测深的不确定度应符合本规范第7·5·2条的规定。

第三节 误差来源与控制

第3·3·1条 影响断面测量精度的因素应包括下列内容:

一、水深测量误差的来源:

1. 波浪或测具阻水较大,影响观测。
2. 水深测量在横断面上的位置与起点距测量不吻合。
3. 悬索的偏角较大。
4. 测深杆的刻划测绳的标志不准。施测时测深杆铅锤陷入河床,或超声波测深仪测深的频率与河床地质特征不适应。
5. 超声波测深仪的精度不能满足要求。
6. 水深距测量的仪器设备在施测前缺少必要的检查和校测。

二、起点距测量误差的来源:

1. 基线丈量的精度或基线的长度不符合要求。
2. 由于断面索的伸缩和垂度的变化施测不准。
3. 使用经纬仪交会施测时,后视点观测不准或仪器发生位移。
4. 使用六分仪交会施测时,测船的摇见不在断面测深处施测。
5. 仪器的观测和校测不符合要求。

第3·3·2条 在测量过程中,必须按照操作规定施测,控制或消除测量误差,并应符合下列规定:

一、当有波浪影响观测时,水深观测不应少于3次并取其平均值。

第四章 流速仪法测流

第一节 一般规定

第4.1.1条 流速仪法的测量成果可作为率定校核或校核其他测流方法的标准。

第4.1.2条 当具备下列条件时，宜采用流速仪法测流：

一、断面内大多数测点的流速不超过流速仪的测速范围，在特殊情况下超出了适用范围时，应在资料中说明，当高流速超出仪器测速范围30%时，应在使用后将仪器封存，重新检定。

二、垂线水深不应小于流速仪用一点法测速的必要水深。

三、在一次测流的起讫时间内，水位涨落差不应大于平均水深的10%；水深较小而涨落急剧的河流不应大于平均水深的20%。

四、流经测流断面的漂浮物不致频繁影响流速仪正常运转。

第4.1.3条 流速仪法测流应符合下列要求：

一、观测基本水尺水位，当测流断面内另设有辅助水尺时，应同时观测。要求观测比降水位。

二、测水道断面，水道断面的施测方法应按本规范第三章有关规定执行。

三、在各测速垂线上应测量各点的流速，必要时应测量流向反附录一。

四、应观测天气现象及附近河流情况。

五、应计算、检查和分析流量测验数据及计算成果。

第4.1.4条 流速仪法单次流量测验允许误差应符合表4

二、对水深测量点必须控制在测流横断面线上。

三、使用铅鱼测深，偏角超过10°时应作偏角改正；当偏角过大时，应更换较大铅鱼。

四、应选用合适的超声波测深仪，使其能准确地反映河床分界面。

五、对测宽、测深的仪器和测具应进行校正。

1·4的规定。测流方案的选择，可按本规范附录四附表4·9～附表4·11确定，并宜选择多线、多点和较长的测速历时的方案。

一、流量比测率定的随机不确定度应不超过5%，系统误差应控制在±1%范围内。

二、测宽、测深比测率定结果应符合本规范附录一的要求。

流速仪法单次流量测验允许误差　　　　表4·1·4

项目 站类	水位级	$\dfrac{B}{d}$	$\left(\dfrac{1}{n_{11}}\right)$	总随机不确定度（%）	系统误差（%）
一类精度的水文站	高	20～130	0.11～0.20	5	
	中	25～190	0.13～0.18	6	−2～1
	低	80～320	0.13～0.18	9	
二类精度的水文站	高	30～45	0.13～0.19	6	
	中	45～90	0.12～0.19	7	−2～1
	低	85～150	0.14～0.17	10	
三类精度的水文站	高	15～25	0.12～0.19	8	
	中	20～50	0.13～0.18	9	−2.5～1
	低	30～90	0.14～0.17	12	

注：①$\left(\dfrac{1}{n_{11}}\right)$为十一点法断面概化垂线流速分布式参数，可按本规范附录四表4·4采用（附4·1）公式计算；

②B/d为宽深比，B为水面宽，d为断面平均水深；

③总随机不确定度的置信水平为95%。

第4·1·5条 潮流量测验总不确定度应控制在±3%范围内。潮流量测流方案可按本章有关规定确定。

第4·1·6条 河床冲淤变化不大的测站。当一次测流的过程水位涨落次分布不满足本规范第4·1·2条的规定，而水位涨落急剧使得测流次数超过本规范第4·1·2条要求时，可采用连续测流法。

第4·1·7条 河床比较稳定，当水位上的水位涨落暴涨暴落，使得一次测流过程中的水位涨落差可能超过本规范第4·1·2条规定时，可采用分线测流法。

第4·1·8条 使用缆道测流的测站，在缆道正式使用之前，

应进行比测率定。并应符合下列规定：

一、流量比测率定的随机不确定度应不超过5%，系统误差应控制在±1%范围内。

二、测宽、测深比测率定结果应符合本规范附录一的要求。

第二节　测速垂线布设

第4·2·1条 测速垂线的布设宜均匀分布，并应能控制断面地形和流速沿河宽分布的主要转折点，无大片大割、主槽垂线对测流断面内，大于总流量1%的独股分流、串沟，应布设测速垂线。

第4·2·2条 随水位级的不同，断面形状或流速横向分布有较明显变化的，可分高、中、低水位级分别布设测速垂线。

第4·2·3条 测速垂线的位置宜固定，当发生下列情况之一时，应随时调整或测补充测速垂线：

一、水位涨落的位置冲淤，使靠岸边的垂线离岸太远或太近时。

二、断面上出现死水、回流，回流边界或回流边界明显变化时。

三、河底地形或测点流速沿河宽分布有较明显的变化时。

四、冰期在靠近岸冰花分布不均匀或敞露河面分界处出现冰岸时。

五、使用缆道尺寸标志进行率定时，启用前应对测深测宽的仪器、工具及缆索尺寸标志进行检查。

第4·2·4条 测站测流垂线的数目应按本规范第4·1·4条选用的测流方案确定。主流摆动剧烈或河床不稳定以及漫滩严重的测站，宜选取测速垂线较多的方案。

第4·2·5条 潮水河的测速垂线数目，可适当少于无潮河流。用船施测时，

第4·1·4条所选用的测流方案确定。垂线的流速测点分布的位置应符合表4·3·3的规定。

垂线的流速测点分布位置　　表4·3·3

测点数	相对水深	
	畅流期	冰期
一点	0.6或0.5;0;0.2	0.5
二点	0.2,0.8	0.2,0.8
三点	0.2,0.6,0.8	0.15,0.5,0.85
五点	0.0,0.2,0.6,0.8,1.0	
六点	0.0,0.2,0.4,0.6,0.8,1.0	
十一点	0.0,0.1,0.2,0.3,0.4,0.5,0.6,0.7,0.8,0.9,1.0	

注：①相对水深为仪器入水深与垂线水深之比。在冰期，相对水深应为有效相对水深；

②表中所列五、六、十一点法供特殊要求时选用；

③潮水河在未经资料分析前，当垂线水深足够时，应采用六点法。

第4·3·4条　测站单个流速测点上的测速历时，应按本规范第4·1·4条规定所选用的测流方案确定。潮流站单个垂线上的测速历时宜为60～100s。当流速变率较大或单个测点上的测速历时可采用30～60s。

第4·3·5条　当测断面出现死水区或回流区时，应测定死水或回流边界，并应符合下列规定：

一、死水区的断面面积不超过断面总面积的3%时，死水区可作流水处理，死水区的断面面积超过断面总面积的3%时，应根据以往的测验资料分析确定或应用低流速仪或深水浮标测定死水边界。

二、断面回流量未超过断面顺流量的1%目在不同时间内顺、回流可只作顺逆流处理。当回流量超过断面顺流量的1%时，除应测定其边界外，还应在回流区内设适当布置测速垂线，并测出回流量。

宜为5～7条；用缆道施测时宜为7～9条；特别宽阔或挟窄的河道酌情增减。但不得少于3条。当高潮与低潮水位的水面宽以及水深相差悬殊时，应在每个潮期内根据潮水位涨落变化情况，调整测速垂线数目及岸边测速测定垂线的位置。

第三节　流速测量

第4·3·1条　流速测点的分布应符合下列规定：

一、相邻两测点的最小间距不宜小于流速仪旋桨或旋杯的直径。

二、测水面流速时，应将流速仪下放至0.9水深以下，并应使仪器旋转部分不得露出面。

三、测河底时，应将流速仪下放至0.9水深以下，测冰底时，流速仪下放至离开水底或冰花底时2～5cm。测流速仪旋转部分的边缘离开冰底或冰花底5cm。

第4·3·2条　流速仪测点悬吊或悬索悬吊，悬吊方式应视流速或测线的水深较小时，宜采用悬杆悬吊。

一、在水下呈水平状态。当多数测点水深小于1.0m，小船不应小于0.5m。

二、采用悬杆悬吊时，悬杆应在水平测点上当时的流向，并使仪器装置在悬杆上能在水平面的一定范围内自由转动。当下转头、盘下应有底盘。

三、流速仪离边的距离不应平于测点上当时的流向。

四、采用悬索悬吊时，应使流速仪平行测点上当时的流向，应将悬吊调整至使鱼或单点悬吊或可调整测点位置的方法。悬挂鱼悬吊时的偏角不正以确定测点水深。不能采用单点悬吊的方法，借用上以"八字"型悬吊。用悬索悬吊时，当悬索偏角大于10°，且悬索角以下，水面以下各测点的位置应按本规范附录二的规定查读水深实测，并采用"试错法"确定。

第4·3·3条　测站测速垂线上流速测点的数目应按本规范

第4·3·6条 潮水河垂线流速可采用多架流速仪，在垂线上各测点上同时施测，或采用一架流速仪在垂线上依次施测各测点流速再改正为同时流速。

当用一架流速仪依次施测各测点的流速时，流速的施测和改正方法，应符合下列规定：

一、图解改正法，宜测5～7点，水面测点以外的其他测点按等距离分布，并与河底测点距离固定不变。当潮水位涨落，引起水面测点与相邻测点距离过大或过小时，应按均匀等距的原则增减或调整测点。将每一次测的实测垂线按时序点绘流速过程线（图4·3·6），根据这组曲线可查得施测期内任何时间各测点的同时流速。

二、流速过程线改正法，宜采用六点法施测，测点位置按各测点上同时施测，并记下每点的施测时间，测点位置按对水深计算。测量顺序应自河底测向水面。流速改正值向水面。

三、等深点流速平均改正法，可采用2～6点施测。测量顺序应自河底向水面，测次宜多。测深点流速平均改正法，可采用2～6点施测。测深点流速平均改正法，可采用2～6点施测。测深点流速平均改正法。除水深最大测至水面外，其余各测点应在返施测两次，再向上逐点施测。除水深最大测点外，其余各测点的施测时间作为垂线两次测次大测点距直并施测两次。除河底流速外，其余各测点的流速取两次测点距直并施测两次的平均值。并以水深最大测点的施测时间作为垂线流速的平均时间。

四、水面向下依次测至河底，可采用3～6点法施测。测量顺序从水面向下依次测至河底，并记下水面测点开始至该垂线的施测时间。各测点施测时距宜短并应大致相等。测完河底的测点后，应立即再测一次水面。

各测点流速的改正值可按下式计算：

$$\Delta V_i = \frac{V'_{0.0} - V''_{0.0}}{V'_{0.0}} \times \frac{i-1}{n} \times V_i \quad (4·3·6)$$

式中 ΔV_i——第i个测点流速的改正值（m/s）；
$V'_{0.0}$——第一次测量的水面流速（m/s）；
$V''_{0.0}$——第二次测量的水面流速（m/s）；
i——垂线上测点的顺序号；
n——垂线上测点的总点数；
V_i——要改正的测点流速（m/s）。

第4·3·7条 潮流站的断面流速可采用多船同时测流法、多船多垂线同时测流法，并应符合下列规定：

一、多船同时测流法，可在断面上每条垂线分别固定一只测船，同时施测各点流速。

二、一船多线法，当每条垂线用一点法或三点法施测时，应

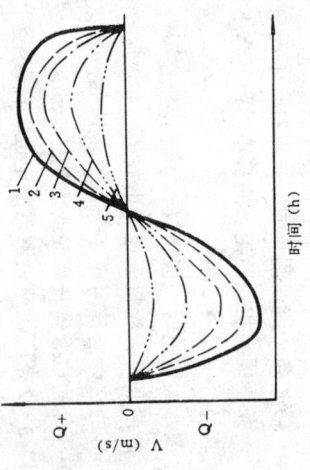

图4·3·6 涨落潮垂线上各测点流速过程线
1—水面测点；2—距河底d_3测点；3—距河底d_2测点；4—距河底d_1测点；5—河底测点。

的憩流有一段持续时间时，应按持续开始和终了的平均时间确定。

二、不用流速仪实测时，可点绘涨、落潮转向前后时段的断面平均流速过程线插补全断面憩流平均时间。

第4·3·9条 冰期测流应符合下列规定：

一、凿冰孔测流时，应先将碎冰花严重或流动冰花排除再行施测。

二、当测流断面冰上冒水严重或断面内冰花所占面积超过流水面积的25%以上时，可将测流断面迁移到无水下冒水和冰花较少的河段上。

三、封冻层较厚时，宜采用专用冰钻钻孔测流。

四、测定冰下死水边界时，或将长吸管伸入有效水深处，向管内注入与水比重相近的有色溶液观察是否流动；或将测杆伸入有效水深处，白两色轻质纤维布可在仪器表面涂煤油或加保温防冻罩等方法防止流速仪扭动或敲打来消除冻面冰层。

五、严寒天气，可在仪器表面结冰。当仪器结冰时，可用热水融化，严禁强行扭动或敲打来消除冻面冰层。

六、在初封解冻时期，冰层不够坚固时，可采取以下措施：

七、测流断面发生层冰层水时，冰槽位置上的憩流宜在早上气温较低时施测。

1. 改在临时断面测流。

2. 当断面狭窄时，可将测流断面及附近一小段河段内的所有冰层全部清除。按畅流期方法施测。

3. 对于较大河流，当分层施测有困难时，可在测流断面上钻平行于流向的长槽冰孔，冰槽长度根据流速和水深而定，以保证在拟定的测流断面位置上不出现明显层间水浸冰厚而定。可分层施测。

4. 当各冰层之间水道断面未被水流充满时，可在测流断面上游一定距离处，钻若干穿透全冰层的冰孔，使水经过冰孔集中至最下层，待水位平稳后，再在测流断面上按正常方法施测流量。

在一岸测往对岸后，再由对岸测回原岸，以往返两次测得的各个测点的流速平均值作为最后施测的一个测点的同时流速。如图4·3·7。

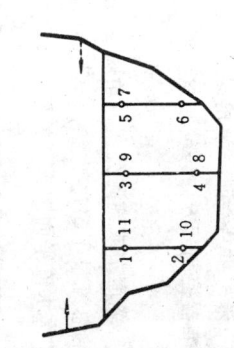

图4·3·7 一船多线法施测点次顺序

1、2、3……代表各测点施测的先后次序，第6点只测一次，其他各点均测两次。

当各条垂线上的测点数目在六点以上时，可从一岸开始依次测往对岸不再返测。全断面各条垂线的同时流速可用点流速过程线算出。

三、多船多线法。可每条测船各施测1～3条垂线，每条垂线和测点的施测方法，与一船多线法相同。

第4·3·8条 憩流时间应按下列方法确定：

一、宜用流速仪等候施测。涨、落潮试验分析确定，未经试验分析确定，垂线上的憩流出现时间，可将仪器放在0.4水深附近候测；全断面憩流放在岸边与中泓之间的位置，当每条测船上的垂线平均出现时间，可将仪器同时施测；当采用一船多线法施测时，应按各条垂线集中一条垂线上候测；当采用多船多船同时测时，可视器测出中间位置时刻的施测方法。当仪器测速平均流速测出，持续180s不出现讯号时，可视作憩流。当仪器测出

第四节 流向偏角测量

第4·4·1条 当流向偏角超过10°时，应测流向偏角。流向偏角变化频繁的潮流站应在每条垂线或部分代表垂线上施测每个测点偏角。流向偏角变化较大的潮流站，流向偏角可只在流速超过10°的垂线上测量流向偏角。

第4·4·2条 流向偏角测量，河口潮流站应采用流向仪，其余测站亦可采用流向器或系线浮标等。流向测量并应符合下列规定：

一、采用流向仪测出流向的磁方位角，并计算测出的磁方位角与测流断面垂直线的磁方位角之差。当使用直读瞬时流向仪目读数不稳定时，应连续读数3～5次，取其平均值。

二、采用流向器施测低水面附近的流向时，应先使流向器转轴上端与水面转动垂直。当流向器尾翼发生的支流顶托、回水、漫滩、河转向器度盘与零转轴须零度数为零时应使其指针对准流向器度盘的0°或90°，流向器的尺寸应保证在低流速时使其随同目由旋转。

三、采用系线浮标测量时，宜将浮标系在20～30m长的软细线上，自垂线处放出，待细线拉紧后，采用六分仪量角器测算出其垂直，量角器上应绘有方向线，并采用罗盘仪或照准仪控制其方向，使它重合或垂直于测流断面线。

第4·4·3条 缆道站或施测流向偏角确有困难的测站，通过资料分析，当影响总流量不超过1%时，可不施测流向偏角，但必须每年施测1～2次水流平面图进行检验。

第五节 其他项目观测

第4·5·1条 测站每次测流时，应观测或摘录基本水尺自记水位。当测流断面另设辅助水尺时，应同时观测或摘录水位，并应符合下列规定：

一、当测流过程中水位变化平稳时，可只在测流开始和终了各观测或摘录水位一次。

二、平均水深大于1m的测站，当测流过程中，水位变化引起的水道断面面积的变化超过测流开始时断面面积的5%，或平均水深小于1m的测站，水道断面面积的变化超过10%时，应按能控制水位过程线的要求增加观测水位或摘录水位的次数。

三、当测流过程水位可能跨过水位过程线峰顶或谷底时，应增加观测或摘录水位的次数。

第4·5·2条 设有比降水尺的测站，应根据设站目的观测比降水尺水位。当测流中水位变化平稳时，可只在测流开始和终了各观测一次；当水位变化较大时，应在测流开始和终了各观测了各观测和记录风向风力。

第4·5·3条 在每次测流的同时，应在岸边观测和记录风向风力，以及测验河段附近发生的支流顶托、回水、漫滩、河岸决口、冰坝壅水等影响流量关系有关的情况。

第4·5·4条 潮流站采用任不固定测船施测时，每次开始和当测流断面各条垂线测至水深最大的测点，应采用往返施测方法时，在测流的第一个测点加测时应加测，返测各条垂线水位时，出现憩流时，应同时观测每一个测点的第一条垂线时，应同时观测水位。

第六节 测速主要仪器的检查和养护

第4·6·1条 在每次使用流速仪之前，必须检查仪器有无污损、变形、仪器旋转是否灵活及接触与信号是否正常等情况。

第4·6·2条 测速流速仪在使用的比测，应定期与备用流速仪进行比测。测速流速仪在使用时期，应定期与备用流速仪进行比测。使用期与历时的长短及使用期间流速和含沙量的大小情况而定。当流速实际使用50～80h时比测一次。

一、常用流速仪转数，可根据流速情况测定比测次数，流速和含沙量的辅助水尺自记水位比测一次。

二、比测宜在水情平稳的时期和流速脉动较小，流向一致的地点进行。

三、常用与备用流速仪应在同一测点深度上同时测速，并可采用特制的"U"形比测架，两端分别安装常用和备用流速仪，两仪器间的净距应不少于0.5m。在比测过程中，应变换比测仪器的位置。

四、比测点不宜靠河底、岸边或水流紊动强度较大的地点。

五、不宜将旋桨式流速仪与旋杯式流速仪进行比测。

六、每次比测结果其偏差不大于小流速目分配均匀的30个以上测点，系统偏差控制在±1%范围内，比测条件下的不超过5%，且上述偏差应停止使用，并查明原因，分析其对已测资料的影响。

没有条件比测的站，仪器使用1～2年后必须重新检定。当发现流速仪运转不正常或有其他问题时，应停止使用。超过检定期2～3年以上的流速仪，虽未使用，亦应送检。

第4·6·3条 流速仪的保养使用后，应即按仪器说明书规定的方法拆洗干净，并加仪器润滑油。

二、流速仪装入箱内时，转子部分应悬空搁置。

三、长期贮藏备用的流速仪、公式等应妥善保存。易锈部件必须涂黄油保护。

四、仪器箱应放于干燥通风处，并应远离高温和有腐蚀性的物质，仪器箱上不应堆放重物。

第4·6·4条 测流所使用的停表应按下列要求检查：

一、停表在正常情况下应每年汛前检查一次。当停表受过雨淋、碰撞、剧烈震动或发现走时异常时，应及时进行检查。

二、检查时，应以每日误差小于0.5min带秒针的钟表为标准计时，与停表同时走动10min，当读数差不超过3s，可认为停表合格。使用其他计时器的，应按照上述规定执行。

第七节 枯水期测流

第4·7·1条 河道水草丛生或河底石块堆积影响正常测流时，应随时清除水草，平整河底。

第4·7·2条 当断面内水深小于流速仪一点法测速所必需的水深或流速低于流速仪运转范围时，可采用下列措施：

一、整治长度应大于枯水河宽的5倍，对宽浅河流，宜大于20m。

二、整治后仍不能保证测流精度时，可将河段的边坡设采用缓水槽法。

三、水深大流速小时，可将河段束窄。束窄的长度为其宽度的1.0倍。测流断面应设在束窄河段的下游附近。

四、水浅而流速足够大时，可建立渠化的束窄河段，并应使多数垂线上水深在0.2m以上。束窄后河段的边坡可取1:2～1:4，渠化长度应大于宽度宜为渠全长的0.6倍。

五、整治河段开始断面本水尺断面一段距离。当枯水期基本水尺水位与整治断面关系较好时，可不设立临时水尺。当基本水尺水位与整治断面的流量没有固定关系时，应在整治河段设立临时水尺。

第4·7·3条 断面内水深太大或流速太低，不能使用流速仪测速又不能采取人工整治措施时，可迁移至无外水流入、内水分出的临时断面测流，并按第4.7.2条第五款规定设立临时水尺。

第八节 实测流量计算

第4·8·1条 畅流期实测流量计算应符合下列规定：

一、垂线起点距和水深，可按采用测量方法规定的计算公式

一、测点流速可采用转数、历时计算，或从流速仪检数表上查读。

二、实测流向偏角大于10°，且各测点均有记录时，在计算垂线平均流速之前，应作偏角改正，并应按下式计算。

$$V_N = V\cos\theta \quad (4.8.1\text{-}1)$$

式中 V_N——垂直于断面的测点流速 (m/s);
V——实测的测点流速 (m/s);
θ——流向与断面垂直面的夹角。

三、垂线平均流速可按下列规定计算：

1. 当垂线上没有回流时，按下列公式计算：

十一点法：
$$V_m = \frac{1}{10}(0.5V_{0.0} + V_{0.1} + V_{0.2} + V_{0.3} + V_{0.4} + V_{0.5} + V_{0.6} + V_{0.7} + V_{0.8} + V_{0.9} + 0.5V_{1.0}) \quad (4.8.1\text{-}2)$$

五点法：
$$V_m = \frac{1}{10}(V_{0.0} + 3V_{0.2} + 3V_{0.6} + 2V_{0.8} + V_{1.0}) \quad (4.8.1\text{-}3)$$

三点法：
$$V_m = \frac{1}{3}(V_{0.2} + V_{0.6} + V_{0.8}) \quad (4.8.1\text{-}4)$$

或 $$V_m = \frac{1}{4}(V_{0.2} + 2V_{0.6} + V_{0.8}) \quad (4.8.1\text{-}5)$$

二点法：
$$V_m = \frac{1}{2}(V_{0.2} + V_{0.8}) \quad (4.8.1\text{-}6)$$

一点法：
$$V_m = V_{0.6} \quad (4.8.1\text{-}7)$$

$$V_m = KV_{0.5} \quad (4.8.1\text{-}8)$$

$$V_m = K_1 V_{0.0} \quad (4.8.1\text{-}9)$$

$$V_m = K_2 V_{0.2} \quad (4.8.1\text{-}10)$$

式中 V_m——垂线平均流速 (m/s);
$V_{0.0}$、$V_{0.1}$、$V_{0.2}$……$V_{1.0}$——分别为各相对水深（水面、0.2水深处的测点流速 (m/s);
K、K_1、K_2——分别为半深及负值、0.2水深处的流速系数。

2. 当垂线上有回流时，回流流速应为负值，可采用图解法量算垂线平均流速。当只在个别垂线上有回流时，可直接采用分析法计算垂线平均流速。

四、部分面积的计算应符合下列规定：

1. 应以测速垂线为分界将过水断面划分为若干部分（图4.8.1）。

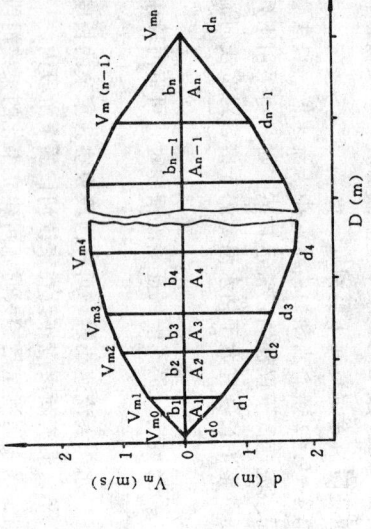

图4.8.1 部分面积计算划分
D——起点距。

2. 部分面积可按下式计算。

岸边流速系数 α 值　　　　表 4·8·1

岸边情况		α 值
水深均匀地变浅至零的斜坡岸边		0.67～0.75
陡岸边	不平整	0.8
	光滑	0.9
死水与流水交界处的死水边		0.6

注：在计算死水边或死水部分的平均流速时，对于用深水浮标或浮杆配合流速仪在岸边或死水边上所测垂线平均流速，可采用上表。

当断面上有回流时，回流区的部分流量应为负值，各次断面流量连续测流时应采用连续测流法计算。

第 4·8·2 条 在畅流期采用连续测流记录计算断面流量时，各次断面流量宜符合下列规定：

一、第一次断面流量。可由第一测次的第一至最末一条垂线的测深测速记录算得。

二、第二次断面流量。可由第一测次的第二条或第三条至最末一条垂线以及第二测次的第一或第二条垂线的测深测速记录算得。

三、第三次断面流量。可由第一测次的第三条至最末一条垂线，第二测次的全部垂线以及第三测次的第一或第二条垂线的测深测速记录算得。施测号数仍沿用前一个测次的施测起、记时间，但在右下角按计算号数的次序加上分号。

四、第一次断面流量以上的断面流量。可采用以上方法计算。

线测速记录中记载的时间确定。

第 4·8·3 条 采用分线测速法时，断面流量可按下列方法计算：

一、第三次断面流量及以上的断面流量，应从选用的那些垂线测速记录中记载的时间确定。

第 4·8·4 条 畅流期断面流量计算用的水位涨落率和水面比降的计算：

一、根据以前实测资料绘制断面上实测测点流速与垂线平均流速的关系曲线，按本次观测的水位查得断面上其余垂线的垂线平均流速。

二、根据实测的水位和查得的垂线平均流速计算相应部分流量和断面流量。

$$A_i = \frac{d_{i-1} + d_i}{2} b_i \quad (4·8·1\text{-}11)$$

式中 A_i——第 i 部分面积 (m²)；

i——为测速垂线序号，$i=1, 2, \ldots, n$；

d_i——第 i 条垂线的实际水深 (m)，当测深、测速没有同时进行时，应采用河底高程与测速时的水位算出应用水深 (m)；

b_i——第 i 部分断面宽 (m)。

五、部分平均流速的计算可按下列方法进行。

1. 两测速垂线中间部分的平均流速，可按下式计算。

$$\overline{V}_i = \frac{V_{m(i-1)} + V_{mi}}{2} \quad (4·8·1\text{-}12)$$

式中 $\overline{V}_i$——第 i 部分垂线平均流速 (m/s)；

V_{mi}——第 i 条垂线平均流速 (m/s)，$i=2, 3, \ldots, n-1$。

2. 靠岸边或死水边部分的平均流速，应按下式计算。

$$\overline{V}_1 = \alpha V_{m1} \quad (4·8·1\text{-}13)$$

$$\overline{V}_n = \alpha V_{m(n-1)} \quad (4·8·1\text{-}14)$$

式中 α——岸边流速系数。

岸边流速系数 α 值可根据岸边情况在表 4·8·1 中选用。

六、部分流量可按下式计算

$$q_i = \overline{V}_i A_i \quad (4·8·1\text{-}15)$$

式中 q_i——第 i 部分流量 (m³/s)。

七、断面流量可按下式计算

$$Q = \sum_{1}^{n} q_i \quad (4·8·1\text{-}16)$$

式中 Q——断面流量 (m³/s)。

计算应符合下列规定：

一、水位涨落率应取测流期间的平均涨落率，并可由测流终了和开始时的水位差除以测流总历时计算。涨水时应取正值，落水时应取负值。测流过程跨过水位峰顶、谷底时，可不计算。

二、水面比降应由上、下比降水尺平均水位差除以两比降断面间的间距计算。

第 4·8·5 条 冰期实测流速的计算应符合下列规定：

一、垂线平均流速可按下列公式计算：

六点法：
$$V_m = \frac{1}{10}(V_{0.0} + 2V_{0.2} + 2V_{0.4} + 2V_{0.6} + 2V_{0.8} + V_{1.0}) \quad (4·8·5-1)$$

三点法：
$$V_m = \frac{1}{3}(V_{0.15} + V_{0.5} + V_{0.85}) \quad (4·8·5-2)$$

二点法：
$$V_m = \frac{1}{2}(V_{0.2} + V_{0.8}) \quad (4·8·5-3)$$

一点法：
$$V_m = K'V_{0.5} \quad (4·8·5-4)$$

式中 $V_{0.15}$、$V_{0.5}$、$V_{0.85}$——分别为 0.15、0.5、0.85 有效相对水深处的流速 (m/s)；

K'——冰期半深流速系数。

二、部分面积可采用本规范 (4·8·1-11) 式计算。公式中的水深 d 值，在有水浸冰的垂线上应为同一垂线上的水深；在有岸冰或清沟时、盖面冰与水浸冰交界流区交界处的水深应采用二种数值；当计算盖面冰以下的部分面积时，应采用有效水深；当计算流部分的面积时，应采用实测水深。当交界处部分面积小于有效水深的 2% 时，可采用实测水深。水浸冰面积、冰花面积与水道断面面积分别算出。当出现层冰层水或断面内有好几股水流而其水位不一致时，可不逐一计算。在有岸冰或清沟时，可分区计算。

水浸冰面积可根据各测深垂线上的水浸冰厚及测深垂线间的间距按下式计算 (图 4·8·5)。

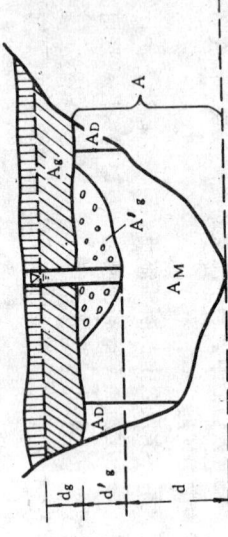

图 4·8·5 封冻期测流断面

A—水道断面积；A_M—流水面积；A_D—死水面积；
A_g—水浸冰面积；A_g'—冰花面积；d_g—水深；
d_g'—冰花厚；d—有效水深

$$A_g = \frac{1}{2}d_{g0}b_0 + \frac{b_1}{2}(d_{g0} + d_{g1}) + \frac{b_2}{2}(d_{g1} + d_{g2}) + \cdots$$
$$+ \frac{b_n}{2}(d_{g(n-1)} + d_{gn}) + \frac{b_{n+1}}{2}(d_{g(n)} + d_{g(n+1)}) + \cdots$$
$$+ \frac{1}{2}d_{g(n+1)}b_{n+2} \quad (4·8·5-5)$$

式中 A_g——水浸冰面积 (m²)；

d_{g1}、d_{g2}⋯d_{gn}——自一岸测至另一岸，水浸冰在第 1、2、⋯、n 条测深垂线上的厚度 (m)；

d_{g0}、$d_{g(n+1)}$——冰底边的水浸冰厚，应采用冰底边上的实测数值，当无法测定时，可借用上的实测数值。

三、计算冰期流量时，应将断面分部分面积，水浸冰面积、冰花

1. 潮水河采用六点法、三点法或二点法施测的垂线平均流速计算公式应与无潮河流相同。当采用等深点流速改正法施测时,任返施测的各个测点流速,应取各测点平均值。

2. 当垂线上各个测点的流向顺逆不一致时,应取各测点流速的代数和计算垂线平均流速。

三、部分平均流速的计算应符合下列规定:

1. 潮水河施测3条以上垂线时,可按无潮河的方法计算部分平均流速。

2. 当同一部分两边的流向不一致时,部分平均流速应为该两垂线代表流速和的平均值。

3. 岸边流速系数应通过试验确定。当左、右岸边形状不同时,应分别确定。当无试验资料时,可按岸边形状和平整情况,从本规范表4·8·1中选用岸边流速系数 $α$ 值。

四、部分面积的计算方法:

1. 潮水河的部分面积应根据大断面计算表划分若干部分,并先算出各级水位的相应部分面积和绘制成关系图表,再按测流时水位,在图表上直接查算。

五、部分流量和断面流量的计算方法应符合下列规定:

1. 潮水河的部分流量应为该部分平均流速与部分面积的乘积,其断面流量应为断面上所有各部分流量的代数和。

2. 潮水河施测3条以上垂线时,其断面流量的计算方法同无潮河。

3. 潮水河施测1~2条代表线,通过相关关系换算为断面平均流速时,可由断面平均流速乘以水道断面积,确定断面流量。

六、涨落潮潮量和净泄量以憩流出现时间为分界(图4·8·7)。涨潮潮量和落潮潮量的计算可按下式计算:

$$W'' = \frac{1}{2}Q_1t_1 + \frac{Q_1 + Q_2}{2}t_2 + \cdots + \frac{1}{2}Q_{n-1}t_n \quad (4 \cdot 8 \cdot 7-1)$$

$$W'' = \frac{1}{2}Q'_1t_1 + \frac{Q'_1 + Q'_2}{2}t_2 + \cdots + \frac{1}{2}Q'_{n-1}t_n \quad (4 \cdot 8 \cdot 7-2)$$

靠冰底边最近的一个冰孔中的水浸冰厚;

$b_1、b_2、\cdots\cdots b_n、b_{n+1}$ ——岸冰底边至第1条测深垂线、第1,2条测深垂线、……末两条测深垂线、末1条测深垂线至对岸冰底边的间距(m);

$b_0、b_{n+2}$ ——两岸冰底边至水面冰边的间距。其中水面冰边的位置,可根据水位在断面图上查得。

冰花面积可采用类似(4·8·5-5)式计算。

第4·8·6条 流速系数的确定应符合下列规定:

一、畅流期半深流速,应采用五点法测速资料绘出垂直流速分布曲线,内插出0.5水深的流速,经分析后确定。

二、畅流期半深流速系数,应采用六点法或三点法测速资料或其他加测多点流速资料分析确定。

三、封冻期0.2水深的流速系数,应由多点法测速资料分析确定。

四、畅流期水面流速系数,应根据实测的水面比降、河床糙率等资料分析确定。

第4·8·7条 实测潮流量的计算应符合下列规定:

一、断面测量资料的选择,应将各水道断面成果、与前次大断面图进行比较,先绘断面图,与前次水位小于200m时不超过断面积差值在水道宽度小于200m时不超过3%,或在水面宽度大于200m时不超过5%,可仍照前次大断面成果采用。当通过限差时,应按该次实测断面成果及重新测量岸上部分的高程绘算新的大断面成果采用;当测出水道断面积、另一岸较刷深时,应分左、右两部分测量面积和进行比较。

二、垂线平均流速的计算应符合下列规定:

式中 W' ——涨潮潮量 (m^3)；

$Q_1, Q_2 \cdots\cdots Q_{n-1}$ ——自落潮憩流至涨潮憩流依次测得的涨潮流量 (m^3/s)；

W'' ——落潮潮量 (m^3)；

$Q'_1, Q'_2 \cdots\cdots Q'_{n-1}$ ——自涨潮憩流至落潮憩流依次测得的落潮流量 (m^3/s)；

$t_1, t_2 \cdots\cdots t_n$ ——为两次施测相隔时间 (s)。

同一潮期的净泄（进）量 (m^3)，可按下式计算：

$$W = W' - W'' \quad (4 \cdot 8 \cdot 7-3)$$

式中 W ——净泄（进）量 (m^3)。计算结果为正时，即为净泄量；计算结果为负时，即为净进量。

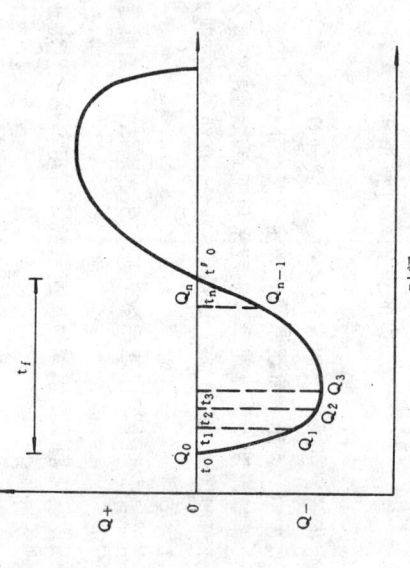

图 $4 \cdot 8 \cdot 7$ 涨落潮量计算

t_0 ——落憩时刻；t'_0 ——涨憩时刻；$t_{1\#}=t_1+t_2+t_3+\cdots\cdots+t_n$

第 4·8·8 条 实测流量的相应水位计算应符合下列规定：

一、算术平均法：测流过程中水位变化引起水道断面面积的变化，当平均水深大于 1m 时不超过 5%，或当平均水深小于 1m 时不超过 10%，可取测流开始和终了两次水平均值作为相应水位；当测流过程跨越水位峰顶或谷底时，应采取多次实测或摘录水位的算术平均值作为相应水位。

二、加权平均法：测流过程中水道断面面积的变化超过上款范围时，相应水位应按下式计算。

$$Z_m = \frac{b'_1 V_{m1} Z_1 + b_2 V_{m2} Z_2 + \cdots\cdots + b'_n V_{mn} Z_n}{b'_1 V_{m1} + b_2 V_{m2} + \cdots\cdots + b'_n V_{mn}} = \frac{\sum_1^n b'_i V_{mi} Z_i}{\sum_1^n b'_i V_{mi}} \quad (4 \cdot 8 \cdot 8)$$

式中 Z_m ——相应水位 (m)；

b'_i ——测速垂线所代表的水面宽度 (m)。宜采用该垂线两边两个部分宽的平均值，在岸边垂线上，宜采用水边至该垂线间距的一半再加该垂线至下一条垂线间的一半所得之和；

V_{mi} ——第 i 条垂线上的平均流速 (m/s)；

Z_i ——第 i 条垂线上测速时的基本水尺水位 (m)，实测或插补而得。

当使用这种方法计算连续测流法实测流量的相应水位时，所采用的垂线平均流速、部分宽度。测时水位等数值和所取的垂线号数和施测时间，应同计算部分流量和断面流量时所取的垂线号数和时间一致。

三、其他方法：当采用其他方法计算的相应水位，与加权平均法相比，水位误差不超过 $1cm$ 时，可以采用。

第九节 流速仪测流的误差来源与控制

第 4·9·1 条 流速仪测流的误差来源应包括下列各项内容：

一、起点距定位误差。
二、水深测量误差。
三、流速测点定位误差。
四、流向偏角导致的误差。
五、人水物体干扰流态的误差。
六、流速仪甜线与水平行导致的误差。
七、停表或其他计时装置的误差。

第4·9·2条 误差的控制方法，应按本规范的有关规定执行。并应符合下列规定：

一、建立主要仪器、测具及有关测验设备装置的定期检查登记制度。

二、应减小悬素偏角、缩小仪器偏离垂线下游的偏距。宜使仪器接近测点的实际位置，并可采取以下措施：

1．流速较大时，在不影响测验安全的前提下，应适当加大铅鱼重量。

2．有条件时，可采用悬素传讯的测流装置，减小整个测流设备的阻水力。

三、测流时，宜使测船的纵轴与流线平行，并应保持测船的稳定。

第五章 浮 标 法 测 流

第一节 一 般 规 定

第5·1·1条 本规范规定的浮标法测流，包括水面浮标法、深水浮标法、浮杆法和小浮标法，分别适用于流速仪测流困难或超出流速仪测速范围的高流速、低流速、小水深等情况的流量测验。测站应根据所在河流的水情特点，按下列规定选用测流方法，制定测流方案。

一、当一次测流起迄时间内的水位涨落差，符合本规范第4·1·2条第三款的规定时，应采用均匀浮标法测流。均匀浮标法测流方案中有效浮标横向分布的控制部位、均匀浮标测流仪法测流方案中有效浮标数及其所在位置确定。多浮标测流方案中有效浮标横向分布的控制部位，应包含少浮标测流仪法测流联合测流方案。

二、当洪水涨、落急剧，洪峰历时短暂，不能用均匀浮标法测流时，可用中泓浮标法测流。

三、当浮标投放设备冲毁或临时发生故障，或河中漂浮物过多，投放的浮标无法识别时，可用漂浮物作为浮标测速。

四、当测流断面内一部分断面不能用浮标法测速，另一部分断面能用流速仪测速时，可采用浮标法和流速仪法联合测流。

五、深水浮标法和浮杆法测流，适用于低流速的流量测验。测流河段应设在无水草生长、无乱石突出、河底石较平整、纵向底坡较均匀的顺直河段。

六、小浮标法测流，宜用于水深小于0.16m时的流量测验。当小水深仪发生在测流断面内的部分区域时，可采用小浮标法和流速仪法联合测流。

七、人水深过大，风速过大，对浮标运行有严重影响时，不宜采用浮标法测流。

第5.1.2条 采用浮标法测流的测站，浮标的制作材料、型式、规格等应使用本站统一。浮标系数应经过试验分析。当因故改用其他类型的测流方案应使用各自相应的试验浮标系数，不同的测流方案应另行测速分析。

第5.1.3条 浮标系数的确定和选用，应符合下列规定：

一、根据试验资料确定浮标系数。校测结果宜生民进行校测。校测的试验次数应不少于10次。校测样本有显著性差异时，应重新进行试验，并采用新的浮标系数。

（t）检验法进行检验。当原采用的浮标系数与校测样本有显著差异时，应重新进行试验，并采用新的浮标系数。

二、根据经验确定本站采用的浮标系数，应按本章第六节的规定进行浮标系数试验。

三、需要使用浮标法测流的新设测站，自开展测流工作之日起，应同时进行浮标系数的试验，宜在二至三年内试验确定本站的浮标系数。在未取得浮标系数试验数据之前，可借用本地区断面形状和水流条件相似、浮标类型相同的测站的浮标系数，或者根据测验河段的断面形状和水流条件，在下列范围内选用浮标系数。

1. 一般情况下：湿润地区的大、中河流可取 0.90至1.00，干旱地区可取 0.85～0.90，小河可取 0.75～0.85；干旱地区的大、中河流可取 0.80～0.85，小河可取 0.70～0.80。

2. 特殊情况下：湿润地区的大、中河流可取 0.85～0.90，干旱地区可取 0.80～0.85，小河可取 0.70～0.80。

3. 对于垂线流速较小或水深较小者，宜取较大值；垂线流速较大或水深较大的测验河段，宜取较小值；当测验河段或测流控制发生重大改变时，应重新进行浮标系数试验，并采用新的浮标系数。

第5.1.4条 对断面比较稳定和采用试验浮标系数的测站，均匀浮标单次流量测验的允许误差，不应超过表5.1.4的规定。

均匀浮标法单次流量测验允许误差　　表5.1.4

误差指标 % 类别 测站类	总不确定度	系统误差
一类精度的水文站	10	−2～1
二类精度的水文站	11	−2～1
三类精度的水文站	12	−2.5～1

注：对断面冲淤变化较大或采用经验浮标系数的测站，浮标法单次流量测验的允许误差，应根据实际情况加以研究确定。

第5.1.5条 均匀浮标法允许误差范围内控制精度，并按本规范第七章的规定。均匀浮标法各分量随机不确定度对均匀浮标法测流总随机不确定度的估计，分析确定有效浮标的个数。每个浮标系数的选择，应符合本规范第5.1.1条第一款的规定。

第5.1.6条 浮标法测流测验应包括下列内容：

一、观测基本水尺，测流断面水尺，比降水尺，下断面间的运行历时，风力（速）及应观测的风向水尺水位。

二、投放浮标，观测每个浮标运行到测定每个浮标经中断面线时的位置。

三、观测每个浮标经过中断面的风向、风力（速）及观测的风速风力值。

四、施测浮标中断面面积。

五、计算和分析测流成果及其他有关统计数值。

六、检查和分析浮标测流成果。

标系数试验，并采用新的浮标系数。

站，均匀浮标单次流量测验的允许误差，不应超过表5.1.4的规定。

第二节 水面浮标法

第5.2.1条 水面浮标的制作应符合下列规定：

一、浮标入水部分，表面应较粗糙，不应成流线型。浮标下面要加系重物，保持浮标在水中漂流稳定。浮标的入水深度，不得大于水深的1/10。浮标制作后宜放入水中试验。

二、露出水面部分，应有易于识别的明显标志。

第5.2.2条 采用水面浮标流测站应由运行缆道和投放设备组成，宜设置浮标投放设备。浮标投放设备应由运行缆道和投放器构成，并应符合下列规定：

一、投放浮标的运行缆道，其平面位置应设置在浮标上断面的上游，距离断面较近，应使投放的浮标，在到达上断面之前能转入正常运行，其空间高度应在调查最高洪水位以上。

二、浮标投放设备构造简单、牢固，操作灵活省力，并应便于连续投放和养护维修。

三、没有条件设置浮标投放设备的测站，可用船投放浮标，或利用上游桥梁等渡河设施投放浮标。

第5.2.3条 水面浮标法的投放方法应符合下列规定：

一、用均匀投标法测流，宜与测流方案在全断面均匀地投放浮标，有效浮标的控制部位，宜在断面中所确定的部位均应有1~2个浮标。当浮标的控制部位附近和掌握近岸投放的部分均应投放至另一岸。当水情变化急剧时，可先在中泓部分投放，再在两侧投放。

二、当采用中泓浮标法测流时，应自一岸顺次投放至另一岸。

三、当测流段内有独股水流时，应在每股水流内均匀投放有效浮标3~5个。

四、用浮标系数试验法测流时，浮标应放至中泓部位投放3~5个。浮标位置，运行时间，浮标运行历时之差不超过最短历时10%的浮标应有2~3个。

当采用浮标和流速仪联合测流时，浮标应放在中泓部位，宜选择中泓部位目标显著，且与浮标试验选浮物类似的漂浮物测流。应测定其流速。测速的技术要求，应符合中泓浮标法测流的有关规定。漂浮物的类型、大小，估计的出入水深度等，应详细注明。

第5.2.4条 浮标运行历时的测记和浮标位置的测定，应符合下列规定：

一、断面监视人员必须在每个浮标到达断面线及时发出讯号。

二、记时人员应在收到浮标到达上、下断面线的讯号时，及时开启和关闭秒表，正确读记浮标的运行历时，时间读数精确至0.1s。当运行时大于100s时，可精确至1s。

三、仪器交会人员应在收到浮标到达中断面线的讯号时，正确测定浮标的位置，记录浮标的序号和测量的角度，计算出相应的起点距。

第5.2.5条 当采用水面浮标法本规范范围附录一的规定，测深、测速仪器变化较大时，宜同时施测断面。当人力、设备不足，或水情变化急剧时，同时施测断面因有困难时，可按下列规定选择断面：

一、断面稳定的测站，可直接借用邻近测次的实测断面。

二、断面冲淤变化较大的测站，可抢测冲淤变化大部分的断面，结合已有的实测断面资料，分析确定。

第三节 深水浮标和浮杆法

第5.3.1条 深水浮标和浮杆的制作，应符合下列规定：

一、深水浮标应由上，下两个浮标组成。上浮标的直径应为下浮标直径的 1/4~1/5；下浮标的比重应大于水的比重，并应使上浮标在运行中能经常露在水面上。

二、浮杆应由互相套接的两部分做成，并应能上下滑动。能根据测速垂线水深的大小调整浮杆的长度。浮杆露出水面部分应为 1~2cm，并应在水中漂流时能稳定地直立水中。

三、深水浮标和浮杆制成后，应放入水中试验，当不合要求时，可增减下浮标和浮杆下部所系重物的重量进行调整，直至符合要求为止。

第 5·3·2 条 深水浮标和浮杆法测速的测速垂线布设和技术要求应符合下列规定：

一、应在测流断面上、下游用标志尺分设上、下两个等距的标志断面。各个标志面应互相平行并垂直于水流向。上、下两断面间的距离，可取 2~3m。

二、测速垂线应与同水位级控制断面流速的横向变化的变化相同。当流速的变化较大，或者波动较大，固定的测速垂线不能控制横向流速的变化时，应适当增加测速垂线。每条测速垂线应控制在测速前实测水深。

三、使用深水浮标测速，当水深大于 0.5m 时，可在相对水深 0.2 和 0.8 两处测速；当水深小于 0.5m 时，可在相对水深 0.6 处测速。测点深度的计算，应为自水面至下浮标中心的距离。当用浮杆测速时，浮标和浮杆的人水深度应为测速垂线水深的 0.9~0.95 倍，并不得接触河底。

四、使用深水浮标或浮杆测速，每个测点或每条垂线重复施测 3 次，并应符合下列规定：

1. 运行总历时不得少于 20s，该垂线该用该流速。个别流速大于 10s 时，可该用改用该流速。

2. 对重复 3 次测速的结果，其中最长历时与最短历时之差不得超过历时的 10%。当超过 10% 时，应增加施测次数，并应选用其中符合上述要求的 3 次测速记录作为正式成果。

第四节 小浮标法

第 5·4·1 条 小浮标的制作，宜采用厚度为 1~1.5cm 的较粗糙的木板，做成直径为 3~5cm 的小圆浮标。

第 5·4·2 条 测流断面的辅助断面布设，上、下游设立两个同距目距离平行目相等，下断面的间距不应小于 2.0m，并应与中断面的布设，当测流断面处的测流断面河段不适合于小浮标测流时，应另设临时测流断面，临时设立的测流断面与原测流断面之间，不得有内水分出和外水流入，并应和水流的平均流向垂直。

第 5·4·3 条 小浮标测流应符合下列规定：

一、测流时必须同时实测测流断面。

二、垂线数、浮标投放的有效个数应同分布控制断面流速的横向变化。

三、浮标通过测流断面应能读或皮尺直接测量。

四、每个浮标运行历时应大于 20s，当个别线的流速较大，不得小于 10s。当多数浮标的运行历时小于 10s，而又受到水深的限制，不能用流速仪测速时，应适当增长上、下辅助断面的间距，使浮标的运行历时不小于 10s。

五、每条测速垂线应重复施测两次，两次运行历时之差，不得超过最短历时 10%，当超过 10% 时，应增加施测次数，并应选取其中两个浮标运行时之差在 10% 以内者用为正式成果。

第五节 其他项目观测

第 5·5·1 条 基本水尺、测流断面水尺水位，可在测流开始和终了时各观测一次。当测流过程可能跨峰顶或峰谷时，应在峰顶或峰谷加密观测一次，并应按均匀分布原则适当增加测次，控制涨落水位的变化过程。比降水位的观测，应符合本规范第 4、5、

2条的规定。

第5·5·2条 风向、风力（速）的观测，应在每个浮标的运行期间进行。当风力（速）变化较大时，应测记其变化范围值；当变化较小时，应用仪器观测风向、风速时，风速的地点应依次进行观测，风向应相应测定。平行于水流方向的顺风记为0°，逆风记为180°，垂直于水流方向来自右岸的记为90°，来自左岸的记为270°。风向、风力测记时，可按国家标准《水位观测》的规定测记。

第5·5·3条 对天气现象、漂浮物、风浪、流向、死水区域及测验河段上、下游附近的漫滩、分流、河岸决口、冰坝壅塞、支流、洪水等情况均应进行观察和记录。

第六节 浮标系数的试验和确定

第5·6·1条 水面浮标系数的试验，有条件比测试验的测站，应以流速仪积累年资料，增大比测范围的水位流量关系曲线法测流量关系曲线法测量关系曲线应由断面平均流量，或由断面流速或断面积面平均流速，浮标系数应以断面积面平均流速除以中泓、浮标物浮标以断面积面平均流速除以中泓、浮标物浮标以断面平均虚流速，或断面平均虚流速除以中泓浮标以中泓浮标虚流速。

第5·6·2条 水面浮标系数的比测试验，关系曲线不应过多外延。并应逐年积累资料，增大比测试验的水位变幅，高水部分应包括不同水位、流向、风力（速）等情况的试验资料，试验次数应大于20次。

第5·6·3条 浮标法测流时，应放在流速仪测流时间的中间时段。当条件限制，不能放在中间时段时，应在中间时段的落水面分别交换流速仪测流和浮标法测流的先后次序，运行期间进行。当受条件限制，应多次试验中的涨落水面分别交换流速仪测流和浮标法测流的先后次序，且交换次数宜相等。

三、应根据垂线测速的比测试验，各有效浮标在横向上的控制部位，断面流速的比测试验资料中抽取各种有限浮标的布设位置彼此相应。当多浮标多测速垂线的比测试验各种试验方案计算浮标系数的有限，多测速垂线的比测试验各种试验方案的测验成果各种试验方案计算浮标系数的有限，必须按各种试验方案所选用的有限浮标方案，分别绘制浮标流速横向分布曲线图，反复查读该虚流速，不得仅以横向分布曲线图复查读该虚流速，不得仅以多条曲线抽样不同抽样方案的虚流速。

四、中泓浮标系数和漂浮物浮标系数的试验，宜按高水期测流速仪测流所用的一种测流方案作对比试验，并可与断面浮标系数的试验结合进行。当其他时间用流速仪法测流时，遇有困难时，可采用代表垂线进行浮标系数的试验分析。试验方法和技术要求，应符合选作漂浮物的漂浮物，可及时测其流速，供作漂浮试验方案浮标系数分析。

五、当高水期进行浮标系数的比测试验有困难时，可采用代表垂线进行浮标系数的试验分析。试验方法和技术要求，应符合下列规定：

1. 根据流速仪实测流量资料，可建立1～3条代表垂线平均流速的平均值和断面平均流速的关系曲线，并选用其中一条最佳关系曲线确定代表垂线。对不同测流方案可采用术平均法计算确定各自的代表垂线。

2. 在选用的代表垂线上，应采用流速仪施测垂线平均流速，并通过已定的关系曲线转换为断面平均流速。并应按均匀浮标法和采用断面和中泓、虚流量除以断面积面平均流速和采用断面漂流量，浮标除以断面积面平均流速，漂浮物浮标除以断面积面平均虚流速，应按本规范第5·6·1条的规定计算浮标系数。

3. 代表垂线法试验得出的试验成果中中泓、漂浮物浮标法试验得出的试验成果一起进行综合分析。当变化趋势与测站特性相符时，可作为正式试验数据使用。

4. 高水期代表垂线位置随水位变动频繁站，不宜采用代表垂线法试验浮标系数。

第5·6·4条 采用水面流速系数的试验，测速垂线的布设应结合流速仪实测流量范围内确定。浮标虚测流量应与浮标法在水位变动频繁站，流量应以浮标法实测流速测流的相应水位与流速仪法流速测流量关系曲线上查读。并应符合下列规定：

一、分析断面浮标系数时，应根据浮标测点有效浮标的控制部位，并应选用测速垂线分布与浮标测点的流速分布绘制成关系图，按不同的测流方案分类绘制不同方案的水位流量关系曲线查读断面流量。

二、分析中泓、漂浮物浮标系数时，宜选用流速仪法高水期的一种测流方案，并应控制浮标测点的流速，绘制成断面流量关系曲线，应直接在曲线上查读断面流量。

三、对于不同形式的水位流量关系曲线，应按下列规定读流量：

1. 水位流量关系为单一曲线的测站，应在与多条单一曲线的测站在同一时期的曲线上查读流量。

2. 水位流量关系为多条单一曲线的测站，应在与浮标测点同一时期的曲线上查读流量。

3. 水位流量关系为复式绳套曲线的测站，应在与浮标测点同一一次水过程线的绳套曲线上查读流量。

第5·6·5条 浮标系数试验分析的资料，应分类进行整理，并应考虑空气阻力对浮标系数的影响，并可建立浮标系数有关因素的关系，绘制成关系图，表查用。有关因素的选用，应由测站根据实际情况确定。

第5·6·6条 采用水面平均水面流速系数的试验，应符合下列规定：

一、断面平均水面流速系数，应根据水面流速测验的实测流量资料，建立1～3条垂线水面流速的平均值与断面平均水面流速系数的关系曲线及1～3条垂线中一条最佳关系曲线确定其代表垂线，对于不同的测流方案，应分别选取其代表垂线的测速曲线确定各自的代表垂线。

二、当高水期流速仪全断面测速有困难时，可采用代表垂线水面流速系数的试验方法和所选用的一种测流速比测方案比测分析。

三、中泓水面流速系数的试验，应与水面流速系数一起进行综合分析，用流速仪施测水面流速和流速系数，计算水面流速系数，当通过关系曲线转换，即得断面平均水面流速系数。

1. 应采用水面流速仪有水面流速测验的实测流量资料。中泓施测水面流速，应采用代表垂线仪在选定的代表垂线上施测垂线流速平均值，在中泓施测水面流速，应先将垂线平均流速通过关系曲线转换为断面平均水面流速，再计算中泓水面流速系数。

2. 断面流速仪有水面流速测验的实验，应在水面流速系数上，用流速仪选定的代表垂线上测中泓水面流速。

3. 中泓水面流速仪水面流速测验的代表垂线位置应与水位变动频繁的测站，不宜采用代表垂线法。

4. 代表垂线或采用中泓水面流速系数试验得出的水面流速系数，应与断面平均水面流速系数成果一起进行综合分析，变化趋势与测站特性相符时，可作为正式试验数据使用。

5. 高水期试验代表垂线位置随水位变动频繁的测站，不宜采用代表垂线法试验水面流速系数。

四、水面流速系数 K_w 用于浮标法测流的流量计算，应通过河槽改正系数 K_w 按下列要求转换为相应的浮标系数：

1. 河槽改正系数按下列公式计算：

$$K_w = \frac{A_f}{A_c} \quad (5·6·6-1)$$

$$\overline{A_f} = \frac{1}{6}(A_u + 4A_m + A_l) \quad (5·6·6-2)$$

应在每条测速垂线上，同时用流速仪和小浮标分别施测其垂线平均流速和浮标流速，且应重复施测10次。

每条垂线10次同时测得的垂线平均小浮标系数，全部垂线平均小浮标系数的算术平均值，应为采用的断面小浮标系数。

第5·6·9条 水面部分的浮标系数的外延，应符合下列规定：

一、当高水部分的浮标系数基本稳定时，可顺关系曲线趋势外延20%查用；浮标系数尚不稳定时，可外延10%查用。

二、当浮标法测流水位超过浮标系数的允许外延幅度10%~20%时，应根据测站特性，经过综合比较分析，确定浮标系数。

第七节 实测流量计算

第5·7·1条 均匀浮标实测流量的计算，应符合下列规定：

一、每个浮标的流速按下式计算：

$$V_{fi} = \frac{L_i}{t_i} \quad (5 \cdot 7 \cdot 1\text{-}1)$$

式中 V_{fi} —— 第 i 个浮标的实测浮标流速 (m/s)；

L_i —— 浮标上、下断面间的垂直距离 (m)；

t_i —— 第 i 个浮标的运行历时 (s)。

二、绘制浮标流速横向分布曲线和横断面图（图5·7·1）。应按纬仪和平板仪交会法的有关规定，测深垂线和浮标点的起点距(D)，可经纬仪和平板仪交会法的有关规定。

三、绘制浮标流速横向分布曲线，以纵坐标为浮标流速，横坐标为起点距，点绘在水面线的上方，对个别突出点应查明原因，属于测验错误则予舍弃，并加注明。

当测期风向、风力（速）变化不大时，可通过点群重心勾绘一条浮标流速横向分布曲线。当测期间风向、风力（速）变化较大时，应适当照顾到各个浮标的点位勾绘出各条浮标流速分布曲线。

式中 $\bar{A}_f$ —— 浮标测流河段平均断面面积 (m²)；

A_c —— 流速仪测流断面面积 (m²)；

A_u —— 浮标上断面面积 (m²)；

A_m —— 浮标中断面面积 (m²)；

A_l —— 浮标下断面面积 (m²)。

2. 断面浮标系数 (K_f) 按下列各式计算：

(1) 不考虑空气阻力对浮标系数的影响时：

$$K_f = K_w \bar{K}_0 \quad (5 \cdot 6 \cdot 6\text{-}3)$$

式中 $\bar{K}_0$ —— 断面平均水面流速、系水位与断面平均水面流速关系曲线上查读值。

(2) 考虑空气阻力对浮标系数的影响时：

$$K_f = K_w \bar{K}_0 (1 + A \bar{K}_v) \quad (5 \cdot 6 \cdot 6\text{-}4)$$

式中 $\bar{K}_v$ —— 断面平均空气阻力参数；

A —— 浮标阻力分布系数，可借用浮标类型相同的试验数据。

3. 中泓浮标系数 (K_{mf}) 按下列各式计算：

(1) 不考虑空气阻力对浮标系数的影响时：

$$K_{mf} = K_w \bar{K}_{m0} \quad (5 \cdot 6 \cdot 6\text{-}5)$$

式中 $\bar{K}_{m0}$ —— 中泓水面流速、系水位与中泓水面流速关系曲线上查读值。

(2) 考虑空气阻力对浮标系数的影响时：

$$K_{mf} = K_w \bar{K}_{m0} (1 + A \bar{K}_{mv}) \quad (5 \cdot 6 \cdot 6\text{-}6)$$

式中 $\bar{K}_{mv}$ —— 中泓平均空气阻力参数。

第5·6·7条 多沙河流浮标系数的试验，应同时测河流浮标流速和浮标流速与中泓水面流速之间的关系，或单样沙量。根据建立第5·6·6条的规定，或者建立第5·6·6条的规定，同接确定浮标系数。水面流速和水面流速系数的关系，并按本规范第5·6·6条的规定，同接确定浮标系数。

第5·6·8条 小浮标系数的试验，应在浮标系允许最小水深或最小流速的临界水位处，选择无风或小风天气进行。并

$$Q = K_{mf} \cdot A_m \cdot V_{mf} \quad (5 \cdot 7 \cdot 2\text{-}1)$$

式中 V_{mf}——中泓浮标流速的算术平均值 (m/s)。

二、漂浮物浮标法实测流量按下式计算

$$Q = K_{ff} \cdot A_m \cdot \bar{V}_{ff} \quad (5 \cdot 7 \cdot 2\text{-}2)$$

式中 K_{ff}——漂浮物浮标系数;
 $\bar{V}_{ff}$——漂浮物浮标流速的算术平均值 (m/s)。

第5·7·3条 浮标法、流速仪法联合测流量实测流量的计算,应符合下列规定:

一、应分别绘制出滩地部分的垂线平均流速和主槽部分的浮标流速横向分布曲线图,或滩地部分的垂线平均流速和主槽部分的浮标流速横向分布曲线。对于滩地和主槽边界处浮标流速和垂线平均流速查出的流速比值,应与试验的一部分。在同一起点距上两条曲线查出的流速比值,应与试验的浮标系数接近。当差值超过10%时,应查明原因。当能判定测流仪成果可靠时,可按该部分的垂线平均流速横向分布曲线,并适当修改相应部分的浮标流速横向分布曲线,使两种测流成果互相衔接。

二、应分别按流速仪法和浮标法实测流量的计算方法,计算主槽和滩地部分的实测流量,两种部分的实测流量之和为全断面实测流量。

第5·7·4条 浮标法实测流量的计算,应先按各个测点的平均历时距以上,下断面同距计算断面平均流速,然后按本规范第4·8·1条规定计算断面流量。

第5·7·5条 浮标法的垂线平均流速可按下列公式计算:

$$V_m = K_h \cdot V_h \quad (5 \cdot 7 \cdot 5\text{-}1)$$

$$K_h = 1 - 0.116\left(\sqrt{1 - \frac{h}{d}} - 0.10\right) \quad (5 \cdot 7 \cdot 5\text{-}2)$$

式中 K_h——浮杆流速改正系数;
 V_h——浮杆实测流速 (m/s);
 h——浮杆入水深度 (m)。

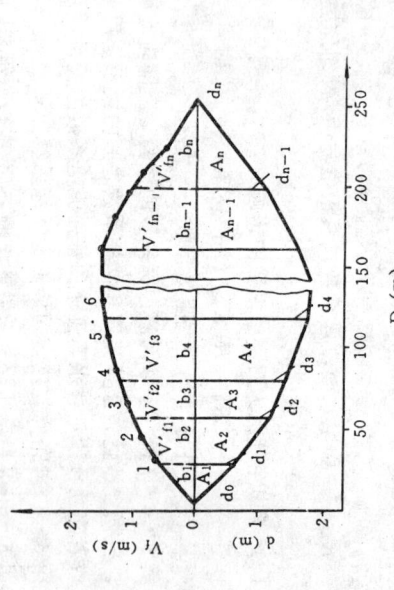

图 5·7·1 图解分析法计算流量

V'_f——垂线虚流速,系分布曲线上查读值 (m/s);
d——垂线虚水深 (m);b——部分虚面宽 (m);
A——部分面积 (m²);d_0——起点距 (m)

勾绘分布曲线时,应以水边或死水边界作为起点和终点。

四、在各个部分面积的分界线处,从浮标分布曲线上读出该处的虚流速。

五、部分平均虚流速、部分面积、部分虚流量、断面虚流量的计算方法与流速仪法测流量的计算方法相同。

六、断面流量按下式计算:

$$Q = K_f Q_f \quad (5 \cdot 7 \cdot 1\text{-}2)$$

式中 Q——断面流量 (m³/s);
 Q_f——断面虚流量 (m³/s)。

第5·7·2条 中泓浮标法、漂浮物浮标法实测流量按下式计算:

一、中泓浮标法实测流量按下式计算:

第五款的规定选择测流河段。

五、必须执行本规范对浮标测速的技术要求及测流使用的浮标统一定型的有关规定，减小测速历时的误差。

六、用精度较高的秒表记时，消除计时系统误差。

断面流量可按本规范第4·8·1条规定计算。

第5·7·6条 小浮标流量。可由断面实测断面虚流量乘断面小浮标系数计算。每条垂线上小浮标平均流速，可由平均历时以上、下断面间距计算。断面虚流量的计算方法，可按本规范第5·7·1条规定计算。

第5·7·7条 浮标法实测流量的相应水位，可按本规范第4·8·8条规定计算。

第八节 误差来源与控制

第5·8·1条 浮标法测流试验分析的误差来源，应包括下列内容：

一、浮标系数试验分析的误差。

二、断面测量的误差。

三、由于水流影响，浮标分布不均匀，或有效浮标过少，导致浮标流速横向分布曲线不准。

四、在使用深水浮标或浮标测流的河段内，沿程水深变化较大引入的误差。

五、浮标流经上、中、下断面线时的瞄准视差，浮标流经中断面时的定位误差。

六、浮标运行历时的记时误差。

七、浮标制作的人工误差。

八、风向、风速对浮标运行的影响误差。

第5·8·2条 浮标系数的试验分析误差的控制，宜符合下列规定：

一、应执行有关测宽、测深的技术规定，在高水部分应有较多的试验次数。

二、应执行有关测宽、测深的技术规定，并经常对测宽、测深的工具、仪器及有关设备进行检查和校正。

三、控制好浮标横向分布的位置，使绘制的浮标流速横向分布曲线具有较好的代表性。

四、采用深水浮标或浮杆法测流时，应按本规范第5·1·1条

第六章 高洪流量测验

第一节 一般规定

第6·1·1条 高洪流量测验的规定适用于流速大、涨、落急剧,水位达到某一规定频率水位以上等困难条件下的流量测验。

第6·1·2条 流量测验的水位级划分按下列规定执行:

一、水位级划分应以频率分析计算作为基本依据。频率可按下式计算:

$$P = \frac{m}{n+1} \quad (6 \cdot 1 \cdot 2)$$

式中 P——频率;
m——随机变量按大小递减顺序排列的序号;
n——随机变量的序列个数,不宜少于20。

二、一类精度的水文站,水位级划分可采用年特征值法,并应符合下列规定:

1. 根据测站各年瞬时最高水位 Z_M,计算频率和绘制频率曲线,当频率 P 为90%时,其对应的水位,为高水位。
2. 根据测站各年瞬时最低水位 Z_m,计算频率和绘制频率曲线,当频率 P 为10%时,其对应的水位,为低水位。
3. 根据测站各年日平均水位 $\bar{Z}$ 计算频率和绘制频率曲线,当频率 P 为50%时,其对应的水位,为中水位。

对二、三类精度的水文站,水位级的划分可采用典型年法,并应符合下列规定:

1. 根据测站各年汛期总水量 W_f 计算频率和绘制频率曲线,当频率 P 为10%、50%、90%时,其对应的汛期径流量的相应年份,为丰、平、枯水典型年。
2. 根据三个典型年的汛期逐日最高水位 Z'_m,计算频率和绘制频率曲线,当频率 P 为10%、50%、90%时,其对应的水位,为高、中、低水位。

四、根据上述水位级划分结果,可将测站水情特征划分为以下4个时期:

1. 一类精度的水文站:
$Z \geq Z_M (90\%)$ 应为高水期;
$Z_M (90\%) > Z \geq \bar{Z} (50\%)$ 应为中水期;
$\bar{Z} (50\%) > Z \geq Z_m (10\%)$ 应为低水期;
$Z \leq Z_m (10\%)$ 应为枯水期。

2. 二、三类精度的水文站:
$Z \geq Z'_M (10\%)$ 应为高水期;
$Z'_M 10\% > Z \geq Z'_M (50\%)$ 应为中水期;
$Z'_M 60\% > Z \geq Z'_M (90\%)$ 应为低水期;
$Z \leq Z'_M (90\%)$ 应为枯水期。

第6·1·3条 高洪流量测验期应根据测流历时,应根据高洪测流设备技术条件选择短测流方法,并应符合下列规定:

一、规划部署高洪测期测流时,应优先采用测验仪器设备精度要求的规定。

高洪特点和测站规范对测流必须对测流历时不可能采用其他常用测流方法。

二、在暴涨、暴落的中小河流上,当限于测流历时不可能采用均匀浮标时,河段水面比降较大者,可采用比降一面积法。

三、对暴涨、暴落且挟带大量漂浮物的洪水,可采用中泓漂浮物的方法,可采用中泓浮标法。

平原水网地区的洪水,比降一般较小,可采用中泓浮标法。

浮标法采用中泓漂浮物漂浮。

第二节 高洪测流方案的优选

第6·2·1条 高洪测流方案的优选分析应在测流方法选定

ΔZ——单次测流允许的水位变幅值（m）；

$\dfrac{\delta Z}{\delta t}$——水位涨（落）率。

二、单次测流不确定度随机不确定度（X'_0），应根据单次测流的测验精度各类规范水文站本度随机不确定度分析确定。

第6·2·4条 在流速仪测流方案采用非线性规划问题求解中实验资料给出的离散误差，拟配成曲线方程，应根据试验资料给出的离散误差，拟配成曲线方程。

第6·2·5条 在各站高洪测流方案优选中，约束函数的具体条件，应因水文站特征、资料要求、设备条件等不同而各有差异，同一水文站宜按稀遇洪水和正常年洪水情况来控制约束条件，优选方案的确定应符合下列要求：

一、非线性规划给出实数型优选方案时，应作取整处理。

二、选择方案时，在满足精度要求的条件下，宜本着经济、实用的原则，根据本站技术条件和本次水情特点，综合权衡确定优选方案。

第三节 比降—面积法高洪测流

第6·3·1条 比降—面积法适用于下列范围：

一、高洪期断面较为稳定，水面比降较大的测验河段。当各观条件十分困难或常规测验设备被洪水损毁，无法用流速仪、浮标法测流，在规划部署高洪测验方案中，可采用比降—面积法测流。

二、开展巡测、间测能力时，可采用比降—面积法测流。当洪水超出允许水位变幅以外或超出测流能力时的测站。

第6·3·2条 采用比降—面积法测流的河段，必须符合下列要求：

一、河段顺直，可允许有缓变的收缩段，但不得有明显的扩

之后进行。流速仪法和浮标法测流均应进行方案优选。流速仪法测流方案的优选宜选用非线性规划法。基本资料的分析应符合下列规定：

第6·2·2条 高洪测流方案优选，基本资料的分析应符合下列规定：

一、单次测流必须历时（T），应将历年资料的中、高水位以上实测历时分为2～3级，且先对每条测速垂线测点数和单个测点的测速历时进行统计；并按计算测速船和单设施测速仪在每条垂线上垂直位移间应包括水平位移、纵道测验辅助的水平位移时间；绳测测验的水平位移时间；绳测测验辅助的水平位移时间在垂线上垂直增加锚定时间、然后按选用的辅助测速垂线数及测速点数计算单次测速必须历时。

二、根据上款分析的各种单次测流历时，应分别按涨、落水面统计在不同历时段内的水位涨（落）率和5～10min内的最大涨、落率。当不同的水位级内，涨（落）率有明显的变化规律时，应分为2～3个水位级进行统计。

第6·2·3条 流速仪法单次测流方案优选时的约束条件，可在满足单次测流历时限制的目标函数；或在满足速度的约束条件下，建立单次测流等于或小于允许的目标函数最小的目标历时或最佳组合方案，以寻求测速历时、测点数和测速分数之间的最佳组合方案，并按本规范附录五的规定执行。单次测流限制历时和单次测流允许总随机不确定度可按下列规定确定。

一、规定单次测流由水位涨（落）率引起的水位变幅允许的流量误差不得超过3%。从测站资料分析得到单次测流允许的水位涨（落）率，测流限制历时应根据洪水涨（落）率，按下式计算：

$$T_0 = \Delta Z / \dfrac{\delta Z}{\delta t} \qquad (6\cdot2\cdot3)$$

式中 T_0——单次测流限制历时（s）；

散段,严禁有突然扩散断面。

二、当水面比降较大时,可按下列要求之一选择适当的河段:

1. 根据比降观测不确定度的要求,可按本规范(2·2·11)式计算选定河段长度。

2. 在选定的河段长度内,水面落差等于或大于平均流速水头。

三、对影响水流结构及特征的河槽几何形状、河床、河岸应要求基本稳定,且沿程各断面形状变化不大。

四、河段内无卡口、急滩、深潭或隆起部分,水面线不宜有明显的转折点。

五、河段两岸的灌木丛、水草及高秆农作物应及时清除,宜避开机头、丁坝等河工设施。

第6·3·3条 断面不够稳定的测站,每次大洪水后应测量一次水道断面。当发生50年或100年一遇的稀遇洪水时,应在退水后立即测量,并分析冲淤规律,确定插补或选用断面计算流量。

第6·3·4条 新设立的比降河段,在大洪水过程中,同步设立水尺,分别在上、中、下断面两岸设立水尺。同步观测1~2次大洪水过程,当无明显的系统偏差时,可只在两岸一岸设尺观测,用测量两岸水位计算。当有明显的系统偏差时,应两岸同时设尺观测,用断面平均水位计算落差。

第6·3·5条 比降水位宜设立自记水位计观测。当设立自记水位计有困难时,观测水尺应刻划至5mm,并应设置防浪设备。

第6·3·6条 糙率及其与各水力因素的关系应采用本站实测资料按下列要求进行分析计算:

一、对有比降水位同步观测的实测流量资料,应对水面比降的可靠性,并分析水面比降作流速水头项的校正。

二、采用曼宁公式计算糙率时,对分洪、溃口、溢流或断面严重冲淤的测流资料,应予剔除。

三、当滩地水面宽度占主槽水面宽度的1/2及以上的严重漫滩、滩地与主槽水深相差悬殊时,宜按主槽、滩地分别计算糙率。

1. 分析各级水位下不同洪水特性的糙率,应为30~50个测点。

2. 以水峰、各水位稳定期各测点的平均糙率与水力半径或断面平均水深或水位建立关系,并绘制非恒定流的或检查其分布趋势及合理性,进行综合定线。当分布带的宽度超过糙率不确定度的允许限时,可以定成单一线,每隔1~2年,应全面检查一次。资料校验后方可正式应用。

五、在发生稀遇洪水或断面控制条件发生变化后,应分析各种情况规律有无变化。

第6·3·7条 比降—面积法的流量可按下列公式计算:

一、当水流情势为恒定流时:

$$Q_s = \frac{\bar{K} \cdot S^{1/2}}{\sqrt{1 - \frac{(1-\xi)}{2gL_s}\alpha\bar{K}^2\left(\frac{1}{A_u^2} - \frac{1}{A_L^2}\right)}} \quad (6.3.7-1)$$

式中 Q_s——比降—面积法测算的流量(m^3/s);
A_u、A_L——比降上、下水道断面面积(m^2);
g——重力加速度(m/s^2);
L_s——比降上、下断面间距(m);
S——水面比降;
ξ——局部阻力系数。当河段收缩时宜取0,逐渐扩散时宜取0.3~0.5;
α——动能校正系数,可取值1.10;
$\bar{K}$——河段平均非恒定流输水率。

二、当水流情势为非恒定流时:

$$Q_s = \frac{\bar{K} \cdot (S - S_w)^{1/2}}{\sqrt{1 - \frac{(1-\xi)}{2gL_s}\alpha\bar{K}^2\left(\frac{1}{A_u^2} - \frac{1}{A_L^2}\right)}} \quad (6.3.7-2)$$

$$S_w = \frac{1}{g} \cdot \frac{\partial \overline{V}}{\partial t} \quad (6 \cdot 3 \cdot 7-3)$$

式中 S_w——当地加速度引起的坡降，涨水取正号，落水取负号，实际采用有限差计算；

$\overline{V}$——断面平均流速；

t——时间。

三、河段平均输水率应分别情况按下列公式计算：

1. 当比降上、中、下断面，沿程变化不均匀时：

$$\overline{K} = (A_u R_u^{2/3} + 2A_m R_m^{2/3} + A_L R_L^{2/3})/4n \quad (6 \cdot 3 \cdot 7-4)$$

式中 n——河段糙率；

A_m——比降中断面水道断面积 (m^2)；

R_u，R_m，R_L——比降上、中、下断面的水力半径 (m)。

2. 当只设有比降上、下断面，或上、中、下三个断面变化基本均匀时：

$$\overline{K} = (A_u \cdot R_u^{2/3} + A_L R_L^{2/3})/2n \quad (6 \cdot 3 \cdot 7-5)$$

第四节 误差来源与控制

第6·4·1条 高洪流量测验的误差来源，应包括流速仪法测流和浮标法测流的误差来源，并应包括下列内容：

一、高洪期间，水位上涨、落率大，相对的测流历时较长所引起的测量误差。

二、高流速、高含沙量导致断面冲、淤变化大，且有时借用水道断面，流速素动加强，测深、测速偏角甚大，测点位置不准确，水流紊动加强，测深、测速偏角甚大，测点位置不准确，水道断面、水流紊动加强，测深、测速偏角甚大，测点位置不准确，水道断面、水流紊动加强，缆道悬索负荷大，引起增大、弹跳等所导致的一系列误差。

四、高洪时期浮标系数或水面流速系数难于试验，其外延引起的误差。

五、水面比降和糙率的不确定度大，且高洪时水位不易观测准确，水面推算中受非恒定流的影响较大，导致较大流量误差，糙率取控制在最低限度内。

第6·4·2条 对高洪流量测验误差，应加强分析研究，并消除或控制在最低限度内。

第6·4·3条 控制高洪流量测验各分项误差的试验分析，应符合下列要求：

一、进行高洪期单次流量测验误差、垂线流速分布型式、水面流速系数等试验。

二、应实补充高洪浮标法测流时，应进行河段分析，可将整个测验河段分为上一中、中一下两段，并用下式计算佛汝德数：

$$F_r = \frac{\overline{V}}{\sqrt{gd}} \quad (6 \cdot 4 \cdot 3)$$

式中 F_r——佛汝德数；

d——断面平均水深 (m)。

四、对一、二类精度的水文站，宜配置超声波测深仪，增加洪水期水道断面测次，减少借用断面带来的误差。

第七章 流量测验总不确定度估算

第一节 一般规定

第7.1.1条 本章对流量测验精度所作的规定适用于河床较稳定的水文站,对不稳定河床的流量测验精度,可按本章所规定的测验精度分析确定。

第7.1.2条 流量测验误差可分为随机误差、未定系统误差、已定系统误差和伪随机误差。随机误差、未定系统误差,应按正态分布,采用置信水平95%的随机不确定度和未定系统不确定度描述,应采用置信水平不低于95%的系统不确定度描述。已定系统误差,应进行修正。含有伪随机误差的测量成果必须剔除。不确定度的数值应以百分数表示。

第7.1.3条 当在相同条件下对流量的独立分量作 n 次独立测量时,该独立分量的相对标准差应按下式估算:

$$S_y = \frac{1}{\bar{Y}} \sqrt{\frac{1}{n-1} \sum_{i=1}^{n}(Y_i - \bar{Y})^2} \quad (7.1.3-1)$$

式中 Y——流量的独立分量;
S_y——流量的独立分量的相对标准差(%);
$\bar{Y}$——流量的独立分量的 n 个测量值的算术平均值;
Y_i——流量的独立分量的第 i 个测量值。

当上述 n 个独立测量值是在相同不相同的条件下测得的,且其相对值为同一母体的样本观测值时,该独立分量的相对标准差应按下式估算:

$$S_y = \sqrt{\frac{1}{n-1} \sum_{i=1}^{n}\left(\left(\frac{Y}{y}\right)_i - \overline{\left(\frac{Y}{y}\right)}\right)^2} \quad (7.1.3-2)$$

式中 $\left(\frac{Y}{y}\right)_i$——流量的独立分量的第 i 次测量所得相对值;
$\overline{\left(\frac{Y}{y}\right)}$——流量的独立分量的 n 个相对值的算术平均值。

第7.1.4条 流量测验各独立分量的随机不确定度,当测量系列的样本容量大于或等于30时,应按标准差两倍相对标准差;当测量系列的样本容量小于30时,应按本规范附录四附表4.8用95%置信水平的学生氏(t)值作为相对标准差的系数计算随机不确定度。

第7.1.5条 流量测验仪器的不确定度可根据生产厂家给出的仪器精度确定。

第7.1.6条 当流量可表示为若干个独立分量的函数时,其随机不确定度应按下式计算:

$$X_Q^2 = \sum_{i=1}^{K}\left(\frac{\partial Q}{\partial Y_i}\right)^2\left(\frac{Y_i}{Q}\right)^2 X_i^2 \quad (7.1.6)$$

式中 X_Q——流量总随机不确定度(%);
K——独立分量的个数;
X_i——流量的独立分量 Y_i 的随机不确定度(%)。

第二节 流速测验误差

第7.2.1条 当采用流速仪法测流并用平均分割法计算流

量时，其误差应包括下列内容：

一、测深误差和测宽误差。

二、流速仪检定误差。

三、由测速点垂线测速历时不足导致的误差。

四、由测速垂线平均流速计算误差和测速垂线数目不足导致的误差。

五、由测速点数目不足导致的误差。

第7·2·2条 测深误差和测宽误差由检定仪器本身造成的末定系统误差和测量中所用仪器和测宽方法的随机误差组成。流速仪检定误差应由检定仪器本身和仪器检定时导致的误差组成。

第7·2·3条 流速仪法测流由测速点有限测速历时导致的流速脉动误差（简称Ⅰ型误差），由测速垂线平均流速计算误差（简称Ⅱ型误差），以及由测速垂线数目不足导致的误差（简称Ⅲ型误差），应由随机误差和已定系统误差组成。

第7·2·4条 当采用浮标法计算流量时，其误差应包括下列内容：

一、测深、测宽误差和浮标运行历时测量误差。

二、浮标系数的误差。

三、由断面间距不足导致的误差。

四、插补借用断面的误差。

第7·2·5条 均匀浮标法测流时，测深、测宽误差和流速误差由观测规定应符合本规范第7·2·2条的规定。浮标系数的误差和浮标运行历时测量误差，应用浮标法和流速仪法进行比测试验的误差确定。由断面间距不足和部分数不足导致的误差应由随机误差和已定系统误差组成。断面分部数不足导致的误差为随机误差。插补借用断面的误差为已定系统误差。

第三节 流量测验误差试验

第7·3·1条 流速仪法流量测验误差试验应在测量误差试验站

进行。

第7·3·2条 流量测验误差试验应按本规范第6·1·2条试验规定，在划分的高、中、低水位之间，分涨、落水面均匀分布的条件下进行。

第7·3·3条 在进行流量测验仪法流量测验试验前，应收集试验河段水道地形图、大断面图及已有的流速横向和纵向分布等方面的资料。

试验仪器应专门配置，每次试验前后应对使用的仪器进行检查；在一个阶段的试验结束后，应对流速仪进行检定。

在试验过程中应观察和记载自然环境、仪器状况和人为因素等方面所发生的异常情况或影响试验的情况。

第7·3·4条 在流速仪流量测验误差试验期间，水位变幅应符合下列规定：

一、对一类精度的水文站，水位变幅不应超过0.1m。

二、对二、三类精度的水文站，水位变幅不应超过0.3m。

第7·3·5条 当水情变化急剧或测点数或测速历时等难以满足水位变幅要求时，可适当减少测点数或测速历时连续施测，在测验河段的几何特征和水力特征基本稳定的条件下，在高、中、低水位级分别作历时较长的测验。在测量中应每隔一个较短的时段观测一个流速，使测得的等时段内均匀流速测验的个数不得小于100个。每条垂线的Ⅰ型误差试验应符合表7·3·6的规定。

第7·3·6条 流速仪法的Ⅰ型误差试验应在测流断面内具有代表性的3条以上的垂线上进行，并取2~3个测点，在高、中、低水位级分别作历时连续测速。

第7·3·7条 流速仪法的Ⅰ型误差试验和其他有代表性的垂线上的每次试验应符合表7·3·7的规定。

流速分布资料，选取试验垂线，在高、中、低水位级分别进行试验。作为试验垂线，在每次试验时应根据已有的流速性代表垂线5条以上每条垂线上的每次试验应在测流断面上每条垂线分别进行试验。

表 7·3·6 Ⅰ型误差试验

项 目 站 类	各级水位 试验测次(次)	测点相对水深		测速测点历时(s)
		二点法	三点法	
一类精度的水文站	>1	0.2	—	≥2000
二类精度的水文站	>1	0.2	0.6	≥1000
三类精度的水文站	>1	0.8	0.8	≥600

表 7·3·7 Ⅱ型误差试验

项 目 站 类	各级水位 试验测次(次)	水位变幅(m)	垂线上测速点数(点)	重复测施次数(次)	测点测速历时(s)
一类精度的水文站	>2	≤0.1	11	10	100~60
二、三类精度的水文站	>2	≤0.3	11	10	80~60

表 7·3·8 Ⅲ型误差试验

垂线数目(条)		垂线平均流速测测方法		测点测速历时(s)
		一类的水文站	二类的精度的水文站	三类的精度的水文站	一类的精度的水文站	三类的精度的水文站
B≤25m	按 B/b 确定	二点法	二点法或一点法	一点法	100~60	60~50
B>25m	≥50					

注：① b 为垂线间距，为 0.5~1.0m。
② 当河宽大于25m且水位变幅不能满足本规范第7·3·4条规定时，垂线数目可减至30~40条，测点测速历时可缩短至30s。

第四节 流量测验各分量随机不确定度的估算

第 7·4·1 条 流速仪法测流资料的整理和计算符合下列规定：

一、剔除原始测速系列中的粗大的资料。

二、测点原始的Ⅰ型相对标准差应按下式估计：

$$S^2(nt_0) = \frac{S^2(t_0)}{n}\left[1 + 2\sum_{i=1}^{n-1}\left(1-\frac{i}{n}\right)\hat{\rho}(i)\right] \quad (7 \cdot 4 \cdot 1-1)$$

$$\hat{\rho}(i) = \frac{N}{N-i} \cdot \frac{\sum_{j=1}^{N-i}(V_j-\bar{V})(V_{i+j}-\bar{V})}{\sum_{j=1}^{N}(V_j-\bar{V})^2} \quad (7 \cdot 4 \cdot 1-2)$$

式中 t_0——原始测量时段(s)；
n——原始测量系列为 nt_0 时的测量时段倍数；
$S(nt_0)$——测速原始测量系列的Ⅰ型相对标准差(%)；
$S(t_0)$——测点的原始的Ⅰ型相对标准差(%)；
$\hat{\rho}(i)$——时段位移为 i 的原始测量系列的自相关函数；
V_j——原始测量系列中第 j 个测点流速值(m/s)；

当二、三类精度的水文站不能满足表 7·3·7 的规定时，可采用垂线上测五点，每点测速历时 50~30s，在每条垂线上重复施测 8 次。

第 7·3·8 条 流速仪法的Ⅲ型误差试验，并应按高、中、低水位变幅分级布设，其测速垂线应按本规范第 7·4·2·1 条的规定布设。当水位变幅能满足第 7·3·4 条规定时，应行20次以上的试验。当水位变幅不能满足第 7·3·4 条规定时，应按表 7·3·8 的规定进行误差试验。

$$\bar{V}_{r(i)} = \frac{1}{J}\sum_{j=1}^{J} V_{r(i,j)} \quad (7\cdot 4\cdot 2\text{-}1)$$

$$\hat{S}_i = \bar{V}_{r(i)} - 1 \quad (7\cdot 4\cdot 2\text{-}2)$$

$$\mu_s = \frac{1}{I}\sum_{i=1}^{I} \hat{S}_i \quad (7\cdot 4\cdot 2\text{-}3)$$

$$S_p^2 = \frac{1}{I-1}\sum_{i=1}^{I}(\hat{S}_i - \hat{\mu}_s)^2 \quad (7\cdot 4\cdot 2\text{-}4)$$

式中 $\bar{V}_{r(i)}$ ——第 i 组试验的垂线相对平均流速的算术平均值（%）；

$V_{r(i,j)}$ ——在第 i 组试验中第 j 测次的相对垂线平均流速（%）；

$\hat{S}_i$ ——第 i 组试验的Ⅱ型相对误差（%）；

μ_s ——对断面的Ⅱ型相对误差平均值，即已定系统误差（%）；

I ——Ⅱ型误差试验总组数；

S_p ——断面的Ⅱ型相对标准差（%）。

第7·4·3条 流速仪法的Ⅲ型误差试验资料的整理和计算应符合下列规定：

一、可采用已消除了不稳定因素的流速和相应的水深，按平均分割法计算流量，作为流量的近似真值。

二、应根据断面形状和横向流速分布，确定对流量精度影响较大的垂线作为保留垂线，并按均匀垂线数目抽取垂线的垂数、垂数、再计算流量。

三、流速仪法的Ⅲ型误差应按下列公式估算：

$$\mu_m = \frac{1}{I}\sum_{i=1}^{I}\left(\frac{Q_m}{Q}\right)_i - 1 \quad (7\cdot 4\cdot 3\text{-}1)$$

$$S_m^2 = \frac{1}{I-1}\sum_{i=1}^{I}\left[\left(\frac{Q_m}{Q}\right)_i - \overline{\left(\frac{Q_m}{Q}\right)}\right]^2 \quad (7\cdot 4\cdot 3\text{-}2)$$

式中 μ_m ——Ⅲ型相对误差平均值（%）；

I ——Ⅲ型误差试验总次数；

Q_m ——少线流量值（m³/s）；

S_m ——Ⅲ型相对标准差（%）；

Q ——流量的近似真值（m³/s）；

$\left(\frac{Q_m}{Q}\right)_i$ ——第 i 个相对流量值；

$V_{(i+j)}$ ——原始测量系列中第 $i+j$ 个测点流速值（m/s）；

$\bar{V}$ ——原始测量系列的算术平均值（m/s）；

N ——原始测量系列的样本容量。

三、垂线的Ⅰ型相对标准差应按下式估算：

$$S_{ei}^2(nt_0) = \sum_{k=1}^{P} d_k^2 S_k^2(nt_0) \quad (7\cdot 4\cdot 1\text{-}3)$$

式中 $S_{ei}(nt_0)$ ——测速历时为 nt_0 时的第 i 条垂线的Ⅰ型相对标准差（%）；

P ——用以确定垂线平均流速的测点测速点数；

d_k ——确定垂线平均流速的测点测速时测点为 nt_0 时的Ⅰ型相对标准差（%）。

四、断面的Ⅰ型相对标准差应按下式估算：

$$S_e^2(nt_0) = \frac{1}{m}\sum_{i=1}^{m} S_{ei}^2(nt_0) \quad (7\cdot 4\cdot 1\text{-}4)$$

式中 $S_e(nt_0)$ ——当测点测速历时为 nt_0 时的断面Ⅰ型相对标准差（%）；

m ——用以确定单次流量Ⅰ型误差试验资料的整理的测速垂线数。

第7·4·2条 流速仪法的Ⅱ型误差试验资料的整理和计算应符合下列规定：

一、垂线平均流速真值的确定，可采用本规范第4·8·1条规定的十一点法计算的垂线平均流速，或采用多次十一点法计算的垂线的十一点法计算的垂线平均流速的平均值作为垂线平均流速的近似真值。

二、可将少点测速历时较长时的垂线平均流速除以近似真值，得到相对平均流速。

三、流速仪法的Ⅱ型误差应按下列公式估算：

10—39

$$\frac{Q_m}{Q}$$——1个相对流量值的平均值（%）。

第7·4·4条 测宽和测深的相对标准差应按本规范 (7·1·3-1) 式估算。

第7·4·5条 浮标法测流各分量相对标准差可按下列规定估算：

一、水深和水面宽的相对标准差的估算。

二、水面浮标流速误差的估算。

1. 观测浮标流经上、下断面历时的误差，可按记时误差估算。

2. 浮标面位置的瞄线误差，可按本规范第五章第六节误差统计方法估算。

三、水面浮标系数误差，采用数理统计方法估算。

四、对由断面分部数不足导致的误差，可区分随机误差和Ⅲ型误差。

五、对插补借用断面的误差，可根据水文站的大量实测资料采用统计分析方法估算。

第五节 各分量不确定度的确定

第7·5·1条 流速仪试验站误差测验各分量不确定度，应根据流量测验误差试验站的试验资料，按误差类别和影响它的主要测站特性，采用流量测验误差分类综合方法，建立各分量误差与测站特性、测流方法和地区经验公式或相关图确定。

第7·5·2条 流速仪法流量测验各分量不确定度应符合下列规定：

一、测宽随机不确定度不应大于2%；测宽系统不确定度不应大于0.5%。

二、测深误差应符合本规范第四附录表4—1的规定。

三、Ⅰ型误差应符合本规范附录表4—2的规定。

四、Ⅱ型误差应符合本规范附录表4—3至附录表4—5的规定。

五、Ⅲ型误差应符合本规范附录表4—6至附录表4—7的规定。

六、在流速仪适用范围内，当流速大于或等于0.5m/s时，流速检定随机不确定度不应大于1%。流速仪检定系统不确定度不应大于0.5%。

第7·5·3条 流速仪法流量测验各分量不确定度的采用应符合下列规定：

一、流量测验误差试验站，应采用本站误差试验值。

二、非流量测验误差试验站，应采用本部门或本地区的地区综合误差。

三、无地区综合误差数据的测站，宜采用本规范附录表4·1至附录表4·7所列误差。当测站实际情况与各表规定的范围不符时，其误差的取值按规定的误差范围的上、下限分析符合，应根据本地区流量测验实际及时分析研究，提出所得成果，作为更新数据的依据。

四、当发现误差试验资料及试验站特性不符合，应按本规范第五、二类精度的水文站，应按本规范第五、二类精度的采用。

第7·5·4条 均匀浮标法流量测验各分量不确定度的采用应符合下列规定：

一、测宽和测深的不确定度应按本规范第7·5·2条的一、二款规定采用。

二、观测浮标运行历时的不确定度应为1.5%；浮标运行历时间距的不确定度应为1.5%。

三、各类精度的水文站的浮标系数，应按本规范第五章第六节的规定经过试验分析确定。对无试验资料不确定度分析的机不确定度可按表7·5·4的规定一、二类精度采用。

浮标系数随机不确定度 X'_{kf} 表7·5·4

断 面 分 数	5	10	15	20
浮标系数随机不确定度	7	6	5	4.6

四、由断面分部数导致的不确定度可采用相应于流速仪法的Ⅲ型随机误差。

五、插补借用断面随机不确定度，对于河床比较稳定的水文站，宜取4%～6%。

第六节 流量测验总不确定度

第7·6·1条 流速仪法的流量测验总不确定度和总系统不确定度组成，并应按下列规定估算：

一、总随机不确定度应按下式估算：

$$X'_Q \approx \pm [X'^2_m + \frac{1}{m+1}(X'^2_e + X'^2_p + X'^2_c + X'^2_d + X'^2_b)]^{1/2} \quad (7\cdot6\cdot1\text{-}1)$$

式中 X'_Q——流量总随机不确定度（%）；
X'_m——断面Ⅲ型随机不确定度（%）；
X'_e——断面Ⅱ型随机不确定度（%）；
X'_p——断面测流速仪法率随机不确定度（%）；
X'_c——断面的流速随机不确定度（%）；
X'_d——断面的测深随机不确定度（%）；
X'_b——断面的测宽随机不确定度（%）。

二、总系统不确定度应按下式估算：

$$X''_Q = \pm \sqrt{X''^2_b + X''^2_d + X''^2_c} \quad (7\cdot6\cdot1\text{-}2)$$

式中 X''_Q——流量总系统不确定度（%）；
X''_b——测宽系统不确定度（%）；
X''_d——测深系统不确定度（%）；

X''_c——流速仪检定系数系统不确定度（%）。

三、总不确定度应按下式估算：

$$X_Q = \pm \sqrt{X'^2_Q + X''^2_Q} \quad (7\cdot6\cdot1\text{-}3)$$

式中 X_Q——流量总不确定度（%）。

第7·6·2条 均匀浮标法的流量测验总不确定度应由流量测验总随机不确定度和总系统不确定度组成，并相应于流速仪测流方案的Ⅲ型随机不确定度（%）；

一、总随机不确定度应按下式估算：

$$X'_Q = \pm [X'^2_m + X'^2_{kf} + X'^2_A + \frac{1}{m+1}(X'^2_L + X'^2_T + X'^2_b + X'^2_d)]^{1/2} \quad (7\cdot6\cdot2\text{-}1)$$

式中 X'_m——断面分布系数不足导致的随机不确定度（%）；
X'_{kf}——浮标系数随机不确定度（%）；
X'_A——插补借用断面随机不确定度（%）；
X'_L——观测浮标流经上、下断面间距的随机不确定度（%）；
X'_T——浮标运行历时的随机不确定度（%）。

二、总系统不确定度应按本规范（7·6·1-3）式估算

$$X''_Q = \pm \sqrt{X''^2_b + X''^2_d} \quad (7\cdot6\cdot2\text{-}2)$$

第7·6·3条 流量测验成果应采用实测流量和已定系数二项数据表达。流速仪法的流量已定系统误差可按下式估算：

$$\hat{\mu}_Q = \hat{\mu}_m + \hat{\mu}_c \quad (7\cdot6\cdot3)$$

式中 $\hat{\mu}_Q$——流量已定系统误差（%）；
$\hat{\mu}_m$——Ⅰ型误差的已定系统误差（%）；
$\hat{\mu}_c$——断面Ⅱ型误差的已定系统误差（%）。

第八章 流量测验成果检查和分析

第一节 单次流量测验成果的检查分析

第8.1.1条 测站对单次流量测验成果应随时进行检查分析，当发现测验工作中有差错时，应查清原因，在现场纠正或补救。

第8.1.2条 单次流量测验成果的检查分析，应包括下列内容：

一、测点流速、垂线流速、水深和起点距测量记录的检查分析。

二、流量测验成果的合理性检查分析。

三、流量测验次布置的合理性检查分析。

第8.1.3条 测点流速、水深和起点距测量记录，结合测站特性、河流水情和测验现场的具体情况按下列要求进行：

一、点绘垂线流速分布曲线图，检查分析其分布的合理性。当发现有反常现象时，应查清原因，有明显的测量错误时，应进行复测。

二、点绘断面平均流速或浮标流速或浮标流速横向分布图和水道断面图，对照检查分析垂线平均流速或浮标流速横向分布的合理性。当发现有反常现象时，应查清原因，有明显的测量错误时，应进行复测。

三、潮流站采用代表线施测时，应点绘代表流速线流速过程线图，检查分析变化过程的连续性、均匀性和合理性。

四、采用固定垂线测速的站，当受测验条件限制现场点绘均匀浮标法的已定系统误差，应采用流速仪法相应测流方案的Ⅱ型误差的已定系统误差值（$\hat{\mu}_m$）。

各类精度的水文站应每年按高、中、低水各计算一次总不确定度和已定系统误差，并填入流量记载表中。

析图有困难，或因水位急剧涨落需短测流时间时，可在事先绘制好的流速、水深测验成果对照表上，现场填入垂线水深、测点流速、垂线平均流速与相邻垂线的实测成果及上一测次实测成果对照检查。

第8·1·4条 流量测验成果应在每次测流结束的当日进行流量的计算校核，并应按下列规定进行合理性检查分析：

一、点绘水位或其他水力因素与流量、水位与面积、水位与流速关系图，检查分析其变化趋势和三个关系曲线相应关系的合理性。

二、采用连实测流量过程进行资料整编的测站，可点绘水位、流速、面积和流量过程线图，对照检查各要素变化过程的合理性。

三、冰期测流，可点绘冰期流量过程线图或水位浸冰厚及气温过程图，检查冰期测点流量的合理性。

四、当发现测验成果反常时，应分析检查分析反常的原因。对无法进行改正系数改正系数过程线图上点绘的原因。检查分析反常时段对应的测次，直到现场情况进行勘察，并反时增补测次以验证。

第8·1·5条 流量测次布置合理性检查分析，应在每次测流结束后将整编推流点绘在过程线图的相应位置上。采用落差法整编推流的测站应同时将测流点绘在落差过程线图上。结合对照检查，进行对照检查。当发现测次布置不能满足资料整编定线要求时，应及时增加测次，或调整下一测次的测验时机。

第二节 测站特性分析

第8·2·1条 测站应每隔一定时期分析测站控制特性，并应符合下列规定：

一、点绘水位或水力因素流量关系曲线点绘在一张图上，将当年与前一年的水位或水力因素与流量关系曲线点绘在一张图上，进行对照比较。从水位或水力因素与流量关系的偏离变化趋势，了解测站控制的变动转移情况，并分析其原因。

二、点绘水位与流量测点偏离曲线百分数的关系图，从流量测点的偏离情况，了解测站控制点的转移变化情况，并分析其原因。

三、点绘流量测点正、负偏离百分数与时间关系图，了解测站控制随时间变化的情况，并分析其原因。

四、指定的流量值按多年水位曲线依时间连绘曲线，了解测站控制随指定流量变化的情况的下降或上升趋势，应对测站发生转移变化的情况的，并分析其原因。

第8·2·2条 河床不稳定的站，每隔一定年份，应对测站断面的冲淤与水力因素及河势的关系进行分析。

第8·2·3条 测站可采用多点法资料，分析其垂线流速分布型式。当断面上各条垂线的流速分布型式基本相似时，可点绘一条标准垂线流速分布曲线；当断面上各个部位的垂线流速分布型式不完全相同时，可分别点绘2～3条分布曲线。对变幅较大的测站，当不同水位级各垂线流速分布型式不同时，应对不同水位级点绘分布曲线，并可采用曲线拟合得出的流速分布公式，分析各种相对水深处测点流速与垂线平均流速的关系。

附录一 断面测宽、测深方法

(一) 断面测宽方法

1. 建筑物标志法。在渡河建筑物上设立标志，一般宜采用等间距的尺度标志。河宽大于50m时，最小间距可取1m；河宽小于50m时，最小间距可取0.5m。每5m整倍数处，应采用不同颜色的标志加以区别。

测深、测速垂线固定的测站，可只在固定垂线处设置标志。标志的编号必须与垂线的编号一致，并采用不同颜色或数码表示。

第一个标志应设在断面起点桩，其读数为零；不能正对断面起点桩时，应调整至距断面起点桩一整米数距离处，其整米数距该处的起点距。

每年应在符合现场使用的条件下，采用经纬仪测角交会法检验1~2次。当缆索伸缩或垂度改变时，原有标志应重新设置，或进行校正起点距。

跨度和垂度不固定(升降式)的缆索，不宜在缆索上设置标志。

2. 地面标志法。地面标志法宜采用辐射线法、方向线法、相似三角形交会法、方向式标志法、河滩上固定标志法等。河滩上固定标志的顶端，应高出历年最高洪水位。

采用此法确定测流断、测速垂线测深，应使测船上的定位点位于测流断面线上。

每年应对标志进行一次检测。标志受到损坏时，应及时进行校正或补设。

3. 计数器测距法。使用计数器测距，应对计数器进行率定，并应与经纬仪测角交会法测得的起点距比测检验。比测点应不少于30个，并均匀分布于全断面。垂线的定位误差不得超过河宽的0.5%，绝对误差不得超过1m。超过上述误差范围时，应重新率定。

每次测量完毕后，应将行车开回至断面起点零距点处，检查计数器是否回零。当回零误差超过河宽的1%时，应查明原因，并对测距结果进行改正。

4. 仪器交会法。仪器交会法有经纬仪测角水平交会法和极坐标法、平板仪交会法、六分仪交会法等。

使用经纬仪和平板仪测定垂线和桩点的起点距时，应在观测最后一条垂线或最后一个桩点后，将仪器照准原点视点校核一次。当判定仪器确未发生变动时，方可结束测量工作。

每年应对测量标志进行一次检查。标志受到损坏时，应及时进行校正或重设。

5. 直接量距法。采用直接量距法测定桩点、垂线的起点距时，第一个垂线或第一个桩点应以第一条垂线或第一个桩点为始点，第二条垂线或第二个桩点以第一条垂线或第一个桩点为始点，依次量距。量距时应注意使钢尺或皮卷尺在两垂线或桩点间保持水平。

(二) 水深测量方法

1. 测深杆测深。测深杆上的尺寸标志，当不同水深读数时，应能准确水深的1%。

河底比较平整的断面，每条垂线的水深应连测两次。当两次测得的水深差值不超过最小水深值的2%时，取两次水深读数的平均值；当两次测得的水深差值超过2%时，应增加测次，取符合限差2%的两次测深结果的平均值；当多次测量达不到限差2%的两次测深结果的平均值。

相对系统误差应控制在±1%范围内；水深小于1m时，绝对误差不得超过0.05m。不同水深的比测垂线数，不应少于30条，并应均匀分布。当比测结果超过上述限差范围时，应查明原因，予以校正。当采用多种铅鱼测深时，应仔细检查悬索（起重索）、铅鱼悬吊、导线、信号器等是否正常。当发现问题时，应及时排除。

每次测深之前，应将测绳浸水，在受测垂线上的标志或计数器进行一次比测检查。当比测点不符合要求时，并对水深测量结果按本规范附录二的规定进行偏角改正。

每条垂线水深的测量次数及允许误差范围，应符合本规范附录二的规定。

每次测深锤重量自然拉直的状态下设置。

每年应对悬索上的标志或计数器进行一次比测检查。当主索垂度调整、更换铅鱼、循环索、起重索、传感轮及信号装置时，应及时对计数器进行率定、比测。

4. 超声波测深仪测深。超声波测深仪的使用，应按仪器说明书进行。

超声波测深仪在使用前，应进行现场比测。比测点不宜少于30个，并宜均匀分布于各级水位不同水深的垂线处。当比测的相对随机不确定度不超过2%，相对系统误差能控制在±1%范围内时，方可投产使用。

超声波测深仪在使用过程中应进行定期比测，每年不宜少于2~3次。经过一次大修或测深记录或测读发现明显不合理时，应及时进行比测检查。

当测深仪离水面有一段距离时，应对测读或测读记录的垂线距离作相应的改正。当发射换能器与接收换能器之间有较大水平距离，使得超声波传播的距离与垂直距离超过有直距离的2%时，应作斜距改正。

施测前应在流水处水深不小于1m的深度上观测水温，并根据水温声速关系，每次测深应连

当采用无数据处理功能的数字显示测深仪时，

要求时，可取多次测深结果的平均值。

河底为乱石或较大卵石、砾石组成的断面，应在测深垂线处和垂线上、下游及左、右侧共测四点，四周测点距中心点，小河宜为0.2m，大河宜为0.5m。并取五点水深读数的平均值为测点水深。

2. 测深锤测深。测绳上的尺寸标志，在受测垂线自然垂直的状态下设置。

比较平整的断面不超过最小水深值的3%。两次测得的水深差值超过5%时，取两次测深读数的平均值；当河底不平整的断面不超过上述限差范围时，可取多次测量结果的平均值；当多次测量达不到限差要求时，应增加测次。

测深锤重量应按照水深、流速、河底土质、河面风浪情况，采用不同重量的铅鱼测深。测站应有备用的有测绳、备用的系有测绳的测深锤1~2个。当断面为乱石组成，测深锤易敏卡死损失时，备用的系有测绳的测深锤不宜少于两个。

每年汛前和汛后，应对测绳的尺寸标志进行校对检查。当绳的尺寸与校对尺度的长度不符时，应根据实际情况，对测得的水深进行改正。当测绳磨损或标志不清时，应及时更换或补设。

3. 铅鱼测深。在缆道上使用铅鱼测深，应在缆道上安装水面和河底信号器。在船上使用铅鱼测深，可只安装河底信号器。

悬吊铅鱼的钢丝绳尺寸，起重设备的荷重能力应根据水深、流速及其他河流情况的更换。

水深比测的测读方法宜采用直接读数法、游尺读数法、计数器计数法等。当采用计数器测读水深时，应进行比测工作。水深比测的允许误差：当河底比较平整或水深大于3m时，相对随机不确定度不得超过2%；河底不平整或水深小于3m时，相对随机不确定度不得超过4%；

续读取五次以上读数，取其平均值。

河底不平整的断面，宜采用将换能器放至河底向上发射超声波的方式测深。

附录二 偏角处理方法

（一）偏角测量及参数确定

1. 偏角测量。在测船或测桥，缆车上用铅鱼测深时，可采用扇形量角器直接量读偏角。当偏角大于10°时，应进行偏角改正。在缆道上用铅鱼测深时，对悬索偏角应采用经纬仪、望远镜或其他措施测记其偏角值。

2. 湿绳长度改正，可按下列公式计算：

$$L_H = H \int_0^1 \sqrt{1+(\varphi_1 \text{tg}\theta_H)^2} d\eta \qquad (附2·1)$$

$$K_H = \frac{\triangle L}{L_H} = \frac{L_H - H}{L_H} = 1 - \frac{1}{\int_0^1 \sqrt{1+(\varphi_1 \text{tg}\theta_H)^2} d\eta} \qquad (附2·2)$$

$$\varphi_1 = 1 - \frac{\eta\left(1-\frac{P}{3}\eta^2\right)}{(1-\frac{P}{3})+\frac{\beta}{H}(1-P)} \qquad (附2·3)$$

式中 L_H——湿绳长度（m）；
 H——水深（m）；
 θ——悬索偏角（度）；
 η——相对水深；
 K_H——改正系数；
 $\triangle L$——湿绳改正值（m）；
 P——流速分布参数；
 β——冲力参数。

3. 冲力参数 β 值可按下列公式计算：

（1）有导线：

时，可不作湿绳长度改正，但应作干绳长度改正。

(4) 干绳长度改正值可按下列公式计算：

$$\Delta d = Z_\Delta (\sec\theta - 1) \quad (\text{附} 2\cdot 7)$$

式中 Δd——干绳长度改正值 (m)；
θ——铅鱼下放至河底时的悬索偏角。

3. 改正后的正确水深可用下式计算：

$$d = L_c - \Delta_d - \Delta_w \quad (\text{附} 2\cdot 8)$$

式中 d——改正后的正确水深 (m)；
L_c——铅鱼由水面下放至河底时计数器测记的水深 (m)；
Δ_w——湿绳长度改正值 (m)。

(三) 缆道测流的偏角改正

1. 悬索偏斜及支点变位抬升等引起的位移，其改正值可按下列公式计算：

$$\Delta = \frac{1}{2} m_0 f_x (\operatorname{tg}^2\theta - \operatorname{tg}^2\theta_0) \quad (\text{附} 2\cdot 9)$$

$$m_0 = \left(1 + 4\frac{f_m}{L}\right) k^2 \quad (\text{附} 2\cdot 10)$$

$$k = G / \left(\frac{qL}{2} + P_v\right) \quad (\text{附} 2\cdot 11)$$

$$P_v = F + \frac{q'L}{2} + G\left(1 - 4\frac{f_m}{L}\right) \quad (\text{附} 2\cdot 12)$$

式中 Δ——位移改正值 (m)；
θ_0——铅鱼下放至水面时的悬索偏角；
f_x——主索距端点 x 处的加载垂度 (m)；
m_0——缆道参数；
f_m——主索加载最大垂度 (m)；
L——主索跨度长 (m)；
P_v——集中荷重 (kg)；
q——主索单位长重量 (kg/m)；

$$\beta = 0.3 \frac{G^{2/3}}{d'} \quad (\text{附} 2\cdot 4)$$

(2) 无导线：

$$\beta = 0.4 \frac{G^{2/3}}{d'} \quad (\text{附} 2\cdot 5)$$

(3) 当铅鱼采用铁铸成时：

$$\beta = 0.5 \frac{G^{2/3}}{d'} \quad (\text{附} 2\cdot 6)$$

式中 G——铅鱼重量 (kg)；
d'——测深时实际使用的悬索直径 (mm)。

注：款中的偏角指悬索支点沿悬索切线与铅垂线的夹角。

(二) 测深偏角改正方法

1. 直接观测湿绳长度。当偏角大小10°时，应按本附录对查算湿绳长度改正值和参数 β 值的确定改正湿绳长度。

2. 采用计数器或游尺计数法观测湿绳长度，应按下列规定改正：

(1) 当偏角小于附表 2·1 干绳长度改正条件的规定数字时，可不作干绳长度改正，但应作湿绳长度改正。

干绳长度改正条件 附表 2·1

铅鱼在河底时悬索偏角	10°	15°	20°	25°	30°	35°	40°
悬索支点至水面高差与测得水深的比值	0.64	0.28	0.16	0.10	0.06	0.04	0.03

(2) 当偏角大于10°时，悬索支点至水面高差 (Z_Δ) 与测得水深的比值大于附表 2·1 干绳长度改正条件的规定数字时，干绳长度和湿绳长度均应作改正。

(3) 当偏角小于10°，且干绳长度改正数值超过水深的 1%～2%

10—47

k——偏角系数；

q'——工作索单位长度重量（kg/m）；

F——行车及附属物重量（kg）。

2. 缆道测深水深改正，当水面偏角大于 5°时，可按下列公式进行改正：

$$\Delta'_d = Z_\Delta (\text{Sec}\theta - \text{Sec}\theta_0) \quad \text{（附 2·13）}$$

式中 Δ'_d——缆道测流干绳改正数（m）。

3. 缆道测流水深的总改正数 d 可按下列公式进行改正：

$$d = L_c - \Delta'_d - \Delta_w - \Delta_i \quad \text{（附 2·14）}$$

4. 在水深、流急、漂浮物多等困难条件下，采用湿绳长直接观测，其测点的相对水深与湿绳长度可按下列公式计算：副索的位置应适宜，其最低点高出设计洪水位不宜太大，副索的水平距离不宜太近。且测深铅鱼的重量不宜过小，应保证重索与循环索的垂度不超过规定要求，并能在拉偏力的作用下使悬索偏角控制在精度允许范围内。

（四）流速测点定位的偏角改正

1. 水面、河底、测点的湿绳长度可直接观测，其余测点的湿绳长度应等于该点的相对水深与湿绳总长度的乘积，冰期的冰底、冰花底及河床测点的湿绳长度可直接观测，其余测点的湿绳长度应等于该点自冰底起的相对水深与有效湿绳总长度的乘积，再加水浸冰及冰花总厚度之积。

2. 用计数器或游尺读数，悬索偏角小于 10°或悬索支点至水面的高差与测得水深的比值小于附表 2·1 规定数字附时，其测点定位方法同第一款。

3. 用计数器或游尺读数，当悬索偏角大于 10°，且悬索支点至水面的高差与测得水深的比值大于附表 2·1 规定数字时，可采用"试错法"进行测点定位。当测速顺序由河底提向水面时，则先根据各相邻测点湿绳长度之差，初步定出转移测点位置的计数器或游尺读数，将仪器转移至预定测点，重新量读悬索偏角，与前一测点偏角比较，如相差超过精度允许范围，应换算两次偏角对应的干绳改正差，调整仪器位置，如此反复数次，直至符合精度要求为止。

4. 缆道测速定位，可采用"一次定位法"，在确定测点计数器水深时，应将测点偏角可能发生的变化及可能产生的各项垂直偏距预行作改正。

附录三 确定测流断面方向的方法

(一) 测量方法

1. 施测流速、流向应在选定的测流断面上，根据河宽大小，均匀布设 5～15 条垂线。采用流速仪施测各垂线的水面平均流速，采用流向仪、流向器或系线浮标施测各垂线的水面流向代替垂线流向，流向的施测应符合下列规定：

(1) 流向仪测流向的操作方法，应按仪器说明书进行，当应用直读瞬时流向的操作方法，读数不稳定时，应等时距连续观测 3 次，取其均值。

(2) 采用流向器的度盘应与转轴保持垂直，转轴部可平行装在悬杆或基架上，转轴上端的度盘应与转轴保持垂直，下端尾翼应能随流向而自由旋转。连续观测 3 次，取其均值。

(3) 采用系线浮标测流向，将浮标系在 20～30m 长的柔软细线上，自测速垂线处放出，等细线拉紧后，用六分仪或量角器测出流向偏角，连续施测 3 次，取其均值。

2. 采用断面控制法施测水流水平面图，应符合下列规定：

(1) 施测前，在拟布设 1～2 个断面，各断面应在测流断面上、下游各平行，等距地布设 1～2 个断面，各断面分布间距不应小于断面平均水深的 20 倍。当流速仪测流断面与断面中断面不能重合时，可利用上、下游断面或在测流断面与断面中断面等距处再平行布设两个断面。

(2) 测量时，视河宽大小，在施测断面的上游断面均匀投放 5～15 个水面浮标。采用经纬仪或平板仪测出每个浮标与流经各断面的起点距，并记录相应的时间。在测量开始和终了时各观测一次基本水尺水位；当流过程可能跨过洪水峰顶或谷底时，应增加观测次数。

(3) 水面浮标的制作，应符合本规范第 5·2·1 条的规定。

3. 采用同时间控制法制作检验施测水流水平面图，根据河宽大小，从上游均匀投放 5～15 个水面浮标，采用两架纬仪或平板仪同时交会同时记录其相对个浮标在相隔一定时间后漂行在河段内的位置，并应记录其相应的时间。

(2) 水面浮标的制作检验和水位观测的次数的确定应按本附录对采用断面控制法施测水深水平面图的规定执行。

(二) 资料的整理计算方法

1. 施测流速、流向断面方向的计算方法，应符合下列规定：

(1) 应将各测速垂线的起点距绘在附图 3·1 上用虚线绘出 (AC) 上，并将每条测得的流向在附图 3·1 上用虚线绘出。

(2) 计算每相邻两条测速垂线起点距的平均值，作为测速垂线的部分宽。

(3) 采用平均水深；两分界上水深的差值，作为相应的部分水深相乘得部分面积。

部分宽 b_1、b_2……b_7 和相应部分平均水深相乘得各部分面积。

(4) 将各垂线平均流向的流向表达为向量量，并以同一测速垂线的分界流向量相乘得部分流量，按一定的比例绘在平面图上。

(5) 在图的下部将各部分流量的向量值，用推平行线连成直角多边形，合向量多边形 BE 即为断面平均流向。

(6) 垂直于合向量线 BE 的 AD 线即为测流断面方向。

2. 采用断面控制法施测水流水平面图确定测流断面方向的计算方法，应符合下列规定：

(1) 在测站平面图 (附图 3·2) 上，将每个浮标与各断面的交点按顺序用虚线连成折线，合向量线即为测流方向。

(2) 当流速仪或系线浮标的测流断面及其附近的流速、流向纵向变化均匀，横向变化也均匀时，可选用其作为测流断面。

断面；当拟设或检验的测流断面及其附近的流速、流向纵向变化较大、横向变化不均匀时，应在附图3·2中拟设的测流断面上另选其他合适的断面。

(2) 在附图3·1中的计算方法，算出各部分面积和部分虚流量，流向确定断面方向的计算方法，可由浮标上下相邻断面的两交点的直线距离，除以运行的历时计算，按适当比例绘制各部分虚流量线的向量线，向量线的方向与该浮标在上下相邻断面的两交点断面的连线平行。

(3) 将各部分虚流量的向量值，用推平行线的方法连成向量多边形，定出合向量线 BE，垂直于合向量 BE 线的 AD 线，即为选定测流断面线。

3. 采用时间控制法施测水流平面确定断面方向的计算方法，

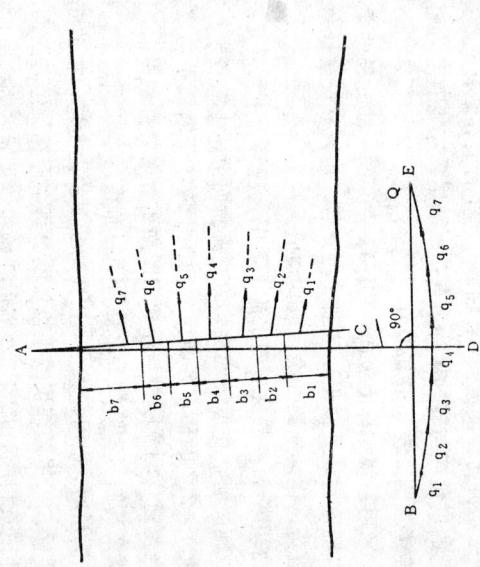

附图3·1 施测流速流向确定测流断面方向

应符合下列规定：

(1) 在测站水平面图上连绘每个浮标运行路线，并注明交会的时间（附图3·3）。

(2) 在初绘的水流平面图上，将测断面选在流速、流向横向变化均匀且纵向变化很小的断面上，并将内插算出的各浮标通过断面的时间注明。

(3) 在每个浮标的运行路线上，从所选测流断面线的上游分别截取某一等时距的各点（附图3·3的等时距为50s），在每个浮标的运行路线的下游，在每个等时距的上分别截取同样等时距的各点，连绘成等时线 B。上述两条等时线在各

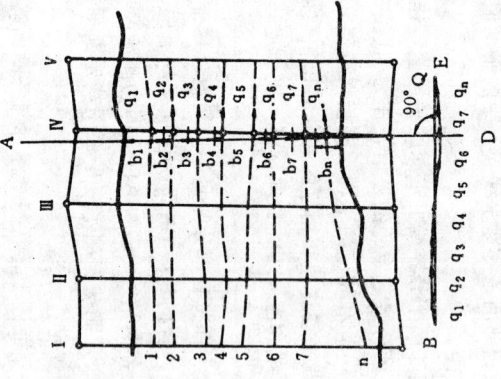

附图3·2 断面控制法

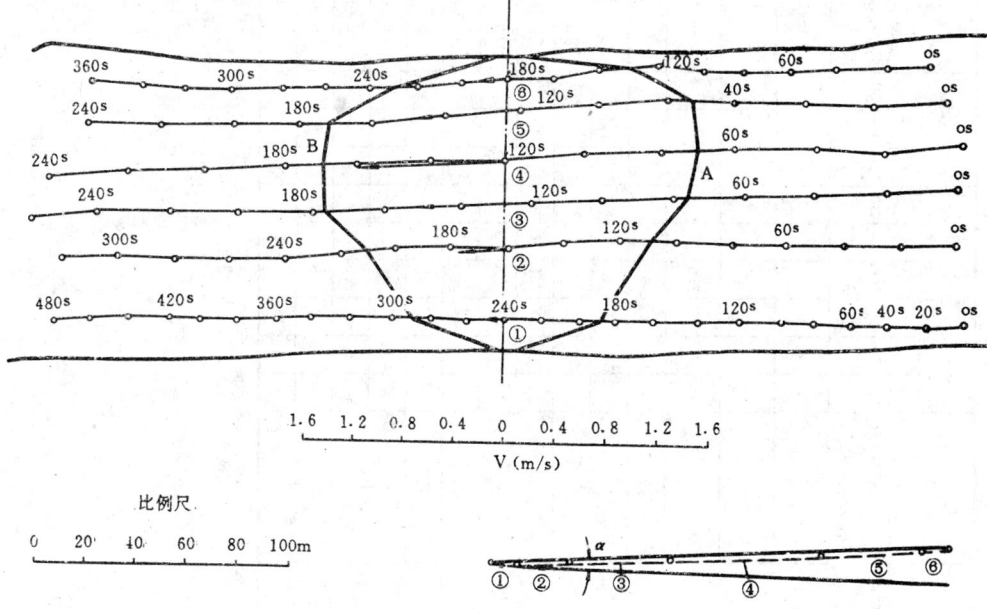

附图 3·3 时间控制法

个浮标运行路线上所截的距离即代表水面流速的向量。

(4) 可按附图 3·1 的算法，从图上划出分界线后量得计算断面上各个浮标运行路线所对应的部分宽，取相邻两分界线后水深的平均值为平均水深，并计算出部分面积和部分虚流量。

(5) 在各浮标运行路线与测流断面的交点处，按比例绘制部分虚流量向量线，即为该向量的方向；用推平行线的方法定出合向量连线的方向，浮标运行路线与断面上下游等时线 A、B 交点的连线的方向，即为该向量的方向；用推平行线的方法定出合向量线，垂直于合向量线的断面线，即为测流断面线。

附录四 流速仪法测流允许误差及方案选择

(一) 流速仪法测流允许误差

附表 4·1 测深误差

水深 (m)	测深随机不确定度 (%)		测深系统不确定度 (%)
	悬索	测深杆	
<0.8	—	3	0.5
0.8~6	2	2	
>6	1	—	

附表 4·2

站类	水位级	方法 历时(s) X'_c	I型误差											试验范围 B/d
			一点法			二点法			三点法				
			100	60	30	100	60	30	100	60	30		
一类精度的水文站	高		7	8	9	5	6	7	4	5	6	20~130
	中		8	9		6	7					25~190
	低		10	12		7.5	9					80~320
二类精度的水文站	高		5	6.5	8	4	5	6.5	4.5	5.5		30~45
	中		5.5	7	10	4	5	6.5				45~60
			7	9	12	5.5	7	9				70~90
	低		11	13	17	7.5	9	11	6	7		85~100
			8.5	11	14	6.5	7.5	10				110~120
			7	9	12	5	6.5	9				130~150
三类精度的水文站	高		5	6	8.5	4	5	7				15~25
	中		5	7	10	4	5	7				20~30
			5.5	6	9	3.5	4.5					40~50
	低		10	12	16	7.5	9	12				30~50
			7	8	11	5	6	8				60~90

注: X'_c —— I 型随机不确定度。

附表 4·3 Ⅱ 型 误 差

站 类	计算规则 误差项 参数(%) $\left(\frac{1}{n_{11}}\right)$	一类精度的水文站				二、三类精度的水文站				水位级
		一点法		二点法		一点法		三点法(权)		
		X'_p	$\hat{\mu}_s$	X'_p	$\hat{\mu}_s$	X'_p	$\hat{\mu}_s$	X'_p	$\hat{\mu}_s$	
	0.110	1.1	1.0	0.7	1.0	0.9	1.0	0.4	0.9	高
	0.120	1.2	1.0	0.9	1.0	1.0	1.0	0.5	0.7	
	0.130	1.3	0.9	0.9	0.7	1.1	1.0	0.5	0.5	
	0.140	1.6	0.4	0.7	0.3	1.3	0.5	0.3	0.3	
	0.150	2.0	0.1	0.3	0.1	1.5	0.2	0.1	0.1	
	0.160	2.6	-0.4	-0.2	-0.1	1.7	-0.3	-0.4	-0.3	
	0.170	3.3	-0.8	-1.1	-0.4	2.2	-0.5	-1.1	-0.6	
	0.180	4.2	-1.0	-1.8	-0.7	2.9	-0.8	-1.7	-0.7	
	0.190	5.3	-1.0	-2.9	-1.0	3.8	-1.0	-2.3	-1.0	
	0.200	6.5	-1.0	-4.3	-1.0	4.7	-1.0	-3.1	-1.0	
	0.110	1.7	1.0	0.9	1.0	1.1	1.0	0.5	1.0	中
	0.120	2.0	1.0	0.9	1.0	1.2	1.0	0.6	0.9	
	0.130	2.4	0.7	0.7	0.6	1.4	0.8	0.5	0.5	
	0.140	2.4	0.2	0.4	0.1	1.6	0.4	0.2	0.1	
	0.150	3.0	-0.5	-0.3	-0.3	2.0	-0.2	-0.5	-0.4	
	0.160	3.6	-1.0	-0.7	-0.7	2.5	-0.6	-1.0	-0.8	
	0.170	4.5	-1.0	-1.3	-1.0	3.3	-1.0	-1.5	-1.0	
	0.180	—	—	-1.7	-1.0	4.1	-1.0	-2.1	-0.8	
	0.190	—	—	—	—	4.8	-1.0	-3.2	-1.0	
	0.200	—	—	—	—	5.2	-1.0	-4.3	-1.0	

续附表 4·3

站 类	计算规则 误差项 参数(%) $\left(\frac{1}{n_{11}}\right)$	一类精度的水文站				二、三类精度的水文站				水位级
		一点法		二点法		一点法		三点法(权)		
		X'_p	$\hat{\mu}_s$	X'_p	$\hat{\mu}_s$	X'_p	$\hat{\mu}_s$	X'_p	$\hat{\mu}_s$	
	0.110	1.8	1.0	1.0	1.0	1.3	1.0	0.7	1.0	低
	0.120	2.1	1.0	1.1	1.0	1.6	1.0	0.9	1.0	
	0.130	2.5	0.3	1.3	0.7	2.0	0.2	1.3	0.7	
	0.140	3.1	-0.5	1.7	0.1	2.9	0.4	1.6	0.3	
	0.150	3.8	-1.0	2.2	-0.6	3.5	-0.7	1.8	-0.4	
	0.160	4.8	-1.0	2.9	-1.0	2.5	-1.0	1.3	-1.0	
	0.170	—	—	3.6	-1.0	3.5	-0.9	2.4	-1.0	
	0.180	—	—	4.3	-1.0	3.1	-1.0	3.2	-1.0	
	0.190	—	—	—	—	3.9	-1.0	4.4	-1.0	
	0.200	—	—	—	—	—	—	—	—	

注:X'_p——Ⅰ型随机不确定度,$\hat{\mu}_s$——系统误差。

(2) $\left(\dfrac{1}{n_p}\right)_i$ 可按指数流速分布公式采用图解法推求。即将第 i 条测速垂线上施测 P 个测点流速点绘在双对数纸上某相对水深η(η 为相对水深)，横坐标为 $L_{og}V_\eta(V_\eta$ 为垂线上某相对水深处的测点流速)，纵坐标为 $L_{og}\eta$，其 $\left(\dfrac{1}{n_p}\right)_i$ 为直线的斜率。

即：$\left(\dfrac{1}{n_p}\right)_i = \dfrac{\Delta L_{og}V_\eta}{\Delta L_{og}\eta}$

各类精度的水文站高中低水 $\overline{V}_{断} \sim \left(\dfrac{1}{n_{11}}\right)$ 关系 附表 4·5

一类精度的水文站				二、三类精度的水文站	
$\overline{V}_{断}$	$\left(\dfrac{1}{n_{11}}\right)$	$\overline{V}_{断}$	$\left(\dfrac{1}{n_{11}}\right)$	$\overline{V}_{断}$	$\left(\dfrac{1}{n_{11}}\right)$
1.10	0.200	2.30	0.160	0.137	0.50	0.196	1.70	0.138
1.20	0.195	2.40	0.157	0.136	0.60	0.189	1.80	0.134
1.30	0.190	2.50	0.155	0.134	0.70	0.183	1.90	0.131
1.40	0.187	2.60	0.153	0.133	0.80	0.178	2.00	0.127
1.50	0.184	2.70	0.151	0.131	0.90	0.172	2.10	0.124
1.60	0.180	2.80	0.149	0.130	1.00	0.167	2.20	0.121
1.70	0.176	2.90	0.147	0.130	1.10	0.163		
1.80	0.173	3.00	0.145		1.20	0.158		
1.90	0.170	3.10	0.144		1.30	0.153		
2.00	0.168	3.20	0.142		1.40	0.149		
2.10	0.165	3.30	0.140		1.50	0.145		
2.20	0.162	3.40	0.139		1.60	0.141		

注：表中 $\overline{V}_{断}$ 为采用一点法测流所得出的断面平均流速，单位：m/s；一类精度的水文站断面平均水深试验范围：5.0～23.0m，二、三类精度的水文站断面平均水深试验范围：0.5～3.00m。

$\left(\dfrac{1}{n_{11}}\right) \sim \left(\dfrac{1}{n_p}\right)$ 关系 附表 4·4

站类	水位级	高		中		低	
	$\left(\dfrac{1}{n_p}\right)$ $\left(\dfrac{1}{n_{11}}\right)$	$\left(\dfrac{1}{n_3}\right)$	$\left(\dfrac{1}{n_2}\right)$	$\left(\dfrac{1}{n_3}\right)$	$\left(\dfrac{1}{n_2}\right)$	$\left(\dfrac{1}{n_3}\right)$	$\left(\dfrac{1}{n_2}\right)$
一类精度的水文站	0.110	0.138	0.141	0.139	0.142		
	0.120	0.146	0.149	0.147	0.150		
	0.130	0.153	0.157	0.154	0.159		
	0.140	0.160	0.164	0.161	0.167		
	0.150	0.168	0.172	0.169	0.175		
	0.160	0.175	0.180	0.176	0.185		
	0.170	0.182	0.188	0.183	0.191		
	0.180	0.190	0.195	0.191	0.198		
	0.190	0.197	0.203	0.198	0.206		
	0.200	0.204	0.211	0.205	0.215		
二、三类精度的水文站	0.110	0.148	0.143	0.142	0.146		
	0.120	0.154	0.155	0.156	0.155		
	0.130	0.161	0.162	0.161	0.163		
	0.140	0.167	0.170	0.168	0.171		
	0.150	0.173	0.178	0.174	0.180		
	0.160	0.180	0.186	0.181	0.188		
	0.170	0.186	0.194	0.187	0.197		
	0.180	0.193	0.202	0.194	0.205		
	0.190	0.200	0.210	0.201	0.213		
	0.200	0.206	0.218	0.208	0.221		

注：表中 $\left(\dfrac{1}{n_2}\right)$、$\left(\dfrac{1}{n_3}\right)$、$\left(\dfrac{1}{n_{11}}\right)$ 分别为二点法、三点法(权)、十一点法断面概化垂线流速分布形式的参数，即：

(1) $\left(\dfrac{1}{n_p}\right)_i = \dfrac{1}{m}\sum_{i=1}^{m}\left(\dfrac{1}{n_p}\right)_i$ (附 4·1)

式中 $\left(\dfrac{1}{n_p}\right)_i$——第 i 条测速垂线用 P 个测速点概化的垂线流速点断面概化垂线流速分布形式的参数；

i ——第 i 条测速垂线的序号；

m ——测速垂线条数目；

P ——测速垂线上的测速点数，P 取 2,3,……11。

Ⅲ型随机误差 附表4·6

站类	X'_m (%) 水位级	5	10	15	20	试验范围 B/d
一类精度的水文站	高	5	3.5	2.5	2	20～130
	中	4.5	3.5	3	2.3	25～120
	低	6	4.5	3.5	3	130～190
二类精度的水文站	高	6	5	4	3.5	80～160
	中	8	6.5	5	4.5	170～240
	低	10	8	6.5	5.5	250～320
三类精度的水文站	高	4	3	2	1.5	30～45
	中	5.5	4.5	3.5	3	45～90
	低	7	5.5	4.5	4	85～150
一类精度的水文站	高	6	4	2.5	2	15～25
	中	5	4	2.5	2	20～30
	低	9	5.5	3.5	2.5	40～50
三类精度的水文站	高	6	4.5	3.5	1.5	30～50
	中	8	6	4	2.5	60～70
	低	10	7	5	3	80～90

注：X'_m——Ⅲ型随机不确定度；m——垂线数目。

Ⅲ型系统误差 附表4·7

站类	μ_m (%) 水位级	一类精度的水文站			二类精度的水文站			三类精度的水文站		
		高	中	低	高	中	低	高	中	低
m	5	-1.5	-2	-2.5	-2	-2.5	-3	-2	-2.5	-3
	10	-1	-1.5	-2	-1.5	-2	-2	-1	-1.5	-2
	15	-0.5	-1	-1	-1	-1	-1	-0.5	-1	-1
	20	-0.5	-0.5	-0.5	-0.5	-0.5	-1	-0.5	-0.5	-1

注：μ_m——Ⅲ型系统误差；m——垂线数目。

置信水平95%的学生氏(t)值 附表4·8

样本容量	学生氏(t)值	样本容量	学生氏(t)值	样本容量	学生氏(t)值
2	12.706	9	2.306	16	2.131
3	4.303	10	2.262	17	2.120
4	3.182	11	2.228	18	2.110
5	2.776	12	2.201	19	2.101
6	2.571	13	2.179	20	2.093
7	2.447	14	2.160	21	2.086
8	2.365	15	2.145	22	2.080

样本容量	学生氏(t)值
23	2.074
24	2.069
25	2.064
26	2.060
27	2.056
28	2.052
29	2.048

一类精度的水文站高水 $20 \leq B/d \leq 130$ 附表 4·9—1

m	p	t	$(\frac{1}{n_{11}})=0.11$		$(\frac{1}{n_{11}})=0.15$		$(\frac{1}{n_{11}})=0.20$	
			X'_Q	U'_Q	X'_Q	U'_Q	X'_Q	U'_Q
20	3	100	2.3	0.4	2.3	−0.5	2.5	−1.5
20	3	60	2.4	0.4	2.4	−0.5	2.6	−1.5
20	3	30	2.5	0.5	2.3	−0.5	2.7	−1.5
20	2	100	2.4	0.5	2.4	−0.4	2.7	−1.5
20	2	60	2.5	0.5	2.5	−0.4	2.8	−1.5
20	2	30	2.6	0.5	2.6	−0.4	2.9	−1.5
20	1	100	2.8	0.5	2.7	−0.4	3.0	−1.5
20	1	60	2.9	0.5	2.8	−0.4	3.1	−1.5
20	1	30	2.8	0.4	2.9	−0.5	3.3	−1.5
15	3	100	2.9	0.4	2.9	−0.5	3.0	−1.5
15	3	60	2.9	0.5	3.0	−0.5	3.1	−1.5
15	3	30	3.0	0.5	3.1	−0.4	3.2	−1.5
15	2	100	3.2	0.5	3.2	−0.4	3.5	−1.5
15	2	60	3.4	0.5	3.4	−0.4	3.6	−1.5
15	2	30	3.5	0.5	3.5	−0.4	3.7	−1.5
15	1	100	3.8	−0.1	3.8	−1.0	3.9	−2.0
15	1	60	4.0	−0.1	4.0	−1.0	4.1	−2.0
15	1	30	4.1	−0.1	4.1	−1.0	4.2	−2.0
10	3	100	4.0	0	4.0	−0.9	4.3	−2.0
10	3	60	4.0	0	4.1	−0.9	4.3	−2.0
10	3	30	4.6	0	4.3	−0.9	4.4	−2.0
10	2	100	4.3	0.5	4.3	−0.9	4.6	−2.0
10	2	60	4.4	0.5	4.5	−0.9	4.7	−2.0
10	2	30	4.6	0.5	4.7	−0.9	4.9	−2.0
10	1	100					5.0	−2.0
5	3	100	5.5	−0.6	5.5	−1.5	5.8	−2.5
5	3	60	5.6	−0.6	5.6	−1.5	6.0	−2.5
5	3	30	5.8	−0.5	5.8	−1.5	6.2	−2.5
5	2	100	5.6	−0.5	5.7	−1.4	6.1	−2.5
5	2	60	5.8	−0.5	5.9	−1.4	6.3	−2.5
5	2	30	5.9	−0.5	6.1	−1.4	6.4	−2.5
5	1	100	6.1	−0.5	6.1	−1.4		
5	1	60	6.3	−0.5	6.4	−1.4	6.5	−2.5

(二)流速仪法测流方案选择。

1. 附表 4·9～附表 4·11 中的 B/d 为宽深比,$(\frac{1}{n_{11}})$ 为一点断面概化垂线流速分布式形式参数。表中测流方案分别对一、二、三类精度的水文站的高,中,低三个水位级,按不同的宽深比范围及 $(\frac{1}{n_{11}})$ 十一点法测点测速历时 t 组合的测流方案。m 取 20,15,10,5 线,P 取 3,2,1 点,t 取 100,60,30s。

2. 表中的虚线以上可选方案,虚线以下为插控方案。可选方案为单次测量测流方案,插控方案测验总随机不确定度和系统误差均符合精度要求的测流方案。插控方案为不满足精度要求,仅用作控制插补可选方案的测流方案。

附表 4·9-3

一类精度的水文站中水 120≤B/d≤190

m	p	t	$\left(\frac{1}{n_{11}}\right)=0.11$		$\left(\frac{1}{n_{11}}\right)=0.15$		$\left(\frac{1}{n_{11}}\right)=0.20$	
			X'_Q	U_Q	X'_Q	U_Q	X'_Q	U_Q
20	3	100	3.2	0.5	3.2	-0.4	3.4	-1.5
20	3	60	3.3	0.5	3.3	-0.4	3.5	-1.5
20	2	100	3.4	0.5	3.4	-0.4	3.5	-1.5
20	2	60	3.5	0.5	3.5	-0.4	3.6	-1.5
20	1	100	3.6	0.5	3.6	-0.3	3.7	-1.5
20	1	60	3.7	0.5	3.7	-0.3	3.8	-1.5
15	3	100	3.8	0	3.8	-0.9	4.0	-2.0
15	3	60	3.9	0	3.9	-0.9	4.0	-2.0
15	2	100	3.9	0	3.9	-0.9	4.1	-2.0
15	2	60	4.0	0	4.0	-0.8	4.2	-2.0
15	1	100	4.2	0	4.2	-0.8	4.3	-2.0
15	1	60	4.3	-0.5	4.3	-1.4	4.4	-2.0
10	3	100	4.8	-0.5	4.8	-1.4		
10	3	60	4.9	-0.5	4.9	-1.4		
10	2	100	5.1	-0.5	5.0	-1.4		
10	2	60	5.1	-0.5	5.1	-1.3		
10	1	100	5.2	-0.5	5.3	-1.3		
10	1	60	5.4	-0.5	5.5	-1.3		
5	3	100	6.4	-1.0	6.5	-1.9		
5	3	60	6.5	-1.0	6.6	-1.9		
5	2	100	6.6	-1.0	6.7	-1.9		
5	2	60	6.8	-1.0	6.9	-1.9		
5	1	100	7.0	-1.0	7.2	-1.8		
5	1	60	7.2	-1.0	7.4	-1.8		

附表 4·9-2

一类精度的水文站中水 25≤B/d≤120

m	p	t	$\left(\frac{1}{n_{11}}\right)=0.11$		$\left(\frac{1}{n_{11}}\right)=0.15$		$\left(\frac{1}{n_{11}}\right)=0.20$	
			X'_Q	U_Q	X'_Q	U_Q	X'_Q	U_Q
20	3	100	2.8	0.5	2.8	-0.4	3.0	-1.5
20	3	60	2.9	0.5	2.9	-0.4	3.1	-1.5
20	2	100	2.9	0.5	2.9	-0.4	3.1	-1.5
20	2	60	3.0	0.5	3.0	-0.4	3.2	-1.5
20	1	100	3.2	0.5	3.2	-0.3	3.3	-1.5
20	1	60	3.3	0.5	3.3	-0.3	3.4	-1.5
15	3	100	3.3	0	3.3	-0.9	3.5	-2.0
15	3	60	3.4	0	3.4	-0.9	3.6	-2.0
15	2	100	3.5	0	3.5	-0.9	3.7	-2.0
15	2	60	3.6	0	3.6	-0.8	3.8	-2.0
15	1	100	3.7	0	3.8	-0.8	3.9	-2.0
15	1	60	3.9	-0.5	3.9	-1.4	4.0	-2.0
10	3	100	3.9	-0.5	3.9	-1.4		
10	3	60	4.0	-0.5	4.0	-1.4		
10	2	100	4.1	-0.5	4.1	-1.4		
10	2	60	4.2	-0.5	4.3	-1.3		
10	1	100	4.4	-0.5	4.5	-1.3		
10	1	60	4.5	-0.5	4.7	-1.3		
5	3	100	5.1	-1.0	5.1	-1.9		
5	3	60	5.2	-1.0	5.3	-1.9		
5	2	100	5.3	-1.0	5.5	-1.9		
5	2	60	5.5	-1.0	5.7	-1.9		
5	1	100	5.7	-1.0	6.0	-1.8		
5	1	60	6.0	-1.0	6.3	-1.8		

一类精度的水文站低水 $160 \leq B/\sqrt{d} < 240$

附表 4・9—5

m	p	t	$\left(\frac{I}{n_{11}}\right)=0.12$		$\left(\frac{I}{n_{11}}\right)=0.15$		$\left(\frac{I}{n_{11}}\right)=0.19$	
			X'_Q	U_Q	X'_Q	U_Q	X'_Q	U_Q
20	3	100	4.7	0.5	4.8	−0.5	4.8	−1.5
20	3	60	4.8	0.5	4.8	−0.5	4.9	−1.5
20	2	100	4.9	0.5	4.9	−0.4	4.9	−1.5
20	2	60	5.0	0.5	5.0	−0.4	5.0	−1.5
20	1	100	5.1	0.5	5.1	−0.2	5.2	−1.5
20	1	60	5.3	0.5	5.3	−0.2	5.4	−1.5
15	3	100	5.3	0	5.3	−1.0	5.4	−2.0
15	3	60	5.4	0	5.4	−1.0	5.5	−2.0
15	2	100	5.4	0	5.4	−0.9	5.5	−2.0
15	2	60	5.6	0	5.6	−0.9	5.6	−2.0
15	1	100	5.7	0	5.7	−0.7	5.8	−2.0
15	1	60	6.0	0	6.0	−0.7	6.1	−2.0
10	3	100	6.8	−0.5	6.8	−1.5		
10	3	60	6.9	−0.5	6.9	−1.5		
10	2	100	6.9	−0.5	7.0	−1.4		
10	2	60	7.1	−0.5	7.2	−1.4		
10	1	100	7.2	−0.5	7.3	−1.2		
10	1	60	7.5	−0.5	7.6	−1.2		
5	3	100	8.5	−1.5	8.6	−2.5		
5	3	60	8.6	−1.5	8.7	−2.5		
5	2	100	8.7	−1.5	8.8	−2.4		
5	2	60	8.9	−1.5	9.1	−2.4		
5	1	100	9.1	−1.5	9.3	−2.2		
5	1	60	9.5	−1.5	9.8	−2.2		

一类精度的水文站低水 $80 \leq B/\sqrt{d} < 160$

附表 4・9—4

m	p	t	$\left(\frac{I}{n_{11}}\right)=0.12$		$\left(\frac{I}{n_{11}}\right)=0.15$		$\left(\frac{I}{n_{11}}\right)=0.19$	
			X'_Q	U_Q	X'_Q	U_Q	X'_Q	U_Q
20	3	100	3.8	0.5	3.8	−0.5	3.9	−1.5
20	3	60	3.9	0.5	3.9	−0.5	4.0	−1.5
20	2	100	3.9	0.5	4.0	−0.4	4.0	−1.5
20	2	60	4.1	0.5	4.1	−0.4	4.2	−1.5
20	1	100	4.2	0.5	4.2	−0.2	4.3	−1.5
20	1	60	4.5	0.5	4.5	−0.2	4.6	−1.5
15	3	100	4.4	0	4.4	−1.0	4.5	−2.0
15	3	60	4.5	0	4.5	−1.0	4.6	−2.0
15	2	100	4.5	0	4.5	−0.9	4.6	−2.0
15	2	60	4.7	0	4.7	−0.9	4.8	−2.0
15	1	100	4.8	0	4.9	−0.7	5.0	−2.0
15	1	60	5.1	0	5.2	−0.7	5.3	−2.0
10	3	100	5.4	−0.5	5.4	−1.5		
10	3	60	5.5	−0.5	5.6	−1.5		
10	2	100	5.6	−0.5	5.6	−1.4		
10	2	60	5.8	−0.5	5.9	−1.4		
10	1	100	5.9	−0.5	6.0	−1.2		
10	1	60	6.3	−0.5	6.4	−1.2		
5	3	100	6.6	−1.5	6.7	−2.5		
5	3	60	6.8	−1.5	6.9	−2.5		
5	2	100	6.9	−1.5	7.0	−2.4		
5	2	60	7.2	−1.5	7.4	−2.4		
5	1	100	7.4	−1.5	7.7	−2.2		
5	1	60	7.9	−1.5	8.2	−2.2		

二类精度的水文站高水 $30\leqslant B/\bar{d}\leqslant 45$ 附表 4·10—1

m	p	t	$\left(\dfrac{1}{n_{11}}\right)=0.11$		$\left(\dfrac{1}{n_{11}}\right)=0.15$		$\left(\dfrac{1}{n_{11}}\right)=0.20$	
			X'_Q	U_Q	X'_Q	U_Q	X'_Q	U_Q
20	2	100	1.9	0.5	1.9	−0.4	2.3	−1.5
20	2	60	2.0	0.5	2.0	−0.4	2.4	−1.5
20	2	30	2.3	0.5	2.3	−0.4	2.6	−1.5
20	1	100	2.0	0.5	2.1	−0.3	2.4	−1.5
20	1	60	2.2	0.5	2.3	−0.3	2.6	−1.5
20	1	30	2.5	0.5	2.5	−0.3	2.8	−1.5
15	2	100	2.4	0	2.4	−0.9	2.9	−2.0
15	2	60	2.5	0	2.5	−0.9	3.0	−2.0
15	2	30	2.8	0	2.8	−0.9	3.2	−2.0
15	1	100	2.5	0	2.6	−0.8	2.9	−2.0
15	1	60	2.8	0	2.8	−0.8	3.1	−2.0
15	1	30	3.0	0	3.0	−0.8	3.3	−2.0
10	2	100	3.5	−0.5	3.4	−1.4		
10	2	60	3.6	−0.5	3.6	−1.4		
10	2	30	3.8	−0.5	3.9	−1.3		
10	1	100	3.8	−0.5	3.6	−1.3		
10	1	60	4.0	−0.5	3.8	−1.3		
10	1	30	4.1	−0.5	4.1	−1.3		
5	2	100	4.7	−1.0	4.6	−1.9		
5	2	60	4.9	−1.0	4.8	−1.9		
5	2	30	5.1	−1.0	5.3	−1.9		
5	1	100	5.1	−1.0	4.9	−1.8		
5	1	60	5.4	−1.0	5.2	−1.8		
5	1	30	5.6	−1.0	5.6	−1.8		

一类精度的水文站低水 $240\leqslant B/\bar{d}\leqslant 320$ 附表 4·9—6

m	p	t	$\left(\dfrac{1}{n_{11}}\right)=0.12$		$\left(\dfrac{1}{n_{11}}\right)=0.15$		$\left(\dfrac{1}{n_{11}}\right)=0.19$	
			X'_Q	U_Q	X'_Q	U_Q	X'_Q	U_Q
20	3	100	5.7	0.5	5.7	−0.5	5.8	−1.5
20	3	60	5.8	0.5	5.8	−0.5	5.8	−1.5
20	2	100	5.8	0.5	5.8	−0.4	5.8	−1.5
20	2	60	5.9	0.5	5.9	−0.4	5.9	−1.5
20	1	100	6.0	0.5	6.0	−0.2	6.1	−1.5
20	1	60	6.2	0.5	6.2	−0.2	6.2	−1.5
15	3	100	6.7	0	6.7	−1.0	6.8	−2.0
15	3	60	6.8	0	6.8	−1.0	6.9	−2.0
15	2	100	6.8	0	6.8	−0.9	6.9	−2.0
15	2	60	7.0	0	7.0	−0.9	7.0	−2.0
15	1	100	7.1	0	7.1	−0.7	7.1	−2.0
15	1	60	7.3	0	7.3	−0.7	7.3	−2.0
10	3	100	8.3	−0.5	8.3	−1.5		
10	3	60	8.3	−0.5	8.4	−1.5		
10	2	100	8.4	−0.5	8.4	−1.4		
10	2	60	8.5	−0.5	8.6	−1.4		
10	1	100	8.6	−0.5	8.7	−1.2		
10	1	60	8.8	−0.5	8.9	−1.2		
5	3	100	10.4	−1.5	10.5	−2.5		
5	3	60	10.5	−1.5	10.6	−2.5		
5	2	100	10.5	−1.5	10.7	−2.4		
5	2	60	10.7	−1.5	10.7	−2.4		
5	1	100	10.8	−1.5	10.9	−2.3		
5	1	60	11.0	−1.5	11.2	−2.3		

附表 4·10－3

二类精度的水文站中水 $60 \leqslant B/\bar{d} \leqslant 90$

m	p	t	$\left(\dfrac{I}{n_{11}}\right)=0.12$		$\left(\dfrac{I}{n_{11}}\right)=0.15$		$\left(\dfrac{I}{n_{11}}\right)=0.19$	
			X'_Q	U_Q	X'_Q	U_Q	X'_Q	U_Q
20	2	100	3.3	0.5	3.3	−0.3	3.5	−1.5
20	2	60	3.5	0.5	3.5	−0.3	3.6	−1.5
20	2	30	3.7	0.5	3.7	−0.3	3.8	−1.5
20	1	100	3.5	0.5	3.5	−0.2	3.6	−1.5
20	1	60	3.7	0.5	3.7	−0.2	3.8	−1.5
20	1	30	4.1	0.5	4.1	−0.2	4.2	−1.5
15	2	100	3.9	0	3.9	−0.8	4.1	−2.0
15	2	60	4.0	0	4.0	−0.8	4.2	−2.0
15	2	30	4.3	0	4.3	−0.7	4.4	−2.0
15	1	100	4.0	0	4.1	−0.7	4.2	−2.0
15	1	60	4.3	0	4.3	−0.7	4.5	−2.0
15	1	30	4.8	−0.5	4.8	−1.3	4.9	−2.0
10	2	100	4.9	−0.5	4.9	−1.3		
10	2	60	5.1	−0.5	5.1	−1.3		
10	2	30	5.3	−0.5	5.4	−1.2		
10	1	100	5.1	−0.5	5.2	−1.2		
10	1	60	5.4	−0.5	5.5	−1.2		
10	1	30	5.9	−0.5	6.0	−1.2		
5	2	100	6.1	−1.5	6.2	−2.3		
5	2	60	6.3	−1.5	6.5	−2.3		
5	2	30	6.8	−1.5	7.0	−2.3		
5	1	100	6.4	−1.5	6.6	−2.2		
5	1	60	6.8	−1.5	7.1	−2.2		
5	1	30	7.5	−1.5	7.9	−2.2		

附表 4·10－2

二类精度的水文站中水 $45 \leqslant B/\bar{d} \leqslant 60$

m	p	t	$\left(\dfrac{I}{n_{11}}\right)=0.12$		$\left(\dfrac{I}{n_{11}}\right)=0.15$		$\left(\dfrac{I}{n_{11}}\right)=0.19$	
			X'_Q	U_Q	X'_Q	U_Q	X'_Q	U_Q
20	2	100	3.2	0.5	3.2	−0.3	3.4	−1.5
20	2	60	3.3	0.5	3.3	−0.3	3.4	−1.5
20	2	30	3.4	0.5	3.4	−0.3	3.6	−1.5
20	1	100	3.3	0.5	3.4	−0.2	3.5	−1.5
20	1	60	3.5	0.5	3.5	−0.2	3.6	−1.5
20	1	30	3.8	0.5	3.9	−0.2	4.0	−1.5
15	2	100	3.7	0	3.8	−0.8	3.9	−2.0
15	2	60	3.8	0	3.8	−0.8	4.0	−2.0
15	2	30	4.0	0	4.0	−0.7	4.1	−2.0
15	1	100	3.9	0	3.9	−0.7	4.1	−2.0
15	1	60	4.0	0	4.1	−0.7	4.2	−2.0
15	1	30	4.4	−0.5	4.5	−1.3	4.6	−2.0
10	2	100	4.8	−0.5	4.8	−1.3		
10	2	60	4.8	−0.5	4.9	−1.3		
10	2	30	5.0	−0.5	5.1	−1.2		
10	1	100	4.9	−0.5	5.0	−1.2		
10	1	60	5.1	−0.5	5.2	−1.2		
10	1	30	5.5	−0.5	5.7	−1.2		
5	2	100	5.9	−1.5	6.0	−2.3		
5	2	60	6.0	−1.5	6.1	−2.3		
5	2	30	6.2	−1.5	6.4	−2.3		
5	1	100	6.1	−1.5	6.3	−2.2		
5	1	60	6.4	−1.5	6.6	−2.2		
5	1	30	7.0	−1.5	7.3	−2.2		

二类精度的水文站低水 85≤B/d̄<100 附表 4·10-4

m	p	t	$\left(\dfrac{1}{n_{11}}\right)=0.13$		$\left(\dfrac{1}{n_{11}}\right)=0.15$		$\left(\dfrac{1}{n_{11}}\right)=0.18$	
			X'q	Uq	X'q	Uq	X'q	Uq
20	2	100	4.4	0	4.4	−0.8	4.5	−2.0
20	2	60	4.5	0	4.5	−0.8	4.6	−2.0
20	2	30	4.8	0	4.8	−0.8	4.8	−2.0
20	1	100	4.8	0	4.8	−0.6	4.9	−2.0
20	1	60	5.0	0	5.0	−0.6	5.1	−2.0
20	1	30	5.6	0	5.8	−0.8	5.7	−2.0
15	2	100	5.0	0	5.0	−0.8	5.1	−2.0
15	2	60	5.1	0	5.1	−0.8	5.2	−2.0
15	2	30	5.4	0	5.4	−0.6	5.5	−2.0
15	1	100	5.7	0	5.7	−0.6	5.8	−2.0
15	1	60	6.4	0	6.4	−0.6	6.5	−2.0
15	1	30	6.0	−1.0	6.1	−1.3		
10	2	100	6.2	−1.0	6.3	−1.3		
10	2	60	6.5	−1.0	6.6	−1.3		
10	2	30	6.6	−1.0	6.6	−1.1		
10	1	100	6.9	−1.0	7.0	−1.1		
10	1	60	7.6	−1.0	7.8	−1.1		
10	1	30	7.8	−1.5	7.9	−2.3		
5	2	100	8.1	−1.5	8.2	−2.3		
5	2	60	8.4	−1.5	8.7	−2.3		
5	2	30	8.5	−1.5	8.5	−2.1		
5	1	100	8.9	−1.5	8.9	−2.1		
5	1	60	10.0	−1.5	10.0	−2.1		
5	1	30						

二类精度的水文站低水 100≤B/d̄<120 附表 4·10-5

m	p	t	$\left(\dfrac{1}{n_{11}}\right)=0.13$		$\left(\dfrac{1}{n_{11}}\right)=0.15$		$\left(\dfrac{1}{n_{11}}\right)=0.18$	
			X'q	Uq	X'q	Uq	X'q	Uq
20	2	100	4.3	0	4.3	−0.8	4.4	−2.0
20	2	60	4.4	0	4.4	−0.8	4.5	−2.0
20	2	30	4.6	0	4.7	−0.8	4.7	−2.0
20	1	100	4.5	0	4.5	−0.6	4.6	−2.0
20	1	60	4.8	0	4.8	−0.6	4.9	−2.0
20	1	30	5.2	0	5.2	−0.8	5.3	−2.0
15	2	100	4.9	0	4.9	−0.8	5.0	−2.0
15	2	60	5.0	0	5.0	−0.8	5.1	−2.0
15	2	30	5.3	0	5.3	−0.6	5.4	−2.0
15	1	100	5.1	0	5.1	−0.6	5.2	−2.0
15	1	60	5.4	0	5.4	−0.6	5.5	−2.0
15	1	30	5.9	0	5.9	−0.6	6.0	−2.0
10	2	100	5.9	−1.0	6.0	−1.3		
10	2	60	6.0	−1.0	6.1	−1.3		
10	2	30	6.3	−1.0	6.4	−1.3		
10	1	100	6.2	−1.0	6.3	−1.1		
10	1	60	6.5	−1.0	6.6	−1.1		
10	1	30	7.0	−1.0	7.2	−1.1		
5	2	100	7.6	−1.5	7.7	−2.3		
5	2	60	7.8	−1.5	7.9	−2.3		
5	2	30	8.2	−1.5	8.5	−2.3		
5	1	100	8.0	−1.5	7.9	−2.1		
5	1	60	8.5	−1.5	8.5	−2.1		
5	1	30	9.2	−1.5	9.2	−2.1		

附表 4·11—1

三类精度的水文站高水 $15 \leq B/d \leq 25$

m	p	t	$\left(\frac{1}{n_{11}}\right)=0.11$		$\left(\frac{1}{n_{11}}\right)=0.15$		$\left(\frac{1}{n_{11}}\right)=0.20$	
			X'_Q	U_Q	X'_Q	U_Q	X'_Q	U_Q
20	2	100	2.3	0.5	2.3	−0.4	2.7	−1.5
20	2	60	2.4	0.5	2.4	−0.4	2.7	−1.5
20	2	30	2.6	0.5	2.7	−0.4	3.0	−1.5
20	1	100	2.4	0.5	2.4	−0.3	2.7	−1.5
20	1	60	2.5	0.5	2.6	−0.3	2.8	−1.5
20	1	30	2.9	0.5	2.9	−0.3	3.1	−1.5
15	2	100	2.8	0	2.8	−0.9	3.2	−2.0
15	2	60	2.9	0	3.0	−0.9	3.3	−2.0
15	2	30	3.2	0	3.2	−0.8	3.5	−2.0
15	1	100	3.0	0	3.0	−0.8	3.3	−2.0
15	1	60	3.1	0	3.1	−0.8	3.4	−2.0
15	1	30	3.4	0	3.5	−0.9	3.7	−2.0
10	2	100	4.3	0	4.3	−0.9	4.7	−2.0
10	2	60	4.4	0	4.4	−0.9	4.8	−2.0
10	2	30	4.7	0	4.7	−0.8	5.1	−2.0
10	1	100	4.4	0	4.5	−0.8	4.8	−2.0
10	1	60	4.6	0	4.6	−0.8	4.9	−2.0
10	1	30	4.9	0	5.0	−0.8	5.3	−2.0
5	2	100	6.4	−1.0	6.4	−1.9		
5	2	60	6.6	−1.0	6.6	−1.9		
5	2	30	6.9	−1.0	6.9	−1.9		
5	1	100	6.6	−1.0	6.6	−1.8		
5	1	60	6.8	−1.0	6.8	−1.8		
5	1	30	7.3	−1.0	7.3	−1.8		

附表 4·10—6

二类精度的水文站底水 $120 \leq B/d \leq 150$

m	p	t	$\left(\frac{1}{n_{11}}\right)=0.13$		$\left(\frac{1}{n_{11}}\right)=0.15$		$\left(\frac{1}{n_{11}}\right)=0.18$	
			X'_Q	U_Q	X'_Q	U_Q	X'_Q	U_Q
20	2	100	4.2	0	4.2	−0.8	4.3	−2.0
20	2	60	4.3	0	4.3	−0.8	4.4	−2.0
20	2	30	4.5	0	4.5	−0.8	4.6	−2.0
20	1	100	4.4	0	4.4	−0.6	4.5	−2.0
20	1	60	4.6	0	4.6	−0.6	4.7	−2.0
20	1	30	4.9	0	4.9	−0.6	5.0	−2.0
15	2	100	4.8	0	4.8	−0.8	4.9	−2.0
15	2	60	4.9	0	4.9	−0.8	5.0	−2.0
15	2	30	5.1	0	5.1	−0.6	5.2	−2.0
15	1	100	5.0	0	5.0	−0.6	5.1	−2.0
15	1	60	5.2	0	5.2	−0.6	5.3	−2.0
15	1	30	5.6	0	5.6	−1.3	5.7	−2.0
10	2	100	5.8	−1.0	5.8	−1.3		
10	2	60	5.9	−1.0	6.0	−1.3		
10	2	30	6.2	−1.0	6.3	−1.1		
10	1	100	6.0	−1.0	6.1	−1.1		
10	1	60	6.2	−1.0	6.3	−1.1		
10	1	30	6.7	−1.0	6.8	−1.1		
5	2	100	7.4	−1.5	7.5	−2.3		
5	2	60	7.6	−1.5	7.7	−2.3		
5	2	30	8.0	−1.5	8.2	−2.3		
5	1	100	7.7	−1.5	7.8	−2.1		
5	1	60	8.1	−1.5	8.1	−2.1		
5	1	30	8.7	−1.5	8.7	−2.1		

附表 4·11-2　三类精度的水文站中水 20≤B/√d<30

m	p	t	$\left(\dfrac{1}{n_{11}}\right)=0.12$		$\left(\dfrac{1}{n_{11}}\right)=0.15$		$\left(\dfrac{1}{n_{11}}\right)=0.19$	
			X'_Q	U_Q	X'_Q	U_Q	X'_Q	U_Q
20	2	100	2.3	0.5	2.3	−0.3	2.5	−1.5
20	2	60	2.4	0.5	2.4	−0.3	2.6	−1.5
20	2	30	2.6	0.5	2.7	−0.3	2.8	−1.5
20	1	100	2.4	0.5	2.5	−0.2	2.6	−1.5
20	1	60	2.7	0.5	2.7	−0.2	2.8	−1.5
20	1	30	3.1	0.5	3.1	−0.2	3.3	−1.5
15	2	100	2.8	0	2.9	−0.8	3.1	−2.0
15	2	60	2.9	0	3.0	−0.8	3.2	−2.0
15	2	30	3.2	0	3.2	−0.8	3.2	−2.0
15	1	100	3.0	0	3.0	−0.7	3.4	−2.0
15	1	60	3.2	0	3.3	−0.7	3.2	−2.0
15	1	30	3.7	0	3.7	−0.7	3.9	−2.0
10	2	100	4.3	−0.5	4.3	−1.3	4.6	−2.5
10	2	60	4.4	−0.5	4.4	−1.3	4.7	−2.5
10	2	30	4.7	−0.5	4.7	−1.3	4.9	−2.5
10	1	100	4.4	−0.5	4.5	−1.2	4.7	−2.5
10	1	60	4.7	−0.5	4.8	−1.2	4.9	−2.5
10	1	30	5.2	−0.5	5.3	−1.2	5.4	−2.5
5	2	100	5.4	−1.5	5.5	−2.3		
5	2	60	5.6	−1.5	5.7	−2.3		
5	2	30	5.9	−1.5	6.1	−2.3		
5	1	100	5.6	−1.5	5.8	−2.2		
5	1	60	5.9	−1.5	6.2	−2.2		
5	1	30	6.6	−1.5	7.0	−2.2		

附表 4·11-3　三类精度的水文站中水 30≤B/√d≤50

m	p	t	$\left(\dfrac{1}{n_{11}}\right)=0.12$		$\left(\dfrac{1}{n_{11}}\right)=0.15$		$\left(\dfrac{1}{n_{11}}\right)=0.19$	
			X'_Q	U_Q	X'_Q	U_Q	X'_Q	U_Q
20	2	100	2.7	0.5	2.7	−0.3	2.9	−1.5
20	2	60	2.8	0.5	2.8	−0.3	3.0	−1.5
20	2	30	2.9	0.5	2.9	−0.3	3.1	−1.5
20	1	100	2.9	0.5	2.9	−0.2	3.1	−1.5
20	1	60	2.9	0.5	3.0	−0.2	3.1	−1.5
20	1	30	3.3	0.5	3.3	−0.2	3.5	−1.5
15	2	100	3.7	0	3.7	−0.8	3.9	−2.0
15	2	60	3.8	0	3.8	−0.8	4.0	−2.0
15	2	30	3.9	0	3.9	−0.8	4.1	−2.0
15	1	100	3.9	0	3.9	−0.7	4.1	−2.0
15	1	60	3.9	−0.5	4.0	−0.7	4.1	−2.0
15	1	30	4.3	−0.5	4.3	−0.7	4.5	−2.0
10	2	100	5.7	−0.5	5.7	−1.3	5.9	−2.5
10	2	60	5.8	−0.5	5.8	−1.3	6.0	−2.5
10	2	30	5.9	−0.5	5.9	−1.2	6.1	−2.5
10	1	100	5.9	−0.5	5.9	−1.2	6.0	−2.5
10	1	60	5.9	−0.5	6.0	−1.2	6.1	−2.5
10	1	30	6.3	−0.5	6.3	−1.2	6.5	−2.5
5	2	100	9.2	−1.5	9.3	−2.3		
5	2	60	9.3	−1.5	9.4	−2.3		
5	2	30	9.3	−1.5	9.5	−2.3		
5	1	100	9.4	−1.5	9.5	−2.2		
5	1	60	9.4	−1.5	9.6	−2.2		
5	1	30	9.8	−1.5	10.0	−2.2		

三类精度的水文站低水 $50 \leq B/\bar{d} < 70$ 附表 4·11-5

m	p	t	$\left(\frac{I}{n_{11}}\right)=0.13$		$\left(\frac{I}{n_{11}}\right)=0.15$		$\left(\frac{I}{n_{11}}\right)=0.18$	
			X'_Q	U_Q	X'_Q	U_Q	X'_Q	U_Q
20	2	100	2.8	0	2.9	−0.8	3.0	−2.0
20	2	60	2.9	0	2.9	−0.8	3.1	−2.0
20	2	30	3.2	0	3.2	−0.8	3.3	−2.0
20	1	100	3.1	0	3.1	−0.6	3.2	−2.0
20	1	60	3.2	0	3.2	−0.6	3.4	−2.0
20	1	30	3.6	0	3.6	−0.6	3.8	−2.0
15	2	100	4.3	0	4.3	−0.8	4.4	−2.0
15	2	60	4.4	0	4.4	−0.8	4.5	−2.0
15	2	30	4.6	0	4.6	−0.8	4.7	−2.0
15	1	100	4.5	0	4.5	−0.6	4.7	−2.0
15	1	60	4.6	0	4.6	−0.4	4.8	−2.0
15	1	30	5.0	0	5.0	−0.4	5.2	−2.0
10	2	100	6.3	−1.0	6.3	−1.8	6.4	−3.0
10	2	60	6.4	−1.0	6.4	−1.8	6.5	−3.0
10	2	30	6.6	−1.0	6.6	−1.8	6.7	−3.0
10	1	100	6.5	−1.0	6.5	−1.6	6.7	−3.0
10	1	60	6.6	−1.0	6.6	−1.6	6.8	−3.0
10	1	30	7.0	−1.0	7.1	−1.6	7.2	−3.0
5	2	100	8.4	−2.0	8.5	−2.8		
5	2	60	8.5	−2.0	8.6	−2.8		
5	2	30	8.7	−2.0	8.9	−2.8		
5	1	100	8.6	−2.0	8.7	−2.6		
5	1	60	8.8	−2.0	8.8	−2.6		
5	1	30	9.3	−2.0	9.3	−2.6		

三类精度的水文站低水 $30 \leq B/\bar{d} < 50$ 附表 4·11-4

m	p	t	$\left(\frac{I}{n_{11}}\right)=0.13$		$\left(\frac{I}{n_{11}}\right)=0.15$		$\left(\frac{I}{n_{11}}\right)=0.18$	
			X'_Q	U_Q	X'_Q	U_Q	X'_Q	U_Q
20	2	100	2.4	0	2.4	−0.8	2.5	−2.0
20	2	60	2.6	0	2.6	−0.8	2.8	−2.0
20	2	30	3.2	0	3.2	−0.8	3.3	−2.0
20	1	100	2.8	0	2.8	−0.6	3.0	−2.0
20	1	60	3.2	0	3.2	−0.6	3.4	−2.0
20	1	30	4.0	0	4.0	−0.6	4.1	−2.0
15	2	100	4.1	0	4.1	−0.8	4.2	−2.0
15	2	60	4.3	0	4.3	−0.8	4.4	−2.0
15	2	30	4.8	0	4.8	−0.8	4.9	−2.0
15	1	100	4.5	0	4.5	−0.6	4.6	−2.0
15	1	60	4.8	0	4.8	−0.6	4.9	−2.0
15	1	30	5.5	0	5.5	−0.6	5.6	−2.0
10	2	100	5.2	−1.0	5.2	−1.8	5.3	−3.0
10	2	60	5.4	−1.0	5.4	−1.8	5.6	−3.0
10	2	30	6.0	−1.0	6.0	−1.8	6.1	−3.0
10	1	100	5.6	−1.0	5.7	−1.6	5.8	−3.0
10	1	60	6.0	−1.0	6.0	−1.6	6.2	−3.0
10	1	30	6.9	−1.0	6.0	−1.6	7.0	−3.0
5	2	100	6.9	−2.0	7.1	−2.8		
5	2	60	7.2	−2.0	7.4	−2.8		
5	2	30	7.7	−2.0	8.2	−2.8		
5	1	100	7.4	−2.0	7.5	−2.6		
5	1	60	7.9	−2.0	8.5	−2.6		
5	1	30	9.0	−2.0	8.7	−2.6		

附录五 高洪流量测验方案优选

(一) 一般原则

1. 优选应具有系统科学的特点，在确定目标、建立模型和寻优分析中，应注意问题的整体性、关联性、最优性、实用性。经过多种方案设计比较，择优选用。

2. 用数学规划寻优时，宜先作目标函数的凸性分析。当目标函数是凸函数、约束形成一个凸集时，则局部极值也是总体极值。函数难以用数学分析法判定凸性时，则用搜索法寻优，必须从几个初始点进行多次迭代，搜索出多个局部极值点，经比较确定最优点。

3. 数学规划问题中的等式约束的总数，必须少于独立变量的数目。

(二) 优选方法

1. 流速仪测流方案优选。可按下列数学模型建立目标函数和约束条件。

(1) 求单次测流误差最小的目标函数：

$$\min X'_Q = \left[X'^2_m + \frac{1}{m+1}(X'^2_p + X'^2_e + X'^2_c + X'^2_d + X'^2_b) \right]^{\frac{1}{2}} \quad (\text{附} 5 \cdot 1)$$

其约束条件为：

$$m \cdot n \cdot t + k \cdot m - T_0 \leq 0$$
$$-m + 1 \leq 0$$
$$-n + 1 \leq 0$$
$$-t \leq 0$$

(2) 求单次测流历时最短的目标函数为：

$$\min T = m \cdot n \cdot t + k \cdot m \quad (\text{附} 5 \cdot 2)$$

附表 4·11-6 三类精度的水文站低水 $70 \leq B/\bar{d} \leq 90$

m	p	t	$(\frac{I}{n_{11}})=0.13$		$(\frac{I}{n_{11}})=0.15$		$(\frac{I}{n_{11}})=0.18$	
			X'_Q	U_Q	X'_Q	U_Q	X'_Q	U_Q
20	2	100	3.3	0	3.3	−0.8	3.4	−2.0
20	2	60	3.4	0	3.4	−0.8	3.5	−2.0
20	2	30	3.6	0	3.6	−0.8	3.7	−2.0
20	1	100	3.5	0	3.5	−0.6	3.6	−2.0
20	1	60	3.6	0	3.6	−0.6	3.7	−2.0
20	1	30	4.0	0	4.0	−0.8	4.1	−2.0
15	2	100	5.2	0	5.2	−0.8	5.3	−2.0
15	2	60	5.3	0	5.3	−0.8	5.4	−2.0
15	2	30	5.5	0	5.5	−0.6	5.6	−2.0
15	1	100	5.4	0	5.4	−0.6	5.5	−2.0
15	1	60	5.5	0	5.6	−0.6	5.6	−2.0
15	1	30	5.8	0	5.7	−0.6	6.0	−2.0
10	2	100	7.3	−1.0	7.3	−1.8	7.4	−3.0
10	2	60	7.3	−1.0	7.3	−1.8	7.4	−3.0
10	2	30	7.5	−1.0	7.5	−1.8	7.6	−3.0
10	1	100	7.4	−1.0	7.6	−1.8	7.6	−3.0
10	1	60	7.5	−1.0	7.6	−1.6	7.7	−3.0
10	1	30	7.9	−1.0	7.9	−1.6	8.1	−3.0
5	2	100	10.3	−2.0	10.4	−2.8		
5	2	60	10.4	−2.0	10.5	−2.8		
5	2	30	10.6	−2.0	10.7	−2.8		
5	1	100	10.5	−2.0	10.5	−2.6		
5	1	60	10.6	−2.0	10.7	−2.6		
5	1	30	11.1	−2.0	11.1	−2.6		

其约束条件为：

$$X'_Q - X'_O \leq 0$$
$$-m+1 \leq 0$$
$$-n+1 \leq 0$$
$$-t \leq 0$$

式中 X'_Q——流速仪单次测量总随机不确定度（%）；
X'_b——部分宽度测量的随机不确定度（%）；
X'_d——垂线水深测量的随机不确定度（%）；
X'_c——流速仪率定的不确定度（%）；
X'_m——断面流速测量方法和计算模型的随机不确定度（%）；
X'_p——有限测速点不同计算规则的随机不确定度（%）；
X'_e——测速点有限历时的随机不确定度（%）；
m——断面测速垂线数；
n——全部测速垂线上的总测点数；
t——单点上的测速历时（s）；
k——每根垂线所需辅助历时（s）；
T——单次流量测验必须历时（s）；
X'_o——单次测流允许总随机不确定度（%）；
T_o——单次测流限制历时（s）。

2. 非线性规划寻优方法。需要根据所研究问题的实际情况，选取适当方法，本规范选取较常用的惩罚函数法的外点法求最优解。主要步骤为：
(1) 建立目标函数 $f(\vec{X})$ 和约束方程 $g_i(\vec{X})$。
(2) 构造惩罚函数，定义为：

$$P(\vec{X}) = \begin{cases} 0 & \text{当} \vec{X} \in \Omega \\ +\infty & \text{当} \vec{X} \notin \Omega \end{cases} \quad (\text{附}5 \cdot 3)$$

令：$P(\vec{X}) = \sum_{i=1}^{m}\{\max[o, g_i(\vec{X})]\}^2 \quad (\text{附}5 \cdot 4)$

式中 $\vec{X}$——矢量；

Ω——可行性解集，$i=1, 2, \cdots\cdots, m$。

(3) 建立新的增广目标函数：

$$\min F(\vec{X}, \mu_k) = f(\vec{X}) + \mu_k \sum_{i=1}^{m}\{\max[o, g_i(\vec{X})]\}^2 \quad (\text{附}5 \cdot 5)$$

式中 μ_k——惩罚因子，为一趋于正无穷大数列；
$k=0, 1, 2, \cdots\cdots$。

(4) 给定初始点 $\vec{X}^o$，允许误差 $\epsilon > 0$，并选用初始惩罚因子 $\mu_1 > 0$；初始阶段的取值不宜太大，设无约束问题（附 $5 \cdot 5$）式的极小点为 $\vec{X}^o$。

(5) 经过逐次迭代逼近，记为 $\vec{X}^*$ 点。

(6) 检验是否满足判别式：$\mu_k P(\vec{X}^k) < \epsilon_o$。若满足，则得最优解为 $\vec{X}_{min} = \vec{X}^*$，记为 $\vec{X}^*$ 点。否则，继续迭代逼近。

附录六 本规范用词说明

一、为便于在执行本规范条文时区别对待,对要求严格程度不同的用词说明如下:

1. 表示很严格,非这样做不可的用词:
   正面词采用"必须";
   反面词采用"严禁"。
2. 表示严格,在正常情况下均应这样做的用词:
   正面词采用"应";
   反面词采用"不应"或"不得"。
3. 表示允许稍有选择,在条件许可时首先应这样做的用词:
   正面词采用"宜"或"可";
   反面词采用"不宜"。

二、条文中指定应按其它有关标准、规范执行时,写法为"应按……执行"或"应符合……的规定"。

附加说明

本规范主编单位、参加单位和主要起草人名单

主 编 单 位: 水利部长江水利委员会水文局

参 加 单 位: 交通部水运规划设计院
铁道部铁科院铁建所
铁道部铁科院西南所
江苏省水文总站
黑龙江省水文总站

主要起草人: 杨壹诚　陈宏潘　王本农　朱晓原
王业才　王时旸　刘东生　李洪泽
陈松生　吴学鹏　沈振南　张长清
钱学伟　蒋　冰　程功武　魏进春

中华人民共和国国家标准

河流流量测验规范

GB50179—93

条文说明

第一章 总 则

第1.0.3条 自1981年以来,我国分别在大、中、小河流上选择具有代表性的水文站,对流速仪测流的流量测验误差做了大量的试验研究工作,收集了丰富的试验资料,改进了国际标准化组织的流量测验误差估算方法,提出了流量测验误差地区分类综合的新方法,制订了流量测验各单项不确定度表,并在此基础上制订了流速仪法和浮标法流量测验允许误差表。因此,本规范根据这些研究成果,对国家基本水文站按流量测验精度要求,测站主要任务及集水面积水量的布置较好地符合实际。

表1.0.3对第一类精度的测验精度,规定应达到按现有测验手段和方法的可能精度,就是各测站在各自的现有测验手段和流速仪测流方法的条件下,使流速仪测验误差达到有测验手段的测验误差达到本规范表4.1.4所规定允许误差值。对第二类精度的测站特性和测验设备在本规范表4.1.4对流速仪法和表5.1.4对浮标法所规定的允许误差范围内拟定。

第1.0.4条～第1.0.7条 为了适应水文体制改革,提高工作效益,充分满足各类建设对水文资料的要求,本规范将测验方式分为驻测(驻测站测流)、巡测(巡回测流)和间测(停测几年测一年),并规定了实行各种测验方式应具备的条件。

巡测的水位流量关系曲线精度和间测的水位流量关系曲

线之间的偏离允许误差，在国家现行有关规范中已有规定，可按照执行。

第1．0．9条 水文的地区性很强。为了检验本规范订的精度对各不同水文地区的适应情况，同时为进一步研究测验误差估算和地区综合的理论与方法，并为下一次更新本规范提供依据，因此规定应选择具有代表性的测站，长期收集、积累流量测验误差试验资料。

第1．0．10条 本规范对流量测量方法，本规范规定水工建筑物测流、堰槽测流、浮标法和比降法、超声波测流、动船法测流、稀释法测流、桥上测流以及水位测算流量等其他流量测验方法，可根据各种方法的适用条件和不同测验方式以及使用资料部门对测验精度的要求，加以选择采用。

第二章 测验河段的选择和断面设立

第一节 测验河段选择

第2．1．1条 在具有断面控制的石梁、急滩、卡口等处，水面曲线发生跌落，形成临界流。此时的水深、流量关系式可表示为：

$$Q_c = K_c d_c^{3/2}$$

式中 K_c——在相同水位级内为常数；
　　d_c——临界水深 (m)。

从上式可知由于水深（或水位）观测误差而导致的流量误差为：

$$\frac{dQ_c}{Q_c} = \frac{3}{2} \cdot \frac{dd_c}{d_c}$$

而具有河槽控制作用的河段的水深、流量关系符合曼宁公式的函数关系。

$$Q \sim B \cdot \frac{1}{n} S^{1/2} \cdot \bar{d}^{5/3}$$

参变量 n 和 S 在同一水位级内变化不大，可导得流量误差公式为：

$$\frac{dQ}{Q} = \frac{5}{3} \frac{d\bar{d}}{\bar{d}}$$

比较两式，可知同一水深（或水位）的观测误差所导致的流量误差，具有断面控制者小，具有河槽控制者大，故断面控制比河槽控制的灵敏度高。应优先选择断面控制河段作为测验河段，又在同一水深观测误差条件上，断面水深大者，流量误差小，故"在几处具有相同控制特性的河段上，应选水深较大的"径深河段"。

作为测验河段"。

第2.1.2条 北方某些结冰河流，由于河流形势及水流条件在局部河段河可能形成冰层水层结构，增加了测验和工作的困难，引起新增的误差，且不利于安全生产，故应仔细访问，勘察，选取结冰情况较简单或结冰河段。

第2.1.3条 第一款规定浮标法测验河段，要求浮标中断面具有代表性。即在各级水位下的几何形状，面积大小，涉及铅鱼重量，悬吊，起重设备等；洪水涨落急剧时，应采用合适的测流方法与方案；水位、流量的历史极值影响设施的布局和规模，如上游水土流失严重或有泥石流形成，则应设计有效的防淤和安全防护措施，因此应就上述内容作入细致的调整。

第2.1.3条 断面涨急时，应采用合适的测流方法和规模，如上游水土流失严重或有泥石流形成，则应设计有效的防淤和安全防护措施，因此应就上述内容作入细致的调整。

段的水力因素与全河段水力因素有一定的影响，特别对水浅、流急，比降大的河段更加如此。所以，中断面比较断面基本一致。比降大的河段更加如此。所以，中断面代表性差的测站对浮标系数修正作浮标系数改正，详见本规范第五章。同理，对应用水面流速分析浮标系数时，水面流速系数亦应作河槽单面流速系数改正。这就增加了分析计算的复杂性。至于要求测流河段的顺直长度大于七、下浮标断面间距的复杂性。至于要求测流河段的顺直长度大于七、下浮标断面间距的两倍，主要原因是：首先，浮标投放需要有一定的行程；其次，下浮标断面的水面比降、断面流速等均具有一定的规律性。所测得的水面比降、建筑物的水力学原理，利用标准形式的建筑物测流量。其行近河槽的水流条件——如流线、水面曲率等——应符合渐变流要求。而且为了使水头观测具有代表性和流量系数稳定，河槽内水深必须均匀稳定。因此，要求河槽在一定长度内断面的几何形状均匀规则，断面内流速分布对称均匀，必要时需对行近河槽进行人工整治，使之符合规范要求。

第四款为稀释法测流，无论采用何种试剂，总是靠测定试剂的浓度来确定流量的。若试剂混合不完全或不均匀将会导致较大的流量测量误差。除了要求测验河段内有水量加入或混入的条件外，还要求测验河段内不能使水流在纵、横方向充分混匀的条件，例如选在弯曲，狭窄、浅滩，跌水，暗礁，无水草和死水区的河段。

第二节 测验河段勘察和断面布设

第2.2.3条 由于变动回水，增加了流量测验和径流量计算的困难条件和工作量，一般测验河段应选在变动回水范围以外。但为了收集潮汐资料或专门目的必须在感潮河段设站者，则可根据设站目的选择测验河段位置，不必避开潮汐影响。

第2.2.4条 断面流速大小，涉及铅鱼重量，悬吊，起重设备；洪水涨落急剧时，应采用合适的测流方法与方案；水位、流量的历史极值影响设施的布局和规模，如上游水土流失严重或有泥石流形成，则应设计有效的防淤和安全防护措施，因此应就上述内容作入细致的调整。

第2.2.6条 农田水利、水土保持、蓄水、引水及其他水工程增加了水量控制和水文测验工作的复杂性，甚至需分设几处测验断面。勘察时不仅要了解测验河段内上述工程措施的现状，还应了解其规划部署，尽可能使测验断面与测流断面避开其影响。

第2.2.8条 旋涡、回流，水面横比降等均随水位级和流速大小发生变化，增加水位观测误差，影响横比降关系的规律性。基本水尺断面应避免选在这类水流区内。如能与测流断面重合，不仅可节约经费，还可提高资料精度。(主要指浮标法测流的中断面与测流仪法测流断面因此不得轻易变动测流断面位置，以保持资料的连续性和正确性。

第2.2.10条 第一款有分析浮标系数，提高其精度。下游浮标断面间距，是希望将浮标法测速的记时误差控制在2%以内。除非特殊情况，上、下浮标断面间距不直过短。以浮标法测速的记时误差不超过5%为极限，故允许断面最小间距不得小于最大断面速的50倍，是希望将浮标法测速的记时误差控制在2%以内。除非特殊情况，上、下浮标断面间距不直过短。以浮标法测速的记时误差不超过5%为极限，故允许断面最小间距不得小于最大断面平均流速的20倍。

第2·2·11条 第二款由于水面横比降扭曲了水面正常变化规律，不能代表河流动力轴线上的水面坡度。一般情况下，比降断面应设在无明显横比降的河段上，若限于条件，无法避免时，需在上、下断面两岸立水尺以计算水面平均比降，方可期望近似于河流动力轴线上的水面比降。

第三款比降观测的精度，影响糙率分析和其他有关因素的规律性。但比降资料的精度取决于水位观测精度和落差值的大小。据分析，有些测站的糙率资料点据散乱。原因之一，就是上、下比降间距不合要求。故本款规定应使水面落差远大于落差观测误差，即按（2·2·11）式确定应有的上、下比降断面间距。

第2·2·14条 第四款规定基线标志，是为了保证测距的必要精度时，宜在两岸设六分仪测距时采用六分仪测距的必要精度。"当河面特别宽采用六分仪测距时，基线不垂直于断面时，要求仪器测得的水平角（β）在基线垂直于断面时$β>30°$，变现上述要面时$120°>β>30°$，基线不垂直于断面线时，一是限制施测最近点测距精度不合要求。对任返图难。对任返图难，一是增长基线，仪器性能，通视情况，不可能无限制增长，因此较有效的措施是采用后者，即在两岸布设基线。

第2·2·15条 用辐射线或方向线固定测深、测速垂线位置的方法宜在用于垂线位置不变，河面不太宽的情况。当河面较宽时，可将辐射外交点的标志选在附近山尖或其他高大建筑物的固定目标上，其他标桩的顶端可悬挂于或别的醒目的标志。标志桩的直径，一般不宜过粗，以测线位置上能看清楚为准。

第三章 断面测量

第一节 大断面测量

第3·1·1条 规范中所指新设测站的基本水尺断面、流速仪测流断面、浮标中断面和比降断面，应理解为包含迁移断面和因工作需要而新设立的断面等情况在内。

第3·1·2条 本条规定的河床不稳定的测站，是指断面冲淤变化大于3%，且变化频繁，在洪水期间难以施测水道断面的测站。

第3·1·4条 本条所规定的四等水准测量精度指标，因水准测量规范已有规定，故不予列出。当地形比较复杂时，水准测量较为困难。对任返测的高差不符值，参照四等水准测量的检测精度指标，定为±30$\sqrt{K}$mm，单站的前后视距差不等差放宽为不应大于5m，前后视距累积差仍采用四等水准测量的前后视距不等差指标。在测量过程中，单站之间的前后视距累积差，应注意调整，控制累积差，以保证测量精度。

第二节 水道断面测量

第3·2·1条 本条第二款考虑在抢测洪峰的同时加测水深测量要增长测流时间，故规定当出现特殊水情，同时测量水深有困难时，水道断面的测量可改在测流前后有利时机进行。所谓有利时机，是指在测流前后水位涨落精缓可以专门抢测水道断面的时间。

第四章 流速仪法测流

第一节 一般规定

第4.1.1条 流速仪法是最基本的测流方法。因该法具有较高的精度，故不仅可以作为常规测流方法，而且一般测站在大部分时期均具备用流速仪测流的条件。故不仅可以作为常规测流方法，而且可以作为其他测流方法的率定、检验和校核的标准。但是，必须指出：流速仪法作为其他测流方法的标准，检验和校核的率定，检验方法仅在其测速适用范围以内，方能有效。

第4.1.2条 本条第三款规定"在一次测流的起迄时间内，水位涨落差不应大于平均水深的10%，水深较小而涨落急剧的河流不应大于平均水深的20%"，主要是为了减少由于水位涨落差与水深比算带来的方法误差。这种近似计算方法被小越显著。控制一次测流水位涨落差的实质是组织一次密切有关测流方案，而测流历时又与洪水涨落急缓程度、工作组织方式有密切关系。因此测站可根据本站洪水涨落差，缓程度、仪器设备、水深级水位应该控制的一次测流水位涨落差及测流历时，分析找出影响测流历时的主要矛盾加以解决。然后根据出各级水位应该控制的一次测流水位涨落差及测流历时。

断面比较稳定的站，可以根据以往的实测资料，制作使用某种测流方法情况下测流开始水位 Z_1、测流历时 Δt、一次测流过程水位涨落率 $\dfrac{\Delta Z}{\Delta t}$、平均水深 $\bar{d}$ 及与本站河流特性相应的一次测流允许水位涨落差 ΔZ 的合轴相关图。如图4.1.2所示。

应用时，根据测流开始时水位 Z_1，在第三象限 $Z \sim \Delta t$ 曲线上查出允许的测流历时 Δt_1；按照测流开始时的涨落率，在第二象限查出使用某种方法测流过程的平均涨落率，估计本次测流过程的平均涨落率，

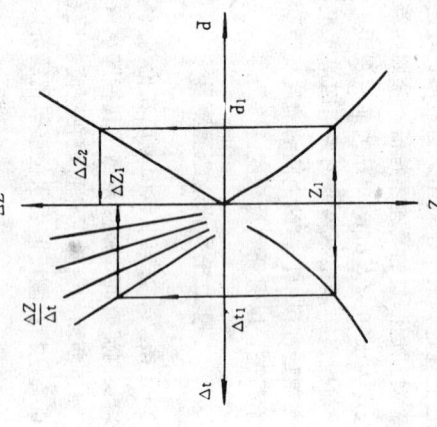

图4.1.2 一次测流允许水位涨落差合轴相关分析

的水位涨落差 ΔZ_1；再以 Z_1 在第四象限查出平均水深 $\bar{d}_1$，在第一象限查出允许的水位涨落差 ΔZ_2，若 $\Delta Z_2 > \Delta Z_1$，可用该方法测流；若 $\Delta Z_2 < \Delta Z_1$，则应采取缩短施测历时，或改用另一种方法测流。

断面有局部冲淤变化的站，建立合轴相关图时，第四象限的 $Z \sim \bar{d}$ 曲线可以不绘。使用时，根据上次实测流量测量的断面成果结合本次测流开始水位 Z_1，估算平均水深 $\bar{d}_1$。

第4.1.5条 由于潮流和感潮断面积随时间的改变测量较大，且水位、流速、流向变化大，过水断面面积随时间的改变测量也很大，相河宽、浪大定位不易。这些复杂情况增大了流量测验的难度，相应地增大了流量测验误差。故本条规定潮流量测验允许总不确定度和系统误差的控制指标均比无潮站为宽。

第4·1·6条 山溪性河流洪水水位涨落急剧，过程很短，故可采用"连续测流方法"。即在测流断面上由一岸逐线测至对岸，返回后，立即按原测流顺序再测一次，这样反复测至洪峰过后或已满足洪峰过程测次分布的要求为止。

第4·1·7条 当测流水位暴涨暴落，按常规方法测流时，若得一次测流涨落差超出允许的变幅，降低了流量成果精度。为了缩短测流历时控制垂线测流时，可采用"分线测流法"。即在断面上选好固定垂线，其他垂线的水深、流速在各垂线水位与垂线水深（或水深）关系曲线上查得。在下一次测流时，可选另外几条垂线测深、测速，以便累积各条固定垂线的实测流速点据。

第二节 测速垂线布设

第4·2·1条 常规测流的测速垂线数目是有限的，而我们总是希望用较少的测速垂线获得较高的精度，要实现这一目的必须遵守测速垂线沿河宽分布的主要转折点这一控制的点数原则。理论和试验也证明这沿测速垂线数目一定条件下，断面地形和流速沿河宽分布的主要转折点测流精度优于均匀分布的测流成果。

第4·2·2条 部分河流和地区，随着水位变化的不同，断面形状或流速横向分布有明显的变化规律，这类测站采用分级布设垂线方法比较合理。但对于断面形状或流速横向分布变化不稳定者，则不可采用分级固定测速垂线的方法。

第三节 流速测量

第4·3·6条 本条第一款中所规定的"当测点距离过大或过小时，应按均匀相邻测点水面间等距离补

增减或调整测点"一句，其中"距离过大"系指超过其他中间测点间距的1.5倍时，即在水面下增加一个测点，并使其与下一相邻测点的间距和其他测点的间距相等。若潮差较大，按上述原则测点数将增加很多时，可均匀地抽去一部分中间测点。当水面回落时，应将抽去的部分测点逐渐补入。其中"距离过小"系指水面下相邻测点与其他各中间测点间距的$\frac{1}{2}$时，即将该水面下相邻测点抽去。

图解改正法的测量顺序自河底向水面进行，施测时每点均须记下施测时间。每次施测的时距要短（不大于半小时），测点多，以便准确绘制测点的流速过程线。垂线平均流速通过流速过程线和流速分布曲线用图解法得出。

过程线图解改正法是根据图解改正演变而来，亦用绘相对测流速过程线的方法求得各测点的同时流速，但测点水位的涨落是随着潮汐水位的变化而变动。故其位置不固定，流速则用分析法计算。

流速平均改正法的基本假定是：在施测一次垂线流速等深点间隔的时间内为等率变化。根据理论分析，同一测点流速均作等率增大或等率减小的变化的，它的过程线是连续变化的，同一测点流速是连续变化是直线，则每次施测的时距较短，应使一条平滑的曲线，但如果每次施测的时距较短，则同一测点前后的两次流速间的变化可视为直线，即上述假定能接近实际情况。

水面点流速平均改正法的基本假定是：在一条垂线上各测点施测的时间间隔相等，各个测点在施测一条垂线的时间内等率变化。期间，每一测点流速均作等率增大或等率减小的变化。施测时应注意使各测点的时间间距大致相同，并应尽量缩短每条垂线的测速时间，这样才符合基本假定情况。

第4·3·8条 全断面憩流平均出现时间，可通过在代表线上候测或点绘涨落潮流转向前后时段断面平均流速过程线插补

获得，目前多采用后一种方法。候测憩流适用于测站代表垂线的代表性较好，且施测容易的情况。对代表垂线的代表性不好或憩流持续时间长、候测不便的测站可采用插补方法。

第六节 测速主要仪器的检查和养护

第4·6·2条 但在使用以后，其转速与流速的关系经严格检定。流速仪出厂前，仪器的摩擦部件会日新磨损，加上有时还会遇到漂浮物碰撞等情况，均可能使仪器的检定公式发生改变，如不及时进行检查，将会影响流量成果的精度。因此，凡有条件的测站，常用流速仪应定期与备用流速仪进行比测。根据多年的使用情况看，一般用流速可掌握在实际测流 50h 比测一次为宜，少沙河流可掌握在实际测流 80h 比测一次为宜。此处的实际测流时间系指在野外使用的时间，一部流速仪可施测 80 次流量。为了让两架流速仪在同一测站情况下，一般采用特一测点深度大于 0.5m，制的"U"形比测架固定仪器。规定两仪器之间应保持大于 0.5m 的距离，是因两仪器太近时，两仪器之间可能互相干扰，太远时，两测点之间流速不一致可忽略的流速差。

比测时，应注意适当交换两比测仪器的位置，以避免产生系统误差。一般情况下，可在比测一半时的测点，交换测仪的位置，再比测另一半的测点。

第八节 实测流量计算

第4·8·1条 计算垂线平均流速时，若只在个别垂线上有回流，可直接采用分析法近似计算垂线平均流速。若垂线上回流较大的流速分布呈下图形状，则垂线平均流速为：

$$V_m = \frac{1}{10}(1.03 + 2 \times 0.93 + 2 \times 0.51 + 2 \times 0.13 - 2 \times 0.15 + 0)$$

$$= 0.34 \text{ (m/s)}$$

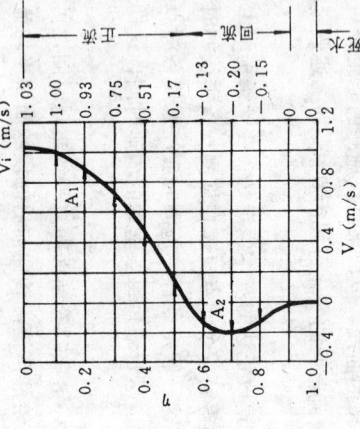

图 4·8·1 回流垂线上的流速分布

如不只是个别垂线上有回流，为使计算结果准确，应按本条规定采用图解法量算垂线平均流速。仍以图 4·8·1 所示的垂线流速分布为例，将纵坐标改用水深（冰期用有效水深）表示，分别取正流速曲线与纵坐标围的面积 A_1，负流速曲线与纵坐标围的面积 A_2。求顺逆流图形面积的代数和：$A = A_1 + A_2$。此面积通过比例尺换算后，即为垂线测量取得除以水深或有效水深，即得垂线平均流速。如求积图形面积大于实际图形面积（适用于实际图形面积大于 20cm² 时）可按下式求得：

$$A = C_0 \cdot (n_2 - n_1)$$

式中 A——图形面积（cm²）；

C_0——求积仪刻度的面积系数；

n_1，n_2——求积仪数形轮上开始和终了的读数。

按照不同的比例尺，垂线平均流速可用下式推求：

$$V_m = \frac{A \cdot x \cdot y}{d}$$

式中 x——流速坐标轴上每厘米所代表的流速（m/s）；

y——水深或有效水深坐标轴上每厘米所代表的水深（m）；

d——水深或有效水深（m）。

第4·8·5条 本条本节及本章有关条款中的几个术语的涵义为：

实际水深——使用测深工具或仪器在现场直接测得的水深。有偏角时为改正后的水深。

应用水深——通过水位与河底高程推算出的水深。

有效水深——在冰期中冰底或冰花底以下水的深度。

第五章 浮标法测流

第一节 一 般 规 定

第5·1·1条 本条规定的浮标法测流的适用条件和制定测流方案的原则，除引用了原规范已有的内容外，又作了一些必要的补充，现择要说明如下：

第一款 "均匀浮标法测流方案中有效浮标横向分布的控制部位，应按流速仪法测流方案的测速垂线条数及其所在位置确定"的规定，其依据是：

1. 浮标法测流的一个主要问题是准确地测定断面平均虚流速。但要准确地测得横面平均虚流速，首先是合理地确定浮标投放数的多少及其在横向上的控制部位，然后才是现场施测的技术要求。浮标仪法测流方案中浮标的投放数及其控制部位的确定和流速仪法测流方案中测速垂线的布设原则是完全一致的。所以"均匀浮标法测流方案中有效浮标横向分布的控制部位，应按流速仪测流方案的测速垂线所在位置确定"的规定，既协调了两者测流方案的关系，又可节省制定测流方案的重复工作，并有利于浮标系数的试验。

2. 浮标法测流一次实测流量总不确定度中的Ⅲ型误差，目前尚缺乏试验资料，只能暂时借用流速仪法测流的控制部位、和流速仪法测流方案中有效浮标位置相应，则它们之间的Ⅲ型误差就比较接近，借用的浮标法测流方案彼此比较合理。

第二款中泓浮标法测流，是十分困难条件下的测流方法。其测流水位一般都超出了系数试验的最高水位，只有在试验条件下的中泓位置比较稳定，中泓流速又比较集中的中泓范围内的中泓位置比较稳定，中泓流速又比较集中的河系数外延的误差才比较小，才可采用此法测流。

对于河面宽阔的河流，中泓流速一般不够集中，有的还不止一个中泓，中泓的位置也不十分稳定，特别是高水期水流漫滩的河流，中泓流速的位置，更是摆动不定，系数外延的不确定性很大，如何取用此法外延十分困难，不宜采用此法测流。

第 5·1·2 条 浮标法测流成果常用的流量测验方法之一，而浮标系数是影响浮标精度的主要因素。因此，"浮标系数应经过试验分析"的规定，是十分必要的。同时考虑了补充和某些测站的实际困难，对试验分析作了试验分析本身的实际情况，选用其中精度较高的试验分析方法，确定本站适用的浮标系数（见第5·6·1条）。

对于"不同的测流方案应使用各自相应的试验浮标"的规定，是根据浮标系数是断面平均流速和虚测流速的比值，是以流速仪法测量的断面平均流速作为率定标准的。而同次流量的多少和有效测次数的多少及其分布情况所限制约的。测速垂线分布方案又是由测流方案中各种不同测流方案中不同测流方案不能作为同一测速样本进行统计分析的。浮标系数实测流速，只能分别适用于与浮标试验方案相同的测流的计算。所以，"不同测流方案应用各自相应的试验浮标系数"的规定，必须认真执行。

第 5·1·3 条 本条所指本条年过水特殊情况，系指诸如合问的宽河道，不常年过水的宽浅河道等。其上、下限数据，是根据全国近两个测站的试验资料，经过综合分析后提出的。但浮标系数与有关因素的大小与测流断面内垂线流速的分布形式，有较为密切的关系。测站宜选用几条代表垂线，用多点法测流速垂线流速。根据测速垂线流速的分布式选用浮标系数。当高水施测垂线流速有困难时，可参照本条第3款第3项的规定，结合测站特性选用浮标系数。

第 5·1·4 条 根据本章第5·1·1条所规定的浮标法测流的适用条件，均匀浮标法测流是在高水期采用。本条表5·1·4的均匀浮标法单次流量测验允许误差，是相应于上述适用条件所作出的规定。因为，除浮标系数试验时需要在高，中水位进行测流外，在流量测验时，只要能用流速仪施测时，是不允许用浮标法测流的。

第二节 水面浮标法

第 5·2·3 条 本条的主要内容引自原规范，仅对以下几点作必要的说明：

第一款，根据实际资料分析，横向流速分布曲线的岸边部分，其梯度一般较大，如无浮标控制，该部分流速分布曲线的勾绘会有任意性，直接影响浮标法测流成果的精度。为此作出了"靠近岸边部分均应有1～2个浮标"的严格规定。

第四款，河中漂浮物的类型不一，出水高度和入水深度不同，试验得出的漂浮物浮标系数的类型、大小、出水高度和入水深度等十分注意。对漂浮物的类型，作为合理选用漂浮物浮标试验所选的漂浮物类似，细注明，作为合理选用漂浮物浮标试验所选的漂浮物类似，浮物和采用试验所选的漂浮物类似，则更能提高浮标测速的精度。

第六节 浮标系数的试验和确定

第 5·6·2 条 高水位的浮标系数，一般都没有试验资料可供选用，多由试验浮标系数与有关因素的关系外延得出，存在一定的误差，因此需要增大浮标系数比测试验资料水位变幅，以减小浮标系数的外延幅度和选用浮标系数的误差。所以，当预计水情可能超过已取得试验资料的最高水位而又可以进行试验时，应作好试验准备，及时进行补充的试验，同时还应在已有试验资料高水位部分增补一些试验次数，使前后互相衔接，便于进行综合分析和拟定关系曲线。

第5.6.3条 本条包括了浮标系数试验所必须遵守的原则和要求。现说明如下：

第一款，浮标系数是同水位流速仪法实测流量和浮标法实测虚流量的比值。当比测试验中两者的相应水位不等时，应将流速仪法实测流量换算为与浮标法测流时间一相应水位时的断面流量，再计算浮标系数。将后者的相应水位与浮标法测流时间放在测流时间的中间时段，可使两者的相应水位较为接近，可以减小流量换算的误差，提高浮标系数的精度。

当受条件限制，两种测流方法的差值必然增大，流量换算值在前或在后施测，将使涨水前和落水之增大，而某种测流方法总是在前或在后施测（正值或负值），计算得出的浮标系数，可能产生定向性的系统误差。故用交换流速仪和浮标交换次数相等的方法，消除可能产生的定向性的系统误差。

第三款，不同浮标的位置及其分布曲线是不同的，对于同一次流量的测验，如果用不同的测流方案，则勾绘出的垂线上的浮标流速横向分布曲线也是不同的。当从一次多个抽样方案上，反复查读不同抽样方案间的区别，主要在于浮标确切的多少及其分布的差别。从而绘制出的浮标流速横向分布曲线也不一致。对于同一起点距上的垂线虚流速是完全相同，不能反映浮标方案实际存在的差别，不符合浮标系数试验各种方案所选用的有限制浮标流速测验的原则。所以，"必须按各种分布方案实测试验所选用的有限浮标方案，分别绘制浮标流速横向分布曲线查读虚流速"。

第四款，中泓浮标法测流只在中泓部位投放浮标，浮标物浮标测流，一般也是施测中泓部位浮标流速。所以，中泓浮标物要同一种流速仪法测试验，和浮标系数的系数关系。但系数要与中新增补水位上所测试验即可。但系数要与中新增补水位上浮标法试验即可。但系数是与中新增补水位上浮标法

求有高、中水位范围内的试验资料。只有高水位时的测流方案，才可同时适用于高、中水位时的流量测验。故直按高水期水位流速仪法所选用的一种测流方案作对比试验。

此外，浮标的类型很不一致，相应的系数也不相同，其试验资料具有广泛性。"当其他时间用流速仪法测流时，遇有可供选择的浮标物，可及时测定其流速"的规定，可以补充试验资料的不足，有利于浮标浮标系数的分析。

第五款，采用代表垂线法实测流速仪试验浮标系数，主要是解决流速测流困难的问题。故应用代表垂线法实测流速和断面平均流速进行对比分析，建立1～3条代表垂线水位流速仪实测平均流速和断面平均流速的关系，确定代表垂线数的位置。

试验时，用流速仪试验代表垂线测的平均垂线流速，并通过关系转换为断面平均流速；同时用均与代表垂线中泓，浮标物浮标法施测断面平均流速或中泓，浮标物浮标流速。由此即可计算出断面或中泓，浮标物浮标系数。这个方法是简便易行的。

代表垂线试验浮标系数，是否与实际情况相符，不能直接作出检验。因此，将代表垂线法的浮标系数与断面浮标系数或中泓，浮标系数或代表垂线试验成果一起进行综合分析的规定，必须认真执行。而且仅当两种试验结果互相衔接试验数据使用。

代表垂线试验位置选定十分困难，选出的代表垂线法试验位置对于这样的测站，不宜采用代表垂线法试验也少有代表性。故规定对于这样的测站，不宜采用代表垂线法试验浮标系数。

第5.6.4条 用水位流量关系曲线法分析浮标系数的规定，它与比测试验法不同之点，主要是流速仪法和浮标法所测流量关系测验不在同时比测。除在流速仪法所测点测时流量关系曲线上查断面流量外，其他方面与比测试验补的要求原则上是完全一致的，也是水位流量关系曲线法中新增补的流速仪法的主要内容。

关于绘制水位流量关系曲线所必要和其他水力因素建立关系曲线，又要

第六章 高洪流量测验

第一节 一般规定

第6·1·1条 以高流速、落急剧的河流、漂浮物多、断面冲淤变化大且不易实测等困难条件，伴随着高流速、漂浮物多、断面冲淤验证的必须精度，测站需针对本站的困难特点采取测流方案优选。对于某些水网区或江、湖尾闾站，虽达高水位，但水位涨落平缓，流速不大者不算不属于本章规定的范围。

第6·1·2条 第一款 (6·1·2) 式中的 n 为随机变量存在的序列数，在数理统计学中称谓样本容量。由于有抽样误差存在，所以，样本容量大则统计量的代表性就好，但限于经济和时间等各种观条件，不可能要求样本容量过大，一般以不少于20为宜。

第二款的 Z_M 和 Z_m 均采取日平均小排队，而且平均水位乙的排队方法是：先摘取每年逐日平均水位或中水位，再由大到小将逐年的挑选出排队，用 (6·1·2) 式计算频率。

第三款规定按各年汛期总水量进行频率分析，一般为降水、洪水集中时期。根据各站水文、气象特性划分。一般为降水、洪水集中时期。如长江中游地区可取五至十月份进行水文统计分析。

第6·1·3条 用流速-面积法测流的各种方法中以流速仪法精度最高，浮标法次之，在特定的困难条件下，比降-面积法也可满足一定的测流精度。当规划部署高洪测期测流时，需首先考虑流速仪法，只有当流速仪法无条件采用时，方可顺序考虑浮标法或比降-面积法测流。

一次测流的测流必须历时，系指自测流开始至终了完成一款中提及的测流过程所需的实际历时。例如用流速仪移测点完成的测速测深历时反测线测点转移的辅助历时。

第七节 实测流量计算

第5·7·3条 当对难地和主槽邻接的边界部分同一起点距处相互重叠度10%~20%，又规定了一特殊情况下允许外延幅度时确定浮标系数外延的方法，以适应抢测高洪的需要。由于浮标系数超过了允许外延限度，误差可能随之增大，故应持严谨态度，其浮标系数"应根据测站特性，经过综合比较分析"确定。

处与垂线浮标系数比较成果中该处的垂线浮标系数和垂线相比较。因为断面浮标系数和垂线浮标系数一般是不相同的，此点必须十分注意。

第5·6·9条 浮标系数的外延，既规定了一般情况下的允

第5·6·7条 影响着多沙河流垂线流速分布曲线的线型、因而推求垂线浮标系数的线型、因而推求浮标系数的数值。据推理和实践证明，含沙量大时，以含沙量多变数的数学模型尚不多见，故本条只提出了原则性的规定。关于参数的选择和应用，由测站根据试验资料分析确定。

及其位置，必须与推求浮标系数时所用浮标测点的有效浮标横向分布的控制部位相应的规定。是根据第5·1·2条"不同的测流方案使用流速仪不相应使用各自相应测流方案相结合。要测流方案按流速仪不相应使用测流方案相结合。适应满足增加流次的要求。测站应将测流方案任务分别绘制水位关系曲线的要求。测站应将测流方案任务分别绘制水位定线推求浮标系数的方法，是有原则区别的。浮标流量不用绘制水位定线求浮标系数的方法值，直接采用实测值。当流量较大时，可以考虑该方法对误差分析，估算浮标系数的影响，并可对浮标系数气阻力对误差分析，估算浮标系数的不确定度。

第二节 高洪测流方案的优选

第6·2·1条 浮标法测流方案的优选工作应根据测站实际条件和要求,采用其他各种可行的优选方法,故此处不作具体规定。

第6·2·2条 对单次测流优选的基本资料之一,落率统计是进行方案优选所必须历时统计与涨、落率统计是,故对流速仪测流时用绳船或无动力装置或用电动缆纵道均应分别不同情况统计。

第6·2·3条 分析单次测流由水位涨、落率引起的流速垂线的平均水位涨落的关系,落率引起的(或可能选用的)测速垂线的平均流速与水位相应部分面积的关系,并建立相应部分面积与水位的关系。然后根据实测资料模拟天然洪水程,落过程中水位涨落,并按本规范(4·8·8)式计算相应水位和相应流量,两者的差值即为涨、落率值引起的流量误差。

本条提及的测流限制历时,系指根据不同精度类别的测站对测验精度的要求,确定一次测流不得超过的极限历时,落率的变幅在允许范围之内。

第6·2·5条 所谓稀遇洪水是泛指一般年洪水是指年份内发生的洪水,即一类精度的水文站当$Z≥Z_M$(90%),二、三类精度的水文站当$Z≥Z_M$(10%)时的洪水。

在方案优选过程中,方案选用数或测点数可能带有小数点,这种实施方案时不能应用,故需作取整处理。

第三节 比降一面积法高洪测流

第6·3·1条 对巡测测站或驻测测站超过常规设备测洪能力时,规定可安排比降一面积法备用。其涵义系指凡用比降一面积法的测站需事先安置好自记水位计等设备和分析掌握比降、糙率等因素的变化规律,以便较准确的测算流量。

第6·3·2条 比降一面积法变化为依据的。由于非棱柱体的河槽,主要是以测验河段的水流能坡变化为依据的。由于非棱柱体的河槽,带来了摩阻以外的能量损失,增加了参变因素的复杂性,当河槽为缓变收缩段时,这项损失可用经验公式估计或忽略不计,当河槽呈明显扩散段或突然扩散时,会产生一系列回流、涡旋,形成不稳定的能量损失,据水力学实验,这种损失所导致的误差较大,且难以用一定的经验公式估计。故本规范要求比降一面积法的测验河段允许有缓变收缩段,但不得有明显的扩散段,严禁有突然扩散断面。

第6·3·3条 比降一面积法是以断面较稳定为前提的,若断面不够稳定,每次洪水后不宜直接采用原大断面计算水量,需实测过断面。当发生稀遇洪水后,不仅要实测过水断面,为了解主要水力因素有无变化,还应按照第6·3·6条规定分析糙率变化规律。

第6·3·6条 比降一面积法适用于恒定均匀流情况,能面比降法适用于恒定变流情况,故反算糙率时需作流速水头项的校正。当发生分洪、溃口、溢流或断面严重冲淤时,水流条件不符合上述水力学原则,所以分析断面的变化规律时,要将此类不同基础性的资料剔除。

从数理统计的要求出发,若样本容量过小,则样本的代表性差,其抽样误差亦大。且当估算糙率的不确定度时,若样本容量要大于30,可以不作学生氏(t)分布规律,应为30~50个测点,分析各级水位下不同洪水特性的糙率。

第6·3·7条 第一款中要求水流情势为恒定流,系指在水位较平稳或峰、谷附近的稳定流条件。由于天然河流很难达到严室里出现的恒定流条件,只能要求基本上为恒定流时即可应用本款的测流计算公式。

第七章 流量测验总不确定度估算

第一节 一般规定

第7.1.1条 本章对流量测验精度所作的规定是依据我国南方湿润地区的十余个水文站的流量测验误差试验和模型试验分析成果制定的。由于受自然条件和试验手段等因素的限制,目前在我国干旱半干旱地区尚未进行系统的流量测验各分量的误差试验,但按陕西、山西两省初步试验的小部分资料,从其误差特性分析,与湿润地区较为相近。对不稳定河流、鉴于它们的流量测验试验极为困难,故本规范只规定可按本章所规定的测验精度分析确定。

第7.1.2条 根据对大量流量测验各分量的系统误差试验资料所作的统计分析表明,流量测验各分量的系统误差,或表现为未定系统误差,或为已定系统误差。如测宽、测深的系统误差按平均分割法计算就是未定系统误差;流量成果当采用本规范的布设原则并按平均分割原则计算就表现为已定系统误差。Ⅰ、Ⅱ型误差则表现为已定系统误差。

为了与有关流量测验国际标准(ISO5168)对误差描述随机误差、本规范规定用置信水平95%的随机不确定度随机误差描述相一致,本规范规定用置信水平95%的系统不确定度描述未定系统误差,用置信水平不低于95%的系统不确定度描述已定系统误差,不确定度数值值用百分数表示。

第二节 流量测验误差

第7.2.1条 本条仅限于分析与流速仪法测流有关的流量测量误差来源。

第7.2.2条、第7.2.3条 估算单次流量测验误差估算中应予以考虑的流量测量误差来源。是依据误差理论分析和误差试验成果而作出的。

第7.2.4条 均匀浮标法是流量测验中常用的方法之一。本条所列的这种方法是流量测验误差来源的主要来源,系在有关流量测验误差估算中必须予以考虑的。对流量误差影响很小而可忽略的其他误差来源未予列出。

第三节 流速仪法流量测验误差试验

第7.3.1条 由于水文站难于开展专门的流量测验误差试验工作。因此,为保证流量测验误差试验的质量,本规范规定流量测验误差应在流量测验误差试验站进行。

第7.3.2条 为了提高试验资料的代表性和效用,特作本条规定。

第7.3.4条 本条规定是根据对各类精度的水文站的大量试验资料作出的。经验证表明,当水位变化幅满足本条规定时,一般可使流量测验误差试验在水流较稳定的条件下进行并使实测的大部分水流量测验误差试验成果能较为符合实际。

第7.3.6条~第7.3.8条 各条所涉及的方法和有关数据,均系根据国际标准ISO1088有关内容并结合我国河流特性,经过充分的试验分析所得出的水流变化规律而作出的规定。

其中第7.3.8条规定,有关试验的垂线数目,b为相邻两垂线间的距离,b的取值不得小于0.5m,且不得大于1.0m,是考虑到流速仪对水流分析对垂线数目的扰动不致于影响流速测验的正确性和Ⅱ型误差试验分析对垂线数目的基本要求而规定的。

第四节 流量测验各分量随机不确定度的估算

第7.4.1条 估算式(7.4.1-1)和(7.4.1-2),是对国际标准ISO1088的有关公式经过推导校正得出,不同之处为:(7.4.1-1)式中累加符($\sum$)的上限是$n-1$,而不是原

式中的 n_0。这是建立在严格的数学论证上的。

第7·4·2条 在国际标准ISO1088中Ⅱ型相对标准差按下式估算：

$$S_p^2 = \frac{1}{I-1}\sum_{i=1}^{I}(\hat{S}_i-\mu_i)^2 - \frac{S_F^2}{J}$$

但理论和实践证明，按此式估算Ⅱ型相对标准差会导致 $S_p^2<0$ 的不合理结果。因而本规范采用Ⅱ型相对标准差的计算公式(7·4·2-4)作为Ⅱ型相对标准差估计，并可用(7·4·2-3)式将Ⅱ型相对标准差的已定系统误差予以估计。

第7·4·3条 在国际标准ISO1088中，Ⅲ型相对标准差估算式为：

$$S_m^2 = \frac{1}{I-1}\sum_{i=1}^{I}\left[\left(\frac{Q_m}{Q}\right)_i-1\right]^2$$

此式的不足之处在于掩盖了Ⅲ型误差包含有已定系统误差这一事实。实际情况表明，当测速垂线数目有限时，流量相对误差的平均值明显不等于零。因此，本条规定采用(7·4·3-2)式估算Ⅲ型随机误差，而克服原估算方法中的系统误差的不合理性。

第7·4·5条 本条规定以及第7·4·2条、第7·4·3条的规定，均根据水电部长办水文测验研究所提出的1986年水电部科技进步成果《高洪测验精度研究》(论文)二等奖的。

第五节 各分量不确定度的确定

第7·5·1条 本条规定的流速仪法流量测量各分量不确定度的综合原则和分类综合方法，其根据第7·4·5条说明。

第7·5·2条 本条所规定的各项精度，与国际标准ISO748相比有以下几方面较为先进：

一、附表4·2至附表4·7所规定的流量测验误差分类综合方法，对大量的流量测验试验资料进行统计分析所得成果进行编制的，资料基础坚实于国际标准。

二、各项误差有按站类均高、中、低水位级编制的误差指标，区别了随机误差和已定系统误差，较之国际标准没有按站类和水位级编制的质量高。

三、对Ⅰ、Ⅱ型误差指标。

第7·5·4条 本条第三款所规定的均匀浮标系数未确定，是根据80年代和50年代的均匀浮标试验资料综合得出的，本条第四款的规定根据本规范第5·1·1条第一款"均匀浮标法测流方案中有效浮标横向分布的控制部位，应按流速仪法测流方案的测速垂线数及其所在位置确定"的规定作出的。

第六节 流量测验总不确定度

第7·6·3条 本条规定流量测量成果采用实测流量、总不确定度和已定系统误差三项数据表达，是为了便于使用设计、科研工作人员对资料精度的认识和切合实际，便于科学、合理地分析应用。

第八章 流量测验成果检查和分析

第一节 单次流量测验成果的检查分析

第8.1.1条 本条规定对测验成果随时进行检查分析,发现差错情况原因,在现场纠正补救,目的是保证原始测验记录正确和测次布置合理,测验成果可靠和测验忠实贯彻执行,故必须认真负责地进行检查分析,不能敷衍过场。

第8.1.2条 测次布置是否恰当、合理,对能否满足资料整编定线的要求十分重要。因此,本条将"测次布置的合理性检查分析"列为单次流量测验成果检查分析的一项内容。

第8.1.3条 测点布置与流速、垂线流速、水深和起点距测量记录的检查,在于及时发现错误,在现场进行改正和补测。现分款说明如下:

第一款,现场点绘同一张图上的前一测次的垂线流速分布曲线图,并分析分布规律和合理性。在执行此规定时,采用固定垂线测速,并分析其合理性。在图上绘流速控制线为宜。没有采用固定垂线测速的测站,可在图上绘制典型的垂线分布曲线。过在船只定位,流速测点定位,水草,测验现场受漂浮物、水深、流速测量的性能,流速仪及仪嗓表的影响等各方面检查,如属计算错误则予改正,如发现反常现象时,应从流速测量,垂线定位、测船稳定情况,以及测验现场受漂浮物或水生植物的影响等方面进行复测。

第二款,本条规定现场点绘垂线平均流速或浮标流速横向分布图,一般要求与先绘制在同一张图上与前一测次垂线平均流速或浮标流速横向分布图对照检查其

流速分布的合理性。垂线与垂线平均流速对照检查时,与相邻固定垂线测速对照的实测成果及上一测次垂线水深,现场检查原因,主要是便于测站在因难情况下开展现场检查分析工作。

第四款,采用固定垂线对照检查的实测成果,与相邻固定垂线的实测成果及上一测次垂线水深,现场检查原因,主要是便于测站在因难情况下开展现场检查分析工作。

第8.1.4条 本条规定对流量测验成果应在每次测流结束的当日进行计算校核,并进行合理性检查分析,在于及时发现问题,及时处理。当发现测点反常时,一般可从水位观测,断面测量借用与计算,浮标系数的选用,流量计算以及测站控制变动成反常的原因进行分析。并可根据测站特性和可能造成反常大水深,点绘水位与水面比降、水位与最大流速、水位与最大水深的关系曲线图,进一步分析它们的变化规律及其相互关系,以检查出反常的原因。

第二节 测站特性分析

第8.2.1条 测站控制是反映测站水力特性的主要特征,直接影响水位流量关系的稳定性。因此,每隔一定时期,应对测站控制条件进行分析研究。

第一款,在年际间水位流量关系曲线的比较中,当曲线有平行或局部偏移时,可从控制断面或控制河段的情况,测站上、下游条件的变动情况,水生植物的生长消失等方面进行分析。根据分析结果,合理地调整测次。

第二款,以水位为纵轴,流量测点偏离曲线的百分数为横轴,点绘水位与流量测点偏离百分数的关系。当某水位级出现系统偏离,点偏离曲线的百分数与偏离值不应超过水位流量定线标准,且不应出现有系统偏离的

可能测站控制发生转移，可根据上款所列的原则进行分析，对于偏离值超出定线标准较大的测点，可从测验成果本身和当时水情等方面进行对照检查。

第三款，点绘流量测点正、负偏离百分数与时间关系图，如有较长时间发生连续性的系统偏离，可从洪水、春汛或其他自然现象引起河流形势改变等方面分析引起测站控制转移或变动的原因。

第四款，对与指定流量相应水测的多年实测相应水位依时间的变化过程进行分析，当同一流量水位较接近水平时，说明测站控制和水位流量关系比较稳定。当任何一个指定流量的水位过程有较长时间的下降或上升趋势时，表明测站控制已发生转移或变动，其原因多由于河床冲刷或淤积所致。所谓指定流量系指整数位或整数10倍的特定值，如5、60、150、1000、2500m³/s等。测站可根据本站流量变化特点分析选用。

中华人民共和国国家标准

城市给水工程规划规范

Code for Urban Water Supply Engineering Planning

GB 50282—98

主编部门：中华人民共和国建设部
批准部门：中华人民共和国建设部
施行日期：1999年2月1日

关于发布国家标准《城市给水工程规划规范》的通知

建标 [1998] 14 号

根据原国家计委计综合 [1992] 490号文附件二 "1992年工程建设标准制订修订计划"的要求，由我部会同有关部门共同制订的《城市给水工程规划规范》，已经有关部门会审。现批准《城市给水工程规划规范》GB50282—98 为强制性国家标准，自1999年2月1日起施行。

本规范由我部负责管理，由浙江省城乡规划设计研究院负责具体解释工作。本规范由建设部标准定额研究所组织中国建筑工业出版社出版发行。

中华人民共和国建设部
1998年8月20日

前 言

本规范是根据原国家计委计综合[1992]490号文的要求，由建设部负责编制而成。经建设部1998年8月20日以建标[1998]14号文批准发布。

在本规范编制过程中，规范编制组在总结实践经验和科研成果的基础上，主要对城市水资源及城市用水量、给水范围和规模、给水水质和水压、水源、给水系统、水厂和输配水等方面作了规定，并广泛征求了全国有关单位的意见，最后由我部会同有关部门审查定稿。

在本规范执行过程中，希望各有关单位结合工程实践和科学研究，认真总结经验，注意积累资料，如发现需要修改和补充之处，请将意见和有关资料寄交浙江省城乡规划设计研究院（通讯地址：杭州保俶路224号，邮政编码310007)，以供今后修订时参考。

主编单位：浙江省城乡规划设计研究院

参编单位：杭州市规划设计院、大连市规划设计研究院、陕西省城乡规划设计研究院

主要起草人：王 杉、张苑梅、周胜昔、吴兆申、肖玲群、曹世法、付文清、张 华、韩文斌、张明生

目 次

1 总则 …… 11—3
2 城市水资源及城市用水量 …… 11—4
　2.1 城市水资源 …… 11—4
　2.2 城市用水量 …… 11—4
3 给水范围和规模 …… 11—6
4 给水水质和水压 …… 11—7
5 水源选择 …… 11—7
6 给水系统 …… 11—8
　6.1 给水系统布局 …… 11—8
　6.2 给水系统的安全性 …… 11—8
7 水源地 …… 11—9
8 水厂 …… 11—9
9 输配水 …… 11—10
附录A 生活饮用水水质指标 …… 11—10
规范用词用语说明 …… 11—12
条文说明 …… 11—12

1 总 则

1.0.1 为在城市给水工程规划中贯彻执行《城市规划法》、《水法》、《环境保护法》，提高城市给水工程规划编制质量，制定本规范。

1.0.2 本规范适用于城市给水工程规划。

1.0.3 城市给水工程规划的主要内容应包括：预测城市用水量，进行水资源与城市用水量之间的供需平衡分析；确定城市给水水源并提出相应的给水系统布局框架；选择给水枢纽工程的位置和用地；提出水资源保护以及开源节流的要求和措施。

1.0.4 城市给水工程规划期限应与城市总体规划期限一致。

1.0.5 城市给水工程规划应重视近期建设规划，且应适应城市远景发展的需要。

1.0.6 在规划水源地、地表水水厂或地下水水厂、加压泵站等工程设施用地时，应节约用地，保护耕地。

1.0.7 城市给水工程规划应与城市排水工程规划相协调。

1.0.8 城市给水工程规划除应符合本规范外，尚应符合国家现行的有关强制性标准的规定。

2 城市水资源及城市用水量

2.1 城市水资源

2.1.1 城市水资源应包括符合各种用水的水源水质标准的淡水(地表水和地下水)、海水及经过处理后符合各种用水水质要求的淡水(地下水和地表水)、海水、再生水。

2.1.2 城市水资源和城市用水量之间应保持水量平衡,以确保城市可持续发展。在几个城市共享同一水源或水源在城市规划区以外时,应进行水域范围、流域的水资源供需平衡分析。

2.1.3 根据城市水资源的供需平衡分析,并提出保持平衡的对策,包括合理确定城市水资源规模和产业结构,限制发展用水量大的企业,并应发展节水农业。对水资源匮乏的城市应根据用水实际情况,应开源节流和水污染防治等相应措施。针对水资源不足的原因,应提出开源节流和水污染防治等相应措施。

2.2 城市用水量

2.2.1 城市用水量应由下列两部分组成:

第一部分为规划期内由城市给水工程统一供给的居民生活用水、工业用水、公共设施用水及其他用水量的总和。

第二部分应为城市给水工程统一供给以外的所有用水,其中应包括:工业和公共设施自备水源供水、农业灌溉和养殖及畜牧业用水、农村居民和乡镇企业用水、环境用水和航道用水等。

2.2.2 城市给水工程统一供给的综合用水量应根据城市的地理位置、水资源状况、城市性质和规模、产业结构、国民经济发展和居民生活水平、工业回用水率等因素确定。

2.2.3 城市给水工程统一供给的用水量预测宜采用表 2.2.3-1 和表 2.2.3-2 中的指标。

表 2.2.3-1 城市单位人口综合用水量指标(万 m³/(万人·d))

区 域	城 市 规 模			
	特大城市	大城市	中等城市	小城市
一区	0.8~1.2	0.7~1.1	0.6~1.0	0.4~0.8
二区	0.6~1.0	0.5~0.8	0.35~0.7	0.3~0.6
三区	0.5~0.8	0.4~0.7	0.3~0.6	0.25~0.5

注: 1. 特大城市指市区和近郊区非农业人口 100 万及以上的城市,大城市指市区和近郊区非农业人口 50 万及以上不满 100 万的城市,中等城市指市区和近郊区非农业人口 20 万及以上不满 50 万的城市,小城市指市区和近郊区非农业人口不满 20 万的城市;

2. 一区包括: 贵州、四川、湖北、湖南、江西、浙江、福建、广东、广西、海南、上海、江苏、安徽、重庆;

二区包括: 黑龙江、吉林、辽宁、北京、天津、山西、山东、河北、陕西、内蒙古奎以东和甘肃黄河以东和甘肃黄河以西以东的地区;

三区包括: 新疆、青海、西藏、内蒙古奎以西和甘肃河西走廊以西的地区。

3. 经济特区及其他有特殊情况的城市,应根据用水实际情况,用水指标可酌情增减(下同)。

4. 用水人口为城市总体规划确定的规划人口数(下同)。

5. 本表指标为规划期最高日用水量指标(下同)。

6. 本表指标已包括管网漏失水量。

表 2.2.3-2 城市单位建设用地综合用水量指标(万 m³/(km²·d))

区 域	城 市 规 模			
	特大城市	大城市	中等城市	小城市
一区	1.0~1.6	0.8~1.4	0.6~1.0	0.4~0.8
二区	0.8~1.2	0.6~1.0	0.4~0.7	0.3~0.6
三区	0.6~1.0	0.5~0.8	0.3~0.6	0.25~0.5

注: 本表指标已包括管网漏失水量。

2.2.4 城市给水工程统一供给的综合生活用水量的预测,应根据城市特点、居民生活水平等因素确定。人均综合生活用水量宜采用表2.2.4中的指标。

表2.2.4 人均综合生活用水量指标（L/(人·d)）

区 域	城 市 规 模			
	特大城市	大城市	中等城市	小城市
一区	300~540	290~530	280~520	240~450
二区	230~400	210~380	190~360	190~350
三区	190~330	180~320	170~310	170~300

注：综合生活用水为城市居民日常生活用水和公共建筑用水之和，不包括浇洒道路、绿地、市政用水和管网漏失水量。

2.2.5 在城市总体规划阶段，估算城市给水工程统一供水的干管径或分区的用水量时，可按照下列不同性质用地用水量指标确定。

1 城市居住用地用水量应根据城市特点，居民生活水平等因素确定。单位居住用地用水量可采用表2.2.5-1中的指标。

表2.2.5-1 单位居住用地用水量指标（万m³/(km²·d)）

用地代号	区域	城 市 规 模			
		特大城市	大城市	中等城市	小城市
R	一区	1.70~2.50	1.50~2.30	1.30~2.10	1.10~1.90
	二区	1.40~2.10	1.25~1.90	1.10~1.70	0.95~1.50
	三区	1.25~1.80	1.10~1.60	0.95~1.40	0.80~1.30

注：1. 本表指标已包括管网漏失水量。
2. 用地代号引用现行国家标准《城市用地分类与规划建设用地标准》(GBJ137)（下同）。

2 城市公共设施用地用水量应根据公共设施的类别、繁荣程度以及公共设施的类别、经济发展状况和商贸繁荣程度等因素确定。单位公共设施用地用水量可采用表2.2.5-2中的指标。

3 城市工业用地用水量应根据产业结构、主体产业、生产规模及技术先进程度等因素确定。单位工业用地用水量可采用表2.2.5-3中的指标。

表2.2.5-2 单位公共设施用地用水量指标（万m³/(km²·d)）

用地代号	用 地 名 称	用水量指标
C	行政办公用地	0.50~1.00
	商贸金融用地	0.50~1.00
	体育、文化娱乐用地	0.50~1.00
	旅馆、服务业用地	1.00~1.50
	教育用地	1.00~1.50
	医疗、休疗养用地	1.00~1.50
	其他公共设施用地	0.80~1.20

注：本表指标已包括管网漏失水量。

表2.2.5-3 单位工业用地用水量指标（万m³/(km²·d)）

用地代号	工业用地类型	用水量指标
M1	一类工业用地	1.20~2.00
M2	二类工业用地	2.00~3.50
M3	三类工业用地	3.00~5.00

注：本表指标包括了工业用地中职工生活用水及管网漏失水量。

4 城市其他用地用水量可采用表2.2.5-4中的指标。

表2.2.5-4 单位其他用地用水量指标（万m³/(km²·d)）

用地代号	用 地 名 称	用水量指标
W	仓储用地	0.20~0.50
T	对外交通用地	0.30~0.60
S	道路广场用地	0.20~0.30
U	市政公用设施用地	0.25~0.50
G	绿地	0.10~0.30
D	特殊用地	0.50~0.90

注：本表指标已包括管网漏失水量。

2.2.6 进行城市水资源供需平衡分析时，城市给水工程统一供水部分所要求的水资源供水量为城市最高日用水量除以日变化系数再乘上供水天数。各类城市的日变化系数可采用表2.2.6中的数值。

表2.2.6 日变化系数

特大城市	大城市	中等城市	小城市
1.1~1.3	1.2~1.4	1.3~1.5	1.4~1.8

2.2.7 自备水源供水的工矿企业和公共设施的用水量应纳入城市用水量中，由城市给水工程进行统一规划。

2.2.8 城市河湖环境用水和航道用水、农业灌溉和养殖及畜牧业用水、农村居民和乡镇企业用水等的水量应根据有关部门的相应规划纳入城市用水量中。

3 给水范围和规模

3.0.1 城市给水工程规划范围应和城市总体规划范围一致。

3.0.2 当城市给水水源地在城市规划区以外时，水源地和输水管线应纳入城市给水工程规划范围。当输水管线途经的城镇需由同一水源供水时，应进行统一规划。

3.0.3 给水规模应根据城市给水工程统一供给的城市最高日用水量确定。

3.0.4 城市中用水量大且水质要求低于现行国家标准《生活饮用水卫生标准》(GB5749)的工业和公共设施，应根据城市供水现状、水资源状况等因素进行综合研究，确定由城市给水工程统一供水或自备水源供水。

4 给水水质和水压

4.0.1 城市统一供给的或自备水源供给的生活饮用水水质应符合现行国家标准《生活饮用水卫生标准》(GB5749) 的规定。

4.0.2 最高日供水量超过100万 m³、同时是直辖市、对外开放城市、重点旅游城市，且由城市统一供给的生活饮用水供水水质，宜符合本规范附录A中表A.0.1-1的规定。

4.0.3 最高日供水量超过50万 m³ 不到100万 m³ 的其他城市，由城市统一供给的生活饮用水供水水质，宜符合本规范附录A中表A.0.1-2的规定。

4.0.4 城市统一供给的其他用水水质应符合相应的水质标准。

4.0.5 城市配水管网的供水水压宜满足用户接管点处服务水头28m的要求。

5 水 源 选 择

5.0.1 选择城市给水水源应以水资源勘察或分析研究报告和区域、流域水资源规划及城市供水水源开发利用规划为依据，并应满足各规划区城市用水量和水质等方面的要求。

5.0.2 选用地表水为城市给水水源时，城市给水水源的枯水流量保证率应根据城市性质利规模确定，可采用90%～97%。建制镇给水水源的枯水流量保证率应符合现行国家标准《村镇规划标准》(GB50188) 的有关规定。当水源的枯水流量不能满足上述要求时，应采取多水源调节或调蓄等措施。

5.0.3 选用地表水为城市给水水源时，城市生活饮用水水源《生活饮用水卫生标准》(GB5749) 以及国家现行标准《生活饮用水水源水质标准》(CJ3020) 的规定。当城市生活饮用水水源不符合上述各类标准的卫生标准要求时，其取水水量应小于允许开采量。

5.0.4 符合现行国家标准《生活饮用水卫生标准》(GB5749) 的地下水宜优先作为城市居民生活饮用水水源。开采地下水应以水文地质勘察报告为依据，其取水水量应小于允许开采量。

5.0.5 低于生活饮用水水质要求的水源，可作为工业用水等其他用水的水源。

5.0.6 水资源不足的城市宜将城市污水再生处理后作工业用水、生活杂用水及河湖环境用水、农业灌溉用水等，其水质应符合相应标准的规定。

5.0.7 缺乏淡水资源的沿海或海岛城市宜将海水直接或经处理后作为城市水源，其水质应符合相应标准:的规定。

6.2.4 给水系统主要工程设施供电等级应为一级负荷。

6.2.5 给水系统中的调蓄水量宜为给水规模的10%～20%。

6.2.6 给水系统的抗震要求应按国家现行标准《室外给水排水和煤气热力工程设施抗震设计规范》(TJ32)及现行国家标准《室外给水排水工程设施抗震鉴定标准》(GBJ43)执行。

6 给 水 系 统

6.1 给水系统布局

6.1.1 城市给水系统应满足城市的水量、水质、水压及城市消防、安全给水的要求,并应按城市地形、规划布局、技术经济等因素经综合评价后确定。

6.1.2 规划城市给水系统时,应合理利用城市已建给水工程设施,并进行统一规划。

6.1.3 城市地形起伏较大或规划给水范围广时,可采用分区分压给水系统。

6.1.4 根据城市水源状况、总体规划布局和用户对水质的要求,可采用分质给水系统。

6.1.5 大、中城市有多个水源可供利用时,宜采用多水源给水系统。

6.1.6 城市有地形可供利用时,宜采用重力输配水系统。

6.2 给水系统的安全性

6.2.1 给水系统中的工程设施不应设置在易发生滑坡、泥石流、塌陷等不良地质地区及洪水淹没和内涝低洼地区。地表水取水构筑物应设置在河岸及河床稳定的地段。工程设施的防洪防涝等级不应低于所在城市设防的相应等级。

6.2.2 规划长距离输水管线时,输水管不宜少于两根。当其中一根发生事故时,另一根管线的事故给水量不应小于正常给水量的70%。当城市为多水源给水或设备应急水源、安全水池等条件时,亦可采用单管输水。

6.2.3 市区的配水管网应布置成环状。

7 水 源 地

7.0.1 水源地应设在水量、水质有保证和易于实施水源环境保护的地段。

7.0.2 选用地表水为水源时,水源地应位于水体功能区划规定的取水段或水质符合相应标准的河段。饮用水水源地一级保护区应符合现行国家标准《地面水环境质量标准》(GB3838) 中规定的Ⅱ类标准。

7.0.3 选用地下水为水源时,水源地应设在不易受污染的富水地段。

7.0.4 水源为高浊度江河时,水源地应选在浊度相对较低的河段或《高浊度水给水设计规范》(CJJ40) 的规定。

7.0.5 当水源为含氯离子含量符合有关标准规定的河段或感潮河段时,水源地应选在避咸潮蓄调设施设置条件符合合国家现行标准《含藻水给水处理设计规范》(CJJ32) 的规定。

7.0.6 水源为湖泊或水库时,水源地的位置,并应根据水深和水域开阔的情况、水位较深和水域开阔的地点,并应符合合有关含藻类含量较低、水位较深和水域开阔的地点。

7.0.7 水源地的用地的大小等因素确定,并应根据给水规模和水源特性、取水方式、调节设施大小等因素确定,并应同时提出水源卫生防护要求和措施。

8 水 厂

8.0.1 地表水水厂的位置应根据给水系统的布局确定,宜选择在交通便捷以及供电安全可靠和水厂生产废水处置方便的地方。

8.0.2 地表水水厂应根据水源水质和用户对水质的要求采取相应的处理工艺,同时应对水厂生产废水进行处理。

8.0.3 水源为含藻水、高浊度水或受到不定期污染时,应设置预处理设施。

8.0.4 地下水水厂的位置根据水源地的地点和不同的取水方式确定,宜选择在取水构筑物附近。

8.0.5 地下水中铁、锰、氟等无机盐类超过规定,用地控制指标应按表8.0.6采用。

8.0.6 水厂用地周围应按规划期给水规模确定设置宽度不小于10m的绿化带。

表 8.0.6 水厂用地控制指标

建设规模 (万 m³/d)	地表水水厂 (m²·d/m³)	地下水水厂 (m²·d/m³)
5~10	0.7~0.50	0.40~0.30
10~30	0.50~0.30	0.30~0.20
30~50	0.30~0.10	0.20~0.08

注:1. 建设规模大的取用地下限,建设规模小的取上限。
2. 地表水水厂建设用地按常规处理工艺进行,厂内设置预处理或深度处理构筑物以及污泥处理设施时,可根据需要增加用地。
3. 地下水水厂建设用地按消毒工艺进行,厂内设置特殊水质处理工艺时,可根据需要增加用地。
4. 本表指标未包括厂区周围绿化地带用地。

9 输 配 水

9.0.1 城市应采用管道或暗渠输送原水。当采用明渠时，应采取保护水质和防止水量流失的措施。

9.0.2 输水管（渠）的根数及管径（尺寸）应满足规划期给水规模和近期建设的要求，宜沿现有或规划期道路铺设，并应缩短线路长度，减少跨越障碍次数。

9.0.3 城市配水干管的设置及管径应根据城市规划布局、规划期给水规模及近期建设确定。其管线走向应沿现有或规划道路布置，并宜避开城市交通主干道。管线在城市道路中的埋设位置应符合现行国家标准《城市工程管线综合规划规范》的规定。

9.0.4 输水管和配水干管穿越铁路、高速公路、河流、山体时，应选择经济合理线路。

9.0.5 当配水系统中需设置加压泵站时，其位置宜靠近用水集中地区。泵站用地应按规划期给水规模确定，其用地控制指标应按表9.0.5采用。泵站周围应设置宽度不小于10m的绿化地带，并宜与城市绿化用地相结合。

表 9.0.5 泵站用地控制指标

建设规模 （万 m³/d）	用 地 指 标 （m²·d/m³）
5～10	0.25～0.20
10～30	0.20～0.10
30～50	0.10～0.03

注：1. 建设规模大的取下限，建设规模小的取上限。
2. 加压泵站设有大容量的调节水池时，可根据需要增加用地。
3. 本指标未包括站区周围绿化地带用地。

附录 A 生活饮用水水质指标

表 A.0.1-1 生活饮用水水质指标一级指标

项 目	指 标 值	项 目	指 标 值
色度	1.5Pt-Co mg/L	硅	
浊度	1NUT	溶解氧	
臭和味	无	碱度	>30mgCaCO₃/L
肉眼可见物	无	亚硝酸盐	0.1mgNO₂/L
pH	6.5～8.5	氨	0.5mgNH₃/L
总硬度	450mgCaCO₃/L	耗氧量	5mg/L
氯化物	250mg/L	总有机碳	
硫酸盐	250mg/L	矿物油	0.01mg/L
溶解性固体	1000mg/L	钡	0.1mg/L
电导率	400(20℃)μs/cm	硼	1mg/L
硝酸盐	20mgN/L	氯化氰	60μg/L
氟化物	1.0mg/L	四氯化碳	3μg/L
阴离子洗涤剂	0.3mg/L	氰化物	
剩余氯	0.3，末0.05mg/L	砷	0.05mg/L
挥发酚	0.002mg/L	镉	0.05mg/L
铁	0.03mg/L	铬	0.01mg/L
锰	0.1mg/L	汞	0.001mg/L
铜	1.0mg/L	铅	0.05mg/L
锌	1.0mg/L	硒	0.01mg/L
银	0.05mg/L	DDT	1μg/L
铝	0.2mg/L	666	5μg/L
钠	200mg/L	苯并(a)芘	0.01mg/L
钙	100mg/L	农药（总）	0.5μg/L
镁	50mg/L	敌敌畏	0.1μg/L

表 A.0.1-2 生活饮用水水质指标二级指标

项 目	指 标 值	项 目	指 标 值
色度	1.5Pt-Co mg/L	硒	0.01mg/L
浊度	2NUT	氯仿	60μg/L
臭和味	无	四氯化碳	3μg/L
肉眼可见物	无	DDT	1μg/L
pH	6.5~8.5	666	5μg/L
总硬度	450mgCaCO₃/L	苯并(a)芘	0.01μg/L
氯化物	250mg/L	2,4,6-三氯酚	10μg/L
硫酸盐	250mg/L	1,2-二氯乙烷	10μg/L
溶解性固体	1000mg/L	1,1-二氯乙烯	0.3μg/L
硝酸盐	20mgN/L	四氯乙烯	10μg/L
氟化物	1.0mg/L	三氯乙烯	30μg/L
阴离子洗涤剂	0.3mg/L	五氯酚	10μg/L
剩余氯	0.3,末0.05mg/L	苯	10μg/L
挥发酚	0.002mg/L	农药(总)	0.5μg/L
铁	0.03mg/L	敌敌畏	0.1μg/L
锰	0.1mg/L	乐果	0.1μg/L
铜	1.0mg/L	对硫磷	0.1μg/L
锌	1.0mg/L	甲基对硫磷	0.1μg/L
银	0.05mg/L	除草醚	0.1μg/L
铝	0.2mg/L	敌百虫	0.1μg/L
钠	200mg/L	细菌总数37℃	100个/mL
氰化物	0.05mg/L	大肠杆菌群	3个/mL
砷	0.01mg/L	粪型大肠杆菌	MPN<1/100mL
镉	0.05mg/L	放射性(总α)	膜法 0/100mL
铬	0.05mg/L	(总β)	0.1Bq/L
汞	0.001mg/L		1Bq/L
铅	0.05mg/L		

注:1.指标取值自 WHO(世界卫生组织);
2.农药总量中包括 DDT 和 666。

续表

项 目	指 标 值	项 目	指 标 值
乐果	0.1μg/L	对二氯苯	0.01μg/L
对硫磷	0.1μg/L	六氯苯	0.0002mg/L
甲基对硫磷	0.1μg/L	铍	0.05mg/L
除草醚	0.1μg/L	镍	0.01mg/L
敌百虫	10μg/L	锑	0.1mg/L
2,4,6-三氯酚	10μg/L	钒	1.0mg/L
1,2-二氯乙烷	10μg/L	钴	0.2μg/L
1,1-二氯乙烯	0.3μg/L	多环芳烃(总量)	
四氯乙烯	10μg/L	萘	
三氯乙烯	30μg/L	萤蒽	
五氯酚	10μg/L	苯并(b)萤蒽	
苯	10μg/L	苯并(k)萤蒽	
酚类		苯并(1,2,3,4d)芘	
酚类:(总量)	0.002mg/L	苯并(ghi)芘	
间甲酚		细菌总数37℃	100个/mL
2,4-二氯酚		大肠杆菌群	3个/mL
对硝基酚		粪型大肠杆菌	MPN<1/100mL
有机甲氯:(总量)	1μg/L	粪型链球菌	膜法 0/100mL
二氯甲烷		亚硫酸还原菌	MPN<1/100mL
1,1,1-三氯乙烷		放射性(总α)	0.1Bq/L
1,1,2-三氯乙烷		(总β)	1Bq/L
1,1,2,2-四氯乙烷			
三溴甲烷			

注:1.指标取值目 EC(欧共体);
2.酚类总量中包括 2,4,6-三氯酚,五氯酚;
3.有机氯总量中包括 1,2-二氯乙烷,1,1-二氯乙烯,四氯乙烯,三氯乙烯,不包括三溴甲烷及氯苯类;
4.多环芳烃总量中包括苯并(a)芘;
5.无指标值的项目作测定和记录,不作考核;
6.农药总量中包括 DDT 和 666。

中华人民共和国国家标准

城市给水工程规划规范

Code for Urban Water Supply
Engineering Planning

GB 50282—98

条 文 说 明

规范用词用语说明

1. 执行本规范条文时，对于要求严格程度的用词，说明如下，以便在执行中区别对待。
   (1) 表示很严格，非这样做不可的用词
       正面词采用"必须"；反面词采用"严禁"。
   (2) 表示严格，在正常情况下均应这样做的用词：
       正面词采用"应"；反面词采用"不应"或"不得"。
   (3) 表示允许稍有选择，在条件许可时，首先应这样做的用词：
       正面词采用"宜"；反面词采用"不宜"。
   (4) 表示有选择，在一定条件下可以这样做的，采用"可"。
2. 条文中指明应按其他有关标准和规范执行的写法为："应按……执行"或"应符合……要求或规定"。

目　次

1 总则 …………………………………… 11—13
2 城市水资源及城市用水量 …………… 11—15
  2.1 城市水资源 ……………………… 11—15
  2.2 城市用水量 ……………………… 11—18
3 给水范围和规模 ……………………… 11—19
4 给水水质和水压 ……………………… 11—20
5 水源选择 ……………………………… 11—21
6 给水系统 ……………………………… 11—21
  6.1 给水系统布局 …………………… 11—22
  6.2 给水系统的安全性 ……………… 11—23
7 水源地 ………………………………… 11—24
8 水厂 …………………………………… 11—25
9 输配水 ………………………………… 11—25

1 总　则

1.0.1 阐明编制本规范的宗旨。城市规划事业在近十几年来有了很大的发展，但是在城市规划各项法规、标准制定上明显落后于发展的需要。给水工程是城市基础设施的重要组成部分，是城市发展的保证，但在城市给水工程规划中，由于没有相应的国家标准可供参考，因此全国各地规划设计单位所作的给水工程规划内容和深度各不相同。这种情况，不利于城市给水工程规划水平的提高，不利于城市给水工程规划的统一评定和检查，同时也影响了城市给水工程规划作为城市发展政策性法规和后阶段设计的指导性文件的严肃性。

随着《城市规划法》、《水法》、《环境保护法》、《水污染防治法》等一系列法规的颁布和《地面水环境质量标准》、《生活饮用水卫生标准》、《污水综合排放标准》等一系列标准的实施，人们的法制观念日渐加强，深感需要有城市给水工程规划方面的法规，以便在编制城市给水工程规划时有法可依、有章可循。

同时，本规范具体体现了国家在给水工程中的技术经济政策，保证了城市给水工程规划的先进性、合理性、可行性及经济性，是我国城市规划规范体系日益完善的表现。

1.0.2 规定本规范的适用范围。明确指出本规范适用于城市总体规划中的给水工程规划。

根据规划法，城市规划在总体规划上应编制各类行的各类给水中规范其适用于总体规划分区规划、详细规划两阶段。大规范其适用对象大都为具体工程设计。鉴于现行的各类给水规范虽然详尽，内容详尽，但缺少宏观决策、总体布局等方面的内容。为此本规范尽量避免在其他给水规范内容的条文设置及重复，为总体规划（含分区规划）的给水工程规划服务，编制城市给水工程详细规划时，可依照本规范和其他给水规范。

按照国家有关划分城乡标准的规定，设市城市和建制镇同属于城市的范畴，所以建制镇总体规划中的给水工程规划可按本规范执行。

由于农村给水的条件与城市存在较大差异，因此无法归纳在同一规范中。

1.0.3 规定城市给水工程规划的主要任务和规划内容。

城市给水工程规划的内容是根据《城市规划编制办法实施细则》的有关要求确定的，同时又强调了水资源保护及开源节流的措施。

水是不可替代资源，对国计民生有着十分重要的作用。根据《饮用水水源保护区污染防治管理规定》和《生活饮用水水质标准》(CJ3020)的规定，饮用水水源保护区的设置和污染防治应纳入当地的社会经济发展规划和城市污水防治规划。水源的水质和给水工程紧密相关，因此对水资源的卫生防护必须在给水工程规划中予以体现。

我国是一个水资源匮乏的国家，城市水资不足已成为全国性的同题。在一些水资严重不足的城市，已影响到社会的安定。针对水资源不足的城市，我们应从两方面采取措施解决。一方面是"开源"，积极寻找可供利用的水源（包括城市污水的再生利用），以满足城市发展的需要；另一方面是"节流"，贯彻节约用水的原则，采取各种行政、技术和经济的手段来节约用水，避免水的浪费。

1.0.4 城市规划的规划期限一般为20年。本条明确城市给水工程规划的规划期限应与城市总体规划的期限相一致，作为城市基础设施建设组成部分的给水工程关系着城市的可持续发展，城市给水工程规划成部分的给水工程关系着城市的可持续发展，城市给水工程规划的基础设施建设组成部分的给水工程关系着城市的生活质量，是创造良好投资环境的基石。因此，城市给水工程规划应有长期的时效以符合城市发展的要求。

1.0.5 本条对城市总体规划的关系作了明确规定。编制城市给水工程规划和远景发展应处理好近期建设和

划是和总体规划的规划期限一致的，但近期建设规划任任是马上要实施的。因此，近期建设规划应受到足够的重视，且应具有可行性和可操作性。由于给水工程是一个系统工程，为此，具有马上实施的城市给水工程规划和近期建设规划在技术上的优化决策，并会造成城市给水工程的不断建设、重复建设的被动局面。

在城市给水工程规划中，宜对城市远景发展、城市远景采用的给水规模及城市远景的给水规划尽早地进行控制和保护，一则可对城市远景的用地面积也必然对工业结构起到导向作用。所以城市给水工程规划应适应城市远景发展的要求。

1.0.6 明确规划水工程用地的原则。由于城市不断发展，城市用水量亦会大幅度增加，随之各类给水工程设施的用地面积也必然增加。但基于我国人口多，可耕地面积少等国情，节约用地是我国的基本国策。在规划中体现节约用地是十分必要的。强调应做到节约用地，可以利用荒地的，不占用耕地，可以利用劣地的，不占用好地。

1.0.7 城市给水工程规划除协调。由于城市给水工程规划的内容包括城市用水量和城市排水的协调尤为重要。协调的内容包括城市用水量和城市排水量，水源地和水源地排水受纳体，水厂和污水处理厂厂址，给水管道和排水管道的管位等方面。

1.0.8 提出给水工程规划，除执行《城市规划法》及本规范外，还需同时执行的有以下这些标准和规范：《生活饮用水卫生标准》、《水污染防治法》、《水法》、《环境保护法》、《水污染防治法》及本规范外，还需同时执行的有以下这些标准和规范：《生活饮用水卫生标准》、《地面水环境质量标准》、《生活杂用水水质标准》、《饮用水水源保护区污染防治管理规定》、《生活饮用水水源水质标准》、《供水水文地质勘察规范》、《室外给水设计规范》、《饮用水水设计规范》、《含藻水给水处理设计规范》、《高浊度水给水设计规程》、《建筑中水设计规范》、《污水综合排放标准》、《城市污水回用设计规范》等。

2 城市水资源及城市用水量

2.1 城市水资源

2.1.1 阐明城市水资源的内涵。包括符合各种用水水源水质标准的地表水和地下水均为城市水资源。凡是可用作城市各种用途的水均水，水源水质不符合用水水源水质标准，但经处理可符合各种用水水质要求的地表和地下淡水；淡化或不淡化的海水以及将城市污水经过处理达到各种用水相应水质标准的再生水等。

2.1.2 城市水资源和城市用水量之间的平衡。

城市水资源和城市用水量之间的平衡是指水质符合各项用水要求的水量之间的平衡。

根据中华人民共和国国务院令第158号《城市供水条例》第十条："编制城市供水水源开发利用规划，应当从城市发展的需要出发，并与水资源统筹规划和长期供求规划相协调"。因此，城市采用市域内本身的水资源或水资源综合规划和利用规划，达到城市用水的供需平衡。

当城市本身水资源贫乏时，也可从几个城市联合引水。可以一个城市单独引水，也可几个城市联合引水。根据《水法》第二十一条："兴建跨流域引水工程，必须进行全面规划和科学论证，统筹兼顾出和引入流域的用水需求，防止对生态环境的不利影响"。因此，当城市采用外域水资源或跨几个城市共用一个水源时，应进行区域或流域范围的水资源综合规划和专项规划，并与国土规划相协调，以满足整个区域或流域的城市用水供需平衡。

2.1.3 本条指明应在水资源供需平衡的基础上合理确定城市规模和城市产业结构。由于水是一种资源，是城市赖以生存的生命线，因此应采取确保水资源不受破坏和污染的措施，城市经济不平衡或应分析其原因并制定相应的对策。

造成城市水资源不足有多种原因，诸如：属于工程的原因，属于污染的原因，属于水资源匮乏的原因或属于综合性的原因等，可针对各种不同的原因采取相应措施。如建造水利设施拦蓄和收集地表径流；建造给水工程设施，扩大城市供水能力；强化对城市水资源的保护，完善城市排污系统，建设污水处理设施；采取分质供水、循环用水、重复用水、回用再生水，限制发展用水量大的产业及采用先进的农业节水灌溉技术等，在有条件时也可以从外域引水等。

2.2 城 市 用 水 量

2.2.1 说明城市用水量的组成。

城市用水量第一部分用水量指由城市给水工程统一供给的水量。包括以下内容：

居民生活用水量：城镇居民日常生活所需的用水量。

工业企业用水量：工业企业生产过程所需的水量。

公共设施用水量：宾馆、饭店、医院、科研机构、学校、机关、办公楼、商业、娱乐场所、公共浴室等用水量。

其他用水量：交通设施用水、仓储用水、市政设施用水、说酒道路用水、绿化用水、消防用水、特殊用水（军营、军事设施、监狱等）等水量。

城市用水量第二部分用水指不由城市给水工程统一供给的水量。包括工矿企业和大型公共设施的自备水，河湖为保持环境需要的各种用水，保证航运要求的水源，农业灌溉和水产养殖业、畜牧业用水，农村居民生活用水的工业企业的工业用水等水量。

2.2.2 说明预测城市用水量时应考虑的相关因素。用水量应结合城市的具体情况和本条文中各项因素确定，并使预测的用水量尽量切合实际。一般地说，年均气温较高，居民生活水平较高，工业和经济发达比较发达的城市用水量较高；而水资源匮乏，工业和经济欠发达或年均气温较低的城市用水量较低。城市的流动和暂住用水指标时，要认真加以分析研究。

(4) 由于我国城市情况十分复杂，对城市用水量的影响很大，故在分析整理数据时已将特殊情况删除，从而本综合指标只适用于一般性质的城市。对于那些特殊的城市，诸如：经济特区、纯旅游城市，水资源紧缺的城市，一个大企业的城市，市政特征明显（如：鞍钢、大庆）等，都需要按实际情况将综合指标予以修正采用。

采用综合指标法预测城市用水量后，可采用年递增法和相关比例法等预测方法对城市用水量进行复核，以确保水量预测的准确性。

2.2.4 本条规定了人均综合生活用水指标，并提出了影响指标选择的因素。人均综合生活用水系指城市居民生活用水和公共设施用水两部分的总水量，不包括工业用水、消防用水、浇洒道路和绿化用水、管网漏失等水量。

表2.2.4系根据《室外给水设计规范》修订过程中"综合生活用水定额建议值"的成果条件，其年限延伸至2015年。在应用时应结合当地自然条件、城市规模、公共设施水平、居住水平和居民生活水平来选择指标值。

城市给水工程统一供给的城市用水量中工业用水所占比重较大，而工业用水因工业的产业结构、规模、工艺的先进程度等因素，各城市不尽相同。但同一城市的工业用水量与人均综合生活用水量之间有相对稳定的比例，因此可采用"人均综合生活用水量指标"结合两者之间的比例而预测城市用水量。

2.2.5 总体规划阶段城市给水工程规划估算水平管径或预测分区的用水量时，宜采用表2.2.5-1~2.2.5-4中所列出的不同性质用地用水量指标。不同性质用地用水量指标为规划期内最高日用水量指标，指标值使用年限延伸至2015年，近期建设规划采用该指标值时可酌减。

1 城市单位居住用地用水量指标（表2.2.5-1）是根据《室外给水设计规范》修订过程中"居民生活用水定额"的成果，并

人口对城市用水量也有一定影响，特别是风景旅游城市、交通枢纽城市和商贸城市，这部分人口的用水量更不可忽视。

2.2.3 提出城市用水量综合指标法，并提出了城市单位人口和单位建设用地综合用水量指标（见表2.2.3-1、2.2.3-2）。该两项指标主要根据1991~1994年《城市建设统计年报》中经选择的175个典型城市用水量（包括9885万用水人口，156亿m³/年供水量，约占全国供水人口的68%和全国供水总量的73%，具有一定代表性）分析整理得出。此外，还对全国部分城市进行了函调，并将函调资料作为分析时的参考。

由于城市规模与城市规范、所在地区气候、居民生活习惯有着不同程度的关系。按国家的《城市规划法》的规定，将城市规模分成特大城市、大城市、中等城市和小城市。同时为了和《室外给水设计规范》中生活用水定额的区域划分一致，故将该定额划分的三个区域用水作为本规范城市综合用水指标区域划分（见表2.2.3-1注）。

在选用本综合指标时有以下几点应加以说明：

(1) 自备水源在《城市建设统计年报》中包括自备水量，但分析成果组成部分。各相似城市，各相似城市因此只能在建设统计年报中含去自备水源这一因素。故在确定城市用水量，进行城市水资源平衡时，应根据城市具体情况对自备水源的水量进行合理预测。

(2) 综合指标是预测城市给水工程统一供给的用水量和确定给水工程规模的依据，它的适用年限延伸至2015年。制定本表时，已将至2015年城市用水的增长率考虑在指标内，为此近期建设规划采用的指标可酌情减少。若城市年增长率一般为1.5%~3%，大城市指标可酌情增加。用水量趋减少，小城市趋于高值。

(3) 《城市建设统计年报》中所提供用水人口未包括流动人员及暂住人口，反映在样本值中单位人口用水量就偏高。故在选

在总规划中，城市建设用地分类一般只到大类，各类用地中各种细致分类或用地功能还未规定，这与城市详细规划划有明显差别。根据《城市规划规范》的规定，城市详细规划应当在城市总体规划或者分区规划。在详细规划中，城市建设用地的各项建设规划只作出具体规划。在详细规划中，城市建设用地分类至中、小类，而且由于在建设用地中的人口密度和建筑密度不同以及建设项目不同都会导致用水指标有较大差异。因此详细规划阶段预测用水量时不宜采用本规范的"不同性质用地用水量指标"，而应根据实际情况和要求并结合已经落实的建设项目进行研究，选择合理的用水量指标进行计算。

(2)"不同性质用地用水量指标"是通用性指标。《城市给水工程规划规范》是一本通用性规范。我国幅员辽阔，城市众多，由于城市性质、规模、地理位置、经济发达程度、居民生活习惯等因素影响，各城市的用水量指标差异很大。为使"不同性质用地用水量指标"成为全国通用性指标，我们首先将调查资料范围内特大及用水量指标范围中选择比较适宜的值。在推荐用水量指标时都给予一定的范围，在推荐用水量指标时或特殊需求的城市，应根据基本规范提出的原则，结合城市的具体条件对用水量指标作出适当的调整。

(3)"不同性质用地用水量指标"是规划指标，不是工程设计指标。在使用本指标时，应根据各自城市的情况进行综合分析，并做出指标范围中选择比较适宜的值，且随着时间的推移，规划的不断修改(编)，指标也应不断修正，从而对规划实施起到指导作用。

2.2.6 城市水资源平衡系数指所能提供的符合水质要求的水量和城市年用水总量之间的平衡。城市年用水总量为城市平均日用水量乘以年供水天数而得。城市给水工程规划所得的城市用水量为最高日用水量，最高日用水量和平均日用水量的比值称为日变化系数，日变化系数随着城市规模的扩大而递减，表2.2.6中的数值是参照《室外给水设计规范》修编中调查统计资料推算得出。在选择日变化系数时可结合城市性质、工业水平、居民生活水平及气候等因素进行确定。

结合《城市居住区规划设计规范》(GB50180)中有关规定推算确定的。

居住用地用水量包括了居民生活用水及居住区内的区级公共设施用水、居住区内道路浇洒用水和绿化用水等用水的总和。

由于在城市总体规划、在详细规划阶段对居住用地内的建筑层数和容积率等指标只作原则规定，故确定居住用地用水量是在假设建设区内的建筑以多层住宅为主的情况下进行的。选用本指标时，需根据居住用地实际情况，对指标加以调整。

2 城市公共设施用地用水量不仅与城市规模、经济发展和商贸繁荣程度等因素密切相关，而且公共设施用水量随着类别、面积率不同而差异很大。在总体规划阶段、公共设施用地只分到大类或中类，故其用水量指标表明公共设施用地规划期最高日用水量指标一般采用 0.50~1.50 万m³/(km²·d)。公共设施用地用水量可按不同的公共设施在表2.2.5-2中选用。

3 城市工业用地用水量不仅与城市性质、产业结构、经济发展程度等因素密切相关。同时，工业用地用水量随着主体工业、生产规模、技术先进程度不同，也存在很大差别。城市总体规划中工业用地以污染程度划分为一、二、三类，而污染程度与用水量多少之间对应关系不强。

为此，城市工业用地用水量宜根据城市的主体产业结构，现有工业用地用水量和其他类似城市的情况综合分析后确定。当地无资料又无类似城市可参考时可采用表2.2.5-3确定工业用地用水量。

4 根据调查，不同城市的仓储用地、对外交通、道路广场、市政用地、绿化及特殊用地等用水量变化幅度不大，而且随着规划年限的延伸增长有限。在选用指标时，特大城市、大城市及南方沿海经济开放城市等可取上限值，北方城市及中小城市可取下限值。指标值见表2.2.5-4。

(1)"不同性质用地用水量指标"适用于城市总体规划阶段，有以下几点说明：

2.2.7 工矿企业和公共设施的自备水源是城市用水量的一部分,虽然不由城市给水工程统一供给,但对城市水资源的供需平衡有一定影响。因此,城市给水工程规划应对自备水源的取水水源、取水量等统一规划,提出明确的意见。

规划期内同意采用自备水源的企业应从严控制兴建自备水源。

2.2.8 除自备水源外的城市第二部分用水量应根据有关部门相应用水量的水量,统一进行水资源平衡。

农村居民生活用水和乡镇工业用水一般属于城市第二部分用水,但有些城市周围的农村由于水源污染或水资源缺乏,无法自行解决生活、工业用水,在有关部门统一安排下可纳入城市统一供水范围。

3 给水范围和规模

3.0.1 按《城市规划法》规定:城市规划区是在总体规划中划定的。城市给水工程规划将城市建设用地范围作为工作重点,规划的主要内容应符合本规范 1.0.3 条的要求。对城市规划区内的其他地区,可提出水源选择、给水规模预测等方面的意见。

3.0.2 城市给水水源地距离城市规划入给水工程规划范围内较远且不在本市辖区范围时,应把水源地及输水管划入给水工程规划范围内。输水部门进行协调。当超出本市辖区范围时,经与有关部门协调后可一并列入本市给水工程规划范围,但一般只考虑增加取水和输水工程的规模,不考虑沿线用户的取水量。

3.0.3 明确给水规模由城市给水工程统一供给的城市最高日用水量确定。根据给水规模中末包括水厂的自用水量和原水输水管线的漏失计。但给水规模和给水工程的建设规模又不同,因此取、输水、水厂规模可根据规划给水规模中末包括水厂的自用水量,在建设时间和建设周期上分期安排并和实施,水厂规模的建设规模应有一定的超前性。给水工程建成投产后,应能满足延续一个时段内城市发展的需求,避免刚建成投产又出现城市用水供不应求的情况的发生。

3.0.4 一般情况下工业用水和公共设施用水应由城市给水工程统一供给。绝大多数城市给水工程统一供给的水质符合现行国家标准《生活饮用水卫生标准》(GB5749) 的要求。但对于城市

4 给水水质和水压

4.0.1 《生活饮用水卫生标准》(GB5749)是我国家制定的关于生活饮用水水质的强制性法规。由城市统一供给和自备水源供给的生活饮用水水质均应符合该标准。

1996年7月9日建设部、卫生部第53号令《生活饮用水卫生监督管理办法》指出集中式供水、二次供水应符合国家《生活饮用水卫生标准》,并强调二次供水设施应保证不使生活饮用水水质受到污染,并有利于清洗和消毒。

由于我国的生活饮用水水质标准已逐渐与国际接轨,因此现行国家标准《生活饮用水卫生标准》是生活饮用水水质的最低标准。

4.0.2~4.0.3 生活饮用水水质标准在一定程度上代表了一个国家或地区的经济发展和文明卫生水平,为此对一些重要城市提高了生活饮用水水质标准。一般认为:欧洲共同体饮用水水质指令及美国安全饮用水法可作为国际先进水平;世界卫生组织执行的水质准则可理解为国际水平。

本规范附录A中列出了世界卫生组织拟订的饮用水水质的一级指标和二级指标。二级指标参考世界卫生组织拟订的饮用水水质的一级指标和我国国家环保局确定的"水中优先控制污染物黑名单"(14类68种),根据需要和可能增加16项水质目标;一级指标参考欧共体经济自由贸易协会国家的供水体水质联合体提出的对欧共体水质标准修改的"建议书"以及我国"水中优先控制污染物黑名单",按需要和可能增加水质目标38项。进行城市给水工程规划时,城市统一供给的生活饮用水水质,应按现行国家标准《生活饮用水卫生标准》执行,特大城市和大城市根据条文要求的生活饮用水供水的水量和城市性质,分别执行一级指标中用水量特别大,同时水质要求又低于现行国家标准《生活饮用水卫生标准》(GB5749)的工矿企业和公共建用水,应根据城市水资源和供水系统等的具体条件明确这部分水是纳入城市统一供水的范畴还是要求这些企业自备水源供水。如由城市统一供水,则应明确是供给同一水质的水,还是根据企业自身的水质要求分质供水。一般来说,当这些企业自成格局附近有的水质要求符合要求的水源时,可自建自备水源,而城市给水工程设施有能力时,宜统一供水。

当自备水源的水质低于现行国家标准《生活饮用水卫生标准》时,企业职工的生活饮用水应纳入城市给水工程统一供水的范围。

当企业位置虽在城市规划建设用地范围内,目前城区未扩展到那里且距水厂较远,近期不可能为该企业单独铺设给水管时,也可建自备水源,但宜在规划中明确对该企业今后供水的安排。

或二级指标。

4.0.4 本条所指城市统一供给的其他用水为非生活饮用水，这些用水的水质应符合相应的用水水质标准。

4.0.5 提出城市给水工程的供水水压目标。满足用户接管点所需的最小水务头，用户接管点水压作水压送至 6 层建筑物接点处。目前大部分城市的配水管网系配水管网上用户接管点处。目前大部分城市的配水管网作生产、生活、消防合一的管网，供水水压为低压制，不少城市的多层建筑屋顶上设置水箱，对昼夜用水量不均匀情况进行调节，以达到较低压力的条件下也能满足白天供水的目的。但屋顶水箱普遍存在着水质二次污染，影响城市和建筑景观以及不经济等缺点，为此本规范适当提高供水水压，以达到六层建筑由城市水厂直接供水或由管网中加压泵站加压供水，不再在多层建筑屋顶上设置水箱的目的。高层建筑所需的水压不宜作为城市的供水水压目标，仍需自设加压泵房加压供水，避免导致投资和运行费用的浪费。

5 水源选择

5.0.1 水源选择是给水工程规划的关键。在进行总体规划时应对水资源作充分的调查研究和现有资料的收集工作，以便尽可能使规划作符合实际。若没有水源可靠性的综合评价，将会造成给水工程的失误，确保水源水量和水质符合要求是水源选择的首要条件。因此必须作可靠的水资源勘察或充分分析研究报告作依据。若报告内容不全、可靠性较差、无法作为给水工程规划的依据时，为防止对后续的规划设计工作和城市发展产生误导作用，应进行必要的水资源补充勘察。

根据《中华人民共和国水法》："水资源属于国家所有，即全民所有"。"开发利用水资源和防治水害，应当全面规划、统筹兼顾、综合利用、讲求效益，发挥水资源的综合功能"。因此，城市给水资源的选择应以区域或流域水资源规划及城市供水水源开发利用规划为依据，达到统筹兼顾，综合利用的目的。缺水地区，水质符合饮用水源要求的水体往往是多个城市的供水水源。而各城市由于自身的发展要求所致的用水量增加又会产生相互间的矛盾。因此，规划城市用水量时应满足城市和地区的用水量平衡，各项用水应统一规划、合理分配、综合利用。

城市给水规划应紧扣城市总体规划中各个发展阶段对城市发展的需求，给水工程规划应在水质和水量上应满足城市发展的需水量，安排城市给水水源，若水源不足应提出解决办法。

5.0.2 明确选用地表水作为水源水量保证率可采用 90%～97%，水资源较丰富地区及大中城市宜取上限，干旱地区、山区城市给水水源在选用地表水作为水源时，对水源的枯水流量的要区（河流枯水季节径流量很小）及小城镇的枯水流量保证率宜取下限。当选择的水源枯水流量不能满足保证率要求时，应采取选择多个水源，增加水源调蓄设施，市域外引水等措施来保证满足供水要求。

5.0.3 明确选用地表水作为城市给水水源时，城市给水水源的卫生标准应符合现行国家标准《生活饮用水卫生标准》（GB5749）中有关水源方面的规定。若水源水质不符合上述标准的要求，同时无其他水源可选时，在水厂的常规净水工艺前或可设置预处理设施或加深度处理设施，确保水厂的出水水质符合本规范第4.0.1、4.0.2、4.0.3条的规定。

5.0.4 贯彻优水优用的原则，符合《生活饮用水源水质标准》（CJ3020）的地下水应优先作为城市生活饮用水水源。为防止由于地下水超采造成地面沉陷和地下水水源枯竭，强调取水水量应小于允许开采水量或采用水回灌等措施。

5.0.5 本条强调水资源的利用。低于生活饮用水水质标准的原水，一般可作为城市第二部分用水（除农村居民生活用水外）的水源，原水水质应与各种用途的水质标准相符合。

5.0.6 提出水资源不足，但经济实力较高的城市宜采用分质供水，技术管理水平较强。城市污水回用是城市宜设置城市污水回用水系统，应符合《生活杂用水水质标准》（CJ25.1）、《城市污水回用设计规范》（CECS61：94）等法规和标准，用作相应的各种用水。

5.0.7 由于我国沿海和海岛城市在住生活水资源十分紧缺，为此提出可将海水经处理用于工业冷却和生活杂用水（有条件的城市可将海水淡化作居民饮用），以解决沿海城市和海岛城市缺乏水资源的困难。海水用于城市各项用水，其水质应符合各项相应的水质标准。

6 给水系统

6.1 给水系统布局

6.1.1 为满足城市供水的要求，给水系统应在水质、水量、水压三方面满足城市的需求。给水系统应结合城市具体情况合理布局。

城市给水系统一般由水源地、输配水管网、净（配）水厂及增压泵站等几部分组成。在满足城市用水各项要求的前提下，合理的给水系统布局对降低基建造价、减少运行费用、提高供水安全性、提高城市抗灾能力等方面是极为重要的。规划中应十分重视结合城市的实际情况，充分利用有利的条件进行给水系统合理的布局。

6.1.2 城市总体规划往往是在城市现状基础上进行的，给水工程规划必须对城市现有水源的状况、给水设施能力、工艺流程、管网布置以及现有给水设施有否扩建可能等情况有充分了解。工程规划应充分发挥现有给水系统的能力，注意使新老给水系统形成一个整体，做到安全供水，又节约投资。

6.1.3 提出了在城市地形起伏大或规划范围广时可采用分区分压给水系统。一般情况下供水区地形高差大目界明确时宜于分区时，可采用并联分压系统；供水区呈狭长带形，宜采用串联分压系统；大、中城市宜采用分区加压系统；在高层建筑密集区，有条件时宜采用集中局部加压。

6.1.4 提出了城市在一定条件下可采用分质给水系统。包括：将原水分别经过不同处理后供给对水质要求不同的用户；分设城市生活饮用水和污水回用系统，将处理后达到水质标准的再生水供相应用户；也可采用将不同水源分别处理后供给相应用用户的用户。

户。

6.1.5 大、中城市由于地域范围较广，其输配水管网投资所占的比重较大，当有多个水源可供利用时，多点向城市供水可减少配水管网投资，降低水厂水压，同时能提高供水安全性，因此宜采用多水源给水系统。

6.1.6 水厂的取、送水泵房的耗电量较大，要节约给水工程的能耗，往往首先从取、送水泵房着手。当城市有可供利用的地形时，可考虑重力输配水系统，以便充分利用水源势能，达到节约输配水能耗，减少管网投资，降低水厂运行成本的目的。

6.2 给水系统的安全性

6.2.1 提出了给水系统中工程设施的地质和防洪排涝要求。

给水系统的工程设施所在地的地质条件要求在地质条件不良地区（滑坡、泥石流、塌陷等），既影响设施的安全性，直接关系到整个城市的生产活动和生活秩序，又增加建设时的地基处理费用和基建投资。在选择地表水取水构筑物的设置地点时，应将取水构筑物设在河岸、河床稳定的地段，不宜设在冲刷，尤其是淤积严重的地段，还应避开漂浮物多、冰凌多的地段，以保证取水构筑物的安全。

给水工程为城市中的重要基础设施，在城市发生洪涝灾害时为减少损失，为避免疫情发生以及为救灾复的需要，首先应恢复城市给水系统和供电系统，以保障人民生活、恢复生产。按照《城市防洪工程设计规范》(CJJ50)，给水系统主要工程设施的防洪排涝等级应不低于城市设防的相应等级。

6.2.2 提出了长距离输水管线的规划原则要求。同时可参照现行国家标准《室外给水设计规范》(GBJ13)。

6.2.3 提出了市区配水管网布置的要求。为了配合城市和道路的逐步发展，管网工程可以分期实施，近期可先建成枝状，但远区或新开发区的配水管近期也可为枝状，远期均应连接成环状网。

6.2.4 提出了主要给水工程设施的供电要求。

6.2.5 提出了给水系统中调蓄设施的容量要求。

6.2.6 提出了给水系统的抗震要求和设防标准。

7 水 源 地

7.0.1 提出水源地必须设置在能满足取水的水量、水质要求的地段，并易于实施环境保护。对于那些虽然可以作为水源地，但环保措施实施困难，或需大量投资才能达到目的的地段，应慎重考虑。

7.0.2 地表水水体具有作为城市给水水源、城市排水受纳体和泄洪、通航、水产养殖等多种功能。环保部门为有利于地表水水体的环境保护，发挥其多种功能的作用，协调水体上下游城市、自治区人民政府批准的对地表水水体进行合理的功能区划。当选用地表水作为城市给水水源时，水源地应位于水体功能区划规定的取水水段，水源地的位置选择在城镇和工业区的上游。为防止水源地污染，水源地废水的取水点应选择在现行《生活饮用水卫生标准》（GB5749）规定"生活饮用水的水源地"，必须设置水源地一级保护地带"。水源地一级保护区的环境质量标准应符合现行国家标准《地面水环境质量标准》（GB3838）中规定的Ⅱ类标准。

7.0.3 提出地下水水源地的选择原则。

7.0.4 提出水源为高浊度水河流时，水源地选择原则，同时应符合国家现行标准《高浊度水给水设计规范》（CJJ40）的规定。

7.0.5 提出湖泊、水库作水源时，水源地的选择原则。

7.0.6 提出感潮江河作水源时，水源地的选择原则。同时应符合《含藻水给水处理设计规范》（CJJ32）的规定。

7.0.7 本条提出了确定水源地用地的原则和应考虑的因素。水源地的用地因地因用水种类（地表水、地下水、水库水等）、取水方式（岸边式、缆车式、浮船式、管井、大口井、渗渠等）、输水方式（重力式、压力式）、给水规模大小以及是否有专用设施（避砂峰、

威潮的调蓄设施）和是否有净水预处理构筑物等有关，需根据水源实际情况确定用地。同时应遵循本规范1.0.7条规定。确定水源地的同时应提出水源地的卫生防护要求和采取的具体措施。

按《饮用水水源保护区污染防治管理规定》，饮用水水源保护区一般划分为一级保护区和二级保护区，必要时可增设准保护区。饮用水地表水水源保护区包括一定的水域和陆域，其范围应按照不同水域特点进行水质定量预测，并考虑当地具体条件加以确定，保证在规划设计水文条件和污染负荷下，当供应规划的一保护区内的水质能达到相应的标准。饮用水地表水水源的一级和二级保护区的水质标准不得低于《地面水环境质量标准》（GB3838）Ⅰ类和Ⅲ类标准。

饮用水地下水水源保护区应根据饮用水水源地所处地理位置、水文地质条件、供水量、开采方式及水污染源的分布划定。一、二级保护区的水质均应达到《生活饮用水卫生标准》（GB5749）的要求。

市给水工程项目建设标准》中规定的净配水厂用地控制指标。水厂周围设绿化带有利于水厂的卫生防护和降低水厂的噪声对周围的影响。

8 水 厂

8.0.1 提出对地表水水厂位置选择的原则要求。

水厂的位置应根据给水系统的布局确定,但水厂位置是否恰当则涉及给水系统布局的合理性,同时对工程投资、常年运行费用将产生直接的影响。为此,应对水厂位置的确定作多方面的比较,并考虑厂址所在地应不受洪水威胁、有良好的工程地质条件,交通便捷、供电安全可靠,生产废水处置方便、卫生环境好,利于设立防护带,少占良田等因素。

8.0.2 提出对地表水水厂净水工艺选择的规划原则要求。符合《生活饮用水水源水质标准》(CJ3020)中规定的一级水源水,只需经简易净水工艺(如过滤),消毒后即可供生活饮用。符合《生活饮用水水源水质标准》(CJ3020)中规定的二级水源水,说明水质受轻度污染,可以采用常规净水工艺(如絮凝、沉淀、过滤、消毒等)进行处理;水质比二级水源水差的,不宜作为生活饮用水的水源。若限于条件需利用时,在毒理性指标没超过二级水源水水质标准的情况下,应采用相应的净化工艺进行处理(如在常规净水工艺前或后增加预处理或深度处理)。地表水水厂均宜考虑生产废水的处理和污泥的处理,防止对水体的二次污染。

8.0.3 提出了特殊原水应相应规范的要求增设预处理设施。如含藻水和高浊度水可根据相应规范的要求增设预处理设施;原水存在不定期污染情况时,宜在常规处理前增加预处理设施或常规处理后增加深度处理设施,以保证水厂的出水水质。

8.0.4 提出地下水水厂位置选择的原则要求。

8.0.5 提出当地地下水中铁、锰、氟等无机盐类超过规定标准时应考虑除铁、除锰和除氟的处理设施。

8.0.6 提出地表水、地下水水厂的控制用地指标。此指标系《城

9 输 配 水

9.0.1 提出城市给水系统原水输水管(渠)的规划原则。由于原水在明渠中易受周围环境污染，又存在渗漏和水量不易保证等问题，所以不提倡用明渠输送城市给水系统的原水。

9.0.2～9.0.3 提出确定城市输配水管管径和走向的原则。因输、配水管均为地下隐蔽工程，施工难度和影响面大，宜按规划期限要求一次建成。为给近期投资、节省近期投资，给水工程中输水管道配水管可考虑双管或多管，以便分期实施。给水工程中输水管道所占投资比重较大。因此城市输水管道应缩短长度，并沿现有或规划道路铺设以减少投资，同时也便于用户接管，以避免维修时影响交通。

城市配水干管沿规划或现有道路布置既方便用户接管，又可以方便维修管理。但宜避开城市交通主干道，以免维修时影响交通。

9.0.4 输水管和配水干管穿越铁路、高速公路、河流、山体等障碍物时，选位要合理，应在方便操作维修的基础上考虑经济性。规划时可参照《室外给水设计规范》(GBJ13)有关条文。

9.0.5 本条规定了泵站选择原则和用地控制指标。

城市配水管网中的加压泵站掌近用水集中地区设置，可以节省能源，保证供水水压。但泵站应对周围造成噪声干扰，且泵站在运行中可能对周围造成噪声干扰，因此宜和绿地结合。若无绿地可利用时，应在泵站周围设绿化带，既有利于泵站的卫生防护，又可降低泵站的噪声对周围环境的影响。

用地指标系《城市给水工程项目建设标准》中规定的泵站用地控制指标。

中华人民共和国国家标准

城市居民生活用水量标准

The standard of water quantity for city's residential use

GB/T 50331—2002

主编部门：中华人民共和国建设部
批准部门：中华人民共和国建设部
施行日期：2002年11月1日

中华人民共和国建设部公告

第 60 号

建设部关于发布国家标准《城市居民生活用水量标准》的公告

现批准《城市居民生活用水量标准》为国家标准，编号为 GB/T 50331—2002，自 2002 年 11 月 1 日起实施。

本标准由建设部标准定额研究所组织中国建筑工业出版社出版发行。

中华人民共和国建设部
2002 年 9 月 16 日

前言

本标准是根据国发［2000］36号文件"国务院关于加强城市供水节水和水污染防治工作的通知"精神，以及建设部建标［2001］87号文件要求，建设部城市建设司委托中国城镇供水协会组织上海、天津、沈阳、武汉、成都、深圳、北京七城市供水企业同编制的。在编制过程中，编制组采集了108个自来水公司近三年居民生活用水数据，筛选了87个城市的有效数据。通过对大量国内外统计数据研究和分析，以及对国内居民生活用水状况的调查分析，广泛征求各方面意见的基础上编制而成。

本标准共分三章，包括总则、术语和用水量标准。为了有效缓解水资源短缺，制定《城市居民生活用水量标准》是我国节水工作中的一项基础性建设工作，对指导城市供水价格改革工作，建立以节水用水为核心的合理水价机制，将起到重要作用。

本标准由建设部负责管理，建设部城市建设司负责具体技术内容的解释。在执行过程中，希望各地政府、行政主管部门、供水企业等相关部门注意积累资料，总结经验，并请将意见和有关资料寄建设部城市建设司（北京市三里河路9号，邮编：100835　电话：010—6839160），供以后修订时参考。

本标准主编单位、参编单位和主要起草人

主编单位：建设部城市建设司

参编单位：中国城镇供水协会
中国城镇供水协会企业管理委员会
天津市自来水协会企业管理委员会
天津市自来水集团有限公司
上海市给水管理处
上海市自来水市南有限公司营业所
深圳市自来水集团有限公司
武汉市自来水公司
沈阳市自来水总公司
成都市自来水总公司
北京市自来水集团有限责任公司

主要起草人员：陈连祥　郭得铨　宁端珠　郭　智
郑向盈　孙立人　张嘉荣　周妙秋
李庆华　赵明华　王贤兵　刘秀英
谭　明　江熙辉　黄小玲　王自明

目 次

1 总则 ········· 12—3
2 术语 ········· 12—4
3 用水量标准 ········· 12—4
本标准用词用语说明 ········· 12—5
条文说明 ········· 12—5

1 总 则

1.0.1 为合理利用水资源,加强城市供水管理,促进城市居民合理用水、节约用水,保障水资源的可持续利用,科学地制定居民用水价格,制定本标准。

1.0.2 本标准适用于确定城市居民生活用水量指标。各地在制定本地区的城市居民生活用水量地方标准时,应符合本标准的规定。

1.0.3 城市居民生活用水量指标的确定,除应执行本标准外,尚应符合国家现行有关标准的规定。

2 术 语

2.0.1 城市居民 city's residential
在城市中有固定居住地、相对稳定地在某地居住的自然人。

2.0.2 城市居民生活用水 water for city's residential use
指使用公共供水设施或自建供水设施供水的、城市居民家庭日常生活的用水。

2.0.3 日用水量 water quantity of per day, per person
每个居民每日平均生活用水量的标准值。

3 用水量标准

3.0.1 城市居民生活用水量标准应符合表 3.0.1 的规定。

表 3.0.1 城市居民生活用水量标准

地域分区	日用水量 [L/(人·d)]	适 用 范 围
一	80～135	黑龙江、吉林、辽宁、内蒙古
二	85～140	北京、天津、河北、山东、河南、山西、陕西、宁夏、甘肃
三	120～180	上海、江苏、浙江、江西、福建、湖北、湖南、安徽
四	150～220	广西、广东、海南
五	100～140	重庆、四川、贵州、云南
六	75～125	新疆、西藏、青海

注：1 表中所列日用水量是满足人们日常生活基本需要的标准值。各地应在标准值区间内直接选定城市居民生活用水量时，各地应在标准值区间内直接选定。

2 城市居民生活用水考核不应以日标准作为月度考核周期计算基础值。

3 指标值中的上限值是根据气温月变化和用水高峰月变化参数确定的，一个年度中对居民用水可分段考核，利用区间最高月的指标值。上限值可作为一个年度当中最高月的指标值。

4 家庭司用水人口的计算，由各地根据本地实际情况自行制定地方标准或管理办法组织或办法。

5 以本标准为指导，各地视本地情况可制定地方标准或管理办法组织实施。

中华人民共和国国家标准

城市居民生活用水量标准

GB/T 50331—2002

条 文 说 明

本标准用词用语说明

1 为便于在执行本标准条文时区别对待，对于要求严格程度不同的用词说明如下：
  (1) 表示很严格，非这样做不可的用词：
      正面词采用"必须"；
      反面词采用"严禁"。
  (2) 表示严格，在正常情况下均应这样做的用词：
      正面词采用"应"；
      反面词采用"不应"或"不得"。
  (3) 表示允许稍有选择，在条件许可时，首先应这样做的用词：
      正面词采用"宜"或"可"；
      反面词采用"不宜"。
2 标准中指定应按其他有关标准、规范执行时，写法为："应按……执行"或"应符合……的要求（或规定）"。

目 次

1 总则 …… 12—7
2 术语 …… 12—8
3 用水量标准 …… 12—9

前 言

《城市居民生活用水量标准》(GB/T 50331—2002),建设部于2002年9月16日以第60号公告批准发布,2002年11月1日起实施。

本标准的主编单位是建设部城市建设司,标准编写的具体组织单位是中国城镇供水协会,参加编写的单位有:

中国城镇供水协会企业管理委员会
天津市自来水集团有限公司
上海市给水管理处
上海市自来水市南有限公司营业所
深圳市自来水集团有限公司
武汉市自来水公司
沈阳市自来水总公司
成都市自来水总公司
北京市自来水集团有限责任公司

为便于各地自来水公司和相关部门在使用本标准时能正确理解和执行条文规定或制定本地区标准,《城市居民生活用水量标准》编写组按章、节、条顺序编制了本标准的《条文说明》,供使用者参考。使用中如发现本标准条文说明有不妥之处,请将意见函寄至建设部城市建设司。

1 总 则

1.0.1 本条说明了标准编制的目的，是增强城市居民节约用水意识，促进节约用水和水资源持续利用，推动水价改革。

1 我国淡水资源日益短缺，进行合理开采、有效利用、节约控制，是今后水资源管理的重点内容。转变粗放型用水习惯，制定合理的居民用水标准，满足居民生活的基本用水需要，并建立考核与定型用水的基本手段，形成体系，是控制粗放型用水的有效方法，也是简单易行的有效方法。

2 以居民生活用水量标准为基础，进一步建立顺理供水价格创造条件。

1.0.2 本标准适用范围确定为"确定城市居民生活用水量指标"。在执行过程中，由于各地流动人口数量变化、供水状况及管理要求等情况不同，在执行本标准时，需要结合本地区的管理、计量方式等具体情况制定地方标准或办法推动实施。

1.0.3 本条规定了各地在执行本标准时，尚应符合国家现行的有关标准的规定。GBJ13—86《室外给水设计规范》1997年（修订版）对部分条文做了修订，其中区域分类方式和定值方法做了重大调整。修订后的标准将原来的五个分区变成了三个，以城市规模的大小划分了特大城市、大城市、中小城市三档，定额值取消了时变化系数的调整方法，直接给定了平均日和最高日定额值。这个规范是用于室外给水设计的文件，与本标准用途不同。本标准的指标值是城市居民日常生活用水指标，低于设计标准。

2 以日用水量为基数，每个年度按365天计算，可按平均每个月为30.4天核算月度用水量，一年12个月中各月天数不一样，有大月和小月，如果以月度计算，避免按实际天数计算的繁琐。考核周期时，可用此平均天数作为用水量核定的基础值。

2 术 语

2.0.1 城市居民

本标准城市居民定义为有固定居住地的自然人，其含义是指在城市中居住的所有人，不分国籍和出生地，也不分职业和户籍情况。随着城乡差别的缩小，择业方式和观念的变化，户籍管理方式的改革，人口流动等情况将大大地增加，作为本标准为增强其科学性和可操作性及能基本适应实际的使用情况，只有这样才能确定"城市居民"的内涵和外延。人口统计和管理非常复杂，各地差异也很大。在执行本标准或制定地方标准时对城市居民的确认要结合本地具体情况来确定，本标准对城市居民只作一个定性的定义。

2.0.2 城市居民生活用水

1 本定义是指使用公共供水设施或自建供水设施供水的，城市居民家庭日常生活使用的自来水。其具体含义为用水人是城市居民；用水地是家庭；用水性质是维持日常生活使用的自来水。

2 在应用本标准核定居民生活用水量时，对于家庭内部走亲访友流动人口可不作考虑，对户口居住地与居住地分离的，按居住地为准核定行用水量核定或考核。

2.0.3 日用水量

1 每人每日居民生活用水量平均标值计算单位。标准列表中此项指标值的单位用"L/人·d"，是一个阶段日期的平均数。此指标作为计算月度考核周期对居民用水总量的

3 用水量标准

3.0.1 本条按照地域分区给出了城市居民生活用水（以下简称居民生活用水）量标准。

1 地域分区原则：我国地域辽阔，地区之间各种自然条件差异甚大。本标准在分区过程中参考了 GB50178—93《建筑气候区划标准》，结合行政区划充分考虑地理环境因素，力求在同一区域内的城市经济水平、气象条件、降水多少，能够处于一个基本相同的数量级上，使分区分类具有较强的科学性和可操作性，因此划分成了六个区域。即：

第一区：黑龙江、吉林、辽宁、内蒙古
第二区：北京、天津、河北、山东、河南、山西、陕西、宁夏、甘肃
第三区：湖北、湖南、江西、安徽、江苏、上海、浙江、福建
第四区：广西、广东、海南
第五区：四川、重庆、贵州、云南
第六区：新疆、西藏、青海

本标准参照"GB50178—93标准"在一级区中将全国划为7个区，其中重点是将青海、西藏、四川西部、新疆南部划出一个区，新疆东部、甘肃北部、内蒙古西部又划出一个区，其他五个区范围与本标准基本吻合。

2 标准值的确定

（1）数据调查结果

在数据采集过程中，分别由沈阳、天津、上海、深圳、成都六城市自来水公司作为组长单位对六个区的居民用水进行了用水情况调查。其中沈阳组负责第一区调查，天津组负责第二区调查，上海组负责第三区（A）的湖北、江西、安徽四省的调查，上海组负责第三区（B）的上海、浙江、江苏、福建三省一市和第六区的调查，深圳组负责第四区的调查，成都组负责第五区的调查。调查工作分别用"四个月调查表"采集了108个城市的1998、1999、2000年三个整年度的居民用水数据；2000年12个月的分月数据对一些住宅小区和不同用水设施的居民用户按 A、B、C 三类用水情况进行了典型调查。七个组对六个区的调查数据经过加工整理后数据汇总情况见表1及表2。

表1 居民生活用水数据采集调查情况分组汇总表

分 区	调查总水量（万m³）	调查用水人口（万人）	用水家庭户数（户）	典 型 调 查		
				水量（m³）	户数（户）	人口（人）
一 区	60948.80	1516.60	4550229	189681.20	17071	64565
二 区	97323.25	2339.80	7183037	686305.75	53028	211057
三区（A）	92955.78	1519.29	3291860	134116.00	10700	32672
三区（B）	84870.16	1484.00	4692335	3483819.00	267372	928017
四 区	111023.60	1174.01	3428338	471398.00	19934	71617
五 区	33367.81	748.90	2333795	328702.00	32436	103518
六 区	5814.54	165.46	570151	2588020.00	16090	860886
合 计	486303.9	8948.06	26049745	7882042	416631	2272332

表2 居民生活用水人均日用水量区域分类统计表

分区	三年均值	2000年均值	A类均值	B类均值	C类均值	总均值
一区	110	107	46	104	155	101
二区	113	114	66	98	187	117
三区	157	154	122	152	249	174
四区	259	260	151	227	240	206
五区	122	126	67	112	135	105
六区	96	106	101	158	212	146
平均值	143	145	92	142	196	142

表2中调查的A、B、C三类用水户其定义为：A类系指室内有取水龙头、无卫生间等设施的居民用水户；B类系指室内有上下水卫生设施的普通单元式住宅居民用户；C类系指室内有上下水洗浴等设施齐全的高档住宅用户。

表2中各列数据反映了不同用水设施和条件的三种类型，以及不同时期、最近一年整体居民、典型户居民的用水状况，具有较强的代表性，既反映了历史情况又反映了当前的实际状况。

(2) 其他城市居民生活用水调查情况

为使标准值的确定既能符合居民生活用水的实际水平，又能清楚反映与世界发达国家水平的关系。在标准编制过程中，编制组成员查阅了许多国内外有关居民生活用水的资料。从调查资料情况看，欧洲国家用水水平多数沿海和南部经济发达城市水平相当；台北、香港用水消耗与美国多数城市用水较高，宽裕性的用水水平。如几个国家有代表性的城市用水状况见表3。

表3 典型城市居民生活用水量调查表

国别	城市名	居民生活用水量 (L/人·d)	资料年份
中国	台北	188	1997
	香港	213	1996
日本	东京	190	1998
德国	柏林	117	1999
	法兰克福	171	1999
美国	洛杉矶	308	1996
	费城	341	1996

另据《城镇供水》杂志2001年第二期有关文章介绍，欧洲15个国家平均家庭生活用水其中包含住宅小商业用水的水平是1980年154L/人·d；1991年161L/人·d；平均年递增0.41%。我国的居民用水水平高于比利时和西班牙，基本与德国和匈牙利持平，略低于法国、英国和挪威，低于芬兰、奥地利、意大利、瑞典、卢森堡、荷兰、丹麦。

(3) 居民生活用水跟踪写实和用水推算情况

为进一步掌握居民不同用水设施、居住条件的用水情况，编制组组织了有关人员对一些用水器具、洗浴频率、用水内容进行了跟踪写实调查，在此基础上进行了用水量推算，以此对统计调查的数据作进一步的印证分析。调查情况见表4。

表4 居民家庭生活人均日用水量调查统计表 (L/人·d)

分类	拘谨型	(%)	节省型	(%)	一般型	(%)
冲厕	30	34.8	35	32.1	40	29.1

从表 4 中所反映的数据是按照居民用水设施和必要的生活用水事项计算确定的，不包含实际使用过程当中的用水损耗，走亲访友在家庭内活动的用水增加等一些复杂情况的必要水量。因此，表中的水量值是一个生活水平相对较低，不可少的水量消耗，所以调查值相对较低。表 2 中反映的 A、B、C 三种类型的各项数据是家庭生活用水全貌，贴近生活实际。实际上跟踪调查的居民用水情况与整群抽样的典型户调查基本接近，与整年份的总体统计数据采集结果具有很好的使用价值。

（4）标准值的确定

综合以上数据本着节约用水，改变居民粗型用水习惯，满足人们正常生活需要的原则，以 2000 年调查均值为核心采用 [（2000 年均值 + A 类典型调查均值）/2 确定指标下限值，（2000 年均值 + B 类典型调查均值）/2×1.20 确定指标上限值] 的计算方法，经过去零取整参考地域宽度确定了分区标准值。

这种标准值确定的理由是：① 各组调查的 1998、1999、2000 年的三年均值近似相等，采用 2000 年均值既与我们现在的实际居民生活用水现状相接近，又能反映各类不同用水条件，各种不同用水水平，各类不同用水情形的综合状况；② 上限值的确定用各组调查的高月用水变化系数平均值 "1.20" 对（2000 年均值 + B 类典型调查均值）/2 进行修订，既考虑了季节变化因素，对不同月份可以在各观察值区间内选用，有灵活性提高，用水条件改善，用水量上升等要求；③ 在典型调查中 A 类的调查户占 10%，B 类占 76%，B 类用水平调查是城市中用水人群的主体，B 类典型调查均值为基点参加的上限值确定，具有较强的代表性，也是一个中等水平的用水标准。

深圳、广州由于流动人口多，居民生活用水量也高，其调查反映的三年均值和 2000 年典型调查指标偏高，由于是使用城市户籍人口数计算的，故数值高于典型调查指标。而典型调查数据反映了该区域实际居民家庭生活用水状况，故标准值采用了 A 类和 B 类典型调查均值。

根据 "征求意见稿" 会议代表的意见，用北京市的调查数据 2000 年平均值为 "127L/人·d"，B 类均值为 "103L/人·d"，按照上限值的生成方法，（127＋103）/2×1.2＝138≈140L/人·d，确定了第二区上限值。

第六区即新疆、青海、西藏地区，这些地区由于地域广、城市少、数据源也少，而且，调查到的某些数据有些差

分类	拘谨型	(%)	节约型	(%)	一般型	(%)
淋浴	21.8	25.3	32.4	29.7	39.6	28.8
洗衣	7.23	8.4	8.55	7.8	9.32	6.8
厨用	21.38	24.80	25	23	29.6	21.5
饮用	1.8	2.1	2	1.8	3	2.2
浇花	2	2.3	3	2.8	8	5.8
卫生	2	2.3	3	2.8	8	5.8
其他						
合计(L/人·d)	86.21	100	108.95	100	137.52	100
m³/户·月	7.86		9.94		12.54	

续表

注：1 平均月日数：30.4 天/月。
2 家庭平均人口按 3 人/户计算。

异很大。故采用了比照的方法来确定指标值。一区的标准值，其区域分类汇总的数据基本反映了该地区居民的实际用水情况。所以，以第一区的A类均值"96L/人·d"和六区的三年均值"46L/人·d"以（96+46）/2＝71～75的方法确定了下限值。用第六区调查汇总的2000均值数据"106L/人·d"乘变化系数1.2取整数确定了上限值。

中华人民共和国城乡建设环境保护部部标准

供水管井设计、施工及验收规范

CJJ 10—86

主编单位：中国市政工程西南设计院
批准部门：中华人民共和国城乡建设环境保护部
实行日期：1986 年 12 月 1 日

关于批准颁发《供水管井设计、施工及验收规范》的通知

(86) 城城字第236号

根据原国家城市建设总局(80)城科字第51号文安排，由中国市政工程西南设计院负责组织编制的《供水管井设计、施工及验收规范》，现经我部审查，批准为部标准，编号为CJJ10—86，自一九八六年十二月一日起实行。在实行过程中，如有问题或意见，请函告成都市外北曾家巷中国市政工程西南设计院《供水管井设计、施工及验收规范》管理组。

城乡建设环境保护部
一九八六年五月十二日

目 次

第一章 总则 ································· 13—3
第二章 管井设计 ····························· 13—3
 第一节 现场踏勘 ····························· 13—3
 第二节 井群布置及井位确定 ··················· 13—3
 第三节 管井结构设计 ························· 13—4
 第四节 井管设计 ····························· 13—6
第三章 管井施工 ····························· 13—7
 第一节 钻进 ································· 13—7
 第二节 护壁与冲洗介质 ······················· 13—8
 第三节 岩(土)样采取与地层编录 ············· 13—8
 第四节 井管安装 ····························· 13—9
 第五节 填砾及封闭 ··························· 13—9
 第六节 洗井及抽水试验 ······················· 13—10
 第七节 水样采取 ····························· 13—10
第四章 管井验收 ····························· 13—10
附录一 土的分类和定名标准 ··················· 13—11
附录二 规范用词说明 ························· 13—11
附加说明 ··································· 13—11

第一章 总 则

第1.0.1条 本规范适用于生活饮用和工业生产供水管井的设计、施工及验收。

第1.0.2条 供水管井的设计、施工，应在具有必要的水文地质资料后进行。当水文地质资料不能满足供水管井的设计、施工时，应较勘探开采井设计。

第1.0.3条 供水管井所使用的材料，应符合本规范及现行标准的有关规定。

第二章 管 井 设 计

第一节 现 场 踏 勘

第2.1.1条 设计前，应根据任务要求，搜集和研究建井地区的有关资料。

第2.1.2条 现场踏勘时，应了解建井地区的地下水开发利用情况及施工条件，并核实已有资料。

第二节 井群布置及井位确定

第2.2.1条 井群位置（井位）的确定，应考虑下列因素：

一、需水量和水质要求；
二、地下水资源可靠；
三、城镇规划和现有给水设施；
四、施工、运行和维护方便；
五、有足够的卫生防护范围；
六、需水量增加时，有扩建可能。

第2.2.2条 井群的布置，应进行水文地质计算，经技术经济比较后确定。遇地下水补给来源充足的大厚度含水层或多层含水层时，可设计分段或分层取水井组；与河流联通性良好的含水层，可设计傍河井群；岩溶地区地下水特别富集时，可设计同深度井组。

第2.2.3条 井群设计时，应设置长期观测孔。观测孔的设计，应符合《供水水文地质勘察规范》（TJ 27—78）的有关规定。

第2.2.4条 井群设计时，应设置备用井。备用井的数量，可按生产井数10～20%停止工作时仍能满足设计水量确定。但不得少于一口。

第2.2.5条 井位与高大建筑物或重要构筑物,应保持足够的安全距离。

第三节 管井结构设计

第2.3.1条 管井结构设计,一般包括下列内容:

一、井身结构;
二、过滤器类型及井管配置;
三、填砾的规格及位置;
四、封闭的位置及所用材料;
五、管井附属设施如测水管、填砾管等。

第2.3.2条 井身结构应尽量简化。井身设计应首先根据成井要求,确定井管的最终直径,然后可钻性等因素,确定每段井径大小与深度,最后,确定井的开口直径。

第2.3.3条 松散层中管井的深度、过滤器拟采水层(组)的安装位置、沉淀管的顶板埋藏深度、过滤器的合理长度、沉淀管的长度等未确定。

基岩地区的管井,应尽量穿透拟采水构造带(岩溶发育带、断裂破碎带、裂隙发育带)。

注:如有确切资料,部分揭露含水构造带,就能满足需水要求时,管井亦可不穿透含水构造带。

第2.3.4条 设计井径时,应考虑管井的设计取水量和成井工艺等因素。基岩地区在不下过滤管的裸眼井段,上部安泵段的井径应比抽水设备铭牌标定的过滤管公称内径大50mm。井径应比设计过滤器的外径大50mm,并满足下列要求:

一、井径应比设计过滤器的外径大50mm,上部安泵段的井径应比抽水设备铭牌标定的过滤管公称内径大50mm;

二、松散层中的管井径,应用允许入管渗透流速(v_j)复核,并满足下式要求:

$$D \geq \frac{Q}{\pi L v_j} \quad (2.3.4)$$

式中 D——井径 (m);

Q——设计取水量 (m³/s);

L——过滤器工作部分长度 (m);

v_j——允许入井渗透流速 (m/s)。

$$v_j = \frac{\sqrt{k}}{15} \quad (m/s);$$

k 为渗透系数 (m/s)。

三、井的最终直径,应比沉淀管的外径大50mm。基岩地区下部不下井管的管井,并的最终直径,一般不小于150mm。

第2.3.5条 井管一般包括井壁管、过滤管、沉淀管。井管的最终直径,应满足下列要求:

一、安泵段井管内径应比抽水设备铭牌标定的井管公称内径大50mm;

二、过滤管的外径,应用允许入管流速复核,并满足下式要求:

$$D_g \geq \frac{Q}{\pi L n v_g} \quad (2.3.5)$$

式中 D_g——过滤管外径 (m);

n——过滤管表面有效孔隙率(一般按过滤管表面进水面孔隙率的50%考虑);

L——过滤管的工作部分长度 (m);

Q——设计取水量 (m³/s);

v_g——允许入管流速 (数值按表2.3.5确定)。

注:缠丝过滤管算至缠丝管外表面。

三、在基岩地区成井时,兼有护壁及止水作用的井管,其直径除满足上述要求外,尚应考虑成井工艺要求。

第2.3.6条 管井过滤器的骨架,可根据含水层的性质,按表2.3.6确定。

填砾过滤器的骨架,可采用穿孔管、钢筋骨架或缠丝管。

第2.3.8条 过滤器的长度和位置,应根据设计出水量、含水层岩性及技术经济等因素确定:

一、含水层厚度小于30m时,可在设计动水位以下的含水层部位,全部设过滤器;

二、含水层厚度大于30m时,宜根据试验资料确定过滤器的合理长度。

第2.3.9条 单层填砾过滤器的砾石规格,可按下列规定确定:

一、$\eta<10$时的砂土类含水层:

$$D_{50}=(6\sim8)d_{50} \quad (2.3.9-1)$$

注:当砂土类含水层的$\eta>10$时,应除去筛分样中的部分粗颗粒后,重新筛分,直至$\eta<10$为止,然后根据这时颗粒分布累积曲线确定d_{50},并按式2.3.9-1确定填砾规格。

二、$d_{20}<2mm$的碎石土类含水层:

$$D_{50}=(6\sim8)d_{20} \quad (2.3.9-2)$$

三、$d_{20}\geq2mm$的碎石土类含水层,管井可填入$10\sim20mm$的充填砾石或成不填砾。

式中,D_{50}、d_{50}、d_{20}分别为填砾和含水层颗粒分布累积曲线上,过筛重量累计百分比为50%及20%时的颗粒粒径。

η为含水层颗粒的不均匀系数。

四、填砾应尽量用均匀砾石(填砾的不均匀系数小于2)。

第2.3.10条 填砾过滤器骨架管的缠丝间距或不缠丝穿孔管的圆孔直径(条孔宽度)t,一般按下式确定:

$$t=D_{10} \quad (2.3.10)$$

式中 D_{10}为填砾的有效粒径。

第2.3.11条 双层填砾过滤器的外层填砾规格,按2.3.9条的规定确定,内层填砾的粒径,一般为外层填砾粒径的$4\sim6$倍。

第2.3.12条 单层填砾过滤器填砾厚度:粗砂以上地层为75mm;中、细、粉砂地层为100mm。

双层填砾过滤器的填砾厚度:内层为$30\sim50mm$,外层为

允许入管流速

表2.3.5

含水层渗透系数k(m/d)	允许入管流速v_g(m/s)
>122	0.030
82～122	0.025
41～82	0.020
20～41	0.015
<20	0.010

注:①填砾与非填砾过滤器管,均按上表数值确定。
②地下水对过滤器管有结垢和腐蚀可能时,允许入管流速,应减少$\frac{1}{3}\sim\frac{1}{2}$。

不同含水层适(可)用过滤器类型

表2.3.6

含水层岩性	适用过滤器类型	可用过滤器类型
细、粉砂含水层	双层填砾过滤器	单层填砾过滤器
中砂、粗砂、砾砂及$d_{20}<2mm$的碎石土类含水层	单层填砾过滤器	缠丝过滤器
$d_{20}\geq2mm$的碎石土类含水层	骨架过滤器或单层填砾过滤器	
基岩裂隙溶洞含水层	单层填砾过滤器	
基岩裂隙溶洞(不充水)含水层	骨架过滤器	

第2.3.7条 松散岩层中的管井,应全部设置井管,设计水位以上设井壁管,设计动水位以下的取水含水层(段)设足够长度的过滤器,其余井段设井壁管,底部设沉淀管。沉淀管的长度,应根据含水层岩性和井深确定,一般为$2\sim10m$。

基岩地区的管井,上部安装井壁管,下部井段是否设置井管,应根据岩石稳定性确定。

第2.3.13条 双层填砾过滤器的内层砾石网笼上下端,均应设弹簧钢板四块或其他保护网笼装置。

第2.3.14条 填砾过滤器的填砾高度,一般按下列规定确定:

一、填砾高度应根据过滤管的位置确定,底部宜低于过滤管下端2m以上,上部宜高出过滤管上端8m以上。供生活饮用水的管井,第一含水层距地表过近时,不受此限。

二、非均质含水层或多层中两层相近,且颗粒组成有差异,无法满足本条第一款规定时,可根据具体情况,按下列规定处理:

1. 含水层颗粒组成差异不大时,则可按本条第一的规定,全部装入耐细颗粒含水层的砾石。

2. 含水层颗粒组成差异较大时,需要分层填砾时,不论细颗粒含水层在上还是在下,均应尽量使细颗粒含水层中砾石位置,下部低于细颗粒含水层2m以上,上部高出含水层8m以上。

第2.3.15条 骨架过滤器的孔眼尺寸,一般根据颗粒的形状及含水层颗粒组成,按下列规定确定:

圆孔直径 $t = (3 \sim 4) d_{20}$　　　　(2.3.15-1)

条孔宽度 $t = (1.5 \sim 2) d_{20}$　　　(2.3.15-2)

条孔长度 $L = (8 \sim 10) t$　　　　　(2.3.15-3)

注:如根据上式计算,所得t值较大时,可适当减小,一般圆孔管径不大于21mm,条孔宽度不大于10mm。

第2.3.16条 管井的封闭,按下列规定设计:

一、井管外上部的封闭,一般用优质粘土球或水泥土球封闭,厚度不得小于5m;

二、水质不良的含水层、松散层用粘土球封闭,基岩用水泥浆封闭,封闭位置,一般超过拟封闭层以上、下各5m;

三、管井揭露多层含水层,需要分层开采时,对非开采含水层,可视其岩性及水头,选用粘土球或水泥浆封闭。

100mm。

第2.3.17条 松散层中管井的测水管,可按下列规定设计:

一、测水管的内径一般为38~50mm;

二、下部的进水部分长度为2~3m;

三、测水管宜紧靠井壁。

第四节 井 管 设 计

第2.4.1条 供水管井的管材,应根据井水用途、地下水管材强度及技术经济等因素选定。

第2.4.2条 在地下水具有强侵蚀性的地区建井,设计井管应采取下列措施:

一、选用耐腐蚀的管材,对抗腐蚀性差的管材应采取防腐措施;

二、条件可能时,采用不锈丝。缠丝采用不锈钢丝。

三、缠丝采用玻璃纤维增强聚乙烯滤水管的过滤器。

第2.4.3条 常用井管的管材质量宜满足下列要求:

一、钢管:

1. 无缝钢管:弯曲度不得超过1.5mm/m,外径公差+1.25%、-1.5%,壁厚公差-12.5%~15%。钢管两端应切成直角,并清除毛刺。管内外表面不得有裂缝、折叠、轧折、离层、发纹和结疤缺陷存在。

2. 焊接钢管:参照无缝钢管的质量要求。

3. 铸铁管:弯曲度不得大于表2.4.3的规定。

钢管壁厚不得小于8mm。

二、铸铁管:弯曲度负偏差为 $(1+0.05T)$ mm。T为标准壁厚(mm)。管体壁厚偏差为-20mm。管内外表面不允许有冷隔、裂缝、错位等长度偏差为-20mm。凡是使壁厚减薄的各种局部缺陷,其深度妨碍使用的明显缺陷。管端面应与轴线相垂直,不得超过 $(2+0.05T)$ mm,弯曲度不得超过3mm/m,外径公差不

三、钢筋混凝土管:弯曲度及水泥,外径公差不

铸铁管的弯曲度　　　　表2.4.3

公称口径（mm）	弯曲度（mm）
≤150	2L
200～450	1.5L
>500	1.25L

表中L代表管的有效长度的米数。

超过±5mm，壁厚偏差不得超过±2mm。内壁应光滑，管身无裂纹、缺损及暗伤，钢筋不得外露，并清除毛刺。

第2.4.4条 缠丝过滤管应根据管材的骨架和加工工艺等因素确定尺寸和排列方式。缠丝过滤管的骨架为穿孔管时，其穿孔形状、尺寸和排列方式，缠丝过滤管的骨架为穿孔管时，其穿孔孔隙率，应根据管材强度、受力条件和设计出水量确定，一般为15～30％。

第2.4.5条 缠丝过滤管必须有纵向垫筋。垫筋高度一般为6～8mm，其间距以保证缠丝与管壁2～4mm为准。垫筋两端应有挡箍。

第2.4.6条 缠丝应采用无毒、耐腐蚀，抗拉强度大，膨胀系数小的线材，断面形状以梯形或三角形为宜。

第2.4.7条 缠丝不得松动，缠丝间距偏差应小于设计丝距±20％。

第2.4.8条 钢筋骨架缠丝过滤管，应根据管材料强度和受力条件设计。

第2.4.9条 井管应采取丝扣连接或焊接，焊接井管的上下端，应经机械找平，下端应有45°坡口。

第三章　管井施工

第一节　钻　　进

第3.1.1条 钻进方法的选择，应综合考虑地层岩性、井身结构、钻进工艺等因素。一般参照下表确定：

钻进方法选择表　　　　表3.1.1

钻进方法	主　要　工　艺　特　点	适　用　条　件
回转钻进	钻头回转切削、研磨破碎岩石。有取芯钻进及全面钻进之分。浆正向循环，抽筒捞取岩屑。	砂土类及粘性土类松散层；软岩至硬的基岩
冲击钻进	钻具冲击破碎岩石，抽筒捞取岩屑。	碎石土类松散层，井深在200m以内
潜孔锤钻进	冲击、潜孔锤有风动反液动之分	坚硬岩石，且岩层不含水或含水性差
反循环钻进	同回转钻进，冲洗介质反向循环。有泵吸、射流反循环三种方式	除漂石、卵石（碎石）外的松散层；基岩
空气钻进	回转钻进中，用空气或雾化清水、雾化泥浆、泡沫、无气泥浆等作冲洗介质	岩层漏水严重或干缺水地区施工

第3.1.2条 钻进中如遇漂石或坚硬岩层，造成钻进极为困难时，可进行井内爆破。

第3.1.3条 钻进中，应注意防斜，并按照《供水水文地质钻探与凿井操作规程》的规定进行测斜，发现井斜，应及时纠正。井深大于200m时，应安装钻具指重表，采用钻链，加设扶正器。

第3.1.4条 井身质量，应符合下列要求：

一、井身应圆正；

映原有地层的特征,并应遵守下列规定:

一、采取鉴别地层的岩土样,在非含水层中,宜每3～5m取一个,含水层中,每2～3m取一个,变层时,应加取一个。当有测井、扫描照相、井下电视配合工作时,鉴别地层的岩(土)样数量,可适当减少。

二、采取颗粒分析样,在厚度大于4m的含水层中,宜每4~6m取一个,当含水层的厚度小于4米时,应取一个。取样重量不宜少于下列数值:

砂 1kg
圆砾(角砾) 3kg
卵石(碎石) 5kg

三、基岩岩芯的采取率,不宜小于下列数值:

完整岩层 70%
构造破碎带、风化带、岩溶带 30%

注:在水文地质资料较多的地区建井,取样数可适当减少。

第3.3.2条 土的分类和定名,应按本规范附录一的规定执行。

第3.3.3条 土样和岩样(岩芯)的描述,应按表3.3.3的内容进行。

土样和岩样(岩芯)的描述内容 表3.3.3

类别	描 述 内 容
碎石土类	名称、岩性成分、浑圆度、分选性、粒度、胶结情况和充填物(砂、粘性土的含量)
砂土类	名称、颜色、成分、矿物成分、分选性、胶结情况及包含物(粘土、动植物残骸、卵砾石等的含量)
粘性土类	名称、颜色、湿度、有机物含量、结构、构造、胶结物、包含物、可塑性和包含物
岩石类	名称、颜色、风化程度、矿物成分、结构、裂隙性质、裂隙和岩溶发育程度及其充填情况

第二节 护壁与冲洗介质

第3.2.1条 在松散层中冲击钻进,如钻进用水的水源充足,并能使井内水位保持比静水位高3~5m时,应采用水压护壁。

第3.2.2条 在松散、破碎或水敏性地层中钻进,一般采用泥浆护壁。泥浆护壁性能应根据地层的稳定情况、含水层的富水程度及水头高低、井的深浅以及施工周期等因素确定。制作泥浆,应测定比重、粘度、含砂量、失水量四项泥浆指标。

第3.2.3条 在松散层基岩覆盖的基岩中钻进,上部松散层及下部易坍塌岩层,可采用管材护壁,护壁管需要起拔时,每套护壁管与地层的接触长度宜不小于40m。

注:护壁管柔具措施及冒仲危具井成井用的井管。

第3.2.4条 冲洗介质应根据地层特点和施工条件等因素合理选用,一般按下列规定考虑:

一、粘土、稳定地层,采用清水;
二、松散、破碎或水敏性地区,采用泥浆;
三、渗漏地层、缺水地层,采用空气;
四、富水地层、严重漏失地层,采用泡沫。

第3.2.5条 制作泥浆、宜采用供钻进用的粘土、粉土、无粘土粉时,造浆粘土应经鉴定选用。

当制作泥浆粘性不能满足钻进要求时,应对泥浆进行处理。

第三节 岩(土)样采取与地层编录

第3.3.1条 钻进过程中所采取的岩(土)样,应能准确反

二、井筒顶角及方位角,不能突变;

三、井深100m以内,每100m,顶角倾斜不得超过1.5°。以下的井段,每100m,顶角倾斜不得超过1°;井深100m以下的井段,每100m,顶角倾斜不能超过1°;

注:冲击钻进时,顶角倾斜,可根据井口绳位移折算。

第3.3.4条 在钻探过程中，应对水位、水温、冲洗液消耗量、漏水位置、自流水的水头和自流量、井壁坍塌、涌砂和气体逸出的情况、岩层变层深度等进行观测和记录。

第3.3.5条 对采取的土样、岩样（岩芯），应及时描述和编录。妥善保管井管至少保存至管井验收为止。

第四节 井管安装

第3.4.1条 井管安装前，应作好下列准备工作：
一、检查井身的圆度和深度，井身直径不得小于设计井径20mm，井深偏差不得超过设计井深的正负千分之二；
二、泥浆护壁的井身，除自流井外，应先清理井底沉淀物，泥浆当稀释泥浆；
三、按本规范第二章第四节的有关规定，检查井管的质量，不符合要求的井管，不得下入井内。

第3.4.2条 下管方法，应根据下管深度、管材强度及钻探设备等因素选择：
一、井管自重（浮重）不超过井管允许抗拉力和钻机安全负荷时，宜用直接提吊下管法；
二、井管自重（浮重）超过井管允许抗拉力或钻机安全负荷时，宜用浮板下管法（和）浮板下管法；
三、井身结构复杂或下管深度过大时，宜用多级下管法。

第3.4.3条 井身全部下管时，井管应下至井底；若下部井段废弃不用，应以卵石或碎石回填井段捣实后，才能下入井管。

第3.4.4条 井管应安装在井孔的中心，上口与井深的尺寸偏差，上下不得超过300mm，井管位置不偏差，上下偏差的正负千分之一，过滤管安装位置不用时，应设找段。

第3.4.5条 采用填砾过滤器的井，安装井管时，应根据井深确定。

第五节 填砾及封闭

第3.5.1条 填砾前，应作好下列准备工作：
一、除自流井外，宜再次稀释泥浆；
二、按照设计，将计划填入井内的不同规格砾石的数量和高度进行计算，并准备一定的余量。

第3.5.2条 填砾石的质量，应符合下列要求：
一、按设计规格筛选，不合规格的砾石不得超过15%；
二、磨圆度要好，不得用碎石代替；
三、宜用硅质砾石。

第3.5.3条 填入井内的不同规格砾石，应进行筛分，并将筛分成果列入报告书。

第3.5.4条 填砾方法，一般采用静水填砾法或循环水填砾法，必要时，可下填砾管将砾石送入井内。

第3.5.5条 填砾时，砾石应沿井管四周均匀连续地填入，随填随测填砾深度，发现砾石空隙较大时，应及时排除。

第3.5.6条 双层填砾过滤器，笼内砾石以其上8m，均应填入井内。

第3.5.7条 采用缠丝过滤器的管井，笼外及其以上8m，均应回填粒径为10～20mm的砾石。

第3.5.8条 封闭用的粘土球或粘土块，应采用优质粘土。粘土球（块）的大小，一般为20～30mm，半干时投入，投入速度应适当。

第3.5.9条 封闭用的水泥，使用水泥浆封闭，应待水泥凝固后，进行封闭效果检查，不符要求时，应重新进行封闭。

第3.5.10条 在钻探过程中，一般采用泥浆泵泵入或提筒注入。

第3.5.11条 管外封闭位置偏差，上下不得超过300mm。

第六节 洗井及抽水试验

第3.6.1条 洗井方法应根据含水层特性、管井结构和钻探工艺等因素确定。

第3.6.2条 洗井必须及时。可采用活塞、空气压缩机、水泵、二氧化碳等交替或联合的方法进行。

第3.6.3条 洗井的质量应符合下列要求：

一、达到设计抽降时，前后两次试抽出单位出水量之差应小于10%；

二、井水含砂量应符合本规范第4.0.1条第二款的规定。

第3.6.4条 为了确定管井的实际出水量，洗井后必须进行抽水试验。

第3.6.5条 抽水试验的下降次数，一般为一次，下降值不需要时，下降次数可适当增加。

第3.6.6条 抽水试验的水位和水量的稳定延续时间，基岩地区为8～24h，松散层地区为4～8h。

第3.6.7条 抽水试验的观测要求应按《供水水文地质勘察规范》(TJ27—78)的有关规定执行。

第七节 水样采取

第3.7.1条 抽水试验结束前，应根据分析项目，在出水管口采水样取水。水样采取及时送交有关单位化验。

第3.7.2条 水样采取应符合下列要求：

一、取样用的容器应充分洗涤，取细菌检验的水样瓶应作灭菌处理；

二、检验不稳定成份的水样，采样时应同时加放稳定剂；

三、水样采取后，应严密封口，并贴上水样标签。

第四章 管井验收

第4.0.1条 管井竣工后，应由设计、施工及使用单位的代表，在现场按下列质量标准验收：

一、管井的单位出水量与设计单位出水量基本相符。管井揭露的含水层与设计依据不符时，可按实际抽水量验收；

二、管井抽水稳定后，井水含砂量不得超过二百万分之一(体积比)；

三、超污染指标的含水层应严密封闭；

四、井内沉淀物的高度不得大于井深的千分之五；

五、井管的安装误差，应在本规范第3.4.4条规定的允许值内；

六、井身的弯曲度应在本规范第3.1.4条第三款规定的允许值内。

第4.0.2条 管井验收时，施工单位应提供下列资料：

一、井的结构、地质柱状图；

二、岩(土)样及填砾的颗粒分析成果表；

三、抽水试验资料；

四、水质分析资料；

五、管井施工及使用说明书。

附录一 土的分类和定名标准

土的分类和定名标准

类别	名称	定 名 标 准
碎石土类	漂石	圆形及亚圆形为主，粒径大于200mm的颗粒超过全重的50%
	块石	棱角形为主，粒径大于200mm的颗粒超过全重的50%
	卵石	圆形及亚圆形为主，粒径大于20mm的颗粒超过全重的50%
	碎石	棱角形为主，粒径大于20mm的颗粒超过全重的50%
	圆砾	圆形及亚圆形为主，粒径大于2mm的颗粒超过全重的50%
	角砾	棱角形为主，粒径大于2mm的颗粒超过全重的50%
砂土类	砾砂	粒径大于2mm的颗粒占全重的25～50%
	粗砂	粒径大于0.5mm的颗粒超过全重的50%
	中砂	粒径大于0.25mm的颗粒超过全重的50%
	细砂	粒径大于0.074mm的颗粒超过全重的85%
	粉砂	粒径大于0.074mm的颗粒超过全重的50%
粘性土类	粉土	塑性指数 $I_P \leq 10$
	粉质粘土	塑性指数 $10 < I_P \leq 17$
	粘土	塑性指数 $I_P > 17$

注：碎石土和砂土定名时应根据颗粒组合量由大到小以最先符合者确定。

附录二 规范用词说明

1. 表示很严格，非这样不可的用词：
   正面词采用"必须"，反面词采用"严禁"。
2. 表示严格，在正常情况下均应这样作的用词：
   正面词采用"应"，反面词采用"不应"或"不得"。
3. 表示允许稍有选择，在条件许可时首先这样应这样作的用词：
   正面词采用"宜"或"可"，反面词采用"不宜"。

附加说明：

本规范主编单位、参加
单位和主要起草人名单

主编单位：中国市政工程西南设计院
参加单位：中国市政工程西北设计院
山西省勘察院
河北省城市勘察公司
山东省勘察院
内蒙古自治区水文地质勘探队

主要起草人：蒋洪源、张锡范、沈鉴根、高洪堂、李 旭、饶程光、徐霞泰、黎徐声

中华人民共和国城乡建设环境保护部部标准

供水水文地质钻探与凿井操作规程

CJJ 13—87

主编单位：中国市政工程中南设计院
批准单位：中华人民共和国城乡建设环境保护部
实行日期：1987 年 11 月 1 日

关于颁发《供水水文地质钻探与凿井操作规程》的通知

(87)城科字第 247 号

根据原国家城市建设总局(81)城科字第15号文的要求，由中国市政工程中南设计院编制的《供水水文地质钻探与凿井操作规程》，经我部审查，现批准为部标准，编号为 CJJ 13—87，自一九八七年十一月一日起实行。在实行过程中，如有问题和意见，请函告本标准管理单位中国市政工程中南设计院。

城乡建设环境保护部
一九八七年四月二十五日

目　次

第一章　总则 …………………………………… 14—4
第二章　一般规定 ……………………………… 14—4
第三章　施工准备 ……………………………… 14—5
　第一节　现场准备及设备选择 ………………… 14—5
　第二节　机具设备的装卸和运输 ……………… 14—6
第四章　钻探场地修建与基台安装 …………… 14—7
　第一节　钻探设备的安装与拆卸 ……………… 14—7
　第二节　钻塔的安装与拆卸 …………………… 14—7
　　（Ⅰ）一般要求 ……………………………… 14—7
　　（Ⅱ）桅杆式钻塔 …………………………… 14—8
　　（Ⅲ）"A"字形钻塔 ………………………… 14—8
　　（Ⅳ）三脚钻塔 ……………………………… 14—9
　　（Ⅴ）四脚钻塔 ……………………………… 14—9
　第三节　机械设备的安装与拆卸 ……………… 14—11
　第四节　附属设备的安装与拆卸 ……………… 14—11
第五章　钻探施工 ……………………………… 14—13
　第一节　准备及开孔 …………………………… 14—14
　第二节　护壁 …………………………………… 14—14
　第三节　冲洗介质 ……………………………… 14—14
　第四节　一般工艺与规定 ……………………… 14—14
　第五节　冲击钻进 ………………………………
　　（Ⅰ）作业要点 ……………………………… 14—15
　　（Ⅱ）钻头钻进 ……………………………… 14—15
　　（Ⅲ）抽筒钻进 ……………………………… 14—15
　第六节　回转钻进 ……………………………… 14—16
　　（Ⅰ）作业要点 ……………………………… 14—16
　　（Ⅱ）全面破碎无岩芯钻进 ………………… 14—17
　　（Ⅲ）环面破碎取岩芯钻进 ………………… 14—17
　　（Ⅲ₁）硬质合金钻进 ………………………… 14—17
　　（Ⅲ₂）钻粒钻进 …………………………… 14—19
　　（Ⅲ₃）合金、钻粒混合钻进 ………………… 14—20
　　（Ⅳ）其他钻进方法 ………………………… 14—20
　　（Ⅳ₁）满眼钻进 …………………………… 14—20
　　（Ⅳ₂）反循环钻进 ………………………… 14—22
　　（Ⅳ₃）扩孔钻进 …………………………… 14—23
　第七节　水上钻探 ……………………………… 14—23
　第八节　岩（土）样、岩芯的采取与地质编录 … 14—25
第六章　成井工艺 ……………………………… 14—27
　第一节　下管与拔管 …………………………… 14—27
　　（Ⅰ）下管 …………………………………… 14—27
　　（Ⅱ）拔管 …………………………………… 14—28
　第二节　填砾、止水及封闭 …………………… 14—29
　　（Ⅰ）填砾 …………………………………… 14—29
　　（Ⅱ）止水 …………………………………… 14—29
　　（Ⅲ）封闭 …………………………………… 14—31
　第三节　洗井 …………………………………… 14—31
　　（Ⅰ）一般要求和方法选择 ………………… 14—31
　　（Ⅱ）活塞洗井 ……………………………… 14—31

（Ⅲ）压缩空气洗井	14—32
（Ⅳ）水泵抽水或压水洗井	14—32
（Ⅴ）液态二氧化碳洗井	14—33
（Ⅵ）液态二氧化碳配合注盐酸洗井	14—33
（Ⅶ）焦磷酸钠洗井	14—34
第七章 抽水试验	14—34
第一节 一般要求	14—34
第二节 流量测量	14—35
第三节 水位测量	14—35
第四节 水温、气温观测	14—36
第五节 水样采取	14—36
第八章 机电设备的使用与维护	14—36
第一节 一般要求	14—36
第二节 钻机	14—37
（Ⅰ）起动前的检查与维护	14—37
（Ⅱ）运转中的操作与维护	14—37
第三节 柴油机	14—38
第四节 空气压缩机	14—38
第五节 泥浆泵	14—38
第六节 卧式离心泵	14—39
第七节 深井泵	14—39
第八节 潜水泵	14—39
第九节 电气设备	14—39
（Ⅰ）安全作业要点	14—40
（Ⅱ）电动机	14—40
（Ⅲ）发电机	14—41
（Ⅳ）开关及起动设备	14—41
（Ⅴ）电焊设备	14—41
（Ⅵ）气焊设备	14—42
第九章 井孔事故的预防和处理	14—42
第一节 预防和处理事故的一般要求	14—42
第二节 井孔事故的处理	14—42
（Ⅰ）井孔坍塌事故	14—43
（Ⅱ）卡钻事故	14—43
（Ⅲ）埋钻事故	14—43
（Ⅳ）钻具折断或脱落事故	14—44
（Ⅴ）井孔弯曲事故	14—44
（Ⅵ）井管事故	14—45
（Ⅶ）钢丝绳折断事故	14—45
第十章 井孔爆破	14—45
第一节 一般安全规则	14—45
第二节 爆破器的设计和制作	14—47
第三节 爆破方法和程序	14—47
附录 本规程用词说明	14—48

第一章 总 则

第 1.0.1 条 本规程适用于供水水文地质钻探与凿井工程。

第 1.0.2 条 进行供水水文地质钻探与凿井工作时，除必须按本规程执行外，还应符合国家标准及部标准现行规范的有关要求，并应参照地方现行有关规定办理。

第 1.0.3 条 本规程以供水水文地质钻探与凿井工程中常用的钻探设备为主要适用对象，对操作方法一般只作原则规定，各单位在执行中，可根据需要，结合具体情况，制定补充规定或实施细则，并报主管部门备案。

第二章 一 般 规 定

第 2.0.1 条 从事供水水文地质钻探与凿井的工作人员，必须认真学习和严格执行本规程。

第 2.0.2 条 新工人或徒工，必须接受技术培训，具备安全生产基本知识后，方准参与工作。学习操作时，必须在熟练技工的指导和监护下进行。

第 2.0.3 条 上班时，必须坚守工作岗位，不得擅离职守。工作时应集中思想，认真搞好安全生产。

第 2.0.4 条 工作时，必须戴安全帽，穿工作服、工作鞋，戴防护手套及按规定使用其它防护用具。但在打大锤、挂皮带或接近转动部位工作时，不得戴手套。

第 2.0.5 条 在进行搬运大型设备、安装拆卸钻机、开孔钻进、下管、事故处理及其它重要工作时，必须由机台负责人统一指挥，并明确分工。

第 2.0.6 条 各种机具设备使用前，工作人员应熟悉其使用说明书，掌握其技术性能和基本操作方法后，方可使用。并应按使用说明书的要求进行操作和维护保养。

第 2.0.7 条 钻探场地应备设工棚。还应根据具体情况，采取防洪、防寒、防暑、防大风、防煤气中毒及消防等措施。

第 2.0.8 条 现场设置工作或取暖火炉时，应注意防火，易燃、易爆物品应远离火源，取暖火炉应安装牢固，不得用油料引火生炉。

第 2.0.9 条 钻探场地应保持清洁。材料、机具应安放在适当地点，保持过道畅通。爆炸器材、压缩气瓶、酸、碱、易燃油类等危险物品，应严格按照有关规定，由专人妥善保管，不得随便存放。

第三章 施工准备

第一节 现场准备及设备选择

第3.1.1条 开工前，应走访现场踏勘，查清钻探场地及附近架空输电线、电话线、地下电缆、管道、构筑物及其它设施的确切位置。确定井孔位置时，应遵守下列规定：

一、井孔中心与靠近井孔一侧架空输电线路边导线间的最小水平距离，应符合表3.1.1的要求。

最小水平距离   表3.1.1

输电线路电压（kV）	1以下	1～20	35～110	154	220	330
最小水平距离（m）	钻塔高度加1.5	钻塔高度加2	钻塔高度加4	钻塔高度加5	钻塔高度加6	钻塔高度加7

二、钻探场地范围内使用的220V及380V架空输电线路不受表3.1.1有关规定的限制，但不得使用裸电线。

三、井孔中心距旧井孔的水平距离至少5m（基岩钻孔除外）；距地埋电力线路松散层井孔边线至少10m；距岩石井孔至少5m（基岩钻孔除外），距地下通讯电缆、构筑物、管道及其它地下设施的水平距离至少2m。

四、井孔中心与地面高大及重要建筑物应保持足够的安全距离。

五、在浅层岩溶发育、易发生地面塌陷地区，应根据井孔及地层性质适当加大上述第一至第三款所规定的距离。

第3.1.2条 钻探、井孔深度、井孔结构、水位深度及出水量等应根据地质条件、钻探方法、抽水及电气设备主要根据地质条件、结合已有设备情况，进行选择。应求和现场自然条件等因素，结合已有设备情况，进行选择。应

第2.0.10条 遇六级及六级以上大风应停止高空作业。遇大雨、雷电天气有碍工作时，应将钻具提至安全孔段，作好泥浆护孔后暂停工作，并切断电源。

第2.0.11条 高空作业时，必须系好安全带或安全绳。工具、零件应放在工具包内，不得从钻塔上往下抛扔物件。

第2.0.12条 夜间施工或钻探场地光线不足时，必须有足够照明工作。

第2.0.13条 气温在0℃以下，各种机械设备停止运转时，应立即放掉内部存水。气温低于凝固点时，需将油料放掉。

第2.0.14条 电气设备的安装和检修工作，必须由有合格证书的电工担任。电气设备的安装、使用和检修，必须严格按操作开关时，应站在绝缘台或绝缘垫上。

第2.0.15条 现场应设置配电箱（盘）。在线路和用电设备上工作，均应停电进行。严禁带电接火、修理和移动电气设备。

第2.0.16条 停电或停工时，各种动力设备应立即拉闸。拉闸时，应先拉开分路闸，后拉总闸。送电或开工时的顺序相反。

第2.0.17条 起动机械设备时，各部离合器必须处于空挡位置。传动部位及其所带动的其它设备上，不得有人工作或放有工具物件。

第2.0.18条 下入井孔内的器具，必须详细检查其质量、尺寸及磨损情况，并记入规定的记录表格内。

第2.0.19条 在井孔口工作时，必须防止工具、物件掉入井孔内。

第2.0.20条 挖掘井、坑时，应考虑护壁安全措施。

第2.0.21条 新的或检修的机械设备必须经技术检验和试车，确认合格后，方可使用。发现机器运转不正常，应立即停车检修。

第2.0.22条 停工时，机具及管材应妥善安放。工地必须有人值班。

做到设备配套、规格质量合乎要求，能正常使用。

第3.1.3条 施工前，应做好如下"三通一平"准备工作：

一、按通行宽度及坡度要求，修好通往施工现场的道路，拆通涵。

二、按钻探设备所需电压和功率，接好通往现场的电源或备好临时动力设施。

三、按施工用水量要求，接通水源。

四、按所用钻探设备使用说明书规定的场地范围要求，平整施工场地。

第3.1.4条 开工前，应按工程所需数量和规格备好管材、碎石、粘土及其它材料。

第二节 机具设备的装卸和运输

第3.2.1条 装卸和运输机具设备应遵守交通运输部门的有关规定。对易燃、易爆等危险物品的装卸和运输应按有关专门规定进行。

第3.2.2条 长途拖运钻机，应根据距离远近、路面好坏、钻塔重量和安装稳妥情况决定是否卸下钻塔、移动式钻探设备均应安装牵引连接装置。牵引连接处应系保护钢丝绳。拖运前应检查牵引连接是否牢靠、轮毂螺丝是否松动、轮胎气压是否适中、刹车装置是否正常。

第3.2.3条 短距离移动钻机，当汽车挂钩受工作件条件限制，挂在钻机不带牵引的一端时，应防止牵引摆动伤人。

第3.2.4条 运输时，小型工具及易损物件均应装箱，钻具及钻杆丝扣部分，均应采取保护措施。以汽车装运钻杆及风水管时，应遵守交通运输部门的有关规定。

第3.2.5条 装卸和搬运，应在专人指导下进行。大型设备一般应用起重机装卸，如无起重机时，也可用三脚架、设备卸台或挖倒车坑等方法装卸。

第3.2.6条 使用跳板装卸时，宜用木制跳板。跳板必须有足够的强度，其坡度不得超过30°，下端应有防滑装置，被装卸设备应拴挂保护绳。

第3.2.7条 机具设备装车应装稳、绑牢，运输途中必须有专人押车。检查，不得人货混装。拖运移动式钻探设备时，车速不得超过钻探设备使用说明书规定。

45°（即地锚离钻塔中心的水平距离不小于钻塔系绳点至地面的高度）。

第 4.2.6 条 由液压起落钻塔的钻机，钻塔安装妥后，对起落钻塔用的液压操作把手，应加以固定或卸下，钻进过程中不得碰动。

（Ⅱ） 桅杆式钻塔

第 4.2.7 条 起落CZ型桅杆式钻塔，应遵守下列规定：

一、竖立桅杆前应穿好卷扬钢丝绳，拴好绷绳，并穿好上部拉杆。

二、CZ-22型及CZ-30型钻机，起落桅杆时，起落装置必须使用安全销。更换原装安全销时，如自行加工，所用材料必须符合原设计要求。

三、用卷扬机竖立第一节桅杆，当桅杆升至与地面呈85°夹角时，应专人拉保护绳，以保证桅杆平稳竖立。第二节桅杆应缓慢升起，其凸轮卡好第一节桅杆前，工作人员不得上桅杆工作。

四、放落桅杆时，在拆除桅杆支撑轴销和连接架子中间螺丝前，必须在第二节桅杆底部捕放砂铁框，防止桅杆突然下落伤人。在放落第一、二节桅杆前，必须卡好第一、二节桅杆的固定螺丝上好。

第 4.2.8 条 起落车装整体桅杆式钻塔，应遵守下列规定：

一、红星-400型钻机。
1. 起塔前，应先将锁架子的两个U型螺丝卸开，再将45°支架拉回到工作状态，穿好大小销子。
2. 当钻塔升起到10cm左右时，应暂停起立，以检验平衡阀是否正常有效。
3. 操作油泵给油均匀，严禁猛停猛给，钻塔起立到位置后，应卸好钻塔底端的大台杆。
4. 放倒钻塔到后托架之后，先只能卸掉钻塔的两个固定螺丝，待钻塔立起后支撑架与地面所夹角，一般不大于

第四章 钻探设备的安装与拆卸

第一节 钻探场地修建与基合安装

第 4.1.1 条 安装钻探设备的地基必须平整、坚实、软硬均匀，对软弱地基应作加固处理。

第 4.1.2 条 在悬崖陡坡下施工时，应采取措施，防止活石滑落，造成事故。

第 4.1.3 条 基合安装必须水平、周正、稳固，保证在工作过程中钻机稳定。所用基合木及钢材的规格、数量及其安装形式应符合钻机使用说明书的要求。

第二节 钻塔的安装与拆卸

（Ⅰ） 一般要求

第 4.2.1 条 安装、拆卸钻塔前，必须对动力系统、升降系统，钻塔各部件及有关辅助工具进行认真检查。

第 4.2.2 条 安装、拆卸钻塔时，任何人不得在钻塔起落范围内通过或停留。安装多层钻塔时，不得上下两层同时作业。拆卸钻塔应从上到下逐层进行。

第 4.2.3 条 整体起落钻塔时，操作必须平稳、准确。钻机卷扬或绞车应低速运转，以保持钻塔升降平稳，防止钻塔突然倾倒、碰坏。

第 4.2.4 条 塔腿接触地面处，应以垫块车或垫枕木以保持稳定。

第 4.2.5 条 绷绳位置必须设置匀称，绷绳地锚必须埋设牢固，并用紧绳器绷紧。绷绳与地面所成夹角，一般不大于

二、SPC-300H型钻机：

1. 立塔前，应首先搬动多路向阀操纵把手，使加压拉手的夹紧机构松开，以免拉断加压钢丝绳。
2. 起塔时，应注意天车与卷扬机抱机间的钢丝绳是否够长。如不够长，应反时松开卷扬机抱机放绳，以免游动滑车碰到天车。
3. 起立钻塔应注意偏心块在支座内的位置，回转钻进时，偏心块小端朝里，冲击钻进时，偏心块大端朝里，以保证钻进、回转、冲击进，都有同一并孔中心。
4. 放倒钻塔过程中，应注意观察钢丝绳等附件所处的工作状态，防止与其它机件碰挂。

三、DPP-100型汽车钻机：

1. 起塔应以低速挡提升，钻塔立起后，必须调整钻塔两脚螺杆，使钢丝绳中心与转盘中心对正，并用领卡将塔腿卡牢。
2. 落塔时，应先将塔销子取出，使领卡松开，然后缓慢放落。

（Ⅲ）"A"字形钻塔

第4.2.9条 起落钻SPJ-300型钻机钻塔，应遵守下列规定：

一、起塔前，将井孔口基座安设稳固，并在地面按顺序把塔各节连接好。装牢天车，塔腿底脚应依次销牢在马蹄座上。两条塔腿要连接好，支承木应垫稳。
二、钻塔立起后，应以慢速起立钻塔，并注意让钻头两支撑头在滑道中滑行。钻塔中心，若两井孔中心不一致，可整体移动钻塔，调整底座或在马蹄底座间加垫片予以调整。调整好后，应立即用支撑杆加固，并绷裂钢绳。
三、钻塔支撑螺丝，塔座螺丝未固紧，绷绳没有安设好前，严禁上塔工作。
四、拆卸钻塔时，应先拆钻塔支撑，松开塔底座螺丝，然后放松绷绳，使钻塔前倾，缓慢松动刹车把，徐徐下放。放倒后，逐节拆卸。

五、起落钻塔用的支架挑杆绷绳，必须系牢，绷紧。

第4.2.10条 起落管式"A"字形轻便钻塔，应遵守下列规定：

一、起塔前，应先将塔腿各节连接牢固，摆放地面，塔脚用话销连接好塔座。支撑上端与塔腿横杆用螺杆连接。
二、提升塔顶徐徐起立，定位后应即连接支撑及拉杆，使之稳固。
三、支撑和拉杆连接螺丝未固紧前，不得上塔架工作。
四、落塔时，按与起塔相反顺序进行。

（Ⅳ）三脚钻塔

第4.2.11条 起落红星-300型钻机钻塔，应遵守下列规定：

一、起立钻塔前，先用螺丝将两侧塔腿，下节法兰盘连接好，并注意同步均匀移动侧腿，并分别将两侧塔腿的一端套入中腿天车轴上，天车轴轴帽必须穿保险销。
二、起立时，必须同步均匀移动侧腿，并注意两侧腿在滑行中有无歪斜现象。随着钻塔的升起，应随时拉紧卷扬钢丝绳。并应注意防止减速器卷筒绳缠打齿。
三、中腿下节升起后，应庭紧地脚螺丝，使中腿精许上升，然后抽出中腿大销，再提升中腿上节。
四、中腿上节升起后，必须使卡牙，穿销领好上拉条。
五、放倒钻塔前，应卸掉拉条，使中腿拉条，然后领好上拉条。钻塔中心，使井孔中心与钻孔中心一致，然后领好上拉条。
五、放倒侧腿时，两旁应有专人掌握，放落侧腿时，并使卡牙张开，同步均匀下放。

第4.2.12条 普通金属或木质三脚钻塔的安装与拆卸，应遵守下列规定：

U形挂环穿连接好，挂上天车，穿好插销。并在后塔腿下端拴好钢丝起塔前，应将塔腿挖在地面，用穿钉将塔腿上端孔眼及

四、按以上方法分节建立钻塔，直到安上天车为止。

五、拆塔时应按由上而下顺序逐层拆卸。

第三节 机械设备的安装与拆卸

第4.3.1条 安装钻机、动力机、泥浆泵、搅拌机、泥浆净化机械等设备时，应合理布置，便于操作。

第4.3.2条 钻机天车中心（或前缘切点）、转盘（或立轴）中心与钻孔中心必须在一条中心线上。

第4.3.3条 机械设备安装必须平稳，各相应的传动轮必须对正连线，皮带传动的皮带轮轴心连线应做到：皮带轮胎离地，皮带松紧适度，接头牢固。

第4.3.4条 安装机械传动式机械设备时，应使其轮胎离地，但不得空使用。

第4.3.5条 机械设备安装完毕，应进行全面检查，试运转正常后，方可使用。

第4.3.6条

第4.3.7条 拆卸机械设备时，不得对机件乱敲乱拆。从机器上卸下的零件，仪表应妥善保管，外露孔眼必须堵严。连接螺丝、螺帽、销子等单个零件，拆下后应装回原处。

第四节 附属设备的安装与拆卸

第4.4.1条 雷雨季节，易受雷击地区，钻塔上必须按下列规定安设避雷装置。

一、避雷装置由避雷针、引下线及接地装置三部分组成，各部分应分别符合下列要求：

1. 避雷针：应高出塔顶1.5m以上。宜用圆钢制，圆钢直径≥20mm，也可用圆钢或钢管制作。圆钢直径≥25mm，钢管直径≥38mm。安装时必须与钻塔棵金属绝缘良好，连接牢固。

2. 引下线：宜采用圆钢或钢绞线，圆钢直径≥8mm，裸绞线截面：铜质≥25mm²，铝质≥35mm²。安装时必须与钻塔绝

绳套，挂上滑车。

二、起塔时应将塔顶端架起一定高度，按两前腿距离要求，将两前腿底端用横杆固定，绞车安装在横杆正中，并将绞车上的钢丝绳串入后腿坑内。绳头拴在绞车前拉杆上。两前腿下端放入防滑浅坑内。

三、起塔用绞车牵拉后腿，使后腿下端沿两前腿着地连线的垂直平分线上走动。徐徐起立。起立时，还应有专人拉住任绳。

四、落塔时，先拆除塔顶悬挂设施，移开架下物品，然后牵拉后腿，缓慢落地。

（V）四脚钻塔

第4.2.13条 采用整体法起落时，应遵守下列规定：

一、先将钻塔在地面全部装好，并使塔底座对准基合相应塔座位置。在靠近塔底处，安装人字形排杆，并用细绳绑固在塔底处以设木撑，防止钻塔滑动。

二、把动力钢丝绳通过排杆上滑车，并系于距塔顶四分之一塔高处。钻塔靠地一面需装辅助方木加强，以防钻塔起立时受力过大发生弯曲。

三、用绞车或其它动力起立钻塔，并随时观察上升动向。放倒钻塔顺序相反。动力钢丝绳开始拉紧吃力，然后由辅助钢丝绳方放倒方向牵引，此时应稍松动力钢丝绳，使钻塔倾倒一定角度后，再缓慢放松动力钢丝绳，使钻塔平稳落下。

第4.2.14条 采用分节建立法起落时，应遵守下列规定：

一、先将钻塔底座固定在基台上，然后将钻塔各构件按要求顺序安装第一层。

二、在横拉杆挑杆，安装上一层。

三、须待每层构件全部安装后，在活动台板适当位置安设好挡木或其它临时设置。拧紧所有螺丝。

缘良好。

3.接地装置：一般由接地体和接地线二部分组成，各部分应符合下列要求：

（1）接地体：有条件时，应充分利用直接与大地接触而又符合要求的金属管道和金属井管作为自然接地体。无条件时，可设置垂直式人工接地体。材料一般以采用角钢或钢管为宜。角钢厚度不小于4mm，边长不小于40mm，钢管壁厚不小于3.5mm，直径不小于25mm。数量不宜少于2根，每根长度不小于2m，极同距离一般为长度的2倍。顶端距地面宜为0.5～0.8m，也可以部分外露，但入地部分长度不小于2m。若土壤电阻率高，不能满足接地电阻要求时，可在接地体附近放置食盐、木炭并加水，方降低土壤电阻率。

（2）接地线：应符合下列要求：

① 在中性点直接接地系统中，接地线和零线不应小于相线截面的二分之一。

② 接地线采用钢质，所用扁钢线，截面不小于4mm²；圆钢直径不小于8mm。采用裸铜线，截面不小于4mm²；圆钢直径不小于1.5mm²。

注：避雷装置一般直接用引下线与接地体连接，可以不要接地线。

（3）接地线与接地体的连接，一般应采用焊接。其搭接焊长度为扁钢宽度的2倍或圆钢直径的6倍。如用螺丝连接，应加防松螺帽或防松垫片。

二、避雷针、引下线和接地体的接触，宜用焊接。如用金属板以螺丝连接，金属板的接触面积不得小于10cm²。接地电阻不大于4Ω。采用接零保护时应考虑重复接地，重复接地电阻不大于10Ω。

第4.4.2条 电焊机、电动机及其起动装置的金属外壳和配电盘的金属框架，必须按有关规定装设接地或接零保护。采用接地保护，接地装置应符合第4.4.1条的有关规定。接地电阻不大于4Ω。采用接零保护时应考虑重复接地，重复接地电阻不大于10Ω。

各个电气设备的接地，应采用单独的接地线与接地体或接地干线连接，不得用一根接地线串联几个需要接地的设备。同一台发电机、变压器或同一段母线供电的电网中，不得一部份设备接地，另一部份设备接零。

第4.4.3条 电机的控制和保护设备，应垂直地面安装，并应调整正确，保证动作灵活可靠。

第4.4.4条 钻塔安装活动工作台时，应有制动、防坠安全装置。活动工作台的平衡锤下落范围内应设防护栏杆。

第4.4.5条 机械设备的传动系统和运转突出部位必须设防护罩或防护栏杆。

第4.4.6条 根据采用的钻进方法和工艺要求，设置冲洗液循环、净化和排放系统。水压坑、泥浆坑应有足够的容积。循环槽应有足够的长度和断面尺寸。循浆槽挡板，安装坡度一般为1/100～1/80，每隔1.5～2m应安装挡板。废弃泥浆不得随地排放，应作妥善处理，避免污染环境。

第五章 钻探施工

第一节 准备及开孔

第5.1.1条 开钻前应根据地层岩性、技术要求、设备及施工条件等因素，确定钻进方法和选用钻具，一般可参照表5.1.1综合考虑。

第5.1.2条 工地应配备测斜仪器及泥浆性能测试仪器。

第5.1.3条 开孔时应由有经验的技工操作，必须使井孔的开孔段保持圆整、正直及稳固。

第5.1.4条 冲击钻开孔时应吊起钻具对位，找出井孔中心后，开挖井坑。钻进数米后，根据地层确定下入或打入护口管，钻进放毛应准确适量，以保持垂直冲击。在钻具未全部进入护口管之前，可采用小冲程作单次冲击，以防钻具摆动造成孔斜或伤人。

第5.1.5条 回转钻开孔时，宜使用专用短钻具钻进，必须将钻杆水笼头上的胶管用绳索牵引，或在主动钻杆上端加导向装置，并采用慢转速、轻钻压钻进，防止主动钻杆晃动造成孔斜。

第二节 护 壁

第5.2.1条 一般采用泥浆、水压或套管护壁。应根据地层条件、水源情况和技术要求合理选择。

第5.2.2条 采用泥浆护壁，无论在钻进或停钻时，井孔内泥浆面不得低于地面0.5m。如漏失严重，应将钻具迅速提到安全孔段，及时查明原因，作出处理后再继续钻进。

第5.2.3条 采用水压护壁时，必须有充足的水源。如静止水位较浅，则应采取措施，使压力水头高出静止水位不小于3m。

第5.2.4条 在松散地层用泥浆或水压护壁时，井孔应安设护口管。其外径一般比开孔钻头直径大50~100mm，下入深度一般应在潜水位下1m左右。当潜水位较深时，可根据地层及水文具体情况确定。但不得少于3m。护口管应固定于地面，并使管身保持正直，中心与钻具垂直吊中心一致。护口管与井壁之间的间隙，应以粘土或其它材料填实。

第5.2.5条 对泥浆及水压护壁无效的松散地层，可用套管护壁。套管需要起拔时，各层套管与岩层的接触长度，可参照表5.2.5。

各层套管与岩层接触长度（单位：m） 表5.2.5

岩层性质	第一层	第二层	第三层	第四层
卵 石	30	30	25~30	20~30
砂 砾	40~45	35~40	30~40	30~40
粗、中砂	40~45	35~40	30~40	30~40
细 砂	30	25	25	25
粘 土	35	30	30	30
亚粘土	40~45	40	30~40	30~40
轻亚粘土	40~45	40	30~40	30~40

第5.2.6条 承压自流水含水层钻进中的护壁，可参照下列方法进行：

一、宜采用大密度泥浆压喷护壁。根据地下水头超出地面高度及含水层顶板埋深，计算取用适宜的泥浆密度，使井孔中泥浆柱的静压力大于地下水水头压力。泥浆密度一般不宜低于1.5 g/cm³。

二、设置足够容量的泥浆池，钻进过程中及时清除池内岩屑和沉淀物。

三、孔内泥浆密度未达要求，备用的合格泥浆未达足够数量前，不宜钻穿含水层顶板。

钻 进 方 法 选 择　　　　表 5.1.1

破碎岩石方法	破碎岩石形式	冲洗介质种类	冲洗介质循环方式	成孔程序	切削刃具	适用地层 岩类	适用地层 岩石名称	可钻性等级（按十二级分类）
冲击钻进	全面破碎岩石钻进	泥浆或净水		一次成孔	补焊一字形钻头、带副刃十字形钻头、肋骨式抽筒	松散岩	粘土、亚粘土、轻亚粘土、淤泥质亚粘土、淤泥；粉砂、细砂、中砂、粗砂、砾砂；角砾、圆砾、碎石、卵石、块石、漂石	1～7
					一字形钻头、十字形钻头、工字形钻头、圆形钻头	基岩	页岩、砂岩、砾岩、泥灰岩、石灰岩、白云岩、大理岩、煤及其它沉积岩；风化变质页岩、板岩、千枚岩、片岩及其它变质岩、蛇纹岩、纯橄榄岩、火山凝灰岩、风化角闪石斑岩、粗面岩及其它风化火成岩	3～5
回转钻进	全面破碎无岩芯钻进	泥浆、清水、空气或气化冲洗液	正循环、反循环或部分反循环	一次成孔或扩孔成井	正循环：鱼尾钻头、三翼刮刀钻头、牙轮钻头	松散岩	粘土、亚粘土、轻亚粘土、淤泥质亚粘土、淤泥；粉砂、细砂、中砂、粗砂、砾砂；角砾、圆砾、碎石、卵石、块石、漂石	1～7
					反循环：弯臂钻头、中心通水孔加大的正循环钻头			
					正循环：三翼刮刀钻头、四翼刮刀钻头、牙轮钻头、全面硬质合金钻头	基岩	页岩、砂岩、砾岩、泥灰岩、石灰岩、白云岩、大理岩、煤及其它沉积岩；微风化或强风化的页岩、板岩、千枚岩、片麻岩及其它变质岩；微风化或强风化与粗粒或细粒的花岗岩、正长岩、闪长岩、斑岩、玢岩、粗面岩、辉长岩、玄武岩、安山岩及其它火成岩	3～10
					反循环：中心通水孔加大的正循环钻头			
	环面破碎取芯钻进			一次成孔	硬质合金钻头、合金肋骨钻头、钻粒肋骨钻头	松散岩	粘土、亚粘土、轻亚粘土、淤泥质亚粘土、淤泥；粉砂、细砂、中砂、粗砂、砾砂；角砾、圆砾、碎石、卵石、块石、漂石	1～7
				扩孔成井	多翼螺旋肋骨钻头、多级肋骨扩孔钻头、玉米式钻头、四翼阶梯肋骨扩孔钻头			
					硬质合金钻头、钻粒钻头、牙轮取芯钻头、钻粒肋骨钻头	基岩	页岩、砂岩、砾岩、泥灰岩、石灰岩、白云岩、大理岩、煤及其它沉积岩；微风化或强风化的页岩、板岩、千枚岩、片麻岩及其它变质岩	3～6
					钻粒钻头、硬质合金钻头、牙轮取芯钻头		微风化或强风化与粗粒或细粒的花岗岩、正长岩、闪长岩、斑岩、玢岩、粗面岩、辉长岩、玄武岩、安山岩及其它火成岩	6～10
					硬质合金钻头		具有裂隙、溶洞的泥灰岩、石灰岩、白云岩、大理岩及其它碳酸盐类岩石	3～9

钻进不同岩层适用的泥浆性能指标   表 5.3.2

岩 层 性 质	粘 度 (s)	密 度 (g/cm³)	含砂量 (%)	失水量 (cm³/30min)
非含水层（粘性土类）	15～16	1.05～1.08	小于 4	小于 8
粉、细、中砂层	16～17	1.08～1.1	4～8	小于20
粗砂、砾石层	17～18	1.1～1.2	4～8	小于15
卵石、漂石层	18～28	1.15～1.2	小于 4	小于15
承压自流水含水层	大于25	1.3～1.7	4～8	小于10
遇水膨胀岩层	20～22	1.1～1.15	小于 4	小于15
坍塌、掉块岩层	22～28	1.15～1.3	小于 4	小于23
一般基岩层	18～20	1.1～1.15	小于 4	小于15
裂隙、溶洞基岩层	22～28	1.15～1.2	小于 4	小于15

第 5.2.7 条 在松散层覆盖的基岩中钻进时，对上部覆盖层应下入套管。对下部易坍塌岩层，根据具体情况采用套管或泥浆护壁。覆盖层的套管，应在钻穿覆盖层，进入完整基岩 0.5～2 m，中心要完整固定于地面，并使套管身正直，中心与钻具垂直吊正套管中心一致。套管吊心后下入。套管应于钻具的底部，均应放在井孔变径处合阶上，并以水泥浆或其它材料，将套管外壁与井壁之间的同隙填实。

第 5.2.8 条 用水泥浆封填套管底部，一般可采用预填法和压注法进行。

一、预填法：用泥浆泵或带有辅助拉绳控制活门的特制抽筒，将水泥浆送至井底，达到需要封填高度。在水泥浆凝固之前，将套管插入水泥浆内，使两者凝固成为一体。

二、压注法：套管下入预定深度后，套管外下口注浆管，将水泥浆自注浆管泵入填封套管部位，达到需要深度，让其凝固即可。

第三节 冲 洗 介 质

第 5.3.1 条 冲洗介质应根据施工条件和地层特点等因素合理选用。一般可按下列规定选用：

一、结构稳定的粘性土及其它松散层，采用清水或泥浆。
二、基岩破碎层及风蚀性地层，采用泥浆。
三、缺水地区、渗漏地层，采用空气或气化冲洗液（包括水雾、泡沫泥浆、雾化泥浆、充气泥浆）。

第 5.3.2 条 用泥浆作为冲洗介质时，应根据需要及时测定制作泥浆和井孔内泥浆的粘度、密度、含砂量和失水量等指标。根据钻进地层及渗漏地层的粘性、稳定状况、胶结程度以及含水层的水头压力等条件，并孔内泥浆指标可按表5.3.2选用。

注：井孔内泥浆试液冲击钻进一般在井孔中采取，回转钻进时吸水底阀附近取样。

第 5.3.3 条 用泥浆作冲洗液时，应对井孔中排出的泥浆进行净化。一般可采用下列方法：

一、稀释井孔内排出的泥浆，加速泥浆中砂粒的沉淀与排除。

二、挖掘合理、足够的循环沉淀池，充分发挥其沉淀效果。

三、用振动泥浆筛、旋流除砂器等人工净化设备进行净化。

第 5.3.4 条 配制泥浆用的粘土，应按下述质量要求选定：

一、野外鉴定：含砂量少，致密细腻，可塑性强，遇水易散。

二、室内试验鉴定：将各种粘土试样配制成泥浆，在不同密度（1.05、1.1、1.2g/cm³）下测定粘度、含砂量。要求在密度下，有较大粘度和较低含砂量。当密度为 1.1g/cm³ 时，含砂量不超过 6%，粘度为 16～18 s 者，即可采用，但应结合表5.3.2及第5.3.6条要求考虑。

第 5.3.5 条 配制泥浆用的粘土应预先捣碎，用水浸泡后再搅拌，也可使用粘土粉配制，不得向井内直接投粘土块。

第 5.3.6 条 当泥浆指标不能满足要求时，可视需要加泥浆处理剂调整。常用处理方法及配比如下：

标准按冶金部（YB235—70）、（YB528—65）、（YB691—70）中的有关规定执行。

二、内伤检验，用超声波或电磁探伤法进行。

第5.4.2条 交接班时，必须将孔内及机具设备等情况交接清楚。

第5.4.3条 遇突然性停电或其他动力停止运行时，应即用备用动力或手动方案将钻具提离孔底。停工时，应根据使用钻机类型，对井孔内泥浆进行定时循环搅动，并及时补充。

第5.4.4条 钻进过程中，遇到下列情况时，应及时测量井孔弯曲（测斜）。

一、孔深100米以内每隔25m，孔深超过100m后每隔50m和终孔后。

二、岩层变化或发现孔斜征兆时。

三、井换径后钻进3～5m或扩孔结束。

第5.4.5条 井孔允许弯曲标准规定如下：

一、井孔的方位角不得突变。

二、井孔顶角的变化，一般每100m不得大于1.5°；勘探开采井及供水井孔弯曲，每100m不得大于1°。

第5.4.6条 井孔弯曲，应用测斜仪测定。也可用锤球测斜法测定。井及供水管井洗井钻进时，还可测量井孔口钢丝绳的位移，进行推算。

第五节 冲击钻进

（Ⅰ）作业要点

第5.5.1条 钻具的连接与焊补应按下述规定进行：

一、钻具必须连接牢固，总重量不得超过钻机说明书规定重量。

二、钢丝绳不得超负荷使用。钢丝绳在拧转一周的长度里折断钢丝的根数达到总根数的5％时，该段钢丝绳应予剔除。

一、纯碱（Na_2CO_3）处理：可提高粘度，降低含砂量和失水量。加碱量可用试验确定。一般可调制泥浆所用粘土重量的0.5～1％。

二、加重剂处理：可提高密度，常用加重剂为重晶石粉（$BaSO_4$），其用量可按（5.3.6）式求得：

$$P = \frac{r(r_1 - r_2)}{r - r_2} \quad (5.3.6)$$

式中 P —— 配制$1m^3$泥浆所需加重剂的重量（t）；
r —— 加重剂的密度（g/cm^3）；
r_1 —— 加重后的泥浆密度（g/cm^3）；
r_2 —— 加重前的泥浆密度（g/cm^3）。

三、丹宁碱液（NaT）处理：可降低失水量，静切力和粘度。用丹宁酸加烧碱（常用重量比为2:1，1:1或1:2）配成丹宁碱液（浓度为1/10或1/5），然后加入泥浆内，加入量以泥浆体积的2～5％为宜。

四、羧甲基纤维素钠（CMC）处理：可提高粘度和胶体率，减少失水量，并可使井壁泥皮变薄。加入量以泥浆体积的4％为宜。

五、聚丙烯酰胺（PHP）处理：可增加絮凝作用，降低失水量和提高粘度。PHP加入量：砂类地层可在$1m^3$泥浆中，加入浓度为1％的PHP溶液5～12kg；砾卵石类地层可在$1m^3$泥浆中，加入浓度为1％的PHP溶液30～50kg。

第5.3.7条 配制泥浆、一般应用泥浆搅拌机，由专人管理，并及时检验和调整泥浆指标，以适应钻进和护壁的需要。

第5.3.8条 循环泥浆中，应防止雨水和地面水掺入，也不得随意加入清水。

第四节 一般工艺与规定

第5.4.1条 不得使用不合要求的钻具。钻具质量检查方法和标准如下：

一、外观检查，主要凭肉眼和有关量具、工具进行。检验

三、活环钢丝绳连接时，必须用钢丝绳卡子的钢丝绳卡数量不得少于3个，相邻的卡子应对卡。

四、用开口活心钢丝绳接头连接时，必须保证连接牢固，活心灵活，钢丝绳与活套的轴线应接近一致。

五、用法兰连接钻具，钻头及钻杆（加重杆）上的凹凸平面应吻合。法兰之间应有一定间隙，连接螺丝应用双螺帽，其轴线应与钻具轴线接近平行。

六、加焊助骨抽筒式钻头时，必须保证助骨等距，底靴平整，活门灵活，关闭严密。加焊带副刃的钻头时，必须保证刃角点在一个圆周上。

第5.5.2条 下钻孔时，应先将钻头垂吊稳定后，再导正下入井孔。不得全松刹车，高速下放。提钻时，开始应缓慢，提离孔底数米退阻力后，再按正常速度提升。如发现有阻力，应将钻具下放，使钻头转动方向后再进，不得强行提拉。

第5.5.3条 钻具进入井孔后，应盖好井盖板，使钢丝绳置于两块井盖板中间的绳孔中，并在地面设置固定标志，以便钻进中用交线钻法测量钢丝绳在钻进中不得轻易变动。

第5.5.4条 提钻时，应注意观察或测量钻进钢丝绳的位移，如超过第5.4.5条规定要求时，应查明原因，及时纠正。

第5.5.5条 下钻前，应对钻头的外径和出刃、抽筒助骨片的磨损情况以及钻具连接法兰螺丝松紧度进行检查，如磨损过多应及时修补，丝扣松动应及时上紧。

第5.5.6条 钻进中，应经常提动钻具，发现喝孔、扁孔、斜孔时，发现缩孔时，修扩孔壁，每回次冲击时间不宜过长，以防卡钻。

第5.5.7条 应根据地层硬便，钻头底刃单位长度所需重量越大，冲程越高，所需冲击次数越少的原则确定钻进参数。

钻进参数一般可以在以下范围内选择：
一、钻具重量：15～25kg/cm——钻头底刃长度单位
二、冲程：750～1000mm
三、冲击次数：40～50次/min

第5.5.8条 操作时应注意下列事项：
一、掏泥筒应配合钻进及时捞取岩屑，使掏泥筒底部深度达到钻头进尺深度。
二、松钢丝绳应适当，做到勤松绳、少松绳，保持钻头始终处于垂直状态，使全部冲击力量作用于孔底。当孔内钢丝绳摆动大时，应停止冲击，调整好钢丝绳后方可继续钻进。
三、在粘土层中钻进，应采取慢进尺，常采取忽进忽停卡钻事宜。
四、在卵石、漂石、风化岩层中钻进，应注意孔底平整，防止由于缩径或孔斜不圆正而造成卡钻。
五、发现冲击钢丝绳摆动不正常，钻头冲击忽轻忽重，声音不匀时，应立即修整井壁和井底，常经冲击时间不过长，并经常提钻检查。
六、在基岩地层中钻进时，应做到勤钻、勤捞渣、减少重复破碎。

七、井孔中遇探头石时，宜用填入石块冲击或爆破方法处理。

（Ⅲ）抽筒钻进

第5.5.9条 钻进参数宜在下列范围内选择：
一、钻具重量：1000～2000kg
二、冲程：粘性土、砂类地层500～750mm。
砾石、卵石、漂石地层750～1000mm。
三、冲击次数：40～45次/min

第5.5.10条 操作时应注意下列事项：
一、在粘性土层钻进时，宜用底出刃呈菱形或圆图梯形助骨抽筒。并冲程不宜慢进尺，勤钻勤提的钻进方法，每回次进尺不宜

岩芯钻具规格选择　　　　　表 5.6.1-2

项目		规格(mm) 钻具直径(mm)	89	108	127	146	168	219	273	325	377	426
钻头	硬质合金钻头	壁厚			7		10		10～12	10～13	12～14	
		长度			85～120					300～400		
		水口 高度			10～15					40～50		
		水口 下口			12～15					30～40		
	钻粒钻头	壁厚	10		10～11			10～12		10～13	12～14	
		长度			450～600					500～1000		
		水口 高度			120～180			150（两个水口）～200（一个水口）				
		水口 上宽			15～25			15～25（两个水口）～30～50（一个水口）				
		下宽为周长的			1/3～1/4			1/6～1/8				
	接头螺纹长度				40～60					100～120		
岩芯管	壁厚		4	4.25		4.5	6	8～9	9～10	10～11		
	长度				3000～6000					4000		6000
	接头长度				140			270		300		
取粉管长度							1500					

注：① 岩芯钻具材质应用DZ40～DZ55号钢。② 钻头上部内壁宜有1:100锥度。

超过 0.5m。

二、在岩砂、砾石、卵石地层中钻进时，钢丝绳应勤松，少回次进尺不宜超过抽筒长度的三分之一。

三、在砾石、卵石、漂石地层中钻进时，应经常检查抽筒活门的工作情况，每回次冲击时间不宜过长。

四、遇直径大于活门内径的卵石、漂石时，宜先用钻头将其冲碎，再用捞筒捞取。

第六节　回转钻进

（I）作业要点

第 5.6.1 条　开钻前，应按井孔直径、岩性及深度选择钻具，其规格可参照表 5.6.1-1 及表 5.6.1-2 选用。

第 5.6.2 条　粗径钻具全长一般不应小于 6m。在砾石、破碎岩层及软硬互层等复杂地层中钻进，钻塔有效高度允许时，还宜适当加长。

第 5.6.3 条　钻进中一般应用钻铤加压，并安设增重表。钻铤选用应符合合部（YB691—70）所定标准。

第 5.6.4 条　每次下入钻具前，应检查钻具，如发现脱焊、裂口、严重磨损等情况时，应及时焊补或更换。

第 5.6.5 条　水龙头与高压胶管连接处，必须夹板卡牢，并系保险绳。开钻时，高压胶管必须采取补救牵引措施，下面不得站人。

钻杆规格选择　　　表 5.6.1-1

井孔直径(mm) 钻杆直径(mm) 岩石性质	89～127	146～168	219～273	273～325	325～377	377～426
3～6级	42～50	50～60	73～89	89	89	114
6～9级	42～50	50～60	73～89	89	114	114

第 5.6.6 条 每次开钻前,应先将钻具提离孔底,开动泥浆泵,待冲洗液流畅后,再用慢速回转至孔底,然后开始正常钻进。

第 5.6.7 条 钻杆拧卸扣可采用扳手拧卸或钻机转盘自动拧卸两种方法。用钻机扣卸扣时,离合器要慢接结合,旋转速度不宜太快。用扳手拧卸时,应注意防止扳手回打人。

第 5.6.8 条 提升和下降钻具时,钻台工作人员不得将脚踏在转盘上面,工具及附件不得放在转盘上。

第 5.6.9 条 变径时,钻杆上必须加导向装置。钻到一定深度,然后去掉。

第 5.6.10 条 钻进过程中,如发现钻具回转阻力增加,负荷增大,泥浆泵压力不足等反常现象时,应立即停止钻进,检查原因。

第 5.6.11 条 钻进发生卡钻时,必须马上退开总离合器,停止转盘转动,查明情况进行处理。

(Ⅱ) 全面破碎无岩芯钻进

第 5.6.12 条 松散层钻进应遵守下列规定:

一、开钻前,必须先开小泵冲孔,以防因超径造成孔斜。待钻具转动开始进尺时,再开大泵量冲孔。

二、使用鱼尾钻头、三翼刮刀钻头或四翼刮刀钻头时,钻头切削刃部必须焊接圆正均称,各刃角点应在同一圆周上,且其圆心与钻头接头的中心在一条轴心线上。

三、在粘土层中钻进,如发现缩径、糊钻、憋泵等现象时,可适当加大钻压和泵量,并经常退开钻具,防止钻头产生泥包。

四、在砂类地层钻进,宜用较小钻压,中等转速钻进,并经常清除泥浆槽沉淀池中的砂粒,或进行人工净化,以降低泥浆中的含砂量。

五、在卵、砾石层,可用鱼尾、刮刀钻头,慢转,应轻压、慢转。可用鱼尾、刮刀钻头,慢转,
卵、砾石。也可采用牙轮钻头钻进,或采用挖卵石器和在粗径钻具肉焊短节钢丝绳的方法钻进,以捞取卵石。

六、钻进中,操作者应经常注意钻头所受阻力、钻进效率和岩性,并配合取样鉴定地层。

七、每钻完一根钻杆,应提起钻具在新钻孔段自上而下进行划孔,检验井孔圆直度无问题后,再加接钻杆继续钻进。如发现问题,应及时进行处理。

八、采用泥浆护壁时,钻进中应根据孔深、岩性特点和稳定状况,随时调整井孔内泥浆指标。

第 5.6.13 条 基岩钻进应遵守下列规定:

一、遇风化基岩或泥、页岩等软岩层时,可采用鱼尾钻头、刮刀钻头或牙轮钻头,钻进工艺与要求可参照松散层全面钻进方法。

二、遇硬岩层,根据岩石性质,可选用牙轮钻头、球齿钻头、全面硬质合金钻头。但要求钻头直径匀称,水口大小合适,喷嘴的喷射角度适宜,焊制牢固。

三、在破碎、易坍塌地层中钻进时,宜用轻压、快速、小泵量钻进,并常提钻修孔,保证井孔圆直。

四、在泥、页岩或破碎岩层中钻进时,宜用轻压、小泵量钻进,并常提钻修孔,保证井孔圆直。

五、在较深井孔,较硬岩层中钻进时,宜高转速、大泵量钻进。大泵量钻进,宜根据地层特点和设备负荷能力,采用大钻压、高转速、大泵量钻进,但应视地层及进尺情况,随时调整钻进参数及泥浆指标。

六、钻进中遇大裂隙、溶洞时,对钻具应及时采取导向措施,以保持井孔圆直。

(Ⅲ) 环面破碎取芯钻进

(Ⅳ) 硬质合金钻进

第 5.6.14 条 镶焊大口径钻头,宜用鸟角类大八角柱状合

第 5.6.15 条 钻进技术参数，应根据岩石性质、钻结构、设备能力、孔壁稳固情况等因素合理选择。

一、钻压可用下列公式计算：

$$C = C_0 m \qquad (5.6.15-1)$$

式中 C——钻头总压力（kg）；
 C_0——每粒合金所需压力（kg）；
 m——合金镶嵌数量（粒）。

每粒合金所需压力数值可参照表 5.6.15-1 选用。

常用合金压力数值　　　　表 5.6.15-1

岩石性质	1～4级软岩	5～6级中硬岩石	砾石卵石岩石
每粒合金上的压力(kg)	50～70	80～120	70～80

二、转速：应根据岩石性质和钻压选择，钻进软岩层应轻压快转。转速应以钻具回转线速度表示，一般为 1.0～2.5m/s，小口径的相应转数约为 150～400r/min，大口径，裂隙岩石相应转数约为 40～150r/min。

三、泵量：应按岩石性质、钻头直径及钻进速度确定，一般可按下列公式计算选择：

$$Q = K \cdot D \qquad (5.6.15-2)$$

式中 Q——冲洗液量（L/min）；
 D——钻头直径（cm）；
 K——系数（常取 15～20L/cm·min）；
也可参照表 5.6.15-2 选用。

硬质合金钻进泵量　　　表 5.6.15-2

泵量(L/min) 钻头直径(mm) 岩石性质	89	108	127	146	168	219	273	325	377	426
一般岩层	60～120	90～150	240～300	240～300	480～600	480～600	480～600	600～720	600～720	600～720
裂隙岩层	60～120	90～150	240～300	240～300	360～420	480～600	600	600	600	600～720

金。镶焊数量、出刃规格及镶焊角度，可参照表 5.6.14-1、表 5.6.14-2 及表 5.6.14-3 选用。

硬质合金镶焊数量　　　表 5.6.14-1

合金数量(粒) 钻头直径(mm) 岩性	1～4级岩层	5～6级岩层	砾石卵石岩层
89	6～8	8	9～12
108	7～8	8～10	12～14
127	8～10	10～12	14～16
146	10～12	12～14	16～18
168	14～16	16～18	22～24
219	16～18	18～20	26～28
273	18～20	20～22	32～34
325	20～22	22～26	34～36
377	22～26	26～28	34～36
426	26～28	28～32	36～40

硬质合金切削具出刃规格（mm）　表 5.6.14-2

岩石性质	内出刃	外出刃	底出刃
1～4级岩层	2～2.5	2～3	2.5～3.5
5～6级中硬岩层	1.5～2	1.5～2.5	2～3
砾石、卵石层	1	1.5	1.5

硬质合金切削具的镶焊角　表 5.6.14-3

岩石性质	合金镶焊角度(°)
1～4级均质软岩层	70～80
5～6级均质中硬岩层	80～85
非均质有裂隙的岩层	90～负15
卵石、砾石层	90～负15

1. 铁砂：20～30kg/cm²。
2. 钢粒：常规30～40kg/cm²，强力50～60kg/cm²。

二、转速：应根据岩石或钻进密度、完整性及设备能力等因素确定。采用小口径钻头或钻进岩石时，弱摩擦性岩石时，可用较快的转数，反之则用较慢的转数。一般钻头的线速度为1～2m/s，所以小口径钻进时转数约为120～300r/min，大口径钻进时转数约为40～150r/min。

三、泵量：
一般可按下列公式计算选择：

$$Q = K \cdot D \qquad (5.6.22)$$

式中 Q——冲洗液量（L/min）；
D——钻头直径（cm）；
K——系数（L/cm·min）[钻沙为钢粒 $K=2\sim3$。钻粒为铁砂时，回次初 $K=3\sim4$；回次中 $K=2\sim3$。钻粒为钢粒时，回次初 K 值较钢粒采用的 K 值小 $\frac{1}{3}\sim\frac{1}{2}$。也可按表5.6.22选用。

表 5.6.22

钻粒种类	时间	钻头直径(mm) 泵量(L/min)	426	377	325	273	219	168	146	127	108	89
铁砂	回次初		80～120	70～110	60～90	50～70	40～60	35～50	30～45	25～35	20～30	18～25
铁砂	回次中		40～60	40～50	30～40	25～30	20～25	18～20	15～18	13～16	12～14	10～12
钢粒	回次初		120～160	110～140	90～120	70～100	60～80	50～70	45～50	40～45	30～40	25～30
钢粒	回次中		80～120	70～110	60～90	50～70	40～60	35～50	25～40	20～30	15～20	—

第5.6.23条 投砂方法及投砂量应根据钻头直径、钻粒质量及岩石的可钻性等因素确定。常用一次投砂法，视钻进需要也可采用结合投砂法或连续投砂法。一次投砂量可参照表5.6.23选用。

第5.6.16条 井孔内岩粉高度超过0.5m时，应先捞取岩粉清孔。

第5.6.17条 井孔内残留岩芯超过0.5m或脱落岩芯过多时，不得下入新钻头。应取轻钻压、慢转速、小泵量等措施，待岩芯套入岩芯管正常钻进后，再调整到正常钻压、转速和泵量。

第5.6.18条 硬质合金片脱落影响钻进时，应先将井孔钻粒磨灭或冲捞干净。

第5.6.19条 正常钻进时，不得同断性加减压。加减压时应保持井孔底压力均匀。

第5.6.20条 在钻压不足的情况下钻进加减压时应同断性加减压均匀或故意提动钻具，不宜采用单纯加快转速的方法钻进。

（Ⅲ₂）钻粒钻进

第5.6.21条 钻粒的材质一般应采用钢粒，岩石可钻性在7级以下的岩层也可采用铁砂。钻粒的质量要求及检验标准如下：
一、质量按地质部（DZ17-73）标准执行。
二、现场鉴别法可按下列方法进行。
（1）颜色鉴别法：质量好的呈黄褐色，不碎不扁，硬度及韧性好；质量差的呈褐色，粒径近一致，强度低，易砸扁。
砂：砂粒无空隙；粒径近一致，瓣有棱角的小块，如被锤击为粉末或成扁形。
钢粒：质量好的呈白色，粒径近一致，瓣有棱角的小块，硬度高而性脆，硬度低，易砸扁。
（2）锤击法：将钢粒放在钢板或铁砧上，用0.7kg锤头锤击，钢粒本身不碎不扁的质量好，碎的过多的过脆，扁的过多的过软。其中不合格的钢粒数不能超过试验数的10%。

第5.6.22条 钻进技术参照岩石可钻性等级、钻粒和钻具强度以选择标准。
一、钻压：主要应根据岩石可钻性等级、钻粒和钻具强度及设备能力等进行选择。以钻头下唇单位面积压力为选择标准。

第 5.6.28 条 合金、钻粒混合钻进参数宜按下列规定选用：

（一）钻压：使每颗合金的压力控制在70kg/cm²左右。
（二）转速：40～120r/min。
（三）泵量：70～150L/min。
（四）投砂量：10～30kg/回次。

第 5.6.29 条 合金、钻粒钻进操作中应注意下列事项：

（一）投砂次数每回次一般为两次，首次投砂在下钻后运转30分钟左右投入，二次投砂在钻进1～2小时后投入。首次投砂量宜为二次投砂量的2～3倍。

（二）每钻进一段时间，应使钻具稍提离孔底，同时调小水量，使钻粒下沉，底唇下钻得到补充。

（三）每钻穿超过钻头直径的大漂石后，宜加强护壁措施，防止石块扭动错位，造成卡钻事故。

（Ⅳ）其他钻进方法

（Ⅳ₁）清眼钻进

第 5.6.30 条 钻进前应进行钻柱（钻头、钻铤、钻杆及扶正器）的设计和计算。

第 5.6.31 条 扶正器应用耐磨性强的刚性合金材料制作，焊制对称，其辅线应与钻柱轴线等合，扶正器外径可比钻头直径小5～10mm。主要扶正器应设有两道，即上扶正器和下扶正器。其安装位置根据钻具结构、钻压等参数由下列各公式计算确定。

一、上扶正器位置计算公式：

$$h_c = 1.4397 \sqrt{\frac{J}{P}}$$ （5.6.31-1）

式中 h_c——上扶正器离钻头的距离（m）；

J——钻铤横断面的轴惯性矩（cm⁴）。由下式确定。

$$J = \frac{\pi}{64}(D^4 - d^4)$$ （5.6.31-2）

式中 D——钻铤外径（cm）；

一次投砂法投砂量　表 5.6.23

投砂量(kg) 钻头直径(mm)	5～7级	8～9级
426	8～10	10～11
377	7～8	8～10
325	6～7	7～8
273	4～6	6～7
219	4～5	5～6
168	3～4	4～5
146	3～4	3～4
127	2～3	2～3
108	1.5～2	2～3
89	0.7～1.5	1.5～2

第 5.6.24 条 钻具必须回次带取粉管，井孔内岩粉高度超过0.5m或每钻进回次终了时，应进行冲孔、取粉。提钻后必须清除取粉管内岩粉。

第 5.6.25 条 钻进中应根据孔底情况适当提动钻具改变泵量，以保持钻头唇部有一定数量的钻粒。每回次提钻后，必须检查钻头唇部的磨损情况；取粉管内岩粉积存情况、岩粉粒底及岩芯形状、粗细等，以确定下一回次钻进参数和投砂量。在井孔内条件无变化，换班或换人操作时，应根据记录、保持其投砂量及钻进参数保持一致。

（Ⅲ₃）合金、钻粒混合钻进

第 5.6.26 条 合金、钻粒混合钻进法，适用于钻进卵石、漂石地层。

第 5.6·27 条 合金、钻粒混合钻进使用钻头，一般为合金助、骨钻头。

式中 $r_{钢}$——钢密度（$7.8g/cm^3$）；
$q_{空}$——钻铤在空气中的重量（kg/cm^3）。

2．应根据所需临界钻压的要求选定适宜的钻头，选用的钻头强度应能承受所需钻压。

常用钻铤的弯曲临界钻压值见表5.6.33。

常用钻铤的一次、二次弯曲临界钻压值　表 5.6.33

钻铤名义直径（英寸）	直径（mm） 外径	内径	重量（kg/m）	第一次弯曲临界钻压（t）	第二次弯曲临界钻压（t）
8	203	100	192	7.2	14.3
	203	75	219.3	8.0	15.8
7	197	90	189	6.9	13.6
		80	156	5.2	10.30
	177.8	75	164.3	5.5	10.9
		70	166	5.5	11.00
$6\frac{1}{4}$	158.75	57.15	135.11	4.11	8.16
$5\frac{3}{4}$		75	97	2.9	5.80
	146.05	70	111.2	3.2	6.40
$4\frac{3}{4}$	120.65	50.8	69.47	1.8	3.7
$4\frac{1}{4}$	108	38	63	1.5	3.0
$3\frac{3}{4}$	95	32	49	1.1	2.10
$3\frac{1}{2}$	88.9	44.5	39.64	0.83	1.65

注：泥浆密度限定为$1.2g/cm^3$。

d——钻铤内径（cm）；
P——钻压（t）。一般采用大于二次临界压力值的，可参照表（5.6.33）采用。
h_m——下扶正器距钻头的距离（m）

二、下扶正器的位置可按下式确定：

$$h_m < \frac{h_c}{2} \quad (5.6.31-3)$$

式中 h_m——下扶正器距钻头的距离（m）。

第5.6.32条 需要取岩芯，可用硬质合金钻头或钻粒钻芯，采用全面钻进时，可用鱼尾钻头、刮刀钻头或球齿钻头。

应根据钻进地层岩性及所需进工艺选用钻头。

第5.6.33条 钻进参数应以岩性、钻头及防斜等因素为依据合理选择。

一、钻压
1．施加的钻压必须小于一次弯曲临界钻压值或大于二次弯曲临界钻压值，不得介于一次、二次弯曲临界钻压值之间。

不同钻铤的弯曲临界钻压值可按下式计算：

$$P_{临1} = 2.04mq \quad (5.6.33-1)$$
$$P_{临2} = 4.05mq \quad (5.6.33-2)$$

$$m = \sqrt[3]{\frac{EJ}{q}}$$

式中 $P_{临1}$——钻铤一次弯曲临界钻压（kg）；
$P_{临2}$——钻铤二次弯曲临界钻压（kg）；
m——一个无因次单位的长度（cm）。可由下式求得：

$$m = \sqrt[3]{\frac{EJ}{q}} \quad (5.6.33-3)$$

E——钢的弹性系数 $2.1 \times 10^6 kg/cm^2$；
J——同前；
q——每单位长的钻铤在泥浆中的重量（kg/cm）。由下式确定。

$$q = \left(1 - \frac{r_{尾}}{r_{钢}}\right) \times q_{空} \quad (5.6.33-4)$$

式中 $r_{泥}$——泥浆密度（假定为$1.2g/cm^3$）；

14—21

二、转速：一般应采用高转速钻进，根据地层岩性及深度可在60～200r/min之间选用。

三、泵量：宜采用大泵量，根据钻压、转速大小及岩屑的多少，可在600～1000L/min之间选用。

第5.6.34条 满眼钻进中必须遵守以下规定：

一、开孔时应保持井孔圆直，钻进中应经常检查孔径，并定期测测斜，超过标准及时纠正。

二、钻进应连续进行，不得打打停停，换接钻杆时间应尽量缩短。

三、在检修设备时，应开小泵回循环，并将钻具提高到适当高度，使泵冲常位不在钻进时扶正器的位置。

四、钻进中单位时间切削岩石量不宜过大，以避免大块岩屑堵塞环形间隙造成扶正器憋钻，钻头接触孔底时，不得猛顿猛憋。

钻到软硬岩层交界面或变硬岩层憋钻时，可采用刹车减压办法，但钻压不能小于合理加压范围内的下限。

四、钻进中如遇有泵压升高、悬重降低、返出的泥浆减少，停泵上提钻具拔活塞，泥浆大量外溢，岩屑返不出来等现象时，应控制钻速，并使泵量由大到小，待畅通后转动无憋动，再行进钻。

（IV₂）反循环钻进

第5.6.35条 反循环钻进适于第四纪松散地层中钻进，也可用于基岩层中钻进，但应具备下列条件：

一、反循环钻进专用设备齐全。

二、施工供水充足。

三、地下水位深度不宜小于3m。

四、遇到孔径超过钻杆内径的卵石、漂石地层能处理。

第5.6.36条 常用反循环方式适宜钻进深度，泵吸反循环100～120m；射流反循环50m以内，气举反循环50～250m。

第5.6.37条 钻头：应根据地层情况，选用各种类型的鱼尾钻头、刮刀钻头、牙轮钻头、球齿钻头和全面硬质合金钻头，钻头中心应有孔径与钻杆内径近似的通孔。

第5.6.38条 应挖设专门水池供水，其容积与井孔体积保持3∶1的比例。

第5.6.39条 钻进中可采用水压或泥浆护壁。从供水池流进井孔内的水流速应低于0.3m/s，在孔壁不稳定的粘土层中钻进，如泥浆加处理剂后护壁仍无效，则应下套管护壁。

第5.6.40条 泵吸反循环钻进，泵的起动可用如下两种方式。

一、用真空泵将水泵进水管段抽吸成真空，然后起动。

二、配备注水后，起动时，先开动副泵将空腔空气送到主泵，待主泵进水管注满水后，再开动主泵。

第5.6.41条 泵吸反循环钻进中，卧式离心泵进水深度及岩屑多少等因素确定。

第5.6.42条 气举反循环在开孔时，必须和泵吸反循环或射流反循环配合使用。

第5.6.43条 气举反循环宜用圆环状式供气。采用双壁钻杆，通过内外管柱之间的环状空隙将压缩空气送到混合室。

第5.6.44条 气举反循环钻进使用的风压大小。钻杆内径与钻进间距和钻进深度，可按照表5.6.44-1选用。

气水混合室与井深、风压的关系　表5.6.44-1

风压（kg/cm²）	6	8	10	12	20
混合室间距（m）	24	36	45	59	96
混合室最大允许沉没深度（m）	51	72	90	108	192

钻杆内径与风量关系　表5.6.44-2

钻杆内径（mm）	95	120	200	300
风量（m³/min）	3	6	6～10	15～20

第 5.6.45 条 射流反循环钻进时其泵压及泵量等参数值按下列规定选用:

一、选择适当的喷嘴,使循环管路负压值达到0.8～0.9个大气压。

二、泵压为7～8kg/cm²。

三、泵量为60～130m³/h。

四、必须随时掌握冲洗介质中岩屑含量变化情况。当上升冲洗介质中岩屑含量增大时,循环流速应相应降低。冲洗介质最优排渣流速,一般为最大清水流速的60%。

(Ⅳ.3) 扩 孔 钻 进

第 5.6.46 条 扩孔钻进应根据岩石的可钻性、设备条件及钻孔结构等因素,选择一级或多级扩孔法施工,每次扩孔孔径差应根据钻杆直径来确定。

第 5.6.47 条 扩孔时,必须使用有扶正器的钻具,直至井孔段全部扩完。

第 5.6.48 条 扩孔钻进适用于粘性土、砂类地层。钻进参数宜按下列规定选用:

一、粘性土类地层,适于中等钻压、中转速、大泵量。钻头总压力:500～1200kg,转速:30～90r/min,泵量:不低于400L/min。

二、砂类地层,适于轻钻压、慢转速、大泵量。钻头总压力:300～800kg,转速:20～70r/min,泵量:不低于400L/min。

第七节 水 上 钻 探

第 5.7.1 条 进行水上钻探施工前,应向当地水文、气象及航运部门收集施工地区的下列资料:

一、地表水体的正常水位、洪、枯水期水位、涨落的月份、日期、历时,标高及其流速、流量的变化,正常及高低海潮的涨落差,标高和幅度。

二、寒冷地区水体的封冻期和冻融期冰层厚度、冰块的体积和流速。

三、水中航道的位置,航运与排筏的流经规律。

四、常年风向,风速及最大风速。

五、施工地段的水底地形及水深。

以上资料为依据,结合工程要求做好施工方案设计。一般应避免在洪汛季节施工。

第 5.7.2 条 水上钻探宜用水面漂浮钻场施工。在水浅、流速不大的水中或近岸边,亦可采用固定式钻空架空钻场施工。

第 5.7.3 条 水面漂浮钻场的布置,应根据现场实况,分别采用铁驳船、木船、油桶筏或竹木筏组装。水上钻场设备选择可参照表5.7.3进行。

水上钻场设备选择 表 5.7.3

水上钻场类型		钻探期间水文情况			安全系数	
		最浅水深(m)	流速(m/s)	浪高(m)	安全系数	全装时吃水线应低于板(m)
漂浮钻场	铁驳船	1.5	<4	<0.4	5～10	>0.5
	木船	1.5	<3	<0.2	5～8	>0.4
	油桶筏	0.8	<1	<0.1	5	0.2～0.3
	竹木筏	1.0	<1	<0.1	5	0.2～0.3
架空钻场	木架	最大1.5	<0.5	0.1	5	0.5～1
	钢架	1	<0.5	不限	5	0.5～1

第 5.7.4 条 钻船类型及吨位应根据水深、流速、孔深、浪及所用钻探设备等因素进行选择。在水深流急、浪大旋涡多、航运频繁的大江峡谷或浅海中,可采用150～200t或300～500t的铁驳船;流速在3m/s以内的河流上,可采用吨位为15～30t的铁驳船。

第 5.7.5 条 铁驳船钻探场宜安装在钻船尾部。如船尾甲板几何尺寸不够,可用型钢焊接成支架,伸出船尾2～3m,钻场接牢固定,并焊接牢钢架结构。孔位处甲板应开方形空洞,下部略高于水面处，焊制面积不小于3m²的工作台。

第5.7.6条 木船钻场宜用双船拼装，拼装应符合下列要求：

一、钻船宜用吨位相同或接近的平底船。

二、每个单船应在舱内加固底枕、支撑及木架，用螺杆或马钉连接加固。

三、拼装时应使两船中心线基本平行，中间留有供套管及钻具上、下活动的足够距离。

四、应用足够强度和尺寸的型钢或钢料木组装、用钢丝绳绑扎牢固，使两船连成一体。

五、根据钻机性能设置钻探工作平台。

第5.7.7条 在水流缓慢的河流及湖泊、水库或尾矿池中，可用油桶筏或竹木筏钻场。采用油桶筏、竹木筏布置钻场时，应符合下列要求：

一、钻筏必须有足够的浮力。油桶按排水量计算浮力，竹木应通过实测求得每立方米的浮力。根据钻探设备的总重量，以3倍安全系数设计钻筏。

二、扎筏用的油桶必须逐个检查，不得有漏孔，油桶螺口盖上应加胶垫密封防水。

三、木筏的底端排应与水流方向一致，以减小阻力。

四、扎筏和拼装钻孔宜在钻孔附近的水边进行。

第5.7.8条 漂浮钻场必须配有足够数量的铁锚、锚绳和锚链，其类型、规格和数量应符合下列要求：

一、铁锚宜用燕尾锚（山字锚），在有覆盖层的河床施工宜用兔子锚（山字锚），在有覆盖层的河床施工宜用燕子锚。

二、每只钻船应设有主锚、前锚、边锚和后锚，其数量不宜少于5～7个。锚的重量根据钻船吨位和水的流速进行选择，一般为50～100kg，前锚宜用较大吨位的铁锚宜用300～500kg铁锚，边锚可小些。

三、锚绳应采用钢丝绳，钢丝绳不得有断丝。锚绳直径按船

的吨位和锚的类型参照表5.7.8选择。

四、锚锚的夹角为10°左右。主、前锚绳及钻船受力大小决定，一般锚绳与水面的夹角为10°左右。主、前锚绳约为100～200m，后、边锚绳约为50～100m，主锚绳应比前锚绳略长，抛在锚里的锚绳长度约不宜小于水深的6～8倍。

五、当水深流急时，锚与钢丝绳之间应加一段锚链，链环直径应大于钢丝绳直径，长度约10～20m。

第5.7.9条 漂浮钻场的抛锚与定位应遵守下列规定：

一、抛锚、定位应选择在无雾天气进行，在岸上由测量人员用经纬仪观测控制。

二、抛锚时，锚头上应拴撬绳，撬锚长度应大于水深，在岸上起锚用，便于起锚用。

三、抛锚定位。先将钻筏拖至适当地点，放船前，用小船把主、前锚抛定，再用船上绞车收紧锚绳，移动钻船逐渐向孔位靠拢。然后将后、边锚抛定，调整各锚绳长度。当钻机立轴转盘中心或垂吊钻具中心对准孔位时，即可将钻船稳定。

四、单船钻场，地形、地物允许时，宜把部分锚固定在岸上。

五、抛锚时，双船钻场，主锚应设在船头向孔中间，使锚绳与主锚前锚绳中心方向和水流方向一致，两根前锚绳与主锚所构成的流方向一致，并使主锚绳与水流方向一致，

锚 绳 直 径 选 择   表5.7.8

船 的 吨 位	钢 丝 绳 直 径 (mm)		
	主、前锚	后 锚	边 锚
8～10	12.5	9.3	9.3
10～20	12.5	12.5	12.5
20～25	15.5	12.5	12.5
30～40	19.0	15.5	15.5
150～200	23.0	20.0	15.5
300～500	26.0	23.0	20.0

夹角应在35～45°之间，两前锚绳的夹角约为90°。无主锚绳时，两前锚绳与两后锚绳中心线的交角及乘座人员应基本相等，两前、两后锚应成交叉布置。

第5.7.10条 采用固定架空钻场施工时，应符合下列要求：

一、钻探平台基脚宜用木笼式或桩柱桁架式。基脚计算应通过安全负荷计算和设计，以保证钻场稳定。

二、应经常检查平台，如发现基台不稳或沉降不均匀，应即加固处理。

三、施工期间应备有船只，以供运输和检查处理用。

第5.7.11条 水上钻探必须下保护套管。下保护套管应遵守下列规定：

一、保护套管的壁厚、口径、深度及层数应根据水底地层条件、水深、流速及工程要求确定。

二、在水深流速大的河流或风浪高的海滩中下保护管时，应防止水流冲击或折断管柱，可采用加重锚法或护绳法下管，套管接头处外围宜另加保护夹板。

三、保护套管在接近孔口处，应用短管连接，并备有一定数量的不同长度的短套管，落时，随时接卸调整，以保持基台面上套管一定高度。

四、遇大风浪侵袭时，应保护套管长，以防止钻船颠簸上升时套管被基台和船体压断。

第5.7.12条 水上钻探应守下列水上安全规定：

一、在通航的江、河、湖、海中进行钻探前，应与地务航及水上公安部门联系，以保证安全。钻船上应悬挂规定信号或加设航标。

二、钻船上游如河床弯曲、视线不良流速过大时，应在上游设立指挥站，负责指挥通航船只及竹木排等项工作，钻船的拖运、移动、定位及抛锚等应由专门船工操作和配合进行。

三、在水深超过2m的水体中钻探，应备有救生艇、救生圈、太平斧和医药等安全防护用品。工作及乘座人员，船运送人员时，应与上游船上影响为主，边锚安全人员应交生。

五、遇五级及五级以上大风，应停止水上钻探作业。

六、严禁在钻船上游影响范围内进行水上爆破。

七、工作人员必须遵守船上防火规定，钻船上应有消防用品，通讯设备和规定的呼救信号。钻船上应有专人值班看守。

第八节 岩（土）样、岩芯的采取与地质编录

第5.8.1条 钻进过程中，应及时进行地质描述和取样。岩（土）样及岩芯的采取应遵守下列规定：

一、采取使岩（土）样能准确反映原有地层的岩性、结构及颗粒组成。

二、采取鉴别地层的岩（土）样（简称"鉴别样"），在非含水层中每3～5m取一个，含水层每2～3m取一个，变层时还应加取。

三、采取颗粒分析样，在厚度大于4m的含水层中，每4～6m取一个，当含水层厚度小于4m时，应取一个。

四、颗粒分析样取样重量，不应小于下列数值：

砂 1kg
圆砾（角砾）3kg
卵石（碎石）5kg

五、勘探钻孔基岩岩芯的采取率，不宜小于70%。完整基岩岩芯平均不低于70%。风化或破碎基岩平均不低于30%。取芯特别困难的溶洞充填物和破碎带，要求顶底板界线清楚，并取出有代表性的岩样。

注：当有测井和电视下电视配合工作时，鉴别地层的岩（土）样的数量可适当减少。

第5.8.2条 凿井工程，根据掌握水文地质资料情况，取样数量可适当减少。

第5.8.3条 松散地层中取样应符合下列要求：

一、颗粒分析取样：应用专用取样器取样，取样前，必须彻底清除井孔底部岩屑，准确测量井孔深度。采用打入式取样器，应严格控制冲程，起拔时不得用力过猛。

二、鉴别取样：可用专用取样器取样，也可在抽筒中或在井孔口排出的岩屑中捞取。

第5.8.4条 在基岩地层中取芯钻进时，根据岩芯进行地质编录。在基岩地层中进行无岩芯钻进时，如需取样，可按取芯地质方法取岩芯样，进行地质编录。

第5.8.5条 基岩地层取芯钻进，以增加回次进尺深度，使岩芯易于折断，便于卡取。在特殊情况下，可利用岩芯楔断器将岩芯楔断后再卡取。

第5.8.6条 卡取岩芯用的卡料，一般可用高于岩芯硬度的棱角形石料。其粒径视岩芯外径与岩芯管内径间的间隙而定，可根据经验选用且估法预先准备好备用。

第5.8.7条 卡取岩芯时，岩芯卡料应均匀投放，投后送水冲压，试提卡车后，再开机扭动。

第5.8.8条 基岩层（岩石类）宜根据野外鉴定和描述内容，参照区域地质资料进行分类和定名。松散层的分类和定名，应按表5.8.8的规定执行。

土的分类和定名标准　　表 5.8.8

类别	名称	定　　名　　标　　准
碎石土类	漂石	圆形及亚圆形为主，粒径大于200mm的颗粒超过全重的50%
	块石	棱角形为主，粒径大于200mm的颗粒超过全重的50%
	卵石	圆形及亚圆形为主，粒径大于20mm的颗粒超过全重的50%
	碎石	棱角形为主，粒径大于20mm的颗粒超过全重的50%
	圆砾	圆形及亚圆形为主，粒径大于2mm的颗粒超过全重的50%
	角砾	棱角形为主，粒径大于2mm的颗粒超过全重的50%

续表

类别	名称	定　　名　　标　　准
砂土类	砾砂	粒径大于2mm的颗粒占全重25～50%
	粗砂	粒径大于0.5mm的颗粒超过全重的50%
	中砂	粒径大于0.25mm的颗粒超过全重的50%
	细砂	粒径大于0.1mm的颗粒超过全重的75%
	粉砂	粒径大于0.1mm的颗粒不超过全重的75%
粘性土类	轻亚粘土	塑性指数 $3<I_p\leqslant10$
	亚粘土	塑性指数 $10\leqslant I_p\leqslant17$
	粘土	塑性指数 $I_p>17$

注：① 定名时，应根据粒径分组由大到小，以最先符合者确定名。
② 野外临时定名，可采用一般常用的经验方法。

第5.8.9条 岩（土）样及岩芯的描述，应按表5.7.9的内容进行。

岩（土）样及岩芯描述内容　　表 5.7.9

类别	描　述　内　容
碎石土类	名称、岩性成分、浑圆度、分选性、粒度、胶结情况和充填物（粘性土、卵砾石等的含量）
砂土类	名称、颜色、矿物成分、分选性、胶结情况和包含物（粘性土、动植物残骸、卵砾石等的含量）
粘性土类	名称、颜色、湿度、有机物含量、可塑性和包含物
岩石类	名称、颜色、矿物成分、岩性、构造、胶结物、化石、岩脉、包裹物、风化程度、裂隙性、裂隙和岩溶发育程度及其充填情况

第5.8.10条 在钻探过程中，应对水位、水温、冲洗液消

耗量、漏水位置、自流水的水头和自流量、孔壁坍塌、涌砂和气体逸出的情况、岩层变层深度、含水构造和溶洞的起止深度等进行观测测和记录。

第5.8.11条 井孔深度应用同一量具测量，读数至厘米。每钻井50m和终孔后，应检查孔深，测量误差不得大于千分之二。

第5.8.12条 从井孔中取出的岩芯，应按取出顺序自上而下排放，不得颠倒、混淆，并应及时编号、整理。井孔检收前，岩（土）样及岩芯应妥善保存。

第六章 成井工艺

第一节 下管与填管

（Ⅰ）下 管

第6.1.1条 井管的质量应符合《供水管井设计、施工及验收规范》(CJJ10—86)中的有关规定。

第6.1.2条 下管前应做好以下准备工作：

一、试孔。回转钻进可用由钻杆及找中器组成的试孔器，冲击钻进可用助骨抽筒或金属管材作试孔器。试孔器有效部分长度宜为井孔直径的20～30倍，外径较井孔直径小20～30mm。下置试孔器时，如中途遇阻，应提出试孔器修孔，直至能顺利下到井底。

二、扫孔。在松散层中采用回转钻进，钻到预计深度后，宜用比原钻头直径大20～30mm钻头扫孔。扫孔的时间与程度应根据下井管的时间、地层的稳定性等具体条件掌握。扫孔时宜用轻钻压、快转速大泵量方法进行，遇含水层井段钻具宜上下提动。

三、换浆。回转钻进，当扫孔工作完成后，除高压自流水井孔外，应及时向井孔内送入稀泥浆，以替换稠泥浆。冲击钻进则用抽筒将孔底稠泥浆掏出，换入稀泥浆。送入井孔内泥浆，一般要求粘度为16～18s，密度为1.05～1.10g/cm³。换浆过程中，应使泥浆逐渐由稠变稀，不得突变。更换泥浆标准，一般要求孔口返上泥浆与孔内泥浆性能接近一致。

四、全部井管应按安装设计图次序排列，丈量及编号，并在适宜位置安装找中器，数量根据井孔深度确定，其外径一般比相应井孔段直径小30～50mm，井孔全部下井管时，井管及所使用机具设备应进行质量检

五、对井管、砾料及中球、粘土球、粘土封底。

查和数量校对。不合要求不得施工。

六、准确测量孔深。

第6.1.3条 下管可采用直接提吊法、提吊加浮板（浮塞）法、钢丝绳托盘法、钻杆托盘法及二次下管法等方法。井管重量很大时，可同时采用两种或两种以上方法进行。下管时，应遵守下列规定：

一、一般注意事项：

1. 提吊井管时要轻拉慢放，下管受阻时不得猛蹾或压。

2. 用管箍连接的井管，应先在地面试上丝扣，丝扣吻合度不良的管箍不得使用。

3. 以焊接方式连接的井管，其两端应通过机床加工，保持与轴线垂直。下管焊接时，必须检验垂直度，宜用在四周均匀点焊到检查方法进行，不得集中在一面烧焊。

4. 井口基木应用水平尺找平，放置稳定，放置在夹板下面。铺或管台，卸夹时手不得放在夹板下。

5. 下管过程中应始终保持孔中水位不低于地面以下0.5m，以防孔壁塌塌。

6. 井管全部下完后，钻机仍需提吊部分重量，并使井管上部固定于井口，不得因下管自重而使井管发生弯曲。

二、直接提吊法：

1. 井管自重（浮重）不得超过管材允许抗拉强度和钻探设备安全负荷。

2. 当钻机提升能力和钢丝绳抗拉强度不足时，必须适当增加滑车组数。

三、提吊加浮板或浮塞法：

1. 浮板或浮塞应安装在预定位置，下管前，应检查浮板或浮塞安装是否牢固和严密。

2. 下管时不得对井内观望，防止浮板或浮塞突然破坏上冲或泥浆上喷伤人。

3. 下管时不得排出的泥浆，应做好存储及引流工作。

4. 下完井管应向管内注满和钻孔内密度相等的泥浆后，再取出或打破浮板或浮塞。不宜向井管浮板以上灌注清水。

四、钢丝绳托盘下管法：

1. 下管要缓慢，吊重钢丝绳（2～4根）应松放均匀，速度一致。

2. 井管接口严密，下入井内不得转动。

3. 心绳随井管下入井内，应保持一定余量。穿销必须具有足够强度，受力后不致弯曲。

五、钻杆托盘下管法：

1. 钻杆接头，必须松紧适度。

2. 钻杆反丝接头，应注意调整，使其接头位于井管连接面附近。

3. 钻杆长度应注意调整，使其接头位于井管连接面附近。

六、二次下管法：

1. 根据现场具体情况，可选用提吊二次下管法或钻杆托盘二次下管法。

2. 下管时应在第一级井管上端及第二级井管下端装设对口器，能使第二级井管下置时与第一级井管对接。

3. 第一级井管周围填砾沉定后，高度应低于第一级井管对接口，以免影响井管对接。

4. 第二级井管与第一级井管对接后，钻机仍需提吊部分重量，待填砾完毕后，再全部松钩。

5. 井管对接位置应选在井壁较完整、稳定的井段。

6. 选用第二级井管下管法时，应使第一级井管比第二级井管长20～30m，以保证在摘掉防砂罩时，钻杆最下端在第一级井管内。同时应考虑当公场对口器在井内重合时，钻杆下端不能接触井底。

7. 防砂罩固定器应安装在防砂罩上面约200mm处，不得紧靠防砂罩。

（Ⅱ）接 管

第6.1.4条 接管前应根据管材质量连接方式、重量和地层阻力情况，合理选择起拔方法。可在下述方法中选用。

一、提吊法：用钻机卷扬或绞车直接提吊起拔。如阻力较大时，则应安装复式滑车组，进行提吊。

二、千斤顶法：当管壁阻力过大，直接提吊不动时，则应用千斤顶备用。

三、爆破法：当管子外壁阻力过大，用提吊千斤顶不能提动时，可在管子下端或其它位置适当进行爆破，震松后，再用千斤顶、绞车或钻机卷扬起拔。

四、分段割拔法：当提吊起拔器用钻杆接送至管内一定深度，通过钻机回转割断管壁，分段提出。

第6.1.5条 拔管中应遵守下列安全规则：

一、千斤顶放置地点应夯实、平整，并垫方木。

二、拔管时千斤顶与铁板夹板之间的垫木墩过高时，应用绳子或铁丝捆牢，不得用金属物件做垫物。

三、使用千斤顶或链式起重机，拔管负荷很大时，必须用隙布包好。

四、拔管时上顶下松时，应注意防调一致。

五、拔管负荷很大时，铁夹板螺丝部分，必须用隙布包好，并严禁同时工作。

六、使用绞车拔管时，钻塔、三角架及滑车不得超负荷，并应由专人负责操作。

七、油压千斤顶不得用水代替千斤油，千斤顶配套毛把不得再加套管。

八、操作千斤顶工作人员站立位置应适当。不得用手扶管子和千斤顶。非工作人员不准在5米以内站立。

第二节 填砾、止水及封闭

（Ⅰ）填　砾

第6.2.1条 根据工程性质、砾料规格、填砾厚度及高度，

应符合《城市供水水文地质勘察规范》(CJJ10—86)或《供水管井设计、施工及验收规范》中的有关规定。

第6.2.2条 填砾前，应将合格的砾料按计算所需数量运送至现场备用。

第6.2.3条 填砾前应拌泥浆，宜使井孔中泥浆密度达到$1.05～1.10g/cm^3$。

第6.2.4条 较浅井孔，砾料一般可由孔口直接填入。较深井孔，填砾宜用井管外返水填砾法或抽水填砾法进行。

第6.2.6条 填砾宜均匀连续进行，并随时测量填砾深度，核对数量。

第6.2.7条 采用井管外返水填砾填砾时，中途不宜停泵。

第6.2.8条 采用抽水填砾法填砾时，必须随时向井管内或管外注水，勘探开采井和供水管井，止水位置应选择在隔水性能好，能准确分层及井壁较完整的层位。隔水层厚不宜小于5m，止水材料不得污染水质。

第6.2.10条 抽水试验全过程中临时性的管内管外止水，但应保证抽水试验安全有效。供水管井止水位置应选择在隔水层较完整的层位。

第6.2.11条 进行管外止水时，止水材料可用海带、桐油石灰及橡胶。

第6.2.12条 临时性止水可视具体情况采用支撑式管止水器、提拉压缩式止水器、胶囊止水、橡胶塞止水、托盘止水及管靴止水等方法进行。

第6.2.13条 海带止水材料加工及操作应按下列要点：

一、海带以肉厚、叶宽、体长者为好，使用前先将海带在水中浸湿、凉干，形成柔软状态再用。

二、海带在止水管上应上下折叠绑扎，其绑扎外径，应比

（Ⅱ）止　水

上、下托盘外径大于50～100mm，比井管内径小5mm左右。

三、海带塞绕缠长度应保证压缩后有效长度为300～500mm。

第6.2.14条 桐油石灰止水材料加工及操作应按下列要点：

一、桐油和石灰的重量比，可采用1:3～1:5。

二、可加入适量粘土，重量比为：粘土:石灰=1:1.5～2:1.5～3。

三、可加入重量等于油灰重量0.5%的白芷、陀杉、土子等药材或2%的麻刀、废棉、羊毛等纤维物质。

四、桐油石灰应在使用前加工，避免造成干燥失效。

第6.2.15条 橡胶止水材料加工及操作应按下列要点：

一、橡胶止水预先调制所需形状和尺寸整基岩井孔。应根据井孔设计要求，用于完整基岩井孔。应根据井孔设计要求，能承受所需压力，充气不致破坏的胶球、胶柱、胶圈或胶囊，能承受所需压力。

二、应在地面对装配好的止水器先做密封检查，并求得使胶囊膨胀到所需直径时的压力值。

三、下止水器前，应探孔和排除孔内杂物。

四、止水器下到止水位置后，用钻杆下入送水接头，使其座于喉管接头下端口上并压紧，开泵送水至所需压力，待胶囊膨胀后立即停泵提出送水接头。

第6.2.16条 永久性止水可采用粘土围填止水及压力灌浆止水等方法进行。常用止水材料为优质粘土或水泥浆。用管外注浆隔离止水时，上、下段止水物填入高度不宜小于5m，含水层段围填止水时，含水层顶底板上下各5m范围内必须填实，以免中途阻塞。

第6.2.17条 粘土围填止水材料加工及操作应按下列要点：

一、粘土应做成粘土球，球径20～30mm，粘土球以外表稍干，内部湿润，柔软者为宜。

二、投入的粘土球掺杂填入，速度不宜过快，以减少粘土球空隙。

三、每投1～2m厚度粘土掺杂填入一次，应测量深度一次。

14-30

第6.2.18条 压力灌浆止水材料加工及操作要点：

一、止水用的水泥，可视地层、水质及工艺要求等不同情况，采用适宜标号的普通硅酸盐水泥或硫铝酸盐抗硫酸盐水泥。灌浆前，可根据需要，选用适宜的水灰比配制浆内适当加入细砂、胶质水泥浆或速凝水泥浆。也可在水泥浆内适当加入细砂、配制成速凝水泥砂浆。

二、压注方法：将预调制好的水泥浆按所需数量用泵压入套管内，并投一比套管内径稍小的木塞，再用泵压入清水或泥浆，使木塞受压下移，将套管内水泥浆压入套管与井壁间的环状同隙内，灌之充满管外环状同隙达所需高度或返出孔口。此时可停泵关闭套管口上的输浆管阀门，保持该压力值至水泥浆凝固。也可参照第5.2.8条用管外压注法进行。

第6.2.19条 止水前，应注意下列事项：

一、止水前，应先清探孔和排除孔内障碍物，若止水部位在孔底，则应先清除孔底杂物。

二、准确掌握止水、隔水层的深度和厚度。

三、准确测定止水管的直径、长度和数量。止水器或止水部位所用的接头部分必须用棉纱、铅油、沥青或油漆严加密封，以防漏水。

第6.2.20条 止水后，应按下述方法进行止水效果检查：

一、水位压差法：准确观测止水管内外水位，然后用注水、抽水或水泵在止水管内外使水位差增加到所需的值，如水位波动幅度不超过0.1m时，则认为止水有效。

二、泵压检查法：密闭止水套管上口，接水泵送水，使水压力增至比止水段在止水期间可能造成的最大水柱压力差为大的泵压，稳定工作半小时，其耗水量不超过1.5L，即认为止水合格。

三、食盐扩散检查法：先测定地下水的电阻率，再用浓度为

二、供水管井：抽水稳定后，含砂量小于二百万分之一。

第6.3.2条 常用的洗井方法有：活塞洗井，压缩空气洗井，水泵抽水或压力水洗井，液态二氧化碳洗井，液态二氧化碳配合注盐酸洗井及焦磷酸钠洗井。应根据含水层特性、井孔结构、井管质量、井孔中水力特征及含泥砂情况，合理选择洗井方法。

第6.3.3条 适当选择几种方法洗井，宜用活塞和压缩空气联合洗井，可以提高洗井效果。对松散层井孔，井管强度允许时，宜用活塞和压缩空气联合洗井；对一般基岩裂隙井孔和松散碳酸盐类岩层，机械洗井方法效果不好的井孔，宜用液态二氧化碳洗井，对碳酸盐被铁细菌堵塞的旧井孔，宜用液态二氧化碳配合盐酸洗井，对钻进中形成较厚泥浆或含水层洞壁充填的井孔和松散层，滤水管被铁细菌堵塞的旧井孔，宜用液态二氧化碳配合盐酸洗井，对钻进中形成较厚泥浆或含水层粘性土含量较高的井孔，宜用焦磷酸钠和压缩空气联合洗井。

第6.3.4条 洗井结束后，应即清除井底沉淀物。

（Ⅱ）活 塞 洗 井

第6.3.5条 用塑料管、石棉水泥管、砾石水泥管、钢筋骨架管作井管时，不宜使用活塞洗井。

第6.3.6条 洗井活塞可用木制，外包胶皮。活塞外径可比井滤管内径小8～12mm。也可用铁管法兰夹数层横向橡胶垫片制成，垫片外径可比井滤管内径大5～10mm。木制活塞放使用前应先在水中浸泡8小时以上。

第6.3.7条 洗井开始时，不得一下把活塞放至井底，洗井应自上而下逐层进行。

第6.3.8条 拉活塞时，下放应平稳，提升速度应均匀，宜控制在0.6～1.2m/s之间，中途受阻不应硬拉或猛墩。

第6.3.9条 使用回转钻机时，还可用下述方法洗井：

一、泥浆泵配合活塞洗井。在钻杆下段加活塞，或以钻杆下端连接一特制短管，管外加1～2个活塞，管的下端接注水喷头。用泥浆泵通过钻杆向井孔内送水，同时拉动活塞洗井。

二、空气压缩机配合活塞洗井。在钻杆下段加活塞，钻杆上

5%的食盐溶液倒入止水套管与井壁之间的环状间隙内。待两小时后，再测定管内地下水电阻率，若与未倒入食盐溶液时地下水的电阻率相差不大，即认为不合格。

四、水质对比法。止水前后，在被止水隔离（封闭）的上下含水层地下水中，各分别取水样作水质化验，如上下含水层中地下水仍各保持其原有水质，即认为止水有效。

（Ⅲ）封 井

第6.2.21条 供水管井及勘探开采井，洗井结束后，井口应作外封闭。一般封闭方法，可向管外填入粘土粘土球灌注水泥浆至井口。井孔中夹有水质不良含水层时，应将水质不良含水层上下各5m之间作管外封闭。封闭方法按永久性止水封闭进行。

第6.2.22条 高压含水层井孔，井口段应作严密封闭。封闭方法是在靠近高压含水层上部不透水层处井管外适当位置，焊圆环状托盘，并在托盘上绑标头2～3道，然后在上部填入粘土球或灌注水泥浆封闭。

第6.2.23条 勘探孔和观测孔，由于钻探施工给工程建设可能带来危害，必须回填或封闭孔时，应全孔或分段填封粘土球或灌注水泥浆作永久性严密封闭。

第三节 洗 井

（Ⅰ）一般要求和方法选择

第6.3.1条 下管填砾后，必须及时洗井。根据井孔性质，洗井的质量应符合《城市供水水文地质勘察规范》（CJJ10－86）或《供水管井设计、施工及验收规范》中的有关规定。

一、抽水试验到：粗细砂层（包括勘探开采井，抽水开始后30min，抽水开采井）含砂量达到：粗砂层小于五万分之一、细砂层小于二万分之一，（以上均为体积比，以下同。）

送风，便可形成反冲洗。如风管已同时下入，只需将风管下放，使风管底端超出水管底端1～2m，然后送风，可形成反冲洗。设备具备时，还可用喷嘴反冲洗法、激动反冲洗法、封闭反冲洗法进行。

第6.3.13条 用普通方法抽水达不到洗井要求时，可采用下列特殊方法。

一、接力式安装法：当井深很深用普通方法不能将水抽至地面时，可下入两套长度不等的风管，用两台空气压缩机同时抽水。

二、并联式安装法：当动水位不等的风管，水量很大，用普通方法抽水不能达到抽水量和降深要求时，可下一根较粗的钢管送3～5m后，再并管联接，用两台空气压缩机同时送风，用管或两根风管并列，用两台空气压缩机同时送风抽水。

第6.3.14条 无贮气罐的空气压缩机使用胶管输气时，胶管不得直接与空气压缩机联接，必须用卡子卡紧外，还应用铁丝扎住，以防胶管脱出伤人。

第6.3.15条 送风管路接头处，风管丝扣应连接牢固，必须用引器和铁丝夹板下送，不得用管子钳拾着或人力拉着下送。

第6.3.16条 下风管时，不得用管子拾着或人力拉着下送。

第6.3.17条 上下风管、水管时，不得猛放，以防管子脱节或损坏井管。

第6.3.18条 洗井时如大量涌砂必须停抽，运转停止后应立即提升风、水管，以免风、水管被泥砂掩埋。

（Ⅳ）水泵抽水或压风洗井

第6.3.19条 水量大，水位浅的井孔，可用卧式离心泵抽水洗井，需要较长时间洗井的井孔，视其水位情况，可用卧式离心泵或深井泵抽水洗井。当水中明显含砂时，不得使用清水泵，但水中虽含泥而含砂量甚微时，可以使用。

第6.3.20条 洗井时，稳定性较好的松散层中作泥

端接空气压缩机输气胶管，用空气压缩机送风抽水，同时拉动活塞洗井。

三、双活塞洗井，在下入井内的水管末端接一根1～1.5m长的孔眼管，底部封死，在孔眼管两端各安一活塞，活塞定位后先拉动十余次，而后下入风管，开动空气压缩机抽水，水清后，活塞下移，再拉活塞，再以空气压缩机抽水。如此交替循环操作，直至完全拉完洗部位。

（Ⅲ）压缩空气洗井

第6.3.10条 风、水管的安装可用同心式或并列式两种形式，水管与风管管径可按表6.3.10选择。

水管与风管管径选择 表6.3.10

井孔出水量 (m³/d)	管 径 (mm)					适用的空气压缩机容量 (m³/min)
	同心式安装		并列式安装			
	井管	水管	风管	井管	水管	风管	
300～400	108	60	20	146～168	60	20～25	3
400～500	127	73	20～25	168	73	20～25	3
500～1000	168	89	25～38	219	89	25～30	3～6
1000～1500	219	127	38	219～273	108	30～38	6
2000～3000	273～325	168	50～63	273～325	127～146	50～63	6～9
4000～6000	325～426	219～273	75～83	377～450	168～219	63～75	9～12

第6.3.11条 风管入水沉没比一般应大于40%，风管没入水中部分的长度，不应超过与空气压缩机额定最大风压相当的水柱高值。

第6.3.12条 洗井可用正冲洗和反冲洗两种作业方法：

一、正冲洗：风、水管同时下入，并使水管底端超出风管底端2m左右送风，由水管出水。

二、反冲洗：将风管下入井孔内，并达到足够沉没比，然后

七、输送二氧化碳时，开启和关闭气阀的动作要快。一般见水涌出井孔口，就应关闭气阀，井喷结束后，即可再次开启。从井孔内压送清水。分段冲洗滤水管外封闭，时间不宜长，还应注意观察，防止上部坍塌。

八、管汇上必须安装压力表。当表压超过两倍水柱压力，仍不发生井喷时，表明输水柱已被堵塞，应即关闭气阀，拆卸输送管汇上的安全阀泄压后，一次开启的间歇时间，不宜过长，以免井内沉淀物堵塞输送管道。

九、压注二氧化碳之前，应将管道内余气放掉。

（Ⅵ）液态二氧化碳配合盐酸洗井

第6.3.23条 盐酸洗井液一般用泥浆泵压注，压注的部位，应在井孔漏失段、地层破碎段、岩溶发育段或井内堵塞段、如井孔内情况不明时，也可将地下水位以下的碳酸盐类岩层段全部注满。

第6.3.24条 盐酸洗井液浓度应根据岩性及其渗透性能确定。一般为5～15%。洗井液中如需加入添加剂时，常用添加剂的种类及配制比例如下：

一、防腐剂。一般用福尔马林，用量为酸液重量的0.5%。

二、稳定剂。一般用醋酸，加入量为酸液重量1.5～2%。

三、表面活性剂。一般用松节油、酒精，加入量为酸液重量的0.2～3%。

第6.3.25条 调制盐酸沿调桶周围缓慢注入。严禁先注酸，后注水，以防伤人。然后将水注入调桶，必须先将水注入调桶，后注水。

第6.3.26条 压酸洗井时，应遵守下列规定：

一、压注酸液前，应先清洗井孔。

二、井孔口应安设封闭井装置，管道及开关连接处应严密封闭。

三、压酸后，应即关泵，并关闭封井装置，静置10～

（Ⅴ）液态二氧化碳洗井

第6.3.21条 用液态二氧化碳洗井的设备应符合下列要求：

一、盛装二氧化碳的气瓶，必须是质量符合要求的高压气瓶。并按规定色标，将气瓶涂成黑色，标以黄字。

二、输送管道、仪表及控制设备，质量、规格，符合设计要求，而且操作灵活可靠。

三、连接、拧紧密封，管道及开关连接必须牢固，各部丝扣必须顺麻丝漆，并使管道保持畅通。

四、气瓶应防止敲击、碰撞和震动，不得靠近热源，氧气瓶不得近火烤，高温季节，不得暴晒。

第6.3.22条 液态二氧化碳洗井应遵守下列安全规定：

一、洗井前，必须将井口护口管加固，井孔附近设备应用帆布盖好，操作人员应在井口喷射物掉落范围外的安全区进行工作。

二、下置输送管前，应测定井孔底部应有适当距离，并将其挤落物通入沉淀物至井底。

三、输送管下端离井孔底部应有适当距离，不得通入沉淀物内。

四、使用二氧化碳时，必须带手套和防护眼镜。

五、施放二氧化碳时，应根据输送量，以能使二氧化碳没入水中深度、井孔口径、地层条件确定，以能使二氧化碳在井孔内汽化膨胀后形成井喷条件为原则。

六、二氧化碳输送管下端埋入水层深度，主要根据开采含水层埋深而定。一般宜送至开采水层中部。输送管下端不得下置在滤水管部位。

浆钻进时，对出水量小的井孔，可采用封闭管口，以水泵或泥浆泵向井孔内压送清水，分段冲洗滤水管的洗井方法。但洗井时要做到：井管上部不能作管外封闭，时间不宜长，还应注意观察，防止上部坍塌。

24小时。待酸化反应时间结束后，即可配合液态二氧化碳进行洗井。

四、压酸后，应注意井内自然井自喷现象，并做好井口的保护工作。

五、压酸后的洗井时间，不应短于压酸后的反应时间。洗井标准除应达到第6.3.1条要求外，还应将盐酸洗净。

第6.3.27条 洗井时除应遵守下列安全规则：

一、工作人员必须顾戴面具、眼镜、胶皮衣服、胶手套及靴子等防护用品。现场应配备足够的清水和保健药品；

二、装酸酸罐应严密封闭，酸车或酸酸罐应放置在井孔下风向。

三、操作、观察人员应站在酸液出口的上风向安全距离以外，场地严禁非工作人员接近。

四、压酸后，应即用清水清洗泥浆及管路，以防腐蚀。

（Ⅶ）焦磷酸钠洗井

第6.3.28条 焦磷酸钠洗井应按下列要点作业：

一、焦磷酸钠洗井液的配制浓度，一般为0.6～1.0%。钻进周期长，泥浆比重大，固相含量高时，应选用较大浓度；反之则选用较小浓度。

二、井孔内泥浆的pH值要保持在6～7。

三、用输送管或泥浆泵将洗井液送入井内。灌注数量，根据具体情况，可按以下经验方法计算：

1．利用全部含水层时，以计算出静止水位以下井孔容积，再根据钻进情况、考超径因素，增加10～40%，以其总容积作为洗井液数量。

2．利用部分含水层时，则以所利用含水层的总厚度为高度，计算井孔容积，超径因素的考虑同上。

四、洗井孔时，注液后，浸泡4～8小时，即可采用其他方法进行洗井。

第七章 抽水试验

第一节 一般要求

第7.1.1条 抽水试验应在洗井结束，洗井质量已达规定要求后进行。

第7.1.2条 抽水试验的类型、下降次数及延续时间应按照《供水水文地质勘察规范》（TJ27—78）及《城市供水水文地质勘察规范》中有关规定执行。

第7.1.3条 试验前，应根据井孔结构，水位降深，流量及其它条件，合理选择抽水设备和测试仪具。抽水设备可用潜水泵，空气压缩机及各种水泵，流量测量，当流量小于2L/s时，可用三角堰，大于2L/s时，应用堰箱（三角堰、梯形堰或矩形堰）或孔板流量计，高压自流水可用喷发高度测量法测量流量，水位测量可用浮标水位计或电测水位计；水温测量一般用缓变温度计或带温度计的测钟。

第7.1.4条 抽水设备安装后，应先进行试抽，满足试验要求后，再正式抽水。

第7.1.5条 采用空气压缩机作抽水试验时，应及时进行静止水位、动水位、恢复水位、流量、气温等项观测，并及时如实记录，不得任意涂改或追记。

第7.1.6条 抽水试验中应做好地面排水，使抽出的水排至试验孔影响范围以外。

第7.1.7条 在抽水试验中，应及时进行静止水位、动水位、恢复水位、流量、水温、气温等项观测，并及时如实记录。

第7.1.8条 如遇水位、流量、水的浑浊度及机械运转等发生突变时，应做好详细记录，并及时查明原因。

第二节 流量测量

第7.2.1条 用量桶测量流量时，充满水所需的时间不少于15秒钟。

第7.2.2条 测流堰箱的制作和安装，应遵守下列规定：

一、三角堰宜用钢板制作，一般可分为大、中、小三种类型，其主要尺寸(长×宽×高×三角缺口中线高度)分别为：2.5m×1.1m×1.2m×0.4m; 2m×1m×1m×0.35m; 1.5m×0.8m×0.8m×0.3m。梯形堰、矩形堰一般只作单独泄水挡水板。

二、三角堰口应按标准尺寸制作，堰的刃口厚度不得大于1mm，并呈60°角，其坡面应位于三角堰水流落的方向，堰箱内应安设挡水板。

三、堰箱必须安装稳固、周正、水平，并使堰口垂直，溢流水以跌水形式流出堰口。

四、堰口的最低点应高出溢水口跌落面2cm以上。

五、堰口旁应安设有毫米刻度的标尺。应校正标尺零点，其误差不得大于1mm。

第7.2.3条 采用孔板流量计测量流量时，应遵守以下规定：

一、使用前按精度要求进行严格检查。

二、使用一段时间后，应对孔板直径尺寸进行校核，发现磨损，及时更换。

三、测压前，应将测压胶管内的空气排除，以防出现假水头。

四、冬寒季节使用时，应使测压管水柱不断溢流，以防冻结。

五、孔板的测压水头，不小于150mm，不大于1800mm。测尺数值应读到毫米。

六、使用完毕后，应将孔板流量计各部清洗涂油，以防锈蚀。

第7.2.4条 流量测量应符合下列要求：

一、应在观测水位的同时测量流量。

二、稳定流抽水试验的稳定标准，在涌水量少的区间内，各次流量的最大差值与平均水位平均值之比，在涌水量少时不得大于5%，用水泵抽水时，不得大于3%；用空气压缩机抽水时，不得大于7%。流量应保持常量，其变化幅度不得大于3%。非稳定流抽水试验，应在同一时间内测量流量。

三、进行互阻抽水试验或井群开采抽水试验时，应在同一时间内测量流量。

第三节 水位测量

第7.3.1条 测绳尺寸，使用前应检查校正，其误差不应大于千分之一。

第7.3.2条 水位测量应符合下列要求：

一、应以一固定点为基点观测静止水位。

二、抽水之前应先观测静止水位。

三、抽水试验孔和观测孔的动水位应同时观测。

四、稳定流抽水试验，动水位观测时间的间隔一般在抽水开始后第5、10、15、20、25、30分钟各观测一次，以后每隔30分钟观测一次。非稳定流抽水试验，中途一般不应变动。抽水试验孔或观测孔的水位观测应读到毫米。

观测孔的水位测量应读到厘米。

始后第1、2、3、4、6、8、10、15、20、25、30、40、50、60、80、100、120分钟进行观测，以后可每隔30分钟观测一次。

第7.3.3条 稳定流抽水试验稳定延续时间内，水位无连续上升或下降趋势。

一、在抽水试验稳定延续时间内，抽水试验孔一般不得大于平均水位下降深的1%。

二、动水位波动范围：抽水试验孔，当降深小于10m时，用水泵抽水，不得大于3～5cm；用空气压缩机抽水，不得大于10～15cm。

三、最远观测孔的水位波动值不得大于2～3cm。

四、应考虑自然水位和其他干扰因素的影响。

第7.3.4条 进行多孔、互阻或井群开采抽水试验时，抽水孔与各观测孔应同时测定水位。

第7.3.5条 抽水试验每次下降结束或中途停车时，必须观测恢复水位。一般要求在停抽后第1、2、3、4、6、8、10、15、20、30分钟进行观测，以后每隔30分钟观测一次，若连续三小时水位不变，或水位呈单向变化，连续四小时内，每小时水位变化不大于1cm，或水位升降与自然水位变化一致时，即可停止观测。

第四节 水温、气温观测

第7.4.1条 观测水温温度计放入水中时间不得少于10分钟，一般应在孔内进行，条件不许可时，也可在握筒箱或量桶中进行。

第7.4.2条 水温、气温应同时观测，观测时间间隔为2～4小时。

第五节 水样采取

第7.5.1条 水样一般应在抽水试验结束前采取。

第7.5.2条 水样瓶应先用采样水浸泡洗净。装瓶不得过满。应使水面与瓶塞底面之间，留有不大于1cm的空隙。装瓶后立即将瓶口用纱布包扎，以火漆或石蜡封严，并贴标签及时送验单位分析。水样数量，简分析1000mL，全分析3000mL，细菌检验500mL，专门分析水样由分析项目决定。做细菌检验的水样，必须事先经过灭菌处理。

第7.5.3条 检验不稳定成分的水样，采样时应同时加放稳定剂。

第八章 机电设备的使用与维护

第一节 一般要求

第8.1.1条 新设备应符合国家规定标准，并附有出厂合格证。检修的设备达到修复标准，经试车检验合格后，方可使用。

第8.1.2条 操作人员必须基本了解机械的构造、性能、使用及维护方法后，方准操作。无驾驶执照的人员严禁驾驶车装钻机行走。

第8.1.3条 各项设备均按所附说明书的规定，选用和加注质量合乎要求的燃油、润滑油（润滑脂）、液压油及冷却水。加注数量达到规定尺位或要求。

第8.1.4条 设备使用前，应检查各部件是否完好，使用中应按说明书的要求做好班、周、月保养工作。运转中应做到不漏油、不漏气、不漏水。

第8.1.5条 接合离合器或使工作轮转动时，操作应平稳。

第8.1.6条 钻机、空气压缩机等机械在变换转速、扳动分动手把时，应先打开离合器，切断动力来源。

第8.1.7条 机器使用中，应随时注意各部位是否有不正常的冲击声、震动、晃动或位移等现象，变速箱、轴承、轴套、齿轮箱、转动部件、摩擦部件及机身有无超过规定温度（60℃）及显火、冒烟或散发气味等不正常现象。如有上述异常情况时，应及时停车检查和排除。

第8.1.8条 各种机械设备，不得超负荷使用。

第8.1.9条 机械设备在运转中，不得离人。

第二节 钻 机

（Ⅰ）起动前的检查与维护

第 8.2.1 条 检查操纵系统、制动装置、摩擦离合器、锁紧机构、分动机构等的作用是否灵活可靠，必要时应进行调整。

第 8.2.2 条 检查润滑系统是否按规定注了润滑油。

第 8.2.3 条 必须等动力机运转正常后，才能开动钻机及附属机械。

（Ⅱ）运转中的操作与维护

第 8.2.4 条 钻机起动时，各部离合器必须处于空档位置，严禁带负荷起动。

第 8.2.5 条 工作或加油时，应防止油和水滴在离合器摩擦片上，还应防止油脂沾在刹车带上。

第 8.2.6 条 使用卷扬机时，不得将升降手把和制动手把同时闸紧。

第 8.2.7 条 用卷扬机提升时，分动手把不应放在回转和提升联动位置，变速手把不能放在反转位置。

第 8.2.8 条 使用液压钻机时，油泵开动后，应注意油压表和压力指示器的反应。

第 8.2.9 条 钻机开动后，应先检查液压系统有无漏油现象。在工作时，不可猛增、猛减油压。

第 8.2.10 条 液压操作手把不可同时扳到工作位置，以防损坏钻机。

第 8.2.11 条 钻机运转中需要变换方向时，必须停机，待皮带轮停转后，方可反向起动。

第 8.2.12 条 回转钻机利用转盘自动拧卸钻杆时，转速必须用最低档。

一、钻具钢丝绳松放应适度，防止钻具悬空冲击，不得将钻具长时间悬空吊挂。

二、冲击弹簧不得超负荷冲击，以防折断。

三、冲击卷筒上的钢丝绳应顺次缠绕，不得交错重迭。

第 8.2.13 条 使用红星-300 型钻机时，应做到：

一、下放钻具时，应先控制卷筒，不得任其自由下落。

二、开动转盘时，应先由第一档开始，再根据地层情况逐渐换档。

三、使用3、4档时，必须经常注意十字头处的震动情况，防止自动跑档。

第 8.2.14 条 使用红星-400 型钻机时，应做到：

一、结合离合器时，必须使凸缘与卡爪处于死点位置，不得有顶爪现象。

二、钻进时活门不应开得太大，提钻时必须取下方卡，自动卸扣时必须等活门关上拨后，再放下方卡，防止卡掉入孔内。

第 8.2.15 条 使用SPJ-300 型钻机时，不得违反下列规定：

一、主、副卷扬机不得同时工作。

二、主卷扬机与转盘不得同时工作。

三、经常观察转盘的固定状况，发现转盘固定螺丝松动时，应立即上紧。

第 8.2.16 条 使用SPC-300H型时，应做到：

一、使用冲击设备时，应先将转盘卸下，并将钻塔上部的销轴取下，使缓冲胶垫起支承作用。

二、发动机运转正常后，将汽车变速手柄挂第五档（不得挂其他档位）才能开动钻机。

三、卸钻杆时，应首先使用卸管油缸卸第一扣。

四、经常注意蓄能器的压力是否正常，及时检查进气阀的密封情况。

五、搬移钻机行走前，应将转盘部分吊起，卸下枪杆上的导向梁，将支承手斤项尽量提高。

第三节 柴 油 机

第8.3.1条 起动前应作如下检查并维护：

一、机器应垫放平稳，并检查燃油系统、润滑系统、冷却系统、电气系统等是否正常。

二、用电动机起动时，应检查蓄电池与充电发电机、电动机的接线是否正确，使用电池组时，串（并）联后的电压与电器的额定电压是否相符。

三、在寒冷天起动前，必须向水套（箱）内加注热水，使机身温度预热到30℃以上。

第8.3.2条 起动时的操作与维护应注意：

一、用抽出摇把、用起动绳摇把，不得中途松手，起动后立即抽出摇把。用起动绳起动时，起动绳不得绕在手上。

二、用电动机起动时，每次该通电源不得超过5秒钟，每次间歇时间不得少于30秒。若起动2~3次仍无效时，应查明原因，排除故障，严禁强行起动。

第8.3.3条 运转中应作如下检查与维护：

一、机器开动后不得立即带负荷工作，应低速运转几分钟，待机体温度增至40℃时，再提高到额定转速和带负荷工作。

二、新的或经大、中修后的机器，并在额定转速和负荷以下磨合50小时后停机检查，并更换润滑油后，然后逐渐提高转速和增加负荷运合100小时，然后再更换一次润滑油，转为正常运转。

三、应注意润滑系统的工作和油压是否正常，在额定转速时，油压必须符合使用说明书规定值。

四、冷却水出水温度应保持在70~80℃。当机身温度超过规定时，应立即停车检查。

五、停车前，应先卸去负荷，逐渐降低转速，然后停车。如遇"飞车"，应迅速切断进气通路和高压油路，作紧急停车。此时，油门操纵杆拉到死油位置，不得用关死油箱开关的方法熄火，以防空气吸入燃油系统。

第四节 空 气 压 缩 机

第8.4.1条 起动前应作如下检查与维护：

一、检查润滑油是否足量，空气滤清器是否清洁，气压表、调节器、安全阀、贮气罐及放气阀是否齐全、灵活。

二、打开贮气罐和中间冷却器泄水阀，放出积水。

第8.4.2条 运转时操作与维护应注意：

一、起动后，首先打开贮气罐上的放气门，待动力机运转正常后，再关闭放气阀贮气。

二、注意各种仪表的指示是否正常，气压有无显著的增高或下降现象。

三、随时注意排气温度，通过中间冷却器的出气温度应在40~80℃之间。

第8.4.3条 停车时，应逐渐打开贮气罐上的放气阀和降低动力机的转速，然后拆开离合器，再停止动力机运转。

第五节 泥 浆 泵

第8.5.1条 开动前应作如下检查与维护：

一、检查管路是否严密，连接头离合压盖箱（抗）底不小于0.5m，拉杆防泥挡和砸线是否紧固，送水阀关闭。

二、开动时，应将回水阀打开。

第8.5.2条 运转时操作与维护应注意：

一、经常观察压力表是否正常，机械有无冲击声及排水量是否均匀，发现异常现象，应即停车检查。

二、用泥浆泵输送水泥浆或其他浆液后，必须立即用清水冲洗，疏通泵内部和管路。

第六节 卧 式 离 心 泵

第8.6.1条 开动前，应先检查吸水管路及底阀是否严密；

传动皮带轮的键和顶丝是否牢固；叶轮内有无东西阻塞，然后关闭闸门，缓开闸门，使其达到正常运转声响，观察出水情况，检查盘根、轴承的温度，如发现出水不正常，底阀堵塞或轴承温度过高时，应即停车检修。

第8.6.2条 运转中应注意运转声响，观察出水情况，检查盘根、轴承的温度，如发现出水不正常，底阀堵塞或轴承温度过高时，应即停车检修。

第8.6.3条 停泵前，应先关闭闸门，本条也适用於深井泵。

第七节 深井泵

第8.7.1条 安装前应作如下检查与维护：
一、检查泵管、传动轴及叶轮是否变形、弯曲；丝扣是否损伤。
二、胶皮轴承是否损坏，其它附件是否齐全。

第8.7.2条 安装时，按要求连接泵管、泵轴及有关部件，并使泵管位于井管中心。

第8.7.3条 起动前，应检查电动机顶端传动部分、调好叶轮轴向间隙，并将调节螺帽的保险销安妥，检查转子转动情况是否过紧，电动机止逆盘是否良好。安装合格后，再灌注适量清水或肥皂水润滑传动轴承，然后起动。

第8.7.4条 运转时操作与维护应注意：
一、适当调整盘根及压盖，使填料处有少量水喷出，以产生润滑和冷却作用。
二、随时注意出水情况、运转声响、电气仪表是否正常，如发现异常应即停车检修。

第八节 潜水泵

第8.8.1条 安装和起动前应作如下检查与维护：
一、检查泵的放气孔、放水孔、放油孔和电缆接头处的封口是否松动，如有松动，必须拧紧。
二、用500V摇表检查绝缘电阻，其值不应低于0.5MΩ，否则应打开放水孔和放气孔，进行烘干或晒干。
三、检查电缆，如发现破裂或折断，应即更换或剪去。
四、检查全部电路和开关，然后在地面上空转3～5分钟，并检查电动机旋转方向是否正确，均无问题后方可下入水中使用。

第8.8.2条 下泵时，不得使电缆受力，应用绳索拴在水泵耳环上缓慢下放。下入井中深度，应事先进行计算，使其控制在淹没深度之内，下到预定深度后，应将潜水泵装置用绳索吊住或用夹板夹牢拦置在井孔口上。

第8.8.3条 运转中应注意下列事项：
一、应经常观测动水位的变化，适时调整泵的位置。电动机不得露出水面，也不得陷入淤泥中运转。
二、电缆应悬空吊住，不得与井壁接触和摩擦。
三、应经常观察出水量、电压、电流值和井中声响，如发现水量减少、中断或异常现象时，应即停泵检修理。

第8.8.4条 新的或更换过密封件的潜水泵，应检查其密封的可靠性。运转50小时后打开放水螺塞检查，加泄漏量（包括封后油和水）不大于5mL，即认为密封正常。检查后不得继续使用，则不得漏量超过规定，则不得继续使用，应放油孔补充加油和正油。如检查后其泄漏量超过规定，则不得继续使用，应更换新件或检修。

第九节 电气设备

（I）安全作业要点

第8.9.1条 安装站在绝缘台上戴好绝缘手套操作。

第8.9.2条 绝缘手套、胶把克丝钳、试电笔等电工专用工具，应有专人保管，定期检查，不准乱作他用。

第8.9.3条 应经常检查电路线路及电气设备。发现有漏电及损坏现象，必须立即修理。

第8.9.4条 钻探场地电线架设高度应大于2.5m，不得妨碍交通和操作。

第 8.9.5 条 电气设备必须按下列要求，选用熔丝。不得以铜丝或铁丝代替。

一、一台电动机的总熔丝：其额定电流为1.5～2.5倍电动机的额定电流。

二、几台电动机的总熔丝：其额定电流为1.5～2.5倍容量最大电动机的额定电流与其余电动机额定电流之和。电动机的额定电流可从电动机铭牌查得。

三、照明设备的总熔丝：其额定电流应大于全部照明设备的工作电流。照明设备的工作电流（安）＝照明设备的功率（瓦）÷220（伏）。

第 8.9.6 条 电气设备停置时间较长或经长途运输，必须经电工检查后，方可使用。

第 8.9.7 条 照明灯及电测水位计应采用36V以下的低压电。

第 8.9.8 条 7kW以上的电动机（包括7kW），应安装起动器、电流表和电压表。

第 8.9.9 条 电线或电气设备起火，不得用水浇。应用胶把克丝钳剪断电线（每次只剪一根）或拉开闸刀后，再行救火。

第 8.9.10 条 有人触电时，抢救者应立即切断电源，或用干木样将电物体拨离人体后，再行抢救。

（Ⅱ）电 动 机

第 8.9.11 条 起动前应作如下检查与维护：

一、检查各相绕组间的绝缘和各相绕组对机壳的绝缘，绝缘电阻值不得小于0.5MΩ。

二、检查接地或接零保护是否正确及电线有无破损、短路、搭铁现象。

三、绕线式转子电动机，应检查电刷表面是否清洁，电刷是否灵活，导电线是否相碰，电刷提升机构是否完好，电刷的压力是否正

常，接触面是否清洁和接触可靠。

四、检查起动装置是否正常。观察电压表或电压指示灯，判明电压是否达到额定值。电压过高或过低（220V电动机的电压变动不得小于209V，不得大于242V，380V电动机的电压不得小于361V，不得大于418V）时，严禁起动。

第 8.9.12 条 运转中应注意下列事项：

一、对不可逆转的电动机，必须先进行空载起动，观察其运转方向。如运转反向，则应纠正反后，再带机械负载。

二、运转时，顺轴方向的窜动，不得超过4mm。

三、对绕线式转子电动机，应经常检查电刷与滑环的接触及电刷的磨损情况。若发现火花较大，滑环表面粗糙时应将滑环表面车光，磨平，并校正电刷弹簧压力，予以消除。

四、经常检查电动机的温度，如温度过高，应及时查明原因，排除故障。

五、应注意观察和检查负载电流，不得超过电动机的额定值。运行中有摩擦声、尖叫声或其它杂音，应立即停止运行。

六、进行检查，排除故障后，方可继续运行。

七、按使用说明书规定，每隔一定时期检查一次轴承的润滑情况，润滑油的容量不足时，应及时加注。

（Ⅲ）发 电 机

第 8.9.13 条 起动前应作如下检查与准备：

一、发电机架必须安装平稳，牢固，并处于水平位置。发电机与原动机（柴油机）轴心应位在同一直线上。

二、清除内部装置和部件表面的灰尘和油污，并进行外部检查，紧固所有松动的螺丝。

三、检查励磁机，控制屏（配电箱）各接头是否正确，车固，电刷位置，压力是否适中，与转动部分接触是否良好；继电器及各仪表，信号灯是否完备，必要时进行更换或调整。

四、原动机（柴油机）部分起动前的检查与维护按本章第8.

3.1条的规定进行。

第 8.9.14 条 起动时操作应注意:

一、起动前,必须把各分闸开关断开,不得带负荷,并将手动变阻器干电阻置于电阻最大处。

二、按本章节8.3.2条之规定先起动原动机(柴油机)至额定转速,然后逐渐减少手动变阻器的电阻,慢慢增加励磁电流,使发电机电压达到额定值。

第 8.9.15 条 运转时操作与维护应注意:

一、将手动开关转向自动位置,使自动调压器起作用。

二、注意滑环与换向器的工作情况,发现异常火花时,应及时检查消除。

三、运行时,应注意测量轴承及机身温度,并倾听其转动声音;电压机的电流指示器是否清洁,灵活;电刷(焊把)用具是否齐备,符合标准。

四、加温升超过额定允许值或有异声,应及时检查原因,子以消除。

五、停车时应先断开负荷开关,解除发电机的负荷,将手动开关由自动转换至手动位置,增加变阻器之电阻,停止原动机运转。

经常监视各种仪表读数是否正常,允许电压波动值在5%以内。

(Ⅳ) 开关及起动设备

第 8.9.16 条 安装及操作闸刀开关时,应遵守下列规定:

一、应垂直安装在开关板上,并应使座位于上方。

二、作隔离开关使用时,必须注意操作顺序。合闸时,应先拉开负载闸开关,再拉开隔离开关,合闸时,顺序则与此相反。

三、三相闸刀开关合闸时,应保证三相同时合闸,并接触良好。

四、无灭弧室的闸刀开关,不允许用作负载开关分断电流。

第 8.9.17 条 使用油浸式星三角起动器及自耦减压起动器(起动补偿器)时,应遵守下列规定:

一、必须定期检查绝缘油质是否符合要求,油面是否保持在规定油位线以上,并应防潮、防水及防止杂物混入。

二、保持正常操作程序,起动时,先将闸把推(拉)至起动位置,俟电流表上指针自最大电流恢复正常后,即可拉(推)至运动位置。

三、停止运转时,必须按电钮以切断电流,不得推(拉)闸把断电。

(Ⅴ) 电焊设备

第 8.9.18 条 电焊机应安装在干燥、通风,并有铁遮蔽的场所,周围不放置易燃及危险物品,裸露带电部分应装有安全保护罩,并设有单独的电源控制装置。

第 8.9.19 条 使用前应检查电焊导线、焊钳(焊把)是否绝缘良好;电焊机的电流指示器是否清洁,灵活;焊把、面罩、用具是否齐备,符合标准。

第 8.9.20 条 焊接时,绝缘手套、护脚、绝缘胶鞋等防护用品。

第 8.9.21 条 焊接时,操作人员不得使自己身体接触焊接金属物。焊接物和导线接触水时,不得进行焊接。

第 8.9.22 条 电焊机和气焊不得在同一焊件上同时进行焊接。严禁在带有压力或装有易燃品的容器上进行焊接。

第 8.9.23 条 常用各种直径的电焊条焊接电流可参照表8.9.23采用。

各种直径电焊条使用电流　　　　表 8.9.23

焊条直径(mm)	焊 接 电 流（A）		
	平 焊	立、仰、横焊	
3.2	100~130	90~120	
4.0	160~210	145~190	
5.0	200~270	180~245	
5.8	260~300	235~270	

（Ⅵ）气 焊 设 备

第 8.9.24 条 焊机本身及其有关部分出现故障时，应及时排除、修理。

第 8.9.25 条 装有氧气的氧气瓶，装卸时应轻拾慢放，不得抬瓶嘴。运输时，瓶口不得向下，应防止碰撞冲击。氧气瓶不得暴晒或接近高温，应远离火源和易燃物品。

第 8.9.26 条 用完未完的氧气瓶，应分开存放，每瓶与氧气不应完全部用完，应使留下氧气保持1～2大气压。氧气瓶不得用火烤。

第 8.9.27 条 电石应装在密封的容器内，严禁与水接触。开启时，不得用铁器猛击，以防发生火花引起爆炸。

第 8.9.28 条 乙炔发生器，氧气瓶及焊接物的相互距离应在10m以上。氧气管和乙炔管不得互用。管子接头必须连接牢固。

第 8.9.29 条 开放氧气总气阀门时，必须将氧气表的减压调整气门松开，慢慢开启，且人员应站在侧面，防止气表脱落伤人。

第 8.9.30 条 焊接人员烧焊时，必须穿戴好防护眼镜、围裙、手套等防护用品。

第 8.9.31 条 焊接器或切断器点火时，必须先开氧气阀，后开乙炔气，然后再点火调整火焰，熄灭时与此相反，应先关乙炔气阀，后关氧气阀。

第 8.9.32 条 乙炔发生器，必须配有回火防止器。乙炔发生器内的水应经常更换，避免温度增高发生爆炸。焊接中乙炔发生器的氢气阀和氧气瓶总气阀，停止使用时，应将乙炔发生器上盖打开，并将桶内的残存乙炔放气。桶内水结冻时，不得用火烤。

第 8.9.33 条 暂时停止烧焊工作时，必须关闭乙炔发生器的气阀和氧气瓶总气阀，不得用手直接去摇动，以免伤人。

第 8.9.34 条 气焊工作完毕，应即将桶内残存乙炔放净，并将水倒掉，但附近有火源时，不得放气。取出电石以防爆炸。

第九章 井孔事故的预防和处理

第一节 预防和处理事故的一般要求

第 9.1.1 条 施工前，应掌握施工地段地层的岩性、构造、稳定状况及以往井孔发生事故的经验教训，针对具体情况采取预防措施。

第 9.1.2 条 工作中随时注意事故征兆。发现事故苗头，必须立即采取预防措施。

第 9.1.3 条 施工现场应备有常用的事故处理工具，如公锥、母锥、打捞钩、扶正钩、捞针、内外卡、吊锤、千斤顶等。

第 9.1.4 条 事故发生后，当班负责人应判明情况，积极处理。性质复杂或重大事故应由机台负责人主持处理，并及时向上级报告。

第 9.1.5 条 当井壁不稳定时，事故处理中应始终注意作好保护井壁工作。

第 9.1.6 条 必须根据事故原因、性质、部位及孔壁稳定等情况决定处理方案。

第 9.1.7 条 强力起拔事故钻具或井物时，必须考虑钻架、卷扬机、钢丝绳、吊钩等的起重负荷能力。打捞工具应保持架牢。操作人员应采取安全防护措施。

第二节 井孔事故的处理

（Ⅰ）井孔坍塌事故

第 9.2.1 条 当井孔发生坍塌现象时，应首先将钻具提离孔底，并尽快将全部钻具提出孔外。

第9.2.2条 处理前，应先弄清坍塌的深度、位置、坍孔部位的地层、井孔内泥浆指标和淤塞情况等，查明坍塌原因，针对具体情况进行处理。

第9.2.3条 当坍孔发生在井孔口管时，如未安设护口管，则应立即安设，如已安设护口管但不合要求，则应提出重新按要求安设。

第9.2.4条 当坍孔发生在井孔上部含水层时，应迅速下套管隔离坍塌地层，井用粘土封闭，然后清除井孔下部的坍塌物，增大井孔内泥浆的密度和粘度，继续钻进。

第9.2.5条 当坍孔发生在井孔下部含水层时，一般可用加大泥浆密度和粘度的方法处理。如调整泥浆指标不能排除事故，则应加大泥浆指标分全部填实，将坍塌部分全部填实，然后开孔钻进。

第9.2.6条 填砸过程中，因泥浆外流过多，可先在管外以直径50mm管子压入优质泥浆冲其坍塌物，井封闭井口，由上而下依次向各层滤水管上部压注泥浆，使泥浆通过滤水管从井管外流出，边冲边下，直至最下层滤水管，将坍塌物冲尽后再填砸。

第9.2.7条 在处理冲击钻进卡钻事故时应注意下列事项：

一、上卡不得强提，可将钢丝绳子压紧，将钻具通过钢丝绳猛提，或放活动，用力摇晃，再轻轻上提。

二、下卡不得强提反打，可再用多轮滑车、千斤顶或杠杆等方法上提进行处理。

三、因岩石块、杂物坠落等引起的其它卡钻，应设法使钻具向井孔下部移动，使钻头离开坠落的岩石块等或解除事故，如因石块卡于钻具周围而不能移动钻具时，可用爆破法炸碎石块，消除提钻障碍。

四、因缩孔发生卡钻时，可用向上低冲中程反冲，边冲边提。

第9.2.8条 在处理回转钻进卡钻事故时应注意下列事项：

一、松散地层钻进形成"螺旋体"造成的上卡，应先迫使钻具降至井孔钻进原来位置，然后回转钻具，边回转边提，直到缩钻孔造成卡钻时，可采用反循环吊锤的振动方法处理。即缓慢地边钻边提，将钻具提出。

二、基岩层卡钻，应首先判断卡钻的原因，并始终保持用泥浆冲孔。轻微的卡钻，可适当增加机械的提升力量按提钻具或用千斤顶，较严重的卡钻，应采用反循环吊锤打击钻具的振动方法进行处理。如用以上方法处理仍无效时，可闸扣卸钻解卡方法或爆破处理。

（Ⅲ）埋钻事故

第9.2.9条 发生埋钻事故时，首先必须加大泥浆的粘度和密度，然后再处理事故。

第9.2.10条 当埋钻不甚严重时，可用钻机卷扬或通过多轮滑车组强行提拉钻具。

第9.2.11条 当埋钻较严重，强行提拉不动时，直视孔内具体情况和可能先用空气压缩机、泥浆泵或抽筒清除上部沉淀物后，再行提拉。

第9.2.12条 提拉阻力较大时，可使用千斤顶起拔，孔壁稳定状况允许时，也可边顶边用空气压缩机、泥浆泵冲洗，以减少阻力。

（Ⅳ）钻具折断或脱落事故

第9.2.13条 打捞断落钻具前，必须详细摸清钻具的部位、深度、掌握状况及有无坍塌淤塞等情况，必要时可下入打印器探测。

第9.2.14条 根据事故的不同情况，一般可采用捞钩、捞针、公母锥、捕筒活门卡或钢丝钢套等打捞工具，进行钩挂、拧扩孔钻头的下端接上适当长度的小径导正钻具，当钻具下入井孔后，让小径钻具导入原小径钻孔，用扩孔钻头扫孔至孔底，将小径钻具卸掉。

第9.2.19条 外理冲击钻进孔斜时，可用下列方法纠斜：

一、修孔法：当轻度孔斜时，可利用原孔径的同径钻头作适当焊补，下入已斜孔段的上部数米处，以小冲程、慢次向下切割修孔纠斜，冲击时应少松、勤松钢丝绳、稳打慢放、防止钻头在孔内晃动。

二、扩孔法：当井孔呈漏斗形（上大下小）有一定坡度形成孔斜时，可利用钻进的钻头进行焊补，使其切削刃、摩擦刃稍大于孔斜段的钻孔直径，放至孔斜段的上部，用上述方法进行冲击扩孔纠斜。

三、回填法：当井孔弯曲较大时，可先回填类似于孔斜段部位地层的粘土或碎石，填入物应略高于孔斜段的上界，然后下入钻具重新钻进。

四、爆破法：使用上述方法无效时，可将设计好的爆破器下入孔斜段作爆破纠斜。

（Ⅵ）井管事故

第9.2.20条 发生井管断裂，首先应将断口以上井管提出，检查井管损坏情况及部位加以整修处理后，再将上部井管的下端接一喇叭导正管下入，使之座落在下部井断口上对接，然后再进行管外水泥浆或粘土球封闭固定处理。

第9.2.21条 井管破裂时，可视破裂口位置情况选择处理方法。破裂口位置不太深时，可用管外灌浆法处理；破裂位置较深，无法使用管外灌浆法时，则可用管内灌浆浆要求处理，破裂位置接近异径接头处时，可下入一般略小于破裂井管内径的钢管，使落于上下端用橡皮管兰与井管吻合封住。

第9.2.22条 安装井管时脱落或锥掉丝卡落井孔内，也可采用打

捞打捞。在接头上或套住断落钻具之后，应先轻轻提动，确认套牢后再提取。

第9.2.15条 断落钻具阀筒孔壁时，打捞工具上应带有导向器，或先下扶正器扶正后，再下打捞工具套取。

第9.2.16条 当打捞工具已套上断落钻具而又提拔不动时，可参照处理卡钻或埋钻方法进行。

第9.2.17条 落入孔内的小型工具、物件，可用磁力打捞器，带弹簧卡片的岩芯管、抓筒或抽筒等器具进行打捞。捞取前应将孔底的沉淀物清除。

（Ⅴ）井孔弯曲事故

第9.2.18条 处理回转钻进中井孔弯曲时，可用下列方法纠斜：

一、基岩井孔纠斜方法：

1. 扶正器法：在粗径钻头上部加扶正器把带合金钻头的粗径钻具提到井孔不斜的位置修孔，开始切下新月形和半圆形岩芯，使孔斜得到纠正。

2. 灌注水泥法：在孔斜以下部分灌注水泥砂浆，待凝固后，重新钻进原孔斜段。

3. 爆破法：在孔斜段位置设置好的爆破器爆破纠斜。

二、松散层井孔纠斜方法：

1. 扩孔法：采用大于原钻孔直径的钻头进行扩孔，操作时应慢转，进尺不得过快。

2. 导正法：在钻孔不斜的孔段加钻导正装置，使纠斜的钻具在保持正直不斜的情况下钻进。纠斜方法分下述两种。

（1）后导纠斜：在一次成孔钻孔中发生孔斜时采用。即在钻头的上端装数个直径略小于直径的导正圈，将钻具下至孔斜段以上数米处加压，慢转，操作中应采用轻压、自上而下反复扫孔，直至钻具上下无阻为止。

（2）前导纠斜：在扩孔钻进中，因变径造成孔斜时采用。也可采用打

捞断落钻具方法进行处理。当套管提断于井孔中时，可下入内、外卡工具卡取或采用埋处理钻方法进行处理。

（Ⅶ）钢丝绳折断事故

第9.2.23条 钢丝绳折断脱落到井孔内时，多数成螺旋形堆积在孔底，弄清情况后，可用钢丝绳单角、双角捞针或特制捞钩捞取。

第9.2.24条 捞取时，将捞针或捞钩用钻杆送入井孔内，插入卷曲的钢丝绳内，然后转动数圈，使钢丝绳牢牢地缠绕在捞针或捞钩上，便可将钢丝绳带出孔口。

第十章 井孔爆破

第一节 一般安全规则

第10.1.1条 井孔爆破必须在专人负责和指挥下进行。爆破工作应由受过训练和安全取并取得合格证书的人员担任。非爆破工作人员不得随便接触或动用爆破器材。

第10.1.2条 井孔爆破必须向当地公安主管部门申报，并经批准后方可进行。

第10.1.3条 爆破工作除本规程规定条款外，还应严格按有关的爆破安全规程进行。

第10.1.4条 爆破器材必须在即将使用之前，严格按需用数量从专用仓库领出。炸药、雷管等危险器材必须由专人负责并分开运送保管。

第10.1.5条 临时存放处应是防潮、防冻、防晒、防震、防电、防火等地点，并应做明显标志。

第10.1.6条 运送、保管及使用人员，不得携带火柴、打火机、电池等易燃引火物作或抽烟。

第10.1.7条 距井孔爆破地点50m以内如有高大建筑物、居民点或井孔深度不足15m者，不得进行井孔爆破。

第10.1.8条 井孔预爆位置的温度大于70℃时，不得进行爆破。

第二节 爆破器的设计和制作

第10.2.1条 钻进过程中，在处理卡钻事故、起拔套管、清除裂隙充填物或扩展裂隙以增加水量、提高难钻地层的钻进效率、取岩及井孔纠斜等作业中，如需使用爆破方法时，应先作出

14—45

爆破设计:

第 10.2.2 条 爆破前,应根据爆破的部位、方向、深度和需要的爆破能量,按下列规定设计爆破器和选择爆破器材:

一、爆破器,一般采用白铁皮或薄钢板卷制,深孔宜用无缝钢管焊制,也可使用玻璃瓶、塑料瓶作爆破器。式样和尺寸应根据爆破对象,可按下述要求确定。

1. 爆破器的式样:一般有纵向爆破器和侧向爆破器两种式样。前者底部呈60°,多用于消灭井底障碍物及起拔套管;后者为平底爆破器或葫芦形爆破器,多用于处理事故及扩大井孔直径。

2. 爆破器的直径:一般为其长度的三分之一和不大于井孔直径的五分之四。

3. 爆破器的长度:空锥窝爆破器及平底爆破器,可分别按公式(10.2.2-1)及(10.2.2-2)计算:

$$L = \frac{4000W}{\pi d^2 \rho} + \frac{h}{3} \quad (10.2.2-1)$$

$$L = \frac{4000W}{\pi d^2 \rho} \quad (10.2.2-2)$$

式中 L——爆破筒的长度(cm);
W——炸药重量(kg);
ρ——炸药密度,一般为1.6g/cm³;
d——爆破器内径(cm);
h——锥窝高度(cm)。

炸药用量 W 可用下式计算:

$$W = 8.3 \frac{R^3}{K \cdot P \cdot n \cdot m} \quad (10·2·2-3)$$

式中 W——需要炸药量(kg);
R——最大破坏半径,一般为0.5~1.5m;
K——炸药威力系数,对硝化甘油炸药$K=1.5$,对硝铵炸药$K=0.8~1.2$;

P——岩石抗破坏能力系数,石灰岩$P=0.5$,花岗岩$P=0.3$,粘土$P=1.2$,砂岩$P=0.5~0.6$;
n——爆破筒材料系数,铁管$n=0.9$,石棉水泥管$n=1$,铁皮管$n=1.2$,玻璃$n=1.2$;
m——爆破径差系数,由表1.02.2-1查出。

表 10.2.2-1 爆破径差系数

爆破器与井径之差(mm)	0	25	50	75	100	125	150	175	200	250	300
m	1	0.95	0.85	0.75	0.65	0.55	0.45	0.40	0.35	0.30	0.25

二、炸药。炸药用敏感性低,携带安全的硝酸铵炸药或梯恩梯炸药。炸药经验量可按公式(10.2.2-3)计算后,结合爆破目的的确定,装拔经验值在0.5~2kg之间的情况选用。

三、雷管:一般采用6号或8号电雷管。

四、其他器材:引爆电源线、通电电源可用12V蓄电瓶起爆器或双心电缆或防水性能较好的军用电话线。引爆器线应采用双心电缆或爆破器,应遵守下列规定。

第 10.2.3 条 装填和密封爆破器时,应遵守下列规定:

一、装填爆破器必须小心细致,动作轻微,不得粗技大叶。

二、装填炸药前,应检查爆破器的严密性,不得漏气漏水。

三、装填和捣实炸药时,必须使用木制工具,并应轻捣实。

四、在接填与管子等一根与管子大小相同的木棒,待炸药装填实达到爆破器安装所需高度,然后再上复补填炸药,然后一般补添实装口并将爆管的两股胶线拧在一起短路,引出固定在爆破器口外。

五、为了起爆两个型号相同度,对等于爆破器全长的三分之一。当联发法放置两个相同号雷管的深度(如玻璃或塑料瓶等)的位置,雷管应设置以并

六、使用无壳能装的爆破器(如玻璃或塑料瓶等)的位置

应视爆破的对象而定。当雷管置于爆破瓶的上部时，其爆炸力集中于井底方向，若雷管置于爆破瓶的下部，其作用则相反，当雷管置于爆破瓶中央时，其爆炸力向四周扩散。

七、密封爆破器上口时，应先在炸药上面用数层硬纸油毡封垫好，然后浇注沥青或石蜡（注意炸化的温度不得过高，一般用木棒一沾能拉起丝即可）密封，或用环氧树脂密封，也可用揉和好的优质粘土密封。

八、所用导线（电线电缆）应先检验其绝缘性能及防水情况，并应检查线路，证实其通电良好后，方可投入使用。

第三节 爆破方法和程序

第10.3.1条 爆破器下入井孔前，必须做好以下准备工作：

一、清孔至预爆深度以下。

二、如有必要，应以与爆破器外形尺寸相当的管材试孔，要求能顺利下到爆破预定位置。

三、备好必要数量的泥浆或清水，及时向井内补充，防止塌孔。

第10.3.2条 安放爆破器的方法应注意以下事项：

一、安放爆破器时，先将导线下端拴在爆破器的提环上，并与雷管引线连接，接口用绝缘胶布包严，另用细钢丝绳或专用绳索作升降主绳，下端也拴在提环上，然后将爆破器稳妥地下送到预计位置。

二、下送过程中，全部负荷必须由主绳承担，导线不得受力。为此，导线下放速度必须快于主绳。

第10.3.3条 为保证爆破时的安全应遵守以下事项：

一、爆破前，一切人员应远离爆破井孔口，离开距离：爆破深度超过100m时为30m，100m以内为50m。深度小于20m的浅孔爆破时，还应将井孔口正旁的工具物件搬开至安全距离以外。

二、起爆应由专人操作，一般应使用12V蓄电瓶起爆器起爆，起爆器用220V交流电源起爆时，下送爆破器时安设连接导线

前，必须先将总闸及其他电源开关拉开断电。待爆破器下送妥当，一切人员均离开危险区后，指挥者再发令将导线接上，先合总闸，再合起爆开关。

三、起爆前，起爆时和爆破结束后均应发出信号。

四、在没有得到爆炸结束信号之前，人员不得返回井孔口，必须等待爆炸产生的气体从井孔全部逸出后，方可观看井孔中情况。

五、爆破器下入井孔通电后而不起爆时，应首先检查电源、开关及导线有无问题。经检查证明一切良好，确属爆破器同题后，将电源切断开交专人看管，下入井孔内顶爆破处，再行爆破。

六、如爆破器脱落井底，应另下入小型爆破器将其炸毁，将其捆绑在一小型爆破器上，下入井孔内顶爆破处，再行爆破。

七、爆破后，立即向井孔内补充清水，以防井壁坍爆。

八、爆破后，井孔中烟气未完全逸出前，严禁人员下井。

附录 本规程用词说明

一、对条文执行严格程度的用词,说明如下,以便在执行时区别对待。

1. 表示很严格,非这样作不可的用词:
正面词采用"必须",反面词采用"严禁"。
2. 表示严格,在正常情况下均应这样作的用词:
正面词采用"应",反面词采用"不应"或"不得"。
3. 表示允许稍有选择,在条件许可时首先应这样作的用词:
正面词采用"宜"或"可",反面词采用"不宜"。

二、条文中指明必须按指定的标准规范或其他有关规定执行,其一般写法为"按……执行"或"应符合……要求或规定",非必须按所指定的标准规范或其他有关规定执行的,采用"可参照……"。

主编单位: 中国市政工程中南设计院

主要编写人: 徐荣华 文喜生

中华人民共和国建设部部标准

城市供水水文地质勘察规范

CJJ 16—88

主编部门：中国市政工程东北设计院
批准部门：建　设　部
实行日期：1988年10月1日

关于发布部标准《城市供水水文地质勘察规范》的通知

(88)建标字第30号

根据(81)城科字第15号文的要求，由中国市政工程东北设计院负责编制的《城市供水水文地质勘察规范》，经我部审查，现批准为部标准，编号CJJ16—88，自一九八八年十月一日起实施。在实施过程中如有问题和意见，请函告本标准技术归口单位建设部城市建设研究院。

中华人民共和国建设部
一九八八年四月三十日

目　次

第一章　总则 ··· 15—4
第二章　一般地区的勘察方法与要求 ············ 15—5
  第一节　水文地质测绘 ···························· 15—5
  第二节　水文地质物探 ···························· 15—7
  第三节　水文地质钻探 ···························· 15—8
  第四节　抽水试验 ·································· 15—10
  第五节　地下水动态观测 ························ 15—12
第三章　开采地区的勘察方法与要求 ············ 15—13
  第一节　开采状况调查 ···························· 15—13
  第二节　补给条件调查 ···························· 15—14
  第三节　地下水污染调查 ························ 15—14
  第四节　与地下水开采有关的环境地质调查 ··· 15—15
  第五节　勘探与试验 ······························· 15—15
  第六节　地下水动态与均衡观测 ··············· 15—16
第四章　水量评价 ·· 15—16
  第一节　评价原则 ·································· 15—17
  第二节　水文地质参数的确定 ·················· 15—17
  第三节　补给量的计算和确定 ·················· 15—19
  第四节　储存量的计算 ···························· 15—19
  第五节　允许开采量的计算和确定 ············ 15—20
  第六节　水量和水位的预测 ····················· 15—20
第五章　水质评价 ·· 15—20
  第一节　评价原则 ·································· 15—20
  第二节　评价标准 ·································· 15—21
  第三节　评价方法 ·································· 15—21
  第四节　水质预测 ·································· 15—22
第六章　地下水资源的合理利用与保护 ········· 15—22
  第一节　地下水资源的合理利用 ··············· 15—22
  第二节　地下水资源的保护 ····················· 15—23
第七章　资料整理及报告编写 ························ 15—23
  第一节　资料整理 ·································· 15—23
  第二节　报告的编写 ······························ 15—24
附录一　本规范条文中用词和用语的说明
附录二　城市供水水文地质勘察工作的复杂程度
　　　　分类 ·· 15—24
附录三　土的分类和定名标准 ······················· 15—25
附录四　城市供水水文地质勘察纲要编写提纲 ··· 15—25
附录五　城市供水水文地质勘察报告编写提纲 ··· 15—27
附录六　城市供水水文地质勘察常用图例及
　　　　符号 ·· 15—28
本规范主编单位、参加单位和主要起草人名单 ··· 15—40

15—2

符 号 与 量 纲

符号	说明	量纲
A	含水层过水断面的面积	L^2
a	1.压力(水位)传导系数	L^2T^{-1}
	2.抽水井至直线边界的距离	L
B	1.计算断面的宽度	L
	2.越流系数	L^3T^{-1}
E	地下水的蒸发量	L^2
e	自然对数的底	
F	1.含水层的面积	L^2
	2.降水入渗的面积	L^2
H	自然情况下，潜水含水层的厚度	L
h	1.承压含水层自顶板算起的水头高度	L
	2.潜水含水层在抽水试验时的厚度	L
	3.潜水含水层在自然情况下降水前观测孔中的水柱高度	L
$\bar{h}$	潜水含水层在自然情况下和抽水试验时厚度的平均值，即 $\bar{h}=\dfrac{H+h}{2}$	L
Δh^2	潜水含水层在自然情况下的厚度 H 和抽水试验时的厚度 h 的平方差，即 $\Delta h^2 = H^2 - h^2$	L^2
I	地下水的水力坡度	

续表

符号	说明	量纲
K	含水层的渗透系数	LT^{-1}
l	过滤器的长度	L
M	承压水含水层的厚度	L
m_i	曲线拐点处的斜率	
Q	1.出水量	L^3T^{-1}
	2.地下水径流量	L^3T^{-1}
	3.降水入渗补给量	L^3T^{-1}
R	影响半径	L
r	1.抽水试验孔过滤器的半径	L
	2.抽水孔中心至含水层任一点的水平距离	L
S	承压含水层的释水系数	
s	1.水位下降值	L
	2.水位恢复值	L
s_{max}	最大水位下降值	L
s_{min}	最小水位下降值	L
t	时间	T
V	含水层的体积	L^3
W	地下水储存量	L^3
$W(u)$	井函数	
ΔW	连续两年内相同一天的地下水储存量之差	L^3
x	降水量	L
α	1.降水入渗系数	
	2.s/Q 曲线在纵坐标上的截距	
μ	潜水含水层的给水度	

第一章 总 则

第1.0.1条 城市供水水文地质勘察是城市规划、建设和管理的基础工作。勘察工作应在城市发展总体规划的指导下，深入调查研究，确保质量，为地下水的合理开发利用和保护提供科学依据。

第1.0.2条 本规范适用于城市供水水文地质勘察。

第1.0.3条 城市供水的水文地质勘察应达到下列要求：

一、查明勘察区的水文地质条件，地下水的开采和污染情况；

二、对可供开采的地下水资源进行评价和预测；

三、对地下水资源的合理开发利用和保护提出建议。

第1.0.4条 当勘察区已建地下水动态主要受自然因素控制时，勘察工作内容和工作量除符合本规范"第二章"、"第三章"有关规定外，尚应符合本规范"第三章：开采地区的勘察方法与要求"的规定。

第1.0.5条 城市供水水文地质工作，一般划分为规划、初勘、详勘和开采四个阶段。各勘察阶段的工作，应符合下列要求：

规划阶段，应大致查明区域水文地质条件，对地下水资源进行概略评价，并对下一步勘察工作提出建议，为城市总体规划或水源建设计划任务书的编制提供依据。

初勘阶段，应基本查明拟建水源区的水文地质条件，提出水源方案并加以比较和论证，确定拟建水源地段，对地下水资源进行初步评价，为水源初步设计提供依据。

详勘阶段，应详细查明拟建水源地段的水文地质条件，对地下水资源作出可靠评价，提出地下水合理开采利用方案，并预测水源开采后地下水的动态与均衡观测等，提高地下水资源评价的精度，为水源地的施工图设计提供依据。

开采阶段，应在已开采或已建水源地段具备详勘资料的基础上，进行专题调查研究，必要时辅以勘探试验手段，并进行地下水动态与均衡观测等，提高地下水资源评价的精度，为水源地的改建、扩建或地下水科学管理提供依据。

第1.0.6条 在下述情况下，勘察阶段可以合并或直接按详勘要求布置勘察工作。

一、水文地质条件简单，勘察工作量不大或虽然条件较为复杂，但只有一个水源地的地区；

二、需水量不大，容易满足要求的地区；

三、根据已有资料，可基本确定水源地时；

四、当拟建水源与已建水源的水文地质条件相似时。

第1.0.7条 城市供水水文地质勘察按需水量大小和水文地质勘察工作的复杂程度，可分为下列两类：

一、属于下列之一者为大型：

水文地质条件简单，且需水量在 $10 \times 10^4 \mathrm{m^3/d}$ 以上者；

水文地质条件中等，且需水量在 $5 \times 10^4 \mathrm{m^3/d}$ 以上者；

水文地质条件复杂，且需水量在 $3 \times 10^4 \mathrm{m^3/d}$ 以上者。

二、不属于上列范围的水文地质勘察任务均属中小型。

第1.0.8条 城市供水水文地质勘察工作的复杂程度，可根据地质、地貌和水文地质条件分为简单的、中等的和复杂的三类。划分方法可按附录二《城市供水水文地质勘察工作复杂程度分类》的规定执行。

第1.0.9条 勘察范围的确定，宜包括完整的水文地质单元。

一、一般地区，在规划阶段，宜符合下列要求：

在初勘阶段，应包括可能的富水地段，并宜达到含水层边界或补给边界；在详细勘阶段和开采阶段，必须包括拟建水源或已建水源及其开采后的影响范围。

二、开采地区，宜包括全部水文地质单元。

第1.0.10条 勘察任务接受后，应充分收集资料，进行现场踏勘，提出勘察纲要。勘察纲要的内容应符合附录四《城市供水水文地质勘察纲要编写提纲》的要求。

第1.0.11条 在进行勘察工作时，必须加强资料的综合分析研究，尽量采用遥感、同位素和数学模型等新技术、新方法。水源投产后，宜组织进行工程回访，以验证勘察结论。

第二章 一般地区的勘察方法与要求

第一节 水文地质测绘

Ⅰ 测绘工作方法和工作量的确定

第2.1.1条 水文地质测绘宜在比例尺大于或等于测绘比例尺的地形、地质图基础上进行。如果只有上述比例尺的地形图而无地质图时，应进行综合性地质、水文地质测绘。

第2.1.2条 水文地质测绘比例尺，一般在规划阶段可分为1:50000～1:100000；在初勘阶段可为1:25000～1:50000；在详勘阶段可为1:5000～1:25000。如采用航片，其比例尺宜直接采用水文地质测绘比例尺；如采用卫片，可根据卫星图像放大到1:50万和1:25万。

第2.1.3条 航、卫片图像判释方法，可采用目视判读和计算机航空体视镜判释。必要时，采用彩色合成电子光学判释和计算机图像处理。室内图像判释，可通过路线踏勘或布置少量勘探工作进行验证。

第2.1.4条 航、卫片图像判释，宜包括下列内容：

一、判明地质构造基本轮廓和新构造形迹，查明裸露和隐伏构造及其富水的可能性；

二、划分地貌单元，确定其成因类型；

三、判明岩溶形态、成因类型；

四、判明泉点、泉群、地下水溢出带和地表水渗失带的位置；

五、圈定古河道及相对富水地段；

六、圈定地表水体及其污染范围；

七、划分地表水线及咸淡水界线。

明各个不同期岩层的富水性，含水层厚度和质地稳定程度；

三、观察各种构造形迹的形态、规模、力学性质、导水性和富水性，确定断层位置、性质，断层带充填物的性质，确定新构造的发育特点；

四、查明裂隙发育程度及岩层地段，确定新构造的发育特点、轴部性质及与老构造的生成关系。

第2.1.9条 泉的调查，宜包括下列内容：

一、查明泉的出露条件、地层岩性、地质构造和与地貌条件的关系；

二、查明泉的成因类型、补给来源，测定泉水流量、水温、气体成分和沉淀物，搜集泉的动态资料，了解其利用情况；

三、对有供水意义的泉，必要时应进行抽水试验，并进行动态观测。

第2.1.10条 岩溶水点调查，宜包括下列内容：

一、查明岩溶水点的位置、高程及所处的地貌、地质条件；

二、测定水深、水量、水温与洞温；

第2.1.11条 水井调查，宜包括下列内容：

一、井的位置、数量、结构、类型、深度、地层剖面、建井日期和抽水设备等；

二、井的出水量、水位、水质、水温及其动态变化情况；

三、选择具有代表性的水井进行抽水试验和动态观测；

四、井的使用情况。

第2.1.12条 地表水调查，宜包括下列内容：

一、收集地表水质调查、流量、冲刷、淤塞情况；

二、了解河床切割深度，一般地表水和农田灌溉水的入渗量；

三、估算河、湖等地表水与地下水的补给关系；

第2.1.13条 对有代表性的井、泉和地表水体，宜符合下列要求，应取水样进行简分析。

明各个同期岩层的接触关系，可采用同位素方法，查明以下问题：

一、地下水起源、形成和补给；

二、地下水年龄；

三、地下水位、流速和流向；

四、地下水污染范围和污染途径。

第2.1.6条 水文地质观测绘，宜垂直岩层（岩体）构造走向和沿地貌变化显著的方向布置。水文地质测点，宜布置在具有控制性的地质、地貌和水文地质点，地下水人工补给点和污染点，自然地质现象发育处。

第2.1.7条 水文地质测绘每平方公里内的观测点数和路线长度，宜符合表2.1.7的规定。

水文地质测绘的观测点数和路线长度　　表2.1.7

测绘比例尺	地质观测点数（个/km²）		水文地质观测点数（个/km²）	观测路线长度（km/km²）
	松散层地区	基岩地区		
1:100000	0.10~0.30	0.25~0.75	0.10~0.25	0.50~1.00
1:50000	0.30~0.60	0.75~2.00	0.30~0.60	1.00~2.50
1:25000	0.60~1.80	2.00~4.50	1.00~3.00	2.50~4.50
1:10000	1.80~3.60	4.50~9.00	3.00~8.00	4.50~7.00
1:5000	3.60~7.20	9.00~18.00	8.00~20.00	5.00~8.00

注：① 同时进行地质,水文地质测绘时，表中的地质观测点数应乘以2.5。复核水文地质测绘时，观测点数为规定的40~50%；

② 卫片野外验证观测点，地质点数为规定的30~50%，水文地质点数不变。

Ⅱ　水文地质测绘工作的内容

第2.1.8条 地貌、地层、地质构造调查，宜包括下列内容：

一、查明地貌类型、成因形态、成因类型及各地貌单元的界线和相互关系；

二、查明含水层岩性、成因类型与地下水富集和地貌形态的关系；

三、查明含水层岩性、成因类型、时代、层序及接触关系，判

三、孔隙的形状及其发育特点。

第2.1.16条 岩溶水分布地区调查，宜包括下列内容：

一、岩溶水类型，埋藏条件，动态特征和空间分布均一性；

二、构造、岩性、地貌、地表水网与岩溶发育的关系，岩溶水的补给和排泄条件；

三、大型洞穴形状、规模和堆积物，选择有代表性岩溶水点进行连通试验，并确定暗河（湖）的位置，水位和流量。

第2.1.17条 裂隙水分布地区调查，宜包括下列内容：

一、裂隙水类型，分布特征和循环条件；

二、裂隙发育程度，分布规律和富含岩溶水。

第二节 水文地质物探

I 地面物探

第2.2.1条 水文地质物探应充分利用被探测对象的物性特征，采用多种物探方法，以取得可靠的地质、水文地质物探工作应具备下列基本条件：

一、被探测对象与相邻介质有明显的物性差异；

地面物探应用范围及采用方法　　　表2.2.3

应用范围	方法
查明基岩埋藏深度、断裂破碎带、岩溶发育带及古河道位置	电测深法、电剖面法、激发极化法、自然电场法、浅层地震法、放射性法、磁法
确定地下水位的埋藏深度、抽水时的影响半径	电测深法、自然电场法、磁法、地震法
探明含水层埋深、厚度及分布范围	电测深法、电剖面法
圈定咸淡水分布范围及咸水区中淡水透镜体	电测深法、电剖面法、自然电场法
测定地面水与地下水的关系	自然电场法

取水样点定额　　　表2.1.13

比例尺	水 分 析 点（个/km²）		
	孔隙水	岩溶水	裂隙水
1:100000	0.1~0.2	0.05~0.5	0.05~0.2
1:50000	0.2~0.5	0.1~10	0.1~0.4
1:25000	0.3~0.1	全部岩溶水点	0.2~0.8
1:10000	0.5~2.0	全部岩溶水点	0.5~1.5
1:5000	1.0~4.0	全部岩溶水点	1.0~3.0

注：① 勘察区如已有部分水质资料，根据其可用程度和水质变化情况可减少分析点数。
② 全分析点数宜不少于10%。

全分析和专门分析，每平方公里水样分析点数，宜符合表2.1.13中的规定。

二、水质分析项目应根据不同的目的确定，生活饮用水应符合《生活饮用水卫生标准》(GB5749—85)规定，工业用水应符合各工业部门生产用水要求，专门分析项目应根据需要确定。

三、划分地下水的化学类型，查明地下水水化学成分的变化规律。

第2.1.14条 地方病区的地下水水质调查，应查明饮用水化学成分，了解地方病的类型，病区的环境特征和发病规律，并与卫生医疗部门研究确定水中致病物质种类、含量及其与地质因素的关系。

III 各表地区测绘的专门要求

第2.1.15条 孔隙水分布地区调查，宜包括下列内容：

一、孔隙水分布特征和各类水文地质单元中的孔隙水特征；

二、含水层的透水性、富水性及分布埋藏条件。孔隙水运动条件及与地表水的关系；

二、被探测对象相对于周围介质有一定规模，无干扰因素，或虽有干扰因素，但被探测对象所引起的异常值，仍能明显分辨。

第 2.2.2 条 地面物探工作一般在航、卫片判释和水文地质测绘基础上进行。如已有地质、水文地质和物探资料能满足选择测区范围和测量方法时，也可与水文地质测绘同时进行。

第 2.2.3 条 地面物探应用范围及所采用的方法，应符合表2.2.3要求。

第 2.2.4 条 部分物探测线宜与水文地质勘探线相重合，以利于成果对比。物探的实测资料，应结合地质、水文地质资料进行综合分析，并及时提出具有地质解释的物探成果。

第 2.2.5 条 地面物探工作，宜在初探阶段进行，详勘只作些专门性工作。地面物探工作量应按现行《城市勘察物探规范》（CJJ7—85）规定执行。

Ⅱ 井 下 物 探

第 2.2.6 条 勘探钻孔均宜进行地球物理测井。测井方法、井下物探应用范围及采用方法 表2.2.7

应 用 范 围	方 法
划分岩层，确定钻孔中含水层的位置，划分咸淡水界面	电阻率法、自然电场法、自然伽马法
测定地下水流流向	充电法、井内流速仪
测定地下水矿化度	自然电场法、电阻率法
确定岩层泥质含量，进行地层对比，测定孔隙度和密度	放射性法
测定抽水时过滤器合理长度和含水给水度	电阻率法、电流法

可根据水文地质要求和技术条件选定。每个勘探钻孔至少测量三种参数曲线。各种参数测量技术条件应一致，如有特殊情况，可另作改变技术条件的补充曲线。

第 2.2.7 条 井下物探应用范围及所采用方法，应符合表2.2.7的要求。

第三节 水文地质勘探

Ⅰ 勘探钻孔的布置原则及工作量的确定

第 2.3.1 条 勘探钻孔的布置应符合下列要求：

一、勘探钻孔在水文地质测绘和地面物探基础上布置。当水文地质条件简单或已有水文地质资料能满足布孔要求时，也可直接布置勘探钻孔。

二、勘探钻孔的布置能查明勘察区地质、水文地质条件，取得评价地下水资源所需资料，满足地下水长期观测的要求。对有开采价值的勘探钻孔，宜与生产井相结合，宜留作观测孔。

三、对有开采值的勘探钻孔，应留作观测评价的勘探孔，宜留作观测孔。

松散层地区勘探线的布置原则　　表2.3.2（一）

类　型	勘 探 线 的 布 置 原 则
山间河谷地区	垂直地下水流向或横切各地貌单元布置勘探线，当旁河取水或截取河床下渗透水时，应结合拟建取水构筑物布置垂直河床的勘探线
冲洪积平原地区	垂直地下水流向布置勘探线
冲洪积扇地区	先沿扇轴（或垂直海岸）布置勘探线，再在富水地段、查明威水与淡水分界处垂直地下水流向布置勘探线
滨海平原地区	先垂直海岸方向布置勘探线，选择勘探线，查明威水与淡水（拟建取水距离一定）垂直地下水流向分界面上分布选择一定距离分界面上分布勘探线

第 2.3.2 条 松散层地区勘探线和基岩地区勘探孔的布置原则，应符合表2.3.2（一）和表2.3.2（二）的要求。

第 2.3.3 条 以泉水或岩溶暗河作为供水水源时，勘探钻孔宜按下列要求布置：

一、以散泉作为水源时，勘探钻孔应布置在能查清泉的补给、径流条件以及泉的成因和地下水富集地段；

二、以集中排泄泉作为水源时，勘探钻孔应布置在泉水排泄区的上方；

三、以岩溶暗河作为水源时，勘探钻孔应布置在暗河发育方向，而在暗河排泄区，可适当加密勘探孔。

基岩地区勘探钻孔的布置原则　　　表 2.3.2（二）

类型	勘探钻孔的布置原则
碎屑岩地区	布置在下列地段：①背斜倾没端和倾斜部等构造显著的地方；②断层破碎带（张性断裂破碎带、压性断裂两侧破碎带、主支断裂交接处、具有多期活动的断裂带和大断裂带）；③沉积环境有利部位（厚层砂砾岩分布区，碎屑岩与火成岩脉或侵入体的接触带附近）；④地下水的集中排泄区（涌泉、沼泽地）。
可溶岩地区	布置在下列地段：①断层、岩溶发育带（断裂褶皱构造带，弧形构造顶和前缘汇及褶皱转折方向）；②可溶岩与非可溶岩或溶洞发育带和岩溶发育带和岩溶微地貌明显处（暗河，串珠状分布洼地，溶水洞道，漏斗及出水痕迹等）；③地下水集中排泄区（涌泉、暗河出口处）。
岩浆岩和变质岩地区	布置在断层破碎带、岩脉状产状及原生柱状节理和原生空洞发育带以及原生和次生裂隙发育带。

第 2.3.4 条 松散层地区的勘探钻孔工作量，在规划阶段应以搜集利用已有资料为主，必要时布置少量勘探钻孔，初勘和详勘阶段，应符合表2.3.4的要求，开采阶段，可按需布置专门性勘探钻孔。

松散层地区勘探钻孔工作量　　　表 2.3.4

类型		勘察阶段	勘探线间距(km)	勘探孔间距(km)
山间河谷	宽度为1~5km的山间河谷	初步勘察 详细勘察	1~4.0 0.5~2.0	0.3~1.5 0.2~1.0
	宽度小于1km的山间河谷	初步勘察 详细勘察	0.5~2.0 0.3~1.0	0.2~0.4 0.1~0.3
冲洪积平原		初步勘察 详细勘察	3.0~6.0 1.0~3.0	1~3.0 0.5~1.5
冲洪积扇		初步勘察 详细勘察	1~4.0 0.5~2.0	0.3~1.5 0.2~1.0
滨海平原		初步勘察 详细勘察	1~4.0 0.5~2.0	0.3~1.5 0.2~1.0

Ⅱ 勘探钻孔的技术要求

第 2.3.5 条 勘探钻孔除个别勘探钻孔尽量揭穿揭露有供水意义的含水层（带）外，其它可根据过滤器的安装深度、合理孔深和竖向间距确定孔深。大厚度含水层时，应揭穿有供水意义的含水层（带）。

第 2.3.6 条 勘探钻孔的孔径，应比抽水设备最大外径大75mm。地质孔的终孔直径不少于89mm。

若不安装过滤器，应根据下列情况确定：若安装过滤器，应比过滤器外径大75~150mm。

第 2.3.7 条 钻进过程中的水文地质观测、土样、岩样、岩样的采取和描述，止水封孔设计、施工及验收规程（CJJ13—87）和应符合《供水水文地质钻井操作规范附录二的规定。松散定名应按本规范附录二的规定。

Ⅲ 过 滤 器

第 2.3.8 条 在松散层和基岩中，勘探钻孔应根据表2.3.8

表 2.3.8　过滤器类型及其选用

含水层		适用的过滤器类型
松散层	卵石、砾石	缠丝过滤器或填砾过滤器
	粗砂、中砂	单层填砾过滤器
	细砂、粉砂	单层填砾过滤器或双层填砾过滤器
基岩层	裂隙、岩溶发育，岩层孔壁稳定，不含泥砂	可不设过滤器
	裂隙、岩溶发育，岩层孔壁不甚稳定，不含泥砂	骨架过滤器或缠丝过滤器
	裂隙、溶洞发育或含泥砂	包网缠丝过滤器或填砾过滤器

的要求选用过滤器。

第 2.3.9 条　过滤器长度和位置，应根据含水层埋深、厚度及选用计算公式确定。

第 2.3.10 条　过滤器的直径，应符合下列要求：

一、在松散层中，过滤器内径应大于200mm；

二、在基岩层中，过滤器内径应大于155mm；

三、观测孔的过滤器内径应大于65mm。

第四节　抽水试验

Ⅰ　抽水试验的布置原则及工作量的确定

第 2.4.1 条　抽水试验的布置，应按勘察阶段、勘察区的研究程度和水文地质条件等因素综合研究确定，并符合下列要求：

一、规划阶段：若已有资料不能满足要求时，布置少量钻孔或利用已有井（孔）进行抽水试验；

二、初勘阶段：在可能富水地段或具有控制性地段布置单孔或少量多孔抽水试验。抽水孔宜不少于勘探钻孔（不包括观测孔）的70～80％；

三、详勘阶段：在拟建水源地范围内，选择有代表性地段，布置多孔、干扰或分段抽水试验。当地下水补给不足或补给条件不易查清时，布置开采试验抽水。抽水孔宜达到勘探钻孔（不包括观测孔）的100％；

四、开采阶段：充分利用已有的开采资料，或利用已有井群进行开采试验抽水。

第 2.4.2 条　多孔抽水试验观测孔的布置，应根据试验的目的和计算公式要求确定，宜符合下列要求：

一、以抽水孔为中心布置1～2条观测线时，一条观测线宜与地下水流向布置，两条观测线时，垂直与平行地下水流向，垂直地下水流向布置，两条观测线与平行地下水流向，可布置两条观测线，分别对岩性变化较大的方向或透水性强的方向布置；

二、每条观测线上的观测孔一般为3个，若选用s-lg关系计算，最少布置一个观测孔。

三、为避开紊流的影响，最远观测孔距第一观测孔不宜太远，相邻两观测孔水位下降值应在对数轴上呈均匀分布的要求。第一个观测孔应满足开采试验和抽水试验孔距不小于0.1m，观测孔相互距离满足开采试验和抽水试验孔距不小于0.1m。

第 2.4.3 条　干扰抽水试验。干扰抽水试验，应在在抽水孔组中心布置观测孔，宜控制在一孔抽水时，另一孔水位削减值不小于0.2m。

第 2.4.4 条　单层厚度大于10m的多层含水层，具有下列条件之一时，可进行分层抽水试验：

一、水质差别较大；

二、水文地质参数差异较大；

三、不同类型含水层。

第 2.4.5 条　对富水性较好的大厚度含水层，当具有老油补给来源时，可进行分段抽水试验。

Ⅱ　抽水试验的基本要求

第 2.4.6 条　抽水试验孔及观测孔均须及时洗井，洗井质量应符合下列要求：

一、抽水开始30min后含砂量，粗砂层五万分之一以下，中细砂层二万分之一以下。

水位下降接近洗井后的设计动水位,单井出水量不再增大,或相邻两次洗井后的出水量增大不超过10%。

第2.4.7条 抽水试验前的各项准备工作可按《供水水文地质钻探与凿井操作规程》(CJJ13—87)的有关规定执行。

第2.4.8条 出水量的测量。当用堰箱或孔板流量计时,读数应准确到毫米;水位的测量应采用同一工具和方法,抽水孔读数应准确到厘米,观测孔读数应准确到毫米,水温、气温读数应准确到0.5℃。

第2.4.9条 抽水试验结束前,应采取水样进行水质分析。每个抽水孔取一个水样,当水质变化较大时,可增加取样个数;若为分层抽水,应分段抽水,分别取样,取样数量可按分析要求确定。

第2.4.10条 抽水试验孔取水样时,应分别采取与地下水有联系的地表水与地下水样,取样数量可按分析要求确定。

Ⅲ 稳定抽水试验

第2.4.10条 抽水试验宜进行三次水位下降,其中最大水位下降值直接近井的设计动水位,其余两次下降分别为最大下降值的1/3和2/3;各次下降值的差不小于1m,若出水量很小,已掌握一定资料的地区,可进行1~2次水位下降。

第2.4.11条 抽水试验的观测孔的动水位达到上述同类型抽水试验要求最远的观测孔稳定延续时间,上述稳定延续时间,应符合下列要求:

一、卵石、砾石、粗砂含水层,三次下降稳定延续时间为4、4、8h;
二、中砂、细砂、粉砂含水层,稳定8、8、16h;
三、裂隙和溶岩含水层,稳定16、16、24h;
四、多孔抽水试验要求最远的观测孔的动水位达到上述同类型抽水试验要求最远的观测孔稳定延续时间。

根据含水层的类型、补给条件和试验的目的,上述稳定延续时间可适当增减。

第2.4.12条 抽水试验稳定延续时间内,出水量与动水位没有持续上升或下降的趋势;

二、动水位与出水量的允许波动范围;用水泵抽水,水位波动2~3cm,出水量波动率≤3%;用空压机抽水,水位波动10~15cm,出水量波动率≤5%;

三、当有观测孔时,最远的观测孔的水位波动应小于2~3cm。

在判定动水位有无上升或下降趋势时,应考虑自然水位与其它干扰因素的影响。

第2.4.13条 抽水试验开始后,应同时观测动水位、出水量及观测孔的水位。观测时间要求,一般在抽水开始后的第5、10、15、20、25、30min各测一次,以后每隔30min观测一次,最远的观测孔在抽水开始时观测一次,以后每隔2~4h观测一次。

水温、气温在抽水开始时观测一次,以后每隔2~4h观测一次。

第2.4.14条 干扰抽水试验,宜符合下列要求:

一、各抽水试验孔的结构相同;
二、先各孔单抽,后各孔同抽;
三、各抽水孔的水位下降值一致;
四、抽水试验稳定延续时间达到第2、4、11条规定的两倍。

第2.4.15条 开采试验应在单孔抽水试验基础上进行。群孔开采试验应成批投入群抽的方法。开采试验抽水,可采取分批投入群抽的方法。开采试验以设备能力抽一次下降,如降落漏斗的水位能达到稳定,则稳定延续时间不宜少于一个月;如降落漏斗的水位不能达到稳定,则稳定抽水时间宜适当延长。

Ⅳ 非稳定抽水试验

第2.4.16条 抽水试验的出水量,应保持常量,如有变化,其允许波动率≤3%。

第2.4.17条 抽水试验的延续时间,应视水位下降与时间关系曲线，即 s（或 Δh^2）$-\lg t$ 确定，宜符合下列要求：

一、如 s（或 Δh^2）$-\lg t$ 曲线出现平缓段，并能推出最大水位下降值时，即可结束；

二、如 s（或 Δh^2）$-\lg t$ 曲线至拐点后出现平缓段，呈直线延伸时，其水平投影在 $\lg t$ 轴的数值不少于两个对数周期，或 s（或 Δh^2）$-\lg t$ 曲线无拐点，呈直线延伸时，其水平投影在 $\lg t$ 轴的数值不少于两个对数周期，即可结束；

三、当有观测孔时，应以观测孔的 s（或 Δh^2）$-\lg t$ 关系曲线判定。

第 2.4.18 条 动水位与出水量同时观测，观测时间，宜按抽水开始后的第 1、2、3、4、5、6、7、8、9、10、15、20、25、30、40、50、60、80、100、120min 进行，以后每隔 30min 观测一次，观测孔的水位应与抽水试验孔同时观测。其余观测项目及精度要求，可按稳定流抽水试验要求进行。

第五节 地下水动态观测

第 2.5.1 条 为供水目的而进行的水文地质勘察，在下列情况下必须进行地下水动态观测：

一、集中水源地；
二、缺少地下水动态变化资料，难以进行资源评价；
三、地下水质遭受污染或有恶化趋势；
四、以泉水作为供水水源。

第 2.5.2 条 勘察期间应尽早开展地下水动态观测工作，延续时间在初勘阶段应不小于一个枯水季节，详勘阶段应在一个水文年以上。

第 2.5.3 条 勘察期间的观测工作，应包括下列内容：

一、收集和整理有关气象、水文、动态变化的观测资料；
二、设置观测孔（井），进行地下水动态观测；
三、初步查明不同地质单元的布置，进行地下水的动态特征。

第 2.5.4 条 观测孔的布置，应以能控制勘察区地下水动态特征为原则，并尽量利用已有的井、泉和勘探钻孔。观测孔的布置宜符合表 2.5.4 的要求：

观测点布设原则 表 2.5.4

地区		观 测 点 的 布 设 原 则
松散层地区	冲洪积平原	平行和垂直地下水流向布设观测线
	山间河谷	平行和垂直河谷方向布设观测线
	冲洪积扇	平行和垂直冲洪积扇轴线布设观测线
	滨海地区	垂直海岸线或咸水分界线或侵蚀基准线布设观测线
基岩地区		沿着和垂直重要构造线或含水层布设观测线

第 2.5.5 条 长期观测孔的结构，宜符合下列要求：

一、观测孔孔径不小于 89mm。过滤器底端可设 1～1.5m 沉淀管，孔口安装丝口的圆盖，高出地面 0.5～1.0m；

二、在中粗砂、卵砾石层中，宜采用缠丝过滤器，在细、粉砂层中，宜采用填砾过滤器，填砾层厚度为 20～50mm；

三、观测孔水深度宜达到枯水位以下 3～7m，过滤器长度 2～5m。

第 2.5.6 条 观测方法，宜符合下列要求：

一、水位、水温、气温每 5～10 日观测一次。雨季可增加观测次数。若测定降水入渗系数，可每日观测一次，降雨期间每日两次。若含水层与地表水有水力联系，雨季或其它原因使流量剧变化时，应增加观测次数；

二、水量观测可利用开采井进行，逐日记录流量。泉水流量一般每 3～5 日观测一次，两季或其它原因使流量剧变化时，应增加观测次数；

三、水质分析取样每月或每季每次取样一次，丰水、枯水季节或受到污染时，应增加取样次数。

第 2.5.7 条 勘察期结束后，勘察期间进行观测的勘探钻孔、井、泉和地表水体，在勘察结束后，应继续由有关单位交有关单位继续进行。

第三章 开采地区的勘察方法与要求

第一节 开采状况调查

第3.1.1条 在开采地区，勘察时应对地下水开采的历史和现状进行全面调查，并收集有关水资源开发利用方面的资料。

第3.1.2条 全面调查开采区的开采层次、开采时间和开采强度，绘制历年开采量变化曲线图和开采强度图。

第3.1.3条 调查水井运行情况，收集整理水位、水量和水质方面资料，若发现水井报废或换装泵等情况，应调查其原因。

第3.1.4条 调查各类取水构筑物的数量及分布情况，核对旧井档案，进行新井编录建卡，编制开采井分布图。

第3.1.5条 开采量调查，包括市政水源、工业自备井、农业井、泉水井出水量和矿井排水量，应采用实测资料进行统计，必要时根据典型年开采时间，以点代面方法进行调查统计。对农业井可采用平均灌溉定额推算。

第3.1.6条 多层含水层分布地区，应分层进行水位、水质和开采量调查统计。

第二节 补给条件调查

第3.2.1条 在开采地区，应对地下水补给条件进行调查。宜包括下列内容：

一、查明地下水径流条件；

二、查明降水人渗补给条件；

三、查明河流、渠道、湖泊和水库等地表水体人渗补给条件；

四、查明农田灌溉水人渗补给条件；

五、查明相邻含水层越流补给条件；

六、过量开采地区、地下水径流条件调查，应查明人工补给条件和给源。

第3.2.2条 在未形成区域降落漏斗地区，应通过全区水位调查，绘制地下水等水位线或等水压线图，确定地下水流向、水力坡度和补给宽度等；

在已形成区域降落漏斗地区，应全区水位调查，绘制不同时期漏斗等水位线、确定漏斗范围、漏斗中心水位及其变化幅度和年下降速率。

第3.2.3条 降水人渗补给条件调查，宜符合下列要求：

一、调查潜水面以上包气带岩性、透水性、给水度、人渗系数和人渗面积；

二、调查潜水位埋深，计算确定不同地区极限蒸发强度。

第3.2.4条 地表水人渗补给条件调查，宜符合下列要求：

一、调查地下水开采后，地表水体底部淤积情况及其对人渗的影响，地表水与地下水位有无脱节情况；

二、调查不同时期断面流量及傍河地区的水力坡度，计算确定河流补给量。

第3.2.5条 农田灌溉水人渗补给条件调查，宜符合下列要求：

一、调查农作物灌溉面积、灌溉定额和灌溉时间；

二、调查灌区潜水埋深、包气带岩性、透水性和给水度。

第3.2.6条 相邻含水层越流补给条件调查，宜符合下列要求：

一、查明相邻含水层的水位或水头，弱透水层岩性、透水性和厚度等；

二、查明越流补给范围。

第3.2.7条 人工补给条件调查，宜符合下列要求：

一、调查人工补给水源的种类、水量和水质；

二、调查可进行人工补给试验地段的储水条件、人渗条件；

三、调查可供地下水灌注试验的采石坑、大口井、钻孔（井）或天然溶洞等设施的具体条件及可行性。

四、调查蓄水层的水理性质，测定水文地质参数。

一、查明原生污染源，通过降水溶解入渗含水层途径及其对地下水的影响；

二、查明次生污染源，通过透水层或侧向补给进入含水层途径，以及在运移过程中所引起的降解作用及其对地下水的影响。

第三节 地下水污染调查

第 3.3.1 条 地下水污染调查，宜在下列情况下进行。

一、水源地已无污染，但开采含水层已发生污染现象；
二、地下水已受到污染地区；
三、地下水潜在污染威胁或对饮用水水质有怀疑；
四、因为发生公害病、对饮用水水质有怀疑；
五、水质某些指标严重超标。

第 3.3.2 条 地下水污染调查，宜包括下列内容：

一、地表水的分布和纳污情况，被污染的地表水与地下水的关系；
二、污水渗渠、渗坑的水文地质条件；
三、地层的裂隙与孔隙发育程度，可能形成污染通道的位置；
四、地下水补给、径流、排泄条件与污染条件的形成；
五、产生越流污染的可能性；
六、污染范围、深度、程度和主要污染物的含量。

第 3.3.3 条 污染源调查，宜符合下列要求：

一、查明工业废水及生活污水的主要化学成分及排放量。测定污水排放系统漏失量及对地下水的补给量；
二、查明可能形成污染源的工业废渣、堆放位置、占地面积以及它们的种类、化学成分及可溶解程度、查明堆放场地附近的地形和水文地质条件；
三、查明污水灌溉、施用农药和化肥的面积及其被土壤和作物吸收随水下渗和流失情况；
四、收集大气中有害物质沉降量、化学成分及雨水主要化学成分等方面资料。

第 3.3.4 条 污染途径调查，宜符合下列要求：

一、查明原生污染源，通过降水溶解入渗含水层途径及其对地下水的影响；
二、查明次生污染源，通过透水层或侧向补给进入含水层途径，以及在运移过程中所引起的降解作用，水土试样的采取，应符合下列要求：

第 3.3.5 条 地下水污染调查时，水土试样的采取，应符合下列要求：

一、对地下水、地表水和污水水化学成分，以及废物样有关组成进行测定。必要时，采取岩石、矿物、土壤和植物样品做有关项目的化学分析；
二、水质分析项目除进行物理性质和一般性全分析外，有针对性进行含油量、溶解氧、耗氧量和酚类、氰化物、硫化物、砷、氟、铅、铝、铬、镉、汞、苯、盐类、氨、氮氧化物、杀虫剂等项目的专门分析。

第四节 与地下水开采有关的环境地质调查

第 3.4.1 条 在开采地区，当存在与地下水不合理开采有关的环境地质问题时，应进行环境地质调查。宜包括下列内容：

一、引起环境地质的内外因素；
二、环境地质的特征；
三、环境地质问题的严重程度及其发展趋势。

第 3.4.2 条 地面沉降调查，宜符合下列要求：

一、调查井管倾斜、上升、地面开裂、建筑物隆起、破裂等现象；
二、进行精密水准测量；
三、在滨海地区，分析对比沉降区和非沉降区的潮位曲线；
四、分析研究地面沉降与降落漏斗之间关系（发生时间、分布范围、中心位置、发展趋势）；
五、收集岩、土试验资料，研究土层化学成分、矿物成分与沉降量的关系；
六、有条件时，根据沉降量进行沉降区的划分。

第 3.4.3 条 地面塌陷调查，宜符合下列要求：

一、调查地面塌陷区的表层岩溶、断裂及裂隙等情况，判明隐伏构造延伸方向；

二、调查地面塌陷发生的原因及其发展状态和规模；

三、调查地面塌陷的分布、形态和规模。

第 3.4.4 条 通过地面沉降、地面塌陷、地下缺氧等环境地质问题的调查、监测、预测工作，并提出防治措施的建议。

第五节 勘探与试验

第 3.5.1 条 在开采地区，应充分利用已有水文地质资料进行地下水动态工作。

第 3.5.2 条 当建立水源地附近有扩大开采可能时，为查明新建水源地的条件和新、老井水源地相互影响，除在拟建水源地布置勘探试验孔外，应在连接两个水源地方向上布置一排勘探钻孔，并进行开采抽水。

第 3.5.3 条 当该层地下水不能满足要求而需要开发深层地下水时，可按第二章表2.3.2（一）和（二）的要求，布置勘探钻孔，并根据水文地质条件确定抽水试验类型。

第 3.5.4 条 当在复杂水文地质条件下采用数值法进行资源评价时，应根据参数分区和各类边界条件需要，补充勘探钻孔，并进行多孔和干扰抽水试验。

第 3.5.5 条 当地下水有可能受到污染，需要建立水质模型时预测水质变化趋势时，宜选择适宜地段，垂直地下水流向，呈三角形或扇形，布置一组或多组弥散试验。

第 3.5.6 条 当发现到污染并找到污染源时，应以污染源到发现有污染的水方向上，布置一条观测线，为查明污染带宽度，在垂直污染带方向上，布置若干个观测孔，并分层取样进行水土分析。

第 3.5.7 条 在已发生地面沉降、地面塌陷地区，宜按下列要求布置工作。

一、为查明引起地面沉降、地面塌陷的主要层次，可在沉降量较大或塌陷集中的代表性地区，布置相互垂直勘探线或沿隐伏构造延伸方向布置勘探线；

二、为查明地下水位下降与土层、岩层关系，应建立沉降观测网；

三、为查明降落漏斗与地面开采地面沉降、地面塌陷之间的关系，应建立地下水动态监测网；

四、为查明降落漏斗与地面开采地面沉降，地面塌陷的关系，宜进行野外大型降水、沉降观测试验和室内模拟试验。

第 3.5.8 条 有条件时进行人工补给地区，应垂直和平行与地下水流向布置勘探线，并进行渗水、抽水和回灌试验。

第六节 地下水动态与均衡观测

第 3.6.1 条 地下水动态与均衡观测，宜包括下列工作内容：

一、调整、充实、健全地下水动态观测网，进行地下水动态观测和有关均衡要素的测定工作；

二、编制地下水动态与均衡观测资料年鉴；

三、计算有关水文地质参数；

四、研究由开发利用地下水或人类生产活动所引起的环境地质问题；

五、进行地下水情预报。

第 3.6.2 条 为掌握地下水开采后动态变化情况时，宜按下列要求布置观测线。

一、当需要查明地下水降落漏斗变化情况时，可通过漏斗中心布置两个相互垂直的观测线，或布置放射状观测线；

二、当需要了解两个水源地之间或顺排水方向对水源的影响时，可在两个水源地之间或顺排水方向布置观测线；

三、当需要确定水源开采后地表水补给量和水力联系，可垂直和平行河布置观测线，或在水源地上、下游设置永久性测定断面。

第3.6.3条 观测孔（井）数量可根据具体情况确定。一般在开采区可密一些，在未开采区可疏一些。

第3.6.4条 根据地下水动态观测资料，应对地下水动态特征及其有关影响因素进行分析，并划分动态成因类型。

第3.6.5条 地下水动态分析和预测，可采用相似比拟法、趋势分析法、相关分析法和周期分析方法进行。

第3.6.6条 为条件下地下水基本变化规律和补排关系，对地下水开采量较大城市，有条件时可建立地下水均衡试验场，并进行地下水均衡观测。

第3.6.7条 地下水均衡区选择，宜符合下列要求：

一、以分水岭为独立边界（下游边界）、可终止于某一测流断面）；

二、某一水文地质单元或某一水文地质分区；

三、由隔水边界、补给边界或排泄边界所圈定的范围；

四、一定的地下水流网（由等水位线和地下水流线）所涉及的范围。

第3.6.8条 地下水均衡试验场应选择在能代表区内一定范围的水文地质条件，并能准确取得均衡要素资料的典型地区。试验方法，宜选择几种适合于勘察区特点方法进行比较，以得出符合实际的结论。

第3.6.9条 潜水均衡试验主要包括地中渗透仪和部分气象观测设备，以及均衡观测孔组。地中渗透仪一般采用常水头试验装置。主要气象设备有雨量计、自记雨量计、小型蒸发皿、水面蒸发皿、地温计、冻土器等。降雨、地温以自测为主，其它如气温、湿度、风速等项目，可收集附近气象台资料。

第四章 水量评价

第一节 评价原则

第4.1.1条 水量评价，应在具备下列资料的基础上进行：

一、含水层（带）特征及有关的水文地质参数；

二、含水层（带）的边界条件，地下水的补给、径流和排泄条件；

三、有关的水文、气象资料和地下水动态资料；

四、地下水的开采状况和水质状况；

五、水源地的布局。

第4.1.2条 水量评价，应考虑下列因素：

一、地下水、大气降水和地表水在天然和人为因素下的相互转化；

二、地下水的水量、水质和水温三方面关系及开采后可能发生的变化；

三、开采后排泄量减少补给量增加，以及储存量利用的可能性；

四、水源地之间的相互影响。

第4.1.3条 水量评价应根据需水量、勘察阶段和水文地质条件，评价择几种适合于勘察区特点方法进行计算和分析比较，以得出符合实际的成果。

各勘察阶段的水量评价，应符合下列要求：

一、规划阶段，根据水文地质调查成果，估算补给量；

二、初勘阶段，根据初勘成果，计算补给量、储存量和允许开采量，一般包括补给量、储存量和允许开采量，根据水文地质条件确定，勘察区段和水文地质条件确定，以许开采量作概略评价；

式计算确定允许开采量；

三、详勘阶段，应根据详勘成果，拟定开采方案，预测开采井的水位和水量，以及开采漏斗发展趋势，并论证开采量的保证程度；

四、开采阶段，应根据水源开采后动态变化和均衡要素，论证允许开采量的合理性，并预测地下水资源变化趋势和可能引起的环境地质问题。

第二节 水文地质参数的确定

第4.2.1条 水文地质参数，可根据勘察阶段确定，宜符合下列要求：

一、在规划阶段，一般采用经验数据；

二、在初勘阶段，一般采用野外试验数据，如难以取得某些参数，也可采用经验数据；

三、在详勘、开采阶段，一般以野外试验和地下水动态观测资料为主。

第4.2.2条 水文地质参数，应在分析水文地质条件和试验观测资料基础上进行计算确定。计算时，应根据岩层均质性、边界影响，地下水类型、井的结构，抽水试验方法等因素，合理选用计算公式。

第4.2.3条 水文地质参数，可选用下列方法取得：

一、渗透系数，一般采用稳定流抽水试验方法或非稳定流流降速法取得。影响半径一般采用稳定流抽水试验取得，缺少观测孔时，也可用有关公式求得；

二、导水系数，压力传导系数和越流系数，一般用非稳定流多孔抽水试验取得；

三、给水度和降水入渗系数，当有地下水均衡场时，可利用单井非稳定抽水试验值或采用均衡场的水位和降水入渗系数的观测值或采用比拟法确定。平原地区可采用

降水过程前后的地下水位观测资料计算确定。

第三节 补给量的计算和确定

第4.3.1条 在天然情况下，应主要计算地下水径流入量、降水入渗量、地表水入渗量及越流补给量，在开采情况下，当补给量显著增加时，应主要计算开采条件下的补给量。

第4.3.2条 进入含水层的地下水径流量，可按下式计算：

$$Q_s = K \cdot I \cdot B \cdot H (或 M) \quad (4.3.2)$$

式中 Q_s——地下水径流量（m³/d）；
   K——渗透系数（m/d）；
   I——水力坡度；
   B——计算断面的宽度（m）；
   H（或M）——无压（或承压）含水层厚度（m）。

在含水层厚度较小和地下水位变化较大的地区，宜分别计算丰水期地下水径流量。

第4.3.3条 降水入渗补给量，以降水入渗补给为主的地区，可按下列情况分别进行计算：

一、当采用降水入渗系数计算时：

$$Q_a = F \cdot \alpha \cdot x / 365 \quad (4.3.3-1)$$

式中 Q_a——降水入渗补给量（m³/d）；
   F——降水入渗的面积（m²）；
   α——年平均降水入渗系数；
   x——多年平均的年降水量或要求保证率的年降水量（m/a）。

二、在地下径流条件较差，降水入渗补给为主的潜水分布区，计算降水入渗系数时：

$$Q_a = \mu \cdot F \cdot \Sigma \Delta h / 365 \quad (4.3.3-2)$$

式中 μ——给水度；
   $\Sigma \Delta h$——一年内，每次降雨引起地下水位升幅之总和（m）。

三、在地下水径流条件良好的潜水分布区，计算降水入渗补给量时：

$$Q_c = \frac{1}{2}\mu B(l_1+l_2)\frac{\Delta h}{\Delta t} - \frac{1}{2}KB\left(\frac{h_1^2-h_2^2}{l_1} - \frac{h_2^2-h_3^2}{l_2}\right) \quad (4.3.3-3)$$

式中 h_1、h_2、h_3——上、中、下游观测孔同一时间的合水层厚度（m）；

Δt——计算时段的时间间隔（d）；

Δh——Δt 时段内的地下水位升幅（m）；

l_1、l_2——上游至中游、中游至下游观测孔间距（m）。

第 4.3.4 条 河水入渗补给量，可分别按下列情况进行计算：

一、当采用河流断面流量差计算时：

$$Q_h = Q_1 \pm Q_2 - Q_3 + Q_4 - Q_5 - Q_6 \quad (4.3.4)$$

式中 Q_h——河水入渗补给量（m³/d）；

Q_1——河流上游断面流量（m³/d）；

Q_2——支流流入或流出量（m³/d）；

Q_3——从河流抽取的水量（m³/d）；

Q_4——向河流内排放的水量（m³/d）；

Q_5——河水面蒸发量（m³/d）；

Q_6——河流下游断面流量（m³/d）。

二、当河水向两岸渗透时，应根据河流对两岸合水层厚度、地下水的水力坡度和河岸长度，分别计算地表水体对两岸的入渗补给量。

第 4.3.5 条 闭合型水体入渗补给量，可按下式计算：

$$Q_b = xW/365 + \Delta Q - E \pm \Delta V/365 \quad (4.3.5)$$

式中 Q_b——闭合水体入渗补给量（m³/d）；

x——年平均降水量（m/a）；

W——水体的分布面积（m²）；

ΔQ——水体的流入量与流出量之差（如为纯闭合型，流入流出水量均为零，ΔQ即为水体入渗量）（m³/d）；

E——水面蒸发量（m³/d）；

ΔV——水体容积的年变化量（m³/a）。

第 4.3.6 条 相邻合水层的垂向越流补给量，可按下式计算：

$$Q_l = K_u \cdot F_u \cdot \frac{H_u - h}{M_u} - K_b \cdot F_b \cdot \frac{H_b - h}{M_b} \quad (4.3.6)$$

式中 Q_l——相邻合水层的越流补给量（m³/d）；

K_u、K_b——开采层上、下部弱透水层垂直渗透系数（m/d）；

M_u、M_b——开采层上、下部弱透水层厚度（m）；

F_u、F_b——开采层上、下部的越流面积（m²）；

H_u、H_b——开采层上、下部合水层的水位（m）；

h——开采层的水位或开采漏斗的平均水位（m）。

第 4.3.7 条 灌溉水入渗补给量，可分别按不同情况进行计算：

一、利用灌溉定额资料计算时：

$$Q_q = \alpha m \cdot A/365 \quad (4.3.7-1)$$

式中 Q_q——灌溉水入渗补给量（m³/d）；

α——入渗率；

m——灌溉定额（m）；

A——灌溉面积（m²）。

二、利用地下水位资料计算时：

$$Q_q = \mu \cdot \Delta h \cdot A/365 \quad (4.3.7-2)$$

式中 Q_q——灌溉水入渗补给量（m³/d）；

Δh——灌溉引起的地下水位升幅（m）；

μ——给水度；

A——灌溉面积（m²）。

第 4.3.8 条 地下水的人工补给量可按人工补给设施的实际或设计回灌量确定。

第 4.3.9 条 在水文地质条件复杂的地区，若分别确定各项补给量有困难时，宜根据计算地段的均衡方程，利用地下水的排泄量和开采区含水层中地下水储存量的变化量计算综合补给量。

第四节 储存量的计算

第 4.4.1 条 储存量计算宜符合下列要求：

一、根据地下水的类型和含水层性质，可分别计算容积储存量和弹性储存量；

二、若有数个岩性不同的含水层，或含水层沿水平方向变化较大时，可分层或分区进行计算；

三、计算范围应与勘察范围或含水层分布范围一致，计算深度不低于勘探深度。

第 4.4.2 条 容积储存量，可按下式计算：

$$W = \mu V \quad (4.4.2)$$

式中 W——容积储存量（m³）；
  V——含水层体积（m³）。

第 4.4.3 条 弹性储存量，可按下式计算：

$$W = F \cdot S \cdot h \quad (4.4.3)$$

式中 W——弹性储存量（m³）；
  F——含水层的计算面积（m²）；
  S——弹性释水系数；
  h——承压含水层自顶板算起的压力水头高度（m）。

第五节 允许开采量的计算和确定

第 4.5.1 条 允许开采量，必须符合下列要求：

一、在整个开采期内开采量的减少和水位的降低不超过规定使用年限内的设计要求；

二、水质、水温变化在允许范围内；

三、不影响已建水源地的正常开采；

四、不发生危害性的环境地质问题。

第 4.5.2 条 稳定型水源地的允许开采量，可按下列不同情况进行计算：

一、对主要靠河流补给的河谷潜水地区，可根据取水构筑物形式和布局采用非稳定流公式计算。计算时，应考虑河床完整性和长期开采后井群河床淤塞的可能性，以及枯水期河水位降低对入渗的影响。

二、对需水量不大，且地下水有较充足补给的地区，可用试验推断法确定允许开采量，或应用取水构筑物的总出水能力作为允许开采量。

三、对利用泉或暗河作为水源时，可通过实测流量，结合地区的水文、气象资料确定允许开采量。如有多年观测资料时，可根据泉水和降水相互关系或流量频率曲线确定允许开采量。

四、对采用渗渠取水的地区，可按有关的水平取水构筑物流量公式计算允许开采量。计算时，应考虑相邻渗渠之间的流量干扰值，适当乘以流量减少系数（反滤层或河床淤塞、枯水期河水流量减少因素）。

第 4.5.3 条 调节型水源地的允许开采量，可按下列不同情况进行计算：

一、对分布面积不大，厚度较大的含水层，当开采期储存量起到一定调节作用时，可用资源平衡法、开采试验法或降落漏斗法确定允许开采量，并论证枯水期消耗储存量在丰水期补偿的可能性，如不能全部补偿，应调整开采量，重新进行计算。

二、对开采能得到周期性消耗恢复的地区，枯水期能保持连续开采，丰水期可补偿的，可用补偿疏干法计算允许开采量。计算时，应根据气象周期出现的干旱年系列及勘探精度，考虑适当的安全系数。

第 4.5.4 条 疏干型水源地，对开采区距补给区较远，含水层埋藏较深，地下水径流微弱地区，应根据疏水构筑物的形式和布局，将需水量作为开采量，采用非稳定井流计算或数值法，计算不同时期的水位下降值，并确定水源地的开采年限。

第六节 水量和水位预测

第4.6.1条 当掌握已有水源地的多年开采资料时，可用相关分析法或其它常用方法预测不同降深时的开采量，或不同开采量时的降深值。计算时，宜符合下列要求：

一、在潜水或承压水分布地区，当附近有开采多年的旧水源地时，可根据地下水的两个或多个主要相关因素（水位、开采量、时间、降水量、径流量、调节量等）的大量实际数据，得出相关关系，建立回归方程，预测边界条件，和开采条件变化不大时的开采量或水位下降值，预测多年补给量及其保证率；

二、对开采深部承压水位影响的开采地，如已存在降落漏斗时，可根据漏斗区内影响水位变化的开采量、回灌量和径流量的变化关系，以及承压水弹性储量均衡方程，预测现有开采量在有补给保证和失去补给保证条件下的水位下降值。

三、用泉水作为水源。当储水量接近泉水位证条件下的枯水流量时，可根据干旱期开始时的泉水流量和消耗量泉水消耗方程，计算不同时间的泉水流量，并绘制相应曲线，预测泉水量的变化趋势。

第4.6.2条 对大型水源地，当条件具备时，可用数值法预测对开采条件和边界条件下降条件下的开采量、计算时，宜符合下列要求：

一、确定边界类型（定流量、定水头、混合、人为），或取得导水系数（或渗透系数）、贮水系数（或给水度）以及计算区各时期的补给量和排泄量；

二、根据不同水源条件，选择边界条件和初始条件；

三、计算过程中，若预测值与实际观测值拟合误差较大，需修正数学模型（包括微分方程、水文地质参数、边界条件），直至两者拟合情况良好为止。

第五章 水质评价

第一节 评价原则

第5.1.1条 地下水水质评价，应在查明地下水的感官性状和一般化学指标、毒理学指标、微生物学指标和放射性物质及其变化规律的基础上进行。

第5.1.2条 地下水水质评价，应着重于可开发利用的地下水以及与其有补给关系的地表水或其它含水层中的地下水。

第5.1.3条 对天然情况下，地下水中某些元素成分过多或不足，而影响水源利用的地区，应在查明其形成和分布规律的基础上进行评价。

第5.1.4条 在地下水受到污染的地区，应在查明污染状况的基础上，着重对与污染有关的组分进行水质评价，并提出改善水质或防止水质进一步恶化的措施。

第5.1.5条 在详细勘察阶段和初勘阶段，应对水质现状进行评价。在详细勘察阶段和开采阶段，除水质现状评价外，应预测开采期间的水质变化趋势。

第二节 评价标准

第5.2.1条 对生活饮用水的水质进行评价时，应按《生活饮用水卫生标准》（GB5749—85）执行，在有地方病的地区，应按当地卫生部门制定的地区性标准执行；对现有标准尚未规定的项目，可根据具体情况确定水质标准。

第5.2.2条 各类工业生产用水的水质标准，应按下列规定执行：

一、一般工业用水的水质标准，应按国家、各工业部门的现行水质标准执行,或按生产、设计单位提出的水质要求进行。

二、锅炉用水的水质标准,可根据水在锅炉中发生的各种不良化学反应,即成垢作用、腐蚀作用和起泡作用,按有关规定指标执行,也可根据不同锅炉类型的水质标准执行。

三、冷却用水的水质标准,应根据结垢作用等有关指标执行。

第5.2.3条 当需要对地下水环境质量进行评价时,可以《生活饮用水卫生标准》(GB5749—85)或该区域环境背景值作为评价标准。

第5.2.4条 人工补给水源的水质应符合下列要求:

一、人工补给后不致引起地下水水质变坏;

二、补给水源的物理、化学和细菌等指标符合生活饮用水或工业用水等供水目的的要求;

三、补给水源不应含有过高悬浮物、气体及能发生化学沉淀的物质,以免影响回灌效果。

第5.2.5条 在地下水化学成分对某些管井材料和抽水设备有不良影响的地区,应按水质的腐蚀性和结垢性等指标执行。

第三节 评价方法

第5.3.1条 评价因子应根据供水目的及其相应水质标准的有关指标确定。

第5.3.2条 在水文地质条件简单或水质变化不大的地区,可根据水样化验结果,取样频率和超标情况等,采用一般统计法进行水质评价。

第5.3.3条 在水文地质条件较为复杂、有害物质种类和水质超标项目较多的地区,可根据水质特征采用环境水文地质制图法进行水质评价。

第5.3.4条 在地下水质研究程度较高,并具有较长时间水质监测资料的地区,可根据水质指标采用聚类分析等多种方法进行水质评价。

第5.3.5条 当需要进行地下水环境质量等评价时,可采取指数法、模型法分区法等评价方法,并根据地下水质取样点的地下水水质指数、污染指数等异系数等,进行水环境质量分区或地下水环境质量分区。在未污染地区,一般可划分为超标区和未超标区;在污染地区,一般可划分为未污染区、轻污染区、中等污染区和重污染区。必要时,可根据污染性质、来源和具体污染特点等,对地下水环境质量进行分区。

第四节 水质预测

第5.4.1条 水质预测宜包括下列内容:

一、确定拟建水源或已建水源是否可能受到污染;

二、预测拟建水源或已建水源同时受到污染以及未来时刻的污染程度;

三、预测在地下水源污染控制措施情况下,地下水水质改善的趋势;

四、预测水资或水环境条件变化趋势下,水质变化的趋势。

第5.4.2条 在地下水污染或水污染程度较严重或水质具有潜在威胁的地区,可根据水质调查或水文地质条件和影响地下水的环境状况,在综合分析的基础上,对水质变化趋势进行预测。

第5.4.3条 在地下水污染程度较轻或水质具有潜在威胁的地区,可根据水文地质调查、试验和水质监测资料,采用比拟法、统计法和水质模拟法等,预测地下水近期或远期的水质变化趋势。

第六章 地下水资源的合理利用与保护

第一节 地下水资源的合理利用

第 6.1.1 条 地下水资源的合理利用，应在查明水文地质条件，评价地下水资源和全面掌握开采动态变化基础上进行。

第 6.1.2 条 水源地合理布井方案，应根据水文地质条件和经济技术条件确定，宜符合下列要求：

一、在以侧向补给为主、径流条件良好地区，按线状布井，以垂向补给为主、径流条件较差地区，按面状布井；

二、含水层较厚时，可布置渗渠取水大口井取水，含水层较薄，按分段取水布井；

三、开采面积很大的深部承压水，按均匀布井，开采中小型自流盆地和自流斜地，尽量在中、下游横向布井。

第 6.1.3 条 傍河地区，当污染的河水与地下水有水力联系时，水源地至河岸应有一定距离，并控制开采量。

第 6.1.4 条 滨海地区，当含水层与海水有直接水力联系时，应符合下列要求：

一、不得在离海岸较近地段布置水源地；

二、控制生产井水位降深；

三、开采量小于或等于淡水补给量，

四、生产井采取分散布置，为防止海水入浸水合水层，应防止地下水位降深，采取同隙式开采方式，确保水源恢复。

五、有条件时，采取回灌方法。

第 6.1.5 条 岩溶地区，为防止地面塌陷，应符合下列要求：

一、水源地避开隐伏构造的方向；

二、选择合理井位与开采方法；

三、设计合理的生产井结构；

四、控制开采规模和降深。

第 6.1.6 条 全排泄泉，其开采量不得超过泉水多年平均径流量。部分排泄泉，有条件时可采取扩泉方式增加开采量。

第 6.1.7 条 在具有较厚易压缩性的上层地区，为防止不合理开采方式引起地面沉降，应符合下列要求：

一、适当控制开采强度；

二、合理调整开采层次；

三、采取均衡开采方式。

第 6.1.8 条 地下水开采地区，应根据开采动态特征和出现的问题采取下列措施：

一、对地下水位下降较大，已形成难以恢复的降落漏斗和水质恶化地区，一般多在集中开采区或得不到地表水补给地区，应采取重点限制开采或或采取人工补给地下水措施；

二、对地下水位出现持续下降但可周期性恢复地区，或出现地面沉降征兆地区，一般多在集中开采区的外围或远距补给水源地区，应采取一般限制开采的措施；

三、对地下水虽被利用，但开采量不大，水质良好井没有严重污染地区，应采取监视措施。

第 6.1.9 条 对大量开采地下水的城市，当条件具备时，可根据系统工程原理和方法，建立地下水资源管理模型。

第二节 地下水资源的保护

第 6.2.1 条 在选择水源地或进行水源方案比较时，下列地区，在没有采取有防治措施之前，不宜新建水源地或扩大水源开采：

一、地下水开采已动用储存量；

二、地下水水质不能满足供水要求，或在短期内可能受到严重污染；

三、现有水源开采已生产或可能产生危害性环境地质问题。

第6.2.2条 在已开采水源附近，建设新水源地或扩大开采量时，宜符合下列要求：

一、掌握已有水源的开采动态和发展规划；

二、协调新水源与已有水源的动水位；

三、合理利用多层含水层，但应考虑长期开采后上、下各层之间互相干扰影响。

第6.2.3条 水源地选择应符合下列要求：

一、水源地应选择在污染源或城市上游；

二、水源地应避开排污渠和污灌区；

三、水源地避开污染区。

第6.2.4条 采取人工补给地下水控制地面沉降的地区，应进行计划开采和计划灌水，并在不发生地面沉降的水位变化范围内，使开采、回灌达到平衡，并尽可能做到采、灌结合。

第6.2.5条 为防止人为原因造成地下水的污染，新建水源时，应根据水文地质条件，取水构筑物型式和水源地附近卫生状况，向有关部门提出建立卫生防护带的建议。卫生防护带设置宜符合下列要求：

一般卫生防护带、渠道通过，不得设立无污水处理的工厂，不得有渗漏、渗井。

重点卫生防护带，不允许工业废水或城市生活污水进行农业灌溉，不得堆放垃圾、粪便、废渣等污染物质，不得施用持久性剧毒的农药和过量施用有机化肥。

第七章 资料整理及报告的编写

第一节 资料整理

第7.1.1条 勘察过程中所取得的各项实际材料，必须及时进行编录、检查、验收，发现遗误时，应在野外工作结束前进行纠正或弥补，达到资料准确、系统和完整，为编写报告提供依据。

第7.1.2条 对搜集的资料，经检验后，应对其可靠性作出评价，符合要求的应充分利用，并说明其来源。

第7.1.3条 原始资料的整理应符合下列要求：

一、各种原始资料均应统一编号，分类整编；

二、原始资料严禁涂改、撕毁；

三、原始资料应在综合分析研究基础上，进行数理统计、计算和绘制各种图表。

第7.1.4条 各种图表编绘，应目的明确，内容符合勘察阶段的要求，所列数据和文字说明应与报告互相补充，不得发生矛盾。

第7.1.5条 报告附图中的主要平面图或剖面图的比例尺应一致，图例符号应按本规范附录六执行。

第7.1.6条 原始资料、各种草图（底图）、调研报告、技术总结、以及校审意见等，勘察工作结束后，应分类立卷存档。

第二节 报告的编写

第7.2.1条 勘察报告应在综合分析全部勘察资料的基础上编写，要求内容齐全、重点突出、论据充分、结论准确，并附相应的图表。报告的编写内容和附图应符合本规范附录五的规定。

第7.2.2条 勘察报告，必要时可包括专题调查报告或专项工作报告（或说明）等附件。

附录一 本规范条文中用词和用语的说明

（一）执行本规范条文时，要求严格程度的用词说明如下，以便在执行中区别对待。

1. 表示很严格，非这样做不可的用词：

   正面词采用"必须"；

   反面词采用"严禁"。

2. 表示严格，在正常情况下均应这样作的用词：

   正面词采用"应"；

   反面词采用"不应"或"不得"。

3. 表示允许稍有选择，在条件许可时首先这样作的用词：

   正面词采用"宜"或"可"；

   反面词采用"不宜"。

（二）条文中指明应按"……"执行或"应符合……要求或规定"。如非必须按所指定的标准、规范或其它有关规定执行的写法，采用"应按……执行"或"应符合……规定"。规范或其它有关规定的写法，采用"可参照……"。

附录二 城市供水水文地质勘察工作的复杂程度分类

类 别	地 区 特 征
简单的	水平的或倾斜很缓的岩层，构造简单，岩性稳定均一，第四纪沉积物均匀分布，宽广河谷平原地区，含水层稳定
中等的	褶皱与断裂变动表现清楚，有过一些研究，但不够，标准层不清楚，岩相及岩性不稳定，第四纪沉积物不均匀分布，有多级阶地，目岩示不清，岩溶地形较发育，山区地形约占50%左右，含水层不太稳定
复杂的	构造复杂的褶皱及断裂变动及侵入岩大量分布，地层复杂，未经研究，变质岩或喷出岩岩相变化极大、第四纪沉积物不均匀分布，且错综复杂的地区，复杂堆积和岩溶发育地区，山区地形占70～80%，地貌难以鉴别，规模和边界不易判定

附录三 土的分类和定名标准

类 别		名 称	定 名 标 准
卵石类		漂 石	圆形及亚圆形为主，粒径大于200mm的颗粒超过全重的50%
		块 石	棱角形为主，粒径大于200mm的颗粒超过全重的50%
		卵 石	圆形及亚圆形为主，粒径大于20mm的颗粒超过全重的50%
		碎 石	棱角形为主，粒径大于20mm的颗粒超过全重的50%
		圆 砾	圆形及亚圆形为主，粒径大于2mm的颗粒超过全重的50%
		角 砾	棱角形为主，粒径大于2mm的颗粒超过全重的50%
砂 类		砾 砂	粒径大于2mm的颗粒占全重的25～50%
		粗 砂	粒径大于0.5mm的颗粒超过全重50%
		中 砂	粒径大于0.25mm的颗粒超过全重的50%
		细 砂	粒径大于0.1mm的颗粒超过全重的75%
		粉 砂	粒径大于0.1mm的颗粒不超过全重的75%
土 类		轻亚粘土	塑性指数 $3 < I_p \leq 10$
		亚粘土	塑性指数 $10 < I_p \leq 17$
		粘 土	塑性指数 $I_p > 17$
		黄 土	手搓无砂砾感，易分散，干燥时湿度减小，具大孔隙，肉眼可见
		淤 泥	黑色，具有限湿度，干燥时体积缩小
		泥 炭	颗粒形状很象腐殖泥炭，具有特别气味，平时极便
		耕 土	植物根茎的表土
		填 土	含有破碎瓦块、建筑垃圾及其他杂物的表土

附录四 城市供水水文地质勘察纲要编写提纲

第一章 序 言

说明勘察的目的、阶段，委托单位及要求完成任务的日期，勘察区的位置、范围及交通条件，地区的水文地质研究程度及存在问题。

第二章 自然地理、地质及水文地质概况

1. 简述勘察区地形、地貌；水质、水文，气候、气象等情况。
2. 简述勘察区地层及地质构造情况。
3. 综述本区水文地质条件，主要含水层的特征，分布、埋藏和富水性等。
4. 简要说明沐区地下水开采利用现状及发展规划，地下水污染现状及危害等。

第三章 勘察工作

1. 水文地质测绘

说明测绘工作的比例尺、面积，测绘工作的内容、方法、工作量及技术要求等。

2. 水文地质物探

说明采用的物探方法及所要解决的地质和水文地质问题、物探剖面线，点的布置原则及应完成工作量以及拟提交的物探成果。

3. 水文地质勘探

说明水文地质勘探线，孔的布置原则，勘探钻孔的间距、数量及深

度。

各类钻孔均需编制钻探施工设计。

4.水文地质试验

（1）水土分析

说明取土试样的编号，采样部位，重量和用途。

说明采取水样的地点、件数、取样体积、方法及分析项目的内容。

（2）抽水试验

说明抽水试验钻孔的编号，抽水试验类型，水位下降次数和下降值以及抽水稳定延续时间等。

说明观测抽水试验孔的数量、位置和结构。

编制抽水试验孔设计，内容包括：钻孔结构和井管安装示意图；过滤器的类型、口径、长度及安装位置，洗井方法和所用抽水设备；观测水位、流量工具和技术要求等。

（3）其它试验

说明需要进行其它水文地质试验的项目、方法、数量、地点和技术要求等。

5.地下水动态观测工作

说明地下水动态观测（点）的布置原则，观测点的数量、观测孔（井）的结构，过滤器的类型、口径、长度及安装位置等。

说明观测项目内容、开始观测时间、频率、期限和负责观测的单位等。

6.测量工作

说明测量的项目内容，应完成工作量及水文地质参数计算方法，的精度要求等。

第四章 资料整理

1.拟提交图（表）件的名称和数量；

2.拟进行地下水资源评价的方法及水文地质参数计算方法；

3.编写勘察报告

第五章 工程管理

1.工作项目程序（列表）；

2.勘察设备和材料计划（列表）；

3.工程概算（列表）

4.组织机构和人员编制；

5.提高勘察质量、效率和保证安全生产的措施。

附图：

1.勘察工作量布置图

2.水文地质略图（必要时附）

附录五 城市供水水文地质勘察报告编写提纲

第一章 序 言

1. 说明勘察工程的委托单位、工作范围、勘察阶段、需水量及水质要求等。
2. 说明城市地下水开采现状、污水排放及污染情况以及今后水源开发利用规划。
3. 叙述本次的水文地质研究程度和已有资料利用情况、本次勘察要解决的问题。
4. 简述本次勘察过程、投入的主要工作量、设备人员情况、所取得的成果及水质量评价。

第二章 自然地理概况

1. 地形、地貌：概述本区的地表形态、相对高差、各地貌单元的成因类型、分布特征。
2. 水系、水文：简述勘察区的水系和主要河流名称、位置、发源地、汇水面积（勘察区以上）、河流形态及河床渗透、冻结情况，枯、洪水期水位、流量变化情况、洪水淹设范围、开发利用污染情况等。说明最近水文站的地点和观测期限。
3. 气象：简述勘察区的气候类型、所属气候区、降水量、蒸发量、气温等多年平均和历年最高、最低值（列表）及土壤冻结深度等。

本章应着重说明上述因素与地下水的关系。

第三章 地质概况

1. 地层：简述地层顺序、接触关系及出露情况、岩性、产状、岩层厚度、成因类型和分布规律。
2. 地质构造：简述勘察区主要构造类型、特征、分布及其与地下水赋存和运动的关系。

第四章 水文地质

1. 叙述含水层（带）分布和埋藏规律、岩性、厚度、渗透性和富水性、各含水层之间水力联系及地表水体与地下水的水力联系。
2. 简述地下水类型及补给、径流和排泄条件，地下水动态变化规律。
3. 简述地下水化学类型、物理性质、细菌含量、放射性元素及其变化规律。
4. 在具有大量开采地下水历史的地区，应详细叙述地下水开采现状和资料，根据地下水长期观测资料和地下水开采调查资料，说明市政供水、工业自备水和农业开采量。说明地下水的补给和消耗情况，地下水降落漏斗的分布和范围，漏斗中心水位下降率和水质变化发展趋势，以及所引起的环境地质问题，查明其原因，分析其发展趋势，并提出防治措施的建议。

第五章 水量评价

主要阐述地下水资源评价的原则和方法、参数确定的依据，计算地下水的补给量、储存量，并按拟建水源地的开采方案和取水构筑物的形式计算允许开采量，论证其保证程度，预测其发展趋势。

第六章 水质评价

根据已查明的地下水水质，按《生活饮用水卫生标准》（GB 5749—85）及其它水质要求，进行评价和预测。

第七章 结论和建议

1. 概括简述地下水水质的地质条件；
2. 提出地下水水量和水质的结论意见；
3. 提出取水构筑物的类型、数量及抽水设备类型、规格的建议；

附录六 城市供水水文地质勘察
常用图例及符号

目 录

一 地质体年代符号
二 第四纪地层的成因类型符号及着色
三 岩石
四 地质构造符号
五 地貌及自然地质现象
六 实际材料图
七 水文地质图

一、地质体年代符号

（一）地层单位的年代符号

宇（宙）	界（代）	系（纪）		着色	统		（世）
显生宇（宙）	新生界（代）K_z	第四系（纪）Q		淡黄	全新统（世）Q_h 或	更新统（世）Q_p	上更新统（晚更新世）Q_3 中更新统（中更新世）Q_2 下更新统（早更新世）Q_1
		第三系（纪）R	上第三系N（晚第三纪）	黄			上新统（世）N_2 中新统（世）N_1
			下第三系E（早第三纪）				上新统（世）E_3 始新统（世）E_2 古新统（世）E_1

4. 提出地下水资源合理利用和保护的建议；
5. 根据本次勘察存在的问题，对今后勘察工作提出建议。

报告附图如下表：

勘察报告附图名称

类别	图件名称	一般地区			开采地区	
		规划	初勘	详勘	详勘	开采
平面图	1. 实际材料图	√	√	√	√	√
	2. 地貌地质图	√	√	√	√	√
	3. 综合水文地质图（或供水水文地质图）	√	√	√	√	√
	4. 地下水化学图		○	√	√	√
	5. 地下水污染程度图（××离子等值线图）			○	○	○
	6. 地下水位等值线图（或等压线图）		√	√	√	√
	7. 含水层等厚度线图（或埋藏深度图）		○	√	√	√
	8. 地下水开采现状图（开采利用规划图）	○	○	○	√	√
	9. 数值法计算剖分图				○	○
	10. 地下水资源评价图（地下水资源分布图）			○	√	√
	11. 地下水开采强度图				○	√
	12. 地下水位预测图				○	√
剖面图	13. 水文地质剖面图	○	√	√	√	√
	14. 综合地质柱状图	○	√	√	√	√
	15. 钻孔柱状图		√	√	√	√
	16. 抽水试验综合成果图		√	√	√	√
	17. 长期观测地下水动态曲线图		○	√	√	√
	18. 勘探试验综合成果计算图		○	√	√	√
	19. 井泉调查统计表		√	√	√	√
表	20. 地下水开采量统计表		○	√	√	√
	21. 地下水污染调查统计汇总表			○	○	○
	22. 水质分析资料汇总表		√	√	√	√
	23. 长期观测地下水动态资料汇总表		√	√	√	√
	24. 颗粒分析资料汇总表		√	√	√	√
	25. 地下河流水文观测资料汇总表		○	○	○	○
	26. 历年气象观测资料汇总表		○	○	○	○

注① "√"表示应提交的；
② "○"表示根据需要提交的。

续表

宇(宙)	界(代)	系(纪)	着色	统(世)
显生宇	中生界(代) M_z	白垩系(纪) K	绿	上白垩统(晚白垩世) K_2
				下白垩统(早白垩世) K_1
		侏罗系(纪) J	蓝	上侏罗统(晚侏罗世) J_3
				中侏罗统(中侏罗世) J_2
				下侏罗统(早侏罗世) J_1
		三叠系(纪) T	紫	上三叠统(晚三叠世) T_3
				中三叠统(中三叠世) T_2
				下三叠统(早三叠世) T_1
	古生界 上古生界(晚古生代) Pz_2	二叠系(纪) P	棕红	上二叠统(晚二叠世) P_2
				下二叠统(早二叠世) P_1
		石炭系(纪) C	灰	上石炭统(晚石炭世) C_3
				中石炭统(中石炭世) C_2
				下石炭统(早石炭世) C_1
		泥盆系(纪) D	暗棕	上泥盆统(晚泥盆世) D_3
				中泥盆统(中泥盆世) D_2
				下泥盆统(早泥盆世) D_1
	下古生界(早古生代) Pz_1	志留系(纪) S	深绿	上志留统(晚志留世) S_3
				中志留统(中志留世) S_2
				下志留统(早志留世) S_1
		奥陶系(纪) O	暗绿	上奥陶统(晚奥陶世) O_3
				中奥陶统(中奥陶世) O_2
				下奥陶统(早奥陶世) O_1
		寒武系(纪) ϵ	橄榄绿	上寒武统(晚寒武世) ϵ_3
				中寒武统(中寒武世) ϵ_2
				下寒武统(早寒武世) ϵ_1

续表

宇(宙)	界(代)	系(纪)	着色	统(世)
隐生宇	元古界(代)	震旦系(纪) Z	深蓝	上震旦统(晚震旦世) Z_3或Z_c
	上元古界(晚元古代) Pt_2			中震旦统(中震旦世) Z_2
	下元古界(晚元古代) Pt_1			下震旦统(早震旦世) Z_1或Z_a
	太古界(代) 上太古界(晚太古代) Ar_2		玫瑰	
	下太古界(早太古代) Ar_1			

注：1. 时代不明的变质岩为M，前寒武系古生界为$An\epsilon$，前震旦系地区为AnZ。
2. 震旦系划归元古界应志生界界有不同意见。我国北方地区一般将共划归上元古界。震旦系有的地区（如北方地区）宜分为三统（Z_1,Z_2,Z_3），有的地区（如南方地区）宜分为二统（Z_a,Z_b）。

(二) 侵入体的年代符号（以花岗岩为例，同位素地质年龄数值单位为百万年"m.y."）

γ_6 新生第三纪

γ_6^3 晚第三纪 {晚期（10.0—26.0）

γ_6^2 早第三纪 {中期（30.0—36.0） 喜马拉雅期

γ_6^1 {早期（41.9—70.0）

γ_5 中生代花岗岩

γ_5^3 白垩纪 燕山期 {晚期（70—140）

γ_5^2 侏罗纪 {早期（140—195）

γ_5^1 三叠纪 印支期（195—250）

γ_{3+4} 古生代花岗岩

γ_4 晚古生代花岗岩

γ_4^3 二叠纪（晚期（250—285））

γ_4^2 石炭纪 华力西期 中期（285—330）

γ_4^1 泥盆纪（早期（330—400））

γ_3 早古生代花岗岩

γ_3^3 志留纪（晚期（400—440））

γ_3^2 奥陶纪 加里东期 中期（440—520）

γ_3^1 寒武纪（早期（520—615））

γ_{1+2} 前寒武纪花岗岩

γ_2 元古代花岗岩 第四期（700±）

γ_2^3 晚元古代花岗岩 { 第三期（800±）
第二期（1100±）
第一期（1450±）}

γ_2^2 中元古代花岗岩（1950±50）

γ_2^1 早元古代花岗岩 { 第二期（2000—2100）
第一期（2100—2400）}

γ_1 太古代花岗岩

γ_1^2 晚太古代花岗岩

γ_1^1 早太古代花岗岩

阶段、次的表示方法：（以燕山早期为例）

γ_5^{2-2b} 第二阶段、第二次

γ_5^{2-2a} 第二阶段、第一次

γ_5^{2-1b} 第一阶段、第二次

γ_5^{2-1a} 第一阶段、第一次

难以划分阶段、次的表示方法：

γ_5^{2b} 燕山早期第二次

γ_5^{2a} 燕山早期第一次

二、第四纪地层的成因类型符号及着色

序号	成 因	符 号	着 色	备 注
1	人工堆土	Q^{ml}	淡黄	1.两种成因混合而成的沉（堆）积层，可采用混合符号，例如冲积与洪积混成的冲积形成的第四系上更新统 Q_3^{al} 表示
2	冲积层	Q^{al}	浅绿	
3	洪积层	Q^{pl}	浅微黄	
4	坡积层	Q^{dl}	桔橙黄	2.地层与成因的符号可以合起来使用，例如由冲积形成的第四系上更新统 可用 Q_3^{al} 表示
5	残积层	Q^{el}	紫	
6	风积层	Q^{eol}	黄	
7	湖积层	Q^l	绿	3.表中11.16.17栏的着色无统一规定，供作参考
8	泥石流堆积层	Q^{sel}	紫红	
9	沼泽沉积层	Q^h	灰绿	
10	海相沉积层	Q^m	蓝	
11	海陆交互相沉积层	Q^{mc}	天棕	
12	冰 积 层	Q^g	深绿	
13	冰水沉积层	Q^{fgl}	暗绿	
14	火山堆积层	Q^b	酱红	
15	崩 积 层	Q^{col}	果绿	
16	滑坡堆积层	Q^{del}	褐黄	
17	生物堆积层	Q^o	灰	
18	化学沉积层	Q^{ch}	橙	
19	成因不明的沉积层	Q^{pr}		

三、岩 石

（一）松散层

图例	名称
	漂石
	块石
	卵石
	碎石
	圆砾
	角砾
	砾砂
	粗砂
	中砂
	细砂
	粉砂
	轻亚粘土
	亚粘土
	粘土
	黄土状轻亚粘土
	黄土状亚粘土
	黄土
	红土
	淤泥质轻亚粘土
	淤泥质亚粘土
	淤泥
	泥炭
	砂姜
	泥砾
	耕土
	填土

（二）沉积层

图例	名称
	角砾岩
	砾岩
	砂砾岩
	砂岩
	粗砂岩
	中砂岩
	细砂岩
	粉砂岩
	泥质砂岩
	页岩
	砂质页岩
	油页岩
	煤层
	泥岩
	灰岩
	白云质灰岩
	结晶灰岩
	蜗卷灰岩（生物灰岩）
	含燧石结核灰岩
	硅质结核灰岩
	页片状灰岩
	条带状灰岩
	角砾状灰岩
	砾状灰岩
	球粒状灰岩
	竹叶状灰岩
	鲕状灰岩
	豹皮状灰岩
	泥灰岩
	白云岩

（三）岩浆岩

1. 侵入岩

橄榄岩	辉石岩	角闪石岩	辉长岩	苏长岩	斜长岩

闪长岩	花岗岩	二长岩	二长斑岩	正长岩	石英正长岩

霞石正长岩	碳酸岩	辉绿岩	煌斑岩	玢岩

2. 喷出岩

岩碱岩	玄武岩	安山岩	英安岩

霏细岩	珍珠岩	黑曜岩	浮岩

粗面岩	粗安岩	流纹岩	响岩

角斑岩	集块岩		火山角砾岩		凝灰岩

（四）变质岩

角页岩	板岩	千枚岩	片岩	片麻岩、条片麻岩	正片麻岩	浅粒岩

变粒岩	麻粒岩	石英岩	混合岩	角岩	大理岩	矽卡岩

混杂岩	碎裂岩	压碎岩	糜棱岩	千糜岩

四、地质构造符号

(一) 一般符号

符号	名称
	实测整合岩层界线
	推测整合岩层界线
	沉积岩层的实测不整合界线（点打在新地层一方，下同）
	沉积岩层的推测不整合界线
	沉积岩层的实测平行不整合界线
	沉积岩层的推测平行不整合界线
	构造不整合（用于剖面图、柱状图）
	火山喷出不整合（用于剖面图、柱状图）
	平行不整合（用于剖面图、柱状图）
	接触性质不明（用于剖面图、柱状图）

符号	名称
	断层接触（用于柱状图）
∠30	岩层产状（走向、倾向、倾角）
+	岩层水平状
✕	岩层垂直产状（表示较新层位）
	倒转岩层产状（箭头指示转后的倾向）
∠30	片理倾向及倾角
∠30	劈理倾向及倾角
∠70	节理倾向及倾角
	流面产状

(二) 褶皱

符号	名称
	背斜轴线
	向斜轴线
	复式背斜
	复式向斜
	隐伏背斜
	隐伏向斜
	倒转背斜（箭头指向轴面倾斜方向）
	穹窿
	盆地

(三) 断层

符号	名称
∠60	实测正断层（箭头指示断层面倾向，下同）
	推测正断层（箭头指示断层面可能的倾向，下同）
03	实测性质不明断层
	推测性质不明断层
∠45	实测逆断层
	推测逆断层
∠25	实测逆掩断层
	推测逆掩断层
	实测冲断层
	实测平推断层（箭头指示相对位移方向）
	推测平推断层
	实测产状直立断层（箭头指示上升一盘）
	区域性大断层
	隐伏或物探推测断层
	航、卫片判释断层

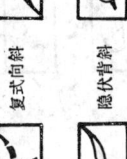

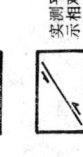

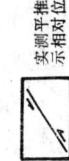

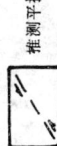

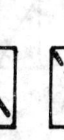

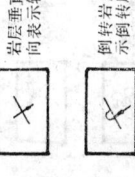

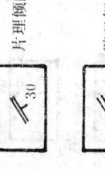

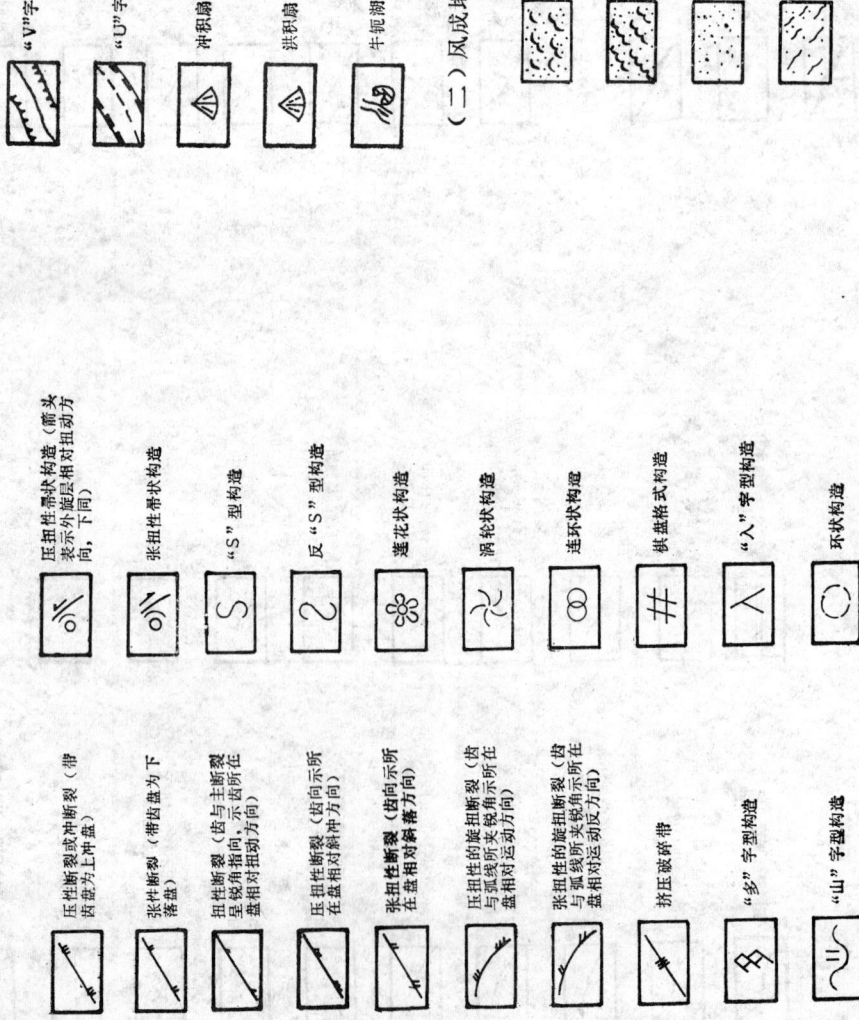

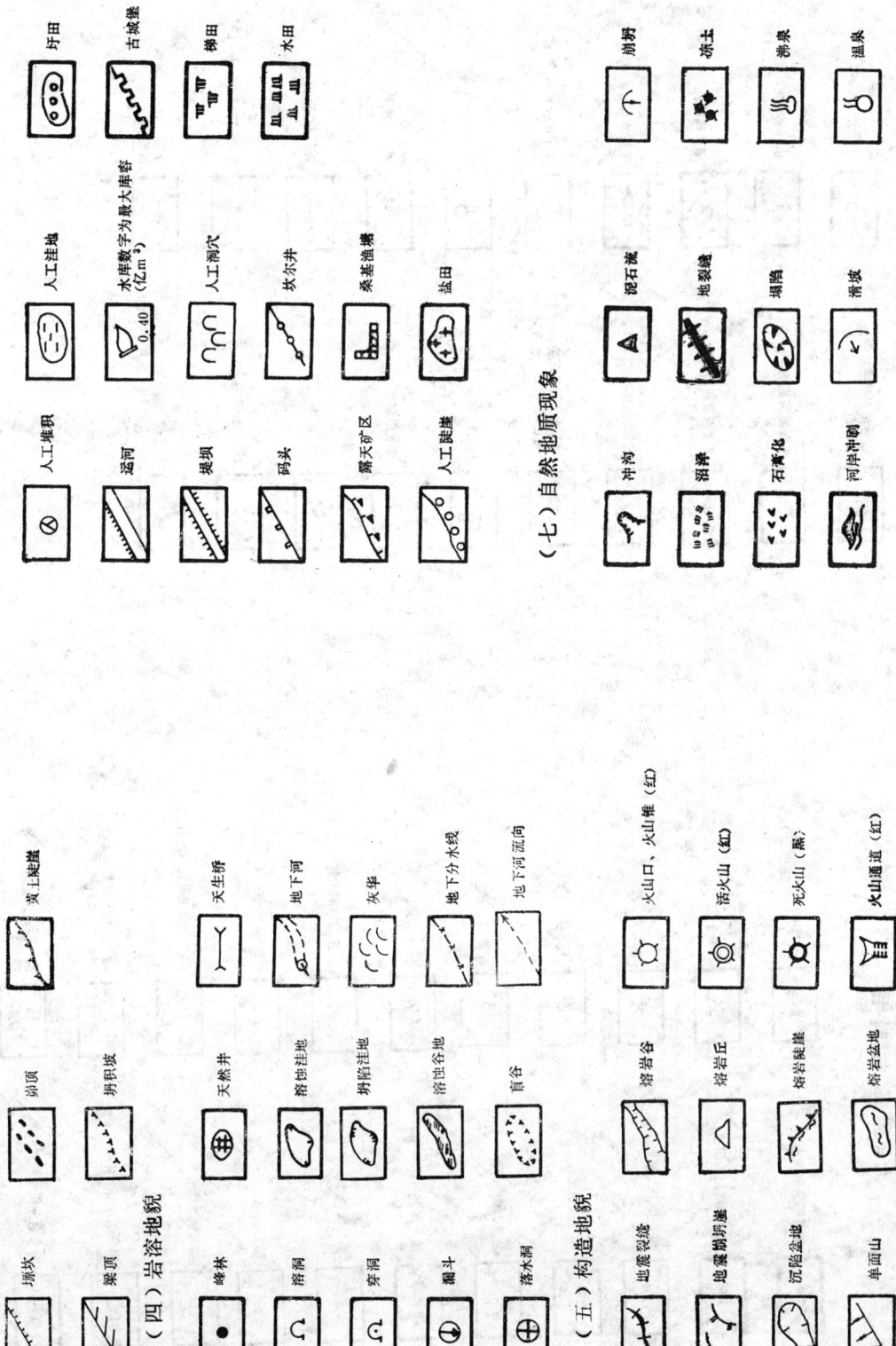

六、实际材料图

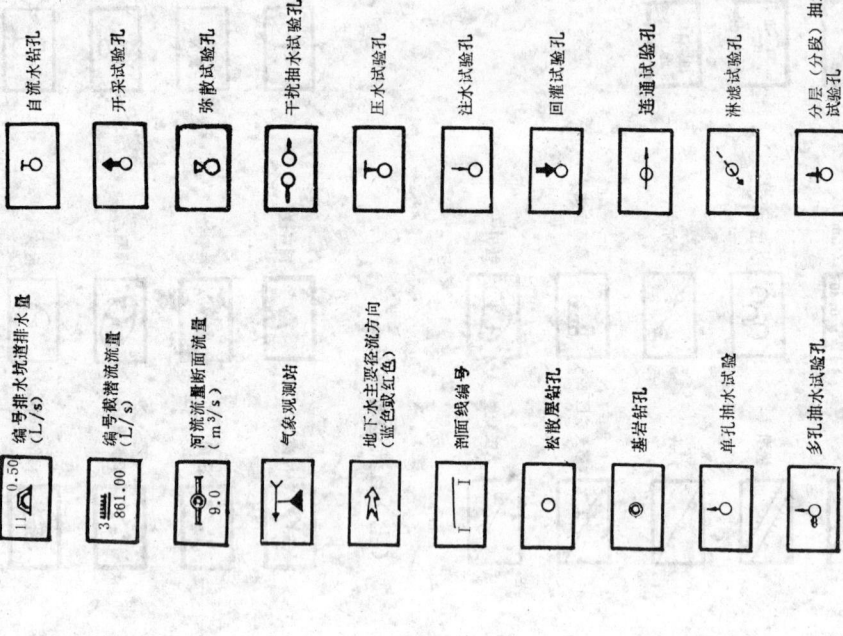
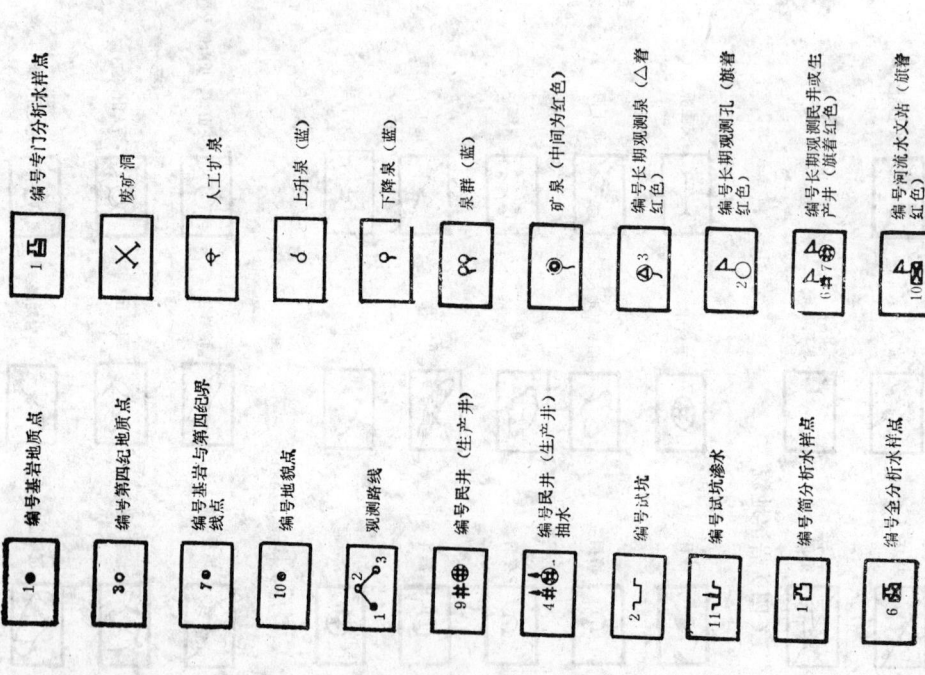

15—37

七、水文地质图

(一) 岩层富水性

1. 孔隙水

按钻孔单位出水量

符号	说明
□	富水性极强的钻孔单位出水量 >1000 (m³/d·m)
□	富水性强的钻孔单位出水量 500~1000 (m³/d·m)
□	富水性中等的钻孔单位出水量 100~500 (m³/d·m)
□	富水性强的钻孔单位出水量 10~100 (m³/d·m)
□	富水性极弱的钻孔单位出水量 <10 (m³/d·m)

2. 裂隙水

按钻孔单位出水量

符号	说明
∨∨	富水性强的钻孔平均单位出水量 >100 (m³/d·m)
∨∨	富水性强的钻孔平均单位出水量 50~100 (m³/d·m)
∨∨	富水性弱的钻孔平均单位出水量 10~50 (m³/d·m)
∨∨	富水性极弱的钻孔平均单位出水量 <10 (m³/d·m)

3. 岩溶水

(1) 按泉水平均流量

符号	说明
((	富水性极强的泉平均流量 >1000 (m³/d)
((	富水性强的泉平均流量 100~1000 (m³/d)
((	富水性弱的泉平均流量 10~100 (m³/d)
((	富水性极弱的泉平均流量 <10 (m³/d)

(2) 按大暗河及大泉流量

符号	说明
((	富水性极强的暗河及大泉流量 >100000 (m³/d)
((	富水性强的暗河及大泉流量 10000~100000 (m³/d)
((	富水性弱的暗河及大泉流量 1000~10000 (m³/d)
((	富水性极弱的暗河及大泉流量 <1000 (m³/d)

符号	说明
6 54.50 ⊕	编号 / 标高 (m) 抽水试验井 下降值 (m) / 出水量 (m³/d) 1.50 / 1010.50
1 170.30 ○	编号 / 标高 (m) 单孔抽水试验孔 下降值 (m) / 出水量 (m³/d) 2.10 / 2010.41
10 152.00 ⊙	编号 / 标高 (m) 自流水钻孔 承压水头 (m) / 自流量 (m³/d) 15.50−0.30 / 00175.10
15 211.00 ⚐	编号 / 标高 (m) 开采试验孔 上层, 下降值 (m) / 出水量 (m³/d) 2.00 / 1110.50
17 132.00 ⚑	编号 / 标高 (m) 分层 (多层) 试验孔 / 分段 (多段) 上层, 下降值 (m) / 出水量 (m³/d) 下层, 下降值 (m) / 出水量 (m³/d) 21.20 / 2010.10 41.00 / 41.03
7 120.46 ⬡	编号 / 标高 (m) 干扰试验孔 单孔 出水量 (m³/d) / 干扰 出水量 (m³/d) 1.60 / 502.40 2.10 / 411.32
4 62.40 ○	编号 / 标高 (m) 回灌试验孔 孔深 (m) / 回灌水量 (m³/d) 70 / 567.40
34 ᛐ	编号 下降泉 流量 (m³/d) / 矿化度 (g/L) 734.20 / 0.29
12 ᛜ	编号 上升泉 流量 (m³/d) / 矿化度 (g/L) 15.00 / 0.26
5 ᛞᛞ	编号 泉群 流量 (m³/d) / 矿化度 (g/L) 45.10 / 0.26

(三) 水化学图

1. 地下水矿化度

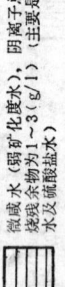

图例	说明
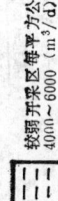	淡水（低矿化度水），阴离子总数在15毫克当量以内或约残余物在1（g/l）以内（主要是碳酸盐水，其次是硫酸盐水）
	微咸水（弱矿化度水），约残余物为1~3（g/l）（主要是硫酸盐水，其次是碳酸盐水及氯酸盐水）
	咸水（中矿化度水），阴离子总数在45~75毫克当量或约残余物为3~5（g/l）（主要是氯化物水，其次是硫酸盐水）
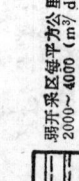	强咸水（高矿化度水），阴离子总数为75~150毫克当量或约残余物为5~10（g/l）（主要是氯化物水，其次是硫酸酸盐水）
	盐水，阴离子为150~700毫克当量或约残余物为10~50（g/l）（主要是氯化物水）
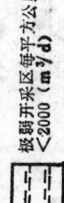	矿化度>50（g/l）

2. 水质

图例	说明
	硫酸根离子含量超过水质标准
	氟离子含量超过水质标准
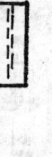	硬度超过水质标准
	铁离子含量超过水质标准
	氯离子含量超过水质标准
	汞、铅、铬、砷、汞离子含量超过水质标准
	酚离子含量超过水质标准
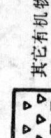	其它有机物

(二) 地下水开采强度

1. 孔隙水

图例	说明
	极强开采区每平方公里 >10000（m³/d）
	强开采区每平方公里 8000~10000（m³/d）
	较强开采区每平方公里 6000~8000（m³/d）
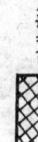	较弱开采区每平方公里 4000~6000（m³/d）
	弱开采区每平方公里 2000~4000（m³/d）
	极弱开采区每平方公里 <2000（m³/d）

2. 裂隙水

图例	说明
	强开采区每平方公里 >5000（m³/d）
	中等开采区每平方公里 500~5000（m³/d）
	弱开采区每平方公里 <500（m³/d）

3. 岩溶水

图例	说明
	强开采区每平方公里 >10000（m³/d）
	中等开采区每平方公里 1000~10000（m³/d）
	弱开采区每平方公里 <1000（m³/d）

注：以上所示的水量为示例，使用时可根据具体情况编制。

4. 水源污染和污染程度

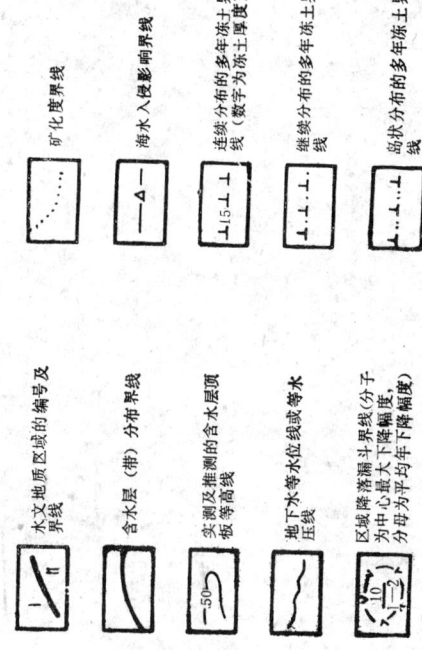

3. 水化学类型

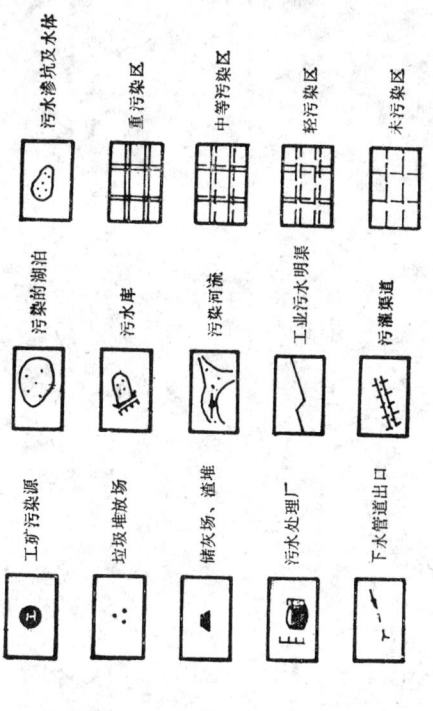

（四）水文地质界线

注：本表系按苏普利克朗基修改的舒卡列夫分类法，也适用于维扬诺夫修改的舒卡列夫分类法。

本规范主编单位、参加单位和主要起草人名单

主编单位：
中国市政工程东北设计院

参加单位：
陕西省综合勘察院
上海勘察院
山西省勘察院
中国市政工程西北设计院
同济大学
建设部综合勘察研究院

主要起草人：
李传尧、张仁隆、范淑珍、陈荣营、刘谒如、赵广德、白元旭、贾玉璞。

中华人民共和国行业标准

含藻水给水处理设计规范

CJ 32—89

主编单位：中国市政工程中南设计院
批准部门：中华人民共和国建设部
实行日期：1990年1月1日

关于发布行业标准《含藻水给水处理设计规范》的通知

各省、自治区建委（建设厅）、各直辖市、计划单列市建委（市政工程局），中国市政工程东北、华北、西北、西南设计院：

根据原城乡建设环境保护部(86)城科字第263号文的要求，由中国市政工程中南设计院负责主编的《含藻水给水处理设计规范》，经审查，现批准为行业标准，编号CJJ32—89，自一九九〇年一月一日起实施。在实施过程中如有问题和意见，请函告中国市政工程中南设计院。

中华人民共和国建设部
一九八九年九月二十日

目 次

第一章 总则 …………………………………… 16—3
第二章 取水口位置的选择 ………………… 16—3
第三章 水处理构筑物 ……………………… 16—3
 第一节 一般规定 ………………………… 16—3
 第二节 沉淀池和澄清池 ………………… 16—4
 第三节 气浮池 …………………………… 16—4
 第四节 过滤 ……………………………… 16—4
第四章 消毒 ………………………………… 16—5
附录一 藻类的检测和计数 ………………… 16—6
附录二 本规范用词说明 …………………… 16—6
附加说明 …………………………………… 16—7

第一章 总 则

第1.0.1条 为提高含藻水给水处理设计水平,促进含藻水给水处理技术的发展,使处理的水质符合现行的国家标准《生活饮用水卫生标准》的规定,特制定本规范。

第1.0.2条 本规范适用于以含藻的湖泊或水库水为水源的给水处理设计。其它类似含藻水的给水处理设计也可参照执行。

第1.0.3条 含藻水的定义是:藻的含量大于100万个/L或含藻量足以妨碍由混凝沉淀和过滤所组成的常规水处理工艺的正常运行,或足以使出厂水水质降低的水源水。

注:藻类采用自然单位,计数单位为个,即任何单细胞藻类、或多细胞藻类的自然群体(如4个细胞的栅列藻),其计数单位均为1个(即1个生物)。

第1.0.4条 选择水源时,尚应对水源水质的今后变化作出预测。在和水质进行调查外,实现卫生限年计设工程内,防护后的水源水质应不低于GB3838—88《地面水环境质量标准》中的第Ⅲ类地面水水域水质标准。

第1.0.5条 含藻水给水处理设计,除执行本规范外,还应符合GBJ13—86《室外给水设计规范》的规定。

第二章 取水口位置的选择

第2.0.1条 取水口应位于含藻量较低、水深较大和水域开阔的位置。取水口不得设在"水华"频发区,一般不宜设在高藻季节主导风向的下侧回急区。

第2.0.2条 湖泊、水库的水深大于10m时,应根据季节性水质水深垂直分布的规律,采用分层取水。

第2.0.3条 取水口下缘距湖泊、水库底的高度,应根据底部淤泥成分、泥沙沉积和变迁情况以及底层水水质等因素确定,但不得小于1m。

第2.0.4条 最低水位时取水口上缘的淹没深度,应根据上层水的含藻量、漂浮生物和冰层厚度确定,但不得小于1m。

第三章 水处理构筑物

第一节 一般规定

第3.1.1条 湖泊、水库水经混凝沉淀或澄清处理以后,进入滤池时,其浑浊度应低于7度。

第3.1.2条 出厂水的水质应符合GB5749—85《生活饮用水卫生标准》的规定,且耗氧量(高锰酸钾法)不宜大于4mg/L。

第3.1.3条 含藻水处理工艺流程的选择及构筑物的组合，应根据实验研究的结果或相似条件下的水厂运行经验，通过技术经济比较后确定，处理流程一般有下列几种：

一、常规处理工艺流程为

原水→混合→絮凝→沉淀（澄清）→过滤→消毒
　↓
加药

二、以富营养型湖泊、水库为水源，且浮游浓度常年小于100度的原水，处理工艺流程可为：

原水→混合→絮凝→气浮→过滤→消毒
　↓
加药

三、以贫——中营养或中——富营养型湖泊、水库为水源，且最大浮游浓度小于20度的原水，处理工艺流程也可采用：

原水→混合→絮凝→┌──────┐→直接过滤→消毒
　↓   └──────┘
加药

第二节 沉淀池和澄清池

第3.2.1条 平流沉淀池的表面负荷宜为1.0～1.5m³/m²·h，水平流速宜为5～8mm/s，沉淀时间宜为2～4h。当原水浑浊度较低时，沉淀时间应采用较高值。

第3.2.2条 异向流斜管沉淀池的表面负荷不应大于7.2m³/m²·h。

第3.2.3条 澄清池清水区上升流速不应大于0.7mm/s。

第三节 气浮池

第3.3.1条 气浮池表面负荷一般宜小于7.2m³/m²·h。

第3.3.2条 溶气罐宜靠近气浮池，溶气罐压力一般采用300～400kPa。

第3.3.3条 气浮池之前的絮凝时间，一般采用10～15min。

第3.3.4条 气浮池分离区停留时间，宜采用10～20min。

第3.3.5条 气浮池分离区有效水深，宜采用1.5～2.0m。

第3.3.6条 絮凝池出口配水墙孔口流速宜为0.1～0.15m/s。

第3.3.7条 气浮池底部，应设置排泥设施。

第3.3.8条 气浮池藻渣的处置方法，应符合当地环保部门的有关规定。

第四节 过 滤

第3.4.1条 当滤池与气浮池合建时，宜采用石英砂滤料。

第3.4.2条 滤池的过滤周期，一般不宜小于12h。

第3.4.3条 滤池的滤速及滤料组成，可根据需要按表3.4.3选用。当直接过滤时，滤速应选用下限值。

第3.4.4条 水冲洗滤池的冲洗强度及冲洗时间，宜按表3.4.4采用。

第3.4.5条 当有技术经济依据时，滤池可采用表面冲洗。气水冲洗宜用于石英砂滤料滤池。

水洗滤池的冲洗强度及冲洗时间（水温20℃时） 表3.4.4

类　别	冲洗强度 (L/s·m²)	膨胀率 (%)	冲洗时间 (min)
石英砂滤料过滤	13～16	45	6～8
双层滤料过滤	13～16	50	6～8
三层滤料过滤	16～18	50	6～8

第四章　消　毒

第4.0.1条　当需要向含藻原水中投加液氯时，必须控制出厂水及管网水的氯(仿)和四氯化碳浓度，应符合 GB5749—85《生活饮用水卫生标准》的规定。

第4.0.2条　当采用氯胺消毒时，应先加氨，后加氯。当水中氨氮含量能形成足够的氯胺时，一般不再加氨。

滤池的滤速及滤料组成　　表3.4.3

类　别	滤料组成			滤速 m/h	强制滤速 m/h
	粒径 mm	不均匀系数 k_{80}	厚度 mm		
石英砂滤料过滤	$d_{min}=0.5$ $d_{max}=1.2$	小于2.0	800	5～7	7～10
双层滤料过滤	无烟煤 $d_{min}=0.8$ $d_{max}=1.8$	小于2.0	400	6～8	8～12
	石英砂 $d_{min}=0.5$ $d_{max}=1.2$	小于2.0	450		
三层滤料过滤	无烟煤 $d_{min}=0.8$ $d_{max}=1.6$	小于1.7	500	8～12	12～14
	石英砂 $d_{min}=0.5$ $d_{max}=0.8$	小于1.5	270		
	重质矿石 $d_{min}=0.25$ $d_{max}=0.5$	小于1.7	80		

注：①滤料的相对密度：无烟煤1.4～1.6，石英砂2.6～2.65，重质矿石4.7～5.0。
②滤速和强制滤速，根据滤前水质区别对待。

附录一 藻类的检测和计数

将含藻水样摇匀后倒入1000mL圆柱形沉降筒中，然后加入15mL鲁哥氏液（Lugols solution）摇匀固定，静沉24h后，用虹吸管小心吸出上部清液，将剩下的20～25mL的浓缩液摇匀，移入30mL定量标本瓶中，然后用上述吸出的上清液少许，分别冲洗沉降筒三次，每次的冲洗液一并移入上述30mL的定量标本瓶中。

计数前，应注意观察定量瓶中样品的实际体积数；如不足30mL应用蒸馏水加至30mL，如超过30mL，则用吸管小心吸出多余的清液，然后用左右平移的方式摇动200次，立即用0.1mL的吸量管精确吸出0.1mL标本瓶中部的样品，注入容积为0.1mL的计数框中，小心盖上盖玻片，在盖上盖玻片时，要求计数框内没有气泡，样品不溢出计数框。框中的分配既要注意均匀性，又要注意随机性。同一标本两片计数结果与其均数之差距如不大于其均数的±15%，则这两个相近的均数即可视为计数结果。计算公式：

1升水中的浮游植物的数量 $= \dfrac{C}{F_s \cdot F_n} \cdot \dfrac{30}{0.1} \cdot P_n$（mm²）；

式中 C —— 计数框面积（mm²）；
F_s —— 每个视野的面积（mm²）；
F_n —— 每片计数过的视野数；
P_n —— 每片通过计数实际数出浮游植物的个数。

附录二 本规范用词说明

一、为便于在执行本规范条文时，对于要求严格程度的用词说明如下：

1. 表示很严格，非这样做不可的用词：
  正面词采用"必须"；
  反面词采用"严禁"。

2. 表示严格，在正常情况下均应这样做的用词：
  正面词采用"应"；
  反面词采用"不应"或"不得"。

3. 表示允许稍有选择，在条件许可时首先应这样做的用词：
  正面词采用"宜"或"可"；
  反面词采用"不宜"。

二、条文中指明应按其他有关标准、规范执行的写法为："应按……执行"或"应符合……要求"或"规定"。

附加说明

本规范主编单位和主要起草人名单

主编单位：中国市政工程中南设计院
主要起草人：李家斌

中华人民共和国行业标准

高浊度水给水设计规范

CJJ 40—91

主编单位：中国市政工程西北设计院
批准部门：中华人民共和国建设部
施行日期：1991年12月1日

关于发布行业标准
《高浊度水给水设计规范》的通知

建标〔1991〕332号

各省、自治区、直辖市建委（建设厅），各计划单列市建委，国务院有关部、委：

根据原城乡建设环境保护部（85）城科字第239号文的要求，由中国市政工程西北设计院主编的《高浊度水给水设计规范》，业经审查，现批准为行业标准，编号CJJ40—91，自1991年12月1日起施行。

本规范由建设部城镇建设标准技术归口单位建设部城市建设研究院归口管理，其具体解释等工作由中国市政工程西北设计院负责。

本规范由建设部标准定额研究所组织出版。

中华人民共和国建设部
1991年5月17日

目 次

第一章 总则 ································ 17—3
第二章 取水 ································ 17—3
　第一节 一般规定 ························ 17—3
　第二节 取水构筑物的型式选择 ············ 17—4
　第三节 取水泵房 ························ 17—4
第三章 沉淀流程的选择 ···················· 17—5
　第一节 一般规定 ························ 17—5
　第二节 一级沉淀处理流程 ················ 17—5
　第三节 两级沉淀处理流程 ················ 17—5
第四章 水处理药剂 ························ 17—6
　第一节 一般规定 ························ 17—6
　第二节 聚丙烯酰胺溶液的配制 ············ 17—6
　第三节 聚丙烯酰胺的投加方法和剂量 ······ 17—6
第五章 沉淀（澄清）构筑物 ················ 17—7
　第一节 一般规定 ························ 17—7
　第二节 沉砂池 ·························· 17—7
　第三节 混合、絮凝池 ···················· 17—8
　第四节 辐流式沉淀池 ···················· 17—8
　第五节 平流式沉淀池 ···················· 17—8
　第六节 机械搅拌澄清池 ·················· 17—9
　第七节 水旋澄清池 ······················ 17—9
　第八节 双层悬浮澄清池 ·················· 17—10

　第九节 调蓄水池 ························ 17—10
第六章 排泥 ······························ 17—11
　第一节 一般规定 ························ 17—11
　第二节 泥渣浓缩设计参数 ················ 17—11
　第三节 刮泥设备 ························ 17—11
　第四节 泥渣排除 ························ 17—12
　第五节 吸泥船 ·························· 17—13
附录 本规范用词说明 ······················ 17—13
附加说明

第一章 总 则

第 1.0.1 条 为高浊度水给水工程设计提供设计工艺和参数，特制定本规范。

高浊度水系指浊度较高，有清晰的界面分选沉降的含砂水体。其含砂量为 10～100kg/m³。

第 1.0.2 条 本规范适用于以黄河高浊度水为水源的给水工程设计。其它高浊度水为水源的给水工程设计，可参照执行。

第 1.0.3 条 工程设计的取水型式、处理流程的选择和调蓄水池的设置，均应在保证安全供水的前提下，根据地形、河水水位、砂峰、断流、脱流、冰凌和冰坝等情况，通过技术经济比较确定，并应提高取水和水处理的机械化、自动化程度。

第 1.0.4 条 工程设计应达到城市供水保证率 95～97%。不能满足时，应根据实际情况采用相应的保证措施。如增加补充水源、修建调蓄水池、补充或备用水源宜用地下水等。

第 1.0.5 条 在执行本规范中，除应符合本规范的规定外，尚应符合现行的有关国家标准、规范的规定。

第二章 取 水

第一节 一 般 规 定

第 2.1.1 条 取水构筑物的取水水量应包括以下三项：

一、现行的《室外给水设计规范》(GBJ13) 规定的水量；

二、沉淀构筑物、调蓄水池以及明渠的排泥水量、蒸发量、渗漏水量；

三、调蓄水池的补给水量。

第 2.1.2 条 在大中型取水工程的设计中，如取水点离现有水文站较近或观测必要资料不能引用时，应设置临时水文观察点来观测必要的水文数据。此观察点在投产运行后，可继续进行水文预报。

第 2.1.3 条 在水利枢纽上下游的河段取水，应考虑水量、水利枢纽不同运行条件所引起的水文条件的变化（如流量、含砂量、水温，冰凌和冰坝等）及其对取水构筑物的影响。

第 2.1.4 条 高浊度水取水工程设计必须考虑下列因素：

一、河道的游荡和冲淤；

二、流量和水位变化、河道断流、脱流；

三、含砂量、砂峰过程和泥砂的组成；

四、漂浮物、杂草、冰凌和冰坝。

第 2.1.5 条 取水口位置的选择应符合下列条件：

一、游荡性河段应结合河床、地形、地质的特点，将其布置在主流顶冲点下游，并有横向环流同时束水分层的河段；

二、在主流顶冲主流线密集的河段上；

第 2.1.6 条 当取水量大、河水含砂量高，主河道游荡、冰情严重时，可设置两个取水口。

第2.1.7条 取水构筑物应采用直接从河道中取水的方式，可不设取水头部、自流管及单独的集水井等。

第2.1.8条 取水构筑物的冲刷深度应通过调查与计算确定，并应考虑汛期高含砂水流对河床的局部冲刷和"揭底"问题。大型重要工程应进行水工模型试验。

第2.1.9条 在黄河下游淤积河段设置的取水构筑物，应预留设计使用年限内的总淤积高度，并考虑淤积引起的水位变化。

第2.1.10条 在黄河河道上设置取水与水工构筑物时，应征得河务及有关部门的同意。

第二节 取水构筑物的型式选择

第2.2.1条 河岸坡度较陡、岸边有足够水深且地质条件较好的河段，可采用岸边合建式取水构筑物。

第2.2.2条 河岸平缓、岸边又无足够水深的河段，可采用桥墩式或建式其它型式的取水构筑物，直接从主河道取水。

第2.2.3条 冰情严重、含砂量高、河道纵坡较大的河段，可采用双向斗槽进水。有条件时直进行水工模型试验。

第2.2.4条 引用河水清浑的双向斗槽进水取水，其自清流速不得小于2.0m/s。上游进口与下游处河道水面落差不得小于1.5m。

第2.2.5条 在黄河支流上采取低坝取水时，应在冲砂闸上游一定距离设置导砂底槛。进水闸底坡应比冲砂闸底高0.8~1.5m。

第三节 取 水 泵 房

第2.3.1条 进水口应防止推移质泥砂进入，进水口下缘与河床的高差不宜小于1.0~2.0m；在水深较浅的河段，高差不得小于0.5m。进水窗口应设置拦污栅。

第2.3.2条 格栅应设在进水口的外侧，以利清栅和清淤。

第2.3.3条 为防止漂浮物，进水口应设置胸墙，胸墙下缘宜低于正常高水位2.0m。若冬季水位低于胸墙底，应留有设置防冻板的位置。

第2.3.4条 进水间不得少于两个。大型取水工程的每台合进水泵都必须设置单独的进水间。中型取水工程最多也只能两台合进水泵合用一间进水间。

第2.3.5条 进水间内设置旋转格网时，格网最低点宜高于进水间底板0.4~0.5m，其间不得设置档板。

第2.3.6条 格网至水泵吸水管进口边缘的距离，宜为1.5~2.5m。

第2.3.7条 进水间底板，应坡向进水泵吸水口，并与吸水口下缘相平。

第2.3.8条 格网至水泵吸水口的距离小于2.5m时，进水间可不设专用排泥设备，用高压水冲动积泥，并由水泵排除沉泥；当大于2.5m时，应设专用排泥设备定期排泥。

第2.3.9条 取水泵应选用耐磨损水泵，泵内壁并应喷涂耐磨涂料，以减少水泵的磨损。在高浊度水砂峰期工作的取水泵其备用能力和台数的配置，必须考虑由于进水含砂量的不同所引起的取水量变化。

水泵能量和台数的配置，必须考虑由于进水含砂量的不同所引起的取水量变化。

第三章 沉淀流程的选择

第一节 一般规定

第3.1.1条 沉淀流程的选择，应保证砂峰期高浊度水和其它季节水水质的有效处理。其流程中还应包括清浑水或清水调蓄水池。

第3.1.2条 沉淀流程应根据原水水质和供水水质，参照相似条件的水厂运行经验或试验资料，通过技术经济比较确定。

第3.1.3条 水厂及主要处理构筑物的设计能力，对设有调蓄水池的流程，还应增加调蓄水池的补给水量；设计还需考虑高日供水量时的自用水量。各主要处理构筑物的设计进水量的设计应全面衡量感夏季或冬季，因产水量不同整个处理流程及各个处理构筑物的运行情况，以确保不同季节安全供水。

第3.1.4条 水处理流程是一个完整工序。各处理构筑物的各自效能，应充分发挥构筑物的自效能。通过技术经济比较确定，下一级净化构筑物的设计进水含砂量，应精高于上一级处理构筑物的出水含砂量。

第二节 一级沉淀处理流程

第3.2.1条 采用一级沉淀处理流程应符合下列条件的规定：

一、出水浊度允许大于50mg/L；
二、设计最大含砂量小于40kg/m³；
三、允许大量投加聚丙烯酰胺的生产用水工程；
四、投加聚丙烯酰胺剂量小于卫生标准的生活饮用水工程；
五、有备用水源的工程。

第3.2.2条 一级沉淀处理可以采用辐流式沉淀池，平流式沉淀池，机械搅拌澄清池，水旋澄清池以及底部开孔的双层悬浮澄清池等构筑物。

第3.2.3条 为保证供水安全可靠，采用一级沉淀处理流程时，应设调蓄水池。

第三节 两级沉淀处理流程

第3.3.1条 两级沉淀处理流程适用条件应符合下列规定：

一、出水浊度要求小于20mg/L；
二、取水河段最大含砂量大于40kg/m³；
三、供有生活饮用水，净化所需投加的聚丙烯酰胺剂量超过卫生标准规定量；
四、无备用水源的工程。

第3.3.2条 第一级沉淀构筑物应当有较大积泥容积和可靠的排泥设施。现在多用辐流式沉淀池。必要时在第一级沉淀构筑物前亦可设沉砂池。

第3.3.3条 第一级沉淀构筑物的运行方式应符合下列规定：

一、砂峰持续时间不长，可在高浊度水期间投加聚丙烯酰胺进行凝聚沉淀，其它时间进行自然沉淀；
二、砂峰持续时间较长，应通过技术经济比较来确定采用自然沉淀或投加聚丙烯酰胺的凝聚沉淀。

第3.3.4条 当河段砂峰超过设计取水期不能取水的持续时间较长时，亦应或因断流、脱流、封冻等原因不能取水的持续时间较长时，亦应设置澄清水或净水标准水，以确保供水保证率。

第四章 水 处 理 药 剂

第一节 一 般 规 定

第 4.1.1 条 单独投用各种凝聚剂能处理的最大含砂量可按表 4.1.1 规定采用。

各种凝聚剂能处理的最大含砂量　　表 4.1.1

药剂名称	处理最大含砂量 (kg/m³)
三氯化铁	<25
聚合氯化铝	<40
聚丙烯酰胺	<100

第 4.1.2 条 水处理凝聚剂在存放、溶解、储存、输送、投加和计量过程中不得混杂（聚合铝与硫酸根不得与硫酸铝、硫酸亚铁、明矾相混杂。聚丙烯酰胺不得与硫酸铝、三氯化铁、聚合铝相混杂）。在设计药剂投加设施时，应按药剂分成系统，投加设施应有倒换、放空、清洗的措施。

第 4.1.3 条 采用新型有机高分子絮凝剂时，除应进行物理、化学性能测定和凝聚沉淀试验外，还应按照有关规定进行毒理鉴定。

第二节 聚丙烯酰胺溶液的配制

第 4.2.1 条 未水解度水持续时间很短的情况下，也可直接使用未水解产品。小型水厂或高浊度水持续时间很短的情况下，也可直接使用未水解产品。

第 4.2.2 条 聚丙烯酰胺的最佳水解度应根据原水性质通过试验确定。常用的最佳水解度为 28～35%。

第 4.2.3 条 生产使用的聚丙烯酰胺以二次水解的干粉剂产品（浓度为 92%）为宜。二次水解干粉剂配制方便，单体含量低，可适当提高投加量。

第 4.2.4 条 配制干粉和胶体状（8%浓度）的聚丙烯酰胺，应采用快速搅拌溶解。干粉剂应经 20～40 目的格网分散后加入水中，胶状聚丙烯酰胺应经栅条状或分割成条状或剪切成碎块，再投入搅拌罐内进行搅拌。配制周期一般小于 2h。

第 4.2.5 条 搅拌罐宜为小圆形钢并设有投药口、进水管、出液放空管。搅拌器宜采用涡轮式或推进式，并设导流筒，罐壁应设挡板。搅拌桨外缘线速度宜为 50～60m/min。

第 4.2.6 条 搅拌设备能力和水解溶液容积的计算，应先从设计含砂量历时曲线和设计水量，得出最大小时药耗量和溶液容积按设计砂峰水量计算，再按下列方法计算：

一、投加含砂量历时曲线和设计水量。再按下列方法计算：
二、溶液容积按设计砂峰所需剂量计算。聚丙烯酰胺的搅拌设备应按最大小时和设计最大小时药峰用量计算；
三、连续搅拌和溶液池贮液相结合的方法，此法适用于水量延续时间不长的小型工程。

第 4.2.7 条 在用氢氧化钠自行水解聚丙烯酰胺时，搅拌罐、水解溶液池、提升计量设备、电气设备和输送管道等均应防腐。水解溶液采用非封闭式时，则应用隔墙隔开，并设置通风设备。

第 4.2.8 条 药剂间与仓库的投药间应设置专门清洗包装袋机。洗地坪的地坪应为防滑地面，并装置洗袋机。用量较大的投药时应防滑地面，并装置洗袋机。

第三节 聚丙烯酰胺的投加方法和剂量

第 4.3.1 条 在处理高浊度水时，应投加聚丙烯酰胺，经充分混合后,再投加普通混凝聚剂。聚丙烯酰胺溶液可用水泵或水射器提升。如用水射器提升并兼作投加设备,在计算吸入的清水量计算在内。

第4.3.2条 水解或未水解的聚丙烯酰胺溶液的配制浓度宜为1%左右;其投加浓度宜为0.1%,个别情况可提高到0.2%。投加聚丙烯酰胺溶液的计量设备都必须通过计算加以确定。

第4.3.3条 聚丙烯酰胺的投加量与原水中的稳定泥砂含量,要求达到的浑液面沉速、混合方式及处理构筑物的型式等因素有关,应通过试验或参照相似条件下的运行经验确定。

第4.3.4条 处理高浊度水时,应投加水解的聚丙烯酰胺。为获得相同浑液面沉速,未水解的聚丙烯酰胺的投加量为水解的聚丙烯酰胺投加量的5~6倍。

第4.3.5条 处理生活饮用水,聚丙烯酰胺的投加量应符合下列规定:

一、生活饮用水中,聚丙烯酰胺纯量最大浓度,在非经常使用情况下小于1mg/L;
(每年使用时间少于一个月) 小于2mg/L,在经常使用情况下小于1mg/L;

二、生活饮用水中单体丙烯酰胺纯量最大浓度,在非经常使用情况下(每年使用时间少于一个月)小于0.1mg/L,在经常使用情况下小于0.01mg/L。

第4.3.6条 处理非生活饮用水,当投剂量超过第4.3.5条规定时,要防止投剂量过大对后续净水工序产生不利的影响。

第五章 沉淀(澄清)构筑物

第一节 一般规定

第5.1.1条 沉淀构筑物的出水量,应以最高日供水量与各级处理构筑物的自用水量之和进行设计,必要时还应计入调蓄水池补给水量。沉淀构筑物在排泥时应通过计算确定。水厂其它自用水量按现行的《室外给水设计规范》(GBJ13)的规定确定。

沉淀构筑物的排泥水量可按下式计算:

$$q = \frac{\rho_2 - \rho_1}{\rho_3 - \rho_2} Q$$

式中 q——排泥水量 (m³/s);
Q——设计出水量 (m³/s);
ρ_1——出水设计含砂量 (kg/m³);
ρ_2——进水设计含砂量 (kg/m³);
ρ_3——排泥水含砂量 (kg/m³)。

第5.1.2条 沉淀(澄清)构筑物不宜采用明槽溢流配水。

第5.1.3条 泥渣浓缩室容积应根据计算确定,泥渣浓缩时间不宜小于1h。

第5.1.4条 大中型沉淀或澄清构筑物,应采用机械刮泥和自流排泥,并设置事故排放管。

第二节 沉砂池

第5.2.1条 当原水的砂峰颗粒组成较粗时,为了去除0.1mm以上粒径的泥砂,或为了减少沉淀构筑物(自然沉淀)和浑水调蓄水池的砂峰负荷,可设置沉砂池。

第5.2.2条 沉砂池的设计数据,应根据原水含砂量、颗粒组成、处理水量、去除百分数、排砂情况等因素,通过模型试验或参照相似条件下的运行经验确定。

第三节 混合、絮凝池

第5.3.1条 混合设备必须使注入的药剂与原水充分快速混合,聚丙烯酰胺与原水的混合方式宜采用水泵、孔板、水射器,混合时间可为10～30s。

第5.3.2条 单独使用聚丙烯酰胺作絮凝剂时,可不设絮凝池。

第四节 辐流式沉淀池

第5.4.1条 辐流式沉淀池适用于大中型水厂处理高浊度水的一级沉淀构筑物。原水含砂量较低时采用自然沉淀,含砂量较高时则投加聚丙烯酰胺进行絮凝沉淀。

自然沉淀的最高设计含砂量应根据砂峰颗粒组成及砂峰延续时间确定,可为20kg/m³左右。投加聚丙烯酰胺的凝聚沉淀,可为100kg/m³。

第5.4.2条 自然沉淀的辐流式沉淀池设计按下式计算:

$$A = \alpha \frac{1000 \times Q}{v}$$

式中 A——沉淀池净面积（m²）（不包括沉淀池中的进水管面积和周围涡流带面积）;

Q——沉淀池出水量（m³/s）;

α——沉淀池沉降速度的比值系数取1.3～1.35;

v——静止沉降时浑液面自然沉速（mm/s）。

静止沉速与设计含砂量、粒径组合及水温等因素有关,应通过试验或参照相似情况下的运行资料来确定。

第5.4.3条 辐流式沉淀池主要设计参数应通过试验和参照相似条件下的运行经验资料确定,也可参照表5.4.3的规定采用。

辐流式沉淀池主要设计数据 表5.4.3

沉淀方式 设计参数	自然沉淀	凝聚沉淀
进水含砂量（kg/m³）	<20	<100
池子直径（m）	50～100	50～100
表面负荷（m³/h·m²）	0.07～0.08	0.4～0.5
出水浊度（度）	<1000	100～500
总停留时间（h）	4.5～13.5	2～6
排泥浓度（kg/m³）	150～250	300～400
中心水深（m）	4～7.2	.4～7.2
周边水深（m）	2.4～2.7	2.4～2.7
底 坡（%）	>5	>5
超 高（m）	0.5～0.8	0.5～0.8
刮泥机转速（min/周）	15～53	15～53
刮泥机外缘线速度（m/min）	3.5～6	3.6～6

第5.4.4条 进水管在进入池底前应装有闸门,排气阀门（或排气管）和放空管,必要时还应设适用于高浊度水的计量设备。

第5.4.5条 排泥管廊和闸门井应严密防渗,并设置排除渗漏水设施。

第5.4.6条 辐流式沉淀池的出水可采用断面变浊度水的孔口淹没出流或三角堰自由出流。堰口前设挡板,总出水管（渠）上应设阀门或闸板。

第五节 平流式沉淀池

第5.5.1条 混凝沉淀平流式沉淀池的沉淀时间,应根据原水含砂量、处理效果、水温等因素,参照相似条件下的运行经验确定。在无资料时,应不小于2h。

第5.5.2条 平流式沉淀池的设计数据，应通过试验或参照当地运行管理经验确定。在采用穿孔管配水方式时，水平流速可为4～10mm/s。

第5.5.3条 沉淀池的出水可采用变断面的孔口淹没出流或三角堰自由出流。

第5.5.4条 平流式沉淀池的排泥措施，应当可靠有效。可用机械排泥或吸泥船排泥，沉淀池的进出水系统的布置应适应排泥机械的操作要求。

第六节 机械搅拌澄清池

第5.6.1条 机械搅拌澄清池适用于高含沙水处理中、小型工程。当投加聚丙烯酰胺和普通凝聚剂时，可处理含沙量40kg/m³的高浊度水。

第5.6.2条 机械搅拌澄清池设计主要参数应参照相似条件下的运行经验或试验资料确定。在无资料时，可参照表5.6.2规定采用。

机械搅拌澄清池主要设计数据 表5.6.2

名称 设计参数	设 计 参 数
进水含沙量 (kg/m³)	<40
清水区上升流速 (mm/s)	0.6～1.0
出水浊度 (度)	<20（个别50）
总停留时间 (h)	1.2～2.0
回流倍数	2～3
排泥浓度 (kg/m³)	100～300

第5.6.3条 机械搅拌澄清池排泥渣，可不另设排泥斗。

第5.6.4条 机械搅拌澄清池排泥，应设置机械刮泥，并设中心投药点。

第5.6.5条 处理高浊度水的机械搅拌澄清池，宜适当加大第一絮凝室浓缩容积，并采用具有直壁和缓坡的平底池型。

第一絮凝室高度宜在第一絮凝室容积的1/2高度处，其设置高度宜在第一絮凝室容积的1/2高度处。

第七节 水旋澄清池

第5.7.1条 水旋澄清池适用于中、小型工程的高浊度水处理构筑物。当投加聚丙烯酰胺和普通凝聚剂配合使用时，其进水最高含沙量为60～80kg/m³，出水浊度宜小于20度。

第5.7.2条 水旋澄清池设计主要参数应参照相似条件下的运行经验或试验资料确定。在无资料时，可按表5.7.2规定采用。

水旋澄清池主要设计数据 表5.7.2

设计参数 进水含沙量 (kg/m³)	<50	<80
出水浊度 (度)	<20（个别50）	<20（个别50）
清水区上升流速 (mm/s)	0.9～1.1	0.7～0.9
总停留时间 (h)	1.5～2.0	1.8～2.4
凝聚室容积	设计含沙量时设计水量停留15～20min并满足高浊度水量设计水量停留6～7min加50%总泥渣浓缩1h容积	同左
分离区下部泥渣浓缩体积	50%总泥渣浓缩1h容积	同左
进水管出口喷嘴流速 (m/s)	2.5～4.0	2.5～4.0
排泥浓度 (kg/m³)	100～250	250～350

第5.7.3条 凝聚室和分离室下部宜用机械刮泥。直径小于

上升流速计算，并以下层沉渣室面积复核。

第5.8.5条 进水区底部排渣孔应按可调式设计，并应严密关闭。

第5.8.6条 泥渣浓缩时间不宜小于1~2h。

第九节 调蓄水池

第5.9.1条 清水或浑水调蓄水池的设置，应根据水源条件、供水要求、地形和地质条件，综合研究确定。可利用附近适宜的天然洼地、湖泊、旧河道及峡谷条件，设调蓄水池。

第5.9.2条 浑水调蓄水池可兼作一级沉淀池，其容积按下列因素综合确定：

一、根据选定的设计含沙量和砂峰曲线，计算所需的避砂峰的调节容量；

二、因水源脱流、断流、避浊、防汛等因素；

三、调蓄水池工作期间所需的容量；

四、水池容积应为积发、渗漏和其它要求的水量；

五、其它水源临时供水的水量；

六、上述调节容量应按供水对象事故用水量进行计算，并按一级沉淀池的要求进行复核。

第5.9.3条 浑水调蓄水池兼作一级沉淀池时，可采用自然沉淀。当沉淀时间大于5d时，出水浊度宜为100~200度（个别为500度）。

第5.9.4条 浑水调蓄水池的排泥可采用吸泥船。

第5.9.5条 清水调蓄水池的排泥的水质按用户要求确定，其容积可参照第5.9.2条的有关规定。

第5.9.6条 大、中型调蓄水池，应采取有效措施避免周围土地盐碱化。可采用井点排水或深沟排水。

10m时，也可采用穿孔管排泥。

第八节 双层悬浮澄清池

第5.8.1条 处理高浊度水的悬浮澄清池可采用具有底部排渣孔的双层式池型，采用凝聚剂时，设计进水最高含砂量为25kg/m³，出水浊度可小于20度。

第5.8.2条 悬浮澄清池不宜投加聚丙烯酰胺等高分子絮凝剂。

第5.8.3条 悬浮澄清池主要设计参数应参照相似条件下的运行经验或试验资料确定。在无资料时，可参照表5.8.3规定采用。

双层悬浮澄清池主要设计数据   表5.8.3

设计参数 \ 进水含砂量(kg/m³)	5~10	10~15	15~20	20~25
清水区上升流速(mm/s)	0.8~1.0	0.7~0.8	0.6~0.7	0.5~0.6
强制出水计算上升流速(mm/s)	0.6~0.7	0.5~0.6	0.4~0.5	0.3~0.4
悬浮层泥渣浓度(kg/m³)	10~18	18~25	25~33	33~40
强制出水占出水总量的百分数(%)	25~30	30~35	35~45	45
泥渣浓缩1h的浓度(kg/m³)	70~90	90~95	95~105	105~125
泥渣浓缩2h的浓度(kg/m³)	90~145	145~167	167~179	180~204

注：表中是使用三氯化铁凝聚剂时的数据，若使用硫酸铝时，上升流速降低一级，泥渣浓度降低10%。

第5.8.4条 锥体悬浮区悬浮高可为2.5m，上部底面积按清水区

第六章 排 泥

第一节 一 般 规 定

第6.1.1条 第一级沉淀构筑物的积泥分布、积泥浓度、排泥浓度以及排泥水量与原水含砂量、沉淀方式、药剂品种和投加量、浓缩时间以及排泥方式等因素有关，应参照相似条件下的运行经验或试验资料确定。

第6.1.2条 沉淀构筑物的积泥分布，可以简化为以下几种情况：

一、辐流式和平流式自然沉淀积泥可视为均匀分布；

二、投加聚丙烯酰胺絮凝，进口处积泥多，出口处积泥少，积泥断面可按梯形或三角形考虑；

三、水旋澄清池内、外圈积泥各为50%且均匀分布。

第6.1.3条 第一级沉淀池清洗装置内积泥的高压水冲。

第6.1.4条 处理构筑物排除的泥渣应妥善处置，以免淤积河道，或污染环境。有条件时应考虑淤灌造田、淤背固堤或其他综合利用措施。

第二节 泥渣浓缩设计参数

第6.2.1条 泥渣浓缩时间，不宜小于1h。

第6.2.2条 泥渣浓缩时间为1h，计算泥渣浓缩容积的泥渣平均浓度可采用下列数据：

一、自然沉淀为150~300kg/m³；

二、投加聚丙烯酰胺的凝聚沉淀为200~300kg/m³。

第三节 刮 泥 设 备

第6.3.1条 大、中型构筑物应设置刮泥机。刮泥机可按砂峰期连续运转设计。

注：高浊度水的积泥不宜采用泥采式或虹吸式吸泥设备排除。

第6.3.2条 刮泥机可采用周边传动桁架式刮泥机、中心传动刮泥机。

第6.3.3条 针齿传动刮泥机。

第6.3.4条 刮泥臂外缘线速度不宜大于10m/min，可采用2.5m/min。

第6.3.5条 刮泥机水下部分的轴与轴套间用压力清水润滑。针齿传动的润滑水应设稳压装置。

第6.3.6条 刮泥机水下零件应设防腐。

第6.3.7条 刮泥机可将积泥集中到中心排泥坑。当将积泥集中到排泥沟时，在排泥沟内应设置排泥渣排出口的设施，排泥沟的断面面由计算确定。

第6.3.8条 用刮泥机刮泥时，池底坡度可采用0.05~0.15。

计算刮泥机功率时，积泥浓度可采用下列数据：

一、连续刮泥：自然沉淀时为350~400kg/m³，投加聚丙烯酰胺絮凝剂时为400~500kg/m³；

二、间歇刮泥：自然沉淀时为800~1000kg/m³，投加聚丙烯酰胺絮凝剂时为600~800kg/m³。

第四节 泥 渣 排 除

第6.4.1条 排泥浓度的设计数据应参照相似条件下的运行经验或试验资料确定。在无资料时，当浓缩时间为1h时，排泥浓度可采用下列数据：

自然沉淀：150~300kg/m³；

投加聚丙烯酰胺凝聚沉淀：200~350kg/m³。

第6.4.2条 第一级沉淀池的排泥，在排泥闸门之后采用重力自流排泥。

第6.4.3条 排泥阀门可采用水力、电动或气动快速开启阀门，有条件时应采用自动排泥，在排泥阀门前还需设置调节、检修闸门和高压水反冲管。

第6.4.4条 小型的第一级沉淀池可采用泥斗排泥。泥斗坡角宜为60°。泥斗上还宜设置高压水冲泥管。

第6.4.5条 第一级沉淀池不宜采用穿孔管排泥，如必须采用时，穿孔管直径不得小于200mm，并应有高压水反冲设施。

第6.4.6条 重力自流排泥管（渠）的排泥能力应通过计算确定，并按600~800kg/m³的排泥浓度校核计算；排泥管（渠）的底坡宜大于1%。

第五节 吸泥船

第6.5.1条 兼作预沉的大型调蓄水池可用吸泥船排泥。吸泥船型式的选择，应考虑积泥容积及其性质、吸泥船排泥浓度等因素，宜用绞吸式。

第6.5.2条 吸泥船工作制度：时间利用率可采用70~80%，每月作业天数可按23~25d计。全年工作天数应根据原水逐月含砂量情况、气候条件、吸泥船等因素综合确定。

第6.5.3条 调蓄水池的积泥容积应根据积泥量变化情况、吸泥船排泥量及其工作制度进行综合平衡计算，可分年调节与洪水期调节两种。

全年原水高含砂量持续时间较长，积泥容积较大时，吸泥船全年均可采用年调节；全年原水高含砂量持续时间较短，积泥容积较小时，吸泥船可采用洪水期调节，积泥容积较小，并在寒冷地区时，宜采用洪水期调节。

第6.5.4条 积泥船的排泥能力应以设计典型年最高月含砂量校核，积泥量及其变化情况应按选定的设计典型年逐月计算。

第6.5.5条 吸泥船排泥浓度与吸泥船性质、操作熟练程度等因素有关，可选200kg/m³。

第6.5.6条 吸泥船宜用电力驱动。寒冷地区更应优先选用。

第6.5.7条 压力排泥管道应考虑吸泥船泵特性、吸泥船单独或联合工作，管道不淤流速等因素进行布置和计算，每条吸泥船宜单独设置排泥管道。

附录 本规范用词说明

一、为便于在执行本规范条文时区别对待，对于要求严格程度不同的用词说明如下：

1. 表示很严格，非这样作不可的用词：
   正面词采用"必须"；
   反面词采用"严禁"。

2. 表示严格，在正常情况下均应这样作的用词：
   正面词采用"应"；
   反面词采用"不应"或"不得"。

3. 表示允许稍有选择，在条件许可时，首先应这样作的用词：
   正面词采用"宜"或"可"；
   反面词采用"不宜"。

二、条文中指明必须按其他有关标准执行的写法为，"应按……执行"或"应符合……的要求（或规定）"。非必须按所指定的标准执行的写法为，"可参照……的要求（或规定）"。

附加说明

本规范主编单位和主要起草人名单

主编单位： 中国市政工程西北设计院
主要起草人： 裘本昌、贾万新、王石华、吴兆申

中华人民共和国行业标准

城镇给水厂附属建筑和附属设备设计标准

CJJ 41—91

主编单位：上海市政工程设计院
批准部门：中华人民共和国建设部
施行日期：1991年12月1日

关于发布行业标准《城镇给水厂附属建筑和附属设备设计标准》的通知

建标 [1991] 333号

各省、自治区、直辖市建委（建设厅），计划单列市建委，国务院有关部、委：

根据原城乡建设环境保护部（83）城科字第224号文的要求，由上海市政工程设计院主编的《城镇给水厂附属建筑和附属设备设计标准》，业经审查，现批准为行业标准，编号CJJ 41—91，自1991年12月1日起施行。

本标准由建设部城镇建设标准技术归口单位建设部城市建设研究院归口管理，其具体解释等工作由上海市政工程设计院负责。

中华人民共和国建设部
1991年5月17日

目 次

第一章 总则 …………………………………… 18—3
第二章 附属建筑面积
　第一节 一般规定 ……………………………… 18—3
　第二节 生产管理用房 ………………………… 18—3
　第三节 行政办公用房 ………………………… 18—4
　第四节 化验室 ………………………………… 18—4
　第五节 维修车间 ……………………………… 18—6
　第六节 车库 …………………………………… 18—6
　第七节 仓库 …………………………………… 18—6
　第八节 食堂 …………………………………… 18—6
　第九节 浴室与锅炉房 ………………………… 18—7
　第十节 堆棚 …………………………………… 18—7
　第十一节 绿化用房 …………………………… 18—7
　第十二节 传达室 ……………………………… 18—7
　第十三节 宿舍 ………………………………… 18—8
　第十四节 其他 ………………………………… 18—8
第三章 附属建筑装修
　第一节 一般规定 ……………………………… 18—8
　第二节 室外装修 ……………………………… 18—9
　第三节 室内装修 ……………………………… 18—10
　第四节 门窗装修 ……………………………… 18—11
第四章 附属设备
　第一节 一般规定 ……………………………… 18—11
　第二节 化验设备 ……………………………… 18—11
　第三节 维修设备 ……………………………… 18—14
本标准用词说明 …………………………………… 18—15
附加说明

第一章 总 则

第 1.0.1 条 为了使城镇给水厂（以下简称给水厂）附属建筑和附属设备的设计做到统一建设标准，控制建设规模，制定本标准。

第 1.0.2 条 本标准适用于新建、扩建和改建的给水厂的附属建筑和附属设备设计。

第 1.0.3 条 给水厂分为五档（0.5×10⁴～2×10⁴、2×10⁴～5×10⁴m³/d，5×10⁴～10×10⁴m³/d，10×10⁴～20×10⁴m³/d，20×10⁴～50×10⁴m³/d）。其供水规模分五档（0.5×10⁴～2×10⁴ m³/d ）。2×10⁴～10×10⁴m³/d 为小型水厂，2×10⁴～10×10⁴m³/d 中型水厂，10×10⁴m³/d 以上为大型水厂。

第 1.0.4 条 本标准中有变化范围的数据，应以内插法确定。

第 1.0.5 条 给水厂附属建筑和附属设备的设计，除应执行本标准规定外，尚应符合国家现行的有关法规和标准的规定。

第二章 附属建筑面积

第一节 一般规定

第 2.1.1 条 给水厂的附属建筑应根据总体布局，结合厂址环境、地形、气象和地质等条件进行布置，布置方案应达到经济合理、安全适用，方便施工和管理等要求。

第 2.1.2 条 本标准规定的附属建筑面积应为使用面积。

第 2.1.3 条 给水厂生产管理用房、行政办公用房、化验室和宿舍等组成的综合楼，其建筑系数可按55%～65%选用，其它附属建筑的建筑系数宜符合表2.1.3的规定。

建筑系数 表 2.1.3

建筑物名称	建筑系数（%）
仓库、机修间	80～90
食堂（包括厨房）	70～80
浴室、锅炉房	75～85
传达室	75～85

第二节 生产管理用房

第 2.2.1 条 生产管理用房包括计划室、技术室、技术资料室、劳动工资室、财务室、会议室、活动室、调度室、医务室和电话总机室等。

第 2.2.2 条 生产管理用房面积应符合表2.2.2的规定。

生产管理用房面积

表 2.2.2

类别 给水厂规模($10^4m^3/d$)	地表水水厂(m^2)	地下水水厂(m^2)
0.5～2	100～150	80～120
2～5	150～210	120～150
5～10	210～300	150～180
10～20	300～350	180～250
20～50	350～400	250～300

注：本表已包括行政办公用房的面积。

第三节 行政办公用房

第 2.3.1 条 行政办公用房包括办公室、打字室、资料室和接待室等。

第 2.3.2 条 行政办公用房，每人（即每一编制定员）平均面积为5.8～6.5㎡。

第四节 化 验 室

第 2.4.1 条 化验室面积应按常规水质化验项目确定。根据给水厂规模，一般由理化分析室、天平室、生物检验室（包括无菌室）、加热室、毒物室、仪器室、药品贮藏室（包括毒品室）、办公室和更衣室间等组成。

第 2.4.2 条 化验室面积和办公室定员应符合表2.4.2的规定。

化验室面积和定员

表 2.4.2

类别 给水厂规模($10^4m^3/d$)	地表水水厂		地下水水厂	
	面积(m^2)	定员（人）	面积(m^2)	定员（人）
0.5～2	60～90	2～4	30～60	1～3
2～5	90～110	4～5	60～80	3～4
5～10	110～160	5～6	80～100	4～5
10～20	160～180	6～8	100～120	5～6
20～50	180～200	8～10	120～150	6～8

注：本表面积指给水厂一级化验室的面积，不包括车间及班组化验用房。

第 2.4.3 条 设有原子吸收、气相色谱分析仪等大型仪器配备的化验室，其面积可酌情增加。

第五节 维 修 车 间

第 2.5.1 条 维修车间一般包括机修间、电修间、水表修理间和泥木工间。

第 2.5.2 条 给水厂机修间分为中修、小修两类，中修以维修部件为主，小修以维修零件为主。其类型的选用应考虑当地自来水公司的机修力量和协作条件确定。表修和泥木修可按小修确定。

第 2.5.3 条 机修间面积和定员，应根据给水厂规模和维修类型确定，宜符合表2.5.3的规定。

第 2.5.4 条 卫生间、休息室、机修间辅助面积指工具间、备品库、休息室和办公室的总面积。给水厂规模男女更衣室，小于$10\times10^4m^3/d$时可不设置休息室。

第2.5.5条 机修间外设置冷工作棚时，其面积可按车间面积的20%～40%计算。

第2.5.6条 当地无水表修理力量，且规模在10×10^4 m^3/d以下的给水厂，宜设置水表修理间，其面积和定员应符合表2.5.6的规定。

水表修理间面积和定员　　表2.5.6

给水厂规模$(10^4m^3/d)$	面积（m²）	定员（人）
0.5～2	20～30	2
2～5	30～40	2～3
5～10	40～50	3～4

注：地表水水厂与地下水水厂相同。

第2.5.7条 电修间面积和定员应符合表2.5.7的规定。

电修间面积和定员　　表2.5.7

类别 给水厂规模$(10^4m^3/d)$	地表水水厂 面积（m²）	地表水水厂 定员（人）	地下水水厂 面积（m²）	地下水水厂 定员（人）
0.5～2	20～25	2～3	20～30	2～4
2～5	25～30	3～4	30～40	4～5
5～10	30～40	4～6	40～50	5～7
10～20	40～50	4～6	50～60	7～10
20～50	50～60	6～7	60～70	10～12

注：本表未考虑控制系统仪表和设备的检修。

第2.5.8条 泥木工间包括木工、泥工和油漆工等的工作场所和工具堆放场地，其面积和定员应符合表2.5.8

机修间面积和定员表　　表2.5.3

给水厂规模$(10^4m^3/d)$	小修 车间面积（m²） 地表水水厂	小修 车间面积（m²） 地下水水厂	小修 辅助面积（m²） 地表水水厂	小修 辅助面积（m²） 地下水水厂	小修 定员（人） 地表水水厂	小修 定员（人） 地下水水厂	中修 车间面积（m²） 地表水水厂	中修 车间面积（m²） 地下水水厂	中修 辅助面积（m²） 地表水水厂	中修 辅助面积（m²） 地下水水厂	中修 定员（人） 地表水水厂	中修 定员（人） 地下水水厂
0.5～2	50～70	40～60	25～35	20～30	2～5	2～5	70～80	60～70	25～35	20～30	4～6	3～6
2～5	70～100	60～90	35～45	30～40	5～7	5～6	80～110	70～100	35～45	30～40	6～8	6～7
5～10	100～120	90～100	45～60	40～50	7～9	6～7	110～130	100～120	45～60	40～50	8～10	7～8
10～20	120～150	100～130	60～70	50～60	9～10	7～8	130～160	120～140	60～70	50～60	10～11	8～10
20～50	150～190	130～160	70～90	60～80	10～12	8～10	160～200	140～180	70～90	60～70	11～13	10～12

泥木工间面积和定员   表2.5.8

类别 给水厂规模 ($10^4 m^3/d$)	地表水厂 面积(m^2)	地表水厂 定员(人)	地下水厂 面积(m^2)	地下水厂 定员(人)
2~5	20~35	1~2	20~25	1~2
5~10	35~45	2~3	25~30	1~2
10~20	45~60	3~4	30~40	2~3
20~50	60~80	4~8	40~60	3~5

第六节 车 库

第2.6.1条 车库一般由停车间、检修坑、工具间和休息室等组成。其面积应根据车辆的配备确定。

第七节 仓 库

第2.7.1条 仓库可集中或分散设置，其总面积应符合表2.7.1的规定。

仓 库 面 积   表2.7.1

给水厂规模($10^4m^3/d$)	地表水厂(m^2)	地下水厂(m^2)
0.5~2	50~100	40~80
2~5	100~150	80~100
5~10	150~200	100~150
10~20	200~250	150~200
20~50	250~300	200~250

注：1.净水和消毒药剂的贮存不属本仓库范围。
2.10×$10^4m^3/d$及以上给水厂仓库，表中已计入仓库管理人员的办公面积。

第八节 食 堂

第2.8.1条 给水厂食堂包括餐厅和厨房（备餐、烧火、操作、贮藏、冷藏、烘烤、办公及更衣用房等），其总面积定额应符合表2.8.1的规定。

食堂就餐人员面积定额   表2.8.1

给水厂规模($10^4m^3/d$)	面积定额(m^2/人)
0.5~2	2.6~2.4
2~5	2.4~2.2
5~10	2.2~2.0
10~20	2.0~1.9
20~50	1.9~1.8

注：地表水水厂和地下水水厂相同。

第2.8.2条 就餐人员宜按最大班人数计（即当班的生产人员加上日班的生产辅助人员和管理人员）。

第2.8.3条 给水厂规模小于0.5×$10^4m^3/d$面积定额可酌情增加，当大于50×$10^4m^3/d$面积定额可酌情减少。

第2.8.4条 食堂室外应有堆放煤和炉渣的场地，寒冷地区宜设菜窖。

第九节 浴室与锅炉房

第2.9.1条 男女浴室的总面积（包括淋浴间、盥洗间及更衣室厕所等）应符合表2.9.1的规定。

第2.9.2条 锅炉房的面积应根据需要确定。

第2.9.3条 锅炉房外应有堆放煤和渣料的场地。

浴 室 面 积

表 2.9.1

给水厂规模(10^4 m³/d)	地表水水厂 (m²)	地下水水厂 (m²)
0.5～2	20～40	15～25
2～5	40～50	25～35
5～10	50～60	35～45
10～20	60～70	45～55
20～50	70～80	55～60

第 2.9.1 条　浴室面积应符合表2.9.1的规定。

第十节　堆　棚

表 2.10.1

给水厂规模(10^4 m³/d)	面　积(m²)
0.5～2	30～50
2～5	50～80
5～10	80～100
10～20	100～200
20～50	200～250

第 2.10.1 条　给水厂应设管配件堆棚，其面积应符合表2.10.1的规定。

第十一节　绿　化　用　房

第 2.11.1 条　绿化用房面积应根据绿化工定员和面积定额确定。绿化工定员可按绿化面积确定，当绿化面积小于7000m²时绿化工定员定2人；绿化面积每增加7000m²～10000m²时绿化工定员了1人。绿化用房面积定额可按5～10m²/人计算。

注：地表水水厂和地下水水厂相同。

第十二节　传　达　室

第 2.12.1 条　传达室面积应符合表2.12.1的规定。

传达室面积表　　表 2.12.1

给水厂规模(10^4 m³/d)	面　积(m²)
0.5～2	15～20
2～5	15～20
5～10	20～25
10～20	25～35
20～50	25～35

第十三节　宿　舍

第 2.13.1 条　宿舍包括值班宿舍和单身宿舍。

第 2.13.2 条　值班宿舍是中、夜班工人临时休息用房，其面积可按4m²/人计算，宿舍人数按值班职工总人数的45%～55%计算。

第 2.13.3 条　单身宿舍是指常住在厂内的单身男女职工住房，其面积可按5m²/人计算。宿舍人数宜按给水厂定员人数的35%～45%计算。

第十四节　其　他

第 2.14.1 条　给水厂应设置露天操作工的休息室，其面积可按5m²/人的定额采用，厂内可设自行车棚，车棚面积定额采用，总面积应不小于25m²。

第 2.14.2 条　厂内可设自行车棚，车棚面积应由存放车辆数及其面积定额确定。存放车辆数可按给水厂定员的30%～60%采用，面积定额可按0.8m²/辆考虑。

第三章 附属建筑装修

第一节 一般规定

第3.1.1条 给水厂附属建筑装修包括室内外装修和门窗装修，不包括有特殊要求的装修工程。

第3.1.2条 附属建筑装修应适用、经济，注意美观大方，并应考虑与其他生产性建筑物以及周围环境相协调。

第3.1.3条 附属建筑装修标准，应根据给水厂建筑类别标准而定。给水厂建筑类别分为Ⅰ、Ⅱ、Ⅲ类，见表3.1.3。

给水厂建筑类别 表3.1.3

类别	给水厂特征
Ⅰ	直辖市及省会级城市的大型给水厂 国家重点工程配套的大型给水厂 对外开放或对环境设计有特殊要求的给水厂
Ⅱ	中等城市的大、中型给水厂 直辖市及省会级的郊县小型给水厂
Ⅲ	Ⅰ、Ⅱ类以外的给水厂

第3.1.4条 附属建筑按其功能重要性，可分为主要建筑和次要建筑。本标准规定的建筑标准，是指主要建筑的主要部位。对次要部位和次要建筑的装修应降低标准。

第3.1.5条 室内外装修等级，分成1～4级。

第3.1.6条 本标准未列入新型装饰材料，可根据当地实际情况，按其材料的相应等级选用。

第二节 室外装修

第3.2.1条 室外装修系指建筑物立面，包括墙面、勒脚、壁柱、腰线、台阶、雨蓬、檐口、门窗、门罩、窗套等基层以上的各种贴面或涂料、抹面等。

第3.2.2条 室外装修等级及标准应符合表3.2.2-1和表3.2.2-2的规定。

室外装修等级 表3.2.2-1

给水厂建筑类别 装修等级 建筑物名称	Ⅰ	Ⅱ	Ⅲ
1	生产管理用房、行政办公用房、化验室、接待室、传达室、厂大门、活动室、电话总机房	外墙1	外墙2	外墙2
2	食堂、浴室、托儿所、宿舍	外墙2	外墙2	外墙3
3	维修车间、仓库、车库、电修间、泥木工间、绿化用房、围墙	外墙2	外墙3	外墙3

第3.2.3条 室外装修应考虑建筑总体的装饰效果。

室外装修标准　　　表3.2.2-2

等级	选 用 材 料 及 作 法
外墙1	高级贴面材料、高级涂料等
外墙2	普通贴面材料、中级涂料、刷假石、水刷石等
外墙3	干粘石、水泥砂浆抹面、混合砂浆抹面、弹涂抹灰等

第3.2.4条 位于城市主要干道的附属建筑，在城市规划中有一定要求时，其外装修可按表3.2-1、表3.2.2-2中规定的装修等级标准适当提高。

第三节 室 内 装 修

第3.3.1条 室内装修系指室内楼面、地面、墙面、顶棚等装修。

第3.3.2条 室内楼面、地面装修系指楼面、地面基层以上的面层的各种装修材料及作法，其装修等级及标准应符合表3.3.2-1和表3.3.2-2的规定。

室内楼面、地面装修标准　　　表3.3.2-1

等级	选 用 材 料 及 作 法
地面1	高级贴面材料、彩色水磨石、高级涂料、木地板等
地面2	普通贴面材料、普通水磨石、中级涂料、涂料等
地面3	水泥砂浆抹面、混凝土压光、涂料等

室内楼面、地面装修等级　　　表3.3.2-2

建筑物名称	给水厂建筑类别 装修等级	Ⅰ	Ⅱ	Ⅲ
1	接待室、会议室	地面1	地面2	地面2
2	化验室、活动室、门厅	地面1~2	地面2	地面2
3	食堂餐厅、浴室、厕所	地面2	地面2	地面2
4	生产管理用房、行政办公用房、传达室、楼梯间、走廊	地面1	地面1	地面2~3
5	托儿所、电话总机房	地面3	地面2	地面1
6	维修车间、仓库、车库、电修间、泥木工间、暖风房、绿化用房		地面3	地面3

内墙面装修等级　　　表3.3.3-1

建筑物名称	给水厂建筑类别 装修等级	Ⅰ	Ⅱ	Ⅲ
1	接待室、会议室、化验室	内墙面1	内墙面1	内墙面2
2	食堂、浴室、厕所	内墙面2	内墙面2	内墙面2~3
3	生产管理用房、行政办公用房、门厅、楼梯间、走廊、活动室、电话总机房	内墙面2	内墙面2	内墙面3
4	传达室、宿舍、绿化用房	内墙面3	内墙面3	内墙面3
5	维修车间、仓库、车库、电修间、泥木工间	内墙面4	内墙面4	内墙面4

第 3.3.3 条 内墙面装修系指室内墙面基层以上的贴面或抹面，其装修等级及标准应符合表3.3.3-1和表3.3.3-2的规定。

内墙面装修标准　　　　　　表 3.3.3-2

等级	选　用　材　料　及　作　法
内墙面1	化纤墙布、塑料墙纸、高级涂料、高级贴面材料墙裙等
内墙面2	中级涂料、中级贴面材料墙裙、高级涂料墙裙
内墙面3	普通涂料、普通贴面材料墙裙、中级涂料墙裙
内墙面4	普通抹灰、水泥砂浆缝压光喷白、普通涂料墙裙、水泥砂浆墙裙等

第 3.3.4 条 室内顶棚装修系指平顶或吊顶基层的外层所选用不同面层材料及作法，其装修等级及标准应符合表3.3.4-1和表3.3.4-2的规定。

顶棚装修等级　　　　　　表 3.3.4-1

建筑物名称 装修等级 给水厂建筑类别	Ⅰ	Ⅱ	Ⅲ
1　接待室、会议室、门厅	顶棚1	顶棚1	顶棚2
2　化验室、餐厅	顶棚1	顶棚2	顶棚2
3　生产管理用房、行政办公用房、活动室、浴室、厕所、传达室、托儿所、电话总机房	顶棚2	顶棚2	顶棚2
4　维修车间、仓库、车库、泥木工间、绿化用房	顶棚2~3	顶棚2~3	顶棚2~3

顶棚装修标准　　　　　　表 3.3.4-2

等级	选　用　材　料　及　作　法
顶棚1	钙塑、石膏、高级抹灰、高级涂料等
顶棚2	普通涂料、普通抹灰、纤维板装饰品顶等
顶棚3	水泥砂浆缝压光喷白

第四节　门窗装修

第 3.4.1 条 门窗装修系指建筑物内外门窗的选用材料及作法，包括窗帘盒、窗台板等附属装饰，其装修等级及标准应符合表3.4.1-1和表3.4.1-2的规定。

门窗装修等级　　　　　　表 3.4.1-1

建筑物名称 装修等级 给水厂建筑分类	Ⅰ	Ⅱ	Ⅲ
1　接待室、会议室、门厅	门窗1	门窗2	门窗2
2　生产管理用房、行政办公用房、化验室、活动室、餐厅、传达室、托儿所、电话总机房	门窗2	门窗2	门窗2
3　浴室、厕所、泥木工间、仓库、车库、维修车间、绿化用房、电修间、宿舍	门窗3	门窗3	门窗3

第 3.4.2 条 厂区内食堂、厨房、接待室、托儿所、电话总机房及主要建筑物应设纱门窗。

等级	装 修 选 材 及 作 法
门窗1	钢窗、硬木弹簧门、涂塑钢窗门、木窗帘盒、中级贴面材料窗台板、木窗台板等。
门窗2	钢门窗、钢窗、木门、木窗、水磨石窗台板、普通贴面材料窗台板、硬塑料门等。
门窗3	钢门、木门、木窗、水泥砂浆窗台板等。

表 3.4.1-2 门窗装修标准

第四章 附属设备

第一节 一般规定

第 4.1.1 条 选用附属设备应满足工艺要求,做到设置合理,使用可靠。对于大型先进仪表设备,要充分发挥其使用效益。

第二节 化验设备

第 4.2.1 条 化验设备的配置应根据原水水质、水厂检验项目和水厂规模确定。水厂化验设备可按表4.2.1配置,当需进行水质全分析检验时,化验设备可适当增加。

第 4.3.3 条 给水厂规模在 $10 \times 10^4 m^3/d$ 以下的水表修理常用设备数量应符合表4.3.3的规定。

表 4.2.1 化 验 设 备

给水厂规模 ($10^4 m^3/d$) 类别 设备名称	地 表 水 厂					地 下 水 厂				
	0.5~2	2~5	5~10	10~20	20~50	0.5~2	2~5	5~10	10~20	20~50
高温电炉	1	1	1	2	2	—	—	1	2	2
电热恒温干燥箱	1	1	1	2	2	—	1	1	2	2
电热恒温培养箱	1	1	1	2	2	—	—	1	1	2
电热蒸馏水器	1	1	1	2	2	1	1	1	2	2
电热恒温水浴锅	—	1	1	1	1	—	—	1	1	1
分光光度计	2	3	2	2	2	—	1	1	2	2
光电比色计	1	1	1	2	2	1	1	2	2	2
浊度仪	1	2	2	2	2	—	—	1	1	1
余氯比色器	1	1	1	1	1	—	—	—	—	—
电导仪	1	1	1	1	2	1	1	1	2	2
酸度仪	1	1	1	1	2	1	1	1	2	2
离子仪	1	1	1	1	1	—	—	1	1	1
溶解氧测定仪	—	—	1	1	2	—	—	—	—	—
离子交换纯水器	1	1	2	2	2	—	1	1	2	2
自动加码1/10000	2	2	2	2	2	1	1	2	2	2
精密天平	1	1	1	1	2	1	1	1	2	2
托盘天平	1	1	1	1	2	1	1	1	2	2
电冰箱	—	1	1	1	1	—	1	1	1	1
高倍显微镜	1	1	1	1	1	—	—	1	1	1
生物显微镜	1	1	1	1	1	1	1	1	1	1
电动六联搅拌机	1	1	1	1	1	—	—	—	—	—
电动离心机	1	1	1	1	1	1	1	1	1	1
高压蒸汽消毒器	1	1	1	1	1	1	1	1	1	1

注:1.未设公司级化验室的水厂,其化验设备可根据具体情况自行增加。
2.设备表中未列入玻璃器皿等材料。

第三节 维 修 设 备

第 4.3.1 条 机修间常用主要设备的配置应按给水厂规模和维修类别确定。设备种类和数量应符合表4.3.1-1和表4.3.1-2的规定。

第 4.3.2 条 电修间、泥木工间的设备种类及数量,可根据具体情况自行选用。

地表水水厂机修间常用主要设备数量

表 4.3.1-1

常用设备类型	技术规格	最大加工直径(mm)	最大加工长度(mm)	0.5×10⁴~2×10⁴ m³/d 小修	中修	2×10⁴~5×10⁴ m³/d 小修	中修	5×10⁴~10×10⁴ m³/d 小修	中修	10×10⁴~20×10⁴ m³/d 小修	中修	20×10⁴~50×10⁴ m³/d 小修	中修
车床		320	750	1									1
		360	750		1	1						1	1
		400	750				1	1				1	1
		615	1400						1	1			
		615	2800								1		
牛头刨床	最大刨削长度650mm			1	1	1	1	1	1	1	2	1	2
钻床	摇臂钻 最大钻孔直径35mm			1		1		1	1				
	摇臂钻 最大钻孔直径50mm				1		1		1	1	1	1	1
	立钻 最大钻孔直径25mm			1	1	1	1	1	1	1	2	1	2
	立钻 最大钻孔直径35mm			1	1	1	1	1	1	1	1	1	1
	台钻 最大钻孔直径12mm			1	1	1	1	1	1	1	1	1	1
落地(或台式)砂轮机	最大直径300mm			1	1	1	1	1	1	1	1	1	1
弓锯机	最大锯料直径220mm			各1	各1	各1	各1	各1					
空压机	0.5m³/7kg			1	1	1	1	1	1	1	1	1	1
起重设备	手拉葫芦1t,2t; 电动葫芦5t			1~2	2~3	2~3	3~4	3	4~5	4	5~6	5	6~7
电焊机	交流 最大额定电流330A			1	1	1	1	1	1	1	1	1	1
	直流 最大额定电流500A			1	1	1	1	1	1	1	1	1	1
乙炔发生器	发气量1m³/h			1	1	1	1	1	1	1	1	1	1
氧气瓶	40kg			2	2	2	2~3	2~3	3~4	3~4	4~5	4~5	5~7

注：1. 表中所列的空压机是专为塑料焊接而用。
2. 表中所列设备未注明型号者可根据定货的技术规格自行选用。

地下水水厂机修间常用主要设备数量

表 4.3.1-2

常用设备类型	技术规格	数量	0.5×10⁴~2×10⁴m³/d 小修	中修	2×10⁴~5×10⁴m³/d 小修	中修	5×10⁴~10×10⁴m³/d 小修	中修	10×10⁴~20×10⁴m³/d 小修	中修	20×10⁴~50×10⁴m³/d 小修	中修
车　床	最大加工直径(mm)	320	1	1								
	最大加工直径(mm)	360			1	1		1		1		1
	最大加工直径(mm)	400					1		1		1	1
	最大加工长度(mm)	750										
	最大加工长度(mm)	850										
	最大加工长度(mm)	1500										
牛头刨床	最大刨削长度650mm	400	1	1	1	1	1	1	1	1	1	1
钻　床	摇臂钻 最大钻孔直径35mm	615						1		1		1
	立钻 最大钻孔直径50mm		1	1	1	1	1	1	1	1	1	1
	台钻 最大钻孔直径25mm	1400										
	台钻 最大钻孔直径12mm		1	1	1	1	1	1	1	1	1	1
落地(或台式)砂轮机	最大直径300mm		1	1	1	1	1	1	1	1	1	2
弓锯床	最大锯料直径220mm		1	1	1	1	1	1	1	1	1	1
起重设备	手拉葫芦1t、2t		各1	各1	各1	各1	各1	各1	各1	各1	各1	各1
	电动葫芦5t											
台　钳			1~2	2~3	2	3	3	4	3	4	4	5
电焊机	交流 最大额定电流330A		1	1	1	1	1	1	1	1	1	1
	直流 最大额定电流500A											
	最大额定电流375A		1	1	1	1	1	1	1	1	1	1
乙炔发生器	发气量1m³/h		1	1	1	1	1	1	1	1	1	1
氧气瓶	40kg		2	2	2	2	2	3	3	4	4	5

水表修理常用设备数量　　　表 4.3.3

设备类型 \ 技术规格 (mm) \ 给水厂规模(10⁴m³/d)	0.5~2	2~5	5~10
校表台	16~40		
合式(或仪表)车床　或(25~50)任选	1	1	1
最大加工直径300	—	1	1
最大加工长度550			
钻台　最大钻孔直径6	—	1	1
小台钳	1	2	2~3

本标准用词说明

一、为便于在执行本标准条文时区别对待，对于要求严格程度不同的用词说明如下：

1. 表示很严格，非这样作不可的
正面词采用"必须"；
反面词采用"严禁"。

2. 表示严格，在正常情况下均应这样作的
正面词采用"应"；
反面词采用"不应"或"不得"。

3. 表示允许稍有选择，在条件许可时，首先应这样作的
正面词采用"宜"或"可"；
反面词采用"不宜"。

二、条文中指明必须按其他有关标准执行的写法为："应按……执行"或"应符合……的要求（或规定）"。非必须所指定的标准执行的写法为："可参照……的要求（或规定）"。

附加说明

本标准主编单位、参加单位和主要起草人名单

主编单位：上海市政工程设计院

参加单位：中国市政工程中南设计院

主要起草人：王才渔　方俞斋　田　明　刘洪庆
　　　　　　朱爱仁　陈宝书　李金根　范民权
　　　　　　戚盛豪　顾德涵　钟淳昌　费莹如
　　　　　　赵秀英　戴秀芳

中华人民共和国行业标准

城市规划工程地质勘察规范

Code for urban planning engineering geotechnical investigation and surveying

GJJ 57—94

主编单位：北 京 市 勘 察 院
批准部门：中华人民共和国建设部
施行日期：1994年11月1日

关于发布行业标准《城市规划工程地质勘察规范》的通知

建标[1994]337号

根据原国家城市建设总局(81)城科字第15号文的要求，由北京市勘察院主编的《城市规划工程地质勘察规范》，业经审查，现批准为行业标准，编号CJJ57—94，自一九九四年十一月一日起施行。

本标准由建设部勘察与岩土工程标准技术归口单位建设部综合勘察研究院负责归口管理，具体解释等工作由主编单位负责，建设部标准定额研究所组织出版。

中华人民共和国建设部
一九九四年五月二十六日

目　次

1 总则 …………………………………………… 19—3
2 一般规定 ……………………………………… 19—3
3 总体规划阶段的工程地质勘察 ……………… 19—4
4 详细规划阶段的工程地质勘察 ……………… 19—7
5 资料整理和报告编制的基本要求 …………… 19—9
附录 A 岩土试验项目 ………………………… 19—10
附录 B 不良地质条件和环境工程地质问题调查和
　　　　预测的内容 …………………………… 19—10
附录 C 场地稳定性分类 ……………………… 19—12
附录 D 场地工程建设适宜性分类 …………… 19—12
附录 E 城市规划工程勘察报告编制提纲 …… 19—13
　E.1 勘察报告正文编写提纲 ………………… 19—13
　E.2 工程地质图系编制提纲 ………………… 19—14
附录 F 本规范用词说明 ……………………… 19—15
附加说明 ………………………………………… 19—16
条文说明 ………………………………………… 19—16

1 总 则

1.0.1 为在城市规划工程地质勘察中贯彻执行国家的技术经济政策，做到技术先进，经济合理，安全适用，确保质量，制定本规范。

1.0.2 本规范适用于各类城市规划的工程地质勘察。

1.0.3 城市规划工程地质勘察必须结合任务要求，选择运用各种勘察手段，提供符合城市规划要求的勘察成果。在勘察工作中要积极采用有效的新技术（如遥感、电子计算机等）和地质学科新理论。

1.0.4 城市规划工程地质勘察，除应符合本规范外，尚应符合国家现行标准的有关规定。

2 一 般 规 定

2.0.1 城市规划工程地质勘察阶段应与规划阶段相适应，分为总体规划勘察阶段（简称总体规划勘察）和详细规划勘察阶段（简称详细规划勘察）。

2.0.2 城市规划工程地质勘察应以搜集整理、分析利用已有资料和工程地质测绘与调查为主，辅以必要的勘探、测试工作。

2.0.3 城市规划工程地质勘察的工作内容、工作方法和工作量，应按下列因素综合考虑确定：

2.0.3.1 勘察阶段及其任务要求；

2.0.3.2 规划区的地理、地质特征和工程地质环境条件的复杂程度；

2.0.3.3 规划区已有资料和工程地质条件的研究程度，以及当地的工程建设经验。

2.0.4 城市规划工程地质勘察区内的各场地，应根据其场地条件和地基的复杂程度，按表2.0.4分类。

场地分类　　　　　表2.0.4

Ⅰ类	Ⅱ类	Ⅲ类
1. 按现行的国家《建筑抗震设计规范》划分的对建筑抗震危险的场地和地段	1. 按现行的国家《建筑抗震设计规范》划分的对建筑抗震不利的场地和地段	1. 地震设防烈度为6度或建筑抗震设计规范》划分的对建筑抗震有利的场地和地段
2. 不良地质现象强烈发育	2. 动力地质现象一般发育	2. 不良地质现象不发育
3. 地质环境已经或可能受到强烈破坏	3. 地质环境已经或可能受到一般破坏	3. 地质环境基本未受破坏

续表 2.0.4

Ⅰ类	Ⅱ类	Ⅲ类
4. 地形地貌复杂	4. 地形地貌较复杂	4. 地形地貌简单
5. 岩土种类多、性质变化大，地下水对工程影响大，且需特殊处理	5. 岩土种类较多、性质变化大，地下水对工程有不利影响	5. 岩土种类单一、性质变化不大，地下水对工程无影响
6. 变化复杂，作用强烈的特殊性岩土	6. 不属Ⅰ类的一般特殊性岩土	6. 非特殊性岩土

注：①表中未列项目可按其复杂性比照推定；
②从Ⅰ类开始，向Ⅰ类、Ⅲ类推定，六项中其中一项属于Ⅰ类场地，Ⅱ类即划为Ⅰ类地，依次类推。

2.0.5 详细规划勘察阶段，近期建设区内的拟建工程的等级，应根据地基损坏造成工程破坏的后果（危及人的生命、造成经济损失和社会影响）的严重性，按表 2.0.5 划分。

表 2.0.5

工程等级	破坏后果	工程类型	
		重大工程	一般工程
一级	很严重	重大工程；20层以上的高层建筑；体型复杂的14层以上的高层建筑；对地基变形有特殊要求的建筑物；单桩商载在4000kN以上的建筑物，120000t以上的污水处理场等	
二级	严重		一般工程
三级	不严重		次要工程

3 总体规划阶段的工程地质勘察

3.0.1 总体规划勘察应对规划区内各场地的稳定性和工程建设适宜性作出评价，并为确定城市的性质、发展规模、城市各项建设用地合理选择、功能分区和各项建设的总体部署，以及编制各项专业总体规划提供工程地质依据，还应研究并预测规划实施过程及远景发展中，对地质环境影响的变化趋势和可能发生的环境地质问题提出相应的建议和防治对策。

3.0.2 总体规划勘察工作应符合下列要求：

3.0.2.1 搜集整理、分析研究已有资料、文献，调查了解当地的工程建设经验。

3.0.2.2 调查了解规划区内各场地的地形，地貌（地层、构造）及地貌特征，地基岩土的空间分布及其物理力学性质，动力地质作用的成因类型、空间分布、发生和诱发条件等以及它们对场地稳定性的影响及其发展趋势，并应调查了解规划区内存在的特殊性岩土的典型性质。

3.0.2.3 调查了解规划区内各场地的地下水类型、埋藏、迳流及排泄条件，地下水位及变化幅度，地下水污染状况，并采取有代表性的水试样进行水质分析；在缺乏地下水长期观测资料的规划区应建立地下水长期观测网，进行地下水位的长期观测。

3.0.2.4 对于地震区的城市，应调查了解规划区的地震地质背景和地震基本烈度，对地震设防烈度等于或大于7度的规划区，尚应划定场地和地基的典型性。

3.0.2.5 在规划实施过程及远景发展中，应调查研究并预测地质条件变化或人类活动引起的环境工程地质问题。

3.0.2.6 综合分析规划区内各场地的环境地质（地形、岩土性质、地下水、动力地质作用及地质灾害等）的特性及其与工程建设的相互关系，按场地特性、稳定性、工程建设适宜性进行工程地质分区，并紧密结合任务要求，进行土地利用控制分析，编制城市总体规划勘察报告。

3.0.3 总体规划勘察前，必须取得下达的勘察任务书，并应附有城市总体规划区（市区、新开发区及卫星城镇）的范围图以及城市类别、性质、发展规模和重点建设等文件：

3.0.3.1 城市规划部门下达的勘察任务书，并应附有城市总体规划区（市区、新开发区及卫星城镇）的范围图以及城市类别、性质、发展规模和重点建设等文件。

3.0.3.2 规划区现状地形图，其比例尺大、中城市宜为 1：10000～1：25000；各类城市的市区、新开发区及卫星城镇宜为 1：5000～1：10000，市域城镇体系规划图宜为 1：50000～1：10000。

3.0.4 总体规划勘察搜集资料应符合下列要求：

3.0.4.1 规划区及其邻近地区的航空航天和航空遥感影像及其判释资料。

3.0.4.2 规划区的历史地理、湖泊、河流、沟、坑的分布及其演变历史、沿革和城址变迁，江湖河海岸线变迁，城市的历史沿革和城址变迁资料。

3.0.4.3 规划区气候的基本特性，取暖和防暑降温期、无霜期、风向、风速、风压、湿度、日照（日照时数、日照角）和灾害性天气等气象要素资料。最低气温，四季气候分配，降水量（降水强度，平均气温，最高气温、降水量、四季分配、降水强度）等气象要素资料。

3.0.4.4 规划区水系的分布，流域范围，江湖河海水位、流量、流速、水量和洪水淹没界线，洪涝灾害等水文资料，以及现有水利、防洪设施的资料。

3.0.4.5 区域地质、第四纪地质、地貌、水文地质和工程地质，以及地下水长期观测和建筑物沉降观测等资料。

3.0.4.6 地震地质资料，历史地震和现今地震活动特征，地震危险性观测，历史地震基本烈度和近期今活动构造特征、地壳形变观测、历史地震基本烈度和宏观震害、地震液化及其它强震记录、强震效应，地面破坏效应，以及地震反应分析等资料。

3.0.4.7 自然资源（水资源、矿产资源和燃料动力资源、天然建筑材料资源，以及旅游景观资源等）的分布、数量、开发利用价值等资料。

3.0.4.8 地下工程设施（地下铁道、人防工程等）和地下采空区分布情况的资料。

3.0.4.9 土地利用现状资料。

3.0.4.10 当地工程建设经验资料。

3.0.5 总体规划勘察的工程地质测绘与调查应符合下列要求：

3.0.5.1 工程地质调查的范围应包括规划区，及对了解规划区的地层、地质构造、地貌特征和场地稳定性有重要意义的邻近地段。

3.0.5.2 实测地质界线、地貌界线的测绘精度在相应比例尺图上的误差不应超过 3mm。

对工程建设有特殊意义的地质单元体（如崩塌、滑坡、错落、断裂带、软弱夹层、岸边冲刷带、洞穴、泉等）均应测绘，必要时，可用扩大比例尺表示。

3.0.5.3 工程地质测绘与调查的密度取决于场地的工程地质条件的复杂程度，成图比例尺及工程建设的特点和规模，地点应具代表性，数量以能控制重要的地质、地貌界线，并能掌握规划区内各场地的工程地质环境现状特征情况为原则。

3.0.5.4 观测点及工程地质测绘所用地形图的图纸比例尺，宜比编制成果图图纸比例尺大一级。

3.0.5.5 观测点的间距，在图上的距离，宜控制在 2～6cm，也可根据场地工程地质条件的复杂程度，并结合对工程建设的影响程度，适当加密或放宽。

3.0.5.6 观测点应充分利用天然和人工露头，当露头少，必要时，可根据具体情况布置一定数量的钻探、槽探工作，当条件适宜在地质构造线、地层接触线、岩性分界线、标准层面和每个单元体均应有观测点。

时，可配合进行物理勘探工作。

3.0.5.7 工程地质地形、地貌测绘与调查，一般包括下列内容：

(1) 研究地形、地貌特征，划分地貌单元，分析各地貌单元的形成过程，相互关系及其与地层、构造及不良地质现象的联系；

(2) 岩石和土的风化程度及其接触关系，对土层应着重区分新近堆积土、特殊性土的类别、分布范围及其工程地质特征；

(3) 岩层的产状及其构造类型，软弱结构面的产状及其性质，如断层的位置、类型、产状、断距、破碎带宽度及充填胶结情况，土接触面及软弱夹层的特性等，第四纪构造活动的形迹、特点与震活动的关系，以及与区域构造活动的主要构造体系的排列序次和组合关系；

(4) 地下水的类型、补给来源、排泄条件、含水层的岩性特征、埋藏深度、水位变化幅度和污染情况及其与地表水体的关系等，并调查研究由于地下水位的升降对崩解性岩土、盐渍岩土、膨胀性岩土等特殊性岩土体的塌陷和地面沉降问题；

(5) 洪水淹没范围，河流水位与大气降水的聚积、径流、排泄情况，以及内涝的分布范围；

(6) 岩溶、土洞、滑坡、崩塌、错落、冲沟、泥石流、地震液化、地裂缝、岸边冲刷、岸边滑移、融陷、热融滑塌等分布、形态、规模、发育情况及其对工程建设的影响程度；

(7) 调查研究已有建筑物的变形情况和不良地质现象而引起的场地稳定性问题和已有地质防治措施的经验。

3.0.6 总体规划勘察的勘探工作应在充分搜集、分析利用已有资料和工程地质测绘与调查的基础上进行；勘探点、勘探线、网的布置应符合下列要求：

3.0.6.1 勘探线应垂直地貌单元边界线、地质构造及地层界线。

3.0.6.2 勘探点应按勘探线布置，在每个地貌单元和不同地貌单元交界的部位均应布置勘探点，同时，在微地貌和地层变化较大的地段应予加密。

3.0.6.3 在工程地质简单的Ⅲ类场地，勘探点可按方格网布置。

3.0.6.4 勘探线、点间距应符合表 3.0.6 的规定。

勘探线、点间距 (m)   表 3.0.6

间距 城市 类别 场地类别	线间距			点间距		
	大城市、特大城市	小城市、大城镇、中等城市	小城市、大城镇的卫星城镇	大城市、特大城市	小城市、大城镇、中等城市	小城市、大城镇的卫星城镇
Ⅰ类场地	300~500	500~700		200~400	400~600	400~600
Ⅱ类场地	500~800	700~1000		400~600	600~800	600~800
Ⅲ类场地	800~1000	1000~1500		600~800	800~1000	800~1000

注：①城市类别按《中华人民共和国城市规划法》的规定划分；
②勘探点包括钻孔、探井、钎孔和原位测试点。

按表 3.0.6 布置勘探孔时，应充分利用已有勘探资料，当已有勘探资料能满足本表中规定的勘探线、点间距，并符合本节 3.0.7 条和 3.0.8 条要求时，可不布置勘探点。

大、中城市的市区、重点开发区；大、中城市的郊区，勘探线、勘探点的间距可按表 3.0.6 中规定的最小值确定。

3.0.6 中规定的最大值确定。

3.0.7 总体规划勘察的勘探孔可分一般孔和控制孔两类，其深度应根据勘察任务要求确定：

一般勘探孔深度，应为 8~15m；
控制勘探孔深度，应为 15~30m。

控制勘探孔应占勘探孔总数的 1/5~1/3，且每个地貌单元均应有控制勘探孔，其数量不宜少于 3 个。

3.0.7.1 当场地地形起伏较大时，应根据调整地面平面地面高程调整孔深。

3.0.7.2 当遇基岩时，主要控制勘探孔应钻入基岩适当深度，其它勘探孔钻至基岩顶板。

3.0.7.3 当基础埋置深度下有超过3～5m厚的均匀分布的坚实土层（如碎石、老堆积土等），其下又无软弱下卧层时，其它勘探孔至勘探孔钻至该层至深度，主要的控制勘探孔钻至预定深度，其它预定深度，当预定深度内有软弱地层存在，应适当加深或予以钻穿。

3.0.7.4 在软土地区，勘探孔深度应比较坚硬地层不少于1.0m。

3.0.7.5 总体规划勘察的取试样和原位测试工作应符合下列要求：

3.0.8

3.0.8.1 取土试样和进行原位测试的勘探孔，应在平面上均匀分布，其数量不得少于勘探孔总数的1/2；竖向间距应根据地层特点和原位测试方法确定，各土层均应采取土试样或取得原位测试数据。

岩土试验项目，按本规范附录A的要求确定。

3.0.8.2 在规划区内，应根据地下水质全分析，采取有代表性的水试样进行水质全分析，对不良地质环境工程地质问题和引起环境工程地质问题的调查和预测的内容，应符合本规范附录B的要求。

3.0.9 总体规划勘察，对不良地质条件和将来由于地质条件的自然改变或人为活动引起环境工程地质问题的调查和预测的内容，应符合本规范附录B的要求。

3.0.10 总体规划勘察，场地工程稳定性类别应按本规范附录C划分。

3.0.11 总体规划勘察，场地工程建设适宜性类别应按本规范附录D划分。

4 详细规划阶段的工程地质勘察

4.0.1 详细规划勘察应对规划区内各建筑地段的稳定性作出工程地质评价，为确定规划区内近期房屋建筑、市政工程、公用事业、园林绿化、环境卫生及其它公共设施的总平面布置，以及拟建的重大工程地基基础设计和不良地质现象的防治等提供工程地质依据、建议及其技术经济论证依据。

4.0.2 详细规划勘察工作应符合下列要求：

4.0.2.1 搜集总体规划区内各项工程建设的勘察资料和勘察报告，以及已编制的城市总体规划图系。

4.0.2.2 初步查明地质（地层）、地貌、地层结构特征、地基岩土层的性质、空间分布及其物理力学性质、土的最大冻结深度，以及不良地质现象的成因、类型、性质、分布范围和诱发条件等对规划区内各建筑地段稳定性的影响程度及其发展趋势；并应对规划区内存在的特殊性岩土的类型、分布范围及其工程地质特性。

4.0.2.3 初步查明地下水的类型、埋藏条件、地下水位变化幅度和规律，以及环境水的腐蚀性。

4.0.2.4 进一步分析研究规划区的环境工程地质问题，并对各建筑地段的稳定性作出工程地质评价。

4.0.2.5 在抗震设防烈度等于或大于7度的规划区，应判定场地和地基的地震效应。

4.0.2.6 在综合整理、分析研究各项勘察工作中所得的资料的基础上，编制近期建设区详细规划勘察报告（包括勘察报告正文及工程地质图件）。

4.0.3 详细规划勘察前必须取得下列文件和图件：

4.0.3 规划部门下达的勘察任务书,并应附有近期建设区和工程地质测绘与调查的基础上进行;勘探点、线、网的布置应符规划范围图,包括已建和拟建的各项工程建设总平面布置及其工合下列要求:
程特征点的文件等。

4.0.3.2 规划区范围的现状地形图,其比例尺可用1:10000~1:2000,也可采用1:500的比例尺。

4.0.4 详细规划勘察中,在地质条件较复杂或具有多种地貌单元组合的场地(或地段)应进行工程地质测绘与调查,并应符合下列要求:

4.0.4.1 工程地质测绘与调查的范围应包括下列地段:

(1)为追溯场地、分布范围有影响的动力地质作用的成因类型、分布范围、发生和诱发条件、强烈程度等所必须扩展的地貌单元。

(2)对查明规划区的地貌单元、地层、地质构造有重要意义的邻近地段及工程活动引起的不良地质现象的影响范围。

4.0.4.2 建筑地质、地貌界线的测绘的精度,在相应比例尺图上的误差不应超过3mm,其它地段不应超过5mm。

4.0.4.3 工程地质测绘所用地形图的比例尺,宜大于编制成图的图纸比例尺。

4.0.4.4 测绘点的选点应具代表性。观测点数量应满足控制重要的地貌、地质、地貌界线、初步查明工程地质条件以及对建筑地段稳定性作出工程地质评价的要求;测绘点的间距在相应比例尺图上宜控制在2~5cm,必要时也可适当加密或放宽。

4.0.4.5 在地质构造点、地层接触线、岩性分界线、标准层面和每个地貌单元内均应观测。

4.0.4.6 观测点应充分利用天然和人工露头,必要时,可布置一定数量的钻探、坑探。

4.0.4.7 工程地质测绘与调查的内容应根据任务要求和规划区工程地质环境特征确定。

4.0.5 详细规划勘察的勘探工作,应在充分搜集、分析已有资料和工程地质测绘与调查的基础上进行;勘探点、线、网的布置应符合下列要求:

4.0.5.1 勘探线应垂直地貌单元边界线、地质构造线及地层界线。

4.0.5.2 勘探点可按勘探线布置,但在微地貌和地层变化较大的地貌单元交界部位应布置勘探点,在微地貌和地层变化较大的地段应予加密。

4.0.5.3 工程地质条件简单的Ⅲ类场地,勘探线、勘探点可按方格网布置。

4.0.5.4 拟建重大建筑物的场地,应按表4.0.5的规定纵、横两个方向布置勘探线。

4.0.5.5 勘探线、点间距应符合表4.0.5的规定。

勘探线、点间距(m)　　　　　　　表4.0.5

场地类别	间距	
	线距	点距
Ⅰ类场地	50~100	<50
Ⅱ类场地	100~200	50~150
Ⅲ类场地	200~400	150~300

注:勘探点包括钻孔、探井、铲孔及原位测试孔。

按表4.0.5布置勘探点时应充分利用已有勘探资料,当已有勘探点资料能够满足表4.0.7条要求时,可不布置勘探点。

4.0.6 按表4.0.5中规定的最小值确定,城市中主要干道沿线建设地带和大型公共设施(如体育中心、文化中心、商业中心等)详细规划勘察的勘探线,在干道每侧不应少于2条。

城市中主要干道沿线地带和主要干道沿线地带详细规划下,为编制详细规划而据场地类别,按表4.0.5中规定的最小值确定,城市中主要干道沿线地带详细规划下,为编制详细规划而进行的勘察,其勘探线、点间距,应根据场地类别,按表4.0.5中规定的最大值确定。

4.0.6 详细规划勘察的勘探孔可分一般孔和控制孔两类，其深度应符合表 4.0.6 的规定。

表 4.0.6 勘探孔深度（m）

工程安全等级	勘探孔深度	
	一般孔	控制孔
一级	>15	>30
二级	10～15	15～30
三级	8～10	10～15

注：勘探孔包括钻孔及原位测试孔。

控制性勘探孔，一般占勘探孔总数的 1/5～1/3，且每个地貌单元或拟建的每幢重大建筑物均应有控制性勘探孔。勘探孔深度的增减原则，可按本规范 3.0.7 条的规定执行。

4.0.7 详细规划勘察取土试样和原位测试工作应符合下面列要求：

4.0.7.1 取土试样和原位测试的勘探孔，应在平面上适当均匀分布，其数量宜占勘探孔总数的 1/3～1/2。

4.0.7.2 各土层取土试样或取得原位测试数据应按地层间距、地层特点和土的均匀程度确定，一般建筑物的地段，取土试样和进行原位测试的勘探孔不宜少于 3 个，且每幢重大建筑物的控制性勘探孔，均应取土试样或进行原位测试。

岩土试验项目按本规范附录 A 的要求确定。

4.0.7.2 当地下水有可能浸湿基础，且具有不良环境条件时，应采取有代表性的水试样进行腐蚀性分析，取样地点不宜少于 3 处。

4.0.8 当详细规划区的建筑地段存在影响场地稳定性的不良地质条件和环境工程地质问题时，应按本规范 3.0.9 条及本章规定的要求进行工程地质测绘、勘探及测试工作，查明建筑地段的稳定性。

5 资料整理和报告编制的基本要求

5.0.1 勘察报告编制所依据的全部原始资料，包括搜集的资料和工程地质环境研究有重要意义的勘探点的点位和标高、鉴定，确认无误后才能利用。

5.0.2 勘察报告应水久存档或输入地质数据库。对当地城市建设、勘察和地质测绘与调查，以及勘探、测试资料，均应检查、整理、分析、设、勘察和地质环境研究有重意义的勘探点的点位和标高，应分别按统一的坐标系统、高程系统测定和记载。

5.0.3 岩石和土的物理力学性质指标，应按工程地质区（段）及层位分别统计，当同层土的指标差别很大时，应进一步分土质单元总体统计和详细规划勘察均可提供平均值、标准差及变异系数。

5.0.4 勘察规划和详细规划勘察均可提供平均值、标准差及变异系数。

5.0.4 勘察报告编制包括按本规范附录 E.1 工程地质图系附录 E.2 选分，报告正文宜按本规范附录 E.1 工程地质图系两个部分，或予以适当增减。

附录 A 岩土试验项目

A.0.1 当在基岩地区进行详细规划勘察时,应根据岩石类别和任务要求选做一些岩石物理性质、强度及变形性质试验项目,如重度、吸水率、单轴抗压强度、直剪、变形等。

A.0.2 城市规划勘察的土试验项目应符合表 A.0.2 的要求。

表 A.0.2 土试验项目

土的类别	城市规划勘察阶段	物理性质试验								静强度及变形性质试验				
		含水量	界限含水量	重度	相对密度	颗粒分析	相对密度	渗透性	有机质含量	三轴剪切	三轴压缩	无侧限抗压强度	直接剪切	固结
碎石土	总体规划	—	—	—	—	(√)	—	—	—	—	—	—	—	—
	详细规划	—	—	—	—	√	—	—	—	—	—	—	—	—
砂土、粉土	总体规划	√	—	(√)	(√)	(√)	(√)	—	—	—	—	—	—	—
	详细规划	√	—	√	√	√	√	(√)	—	—	—	—	(√)	√
粘性土	总体规划	√	√	(√)	—	—	(√)	—	—	—	—	—	—	(√)
	详细规划	√	√	√	—	—	√	(√)	(√)	—	—	—	(√)	√

注:①表中符号√为必须做项目,(√)根据需要选做;
　　②本表不包括特殊性岩土;
　　③必要时,进行土的动力性质试验。

附录 B 不良地质条件和环境工程地质问题调查和预测的内容

表 B 不良地质条件和环境工程地质问题调查和预测的内容

不良工程地质条件和环境工程地质问题的类别	调查和预测的内容
地下水位正在或可能大幅度上升的地区	(1)地下水位大幅度上升原因分析(包括自然条件和人为因素)、地下水位上升速度的测算和最高水位的预测; (2)位于深切河谷中或高陡坡前的场地,应调查和预测坡上地下水上升对有关地段边坡稳定性的影响程度; (3)一般粘性土、湿陷性土或膨胀性土等地基,还应调查研究和预测地下水位上升、降低对基强度的可能性及对建筑物变形的影响程度; (4)位于低洼地带的场地,还应调查研究和预测场地沿海化,地基盐渍化的可能性,及其对基础腐蚀危害的严重程度
地下水位正在或可能大幅度下降并引起大面积地面沉降的地区	(1)地区的水文地质条件、工程地质条件,地下水动态特征;确定或预测引起地面沉降的主要层位; (2)地下水开采的历史、现状和发展预测;地下水下降的速率;最低水位;地面沉降的原因和发展规律;预测其影响程度;特别是沿海、沿江地区海水、江水有无入侵的可能性及其危害程度

续表 B

不良工程地质条件和环境工程地质问题的类别	调查和预测的内容
产生地表塌陷的岩溶发育地区	(1)场地内的地形、地貌、第四系地层、可溶盐地层、地质、水文地质条件的特征及其与地表塌陷的关系；场地含水层与周围有关含水层的水力联系，地下水资源地含水层被开采或破坏时地下水位可能达到的最大下降漏斗边界，地下水动态特征等； (2)场地内及其周围有无地质构造断裂破碎带地段； (3)场地内地表塌陷起伏变化情况； (4)基岩面埋深其起伏变化其分布情况； (5)调查城市地下水源井分布状况，分析其与地表塌陷的关系； (6)地表水体包括出露的泉水、沼泽湿地的分布范围
崩塌、滑坡、错落、落石潜在威胁的沟谷前或高陡坡前的地区	(1)调查划分区内不稳定的边坡地段、预测不稳定边坡地段的影响范围和影响程度，并研究造成边坡不稳定的原因和发展特点； (2)调查该地区以已发生崩塌、滑坡、错落、落石的时间和破坏情况； (3)在深切沟谷地区，还需要研究是否存在由于环境工程地质条件恶化使上游有关地段边坡失稳而摧毁场区，或严重影响场区安全的可能性； (4)在沟谷地区或城市坡前地带，除了要评价研究天然边坡的适宜性和稳定性外，还必须重视人工开挖研究大开挖地段人工边坡的适宜性和稳定性
泥石流、洪水潜在威胁的地区	(1)当沟谷两侧山坡大于40°，岩体破碎，表层碎石土、砂土等松散固体物质丰富，而沟谷纵向坡度又大时，应调查研究有无泥石流破坏的可能性； (2)预测暴雨强度，一次最大降水量，判断其有无发育泥石流的可能性； (3)了解当地水利发展规划，调查目前和将来上游有无修建水库或场地稳定性有威胁的大中型水库，下游有无因水库回水或特大暴雨洪水引起大型崩塌、滑坡的可能性
地下分布有可采矿藏的地区	(1)搜集采矿部门地质勘探报告，调查了解开采规划和采矿实际资料，弄清采矿层的层位、厚度、埋藏深度、产状及分布范围，开采历史、现状情况，矿层开采的技术体系，减少矿层采空区地基破坏的现状和预测； (2)对地下矿层已被开采过的场地，需调查了解其采空范围、采空层已被开采的综合观测资料及现状，分析目前地基的稳定状况； (3)了解采矿工业综合开发的技术体系，减少矿层采空区地面沉降观测资料及现状，分析目前地基的稳定状况
需要在地形起伏较大的粘性土地基上进行大面积整平填土的地区	(1)调查了解各地段整平及整方方的概况； (2)预估可能引起的不良后果
地震设防烈度等于或大于7度的强震地区	应按现行国家《建筑抗震设计规范》的有关要求确定调查和预测内容

附录 C 场地稳定性分类

表 C

场地稳定性类别	动力地质作用的影响程度
稳 定	(1)无动力地质作用的破坏影响; (2)环境工程地质条件简单
稳定性较差	(1)动力地质作用影响较弱; (2)环境工程地质条件较简单,易于整治
稳定性差	(1)动力地质作用较强; (2)环境工程地质条件较复杂,较难整治
不 稳 定	(1)动力地质作用强烈; (2)环境工程地质条件严重恶化,不易整治

附录 D 场地工程建设适宜性分类

表 D

场地工程建设适宜性分类	工 程 地 质 条 件
适 宜	(1)场地稳定; (2)土质均匀,地基稳定; (3)地下水对工程建设无影响; (4)地形平坦,排水条件良好
较 适 宜	(1)场地稳定性较弱; (2)土质不很均匀,密实,地基较稳定; (3)地下水对工程建设影响较小; (4)地形起伏较大,排水条件尚可
适 宜 性 差	(1)场地稳定性差; (2)土质软弱或不均,地基不稳定; (3)地下水对工程建设有较大影响; (4)地形起伏大,易形成内涝
不 适 宜	(1)场地不稳定; (2)土质极差,地基严重失稳; (3)工程建筑抗震不利或危险的场地; (4)洪水或地下水对工程建设有严重威胁; (5)地下埋藏有待开采的矿产资源或不稳定的地下采空区

注:①表未列条件,可依其场地工程建设适宜性类别的影响程度比照推定。
②划分每一类场地工程建设适宜性类别,符合各项划分条件中的一项条件即可。

附录 E 城市规划勘察报告编制提纲

E.1 勘察报告正文编写提纲

E.1.1 前言。

E.1.1.1 任务委托单位，承担单位。

E.1.1.2 规划区的地理位置、范围和勘察面积。

E.1.1.3 编制总体规划的规划设想，关于城市性质、发展规模和各项建设总部署的规划意想，或编制详细规划区详细规划的类别、建设规模和各项重要工程建设地点，以及拟建重要建筑物位置的简要说明。

E.1.1.4 勘察目的、任务和要求。

E.1.1.5 以往的勘察工作和已有资料内容的简介，以及规划区工程地质环境特征研究程度的说明。

E.1.1.6 勘察工作日期。

E.1.2 勘察方法与工作量布置：

E.1.2.1 遥感影像和判释方法的说明。

E.1.2.2 工程地质测绘方法的说明。

E.1.2.3 勘探、测试方法和资料整理方法的说明，以及勘探、取试样和测试成果质量的评估。

E.1.2.4 各项勘察工作的数量、布置原则及其依据。

E.1.3 规划区的地理和地质环境特征概述。

E.1.3.1 规划区的历史地理概况，城市沿革和城址变迁，江湖、河海岸线变迁和地貌暗埋的河、湖、沟、坑的分布及其演变的论述。

E.1.3.2 地形形态特征，规划区内各地形部分，或与城市建设总体部署、地形条件与城市建设用地的分布及地形坡度、切割强度、地形线路与城市建设和发展有关的水资源、矿产资源、燃料动

条件、填挖土石方量等的论述；

E.1.3.3 水文（水系分布、流域范围和流域面积、主要河流的水位、流量和含砂量、洪涝灾害分布、最高洪水位、洪峰流量及洪水淹没范围等）和现有水利、防洪设施的概述；

E.1.3.4 气候的形成和基本性质、气象要素（年平均、最高和最低气温分布、四季的分配、年、月平均降水量分布、降水强度、最大降雨和最大冻结深度、无霜期、取暖和防暑降温期、地温和最大风速、风口位置、气压分布、相对湿度、日照时数和日照方向、最多风向、最大风等）的概述，气象要素及气候特小气候特征与城市建设关系的论述；

E.1.3.5 区域地质简况，区域地层、地质构造体系或构造单元、时代、成因、产状、岩性、接触关系，地质构造体系或构造单元，规划区在区域地质中的位置、规划区及邻近地段的主要构造形态，新构造运动的形态和特点，软弱结构构面的产状及其性质，如断层的位置、产状、类型、断距、破碎带的宽度及充填胶结情况，岩土接触面及软弱夹层特性等的概述；

E.1.3.6 第四纪地层、地貌（第四系覆盖层的成因及类型、分布、厚度、岩性特征，地貌单元和及各地貌单元的地质特性）的论述；

E.1.3.7 规划区内各场地（或各工程建设用地）的地层结构、成因年代、埋藏规律、空间分布和规律、岩性和土性描述、横向和竖向的变化特征，以及岩、土层物理力学性质的论述，特殊性岩土的类型，分布、岩性特征及其工程地质特性的论述；

E.1.3.8 地下水的类型、埋藏、补给、径流和排泄条件，地下水位埋深及其动态变化，地下水的化学类型、矿化度和污染情况和水对建筑材料的腐蚀性，以及地下水与城市建设关系的论述；

E.1.3.9 动力地质作用的成因及类型、空间分布、形成与诱发条件，原生地质环境稳定性，以及与场地稳定性关系对城市建设影响程度的论述。

E.1.3.10 地下采空区与地下工程设施有关的水资源、矿产资源、燃料动

力资源和天然建筑材料的分布、储量、开采条件和开采情况的说明，以及有关景观旅游资源开发的论述。

E.1.5 工程地质评价、建议及其技术经济论证

E.1.5.1 总体规划勘察报告应编写下列内容：

(1) 规划区内各场地的稳定性（或危险性）分析与评价；

(2) 规划区内各场地的工程建设适宜性评价；

(3) 有关确定城市工程建设总体部署、发展规模、各项用地的合理选择和各项工程建设总体部署，以及对协调城市各项设施建设的建议及其技术经济论证依据；

(4) 有关地质灾害和洪涝灾害防治的建议及其技术经济论证依据；

(5) 在规划实施过程中及远景发展中，由于地质条件的自然改变或人为活动可能引起的某些环境工程地质问题的论述、建议和对策及其技术经济论证依据。

E.1.5.2 详细规划勘察报告应编写下列内容：

(1) 规划区内各建筑地段的稳定性分析评价；

(2) 有关确定规划区内各项工程建设总平面布置方案的建议及其技术经济论证依据；

(3) 有关规划区内拟建重大工程地基基础设计方案选择的建议及其技术经济论证依据；

(4) 有关不良地质现象防治工程方案的防治工程方案及其技术经济论证依据。

E.1.6 工程地质图系编制提纲

E.1.7 结语和使用勘察报告应注意的问题，内容及其它需要说明的问题，以及下一阶段勘察工作中尚需进行调查研究的主要工程地质问题。

E.2 工程地质图系编制提纲

E.2.1 工程地质图系分为专题图、综合图、辅助图三类；专题图编制的主题内容及图件名称详见表 E.2.1—1；综合图及辅助图编

专题图编制的主题内容及图件名称 表 E.2.1—1

图系类别	主题内容	图件名称
专题图	城市沿革、城址变迁、江湖河海岸线变迁及暗埋的河湖沟坑的分布及其演变	城市沿革、城址变迁图
		江、湖、河、海岸线变迁图
		暗埋的河、湖、沟、坑分布图
	水系及内涝灾害分布、气象要素及气候特征	水系及内涝灾害分布图
		气象要素（气温、降水、风及灾害性天气等）
	地质、地貌、工程地质要素（地层、地基、岩土、地下水、不良地质现象）的特征、空间分布及其相互关系	地形坡度、地形切割强度图
		地貌图
		地质构造图
		第四纪地质图
		地貌图
		人工填土厚度分区图
		不同深度切面地基土性及强度分区图
		地基土压缩性分区图
		桩基持力层等深线图
		桩基体持力层强度及变形特性分区图
		基岩埋深、基岩风化程度图
		水文地质图
		地下水等水位线图
		地下水埋藏深度分区图
		地下水化学类型、矿化度分区图
		地下水离子等浓度图
		不良地质现象分布图
	与城市建设有关的地下工程设施和地下开采有价值的矿产的分布	地下工程设施分布图
		地下开采有价值矿产埋藏分布图
	与当地城市建设发展有关的自然资源的分布及开发情况	水资源图
		矿产资源分布图
		天然建筑材料分布图
	土地利用现状	土地利用现状图

附录 F 本规范用词说明

F.0.1 对条文执行严格程度不同的用词说明如下:
（1）表示很严格,非这样做不可的用词:
   正面词采用"必须";
   反面词采用"严禁"。
（2）表示严格,在正常情况下均应这样做的用词:
   正面词采用"应";
   反面词采用"不应"或"不得";
（3）表示允许稍有选择,在条件许可时首先应这样做的用词:
   正面词采用"宜"或"可";
   反面词采用"不宜"。

F.0.2 条文中必须按指定的标准、规范或其它有关规定执行的写法为"应按……执行"或"应符合……规定"。

表 E.2.1-2 综合图和辅助图编制的主题内容及图件名称

图系类别	主 题 内 容	图 件 名 称
综合图	通过专题要素的复合或综合,反映规划区(制图区域)内某些工程地质要素和总貌	地基土分区图
		工程地质条件类型图
		土地利用控制图
		综合工程地质图
	规划区各工程地质单元的特征、场地稳定性和工程建筑适宜性,以及不良地质现象的整治方案和治理措施	稳定性分析图
		稳定性分区图
		工程建设适宜性评价图
		不良地质现象控制与整治对策图
	规划区地质环境与人为活动相互作用与影响的某些局部特征	各类环境工程地质问题预测图
辅助图	地质环境要素的某些特征	钻孔柱状图、地质柱状图、地层剖面图、地层岩性剖面图或立体透视图,探井(槽)展视图及测试成果图等

注：①本附录所列勘察报告正文编写和工程地质图系编制的内容,规划区的地理特征、工程地质环境特征和工程建设的特点等具体情况选定,或予以适当增减,段、任务要求。
②第四纪地质图与地貌图可合并编制。

附加说明

中华人民共和国行业标准

城市规划工程地质勘察规范
CJJ 57—94
条文说明

本规范主编单位、参加单位及主要起草人名单

主编单位： 北京市勘察院

参加单位： 南京市建筑设计院勘察分院
哈尔滨市勘测院
广州市城市规划勘测设计研究院
陕西省综合勘察设计院
上海勘察院
天津市勘察院
上海市政工程设计院
天津市市政工程勘测设计院

主要起草人： 姚炳华、缪本正、陈 石、傅宗周、梁继福、冼 惠、郑雪娟、陈梅惠、张兰川、范凤英、张元伟、史忽甫、董津城、郭 琳

目 次

1 总则 …………………………………… 19—18
2 一般规定 ……………………………… 19—20
3 总体规划阶段的工程地质勘察 ……… 19—22
4 详细规划阶段的工程地质勘察 ……… 19—29
5 资料整理和报告编制的基本要求 …… 19—32

前 言

根据原国家城市建设总局(81)城科字第15号文的要求,由北京市勘察院主编,南京市建筑设计研究院、陕西省综合勘察设计院、上海市政工程设计院、天津市市政工程设计院、广州市勘察院、上海市城市规划勘测设计院、天津市勘测设计院等单位参加共同编制的《城市规划工程地质勘察规范》(CJJ57-94)经建设部一九九四年五月二十六日以(94)建标字337号文批准,业已发布。

为便于广大勘察、设计、施工、科研、学校等单位的有关人员在使用本规范时能正确地理解和执行条文规定,《城市规划工程地质勘察规范》编制组按章、节、条顺序编制了本规范的条文说明,供国内使用者参考。在使用中如发现本条文说明有欠妥之处,请将意见函寄北京市勘察院。

1994年5月

1 总 则

1.0.1 本条规定制定本规范的目的是根据建设部颁发的《工程建设标准》有关条款的规定制定的。

1.0.2 工程地质勘察按专业可分为城市规划、房屋建筑、市政工程、水利工程、港口工程、公路工程和铁道工程、核电站工程，以及地下工程等工种工程地质勘察。虽然都是工程地质勘察，但它们的目的的要求、方法，评价等是有所不同的，有它们各自侧重的重点和特点。本规范是城市规划工程地质勘察行业标准，适用于各类城市规划的工程地质勘察。

《中华人民共和国城市规划法》第三条规定："本法所称城市是指国家按行政建制设立的直辖市、市、镇"；"本法所称城市规划、是指城市的发展方向，近郊区以及城市行政区域内因城市建设和发展需要实行规划控制的区域。城市规划的具体范围，由城市人民政府在编制的城市总体规划中划定"。《中华人民共和国城市规划法》第四条规定："大城市是指市区和近郊区非农业人口50万以上的城市，中等城市是指市区和近郊区非农业人口20万以上，不满50万的城市，小城市是指市区和近郊区非农业人口不满20万的城市"。
本规范中的"城市"、"城市规划区"、"大城市"、"中等城市"和"小城市"即是按上述规定而定的。"各类城市"即上述三类城市。

1.0.3 随着近数十年来城市化进程的加剧和城市建设的高速发展，人们越来越深刻地认识到工程地质环境是影响城市建设与发展的一个重要因素，也越来越清楚地认识到工程地质环境与城市建设前期规划工作的一项重要内容。通过编制城市工程地质勘察了解城市规划区的工程地质特征，并编制一套反映工程地质环境与城市建设相互关系的、高水平的工程地质图系，对于城市建设有着深远的意义，不仅有助于城市用地的合理规划、开发利用，避免规划设计的盲目性，避免或减轻经由于各种潜在的地质灾害和工程活动导致发生灾害所带来的损失，减少昂贵的处理费用，而且可以预报在规划实施过程中和远景发展中，由于地质条件的自然改变或人为活动可能引起的工程地质问题，提出相应的对策。因此，1989年12月26日第七届全国人民代表大会常务委员会第十一次会议通过的《中华人民共和国城市规划法》第十七条明确规定："编制城市规划应当具备勘察、测量及其它必要的基础资料"，并以此作为审批城市规划的重要依据之一。原城乡建设环境保护部(83)城字第761号文件也明确指出："各个城市在编制城市总体规划和有关专业工程设计时，必须将水文地质和工程地质勘察报告及附图作为基础资料认真研究使用"。但根据调查，以往有些城市对城市规划工作编制的工程地质图系缺乏足够的认识，因而，在建设过程中出现了一些工程质量问题，给国家造成不应有的损失。为此，本规范在本章总则中首先指明城市规划工程地质勘察工作的重要性，旨在引起城市建设有关领导部门的重视。

另一方面，随着社会主义现代化建设的发展，城市规划、城市建设对工程地质勘察提出了越来越高的要求。为了圆满地完成这些任务要求，城市规划工程地质勘察就必须密切结合城市规划的任务要求，深入实际，因地制宜，进行调查研究，选择运用各种勘察手段，精心勘察，及时提供能全面确切反映规划区的工程地质环境现状特征和动态特征，符合城市规划的主要工程地质问题，开展相应的、针对性很强的具体的专题科学研究工作。不断总结经验，不断提高勘察和工程地质图编制的技术水平，以适应城市现代化建设的需要。

据调查，由于种种原因，目前我国城市规划工程地质勘察和城市工程地质图系编制工作尚存在一些薄弱环节。其中，主要是城市规划工程地质勘察和城市工程地质图系编制工作的水平与速度，大大落后于城市规划与建设的发展速度。在新的城市建设与老的城市改造中，场地的合理规划、利用与评价，以及人类活动与地质环境相互作用与反馈的预测预报理论、技术与方法，还远远没有达到令人满意的程度。因此，在城市规划工程地质勘察工作中，必须重视上述新技术和地质学科新理论的运用。这不仅仅是为了尽快地适应上述形势的要求，也是城市规划工程地质勘察和城市工程地质图系编制工作的特点所要求的。例如，遥控遥测新技术在资源调查、测绘、地质勘察、地貌测试等各种专门测试中具有广泛的用途：

（1）可获得大范围地理环境和地质环境要素的同时摄影资料和数据，有助于分析和反映宏观规律；

（2）由于采用可见光、多光谱摄影和微波测定，可以获取极多的环境信息，获得很多地理地质要素特征与数据指标；

（3）由于能在短期内重复摄影，可以分析研究某些地质现象的动态变化（如滑坡、洪水等灾害的预测预报）；

（4）保持地区性与制图对象的准确性和真实性。特别是在大范围内对调查工作，运用遥感新技术，能收到既快、又高质量、经济性好的良好效果。如全国农业区划委员会曾组织测绘、农业等部门运用遥感新技术进行自然资源调查，已取得全国和分省的农地、林地、草地、水域……等10项数据，并制成了全国卫星影像、土地利用现状图。有些城市也曾运用遥感新技术，获得了很多卫星影像和航空影像信息。取得了良好的效果。

航空影像，更适用对探测对象的详细研究，例如细部地质构造、小地貌、地层分布、河流演变、震害分析、滑坡分析，以及地质灾害的动态分析。

又如，运用电子计算机新技术，是使勘察和编图工作摆脱传统落后的手工作业方式而获得重要手段。电子计算机新技术在勘察编图中也具有广泛的用途：

（1）由于城市规划工程地质勘察和城市工程地质系列图编制涉及广泛搜集和利用大量地质信息资源和

电子计算机信息存储量大的特点，在广泛收集整理有关城市地质资料的基础上，进行资料的分类分系统、分类别计算机处理和储存、建立不同类型和不同层次的地质信息数据库。如城市钻孔资料数据系统、城市工程地质资料系统、城市水文地质资料系统、城市资源地质资料系统、城市土力学资料系统……等，以及各种专门测试数据系统，如岩土力学数据系统、地貌测绘数据系统、遥感遥测数据系统等数据库系统。由于利用先进的计算机技术，资料的储存人库准确、查找方便，提取迅速，可节约大量的人力和时间。城市地质数据库的建立，不仅能为城市规划、建设的管理提供现代化、方便和系统的服务，还能有力地促进城市资料的管理现代化、规范化、系统化、集中化，改变过去资料分散、存放不安全、互相封锁、影响交流利用的局面，并能大大提高资料的利用率和使用价值。据调查，我国已有一些城市勘察单位开始进行建立地质数据库的工作，并取得了一些进展。

（2）在勘察、成图过程中，运用电子计算机处理数据和制图。原兵器工业部勘察公司曾运用电子计算机技术，探查某工程工地基的岩溶分布发育规律，收到了较好的效果，对评定地基稳定性起到了积极的作用。意大利在佛留利比例尺1:5000地区范围内，曾运用电子计算机新技术，编制了比例尺1:5000地貌、岩性和水文地质等图件。目前，我国很多勘察单位也已普遍地运用电子计算机新技术，进行数据处理，辅助制图和较复杂的地基计算。

由于考虑到上述新技术的运用已在有关的现行国家及行业标准（规范）中作了具体的规定，故只在本规范的某些章节中提及，但为了强调运用新技术和新地质学科新理论在城市规划勘察工作中的重要性。在本规范总则中作了原则性的规定："应在勘察工作中重视新技术（如遥感、电子计算机新技术等）和地质学科新理论的运用"。并在本条文说明中作了比较详细的阐述，以补规范的不足。

1.0.4 本规范在下达编制任务时，明确为行业标准（原称部标准)。根据原国家基本建设委员会1980年1月3日颁发的《工程建设标准规范管理办法》第十二条规定："部标准，省、市、自治区标准和企、事业标准，不得与国家标准相抵触"。同时，考虑到关于勘察及取样、室内试验、原位测试、岩土分类、场地稳定性和特殊性岩土等要求在有关的现行国家及行业标准中已作了明确的规定，也适用于城市规划勘察，按建设部1992年1月1日起施行的《工程建设技术标准编写规则》第十三条规定："当标准中涉及本标准有关的上级或同级标准中已有规定时，应引用这些标准，不得重复"，对勘察的目的和任务、方法和要求、勘察整理和勘察报告的基本要求等方面制订了一些必要的条款。因此，规范本条除规定，城市规划工程地质勘察，除应符合本规范（规定）的规定。

2 一般规定

2.0.1 关于勘察阶段的划分。

规范中把城市规划工程地质勘察明确地分为总体规划勘察、详细规划勘察两个阶段。其划分依据：

（1）建设部现行建设有关文件指出："坚持勘察工作程序，是保证勘察质量的重要环节，勘察工作要分阶段进行"。

（2）《中华人民共和国城市规划法》第十八条规定："编制城市规划一般分为总体规划和详细规划两个阶段进行。大城市、中等城市为了进一步控制和确定不同地段的土地用途、范围和容量，协调各项基础设施和公共设施的建设，在总体规划的基础上，可以编制分区规划"。

分区规划是对总体规划的补充，仍属于总体规划的范畴。

为符合城市规划任务要求而进行的工程地质勘察，其勘察阶段应与规划阶段相适应。

2.0.2 规范中指出："城市规划工程地质勘察应以搜集整理、分析利用已有资料和工程地质测绘为主，辅以必要的勘察、测试工作"，这是由于城市规划勘察具有的一些特点所决定的。

（1）城市规划勘察是一项涉及面很广的工作，既要调查研究规划区的自然地理条件和工程地质环境特征及其与城市建设的相互关系，又要调查了解规划区的历史沿革、土地利用现状和与当地的建设经验等，其中有很多任务可以通过搜集、分析利用有关各项自然资源的分析、开采或利用现状情况，以及当地的建设经验等。任务多，其中有很多任务可以通过搜集、分析利用已有资料和必要的工程地质测绘与调查就能完成。

（2）勘察区的面积比较大，总体规划勘察的面积，少则几十平方公里，多则数千平方公里；详细规划勘察区面积，也大多在

1平方公里左右或更大。成果图的制图比例尺,一般都采用中、小比例尺。与工程勘察相对比而言,精度要求低一些。

(3)勘察是在尚无建设范围的指定范围内进行,具有综合普查的性质。以定性分析和定量评价结合、与工程勘察以定量评价为主相对比而言,定量评价要求较低。

"辅以必要的钻探、测试工作",以期对规划区内各场地的稳定性及其地基评价提供更可靠的依据。

2.0.3 城市规划阶段,以及各勘察阶段规划勘察对勘察区的复杂程度,地质特性和工程地质条件的研究程度的完整程度和已有资料的完整程度等因素综合考虑确定。现将这项原则规定的有关问题说明下列两点:

(1)不同地理特点的城市(山区城市、高原城市、平原城市、海滨城市)和不同地质特点的城市(如一般岩土分布区,存在的工程地质问题是有显著差别的,特殊性岩土分布的城市),工程地质条件,工作方法和工作量,工作方法和工作内容应有所不同。因此,规范中明确指出,在确定勘察工作的内容,工作方法和工作量时,"规划区工程地质环境现状特征的研究程度"系将整个地区四大主题要素的现状特征,即:

①岩土的现状特征,包括岩土的类型(成因、年代、岩体结构类型等)、空间分布规律、物理力学性质、特殊性岩土的典型性质、地基稳定性;

②水文地质条件的现状特征,包括地下水的类型与分布、地下水的化学特征、地下水的空间赋存特征、地下水对土、动力地质现象的影响、地下水的作用、地下水化学特性与基础工程的防腐蚀性和污染现状的关系。

③动力地质作用现状特征,包括成因类型、空间分布、形成与诱发条件、原生环境稳定性。

④人类社会反馈的现状特征,包括人类活动强度、类型与分布、已建设区的环境稳定性等。

2.0.4 (1)关于工程建设场地类别的划分 工程建设场地分类主要是为确定勘察工作量提供划分依据。因此,合理划分工程建设场地类别对于勘察工作具有一定的实际意义。

鉴于上述城市规划勘察工作只是一个定性的概念。至于工程工作者在实际工作中如何划分、场地类别,这主要靠实际工作者对影响场地类别的各种因素进行综合判定,这主要考虑到影响场地类别所需考虑的因素是很多的,既要考虑地形地貌、地质、地基土质、地下水等条件,还要考虑动力地质作用的影响程度。因为这些场地条件和地基土质条件的差别,都与勘察工作内容的繁简,工作方法的选择和工作量的多少有关。因此,本规范在制定过程中,对多种场地和地下水等划分方法进行分析对比,选择了按场地、地基土质和地下水等划分工程建设场地类别的面积较大,各地段的工程地质条件任往会有所差别。因此,按本规范的规定,分别确定勘察区内各地段的场地类别,不宜将整个规划区简单地划分为一类。

(2)关于工程等级的划分。对近期建设区内拟建工程划分等级,在本规范中是为确定详细规划勘测钻孔深度提供一项依据。

对近期建筑地基基础设计拟建工程划分一、二、三级,勘察时,应根据拟建工程项目的具体情况分别划分。

3 总体规划阶段的工程地质勘察

3.0.1 城市总体规划是城市建设发展的纲领性规划。它规定了一个城市未来一定时期内城市建设发展的总计划，总目标，城市建设发展的重大原则方针问题。它是城市建设发展的蓝图，也是城市建设管理的依据。《中华人民共和国城市规划法》第十八条规定："城市总体规划应当包括：城市的性质、发展目标和发展规模，城市主要建设标准和定额指标，城市用地功能分区和各项建设用地的总体部署，城市综合交通体系、绿地系统、各项专业规划，近期建设规划。""设市城市和县级人民政府所在地镇的城市规划应当包括市或者县的行政区域内的城镇体系规划"，因此城市总体规划工作的主要内容有以下几个方面：

(1) 城市性质的确定。这是城市总体规划工作的首要任务。城市性质是指一个城市在全国或某一地区的政治、经济、文化生活中所承担的主要功能和作用。所以应当依据一定时期内国民经济计划及区域规划对该城市的要求，结合本地区的自然、地理、工程地质条件，历史和现状等各项因素，经过全面研究来合理确定。城市性质是一个城市今后发展的主要依据。如1983年经中共中央和国务院原则批准的《北京城市建设总体规划方案》，确定北京城市性质应为我国的首都、是全国的政治中心和文化中心。因此，北京的城市建设和各项事业的发展，都必须服从和体现这一城市性质的要求。再如一个城市的性质是港口贸易城市、风景旅游城市，那么它们的城市建设就应有它们各自的特点。

(2) 城市规模的确定。城市规模一般指人口规模、用地规模与建筑规模。而后两者是随前者而变动的。所以编制城市计划不可缺少的依据。它影响着城市用地的大小和布局，建筑的数量、市政设施的标准等一系列问题。由于不同规模的城市，在规划与建设上有不同的特点，因而根据我国的实际，国家按每个城市的市区和近郊区的非农业人口总数划分为大城市、中等城市、小城市三类城市。

(3) 城市用地的选择、功能分区和各项建设的总部署。这是城市规划阶段要解决的城市发展战略问题之一。城市用地一般是由生活居住用地(包括居住用地、公共建筑用地及道路广场用地等)、工业用地、仓库用地、对外交通用地、城市基础设施用地等组成。总体规划中，不仅要解决什么条件的地段作为城市发展用地的问题，还要解决上述多种用地如何选得其所的合理布局和各项建设总部署的因素是很多的，影响城市用地选择、功能分区和各项建设总部署的因素是很多的。其中，自然条件、包括地形、工程地质、水文地质、地震地质、水文、气象条件也需考虑的重要因素。《中华人民共和国城市规划法》第六条也明确规定："城市规划的编制应当依据……以及当地的自然环境、资源条件、历史情况、现状特点，统筹兼顾，综合部署"。

此外，在城市用地选择和总布局结构基本确定后，要研究制订住宅、生活福利设施、道路交通、水源、供水、排水、河湖、供电、煤气、热力、通信、园林绿化、以及城市防灾等各项专业的总体规划，评价，并完成城市各项建设的总部署，以及制订各专业的总体规划，功能分区和各项建设用地的依据，鉴于建国以来，在城市规划实施过程中和一些提供工程地质依据，鉴于建国以来，在城市规划实施过程中和一些工程建设中或竣工之后，由于地质条件的自然改变或人为活动的影响曾引起环境工程地质问题，如：过量地下水位上升，使有些地基强度降低；在采掘矿产资源的过程中引起滑坡、塌陷等不良地质现象；

因此，为符合城市总体规划区内各场地的稳定规模，城市建设作出其任务主要是对规划区内各场地的稳定规模和工程建设适宜性作出评价，并为确定城市各项建设的性质、发展规模、城市各专业的合理进一步落实和调整城市用地总布局。

序,及其接触关系,岩层产状、褶皱形态、主要断裂的产状、性质、规模及其展布情况,地貌成因类型,地貌单元划分、第四系覆盖层的成因类型,分布、厚度等的基本情况。同时,把地基岩土的空间分布规律及其物理力学性质,特殊岩土的典型性质(如膨胀性、湿陷性等)和动力地质作用的成因分布、空间分布、形成条件及其对场地稳定性的影响程度基本查清。

这里的"了解"与"初步查明"或"查明"仅仅是调查精度和深入程度上的不同,也是为表达比"初步查明"的调查精度和深入程度低一些、差一些的一个术语。

(2)规范中要求在总体规划勘察中,"在缺乏地下水长期观测资料的规划区,应建立地下水长期观测网,进行地下水水位和水质的长期观测。"这是由于实践证明:地下水长期观测资料是城市建设,各项工程建设和工程地质环境动态预测中不可缺少的重要资料,因此,应在总体规划勘察中及早建立全规划区的地下水长期观测网。建立地下水长期观测,这也是城市勘察单位在业务上的一项基本建设,有专门队伍进行地下水长期观测。至于地下水长期观测网所耗费用和器材,当地有关领导部门应予以支持。

(3)关于对位于地震基本烈度,应调查防烈地震效度等的要求,是对存在这一类问题的城市而言。至于具体的工作任务按现行国家标准规范《建筑抗震设计规范》有关规定执行。

《中华人民共和国城市规划法》第十五条明确规定:"在可能发生强烈地震和严重洪水灾害的地区,必须在规划中采取相应的抗震、防洪措施。"制订地震影响小区划是强震区内的城市在编制抗震防灾规划中的一项重要的、不可缺少的前期工作。据调查,我国很多城市,如北京、徐州、烟台等都已制订了地震影响小区划,并取得了一些经验。但制订地震影响小区划,应在总体规划勘察完成后,由当地领导部门另行下达任务,进行专题研究。

在铁道、公路建设中,由于进行各种工程活动,破坏了原有边坡的稳定性,及环境工程地质问题,使国民经济发展受到一定的影响。因此,在城市总体规划勘察中,还应研究并预测在规划实施过程中和远景发展中,由于地质条件的自然改变和人为活动,可能引起环境工程地质问题,并提出相应的建议和对策。

我们认为:对规划区内各场地的稳定性评价,才能符合为各项工程建设和工程地质稳定性为各项建设提供工程地质依据的任务的要求。

在总体规划和各项详细规划勘察时了解,则城市各项用地布局才合理,规划和近期建设地不稳定的问题,则为时过晚,如在详细勘察阶段才发现地不稳定问题,各项部署和近期规划建设都会被打乱。因此,规范中规定:"应对规划区内各场地的稳定性和工程建设适宜性作出评价。"当然,这个"评价"系指对规划区内各场地的稳定性和工程建设适宜性的全局评价。至于建筑地段的局部稳定性问题,则容许留待下一阶段勘察中去解决。

我们并且认为:一般场地通过搜集和分析研究已有资料,进行工程地测绘与调查和少量的勘探、测试工作,对场地的稳定性复杂的工程建设适宜性是能作出明确评价的。有些工程地质条件复杂的场地,为对场地稳定性和工程建设适宜性作出明确评价,投入较大的勘察工作也是允许的。

总之,在总体规划勘察中,对规划区内各场地的勘察任务具体作为主要来完成,应予以足够的重视。

3.0.2 关于总体规划勘察的具体任务说明下列五点:

(1)关于地形、地质、地貌、地基岩土和动力地质作用等的调查研究。规范中要求:"调查了解规划区内各场地的地形(地貌、构造)、及地貌特征,地基岩土空间分布规律及其物理力学性质、动力地质作用的成因类型、空间分布、发生条件和诱发条件,对地质稳定性的影响程度及其发展趋势"。这项要求是指通过分析研究已有资料,工程地质测绘与调查,和一些勘探、测试工作,掌握规划区内各场地的地形地貌形态、坡度切割强度和深度;地层岩性、时代、岩

(4)关于工程地质分区。工程地质分区是城市规划勘察中工程地质图编制工作的重要内容。基本方法是将规划区(制图区域)内工程地质条件与特性大体相同的地区(或地段),归类区划为一些独立的场地单元或系统,并对每一场地单元作出工程地质评价。工程地质分区,一般应在以下三个方面展开:

① 特性分区:对各种制约工程建设的工程地质要素的特性进行分区,并作出一般性的评价;

② 稳定性分区:从突发出不良动力作用原生、次生地质灾害对工程建设的影响程度与防治费用大小出发,对规划区内各场地(或地段)的稳定性状态作出工程地质评价;

③ 适宜性分区:从未来土地开发与利用的不同适宜性等级出发,区划出工程建设或各种单元类型的不同适宜性的工程地质关系统,并对各单元作出宏观的工程地质评价。

对城市用地的合理选择来说,应从保证工程安全的角度出发,首先应考虑场地是否稳定。对工程建设安全有严重威胁,或处理版其困难、防治工程耗资昂贵的地段,即工程建设宜避开的地段。

为了使工程地质分区建立在可靠的基础上,在勘察中,必须认真调查研究规划区内各场地工程地质要素的特性,分析其使用条件及其对工程建设的适宜性,特别是对动力地质作用和地质灾害的调查研究,分析论证更应重视。

(5)关于城市土地利用控制分析。近数十年来,随着人口增长、城市化进程的加速和城市建设规模不断扩展,如何经济合理地利用城市的土地资源,已成为不合理的土地利用与发展和城市规划决策面临的一个重大问题。为了避免不合理的土地利用所带来的损失,有必要从经济的角度,对城市土地利用实行必要的科学的控制,有必要指出的是,美国在70年代旧金山海湾地区形式表达该地区土地利用能力定量研究中,创造性地提出了《土地费用能力分析》理论,应用于该地区土地利用控制分析研究中,有的地区还制订了各种环境灾害与土地利用的控制条例,使城市地质环境与城市规划土地利用达到最大可能的协调。

1988年,在我国海口市总体规划制订中,也实现了地学、岩土工程、规划土地利用控制条例,制订出《海口市城市综合规划土地利用控制条例》已经成功的合作,制订出《海口市综合规划土地利用控制条例》经国务院批准成为法律文件,由行政监督执行。我国南宁市也已完成了土地利用分析研究工作。在工作中,充分了解国内外研究现状,一方面在不考虑地质灾害影响的条件下,用系统工程、岩土专业及数学的方法建立了评价非灾害约约的场地岩土模型;另一方面,用风险分析的方法建立了研究地质灾害危险性附加分区模型,并用模糊模式识别法建立了划分土地利用附加费用数学模型。在三大模型的基础上,结合南宁市的实际,制订了《南宁市土地利用控制条例》,并用计算机辅助绘制了《南宁市土地利用控制图系》。藉此,为南宁市总体规划对城市土地利用进行科学的控制,满足南宁市城次防灾规划及环境整治服务的目的。

实践证明:对城市土地利用实现科学的控制后,将给城市建设发展带来显著的经济和社会效益。

3.0.3 总体规划勘察前必须取得有关规划设计区的地区范围、城市的性质、发展规模、重点建设区的范围等规划设想的文件。同时必须取得勘察任务书,工程地质测绘与调查等有关编制成果图需用的地形图,一般应用符合现状,最新的国家分幅地形图。如规划部门采用地方分幅的地形图编制规划图,也可采用其相同的地形图。其比例尺应与本阶段勘察的精度相适应。考虑到便于城市建设规划设计和管理人员使用勘察成果图纸使用的比例尺相一致"规范中并规定本阶段总体规划应采用的图纸比例为:"大城市、中等城市一般为1:10000~1:25000;小城市、大城市的市区、新开发区及卫星城镇一般为1:5000~1:10000";其依据如下:

地质数据库和数据库管理系统，以实现地质资料数据的统一共享。

关于一般情况而言，各个城市在总体规划勘察中已有资料的搜集情况归纳为10项。这10项内容是指《城市规划编制办法》第9项中所说的"图纸比例大、中城市为1:10000～1:25000,小城市为1:5000～1:10000……市域城镇规划为1:50000～100000"。

在搜集已有资料的同时，应编制各种类型的实际材料图，并不断补充、保持现状，便于规划、设计、勘察人员使用已搜集到的各项资料。

3.0.5 关于工程地质测绘与调查。

工程地质测绘与调查是勘察的一项重要先行工作。总体规划勘察的特点决定了在勘察手段上应以搜集利用已有资料和工程地质测绘与调查为主，特别是在山区和地形条件复杂的场地应进行总体规划时，更是需运用的一项重要手段。总体规划勘察须进行工程地质测绘与调查目的在于掌握规划区及其邻近地段工程地质环境现状特征的基本情况。同时，为恰当地布置勘探、测试工作量提供依据，并予结合勘探、测试等工作所取得的资料，进行综合分析研究，对规划区内各场地的稳定性和工程建设适宜性作出全局性的评价。现就有关问题说明如下：

（1）考虑到我国城市勘察目前的实际情况，很多老城市勘察单位的技术人员，在当地长期从事勘察工作，对当地的工程地质环境、现状特征的基本情况有所了解或比较熟悉，因此，可根据各个城市已能满足或基本满足规范中规定的工程地质测绘与调查全面的具体的要求，补充性的工程地质测绘与调查。对缺乏已有资料的新建或局部的、补充新开发区，在进行总体规划勘察时，应按规范规定进行工程地质测绘与调查。

在进行工程地质测绘与调查时，应充分利用已有的遥感影像和判释资料，以减少野外工作量和提高测绘的精度。

（2）为明确工程地质测绘与调查的精度要求，在总结实践经验

（1）建设部城市规划司编著的《中华人民共和国城市规划法解说》

（2）经调查，我国已有数百个城市完成了总体规划编制工作。综观这些城市在总体规划的实践中，所采用的图纸比例尺：大城市一般为1:10000～1:50000。有的大城市，如首都北京，由于规划区的面积达16800km²，编制总体规划图（包括市区和郊区）所采用的图纸比例尺为1:10000；市区和卫星城镇总体规划图所采用的图纸比例尺与上述相似。中等城市和小城市总体规划图所采用的比例尺一般为1:10000～1:25000;有的城市采用1:5000。

（3）经调查，我国已有很多城市编制了为制订城市总体规划使用的工程地质图件。各类城市编制的工程地质图件所采用的图纸比例尺与上述相同。如北京市平原区工程地质工作缩小成与总体规划图纸比例尺为1:50000,为规划人员使用已星城镇工程地质图比例为1:10000;市区工程地质图纸比例尺为1:10000;南京市工程地质图比例尺为1:100000;杭州市工程地质图比例尺为1:50000;苏州、青岛等城市工程地质图比例尺多为1:10000。

3.0.4 建国数十年来随着我国社会主义建设和城市建设事业的蓬勃发展，很多城市已积累了大量的自然地理、地质、工程地质、水文地质和自然资源等资料。这些资料是我们的宝贵财富。在城市规划勘察中，必须广泛搜集、及时整理、认真分析研究，充分加以利用，以节省勘察工作量，避免重复劳动所带来的人力、物力和财力的浪费。搜集整理已有资料应作为城市勘察单位在业务上的一项基本建设，持之以恒地搜集整理，及时提供城市规划设计和管理部门使用。有条件的城市，应运用电子计算机新技术，尽早建立

的基础上,根据总体规划勘察任务的特点和要求,以及实际技术上的可能性,本规范规定:"实测地质界线、地貌界线的测绘精度在相应比例尺图上的误差不应超过3mm"。同时,考虑到成图的精度,规范对测绘所用地形图(工作底图)的比例尺也作了规定,"宜比成果图的图纸比例尺大一级"。

由于总体规划勘察的工程地质普查性质不仅具有测绘面积大,而且具有综合性的工程地质普查的特点,目的也是多方面的。因此,规范中规定用观测点密度的方法来控制测绘精度。规范中既规定了观测点密度的原则要求,并根据实践经验,参考了其它专业工程地质勘察规范的有关规定,也规定了观测点间距一般控制在2~6cm,也可根据场地工程地质条件的复杂程度和对工程建设的影响程度,适当加密或放宽。在执行中,布点应密切结合实际,避免机械地布点,特别是在需要用较多的测绘点来查明某一特性地质单元的地质现象在需要有影响的地质单元的地质特征,而观测点显示不足、难以保证测绘精度和满足任务要求的情况;也要避免在某些可以布置少重观测点,却机械地布置了较多的观测点的情况,造成浪费的情况。

(3)工程地质测绘与调查布置内容一般包括地形、地貌、地层、地质构造、岩性、土质、地质条件、地表水与地下水、动力地质作用和自然灾害,以及当地的工程建设经验等几个方面。对于这几个方面的内容,不同地理、地质条件的规划区,各有其不同的研究重点。规范中指出的工程地质测绘与调查的具体内容也不是任何场地都会遇到的。因此,在实际工作中应根据规划区的地理、地貌特性和场地的具体情况,结合任务要求,有所侧重地进行测绘与调查。

3.0.6 关于勘探线、点的布置原则与间距

(1)由于城市的市区和新开发区是一个城市的重点建设区,一般情况下,大城市的市区、新开发区和中等城市的市区,与城市的郊区、小城市和大城市的卫星城镇相对比较而言,人口较多,工程建筑等级和市政设施等标准较高。也就是说,这些地区的建筑规模

较大。因此,在进行城市总体规划勘察中,对建筑规模较大的地区应比建筑规模较小的地区多投入一些勘察工作量,勘察精度要高一些,研究得更详细一些。同时,考虑到总体规划勘察又是在尚未进行建筑规划的指定范围内进行,具有工程地质普查的性质,因此,勘探线、点间距,应根据城市的类别,并应根据规划区内各场地的地形场地条件、地基土质、地下水等条件划分工程建设场地类别来确定。

勘探线应垂直地貌单元边线及地质构造线、地质地层界线。由于地貌形态及其变化在很大程度上反映了地质情况的变化,因此,勘探线的布置首先要考虑地貌因素。同时,本规范规定:"在每个地貌单元和不同地貌单元交界部位均应布置勘探点";"在微地貌和地层变化较大的地段任布置任务勘探点应予加密"。这是由于微地形态任是地质现象在地表的反应,注意微地貌的变化,对于查明一些潜在的工程地质问题是十分重要的。

在工程地质条件简单的Ⅲ类场地进行勘察时,勘探点一般可按方格网状布置。但在一些老城市,适当加密勘探的河、湖、塘、浜、沟、坑和古河道等地段的可能性,适当加密勘探点,了解其分布范围。

(2)表3.0.6关于勘探点、线间距的规定,其依据如下:

① 我国一些城市进行总体规划勘察中,有关勘探工作量布置的实践经验。

②其它规范的有关规定。参考了原国家城市建设总局制订的《工程地质勘察规范》草案中对总体规划勘察勘探点间距的规定:"在简单地质条件下,钻孔间距为800~1200m;中等复杂地区的钻孔间距为400~600m;复杂地区任间距为200m(或更小)"。

考虑到建国数十年来我国很多勘探资料的实际情况,因此,规范中明确规定"按表3.0.6布置勘探孔时,应充分利用已有勘探资料。已有资料能满足本表中规定的勘探线、点间距要求的地区(或局部地段)可不进行勘探工作",以节省勘探工作量。

为了了解特殊性岩土的空间分布规律、典型性质和评价场地稳定性需要时，可根据实际情况，适当加减。

3.0.7 关于勘探深度的增减原则。

(1) 根据总体规划勘察的特点，规范中把勘探孔分为一般性和控制性两类，并分别规定了这两类勘探孔的勘探深度。控制性勘探孔的勘探深度要比一般性勘探孔的深一些，这是因为考虑到了解压缩层深度范围内的地质构成，地基岩土的性质及其空间分布规律外，尚有一部分(规定为1/5～1/3)勘探孔(指控制性勘探孔)需要加深，以便了解规划区内各场地较深部地层的构成情况，以及是否有软弱地层存在等其它地质问题。通过勘探采取土试样和室内试验或进行原位测试，从而对场地的稳定性及其地基土评价提供更可靠的地质依据。

根据实践经验和其它规范有关规定，本规范规定勘探孔深度"应根据任务要求和地基岩土的条件确定。一般性勘探孔深度，一般为15～30m"。控制性勘探孔深度，一般为8～15m；控制性勘探深度的增减原则，规范中制订了在五种情况下的规定，现就其中的一些规定说明如下：

① 第二款要求部分控制性勘探孔应钻入基岩适当深度，主要是考虑到位于山麓地带的场地内有时地下可能存在孤立块石，易造成钻至此种孤立块石当作已钻至基岩的假象，而作出错误的判断。另一方面，如果场地内基岩埋藏较浅，有可能将建筑物基础放在基岩上时，则应适当加深；

② 第三款主要考虑如果无风化带下卧地层的基础埋置常用地基土层深度以下有厚度超过3～5m，且均为均匀的坚实土层存在，其下又无软弱下卧层，就其不致危及上部建筑物安全，因此，除部分控制性勘探孔达到预定深度外，其它勘探孔钻入该层深度即可；

③ 第四款考虑主要到控制性勘探孔深度以下，最浅者仅15m，如果在该深度内有软弱地层存在，其底又在预计深度以下

时，为保证工程建设的安全，应当加深或予以钻穿，以了解该软弱地层的厚度及其性质；

④ 第五款主要考虑是在软土地区超过规定的最大勘探孔深度进行工程建设时，有可能利用埋深超过的地层作为桩基持力层。因此，勘探孔深度适当加深，相对较坚实的地层或基岩相对埋深较浅的地质情况下，以了解硬壳层的厚度及其性质。

3.0.8 关于取土试样和原位测试。

在总体规划勘察中，应选取适当数量的土试样进行适当数量的原位测试，以了解地基岩土层的性质及其在水平和垂直方向的变化规律。根据实践经验，取土试样和进行原位测试的勘探孔数量，不得少于勘探孔总数的1/2。

关于取土试样和原位测试的竖向间距在本阶段未作规定，这是考虑到在总体规划勘察对勘察的竖向研究的竖向间距一般性是"应按地层特点的不同要求，反而有可能不切合实际"。如勘探孔间距的具体要求的具体要求和土的均匀程度确定。

3.0.9 在我国城市现代化建设和各项工程建设用地中，不仅要首先考虑自然环境对各项建设事业的影响，而且更重要的是研究不良环境条件，研究并预测建设区及其周围各种不良环境条件和类型的不同侧重点。但总体规划勘察的实际规划实施过程中和竣工之后，以及经发展中，由于地质条件的自然改变或人为活动，对今后地质环境的影响程度和可能引起的工程地质问题，并提出切实可行的技术防治措施。

根据建国数十年来国民经济建设的实践经验，不良环境地质现象类型的不同，规范中把常见的不良环境地质条件归纳为八种类型，每种类型都有其研究各有其研究的不同侧重。但总体规划区中任何规划区都会遇到或不可能发生的，因此，在总体规划勘察的实际工作中，应根据规划区的环境工程地质特征和规划区内各地的具体情况，确定其中哪些类型的环境条件应该研究的重点内容。通过研究，对不同类型分别提出相应的对策和切实可行的技术防治措

施。

3.0.10 关于场地稳定性分析和分区。

从确保规划区各项工程建设安全的角度出发,地基稳定性是工程建设用地选择的关键,也是评价规划区内各场地工程建设适宜性的前提,也就是说,在进行规划区内各场地工程建设适宜性分区和评价前,首先应进行场地稳定性分析,划分出不同状态稳定性的地区(或地段)。规范中根据不良地质环境地质作用影响程度的不同,划分为四类。稳定场地(或地段)是指动力地质作用的破坏影响无波及该区的可能,也是划分适宜工程建设良好场地的主要条件;不稳定场地(或地段)是指动力地质作用强烈、不良环境地质现象发育、严重影响地质危险性,对工程建设场地危害严重的地区(或地段),也是划分不宜进行工程建设场地的主要依据。稳定性较差和稳定性差的场地,是指局部有动力地质作用影响的,但经过采取的复杂或简单的技术防护措施后,可将该场地稳定性较差和稳定性差的场地(或地段)归并为一类。

3.0.11 本规范在总结我国工程建设经验的基础上,对城市用地选择,从工程地质观点出发,指明了一些,在一般情况下,工程建设宜避开的地区(或地段),现说明如下:

(1)动力地质作用强烈、存在崩塌、滑坡、错落、浅层岩溶、泥石流等地质现象的地段,在任不易整治,后患无穷。因此,宜避开动力地质作用强烈、不良地质现象发育,对场地稳定或直接有潜在威胁的地段。

(2)如在地基土性质恶劣的地段进行工程建设,不仅要进行复杂的地基处理,还需加强上部建筑物结构的刚度,所需费用极大,若处理不当,就有可能危及上部建筑物的安全。因此,在一般情况下,宜予避开。

(3)对工程建设抗震不利的地段,一般属于软弱场地土、易液化土、条状突出的山脊、高耸孤立的山丘、非岩质陡坡、河曲凸岸和岸边斜坡及地貌地质单元边缘带、采空区、平面分布上明显不均匀的土层、断层破碎带、暗埋的塘、浜、沟谷及半填半挖地基等,以及非发震断裂与发震断裂交汇的附近地段;对工程建设抗震危险的地段,一般是指地震时可能发生崩塌、滑坡、地陷、地裂、泥石流等地段以及全新活动断裂地震时可能发生地表错位的地段。

国家《建筑抗震设计规范》明确规定:"选择建筑物的场地时,……应尽量选择对建筑抗震有利的地段,避开不利的地段,不宜在危险的地段进行建设"。

(4)城市用地选择时,除宜避开洪水或地下水对工程建设有不利影响的地段,尚应考虑毗邻地区是否有拟建水利工程的规划,可能导致今后岸边再造和水文地质条件的改变对场地工程建设的不良影响。

(5)地下未开采的有价值的矿藏地区,一般不宜进行工程建设。由于对未稳定的地下采空区的地表变形规律尚未全面认识,故在一般情况下,以避开为宜。

4 详细规划阶段的工程地质勘察

4.0.1 根据《中华人民共和国城市规划法》第二十条规定:"城市详细规划应当在城市总体规划或者分区规划的基础上,对城市近期建设区域各项建设作出具体规划。城市详细规划应包括:规划地段各项建设用地的范围,建筑密度和高度等指标,总平面布置,工程管线综合规划和竖向规划"。详细规划是总体规划的深化和具体化,也就是在总体规划的基础上,对局部地区(近期建设区)进行的建设规划。它就是依据总体规划确定的总目标、总布局和方针政策,对近期建设区域内即将建设的房屋建筑、市政工程、公用事业、园林绿化、环境卫生和其它公共设施,从土地利用、空间布局、环境景观和工程建设等方面作出具体的综合布置方案,为各项专业工程设计提供规划条件和依据。

某些情况下,在详细规划编制前,需要对建设项目的工程选址综合安排、投资估算和有争议的问题作出可行性规划研究,提出若干方案供领导决策。

根据建设项目的内容和性质,一般情况下,详细规划的编制有以下一些类型:

（1）编制开发区改建区的综合详细规划;
（2）编制城市主要干道沿线的综合详细规划;
（3）编制居住区、小区详细规划;
（4）编制火车站、机场、港口等交通建设详细规划;
（5）编制商业区、文化中心、体育中心、城市公园、风景区、游乐场等详细规划;
（6）编制城市道路、给水、排水、煤气、热力、电力、电信、河潮、防洪等工程的详细规划;
（7）编制办公、科研、工业、仓库、大专院校等专用单位的总平面布置的详细规划;
（8）编制文物、古建筑保护的详细规划;
（9）大型公共建筑和重大工程的详细规划。

详细规划一般包括下列内容:

（1）确定开发区或改建地区规划的土地使用功能,分别确定土地允许建设的内容及控制规模(即定位、定向、定量);

（2）确定详细规划区范围内道路、河道、城市绿地、铁道等红蓝线的宽度及横断面,并确定主要控制点坐标及高程;

（3）确定开发或改建地区道路交通和各类市政公用设施的建设条件;

（4）确定开发或改建区各块用地进行平面布置,对建筑群体和空间标;

（5）对当前新建或改建地段进行平面布置,对建筑群和空间环境,以及各项工程设施作出综合规划,并进行技术经济分析论证、估算总造价。

详细规划编制的工作深度,一般根据规划任务的性质确定。有的属于近期开发地区、规划用地范围内建设项目、其用地、投资已落实,由于该处尚无详细规划,任意形成规划与设计同时开展工作的情况。但建筑布置不要求很细,待有明确任务时,再充实调整;有的属于计划已立项的规划设计项目、规划时,并作出具体的规划方案,作为今后工程设计的依据。还有的情况下,列入今明两年的计划建设项目,其用地、投资已落实,由于该处尚无详细规划,任任何形成规划与设计同时开展工作的情况。还是否可行,并作出具体的规划方案,作为今后工程设计的依据。还有的情况下,列入今明两年的计划建设项目,其用地、投资已落实,由于该处尚无详细规划,任任何形成规划与设计同时开展工作的情况。是否可行,并作出具体的规划方案,作为今后工程设计的依据。还目工程设计之间的规划阶段。为满足详细规划各类近期建设项目工程设计之间的规划阶段。为满足详细规划各类近期建设区域内详细规划任务要求而进行的工程地质勘察,其任务主要是在城市总体规划勘察的基础上,对规划区内近期规划建设地段的稳定性作出明确的工程地质评价;并为近期即将建设的房屋建筑、市政工程、公用事业、园林绿化及其它公共设施的总平面布置方案和拟建重大工程的地基基础设计方案的选择，以及不良地质现象防治工程方案作出论证，提供工程地质依据。

4.0.2 关于详细规划勘察的具体工作内容说明下列三点：

（1）规范中要求"应对总平面布置所在规划区内各建筑地段作出工程地质评价"，系指在总体规划勘察的基础上，在对本规划区内各建筑地段地基稳定性作出全局性评价的基础上，进一步对本规划区内各建筑地段的局部稳定性问题作出明确的评价。

（2）规范中要求："初步查明地质（地层、构造）地貌特征、地基岩土层的空间分布规律及其物理力学性质和土的最大冻结深度，以及不良地质现象的成因类型、分布范围、发生和诱发条件，对规划区各建筑地段稳定性的影响程度及其发展趋势。"这里的"初步查明"是指把地质、地貌、岩土性质及不良地质现象等工程地质条件基本查清，不致在下一阶段工程勘察中出现本质性变化，但容许评估讨论，但详细情况留待下一阶段查清。

（3）关于规范规定："在详细规划勘察中，对于强震区，应判定场地和地基的地震效应。"

强震区的场地和地基的地震效应主要有下列四类：

① 强烈地面运动导致各类建筑物的振动破坏；

② 强烈地面运动造成场地地基本身的失稳或失效，如液化、地裂、震陷、滑移等；

③ 地表断裂错动，包括地表断裂及构造性地裂造成的破坏；

④ 局部地形、地质、地层结构的变异可能引起的地面异常波动。

关于判定场地和地基的地震效应的具体要求，应按现行国家标准规范《建筑抗震设计规范》的有关规定执行。

4.0.3 详细规划勘察，在某些方面与总体规划勘察具有相似的特

点、方法和要求大体相同。因此，本节需要说明的问题，除在说明第3章3.2节已论及者外，现就尚需说明的内容，分条说明如下：

要了解清楚规划范围，详细规划，详细规划图纸比例尺和工程建设的规划设想和拟建重大工程的位置特点，以及对勘察工作的任务要求。同时必须取得工程地质测绘和编制成果图时需用的现状地形图。为便于规划设计人员使用，规范中规定："宜与对编制详细规划总平面布置图所采用的图纸比例尺相一致。"一般细规划总平面布置图采用的图纸比例尺为1:500。其依据：

（1）建设部城市规划司编著的《中华人民共和国城市规划法解说》中关于详细规划比例尺的规定："控制性详细规划图纸比例一般为1:1000～1:2000"，"修建性详细规划图纸比例为1:500～1:2000"；

（2）经调查，在大量编制详细规划工程地质测绘与调查的实践中，规范中明确规定："仅在详细规划勘察中宜进行工程地质测绘与调查"。

4.0.4 （1）详细规划工程地质测绘与调查是在总体规划勘察的基础上全面掌握了规划区工程地质环境条件较复杂或具有多种地貌特征的基本情况上进行的。通过总体规划勘察，已掌握了规划区在总体上的基本情况。因此组合的场地是在详细规划勘察中宜进行工程地质测绘与调查。这里"工程地质测绘与调查"应是有重点的，补充性的，更详细的工程地质测绘与调查。

（2）为明确工程地质测绘的精度要求，本规范在总结实践经验的基础上，根据详细规划勘察的任务要求，并参考了其它规范的有关规定，本规范规定："建筑地段的地质界线、地貌界线的测绘精度在相应比例尺图上的误差不应超过3mm；其它地段不应超过5mm。"同时规定："观测点的间距，在图上的距离，一般控制在2～5cm，也可根据场地工程地质条件的复杂程度，并结合对规划区工程建设的影响程度适当加密或放宽"。在执行中，布点应密切结合

实际,避免机械地布点。

4.0.5 关于详细规划勘察的勘探线、点间距。

根据我国很多城市进行大量的详细规划勘察的实践经验,同时考虑到详细规划勘察不论是在勘察的目的和任务,还是在勘察的方法和要求上,都与初步设计阶段的勘察相类似,因此,本规范参考了其它规范对初步设计阶段勘察勘探线、点间距的规定,制订了本规范对详细规划勘察勘探线、点间距的规定,点间距的比较见表1。

本规范与其它规范勘察勘探线、点间距的规定 表1

场地类别		工业与民用建筑工程地质勘察规范	冶金工业建设工程地质勘察技术规范	本规范
Ⅰ类场地(复杂场地)	线距	<100	<100	50~100
	点距	<50	<70	<50
Ⅱ类场地(中等复杂场地)	线距	100~200	100~200	100~200
	点距	50~150	70~150	50~150
Ⅲ类场地(简单场地)	线距	200~400	200~300	200~400
	点距	150~300	150~250	150~300

由于城市主要干道沿线两侧地带和大型公共设施建设区,都是一个城市的重点建设区,拟建重大建筑物较多,特别是主要干道两侧沿线地带,不仅建筑物较多,建筑物也分布密集,因此,考虑到这类城市详细规划勘察的特点和要求,本规范规定:"城市主要干道沿线地带和大型公共设施(如体育中心、文化中心、商业中心等)建设地类地区应按详细规划勘探线、点间距,应根据场地类别,按表4.0.5中规定的最小值确定"。相反,"在具体建设项目尚未落实的情况下,为编制控制性详细规划,对建筑物布置要求不严或做得很细,点间距的精度要求,相对来说,也低一些。因此'可根据场地类别,按表4.0.5中规定的最大值确定"。

4.0.6 关于详细规划勘察的勘探孔深度。

考虑到规划区内近期即将建设的工程,既有重大的,也有一般的、次要的,工程的类型和荷差异较大,因此,本规范为一个重要因素。同时,本规范范对勘探孔深度的规要因素。同时,本规范对初步工程等级作为确定勘探孔深度的一个重要因素。同时,本规范对把工程等级的基础上,又把勘探孔分为一般性和控制性勘探孔。这是由于考虑到除了一般性勘探孔深度范围内的地质构成、岩、土的性质及其空间分布外,尚有一部分(规范中规定为1/5~1/3)的勘探孔(指控制性勘探孔)需要加深一些,以便了解规划区较深部地层的构成情况,以及是否有软弱的地层存在等其它的地质问题。为稳定性及其他评价,提供更可靠、更切近的依据。

根据实践经验,并参考了其它规范对初步勘察勘探孔深度的要求,制订了本规范对详细规划勘察勘探孔深度的规定。

4.0.7 关于详细规划勘察的取样和原位测试。

在详细规划勘察中,应选取适当数量的土试样进行适当数量的原位测试工作,以了解地基岩土层的性质及其水平和垂直方向的变化规律。根据实践经验,取土试样和进行原位测试的勘探孔数量,一般应占勘探孔总数的1/3~1/2。

为了提供可靠的工程地质资料,保证经济合理的规划区内拟建重大建筑物基础设计方案,本规范规定:"规划区内拟建重大建筑物的地段,取土试样和进行原位测试的勘探孔不得少于3个,且每幢重大建筑物的控制性勘探孔,均应取样或进行原位测试"。

及城市规划勘察的特点,本规范采用与现行国家规范有关规定相一致的方法,也是在以往的城市规划勘察中常用的统计方法。

本规范对统计的基本步骤也作了规定,现说明如下:

(1)由于规划区的面积较大,因此,首先应进行工程地质区(段)划分,规划区内各场地的工程地质条件往往有所差别,同时用试验指标来核实野外分层的准确性,进一步调整层位,分层统计其物理力学性质指标;"当同层土的指标差异大时,应进一步划分土质单元进行统计"。

(2)分层工作是在上述划分工程地质区(段)的基础上进行的。一般应用野外分层资料,绘制必要的剖面图,同时用试验指标来核实野外分层的准确性,进一步调整层位,然后按调整后的层位,分层统计其物理力学性质指标,"当同层土的指标差异大时,应进一步划分土质单元进行统计"。

根据城市规划勘察的特点和现行国家规范有关规定,本规范规定:"总体规划和详细规划勘察可提供平均值,标准差及变异系数",提供岩、土物理力学性质指标平均值,标准差及变异系数已能满足城市规划勘察任务的要求。

5.0.4 鉴于我国幅员广阔,城市情况十分复杂,按城市规模,分为大城市、中等城市及小城市三类,若按城市的性质,又可分为首都、工业城市、港口贸易城市、历史文化名城和风景旅游城市等。不同规模、不同性质的城市,规划对勘察的任务要求有所不同;按地理特点,有山区城市、高原城市、平原城市、海滨城市,不同城市所处地基条件,有硬地基、软地基和特殊性岩土地基城市,不同城市具有不同地理地质和工程地质环境特征。因此,本规范对勘察报告正文及所附工程地质图系编制的内容不强求统一。本规范"勘察报告正文及所附工程地质图系编制提纲"中所列内容是指一般情况而言,在编制某一城市总体规划勘察报告,或某一近期建设区详细规划勘察报告的实际工作中,其内容应根据勘察阶段、任务要求,规划区或建筑特点的具体情况,按本规范附录E"城市规划勘察报告编制提纲"选定,或予以适当增减。

5 资料整理和报告编制的基本要求

勘察报告包括勘察报告正文及所附工程地质系列图两个部分,它是通过搜集已有资料和运用各种勘察手段所获得的全部原始资料,经过归纳整理、综合分析,主要为全面、确切地反映规划区的自然地理条件和工程地质环境特征,为编制城市总体规划或近期建设区详细规划,提供工程地质依据而编制成的勘察成果。现就本章规定的要求,按规范条文顺序说明如下:

5.0.1 加强原始资料的检查、整理、分析及鉴定工作,确保原始资料的准确性、真实性及代表性,是保证勘察成果质量的最基本条件。因此,本规范规定:"勘察报告编制依据的全部原始资料,包括搜集到的已有资料和工程地质测绘与调查、勘探、测试所取得的资料,均应经检查、整理、分析、鉴定,确认无误后才能使用"。

5.0.2 城市规划、勘探和使用,本规范规定,是今后各项工程建设勘察工作中经常要利用的一项重要基础资料。因此,应永久存档,这也符合国家城市建设勘察档案管理的规定。在有条件的城市,应纳入地质数据库系统。

众所周知,勘探点资料是城市地质勘察的最基本的第一性资料。为便于资料的交流和使用,本规范规定:"对当地城市建设、勘察和地质环境研究有重要意义的勘探点的勘探点位和标高,应分别按统一的坐标系统、高程系统测定和记载"。这里的"统一的坐标系统、高程系统"应符合现行国家城市建设部颁行《城市测量规范》中所列的有关规定;这里的"高程系统"是指某一统一的坐标系统,高程系统"应符合现行国家城市建设部颁1956年黄海平均海水面为零点"的要求。

5.0.3 统计岩、土的物理力学性质指标很多,是为对岩、土进行正确分层和土质评价。其统计方法为统计该岩(土)层的物理力学性质指标,本规范采用与现行国家规范有关规定相

中华人民共和国行业标准

城市地下水动态观测规程

Specification for Dynamic Observation
of Groundwater in Urban Area

CJJ/T 76—98

主编单位：建设部综合勘察研究设计院
批准部门：中华人民共和国建设部
施行日期：1999年3月1日

关于发布行业标准《城市地下水
动态观测规程》的通知

建标 [1998] 223号

根据原城乡建设环境保护部《关于印发城乡建设环境保护部1986年制、修订标准、规范、规程项目计划的通知》（[86] 城规字第31号）要求，由建设部综合勘察研究设计院主编的《城市地下水动态观测规程》，经审查，批准为推荐性行业标准，编号CJJ/T 76—98，自1999年3月1日起施行。

本标准由建设部勘察与岩土工程标准技术归口单位建设部综合勘察研究设计院负责管理，由建设部综合勘察研究设计院负责具体解释工作。

本标准由建设部标准定额研究所组织中国建筑工业出版社出版。

中华人民共和国建设部
1998年11月13日

前 言

根据建设部(86)城规字第 31 号文的要求,规程编制组在深入调查研究,认真总结实践经验,参考国内外有关标准,并广泛征求意见的基础上,制定了本规程。

本规程的主要技术内容是:1. 观测点的布设与施工;2. 观测内容与方法;3. 资料整理、汇编与管理。

本规程由建设部勘察与岩土工程标准技术归口单位建设部综合勘察研究设计院归口管理,授权由主编单位负责具体解释。

本标准主编单位是:建设部综合勘察研究设计院(地址:北京市东城区东直门内大街 177 号;邮政编码:100007)。

本标准参编单位是:陕西省综合勘察设计研究院
北京市勘察设计研究院

本标准主要起草人员是:马英林、张子文、牛晗、姚雨凤、刘葛如、李连弟、顾明志。

1998 年 3 月

目 次

1 总则 ································ 20—3
2 地下水动态观测点网的布设 ············ 20—4
　2.1 一般规定 ·························· 20—4
　2.2 观测点网布设原则 ·················· 20—4
　2.3 观测点网布设要求 ·················· 20—6
3 观测孔结构设计与施工 ················ 20—6
　3.1 观测孔的结构设计 ·················· 20—7
　3.2 观测孔的施工 ····················· 20—8
4 地下水动态观测的内容与方法 ·········· 20—8
　4.1 水位观测 ·························· 20—9
　4.2 水量观测 ·························· 20—9
　4.3 水温观测 ·························· 20—10
　4.4 水质监测 ·························· 20—12
5 地下水动态观测资料整理、汇编与管理 ···· 20—12
　5.1 基本要求 ·························· 20—12
　5.2 地下水动态观测点基本特征资料 ······ 20—12
　5.3 水位资料 ·························· 20—13
　5.4 水量资料 ·························· 20—13
　5.5 水温资料 ·························· 20—13
　5.6 水质分析资料 ······················ 20—13
　5.7 资料管理 ·························· 20—13
　5.8 资料提交 ·························· 20—14

附录 A	工业用水常规分析项目	20—15
附录 B	地下水中不稳定成分的水样采取及保存方法	20—16
附录 C	地下水动态观测点特征资料	20—16
附录 D	地下水动态观测资料记录	20—17
附录 E	地下水动态观测资料年报表	20—19
本规程用词说明		20—23
条文说明		20—23

1 总 则

1.0.1 为满足国民经济可持续发展的需要，为城市水资源合理开发利用与管理，为城市规划、建筑工程设计及水环境保护等提供地下水动态观测信息资料，制定本规程。

1.0.2 本规程适用于城市、水源地及工程建设的地下水动态观测工作。

1.0.3 地下水动态观测项目应包括：水位、水量、水温和水质，对与地下水有密切联系的地表水体，亦应进行上述项目的观测。

1.0.4 地下水动态观测应对下述问题提供信息资料：

1 地下水动态变化规律及不同因素对地下水的影响；在地下水集中开采区，应查明下降漏斗的形成、影响范围、发展趋势及下降速度。

2 地下水补、径、排条件，边界位置及其性质，越流因素及与地表水体的水力联系。

3 地下水开采现状、开采强度、补采平衡状况及未来发展趋势。

4 地下水动态变化对工程建设及已有建筑物的影响。

5 可能引起的和已发生的地下水水质变化的原因及发展趋势。

1.0.5 城市地下水动态观测除应符合本规程外，尚应符合国家现行有关标准的规定。

2 地下水动态观测点网的布设

2.1 一 般 规 定

2.1.1 观测点网的布设应根据观测目的、城市的自然地理条件、地质一水文地质条件、地下水动态特征、地下水资源保护与管理、城市发展规划及工程建设的需要而定。

2.1.2 观测点网应由有联系的观测点及观测线组成。观测线应按规定密度设置，观测线应沿着地下水动力条件、水化学条件、污染途径及有害环境地质作用强度变化最大的方向布置。

2.1.3 对开采多层含水层地段，应适当分层观测点；对于开采层有着越流联系的含水层，也应布设一定数量的观测孔，对其地下水动态进行观测。

2.1.4 供水井、泉水、矿井、地下水排水点及取水构筑物等选取所需的观测点，也可自行增设观测点。

2.2 观测点网布设原则

2.2.1 城市地下水动态观测点网应覆盖整个城市规划区，并能控制其他相对独立、自成体系。

2.2.2 观测点网应具有合理的分布密度、几何位置和观测频率。应根据城市供水规划，经济技术条件的改善及产业结构等，相应地对观测点网的结构进行调整。

2.2.3 观测点网在满足观测目的和要求观测的条件下，应能以最少的人力、时间及费用投入，获取保证精度要求的地下水动态信息量。

2.3 观测点网布设要求

2.3.1 城市应分别布设地下水动态长期观测点网及地下水动态统一观测点网。

2.3.2 城市可根据需要设置专门性的水源地观测点网和工程建设的观测点网，并可利用城市已有地下水动态观测点宜选用已有的观测点线和观测点作为专门性观测点网的部分。

2.3.3 观测点网的密度应符合下列要求：

1 观测点网的密度应根据地下水类型、观测目的、要求与地质、水文地质条件的复杂程度等来确定。长期观测点宜选用已有勘探孔及非长期开采的生产井、回灌井等。

1）水位统一观测点网的密度宜符合表 2.3.3 的规定：

统一观测点网观测点密度表　　表 2.3.3

编图比例尺	城市中心区 （点数/km²）	城市郊区 （点数/km²）
1:50000	0.20~0.25	0.06~0.12
1:25000	0.80~1.00	0.25~0.50
1:10000	4.00~5.00	1.50~3.00
1:5000	8.00~12.00	3.00~6.00

2）水质统一观测点密度，不宜少于表 2.3.3 规定点数的 60%；

3）水温统一观测点密度，不宜少于表 2.3.3 规定点数的 30%；

4）水量统一观测点，应为城市规划区内全部在用的供水井及泉水、回灌井、排水矿井等。

统一观测点密度，应以能满足绘制地下水动态要素成果图的需要为准则。

3 长期观测点网密度不宜少于表 2.3.3 规定观测点数的 20%。

2.3.4 不同地域城市长期观测点网的布设应符合下列要求：

1 内陆地区城市长期观测点网布设应要求：

1）观测线宜平行或垂直地下水流向、垂直地貌界线、构造线及地表水体的岸边线，并宜通过地下水位下降漏斗区、地下水污染区等；

2）观测点网密度宜符合本规程第2.3.3条第3款的规定。但观测点密度较城市郊区、城市中心地区应相对加密；

3）平原地貌（微地貌）界线方向上，泉水（或泉群）出露地段，可布设辅助观测点；

4）地下水位下降漏斗区、地表水与地下水水力联系密切地区及地下水污染地区，应加密观测点；

5）地质构造对地下水动态起控制作用的地段、地下水越流作用发生地段及排泄边界等，应加密观测点。

2 滨海地区城市长期观测点网布设应要求：

1）观测线宜垂直海岸线布设2~3条，平行海岸线布设1~2条；

2）为观测海洋潮汐对地下水和水质的影响，当海岸线距离城市或地下水集中开采区小于3km时，应加密观测点；

3）对已发生海水入侵的地区，特别水尚未入侵到城市规划区时，应加密水分界线，并应监视水尚未侵入一侧，特别在河道或古河道的地段应加密观测点，并应监测在河道淡水分界面的移动状况；

4）当咸淡水分界面已运移到城市规划区范围以内时，应在地下水集中开采区、地下水位下降漏斗地区，分别布设1~2条观测线，加密观测点；当咸淡水分界面同时作为水位、水质观测。

2.3.5 水源地长期观测点网的布设应符合下列要求：

1 观测点网密度宜符合本规程表2.3.3的规定。

2 水源地观测线宜沿地下水位下降漏斗的长短轴方向分别布设1~2条。根据水源地布设任务的需要，可在水源地或其外围地区设置观测点。满足水源地观测目的和要求的开采井，均可作为观测点。

3 水源地长期观测点中心地区应设置观测点。

4 当观测水源地水位下降漏斗的观测密度，尚不能满足正确绘制出水源地水位下降漏斗形状、分布范围及地下水污染范围时，应根据情况增设观测点。

5 对远离城市规划区的水源地，宜单独建立观测点网。

6 对开采井数量较多、开采强度大、开采过程中已经形成地下水位下降漏斗或地下水质受到污染的水源地，对于远离城市规划区内的水源地，宜直接观测为城市规划区内增设观测点。

7 当主要确定水源地水位下降漏斗形状和规模，查明地下水污染范围、污染发展趋势时，应在水源地及其外围地区增设观测点或观测线，对于城市规划区内的水源地，宜选取观测点（孔）中选取观测点，对于远离城市规划区的水源地，可根据当地井（孔）分布情况，确定选用观测点。

8 三种主要类型水源地观测点网布设要求：

1）傍河水源地，当水源地开采井平行河床成排布设时，观测线应垂直河床布设2~3条及平行河床布设1~2条（含连接开采井排）的观测线。

当水源地开采井为其他形式布设时，观测线应通过水源地中心井井排、平行河床地带分别布设1~3条。当下降漏斗影响到河对岸时，则近河床地带应加密观测点。

应在河对岸加设观测线；

2）岩溶裂隙水水源地，根据水源地规模大小，可在平行与垂直于地下水流向上，分别布设1~2条观测线。观测线长度宜延伸到岩溶裂隙含水层的边界；

3）冲、洪积平原区水源地，观测线宜平行与垂直于地下水流向，分别布设1~2条。

必要时，可在开采井群（井排）以外，增设辅助观测点，以圈定水源地水位下降漏斗的范围。

观测点宜均匀分布。当水源地开采层为多层含水层时，应设置分层观测孔。

2.3.6 城市工程建设地下水动态观测点网的布设应符合下列要求：

1 当为建筑设计、地基处理、建筑物建成后安全检验等提供有关地下水动态资料时，应布设与工程建设有关的地下水动态观测点网。

2 当重点工程建筑物基础需揭露上层滞水、潜水、承压水等多层含水层时，应设置代表性的观测点，分别对多层地下水动态进行观测。

3 在水文地质条件简单、且高层及地下水流向布设1～3条观测线的城市或地区，可沿地下水流向布设1～3条观测线；对于环境水文地质条件复杂、高层（超高层）反地下工程建筑物分布面积大的城市或地区，应在平行和垂直地下水流向上布设不宜少于3条的观测线。

4 当建设区有地表水体存在时，应对地表水体动态进行观测，观测线布设应垂直地表水体岸边线。

5 对于以观测其它观测点地下水作为主要供水水源的城市，应收集其它观测点网及在分布地区对地下水动态观测有特殊要求的重点工程分布地区及在工程建设对地下水动态观测有特殊要求的拟建地段，可根据已有观测点网的密度调整或增补观测点。

在以深层地下水作为供水水源的城市，可利用已有观测点，并依据工程建设对地下水动态观测点网的密度进行调整或增设新的观测点。

6 城市工程建设的地下水动态观测点网的密度按下列规定确定。

1）水文地质条件简单地区，应符合本规程表2.3.3的规定；

2）水文地质条件复杂地区，应为本规程表2.3.3规定点数的1.5倍。

3 观测孔结构设计与施工

3.1 观测孔的结构设计

3.1.1 观测孔的结构应符合观测目的和要求。

3.1.2 观测孔的井管内径不应小于108mm。基岩观测孔裸孔井段的口径不应小于108mm。选作观测孔的生产井的泵管与管之间的间隙不应小于50mm。

3.1.3 观测孔的深度应根据观测目的、所处含水层类型及其埋深和厚度来确定。

对承压含水层的观测孔深度，宜打穿全含水层；当含水层厚度大于30m时，揭露其厚度不宜少于50%；对潜水含水层的观测孔深度，宜打穿全部含水层的观测孔深度。

对上层滞水含水层的观测孔深度，宜打穿全含水层。

3.1.4 过滤器的长度宜符合下列要求：

1 当含水层厚度小于或等于30m时，可在设计动水位以下的含水层部位全部安装过滤器。

2 当含水层厚度大于30m，岩性又较均一时，宜在设计动水位以下的含水层部位安装10～15m长的过滤器。

3.1.5 在裂隙、岩溶含水层中，宜采用骨架、缠丝过滤器或填砾过滤器；圆（角）砾石、粗、中砂含水层中，宜采用缠丝过滤器或填砾过滤器；在粉细砂含水层中，宜采用填砾过滤器。

3.1.6 砾料规格、填砾厚度及高度、施工及验收规范、应符合现行行业标准《供水管井设计、施工及验收规范》(CJJ 10)的有关规定。

3.1.7 观测孔井管的底部应安装长度不小于4m的沉淀管、管底应用钢板封焊接死。当沉淀管中的沉积物厚度高出沉淀管而淹埋过滤管时，应及时洗井。

3.1.8 观测孔井管外的砾料层中，可设置直径不小于 30mm 的水位观测管，该管下端应低于观测孔设计埋置深度，应低于观测孔最大动水位的埋藏深度。

3.1.9 观测孔井管的管材，应根据地下水水质、管材强度、观测孔的口径与深度，以及技术经济等因素确定。宜选用 PVC 管、铸铁管、钢筋混凝土管及 PVC 管等。

3.1.10 观测孔孔口（管口），应高出地面 0.5～1.0m（选用的勘探孔、供水井除外），并在水泥泵座上预留测水位孔。孔口地面应采取防渗措施。在孔口应设置固定的测点标志。

3.1.11 选作观测孔的生产井，在条件许可的情况下，应在泵管与井管之间安装水位观测管（下部 2～5m 范围内打圆孔），进行水位观测。

3.2 观测孔的施工

3.2.1 观测孔宜采用清水钻进或水压钻进，当使用泥浆作冲洗介质时，泥浆指标应符合现行行业标准《供水水文地质钻探与凿井操作规程》（CJJ 13）的有关规定。不得向孔内投入粘土块，并应在成孔后及时进行清洗。

3.2.2 钻进过程中，应及时、详细、准确地描述和记录地层岩性及变层深度，并应准确测定初见水位。岩（土）样采取与地层编录，应符合现行行业标准《供水管井设计、施工及验收规范》（CJJ 10）的有关规定。

3.2.3 观测孔钻至规定深度后钻（孔）结构设计图，向井（孔）中下井管。井管下完后，经校验孔深无误后，方可根据井（孔）结构应符合现行行业标准《供水管井设计、施工及验收规范》（CJJ 13）的有关规定，同时在砾料层中安装水位观测管。

3.2.4 在水位观测管的下端应安装 2～5m 长的过滤管。水位观测管应随砾料的围填，连续安装至地面以上 30～50cm，并应在管口加盖封堵；砾料填充距地面 5～10m 时，宜换填粘土块（粘土球）至地面，进行管外封闭。

3.2.5 分层观测的观测孔，应严格止水，并应及时检查止水效果。

3.2.6 下管、填砾结束后，应选用有效的方法及时进行洗井。洗井的质量应符合现行行业标准《供水水文地质钻探与凿井操作规程》（CJJ 13）的有关规定。

4 地下水动态观测的内容与方法

4.1 水 位 观 测

4.1.1 水位观测应符合下列要求:

1 设置的观测点均应测量坐标、地面标高及固定点的标高。

2 水位观测应从固定点量起,并将读数换算成从地面算起的水位埋深及水位标高值。

3 观测地下水位(压力水头)的测试设备,可根据现场观测点的条件和测量精度与频率要求,选用电测水位计、自计水位或自动监测仪;当观测孔为自流井且压力水头不很高时,可安装压力表,当压力水头不高时,可用接长井管的方法观测承压水位,要在使用电测水位计、应检查电源、音响及灯显装置,在出测前应用钢尺校准尺寸记号。对无标尺的测线,应在每次使用后,确保效果良好。

4 对安装自记水位仪的观测点,宜每一个月用其它测具对水位实测1次,与自记水位仪的记录核对;对安装自动监测仪的观测点,与自动监测仪安装后第一个月及以后每半年,用其它测具实测1次,与自动监测仪的记录结果核对。

5 各观测点的观测日期、时间及水位状态(如开、停泵的时刻及其延续时间)应统一。

6 对观测孔的深度及井口标高,宜1~2年定期检测1次。

4.1.2 水位观测频率(次数)应符合下列要求:

1 长期观测孔人工观测水位宜每10d观测1次,观测日期应为每月的10日、20日、30日(二月为月末)。

2 对安装有自动水位监测仪的观测孔,水位观测宜为每日4次,观测时间宜为6时、12时、18时和24时。存于存储器内的数据可每月采集1次,也可根据需要随时采集。

3 当气象预报有中雨以上降雨时,对潜水层中的观测点从降雨开始加密观测次数,每日观测1次,至雨后5d止;对设有自动监测仪的观测点,每日仍宜观测4次。

4 对傍河的观测孔,平时每10d观测1次,洪水期每日观测1次,从洪峰到来起,每日早、中、晚各观测1次,并延续至洪峰过后48h为止。对设有自动监测仪的观测点,观测次数不变。

5 对流量较稳定的泉水位,应每10d观测1次;当发现泉水水位变化较大时,则应每天观测1次,直至水位恢复正常为止。

6 当城市规划区内出现矿山突水或施工建设基坑排水时,附近观测孔的观测次数,每天观测1次,直至水位变化速率接近突水(或排水)前时,方可转入正常观测。对设有自动监测仪的观测点,观测次数不变。

7 常年进行地下水人工回灌地区的水位观测工作,宜每10d观测1次;非连续回灌地区,回灌期间宜每天观测1次,停灌后视回灌水丘的消失速率,逐渐改为每10d观测1次。

4.1.3 地下水位观测精度应符合下列要求:

1 水位观测数值以m为单位,测记至小数点后两位。

2 对人工观测水位,应测量两次,间隔时间不应少于1min,取两次观测水位的平均值,两次测量允许偏差不应大于1cm。

3 自动监测水位仪精度误差不得大于1cm。

4 每次测量结果应当场核查,发现反常及时补测,应使资料真实、准确、完整、可靠。

4.1.4 地下水位统一观测应符合下列要求:

1 地下水位统一观测,应在枯水期和丰水期各进行1次。

2 统一观测水位前,应全面掌握统一观测点的水文地质资料。潜水井与承压水井、混合开采井与分层开采井应严格区分。

3 统一观测井的结构、标记应完好,其坐标、标高,标高资料应齐全,统一观测点应固定。

4 统一观测点密度可按本规程表2.3.3的规定确定。

5 当需要进行城市地区枯水期动态水位观测时，应同时记录生产井的单位时间出水量。

6 统一观测应在2d完成，观测时间内当遇降大雨时应另安排时间重测。

4.2 水量观测

4.2.1 水量观测应符合下列要求：

1 水量观测应加强地下水出水量及回灌量的观测。出水量包括实测的泉流量、各种生产井的开采量和矿山工程施工及矿坑的排水量等；回灌量包括水井的人工回灌量和渗水池的入渗量。

2 城市地下水动态观测点应包括城市规划区内所有在用的生产井、排水井和回灌井。

3 水量测试设备可根据观测的对象、现场条件和测量精度的要求，宜选用流量表、孔板流量计或堰测等。

4 利用生产井进行流量观测时，每眼井均应装有流量表或自动流量监测仪，按规定时间观测累计开采量。

5 对不同含水层和不同地下水类型的生产井应分别统计出水量。

6 对观测网内灌溉机井，应按灌溉期间记录的抽水井数、开泵时数、水泵规格或灌溉亩数等统计地下水开采量。

7 对地下工程施工排水和矿山排水等的排水量，应根据记录按月进行统计。

8 对回灌水井均应安装流量计，记录回灌量；对渗水池入渗量观测，宜以池中水位标尺读数近似计算。

9 观测过程中发现流量表数据反常应及时检查，以确保开采量的准确性。

4.2.2

1 对城市观测孔，应在每月月末观测（调查）一次累计出水量。

2 对专项抽水试验、施工降水及回灌井的观测，应调查相应月份的实际抽水量、排水量和回灌量。

3 对城市观测网范围内的矿山排水量及农田灌溉用水量，应每月统计1次。

4 泉水流量宜每10d观测1次，遇流量变化大时，应每天观测1次（二月为月末10日、20日、30日观测），应每月累计出水量。

4.2.3 当使用堰测法或孔板流量计进行水量观测时，固定标尺读数应精确到毫米，其换算单位流量值（L/s）应计算至小数点后两位；流量表观测精度不应低于$0.1m^3$，对生产井月累计开采量统计值应精确到立方米（即吨位值）。

4.3 水温观测

4.3.1 水温观测应符合下列要求：

1 对下列地区应加强地下水温度观测：
 1）地表水与地下水联系密切地区；
 2）进行回灌的地区；
 3）具有热污染及热异常的地区。

2 根据不同目的和要求，可选用水银温度计或热敏电阻温度计；在条件允许时，可采用自动测温仪。

3 当使用缓变温度计测量孔内水温时，温度计在水中停留时间不应少于3min。

4 测量生产井、自流井中地下水及泉水水温时，可将水温计放在水流出口处，并全部浸入水中，不得触及它物。

5 采用自动测温仪观测井内地下水温度时，探头位置应放于最低水位以下3m处。

6 同一观测点应采用同一个温度计进行测量，当更换其它温度计时，应注明仪器的型号及使用时间。

7 在观测水温的同时应记录当时环境下的气温值。

4.3.2 水温观测次数应符合下列要求：

1 当发现异常，水温观测点应每10d观测1次，可与水位观测同步进行；对长期观测异常，可每日观测1次，并查明原因。

2 对安装自动测温仪者可每日观测两次，观测时间可在5时和17时。存储器中的数据可每月观测1次，并应及时输入计算机。

4.3.3 水温观测精度要求，对长期观测点应达到0.5℃，与水环境保护有关的观测点应达到0.1℃。

4.3.4 地下水水温要求一年统一观测1次，可与枯水期统一观测水位同时进行，统一观测点总数不应少于本规程表2.3.3规定数量的30%。

4.4 水质监测

4.4.1 水质分析类别可分为简分析、全分析和特殊项目分析，并应包括下列内容：

1 简分析项目应包括：钙离子、镁离子、氯离子、硫酸根、重碳酸根、pH值、游离CO_2、总硬度及固形物。

2 全分析项目应包括：色度、气味、口味、透明度、浑浊度、钠离子、钙离子、镁离子、重碳酸根、碳酸根、硝酸根、亚硝酸根、氯离子、硫酸根、可溶性SiO_2、耗氧量、暂时硬度、永久硬度、负硬度、总碱度、酸度、游离CO_2、侵蚀性CO_2、H_2S、pH值、灼烧残渣、灼烧减量及固形物等。

3 特殊项目分析应包括：铅、锌、锰、铜、六价铬、汞、银、镉、钴、砷、硒、氰化物、酚等。

4.4.2 常规分析水应包括下列项目和内容：

1 饮用水分析项目：应符合现行国家标准《生活饮用水卫生标准》（GB 5749）的有关规定。

2 水质物理化学分析项目：
色度、气味、透明度、悬浮物、溶解氧、pH值、化学需氧量(COD)、生化需氧量(BOD)、挥发酚、氰化物、汞、铅、镉、六价铬、砷、氨、硝酸根、亚硝酸根、氟、锌、铜、电导率等。

3 细菌污染分析项目：细菌总数、总大肠菌群。

4 放射性污染分析项目：总α放射性、总β放射性、镭、铀、

5 腐蚀性分析项目：pH值、侵蚀性CO_2、游离CO_2、氯离子、硫酸根、重碳酸根、钙离子、铁离子、总硬度、暂时硬度等。

6 工业用水常规分析项目应按本规程附录A的规定执行。

4.4.3 水样采取应符合下列原则：

1 城市地区取水样应分布均匀；

2 在严重污染地段应加密取样点；

3 对孔隙水、裂隙水、岩溶水或潜水、承压水应分别取样；

4 对地表水取水样应在城市附近河段的上、中、下游分别采取。

4.4.4 取水样次数应符合下列要求：

1 水质长期观测项目，每月取水样1次分别进行简分析、全分析及特殊项目分析，三种分析水样采水样个数的比例分别为20%、50%和30%。

2 水质统一观测点应在每年枯水期统一进行简分析，污染项目分析及细菌分析，前三种分析取水样的个数比例同本条第1款的规定。细菌分析取水样为本规程表2.3.3规定数的80%。取样时间应在3d内完成。取样密度不应少于本规程表2.3.3规定数量的60%，但城市近郊区取样密度可减少到20%~30%。

3 城市供水水源地每季度应取样1次，进行饮用水水质评价项目分析，发现水质有特殊变化时，应每周取水样1次，进行个别项目分析，查明引起变化的原因并进行处理后，可恢复到正常监测时间。

4 对回灌水源，在回灌前应做全分析和污染项目分析，不得含有重金属离子及其它污染成分。回灌后的地下水质每月取水样1次，进行简分析，回灌后每月取水样10d采水样1次，随时掌握水质变化情况；当长期回灌时，对地下水应每月取水样1次做全分析，但每半年至少取1次水样做污染项目分析。

析及细菌分析。

5 对海水入侵地区，应每月取水样1次进行分析，并应每半年取水样1次进行全分析及特殊项目分析。

6 对安装有多功能自动能监测仪监测地下水电导率的观测孔，应每天观测两次，设定观测时间为12时和0时。存于存储器中的数据每10d采集1次，发现明显变化应及时采取分析验证。化原因或取水样进行分析验证。

4.4.5 取水样的数量应按水质分析的类别确定：
— 简分析，每件水样应取0.5～1.0L；
— 全分析，每件水样应取2.0～3.0L；
— 特殊项目分析，每件水样应取0.5～1.0L。
— 细菌分析，每件水样应取0.5～1.0L。

4.4.6 取水样应符合下列要求：

1 生产井可在泵房出水管放水阀处采取，取前应把水管中存水放净。

2 当取水点为长期不用水井时，取水前应进行洗井，抽出的水量应大于孔内存水量的2.0倍以上；当含水层渗透性很强时，可直接从井孔中采取水样。

3 从自流井和泉水处取水样时，可直接从出水口采取。

4 盛水器应采用磨口玻璃瓶或塑料瓶，当水中含有油类及有机污染物时，不得采用塑料瓶；取含氟水样不得采用玻璃瓶。

5 除采取含石油类或细菌分析水样外，取水前应先用拟取的水冲洗容器两次方可取水样。分析含石油类水样时，可直接注入瓶内，并留少量空间。

6 当采集测定溶解氧和生化需氧量的水样时，应注满水样瓶，避免接触空气。

7 对城市内潜水含水层分布区，应增加对混凝土侵蚀性样品的取样数量。

8 细菌分析水样，应用无菌玻璃瓶采样，取样前不得打开瓶盖，采样时严禁手指或异物碰到瓶口和接触水样。

9 水样取好后，应立即封好瓶口，并应就地填好水样标签，标明取样时间、地点、孔号、水温、取样人签名，并尽快送化验室。

10 水样长途运输应防止出现瓶口破损、水样瓶冻裂及曝晒变质等不良后果。

11 送样时应填好送样单，确定好各种样品化验类别与要求，并提交收样单位验收。

12 地下水中含不稳定成分的水样，采取及保存方法应按本规程附录B的规定执行。

4.4.7 统一观测时所取水样，应送水质化验室进行分析，并应抽出1/10～1/20的样品通过国家计量认证的城市供水水质监测站进行外检分析。

4.4.8 水样采取后，应在下列规定时间内送到化验室：
— 净水物理化学性质分析水样48h内送到；
— 弱腐蚀性水样24h内送到；
— 细菌分析水样4h内送到；
— 放射性水样24h内送到；
— 特殊项目分析水样72h内送到（酚、氰、六价铬为24h内送到）。

4.4.9 水样分析质量应符合现行国家标准《生活饮用水标准检验法》（GB 5750）的规定。

5 地下水动态观测资料整理、汇编与管理

5.1 基本要求

5.1.1 资料整理、汇编应按本规程附录表 C～E 的相应格式、规定进行。

5.1.2 采用数据库管理系统时，录入的数据应自动成库。

5.1.3 年终应收集城市规划区内的气象、水文资料，水文资料应按时间顺序排列及时整理成资料系列和图表。

5.1.4 每次实测地下水位、水量、水质、水温资料，应及时进行分析整理汇总到地下水动态观测资料年报表内。根据各观测点的观测项目的年平均值和极值等，应分别计算和选定各观测点的典型观测曲线。全年的观测工作结束后，并绘制该点的数字动态要素综合曲线，多年变化曲线。

5.1.5 计量单位用符号表示，计量单位前的数字应用阿拉伯数字表示。

5.2 地下水动态观测点基本特征资料

5.2.1 观测点应按本规程附录表 C.0.1 的规定建立"地下水动态观测点资料卡片"，并应按类别统一编号，号码不得重复。建网区内应按本规程附录表 C.0.2 的规定建立"地下水动态观测点基本特征汇总表"。

5.2.2 对建网地区，应编制"——年地下水动态观测工作点分布图"。建网地区的实地观测点与图上标绘的观测点的位置、标高应每年校对，当增加新测点时应准确地补充在该图上。

5.3 水位资料

5.3.1 对逐时连续观测资料（如自记水位仪观测资料等），日平均水位应按下列方法确定：

1 当水位的日变幅比较小时，取 10d 观测时期内统一规定时刻的水位为日平均水位。

2 水位的日变幅虽大，但规律性强，可统计出相当于日平均水位出现时刻的日平均水位。

3 当水位的日变幅大，且无规律性时，采用算术平均法计算日平均水位。

5.3.2 当月内测次比规定的缺少 2 次以上，年内资料缺少 2 个月以上者，不宜计算月的和年的平均值。当该测次数少于平均法计算规定时，应计算平均值，但该值应加括号。

5.3.3 每个观测水位观测点应按本规程附录表 E.0.1 的规定编制"——年地下水位观测资料年报"。

5.3.4 根据观测水位动态及多年水位动态数据宜绘制下列图件：

1 每个观测点的年及多年水位动态曲线。

2 城市或地区特征时刻（丰水期或枯水期）等水位线图与埋藏深度图。

3 地下水位降落漏斗图。

4 地下水位动态与影响因素综合分析曲线。

5 地下水"公害"问题分布图。

5.4 水量资料

5.4.1 对全区水量观测资料应按本规程附录表 E.0.2 的规定编制"——年地下水量观测资料年报"，指出年最大、最小和平均水量值。根据各观测点的水量资料，统计年抽水总量及排水总量。

5.4.2 根据开采水量资料按本规程附录表 E.0.3 的规定编制"——年地下水开采强度分区表"。

5.4.3 根据水量观测数据宜编制下列图件：

1 地下水水量（泉水流量、抽水量、排水量）动态变化历时曲线；
2 开采强度分区图。

5.5 水温资料

5.5.1 对具有每月三次以上的地下水温度观测的点，应按本规程附录表 E.0.4 的规定编制"一年单井地下水温度观测资料年报"；对少于三次者，不宜单独编制年报表，不同行政区同一含水层组，应按本规程附录表 E.0.5 的规定编制"一年地下水温度综合年报"；

当同一观测点分层观测地下水温时，则应分层填报地下水温度年报表。

5.5.2 根据地下水温度观测数据宜编制下列图件：

1 年度地下水温度特征值，可按城市或地区，绘制年平均地下水温度、年最高或最低水温等值线图及年水温变幅图；
2 不同含水层组、不同深度的地下水温度同时轴综合曲线图等。

5.6 水质分析资料

5.6.1 对地下水水质监测点应按本规程附录表 E.0.6 的规定编制"一年地下水水质监测资料年报"。

5.6.2 根据观测区地下水实际遭受污染的程度、污染监测点统计可分别采用下列方法：

1 单项有害物质的检出点统计：应以水质观测点为单位，统计管辖区有害物质的检出点数及超标点数，并计算其占水样观测点总数的百分数及最大超标率，统计结果应按有害物质种类分别表示。
2 多种有害物质的检出点统计：应计算出各个水质观测点中已检出的有害物质种类的百分数及最大超标率数统计，并计算出各类的百分数及最大超标率发生的时间。

3 卫生指标统计：应按饮用水卫生标准，选择典型的超标项目（如矿化度、硬度、硝酸根离子、重金属离子及超标细菌总数等），统计管辖区内检出的超标观测点的超标水样件数，并计算超标的百分数及最大超标率发生的时间。

5.6.3 根据各观测点的水质分析资料，宜编制下列图件：

1 水化学类型分区图。
2 矿化度等值线图。
3 主要化学成分等值线图。
4 污染成分等值线图。
5 地下水水质及多年变化剖面图。
6 必要时可对水化学成分变化有影响的因素包括：降水、蒸发、海水等质或量的多层观测资料，宜编制地下水化学成分垂向变化图。
7 对同一点间的多层观测资料，宜绘在同一时轴动态曲线图上。

8 污染区，应编制地下水污染现状图：依据有害物质或超标物质的检出点情况，分别采用污染范围或实际检出点表示。当有害物质的检出呈零星分布时，宜用实际检出点或污染程度分别表示。当有害物质的检出呈片状时，宜用污染范围和污染程度分别表示。

5.6.4 地下水对构筑物腐蚀性资料的整理和评价，应按现行国家标准《岩土工程勘察规范》（GB 50021）中的有关规定执行。

5.7 资料管理

5.7.1 资料管理宜采用数据库管理系统，硬件配置应满足数据库管理系统运行的需要。

5.7.2 系统基本软件及功能应符合下列要求：

1 系统基本软件包括计算机的操作系统、数据库系统及汉字系统。所有的系统软件应具有较好的兼容性。
2 数据库管理系统软件的基本功能应具备下列要求：
  1) 通讯功能，实现数据采集系统与计算机的通讯联机，实现数据的单向传输或双向传输；

2）建库及数据处理功能：能对所采集的数据自动建库、分类、计算，对类文件有进行查阅、增删、修改和关联等功能。

应用数据库管理系统应建立下列数据库：
——地下水动态观测点资料卡片数据库；
——地下水动态观测孔地层及井孔结构数据库；
——地下水位、水温动态观测数据库；
——地下水量观测数据库；
——观测孔成孔时地下水水位、水质分析数据库；
——地下水动态观测孔水质全分析数据库；
——地下水动态观测孔特殊项目及其它分析项目数据库；
——水文资料数据库；
——气象资料数据库；
——地下水动态观测孔抽水试验数据库。

对生成的数据文件进行分析、处理时，应符合本规程第5.3～第5.6节的规定。

3）图件绘制、编辑功能：能应用数据文件存入绘图数据文件符号库和汉字库的恢复，并将编辑后的图件存入绘图数据文件等功能。

应用数据库管理系统宜绘制下列图件：
——地下水动态观测点网分布图；
——地下水动态要素及多年及年历时曲线；
——地下水位与影响因素综合分析曲线；
——地下水动态要素等值线图；
——水文地质剖面图；
——地下水动态要素及影响因素柱直方图；
——圆饼图；
——抽水试验模拟图。

4）报表、图件打印输出功能：能把屏幕上显示的报表、图件按规定的格式要求打印输出。

5.8 资 料 提 交

5.8.1 根据地下水动态工作的目的和要求，应向主管部门提交年度工作报告，反映各种观测成果的表格、图件，也可汇编成图集或数据库文件格式，作为报告并列的工作成果提交。

5.8.2 按建网时间的不同，年度工作报告可分为：

1 初建网地区的年度工作报告。主要内容有：工作目的、范围、完成的工作量、区域自然地理概况、地质与水文地质条件、观测手段和方法、地下水动态分析评价等。

2 建网后历年工作报告。主要内容有：

1) 工作概况：包括本年度观测的项目；使用的观测点数、观测频率、上年比较观测点、线及项目的调整与变动情况、完成的观测工作量的统计；

2) 资料成果评价：包括对观测手段和方法变化的说明；观测时间变更的说明，当年地下水动态变化特征、地下水与地表水的水质评价，地下水水位及水质变化对建筑物的影响及地下水动态的综合评价；

3) 对下一年地下水管理方案的建议。

5.8.3 地下水动态观测整编资料（含年报表）与工作报告，应在工作结束后或年度结束后2～3个月内提出审查的程序的初稿，先由编写技术人员、观测员，发现资料有错或欠缺，观测站负责审查见修改、补充，经审查通过后，方可提交正式报告，成果资料连同原始记录一并妥善归档。

5.8.4 资料的提交方式。

1 上报报表（含工作报告）；
2 上报软盘。

附录A 工业用水及生活污水常规分析项目

A.0.1 工业用水常规分析项目宜符合表A.0.1的规定。

表A.0.1 分析项目表

测定项目	锅炉用水	冷却用水	工业过程用水	腐蚀性（混凝土）	生活污水
水温	—	√	—	—	—
颜色	—	—	—	—	√
混浊度	—	√	√	—	—
总残渣	√	√	√	—	—
可滤性残渣	√	√	√	—	—
非可滤性残渣	√	√	√	—	—
电导率	√	√	√	—	—
pH值	√	√	√	√	—
酸度	√	√	√	√	—
碱度	√	√	√	—	—
游离CO_2	√	√	—	—	—
侵蚀性CO_2	—	—	—	√	—
总CO_2	√	—	—	—	—
氯化物	√	√	√	√	√
硫酸盐	√	√	√	√	—
亚硫酸盐	√	—	—	—	—
硝酸盐	√	√	√	—	√
亚硝酸盐	√	—	—	—	—
硬度	√	√	√	—	—
碳酸盐硬度	—	√	—	√	√
钙	√	√	√	√	√
镁	√	√	√	—	—
钠+钾	√	√	√	√	—
三价铁	√	√	√	—	—
二价铁	—	√	√	—	—
二氧化硅	√	√	—	—	—
锰	√	√	—	—	—
铜	√	√	—	—	—
锌	—	√	—	—	—
六价铬	√	√	√	—	—
溶解氧	√	√	—	—	√
生化需氧量	—	—	—	—	√
化学需氧量	√	√	√	—	—
油脂	√	√	√	—	—
磷酸盐	√	—	√	—	√
氨	—	√	—	—	—
氰化物	√	√	√	—	√
余氯	—	√	—	—	—

注："√"符号为应分析项目

附录 C 地下水动态观测点特征资料

C.0.1 地下水动态观测点资料卡片应符合表 C.0.1 的规定。

地下水动态观测点资料卡片　　　　表 C.0.1

统一编号		原编号		建点时间	年 月 日
位　置		联系人		电话	
所属单位			坐标	X:	
原施工单位		原有孔深 (m)		Y:	
竣工日期		现有孔深 (m)		地面标高 (m)	
钻孔用途		钻孔口径 (mm)		测点标高 (m)	
竣工验收时各项数据	含水层厚度 (m)	水位下降 (m)		井管类型	
	静止水位 (m)	出水量 (m³/h)		矿化度 (mg/L)	
现用抽水设备	水泵型号	水泵下入深度 (m)		总硬度 (H)	
	电机功率 (kW)	额定出水量 (m³/h)		泵管外径 (mm)	
井孔类型		地下水类型		法兰外径 (mm)	
井 位 置 图			地质、地层、井管结构示意图	地层时代	地层底深度 (m)	含水层厚度 (m)	地质柱状与井管结构	地层名称
备　注								
资料来源				调查者		调查日期	年 月 日	

附录 B　地下水中不稳定成分的水样采取及保存方法

B.0.1 地下水中不稳定成分的水样采取及保存方法应符合表 B.0.1 的规定。

取样数量与保存方法　　　　表 B.0.1

项目名称	取样数量(L)	保存方法	允许保存时间	注意事项
侵蚀性 CO_2	0.5	加 2～3g 大理石粉	2d	—
总硫化物	0.5	加10mL 1:3 醋酸镉溶液或加25%的醋酸锌溶液2～3mL 和14%的氢氧化钠溶液1mL	1d	标签上要注明加入溶液类别和体积
溶解氧	0.5	加1～3mL 碱性碘化钾溶液，然后加 3mL 氯化锰，摇匀密封。当水样含有大量有机物及还原物质时，首先加入 0.5mL 溴水(或高锰酸钾溶液)，摇匀放置 24h，然后加入 0.5mL 水杨酸溶液，再按上述工序进行	1d	取样瓶内不得留有空气，并记录加入试剂总体积和水温
汞	0.5	每件水加入 1:1 硝酸 20mL 和 20 滴重铬酸钾溶液	10d	—
铅、铜、锌、镉、镍、钴、硼、铁、锰、硒、铝、锶、钡、锂	2.0～3.0	加 5mL 1:1 盐酸溶液	10d	所用盐酸不能含有欲测金属的离子，严格防止砂土粒混入
挥发酚及氰化物	0.5	每升水里加 2.0g 固体氢氧化钠	1d	于 4℃ 保存
镭、钍、铀	2.0～3.0	加 4～6mL 浓盐酸酸化	7d	—
氡	1.0	应用磨口玻璃瓶	1d(尽快分析)	瓶内不应留有空气

C.0.2 地下水动态观测点基本特征汇总表应符合表C.0.2的规定。

地下水动态观测点基本特征汇总表　　　　第　页　表C.0.2

顺序号	统一编号	原编号	观测孔位置	坐标		井(孔)深度(m)	井管直径(mm)	地面标高(m)	孔口标高(m)	井(孔)类型	地下水类型	井(孔)所属单位	井(孔)竣工日期	建站时间	观测项目			
				X	Y										水位	水量	水质	水温

备注：每个观测点的观测项目，分别在水位、水量、水质、水温格中画"√"

统计者　　　　　　　　校核者　　　　　　　　　　　　统计日期　　年　月　日

附录D　地下水动态观测资料记录

D.0.1 地下水动态人工观测记录应符合表D.0.1的规定。

地下水动态人工观测记录　　　　　年　月　表D.0.1

孔号	观测时间			水位埋深(m)	水温(℃)	气温(℃)	取水样		加稳定剂情况	
	日	时	分				分析类别	取样数量(L)	名称	数量

观测者　　　　　　　　　记录者　　　　　　　　　　校核者

续表

孔 号									
地 址									
项目 设定时间 日期	水 位 (m)			水温(℃)			观测点标高 电导率		pH 值
	6时	12时	18时	0时	5时	17时	12时	0时	12时	0时
20										
21										
22										
23										
24										
25										
26										
27										
28										
29										
30										
31										
月统计 平均										
月统计 最高										
月统计 最低										
备注										

资料采集员　　　　　录入员　　　　　录入日期　年　月　日

D.0.2 地下水多参数自动监测仪观测记录的数据应按表D.0.2的格式输入计算机。

表 D.0.2 地下水多参数自动监测仪观测记录

孔 号									
地 址									
项目 设定时间 日期	水 位 (m)			水温(℃)			观测点标高 电导率		pH 值
	6时	12时	18时	0时	5时	17时	12时	0时	12时	0时
1										
2										
3										
4										
5										
6										
7										
8										
9										
10										
11										
12										
13										
14										
15										
16										
17										
18										
19										

附录E 地下水动态观测资料年报表

E.0.1 地下水位观测资料年报应符合表 E.0.1 的规定。

表 E.0.1 年地下水位观测资料年报

日期 月 孔号	I	II	III	IV	V	VI	VII	VIII	IX	X	XI	XII
10												
20												
30												
10												
20												
30												
10												
20												
30												
10												
20												
30												

续表

日期 月 孔号	I	II	III	IV	V	VI	VII	VIII	IX	X	XI
10											
20											
30											
10											
20											
30											
10											
20											
30											
10											
20											
30											

月统计	最高											
	最低											
	平均埋深											
年统计	平均水位 (m)	最高水位 月 日		最低水位 月 日		变化幅度 (m)		平均埋深 (m)		最大埋深 (m)	最小埋深 (m)	统计日期 年 月 日

整理者　　　　　　校核者

E.0.2 地下水量观测资料年报应符合表 E.0.2 的规定。

_____年地下水量观测资料年报   单位:m³   表 E.0.2

顺序号	月份 观测孔号 月开采量	Ⅰ	Ⅱ	Ⅲ	Ⅳ	Ⅴ	Ⅵ	Ⅶ	Ⅷ	Ⅸ	Ⅹ	Ⅺ	Ⅻ	年开采总量	月平均开采量

整理者　　　　　　校核者　　　　　　统计日期　年　月　日

E.0.3 ____年地下水开采强度分区应符合表 E.0.3 的规定。

地下水开采强度分区表   表 E.0.3

评价分区	开采强度分区界线 (m³/(km²·a))	分布范围	分布面积 (km²)	开采量 (m³/a)	开采强度 (m³/(km²·a))	机井总数 (眼)	机井密度 (眼/km²)	水位埋深 (m)	备注
严重超采区									
超采区									
适宜开采区									
低开采区									
说明	根据城市水源勘探资料,首先求得允许开采强度(模数),确定分区界线:相当允许开采强度 1.5 倍以上者为严重超采区;相当允许开采强度 1.0～1.5 倍者为超采区;相当于允许开采强度的 0.5～1.0 倍者为适宜开采区,低于允许开采强度 0.5 倍者为低开采区								

整理者　　　　　　校核者　　　　　　统计日期　年　月　日

E.0.5 地下水温度综合年报应符合表E.0.5的规定。

_____年地下水温度综合年报　　　　　　单位：℃　　表 E.0.5

顺序号	观测孔号＼平均水温＼月份	I	II	III	IV	V	VI	VII	VIII	IX	X	XI	XII	最高水温（℃）	最低水温（℃）	月平均水温（℃）

整理者　　　　　　　校核者　　　　　　　统计日期　　年　月　日

E.0.4 单井地下水温度观测资料年报应符合表E.0.4的规定。

_____年单井地下水温度观测资料年报　　　　表 E.0.4

孔号		地址		观测仪器		地下水类型		观测层位	
月＼日	I	II	III	IV	V	VI	VII	VIII	IX	X	XI	XII

年统计　观测次数（次）　　　最高水温（℃）　　月　日
　　　　平均水温（℃）　　　最低水温（℃）　　月　日　变化幅度（℃）

备注

整理者　　　　　　　校核者　　　　　　　统计日期　　年　月　日

E.0.6 地下水水质资料年报应符合表 E.0.6 的规定。

表 E.0.6 ____年地下水水质监测资料年报

孔号										孔位			
地下水类型										取样层位			

项目	日/时 月	I	II	III	IV	V	VI	VII	VIII	IX	X	XI	XII
阳离子 (mg/L)	K^+												
	Na^+												
	Ca^{2+}												
	Mg^{2+}												
	NH_4^+												
	Fe^{3+}												
	Fe^{2+}												
	Al^{3+}												
	Mn^{2+}												
	总计												
阴离子 (mg/L)	Cl^-												
	SO_4^{2-}												
	HCO_3^-												
	CO_3^{2-}												
	NO_3^-												
	NO_2^-												
	F^-												
	PO_4^{3-}												
	总计												

整理者　　　　校核者　　　　统计日期　　年　月　日

续表

孔号										孔位			
地下水类型										取样层位			

项目	日/时 月	I	II	III	IV	V	VI	VII	VIII	IX	X	XI	XII
硬度 (德国度)	总硬度												
	永久硬度												
	暂时硬度												
	负硬度												
其它项目 (mg/L)	pH 值												
	总碱度												
	酸度												
	游离 CO_2												
	侵蚀性 CO_2												
	可溶性 SiO_2												
	耗氧量												
	溶解氧												
	硫化氢												
	固形物												
	灼烧残渣												
	挥发酚												
特殊项目 (mg/L)	氰化物												
	砷 As												
	汞 Hg												
	镉 Cd												
	铬 Cr^{6+}												
	铜 Cu												
	铅 Pb												
	锌 Zn												
	锰 Mn												
	银 Ag												
	硒 Se												
水化学分类 (舒卡列夫分类法)													

整理者　　　　校核者　　　　统计日期　　年　月　日

中华人民共和国行业标准

城市地下水动态观测规程

Specification for Dynamic Observation
of Groundwater in Urban Area

CJJ/T 76—98

条 文 说 明

附录 本规程用词说明

1.0.1 为便于在执行本规程条文时区别对待,对要求严格程度不同的用词说明如下:
 1 表示很严格,非这样做不可的:
  正面词采用"必须";
  反面词采用"严禁"。
 2 表示严格,在正常情况下均应这样做的:
  正面词采用"应";
  反面词采用"不应"或"不得"。
 3 表示允许稍有选择,在条件许可时首先应这样做的:
  正面词采用"宜";
  反面词采用"不宜"。
  表示有选择,在一定条件下可以这样做的,采用"可"。
1.0.2 条文中指明应按其它有关标准执行的写法为:"应按……执行"或"应符合……要求(或规定)"。

前 言

《城市地下水动态观测规程》(CJJ/T76—98),经建设部1998年11月13日以建标[1998]223号文批准,业已发布。

本标准第一版的主编单位是建设部综合勘察研究设计院,参加单位是陕西省综合勘察设计院、北京市勘察设计研究院。

为便于有关单位和人员使用本规程时能正确理解和执行条文规定,《城市地下水动态观测规程》编制组按章、节、条顺序编写了本规程的条文说明,供国内使用者参考。在使用中如发现本条文说明有不妥之处,请将意见函寄北京东直门内大街177号,邮政编码[100007],建设部综合勘察研究设计院,勘察与岩土工程标准技术归口单位《城市地下水动态观测规程》编制组。

1998年3月

目 次

1 总则 …… 20—25
2 地下水动态观测点网的布设 …… 20—27
2.1 一般规定 …… 20—27
2.2 观测点网布设原则 …… 20—28
2.3 观测点网布设要求 …… 20—29
3 观测孔结构设计与施工 …… 20—30
3.1 观测孔的结构设计 …… 20—30
3.2 观测孔的施工 …… 20—31
4 地下水动态观测的内容与方法 …… 20—32
4.1 水位观测 …… 20—32
4.2 水量观测 …… 20—33
4.3 水温观测 …… 20—34
4.4 水质监测 …… 20—35
5 地下水动态观测资料整理、汇编与管理 …… 20—37
5.1 基本要求 …… 20—37
5.2 地下水动态观测点基本特征资料 …… 20—38
5.3 水位资料 …… 20—38
5.4 水量资料 …… 20—38
5.5 水温资料 …… 20—38
5.6 水质分析资料 …… 20—39
5.7 资料管理 …… 20—39
5.8 资料提交 …… 20—39

1 总 则

1.0.1 水是人类赖以生存的基础,是不可替代的物质。我国是一个贫水的国家,水资源总量约有 2.8 万亿 m^3,其中地下水约 8300 亿 m^3,按 1996 年末统计的我国人口（12.24 亿）计算,我国人均占有水资源为 $2288m^3$,不到世界人均水平的 1/4。而且我国水资源在地域上分布也很不均,长江以南水资源量占全国总量的 81%,长江以北水资源量只有全国水量的 19%,且地表水资源贫乏,因此,我国长江以北地下水的开发利用程度相当高,大量超采及由此导致城市缺水状况非常突出。

地下水体国家水资源中的地位,日益显著。据 1994 年资料介绍,欧共体国家 75% 以上的居民均饮用地下水;1990 年原苏联城市居民生活饮用水中 60% 以上地下水为水源,20% 为地下水和地表水联合供水;我国长江以北除吉林省和天津市外,其他 15 省市城市供水中地下水平均占 73.24%。为此,对地下水水质,水量所存在的日益严重的危机,已成为众所关注的全球性重大问题之一。

目前 (资料截止到 1997 年),我国 660 多个建制的城市中,有 330 多个城市属缺水城市,人类生存所需各种资源危机中最主要的一项。据专家预测,21 世纪水的危机将成为人类生存所需各种资源危机中最主要的一项。为此,如何合理的利用和管理好有限的水资源,特别是北方地下水资源,是城市供水节水管理部门关注的头等重要任务。而掌握地下水动态变化又是管好水资源的首要的首要任务。

我国地下水动态观测工作始于 1956 年,初期的目的主要是为了正确评价地下水资源,为城市、工矿企业提供可靠、优质的供水水源而设立。现在看来,对地下水动态观测的目的不仅限于水资源数量的问题,而是要通过地下水动态的观测掌握现状、预测未来,为城市水资源的可持续发展提供科学的依据。

目前随着我国城市化进程加快,城市人口猛增,工业用水和生活用水越来越多的依靠地下水源来解决。由于大量而集中的抽取地下水,造成了许多不良的环境水文地质和工程地质问题,如地下水位持续下降,含水层疏干,水井枯竭,泉水断流,海水入侵及地面沉降等,严重影响着国民经济建设的发展,加上大量工业废水未经处理直接向地面排放,使得全国有 50% 以上的城市地下水水质遭受不同程度的污染和恶化,严重影响人民身体健康。

在建筑工程中,分析边坡稳定性的重要环节,是要掌握地下水位变化的速率;基础工程中,降水施工方案的选定,建筑物的防渗设计反抗计算等均与地下水位的高低和地层出水量的大小有直接关系;地下构筑物及基础预防侵蚀与地下水质的优劣密切相关,因此,地下水赋存状况及动态变化对建筑工程的影响也非常重要。

目前,我国设有长期观测网点的单位,有地矿系统,水利系统,城建系统,环保系统及地震部门等有关单位,前两者多以大区域性的观测网点以为主,其他部门均系专门性观测。

据 1996 年地矿部门资料记载,全国地矿系统现有地下水动态观测孔 23000 余个,其中国家级观测孔为 1400 个;水利系统也有大批观测点网,如西北六省与内蒙部分地区有 3800 余眼观测孔,石家庄地区有 150 余眼,齐齐哈尔地区有 280 余眼等等;目前,我国地震观测网中国家网及区域网有 260 余眼观测孔,地方网有 700~800 眼观测井分布在 25 个省、市、自治区内与发震有关的大的断裂带及构造带上。

我国 60 年代初,在上海、天津等重要城市开展了以控制沉降为目的地下水动态观测工作;70 年代中期,华北平原开展了以农业土地改良为目的地下水动态观测;80 年代早期有北京市、上海市等地,到 80 年代后期,其他部分大城市相继开展了对城市地下水动态长期观测工作。目前,郑州等城市也开展了多目标,多系统的地下水监测工作。总之,现在国内已初步形成了较为完善的地下水动态长期监测工作和掌握较系统的地下水监测数据,为今后发展提供科学的依据。

测网络。

但是，目前我国还没有一份国家级正式的地下水动态观测规程、规范，更没有为城市水资源管理保护和工程建设服务的地下水动态观测规程、规范，而地下水动态观测本身是一项科学性、技术性、系统性很强的基础工作，必须要有一个统一的标准。为认真总结我国40年来地下水动态观测工作的经验，广泛吸收国际通用标准，大力推广采用新技术，满足国民经济可持续发展的需要，为城市水资源合理开发利用与管理，为城市的规划设计、工程建设及水环境的保护提供提供完整、可靠的地下水动态信息资料，特制定本规程。

1.0.2 本规程适用范围：

1 强调适用于城市供水及水资源管理服务为主导的长期观测。

1）通过观测，掌握各时段地下水开发现状及动态；
2）通过观测结果评价地下水资源对城市发展规划和新增建设项目的负载能力。

2 通过观测掌握地下水及水质人为影响及对供水的影响。

3 在工程建设方面，通过浅层地下水及建成后的影响观测提供基础资料。

4 通过水源地地下水超采中的影响观测掌握该地下水超采情况及区内集中供水的潜力。

1.0.3 目前，我国和世界各国对地下水开发现以来，为解决国民经济建设中提出的问题而开展的地下水动态观测工作内容，归纳出城市地下水动态观测应对以下五个方面提供信息资料：

1 了解和掌握地下水动态变化规律，查明气象、水文及人为活动对地下水补、径、排的影响，为城市地下水开采量的准确评价提供可靠的信息资料。

在地下水集中开采区，应查明下降漏斗的形成、影响范围及发展趋势，为合理开采地下水，预防和治理因超量开采引起的水质变化及不良地质现象提供依据。

2 通过降水后地下水的水位变化关系，通过近河或水体附近观测孔水位变化以及不同含水层间分层取水后水位的变化，分析研究地下水的补给、排泄条件、边界性质、与地面水的水力联系及其越流关系。

3 通过长期观测，随时掌握城市各不同地区的开采状态和开采强度、评价是否超采或确定限采的数量及地区；通过观测资料的分析计算，为未来开采状态进行预测，从而保持城市地下水可持续开发利用的良性循环。

4 为城市建设和各工程施工阶段提供必要的地下水水位、水量及水质资料，为评价地下水对建筑物的影响和危害提供依据。

5 了解和掌握可能受人为因素影响的地下水水质变化趋势，为预报地下水水质的变化或改善已变化的水质提供依据。

1.0.5 本规程是现行国家标准《供水水文地质勘察规范》(GB 50027)、《岩土工程勘察规范》(GBJ 7)、《城市供水水文地质勘察规范》(CJJ 16)、《建筑地基基础设计规范》(GBJ 7)、《供水水文地质勘察规范》(GB 50021)、《建筑地基基础设计规范》(BGJ 7)、《城市供水规范》(CJJ 10)《供水水管井钻探与管井操作规程》(CJJ 13)的配套文件。在上述的规范中有的单独规定了"地下水动态观测"的一些条文，在采用本规程时，尚应按上述规范中的有关原则规定执行，涉及到具体的规定，如观测点密度、观测次数观测精度等，应按本规程的要求执行。

2 地下水动态观测点网的布设

2.1 一般规定

2.1.1 地下水不仅是一种物质和能量资源，而且还是一种具有巨大潜力的信息资源。地下水动态观测则是发掘和应用地下水信息属性的重要手段。

按系统论的观点，地下水动态观测可定义为地下水系统受外界输入作用所产生的一种综合响应。所谓外界输入作用，即是指影响地下水动态的因素。众所周知，影响地下水动态的因素很多，大致可归纳为天然因素和人为因素两大类。天然因素包括天文、地质、土壤、生物等因素；人为因素包括人工开采、排水及污水排放与回灌等。在影响地下水动态的天然因素中，本条着重强调了对地下水动态形成起主要影响作用的地形、水文、水气象、潮汐作用、土壤等因素，而对诸如固体潮、地震波等影响地下水微动态变化的因素不涉及。

本条用自然地理条件概括了地形、水文气象、潮汐作用及土壤因素对地下水动态形成的影响因素。

地形不仅对地下水文地质条件起着控制作用，而且会对地下水的形成产生较大影响。如处在山前洪积平原区的城市，地下水通常埋藏较深，地下水位变化幅度大，年变幅值是在岩溶裂隙类型地下水区的城市，天然状态下潜水位的分布起控制作用，上述特征更为明显。而在弱排泄平原区的城市，天然状态下潜水位也可对地下水的分布起控制作用，在小的特点。此外，地形起伏也可对地下水构成局部地下水子系统。

气象因素有大气降水、蒸发、大气压力、气温等。大气降水是地下水主要补给来源，是地下水补给来源、形

成的一个重要因素。蒸发作用是潜水排泄的一种方式，是引起浅埋潜水含水层昼夜周期变化的主要原因。大气压力增加或降低会引起井、孔中水位下降或上升。气温对地下水动态变化结果表明：在年平均为负温的一些国家的城市，寒冬季节，土壤层冰冻，大气降水停止渗透。当融雪季节开始，正温月份到来时，即出现春季补给高峰，引起潜水位上升及其化学成分和温度的明显变化。在整年正温季节地区，或存在短期负温的地区，潜水在雨季得到补给，其他时间因因地下水的蒸发量超过大气降水补给量，而使潜水得不到补给。

潮汐作用对沿海地区城市地下水动态影响很大，如我国海口市马村电厂水源地开采井地下水水文过程线，由于潮汐作用的影响而呈现出锯齿状。

土壤层及其包气带的厚度，生物对地下水特别是潜水的补给量及其化学组分的变化起一定控制作用，因而对地下水动态有一定影响。

城市地下水动态强烈地受到人为因素，如人工开采、矿山和工程排水、地下水回灌及污水排放等因素的影响。这些因素即是造成城市环境地质灾害的主要原因，又是城市地下水动态的形成及其特征不尽相同，故不同城市地下水的天然及人为动态表现为不同的变化特征。因此，查明地下水动态观测所涉及到城市地下水动态观测点网布设的一个依据。

城市地下水动态不仅涉及到城市地下水的开采量、开采范围及开采深度等方面的变化。据此对地下水动态观测任务及要求的调整。城市发展规划及工程建设提出相应的要求。因此，城市发展规划及工程建设应该考虑的主要因素之一。

2.1.2 观测点网是组成地下水动态观测系统最基本的元素，而且观测点之间在动态观测要素（水位、水质等）方面存在着相关性

(一定联系)。因此，观测点应按满足观测精度要求的规定密度布设。

观测线是由连接一定方向上的观测点所构成的，其设置目的在于查清和掌握城市（或其局部地区）一定方向上地下水动态变化趋势及变化规律。

地下水动力条件、水化学条件、污染途径及有害环境地质作用强度变化最大的方向，也最具有代表性的方向。因此，本条规定要在这些方向上布设观测线。如在地下水动力条件变化大的地下水源地、水化学条件变化大的地下水污染区，都要布设观测线或有观测线穿过。

2.1.3 地下水储存于地下岩层的空隙中，不同岩性构成的含水岩层具有不同特点的空隙，这些空隙的空间分布、孔隙度和给水度有很大差别，同时不同含水层中地下水补给来源及补给路径也不尽相同，传输、储存、传输地下水的能力及地下水流动的水力性质，地下水中的化学组分浓度亦存在很大差异。所以本条规定，开采多层含水层地段，应布设一些分层观测点。

越流联系各含水岩系含水层之间的垂直补给，即谓越流补给，它是地下水的一种主要补给方式。这种补给发生在承压含水层之间，是承压水位高的地下含水层通过弱透水层顶托补给承压水位低的相当大的含水层段；在承压水位高于潜水位的地段，地下水通过分布不稳定的隔水层或"天窗"补给潜水。这种越流补给常以单位面积上量虽小，速度也较缓慢，但在大范围内、长时间内进行，其补给总量是相当大的。因此，本条规定对于开采与开采层有着越流联系的含水层中的地下水位与水量要设置一定数量的观测点进行动态观测。

2.1.4 我国城市，特别是北方城市，以地下水为供水水源已有悠久的历史。因此，有些城市供水水源生产井、民井（统称供水井）等，取水地下水，早已使城市地下水天然动态基本上不复存在。由于长期大量开采地下水，则完全是人为扰动下的地下水动态，即开采条件下的地下水动态。故应选用开采条件下的能满足观测目的和要

求的供水井作为观测点；此外，在有泉水出露、矿山排水点及取水构筑物分布的城市，宜应用这些地下水的天然和人工露头作为观测点。

2.2 观测点网布设原则

2.2.1 目前我国地矿、地震、水利等部门，根据各自需在全国分别建立了区域性地下水动态观测网。这些大区域地下水动态观测网，已经为区域地下水资源评价与规划、地震预报及农田灌溉提供了大量有用的地下水资源是地下水动态资料。城市地下水资源是区域地下水资源不可分割的一部分。其地下水动态也要受到区域地下水资源的制约。因此，城市地下水动态观测点网必然构成区域地下水动态观测网有机组成的一部分。另一方面，由于城市相对于区域为地下水的集中开采区、污染物集中排放区，地下水动态强烈地受到地下水资源的开发、污染的干扰。因此，城市地下水资源的保护所需要的地下水动态观测资料的精度要更高、管理与保护所需要的地下水动态观测资料的精度要更高、观测频率等必须提出不同于区域地下水动态观测网的布设要求。此外，城市地下水在任受地层岩性及构造条件的控制，形成相对区域观测网独立的系统。为此本条规定对城市地下水动态观测点网应以相对独立、自成体系作为布网的原则。

2.2.2 目前我国不少城市已有的地下水动态观测点网，多数是以水文地质条件分析为基础，在十几年甚至几十年以前布设的。因此，带有一定的任意性。虽经近年来的调整，但依然存在着程度不同的结构不合理的问题。主要表现为观测点的几何位置、分布密度反观测点密度疏密不当等，不但丢失了有用的动态观测信息，测及观测频率降低了观测资料的精度，而且造成人力、资金及时间的浪费。因此，本条把观测点网的布设做到结构合理作为一条原则规定提出。

观测点网的结构不是一成不变的，而是应根据城市经济、技

本条件的改善、供水规划、产业结构、相应地对观测点网的结构进行调整。本条制定这些规定是为了保证在城市经济发展全过程中，经常保持地下水动态观测点网结构的合理。这是城市地下水动态观测点网布设应遵循的一条原则。

2.2.3 城市地下水动态观测网系统的一个特性是它的有效性。所谓有效性，从结构方面看应做到分布合理，而在效益方面则应是以最少的投入，实现了这两方面的目标。只有实现了这两方面的投入，获得满足观测目的和要求的观测成果的有效性。因此，本条将以最少的人力、时间及资金投入，一定精度满足地下水动态信息量作为城市地下水动态观测点网布设的一条原则。

2.3 观测点布设要求

2.3.1 遵循城市地下水动态观测点网布设原则，并考虑到城市地下水动态观测的实际需要，规定在城市布设地下水长期观测点网及地下水统一观测网。长期观测点网的功能是对城市地下水动态进行长期连续观测，目的在于掌握城市地下水动态变化规律，定期向水资源管理部门提供地下水动态信息。地下水统一观测网的功能是在每年指定时间，统一对整个城市规划区地下水的动态进行观测，目的在于评价和管理城市地下水资源提供基础资料、完备的地下水动态资料。

2.3.2 地下水资源具有重要作用。城市地下水资源作为一种可持续利用的水供水水源地观测点网、工程建设利用与地下水资源管理部门等专门观测连续性观测资料，因而对城市经济发展起着重要作用。故本条做出城市可根据经济发展的需要，设置专门性观测点网的规定。

为减少动态观测的投入，充分发挥已有观测点网的功能，本条又规定了可利用城市已有观测点网的观测线和观测点性观测点的部分。

2.3.3 本条对城市地下水动态观测点网的密度作出了具体规定。这些规定是总结了国内不少城市的观测点网密度布设方面成功的做法，并参照地矿、水利等部门有关的地下水动态观测方法的基本要求规划要点等，同时结合各城市地下水资源评价与管理的实际需要而作出的。如用数值法评价地下水资源，长观测点网的密度不能满足计算的需要，则必须利用统测点的密度来进行补充、计算才能使评价与管理的科学性，达到规定的精度要求。

2.3.4 本条根据我国城市地域的不同，宏观上将全国城市地区城市观测点网，大致划分为：内陆地区城市观测点网及滨海地区城市观测点网两大类。所谓内陆地区的城市，即是除沿海地区城市外的所有城市。滨海地区，是指沿海地区的城市。

上述观测点网的分类，充分考虑到观测网布设要求分类的一般规定，同时把观测点网细化，由于观测网条文规定的繁冗及重复。如本条规定的内陆地区城市，无论处在任何种地质、地貌单元、水文地质条件存在任何种差异，但这些城市观测点网布设的规定及要求是基本相同的，故可归纳出本条第1款作出规定。而滨海地区城市亦因上述同样理由，在本条第2款作出相应地规定。

2.3.5 本条对城市地下水供水水源地观测点网布设提出了要求。这样就避免了地下水降落漏斗，因此，常因开采强度大，形成地下水位的集中开采区，为刻画漏斗形状及范围，同时为满足地下水资源评价与管理的需要，则应设立地下水动态观测点网，且观测点密度应符合本规程表2.3.3的规定。

5 目前我国城市地下水资源贫乏，不能满足需水要求，任在远离城水些城市因地下水资源贫乏，多数建在城市规划以内，但有将水源地建在远离城市的地方，本条对这种水源地作了布网规定。

8 三种主要类型水源地的说明：

1) 傍河水源地：我国有不少城市为增加地下水的补给量，增大可供开采的地下水资源量，将水源地布设在沿河地带，此种水源地称之为傍河水源地。傍河水源地主要有两种布井方式：平行河床方向开采井成排布置；开采井非成排布置，故本项分别对这两种布井方式的水源地，提出布网要求；

2）岩溶裂隙水源地：这种水源地主要分布在碳酸盐岩地区。由于岩溶裂隙在空间上发育程度的非均一性，决定了水源地的形状和规模，又因岩溶裂隙的发育，任任与构造作用到岩溶裂隙含水层边界。因此，本项规定此种水源地观测线长度应延伸到岩溶裂隙含水层边界。在岩溶裂隙含水层的边界以及对水源地地下水起控制作用的构造线上，应适当加大观测点密度。

3）冲、洪积平原区水源地：冲、洪积平原区含水层一般呈多层结构，且分布面积大、厚度较稳定。因此，处于这一地区的水源地，开采层亦具有多层次、分布广的特点。此外，地下水开采量很大，中型工业城市、开采地下水，大多数座落在冲、洪积平原、城市到很大范围，应适当加大观测点密度。故本项规定根据需要，可在开采井群（井排）以外，增设辅助观测点，圈定水源地水位下降漏斗范围的规定。同时对水源地开采多层含水层时，做出应设置分层观测孔的规定。

2.3.6 随着我国城市经济建设及旅游事业的快速发展，城市人口的加速膨胀，城市中高层及超高层建筑的日新月异，地下水对工程建设的影响也日益增多。地下水对工程建设的影响作用，在更大的深度及广度上明显地暴露出来。这种事实，已经使人们认识到地下水不仅是一种物质资源对城市供水具有重要价值，而且目认识到地下水又是一种能量及信息量资源对城市建设所产生的正负方面的重要作用。因此本条特别强调指出，在工程建设的全过程对地下水动态，进行观测是非常必要的，它不仅能为工程建设的合理投资提供科学依据，更能为建筑物的防护措施的制定提供宝贵的基础资料及预警信息。

3 观测孔结构设计与施工

3.1 观测孔的结构设计

3.1.2 观测实践已经证实，在内径小于108mm的井管内及相同口径的基岩裸孔井段，动态观测工作难以准确地进行，故为保证动态观测工作顺利进行，同时本着节约开凿经费的原则，将观测孔井管的最小内径及基岩裸孔井段的生产井中下入观测设备观测水位，给水位观测带来困难，故本条规定，做出不应小于50mm的规定。

3.1.4 观测孔过滤器的长度，动水位埋深及技术经济等因素来确定。

当含水层厚度小于30m时，为避免观测孔中的过滤管因长期暴露在空气中而破坏氧化、毁坏，延长孔的使用寿命，在本条第1款规定，可在设计动水位以下的含水层部位，全部安装过滤器。

当含水层很厚（>30m），岩性又较均一时，基于上述同样的理由，同时根据过滤器长度的等效作用，在本条第2款做了适当的设计动水位以下的含水层部位，安装10~15m长的过滤器。

3.1.7 为了保证建井（孔）质量及延长其寿命作了本条规定。井管下端安装沉淀管（孔）在抽水过程中，由含水层进入井管内的泥沙而设置的。其长度按我国供水井建造实践，一般最少为4m（一根管的长度）；沉淀管底部进入管内必须采取的措施。但井（孔）在长时间抽水过程中，浓塞过滤管，进入井管内的泥沙全是为了防止泥沙从沉淀管底部进入管内，泥淀管内沉积的泥沙势必在沉淀管内藏堆积厚，当沉淀管内沉积砂堆积厚度高出沉淀管掩埋(堵塞)过滤管时,为保证井的出水量不致因此而减少,则必须及时进行洗井,一般可采用空压机洗井的方法,将管井内泥砂等沉淀物清除到井(孔)以外。

3.1.8 在观测孔管外砾料层中,设置直径不小于30mm的水位观测管,并在该管中观测水位(或水头),才能获得高精度的水位观测值。对于承压水井,避免了井壁水跃值对水位观测值带来的影响。而对于潜水井,则可消除因井壁渗出面的存在,给潜水位的测量值造成的较大误差。

3.1.10 本条规定观测孔的孔口(管口),应高出地面0.5~1.0m,是为了防止暴雨期间孔口或积水处的雨水从孔口(管口)流入,使地下水将下孔内测量水位,本条规定在水位观测设备入井孔内测量水位,本条规定在水位观测设备下入孔内的同时,又将水流于预留测水孔。

为了防止孔口地面上的污染水从观测管外渗漏地下水,本条又规定了在孔口地面应采取防渗措施。具体做法可用粘土或三合土等,将孔口周围填实并打水泥地面。

3.1.11 对选作观测孔与井管之间安装水位观测仪器,在条件许可的情况下,本条要求在泵与井管护壁间安装水位观测管,目前是为了提高我国多数城市,至今仍然因无观测管,常因无观测管差。即使采用自动水位监测仪也会产生同问题。此外,水位观测管还能起到保护电下电(缆)线不被划破,水位计探头传感器不被卡在井内的作用。总之,安装水位观测管即可提高水位观测精度,又可保证观测仪器的使用安全。

3.2 观测孔的施工

3.2.1 观测孔在开凿过程中,应力求最大限度地保持含水层的天然结构及渗透性能不被破坏,以保证观测孔动态要素(特别是水位)的观测精度,故做出本条规定。

3.2.2 在观测孔钻进过程中,切实认真做好地层编录工作,是保证观测孔质量及其观测资料精度的最重要的一环。因此,本条规定在钻进过程中,应及时、详细、准确地描述和记录岩性及变层深度,并应准确测定初见水位。

3.2.3 本条规定是在总结我国管井建造及钻孔施工的成功经验,并参考《供水管井设计、施工及验收规范》中有关规定制定的。

3.2.5 做好分层止水工作,是确保分层观测资料准确性的一个关键。因此,必须严格做好止水工作,并及时检查止水效果。

3.2.6 目前我国在继续沿用机械(空压机等)洗井方法的同时,也在应用化学洗井的方法,如二氧化碳洗井方法,压酸洗井方法及偏磷酸盐洗井方法等。实践证明,这些洗井方法效果较好。因此本条强调,应结合实际情况选用有效的洗井方法。

4 地下水动态观测的内容与方法

4.1 水位观测

4.1.1 水位观测要求：

3 城市地下水动态长期观测，多数是利用已有生产井进行观测。井内几乎都有水泵，而泵本规程中取消了钟与泵的间隙不大，无法下入测钟。本规程中取消了钟与泵测试设备，一般选用各种不同显示装置的电测水位的发展，先进的仪器和仪表在国际国内已逐渐普及，随着科学技术的发展，先进的仪器和仪表在国际国内已逐渐普及，本次规程所选用的设备有电测水位仪、半自动式自记水位仪和自动化的多参数监测仪器等。后者在美国、英国、荷兰和日本等许多先进国家已普遍采用，我国已有几个单位试制成功，并开始使用。为此提议，在条件允许的地方，可安装一定比例的自动监测仪，它可以定时自动观测，自动存储观测数据，然后通过"黑匣子"或便携式计算机将一段时间的观测成果采集输入到室内计算机中。观测仪器设备可按表 4.1.1 选择。

4～5 分别规定自记仪使用时，应在出测前用钢尺校对尺寸标记；对自记仪的观测结果定期校准，因自记仪常用测线（含电线）伸缩率达 0.1%～1%，故使用期间要经常对测线进行严格校准，一般自动监测仪电缆线的伸缩性较小，可每半年校核一次。

4.1.2 水位观测频率：

1 对城市地下水位动态观测，根据已有城市多年观测结果分析，在正常情况下每 10d 观测一次可以达到研究有关问题的常规变化需要。所谓正常情况，是指非雨天、非洪水期及观测数据在正常规律之列。

2 对自动监测仪，水位测定时间，可根据各井开泵的规律和

地下水位观测设备   表 4.1.1

仪器种类		主要仪器设备	原理与使用方法	适 用 条 件	设 备 特 征
电测水位仪	灯显式	1. 显示装置：有氖管、小灯泡、蜂鸣器、万用表或微安表等 2. 井下导线 3. 电极重锤 4. 直流电源	1. 一般电线自制的标尺与电测水位人井内，见水后，电路接通，显示装置显示	适用于小口径，深度小于100m，细微读数要用尺量	应用最广泛，但井壁渗漏水或极受潮易造成漏电产生误差
	音响式		2. 卷尺式直读水位仪，扁型导线上印有刻度，读每仪上印有刻度，手拨劳挤装置	适用于小口径观测孔，测深小于100m，读数精度达 0.5cm	国内及日本均有此产品
	仪表式		3. 卷轴式直读水位仪直读导线上印有尺度，播把靠尺回显示装置	适用于小口径观测孔，深度可达300m，读数精度达 0.5cm	英国、德国、美国均产此产品
自记水位仪		由时钟、水位传感部分利用井中浮筒装置构成	钟表走时一个月，水位传感器探头在井上安装后定时检查、校测、换纸、校测，即可连续工作	适用于孔径大于 200mm 的观测孔或不采的井孔内观测	仪器长期稳定可靠，灵敏度尚可，但直流电池要经常更换
地下水多参数自动监测仪		1. 自动监测仪（内具多功能接收、监测及存贮装置） 2. 测线电缆 3. 多功能探头	1. 测试传感器探头安装上定传数据传入主机 2. 在无人值守期间，按定期自动数据并存贮 3. 具有"查阅"功能，可由仪器显示出测试的全部数据或有故障及其部位 4. 交流电在100～250V 均能正常工作，具有过载短路保护功能	1. 全自动无人监测 2. 自动存储数据 3. 适用于水位变幅≤100m 4. 水位增深间，交流电AC220V，用DC5V直流电池 5. 监测项目有水温、pH 值 6. 自动观测（每日观测 8 个数据）	1. 分辨率 1cm 2. 精度 0.5% 3. 仪器稳定性高，灵敏度高 数据可保存十年，且停电不失失 存贮一年的观测数据
压力表法		压力表	直接用压力表读出换算成水头高度，适用于压力较大的自流水井	水头至少 2m 以上	精度较差

3 本款规定凡气象台预报有中雨（雨量规定为10～25mm）以上的降水，对潜水层中观测点都应每日观测一次，到雨停后5d为止，对研究地下水层补给，径流都有非常重要的实际意义。经多年观测研究，为此，条文规定每有效降水量每次达10～15mm时，发生降雨后渗入补给。另据野外实践得知，对于黄土盆地中埋深小的潜水层或平原盆地中有薄层粘性土覆盖的埋深小的潜水区，在降雨后3～4d地下水位才可达到高峰值，故确定雨后5d停止加测。

4 一般河水是地下水的重要补给源之一。洪峰期地表水流量骤增，通过增加河流附近观测孔的观测次数，对研究地表水对地下水的补给强度、补给途径及精度程度等，将起着重要作用。

6～7 地下水与补给量相差悬殊时，水位处于相对平衡的状态，当开采量与补给量相当时，水位处于相对平衡的状态，当开采量增高，造成生产井吊泵或地下水大幅度的水位下降或急速升高，造成对地下水的影响是非常重要的因素。因此，大量突水，基础施工的大量排水或人工回灌时间每次的冲击，故应在地下水长期观测中遇此过程要加密观测次数，以便准确掌握资料及时做出决策。

4.1.4

一般枯水期及丰水期是反映一年内区域地下水对最高的时期，而水位的高低对城市供水、水质变化及地下水工程建设在枯水期和丰水期进行。为此条文规定测时间每年选定在枯水期和丰水期进行。

正常情况下长期观测点，但因为了对地下水资源进行计算、评价及预测，为了编制城市地区地下水等水位线及埋深等深图，需要在较短时间内（1～2d）完成全区统测工作，为制图提供基础资料。

根据水资源评价的需要有时需取得枯水期或丰水期"一时刻全区动水位的资料，为此本条第5款提出观测"动态水位"的要求。

4.2 水量观测

4.2.1 水量观测要求：

1 本规程中提出的水量观测的目的就是要查明全年各月从各种不同类型的含水层中开采出或排泄出的总水量以及回灌到含水层中的水量，开采程度，补排均衡状态，对未来城市发展规划提供基础资料。

2～4 观测仪器设备，可按表4.2.1选择。对于地面泉水、自流井或沟渠等地表水可采用堰测流法或流速仪法，直读其各月累计开采量。因此，城市地下水动态水量观测点应包括城市范围内所有在用的生产井、排水井和回灌井。如郑州市城市地下水量长观井每月调查统计流量观测井数（全部在用的生产井）为：

1991年	查表井数	493眼
1992年	查表井数	533眼
1994年	查表井数	570眼
1995年	查表井数	687眼
1996年	查表井数	698眼

6 地下水开采量还应包括农业灌溉井的开采量，但农业井基本未装有水表，故只能用开采时间及水泵规格来计算。为此，要求这一数据统计要准确不漏。

4.2.2

1 对生产井开采量的统计和施工排水及矿山排水量调查，要求每月进行一次，要把城市范围内所有井各月的开采量全部统计在内。从水表中读出的累计开采量要换算成月总开采量。

4 泉水流量、用观测的单位时间流量值换算成月总水量值。

4.2.3

水量观测精度用堰测量法测量时，标尺观测读数要求达到毫米，然后从开采井每月统计开采量数据再换算成总水量，对于开采井每月统计开采量的精度达到立方米即可。

由于水量观测的目的是统计每个时间段内，从地下采出的总水量，故不侧重于每眼井单位出水量的大小。因此，对专门做水位、水温观测项目观测的观测孔，不必专门做抽水试验去确定井的出水量。

表 4.2.1 地下水量观测仪器设备

观测方法	主要仪器设备及结构构造原理	使用方法及适用条件	设备特征
堰测法	三角堰	1. 观测堰口水位，查三角堰流量表 2. 在出水量较小时采用，一般适用于地面泉水	大流量时误差较大
	梯形堰	1. 观测堰口水位，查梯形堰流量表 2. 在出水量大时采用	水面波动大时误差较大
	矩形堰	1. 在出水量很大时采用，查矩形堰流量表 2. 在出水量很大时采用	同上
流速仪法	旋杯式或旋桨式流速仪、水尺等	1. 在井、泉出水口流量较大具有明渠时段，选择顺直地段，用流速仪测量断面各点流速，计算流量 2. 一般用于中小河流或渗漏量，测水流量常采用此法	详见有关水文手册
水表测量法	叶轮式累计读数流量表	1. 为使水表正常工作，水流中不得含沙及砾石等杂物 2. 无单向时，可作生产井常用的测试仪表	水表允许误差为±2～3%
全自动流量仪器	1. 涡轮式传感器 2. 信号放大整形电路 3. 单片机 4. 数据保护电池 5. 程序数据存贮器 6. 实时时钟 7. 液晶显示 8. RS232串行接口	1. 流量计使用时接电管路中直流电，三者可自动切换，保证数据的安全可靠 2. 观测堰记录抽水起动时间、抽水时间及停抽时间 3. 随时观速率与平均流量、抽水开采后的累计流量 4. 量程 8～120m³/h，25～200m³/h，45～300m³/h，（由传感器决定） 5. 测量精度 2.5% 6. 每月可记录 256条数据，一个月采集一次数据，通过接口输入计算机存贮	1. 仪器可采用市电及直流电，三者可自动切换 2. 安装数据的安全要求高 3. 停泵后可显示数据内累计开采量

表 续表

观测方法	主要仪器设备及结构构造原理	使用方法及适用条件	设备特征
孔板流量计法	1. 孔板用5～8mm厚铜质圆片或钢质圆片中央有孔 2. 管长500～700mm 3. 根据流量大小选不同孔眼的孔板	1. 孔板流量计与出水管相接 2. 距出水口250～300mm设一测压管（可用胶皮管）其头部接10cm长的玻璃管，测压管旁立有刻度的标尺	1. 可就地加工 2. 精度较高读数5mm，仪差12m³/d 3. 标尺0点要设在水管中心线上 4. 测量计要保持水平

4.3 水温观测

4.3.1 水温观测要求

1 本条指出应在下列地区应加强地下水温观测：

1）地表水与地下水水力联系密切地区：通常地表水水温度年变幅值大，冬夏之间的温度差异显著，而地下水水温度变化较小。因此，在地表水补给地下水的地区对地下水温度动态的观测，能迅速地了解地表水对地下水补给的范围和地段。

2）进行回灌的地区。特别是夏灌冬用或夏灌冬用的人工补给地下水资源的地区。通过观测孔或灌水池进行人工补给地下水，采用测温法，可以及时测定回灌水在时间和空间上的扩散速度和范围。

3）具有热污染或热异常地区。一旦发现观测孔中水温超过背景温度时，可能出现工业废水排放区、蒸发池、冷却池及尾矿坝周围及与断裂带发育地区，都具备了出现热污染或热异常环境，应重视对水温的观测。

2 地下水温连续观测设备可按4.3.1选择。

3 对观测量的水流温度即可，它受空气直接影响比较轻，对于观浸入水中，不触及其它水体（如自流井、泉水等），把测温计浸入水中，不触及其它水体影响即可。对自动监测仪，一般测温探头应在最低水面以下3m处，不受气温影响。

4.3.2 一般情况下，地下水温度变化很小，特别是深层地下水，为此,每10d测量一次即可,如发现异常可加密观测次数。若全区有几个自动监测控制点,则每年枯水期与水位统测一并进行即可。

4.3.3 水温观测,每年专门研究地震、地壳构造活动等单位,随时能观测到水动态观测中,一般要求较高的精度(达0.0001℃),在城市地下水动态观测中,一般达到0.1~0.5℃即可。

表4.3.1 地下水温观测仪器设备

主要仪器设备	仪器构成及使用方法	适用条件	设备特征
水银温度计	放入水面下一定深度3~5min后开始读数(读数时温度计不应提出水面)	适用于自流水、油水试验及有出水阀门的生产井	精度差;读数易受气温影响
缓变温度计	温度表在特制的金属壳内,放入水下一定深度,3min后迅速取出读数	1 观测孔口径要大于温度表尖端的外径 2 适用于自流泉水、池水及地表水水温的观测	精度较差
热敏电阻温度计	1 由感温探头、导线及平衡电桥等构成 2 每个感温探头必须预先进行定性给出特性曲线 3 观测时读出温度指针指示值,从特性曲线上查出温度	1 适用于小口径孔的水温连续测定 2 每个测点所需时间一般要15~30s	热敏电阻易老化,应每年率定一次,观测精度为0.1度
DWS型三用电缆仪	电探器、分压器、放大器、检波器、指示器和井下电缆探头构成	1 可连续测井中的地下水位、水温、矿化度 2 使用环境的温度为-5~50℃,测温范围0~50℃ 3 仪器重(包括电缆)小于2kg,适用于野外调查使用	测温最大误差为-0.2~+0.8℃国内已有定型产品

续表

主要仪器设备	仪器构成及使用方法	适用条件	设备特征
自动测温仪	1 自动测温仪(内置多功能监测及数据存储装置) 2 电缆及测温探头 3 探头置于井内某一定深度,放设定时间自动测量地下水温	1 可连续测量地下水温度 2 数据自动存入存储器 3 每月或随时采集观测数据,最长可储存一年的资料 4 每日可设多次观测数据也可设定几日观测一次	精度为0.1℃满足一般对水温观测的要求,国内已有产品

4.4 水质监测

1994年在芬兰举行的地下水资源未来危机国际学术会议所讨论的中心议题是"水质污染与超量开采"。

专家们认为,只要对水资源做出正确评价,合理规划,严密监测,实行科学管理,"超量开采"问题,并不是不可以避免的,相反,由于工农业的迅速发展,生态环境受到严重破坏,水质污染及水质恶化问题日趋严重。会议认为:地下水开发利用所存在的水量与水质问题,由于城市及工农业利用如何采取有效措施,防止水污染,后者将愈来愈占主导地位,因而如何在本世纪末和下一世纪在供水工作中的主要任务,将成为人类在本世纪末和下一世纪在城市地下水污染的前提条件的主要任务,进行水质监测,是防止地下水自然与人为因素影响下的时空变化规律。因此,取样除在空间上进行控制外,主要应注意掌握时间上的变化规律。

4.4.1 根据本规程确定的服务对象,主要为城市供水、城市建设及水环境保护监测,并考虑到我国常用的水质分析类别,可分为三种:即简分析、全分析及特殊项目分析。由于我国各行业或部门在水质分析全分析或特殊项目分析项目内容还没有统一规程详细的列出了取水样的12款注意事项，对各种分析水样的采取方法、水样容器材料、水样的保存时间和方法、水样的包装运输都作了详细的规定，同时对水样分析质量提出了明确的要求。关于水样保存时间、在国家有关部委做出新的规定后，一律按新规定执行。

水样采集水质监测工作的重要环节，但往往被忽视。目前由于水质分析技术的迅速提高，水质分析精度相当高的精确度相比之下，在水样采集过程中，由于操作不慎及过失产生的误差远远地超过分析本身的误差，甚至使最终的水质监测结果失去意义。因此，水质监测工作人员必须对水质样品采集给予足够的重视，认真按规定程序操作，以保证采集的水样真实可靠。

采样容器普遍使用玻璃瓶和塑料瓶。由于容器对水样会有一定影响，使用时要考虑下列情况：玻璃易吸附痕量金属，也可与氟化物发生反应，塑料易吸附有机污染物，故在本条指出：当水中含有油类及有机污染物时，不宜采用塑料瓶；测定痕量金属和氟化物时，不宜采用玻璃瓶。

取细菌分析水样的消毒玻璃瓶应由卫生机关或专门试验室提供。

4.4.7 统取水样应抽出1/10~1/20的样品送到通过国家计量认证的城市供水水质监测站进行分析、外检。

【说明】

为了适应政府职能的转变，监督供水企业做好供水水质管理工作，建设部颁布了《关于组建国家城市供水水质监测网的通知》（建城[1993]363号）和《国家城市供水水质检测网检测站计量认证工作程序》。从1993年开始，到1996年11月，已有30个国家城市供水水质监测站通过了国家级计量认证，它们是：国家城市供水水质监测网北京、天津、上海、广州、成都、兰州、武汉、南京、沈阳、长春、西安、石家庄、太原、济南、株洲、海口、深圳、大连、南昌、合肥、郑州、南宁、杭州、福州、昆明、乌鲁木齐、银川和重庆重庆水质监测站。按照《国家城市供水水质监测网章

规定，为此本规程结合实际需要对简分析、全分析和特殊项目分析均列出具体项目要求。

4.4.2 根据城市用水的常规应用项目，我们又分出五种类型：

1. 饮用水分析内容。
2. 水质物理化学分析内容。
3. 细菌污染分析内容。
4. 放射性污染分析内容。
5. 水的腐蚀性分析内容。

4.4.3 取样点均匀分布主要为了编制水化学图的需要；而对不同性质，不同类型的地下水要分开取样，不能混淆；河水一般对浅层地下水往往有直接补排关系，对城市近郊区与地下水有联系的河水的上、中、下游分别取水样进行分析。

4.4.4 取样次数应符合下列要求：

本规程规定，全区统一取样时间每年一次，在枯水期。取样点密度应不少于本规程表2.3.3规定数量的60%。

对目前采用水供水井一般每季度取样一次进行水分分析；对回灌水每10d取样一次；对海水入侵的观测孔则每月取样一次，采样目的是及时发现问题及时改正。

本条中提到安装多功能（带有电导率测定探头）自动监测仪，每天监测电导率变化，可及时发现地下水中矿化度的变化情况，如有明显变化，马上取样化验验证，并找出原因。

4.4.5 考虑到我国现用的水样化验设备新旧并存的现状，同时为了保证化验结果的精度，需进行对比试验，对每个水样采取的数量可暂留以往的规定，今后随着新技术的应用，采样的数量可相应减少。

4.4.6 通常造成水质分析精度不准确的原因可归纳为下列三点：

1. 采样时，违反了规定的注意事项，埋下误差根源。
2. 不稳定组分在存放及运送过程中发生了变化。
3. 实验室分析中所产生的误差。

为了避免上述误差的产生，确保分析水样的质量和精度，本

程》规定，国家网的成员单位为直辖市、省会城市和计划单列市供水单位所属的水质检测中心，即省会城市和计划单列市站在湖南省作为一个特例，因其在省会城市长沙之前提出国家级计量认证并通过考核，因此，国家网实际应设站点37个。但目前仍有6个站点，即呼和浩特市、贵阳、长沙、青岛、西宁和宁波监测站未通过国家级计量认证，而准备列入1997年计量认证评审考核计划。

5 地下水动态观测资料整理、汇编与管理

5.1 基本要求

5.1.1 目前我国还没有统一的地下水动态观测原始记录及资料整编表格，本规程编制过程中广泛搜集了建设部、地质部、水利部、煤炭部及国外（前苏联、美国、英国）等有关资料，针对本规程的需要，汇编整理出一系列表格，它们是：

附录C 地下水动态观测点特征资料：

表C.0.1 地下水动态观测点资料卡片

表C.0.2 地下水动态观测点基本特征汇总表

附录D 地下水动态观测资料记录：

表D.0.1 地下水动态观测人工观测记录

表D.0.2 地下水多参数自动监测仪观测记录

附录E 地下水动态观测资料年报：

表E.0.1 年地下水位观测资料年报

表E.0.2 年地下水量观测资料年报

表E.0.3 年地下水开采强度分区表

表E.0.4 年单井地下水温度观测资料年报

表E.0.5 年地下水温度综合年报

表E.0.6 年地下水水质监测资料年报

5.1.2 计算机技术在地下水动态观测中的应用，结合我国国情和水资源特点，从方式、方法和设备方面提供数据录入的多种途径及数据精度保证技术，并建立地下水动态观测数据库。根据获取的各种数据，绘制相应的水文地质报表、图件等，为以后数据增补、图形修改、地下水动态数据的统计分析提供方便，为全国地下水动态观测数据网络奠定基础。

5.1.4 地下水动态综合曲线应包括地下水位、水量、水温及水化

学成分随时间的变化过程及影响地下水动态的主要因素变化过程曲线。根据这种曲线图表，就可以分析地下水动态与影响因素在时间上的关系。

5.2 地下水动态观测点基本特征资料

5.2.1 凡地下水动态观测点都应建立详细的档案，便于资料的管理。本规程规定对每个观测点应详细填写"地下水动态观测点资料卡片"，其主要内容有：

统一编号：按类型编排；

原编号：

建点日期：×年×月×日；

位置：详细填写，如×××市×××区×××街×××建筑物×××方向××米远处等；

观测点坐标：

地面标高：

孔口标高：

资料时间：指观测起止、延续、间断时间；

观测项目：水位、年代、水量、水质、水温；

含水层类别、岩性、厚度、底板埋深等。

在观测点资料卡片上，应附地层资料及抽水试验基本情况及观测点位置示意图等。

5.2.2 "一年地下水动态观测工作网分布图"的编制内容主要有：主要地形、地物、城市、乡村及河渠、水库、湖泊、泉的位置、坐标系统、观测点及编号、观测点类别、观测项目以及其他试验工作的实际布置等。

5.3 水 位 资 料

5.3.1 根据地下水动态资料或遇特殊情况加测的水位动态取得的水位动态资料选取水位动态资料选取实际日平均水位的方法：

1 因地下水水位动态资料是按10d观测一次，为保证资料的可比性，一般采用与10d观测时间相同的水位实测资料为日平均水位；

2 当地下水水位因受潮汐影响或受开采条件的干扰而昼夜变化大时，可经计算后通过统计，找出相当于日平均水位的时间，根据这个时间取对应的水位值，作为日平均水位；

3 当地下水水位日变化大，且无规律时，采用算术平均法计算日平均水位。

5.3.2 按每10d观测地下水位用连线表示，如缺测，连续缺测两次，数据已失去真实性，在资料整理时曲线图中可采用虚线表示，如连续缺测两次，数据已失去真实性，故在地下水动态观测工作中，不得缺测。

5.3.3 按各地区地下水动态观测的目的和要求编制需要的地下水位动态变化图件。在正文中列举了依据地下水动态密切相关的影响因素，如大气降水、河水流量、回灌量、排水量、蒸发量等，编制多年地下水位动态与影响因素综合分析曲线。

5.3.4 由地下水开采造成的"公害"包括地面沉降、地裂缝、岩溶塌陷等。

5.4 水 量 资 料

5.4.3 利用地下水水量观测资料编制的基本图件，是地下水水量历时曲线和开采强度分区图

5.5 水 温 资 料

5.5.1 根据我国的实际观测工作现状，对每月观测3次的水温资料方可列入年报之中；当分层观测时，则应分层填报地下水温度年报表。

5.5.2 本条中列出的图件可根据实际需要选绘。

5.6 水质分析资料

5.6.2 本条中列出的污染监测资料统计方法，是目前国内多数单

位通用的统计方法。

5.6.3 本条中列出的图件可根据实际需要选绘。

5.7 资料管理

5.7.1 硬件的品种和规格是一套能保证数据库管理质量和速度的较为理想的配置，各单位可根据自身经济条件和实际工作需要，灵活选配硬件。

5.7.2 目前有关的应用软件开发较多，选购前应做好市场调查，了解软件所有功能和特点，应购买设计合理、功能完善、符合规程要求、兼容性强、二次开发工作量少、既有理论作基础又有丰富的实际经验做支撑的软件。

数据库管理系统的基本功能及其相关图件，可以为主管、计划部门提供各种地下水动态报表的方法，并提供图表输出，为资料管理人员提供现代化的地下水动态及其相关的存贮与统一管理地下水动态及相关资料的手段。

5.8 资料提交

5.8.1 编制年度工作报告是对地下水动态观测资料进行及时综合分析最有效的手段，它对地下水动态观测资料的有效利用起到保证作用。

5.8.2 为保证及时、准确地提交年度工作报告，分别按建网时间不同（新建、已建），提出了各自的工作报告的侧重点。对新建地下水动态观测点网的城市，要求全面论述该区的地质、水文地质条件等情况，而对已建观测点网的城市，重点应放在对地下水动态观测资料的对比、综合分析上。

5.8.3 地下水动态资料年鉴与报告书的提交时间及年度工作程序，是国内惯用并行之有效的办法，在本年度工作结束后次年三月底前提交年度工作报告，并各种必要的图件。

中华人民共和国行业标准

城市供水管网漏损控制及评定标准

Standard for leakage control and assessment of urban water supply distribution system

CJJ 92—2002

批准部门：中华人民共和国建设部
实施日期：2002年11月1日

建设部关于发布行业标准《城市供水管网漏损控制及评定标准》的公告

中华人民共和国建设部公告第59号

现批准《城市供水管网漏损控制及评定标准》为行业标准，编号为 CJJ 92—2002，自 2002 年 11 月 1 日起实施。其中，第 3.1.2、3.1.6、3.1.7、3.2.1、6.1.1、6.1.2、6.2.1、6.2.2、6.2.3 条为强制性条文，必须严格执行。

本标准由建设部标准定额研究所组织中国建筑工业出版社出版发行。

特此公告。

中华人民共和国建设部
2002 年 9 月 16 日

前 言

根据建设部建标〔2002〕84号文的要求，编制组在广泛调查研究，认真总结国内外的实践经验，并在广泛征求意见的基础上，制定了本标准。

本标准的主要技术内容是：1.总则；2.术语；3.一般规定；4.管网管理及改造；5.漏水检测方法；6.评定。

本标准由建设部负责管理和对强制性条文的解释，由主编单位负责具体技术内容的解释。

本标准主编单位：中国城镇供水协会（地址：北京市宣武门西大街甲121号，邮编：100031）。

本标准参编单位：建设部城市建设研究院
上海市自来水市北有限（集团）有限公司
天津市自来水（集团）有限公司
深圳市自来水（集团）有限公司
成都市自来水总公司
金迪漏水调查有限公司
上海市汇晟管线技术工程有限公司
北京埃德尔集团

本标准主要起草人员：刘志琪　宋仁元　沈大年
宋序彤　王　欢　郑小明
郭　智　陆坤明
钟泽彬

目　次

1 总则 …………………………………… 21—3
2 术语 …………………………………… 21—3
3 一般规定 ……………………………… 21—5
3.1 水量计量 …………………………… 21—5
3.2 漏水修复 …………………………… 21—5
4 管网管理及改造 ……………………… 21—6
4.1 管网管理 …………………………… 21—6
4.2 管网更新改造 ……………………… 21—6
5 漏水检测方法 ………………………… 21—7
5.1 一般要求 …………………………… 21—7
5.2 检测方法 …………………………… 21—7
6 评定 …………………………………… 21—8
6.1 评定标准 …………………………… 21—8
6.2 评定标准的修正 …………………… 21—8
6.3 统计要求 …………………………… 21—9
6.4 计算方法 …………………………… 21—9
本标准用词说明 ………………………… 21—10
条文说明 ………………………………… 21—10

1 总 则

1.0.1 为加强城市供水管网漏损控制，合理利用水资源，提高企业管理水平，降低城市供水成本，保证城市供水压力，推动管网改造工作，制定本标准。

1.0.2 本标准适用于城市供水管网改造及评定。

1.0.3 在城市供水管网漏损控制、评定及管网改造工作中，除应符合本标准规定外，尚应符合国家现行有关强制性标准的规定。

2 术 语

2.0.1 管网 distribution system

出水厂后的干管至用户用水表之间的所有管道及其附属设备和用户水表的总称。

2.0.2 生产运营用水 consumption for industrial and commercial use

在城市范围内生产、运营的农、林、牧、渔业、工业、建筑业、交通运输业等单位在生产、运营过程中的用水。

2.0.3 公共服务用水 consumption for public use

为城市社会公共生活服务的用水。包括行政、事业单位、部队营区、商业和餐饮业以及其他社会服务业等行业的用水。

2.0.4 居民家庭用水 consumption in households

城市范围内所有居民家庭的日常生活用水。包括城市居民、公共供水站用水等。

2.0.5 消防及其他特殊用水 consumption for fire and special use

城市消防以及除生产运营、公共服务、居民家庭用水范围以外的各种特殊用水。包括消防用水、深井回灌用水、管道冲洗用水等。

2.0.6 售水量 water accounted for

收费供应的水量。包括生产运营用水、公共服务用水、居民家庭用水以及其他计量用水。

21—3

2.0.7 免费供水量 consumption for free
实际供应并服务于社会而又不收取水费的水量。如消防灭火等政府规定减免收费水量及冲洗在役管道的自用水量。

2.0.8 有效供水量 effective water supply
水厂将水供出厂外后，各类用户实际使用到的水量，包括收费的（即售水量）和不收费的（即免费供水量）。

2.0.9 供水总量 total water supply
水厂供出的经计量确定的全部水量。

2.0.10 管网漏水量 water loss of distribution system
供水总量与有效供水量之差。

2.0.11 漏损率 leakage percentage
管网漏水量与供水总量之比。

2.0.12 单位管长漏水量 water loss per unit pipe length
单位管道长度（DN≥75），每小时的平均漏水量。

2.0.13 单位供水量管长 pipe length per unit water supply
管网管道总长（DN≥75）与平均日供水量之比。

2.0.14 主动检漏法 active leakage control
地下管道漏水冒出地面前，采用各种检漏方法及相应仪器，主动检查地下管道漏水的方法。

2.0.15 被动检漏法 passive leakage control
地下检查地下管道漏水冒出地面后发现漏水的方法。

2.0.16 音听法 regular sounding
采用音听仪器寻找漏水声，并确定漏水地点的方法。

2.0.17 相关分析检漏法 detection by leak noise correlator
在漏水管道两端放置传感器，利用漏水噪声传到两端传感器的时间差，推算漏水点位置的方法。

2.0.18 区域检漏法 waste metering
在一定条件下测定小区内最低流量，以判断小区管网漏水量，并通过关闭区内阀门以确定漏水管段的方法。

2.0.19 区域装表法 district metering
在检测区的进（出）水管上装置流量计，用进水总量和用水总量差，判断区内管网漏损的方法。

2.0.20 区域装表兼区域检漏法 combined district and waste metering
同时具有区域装表法及区域检漏法装置来检测漏水的方法。当进水总量与用水总量差较大时，用区域检漏法检漏。

2.0.21 压力控制法 pressure control
当管网压力超过服务压力过高时，用调节阀门等方法，适当降低管网压力，以减少漏水量的方法。

3 一般规定

3.1 水量计量

3.1.1 城市供水企业出厂水计量工作，应符合《城镇供水水量计量仪表的配备和管理通则》(CJ/T3019) 的规定。

3.1.2 除消防和冲洗管网用水外，水厂的供水、生产运营用水、公共服务用水、居民家庭用水、绿化用水、深井回灌等都必须安装水量计量仪表。

3.1.3 用水计量仪表的性能应符合《冷水表》(GB/T778.1~3)、《水平螺翼式水表》(JJG258) 和《居民饮用水计量仪表安全规则》(CJ3064) 的规定。

3.1.4 供水量大于等于 $10 \times 10^4 m^3/d$ 的水厂，供水计量仪表应采用 1 级表，供水量小于 $10 \times 10^4 m^3/d$ 的水厂宜采用 B 级表。仪表精度不应低于 2.5 级。供水量在线校核用水表，仪表及主要有关数据，应经当地计量管理部门审查认可。

3.1.5 出厂水量计量校核的方法、仪表及有关数据，应经当地计量管理部门审查认可。

3.1.6 水表强制检定鉴定应符合国家《强制检定的工作计量器具实施检定的有关规定》的要求。管径 $DN15~25$ 的水表，使用期限不得超过六年；管径 $DN>25$ 的水表，使用期限不得超过四年。

3.1.7 有关出厂供水计量校核依据，用户用水计量水表换表统计、未计量有效用水量的计算依据的计算依据，必须存档备查。

3.2 漏 水 修 复

3.2.1 除了非本企业的障碍外，漏水修复时间应符合下列规定：

1 明漏自报漏之时起，暗漏自检漏人员正式转单报修之时起，90%以上的漏水次数应在 24 小时内修复，4 小时内不能顺延（节假日之时起）。

2 突发性爆管、折断事故应在报漏之时起止水并开始抢修。

4 管网管理及改造

4.1 管网管理

4.1.1 供水企业必须及时详细掌握管网现状资料，应建立完整的供水管网技术档案，并应逐步建立管网信息系统。

4.1.2 管网技术档案应包括以下内容：

1 管道的直径、材质、位置、接口形式及敷设年份；
2 阀门、消火栓、泄水阀的位置及主要特征；
3 用户接水管的位置及直径，用户水表的主要特征；
4 检漏记录、高峰时流量，阻力系数和管网改造结果等有关资料。

4.1.3 供水量大于 $20 \times 10^4 \mathrm{m}^3/\mathrm{d}$ 的城市供水企业，对供水管网应进行以下测定：

1 应实施夏季高峰全面测压并绘制水压等压线图；
2 对管网中主要管段（$DN \geq 500$），其中供水量大于 $100 \times 10^4 \mathrm{m}^3/\mathrm{d}$ 的供水企业为 $DN \geq 700$)，在每年夏季高峰时，宜测定流量。测定方法可采用插入式或便携式超声波流量计；
3 对管网中主要管段，每 2~4 年宜测定一次管道阻力系数。测定方法可利用管段测定流量装置和管段水头损失进行推算。

4.2 管网更新改造

4.2.1 供水企业应按计划作好管网改造工作。对 $DN \geq 75$ 的管道，每年应安排不小于干管总长的 1% 进行改造；对 $DN \leq 50$ 的支管，每年应安排不小于管道总长的 2% 进行改造。

4.2.2 供水企业编制管网改造工作计划应符合下列规定；按 10 年或 10 年以上的发展需要来确定。

1 结合城市发展规划；
2 应结合提高供水安全可靠性；
3 应结合改善管网水质；
4 应结合改进管网不合理环节，使管网逐步优化；
5 漏水较频繁或造成影响严重的管道，应作为改造的重点；
6 具体改造计划通过上述因素的综合分析比较，加以确定。

4.2.3 管网改造应因地制宜，可选用拆旧换新、刮管涂衬、管内衬软管、管内套管道等多种方式。

4.2.4 新敷设管道的材质、管道的接口及施工要求应符合下列规定：

1 新敷设管道材质应按安全可靠性高，维修量少，管道寿命长，内壁阻力系数低，造价相对低的原则选择；
2 除特殊管段外，接口应采用橡胶圈密封的柔性接口；
3 管道施工应符合《给水排水管道工程施工及验收规范》(GB50268) 的规定。

5 漏水检测方法

5.1 一般要求

5.1.1 城市供水企业必须进行漏水检测，应及时发现漏水。

5.1.2 采取合理有效的检漏措施，应及时发现暗漏和明漏，可自建检漏队伍进行检漏，也可采取委托专业检漏的方式。

5.1.3 城市道路下的管道检漏应以主动检漏法为主，被动检漏法为辅。

5.1.4 埋地且附近无河道和下水道的输水管道，可以被动检漏法为主，主动检漏法为辅。

5.1.5 城市道路下的管道检漏宜以音听法为主，其他方法为辅。其中对阀门性能良好的居住区管网，可采用区域检漏法；单管进水的居住区可用区域装表法。

5.1.6 在管网压力经常高于服务压力甚多的局部地区，宜采用压力控制法，使该地区管网的最低压力降到等于或大于服务压力。

5.1.7 检漏周期应符合下列规定：
1 用音听法，宜每半年到二年检查一次；
2 用区域检漏法宜一年到一年半到二年检查一次；
3 对埋地管网，用被动检漏法的，宜半个月到三个月一次；气漏失率大于15%时，或对漏水较频繁的管道，宜

5.1.8 检漏以自检为主的供水企业，可根据管网长度、检漏方法、检漏周期及定额，组织检漏队伍。
用上述周期的下限。

5.2 检测方法

5.2.1 采用音听法，应符合下列规定：
1 地下管道的检漏可采用此法；
2 用音听法检漏前应掌握被检查管道的有关资料；
3 先用电子音听器（或听棒）在可接触点（如消火栓、阀门）听音，以初步判断该点附近是否有管道漏水；
4 应选择寂静时段（一般为深夜），在沿管段的地面上，每1m左右，用音听器听音。当现场条件适合应用相关仪，可用该仪器复核漏水点。

5.2.2 采用相关分析法检漏，应符合下列规定：
1 二接触点距离不大于200m，$DN \leqslant 400$的金属管，尤其是深埋的或经常有外界噪声的管段宜采用此法；
2 二个探测器必须直接接触管壁或阀门、消火栓等附属设备；
3 探测器与相关仪间的讯号传输，可采用有线或无线传输方式；
4 相关分析法与音听法结合使用，可复核漏水点位置。

5.2.3 采用区域检漏法，应符合下列规定：
1 居民区和深夜很少用水的地区宜采用此法；
2 采用该检漏法时，区内管网阀门必须能关闭严密；
3 检测范围宜选择2～3km管长或2000～5000户居民为一个检漏小区；
4 检漏宜在深夜进行，应关闭所有进入该小区的阀门，

管径为 DN50 的旁通管使水进入该区，旁通管上安装测定流量计量仪表，精度应为 1 级表；

5 当旁通管最低流量小于 0.5～1.0m³/(km·h) 时，可认为符合要求，不再检漏。超过上述标准时，可关闭该区内部分阀门，进行对比，以确定漏损管段，然后再用音听法确定漏水位置。

5.2.4 采用区域装表法，应符合下列规定：

1 单管进水的居民区，以及一、二个进水管与外区联系阀门均可关闭的地区可采用此法。

2 进水管应安装水表，水表应考虑最小流量时较高精度；

3 检测时应同时抄该用户水表和进水管水表，当二者差小于 3%～5% 时，可认为符合要求，不再检漏。当超过时，应采用其他方法检漏，在检漏区同时具有区域装表法及区域检漏法的装置，采用区域检漏法检漏。

5.2.5 采用区域表法及区域检漏兼区域装表法检漏时，有区域检漏及区域装表法要求时，采用区域检漏法检漏。

6 评 定

6.1 评定标准

6.1.1 城市供水企业管网基本漏损率不应大于 12%。
6.1.2 城市供水企业管网实际漏损率应按基本漏损率结合本标准 6.2 节的规定修正后确定。

6.2 评定标准的修正

6.2.1 当居民用水按户抄表的水量大于 70% 时，漏损率应增加 1%。
6.2.2 评定标准应按单位供水量供水管长进行修正，修正值应符合表 6.2.2 的规定。

表 6.2.2 单位供水量供水管长的修正值

供水管径 DN	单位供水量供水管长	修正值
≥75	<1.40km³/km³	减 2%
≥75	≥1.40km³/km³，≤1.64km³/km³	减 1%
≥75	≥2.06km³/km³，≤2.40km³/km³	加 1%
≥75	≥2.41km³/km³，≤2.70km³/km³	加 2%
≥75	≥2.70km³/km³	加 3%

6.2.3 评定标准应按年平均出厂压力值进行修正，修正值应符合下列规定：

1 年平均出厂压力大于 0.55MPa 小于等于 0.7MPa 平时，漏损率应增加 1%；

2 年平均出厂压力大于0.7MPa时,漏损率应增加2%。

6.3 统计要求

6.3.1 计算管网漏损率前应作好水量统计,水量统计应符合下列规定:
 1 用水分类的统计应符合《城市用水分类》(CJ/T3070)标准的规定;
 2 未计量的消防及管道冲洗消防水量,其中消防用水量应根据消防水枪消耗平均水量和时间进行计算。用消火栓冲洗管道的水量可按典型测试资料,加上压力系数和使用时间推算。管道冲洗水应按水管放水管径及管道压力推算;
 3 年供水量应为该年度1月1日至12月31日的供水总量,年售水量应为该期间抄表的总水量,年末计量有效供水量应为该期间发生的该类用水量。

6.3.2 城市自来水管道长度统计应符合下列规定:
 1 被统计管网的公称通径$DN \geqslant 75$;
 2 按竣工图长度统计,计量单位为m。

6.4 计算方法

6.4.1 城市自来水管网漏损率应按下列公式计算:

$$R_a = \frac{Q_a - Q_{ae}}{Q_a} \times 100\% \qquad (6.4.1)$$

式中 R_a ——管网年漏损率(%);
 Q_a ——年供水量(km³);
 Q_{ae} ——年有效供水量(km³)。

6.4.2 单位管长漏水量应按下列公式计算:

$$Q_h = \frac{Q_a - Q_{ae}}{L_t \times 8.76} \qquad (6.4.2)$$

式中 Q_h ——单位管长漏水量[m³/(km·h)];
 L_t ——管网管道总长(km)。

6.4.3 单位供水量的管长应按下列公式计算:

$$L_q = \frac{L_t}{Q_a} \div 365 \qquad (6.4.3)$$

式中 L_q ——单位供水量管长(km/km³/d)。

中华人民共和国行业标准

城市供水管网漏损控制及评定标准

CJJ 92—2002

条文说明

本标准用词说明

1 为便于在执行本标准条文时区别对待,对于要求严格程度不同的用词说明如下:
   1) 表示很严格,非这样做不可的:
      正面词采用"必须";
      反面词采用"严禁"。
   2) 表示严格,在正常情况下均应这样做的:
      正面词采用"应";
      反面词采用"不应"或"不得"。
   3) 表示允许稍有选择,在条件许可时,首先应这样做的:
      正面词采用"宜"或"可";
      反面词采用"不宜"。
      表示有选择,在一定条件下可以这样做的,采用"可"。
2 条文中指明应按其他有关标准执行的写法为,"应按……执行"或"应符合……的要求(或规定)"。

前 言

《城市供水管网漏损控制及评定标准》CJJ 92—2002，经建设部2002年9月12日以公告第59号批准、发布。

为便于广大设计、施工、科研、管理等单位的有关人员在使用本标准时能正确理解和执行条文规定，《城市供水管网漏损控制及评定标准》编制组按章、节、条顺序编制了本标准的条文说明，供使用者参考。在使用中如发现本条文说明有不妥之处，请将意见函寄中国城镇供水协会（北京市宣武门西大街甲121号，邮政编码：100031）。

目 次

1 总则 …………………………………………………… 21—12
3 一般规定 ……………………………………………… 21—12
4 管网管理和改造 ……………………………………… 21—13
5 漏水检测方法 ………………………………………… 21—14
6 评定 …………………………………………………… 21—17

1 总 则

1.0.1 本条文阐明制定标准的目的。

我国是一个水资源贫乏的国家，人均水资源仅为世界平均的1/4，地区和时间上分布不平衡，造成北方大部分地区人均水资源更低。由于多数地面水源受不同程度的污染，可作为饮用水源即更为短缺。

城市供水需以符合饮用水水源卫生要求的水资源为原料，经取水、净化及配水等供水设施，并消耗一定数量的动力和药剂，精心加工，才能达到城市供水要求。一般建设这类供水设备需投资1000~3000元/m³。1999年全国城市供水，在无利润情况下，平均成本约为0.9元/m³。过高漏损率即浪费优质水资源和供水设施的投资，增加供水成本。在供水不足的城市更加剧供求矛盾和带来的损失。

国际上衡量漏损水平主要有三个指标：1. 未计量水量[(年供水量－年售水量)/年供水量]；2. 漏损率[年漏水量/年供水量]；3. 单位管长漏水量[漏水量/配水管长]。

从漏损率指标看，我国和国际上差距不大大，但从单位管长漏水量看，我国城市供水管网漏损比较严重，需要采取切实措施加以有效控制。

1.0.2 规定了本标准的适用范围。本标准适用于供水企业。

1.0.3 明确了在执行本标准的同时，还应符合国家现行有关的标准和规范。

3 一般规定

3.1 水量计量

3.1.1 城市供水企业出厂水计量是管网漏损控制的重要基础资料，因此本条文规定，出厂水计量必须符合《城市供水水量计量仪表的配备和管理通则》（CJ/T3019）的有关规定。

3.1.2 为加强管理、控制漏损，本条文规定了城市供水企业必须安装的计量仪表范围，除消防和冲洗管网用水外，所有用水均应设置计量仪表。

在城市供水中消防及冲洗管网用水比例很小，这样未计量水量和漏损率基本相同。

3.1.4 计量仪表的正确性对于控制漏损指标影响很大。本条文对出厂水计量仪表仪表的性能做出了规定。

《城市供水水量计量仪表及管理通则》对出厂水计量提出了最低要求。近年出厂水仪表发展很快，故要求供水能力为$10×10^4$m³/d及以上的水厂，提出供水应采用1级表，有条件的宜用0.5级表。

为降低用户小流量用水时水表少计量，本条文计量提出要求水量计量仪表在线校核的方法，仪表及有关数据应经当地计量管理部门审查认可。

3.1.5 规定了对出厂水计量强制鉴定的年限做出了规定。

3.1.6 根据编制《城市供水行业2000年技术进步发展规划》时调查，从北京、天津、上海、广州、南京、杭州、无锡、苏州、镇江及淮阴等10个大中型城市水司，抽查了 DN15~100水表1432只，其中偏快的占79.0%，偏慢的占21.0%，平均快4.3%。为方便管理，表快因素不再对漏损率进行调整，而是通过对用户水表加强管理以正确计量。采用的水表、定期换表及校验均应符合国标规定要求。

供水企业如认为用户水表计量偏少，可提供足够抽查测试数据，经当地计量管理部门核实，报政府主管部门批准后调整。

3.1.7 有关出厂计量校核、用户表统计以及未计量有效用水量的计算均为用户水表漏损控制的基础资料，故规定必须档案备查。

3.2 漏水修复

3.2.1 及时修复漏水是漏损控制的重要内容之一，条文对漏水修复的时间作了规定。

4 管网管理和改造

4.1 管理

4.1.1 完整、全面地掌握管网现状资料是处理管网漏损、开展漏水检测以及改造管网突发事故的重要基础，也是进行管网改造的依据，因此规定供水企业应详细掌握管网现状资料，特别是供水能力超过 20×10^4 m³/d 以上的供水企业。

随着管网信息系统的逐渐推广，有条件的城市应逐步建立管网信息系统。

4.1.2 对管网技术档案的主要内容作了基本规定。可在这基础上增加其他内容。

4.1.3 为了掌握供水管网实际的运行状况，对供水能力大于 200km³/d 的供水企业规定了必须进行管网测定的内容。

4.2 管网更新改造

4.2.1 一般认为，正常情况下，金属及水泥管道使用寿命为100年左右，塑料类管道寿命为50年左右。故发达国家根据各自管道及资金条件，多数把改造更新率控制在1%左右。我国管道平均寿命虽然比发达国家短得多，但技术性能差的管道的比例更多，故 $DN \geq 75$ 的管道改造更新率定为不小于1%，我国 $DN \leq 50$ 的支管，多数为镀锌白铁管，技术性能较差，对水质和供水压力引起矛盾较大，故规定为不小于2%。

4.2.2 规定了编制管网改造计划需要考虑的因素。

4.2.3 管网改造可以用多种方法，应因地制宜选用。

4.2.4 对新敷设管道的材质、接口及施工要求作了规定。

5 漏水检测方法

5.1 一般要求

5.1.1 降低漏损的主要措施是及时发现漏水和修复漏水。

5.1.2 管道漏水，出现明漏前，必先有暗漏，有暗漏不一定变明漏，尤其在城市高级路面下。有效发现暗漏是降低漏耗的重中之重。

检查漏可以自建检漏队伍，也可以委托专业检漏单位定期检查为主，自建为辅的方式。给水企业要按照各自条件，以最低费用最大限度检得漏水的原则选择相应方法。

5.1.3 城市配水管网应主要靠主动检漏法。在漏水较频繁的城市或地区，巡检和居民报漏，也是及早发现明漏的辅助措施。

5.1.4 输水管理埋在泥土下，附近无河道或下水道的，稍大的漏水就会冒出路面，在这种情况下，为更经济及时地发现漏水，可以被动检漏法为主、主动检漏法为辅。

5.1.5 城市道路下的管道检漏宜以音听法为主、辅以其他方法。因为：

1 实践证明，音听法能取得较好的检漏效果

某检漏公司与有关城市供水企业合作，用音听法检漏，结果如下：

检漏效果统计表

检漏单位	年份	供水企业数	检漏管长(km)	查出暗漏点(个)	估计漏水量(m³/h)	单位管长漏水量[m³/(km·h)]
甲	1996～1997	23	2897.5	802	4649.05	1.60
乙	1999～2000	22	3340	711	3508.6	1.07

注：漏水量为挖土后实测量，计量有些偏大。

又如天津市自来水（集团）有限公司于 2000 年成立检漏公司，当年用音听法检出暗漏 250 个，估计漏水量为 1610m³/h。如按全年计算，相当于降低漏失率 4%，单位管长漏水量 0.98m³/(km·h)。

上述规模较大的实践说明，用音听法进行一次全面检漏，漏损率就可能有相当降低。

2. 典型区的几种检漏方法的对比试验，音听法效益投入比最高。

上海市自来水公司于 1988 年 5 月到 1990 年 4 月，对城厢小区及陕南小区进行 4 种检漏方法对比试验。城厢小区面积为 0.05km²，DN75～1000 管长 1530m。陕南小区面积为 0.25km²，DN100～150 管长 527m，DN13～50 管长 117m。在城厢小区划出一块小区，DN75～150 管长 330m 作为区域装表法试验。

在 2 年 5 个月内，每月检漏一次，用被动检漏法发现漏水 21 处；音听法又发现漏水 50 处，区域装表法发现漏水 10 处，区域装表法发现漏水 3 处。其中音听法效益投入比最高。

考虑到我国检漏实践，上述典型区供水管网中较多经常多的地区仍不失为及时发现漏水有效的辅助措施。

际，认为音听法是适合我国情况的经济有效的基本方法。在管道的阀门均能关闭严密的居民区，用区域检漏法可能找出稍多一些的漏水点，但该法投入较大，检漏周期较长，是否比音听法有效还需根据具体情况确定。

区域装表法，存在晚间小流量时的计量误差。在总分表差比较小时，不等于无漏水，若以此判断是否漏水，容易忽略一定数量的漏水；经常定期巡检或发动居民报漏，在漏水较多的地区仍不失为及时发现漏水有效的辅助措施。

5.1.6 因距离供水厂远近不同以及所处地形标高的差别，管网中不同地区的水压会有明显差异。过高的水压将造成漏失量的增加。因此，采用压力控制法，降低水压过高区域的压力，可减少漏水量。降低压力后满足服务压力的需要。

5.1.7 一般假定，经过检漏后的小区，漏水量降到可接受的水平，随着时间推延，漏水量逐步上升，经过检漏又恢复到可接受水平。合理的检漏周期应是该周期内漏水损失和检漏、检修费之和为最小。标准所列周期是根据国内外一般经验，在未核算经济合理的周期前，一般宜用较短的周期，漏损率高的宜用下限。

5.1.8 规定了以自检为主的供水企业应组建检漏队伍。

5.2 检测方法

5.2.1 音听法是用电子听音器或听棒通过监听漏水声而发现漏水点的方法。为了避免环境噪声的干扰，一般选择在深夜寂静时进行。一般情况下，漏水声最大的地点为漏水点，但也不完全如此，尚需对漏水点进行仔细分辨。采用音听法检测，要求检测人员具有高度责任心和丰富检漏实际经验。测得的漏水点与实际距离小于 1m 的百分比称为检测正确率。检测正确率取决于检测人员的认真程度、经验以及仪器性能，音听法检漏的正确率可能达 90%。

在采用音听法检测前，应充分掌握管道位置。检测时可先在消火栓、阀门等外露部分进行监听，以作初步判断，然后沿管线每隔 1m 左右进行检测。要注意区别漏水声和环境噪声。如现场条件适合，对检测得的可疑漏水点位置用相关仪复核。

5.2.2 相关分析法是利用漏水噪声传到两端探测器的时间差来算出漏水点位置的方法。在管道上管壁阀门、消火栓等接触。在输入管道材质和长度等数据后，相关仪能分析出漏水点距探测器的距离。

在检测过程中，探测器不断向前延伸，相关仪也跟着向前延伸。

对于两接触点距离小于 200m，管径 $DN \leqslant 400$ 的金属管道，采用相关分析法检漏可获得较高的正确率。

采用相关分析法检漏，劳动力、时间及经费均较高，故一般用于复验音听法检测漏水可疑点的位置。

5.2.3 区域检漏法是利用测定小区深夜瞬时最低进水量来判断漏水的方法。测定时进入小区的水量全部经过 DN50 的旁通管，旁通管必须能连续计量，流量计量仪表的精度必须达到 1 级表，一般采用电磁流量仪。测定一段时间，所测得的最低流量可视为该地区管网的漏水量或接近漏水量。

区域检漏法一般选用 2~3km 管长或 2000~5000 户居民为一个检测小区。对于超过上述范围，又符合测定条件的地区可分为多个检测小区。在上述范围内测得的旁通管最低流量低于 0.5~1.0m³/(km·h) 时，可认为符合要求。对于漏损率大于 15% 的管网可选用上限。

当超过上述标准时，为寻找漏水管段，可采用关闭管段内某些管段的阀门，对比阀门关闭前后的流量，若该管段存在漏水可能，管流量明显减少，然后再用音听法确定漏水点位置。

为正确测定最低流量及判断漏水点的管段，区内及边界的阀门必须能关闭严密。

5.2.4 区域装表法是采用检测区域进水总量和用水总量的差值来判断管网漏水的方法。为了减少装表和提高检测精度，测定期间该供水区域宜采用单管或两个管进水，其余与外区联系的阀门均能关闭。

进水量与同期用水量的差值大于 15% 的管网取上限。

进水量与同期用水量之比超过上述规定要求时，可再用区域检漏法或其他方法检漏。

5.2.5 说明区域兼检漏兼区域装表法的基本内容。

6 评 定

6.1 评定标准

6.1.1 本条文对基本评定标准值作出规定。1999 年我国城市供水企业漏损率为 15.14%，其中最高为 71.67%，最低为 0.85%。600 多座城市中 71.84% 的漏损率大于 12%，考虑到实施条件，第一阶段的漏损率基本评定标准确定为 12%。按 1999 年管长折算，相当于单位管长漏损水量 2.70m³/(km·h)。实施评定标准的具体时限及步骤由建设部另行规定。漏损率已低于 12% 的供水企业，要继续作好漏损控制工作，直到漏损率控制到投入产出经济合理的程度。

6.1.2 城市供水企业漏损率的评定标准作统一规定。基本标准定标准包括基本评定标准值及修正值。各地按本评定标准及修正值以及平均出厂压力作相应调整。

6.2 评定标准的修正

6.2.1 制订《城市供水行业 2000 年技术进步发展规划》时，曾对北京、天津、上海等 10 个城市 149 只总表（每只总表有 5～40 个分表）进行一年统计，总表计量平均比分表快 5.8%。我国居民用水约占总用水量的 30%，因此对居民用水基本上抄表到户（70% 的居民水量）的供水企业，核算年的漏损率增加 1%，即 13%。

6.2.2 1999 年城市单位供水量的管长为 1.85km/km²/d（DN ≥75）。考虑到单位供水量的管长是影响漏失的一个因素，故对单位供水量管长在 1.64～2.06km/km²/d 以外的供水企业的漏损率适当进行修正。

修正后评定标准既包括单位供水量管长又包括单位供水量的漏损率适当进行修正。

6.2.3 同样水条件，管网的漏水量约与管网平均压力的开方成正比。由于统计管网平均压力在操作上过于繁复，故用年平均出厂压力统计。对年平均出厂压力过高的适当予以调整。当年平均出厂压力大于 0.55MPa 和大于 0.7MPa 时漏损率分别增加 1% 和 2%。

年平均出厂压力是统计年度内，正点时各出厂压力的平均值。

6.3 统 计 要 求

6.3.1 对水量统计的有关规定。

6.3.2 对管网管道长度统计的有关规定。

6.4 计 算 方 法

6.4.1 管网漏损率的计算方法。

6.4.2 单位管长漏失水量的计算公式。

6.4.3 单位供水量的计算公式。

中华人民共和国行业标准

高层建筑岩土工程勘察规程

JGJ 72—90

主编单位：机械电子工业部勘察研究院
批准部门：中华人民共和国建设部
　　　　　中华人民共和国机械电子工业部
施行日期：1991年8月1日

关于发布行业标准《高层建筑岩土工程勘察规程》的通知

建标[1991]87号

根据原机械电子工业部一九八六年设技勘86—1号文的要求，由机械电子工业部勘察研究院主编的《高层建筑岩土工程勘察规程》，业经审查，现批准为行业标准，编号JGJ72—90，自一九九一年八月一日起施行。

本标准由建设部归口管理，由机械电子工业部勘察研究院负责解释。本标准由建设部标准定额研究所组织出版发行。

中华人民共和国建设部
中华人民共和国机械电子工业部
一九九〇年十二月三十日

目 次

第一章 总则	22—4
第二章 基本规定	22—4
第三章 勘察方案布设	22—6
第一节 天然地基	22—6
第二节 桩基	22—7
第四章 原位测试和监测	22—8
第五章 室内试验	22—9
第六章 岩土工程评价和计算	22—10
第一节 场地稳定性评价	22—10
第二节 天然地基评价和计算	22—10
第三节 桩基评价和计算	22—15
第七章 岩土工程勘察报告	22—18
附录一 极限承载力 N_c、N_q、N_r 系数表	22—19
附录二 平均附加压力系数 $\bar{\alpha}$	22—19
附录三 按 E_0 计算沉降时的 δ_i 系数	22—23
附录四 预制桩竖向承载力表	22—23
附录五 灌注桩竖向承载力表	22—24
附录六 深井载荷试验要点	22—26
附录七 本规程用词说明	22—27
附加说明	22—27

主 要 符 号

A —— 基础底面积；
A_p —— 桩身的横截面积；
a —— 压缩系数；
b —— 基础底面宽度；
c —— 粘聚力；
C_c —— 土的压缩指数；
C_e —— 土的回弹指数；
d_c —— 控制性勘探点深度；
d_g —— 一般性勘探点深度；
d —— 基础埋置深度或桩身直径；
E_s —— 土的压缩模量；
E_0 —— 土的变形模量；
e —— 孔隙比；
f —— 地基承载力设计值；
f_0 —— 地基承载力基本值；
f_k —— 地基承载力标准值；
f_u —— 由极限承载力公式计算的地基极限承载力；
f_v —— 由控制塑性区公式计算的地基承载力设计值；
f_s —— 双桥静力触探探头侧壁摩阻力；
H_g —— 自室外地面算起的建筑物高度；
L —— 建筑物长度；
l —— 桩长度、分段桩长或基础长度；
p —— 基础底面处平均压力设计值；
p_c —— 土的前期固结压力；
p_0 —— 基础底面处的附加压力；
p_s —— 单桥静力触探比贯入阻力；
p_z —— 土的自重压力；
q_c —— 双桥静力触探探头阻力；
q_p —— 桩端土的承载力标准值；
q_s —— 桩周土的摩擦力标准值；
R_k —— 单桩的竖向承载力标准值；
s —— 沉降量；
T —— 场地土的卓越周期；
u_p —— 桩身周边长度；
v_s —— 剪切波波速；
z_0 —— 主要受力层深度；
α —— 桩端阻力修正系数；
β —— 调整系数、折减系数或修正系数；
γ —— 土的重力密度；
φ —— 内摩擦角；
ψ_s —— 沉降计算经验系数。

第一章 总 则

第1.0.1条 为了贯彻国家有关技术经济政策，提高高层建筑岩土工程勘察技术水平，统一勘察技术标准，保证建筑物地基的安全和正常使用，特制定本规程。

第1.0.2条 本规程适用于8层以上50层以下的高层建筑，高度50m以上100m以下的重要构筑物和100m以上300m以下的高耸构筑物的岩土工程勘察。

第1.0.3条 进行高层建筑岩土工程勘察，必须重视地区经验，广泛搜集资料，详细了解设计要求，并应提出技术先进、经济合理、措施可行的地基基础方案和岩土工程勘察报告。

第1.0.4条 采用本规程时，应符合现行国家有关标准规范的规定。

第二章 基 本 规 定

第2.0.1条 根据《建筑地基基础设计规范》的安全等级划分原则，高层建筑的分级按表2.0.1确定：

高层建筑安全等级划分标准　　　表2.0.1

安全等级	破坏后果	建 筑 物 类 型
一级	很严重	20层和20层以上的高层建筑，体型复杂的14层和14层以上的高层建筑，75m和75m以上的重要构筑物，150m和150m以上高耸构筑物
二级	严重	低于20层的高层建筑、体型复杂的低于14层的高层建筑，低于75m的重要构筑物，低于150m的高耸构筑物

第2.0.2条 当场地高层建筑群时，高层建筑勘察应分为初步勘察和详细勘察两阶段进行，其岩土工程勘察阶段应对场地地基的稳定性和详细勘察阶段应对地基条件和提出地基建议；详细勘察阶段应进行论证评述并提出地基评价，对地基处理地基基础方案作出详细评述、为地基设计、地基处理提供经济合理的方案和所需的详细资料。当场地已有资料比较充分，且系单体满足二级高层建筑，可将两阶段合并为一阶段进行，但应同时满足两阶段的要求。

高层建筑地质条件复杂的地区，勘察单位应参与施工验槽，对场地工程地质条件复杂的地区，除应参与施工验槽外，必要时还应进行施工勘察。

第2.0.3条 进行高层建筑岩土工程勘察前，必须详细了解设计意图，并宜取得下列资料：

一、附有建筑物四角座标或轮廓线、室内外地坪标高及原始地形、地物的建筑总平面图;

二、建筑结构类型、特点、层数、总高度、总荷载(有条件时提供荷载组合情况)、地下设施、防水防潮要求等;

三、预计的基础类型、平面尺寸、埋置深度以及其它特殊的地基基础设计施工要求。

第 2.0.4 条 进行勘察前应详细收集和研究场地及其邻近地段的已有勘察资料、已有建筑经验、地震地质资料,以及场地环境历史沿革资料。

第 2.0.5 条 高层建筑岩土工程勘察应解决的主要问题是:

一、判明建筑场地内及其附近有无影响工程稳定的不良地质现象,如判明全新活动断裂、地裂缝、岩溶(溶洞、溶沟、槽谷)、暗浜、滑坡和高临边坡的稳定性,调查了解有无古河道、暗塘、人工洞穴及其它人工地下设施;在强震区应查明有无可液化地层,并对液化可能性作出评价,判明场地土类型和建筑场地类别,提供抗震设计有关参数;

二、查明建筑场地的地层结构、均匀性、尤其应查明近软弱地层和坚硬地层的分布,以及各层岩土的物理力学性质、水位变化幅度;埋藏情况、渗透性、腐蚀性以及地下水的季节变化特性;埋藏情况、渗透性、腐蚀性以及地下水位季节性变化的影响,提供降低地下水位所采用的有关资料,并对相邻建筑基础设计方案进行论证分析,提出经济合理的方案,对上部结构和地基基础设计、施工中应注意的问题提出建议,必要时提出基础开挖的边坡、支挡方案、墩基础采用各类桩、

四、应着重查明基础持力层和主要受力土层内土层的分布和变形特性作出评价和预测,提供可采用的承载力计算

五、对适于采用深基坑开挖的方案,应根据场地条件和施工条件,建议经济合理的桩基类型;选择合理的桩尖持力层,详细查明持力层和较弱下卧层的分布,分层提出桩基承载力及持力层的桩端承载力,预估单桩承载力及沉降验算;对预制桩时承载力和沉降影响,对灌注桩应按组合,推荐合适的施工方法,提出施工中应注意的问题;

六、对一级高层建筑必须进行沉降观测,对于基础埋深较大或距相邻建筑、管线较近时,应进行基坑回弹、基坑边坡变形或打(压)桩时周围地面隆起、振动影响的监测,若采用浅层和深层地基处理,桩基础处理前后的地基对比检验工作。

为解决上述问题的岩土工程勘察工作可以根据实际情况一次或分阶段进行。

第 2.0.6 条 核算地基承载力时,传至基础底面上的荷载效应应按基本组合;土体自重按实际的重力密度计算,核算地基变形时,传至基础底面上的荷载应按长期效应组合,不应计入风荷载和地震作用。

第三章 勘察方案布设

第一节 天 然 地 基

第3.1.1条 勘探点的平面布设应考虑建筑物体型、荷载的分布、地层结构和均匀性，尤其应满足评价建筑物横向倾斜的地层均匀性。布设时应符合以下规定：

一、每一单体的一般性高层建筑，勘探点数量不应少于6个，二级高层建筑不应少于4个；

二、当建筑物平面为矩形时宜按双排布设，为不规则形时，宜按突出部位角点和中心点布设；

三、在层数、荷载和建筑体型变异较大处，宜布置适量勘探点；

四、勘探点间距一般为15～35m，一级高层建筑可取较小值，二级高层建筑间距可取较大值，为准确查明浜等异常带，勘探点间距还可适当加密；

五、在岩溶发育地区，勘探点应适当加密，必要时可每一柱基下布置勘探点，在花岗岩地区在残积土地区，勘探点间距可按本条四款中的较小值。

六、为降水设计需要，必要时应布置查明地下水流速、流向和进行水文地质参数测试的专门勘探点；

七、控制性勘探点的数量宜为全部勘探点总数的1/2以上。

第3.1.2条 勘探点的深度应适当大于地基压缩层的计算深度，控制性勘探点的深度应符合以下规定：

一、对于箱形基础或筏式基础，可按下式计算深度（m）；

$$d_c = d + a_c b \qquad (3.1.2-1)$$

式中 d_c——控制性勘探深度（m）；

d——箱形基础或筏式基础埋置深度（m）；

a_c——与土的压缩性有关的经验系数，根据基础下的主要土层按表3.1.2取值；

b——箱形基础或筏式基础宽度，对圆形基础或环板基础，按最大直径考虑，对不规则形状的基础，按等代方形、矩形或圆形面积的宽度或直径考虑（m）。

二、一般性勘探点的深度应适当大于主要受力层的深度，对于箱形基础或筏式基础可按下式计算确定：

$$d_g = d + a_g b \qquad (3.1.2-2)$$

式中 d_g——一般性勘探点的深度（m）；

a_g——与土的压缩性有关的经验系数，根据基础下的主要土层按表3.1.2取值。

表3.1.2　经验系数 a_c、a_g 值

土类别	碎石土	砂土	粉土	粘性土（含黄土）	软土
a_c	0.5～0.7	0.7～0.9	0.9～1.2	1.0～1.5	2.0
a_g	0.3～0.4	0.4～0.5	0.5～0.7	0.6～0.9	1.0

注：表中范围值对同一土类中时代老的、密实或者地下水位较深者取小值，反之取大值。

三、对于扩展式基础、勘探点的深度，应符合现行《岩土工程勘察规范》详勘阶段的规定；

四、对一般性勘探点，在预定深度范围内有比较稳定的、厚度超过3.0m的坚硬地层（如碎石土）时，可钻入该地层适当深度能正确定名并判明其地质性质即可，对软弱地层应适当加深或予以钻穿；

五、在浅层岩溶发育地区，当基础底面下的土层厚度小于地基压缩层计算深度时，一般钻孔应达完整基岩岩面，控制性钻

孔或专门查明溶洞的钻孔深度应深入完整基岩内3～5m；

六、在花岗岩残积土地区，当为箱形基础或筏式基础，计算勘探基深度时，其$α_c$和$α_s$系数，对残积碎质粘性土和残积砂质粘性土，可按表3.1.2中的值确定。在预定深度内遇基岩3.1.2中粘性土的值确定。在预定深度实测击数大于50击，一般性勘探点达强风化岩顶面即可；

七、以及查明地下水渗透性、砂土液化、场地卓越周期的钻孔，以及评价黄土湿陷性、砂土液化、场地卓越周期的钻孔，按有关规范的要求专门确定。

第3.1.3条 取土和原位测试勘探点的数量和取土试样数量和每种测试数据应满足表3.1.3的规定要求：

一、取土和原位测试的勘探点数量不应少于全部勘探点总数的2/3，当需要计算倾斜时，四个角点均应有取土孔；

二、每幢建筑物下各主要土层内的取土或力学性指标的土样数量和每种测试数据应满足表3.1.3的规定要求：

各主要土层取土和原位测试数量 表3.1.3

层位 数量 类别	持力层内	持力层底至 主要受力层底	主要受力 层以下
不扰动土样（件、组）	12～18	8～12	6～10
原位测试（次）	8～12	6～10	4～7

注：①主要受力层底深度（Z_0），按$Z_0=α_sb$计算；
②本表中原位测试以旁压、十字板剪切试验、横压板试验或标准贯入试验、
③对剪力试验、不扰动土试验、不扰动土试验数量较大值，二级高层建筑取小值；
④表中数量对一级高层建筑取大值，二级高层建筑取小值。

三、为地下室侧墙和基坑边稳定性计算或锚杆设计需要，应在基底深度以上的主要土层内采取不少于6件（组）的土试样。

第二节 桩 基

第3.2.1条 本节所指的桩基仅包括常用于高层建筑的钢筋混凝土预制桩和各种类型的混凝土灌注桩和墩。

第3.2.2条 勘探点平面布设应符合以下规定：

一、对桩基、墩或以端承力为主的桩，当系扩展式基础、勘探点应按柱列线布设，其间距以12～24m，当相邻勘探点所揭露持力层层面坡度超过10%时，宜加密勘探点。

二、对于摩擦桩或以摩擦力为主的桩，以及筏基或箱基下的桩群，勘探点间距可按20～35m考虑，但当土层面坡度超过10%和性状变化较大时，应适当加密勘探点。

三、大直径（直径≥800mm）的桩或墩，宜每个桩（墩）位上布置一个勘探点。

四、勘探点总数中应有1/3以上的勘探点为控制性勘探点。

第3.2.3条 勘探点的深度应符合以下规定：

一、对于端承桩或以端承力为主的桩（墩），控制性勘探点的深度应超过桩尖平面以下3～5m或桩身宽度或直径（大直径桩或墩取小值，小直径桩取大值）或桩身宽度，一般性勘探点应深入预计持力层1～2m。对于基岩为持力层，一般性勘探点深入微风化带1～2m，控制性勘探点深入较完整层体3～5m。

二、对于摩擦桩或以摩擦力为主的桩，控制性勘探点应深入预计桩长3～5m，一般性勘探点应进入预计桩长1～2m，遇断层破碎带应钻穿，进入较完整层体3～5m。

三、对预计深桩尖平面以下3～5m，一般桩群视为假想的实体基础，可将桩群超过变形计算，控制桩群变形，压缩层深度按假想的实体基础深度预计为假想的实体基础，按可按附加压力与土自重压力之比为20%计算，在此深度内不遇可压缩的坚硬地层时，可终止勘探。

第3.2.4条 对桩基勘探深度范围内的每一主要土层，应

采取土试样和进行静力触探、标准贯入试验、十字板剪力试验等原位测试，每幢标准建筑物下取土数量和测试次数应满足表3.2.4的要求。

各主要土层取土和原位测试数量 表3-2-4

类别\数量\层位	摩擦段	桩端持力层段
不扰动土样（件、组）	7～12	6～10
原位测试（组）	6～10	4～7

注：① 本表中原位测试仅指：十字板剪切试验、旁压试验或标准贯入试验；
② 对剪动试验，不扰动土样数量为6组；
③ 表中数量对一级高层建筑，二级高层建筑取小值。

第四章 原位测试和监测

第4.0.1条 为查明地层的均匀性和变形特性、预估单桩承载力，测求地基土的承载力和变形模量，判断沉桩的可能性等，在不含碎石的砂土或粘性土中可作单桥或双桥静力触探。

第4.0.2条 为判明砂土或粉土液化的可能性，测求砂土或粉土的承载力可作一定数量的标准贯入试验，且宜选择少量钻孔从上至下按一定间距连续进行贯入试验；为测求粉土、砂土和碎石土的承载力可进行重型或超重型的动力触探试验。

第4.0.3条 为测求软土地基土的承载力和桩的摩擦力、端承力，可进行十字板承载剪切试验。

第4.0.4条 为测求粘性土、粉土和砂土的承载力和变形模量，可分层进行横压试验。

第4.0.5条 为施工降水设计或地下室设计的需要，宜在现场进行适量的井、孔进行抽水试验或注水试验以测求地层的渗透系数（必要时，垂直渗透系数应分别测定）。需要时还需实测地下水流向和流速。

第4.0.6条 为抗震设计确定场地土类型、场地类别、卓越周期以及抗震设计所需其它参数，可进行波速或地微动测试。

第4.0.7条 对一级高层建筑，为确定持力层板载荷试验，当持力层为基岩时，不能取试样进行饱和单轴抗压强度试验，中风化基岩的承载力和变形模量可进行平板载荷试验，当以强风化岩体载荷试验，直接确定承载力，其试验要点应符合现行《建筑地基基础设计规范》的规定。

第4.0.8条 对一级高层建筑，其单桩承载力宜采用现场静载荷试验确定。试桩的数量不宜少于3根，当水平载荷较大时，应进行水平推力载荷试验，其数量不宜少于2根，对于扩底桩，其单桩承载力宜水平，当单桩承载力较大时，桩的数量不宜少于2根。

墩的端承力宜采用深井载荷试验确定，试验要点见附录六。对一级高层建筑，有条件时，可进行原型单墩承载力试验。

第4.0.9条 为无损检验桩身质量，可采用动测法或其它有效方法。检测桩数不宜少于桩总数的10%，用动测法确定单桩承载力时，必须有充分的桩静载荷试验对比资料。

第4.0.10条 当基坑开挖较深、面积较大时，宜进行基坑卸荷回弹观测；对高层建筑均应进行沉降观测，观测工作从基础底面施工完成后即应开始，直至沉降稳定为止。沉降观测所使用仪器、观测方法及沉降稳定标准，应符合有关专门规程的要求。

第4.0.11条 为考虑基坑开挖、桩基施工或其它地基处理施工等，对相邻已有建筑的影响，应进行边坡位移（或变形）、孔隙水压力变化、打桩振动影响等的监测工作。

第五章 室内试验

第5.0.1条 本章仅包括高层建筑岩土工程勘察中特殊性室内试验项目的试验要求，常规试验项目的试验要求，仍按现行有关规范、规程进行。

第5.0.2条 为计算地基承载力所需的剪力试验应符合以下规定：

一、所采取土样应注意保持土的原状结构，对于一级高层建筑，地层为粘性土时应采用三轴剪力试验，试验应采用多样法；对于二级高层建筑地层为可塑状态粘性土与饱和度小于0.5的粉土时可采用直剪，其数量应符合表3.1.3的规定。

二、剪力试验应根据所采用计算方法，使其可能符合建筑物实际受力状况、施工速率和土的排水条件等来选用。排水条件差的土可采用固结不排水剪，施工速率较快、排水条件好的土可作用下建筑物载作用下地基不固结可能的固结强度的程度。

三、三轴剪力试验应提供摩尔圆及其强度包线。

第5.0.3条 为计算地基沉降的压缩性试验，根据不同计算方法，可采用以下试验方法：

一、当用一般单轴压缩试验的压缩模量按分层总和法进行沉降计算时，其最大压力值应超过预计中的土自重压力与附加压力之和，压缩系数应取土自重压力与附加压力之和相应压缩系段的压缩系数和相应压缩模量，其值按下式计算：

$$a = 1000\frac{e_1 - e_2}{p_2 - p_1} \quad (5.0.2-1)$$

$$E_s = \frac{1 + e_0}{a} \quad (5.0.2-2)$$

式中 a —— 压缩系数（MPa^{-1}）；
E_s —— 压缩模量（MPa）；
p_1、p_2 —— 分别为土自重压力和自重压力附加压力之和，按取土深度分段取整值；
e_0、e_1、e_2 —— 分别相应于天然状态和 p_1、p_2 时的孔隙比。

当需要考虑基坑开挖卸荷再加荷的情况，应进行回弹再压缩试验，垂直荷载应模拟实际加荷卸荷情况，具体数值由试验设计确定。

二、当采用考虑应力历史的固结沉降计算时，试验的最大压力应满足绘制完整的 $e\sim \log p$ 曲线的需要，应加至出现较长的直线段，必要时可加至 $3000\sim 5000 kPa$，以求得先期固结压力 p_c。压缩指数 C_c 和回弹指数 C_e，p_c 值可按卡萨格兰德法确定。C_e 值可不进行修正。C_e 的回弹起始压力可按所取上覆土样的上覆自重压力分深度取整值确定，并应注意考虑影响 p_c 值的取值。当需考虑沉降速率时，应测定固结系数 C_v。

第 5.0.4 条 基坑开挖需要采用明沟、井点或管井抽水降低地下水位时，应进行有关主层的渗透试验，必要时尚应进行现场抽水试验，以满足降水设计需要。

第 5.0.5 条 为验算边坡稳定性和挡墙，锚杆等支挡设计所需的剪力时，宜采用三轴不固结不排水剪或直剪快剪。

第 5.0.6 条 当需采用三轴不固结不排水指标估算承载力或估算桩群进行变形验算时，室内试验宜符合以下规定：

一、当估算桩侧极限摩阻力时，可采用三轴不固结不排水试验，强度 c_u、φ_u 值；

二、当估算桩极限端承力时，对于粘性土可在桩尖持力层和下卧层内测求固结不排水强度 c_{cu}、φ_{cu} 或有效应力强度 c'、φ'；

三、当需进行群桩变形验算时，对桩尖平面以下压缩层范围内的土，应测求土的压缩性指标，即压缩指数、压缩模量、回弹指数等。

第六章 岩土工程评价和计算

第一节 场地稳定性评价

第 6.1.1 条 高层建筑场地应选择避开全新活动断裂（埋深不超过 100m）全新活动断裂。避开的距离应根据全新活动断裂的等级、规模和性质、地震基本烈度、覆盖层厚度和工程性质等单独研究确定，高层建筑还应避开正在活动的地裂缝通过地段，避开的距离和应采取的措施可按地区性的有关规定确定。

第 6.1.2 条 位于斜坡地段的高层建筑应从以下各点考虑场地稳定性：

一、建筑物不应放在滑坡体上；

二、位于坡顶或岸边的高层建筑应考虑边坡整体稳定性，必要时应验算坡整体是否有滑动的可能性；

三、当边坡整体是稳定的，还应符合现行《建筑地基基础设计规范》的规定，验算基础外边缘至坡顶的距离，考虑高层建筑场地滑塌的可能性，确定建筑物离坡脚的安全距离。

第 6.1.3 条 高层建筑抗震不利的地段，不应选择在对建筑抗震的危险地段，应避开对建筑抗震不利的地段，当无法避开不利地段时，应采取防护治理措施。

第 6.1.4 条 在有塌陷可能的地下采空区，或岩溶土洞强烈发育地段，应考虑地基加固措施，经技术经济分析认为不可取时，应另选地。

第二节 天然地基评价和计算

第 6.2.1 条 高层建筑天然地基评价和计算应根据设计要

求和实际需要确定,一般包括以下内容:

一、分析评价地基的均匀性。

二、提供地基承载力基本值(f_0)和标准值(f_k);根据设计要求,当不能满足要求时,核算地基承载力持力层和下卧层能否满足基础底面压力或倾斜要求,提出变基础埋深或地基处理的意见。

三、核算建筑物地基平均沉降是否超过容许值及其差异沉降或倾斜沉降分析。高层建筑构筑物和高耸构筑物均以容许倾斜和沉降控制。核算地基平均沉降,尤其是高层与低层、新建与原有建筑之间差异沉降的影响。必要时应进行地基与基础与上部结构共同作用的沉降分析。

四、评价基坑开挖边坡的稳定性和对相邻建筑的影响,必要时应采取的防护措施和有关计算参数,提供采取的防护措施和有关计算参数,提供采取的支护方案。

五、当地下水位较高时,应评价降水施工的可能性,必要时提出降水方案。

六、对地基方案的技术经济合理性作出论证和评价,当不能采用天然地基方案时,应对其它人工地基方案的适宜性作出论证和评价。

第 6.2.2 条 地基均匀性宜从以下几方面进行评价并采取相应措施。

一、当地基持力层层面坡度大于 10% 时,可视为不均匀地基。此时可加深基础埋深之超过持力层最低层的层面深度,根据基础形状系数,按表 6.2.3-1 确定。

二、地基持力层和第一下卧层在基础宽度方向上,地层厚度的差值小于 0.05b(b 为基础宽度)时,可视为均匀地基;当大于 0.05b时,应计算横向倾斜是否满足要求,若不能满足应采取结构或地基处理措施。

三、地基土的均匀性以压缩层内各土层的压缩模量为评价依据。

1. 当 $\bar{E}_{s1}$、$\bar{E}_{s2}$ 的平均值小于 10MPa 时,符合下式要求者为均匀地基。

$$\bar{E}_{s1} - \bar{E}_{s2} < \frac{1}{25}(\bar{E}_{s1} + \bar{E}_{s2}) \quad (6.2.2-1)$$

2. 当 $\bar{E}_{s1}$、$\bar{E}_{s2}$ 的平均值大于 10MPa 时,符合下式要求者为均匀地基。

$$\bar{E}_{s1} - \bar{E}_{s2} < \frac{1}{20}(\bar{E}_{s1} + \bar{E}_{s2}) \quad (6.2.2-2)$$

式中 $\bar{E}_{s1}$、$\bar{E}_{s2}$——分别为基础宽度方向两个钻孔中,压缩层范围内压缩模量按厚度的加权平均值(MPa),取大者为 $\bar{E}_{s1}$,小者为 $\bar{E}_{s2}$。

当不能满足式(6.2.2-1)或(6.2.2-2)要求时,属不均匀地基,应进行横向倾斜验算,采取结构或地基处理措施。

第 6.2.3 条 地基承载力的评定应以以同时满足极限稳定、理论公式计算及其它原位测试方法综合确定。理论公式计算应结合当地建筑经验采用载荷试验,可不超过容许变形及其它原位测试方法综合确定。理论公式计算时取下述两公式的低值。

一、极限承载力可按下式计算:

$$f_u = \frac{1}{2} N_r \xi_r b \gamma + N_q \xi_q \gamma_0 d + N_c \xi_c c_k \quad (6.2.3-1)$$

式中 f_u——极限承载力(kPa);

N_r、N_q、N_c——承载力系数,根据基础底面以下土的内摩擦角标准值φ_k查附录,按表 6.2.3-1 确定;

ξ_r、ξ_q、ξ_c——基础形状系数;

b、l——分别为基础(包括箱形基础或筏基)底面宽度和长度(m);

γ、γ_0——分别为基底以下和基础以上土的平均重度,地下水位以下取浮重度(kN/m³);

d——基础埋置深度,一般自室外地面算起。在填方整平地区,可自填土地面算起,但填土在上部结构施工后完成时,应自天然地面算起,对于地下室,如采用筏形基础或筏基时,基础埋置深度自室外地面算起,在其它情况下,

地基承载力设计值 f_v 按极限承载力 f_u 除以安全系数 K 求得，K 值根据建筑物的重要程度、破坏后果的严重性、试验数据的可信度等因素，在 $K=2\sim3$ 范围内选取。

二、地基承载力还可按下式计算：

$$f_v = k_r(M_b \gamma_b b + M_d \gamma_0 d + M_c C_k) \quad (6.2.3-2)$$

式中 f_v——由控制塑性区公式计算的地基承载力设计值（kPa）；

M_b, M_d, M_c——承载力系数，根据基础底面以下土的内摩擦角标准值，按表6.2.3-2确定；

k_r——结构刚度系数，根据建筑物长高比 L/H_g，按表6.2.3-3确定；

表 6.2.3-3 结构刚度系数 k_r

L/H_g \ 土类	碎石土和砾、粗、中砂	细砂、粉砂	粉土和粘性土 $I_L\leq0.25$	$I_L>0.25$
≥4	1.2	1.1	1.0	1.0
≤1.5	1.3	1.2	1.1	1.0

注: H_g 为自室外地面起算的建筑物高度（m）（不包括突出屋面的电梯间、水箱间等局部附属建筑）。
当 L/H_g 在 $1.5\sim4$ 之间时，k_r 采用插入法。

k_b——系数，当 $b<10\text{m}$ 时，取 $k_b=1$；当 $b\geq10\text{m}$ 时，取 $k_b = \dfrac{8}{b} + 0.2$，

其余符号同前。

第 6.2.4 条 对于一般粘性土、粉土、饱和黄土和软土可利用下列分层总和法计算地基最终沉降量。

$$s = \psi_s s' = \psi_s \sum_{i=1}^{n} \dfrac{p_0}{E_{si}}(z_i \bar{a}_i - z_{i-1} \bar{a}_{i-1}) \quad (6.2.4-1)$$

式中 s——地基最终沉降量（mm）；

应从室内地面算起；

c_k——基底下持力层内粘聚力标准值（kPa）；

表 6.2.3-1 基础形状系数

基础形式	ζ_c	ζ_q	ζ_c
条 形	1.00	1.00	1.00
矩 形	$1-0.4\dfrac{b}{l}$	$1+\dfrac{b}{l}\tan\varphi$	$1+\dfrac{b}{l}\dfrac{N_q}{N_c}$
圆形和方形	0.60	$1+\tan\varphi$	$1+\dfrac{N_q}{N_c}$

表 6.2.3-2 承载力系数 M_b, M_d, M_c

土的内摩擦角标准值 $\varphi_k(°)$	M_b	M_d	M_c
0	0	1.00	3.14
2	0.03	1.12	3.32
4	0.06	1.25	3.51
6	0.10	1.39	3.71
8	0.14	1.55	3.93
10	0.18	1.73	4.17
12	0.23	1.94	4.42
14	0.29	2.17	4.69
16	0.36	2.43	5.00
18	0.43	2.72	5.31
20	0.51	3.06	5.66
22	0.61	3.44	6.04
24	0.80	3.87	6.45
26	1.10	4.37	6.90
28	1.40	4.93	7.40
30	1.90	5.59	7.95
32	2.60	6.35	8.55
34	3.40	7.21	9.22
36	4.20	8.25	9.97
38	5.00	9.44	10.80
40	5.80	10.84	11.73

但对于开挖面积和深度较大的箱形基础和筏式基础,按上式计算的最终沉降量,还应考虑基坑开挖引起的回弹再压缩变形,当考虑应力固结历史时,可用地基固结沉降法计算最终沉降量。

第 6.2.5 条 对于一般粘性土、粉土、软土和饱和黄土,利用室内高压固结试验绘制 $e \sim \log p$ 曲线;

根据前期固结压力 p_c 与自重压力 p_{zi} 的比值 超固结比(OCR)确定土的固结状态。当 OCR>1 为超固结土,当 OCR≈1 为正常固结土,当 OCR<1 为欠固结土;

超固结土沉降计算分两种情况。

1. 当 $p_{zi} + p_{0i} \leqslant p_{ci}$ 时,用回弹指数 C_{ei} 计算,若地基压缩层深度内有 m 层此类情况,则可按下式计算:

$$s_m = \sum_{i=1}^{m} \frac{h_i}{1+e_{0i}} \left[C_{ei} \log\left(\frac{p_{zi} + p_{0i}}{p_{zi}} \right) \right] \quad (6.2.5-1)$$

式中 s_m——m 层范围内的沉降量(mm);
h_i——第 i 层分层厚度(mm);
e_{0i}——第 i 层初始孔隙比;
$C_{ei}、C_{ci}$——分别为第 i 层的回弹指数和压缩指数;
p_{zi}——第 i 层土自重压力平均值(kPa);
p_{0i}——相应于荷载标准值时第 i 层附加压力平均值(kPa);
p_{ci}——第 i 层前期固结压力(kPa)。

2. 当 $p_{zi} + p_{0i} > p_{ci}$ 时,分两段考虑,p_c 值以前用 C_e,p_c 值以后用 C_c,若地基压缩层深度内有 n 层此属此情况,则可按下式计算:

表 6.2.4-2

b (m)	$4 \leqslant b \leqslant 8$	$8 < b \leqslant 15$	$15 < b \leqslant 30$	$b > 30$
Δz (m)	0.8	1.0	1.2	1.5

s'——按分层总和法计算出的地基沉降量(mm);
ψ_s——沉降计算经验系数,有地区经验时,按地区经验确定,无地区经验时,可参照表 6.2.4-1 确定。

大基础沉降计算经验系数 ψ_s 表 6.2.4-1

$\overline{E}_s$(MPa)	3.0	5.0	7.5	10.0	12.5	15.0	20.0
ψ_s	1.8	1.20	0.80	0.60	0.45	0.35	0.25

$\overline{E}_s$——基础底面下压缩层范围内地基综合压缩模量值(MPa),按下式计算:

$$\overline{E}_s = \frac{\sum A_i}{\sum \frac{A_i}{E_{si}}} \quad (6.2.4-2)$$

A_i——基础下第 i 层土的应力分布面积;
n——地基变形计算深度范围内所划分的土层数;
p_0——相应于荷载标准值时的基础底面处的附加压力平均值(kPa);
E_{si}——基础底面下第 i 层土的压缩模量,按土的自重压力至第 i 层和第 $i-1$ 层底面处的附加压力之和段取用。
$z_i、z_{i-1}$——基础底面至第 i 层和第 $i-1$ 层底面的距离(m);
$\bar{a}_i、\bar{a}_{i-1}$——基础底面计算点至第 i 层和第 $i-1$ 层底面范围内平均附加应力系数,可按附录二采用。

地基沉降计算深度 z_n,应符合下式要求:

$$\Delta s'_n \leqslant 0.025 \sum_{i=1}^{n} \Delta s'_i \quad (6.2.4-3)$$

式中 $\Delta s'_n$——在计算深度范围内,第 i 层土的计算沉降值;
$\Delta s'_n$——在由计算深度向上取厚度为 Δz 的土层沉降值,Δz 按表 6.2.4-2 确定。

$$s_n = \sum_{i=1}^{n} \frac{h_i}{1+e_{0i}}\left[C_{ei}\log\frac{p_{ci}}{p_{zi}} + C_{ci}\log\left(\frac{p_{zi}+p_{0i}}{p_{ci}}\right)\right] \quad (6.2.5-2)$$

式中 s_n——n层范围内总沉降量(mm)。

3. 地基压缩层范围内有上述两种情况的土层,则其总沉降量为上述两部分之和,即:

$$s = s_m + s_n \quad (6.2.5-3)$$

四、正常固结土的沉降量 s(mm)可按下式计算。

$$s = \sum_{i=1}^{n} \frac{h_i}{1+e_{0i}}\left[C_{ci}\log\left(\frac{p_{zi}+p_{0i}}{p_{zi}}\right)\right] \quad (6.2.5-4)$$

五、欠固结土的沉降量 s(mm)可按下式计算:

$$s = \sum_{i=1}^{n} \frac{h_i}{1+e_{0i}}\left[C_{ci}\log\left(\frac{p_{zi}+p_{0i}}{p_{ci}}\right)\right] \quad (6.2.5-5)$$

六、按以上公式计算沉降时,地基压缩层深度,对于一般粘性土和饱和黄土,自基础底面算起,算到附加压力等于自重压力20%处,对于软土算到附加压力等于自重压力10%处;若有相邻建筑,附加压力应考虑其影响。

第6.2.6条 对于大型刚性基础下的一般粘性土、软土、饱和黄土和不能准确取得压缩模量值的地基,如碎石土、砂土、粉土和花岗岩残积土等,可利用变形模量按下式计算沉降量。

$$s = pb\eta \sum_{i=1}^{n} \frac{\delta_i - \delta_{i-1}}{E_{0i}} \quad (6.2.6-1)$$

式中 s——沉降量(mm);
p——相应于荷载标准值时基础底面处平均压力(kPa);
b——基础底面宽度(m);
δ_i——与 l/b 有关的无因次系数,可查附录三附表6确定。
E_{0i}——基础底面下第 i 层土按载荷试验求得的变形模量(MPa);
η——修正系数,可查表6.2.6-1确定;
z_n——地基压缩层深度(m)。

表6.2.6-1 η 系 数 表

$m=\frac{2z_n}{b}$	$0<m\leq 0.5$	$0.5<m\leq 1$	$1<m\leq 2$	$2<m\leq 3$	$3<m\leq 5$	$5<m\leq\infty$
η	1.00	0.95	0.90	0.80	0.75	0.70

按上式计算沉降时,地基压缩层深度 z_n 按下式计算确定。

$$z_n = (z_m + \xi b)\beta \quad (6.2.6-2)$$

式中 z_m——与基础长宽比有关的经验值(m),按表6.2.6-2确定;
ξ——系数,按表6.2.6-2确定;
β——调整系数,按表6.2.6-3确定。

表6.2.6-2 z_m 值和 ξ 系数表

l/b	1	2	3	4	5
z_m	11.6	12.4	12.5	12.7	13.2
ξ	0.42	0.49	0.53	0.60	0.62

表6.2.6-3 β 系 数 表

土类	碎石土	砂土	粉土	粘性土	软土
β	0.30	0.50	0.60	0.75	1.00

对于一般粘性土、软土和饱和黄土当未进行载荷试验时,可用反算综合变形模量 $\bar{E}_0$ 按下式计算沉降量。

$$s = \frac{pb\eta}{\bar{E}_0} \sum_{i=1}^{n}(\delta_i - \delta_{i-1}) \quad (6.2.6-3)$$

式中 $\bar{E}_0$——根据实测沉降反算综合变形模量(MPa),按下式求得:

$$\overline{E}_0 = \alpha \overline{E}_s \quad (6.2.6-4)$$

α——反算综合变形模量 $\overline{E}_0$ 与综合压缩模量 $\overline{E}_s$（按式 6.2.4-2 计算）的比值，可按下表选用。

比 值 α 表 6.2.6-4

$\overline{E}_s$(MPa)	3.0	5.0	7.5	10.0	12.5	15.0	20.0
$\alpha = \dfrac{\overline{E}_0}{\overline{E}_s}$	1.0	1.6	2.6	3.6	4.6	5.6	7.6

第 6.2.7 条 由地基不均匀引起的倾斜可按各角点的钻孔柱状图和物理力学指标，分别按基础中心点计算沉降，然后乘以与实测沉降对比所取得的经验系数以获得各角点处的沉降，据此近似计算出基础倾斜值。

第 6.2.8 条 高层建筑物和高耸构筑物基容许倾斜值按 6.2.8 规定确定。

地基容许变形值 表 6.2.8

高层建筑物	基础的容许倾斜
$24 < H_g \leq 60$	0.003
$60 < H_g \leq 100$	0.002
$H_g > 100$	0.0015
高耸构筑物	
$H_g \leq 100$	0.005
$100 < H_g \leq 150$	0.004
$150 < H_g \leq 200$	0.003
$200 < H_g \leq 250$	0.002
基础的容许沉降量(mm)	
$H_g \leq 100$	(200)、400
$100 < H_g \leq 200$	300
$200 < H_g \leq 250$	200

注：①高层建筑物大基础的容许沉降量按使用要求由设计确定，软土地区最终平均沉降值不宜大于350mm，
②有括号者仅适用于中压缩性土。

第 6.2.9 条 抗震设防烈度等于或大于6度的地区应符合现行《建筑抗震设计规范》的规定，划分场地土类型和建筑场地类别，确定场地的特征周期。

第三节 桩基评价和计算

第 6.3.1 条 本节适用于高层建筑的打入或压入的钢筋混凝土预制桩（简称预制桩）、预应力钢筋混凝土桩（简称预应力桩）以及就地浇灌的冲、钻、挖孔混凝土灌注桩和沉管灌注桩。桩型的选择应根据施工工程性质、工程地质条件、施工条件、环境和经济分析等因素综合考虑确定。一般可按下述原则选择桩型：

一、当持力层层面起伏不大，环境条件允许，可采用预制桩；当荷载较大，桩较长或需穿越一定厚度的坚硬土层，对一级高层建筑，重锤和锤击应力较大时可采用预应力桩；当施工经验认为可行时可采用钢管桩，经技术经济分析认为可行时可采用沉管灌注桩。

二、当持力层层面起伏较大，预制桩桩长不易控制，或紧贴原有建筑，场地周围环境复杂时，可采用就地灌注桩。

第 6.3.2 条 选择桩基持力层宜符合以下规定：

一、作为持力层宜选择层位稳定的硬塑～坚硬状态的低压缩性粘性土层，中密以上的砂土和碎石土层，微、中风化的基岩；

二、第四系土层作为桩尖持力层其厚度宜超过6～10倍桩身直径或桩身宽度；扩底墩的持力层厚度宜超过2倍墩底直径。

三、持力层以下没有软弱地层和可液化地层。当不可避免考虑桩底以下的软弱地层时，应从持力层和可液化地层的整体强度及变形要求考虑，保证持力层有足够厚度；

四、对于打（压）入桩，应考虑桩能穿过持力层以上各地层顺利打进入持力层的可能性。

第 6.3.3 条 单桩竖向承载力，在勘察期间，当没有进行

桩静载试验时，可以通过半经验公式和静力触探资料进行估算，但应与附近场地的试桩资料或地区经验进行比较后提出，对于一级高层建筑，应通过现场静载试验确定。

第6.3.4条 预制桩可按下式估算单桩竖向承载力：

$$R_k = q_p A_p + u_p \sum_{i=1}^{n} q_{si} l_i \quad (6.3.4)$$

式中 R_k——单桩的竖向承载力标准值（kN）；
q_p——桩端土的承载力标准值（kPa），可按地区经验确定，亦可按附录四采用；
A_p——桩身横截面积（m²）；
u_p——桩身周边长度（m）；
q_{si}——第i层土的摩擦力标准值（kPa），可按地区经验确定，亦可按附录四采用；
l_i——按土层划分，第i层土的分段桩长（m）。

第6.3.5条 预制桩承载力亦可用静力触探公式估算，本公式适用于沿海软土地区。

一、按单桥探头 p_s 值估算单桩竖向承载力：

$$R_k = \frac{1}{K}(\alpha_b p_{sb} A_p + u_p \sum f_{si} l_i) \quad (6.3.5-1)$$

式中 K——安全系数，一般取2，也可根据经验作适当调整；
α_b——桩端阻力修正系数，按表6.3.5-1取用；
p_{sb}——桩端附近的静力触探比贯入阻力值（kPa）按下式计算：

当 $p_{sb1} \leq p_{sb2}$ 时，$p_{sb} = \frac{p_{sb1}+p_{sb2}}{2}$，
当 $p_{sb1} > p_{sb2}$ 时，$p_{sb} = p_{sb2}$；

p_{sb1}——桩端全断面以上8倍桩径范围内的比贯入阻力平均值（kPa）；
p_{sb2}——桩端全断面以下4倍桩径范围内的比贯入阻力平均值（kPa）；
β——折减系数，按 p_{sb2}/p_{sb1} 的值从表6.3.5-2中取用。

桩端阻力修正系数 α_b 值　　表6.3.5-1

桩长 l (m)	$l \leq 7$	$7 < l \leq 30$	$l > 30$
α_b	2/3	5/6	1

折减系数 β 值　　表6.3.5-2

p_{sb2}/p_{sb1}	<5	5~10	10~15	>15
β	1	5/6	2/3	1/2

f_{si}——用静力触探比贯入阻力（p_s）估算的桩周各层土的极限摩擦力（kPa），一般按以下原则选择：一般取 $f_i = 15$ kPa;

① 地表下6m范围内的浅层土，$f_i = \frac{p_s}{20}$；
② 粘性土：
当 $p_s \leq 1000$ kPa 时，$f_i = \frac{p_s}{20}$
当 $p_s > 1000$ kPa 时，$f_i = 0.025 p_s + 25$
③ 粉性土及砂性土：$f_i = \frac{p_s}{50}$

用静力触探资料估算的桩端极限阻力值不宜超过8000kPa，桩侧极限摩阻力不宜超过100kPa，对于比贯入阻力为2500～6500kPa的浅层粉性土及粘性土和密实的砂性土，计算桩端阻力和桩侧摩阻力时应结合经验，考虑数值可能偏大的因素。

二、按双桥探头 q_c、f_{si} 估算单桩竖向承载力，适用于一般粘性土和砂土。

$$R_k = \frac{1}{K}\left(\alpha q_c A_p + u_p \sum_{i=1}^{n} f_{si} l_i \beta_i\right) \quad (6.3.5-2)$$

式中 α——桩端阻力修正系数，对粘性土取2/3，对饱和砂土取1/2；
q_c——桩端土，下探头阻力，取桩尖平面以上4d（d为桩

的直径d范围）范围内按厚度的加权平均值，然后再和桩端平面以下$1d$范围内的q_c值进行平均（kPa）；

f_{si}——第i层土的探头侧摩阻力（kPa）；

粘性土：$\beta_i = 10.04 f_{si}^{-0.55}$

砂性土：$\beta_i = 5.04 f_{si}^{-0.45}$

其余符号同前。

第6.3.6条 对灌注桩的单桩竖向承载力标准值R_k可按下式估算：

$$R_k = q_p A_p + \pi d_1 \sum_{i=1}^{n} q_{si} l_i \quad (6.3.6)$$

式中 q_p——桩端土的承载力标准值（kPa），对钻、挖、冲孔灌注桩和沉管灌注桩可分别按附录五所列数值选用，亦可按地区经验采用；

d_1——成桩直径（m），对钻、挖、冲孔灌注桩，根据施工经验确定，当缺乏经验时，对钻、挖、冲孔灌注桩，按钻头直径增加下列数值，一般机动洛阳钻2～3cm，冲击钻4～8cm，对沉管灌注桩，$d_1 = d_e$（d_e－套管外直径），一次复打时可取$d_1 = \sqrt{2} d_e$，对于流塑、软塑状态粘性土应再乘以$0.7～0.9$的系数。

q_{si}——第i层桩周土的摩擦力标准值（kPa），对钻、挖、冲孔灌注桩可分别按附录五所列数值选用，亦可按地区经验采用。

其余符号同前。

第6.3.7条 对扩底墩的竖向承载力标准值R_k可按地区性经验选用，当无地区经验时宜在持力层上作深井载荷试验确定：

$$R_k = q_p A_p + u_p \sum_{i=1}^{n} q_{si} l_i \quad (6.3.7)$$

式中 q_p——墩端土的承载力标准值（kPa）可按地区经验选用，当无地区经验时宜在持力层上作深井载荷试验确定，深井载荷试验可参照附录六进行；

A_p——扩底墩的墩底面积（m²）；

u_p——桩身周边长度（m）；

q_{si}——第i层土的摩擦力值（kPa），可按地区经验确定，亦可根据施工方法，参照钻、挖、冲孔灌注桩的摩擦力值作适当增减。

l_i——第i层土的分段长度（m）。

按上述公式计算时：

1 按土层划分，第i层长度小于6.0m时，不宜计算桩身摩擦力；当桩身长度超过6m时，可计算桩身摩擦力，但宜扣除2倍大头斜面高度段的摩擦力。

2 对于一级高层建筑，宜作原型单墩载荷试验确定其承载力，同一栋建筑桩底面积不同时，宜以变形量控制其承载力。

第七章 岩土工程勘察报告

第7.0.1条 高层建筑岩土工程勘察报告应包括的主要内容和基本要求如下：

一、勘察目的、要求和任务；

二、建筑的功能、体型、平面尺寸、层数、结构类型、荷载（有条件时列出荷载组合）、拟采用基础类型及其概略尺寸及有关特殊要求的叙述；

三、应阐明地不良地质现象，分析论证静力条件下场地和地基的稳定性；在抗震设防烈度等于或大于6度的地震区，应对场地地基土类别作出判定，7度或大于7度的强震区，应对断裂错动、液化、震陷等进行分析、论证和判定、对整个场地的适宜性作出明确结论；

四、应阐明地层结构和岩土物理力学性质，对岩土的均匀性、强度和变形性状作出定性和定量评价。岩土参数的分析和选定应符合现行《建筑地基基础设计规范》和《岩土工程勘察规范》的规定。

五、评价共对地基基础、地下室和施工边坡稳定性的影响，提出预防措施；

六、应对地基基础方案的论证和分析。天然地基方案应提出持力层和基础埋深的建议，进行承载力、沉降的分析和验算，必要时对基础方向和倾斜作出预测；桩基方案应提出桩型、桩端持力层，桩端土承载力和桩周土摩擦力或单桩承载力和桩端持性的分析和建议，必要时应进行桩基沉降分析，其它方案可能性的基础方案分析和论证；

七、高层与低层差异沉降的分析及对相邻建筑影响的分析。

八、基坑开挖边坡稳定性的分析，必要时提出支挡方案；

九、施工降水的可行性和对建筑物本身及相邻建筑的影响，必要时提出降水方案；

十、对施工和使用过程中监测检验方案提出建议。

第7.0.2条 高层建筑岩土工程勘察报告应附以下主要图表：

一、勘察点平面位置图，其上应附有拟建建筑物位置（最好有四角座标）和层数；

二、有代表性的工程地质柱状图或综合地质柱状图；

三、工程地质剖面图，基础测试成果图表；

四、原位测试成果图表；

五、室内试验成果图表；

六、建议的地基基础方案、边坡支挡方案以及降水设计方案等有关图表；

七、岩土工程计算的有关图表。

附录二 平均附加压力系数 $\bar{\alpha}$

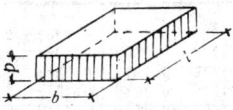

矩形面积上均布荷载作用下角点的平均附加压力系数 $\bar{\alpha}$

附表 2

z/b \ l/b	1.0	1.2	1.4	1.6	1.8	2.0	2.4	2.8	3.2	3.6	4.0	5.0	10.0
0.0	0.2500	0.2500	0.2500	0.2500	0.2500	0.2500	0.2500	0.2500	0.2500	0.2500	0.2500	0.2500	0.2500
0.2	0.2496	0.2497	0.2497	0.2498	0.2498	0.2498	0.2498	0.2498	0.2498	0.2498	0.2498	0.2498	0.2498
0.4	0.2474	0.2479	0.2481	0.2483	0.2483	0.2484	0.2485	0.2485	0.2485	0.2485	0.2485	0.2485	0.2485
0.6	0.2423	0.2437	0.2444	0.2448	0.2451	0.2452	0.2454	0.2455	0.2455	0.2455	0.2455	0.2455	0.2456
0.8	0.2346	0.2372	0.2387	0.2395	0.2400	0.2408	0.2407	0.2408	0.2409	0.2409	0.2410	0.2410	0.2410
1.0	0.2252	0.2291	0.2313	0.2326	0.2335	0.2340	0.2346	0.2349	0.2351	0.2352	0.2352	0.2353	0.2353
1.2	0.2149	0.2199	0.2229	0.2248	0.2260	0.2268	0.2278	0.2282	0.2285	0.2286	0.2287	0.2288	0.2289
1.4	0.2043	0.2102	0.2140	0.2164	0.2180	0.2191	0.2204	0.2211	0.2215	0.2217	0.2218	0.2220	0.2221
1.6	0.1939	0.2006	0.2049	0.2079	0.2099	0.2113	0.2130	0.2138	0.2143	0.2146	0.2148	0.2150	0.2152
1.8	0.1840	0.1912	0.1960	0.1994	0.2018	0.2034	0.2055	0.2066	0.2073	0.2077	0.2079	0.2082	0.2084

附录一 极限承载力 N_c、N_q、N_r 系数表

极限承载力系数表

附表 1

$\varphi_k(°)$	N_c	N_q	N_r	$\varphi_k(°)$	N_c	N_q	N_r
0	5.14	1.00	0.00	26	22.25	11.85	12.54
1	5.38	1.09	0.07	27	23.94	13.20	14.47
2	5.63	1.20	0.15	28	25.80	14.72	16.72
3	5.90	1.31	0.24	29	27.86	16.44	19.34
4	6.19	1.43	0.34	30	30.14	18.40	22.40
5	6.49	1.57	0.45	31	32.67	20.63	25.99
6	6.81	1.72	0.57	32	35.49	23.18	30.22
7	7.16	1.88	0.71	33	38.64	26.09	35.19
8	7.53	2.06	0.86	34	42.16	29.44	41.06
9	7.92	2.25	1.03	35	46.12	33.30	48.03
10	8.35	2.47	1.22	36	50.59	37.75	56.31
11	8.80	2.71	1.44	37	55.63	42.92	66.19
12	9.28	2.97	1.69	38	61.35	48.93	78.03
13	9.81	3.26	1.97	39	67.87	55.96	92.25
14	10.37	3.59	2.29	40	75.31	64.20	109.41
15	10.98	3.94	2.65	41	83.86	73.90	130.22
16	11.63	4.34	3.06	42	93.71	85.38	155.55
17	12.34	4.77	3.53	43	105.11	99.02	186.54
18	13.10	5.26	4.07	44	108.37	115.31	224.64
19	13.93	5.80	4.68	45	133.88	134.88	271.76
20	14.83	6.40	5.39	46	152.10	158.51	330.35
21	15.82	7.07	6.20	47	173.64	187.21	403.67
22	16.88	7.82	7.13	48	199.26	222.31	496.01
23	18.05	8.66	8.20	49	229.93	265.51	613.16
24	19.32	9.60	9.44	50	266.89	319.07	762.86
25	20.72	10.66	10.88				

注：表中，$N_q = e^{\pi \tan\varphi_k} \tan^2\left(45° + \dfrac{\varphi_k}{2}\right)$
$N_c = (N_q - 1)\cot\varphi_k$
$N_r = 2(N_q + 1)\tan\varphi_k$

续表

z/b \ l/b	1.0	1.2	1.4	1.6	1.8	2.0	2.4	2.8	3.2	3.6	4.0	5.0	10.0
2.0	0.1746	0.1822	0.1875	0.1912	0.1938	0.1958	0.1982	0.1996	0.2004	0.2009	0.2012	0.2015	0.2018
2.2	0.1659	0.1737	0.1793	0.1833	0.1862	0.1883	0.1911	0.1927	0.1937	0.1943	0.1947	0.1952	0.1955
2.4	0.1578	0.1657	0.1715	0.1757	0.1789	0.1812	0.1843	0.1862	0.1873	0.1880	0.1885	0.1890	0.1895
2.6	0.1503	0.1583	0.1642	0.1686	0.1719	0.1745	0.1779	0.1799	0.1812	0.1820	0.1825	0.1832	0.1838
2.8	0.1433	0.1514	0.1574	0.1619	0.1654	0.1680	0.1717	0.1739	0.1753	0.1763	0.1769	0.1777	0.1784
3.0	0.1369	0.1449	0.1510	0.1556	0.1592	0.1619	0.1658	0.1682	0.1698	0.1708	0.1715	0.1725	0.1733
3.2	0.1310	0.1390	0.1450	0.1497	0.1533	0.1562	0.1602	0.1628	0.1645	0.1657	0.1664	0.1675	0.1685
3.4	0.1256	0.1334	0.1391	0.1441	0.1478	0.1508	0.1550	0.1577	0.1595	0.1607	0.1616	0.1628	0.1639
3.6	0.1205	0.1282	0.1342	0.1389	0.1427	0.1456	0.1500	0.1528	0.1548	0.1561	0.1570	0.1583	0.1595
3.8	0.1158	0.1234	0.1293	0.1340	0.1378	0.1403	0.1452	0.1482	0.1502	0.1516	0.1526	0.1541	0.1554
4.0	0.1114	0.1189	0.1243	0.1294	0.1332	0.1362	0.1408	0.1438	0.1459	0.1474	0.1485	0.1500	0.1516
4.2	0.1073	0.1147	0.1205	0.1251	0.1289	0.1319	0.1365	0.1396	0.1418	0.1434	0.1445	0.1462	0.1479
4.4	0.1035	0.1107	0.1164	0.1210	0.1248	0.1279	0.1325	0.1357	0.1379	0.1396	0.1407	0.1425	0.1444
4.6	0.1000	0.1070	0.1127	0.1172	0.1209	0.1240	0.1287	0.1319	0.1342	0.1359	0.1371	0.1390	0.1410
4.8	0.0967	0.1036	0.1091	0.1136	0.1173	0.1204	0.1250	0.1283	0.1307	0.1324	0.1337	0.1357	0.1379
5.0	0.0935	0.1003	0.1057	0.1102	0.1139	0.1169	0.1216	0.1249	0.1273	0.1291	0.1304	0.1325	0.1348
5.2	0.0906	0.0972	0.1026	0.1070	0.1106	0.1136	0.1183	0.1217	0.1241	0.1259	0.1273	0.1295	0.1320
5.4	0.0878	0.0943	0.0996	0.1039	0.1075	0.1105	0.1152	0.1186	0.1211	0.1229	0.1243	0.1265	0.1292
5.6	0.0852	0.0916	0.0968	0.1010	0.1046	0.1076	0.1122	0.1156	0.1181	0.1200	0.1215	0.1238	0.1266
5.8	0.0828	0.0890	0.0941	0.0983	0.1018	0.1047	0.1094	0.1128	0.1153	0.1172	0.1187	0.1211	0.1240
6.0	0.0805	0.0866	0.0916	0.0957	0.0991	0.1021	0.1067	0.1101	0.1126	0.1146	0.1161	0.1185	0.1216
6.2	0.0783	0.0842	0.0891	0.0932	0.0966	0.0995	0.1041	0.1075	0.1101	0.1120	0.1136	0.1161	0.1193
6.4	0.0762	0.0820	0.0869	0.0909	0.0942	0.0971	0.1016	0.1050	0.1076	0.1095	0.1111	0.1137	0.1171
6.6	0.0742	0.0799	0.0847	0.0886	0.0919	0.0948	0.0993	0.1027	0.1053	0.1073	0.1088	0.1114	0.1149
6.8	0.0723	0.0779	0.0826	0.0865	0.0898	0.0926	0.0970	0.1004	0.1030	0.1050	0.1066	0.1092	0.1129

续表

z/b \ l/b	1.0	1.2	1.4	1.6	1.8	2.0	2.4	2.8	3.2	3.6	4.0	5.0	10.0
7.0	0.0705	0.0761	0.0806	0.0844	0.0877	0.0904	0.0949	0.0982	0.1008	0.1028	0.1044	0.1071	0.1109
7.2	0.0688	0.0742	0.0787	0.0825	0.0857	0.0884	0.0928	0.0962	0.0987	0.1008	0.1023	0.1051	0.1090
7.4	0.0672	0.0725	0.0769	0.0806	0.0838	0.0865	0.0908	0.0942	0.0967	0.0988	0.1004	0.1031	0.1071
7.6	0.0656	0.0709	0.0752	0.0789	0.0820	0.0846	0.0889	0.0922	0.0948	0.0968	0.0984	0.1012	0.1054
7.8	0.0642	0.0693	0.0736	0.0771	0.0802	0.0828	0.0871	0.0904	0.0929	0.0950	0.0966	0.0994	0.1036
8.0	0.0627	0.0678	0.0720	0.0755	0.0785	0.0811	0.0853	0.0886	0.0912	0.0932	0.0948	0.0976	0.1020
8.2	0.0614	0.0663	0.0705	0.0739	0.0769	0.0795	0.0837	0.0869	0.0894	0.0914	0.0931	0.0959	0.1004
8.4	0.0601	0.0649	0.0690	0.0724	0.0754	0.0779	0.0820	0.0852	0.0878	0.0898	0.0914	0.0943	0.0988
8.6	0.0588	0.0636	0.0676	0.0710	0.0739	0.0764	0.0805	0.0836	0.0862	0.0882	0.0898	0.0927	0.0973
8.8	0.0576	0.0623	0.0663	0.0696	0.0724	0.0749	0.0790	0.0821	0.0846	0.0866	0.0882	0.0912	0.0959
9.2	0.0554	0.0599	0.0637	0.0670	0.0697	0.0721	0.0761	0.0792	0.0817	0.0837	0.0853	0.0882	0.0931
9.6	0.0533	0.0577	0.0614	0.0645	0.0672	0.0696	0.0734	0.0765	0.0789	0.0809	0.0825	0.0855	0.0905
10.0	0.0514	0.0556	0.0592	0.0622	0.0649	0.0672	0.0710	0.0739	0.0763	0.0783	0.0799	0.0829	0.0880
10.4	0.0496	0.0537	0.0572	0.0601	0.0627	0.0649	0.0686	0.0716	0.0739	0.0759	0.0775	0.0804	0.0857
10.8	0.0479	0.0519	0.0553	0.0581	0.0606	0.0628	0.0664	0.0693	0.0717	0.0736	0.0751	0.0781	0.0834
11.2	0.0463	0.0502	0.0535	0.0563	0.0587	0.0609	0.0644	0.0672	0.0695	0.0714	0.0730	0.0759	0.0813
11.6	0.0448	0.0486	0.0518	0.0545	0.0569	0.0590	0.0625	0.0652	0.0675	0.0694	0.0709	0.0738	0.0793
12.0	0.0435	0.0471	0.0502	0.0529	0.0552	0.0573	0.0606	0.0634	0.0656	0.0674	0.0690	0.0719	0.0774
12.8	0.0409	0.0444	0.0471	0.0499	0.0521	0.0541	0.0573	0.0599	0.0621	0.0639	0.0654	0.0682	0.0739
13.6	0.0387	0.0420	0.0448	0.0472	0.0493	0.0512	0.0543	0.0568	0.0589	0.0607	0.0621	0.0649	0.0707
14.4	0.0367	0.0398	0.0425	0.0448	0.0468	0.0486	0.0516	0.0540	0.0561	0.0577	0.0592	0.0619	0.0677
15.2	0.0349	0.0379	0.0404	0.0426	0.0446	0.0463	0.0492	0.0515	0.0535	0.0551	0.0565	0.0592	0.0650
16.0	0.0332	0.0361	0.0385	0.0407	0.0425	0.0442	0.0469	0.0492	0.0511	0.0527	0.0540	0.0567	0.0625
18.0	0.0297	0.0323	0.0345	0.0361	0.0381	0.0396	0.0422	0.0442	0.0460	0.0475	0.0487	0.0512	0.0570
20.0	0.0269	0.0292	0.0312	0.0330	0.0345	0.0359	0.0383	0.0402	0.0418	0.0432	0.0444	0.0468	0.0524

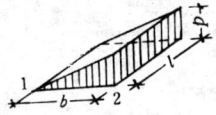

矩形面积上三角形分布荷载作用下角点的平均附加压力系数 $\bar{\alpha}$

附表 3

z/b \ l/b	0.2		0.4		0.6		0.8		1.0		1.2		1.4	
点	1	2	1	2	1	2	1	2	1	2	1	2	1	2
0.0	0.0000	0.2500	0.0000	0.2500	0.0000	0.2500	0.0000	0.2500	0.0000	0.2500	0.0000	0.2500	0.0000	0.2500
0.2	0.0112	0.2161	0.0140	0.2308	0.0148	0.2333	0.0151	0.2339	0.0152	0.2341	0.0153	0.2342	0.0153	0.2343
0.4	0.0179	0.1810	0.0245	0.2084	0.0270	0.2153	0.0280	0.2175	0.0285	0.2184	0.0288	0.2187	0.0289	0.2189
0.6	0.0207	0.1505	0.0308	0.1851	0.0355	0.1966	0.0376	0.2011	0.0388	0.2030	0.0394	0.2039	0.0397	0.2043
0.8	0.0217	0.1277	0.0340	0.1640	0.0405	0.1787	0.0440	0.1852	0.0459	0.1883	0.0470	0.1899	0.0476	0.1907
1.0	0.0217	0.1104	0.0351	0.1461	0.0430	0.1624	0.0476	0.1704	0.0502	0.1746	0.0518	0.1769	0.0528	0.1781
1.2	0.0212	0.0970	0.0351	0.1312	0.0439	0.1480	0.0492	0.1571	0.0525	0.1621	0.0546	0.1649	0.0560	0.1666
1.4	0.0204	0.0865	0.0344	0.1187	0.0436	0.1356	0.0495	0.1451	0.0534	0.1507	0.0559	0.1541	0.0575	0.1562
1.6	0.0195	0.0779	0.0333	0.1082	0.0427	0.1247	0.0490	0.1345	0.0533	0.1405	0.0561	0.1443	0.0580	0.1467
1.8	0.0186	0.0709	0.0321	0.0993	0.0415	0.1153	0.0480	0.1252	0.0525	0.1313	0.0556	0.1354	0.0578	0.1381
2.0	0.0178	0.0650	0.0308	0.0917	0.0401	0.1071	0.0467	0.1169	0.0513	0.1232	0.0547	0.1274	0.0570	0.1303
2.5	0.0157	0.0538	0.0276	0.0769	0.0365	0.0908	0.0429	0.1000	0.0478	0.1063	0.0513	0.1107	0.0540	0.1139
3.0	0.0140	0.0458	0.0248	0.0661	0.0330	0.0786	0.0392	0.0871	0.0439	0.0931	0.0476	0.0976	0.0503	0.1008
5.0	0.0097	0.0289	0.0175	0.0424	0.0236	0.0476	0.0285	0.0576	0.0324	0.0624	0.0356	0.0661	0.0382	0.0690
7.0	0.0073	0.0211	0.0133	0.0311	0.0180	0.0352	0.0219	0.0427	0.0251	0.0465	0.0277	0.0496	0.0299	0.0520
10.0	0.0053	0.0150	0.0097	0.0222	0.0133	0.0253	0.0162	0.0308	0.0186	0.0336	0.0207	0.0359	0.0224	0.0379

续表

z/b \ l/b	1.6		1.8		2.0		3.0		4.0		6.0		10.0	
点	1	2	1	2	1	2	1	2	1	2	1	2	1	2
0.0	0.0000	0.2500	0.0000	0.2500	0.0000	0.2500	0.0000	0.2500	0.0000	0.2500	0.0000	0.2500	0.0000	0.2500
0.2	0.0153	0.2343	0.0153	0.2343	0.0153	0.2343	0.0153	0.2343	0.0153	0.2343	0.0153	0.2343	0.0153	0.2343
0.4	0.0290	0.2190	0.0290	0.2190	0.0290	0.2191	0.0290	0.2192	0.0291	0.2192	0.0291	0.2192	0.0291	0.2192
0.6	0.0399	0.2046	0.0400	0.2047	0.0401	0.2048	0.0402	0.2050	0.0402	0.2050	0.0402	0.2050	0.0402	0.2050
0.8	0.0480	0.1912	0.0482	0.1915	0.0483	0.1917	0.0486	0.1920	0.0487	0.1920	0.0487	0.1921	0.0487	0.1921
1.0	0.0534	0.1789	0.0538	0.1794	0.0540	0.1797	0.0545	0.1803	0.0546	0.1803	0.0546	0.1804	0.0546	0.1804
1.2	0.0568	0.1678	0.0574	0.1684	0.0577	0.1689	0.0584	0.1697	0.0586	0.1699	0.0587	0.1700	0.0587	0.1700
1.4	0.0586	0.1576	0.0594	0.1585	0.0599	0.1591	0.0609	0.1603	0.0612	0.1605	0.0613	0.1606	0.0613	0.1606
1.6	0.0594	0.1484	0.0603	0.1494	0.0609	0.1502	0.0623	0.1517	0.0626	0.1521	0.0628	0.1523	0.0628	0.1523
1.8	0.0593	0.1400	0.0604	0.1413	0.0611	0.1422	0.0628	0.1441	0.0633	0.1445	0.0635	0.1447	0.0635	0.1448
2.0	0.0587	0.1324	0.0599	0.1338	0.0608	0.1348	0.0629	0.1371	0.0634	0.1377	0.0637	0.1380	0.0638	0.1380
2.5	0.0560	0.1163	0.0575	0.1180	0.0586	0.1193	0.0614	0.1223	0.0623	0.1233	0.0627	0.1237	0.0628	0.1239
3.0	0.0525	0.1033	0.0541	0.1052	0.0554	0.1067	0.0589	0.1104	0.0600	0.1116	0.0607	0.1123	0.0609	0.1125
5.0	0.0403	0.0714	0.0421	0.0734	0.0435	0.0749	0.0480	0.0797	0.0500	0.0817	0.0515	0.0833	0.0521	0.0839
7.0	0.0318	0.0541	0.0333	0.0558	0.0347	0.0572	0.0391	0.0619	0.0414	0.0642	0.0435	0.0663	0.0445	0.0674
10.0	0.0239	0.0395	0.0252	0.0409	0.0263	0.0403	0.0302	0.0462	0.0325	0.0485	0.0349	0.0509	0.0364	0.0526

附表 4 圆形面积上均布荷载作用下中点的平均附加压力系数 $\bar{\alpha}$

z/r	中点	z/r	中点
0.0	1.000	2.3	0.606
0.1	1.000	2.4	0.590
0.2	0.998	2.5	0.574
0.3	0.993	2.6	0.560
0.4	0.986	2.7	0.546
0.5	0.974	2.8	0.532
0.6	0.960	2.9	0.519
0.7	0.942	3.0	0.507
0.8	0.923	3.1	0.495
0.9	0.901	3.2	0.484
1.0	0.878	3.3	0.473
1.1	0.855	3.4	0.463
1.2	0.831	3.5	0.453
1.3	0.808	3.6	0.443
1.4	0.784	3.7	0.434
1.5	0.762	3.8	0.425
1.6	0.739	3.9	0.417
1.7	0.718	4.0	0.409
1.8	0.697	4.2	0.393
1.9	0.677	4.4	0.379
2.0	0.658	4.6	0.365
2.1	0.640	4.8	0.353
2.2	0.623	5.0	0.341

附表 5 圆形面积上三角形分布荷载作用下边点的平均附加压力系数 $\bar{\alpha}$

z/r	点 1	点 2	z/r	点 1	点 2
0.0	0.000	—	2.3	0.073	0.242
0.1	0.008	0.500	2.4	0.073	0.236
0.2	0.016	0.483	2.5	0.072	0.230
0.3	0.023	0.466	2.6	0.072	0.225
0.4	0.030	0.450	2.7	0.071	0.219
0.5	0.035	0.435	2.8	0.071	0.214
0.6	0.041	0.420	2.9	0.070	0.209
0.7	0.045	0.406	3.0	0.070	0.204
0.8	0.050	0.393	3.1	0.069	0.200
0.9	0.054	0.380	3.2	0.069	0.196
1.0	0.057	0.368	3.3	0.068	0.192
1.1	0.061	0.356	3.4	0.067	0.188
1.2	0.063	0.344	3.5	0.067	0.184
1.3	0.065	0.333	3.6	0.066	0.180
1.4	0.067	0.323	3.7	0.065	0.177
1.5	0.069	0.313	3.8	0.065	0.173
1.6	0.070	0.303	3.9	0.064	0.170
1.7	0.071	0.294	4.0	0.063	0.167
1.8	0.072	0.286	4.2	0.062	0.161
1.9	0.072	0.278	4.4	0.061	0.155
2.0	0.073	0.270	4.6	0.059	0.150
2.1	0.073	0.263	4.8	0.058	0.145
2.2	0.073	0.255	5.0	0.057	0.140

注：r——半径。

附录三 按 E_0 计算沉降时的 δ_i 系数

附表 6

$m=\dfrac{2z}{b}$	圆形基础 $b=2r$	矩形基础 $n=l/b$						条形基础 $n\geq 10$
		1.0	1.4	1.8	2.4	3.2	5.0	
0.0	0.000	0.000	0.000	0.000	0.000	0.000	0.000	0.000
0.4	0.067	0.100	0.100	0.100	0.100	0.100	0.100	0.104
0.8	0.163	0.200	0.200	0.200	0.200	0.200	0.200	0.208
1.2	0.262	0.299	0.300	0.300	0.300	0.300	0.300	0.311
1.6	0.346	0.380	0.394	0.397	0.397	0.397	0.397	0.412
2.0	0.411	0.446	0.472	0.482	0.486	0.486	0.486	0.511
2.4	0.461	0.499	0.538	0.556	0.565	0.567	0.567	0.605
2.8	0.501	0.542	0.592	0.618	0.635	0.640	0.640	0.687
3.2	0.532	0.577	0.637	0.671	0.696	0.707	0.709	0.763
3.6	0.558	0.606	0.676	0.717	0.750	0.768	0.772	0.831
4.0	0.579	0.630	0.708	0.756	0.796	0.820	0.830	0.892
4.4	0.596	0.650	0.735	0.789	0.837	0.867	0.883	0.949
4.8	0.611	0.668	0.759	0.819	0.873	0.908	0.932	1.001
5.2	0.624	0.683	0.780	0.884	0.904	0.948	0.977	1.050
5.6	0.635	0.697	0.798	0.867	0.933	0.981	1.018	1.095
6.0	0.645	0.708	0.814	0.887	0.958	1.011	1.056	1.138
6.4	0.653	0.719	0.828	0.904	0.980	1.031	1.090	1.178
6.8	0.661	0.728	0.841	0.920	1.000	1.065	1.122	1.215
7.2	0.668	0.736	0.852	0.935	1.019	1.088	1.152	1.251
7.6	0.674	0.744	0.863	0.948	1.036	1.109	1.180	1.285
8.0	0.679	0.751	0.872	0.960	1.051	1.128	1.205	1.316
8.4	0.684	0.757	0.881	0.970	1.065	1.146	1.229	1.347
8.8	0.689	0.762	0.888	0.980	1.078	1.162	1.251	1.376
9.2	0.693	0.768	0.896	0.989	1.089	1.178	1.272	1.404
9.6	0.697	0.772	0.902	0.998	1.100	1.192	1.291	1.431
10.0	0.700	0.777	0.908	1.005	1.110	1.205	1.309	1.456
11.0	0.705	0.786	0.922	1.022	1.132	1.233	1.349	1.506
12.0	0.710	0.794	0.933	1.037	1.151	1.257	1.384	1.550

注：① l 与 b——分别为矩形基础的长度与宽度 (m)；
② z——为基础底面至该层土底面的距离 (m)；
③ r——圆形基础的半径 (m)。

附录四 预制桩 预制桩竖向承载力表

预制桩桩端土（岩）承载力标准值 q_p（kPa） 附表 7-1

土的名称		土的状态	桩的入土深度（m）		
			5	10	15
粘 性 土		$0.50 < I_L \leq 0.75$	400～600	700～900	900～1100
		$0.25 < I_L \leq 0.50$	800～1000	1400～1600	1600～1800
		$0.00 < I_L \leq 0.25$	1500～1700	2100～2300	2500～2700
粉 土		$e < 0.7$	1100～1600	1300～1800	1500～2000
粉 砂	中密、密实		800～1000	1400～1600	1600～1800
细 砂			1100～1300	1800～2000	2100～2300
中 砂			1700～1900	2600～2800	3100～3300
粗 砂			2700～3000	4000～4300	4600～4900
砾 砂				3000～5000	
角砾、圆砾	中密、密实			3500～5500	
碎石、卵石				4000～6000	
软质岩石	微风化			5000～7500	
硬质岩石				7500～10000	

注：① 入土深度超过15m时，按15m考虑；
② 桩端进入持力层的深度根据桩径及地质条件确定，一般为1～3倍桩径。

附录五 灌注桩竖向承载力表

地下水位以上钻、挖、冲孔灌注桩桩端土承载力标准值 q_p（kPa） 附表 8-1

土的名称	土的状态	桩的入土深度（m）		
		5	10	15
粘性土	$0.75<I_L\leq1.0$	240	390	550
	$0.25<I_L\leq0.75$	260	410	570
	$0<I_L\leq0.25$	300	450	600
粉细砂	中 密	400	700	1000
	密 实	600	900	1250
中砂、粗砂	中 密	600	1100	1600
	密 实	850	1400	1900
碎石土	中密、密实	2000	2500	3000

注：表列值适用于孔底虚土≤10cm。

地下水位以下钻、挖、冲孔灌注桩桩端土承载力标准值 q_p（kPa） 附表 8-2

土的名称	土的状态	桩的入土深度（m）		
		5	10	15
粘性土	密 实	100	160	220
粉细砂	密 实	150	300	400
		200	350	500
中砂、粗砂	密 实	250	450	650
		350	550	800

注：表列值适用于孔底回淤土≤30cm。

预制桩桩周土摩擦力标准值 q_s（kPa） 附表 7-2

土的名称	土的状态	q_s(kPa)	土的名称	土的状态	q_s(kPa)
填 土		9~13	粉 土	$e>0.9$ 稍 密	10~20
淤 泥		5~8		$e=0.7\sim0.9$ 中 密	20~30
淤泥质土		9~13		$e<0.7$ 密 实	30~40
粘性土	$1<I_L$	10~17	粉细砂	中 密	10~20
	$0.75<I_L\leq1$	17~24		密 实	20~30
	$0.50<I_L\leq0.75$	24~31	中 砂	中 密	30~40
	$0.25<I_L\leq0.50$	31~38		密 实	25~35
	$0.00<I_L\leq0.25$	38~43	粗 砂	中 密	35~45
	$I_L\leq0$	43~48		密 实	35~45
红粘土	$0.75<I_L\leq1$	6~15	砾 砂	中密、密实	45~55
	$0.25<I_L\leq0.75$	15~35			55~65

注：尚未完成固结的填土，和以生活垃圾为主的杂填土可不计共摩擦力。

沉管灌注桩桩端土承载力标准值 q_p（kPa） 附表8-3

土的名称	土的状态	桩的入土深度(m) 5	10	15
淤泥质土	已完成自重固结	100~200		
粘性土	$0.40<I_L\leq0.60$	500	800	1000
	$0.25<I_L\leq0.40$	800	1500	1800
	$0<I_L\leq0.25$	1500	2000	2400
粉砂	中密、密实	900	1100	1200
细砂	中密、密实	1300	1600	1800
中砂	中密、密实	1650	2100	2450
粗砂	中密、密实	2800	3900	4500
卵石	中密、密实	3000	4000	5000
软质岩石	微风化	5000~7500		
硬质岩石		7500~10000		

地下水位以上钻、挖、冲孔灌注桩桩周土摩擦力标准值 q_s（kPa） 附表8-4

土的名称	土的状态	q_s
炉渣填土	已完成自重固结	8~13
房渣填土、粘性土	已完成自重固结	20~30
粘性土	软塑	20~30
	可塑	30~35
	硬	35~40
粉土	$25<w$	22~30
	$15<w\leq25$	30~35
	$w\leq15$	35~45
粉细砂	稍密	20~30
	中密	30~40
	密实	40~60

沉管灌注桩桩周土摩擦力标准值 q_s（kPa） 附表8-5

土的名称	土的状态	q_s
房渣填土、粘性土	已完成自重固结	20~30
淤泥		5~8
淤泥质土		10~15
粘性土	软塑	15~20
	可塑	20~35
	硬塑	35~40
粉土	$w\geq25$	15~25
	$15<w\leq25$	25~35
	$w<15$	35~40
粉细砂	稍密	15~25
	中密	25~40
中砂	中密	35~40
	密实	40~50

注：①对地下水位以下钻、挖、冲孔灌注桩，可根据成孔工艺对桩周土的影响，参照附表8-5采用。
②淤泥质土可参照附表8-5采用。

2. 当 $p-s$ 曲线有明显的比例界限时，取比例界线点所对应承载力作为墩端土承载力标准值。

3. 当 $p-s$ 曲线上无明显拐点时，可取 $s=(0.005\sim0.01)d$ 所对应的 p 值，作为墩端土承载力标准值，对卵石、强风化岩取较小值，对粘性土取较大值，砂类土取中间值。

4. 按此求得的承载力标准值不再进行深宽修正，标准值即为设计值。

附录六　深井载荷试验要点

一、深井载荷试验的目的是为测求扩底墩的端承载力标准值。

二、采用圆形刚性承压板，其直径为798mm。

三、承压板可在井完成后，直接在外径为798mm的钢环内，或钢筋混凝土管柱内的钢管联结，延伸至地面进行加荷，亦可利用井壁护圈作反力加荷，沉降观测宜直接在底板上进行。

四、加荷等级可按预估极限承载力的1/10～1/15分级施加。

五、以后每级荷载后第一个小时内，每隔15分钟观测一次，在加荷每级30分钟观测一次。

六、在每级荷载作用下，当连续2小时，每小时的沉降量小于0.1mm时，则认为已经稳定，可以施加下一级荷载。

七、终止加载条件：

1. 当荷载-沉降曲线上，有可判定极限承载力的陡降段，且沉降量超过0.04d（d 为承压板直径）。

2. 本级沉降量大于前一级沉降量的5倍。

3. 某级荷载下经24小时沉降量尚未稳定。

4. 当持力层土层坚硬，沉降量很小时，最大加荷量不小于设计荷载2倍。

满足前三者情况之一时，其对应的前一级荷载定为加载的2倍。每级卸载的每级荷载为加载的2倍。

八、卸载观测的规定：卸载后每隔15分钟观测一次，该两次后，隔半小时再读一次，即可卸下一级荷载，全部卸载后隔3～4小时再测读一次。

九、扩底墩极限承载力除以安全系数2，即为端承载力标准值确定：

1. 极限墩端承载力除以安全系数2，即为端承载力标准值。

附录七 本规程用词说明

一、为便于在执行本标准条文时区别对待，对于要求严格程度不同的用词说明如下：

1. 表示很严格，非这样不可的：

正面词采用"必须"；

反面词采用"严禁"。

2. 表示严格，在正常情况下均应这样作的：

正面词采用"应"；

反面词采用"不应"或"不得"。

3. 表示允许稍有选择，在条件许可时，首先应这样作的：

正面词采用"宜"或"可"；

反面词采用"不宜"。

二、条文中指明应按其它有关标准执行的写法为，"应按……执行"或"应符合……的要求（或规定）"。非必须按所指定的标准执行的写法为，"可参照……的要求（或规定）"。

附加说明

本标准主编单位、参加单位和主要起草人名单

主编单位：机械电子工业部勘察研究院

主要起草人：张旷成 钟龙辉

中华人民共和国城镇建设行业标准

城镇供水水量计量仪表的配备和管理通则

CJ/T 3019—93

主编单位：上海市自来水公司
批准部门：中华人民共和国建设部
施行日期：1993年12月1日

目　次

1 主题内容与适用范围 …………………………… 23—2
2 引用标准 ……………………………………… 23—2
3 术语 …………………………………………… 23—2
4 水量计量仪表配备实施原则 …………………… 23—2
5 水量计量仪表配备范围及配备率、检测率 …… 23—2
6 水量计量仪表精确度等级要求 ………………… 23—2
7 水量计量仪表的量值传递 ……………………… 23—3
8 水量计量管理 ………………………………… 23—3
附加说明 ………………………………………… 23—3

1 主题内容与适用范围

本标准规定了城镇供水水量计量仪表的配备、选择、实施原则,量值传递和城镇供水水量计量管理。

本标准适用于城镇供水企事业单位水量计量仪表的正确配备和科学管理。

2 引用标准

2.1 GB778《公称口径15~40旋翼式冷水水表》

2.2 JB695《大口径旋翼湿式水表》

3 术语

3.1 原水

未经任何处理的地表水及地下水

3.2 供水厂出厂水

经过净化处理并符合标准的成品水。

3.3 水量计量仪表配备率

水量计量仪表合台数与应配水量计量仪表总合台数之比的百分数。

3.4 水量计量仪表检测率

实测水量总量与应检测水量总量之比的百分数。

4 水量计量仪表配备实施原则

4.1 水量计量仪表必须使用有制造计量器具许可证(CMC)标志的产品。凡实行生产许可证制度的产品还必须有生产许可证(XK)标志。

4.2 水量计量仪表的选型、配备率、检测率、周期检查率应满足生产需要。

4.3 新建、扩建水厂水量计量仪表的配备、设计及施工必须符合本标准。

4.4 已建水厂的水量计量仪表的配备不符合本标准的,应通过技术改造,逐步达到本标准的要求。

4.5 水量计量仪表的选型、订货、入库验收、安装调试、降级、报废所建立的台帐、卡片等原始资料应归口管理。

5 水量计量仪表配备范围及配备率、检测率

5.1 水量计量仪表配备范围

凡城镇供水企事业单位的原水、出厂水和贸易结算的用水应配备水量计量仪表。

5.2 水量计量仪表配备率和检测率应符合表1的规定。

表1

仪表用途		配备率	检测率
原水、出厂水计量	新建水厂	100%	95%
	已建水厂	按以上标准逐步达到	
贸易结算计量		100%	90%

6 水量计量仪表精确度等级要求

6.1 原水、出厂水水量计量仪表精确度等级不低于2.5级。

6.2 贸易结算用的水量计量仪表的精确度等级不低于2.5级。

6.3 水表应符合GB778和JB695中的A级规定。

7 水量计量仪表的量值传递

7.1 城镇供水企事业单位应根据各自具体情况,对本单位的

水量计量仪表实行量值传递。

7.2 贸易结算用水户的水量计量仪表必须由当地计量行政主管部门授权的检定机构实行强制检定。

8 水量计量管理

8.1 水量计量管理工作范围

a. 建立水量计量仪表管理目录；
b. 建立水量计量仪表台帐、卡片；
c. 制定并实施水量计量仪表的周检、强检、抽检和流转计划；
d. 绘制水量计量仪表值传递系统图；
e. 制定水量计量人员岗位责任制与考核办法；
f. 制定水量计量人员培训计划；
g. 制定各种水量计量管理制度。

8.2 水量计量管理应由供水企事业单位统一管理计量的职能部门负责。

8.3 从事水量计量工作的人员应具备相应的资格，持证上岗。

附加说明：

本标准由建设部标准定额研究所提出。

本标准由建设部城镇建设标准技术归口单位建设部城市建设研究院归口。

本标准由上海市自来水公司负责起草并解释。

本标准主要起草人：杨文毓、宗金荣、张力。

中华人民共和国城镇建设行业标准

生活饮用水水源水质标准

CJ 3020—93

主编单位：中国市政工程中南设计院
批准部门：中华人民共和国建设部
发行日期：1994年1月1日

目 次

1 主题内容与适用范围 ………………………… 24—2
2 引用标准 …………………………………… 24—2
3 生活饮用水水源水质分级 …………………… 24—2
4 标准的限值 ………………………………… 24—3
5 水质检验 …………………………………… 24—3
6 标准的监督执行 …………………………… 24—3
附加说明 ……………………………………… 24—3

1 主题内容与适用范围

本标准规定了生活饮用水水源的水质指标、水质分级、标准限值、水质检验以及标准的监督执行。

本标准适用于城乡集中式生活饮用水的水源（包括各单位自备生活饮用水的水源）。分散式生活饮用水水源的水质，亦应参照使用。

2 引用标准

GB 5749 生活饮用水卫生标准
GB 8161 生活饮用水源水中铍卫生标准
GB 11729 水源水中百菌清卫生标准
GB 5750 生活饮用水标准检验法

3 生活饮用水水源水质分级

生活饮用水水源水质分为二级，其两级标准的限值见表1。

表1

项目		标 准 限 值	
		一级	二级
色	(度)	色度不超过15度，并不得呈现其他异色	不应有明显的其他异色
浑浊度	(度)	≤3	
嗅和味		不得有异臭、异味	不应有明显的异臭、异味
pH值		6.5~8.5	6.5~8.5
总硬度（以碳酸钙计）	(mg/L)	≤350	≤450
溶解铁	(mg/L)	≤0.3	0≤0.5

续表

项目		标 准 限 值	
		一级	二级
锰	(mg/L)	≤0.1	≤0.1
镉	(mg/L)	≤1.0	≤1.0
铜	(mg/L)	≤1.0	≤1.0
锌	(mg/L)	≤0.002	≤0.004
挥发酚（以苯酚计）	(mg/L)	≤0.3	≤0.3
阴离子合成洗涤剂	(mg/L)	<250	<250
硫酸盐	(mg/L)	<250	<250
氯化物	(mg/L)	<1000	<1000
溶解性总固体	(mg/L)	≤1.0	≤1.0
氟化物	(mg/L)	≤0.05	≤0.05
氰化物	(mg/L)	≤0.05	≤0.05
砷	(mg/L)	≤0.01	≤0.01
硒	(mg/L)	≤0.001	≤0.001
汞	(mg/L)	≤0.01	≤0.01
铬（六价）	(mg/L)	≤0.05	≤0.05
铅	(mg/L)	≤0.05	≤0.05
银	(mg/L)	≤0.05	≤0.05
铍	(mg/L)	≤0.0002	≤0.0002
氨氮（以氮计）	(mg/L)	≤0.5	≤1.0
硝酸盐（以氮计）	(mg/L)	≤10	≤20
耗氧量（$KMnO_4$法）	(mg/L)	≤3	≤6
苯并(a)芘	(μg/L)	≤0.01	≤0.01
滴滴涕	(μg/L)	≤1	≤1
六六六	(μg/L)	≤5	≤5
百菌清	(mg/L)	≤0.01	≤0.01
总大肠菌群	(个/L)	≤1000	≤10000
总α放射性	(Bq/L)	≤0.1	≤0.1
总β放射性	(Bq/L)	≤1	≤1

3.1 一级水源水:水质良好。地下水只需消毒处理,地表水经简易净化处理(如过滤)、消毒后即可供生活饮用者。

3.2 二级水源水:水质受轻度污染。经常规净化处理(如絮凝、沉淀、过滤、消毒等),其水质即可达到GB5749规定,可供生活饮用者。

3.3 水质浓度超过二级标准限值的水源,不宜作为生活饮用水的水源。若限于条件需加以利用时,应采用相应的净化工艺进行处理。处理后的水质应符合GB5749规定,并取得省、市、自治区卫生厅(局)及主管部门批准。

4 标准的限值

4.1 生活饮用水的水源水质,不应超过表1所规定的限值。

4.2 水源水中如含有表1中未列入的有害物质时,应按有关规定执行。

5 水质检验

5.1 水质检验方法按GB5750执行。铍的检验方法按GB8161执行。百菌清的检验方法按GB11729执行。

5.2 不得根据一次瞬时检测值使用本标准。

5.3 已使用的水源或选择水源时,至少每季度采样一次作全分析检验。

6 标准的监督执行

6.1 本标准由城乡规划、设计和生活饮用水供水等有关单位负责执行。生活饮用水供水单位主管部门、卫生部门负责监督和检查执行情况。

6.2 各级公安、规划、卫生、环保、水利与航运部门应结合各自职责,协同供水单位做好水源卫生防护区的保护工作。

附加说明:

本标准由建设部标准定额研究所提出。

本标准由建设部标准水质标准技术归口单位中国市政工程中南设计院归口管理。

本标准由中国市政工程中南设计院负责起草。

本标准主要起草人:徐广祥、江运通。

本标准委托中国市政工程中南设计院负责解释。

中华人民共和国建设部部标准

生活杂用水水质标准

CJ 25.1—89

中华人民共和国建设部

1989—03—29 发布　　1989—11—01 实施

目　次

1　总则 ······················· 25—2
2　水质标准和要求 ············ 25—2
3　水质检验 ·················· 25—3
附加说明 ····················· 25—3

1 总则

1.1 为统一城市污水再生回用后做生活杂用水的水质，以便做到既利用污水资源，又能切实保证生活杂用水的安全和适用，特制订本标准。

1.2 本标准适用于厕所便器冲洗、城市绿化、洗车、扫除等生活杂用水，也适用于有同样水质要求的其他用途的水。

1.3 本标准由城市规划、设计和生活杂用水运行管理等有关单位负责执行。生活杂用水供水单位的主管部门负责监督和检查执行情况。

生活杂用水的水处理设施的设计审查和工程验收，应按国家有关规定执行。经审查验收合格的，方可进行施工或投入运行。

1.4 本标准是制订地方城市污水再生回用作生活杂用水水质标准的依据，地方可以本标准为基础，根据当地特点制订地方城市污水再生回用或回用作生活杂用水的水质标准。地方标准宽于本标准相抵触，如因特殊情况，地方标准列入本标准未列入的项目指标，执行地方标准；地方标准未列入的项目指标，仍执行本标准。

2 水质标准和要求

生活杂用水水质标准

项目	厕所便器冲洗、城市绿化	洗车、扫除
浊度，度	10	5
溶解性固体，mg/L	1200	1000

续表

项目	厕所便器冲洗、城市绿化	洗车、扫除
悬浮性固体，mg/L	10	5
色度，度	30	30
臭	无不快感觉	无不快感觉
pH值	6.5~9.0	6.5~9.0
BOD_5，mg/L	10	10
COD_{Cr}，mg/L	50	50
氨氮（以N计），mg/L	20	10
总硬度（以$CaCO_3$计），mg/L	450	450
氯化物，mg/L	350	300
阴离子合成洗涤剂，mg/L	1.0	0.5
铁，mg/L	0.4	0.4
锰，mg/L	0.1	0.1
游离余氯，mg/L	管网末端水不小于0.2	管网末端水不小于0.2
总大肠菌群，个/L	3	3

2.1 生活杂用水的水质不应超过上表所规定的限量。

2.2 生活杂用水管道、水管道、水箱等设备不得与自来水管道、水箱直接相连。生活杂用水管道、水箱等设备外部应涂浅绿色标志，以免误饮、误用。

2.3 生活杂用水供水单位，应不断加强对杂用水的水处理的集水、供水以及计量、检测等设施的管理，建立行之有效的放水、清洗、消毒和检修等制度及操作规程，以保证供水的水质。

3 水质检验

3.1 水质的检验方法，应按《生活杂用水标准检验法》执行。

3.2 生活杂用水集中式供水单位，必须建立水质检验室，负责检验污水再生设施的进水和出厂水以及出厂水和管网水的水质。

分散式或单独式供水，应由主管部门责成有关单位或报请上级指定有关单位负责水质检验工作。

以上水质检验的结果，应定期报送主管部门审查、存档。

附加说明：

本标准由中国市政工程中南设计院归口管理并负责解释。

本标准由中国市政工程中南设计院负责技术起草。

本标准主要起草人：徐广祥 张小平 杨琢微 魏桂珍

中华人民共和国建设部	生活杂用水标准检验法	CJ 25.2—89
部 标 准		

中华人民共和国建设部

1989—03—29 发布　　1989—11—01 实施

目次

1 总则 …… 26-2
2 水样的采取及保存 …… 26-2
3 检验项目及方法 …… 26-3
  3.1 浊度 …… 26-4
  3.2 溶解性固体 …… 26-5
  3.3 悬浮性固体 …… 26-5
  3.4 色度 …… 26-6
  3.5 臭 …… 26-6
  3.6 pH值 …… 26-7
  3.7 生化需氧量 …… 26-10
  3.8 化学需氧量 …… 26-11
  3.9 氨氮 …… 26-12
  3.10 总硬度 …… 26-13
  3.11 氯化物 …… 26-15
  3.12 阴离子合成洗涤剂 …… 26-16
  3.13 铁 …… 26-17
  3.14 锰 …… 26-20
  3.15 余氯 …… 26-22
  3.16 总大肠菌群 …… 26-22
附加说明

1 总则

1.1 本标准检验方法适用于污水再生回用作生活杂用水的检验。检验方法中，分光光度法，应按HG3—1005—76《分光光度法通则》（可见和紫外部分）进行。原子吸收分光光度法，应按HG3—1013—76《原子吸收分光度法通则》进行。

1.2 所用分析天平，其感量须达到0.1mg。天平与砝码应定期进行检定。所用滴定管、容量瓶、吸管等标准容量器皿应经过校正。

1.3 所用试剂，凡未指明规格者，均为分析纯（AR）；当用其他规格时，但指明固体和生物染色剂不分规格。在配制溶液时，如溶质为固体，其浓度以质量/体积百分比表示，即取一定量（克）溶质溶于溶剂中，再稀释至100mL。如溶质为液体，其浓度以体积百分比表示，即取一定量（毫升）溶质溶于溶剂中，再稀释至100mL。此外，凡未注明溶剂名称者，均指水溶液。以溶质体积+溶剂体积表示。例如1+5硫酸溶液，表示1单位体积浓硫酸溶于5单位体积蒸馏水中。另外一些试剂的浓度用mol/L表示，但在滴定法中一般沿用当量浓度表示。

1.4 在测定项目中，配制试剂和稀释水样时，均使用普通蒸馏水。当对蒸馏水有特殊要求时，则另加说明，如去离子蒸馏水、不含氨的蒸馏水等。

1.5 本标准检验法中所载"干燥或称量至恒重"，系指连续两次干燥或称量的质量，其差值不超过±0.0004g。

2 水样的采取及保存

2.1 水样的采取及保存是水质检验的重要环节，是取得水质检验良好结果的基础。使用正确的采样及保存方法,是保证检验结果能够正确反映水中被检检验指标的真实含量的必要条件。

2.2 供物理、化学检验用水的采取方法,应根据检验项目确定。采样的水量,因其代表性且有具理化特性且不改变其理化特性所需要的水样量,因其成分浓度和检验项目的多少而不同,一般采取 2~3L 即可满足理化检验的需要。

2.3 采样水瓶的容量,可用硬质玻璃瓶或聚乙烯瓶。一般情况下,两种均可应用。当水样对玻璃有侵蚀性时,应用聚乙烯瓶。采样前无论对玻璃或聚乙烯瓶,采样时用水样冲洗3次,再将水样采取于瓶中。

2.4 供细菌学检验用水样,采样前所用容器必须按照规定的办法进行灭菌,并需保证水样不受外界污染。采取含有活性氯的水样时,应在水样消毒未破瓶前按每 500mL 水样加 2mL1.5%硫代硫酸钠($Na_2S_2O_3$)溶液。这样即可去除约 14mg/L 浓度的活性氯。

2.5 采样时间到检验时间愈短,检验结果愈可靠。某些项目的检验,应在现场进行。有些项目则需加入适当的保存剂,或在低温下保存。表1为本标准检验法所含各分析项目对存放水样容器的要求和水样保存方法。

表1 存放水样的容器和水样保存方法

项 目	采样容量	保存方法及保存时间
浊度	玻璃瓶或聚乙烯瓶	4℃保存
溶解性固体	玻璃瓶或聚乙烯瓶	4℃保存

续表

项 目	采样容量	保存方法及保存时间
悬浮性固体	玻璃瓶或聚乙烯瓶	4℃保存
色度	玻璃瓶	4℃保存,24h 内检验
臭	玻璃瓶	4℃保存,24h 内检验
pH值	玻璃瓶或聚乙烯瓶	最好现场检验,必要时 4℃保存,6h 内检验
生化需氧量	玻璃瓶	4℃保存,6h 内检验
化学需氧量	玻璃瓶	4℃保存,6h 内检验
氨氮	玻璃瓶或聚乙烯瓶	每升水样加 0.8mL 浓硫酸,4℃保存,24h 内检验
总硬度	玻璃瓶或聚乙烯瓶	必要时加硝酸至 pH 值小于 2
氰化物	聚乙烯瓶或玻璃瓶	4℃保存,24h 内检验
阴离子合成洗涤剂	玻璃瓶或聚乙烯瓶	4℃保存,24h 内检验
铁、锰	聚乙烯瓶或玻璃瓶	加硝酸 pH 值小于 2
余氯	玻璃瓶	现场检验
总大肠菌群	消毒玻璃瓶	4h 内检验

3 检验项目及方法

3.1 浊度

生活杂用水的浊度主要是由于回用水中微细的有机物和无机物以及微生物等悬浮物质所造成。以甲腊聚合物溶液作标准,用分光光度法测定浊度。当水样呈浓黄或浓绿色时,对本法其它干扰,若呈其它颜色时,则将水样干滤器(滤膜孔径为 0.45μm)上过滤,以过滤后的清液为参比,测定水样的吸光度。

3.1.1 仪器

26—3

3.1.1.1 50mL 容量瓶。
3.1.1.2 分光光度计。
3.1.1.3 滤器：滤膜孔径为 0.45μm。
3.1.2 试剂
3.1.2.1 硫酸肼溶液：称取 1.0000g 硫酸肼〔$(NH_2)_2 \cdot H_2SO_4$〕溶于适量的蒸馏水中，全部移入 100mL 容量瓶中，加蒸馏水至标线，摇匀。
3.1.2.2 六次甲基四胺溶液：称取 10.0000g 六次甲基四胺〔$(CH_2)_6N_4$〕溶于适量蒸馏水中，全部移入 100mL 容量瓶中，加蒸馏水至标线，摇匀。
3.1.2.3 甲脒聚合物浊度标准液（400度）：吸取 5.0mL 硫酸肼溶液和 5.0mL 六次甲基四胺溶液，置于 100mL 容量瓶中，混匀。在液温 25±3℃放置 24h，加蒸馏水至标线，摇匀。此液有效期为一个月。
3.1.2.4 甲脒聚合物浊度标准液（40度）：吸取 10.0mL 甲脒聚合物浊度标准液（400度）置于 100mL 容量瓶中，加蒸馏水至标线，摇匀。
3.1.3 步骤
3.1.3.1 吸取甲脒聚合物浊度标准液（40度）0、2.50、5.00、7.50、10.00、12.50 及 25.00mL，分别置于 50mL 容量瓶中，加蒸馏水至标线，即配得浊度为 0、2、4、6、8、10 及 20 度的标准液。摇匀后于波长 680nm，用 5cm 比色皿，以蒸馏水为参比，测定吸光度，绘出校准曲线。
3.1.3.2 将水样充分摇匀后，按"3.1.3.1 条所述的条件测定吸光度。若水样呈浓黄或淡绿色以外的颜色时（即在波长 680nm 有吸收时），则将适量水样在滤膜孔径为 0.45μm 的滤器上过滤（弃去最初滤出的 50mL），以滤液为参比，测定原水样的吸光度。

3.1.4 计算

水样的浊度可于校准曲线上查得。若水样稀释后测定，则将查得的结果乘以稀释倍数。

3.2 溶解性固体

溶解性固体包括水中溶解盐类、某些有机物以及某些不溶解的可过滤固体细粒和微生物。其测定过程是水样经过滤后，将滤液在温度 105±3℃烘干，称量。

3.2.1 仪器
3.2.1.1 分析天平。
3.2.1.2 水浴锅。
3.2.1.3 瓷蒸发皿。
3.2.1.4 滤器：滤膜孔径为 0.45μm。

3.2.2 步骤
3.2.2.1 将蒸发皿洗净，干 105±3℃干燥箱中干燥 1h，移干干燥器内冷却，称量，再次干燥，称量直至恒重。
3.2.2.2 取适量混合均匀水样用滤器过滤，然后取 100mL 此滤液，或取 100mL 测定悬浮性固体时过滤的滤液（不含洗涤蒸馏水），于蒸发皿。
3.2.2.3 将蒸发皿置于沸水浴上蒸发至干（勿使皿底接触水浴面），干 105±3℃干燥箱内干燥 1h，移入干燥器内冷却，30min，称量，再次干燥，称量直至恒重。

3.2.3 计算

$$溶解性固体 (mg/L) = \frac{(G_2 - G_1) \times 1000 \times 1000}{V}$$

式中　G_1——蒸发皿质量，g；
　　　G_2——蒸发皿和溶解性固体质量，g；

V —— 水样体积，mL。

3.3 悬浮性固体

悬浮性固体的测定，本检验方法采用滤膜法，过滤残渣在105±3℃烘干，称量。

3.3.1 仪器

3.3.1.1 分析天平。

3.3.1.2 滤器。

3.3.1.3 滤膜：孔径0.45μm。

3.3.1.4 表面皿。

3.3.1.5 无齿镊子。

3.3.2 步骤

3.3.2.1 将滤膜贴放在过滤器上，抽真空并用20mL蒸馏水洗涤三次，继续抽真空以除去痕量水。用镊子取下滤膜置于表面皿上（表面皿尽可能轻），置于105±3℃干燥箱中干燥1h，移于干燥器中冷却，称量。

3.3.2.2 用无齿镊子将滤膜粗面向上贴放于过滤器上，注入500mL摇匀水样（如悬浮性固体量多，可适当减少水样量），抽滤。用蒸馏水洗涤数次水样器皿及滤器壁，然后继续将水抽干。

3.3.2.3 小心用无齿镊子取下滤膜，移至（3.3.2.1）项的表面皿中，于105±3℃干燥1h。移入干燥器内冷却30min，称量，再次干燥，称量，直至恒重为止。

3.3.3 计算

$$悬浮性固体(mg/L) = \frac{(G_2 - G_1) \times 1000 \times 1000}{V}$$

式中 G_1 —— 滤膜及表面皿的质量，g；
G_2 —— 滤膜表面皿和悬浮性固体的质量，g；
V —— 水样体积，mL。

3.4 色度

色度是指水的"黄色"，黄色是由溶解状态的物质所产生的颜色，因此，测定前应将水样中的悬浮物质除去，然后进行目视比色。

当生活杂用水与铂钴标准溶液的色调较为一致时，可进行目视比色。其测定原理是用氯铂酸钾和氯化钴配成铂钴标准溶液，并规定每升水中含1mg铂〔以$(PtCl_6)^{2-}$形式存在〕时所具有的颜色作为一个色度单位，称为1度，与水样进行视比色。

3.4.1 仪器

3.4.1.1 50mL具塞比色管一套。

3.4.1.2 滤器：滤膜孔径为0.45μm。

3.4.2 试剂

铂钴标准溶液：将1.2460g氯铂酸钾(K_2PtCl_6)和1.0000g未受潮的氯化亚钴($CoCl_2·6H_2O$)溶于大约50mL蒸馏水中，加入100mL浓盐酸，然后用蒸馏水稀释至1000mL。此标准溶液的色度为500度。置于不超过30℃的阴暗处，至少可保持6个月。

3.4.3 步骤

3.4.3.1 吸取铂钴标准液0，0.50，1.00，1.50，2.00，2.50，3.00，3.50，4.00，4.50及5.00mL分别置于50mL比色管中，加蒸馏水至50mL标线，摇匀，即配成0，5，10，15，20，25，30，35，40，45及50度的标准色列。不用时应发蜡或受污染。此标准溶液可供长期使用。

3.4.3.2 吸取水样50mL置于50mL比色管中。如水样色度过大，可少取水样，加蒸馏水稀释后比色。如水样浑浊则取适量水样，在滤膜孔径为0.45μm的滤器上过滤（弃去最初滤出的50mL），取滤液比色。

3.4.3.3 将水样与铂钴标准色列进行比较，即可直接读出水样的色度测定结果。若水样系稀释后测定，则将读数结果乘以稀释倍数即为水样的色度。

3.5 臭

水中的有机物及某些无机物都会使水产生臭、不好的气味会对环境造成不利的影响。本检验方法采用在常温（20±5℃）时作定性表示。

3.5.1 仪器

3.5.1.1 250mL锥形瓶。

3.5.1.2 温度计。

3.5.2 步骤

3.5.2.1 取100mL水样置于250mL锥形瓶中。如水温过高或太低时，设法用温水或冷水在瓶外调节水样温度至20±5℃。

3.5.2.2 振荡瓶内水样，从瓶口嗅水的气味，辨别有无不快感觉，并用适当词句描述。

3.6 pH值

pH值常用pH电位计法进行测定，其测定原理是以玻璃电极和甘汞饱和电极为两极。在25℃时，水样的pH值每相差以一个单位就产生59.1mV电位差变化值，在电位计上可直接以pH值的读数表示。温度若有差异，可通过仪器上的温度补偿调节器加以校正。

水样的颜色、浊度、胶体微粒、游离氯、氧化剂、还原剂以及高浓度的盐对测定的影响很小。用本法测定，可准确至0.01pH值单位。

3.6.1 仪器

pH电位计。

3.6.2 试剂

3.6.2.1 水。将蒸馏水煮沸排出二氧化碳，冷却后作配制标准溶液用。配成的溶液应贮存在聚乙烯瓶或硬质玻璃瓶内，每月更换一次。

3.6.2.2 苯二甲酸氢钾pH标准溶液〔pH4.01（25℃）〕：将苯二甲酸氢钾（KHC$_8$H$_4$O$_4$）在100～110℃干燥2～3h，在干燥器内冷却至室温，然后称取10.21g溶于适量上述水中，并稀释至1000mL。

3.6.2.3 磷酸盐pH标准溶液〔pH6.86（25℃）〕：将磷酸二氢钾（KH$_2$PO$_4$）和磷酸氢二钠（Na$_2$HPO$_4$）在100～110℃干燥2～3h，在干燥器内冷却至室温，然后分别称取3.40gKH$_2$PO$_4$和3.55gNa$_2$HPO$_4$一并溶于上述水中，并稀释至1000mL。

3.6.2.4 硼酸钠pH标准溶液〔pH9.18（25℃）〕：称取3.81硼酸钠（Na$_2$B$_4$O$_7$·10H$_2$O）溶于适量上述水中，并稀释至1000mL。

以上三种标准溶液的pH值随温度而稍有变化，详见表2。

3.6.3 步骤

按照仪器使用说明书的要求操作。玻璃电极在使用前应放在蒸馏水中浸泡24h以上，用时要充分冲洗。测定时先用苯二甲酸氢钾pH标准溶液、硼酸钠pH标准溶液检查仪器和电极，再用接近于水样pH值的标准溶液校正仪器刻度，然后用洗瓶以蒸馏水淋洗两电极数次，再以水样淋洗数次后插入水样中，1min后直接从仪器上读出pH值。

测定时水样和标准溶液应调到同一温度。

表2 不同温度时各pH标准溶液的标准pH值

温度(℃)	苯二甲酸氢钾pH标准溶液	磷酸盐pH标准溶液	硼酸钠pH标准溶液
0	4.00	6.98	9.46
5	4.00	6.95	9.40
10	4.00	6.92	9.33
15	4.00	6.90	9.28
20	4.00	6.88	9.22
25	4.01	6.86	9.18
30	4.02	6.85	9.14
35	4.02	6.84	9.10
40	4.04	6.84	9.07

3.7 生化需氧量

水中生化需氧量的测定,目前国内外普遍采用的标准是20℃培养5d。即测定水样培养前的溶解氧和在20℃培养5d后的溶解氧,由二者之差即可求出五日日生化需氧量(简称为BOD_5),以氧的mg/L表示。

3.7.1 溶解氧的测定

3.7.1.1 仪器

3.7.1.1.1 培养瓶: 250～300mL,具有磨口塞,瓶口上部周围可以水封。

3.7.1.1.2 碘量瓶: 250mL。

3.7.1.1.3 滴定管: 50mL。

3.7.1.2 试剂

3.7.1.2.1 硫酸亚锰溶液: 称取480g硫酸亚锰($MnSO_4 \cdot 4H_2O$)或400g$MnSO_4 \cdot 2H_2O$或364g$MnSO_4 \cdot H_2O$溶于蒸馏水中,并稀释至1000mL,此溶液加至酸化过的碘化钾溶液中时,遇淀粉不得产生蓝色。

3.7.1.2.2 碱性碘化钾一叠氮化钠溶液: 溶解500g氢氧化钠(NaOH)于约400mL蒸馏水。溶解150g碘化钾(KI)于200mL蒸馏水中。溶解10g叠氮化钠(NaN_3)于40mL蒸馏水。将此三种溶液混合,加蒸馏水至1000mL,混匀,贮于棕色瓶中,用橡皮塞塞紧。

3.7.1.2.3 浓硫酸。

3.7.1.2.4 0.5%淀粉指示剂: 称取0.5g淀粉溶于少量蒸馏水中,调成糊状,再加刚煮沸的蒸馏水至100mL。冷却后,加入0.1g水杨酸$[C_6H_4(OH)COOH]$或0.4g氯化锌($ZnCl_2$)保存。

3.7.1.2.5 0.0250N硫代硫酸钠标准溶液: 将经过标定的硫代硫酸钠溶液用适量蒸馏水稀释至0.0250N。

硫代硫酸钠溶液的标定方法如下: 称取26g硫代硫酸钠($Na_2S_2O_3 \cdot 5H_2O$),或16g无水硫代硫酸钠,溶于1000mL蒸馏水中,缓慢煮沸10min,冷却,放置两周后过滤备用。此溶液浓度约为0.1N。加入0.4g氢氧化钠(NaOH)或0.2g无水碳酸钠(Na_2CO_3)以防分解。贮存于棕色瓶中,可保存数月。

另取0.15g于120℃的干燥箱中干燥2h并冷却至室温的优级纯重铬酸钾($K_2Cr_2O_7$),称准至0.0002g,置于碘量瓶中,溶于25mL蒸馏水,加入2g碘化钾(KI)及20mL 4N硫酸(H_2SO_4),摇匀,于暗处放置10min。再加入150mL蒸馏水,用待标定的硫代硫酸钠溶液滴定,近终点时加入1mL淀粉指示剂,继续滴定至硫代硫酸钠溶液由蓝色变为亮绿色为止。同时作空白试验。硫代硫酸钠标准溶液的当量浓度N按下式计算:

式中 G——重铬酸钾的质量，g;
V_1——硫代硫酸钠溶液的用量，mL;
V_2——空白试验硫代硫酸钠溶液的用量，mL;
0.04903——每毫克当量 $K_2Cr_2O_7$ 的克数。

3.7.1.3 步骤

3.7.1.3.1 将水样或经稀释的水样小心地注入培养瓶内。然后用吸管插入水样液面以下，加入1mL硫酸亚锰溶液、2mL碱性碘化钾—叠氮化钠溶液，立即盖好瓶塞，颠倒混合数次。静置。待絮状沉淀物下降至瓶内一半时，再颠倒混合一次。在操作过程中，勿使气泡进入瓶内。

3.7.1.3.2 待沉淀下降至半途以下，用吸管沿瓶口加入1mL浓硫酸，小心迅速地盖好瓶塞，颠倒混合摇匀。静置1~2min后，如沉淀不再存在，用100mL无分度吸管吸取100mL，沿瓶壁加入250mL锥形瓶中，用0.0250N 硫代硫酸钠标准溶液滴定至溶液呈浅黄色时，加入1mL淀粉指示剂，继续滴定至蓝色刚好褪去为止。记录用量 V_1。

3.7.1.4 计算

$$N = \frac{G}{(V_1 - V_2)} \times 0.04903$$

$$溶解氧(mg/L) = \frac{V_1 \times N \times 8 \times 1000}{V}$$

式中 V_1——滴定时硫代硫酸钠标准溶液的用量，mL;
N——硫代硫酸钠标准溶液的当量浓度;
8——氧的当量;
V——滴定时所取水样体积，mL。

3.7.2 生化需氧量的测定

3.7.2.1 仪器

3.7.2.1.1 测定溶解氧所需的全部仪器(3.7.1.1.1~3.7.1.1.3)。

3.7.2.1.2 生化培养箱：自动调节温度 20±1℃。

3.7.2.1.3 20L细口玻璃瓶。

3.7.2.1.4 玻璃搅棒：棒的末端套上一块比1000mL玻璃量筒口径略小，约1mm厚的硬橡皮圆板，棒的长度略大于1000mL量筒的深度。

3.7.2.2 试剂

3.7.2.2.1 测定溶解氧所需的全部试剂(3.7.1.2.1~3.7.1.2.5)。

3.7.2.2.2 氯化钙溶液：称取27.5g无水氯化钙($CaCl_2$)溶于蒸馏水中，并稀释至1000mL。

3.7.2.2.3 三氯化铁溶液：称取0.25g三氯化铁($FeCl_3 \cdot 6H_2O$)溶于蒸馏水中，并稀释至1000mL。

3.7.2.2.4 硫酸镁溶液：称取22.5g硫酸镁($MgSO_4 \cdot 7H_2O$)溶于蒸馏水中，并稀释至1000mL。

3.7.2.2.5 磷酸盐缓冲溶液：称取8.5g磷酸二氢钾(KH_2PO_4)，21.75g磷酸氢二钾(K_2HPO_4)，33.4g磷酸氢二钠($Na_2HPO_4 \cdot 7H_2O$)和1.75g氯化铵(NH_4Cl)溶于蒸馏水中，此溶液的pH值约为7.2。并稀释至1000mL。

3.7.2.2.6 稀释水：在20L左右的玻璃瓶内装入一定量的蒸馏水，于每升蒸馏水中加入上述四种试剂(3.7.2.2.2~3.7.2.2.5)各1mL，作为生物营养料。然后曝气至溶解氧达到饱和(20℃)，置于20±1℃环境中备用。曝气时导入的空气应经活性碳过滤。曝气后密塞静置1d，使溶解氧稳定。稀释水的pH值应为7.2，否则可用磷酸(H_3PO_4)或磷酸三钠(Na_3PO_4)溶液调整。稀释水的五日生化需氧量应在0.2mg/L

以下。

3.7.2.2.7 接种水：可将生活污水于20±1℃放置24～36h，取用上层清液。

3.7.2.2.8 接种稀释水：加入接种水的稀释水叫接种稀释水。临用时，可于每升稀释水中加入2～5mL接种水，其加入量应使接种稀释水培养（20±1℃，5d）前、后的溶解氧之差在0.6～1.0mg/L之间为宜。

3.7.2.2.9 葡萄糖—谷氨酸标准检查溶液：将一些无水葡萄糖（$C_6H_{12}O_6$）及一些谷氨酸（$HOOC—CH_2—CH_2—CHNH_2—COOH$）在103℃的干燥箱中干燥1h，冷却至室温后，各称取150mg溶于蒸馏水中，移入1000mL容量瓶，并稀释至标线，摇匀。此溶液临用前配制。

3.7.2.3 步骤

3.7.2.3.1 稀释倍数的选择。一般应根据水样污染程度的轻重，加以不同程度的稀释，使经过稀释的水样在温度20℃经培养5d后，溶解氧减小40～70%为宜。

3.7.2.3.2 如水样中含有苛性碱或游离酸，应预先用酸或碱溶液中和至pH值近于7。含游离氯的水样，如氯离子0.1mg/L时，可预先加入0.025N硫代硫酸钠溶液还原。为此，可取100mL已中和过的水样于碘量瓶中，加入1mL1+5硫酸和1g碘化钾，摇匀，此时折出碘，以淀粉为指示剂，用硫代硫酸钠标准溶液滴定，记录用量。向水样中加入相当量的硫代硫酸钠标准溶液，放置10～20min，待测定用。

由于BOD是生物检验法，毒物存在或稀释种水的质量、不良等因素都会影响结果。通常用葡萄糖—谷氨酸标准检查溶液做测定，检查稀释种水的质量，以及化验员的操作水平。为此，可用（3.7.2.3.3～3.7.2.3.7）所述的方法，测定2%稀释比的葡萄糖—谷氨酸标准检查溶液的BOD_5，其结果应为200±37mg/L。如测定值在这个范围以外时，则认为稀释水、接种水的质量或操作技术有问题，应检查原因予以改正。

3.7.2.3.3 按照选定的稀释比例，用吸法法，将虹吸管末端插入1000mL量筒的筒底，注入部分稀释水（或接种稀释水）至量筒的800mL标线，再注入稀释水面，然后用吸管加入需要量的水样，用玻璃搅拌圆板露出水面，将稀释水至量筒的1000mL标线，搅拌时勿使橡皮露出水面，防止产生气泡。

3.7.2.3.4 取出搅棒，用六两个预先编号的培养瓶，将稀释好的水样用虹吸法注入培养瓶中，注入时虹吸管的末端插入培养瓶的底部，当注满瓶并向外溢出少许时盖紧瓶塞（注意勿使瓶内残留气泡），保持瓶口凹处水封。此为第一个稀释倍数，可分别做几个不同的稀释倍数。

3.7.2.3.5 另取两个编号的培养瓶，安全注入稀释水（或稀释接种水），并保持水封瓶口，作为空白。

3.7.2.3.6 检查各瓶编号。从每一个稀释倍数中（包括空白）各取一瓶，放入20±1℃的生化培养箱中培养。余留各瓶静置15min后，分别按照溶解氧的测定步骤（3.7.1.3）测定其溶解氧。

3.7.2.3.7 从开始培养的时间算起，经过整整5d，从培养箱内取出培养瓶，倒尽封口水，立即测定余留的溶解氧。

3.7.2.4 计算

$$BOD_5(mg/L) = \frac{(D_1 - D_2) - (B_1 - B_2) \times f_1}{f_2}$$

式中 D_1——稀释的水样在培养前的溶解氧，mg/L；

D_2——稀释的水样在培养后的溶解氧，mg/L;

B_1——稀释水（或稀释接种水）在培养前的溶解氧，mg/L;

B_2——稀释水（或稀释接种水）在培养后的溶解氧，mg/L;

f_1——稀释水（或稀释接种水）在稀释水样中所占的百分比;

f_2——原水样在稀释水样中所占的百分比。

3.8 化学需氧量

化学需氧量的测定，本检验方法以重铬酸钾为氧化剂，在加热回流条件下，将水样中还原性物质（有机和无机的）氧化，过量的重铬酸钾以试亚铁灵为指示剂，用硫酸亚铁铵回滴，由消耗的重铬酸钾量算出水样中还原性物质被氧化所消耗氧的量（简称为COD_{Cr}）。

氯化物在本法测定中也能被重铬酸钾氧化生成氯气，消耗一定量的重铬酸钾，干扰测定。当水样中氯化物高于30mg/L时，需加硫酸汞与氯离子生成难离解的可溶性络合物，从而可以抑制氯离子的氧化，消除干扰。硫酸汞的加入量，以共存的氯离子的10倍量为宜。

3.8.1 仪器

3.8.1.1 回流装置：250mL全玻璃回流装置。

3.8.1.2 加热装置：变阻电炉或电热板。

3.8.1.3 滴定管：50mL。

3.8.2 试剂

3.8.2.1 0.2500N 重铬酸钾标准溶液：称取于120℃的干燥箱中干燥2h并冷却至室温的优级纯重铬酸钾（$K_2Cr_2O_7$）12.2579g，溶于蒸馏水中，移入1000mL容量瓶，并稀释至标线，摇匀。

3.8.2.2 试亚铁灵指示剂：称取1.485g邻菲绕林（$C_{12}H_8N_2 \cdot H_2O$）与0.695g硫酸亚铁（$FeSO_4 \cdot 7H_2O$）溶于蒸馏水中，并稀释至100mL。

3.8.2.3 0.1N硫酸亚铁铵标准溶液：称取39.2g硫酸亚铁铵[$FeSO_4(NH_4)_2SO_4 \cdot 6H_2O$]溶于蒸馏水中，缓缓加入20mL浓硫酸（$H_2SO_4$），冷却后移入1000mL容量瓶中，加蒸馏水稀释至标线，摇匀。使用时每日用重铬酸钾标准溶液标定。

标定方法：取10.00mL重铬酸钾标准溶液，加蒸馏水稀释至110mL，缓缓加入30mL浓硫酸，冷却后加入3滴试亚铁灵指示剂，用硫酸亚铁铵溶液滴定，溶液的颜色由黄色经蓝绿色至红棕色即为终点。

$$N = \frac{0.2500 \times 10.00}{V}$$

式中 N——硫酸亚铁铵标准溶液的当量浓度；

V——硫酸亚铁铵标准溶液的用量，mL。

3.8.2.4 硫酸—硫酸银标准溶液：于2500mL浓硫酸（H_2SO_4）中，加入25g硫酸银（Ag_2SO_4）。放置1~2d，不时摇动，使之溶解。

3.8.2.5 硫酸汞。

3.8.3 步骤

3.8.3.1 取20.0mL混合均匀的水样，于250mL磨口的回流锥形瓶中，加入10.00mL 0.02500N重铬酸钾标准溶液（当COD较低时用10mL 0.002500N重铬酸钾标准溶液）及数粒玻璃珠或沸石，缓缓加入30mL硫酸—硫酸银溶液，随加摇动锥形瓶使溶液混匀，加热回流2h（自开始沸腾时起计算）。

3.8.3.2 如水样中含有较多氯化物时，则取20.0mL水样于回流锥形瓶中，加硫酸汞（HgSO₄）0.4g，摇匀，加入10.00mL，0.2500N 重铬酸钾标准溶液及数粒玻璃珠或沸石，缓缓加入30mL 硫酸—硫酸银溶液，随加随摇动锥形瓶使溶液混合均匀。加热回流2h。

3.8.3.3 冷却后用适量蒸馏水沿冷凝管内壁冲洗，取下锥形瓶，再用蒸馏水稀释至140mL 左右。溶液总体积不得少于140mL，如酸度太大，滴定终点不明显。

3.8.3.4 溶液再度冷却后，加3滴试亚铁灵指示剂，用硫酸亚铁铵标准溶液滴定，溶液颜色由黄色经蓝绿色至红褐色即为终点。记录硫酸亚铁铵标准溶液用量。

3.8.3.5 同时做空白试验，即以20.0mL 蒸馏水代替水样，其他步骤同水样同时操作，记录硫酸亚铁铵标准溶液用量。

3.8.4 计算

$$COD_{Cr}(mg/L) = \frac{(V_1 - V_2) \times N \times 8 \times 1000}{V_3}$$

式中 N——硫酸亚铁铵标准液的当量浓度；
V_1——空白试验时硫酸亚铁铵标准溶液的用量，mL；
V_2——水样滴定时硫酸亚铁铵标准溶液的用量，mL；
V_3——水样体积，mL。

3.9 氨氮

测定氨氮最常用的方法是纳氏比色法。水中氨与纳氏试剂（K_2HgI_4）在碱性条件下生成的化合物其颜色由黄逐渐加深到棕色，铁等离子及浊度、颜色的干扰，可用硫酸锌除去。水样中含有余氯时能与氨结合成氯胺，预蒸馏除去。水样中含有余氯时，可用硫代硫酸钠脱氯。

3.9.1 仪器

3.9.1.1 500mL 全玻璃蒸馏器。

3.9.1.2 分光光度计。

3.9.1.3 比色管，50mL。

3.9.2 试剂

全部试剂均需用无氨蒸馏水配制。无氨蒸馏水可用普通蒸馏水通过强酸性阳离子交换树脂或在1L 蒸馏水中加0.1mL 浓硫酸重蒸馏制得。

3.9.2.1 氨氮标准贮备溶液：将优级纯氯化铵于105℃烘烤1h，冷却后称取3.8190g 溶于无氨蒸馏水中，并稀释至1000mL。此液1.00mL 含1.00mg 氨氮（N）。

3.9.2.2 氨氮标准溶液：吸取10.00mL 氨氮标准贮备溶液，用无氨蒸馏水稀释至1000mL。此液1.00mL 含10.0μg 氨氮（N），临用时配制。

3.9.2.3 纳氏试剂：称取100g 碘化汞（HgI₂）和70g 碘化钾（KI）溶于少量无氨蒸馏水中，将此混合液在搅动下徐徐倾入500mL32% 的氢氧化钠冷溶液中，并用无氨蒸馏水稀释至1000mL。用具橡皮塞的棕色瓶贮存。注意，本试剂有毒！

3.9.2.4 0.35% 硫酸钠试剂溶液：称取0.35g 硫代硫酸钠（Na₂SO₃·5H₂O）溶于无氨蒸馏水中，并稀释至100mL，此液为脱氯剂，取1mL 此液可于500mL 水样中除去1mg/L 余氯。

3.9.2.5 磷酸盐缓冲溶液：称取7.15g 无水磷酸二氢钾（KH₂PO₄）及34.4g 磷酸氢二钾（K₂HPO₄）或45.075gK₂HPO₄·3H₂O 溶于无氨蒸馏水中，并稀释至500mL。

3.9.2.6 2% 硼酸溶液：称取20g 硼酸溶于无氨蒸馏水中，并稀释至1000mL。

3.9.3 步骤

3.9.3.1 取200mL 无氨蒸馏水和5mL 磷酸盐缓冲液于全玻

馏蒸器中，加入几粒玻璃珠，加热蒸馏，直至馏出液用纳氏试剂检不出氨为止。

3.9.3.2 稍冷后倾出并弃去蒸馏瓶中残液。然后量取100mL已脱氯水样或适量水样，加无氨蒸馏水稀释至200mL，置于蒸馏瓶中，根据余氯量，计算加入硫代硫酸钠溶液脱氯。用稀氢氧化钠溶液调节水样呈中性。

3.9.3.3 加入5mL磷酸盐缓冲溶液，加热蒸馏。用200mL容量瓶为接收瓶，内装20mL硼酸溶液为吸收液。导管末端浸没在酸吸收液面下。待蒸出150mL左右时，放低馏出液，使导管末离开液面，继续蒸馏以清洗冷凝管和导管，用无氨蒸馏水稀释至200mL，摇匀。

3.9.3.4 取50.0mL蒸馏的无氨蒸馏水稀释（如氨含量大于0.1mg，则取适量水样用无氨蒸馏水稀释至50mL）于50mL比色管中。

3.9.3.5 另取50mL比色管10支，分别加入氨氮标准溶液0，0.10，0.30，0.50，0.70，1.00，3.00，5.00，7.00，及10.00mL，用无氨蒸馏水稀释至50.0mL。

3.9.3.6 向水样及标准比色溶液管内分别加入1.0mL纳氏试剂，混匀后放置10min，于420nm波长，用1cm比色皿，以无氨蒸馏水作参比，测定吸光度。如氨含量低于30μg，用3cm比色皿。低于10μg的氨氮可用目视比色。

3.9.4 计算

$$氨氮(N \cdot mg/L) = \frac{M}{V}$$

式中 M——从校准曲线上查得的样品管中氨氮含量，μg；
V——水样体积，mL。

3.10 总硬度

本检验方法以乙二胺四乙酸二钠滴定法测定。其测定原理是在pH=10±0.1的条件下，乙二胺四乙酸二钠（EDTA—2Na）与水中钙、镁离子生成可溶性无色络合物，以铬黑T为指示剂，当水中的钙、镁离子与EDTA—2Na全部络合时而使铬黑T游离。溶液即由紫红色变为蓝色。

为提高终点的灵敏度，在配制缓冲溶液时加入少量的络合性中性EDTA镁盐。

若取50mL水样，本法测定的最低检测浓度为1.0mg/L。

3.10.1 仪器

3.10.1.1 150mL锥形瓶。

3.10.1.2 25mL滴定管。

3.10.2 试剂

配制试剂和稀释水样时，均需使用去离子蒸馏水。

3.10.2.1 缓冲溶液（pH=10）：溶解16.9g氯化铵（NH$_4$Cl）于143mL浓氢氧化铵（NH$_4$OH）中；加入市售EDTA镁盐1.25g，用水稀释至250mL。如果没有EDTA的镁盐，可将1.179gEDTA—2Na（C$_{10}$H$_{14}$N$_2$O$_8$Na$_2$·2H$_2$O）和0.78g硫酸镁（MgSO$_4$·7H$_2$O）溶解于50mL水中。将此溶液加入到16.9g氯化铵（NH$_4$Cl）和143mL浓氨水（NH$_4$OH）中，加入时不断搅拌，然后用水稀释至250mL。为了提高终点显示色的灵敏度，在加入少许缓冲液中加入5滴铬黑T指示剂，若溶液应呈紫红色，然后用EDTA—2Na溶液滴至溶液固体变为蓝色为止。所配缓冲溶液应贮存于聚乙烯塑料瓶或硬质玻璃瓶中。

3.10.2.2 铬黑T指示剂：称取0.5g铬黑T（C$_{20}$H$_{12}$O$_7$N$_3$SNa）溶于100mL95%的乙醇中，于冰箱中保存，可稳定一个月。用下法配制的固体指示剂可较长期保存：称取0.5g

铬黑T，加100g氯化钠，研磨均匀，储于棕色广口瓶中保存。

3.10.2.3　0.01mol/L EDTA－2Na 标准溶液：称取 3.723g EDTA－2Na 溶于水中，并稀释至 1000mL，按下述方法标定：

准确称取 0.6g 左右纯锌粒，称准至 0.0002g。溶于盐酸中。置于水浴上温热至完全溶解，移于 1000mL 容量瓶中，用水稀释至标线，摇匀。

$$Zn(mol/L) = \frac{Zn 的质量(g)}{65.37}$$

吸取 25.00mL 锌标准溶液于 150mL 锥形瓶中，加入 25mL 蒸馏水，加氢氧化钠溶液调至近中性，再加 2mL 缓冲溶液及 5 滴铬黑T指示剂，用 EDTA－2Na 溶液滴定至溶液由紫红色变为蓝色为止。

$$EDTA-2Na(mol/L) = \frac{Znmol/L \times 25(mL)}{EDTA-2Na 溶液体积(mL)}$$

3.10.2.4　5%硫化钠溶液：称取 5g 硫化钠($Na_2S \cdot 9H_2O$)溶于 100mL 水中。

3.10.2.5　1%盐酸羟胺溶液：称取 1g 盐酸羟胺($NH_2OH \cdot HCl$)溶于 100mL 水中。

3.10.2.6　10%氰化钾溶液：称取 10g 氰化钾(KCN)溶于 100mL 水中。注意，此溶液剧毒！

3.10.3　步骤

3.10.3.1　水样前处理：如水样悬浮物和胶体有机物较多，影响终点的观察，此时可取适量水样蒸干，于 550℃ 灰化，然后将残渣溶解在 20mL 1N 盐酸中，用 1N 氢氧化钠中和至 pH 为 7，加蒸馏水至 50mL，冷却后按一般程序操作。

3.10.3.2　吸取 50mL 原水样或经过前处理的水样（若水样硬度过大，可少取水样用蒸馏水稀释至 50mL）置于 150mL 锥形瓶中。

3.10.3.3　加入 1～2mL 缓冲溶液及 5 滴铬黑T指示剂（或一小勺固体指示剂），立刻用 EDTA－2Na 标准溶液滴定至溶液由紫红色变为蓝色为止。

3.10.3.4　若水样中含有金属离子，使终点延迟或颜色发暗，可重取水样加入 0.5mL 盐酸羟胺溶液，1mL 硫化钠溶液或 0.5mL 氰化钾溶液抑止铜、铁及锰等重金属离子的干扰。

3.10.4　计算

$$总硬度(CaCO_3, mg/L) = \frac{V_1 \times M \times \frac{100.09}{1000} \times 1000 \times 1000}{V_2}$$

式中　V_1——滴定时 EDTA－2Na 标准溶液用量，mL；
V_2——水样体积，mL；
M——EDTA－2Na 标准溶液的摩尔浓度。

3.11　氯化物

水中氯化物的测定方法中以硝酸银滴定法较广。此方法较简便，适合生活杂质水标准要求。其测定原理是用硝酸银标准溶液直接滴定水样中的氯离子，银与氯离子反应生成难溶的银盐，以铬酸钾指示终点。由于硝酸银的用量比实际需要量略高，因此需同时做空白试验减去误差。所以硝酸银和铬酸钾反应后才能指示终点。

当水样中硫化物含量大于 5mg/L 以及水样有颜色时均干扰测定，硫化物和颜色可用过氧化氢脱色处理。耗氧量可用高锰酸钾氧化或蒸干灰化等方法处理。溴化物有类似反应，由于杂用水中含量很低可忽略不计。

本法最低检测浓度为 1.0mg/L。

3.11.1 仪器

3.11.1.1 25mL 棕色滴定管。

3.11.1.2 200mL 白瓷蒸发皿。

3.11.2 试剂

3.11.2.1 氯化钠标准溶液：取 10g 氯化钠（NaCl）置于坩埚内，在 600℃灼烧 1h 后，冷却后称取 8.2420g 蒸馏水中，移入 1000mL 容量瓶，稀释至标线，摇匀。吸取此溶液 10.00mL 于 100mL 容量瓶中，用蒸馏水稀释至标线，摇匀。此溶液 1.00mL 含 0.500mg 氯化物。

3.11.2.2 硝酸银标准溶液：称取 2.4g 硝酸银（AgNO₃）溶于蒸馏水中，并稀释至 1000mL，用氯化钠标准溶液标定。取 25.00mL 氯化钠标准溶液，置于瓷蒸发皿内，分别加入 1mL 铬酸钾指示剂。在用玻璃棒不停地搅拌下以硝酸银标准溶液滴定。直至溶液呈现不消失的砖红色为止。

每毫升硝酸银溶液相当于氯化物(Cl⁻)的毫克数 $= \dfrac{25 \times 0.5}{V_2 - V_1}$

式中 V_1——滴定空白时硝酸银标准溶液用量，mL；
V_2——滴定氯化钠标准溶液时硝酸银标准溶液用量，mL。

校正硝酸银标准溶液浓度，使 1.00mL 相当于 0.500mg 氯化物(Cl⁻)。

3.11.2.3 铬酸钾指示剂：称取 5g 铬酸钾（K₂CrO₄）溶于 100mL 蒸馏水中，加入硝酸银溶液至红色不褪，混匀，放置过夜后过滤，将滤液用蒸馏水稀释至 100mL。

3.11.2.4 0.05mol/L 氢氧化钠标准溶液：称取 0.2g 氢氧化钠（NaOH）溶于蒸馏水中，并稀释至 100mL。

3.11.2.5 0.025mol/L 硫酸溶液：吸取 1.4mL 浓硫酸缓缓加入蒸馏水中，并稀释至 1000mL。

3.11.2.6 酚酞指示剂：称取 0.5g 酚酞（C₂₀H₁₄O₄）溶于 50mL95%乙醇中，用蒸馏水稀释至 100mL，再滴加 0.05mol/L 氢氧化钠溶液（3.10.2.4），使溶液呈微红色。

3.11.2.7 30%过氧化氢

3.11.2.8 氢氧化铝悬浮液：溶解 125g 硫酸铝钾（KAl(SO₄)₂·12H₂O）于 1000mL 蒸馏水中。加温至 60℃，然后边搅拌边缓缓加入 55mL 浓氨水。放置约 1h 后，倾出上清液反复洗涤沉淀（用硝酸银检查），最后加入无氯离子 300mL 蒸馏水，使用前振荡均匀。

3.11.3 步骤

3.11.3.1 水样前处理：如水样的颜色较深，可取 100mL 水样置于烧杯中，加入 2mL Al(OH)₃ 悬浮液，混匀，使有色物和浑浊物沉淀、过滤、弃去最初滤出液 20mL。如水样含有硫化物(S²⁻)，可加 1mL 过氧化氢，搅拌 1min。如含有机物，可将水样蒸干，于 600℃灼烧成灰。

3.11.3.2 取 50mL 原水样或经过前处理的水样（若水样氯化物含量高，可适当少取。用蒸馏水稀释至 50mL），置于瓷蒸发皿内。

3.11.3.3 加入 2 滴酚酞指示剂，若显红色，即用 0.025mol/L 硫酸溶液中和至无色；若不显红色，则再用 0.025mol/L 氢氧化钠溶液中和至微红色，然后再用 0.025mol/L 硫酸溶液中和至无色。加入 1mL 铬酸钾指示剂，在用玻璃棒不停地搅拌下以硝酸银标准溶液滴定，直至溶液呈现不消失的砖红色为止。

3.11.3.4 取 50mL 蒸馏水置于瓷蒸发皿内，加入 1mL 铬酸钾指示剂，用硝酸银标准液滴定。同时用玻璃棒不停地搅拌，直至溶液呈现砖红色为止。

3.11.4 计算

$$\text{氯化物}(CL, \text{mg/L}) = \frac{(V_2-V_1) \times 0.500 \times 1000}{V_3}$$

式中 V_1——空白滴定时硝酸银标准溶液用量，mL；
V_2——水样滴定时硝酸银标准溶液用量，mL；
V_3——水样体积，mL。

3.12 阴离子合成洗涤剂

阴离子合成洗涤剂中最广泛使用的是直链烷基苯磺酸钠(LAS)。通常的测定方法为亚甲基蓝分光光度法。其测定原理是亚甲基蓝和阴离子合成洗涤剂在碱性介质中形成蓝色盐用氯仿萃取，根据氯仿层蓝色强度测定阴离子合成洗涤剂的含量。

有机的硫酸盐、磺酸盐、氯化物、硝酸盐、与亚甲基蓝络合的酚类以及无机的青氰盐、硫氰酸盐等都对本法产生干扰。有机胺类的正干扰，有机氯类会引起负干扰。

本法最低可检测量：10μg 若取100mL水样测定，则最低检测浓度为0.1mg/L。

3.12.1 仪器

3.12.1.1 250mL 分液漏斗。
3.12.1.2 50mL 容量瓶。
3.12.1.3 分光光度计。

3.12.2 试剂

3.12.2.1 烷基苯磺酸钠标准原液：称取 0.5000g 纯烷基苯磺酸钠($C_{12}H_{25}C_6H_4SO_3Na$)溶于蒸馏水中，移入500mL容量瓶，并稀释至标线，摇匀。此溶液1.00mL相当于1.00mg烷基苯磺酸钠。

3.12.2.2 烷基苯磺酸钠标准溶液：取烷基苯磺酸钠标准原液10.0mL加入1000mL容量瓶中，用蒸馏水稀释至标线，摇匀。此溶液1.00mL相当于10.0μg烷基苯磺酸钠。

3.12.2.3 亚甲基蓝溶液：称取30mg亚甲基蓝($C_{16}H_{18}ClN_3S \cdot 3H_2O$)溶于500mL蒸馏水中，加入6.8mL浓硫酸及50g磷酸二氢钠($NaH_2PO_4 \cdot H_2O$)，溶解后用蒸馏水稀释至1000mL，贮于棕色试剂瓶中。

3.12.2.4 洗涤液：加6.8mL浓硫酸至装有500mL蒸馏水的1000mL容量瓶中，加50g磷酸二氢钠($NaH_2PO_4 \cdot H_2O$)振摇至完全溶解，稀释至1000mL。

3.12.2.5 4%氢氧化钠溶液：溶解4g氢氧化钠(NaOH)于蒸馏水中，然后稀释至100mL。

3.12.2.6 0.5mol/L 硫酸溶液：加 2.8mL浓硫酸于蒸馏水，然后稀释至100mL。

3.12.2.7 0.1%酚酞指示剂：溶解0.1g酚酞($C_{20}H_{14}O_4$)于50mL95%乙醇中，加入50mL蒸馏水。

3.12.2.8 氯仿($CHCl_3$)。

3.12.3 步骤

3.12.3.1 吸取100mL水样，置于250mL分液漏斗中(若水样中烷基苯磺酸钠少于10μg应增加水样体积，若多于200μg时，应减少水样体积，并稀释至100mL)。向水样中加3滴酚酞指示剂，逐滴加入4%氢氧化钠溶液调节至碱性，再滴加0.5mol/L硫酸溶液使红色褪去。

3.12.3.2 加入10mL氯仿及25mL亚甲基蓝，振摇30s(不要过分激烈，避免生成乳化而造成困难)，再轻轻晃动并旋转分液漏斗，使内壁上的氯仿沉下，静置分层后将氯仿层放入第二组分液漏斗，再向第一组分液漏斗中加入10mL氯仿，如上操作，重复萃取二次（共萃取三次）。

3.12.3.3 合并所有氯仿萃取液于第二组分液漏斗，加入50mL洗涤液，激烈振摇30s，再轻轻晃动并旋转分液漏斗，静置分层。置少许脱脂棉于分液漏斗的颈管内，用5mL氯仿洗涤液两次，然后将涤液放入50mL容量瓶中。

3.12.3.4 用试剂空白作参比，于650nm波长处，加入3cm比色皿测定吸光度。

3.12.3.5 校准曲线：吸取0、1.00、2.00、5.00、10.00、15.00、20.00mL烷基苯磺酸钠标准溶液于一组分液漏斗中，各加蒸馏水至100mL。按（3.11.3.1～3.11.3.4）步骤进行操作，绘制校准曲线。

3.12.4 计算

$$阴离子合成洗涤剂 (mg/L) = \frac{M}{V}$$

式中 M——从校准曲线上查得的样品管中烷基苯磺酸钠的含量，μg；
V——水样体积，mL。

3.13 铁

3.13.1 二氮杂菲分光光度法

水样经酸化还原成低铁，在pH3～9的条件下，低铁离子与二氮杂菲生成稳定的橙红色络合物，用分光光度计在波长510nm处测定吸光度。

若取50mL水样，则最低检测浓度为0.05mg/L。

3.13.1.1 仪器

3.13.1.1.1 150mL锥形瓶。
3.13.1.1.2 50mL具塞比色管。
3.13.1.1.3 分光光度计。

3.13.1.2 试剂

配制试剂和稀释水样时，均需使用去离子蒸馏水。

3.13.1.2.1 1+1盐酸
3.13.1.2.2 10%盐酸羟胺溶液：称取10g盐酸羟胺（$NH_2OH·HCl$），溶于蒸馏水中，并稀释至100mL。
3.13.1.2.3 乙酸铵缓冲溶液：称取250g乙酸铵（$NH_4C_2H_3O_2$）溶于150mL水中，加入700mL冰乙酸，混匀，用水稀释至1000mL。
3.13.1.2.4 0.1%二氮杂菲溶液：称取0.1g二氮杂菲（$C_{12}H_8N_2·H_2O$）溶于加有2滴浓盐酸的水中，并稀释至100mL，此溶液1mL可以作用100μg铁。
3.13.1.2.5 铁标准溶液A：称取0.7020g硫酸亚铁铵[$Fe(NH_4)_2(SO_4)_2·6H_2O$]溶于70mL+5硫酸溶液中，滴加0.1N高锰酸钾溶液至粉红色不变，移入1000mL容量瓶中，加入水至标线，摇匀。此液1.00mL含铁0.100mg。
3.13.1.2.6 铁标准溶液B：吸取10.00mL铁标准溶液A于100mL容量瓶中，用水稀释至标线，摇匀。此液1mL含铁10.0μg。

3.13.1.3 步骤

3.13.1.3.1 水样的前处理。水样颜色较大或含有大量的有机物，则可将适量重水样蒸干，于600℃灰化，然后将残渣溶解在2mL浓盐酸中，用水稀释到所需取水样的体积，如水样悬浮物较多可加盐酸煮沸，使铁化合物溶解，不溶解的残留漂浮物用滤纸过滤，用水洗涤滤纸，合并滤液和洗涤液，并银、铅、镉、砷、锡、铬、铝、锌和铜均有干扰。银、铝、镉、砷、铬、铝、锌和铜均无干扰，镍与钴含量与锰接近时有干扰。本方法最低检测浓度为0.05mg/L，测定范围0.05~1mg/L。

3.14.1.1 仪器

3.14.1.1.1 25mL比色管。

3.14.1.1.2 分光光度计

3.14.1.2 试剂

配制试剂和稀释水样时，均需使用去离子蒸馏水。

3.14.1.2.1 锰标准贮备液：称取0.288g高锰酸钾（$KMnO_4$）溶于100mL水中，加10mL 1N硫酸，加热至70℃~80℃，滴加1N草酸溶液至高锰酸钾紫红色消失为止。冷却后移至1000mL容量瓶中，并用水稀释至标线，摇匀。此溶液1.00mL含0.100mg锰。

3.14.1.2.2 锰标准使用溶液：吸取10.00mL锰标准贮备液（3.14.1.2.1）置于100mL容量瓶中，用水稀释至标线，摇匀。此溶液1.00mL含10.0μg锰。

3.14.1.2.3 甲醛肟溶液：取8g盐酸羟胺（$NH_2OH·HCl$）溶于100mL水中，加4mL37%甲醛溶液，用水稀释至200mL。

3.14.1.2.4 缓冲溶液（pH=10）：称取34g氯化铵（NH_4Cl）溶于150mL水中，加入285mL浓氨水，用水稀释至500mL。

3.14.1.2.5 L—抗坏血酸粉末（$C_6H_8O_6$）。

3.14.1.2.6 0.1mol/L EDTA—2Na溶液：称取3.7g EDTA—2Na溶于100mL水中。

3.14.1.3 步骤

3.14.1.3.1 取20mL水样于25mL比色管中。

3.14.1.3.2 另取8支25mL比色管，吸取0、0.10、0.20、

用水稀释至所需取水样的体积。

3.13.1.3.2 吸取50mL原水样或前处理的水样（含铁量超过50μg时，可取适量水样用水稀释至50mL）置于100mL锥形瓶中。

3.13.1.3.3 另取100mL锥形瓶8个，分别加入铁标准溶液B0、0.25、0.50、1.00、2.00、3.00、4.00及5.00mL，各加水至50mL，即得含铁量0、0.05、0.1、0.2、0.4、0.6、0.8及1.0mg/L的标准系列。

3.13.1.3.4 向水样及标准系列瓶中各加入4mL 1+1盐酸（若水样进行过预处理，则水样锥形瓶中可不加盐酸溶液）和1mL盐酸羟胺溶液，小火煮沸至约剩30mL，冷却至室温后，将溶液移入50mL比色管中。

3.13.1.3.5 向水样及标准系列比色管中各加入2mL二氮杂菲溶液，混匀后再准确加入10.0mL乙酸铵缓冲溶液，然后各加入水至50mL，混匀，放置10~15min。

3.13.1.3.6 于510nm波长，2cm比色皿，以试剂空白为参比测定水样及标准系列的吸光度，绘制校准曲线。

3.13.1.4 计算

水样的含铁量（mg/L）可于校准曲线上查得，如水样经稀释后测定，则将查得的结果乘以稀释倍数。

3.13.2 原子吸收分光光度法

参阅3.14.2进行

3.14 锰

3.14.1 甲醛肟分光光度法

锰在碱性介质中（pH≈10）被氧化为四价锰，与甲醛肟作用，形成红棕色锰络合物，用分光光度法测定其含量。铁有类似反应，其含量大于40mg/L时，可用EDTA和抗坏血酸消除。

更稳定的化合物，以释放出待测金属元素；若水样中盐浓度高时产生正干扰，可用标准加入法测定，能消除此干扰。

测定水中含量较高的铁、锰等金属离子时，可将水样直接喷入火焰中测定，含量较低时需先与吡咯烷二硫代氨基甲酸铵（简称为APDC）络合，以甲基异丁基甲酮（简称为MIBK）萃取后测定，以提高灵敏度。

直接测定和APDC—MIBK络合萃取后测定的灵敏度与适宜的最低检测浓度见表3。

表3 分析线波长、灵敏度和适宜最低检测浓度

元素名称	分析线波长 (nm)	直接测定		APDC—MIBK络合萃取后测定	
		灵敏度* mg/L	适宜的最低检测浓度** mg/L	灵敏度* mg/L	适宜的最低检测浓度** mg/L
Fe	248.3	0.1	0.3	0.004	0.025
Mn	279.5	0.05	0.1	0.004	0.025

* 灵敏度：产生0.005吸光度的测定溶液浓度。
** 适宜最低检测浓度：产生0.030吸光度的测定溶液浓度。

3.14.2 仪器

3.14.2.1.1 原子吸收分光光度计。

3.14.2.1.2 锰、铁空心阴极灯。

3.14.2.1.3 压力锅，每平方厘米1kg压力。

3.14.2.1.4 250mL分液漏斗。

3.14.2.1.5 10mL具塞试管。

所有玻璃器皿使用前均须先用1+1硝酸溶液浸泡并直接用去离子蒸馏水清洗。

3.14.2.2 试剂

0.40、0.80、1.20、1.60及2.00mL锰标准使用溶液（3.14.1.2.2）置于比色管中，加水至20mL，即得各锰含量为0、0.05、0.1、0.2、0.4、0.6、0.8及1.0mg/L的标准系列。

3.14.1.3.3 向水样及标准系列管中各加1mL甲醛肟溶液（3.14.1.2.3），1mL缓冲溶液（3.14.1.2.4），混匀放置5min后，加温到25～30℃，加1mgL⁻¹抗坏血酸（3.14.1.2.5）及1mLEDTA—2Na溶液（3.14.1.2.6），充分混合放置15min。

3.14.1.3.4 于450nm处，用3cm比色皿，以试剂空白作参比测定水样及标准系列的吸光度。

3.14.1.3.5 当水样色度或浊度影响测定时，可用下法校正：取20mL水样于25mL比色管中，以下操作除不加显色剂甲醛肟外，与上述水样相同，并以此处理的水样为参比，测定水样的吸光度。

3.14.1.3.6 绘制校准曲线，从曲线上查出水样管中锰的含量（mg/L）。若水样进行稀释后测定，则将查得结果乘以稀释倍数。

3.14.2 原子吸收分光光度法（锰、铁）

原子吸收法是将水样喷入火焰，使被测元素由分子态离解成基态原子。此基态原子吸收来自同种金属元素空心阴极灯发出的共振线，吸收共振线的量与样品中该元素含量成正比。在其它条件不变的情况下，根据测量吸收后的谱线强度与标准系列比较，进行定量。

影响原子吸收分光光度法准确度的主要原因是基体的化学干扰。由于水样和标准溶液基体的不一致性，水样中某种基体经常影响被测元素的原子化效率，从而造成测定值低于或高于真值。可用适当措施消除这种干扰。如水样中硅酸盐、磷酸盐、锰盐对铁，测定时可加入人钙离子与干扰离子生成

配制试剂和稀释水样时，均需用去离子蒸馏水。

3.14.2.2.1 铁标准贮备溶液：称取1.4297g优级纯氧化铁（Fe₂O₃），加入10mL1＋1硝酸，小火加热并滴加浓盐酸助溶至完全溶解后，加水稀释至1000mL。此溶液1.00mL含1.00mgFe。

3.14.2.2.2 锰标准贮备溶液：称取1.2912g优级纯氧化锰（MnO），加1＋1硝酸溶解后，用水稀释至1000mL，此溶液1.00mL含1.00mgMn。

3.14.2.2.3 优级纯硝酸。

3.14.2.2.4 优级纯盐酸。

3.14.2.2.5 钙溶液：称取630mg优级纯碳酸钙（CaCO₃）。溶于10mL浓盐酸（HCl）中，加入200mL水，必要时可加热使完全溶解，放冷后，用水稀释至1000mL。

3.14.2.2.6 15%酒石酸溶液：称取150g酒石酸（C₄H₆O₆）溶于水中，并稀释至1000mL。酒石酸如含有金属离子杂质，在溶液中加入10mL2%APDC络合，再用MIBK萃取至MIBK层不变色为止。

3.14.2.2.7 1mol/L硝酸溶液：吸取12.5mL浓硝酸（HNO₃），加入水，并稀释至200mL。

3.14.2.2.8 1mol/L氢氧化钠溶液：称取4g氢氧化钠（NaOH）溶于水中，并稀释至100mL。

3.14.2.2.9 溴酚蓝指示液：称取0.05g溴酚蓝（C₁₉H₁₀Br₄O₅S）溶于20%乙醇溶液稀释至50mL。

3.14.2.2.10 2%吡咯烷二硫代氨基甲酸铵（C₅H₁₂N₂S₂）溶液：称取2g吡咯烷二硫代氨基甲酸铵溶于水中，滤去不溶物，并稀释至100mL。临用前配制。

3.14.2.2.11 甲基异丁基甲酮［(CH₃)₂CHCH₂COCH₃］：对品级低的需用5倍体积的1＋99盐酸振摇洗除所含杂质，并去盐酸相，再用水洗去过量的盐酸。

3.14.2.3 步骤

3.14.2.3.1 水样前处理：对于没有杂质堵塞进样管的清澈水样可直接进行测定。含悬浮物和固体残渣的水样须进行消解处理。吸取50mL摇匀的水样，按每100mL水样加入1mL计加入浓硝酸，在每平方厘米1kg压力锅中（121℃）加热消解1h。加蒸馏去离子水至50mL，或按每100mL加入5mL浓硝酸，在电热板上加热消解，蒸发至10mL左右时，稍冷却再加5mL硝酸和2mL 70～72%高氯酸，继续加热消解。消解完全，蒸至近干（不要蒸干）。冷却后，用1%硝酸溶解残渣（可稍加热），用快速定量滤纸滤去不溶物，加水至50mL。

3.14.2.3.2 仪器准备：鉴于不同型号的仪器操作方法的不同，详细的操作顺序应参阅制造厂家的仪器使用说明书。一般可循的操作顺序为：安装待测元素空心阴极灯，对准灯的位置，固定分析波长及狭缝，开启电源及固定空心阴极灯的电流，预热仪器约20min，使光源稳定，调节燃烧器位置，开启空气按仪器说明书规定，调节至待测元素最高灵敏度的适当流量，开启乙炔气源阀，调节至指定的流量，并点燃火焰，将每升含1.5mL浓硝酸的水喷入火焰，校正每分钟进样量为3～5mL，并将仪器调零点，然后用一定浓度的待测元素标准溶液标定仪器，调节适宜的燃烧器位置和火焰高度等条件，直至获得最佳状态。

3.14.2.3.3 直接法：当水样含待测定金属元素浓度较高时，可用直接法测定。将锰、铁标准贮备液每升含1.5mL浓硝酸的水稀释至适宜浓度，并分别配制锰及铁标准系列。标准系列浓度点必须有5点以上（不包括空白点），其浓度（mg/

L)，范围应包括水样中待测金属浓度值。如水样含磷酸盐、硅酸盐或其它含氧阴离子时，在每100mL水样及标准溶液中分别加入25mL钙氧消解溶液，然后间隔喷入火焰，依次间隔喷入火焰，测定吸光度（或经消解过的水样）依次间隔喷入火焰，测定吸光度，绘制校准曲线，在曲线上直接查得待测金属元素的浓度（mg/L），应必须在萃取后5h内完成。

3.14.2.3.4 苯萃取法测定：当水样中待测金属元素浓度较低时，用稀释法测定，用毫升含1.5mL浓硝酸的水将锰、铁贮备液稀释成1.00mL含10.00μg的标准溶液，分别向6只250mL分液漏斗中加入0、0.5、1、2、4及6mL上述标准溶液，再加入每毫升含1.5mL浓硝酸的水至100mL，成为含0、0.05、0.1、0.2、0.4、0.6mg/L锰、铁的标准系列。

3.14.2.3.5 取100mL水样置于另一个250mL分液漏斗中，向盛有水样和标准系列的分液漏斗中各加5mL15%酒石酸铵溶液，混匀。用1mol/L氢氧化钠溶液以溴酚蓝为指示剂调节水样pH值至2.2~2.8 溶液由蓝色变为黄色。

3.14.2.3.6 向各分液漏斗中加入2%吡咯烷二硫代氨基甲酸铵溶液2.5mL，混匀，再加入10mL甲基异丁基甲酮，振摇2min。静止分层，弃去水相。用脱脂棉擦去分液漏斗颈内壁的水膜，另取干脱脂棉少许塞于分液漏斗颈末端，将萃取液通过脱脂棉滤入干燥的10mL具塞试管中。

3.14.2.3.7 将甲基异丁基甲酮通过细导管喷入火焰，并调节样量到适宜处，减小乙炔快流量，调节火焰至正常高度。

3.14.2.3.8 将甲基异丁基甲酮试剂及水样萃取溶液间隔喷入火焰，测定吸光度，绘制校准曲线。所有测定必须在萃取后5h内完成。

3.14.2.4 计算

水样直接进样可从校准曲线上直接查出水样中待测金属的浓度（mg/L）。

水样经浓缩或稀释后直接进样或萃取后进样，可从校准曲线上查出各金属浓度后按下式计算。

$$C = C_1 \times \frac{100}{V}$$

式中 C —— 水样中待测金属浓度，mg/L；
C_1 —— 从校准曲线上查得待测金属浓度，mg/L；
V —— 原水样体积，mL；
100 —— 用去离子蒸馏水稀释后的体积，mL。

3.15 余氯

水中余氯的测定，邻联甲苯胺比色法和碘量法，都是较为成熟的方法。当水样中高价铁含量大于0.2mg/L，四价锰大于0.01mg/L，亚硝酸盐0.2mg/L时，应采用碘量重量法(3.15.2)。

3.15.1 邻联甲苯胺比色法

邻联甲苯胺比色法较简便，可测定游离余氯（包括HOCl及OCl⁻等）和总余氯量（包括HOCl，NH₂Cl，NHCl₂等）。其测定原理是，在水样中加邻联甲苯胺溶液，与余氯反应，生成黄色的醌式化合物，与用重铬酸钾—铬酸钾溶液配制的永久性余氯标准溶液进行目视比色定量。

3.15.1.1 仪器
3.15.1.1.1 50mL具塞比色管。
3.15.1.1.2 2.5mL刻度吸管。
3.15.1.2 试剂
3.15.1.2.1 邻联甲苯胺溶液：称取1.35g二盐酸邻联甲苯胺〔(C₆H₃CH₃NH₃)₂·2HCl〕溶于500mL蒸馏水中，边搅拌，边将此液倒入500mL 3+7盐酸溶液中，保存在棕色瓶内。可使用6个月。

3.15.1.2.2 磷酸盐缓冲贮备原液，称取经105℃干燥2h的无水磷酸氢二钠（Na₂HPO₄）22.86g和无水磷酸二氢钾（KH₂PO₄）46.14g同溶于蒸馏水中，稀释至1000mL。静置4天，使沉淀物析出，过滤。

3.15.1.2.3 磷酸盐缓冲溶液：取磷酸盐缓冲贮备原液200mL，用蒸馏水稀释至1000mL。此液pH值为6.45。

3.15.1.2.4 重铬酸钾——铬酸钾溶液：称取0.1550g干燥的重铬酸钾（K₂Cr₂O₇）和0.4650g铬酸钾（K₂CrO₄）同溶于磷酸盐缓冲溶液中，再用磷酸盐缓冲溶液稀释至1000mL。此液产生相当于1mg/L余氯与邻联甲苯胺反应所产生的颜色。

3.15.1.2.5 余氯标准比色液：按表4所示比例，吸取重铬酸钾——铬酸钾溶液，分别注入50mL具塞比色管中，用磷酸盐缓冲溶液稀释至刻度，即配成0.01～1.0mg/L余氯标准比色液。此比色液保存于暗处，可使用6个月。

3.15.1.2.6 若水样余氯大于1mg/L，则需将重铬酸钾和铬酸钾的量增加10倍，配成相当于10mg/L余氯标准色，再适当稀释，即为所需的较浓余氯标准比色列。

表4 永久性余氯标准比色溶液的配制

余氯 (mg/L)	重铬酸钾——铬酸钾溶液 (mL)	余氯 (mg/L)	重铬酸钾——铬酸钾溶液 (mL)
0.01	0.5	0.40	20.0
0.02	1.0	0.50	25.0
0.03	1.5	0.60	30.0
0.05	2.5	0.70	35.0
0.10	5.0	0.80	40.0

续表

余氯 (mg/L)	重铬酸钾——铬酸钾溶液 (mL)	余氯 (mg/L)	重铬酸钾——铬酸钾溶液 (mL)
0.20	10.0	0.90	45.0
0.30	15.0	1.00	50.0

3.15.1.3 步骤

3.15.1.3.1 取2.5mL邻联甲苯胺溶液于50mL具塞比色管，加澄清水样50.0mL，立即加塞，混合均匀。水样温度以15～25℃为宜，若低于此温，可将水样放入15～25℃的温水浴中。

3.15.1.3.2 水样与邻联甲苯胺溶液接触后，如立即进行比色，所得结果为游离余氯；如放置10min使产生最高色度，再进行比色，则所得结果为水样中的总余氯。总余氯减去游离余氯等于化合余氯（包括NH₂Cl, NHCl₂及其他氯胺类化合物）。

3.15.1.3.3 如水样余氯浓度较低时，会产生淡黄色，如水样碱度过高而余氯浓度很高，会产生绿色或淡蓝色，此时可多加1mL邻联甲苯胺溶液，即产生正常的浓黄色。

3.15.2 碘量法

余氯与碘化钾反应生成游离碘，然后用硫代硫酸钠标准溶液滴定。此法可测定0.1mg以上的总余氯。

水中的亚硝酸盐（如水中有游离性余氯则不可能存在）、高铁和锰、硝酸盐，如采用氯胺消毒则它可能存在，也在酸性溶液内使碘化钾释出碘。本法采用乙酸盐缓冲液使水样的pH等于4左右，就可减低上述物质的干扰作用。

3.15.2.1 仪器：碘量瓶。

3.15.2.2 试剂

3.15.2.2.1 碘化钾。

3.15.2.2.2 0.1000N 硫代硫酸钠标准溶液（3.7.1.2.5）。

3.15.2.2.3 0.0050N 0.0050N 硫代硫酸钠标准溶液：余氯含量低于 1mg/L 时，用 0.0050N 硫代硫酸钠溶液；含量高时用 0.0100N。配制此溶液须用除去二氧化碳的蒸馏水将 0.1000N 硫代硫酸钠溶液稀释。配好的溶液加入数滴氯仿 ($CHCl_3$) 可以防止分解。

3.15.2.2.4 淀粉溶液：称取 0.5g 可溶性淀粉用少量蒸馏水调成糊状，然后倒入 100mL 沸蒸馏水搅匀，冷却后加入 0.13g 水杨酸 [$C_6H_4(OH)COOH$] 防腐。

3.15.2.2.5 稀硫酸：将 20mL 浓硫酸加至 750mL 蒸馏水中，并稀释至 1000mL。

3.15.2.2.6 乙酸盐缓冲溶液（pH4）：146g 无水乙酸钠 243g$NaC_2H_3O_2·3H_2O$），溶于蒸馏水，加 480g 冰乙酸，用蒸馏水稀释至 1000mL。

3.15.2.3 步骤

3.15.2.3.1 吸取 100mL 水样（如余氯含量很低时，取 200mL 水样）于 250mL 碘量瓶内，用乙酸盐缓冲溶液调节 pH 在 3.5~4.2 之间，加入 0.5g 碘化钾，10mL 稀硫酸，于暗处放置约 5min。

3.15.2.3.2 用 0.0050N 硫代硫酸钠标准溶液滴定至淡黄色；加入 1mL 淀粉溶液，继续滴定至蓝色消失为止。记录用量。

3.15.2.4 计算

$$总余氯(Cl_2, mg/L) = \frac{V_1 \times 0.0050 \times \frac{70.91}{2000} \times 1000}{V} \times 1000$$

$$= \frac{V_1 \times 0.1773 \times 1000}{V}$$

式中 V_1——0.0050N 硫代硫酸钠用量，mL；
V——水样体积，mL。

3.16 总大肠菌群

总大肠菌群的检验，参照 GB5750—85《生活饮用水标准检验法》的规定进行。

附加说明：

本标准检验法由中国市政工程中南设计院负责技术归口管理并负责解释。

本标准检验法由中国市政工程中南设计院负责起草。

本标准检验法主要起草人：徐广祥 杨琢微 魏桂珍
张小平

中国工程建设标准化委员会标准

栅条、网格絮凝池设计标准

CECS 06:88

主编单位：全国给水排水工程标准技术委员会
批准单位：中国工程建设标准化委员会
批准日期：1988年12月16日

前　言

栅条、网格絮凝池是80年代开始在国内进行生产性试验的一种新型絮凝池，目前在国内已得到迅速推广应用。在旧设备挖潜改造和新建工程实践中取得了明显的技术经济效益。本标准就是结合80余座水厂具体工程实践积累的经验与数据，并经有关专家多次审查研究与修改，最后经全国给水排水工程标准技术委员会组织审查定稿的。

根据国家计划委员会计标[1988]1649号"关于请中国工程建设标准化委员会负责组织推荐性工程建设标准试点工作的通知"的精神，现批准《栅条、网格絮凝池设计标准》为中国工程建设标准化委员会标准，编号为CECS06:88，并推荐给各工程建设设计单位使用。在使用过程中，如发现需要修改补充之处，请将意见反有关资料寄交上海国康路3号全国给水排水工程标准技术委员会（邮政编码：200092）。

中国工程建设标准化委员会
1988年12月16日

目　次

第一章　总则 …………………………………… 27—3

第二章　池型布置 ……………………………… 27—3

第三章　设计参数 ……………………………… 27—4

第四章　栅条、网格构件的材料 ……………… 27—5

附录一　本标准用词说明 ……………………… 27—5

附加说明 ………………………………………… 27—6

条文说明 ………………………………………… 27—6

第一章 总 则

第1.0.1条 本标准适用于以地表水为水源的给水净化工程中的絮凝池工艺设计。

第1.0.2条 本絮凝池可用于浑浊度为20～2500度的原水。

第二章 池型布置

第2.0.1条 在原水进入絮凝池前，必须使药剂与水进行恰当的急剧、充分混合。

第2.0.2条 絮凝池宜与沉淀池合建。絮凝池一般布置成两组并联形式。

第2.0.3条 絮凝池每组设计水量宜小于25000 m³/d。

第2.0.4条 絮凝池宜设计成多格竖向回流式。

第2.0.5条 絮凝池内应有排泥设施。

栅条、网格絮凝池主要设计参数　　表 3.0.3

絮凝池型	絮凝池分段	栅条缝隙或网格孔眼尺寸 (mm)	板条宽度 (mm)	竖井平均流速 V_2 (m/s)	过栅或过网流速 V_1 (m/s)	竖井之间孔洞流速 V (m/s)	栅条或网格构件层距层距(cm)	设计絮凝时间 (min)	流速梯度 (s^{-1})
栅条絮凝池	前段(安放密栅条)	50	50	0.12～0.14	0.25～0.30	0.30～0.20	60	3～5	70～100
	中段(安放疏栅条)	80	50	0.12～0.14	0.22～0.25	0.20～0.15	60	3～5	40～60
	末段(不安放栅条)			0.10～0.14		0.10～0.14		4～5	10～20
网格絮凝池	前段(安放密网格)	80×80	35	0.12～0.14	0.25～0.30	0.30～0.20	60～70	3～5	70～100
	中段(安放疏网格)	100×100	35	0.12～0.14	0.22～0.25	0.20～0.15	60～70	3～5	40～60
	末段(不安放网格)			0.10～0.14		0.10～0.14		4～5	10～20

第三章 设计参数

第 3.0.1 条 絮凝池设计参数的采用，宜根据原水水质，设计生产能力，参照相似条件下水厂的运行经验或通过试验后确定。

第 3.0.2 条 絮凝时间宜为10～15min。

第 3.0.3 条 絮凝池设计能耗宜进行控制。絮凝池设计宜分三段，其过栅、过网格及其层数由不同规格的栅条、网格和过孔洞流速以及各段平均流速梯度应逐段递减，各段设计的水力参数及栅条、网格构件的规格和布设，可参照表3.0.3内的数值采用。

第四章 栅条、网格构件的材料

第 4.0.1 条 栅条、网格构件的制作材料可采用木材、扁钢、铸铁及钢筋混凝土预制件。

第 4.0.2 条 栅条、网格构件的厚度宜采用以下数值：

木材板条厚度：　　　　20～25mm
扁钢构件厚度：　　　　5～6mm
铸铁构件厚度：　　　　10～15mm
钢筋混凝土预制件厚度：30～70mm

附录一 本标准用词说明

一、为便于在执行本标准条文时区别对待，对要求严格程度不同的用词说明如下：

1. 表示很严格，非这样作不可的：
正面词采用"必须"，反面词采用"严禁"。

2. 表示严格，在正常情况下均应这样作的：
正面词采用"应"，反面词采用"不应"或"不得"。

3. 表示允许稍有选择，在条件许可时首先应这样作的：
正面词采用"宜"或"可"，反面词采用"不宜"。

二、条文中指定应按其它有关标准、规范执行时，写法为"应符合……的规定"，非必须按所指定的标准、规范或其它规定执行时，写法为"可参照……"。

中国工程建设标准化委员会标准

栅条、网格絮凝池设计标准

CECS 06:88

条 文 说 明

附加说明

本标准主要起草人名单

本标准主要起草人员：
中国市政工程中南设计院　高志强
上海市政工程设计院　费莹如
审查单位：
全国给水排水工程标准技术委员会

第一章 总 则

第 1.0.1 条 规定栅条、网格絮凝池的适用范围。

第 1.0.2 条 关于栅条、网格絮凝池适用的原水浊度的规定。各地至今已投产的栅条、网格絮凝池的进水浊度一般在 20～2500 度之间，处理效果稳定，运行正常，因此，条文中规定本絮凝池可用于原水浊度 20～2500 度。

在实践中遇到长江水短时间内浊度达 7000 度时也能运转，但应加强排泥。

本絮凝池对于长期水温低于 4℃、浑浊度低于 20 度的原水，其处理效果未经实践考验。故遇此种原水时，应通过试验验证。

第二章 池型布置

第 2.0.1 条 对于混合的要求。各地的实践表明，混合条件直接影响絮凝效果。中国市政工程中南设计院在洪湖水厂进行的对比试验证明，经过管式混合器混合后的絮凝效果，远较仅用管道混合为佳。借鉴国外经验，对于金属凝聚剂宜采用快速混合法，而对高分子聚合物的混合，则不宜通过急剧。故本条规定"必须使药剂与水进行恰当的急剧、充分急剧、分急剧、分混合"。

第 2.0.2 条 关于絮凝池布置的要求。原水通过流速梯度较高的混合阶段进入絮凝池进口处，建议设置配水段，形成稳定流态，以利均匀配水。这个配水段属于絮凝池的组成部分。有的工程（如沙市西区水厂）在配水段就装上栅条构件，以利絮凝。

第 2.0.3 条 关于每组絮凝池设计水量范围的要求。目前正在运转的栅条、网格絮凝池，每组设计水量最大为 3600m³/d。（广州西村水厂三厂老池改建）中国市政工程中南设计院设计并已投产的池子多为 10000～25000m³/d。鉴于每组设计水量大，分格面积相应增大，流态均匀性难于控制，故本条规定"每组设计水量宜小于 25000m³/d。"

第 2.0.4 条 关于絮凝池多格竖向回流式。已投产的栅条、网格絮凝池均为多格竖向回流式，故本条规定"宜设计成多格竖向回流式"。在矩形池中，竖井平面形状可采用正方形或矩形，在圆形池中可采用扇形。

第 2.0.5 条 关于絮凝池内竖井平均流速较低、难免沉泥,故应考虑排泥设施。网格絮凝池应设排泥设备的要求。栅条、

第三章 设计参数

第 3.0.1 条 关于絮凝池设计参数选择的要求。絮凝池选择适宜的设计参数,与原水浊度、水温、设计规模、格尺寸大小）等均有密切关系,很难确定一个统一的参数,故规定"参照相似条件下水厂的运行经验或通过试验后确定"。

第 3.0.2 条 关于絮凝时间的规定。1985年以前所用的栅条、网格絮凝池各段的流速梯度分别为 $60s^{-1}$、$30s^{-1}$、$15s^{-1}$,相应的絮凝时间为 6~8min。根据这几年来各地的运转经验,按上述参数运转的池子处理浊度100度以下或温度在4℃以下的原水,药耗偏大。有的运转资料表明,絮凝时间不宜少于12min。为了适当留有余地,本条规定絮凝时间一般宜为10~15min。

本条絮凝时间不包括絮凝池前后配水段的停留时间。

第 3.0.3 条 关于控制絮凝池设计能耗的方法和要求。由于坚井平均流速相同,为适应絮凝池分段递减的要求,80年代初开始试验时,采用了以不同规格的栅条、网格絮凝来调整能耗。1983年后,在长江水源推广应用栅条、网格絮凝时,由于原水浊度较高,水质易于处理,絮凝池曾简化为一种规格。运行中发现,絮凝全部采用同一尺寸的栅条比同一尺寸的网格絮凝效果好。这一差异表明,真实的能耗递减,不能单以栅（网）的层数来调整。尽管前段栅（网）规格一样,能耗大；中段层数少,能耗小。但如果栅条多,

则每一层栅(网)的能耗都相同,并设有完全达到能耗递减的要求。在絮凝池末段,因网格比栅条对矾花的剪切力大,所以絮凝效果就可能比栅条略差。这一对比并不说明网格絮凝效果比栅条差。理论上栅条、网格产生的紊流微结构基本相同,仅由于一个絮凝池中不应采用同一规格的网格或栅条。网格具有易加工、用材省等优点,故采用较多。自1984年以后,在沙市、昆山等10余项工程设计中,分别采用了不同规格的栅条、网格,取得较好效果。本标准所定规格即是总结了这些工程的运行经验提出的。

根据运转资料,中段的能耗、絮凝池前段、中段可采取下列措施:(1)增大竖井平均流速,由1983年推荐的0.1m/s提高到0.12~0.14m/s;(2)缩小栅条缝隙或网格孔眼尺寸。

栅条、网格水头损失计算可参照下式:

密型栅条、网格的单层水头损失

$$\Delta h = 1.0 \times \frac{v_1^2}{2g} \quad (3.0.3-1)$$

疏型栅条、网格的单层水头损失

$$\Delta h = 0.9 \times \frac{v_1^2}{2g} \quad (3.0.3-2)$$

连接孔洞的水头损失

$$h = 3.0 \times \frac{v^2}{2g} \quad (3.0.3-3)$$

式中 v——下孔洞流速;
v_1——过栅或过网流速;
g——重力加速度(9.81m/s²)。

第四章 栅条、网格构件的材料

第4.0.1条 关于栅条、网格采用材料的建议,1982年以来已投产运行的工程采用木材(松、杉)、扁钢为多,铸铁、钢筋混凝土预制件次之。

第4.0.2条 关于栅条、网格构件厚度的建议值,条文中的规定均系经验数值。实践证明,构成栅条、网格构件的板条厚度,宜薄不宜厚。

附表

栅条、网格絮凝池生产运行测定资料

	测定时间地点	原水 浊度 (mg/L)	原水 水温 (℃)	凝聚剂投量 以Al₂O₃计 (mg/L)	絮凝时间 (min)	斜管沉淀池出水浊度 (mg/L)	上升流速 (m/s)	备注
低温测定	1987年12月6日10时昆山	90	3	2.9	9.19	4	3.06	上海、无锡、苏州自来水公司测定Al₂O₃投加量乘以6.52即为精制硫酸铝固体商品投量
	1987年12月6日15时昆山	70	5	3.1	9.61	4	2.77	
	1987年12月6日14时昆山	70	3	3.1	9.61	7	2.77	
	1987年12月7日12时昆山	80	4	1.8	9.49	7.2	2.98	
	1987年12月7日13时昆山	80	4	2.1	9.55	11.7	2.93	
	1987年12月7日14时昆山	80	3.5	2.0	9.12	12.7	3.06	
	1985年1月11日17时洪湖	88	4	2.46	4.4	6.9	3.56	中国市政工程中南设计院测定
	1985年1月10日13时洪湖	160	2.5	2.59	6.79	8	3.56	
	1985年1月11日15时洪湖	88	4	1.79	10.6	12	2.24	碱式氯化铝(固体)中Al₂O₃含量为26.7%
	1985年1月10日17时洪湖	160	2.5	1.95	6.79	14	3.56	
	1985年1月10日15时洪湖	160	2.5	1.28	6.79	19	3.56	
常温测定	1986年8月8日名山县	120	26	1.75	2.5	5	2.4	成都自来水公司测定，投加液体碱式氯化铝
	1984年9月九江	900	27.5	(液体三氯化铁21.6)	5	6.7	2.6	九江自来水公司测定，投加硫酸铝
	1985年8月28日福州	160	24.5	1.53	5.76	11	3.4	福州自来水公司测定，投加精制硫酸铝
	1987年9月14日昆山	22	24	1.96	9	4.6	3.02	中国市政工程中南设计院测定，投加精制硫酸铝
	1983年7月3日洪湖	620	18	1.66	6.1	6	3.4	中国市政工程中南设计院测定，投加碱式氯化铝
	1986年10月18日沙市	340	22	1.61	6.38	7.5	3.6	中国市政工程中南设计院测定，投加碱式氯化铝
	1983年7月1日洪湖	936	27	1.59	6.1	8	3.4	中国市政工程中南设计院测定，投加碱式氯化铝
	1986年7月31日沙市	1600	27	2.3	6.3	8	3.5	沙市自来水公司测定，投加碱式氯化铝
	1986年8月3日沙市	2300	27	4.0	6.1	9	3.5	沙市自来水公司测定，投加碱式氯化铝
	1983年7月3日洪湖	620	24	1.16	6.1	9	3.4	中国市政工程中南设计院测定，投加碱式氯化铝
	1986年10月18日~24日沙市	410	18	2.01	6.38	9.3	3.6	中国市政工程中南设计院测定，投加碱式氯化铝
	1987年9月16日昆山	17.5	24	1.96	9	9.4	3.02	中国市政工程中南设计院测定，投加精制硫酸铝
	1983年11月1日洪湖	200	18	1.17	6.31	14.1	2.83	武汉建材学院、中国市政工程中南设计院、武汉自来水设备公司，宜昌给水设计院测定
	1983年7月3日洪湖	612	24	0.58	6.08	20	3.4	中国市政工程中南设计院测定

中国工程建设标准化协会标准

埋地给水钢管道水泥砂浆衬里技术标准

CECS 10:89

主编单位：北京市市政设计研究院
批准单位：中国工程建设标准化协会
批准日期：1989年11月27日

前 言

埋地给水钢管道水泥砂浆衬里技术，近年来在国内工程上已广泛应用并已获得成熟的经验。给水钢管内壁采用水泥砂浆衬里，不但能防止管道内壁腐蚀结垢，延长管道使用寿命，并能保护水质，保持或提高管道输水能力，节省能源，具有显著经济效益和社会效益。为满足设计、施工应用需要，保证工程质量，特制订本标准。本标准参照国内外科学实验的成果，结合工程实践并经征求有关专家和单位的意见，经全国管道结构标准技术委员会组织审定。现批准《埋地给水钢管道水泥砂浆衬里技术标准》，编号为CECS 10:89，并推荐给各工程建设设计、施工单位使用。

在使用过程中，请将意见及有关资料寄交北京月坛南街乙2号全国管道结构标准技术委员会（邮政编码：100045）。

中国工程建设标准化协会
1989年11月27日

目 次

第一章 总则 …………………………… 28—3
第二章 材料 …………………………… 28—3
第三章 施工规定 ……………………… 28—4
　第一节 一般规定 …………………… 28—4
　第二节 衬里用料的配制 …………… 28—4
　第三节 衬里的施工及养护 ………… 28—4
第四章 衬里质量检测标准及方法 …… 28—5
第五章 修补 …………………………… 28—6
附录 本标准用词说明 ………………… 28—6
附加说明 ……………………………… 28—7
条文说明 ……………………………… 28—7

第一章 总 则

第1.0.1条 为延长埋地给水钢管道的使用寿命，保护水质，保持或提高管道输水能力，确保水泥砂浆衬里的质量，特制订本标准。

第1.0.2条 本标准适用于公称管径500mm及以上埋地新建或已建的给水钢管道。

管内输送的水质应符合《地面水环境质量标准》（GB 3838—88）或《生活饮用水卫生标准》（GB 5749—85）的要求。水温不得超过60℃。

第1.0.3条 本标准适用于在现场用机械喷涂的施工工艺。当管径大于1000mm，若无机械喷涂设备并且有手工涂抹经验时，允许用手工涂抹。

第1.0.4条 本标准所规定的衬里表面质量指标是按衬里表面粗糙系数n值不大于0.012的标准确定的。

第二章 材 料

第2.0.1条 衬里用水泥应采用硅酸盐水泥，普通硅酸盐水泥及矿渣硅酸盐水泥，并且均应符合国家标准《硅酸盐水泥，普通硅酸盐水泥》（GB 175—85），《矿渣硅酸盐水泥，火山灰质硅酸盐水泥及粉煤灰硅酸盐水泥》（GB 1344—85）的规定。水泥标号为425号或525号。

第2.0.2条 砂颗粒要坚硬、洁净、级配良好，其质量标准及检验方法除应符合《普通混凝土用砂的质量标准及检验方法》（JGJ 52—79）外，砂中泥土、云母、有机杂质以及其他有害物质的总重量不应超过总重的2%。

砂粒应全部能通过1.19mm（14目）筛孔，通过0.297mm（50目）筛孔的不应超过55%，通过0.149mm（100目）筛孔的不应超过5%。

使用前应用筛网筛选。

第2.0.3条 水质必须清洁，不得含有泥土、油类、酸、碱、有机物等影响砂浆衬里质量的物质。宜采用生活饮用水。

第2.0.4条 为改善砂浆和易性、密实度和粘结强度需掺加外加剂时，必须经过试验确定，不得采用对管内水质起有害作用和对钢材有腐蚀作用的衬里砂浆外加剂。

第三章 施工规定

第一节 一般规定

第3.1.1条 水泥砂浆衬里的施工，必须在管道铺设完毕，试压合格并按设计要求复土夯实后进行，衬里施工过程中，管道必须处于稳定状态。

第3.1.2条 衬里施工前应检查管道的变形状况，其竖向最大变位不应大于设计规定值，且不得大于管径的2%。

第3.1.3条 衬里应去除松散的氧化铁皮、浮锈、泥土、油脂、污杂物等附着物，钢管内壁焊缝凸起高度不得大于表3.3.1所规定厚度的1/3，对旧管道还应去除锈瘤、水垢等附着物。附着物去除后应用水清洗。衬里施工时管内壁不得有结露和积水。

第二节 衬里用料的配制

第3.2.1条 水泥砂浆必须用机械充分混合搅拌。砂浆稠度应符合衬里的匀质密实度要求。砂浆应在初凝前使用。

第3.2.2条 水泥砂浆重量配比可在1:1～1:2范围内选用，水泥砂浆坍落度宜取60～80mm，当管径小于1000mm时，允许提高，但不宜大于120mm。

第3.2.3条 水泥砂浆抗压强度不得低于30MPa。

第三节 各种管径的衬里的施工及养护

第3.3.1条 各种管径的衬里厚度及允许公差可按表3.3.1采用。

当采用手工涂抹时，表3.3.1规定的衬里厚度应分层涂抹。

水泥砂浆衬里厚度及允许公差 表3.3.1

公称管径 (mm)	衬里厚度 (mm)		厚度公差 (mm)	
	机械喷涂	手工涂抹	机械喷涂	手工涂抹
500～700	8		+2 -2	
800～1000	10		+2 -2	
1100～1500	12	14	+3 -2	+3 -2
1600～1800	14	16	+3 -2	+3 -2
2000～2200	15	17	+4 -3	+4 -3
2400～2600	16	18	+4 -3	+4 -3
2600以上	18	20	+4 -3	+4 -3

第3.3.2条 当采用机械喷涂施工工艺时，对弯头、三通特殊管件和邻近阀间附近管段等可采用手工涂抹，并以光滑的渐变段与机械喷涂的衬里相接。

第3.3.3条 管道衬里水泥砂浆达到终凝后，必须立即进行浇水养护，保持衬里湿润状态应在7d以上。当采用矿渣硅酸盐水泥时，保持湿润状态应在10d以上。

养护期间管段内所有孔洞应严密封闭，当达到养护期限后，应反时充水，否则应继续进行养护。

于5m时可不修补。当裂缝宽度大于1.6mm时，经加强养护后裂缝能自动愈合者，可认为合格。

第4.0.5条 水泥砂浆衬里表面缺陷（麻面、砂穴、空鼓等），每处不得大于5cm²，单个缺陷的深度根据管径大小不得大于表3.3.1中厚度公差的数值。

第4.0.6条 以手锤轻击衬里表面的音响判断空鼓。每处空鼓面积不得大于400cm²。

第四章 衬里质量检测标准及方法

第4.0.1条 水泥砂浆衬里厚度可用钻孔方法或测厚仪检测。当采用测厚仪检测时，检测厚度仪须经检测部门验证，其允许公差应按表3.3.1的规定。

当管径大于或等于800mm时，每100m长管段内抽查2个断面，每个断面上应测上下左2个点，若其中1个点不合格，则再抽查4个断面，如其中仍有2个点不合格，则该检测段不合格。

管径小于800mm的管道，可取靠证管段两端处检测，检测标准同上。每段检测长度不应超过500m。

第4.0.2条 水泥砂浆衬里的表面平整度。可用300mm直尺平行管道轴线检测定衬里表面和直尺之间的间隙。

管径在800~2000mm时，每100m管段内抽查10处，其中9处的间隙不得大于1.6mm，若不符合时，则再抽测20处，其中18处的间隙不得大于1.6mm；管径大于2000mm时，间隙不应大于2.0mm，检测方法同上，否则为不合格。

管径小于800mm的管道，可取靠证管段两端处，每端检测4处，其中3处的间隙不应大于1.6mm，若不符合时，再检测4处，其中3处的间隙不应大于1.6mm，否则为不合格。每段检测长度不应超过500m。

第4.0.3条 水泥砂浆衬里表面的粗糙度。当机械喷涂施工时，用样板比较检验，当手工涂抹施工时，以手感光滑无砂粒感检验。当必要时需检测n值时，可在管道通水后进行流量测试检验。

第4.0.4条 水泥砂浆衬里因收缩引起的裂缝。当其宽度小于或等于1.6mm，且沿管道轴向的长不大于管道圆周周长和不大

第五章 修 补

第5.0.1条 不合格的表面缺陷、裂缝、空鼓等，必须认真修补。修补所用的材料、配比等应与原衬里相同并应按照第3.3.3条的要求及时进行养护。

第5.0.2条 修补后的衬里仍应按第四章的规定进行检测。

附 录 本标准用词说明

执行本标准条文时，对要求严格程度的用词说明如下，以便在执行中区别对待。

一、表示很严格，非这样做不可的用词：
正面词采用"必须"；反面词采用"严禁"。

二、表示严格，在正常情况下均应这样做的用词：
正面词采用"应"；反面词采用"不应"或"不得"。

三、表示允许稍有选择，在条件许可时，首先应这样做的用词：
正面词采用"宜"或"可"，反面词采用"不宜"。

中国工程建设标准化协会标准

埋地给水钢管道水泥砂浆衬里技术标准

CECS 10:89

条文说明

附加说明

本标准起草人员名单

起草人员：
北京市市政设计研究院　潘骏寿　刘雨生
上海中条管道工程公司　王克斌　俞国屏

审查单位：全国管道结构标准技术委员会

目　次

第一章　总则	28—8
第二章　材料	28—10
第三章　施工规定	28—11
第一节　一般规定	28—11
第二节　衬里用料的配制	28—11
第三节　衬里的施工及养护	28—12
第四章　衬里质量检测标准及方法	28—14
第五章　修补	28—15
附录一　埋地给水钢管道水泥砂浆衬里厚度表（国外标准）	28—16
附录二　埋地给水钢管道水泥砂浆衬里厚度表（国内标准）	28—16

第一章　总　则

第1.0.1条　用水泥砂浆衬里做给水金属管道内壁防护层，国外在30年代已开始采用。为解决铸铁给水管道内壁腐蚀结垢问题，国内上海、青岛等地在60年代初开始采用水泥砂浆衬里并收到良好效果。

70年代以来，国内各大城市铺设了大量的输水配水钢管道，其中大口径的占有相当比重。以往在铺设的给水钢管道绝大部分采用冷底子油、沥青底油做防护层。这种防腐措施往往达不到要求的防腐蚀年限，而影响管道的使用年限。以北京燕山石化总公司铺设的$Dg1200mm$及$Dg1500mm$总长94km的输水钢管道为例，在使用5年多时间后检查，管道内壁几乎全部长满铁腐瘤，瘤高达10～30mm，腐蚀深度达1～3mm，管内壁遭受严重腐蚀。

管道内壁腐蚀结垢，使其比阻值增加，输水能力随之下降。以上海市给水管网部分$Dg1000mm$及$Dg1200mm$管道（铸铁管）实测为例，使用3年后，管道粗糙系数分别上升至0.0174及0.0178，管道输水能力分别下降了33%及36%，管道粗糙系数分别上升至0.0199及0.0205，管道输水能力分别下降了45%及47%。美国威廉·哈曾（Hazen. Williams）总结了19个城市给水管道使用情况，管道使用10年后，其阻力系数较开始使用时增加到1.32倍；20年后为1.69倍；50年后为2.85倍。

上述情况表明，在管道内壁未采取有效防护措施情况下，虽然水质成分对腐蚀结垢的程度有一定影响，但总的来说，管道内壁遭受的腐蚀随使用年限而加剧，缩短了管道使用寿命，增加了输水能力随使用年限而递减，两者造成电能的消耗。

第四建筑工程公司等单位根据工程质量需要分别制定了衬里技术标准，对保证工程质量起了促进作用。

鉴于国内目前在这方面还没有统一和完整的技术标准，为保证理地给水钢管道水泥砂浆衬里的质量，在参考国外技术资料和总结国内经验的基础上，制订了本标准。

第1.0.2条 根据国内现有的现场机械喷涂设备的规格及输送水质有关标准提出。考虑到水泥砂浆衬里的规格及施工实际具有手工涂抹水能完成的通用管径的规程的前提下，手工涂抹水泥砂浆衬里有比较稳定。对管径较大（大于1000mm）时，说明采用机械喷涂设备还不能普遍采用的情况，在严格按施工操作规程办理的前提下，手工涂抹水能达到质量标准，因此条文规定了允许采用手工涂抹的条件。

第1.0.3条 根据国内外水泥砂浆衬里的技术标准及施工实践，说明采用机械喷涂设备现有的现场机械喷涂设备的规格及输送水质有关标准提出。考虑到水泥砂浆衬里的规格及输送水浆衬里的耐温性能，规定了输送水的温度不得超过60℃。

第1.0.4条 钢管进行水能力影响过水能力。美国AWWA C602—83标准提出水泥砂浆衬里表面的粗糙程度直接影响过水能力。美国AWWA C602—83标准（Hazen.Williams公式）当管径大于500mm时为130，以此做为衬里质量的通用验收标准。我国在这方面还没有明确的规定，通常以管内壁表面的粗糙系数n计算公式。在选择给水钢管径时，一般均采用旧钢管的粗糙系数，其粗糙系数n约等于0.013。

根据北京、上海等地铺设的给水钢管或铸铁管进行水泥砂浆衬里后，上海通水能力的校验，衬里表面的粗糙系数n均小于0.012或等于0.012。因此确定衬里表面粗糙系数n不大于0.012做为质量指标。

济损失是相当可观的。

给水钢管道采用水泥砂浆衬里，使管内壁不与水直接接触，而仅与浸透衬里pH值较高（pH值在12以上）的溶液接触，从而抑制了钢管内壁氧化和腐蚀结垢。同时，由于水泥砂浆化学性能比较稳定，清水与之接触水质不受影响，并防止了铁锈对水的污染，保护了水质。采用水泥砂浆衬里虽使管道过水断面略有减小，但由于衬里表面较平整，其表面粗糙系数（n值）可做到不大于0.012，且使用一段时间后还有降低的趋势，较目前一般给水钢管（无水泥浆衬里）采用按旧钢管计算管径的选择，因而在管径的选择上是有利的。1951年布来司（H.A.Price）编制了AWWA C602《≥Dg400mm给水钢管道现场施工水泥砂浆涂衬标准》，目前该标准修订版为AWWA C602—83。日本也较早采用，目前执行的标准主要是日本水道协会编制的JWWA A109—1979《给水钢管水泥砂浆涂衬标准》。近年来，国内不少理地给水钢管已采用了水泥砂浆衬里做为内壁防护层并取得了良好效果。据不完全统计，如天津引滦工程铺设的长已在140.5km以上（管径700～3000mm），上海黄浦江上游引水工程铺设的长14.5km（Dg2500mm）输水钢管，北京水源九厂二期工程铺设的长54km（Dg2200mm）输水钢管及长29km配水钢管，南京自来水公司碧置铺设的长11km（Dg1000～Dg2200mm）配水钢管，南京自来水公司大连输水钢管等。此外，上海引滦工程成立了中日合资的上海中条管道工程公司，专门承包钢管水泥砂浆衬里工程的施工并提供ϕ500～ϕ3000mm钢管水泥砂浆喷涂机械，如北京市政部门、大连工程指挥部、天津引滦工程公司，上海中条管道工程公司，河北省市政设计研究院

第二章 材 料

第2.0.1条 衬里用水泥品种的选择。国外标准中，认为波特兰水泥、矿渣水泥、粉煤灰水泥以及火山灰水泥等均可使用，但一般使用波特兰水泥（硅酸盐水泥）较多。为避免或减少由收缩引起的裂缝，应尽量选择干缩性较小的品种（硅酸盐水泥或普通硅酸盐水泥）；同时应考虑材料供应条件。故条文规定采用硅酸盐水泥、普通硅酸盐水泥或矿渣硅酸盐水泥。

第2.0.2条 砂中的泥土、云母、片状颗粒及有机杂质等的限制合量。国外标准中规定不太统一。美国AWWA C602—83中规定其总重量不超过砂在内总重的3%，并限制了一些物质的最高含量（页岩1%，粘土、块状物1%，云母及有害物质2%）；日本JWWA A109—1979中规定迚砂不准含有灰尘、泥土、有机物等有害物，同时在埋地钢管施工要领书中提出，砂中不得合有泥土及有害物大于2%，上海中条管道工程公司制定的金属管防腐蚀工程设计规范》（SYJ 7—84）中对含有机物的砂不得含泥量不超过5%；国内，石油部《钢质管道及贮罐防腐蚀工程设计规范》（SYJ 7—84）中对含有机物的砂暂提出总泥量不得大于2%；北京市市政设计研究院制定的钢管衬里质量暂行标准中规定砂中泥土、云母和有机物等的总重量不超过砂总重的2%；上海中条管道工程公司制定的钢质管道衬里技术暂行标准中规定砂中不含泥土、云母或其它有害物质。

综上情况，结合我国普通混凝土用砂质量标准及检验方法（JGJ 52—79）中提出的，砂中粘土、泥灰、粉末等不得超过砂重的3%，煤屑、云母等不得超过砂总重0.5%的质量要求，考虑到钢管衬里质量的重要性，本条文规定，衬里用砂及其它有害质杂除应符合JGJ 52—79标准外，砂中泥土、云母及其它有害杂质的总重量不应超过包括砂在内总重的2%，并规定了砂在使用前应用筛网筛洗，以保证砂的洁净。

砂的粒径主要是参照日本JWWA A109—1979标准和国内各单位标准，以及工程实际采用粒径确定的。由于目前我国还没有制定筛目尺寸标准，本标准采用了国内通常使用的美国ASTM E—11—61条勘标准筛目。

第2.0.3条 根据水泥砂浆制备对水的要求，参照国内外标准制定。

第2.0.4条 国外标准中均允许在衬里用水泥砂浆中掺入不影响水泥加剂，对生活饮用水无有害作用并改进砂浆性能的外加剂。但对外加剂是否含有害于钢材未提反。考虑到水泥砂浆是附着在钢管内壁上，应不允许含有对钢衬材有腐蚀作用的物质。因此，本条文中规定了衬里用水泥砂浆，允许掺入通过试验确定的外加剂，但不得采用衬里用后对管内通过的水质起有害作用和对钢材有腐蚀作用的外加剂。

第三章 施 工 规 定

第一节 一般规定

第3.1.1条 埋地给水钢管道的结构设计，为合理使用钢材，充分发挥其强度较高、延性良好的特点，目前国内外一般均按柔性管设计。当钢管道（大口径）未埋入地下时，钢管四周无土壤弹抗作用，其自重变形较大，且变形处于不稳定状态，此时不允许进行水泥砂浆衬里的施工；钢管埋入地下、按设计要求覆土夯实后，钢管道在设计允许变形范围内处于稳定状态，此时方允许进行水泥砂浆衬里的施工。实践证明，水泥砂浆衬里，必须进行水泥砂浆衬里的施工，按上述程序进行，衬里的质量得到保证。为此，本条文规定，水泥砂浆衬里的施工，试压合格并按设计要求覆土夯实后进行（包括养护期），管道必须处于稳定状态。

钢管在地面上做好水泥砂浆内衬后再埋管的施工工艺，目前有关单位正在对水泥砂浆衬里的强度和变位适应性能进行试验研究，我们准备根据试验成果再编制这方面的技术标准。

第3.1.2条 采用机械喷涂进行钢管道水泥砂浆衬里施工时，其回转抹子具有一定的伸缩弹性，因此对埋地钢管道水泥砂浆衬里施工的钢管道提出，管道的变形应在管壁上，其伸缩范围需有一定的限制。日本中条公司对埋地钢管道进行水泥砂浆衬里施工时提出，管道的变形应在管径的3%以内。国内各单位制定的标准有要求变形不大于2%。国内工程设计，其刚度验算管道的变形值，一般应不大于2%。根据上述情况，本条文规定，钢管道的竖向最大变位不应大于设计规定值，且不得大于管径的2%。

第3.1.3条 衬里施工前，其中管壁的除锈程度，国内外标准对有除浮锈，去除浮锈，美国各单位制定的标准中，要求去除附着的一般提法为去除浮锈，国内工程实践中，美国AWWA C602—83标准中证明确提出不要求喷丸除锈，去除浮锈可以满足衬里与管壁附着结合的要求。

国家标准《工业管道工程施工及验收规范》GBJ 235—82中规定，管道焊接接头内壁应做到平整，内壁的错边最不得大于2mm，同时对有防腐蚀衬里的管道，规定"衬里管道内侧的焊缝不应有气孔、夹渣、焊瘤，并应修磨平滑，不得有凹陷。凸起高度不应超过2.5mm"。《建筑安装工程质量检验评定标准》（TJ 302—74）钢管安装工程中，对焊接管口的公差未明确规定。但对管道焊口平直度提出了允许公差为3mm（壁厚10mm以上时）。在上述规定的基础上，为保证水泥砂浆衬里有足够的厚度，本条文中规定钢管内壁焊缝凸起高度（包括错口偏差）不得大于衬里规定厚度的1/3。

第二节 衬里用料的配制

第3.2.1条 为使水泥砂浆中的水泥、砂、水（以及掺入的外加剂）充分混合搅拌均匀，达到最佳稠度和良好和易性，以保证衬里施工和质量，本文中规定必须采用机械搅拌，同时规定砂浆应在初凝前使用。

第3.2.2条 衬里用的水泥砂浆比的配比，美国AWWA C602—83中提出的概略比例为1:1～1:1.5（体积比）；日本JWWA A109—1979中提出，喷涂或手工涂抹衬里时为1:1～1:2（重量比）；中条公司对现场如AWWA C205—80为1:1.5~1:2.5（重量比）；其它标准如AWWA C205—80为1:1.5~1:2.5（重量比）；

JPI7S—18—62T为1:1~1:2.5（重量比）。国内石油部SYJ7—84中对喷涂施工提出的配比为1:1.5（重量比），其它单位制定的技术标准以1:1~1:2范围内。衬里施工的经验也验证配比以1:1~1:2为宜。考虑到水泥砂浆的配比大小与要求的砂浆强度，使用的水泥品种，施工方法等均有密切关系，本条文综合上述各标准中的数据及施工经验，规定水泥砂浆的重量配比为1:1~1:2。

为控制水泥砂浆具有最佳稠度和良好的易性和易性时的最小含水量（包括管壁的吸水量），以保持砂浆与管壁良好的结合和避免过大的收缩，衬里施工前应检测水泥砂浆的坍落度数值。美国AWWA C602—83提出了衬里用水泥砂浆坍落度领先中提出，如图3.2.2-1及图3.2.2-2所示。日本中条公司在砂浆施工要领中提出，当管径为1800~2200mm时，衬里砂浆控制在60~90mm。国内衬里施工经验也表明，坍落度随管径增大而减小。此外，砂浆

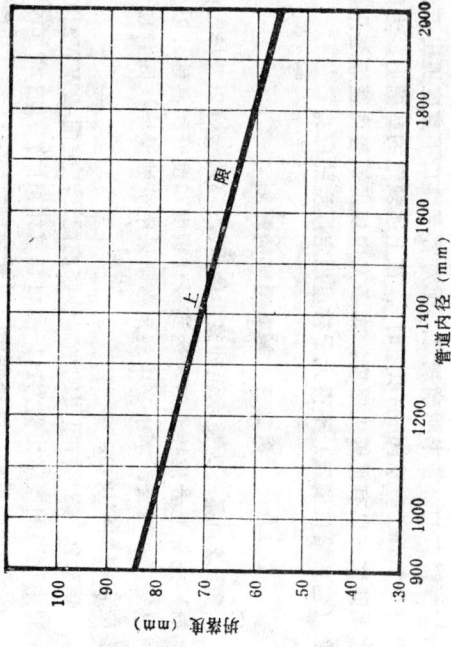

图3.2.2-1 利用波浆泵送入料管道衬里水泥砂浆搅拌坍落度

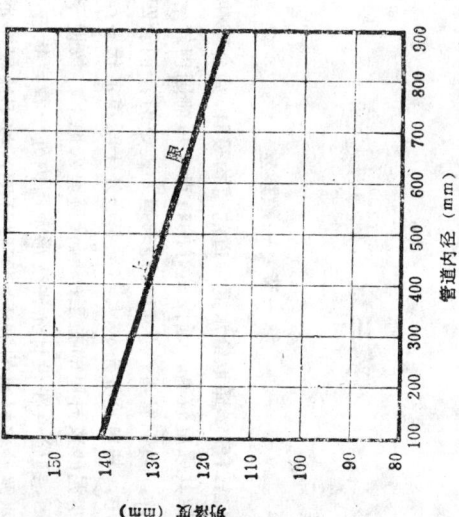

图3.2.2-2 利用机械送料管道衬里水泥砂浆搅拌坍落度

坍落度随砂粒形状及资料及情况的不同也有变化。本条文参照上述资料及情况，提出水泥砂浆的坍落度应取60~80mm，当管径小于1000mm时，允许提高，但不宜大于120mm。

第3.2.3条 根据水泥砂浆的配比，衬里质量及施工的要求，本条文规定水泥砂浆的抗压强度指标不得低于30MPa（相当于300kg/cm²）。根据本标准规定的配比和水泥标号其强度在一般情况下均能满足要求。

第三节 衬里的施工及养护

第3.3.1条 各种管径的衬里厚度及允许公差值，国外标准中规定不一（见附录一），国内各单位制定的标准也不统一（见附

录二）。但总的规律是衬里厚度随管径的情大而加厚，其公差值除AWWA C602—83标准外，其规律基本与衬里厚度变化相同。综合国内外情况及国内工程实践结果，本条正文提出了表3.3.1规定的衬里厚度及公差。其中，关于手工涂抹厚度大于机械喷涂厚度的问题，主要是考虑到手工涂抹操作（分层涂抹）的不均匀性要求大于机械喷涂。

第3.3.2条 采用机械喷涂施工时，对管道中的水平弯头和管道纵坡的适用范围，日本中条公司提出的数值见表3.3.2。

水平弯头和管道纵坡的机械喷涂适用范围 表3.3.2

机械种类	喷涂机可通过的极限角度		涂衬可能的弯曲极限	
	水平弯头	纵 坡	各种施工方法	机械喷涂
大口径管	45°	18°20′	22°30′	45°
中口径管	30°	18°20′	11°15′	22°30′
小口径管	22°30′	18°20′	11°15′	

实际上，除水平弯头及纵坡需要考虑外，经常还装有三通、渐缩管等其他管道附件。国外标准也提出，当不能用机械喷涂时，采用手工涂抹。目前国内钢管施工采用机械喷涂施工不普遍，积累的经验还不太多，故本条文规定当采用机械喷涂施工工艺时，特殊管件、三通、对弯头、对变段与机械喷涂等均采用手工涂抹，并以光滑过渡与机械喷涂相衔。

第3.3.3条 水泥砂浆衬里的养护。国外标准均规定了衬里的养护，是保证衬里达到较高的质量标准的关键环节。美国AWWA C602—83中，规定在一段管道机械涂衬竣工后，应立即开始在湿润条件下养护，同时规定聚乙烯膜性材料封闭涂管段上所有的孔洞，养护期直到管道充水（施工部门的实践也证明，如对衬里部门使用的孔，养护期疏忽大意，将会产生裂缝，要求保

持湿润养护期至少7天以上，管端及孔洞要封团。各地的一些管道衬里施工经验也证明了上还要求的正确性（北京水源九厂2200mm输水钢管试验段中，在手工涂抹试验段的一条2m多长的裂缝，由于下班忘记人孔的封闭，第二天衬里顶部就出现了二条2m多长的裂缝。因此本条文中规定管段衬里浇水养护保持湿润状态应在7天以上。并规定当采用矿渣硅酸盐水泥时（早期强度低，同缩性大），保持湿润状态的养护时间应延长至10天以上。同时规定了在养护期间，管段上所有孔洞应严密封闭，当达到养护期后应反时充水，进行养护，以保证衬里质量。

第四章 衬里质量检测标准及方法

第4.0.1条 衬里的厚度应符合第3.3.1条规定厚度和公差要求。厚度的检测采用测厚仪比较方便，但目前国内生产的测厚仪质量不理想，检测误差较大。采用钻孔方法检测虽麻烦一些，但检测数值准确，故本条文提出用钻孔方法检测或检测部门同意采用的测厚仪检测。

管径600mm以上应由人进入管道检测。考虑到国外标准规定管径600mm以上感到进入已困难，如用钻孔方法进行检测，将无法操作。本条文规定管径大于或等于800mm时由人进入检测。当衬里采用机械喷涂施工时，施工管段长度随管径大小而异。日本中条公司提出的施工管段长度见表4.0.1。

机械喷涂施工管段长度　　　　　　表4.0.1

管径(mm)	施工管段长度(m)
500～600	80以内
700～800	200以内
900～1000	400以内
1800以上	800以内

根据衬里厚度均匀的要求及可能的施工管长度，本条文规定当管径大于800mm时，每100m管段内，进行2个断面的厚度检测；当管径小于800mm时取靠正管段两端检测。衬里施工经验表明，当管径小于800mm时左右侧衬里厚度容易做到符合要求，而上下侧容易出现厚度误差。据此本条文规定管道断面上下侧故为每个断面的检测点。

第4.0.2条 衬里表面应光滑，无螺纹线凸肩，否则将影响管道过水能力。衬里表面平整度的检验，目前国内外均采用靠尺量间的间隙。美国AWWA C602—83标准中规定，当用300mm长的直尺平行管道轴线测定衬里表面和直尺之间的间隙（一般指旧管道）内壁粗糙或不规则则采用水泥砂浆衬里的年限还不长，施工经验尚待积累，故本条文根据国内工程实践经验，按管径的不同，分别规定了表面平整度检测标准。

第4.0.3条 第1.0.4条中已述及，衬里表面的粗糙（光滑）程度直接影响着管道的过水能力，并明确规定无砂粒感做为其质量指标。

由于管道通水前，衬里表面粗糙度检测，目前尚无准确的检测方法，一般只能采用间接检测的n值。对于机械喷涂施工，本条文推荐采用比较法检测，即由中衬里表面大于0.012的衬里样板，在现场比测定检验，做出n值大于0.012为其质量指标。

对于手工涂抹施工，由于衬里表面采用手工用抹子压光，其光滑程度较佳，因此本条文推荐采用手感试验可以取得衬里表面的n值。当管道通水后，通过流量试验为需要验证实际n值时，可在管道通水后进行流量试验。

第4.0.4条 衬里不允许出现有害的裂缝，以保证衬里的使用寿命。衬里因收缩引起的裂缝，在湿润条件下养护或衬里浸泡早期，由于水泥的水化作用能继续进行，当裂缝宽度不大时裂缝能自动愈合。美国AWWA C602—83标准中规定，宽度大于1.6mm的裂缝，宽度小于1.6mm的不需修补，衬里因收缩引起水中浸泡可自动愈合者，管理部门满意的情况下可不予修补。上述情况在国内衬里工程中已得到验证。本条文即参照上述内容制定。

第4.0.5条 对于衬里表面的缺陷（麻面、砂穴、空窝等），国外标准中仅规定受到损坏时下需修补,未提及什么情况下需修补。考虑到衬里质量对这类缺陷的检验要求,本条文根据国内工程实践,规定了单个缺陷的面积大于 5cm² 或单个缺陷的深度大于衬里规定厚度的公差时应进行修补。

第4.0.6条 为此规定每处空鼓面积大于 400cm² 时应进行修补。衬里发生较大面积的空鼓时,影响衬里的使用寿命。

第五章 修 补

第5.0.1条 不合格的部位必须进行认真的修补。不合格部位面积较小时,可手工清除和重新涂衬;面积较大时应采用最实用的方法进行修补或重新进行涂衬。为保证衬里修补的质量,其所用材料和配比应与原衬里相同,并按照第4.0.6条的要求及时进行养护。

第5.0.2条 修补或重新涂衬的衬里其质量检验应与管道衬里施工的要求一致,故规定修补后的衬里,应仍按第五章的规定进行检测。

附录一 埋地给水钢管道水泥砂浆衬里厚度表（国外标准）

埋地给水钢管道水泥砂浆衬里厚度(mm)（国外标准） 附表1.1

名称	AWWA C602—83					JWWA A109—1979			中条公司衬里规格			NKK公司衬里规格		
	新钢管		旧钢管		公差	公称管径	厚度	公差	公称管径	厚度	公差	公称管径	厚度	公差
	公称管径	厚度	公称管径	厚度										
衬里厚度	100~300	4.8	100~300	6.4	+3.2 -0	80~600	6	+2 -1	350~600	6	+5 -2	350~600	6	+5 -2
	350~900	6.4	350~560	7.9	+3.2 -0	700~900	9	+2 -2	700~800	10	+5 -2	700~800	10	+5 -2
	1050~1500	9.5	600~1500	9.5	+3.2 -0	1000~1350	13	+3 -3	1000~1350	15	+5 -3	1000~1350	15	+5 -3
	1700~2300	11.1	>1500	12.7	+3.2 -0	1500	16	+3 -3	1500~2000	20	+5 -3	1500~2000	20	+5 -3
	>2300	12.7							2100以上	25	+6 -3	2100以上	25	+6 -5

附录二 埋地给水钢管道水泥砂浆衬里厚度表（国内标准）

埋地给水钢管道水泥砂浆衬里厚度mm（国内标准） 附表2.1

名称	石油部SYJ7—84			上海中条管道公司			北京市市政设计研究院					天津引滦工程			大连引水工程		
	公称管径	厚度	最小厚度	公称管径	厚度	公差	公称管径	厚度		公差		公称管径	厚度	公差	公称管径	厚度	公差
								机喷	手抹	机喷	手抹						
衬里厚度	300以下	5	2.5				600	8	9	+3 -2	+3 -2						
	350~600	6	3.0	600~900	8	+2 -2	800~1000	10	11	+3 -2	+3 -2						
	700~1200	7	4.0	1000~1350	12	+2 -2	1200~1400	12	13	+4 -3	+4 -3						
	1400~1800	9	5.0	1500~2000	14	+3 -3	1600~1800	13	14	+4 -3	+4 -3				1400	10	+2 -2
				2100以上	16	+3 -3	2000~2200	15	17	+5 -3	+4 -3				2500	25	

中国工程建设标准化协会标准

预应力混凝土输水管结构设计规范
（震动挤压工艺）

CECS 16:90

主编单位：北京市市政工程研究所
批准单位：中国工程建设标准化协会
批准日期：1990年9月10日

前 言

预应力混凝土输水管（震动挤压工艺）在我国给水输水管工程中已大量使用，积累了丰富的工程实践经验和可靠的科研成果。本规范以总结我国成功经验为基础，并参考了相应的国外有关文献，在过去试验研究基础上又进一步开展了对震动挤压工艺预应力混凝土管的预应力损失值的实测试验研究，取得了设计实用数据，对管子纵向计算做了对比分析，并提供了合理计算方法。本规范在编制过程中，曾反复征求有关专家和单位意见，最后经全国管道结构标准技术委员会审定稿。

现批准《预应力混凝土输水管结构设计规范（震动挤压工艺）》CECS 16:90，并推荐给各工程建设单位使用。在使用过程中，请将意见及有关资料等交北京月坛南街乙二号全国管道结构标准技术委员会（邮政编码：100045）。

中国工程建设标准化协会

1990年9月10日

目 次

第一章 总则 ································ 29—4
第二章 材料 ································ 29—5
 第一节 混凝土 ···························· 29—5
 第二节 钢筋 ······························ 29—5
第三章 荷载 ································ 29—6
第四章 管体计算 ···························· 29—8
 第一节 基本规定 ·························· 29—8
 第二节 环向计算 ·························· 29—9
 第三节 纵向计算 ·························· 29—10
第五章 构造 ································ 29—11
附录 本规范用词说明 ························ 29—13
附加说明 ·································· 29—13
条文说明 ·································· 29—14

主要符号

荷载和内力

G_0——管自重；
G_1——管道上的竖向土压力；
G_2——胸腔混凝土的竖向土压力；
G_3——管内水重；
G_4——地面车辆产生的竖向压力；
G_5——回填土对管道产生的侧向压力；
G_6——地面车辆对管道产生的侧向压力；
M——组合荷载作用下，管壁截面上的最大弯矩；
N——设计内水压力作用下，管壁截面上的轴向力；
P_c——车辆的单个轮压；
P_w——管道的工作压力；
P_T——管道的设计内水压力；
P_{k1}——管子内压检验时的抗裂压力；
P_{k2}——管自重及管内水重的折算内压力。

应力

σ_{h1}——管壁混凝土相应阶段的预压应力；
σ_{k1}——环向预应力钢筋的张拉控制应力；
σ_{k2}——纵向预应力钢筋的张拉控制应力；
σ_{s1}——预应力钢筋在相应阶段的预应力损失；
σ_w——纵向弯曲应力；
σ_{y1}——预应力钢筋在相应阶段的有效应力；
σ_v——泊松应力。

材料指标

E_g——钢筋的弹性模量；
E_h——混凝土的弹性模量；
R_a——混凝土的轴心抗压设计强度；
R_f——混凝土的抗裂拉设计强度；
R_l——混凝土的弯曲抗拉设计强度；
R_w——每米管长的环向预应力钢筋载面积；
R_j^b——钢筋的标准强度；
v——混凝土的泊松比。

几何特征

A_h——环向计算时，管壁计算载面面积；
A_{h2}——管体环截面面积；
A_y——每米管长的环向预应力钢筋载面面积；
A_{yz}——纵向预应力钢筋面积；
a——单个车轮着地长度；
b——单个车轮着地宽度；
D_1——管子外径；
$\overline{D}_1$——作用于管顶的轮压分布计算宽度；
d_1——地面相邻两轮的净距；
H——管顶覆土高度；
h——管壁裂缝厚度；
l——锚具之间的距离；
r_1——半径；
W_h——管壁截面的弹性抵抗矩。

计算系数

Q_w——弯曲拉应力作用系数。

K_f —— 抗裂设计安全系数；
K_u —— 生产条件调整系数；
n_s —— 竖向土压力系数；
γ —— 矩形截面抵抗矩的塑性系数；
μ_D —— 车辆荷载的动力系数；
μ_g —— 环向预应力钢筋配筋率；
μ_{gs} —— 纵向预应力钢筋配筋率。

第一章 总 则

第1.0.1条 为了在预应力混凝土输水管（震动挤压工艺）结构设计中做到技术先进、经济合理、安全适用、确保质量，特制订本规范。

第1.0.2条 本规范适用于公称直径为400～2000mm，管道内水工作压力0.4～1.2MPa的承插式双向预应力混凝土柔性接口输水管的结构设计。

第1.0.3条 本规范适用于采用"震动挤压（俗称一阶段）工艺"制造的公称直径为400～2000mm、管道内水工作压力0.4～1.2MPa的承插式双向预应力混凝土柔性接口输水管的结构设计。

本规范适用于采用反混凝土等管道敷设方法。对地震区、湿陷性黄土或膨胀土等地区的管道设计及管子质量要求，尚应符合相应的现行有关国家标准、规范的规定。

第二章 材 料

第一节 混凝土

第2.1.1条 制管用水泥，应采用硅酸盐水泥，普通硅酸盐水泥或矿渣硅酸盐水泥。其标号不宜低于425号，并应符合《硅酸盐水泥、普通硅酸盐水泥》(GB 175—85)的规定及《矿渣硅酸盐水泥、火山灰质硅酸盐水泥及粉煤灰硅酸盐水泥》(GB 1344—85)中有关矿渣硅酸盐水泥的规定。

第2.1.2条 砂子应符合《普通混凝土用砂质量标准及检验方法》(JGJ 52—79)的规定，其中含泥量不宜大于1%。

第2.1.3条 碎石或卵石，应符合《普通混凝土用碎石或卵石质量标准及检验方法》(JGJ 53—79)的规定，其中最大粒径不得大于25mm或环筋净距。

第2.1.4条 制管用混凝土不得采用氯盐作为防冻、早强掺合料。若需掺加减水剂时，应根据试验鉴定，确定其适用性能及相应的掺合量。采用加减水剂时，必须采用无毒减水剂。

第2.1.5条 管体混凝土立方抗压强度不得低于40MPa。

第2.1.6条 混凝土设计强度应按表2.1.6采用。

表2.1.6 混凝土的设计强度(MPa)

项次	强度种类	混凝土标号(相应的强度等级)		
		400号(C38)	500号(C48)	600号(C58)
1	轴心抗压(R_a)	23	28.5	32.5
2	弯曲抗压(R_w)	29	35.5	40.5
3	抗拉(R_l)	2.15	2.45	2.65
4	抗裂(R_f)	2.55	2.85	3.05

第2.1.7条 混凝土受压或受拉时的弹性模量应按表2.1.7采用。

表2.1.7 混凝土受压或受拉时的弹性模量(MPa)

项次	混凝土标号(相应的强度等级)	弹性模量(E_h)
1	400号(C38)	3.30×10^4
2	500号(C48)	3.50×10^4
3	600号(C58)	3.65×10^4

第2.1.8条 混凝土的泊松比ν可采用$1/6_d$

第二节 钢 筋

第2.2.1条 制管用的环向和纵向预应力钢筋，宜选用光面或刻痕碳素钢丝，对小口径和工作压力较低的管子可选用标准强度不小于550MPa的冷拔低碳钢丝，对大口径和工作压力较高的管子，环向应选用钢绞线。

第2.2.2条 钢筋的标准强度应按表2.2.2采用。

表2.2.2 钢筋标准强度(MPa)

项次	钢筋种类			钢筋标准强度(R_y^b)	
				I组	II组
1	冷拔低碳钢丝	甲级:	φ3	750	700
			φ4	700	650
			φ5	650	600
		乙级:	φ3～φ5	550	
2	光面碳素钢丝		φ3	1770	
			φ4	1670	
			φ5	1570	
			φ6	1470	
			φ7	1370	

续表2.2.2

		I 组	II 组
3	刻痕碳素钢丝	1770	1470
		1670	1370
		1570	1270
4	钢绞线	7.5(7φ2.5)	1770
		9.0(7φ3)	1670
		12.0(7φ4)	1570
		15.0(7φ5)	1470

第2.2.3条 钢筋的弹性模量 E_s 应采用 $1.8 \times 10^5 \text{MPa}$。

第三章 荷 载

第3.0.1条 管道的设计荷载应包括覆土的竖向压力和侧向压力、管自重、管内水重、地面车辆或堆积荷载产生的竖向压力和侧向压力、地下水压力以及内水压力。

第3.0.2条 管道上的覆土的竖向土压力应按下式计算:

$$G_1 = n_s \gamma_s D_1 H \quad (3.0.2)$$

式中 G_1——管道上的竖向土压力 (kN/m);
D_1——管道外径 (m);
γ_s——回填土密度 (kN/m³);
H——管顶覆土高度 (m);
n_s——竖向土压力系数,按表3.0.2取值。

竖向土压力系数 表3.0.2

施工、敷设条件	压力系数 (n_s)
平地敷设(完全上埋式)	1.4
开槽敷设	1.1~1.2

注:①当平地敷设,管顶覆土高度小于管径时, n_s 值取 1.1~1.2 计算;
②当开槽敷设,地基为密实砂质土及硬塑性土时, n_s 值取 1.2 计算。

第3.0.3条 当管径大于1000mm时,应考虑管上部胸腔的竖向土压力,而管顶覆土高度小于管径时,应按下式计算:

$$G_2 = 0.1075 \gamma_s D_1^2 \quad (3.0.3)$$

式中 G_2——胸腔土的竖向土压力 (kN/m)。

第3.0.4条 管自重应按下式计算:

$$G_0 = 2\pi r_1 h \gamma_0 \quad (3.0.4)$$

式中 G_0 —— 管自重 (kN/m);
r_0 —— 管的平均半径 (m);
h —— 管壁厚度 (m);
γ_0 —— 管材重力密度 (kN/m³)。

第3.0.5条 管内水重应按下式计算:

$$G_3 = \pi r_n^2 \gamma_w \tag{3.0.5}$$

式中 G_3 —— 管内水重 (kN/m);
r_n —— 管的内半径 (m);
γ_w —— 水重力密度 (kN/m³)。

第3.0.6条 地面车辆产生的竖向压力 (见图3.0.6-1) 应按下列规定确定:

一、单个轮压传递的竖向压力应按下式计算:

$$G_4 = \frac{\mu_D P_c \overline{D}_1}{(a + 1.4H)(b + 1.4H)} \tag{3.0.6-1}$$

式中 G_4 —— 地面车辆产生的竖向压力 (kN/m);
μ_D —— 车辆荷载的动力系数, 当 $H \geq 0.7$m时, $\mu_D = 1$;
P_c —— 车辆的单个轮压力 (kN);
a —— 单个车轮的着地长度 (m);
b —— 单个车轮的着地宽度 (m);
$\overline{D}_1$ —— 作用于管顶的竖向压力的分布计算宽度。当 $D_1 \leq b+1.4H$ 时, $\overline{D}_1 = D_1$; 当 $D_1 > b+1.4H$ 时, $\overline{D}_1 = b+1.4H$。

二、两个以上轮压传递的竖向压力 (见图3.0.6-2) 应按下式计算:

$$G_4 = \frac{n\mu_D P_c \overline{D}_1}{(a+1.4H)\left(nb + \sum_{1}^{n-1} d_i + 1.4H\right)} \tag{3.0.6-2}$$

式中 n —— 车轮数量 (个);
d_i —— 地面相邻两轮间的净距 (m)。

注: ① 当 $\frac{\sum d}{n-1} < 1.4H$ 时, 应按公式 (3.0.6-2) 计算; 当 $\frac{\sum d}{n-1} \geq 1.4H$ 时, 应按公

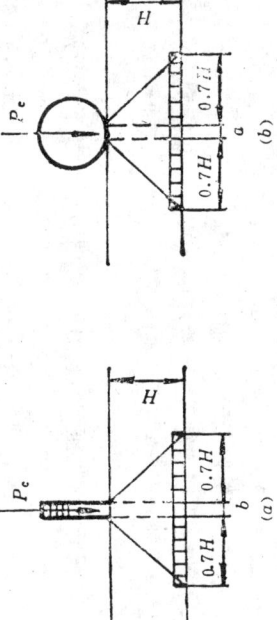

(a) 顺轮胎着地宽度的传递 (b) 顺轮胎着地长度的传递分布图

图3.0.6-1 地面车辆单个轮压的传递

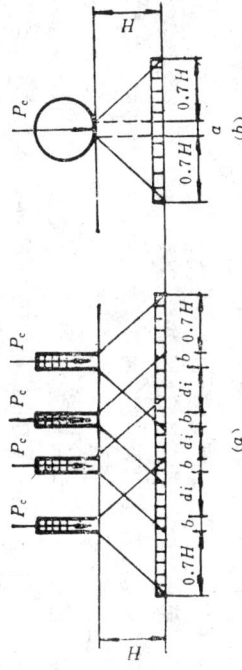

(a) 顺轮胎着地宽度的传递 (b) 顺轮胎着地长度的传递分布图

图3.0.6-2 地面车辆两个以上轮压综合影响的传递分布图

第3.0.7条 管道的侧向压力应按下列规定确定:

一、回填土对管道产生的侧向压力应按下式计算:

$$G_5 = \frac{1}{3} D_1 \gamma_e \cdot \left(H + \frac{D_1}{2}\right) \tag{3.0.7-1}$$

式中 G_5 —— 回填土对管道产生的侧向压力 (kN/m)。

二、地面车辆对管道产生的侧向压力应按

式 (3.0.6-1) 计算。

② 当地面上有堆积荷载时, 应按实际情况计算传递到管顶的竖向压力。

式中 G_6 ——地面车辆对管道产生的侧向压力（kN/m）。

$$G_6 = \frac{1}{3} G_4 \quad (3.0.7-2)$$

三、管道位于地下水位以下时，作用在管道上的压力应按下列规定确定：

1. 地下水位应取最低的稳定水位。
2. 管顶以上地下水水头产生的压力，应沿管内满水压力均匀分布的水压力计算。
3. 齐管顶的地下水对圆管产生的压力，应视作与管内水压力抵消，即两者均不计算对圆管内力的影响。
4. 地下水位以上的土的侧向压力，应按土的浮容重计算。

第3.0.8条 管道的设计内水压力 P_T 应根据管道工作压力 P_W 取用：

当 $P_W \leq 0.6$ MPa 时，$P_T = 1.5 P_W$，
$P_W > 0.6$ MPa 时，$P_T = P_W + 0.3$ MPa。

第四章 管体计算

第一节 基本规定

第4.1.1条 预应力混凝土输水管管体计算，应进行环向计算和纵向计算，并应以满足抗裂度要求作为计算配筋依据。

第4.1.2条 环向计算时，荷载组合应包括管自重、管内水重、竖向土压力、侧向土压力及设计内水压力，并应按实际工程情况计入地面活荷载或堆积荷载的传递压力。

第4.1.3条 纵向计算时，应考虑管子制造阶段环向预应力钢筋放张而引起的管体纵向内力。纵向内力应包括弯曲拉应力及纵向预应力。

第4.1.4条 环向预应力钢筋的张拉控制应力应取 $\sigma_{k1} \leq 0.75 R_y^b$，纵向预应力钢筋的张拉控制应力应取 $\sigma_{k2} = 0.7 R_y^b$。

第4.1.5条 环向预应力钢筋的预应力损失（包括钢筋应力松弛损失），应按下式计算：

一、蒸养阶段预应力损失：

$$\sigma_{s1} = 0.3 K_s \sigma_{k1} \quad (4.1.5-1)$$

式中 σ_{s1} ——蒸养阶段预应力损失（MPa）；

K_s ——生产条件调整系数，$K_s = 0.7 \sim 1.0$。

注：当实际的钢筋松张拉设计要求时，公式（4.1.5-1）中 σ_{k1} 应按实际取值。

二、混凝土弹性压缩引起的预应力损失，应按下式计算：

$$\sigma_{s2} = n \sigma_{h1} \frac{r_0^2}{r_a^2} \quad (4.1.5-2)$$

$$\sigma_{s2} = \mu_y(\sigma_{b1} - \sigma_{b1}') \quad (4.1.5-3)$$

式中 σ_{b1} ——混凝土弹性压缩引起的预应力损失(MPa);

n ——钢筋弹性模量与混凝土弹性模量的比值, $n = \dfrac{E_g}{E_h}$;

r_a ——环向预应力钢筋圆环半径 (m);

σ_{b1} ——管壁混凝土在相应阶段的环向预压应力(MPa);

μ_y ——环向钢筋配筋率 (%)。

三、混凝土收缩、徐变引起的预应力损失 σ_{s3},可按表4.1.5取值。

混凝土收缩、徐变引起的预应力损失 σ_{s3} (MPa)   表4.1.5

σ_{b2}/R'	0.1	0.2	0.3	0.4	0.5	≥0.6
σ_{s3}	28	38	48	58	68	105

注:①R' 为施加预应力时,混凝土的抗压强度.
②$\sigma_{b2} = \mu_y[\sigma_{b1} - (\sigma_{s1} + \sigma_{s2})]$.

第4.1.6条 纵向预应力钢筋引起的预应力损失,应按下列规定确定:

一、张拉端锚具变形引起的预应力损失,应按下式计算:

$$\sigma_{s4} = \lambda \dfrac{E_g}{l} \quad (4.1.6-1)$$

式中 σ_{s4} ——锚具变形引起的预应力损失(MPa);

λ ——锚具变形值,应根据试验确定,无试验资料时,可取 $\lambda = 1$mm;

l ——锚具之间的距离 (mm)。

二、钢筋的应力松弛损失,应按下式计算:

$$\sigma_{s5} = 0.07\sigma_{k2} \quad (4.1.6-2)$$

式中 σ_{k2} ——钢筋的应力松弛损失(MPa)。

三、混凝土弹性压缩引起的预应力损失,应按下式计算:

$$\sigma_{s6} = \mu_{yz}(\sigma_{k2} - (\sigma_{s4} + \sigma_{s5})) \quad (4.1.6-3)$$

$$\sigma_{b3} = n\sigma_{k5} \quad (4.1.6-4)$$

式中 σ_{s6} ——混凝土弹性压缩引起的预应力损失(MPa);

σ_{b3} ——管壁混凝土在相应阶段的纵向预压应力(MPa);

μ_{yz} ——纵向预应力钢筋的配筋率(%)。

第二节 环向计算

第4.2.1条 在组合荷载作用下,管壁截面内力应按下列公式计算:

$$M = (K_1 G_1 + K_5 G_2 + K_4 G_0 + K_3 G_3 + K_1 G_4 + K_2(G_5 + G_6)) \cdot r_0 \quad (4.2.1-1)$$

$$N = 10^3 \cdot p_T r_0 \quad (4.2.1-2)$$

式中 M ——组合荷载作用下,管壁截面上最大弯矩(kN·m/m);

N ——设计内水压力作用下,管壁截面上的轴向力(kN/m);

$K_1 \cdots K_5$ ——弯矩系数,应根据管道敷设条件按表4.2.1取值。

p_T ——管道设计内水压力(MPa),当 $p_w \le 0.6$MPa时,应取 $p_T = 1.5p_w$;当 $p_w > 0.6$MPa时,应取 $p_T = p_w + 0.3$MPa;

p_w ——管道工作内水压力;

b ——管子的计算长度,$b = 1$m。

弯矩系数表   表4.2.1

荷载类别	系数	素土平基或20土弧基础	砂土平基或90土弧基础	混凝土基础包角		
				90°	135°	180°
回填土反力产生的竖向压力	K_i 管底	0.266	0.178			
	管顶	0.150	0.141	0.105	0.065	0.047
	管侧	0.154	0.145			

h —— 管壁厚度（mm）；

W_h —— 管壁几何截面的弹性抵抗矩，$W_h = \frac{1}{6}bh^2$（mm³）；

γ —— 矩形截面抵抗矩的塑性系数，$\gamma = 1.75$；

K_f —— 抗裂设计安全系数，$K_f = 1.25$；

R_f —— 混凝土的抗裂设计强度（MPa）。

注：在确有根据可保证安全时，式4.2.2-1和4.2.2-2中，轴向力项内的抗裂安全系数K_f可按小于1.25取值，但不得小于1.0。

第4.2.3条 预应力混凝土输水管内压检验时的抗裂压力，应按下列公式计算：

$$P_{k1} = (bhR_f + A_y\sigma_{y1})\frac{1}{br_h} - P_{k2} \quad (4.2.3)$$

式中 P_{k1} —— 预应力混凝土输水管内压检验时的抗裂压力（MPa）；

P_{k2} —— 用水平水压试验机检验时，管自重及管内水重的折算内压力（MPa）。

第三节 纵向计算

第4.3.1条 管子制造阶段，环向预应力钢筋放张时产生的纵向弯曲应力，环向预应力钢筋放张时可按下列公式计算：

$$\sigma_w = Q_w\sigma_{y2}^{l/}\frac{r_b}{r_a} \quad (4.3.1)$$

式中 σ_w —— 纵向弯曲拉应力（MPa）；

Q_w —— 弯曲应力系数，可按表4.3.1取值；

$\sigma_{y2}^{l/}$ —— 相应阶段环向预应力钢筋的有效应力（MPa）。

第4.3.2条 环向压缩徐松应力，应按下式计算：

$$\sigma_y = \nu\sigma_{h2} \quad (4.3.2)$$

式中 σ_y —— σ_y 徐松应力（MPa）。

续表4.2.1

荷载类别	系数		垫土平基弧基础	砂基础或90°土弧基础	混凝土基础包角		
					90°	135°	180°
回填土及车辆产生的侧向压力	K_2	管底	-0.125	-0.125	-0.078	-0.052	-0.040
		管顶	-0.125	-0.125			
		管侧	0.125	0.125			
管内水重	K_3	管底	0.211	0.123	0.077	0.053	0.044
		管顶	0.079	0.071	0.075	0.059	-0.048
		管侧	-0.090	-0.082	-0.091		
管自重	K_4	管底	0.211	0.123	0.080	0.080	0.080
		管顶	0.079	0.071	0.091	0.091	0.091
		管侧	-0.090	-0.082			
胸腔土的坚向压力	K_5	管底	0.271	0.155	0.082	0.080	0.058
		管顶	0.085	0.076			
		管侧	-0.126	-0.117			

注：弯矩系数正负号以管内壁受拉为正原则，管外壁受拉为负。

第4.2.2条 根据抗裂强度计算管内壁及管外壁的纵向配筋，应按下式计算：

一、当$\gamma R_f > 10^3K_f\frac{M}{W_h}$时：

$$A_y = \left(10^3K_f\frac{N}{A_h} + 10^6K_f\frac{M}{\gamma W_h} - R_f\right)\frac{A_h}{\sigma_{y1}} \quad (4.2.2-1)$$

二、当$\gamma R_f \leq 10^3K_f\frac{M}{W_h}$时：

$$A_y = \left(10^3K_f\frac{N}{A_h} + 10^6K_f\frac{M}{W_h} - \gamma R_f\right)\frac{A_h}{\sigma_{y1}} \quad (4.2.2-2)$$

式中 A_y —— 每米管长的环向预应力钢筋截面积（mm²）；

μ_y —— 环向预应力钢筋配筋率（%），$\mu_y = \frac{A_y}{A_h}$；

σ_{y1} —— 相应阶段环向预应力钢筋的有效应力（MPa），$\sigma_{y1} = \sigma_{k1} - (\sigma_{s1} + \sigma_{s2} + \sigma_{s3})$；

A_h —— 管壁计算截面面积，$A_h = bh$ (mm²)；

弯曲应力系数   表4.3.1

管径(mm)	φ400	φ500	φ600	φ700	φ800	φ900
Q_w	0.7038	0.5906	0.4621	0.4035	0.3401	0.2719
管径(mm)	φ1000	φ1200	φ1400	φ1600	φ1800	φ2000
Q_w	0.2308	0.2082	0.1575	0.1256	0.09706	0.07734

第4.3.3条 纵向预应力钢筋配筋率及截面面积，应按下列公式计算：

一、当$K_f\sigma_w \geq 0.7\gamma R_f$时：

$$\mu_{ys} = [K_f(\sigma_w + \sigma_v) - 0.7\gamma R_f] \frac{1}{\sigma_{ys}} \quad (4.3.3-1)$$

二、当$K_f\sigma_w < 0.7\gamma R_f$时：

$$\mu_{ys} = \left[K_f\left(\frac{\sigma_w}{\gamma} + \sigma_v\right) - 0.7\gamma R_f\right]\frac{1}{\sigma_{ys}} \quad (4.3.3-2)$$

三、$A_{ys} = \mu_{ys} A_{hx}$ (4.3.3-3)

式中 μ_{ys}——纵向预应力钢筋配筋率(%)；
A_{hs}——管体环向截面面积(mm²)；
A_{ys}——管体环面的纵向预应力钢筋面积(mm²)；
σ_{ys}——相应阶段纵向预应力钢筋的有效应力(MPa)，
$\sigma_{ys} = \sigma_{k2} - (\sigma_{64} + \sigma_{65} + \sigma_{66})$。

第五章 构 造

第5.0.1条 管顶覆土不宜小于0.7m。

第5.0.2条 环向预应力钢筋的净距不宜大于35mm；端部，净距不宜小于集料的最大粒径。

第5.0.3条 纵向预应力钢筋采用不低于550MPa冷拔低碳钢丝时，其最小配筋率不应小于0.35%。

第5.0.4条 纵向预应力钢筋单根配筋时，最大净距不应大于12cm；成对配筋时，最大净距不应大于18cm。

第5.0.5条 管道基础敷设方法应按管道承载能力要求确定。实际管基形式与设计条件不一致，管体应与弧形槽密切贴合（见图5.0.6），允许在弧形槽内错填不实际管基形式与设计条件一致。

第5.0.6条 采用土弧基础时，其支承中心角不应小于90°。当土质不能保持弧形槽的要求时，不大于40～60mm厚的砂子。

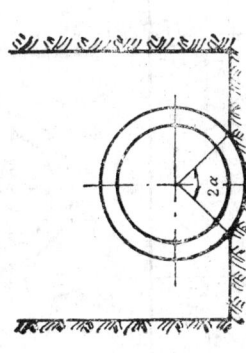

图5.0.6 土弧基础

允许采用土弧基础。

第5.0.7条 采用90°砂基础时，其敷设要求见图5.0.7-1或图5.0.7-2。在铺填砂子卵石或碎石（粒径一般取8~12mm）层时，必须夯实。

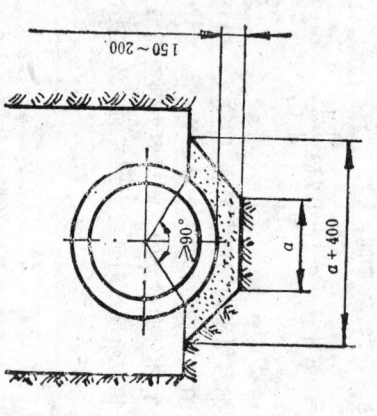

图5.0.7-1 90°砂基础

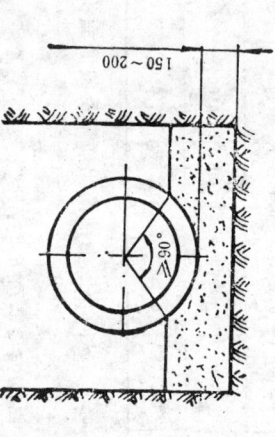

图5.0.7-2 90°砂基础

第5.0.8条 采用混凝土基础时，应按承载能力大小选用相应支承中心角的混凝土基础。混凝土基础的设计尺寸应符合表5.0.8及图5.0.8的规定。混凝土基础的设计强度不应低于10MPa。

混凝土基础尺寸

表5.0.8

基础支承中心角 2α	90°	135°	186°
基础宽度 b_j	$\geq D_1+2h$	$\geq D_1+3h$	$\geq D_1+3h$
基础厚度 h_j	$\geq 2h$	$\geq 2h$	$\geq 2h$

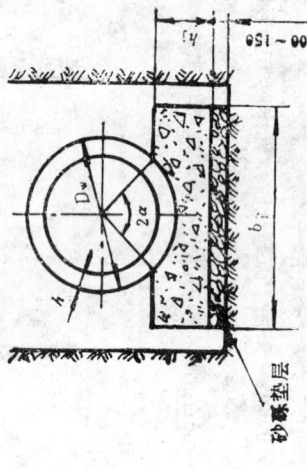

图5.0.8 混凝土基础

第5.0.9条 管道两侧回填土必须分层夯实，其密实度不得低于最大密实度的90%。管顶回填土应按设计文件或相应施工规范要求进行。

附　录　本规范用词说明

一、执行本规范条文时，要求严格程度的用词说明如下，以便在执行中区别对待。

1. 表示很严格，非这样作不可的用词：
   正面词采用"必须"；
   反面词采用"严禁"。

2. 表示严格，在正常情况下均应这样作的用词：
   正面词采用"应"；
   反面词采用"不应"或"不得"。

3. 表示允许稍有选择，在条件许可时首先应这样作的用词：
   正面词采用"宜"或"可"；
   反面词采用"不宜"。

二、条文中指明应按其它有关标准、规范执行的写法为"应符合……规定"。非必须按所指定的标准、规范或其它规定执行的写法为"可参照……"。

附加说明

本规范主要起草人名单

主要起草人员：

北京市市政工程研究所　孙绍平　姚舜华　温颀申
北京市第二水泥管厂　曹生龙　龚海荣

审查单位：

全国管道结构标准技术委员会

中国工程建设标准化协会标准

预应力混凝土输水管结构
设 计 规 范

（震动挤压工艺）

CECS 16:90

条 文 说 明

目　次

第一章　总则 …………………………………………………… 29—15
第二章　材料 …………………………………………………… 29—15
　第一节　混凝土 ……………………………………………… 29—15
　第二节　钢筋 ………………………………………………… 29—16
第三章　荷载 …………………………………………………… 29—16
第四章　管体计算 ……………………………………………… 29—20
　第一节　基本规定 …………………………………………… 29—20
　第二节　环向计算 …………………………………………… 29—26
　第三节　纵向计算 …………………………………………… 29—27
第五章　构造 …………………………………………………… 29—31
附录一　管体结构尺寸 ………………………………………… 29—31
附录二　接口胶圈尺寸 ………………………………………… 29—33
附录三　各级汽车荷载主要技术指标 ………………………… 29—33

第一章 总 则

第1.0.2条 明确了本规范适用于"震动挤压（一阶段）"工艺制造的承插式双向预应力混凝土柔性接口输水管的结构设计，考虑到目前国内震动挤压制管的产品规格，参照国内震动挤压制管的产品规格，参照《预应力混凝土输水管》(GB 5695—85) 国家标准的适用范围，规定了本规范适用于公称直径400～2000mm，管道内水工作压力0.4～1.2MPa的震动挤压工艺承插式预应力混凝土输水管的结构设计。

震动挤压工艺与管芯缠绕工艺比较，是把管芯制作、缠绕预应力钢筋及保护层制作三者一次完成，故又称一阶段工艺。

该工艺的特点是既不同于先张法工艺，又不同于后张法工艺。通过由钢模及橡胶套内的高压水挤压密实混凝土及张拉钢筋，在混凝土取得强度之前的整个养护过程中一直保持按张拉钢筋及制模水压要求的压力值。在混凝土强度达到规定要求后，撤出水压，钢筋弹性回缩，使管壁环向建立了所需的预应力。由于震动挤压法预应力混凝土所建立不同于先张法和后张法工艺，本规范在第四章《管体计算》中对预应力损失取值予具体的规定。

第1.0.3条 本规范是属于专业规范的范畴，其任务是解决震动挤压预应力混凝土输水管的结构设计中的特定问题。因此，对于结构设计中的安全度，荷载标准、地基基础设计等基本内容，应执行我国现行的相应基本标准规范（如《钢筋混凝土结构设计规范》《给水排水工程结构设计规范》等）的规定。本规范还参照了《给水排水设计手册》、《给水排水设计手册》等，《给水排水预应力混凝土管设计手册》、应符合《预应力混凝土输水管》国家标准的有关规定。

第二章 材 料

第一节 混凝土

第2.1.1～第2.1.3条 主要是针对管子原材料提出了规定。此规定亦符合《预应力混凝土输水管》(GB 5695—85) 的技术要求。其中第2.1.3条对碎石或卵石的规定中最大粒径不得大于25mm。这是根据国内目前—阶段管厂的调查（见表2.1.3），石子规格普遍在5～15mm范围内，考虑到少量较大粒径的石子不能通过环筋的最小净距而制定的。

国内有关一阶段管厂的石子规格　　　　表2.1.3

厂　　　名	石子规格（mm）
安徽省水泥制品厂	5～15
深圳水泥制品厂	5～15
广州市政水泥制品厂	5～15
济南水泥制品厂	5～20
北京市第二水泥制品厂	5～20
陕西红旗水泥制品厂	5～15、5～20
包头水泥制品厂	5～15
宁夏水泥制品厂	5～20

第2.1.4条 本条主要从保证管材的耐久性和输送水质的要求，对与水接触的钢筋混凝土结构不得用氯盐类和有毒掺合料。

第2.1.5条 主要是针对管材强度提出了规定。《钢筋混凝土结构设计规范》(TJ10—74) 规定，"预应力混凝土标号不宜低于300号"。《预应力混凝土输水管》(GBJ—69—84) 中规定不得低于400号。从近两年国内一阶段管厂调查中，制管用混凝土的设计强度在40～50MPa范围内。对预应力混凝土管而言，不允许出现裂缝，为提高管材抗渗能力，提高混凝土立方抗压强度，至于厂产品标准，则可根据具体情况应用《钢筋混凝土结构设计规范》相应的规定。

第2.1.6条、第2.1.7条 混凝土力学性能指标，沿用《钢筋混凝土结构设计规范》相应的规定。

第2.1.8条 本条文对混凝土泊松比的取值，与国内外规范规定的一致。

第二节 钢 筋

第2.2.1条 主要针对制管用的钢筋提出要求。环向预应力钢筋应优先采用碳素高强钢丝，以达到节约钢材之目的。一般常用的钢筋直径为 $\phi 4 \sim \phi 5$mm。对小口径和工作压力较低的管子，可选用标准强度不小于550MPa的冷拔低碳钢丝。

目前国内有关一阶段管厂预应力钢筋规格可参见表2.2.1。

国内有关一阶段管厂预应力钢筋规格 表2.2.1

厂 名	管 径 (mm)	工作压力 (MPa)	环向钢筋 直径(mm)	环向钢筋 标准强度(MPa)	纵向钢筋 直径(mm)	纵向钢筋 标准强度(MPa)
深圳水泥制品厂	$\phi 600 \sim \phi 1200$	0.6～0.8	$\phi 5$	>1500	$\phi 5$	≥650
北京第二水泥管厂	$\phi 700 \sim \phi 1400$	0.6～0.8	$\phi 5$	1400～1700	$\phi 5$	650
保定水泥制品厂	$\phi 600 \sim \phi 1200$	0.6	$\phi 5$	1500	$\phi 5$	650
浙江省水泥制品厂	$\phi 600 \sim \phi 1200$	0.6	$\phi 5$	1500	$\phi 5$	650
阳高水泥压力管厂	$\phi 600 \sim \phi 1200$	0.6	$\phi 4 \sim \phi 5$	1500~1600	$\phi 5$	700
遵义市水泥制品厂	$\phi 300 \sim \phi 1200$	0.4～0.6	$\phi 3 \sim \phi 5$	650~1500	$\phi 4 \sim \phi 5$	650
陕西红旗水泥制品厂	$\phi 100 \sim \phi 1200$	0.6～0.8	$\phi 4 \sim \phi 5$	1400～1700	$\phi 3 \sim \phi 5$	1300～1700
安徽省水泥管厂	$\phi 600 \sim \phi 1200$	0.6	$\phi 5$	1500	$\phi 5$	700
武汉市市政水泥制品厂	$\phi 600 \sim \phi 1200$	0.6	$\phi 5$	1600	$\phi 6$	650
广州市市政水泥制品厂	$\phi 800 \sim \phi 1200$	0.6	$\phi 5$	1600	$\phi 5$	700
宁夏水利制管厂						1200

第三章 荷 载

本章对管道设计荷载内容及计算方法的规定是以《给水排水工程结构设计规范》(GBJ69—84) 第二章第二节中有关条文为主要依据。多年来，国内许多单位对此进行多方面探讨，在管道方面对产生的垂直荷载、综合为《给水排水计算规范》，从而使管道结构设计施工、使用方面进行系统研究，综合为《给水排水工程结构设计规范》所规定的具体内容，使管道结构设计计算更为合理。

第3.0.2条 关于垂直土荷载的规定。按《给水排水工程结构设计规范》(GBJ69—84) 规定，直接用上埋式计算垂直土荷载，其主要理由是因为在国内施工中的开槽宽度较大，所处条件与上埋式相似。但是，由于上述情况和理论分析得到的上埋式条件又有差异，因此应对其土压力计算简化表达式 $G_1=\gamma_s\gamma_s HD_1$ 中的土压力系数 n_s 进行修正。

对于竖向土压力系数 n_s 的取值，过去一直采用苏联 Г.К.Клейн 提出的修正数据。国内自50年代中期开始进行实测试验，取得了自己的成果。1975年公布的《铁路技术规范》提出的 n_s 值如表3.0.2-1所示。

n_s值（《铁路工程技术规范》的规定） 表3.0.2-1

H_1/D_1	0.1	0.5	1	2	3	4	5	6	7	8	9	10
n_s	1.04	1.02		1.40	1.45	1.50	1.45	1.40	1.35	1.30	1.20	1.15

北京市市政设计院自1956～1959年曾在地下管道进行多次实测，实测数据归纳如表3.0.2-2所示。

当覆土深度分别为0.7、1.5及2 m，地面车辆为汽—13级汽车（后轴压力为100kN）时，用公式（3.0.6-1）计算结果如表3.0.6-2所示。

表3.0.6-2

管内径D_0(mm)		地面车辆荷载G(kN/m)						
管外径D_1(m)		φ400	φ500	φ600	φ700	φ800	φ900	
		0.5	0.6	0.71	0.81	0.92	1.03	
G (kN/m)	0.7	28.6	34.3	40.5	46.3	52.5	58.8	
	1.5	11.5	13.7	16.3	18.5	21.1	23.6	
	2.0	8.9	10.6	12.6	14.3	16.3	18.2	
管内径D_0(mm)		φ1000	φ1200	φ1400	φ1600	φ1800	φ2000	
管外径D_1(m)		1.14	1.36	1.58	1.80	2.03	2.26	
G (kN/m)	0.7	65.1	77.7	90.2	102.6	115.9	129.0	
	1.5	26.1	31.1	36.2	41.2	46.5	51.8	
	2.0	20.2	24.1	28.0	31.9	35.9	40.2	

由表3.0.6-2可见，有一部分管子的荷载值大于单个后车轮的轮压值，有的甚至超过整个车的重量。这种计算结果显然和实际情况不相吻合，计算方法不尽合理。

如将土体作为半无限匀质弹性体，以布辛奈斯克公式计算，地面单个车轮轮压作为集中力P_C，则其最大垂直应力P_Z发生在直接受力点下面，其值：

$$P_Z = \frac{0.478 P_C}{Z^2} \quad (3.0.6-2)$$

式中 P_Z——计算深度Z处轮压传递的最大均布压力；
P_C——单个车轮的轮压；
Z——任意计算深度。

由上式可见，当Z很小时，P_Z将极大，事实上$P_Z > P_C$的应

不同回填土、不同夯土方法的n_s值 表3.0.2-2

土 质	夯 土 方 法	n_s
轻亚粘土	胸腔夯实，槽上层不夯	1.4
轻亚粘土	胸腔夯实，槽中层不夯	1.05
轻亚粘土	胸腔不夯实	1.5
砂土	胸腔夯实，槽上层不夯	1.1～1.25

上表所见，n_s在1.05～1.50之间。但是胸腔土不夯实的情况是实际工程操作中所不允许的，而胸腔土不夯、槽中层回填夯实，侧面、管顶成土拱卸载的情况属实填土要求极高的情况，也是实际施工中不易做到的。一般施工要求胸腔夯实的条件相应粘性回填的，n_s的平均值为1.1～1.25。因此，《给水排水工程结构设计规范》规定，一般情况下可取$n_s=1.1～1.2$。对于真正平地敷设的上埋式管道，不夯土的情况，取$n_s=1.4$。

第3.0.6条 关于地面车辆荷载的计算。

一、地面车辆产生的垂直荷载的计算，一般以公式（3.0.6-1）的形式式进行：

$$G = \mu_0 Q_D D_1 \quad (3.0.6-1)$$

式中 Q_D——地面车辆作用于管道上的竖向压力，《预应力混凝土压力管》中推荐按表3.0.6-1取值。

汽车作用于管道上的竖向压力Q_D (kN/m²) 表3.0.6-1

覆土深度(m) 汽车级数	0.5	0.75	1.0	1.5	2.0	3.0	4.0	6.0	8.0
Q汽-10	69.0	43.5	25.1	16.8	12.9	8.9	6.8	4.6	3.4
Q汽-13	87.6	49.5	37.7	22.9	17.7	12.1	9.2	6.2	4.7
Q汽-18	170.5	96.0	73.3	44.3	34.2	23.5	18.6	12.1	9.6

注：表中汽车等级是以1957年建部颁发的《城市道路设计准则（初稿）》为依据的。

力状态不可能存在。因此公式(3.0.6-2)不适用于浅覆土计算，必须规定其使用范围。

结合重直引用问题，国内外通常采用将地面轮压沿土内深度的扩散度按扩散角方式传递。扩散角计算简图如图3.0.6-1所示。

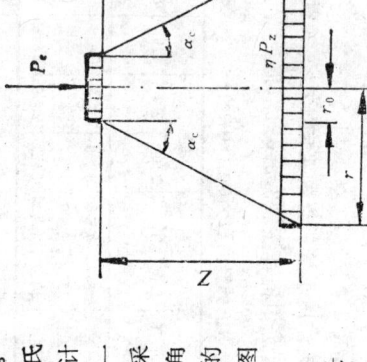

图3.0.6-1 扩散角计算简图

$$\alpha_c = \text{tg}^{-1}(r-r')\frac{1}{Z} \quad (3.0.6-3)$$

$$r = \sqrt{\frac{P_c}{\pi \eta P_z}} \quad (3.0.6-4)$$

$$r' = \sqrt{\frac{ab}{\pi}} \quad (3.0.6-5)$$

式中 α_c——地面轮压传递的扩散角；
r——计算深处轮压扩散面积半径；
r'——单个车轮着地面积的换算半径；
a——单个车轮压着地长度；
b——单个车轮压着地宽度；
η——计算深度 Z 处的计算均布压力与最大均布压力之比值。

根据我国情况，大中城市取汽一15级重车，小城镇取低一级重车为例，用上列公式计算扩散角如表3.0.6-3所示。如果相应实测 P_z 换算成扩散角 α_c，见表3.0.6-4。《给水排水工程结构设计规范》取 $\alpha_c=35$ 度作为地面车辆荷载沿土内传递扩散角，相当于管道结构1:0.7的幅度扩散传递。

对于管道结构，计算深度 Z 即为管顶覆土深度 H。于是，地面车辆作用于管道上的垂直压力计算公式：

单轮影响

$$Q_D = \frac{P_c}{(a+1.4H)(b+1.4H)} \quad (3.0.6-6)$$

多轮影响

$$Q_D = \frac{nP_c}{(a+1.4H)(nb+\sum_{1}^{n-1}d_i+1.4H)} \quad (3.0.6-7)$$

式中 n——车轮数量；

计算扩散角 α_c 值(度)　　表3.0.6-3

r'(m) \ Z(m)	1	1.5	2	2.5	3
0.178	32.5	34.88	36.0	36.69	37.10
0.195	31.84	34.45	35.69	36.43	36.90
每一深度平均 α_c	32.17	34.67	35.85	36.56	37.0
总平均 α_c	35.25				

注：$\eta=1$。

实测统计后换算的扩散角 α_c 值(度)　　表3.0.6-4

r_0(m) \ Z(m)	0.5	0.75	1.0	1.5	2.0
0.178	31.30	30.91	32.46	38.62	47.26
0.195	29.86	29.39	31.77	38.23	47.04
各深度的平均 α_c	30.58	30.42	32.12	38.43	47.15
总平均 α_c	35.74				

注：$\eta=1$。

地面车辆产生的竖向荷载 G (kN/m)　　　　表 3.0.6-5

管径(mm) 覆土深度(m)	φ400	φ500	φ600	φ700	φ800	φ900
0.7	14.31	17.18	20.33	23.19	26.34	29.49
1.5	5.80	6.95	8.23	9.39	10.66	11.94
2.0	4.07	4.88	5.77	6.59	7.48	8.37

管径(mm) 覆土深度(m)	φ1000	φ1200	φ1400	φ1600	φ1800	φ2000
0.7	32.64	38.94	42.57	42.37	42.37	42.37
1.5	13.21	15.76	18.31	20.86	23.53	26.19
2.0	9.27	11.06	12.85	14.63	16.50	18.37

注：地面车辆等级为汽车—10级重车，后轴重力100kN。

第3.0.7条 条文规定了管道侧向压力的计算公式。

一、本规范公式(3.0.7-1)及(3.0.7-2)中"1/3"为侧压力系数。

二、当管道位于地下水位以下时，可考虑地下水的影响。在计算时，对水位以下的土的密度应取浮密度，但地下水位应取最低的稳定水位。

d_i——地面相邻两轮间的净距。

二、以往，公式(3.0.6-1)中D_1为管外径，在采用扩散角计算方法时，应对此进行修正。

在一定覆土深度H处，汽车轮压按1:0.7斜率扩散，亦即分布宽度在管径方向应是$\bar{D}_1 = a + 1.4H$ (或 $b + 1.4H$)。因此，轮压作用宽度不会超过$\bar{D}_1$。所以当管径$D_1 > \bar{D}_1$时对于某一管道，轮压作用宽度按$\bar{D}_1$。当外径$D_1 < \bar{D}_1$时，仍应以轮压实际分布宽度$\bar{D}_1$计算，当外径$D_1 > \bar{D}_1$时，可以按D_1计算。

由于汽车有沿管道纵向或横向布置两种可能性，沿管径方向的轮压分布宽度可能是$a + 1.4H$或$b + 1.4H$，取$\bar{D}_1$为$b + 1.4H$，稍偏安全，但$b > a$，为了计算方便，汽车体情况决定，并选取车辆对计算管道上压力最不利布置。

三、视具体情况决定，并按规定的车辆行驶标准，选取车辆的载重等级，在横向可用两辆并列汽车的后轮轮压，纵向可用一辆汽车的后轮轮压 (如图3.0.6-2)。

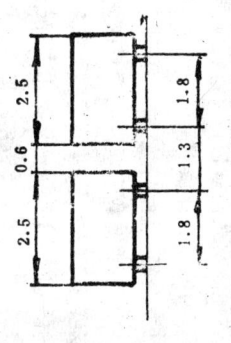

图3.0.6-2 车辆的横向布置

对于浅覆土一般只考虑单个轮压的影响，对于深覆土，应并考虑排列四个后轮轮压公式(见本规范图3.0.6-1、3.0.6-2)，应对本规范公式(3.0.6-1)及(3.0.6-2)分别按1.4H比较判别式，当$\Sigma d_i/(n-1) > 1.4H$时，式(3.0.6-1) > (3.0.6-2)，当$\Sigma d_i/(n-1) < 1.4H$时，结果相反。

四、从表3.0.6-2及表3.0.6-3比较后看出，用本规范计算公式计算，荷载数值可降低34～50%，比较切合实际。

第四章 管体计算

第一节 基本规定

第4.1.1条 根据《钢筋混凝土结构设计规范》(TJ10-74)规定,任何结构应进行强度计算,对于在使用条件下不允许出现裂缝的结构,尚应进行抗裂度验算。预应力混凝土输水管是不允许出现裂缝的构件,因此,对管体环向结构计算,均根据生产、使用条件,以抗裂度计算作为截面设计依据。

第4.1.2条 条文规定了预应力混凝土输水管结构计算时的荷载组合内容。对设计内水压力和地面活荷载影响同时考虑时均取100%,但条文又规定,应该按实际工情况和车辆或堆积载的类别及其取值。这样规定,既和《给水排水工程结构设计规范》(GBJ 69-84)取得一致,也更接近实际情况。

根据两个柔性接口之间管段产生的纵向拉力及纵向弯矩,按偏心受拉构件计算管壁抗裂。但在任何情况下,纵向预应力值不得小于2.0MPa。1976年,建材部颁发的部标准《预应力混凝土输水管(一阶段工艺)》(JC 197-76)规定,按不同管径分别控制预应力混凝土输水管的纵向预压应力值3.0、2.5、2.0MPa三种等级进行配筋。《给水排水工程结构设计规范》(GBJ69-84)规定,管壁纵向有效预压应力值,不宜低于相应环向有效预压应力的20%。国家标准《预应力混凝土输水管》(GB 5695-85)对纵向配筋的计算是以缠丝弯曲应力和沿松应力之和作为设计根据,对于不同管径及不同水工作压力的管子,规定其环向沿松应力及纵向预应力值,缠丝采用规定纵向预压应力值不得小于0.15,沿松比为0.15,但是又规定纵向预压应力值不得小于2.0~1.5MPa。

第4.1.3条 条文规定了纵向设计时纵向内力计算条件及方法。

对预应力混凝土输水管纵向钢筋的配置方法,以往曾有过各种规定。建工部1962年编制的《预应力钢筋混凝土输水管芯管设计规范》(暂行草案)对管芯制管的预应力绕丝纵向预应力值规定如下:在制造阶段不小于形成环绕钢筋加的预应力钢筋产生的纵向弯曲应力;在使用阶段,需要抗裂缝口两个柔性接口之间管段产生的纵向拉力及纵向弯矩,按偏心

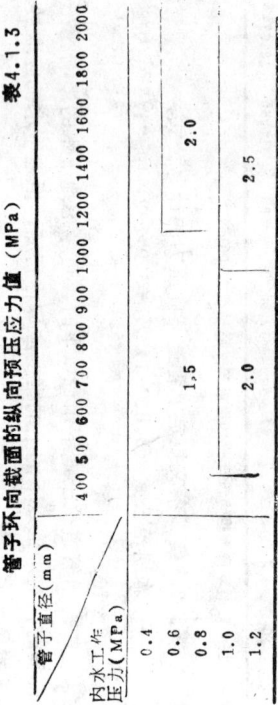

管子环向截面的纵向预压应力值（MPa） 表4.1.3

管子直径(mm) 内水工作压力(MPa)	400	500	600	700	800	900	1000	1200	1400	1600	1800	2000
0.4												
0.6	1.5											
0.8												
1.0				2.0								2.0
1.2							2.5					

综上所述,各种有关资料均肯定了施加纵向预应力是确保管体抗裂性能的关键,但对生产及使用过去许多计算公式均不一致,因此不完全适应震动挤压制管工艺,对计算公式均根据纵向内力的组成纵向内力的计算方法尚不一致。特别是过去完全适应震动挤压制管工艺建立,因此不完全适应震动挤压制管工艺的特点。

综合各方面试验及资料分析,对于震动挤压制管工艺,以其制造过程中环向预应力钢放张时产生的弯曲应力及沿松应力两者之和为纵向最大纵向拉应力作为设计依据。

管子生产制造阶段,纵向内力由三部分组成,即由于环向预应力钢筋放张所产生的弯曲拉应力σ_w和沿松应力σ_l,以及管子吊装运输中,管自重引起的最大弯曲拉应力位于管口端附近,吊装放张时产生的最大弯曲拉应力应位于管子中部,两者不能叠加。因此,放张过程中,管子最大弯曲拉应力应$\sigma_w > \sigma_l$。

在生产制造阶段，最大纵向内力以σ_w及σ_t组成。

管子使用阶段，由于温度变化也会引起纵向应力，由于预应力混凝土输水管采用柔性接口之间有自由伸缩的余地，温度变化引起的纵向拉应力不会超过两个柔性接口之间周围土壤对管子的摩擦应力σ_t。因此，使用阶段管体纵向内力仍以σ_w及σ_t计算，因管子生产制造阶段，混凝土强度以设计强度的70%计算，因此抗裂度计算的基本公式为：

$$\sigma_{lh} = K_f(\sigma_w + \sigma_t) - 0.7 R_f \quad (4.1.3-1)$$

式中 K_f——生产制造阶段管子所需的纵向预压应力值；
$\quad$ K_f——抗裂设计安全系数；
$\quad$ σ_w——纵向弯曲应力；
$\quad$ σ_t——泊松应力；
$\quad$ R_f——混凝土的抗裂设计强度。

管子使用阶段，混凝土强度已达到设计强度，因此抗裂设计强度已达到设计强度。

$$\sigma'_{lh} = K_f(\sigma_w + \sigma_t + \sigma_t) - R_f \quad (4.1.3-2)$$

式中 σ'_{lh}——使用阶段管子所需的纵向预压应力值。

由于σ_t值非常小，$K_f\sigma_t < 0.3R_f$，$\sigma'_{lh} < \sigma_{lh}$。因此，以管子生产制造阶段的纵向内力作为纵向设计要求。根据上述制造阶段的纵向内力作为纵向设计要求，经计算确定管子的纵向配筋。

土壤对管子的摩擦应力。

第4.1.4条 震动挤压方法制作预应力混凝土输水管，其纵向钢筋张拉方法属先张法。

《钢筋混凝土结构设计规范》(TJ10—74)规定，先张法张拉钢筋时，张拉控制应力σ_k可取$0.7R_g^b$（R_g^b为钢筋标准强度）。但在附注中说明，为了部分抵消由于应力松弛、张拉等因素而产生的预应力损失，张拉值可提高$0.05R_g^b$。因此对环向预应力钢筋蒸养阶段应力松弛损失（包括钢筋应力损失在内）

值较大，按上述规定，其张拉控制应力σ_{k1}可以取$0.75R_g^b$。

第4.1.5条 对于环向预应力钢筋预应力损失值的计算，国内资料介绍或规范规定均不一致。建工部1962年编制的《预应力混凝土输水管设计规范》(暂行草案)是针对管芯绕丝工艺作出的具体规定，损失值包括环向预应力钢筋挤压混凝土而引起的损失，混凝土收缩和蠕变引起的损失，冷拔低碳钢丝中的应力损失，但反非目前缠绕环向预应力钢筋而产生的混凝土弹性压缩损失，但总应力总损失值不小于100MPa计算。当环向预应力钢筋采用冷拔低碳钢丝时，预应力总损失值可直接按100MPa采用，不必逐项计算。

《给水排水工程结构设计规范》(GBJ69—84)对震动挤压型预应力混凝土管的预应力损失及预应力钢筋由钢筋松弛损失、混凝土收缩、徐变引起的环向预应力损失及混凝土弹性压缩引起的预应力损失三部分组成，但预应力损失的最小限值为100MPa。

国家标准《预应力混凝土输水管》(GB 5695—85)产品规定出应根据制造工艺的具体条件确定。

《给水排水工程结构设计规范》(GBJ69—84)对震动挤压预应力混凝土管的预应力损失及预应力钢筋由钢筋松弛损失、混凝土收缩、徐变引起的环向预应力损失及混凝土弹性压缩引起的预应力损失三部分分组成，按上述先张法工艺的规定计算预应力损失的最小限值为100MPa。

多年生产实践证明，按上述先张法工艺的规定计算预应力失值并以此配置环向预应力钢筋，对震动挤压工艺环向预应力筋在生产过程中裂压工艺不能满足设计要求。为此，一些科研单位及生产厂家为揭示其它工艺所存在的特殊性，都分别发现在震动挤压工艺过程正在进行研究。

1978~1984年5月，北京市市政工程研究所等单位采用电阻应变片测湖南长沙水利勘测设计院，包头12冶金建筑研究所，苏州水泥制品研究所，北京市市政工程研究所对该课题作了大定方法、测试、研究震动挤压工艺环向预应力钢筋在生产过程中的应力变建立过程和变化特性，改进了测试技术，采用GYJ4-1型混凝土埋入式钢筋应的、其它工艺所没有的损失。青岛水泥制品厂、青岛市第二水泥厂反株洲水泥变，测定了北京市政、北京市第二水泥制品厂，采用GYJ4-1型混凝土埋入式钢筋应

管厂的 $\phi 1000mm$ 及 $\phi 1200mm$ 震动挤压管共11根。研究结果证明，当管子蒸养恒温以及撤除胶套水压时，环向钢筋预应力损失有较大幅度下降，预应力损失值达32%张拉控制应力。该项研究成果进行了技术鉴定，得以肯定。

1988年，在本规范编制期间，北京市市政工程研究所和北京市第二水泥管厂合作，对该厂生产的 $\phi 1200mm$ 震动挤压管再次进行环向钢筋应力测定，该厂生产的这种管子，基本符合国家标准要求，具有一定的代表性。试验内容及结果如下所述。

一、制管原材料及混凝土配合比

水泥：525号普通硅酸盐水泥；
砂：中砂；
石子：5～20mm机破卵石；
减水剂：UNF2；
钢筋：$\phi 5$ 高强钢丝，$R_y^b = 1700MPa$，弹性模量 E_g 如表4.1.5-1所示。

钢筋弹性模量 E_g (MPa)　　　　表4.1.5-1

管号	88-1	88-2	88-3
E_g	1.87×10^5	1.89×10^5	1.89×10^5

混凝土配合比及强度如表4.1.5-2所示。

混凝土配合比及强度　　　　表4.1.5-2

管号	混凝土配合比	坍落度 (cm)	混凝土强度 (MPa)		
			脱模时热压强度	水压检验时同期强度	28天强度
88-1	1:1.2:1.9	8	22.3	33.7	33.7
88-2	1:1.26:2.0:0.105(粉煤灰)	4～6	23	28.5	29.4
88-3	1:1.3:1.7	5.5	23.8	25.5	

注：混凝土强度为震动试块强度。折算为挤压混凝土强度时，应乘以系数1.5。

二、测试手段及方法

本次试验采用北京市市政工程研究所研制成功的GYJ4—1型混凝土埋入式钢筋应变计。该应变计具有耐高温、耐中温、抗压力、抗冲击等特点，与国内同类型应变计相比，达到先进水平，1984年通过技术鉴定。

GYJ4—1型应变计主要技术指标：

1. 使用条件：最高工作温度100℃。湿度100%。
2. 热输出：$\leq 1\mu\varepsilon/℃$。
3. 绝缘值：>100MΩ（蒸煮6h）。
4. 实测合格率 95%。
5. 荷载在 $5000\mu\varepsilon$ 情况下，蒸煮6h，稳定工作。

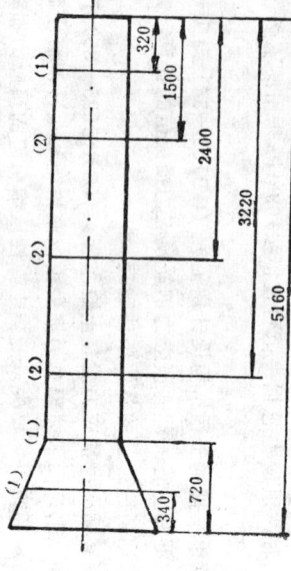
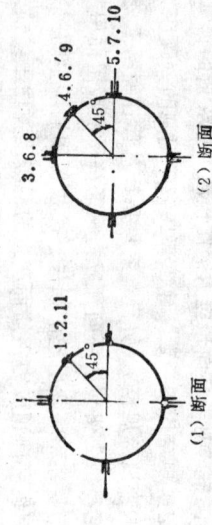

图4.1.5-1 88-1管测点布置图
(1)断面　(2)立面

6．误差＜10%。

试验时，将应变片按预定位置用粘结剂粘结在钢筋骨架上。管子浇注完毕后进入养护坑，以胶塞充水前取为零点，然后从升压、稳压直至卸压逐级测试，以此观测环向钢筋应力值建立过程。

三、应力测试：

1．测点布置。测点布置见图4.1.5-1、4.1.5-2和4.1.5-3。

2．环向预应力钢筋应力建立过程。

北京市第二水泥管厂采用的升、稳压制度为升压1h，稳压7h。最高稳压值2.6MPa，压力波动值为0.1MPa。蒸养时间为7h，养护温度97～100℃。升、稳压阶段环向预应力钢筋的应变曲线切

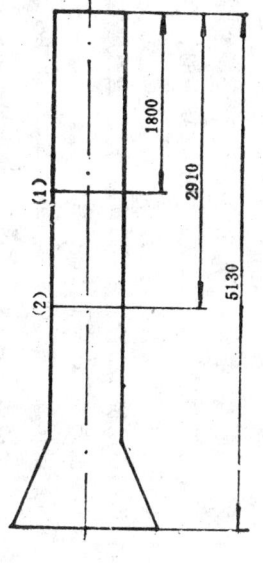

图4.1.5-1

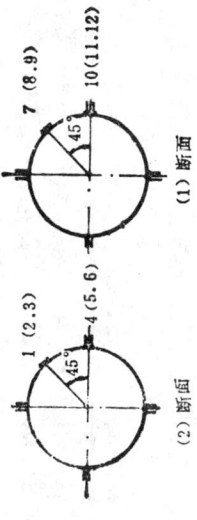

图4.1.5-2 88-2管测点布置图

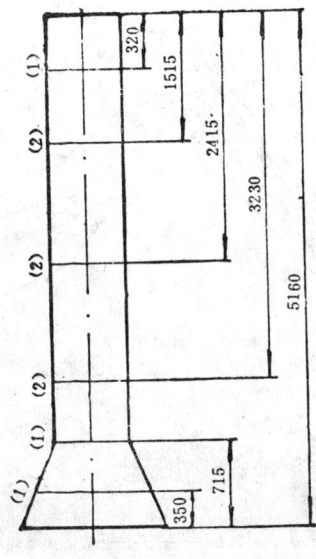

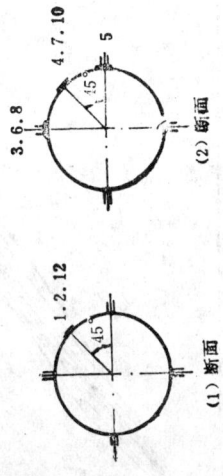

图4.1.5-3 88-3管测点布置图

注：2、3、5、6、8、9、11、12均位于井筒的双钢筋位置。

从应变曲线可以看出，钢筋应变较明显地分为三个阶段。第一阶段，即升压阶段：钢筋应变随之增大，最大应变折算的钢筋应力基本上达到控制应力要求，即钢筋应力达到标准强度的75%。第二阶段，即蒸养阶段：自稳压开始，蒸养温度上升至97～100℃，应变值又逐渐下降，至稳压结束时应变下降值折算的预应力下降值，即所谓蒸养应力损失。第三阶段应变下降止至卸压结束，即称谓蒸养阶段应变下降从稳压结止至卸压结束，其明显看出应变曲线的转折点，在此0.5h内，应变值下降更快，此时的预应力损失即弹性压缩损失就是混凝土产生弹性压缩，其原因

缩损失。

环向钢筋应力沿管子纵向分布是不均匀的，承口部位应力值高，插口部位又由于插口模是整体承，插口部位分析时舍去承，对管身每一个断面进行分析后加以统计，其结果如表4.1.5-3所示。

稳压和卸压阶段环向钢筋的预应力损失 (MPa) 表4.1.5-3

管号	88-1	88-2	88-3	平均
钢筋标准强度 R_y^b	1700	1700	1700	1700
张拉控制应力 σ_{l1}	1275	1275	1275	1275
建立的应力值 σ_{l1}'	1192.3	1161.3	1226.5	1193.4
σ_{l1}'/σ_{l1} (%)	94	91	96	94
蒸养阶段应力损失 σ_1	363	365	409.5	379
σ_1/σ_{l1} (%)	30	21	33.4	31.5
弹性压缩应力损失 σ_2	131	90.8	185.3	135.7
σ_{l2}/σ_{l1} (%)	11	7.8	15.1	11.3

试验再次证明，震动挤压管生产过程中，蒸养阶段存在着一项特殊的应力损失，其值受生产工艺条件、管子工作压力、制管混凝土特性、蒸养和稳压条件、模型结构、模型合口弹簧保证程度等因素的影响而波动。综合分析多次试验结果，损失值为22～30%张拉控制应力。

除此，环向预应力钢筋放张时产生的凝混上弹性压缩损失值同样不可忽视。对于 ϕ1200mm，工作压力为0.6MPa的管子，损失值达8～10%张拉控制应力。

因此，根据震动挤压制管工艺环向预应力建立过程的特点，预应力损失应由以下几部分组成：

1. 预应力损失 σ_{s1}。σ_{s1} 是在恒温、恒压阶段产生的预应力损失，包括钢筋应力松弛损失在内。根据试验结果建立其

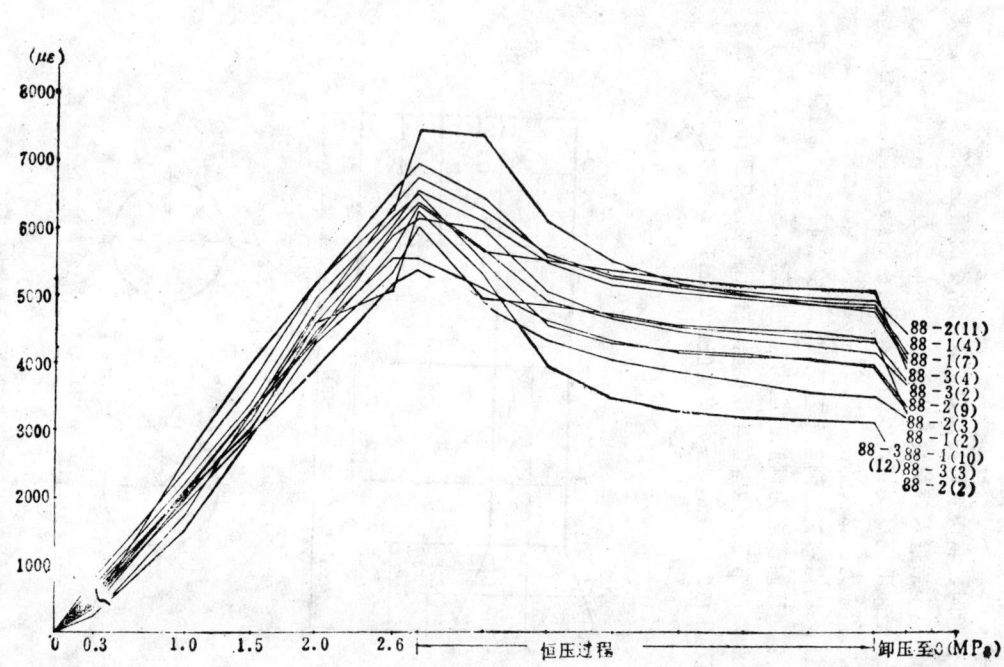

图4.1.5-4 环向钢筋应变曲线

计算公式：
$$\sigma_{s1} = 0.3K_s\sigma_{k1} \quad (4.1.5-1)$$

式中 σ_{s1}——养护阶段预应力损失；
K_s——生产条件调整系数。

蒸养阶段预应力损失受工艺及设备等诸多因素影响而波动，由于目前国内各生产厂技术条件不一致，因此计算公式取生产条件调整系数K_s予以调整。对技术条件好，弹簧质优而又能保证其预压力，模型由四片组成，稳压值波动较小者，K_s取下限，$K_s=0.7$；当模型由两片组成，弹簧质劣而且数量不符合要求，合要求、技术条件较差，如混凝土质量不符合要求，生产工艺制度控制不严格时，K_s取上限，即$K_s=1$。

2. 弹性压缩损失σ_{s20}。

震动挤压制管工艺，管体受径向压缩，在环向钢筋放张时（即橡胶套撤水压时），管体受径向压缩，产生弹性变形，从而使环向预应力钢筋产生压缩损失，称之谓弹性压缩损失。环向预应力钢筋压缩引起预应力损失的计算公式建立如下：

假设沿管长度方向取一单位宽度的纵条AB，如图4.1.5-5所示。

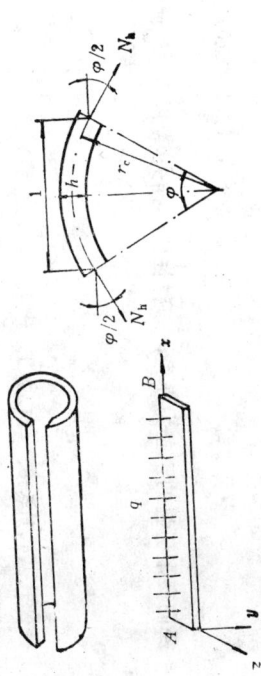

图4.1.5-5 单元体受力情况

图中y表示纵条AB任意截面处的挠度，因半径缩短y而引起在圆周方向的变形为：

$$2\pi(r_1-y)-2\pi r_1 = -2\pi y \quad (4.1.5-2)$$

圆周方向的应变为：
$$\varepsilon_c = -\frac{2\pi y}{2\pi r_1} = -\frac{y}{r_1} \quad (4.1.5-3)$$

与此压缩应变相应，在管体横截面上沿圆周方向的法向应力为：

$$\sigma_c = E_h\varepsilon_c = -E_h\frac{y}{r_1}$$
$$= \sigma_c \cdot l \cdot h \quad (4.1.5-4)$$

纵条AB两个侧面单位长度受到的法向力N_h为：
$$N_h = E_h h\frac{y}{r_1} \quad (4.1.5-5)$$

两个侧面的法向力合成一个合力q，此合力沿径向作用，计算公式如下：

$$q = 2N_h\sin\frac{\varphi}{2}$$
$$\approx 2N_h\frac{\varphi}{2}$$
$$\approx N_h\varphi \quad (4.1.5-6)$$

将式(4.1.5-5)代入(4.1.5-6)，且$\varphi = \frac{1}{r_1}$，则得：

$$q = E_h \cdot l \cdot h\frac{y}{r_1^2} \quad (4.1.5-7)$$

假设沿管长受钢筋压缩的作用力q为常数，则得：

$$y = q \cdot \frac{r_1^2}{E_h h} \quad (4.1.5-8)$$

当环向预应力钢筋放张时，受到的径向压力q以下式计算：

$$q = (\sigma_{k1}-\sigma_{s1})\frac{A_g}{r_1 b} \quad (4.1.5-9)$$

式中 q——径向压力；

v_a——环向预应力钢筋圆环半径;
A_y——管长 b 的环向钢筋截面积;
b——管子计算长度。

在径向压力作用下,管体产生径向变形 y 时,则环向预应力钢筋在圆周方向的应变:

$$\varepsilon_{a2} = \frac{y}{r_a}$$ (4.1.5-10)

径向变形引起的预应力损失,即弹性压缩损失 σ_{a3} 以下式计算:

$$\sigma_{a2} = E_g \frac{y}{r_a}$$ (4.1.5-11)

将公式 (4.1.5-8、4.1.5-9) 代入 (4.1.5-11) 得:

$$\sigma_{a2} = (\sigma_{a1} - \sigma_{a1}) \frac{A_y r_i^2 E_g}{b h r_a^2 E_h}$$

$$= n(\sigma_{a1} - \sigma_{a1}) \mu_y \frac{r_i^2}{r_a^2}$$

$$= n\sigma_{a1} \frac{r_i^2}{r_a^2}$$ (4.1.5-12)

式中 n——钢筋与混凝土弹性模量之比;
μ_y——环向钢筋配筋率;
σ_{a1}——管壁混凝土在相应阶段的环向预应力;
r_i——管平均半径。

3. 混凝土收缩及徐变引起管纵向预应力损失 σ_{a3},根据《钢筋混凝土结构设计规范》(TY10-74)规定取值。

第4.1.6条 震动挤压管纵向预应力钢筋的预应力损失值计算,基本上按《钢筋混凝土结构设计规范》规定,应考虑张拉端锚具变形引起的预应力损失,钢筋应力松弛损失,混凝土收缩、徐变引起的预应力损失。除此,纵向预应力钢筋放张时,管体纵向受压后必然产生纵向弹性压缩变形,这部分损失不应忽视。损失值

大小和材料性能及纵向预应力值成正比,按 $\sigma_{a3} = n\sigma_{a1}$ 计算。式中 σ_{a1} 为相应阶段管芯段管壁混凝土的纵向预压应力。

第二节 环向计算

第4.2.1条 条文规定了管壁截面内力计算公式。

在确定管壁截面内力时,弯矩系数取决于计算断面位置及荷载种类,分布情况,并且和基础形成有密切关系。在外荷载较小,胸腔土夯实的条件下,预应力混凝土管可采用素土平基敷设。如需提高管子的承载能力,可采用 90°土弧基础及混凝土基础。素土平基敷设时,一般按 20°土弧基础计算,但当有可靠措施,保证管底两侧三角部分夯实时,可提高上述敷设的支承角,按 90°土弧基础考虑。

弯矩系数的取值,本规范引用了《给水排水工程结构设计规范》附录六 "圆形刚性管道在各种荷载作用下的弯矩系数的规定"。

对设有混凝土基础的管道,北京市市政设计院技术研究所等单位对此进行了专题研究。根据研究成果得出的弯矩系数,自50年代中期已开始用于工程设计,效果良好,被认为是经济、合理的,在引用这部分弯矩系数时,必须根据本规范第5.0.8条规定,保证混凝土基础的规格。

第4.2.2条 预应力混凝土输水管的截面设计,是以管道不开裂为原则。根据《钢筋混凝土结构设计规范》(TJ10-74)第122条规定,抗裂度计算公式为:

$$K_f(\sigma \leq \sigma_b + \gamma_s R_i$$ (4.2.2-1)

$$\sigma = \frac{N}{A_0} + \frac{M}{W_0}$$ (4.2.2-2)

公式 (4.2.2-2) 中 A_0 及 W_0 为换算截面积及弹性抵抗矩。由于预应力混凝土管换算截面重心与几何截面重心之间的距离小,为简化计算,一律以几何截面进行计算,因此公式 (4.2.2-1)

1) 应为:

$$\sigma_h = K_f \frac{N}{A_h} + K_f \frac{M}{W_h} - \gamma_s R_f \quad (4.2.2-3)$$

γ_s 为偏心受力构件的截面系数，当抗裂验算的截面系数，当 $\sigma_{hp} > 0$ 时，$\gamma_s = \gamma - (\gamma-1)\frac{\sigma_{hp}}{R_f}$；当 $\sigma_{hp} \leq 0$ 时，$\gamma_s = \gamma = 1.75$。

$$\sigma_{hp} = K_f \frac{\sigma_h}{\sigma_y}$$

$$= K_f \frac{N}{A_h} + K_f (\frac{N}{A_h} + K_f \frac{M}{W_h} - \gamma_s R_f)$$

$$= \gamma_s R_f - K_f \frac{M}{W_h} \quad (4.2.2-4)$$

当 $\gamma_s R_f > K_f \frac{M}{W_h}$，$\sigma_{hp} > 0$

$$A_j = A_h \frac{\sigma_h}{\sigma_y}$$

$$= (K_f \frac{N}{A_h} + K_f \frac{M}{\gamma W_h} - R_f) \frac{A_h}{\sigma_y} \quad (4.2.2-5)$$

当 $\gamma_s R_f \leq K_f \frac{M}{W_h}$ 时，$\sigma_{hp} \leq 0$

$$A_j = (K_f \frac{N}{A_h} + K_f \frac{M}{W_h} - \gamma R_f) \frac{A_h}{\sigma_y} \quad (4.2.2-6)$$

式中 σ_{hp}——计算截面上混凝土平均应力；
N——设计内水压力作用下，计算截面的轴向力；
A_h——管壁计算截面；
W_h——管壁截面的弹性抵抗矩；
γ——矩形截面抵抗矩的塑性系数；
σ_y——相应阶段预应力钢筋的有效应力；
K_f——抗裂安全系数。

对轴向力一项中的抗裂安全系数 K_f，根据20多年已建的几千公里管道的实践，经过验算认为；一律按《钢筋混凝土结构设计规范》(TJ10-74)规定取1.25的数字偏大，因此在本规范中强调可根据生产厂和使用的实际情况作相应的变更。规定当确有根据可保证生产时，K_f可取小于1.25的值。

第4.2.3条 条文给出对管子进行内水压检验时的抗裂压力计算公式。其中，混凝土在受内水压作用而未开裂前的变形尚未计在内，可作安全余量而为内水压试验留有余地。

国内各生产厂，一般都采用水平内水压试验机，因此必须考虑由于管自重及管内水重产生的荷载。计算时，应将其折算为内水压力 P_{h2}加以考虑。折算内水压力值的大小，应根据试验设备的条件，如垫块与管子接触的弧度等材料、垫块与管子接触的弧度等因素确定。

第三节 纵向计算

第4.3.1条 环向预应力钢筋放张时产生的弯曲拉应力计算采用曹生龙工程师推荐的公式。其根据及推导公式已刊登在《市政工程》(1980年第2期)。

径向分布荷载引起的纵向弯曲应力计算方法，过去一直套用的芯绕丝工艺缠丝后管体中永久应力的计算方法，即以单位长度的纵条为计算单元，按弹性地基梁比拟法计算圆柱壳体拉应力。它把插口部应的径向荷载分布情况假设如图4.3.1-1(a)所示，以插口

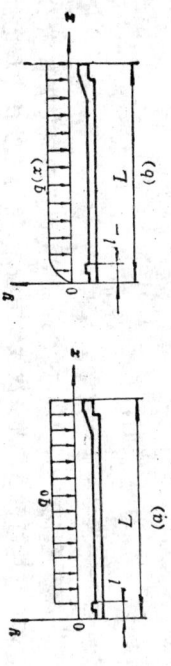

图1.3.1-1 径向荷载分布图

台界为分界面，管身部位受均布荷载q_0作用，涵口段$q_0=0$，这与图4.3.1-1(b)所示实际情况有所出入。事实上管体径向受一渐变荷载作用，没有突变区，这种渐变荷载所引起的弯矩及拉应力都小于永久应力计算的计算值。

在新建立弯曲拉应力计算公式的推导过程中，将预应力混凝土管看作受有轴对称荷载的圆柱壳体，应用弹性地基梁的理论求解壳体内的弯矩和应力。

从圆柱体中取出一单位宽度的纵条作为计算单元，单元体上的受力情况如图4.3.1-2所示。按弹性地基梁方法建立的纵条挠度曲线微分方程式为：

$$D\frac{d^4y}{dx^4} + Ky = -q(x)$$ (4.3.1-1)

或

$$\frac{d^4y}{dx^4} + 4\beta^4 y = -\frac{q(x)}{D}$$ (4.3.1-2)

式中

$$K = \frac{E_h h}{r_i^2},$$

$$D = \frac{E_h h^3}{12(1-\nu^2)},$$

$$\beta = \sqrt[4]{\frac{K}{4D}} = \sqrt[4]{\frac{3(1-\nu^2)}{r_i^2 h^2}},$$

r_i——管平均半径；
h——管壁厚度；

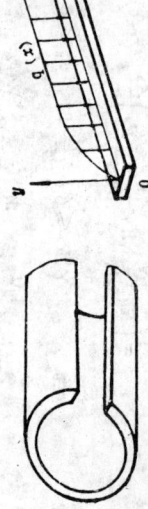

图4.3.1-2 单元体受力图

ν——混凝土泊松比。

当$\nu = \frac{1}{6}$时，$\beta = \frac{1.31}{\sqrt{r_i h}}$

E_h——混凝土弹性模量。

从公式（4.3.1-1、4.3.1-2）式可知，纵条的挠度曲线微分方程为一个四阶常系数非齐次线性方程，分别求出其齐次方程的通解及非齐次方程的任一特解相加，即可得出微分方程的解。

四阶齐次微分方程$\frac{d^4y}{dx^4} = -4\beta^4 y$的通解$\bar{y}$为：

$$\bar{y} = y_0 Y_1(\beta x) + \frac{\theta_0}{\beta} Y_2(\beta x) + \frac{M_0}{\beta^2 D} Y_3(\beta x) + \frac{Q_0}{\beta^3 D} Y_4(\beta x);$$ (4.3.1-3)

式中$y_0、\theta_0、M_0、Q_0$分别为原点的挠度、转角、弯矩和剪力。

$Y_1(\beta x) = ch\beta x \cos\beta x$

$Y_2(\beta x) = \frac{1}{2}(ch\beta x \sin\beta x + sh\beta x \cos\beta x)$

$Y_3(\beta x) = \frac{1}{2} sh\beta x \sin\beta x$

$Y_4(\beta x) = \frac{1}{4}(ch\beta x \sin\beta x - sh\beta x \cos\beta x)$

四阶非齐次微分方程$\frac{d^4y}{dx^4} + 4\beta^4 y = -\frac{q(x)}{D}$中$q(x)$代表作用于梁上的荷载，因为它是沿着梁的长度而变化的，所以写成x的函数形式，在震动挤压管中可近似表达为：

$$q(x) = q_0(1 - e^{-\alpha x})$$ (4.3.1-4)

式中 q_0——环向预应力钢丝对管欲施加的径向分布荷载；
α——径向荷载分布系数。

分布荷载$q(x)$可看作为均布作用的集中力，在离0点t处即积分分段dx，作用于这一小段上的荷载是$q(x)dl$（见图4.3.1-3），

这个集中力对 $x>t$ 的梁断面内产生附加挠度。利用式(4.3.1-3)的最末一项可得集中力在梁中产生的附加挠度为:

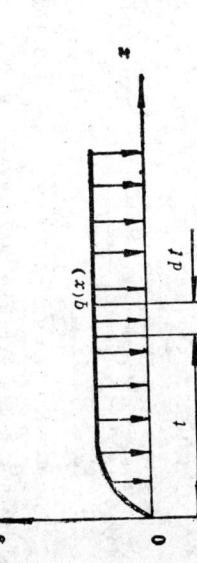

图 4.3.1-3 挠度计算示意图

$$\mathrm{d}y_q = \frac{-q(x)\mathrm{d}t}{\beta^3 D} Y_4(\beta t)$$

积分后得:

$$y_q = -\int_0^x \frac{q(x) Y_4(\beta t)}{\beta^3 D} \mathrm{d}t$$

$$= \int_0^x \frac{-q_0(1-e^{-\alpha t}) Y_4(\beta t)}{\beta^3 D} \mathrm{d}t$$

$$= \frac{-q_0}{K}[1-Y_1(\beta x)] - \frac{q_0}{K+D\alpha^4}\{-1 + e^{-\alpha x}[Y_1(\beta x) + mY_2(\beta x) + m^2 Y_3(\beta x) + m^3 Y_4(\beta x)]\}$$

(4.3.1-5)

式中 $m = \frac{\alpha}{\beta}$。

单位宽度纵条的挠度曲线方程为:

$$y_x = \bar{y} + y_q = y_0 Y_1(\beta x) + \frac{Q_0}{\beta} Y_2(\beta x) + \frac{M_0}{\beta^2 D} Y_3(\beta x) - \frac{q_0}{K} [1 - Y_1(\beta x)] - \frac{q_0}{K+D\alpha^4}\{-1$$
$$+ e^{-\alpha x}[Y_1(\beta x) + mY_2(\beta x) + m^2 Y_3(\beta x) + m^3 Y_4(\beta x)]\}$$

(4.3.1-6)

$$+ \frac{Q_0}{\beta^3 D} Y_4(\beta x) - \frac{q_0}{K}[1 - Y_1(\beta x)] + \frac{M_0}{\beta^2 D} Y_3(\beta x) - \frac{q_0}{K+D\alpha^4}\{-1 + e^{-\alpha x}[Y_1(\beta x) + mY_2(\beta x) + m^2 Y_3(\beta x) + m^3 Y_4(\beta x)]\}$$

(4.3.1-7)

壳体端部的弯矩及剪力为0。边界条件为: 当 $x=0$, 则① $Q_0=0$, ② $M_0=0$; 当 $x=L$, ③ $Q_L=0$, ④ $M_L=0$。利用边界条件①、②可得如下四个方程:

$$y_x = \left(y_0 + \frac{q_0}{K}\right) Y_1(\beta x) + \frac{Q_0}{\beta} Y_2(\beta x) - \frac{q_0}{K} + \frac{q_0}{K+D\alpha^4}\{1$$
$$- e^{-\alpha x}[Y_1(\beta x) + mY_2(\beta x) + m^2 Y_3(\beta x) + m^3 Y_4(\beta x)]\}$$

$$Q_x = -4\beta\left(y_0 + \frac{q_0}{K}\right) Y_4(\beta x) + Q_0 Y_1(\beta x) + \frac{q_0}{K+D\alpha^4} e^{-\alpha x} \times [m^3\alpha + 4\beta] Y_4(\beta x)$$

$$M_x = \beta^2 D\left[-4\left(y_0 + \frac{q_0}{K}\right) Y_3(\beta x) - \frac{4\theta_0}{\beta} Y_4(\beta x) - \left(\frac{\alpha^4}{\beta^2} + 4\beta^2\right) Y_3(\beta x)\right]$$
$$\times e^{-\alpha x}\left[\left(\frac{\alpha^5}{\beta^3} + 4\alpha\beta\right) Y_4(\beta x) - \left(\frac{\alpha^4}{\beta^2} + 4\beta^2\right) Y_3(\beta x)\right]$$

$$Q_x = \beta^3 D\left[-4\left(y_0 + \frac{q_0}{K}\right) Y_2(\beta x) - \frac{4\theta_0}{\beta} Y_3(\beta x)\right]$$
$$-\frac{Dq_0}{K+D\alpha^4} e^{-\alpha x} \times \left[\left(\frac{-\alpha^6}{\beta^3} - 4\alpha^2\beta\right) y_3(\beta x) - Y_3(\beta x)\right]$$
$$+ 2\left(\frac{\alpha^4}{\beta^2} + 4\beta^3 \alpha\right) Y_4(\beta x) - \frac{Dq_0}{D\alpha^4+K}$$

利用边界条件③、④解上列联立方程组求得:

$$M_x = \frac{-q_0 e^{-\alpha x}}{\beta^2} [mY_4(\beta x) - Y_3(\beta x)]$$

$$= \frac{-r_1 hq_0 e^{-\alpha x}}{1.72}[mY_4(\beta x) - Y_3(\beta x)]$$

(4.3.1-8)

当 $\frac{dM_x}{dx}=0$ 时, 求取截面中出现最大弯矩位置。

则最大弯矩及纵向最大弯拉应力计算公式为:

$$M_{max} = Q' r_1 hq_0$$

$$= Q' \sigma_u \mu_y h^2 \frac{r_1}{\bar{r}}$$

(4.3.1-9)

$$\sigma_{lmax} = Q^r \frac{q_0}{h}$$

$$= Q\sigma_J\mu_y \frac{r_t}{r_a} \qquad (4.3.1-10)$$

$$Q' = \frac{-e^{-a_{\max}x}[mY_4(\beta x_{\max}) - Y_2(\beta x_{\max})]}{1.72} \qquad (4.3.1-11)$$

$$Q = \frac{-e^{-a_{\max}x}[mY_4(\beta x_{\max}) - Y_3(\beta x_{\max})]}{0.287} \qquad (4.3.1-12)$$

式中 Q'——最大弯矩作用系数；

Q——最大弯曲拉应力作用系数；

μ_y——环向钢筋配筋率；

r_a——环向钢筋骨架圆环半径。

计算公式中最大弯矩作用系数及最大弯曲拉应力作用系数是建立于一定的测试资料归纳的基础上。最大弯曲拉应力作用系数见规范表4.3.1。

第4.3.2条 管壁环向预压应力由于混凝效应引起纵向拉应力，其值和环向预压应力值成正比。环向预应力值和环向钢筋配筋率及环向钢筋有效应力成正比。由于环向钢筋放张时，蒸养阶段及弹性压缩损失已经产生，因此环向应力扣除σ_{s1}及σ_{s2}。

第4.3.3条 纵向预应力钢筋配筋计算公式：

制造阶段：

$$\sigma_h = \sigma_w + \sigma_v \qquad (4.3.1-1)$$

$$\sigma_h = K_f(\sigma_w + \sigma_v) - \gamma_s R_f \qquad (4.3.1-2)$$

抗裂度验算时，混凝土截面的平均应力σ_{hp}按下式计算：

$$\sigma_{hp} = K_f \frac{N}{A_{hz}} - \sigma_h \qquad (4.3.1-3)$$

$$N = \sigma_s A_{hs}$$

将公式(4.3.1-4)代入(4.3.1-3)，得：

$$\sigma_{hp} = \gamma_s R_f - K_f \sigma_w$$

当$\gamma_s R_f > K_f \sigma_w$时，$\sigma_{hp} > 0$。

$$\gamma_s = \gamma - (\gamma - 1) \frac{\sigma_{hp}}{R_f} \qquad (4.3.1-4)$$

纵向配筋率计算公式为：

$$\mu_{ys} = \left[K_f \left(\frac{\sigma_w}{\gamma} + \sigma_v \right) - R_f \right] \frac{1}{\sigma_{y3}} \qquad (4.3.1-5)$$

当$\gamma_s R_f \leq K_f \sigma_w$时，$\sigma_{hp} \leq 0$。

$$\mu_{ys} = [K_f (\sigma_w + \sigma_v) - \gamma R_f] \frac{1}{\sigma_{y3}} \qquad (4.3.1-6)$$

式中 A_{hz}——管体环截面面积；

μ_{ys}——纵向预应力钢筋配筋段；

σ_{y3}——生产制造阶段，纵向预应力钢筋的有效应力，应考虑张拉端锚具变形引起的预应力损失、钢筋应力松弛损失及混凝土弹性压缩引起的预应力损失。

环向钢筋放张时，混凝土强度为设计强度的70%，因此其抗裂强度应以$0.7R_f$计算。

附录一 管体结构尺寸

附表1.1

管子基本尺寸 (mm)

公称直径	有效长度 L_0	管体长度 L	筒体壁厚度 h	保护层厚度 h_2
400	5000	5160	50	15
500	5000	5160	50	15
600	5000	5160	55	15
700	5000	5160	55	15
800	5000	5160	60	15
900	5000	5160	65	15
1000	5000	5160	70	15
1200	5000	5160	80	15
1400	5000	5160	90	15
1600	5000	5160	100	20
1800	5000	5160	115	20
2000	5000	5160	130	20

附表1.2

承口细部尺寸 (mm)

公称直径	承口外直径 D_1	外导坡直径 D_2	承口工作面直径 D_3	内导坡直径 D_4	平直段长度 L_1	斜坡段长度 L_2
400	684	548	524	494	70	504
500	784	648	624	594	70	504
600	904	758	734	704	70	504
700	1004	858	834	804	70	532
800	1124	968	944	914	70	560
900	1248	1082	1056	1024	80	599
1000	1368	1192	1166	1134	80	626
1200	1608	1412	1386	1354	80	682
1400	1850	1636	1608	1574	80	714
1600	2098	1866	1838	1802	90	740
1800	2352	2100	2066	2030	90	770
2000	2602	2330	2296	2260	90	800

第五章 构 造

第5.0.1条 为尽量减小地面动荷载对管体的冲击影响和防冻等因素，管顶覆土深度不宜小于0.7m。

第5.0.2条 本条主要对环向预应力钢筋的净距提出规定。

在《预应力钢筋混凝土压力管设计规范》(暂行草案)中规定："环向预应力钢筋的螺距，除端部外，应不小于7mm和大于管芯厚度3/4。在任何情况下不大于40mm"。根据目前国内生产情况，为了保证管体混凝土产生均匀和达到规定的环向预压应力而制定的。当环向预应力钢筋净距大于35mm时，应调整钢筋直径。

第5.0.5条 管道基础设计前，应充分了解地段的土质、地下水位等情况。

管道基础的形式应根据其承载能力要求由计算确定，并要求施工时，实际与设计条件一致。

第5.0.6条 土弧基础可用于地基承载力较高的粘土或砂质粘土，且能形成弧形基础更好地贴合。允许在弧形槽内铺填50～60mm厚的砂子。当土质较差，不能形成弧形槽时，不允许采用土弧基础，胸腔两侧应回填夯实。

第5.0.7条 图5.0.7-1宜用于岩石或半岩石层地基中，图5.0.7-2宜用于软地基或不能形成弧形槽的地层。管子支承如用卵石或碎石砂子宜用中砂或粗砂，基础厚度不小于150mm，并应夯实。中心角应大于或等于90°，粒径一般取8～12mm。

第5.0.8条 地基土壤松软(在遇流砂或沼泽的情况下)，还应做桩基，并有地下水影响的地区，可采用混凝土基础，并根据承载能力大小，由计算确定相应的支承角。混凝土基础尺寸应沿用《给水排水工程结构设计规范》(GBJ69-84)的规定。为了保证基础有足够的强度，本条规定混凝土的设计强度应低于10MPa。

输水管》（GB 5695—85）的相应规定。本规范要求接口工作面尺寸（D_3, D_6）与国标一致，以保证国内各工厂生产的管子的互换性，其它细部尺寸，如外导坡长度、角度、直径、承口工作面内导坡形式、插口端径尺寸，在保证接口密封质量及便于施工的前提下，可由生产工厂自定。见附图1.1和附图1.2。

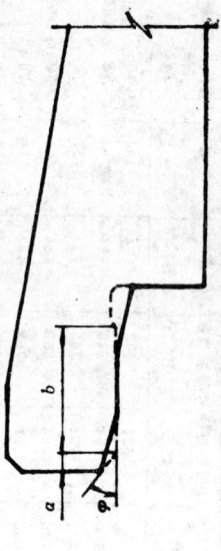

附图1.2 承口工作面尺寸

注：实线——国标尺寸；虚线——改进型尺寸。

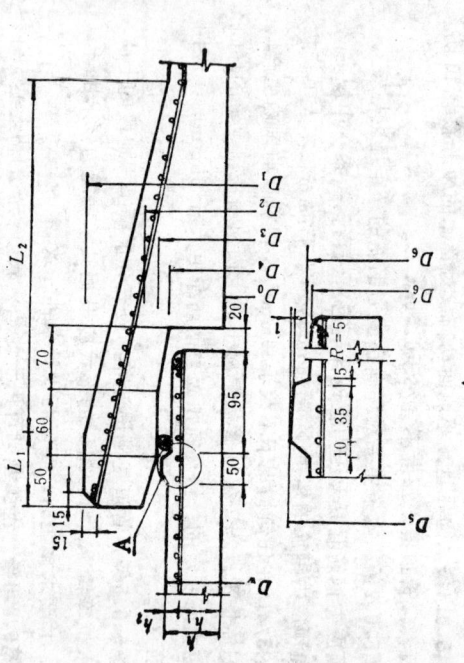

附图1.1 管子承插口尺寸

管体结构尺寸、承口及插口细部尺寸均引用《预应力混凝土

附表1.3

插口细部尺寸 (mm)

公称直径	筒体外径 D_w	工作面直径 D_8	D_6'	止胶台外径 D_5
400	500	500	492	516
500	600	600	592	616
600	710	710	702	726
700	810	810	802	826
800	920	920	912	936
900	1030	1030	1022	1048
1000	1140	1140	1132	1158
1200	1360	1360	1352	1378
1400	1580	1580	1572	1600
1600	1800	1808	1800	1830
1800	2030	2032	2024	2058
2000	2260	2262	2254	2288

附录三 各级汽车荷载主要技术指标

各级汽车荷载主要技术指标   附表3.1

主要指标	单位	汽车—10级 主车	汽车—15级 主车	汽车—20级 主车	汽车—20级 重车	汽车—超20级 重车
一辆汽车总重力	kN	100	150	200	800	550
一行汽车车队中重车数量	辆		1	1	1	1
前轴重力	kN	30	50	70	60	30
中轴重力	kN					2×120
后轴重力	kN	70	100	130	2×120	2×140
轴距	m	4.0	4.0	4.0	4.0+1.4	3+1.4+7+1.4
轮距	m	1.8	1.8	1.8	1.8	1.8
前轮着地宽度及长度	m	0.25×0.20	0.25×0.20	0.3×0.2	0.3×0.2	0.3×0.2
中、后轮着地宽度及长度	m	0.5×0.2	0.5×0.2	0.6×0.2	0.6×0.2	0.6×0.2
车辆外形尺寸（长×宽）	m×m	7×0.5	7×2.5	7×2.5	8×2.5	15×2.5

附录二 接口胶圈尺寸

接口胶圈尺寸（mm）   附表2.1

管公称直径	橡胶圈截面直径 额定	橡胶圈截面直径 允许公差	环内径 额定	环内径 允许公差
400	24	±0.5	447	±1.0%
500	24	±0.5	536	
600	24	±0.5	635	
700	24	±0.5	725	
800	24	±0.5	824	
900	26	±0.6	923	
1000	26	±0.6	1022	
1200	26	±0.6	1220	
1400	28	±0.6	1418	
1600	28	±0.6	1624	
1800	32	±0.6	1825	
2000	32	±0.6	2032	

注：①胶圈压缩率可采用40～55%；环径系数可采用0.85～0.9。
②橡胶圈截面直径及环内径允许公差均引用《预应力与自应力钢筋混凝土管用橡胶密封圈》ZBQ 43001—87的规定。
③环内径的额定尺寸是按环径系数为0.90时计算所得。

中国工程建设标准化协会标准

室外硬聚氯乙烯给水管道工程设计规程

CECS 17:90

主编单位：上海市政工程设计院
批准单位：中国工程建设标准化协会
批准日期：1990年9月25日

前 言

硬聚氯乙烯管是目前国内外都在大力发展和应用的新型化学建材。它与金属管道相比，具有重量轻、耐压强度好、输送流体阻力小、耐化学腐蚀性能强、安装方便、投资低、省钢节能、使用寿命长等特点。采用该种管材作供水管道，可对我国钢材紧缺、能源不足的局面起到积极的缓解作用，经济效益显著。

本规程在参照国外有关资料并通过国内大量试验和工程试点的基础上，反复征求了国内有关专家和单位的意见后编制而成。

现批准《硬聚氯乙烯给水管道工程设计规程》CECS17：90，并推荐《硬聚氯乙烯给水管道工程施工及验收规程》CECS18：90，给各工程建设设计、施工单位使用。在使用过程中，请将意见及有关资料寄交北京车公庄大街19号中国建筑技术发展研究中心（邮政编码：100044）。

中国工程建设标准化协会

1990年9月25日

目 次

第一章 总则 …………………………………… 30—4
第二章 基本规定 ……………………………… 30—4
第三章 水力计算 ……………………………… 30—5
第四章 变形计算 ……………………………… 30—6
第五章 管道敷设 ……………………………… 30—7
附录一 给水用硬聚氯乙烯管材规格表 ……… 30—8
附录二 聚氯乙烯耐腐蚀性能表 ……………… 30—8
附录三 硬聚氯乙烯给水管水力坡降表 ……… 30—10
附录四 本规程用词说明 ……………………… 30—12
附加说明 ……………………………………… 30—12
条文说明 ……………………………………… 30—13

主 要 符 号

a ——车轮与地面的接触长度；
b ——车轮与地面的接触宽度；
D_e ——变形滞后系数；
d_e ——管道外径；
d_i ——相邻两个轮压间的净距；
d_i ——管道内径；
E ——管材的弹性模量；
E' ——回填土的反作用模数；
g ——重力加速度；
H ——覆土高度；
h_f ——管道沿程水头损失；
I ——管道横断面上单位长度的惯性矩；
i ——水力坡降；
k ——与管基承角有关的系数；
L ——管段长度；
n ——同时作用的轮压系数；
n_s ——竖向土压力系数；
P ——每个车轮的荷载；
Q ——流量；
R ——管道平均半径；
Re ——雷诺数；
t ——温度；
v ——平均流速；
W_e ——土壤荷载；

W_1 —— 车辆所引起的动荷载;
W_2 —— 管道所承受的外部总荷载;
Z —— 自地面至计算深度的距离;
α —— 管材线膨胀系数;
γ —— 回填土密度;
δ —— 管壁厚度;
ΔL —— 管道纵向变形量;
Δt —— 最大温差;
Δx —— 管道径向相对变形量;
λ —— 水力摩阻系数;
μ_D —— 车辆荷载的动力系数;
ν —— 水的运动粘滞度。

第一章 总则

第1.0.1条 为了在室外给水管道工程中，合理使用硬聚氯乙烯（亦称UPVC）管，做到技术先进，安全适用，经济合理，保证质量，特制订本规程。

第1.0.2条 本规程适用于新建、改建及扩建的室外给水埋地管道工程的设计。

第1.0.3条 在设计中，除遵循本规程外，尚应遵循现行《室外给水设计规范》的有关条文。

第1.0.4条 在结构变形计算时，除本规程有规定的外，尚应遵守现行的《给水排水工程结构设计规范》的规定。

第1.0.5条 在湿陷性黄土、膨胀土、永冻土地区及地震区，尚应遵守相应规范的规定。

第二章 基本规定

第2.0.1条 设计所选用的管材、管件应符合《给水用硬聚氯乙烯管材》（GB10002.1-88）标准和《给水用硬聚氯乙烯管件》（GB10002.2-88）标准。

第2.0.2条 管材的额定压力有0.63MPa和1.00MPa两种，设计时，可根据不同需要选用。

第2.0.3条 给水用硬聚氯乙烯管材规格以外径计，共有d_e20～315mm18种规格。其相关尺寸及额定压力，详见附录一。

第2.0.4条 管中水温不得大于45℃，当水温在25～45℃时，其管材额定压力折减系数应按表2.0.4采用。

管材额定压力折减系数 表2.0.4

水温 t（℃）	折减系数
25<t≤30	0.80
30<t≤35	0.76
35<t≤40	0.70
40<t≤45	0.63

第2.0.5条 硬聚氯乙烯管可在有一定腐蚀性环境中使用，其耐腐蚀性能参见附录二。

第三章 水力计算

第3.0.1条 管理沿程水头损失 h_f 应按下式计算：

$$h_f = \lambda \cdot \frac{L}{d_j} \cdot \frac{v^2}{2g} \tag{3.0.1}$$

式中 λ ——水力摩阻系数；
L ——管段长度 (m)；
d_j ——管道内径 (m)；
v ——平均流速 (m/s)；
g ——重力加速度 (m/s²)。

第3.0.2条 硬聚氯乙烯管的水力摩阻系数 λ 可按下式计算：

$$\lambda = \frac{0.304}{Re^{0.239}} \tag{3.0.2}$$

式中 Re ——雷诺数。

第3.0.3条 雷诺数 Re 应按下式计算：

$$Re = \frac{v \cdot d_j}{\nu} \tag{3.0.3}$$

式中 ν ——水的运动粘滞度 (m²/s)。水在不同温度时的运动粘滞度应按表3.0.3采用。

水在不同温度时的运动粘滞度 表3.0.3

水温(℃)	0	4	5
ν (m²/s)	1.78×10⁻⁶	1.57×10⁻⁶	1.52×10⁻⁶
水温(℃)	10	15	20
ν (m²/s)	1.31×10⁻⁶	1.14×10⁻⁶	1.00×10⁻⁶
水温(℃)	25	30	40
ν (m²/s)	0.89×10⁻⁶	0.80×10⁻⁶	0.66×10⁻⁶

第3.0.4条 当水温为20℃时，硬聚氯乙烯管的水力坡降可按下式计算：

$$i = 8.75 \times 10^{-4} \frac{Q^{1.761}}{d_j^{4.761}} \tag{3.0.4}$$

式中 i ——水力坡降；
Q ——流量 (m³/s)。

注：不同管径的管材在不同流量时的水力坡降可按附录三采用。

第3.0.5条 硬聚氯乙烯管局部阻力损失可按铸铁管局部阻力损失计算。

第3.0.6条 在设计时，应考虑可能发生的水锤作用，并应采取相应措施。

第四章 变形计算

第4.0.1条 埋地管可不考虑管道的纵向变形，确需地面局部敷设管道，因温差引起的纵向变形量可按下式计算：

$$\Delta L = 100 \cdot \alpha \cdot L \cdot \Delta t \quad (4.0.1)$$

式中 ΔL——管道纵向变形量 (cm)；
α——管材线膨胀系数，7×10^{-5} (m/m·℃)；
L——管段长度 (m)；
Δt——最大温差 (℃)。

第4.0.2条 埋地管由静荷载与动荷载引起的径向变形量与外径的比值（即径向相对变形量）Δx 不得大于 5%。

第4.0.3条 管道径向相对变形量可按下式计算：

$$\Delta x = D_e \cdot \frac{K \cdot W_z \cdot R^3}{EI + 0.061 E' \cdot R^3} \quad (4.0.3)$$

式中 D_e——变形滞后系数，取 1.35～1.45；
K——与管基支承角有关的系数，取 0.11；
R——管道平均半径 (cm)；
E——管材的弹性模量，3×10^5 (N/cm²)；
I——管壁横断面上，单位长度的惯性矩 (cm⁴/cm)；

$$I = \frac{\delta^3}{12}$$

δ——管壁厚度 (cm)；
W_z——管道所承受的外部总荷载 (N/cm²)；
E'——回填土的反作用模量 (N/cm²)。

第4.0.4条 各类土的反作用模数见表 4.0.4。回填土反作用模数与土壤性质及回填土的密实度有关。

表 4.0.4 土壤反作用模数 (N/cm²)

土壤分类 回填土密度(%)	I类土	II类土	III类土
80	450	400	300
90	650	600	500

第4.0.5条 管道所承受外部总荷载可按下式计算：

$$W_z = W_e + W_t \quad (4.0.5)$$

式中 W_e——土壤荷载 (N/cm²)；
W_t——车辆所引起的动荷载 (N/cm²)。

第4.0.6条 管道的土壤荷载可按下式计算：

$$W_e = n_a \cdot \gamma \cdot H \quad (4.0.6)$$

式中 n_a——竖向土压力系数，取 1.1～1.2；
γ——回填土密度 (N/cm²)；
H——覆土高度 (cm)。

第4.0.7条 管道所承受车辆动荷载可按下式计算：

$$W_t = \frac{n \mu_D P}{(a + 1.4Z)(nb + \sum_1^{n-1} d_i + 1.4Z)} \quad (4.0.7)$$

式中 n——同时作用的轮压数 (见图 4.0.7)；
P——每个车轮的荷载 (N)；
a——车轮与地面的接触长度 (cm)；
Z——自地面至计算深度的距离 (cm)；
b——车轮与地面的接触宽度 (cm)；
d_i——相邻两个车轮间的净距 (cm)；
μ_D——车辆荷载的动力系数，可按表 4.0.7 采用。

第五章 管道敷设

第5.0.1条 硬聚氯乙烯管应埋地敷设；如需局部地面敷设时，应采取相应的防护措施。

第5.0.2条 管道的埋设深度应根据冰冻深度、外部荷载、与其它管道交叉等因素综合确定。在一般情况下，埋设深度可在冰冻线以下，管顶最小埋深为 0.20m，且应符合如下条件：

当 $d_e \leqslant 50mm$ 时，管顶最小埋深为 0.50m；

当 $d_e > 50mm$ 时，管顶最小埋深为 0.70m。

第5.0.3条 沟槽宽度宜为 $d_e + 0.50m$。

第5.0.4条 沟底应连续平整，沟底表面不得有碎石、硬块和其它突出物。

第5.0.5条 管道可直接敷设在未经扰动的原土地基上，如地基为岩石、砾石时，必须在其上铺设细土或砂垫层，其厚度应为 0.15～0.20m。

第5.0.6条 硬聚氯乙烯给水管道系统可以采用橡胶圈连接、粘接连接、法兰连接等连接形式。最常用的连接方式是橡胶圈和粘接连接。橡胶圈连接适用于管外径为 63～315mm 的管道；粘接连接适用于管外径 20～160mm 的管道；法兰连接一般用于硬聚氯乙烯管与铸铁管等其它管材的连接。

第5.0.7条 在 d_e 大于 100mm 以上管道系统中，阀门、消火栓或其它附属设施等节点处，必须设立单独基础，并与基础相固定，同时采取防漏、防沉降措施。

第5.0.8条 管道穿越铁路、公路、河流时，应按有关规范规定执行。

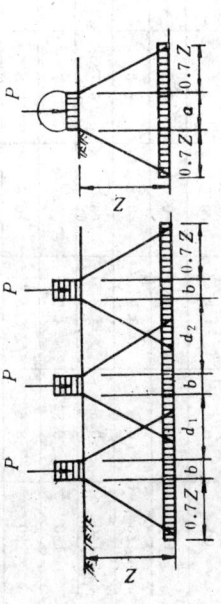

动力系数　　　　　　　　　表 4.0.7

覆土深度(cm)	≤25	30	40	50	60	≥70
μ_D	1.30	1.25	1.20	1.15	1.05	1.00

(a) 轮宽方向的传递　　(b) 轮长度方向的传递

图 4.0.7 多个轮压综合影响的传递分布

附录一 给水用硬聚氯乙烯管材规格表

给水用硬聚氯乙烯管材规格表 附表 1.1

外径 d_e (mm)		壁 厚 δ (mm)				
		额定压力 (MPa)				
		0.63			1.00	
基本尺寸	允许偏差	基本尺寸	允许偏差		基本尺寸	允许偏差
20	0.3	1.6	0.4		1.9	0.4
25	0.3	1.6	0.4		1.9	0.4
32	0.3	1.6	0.4		1.9	0.4
40	0.3	1.6	0.4		1.9	0.4
50	0.3	1.6	0.4		2.4	0.5
63	0.3	2.0	0.4		3.0	0.5
75	0.3	2.3	0.5		3.6	0.6
90	0.3	2.8	0.5		4.3	0.7
110	0.4	3.4	0.6		5.3	0.8
125	0.4	3.9	0.6		6.0	0.8
140	0.5	4.3	0.7		6.7	0.9
160	0.5	4.9	0.7		7.7	1.0
180	0.6	5.5	0.8		8.6	1.1
200	0.6	6.2	0.9		9.6	1.2
225	0.7	6.9	0.9		10.8	1.3
250	0.8	7.7	1.0		11.9	1.4
280	0.9	8.6	1.1		13.4	1.6
315	1.0	9.7	1.2		15.0	1.7

附录二 聚氯乙烯耐腐蚀性能表

聚氯乙烯耐腐蚀性能表 附表 2.1

腐蚀物名称	温度 (℃)	浓度 (%)	耐腐蚀性能
硫　酸	20	10	不耐
	40	≤40	耐
	60	≤80	尚耐
	71	70	尚耐
	20	96	尚耐
	60	96	尚耐
	20	98	尚耐
	20	100	耐
盐　酸	40	≤30	尚耐
	60	≤30	耐
	60	饱和	尚耐
	71	浓	耐
硫酸和硝酸的混合酸 ($H_2SO_4/HNO_3/H_2O$)	50	10/20/70	耐
	20	10/87/3	尚耐
	20	48/49/3	耐
	40	48/49/3	尚耐
	20	50/50/0	耐
	40	50/50/0	不耐
	30	50/31/19	耐
	24	57/28/15	耐
	71	57/28/15	尚耐
硝　酸	60	≤50	尚耐
	60	70	耐
	71	40	耐
	20	95~98	不耐

续附表2.1

腐蚀物名称	温度(℃)	浓度(%)	耐腐蚀性能
氯 气	40	(±)100	尚耐
	60	(±)100	尚耐
	20	(湿)(5g/m³)	尚耐
	20	(湿)(66g/m³)	尚耐
	60	(湿)	不耐

续附表2.1

腐蚀物名称	温度(℃)	浓度(%)	耐腐蚀性能
硝 酸	50	≤50	耐
	20	50~70	耐
草 酸	40	稀	耐
	60	稀	尚耐
	60	饱和	耐
氢氧化钠	71	25	尚耐
	60	≤40	耐
	60	50~60	尚耐
氢氧化钾	60	20	耐
	60	≤40	尚耐
	60	50~60	尚耐
氯化钠	≤60	稀	耐
	60	100	尚耐
四氯化碳	20	100	不耐
	60		不耐
氟 气	20		尚耐
	50		不耐
磷 酸	40	≤30	耐
	50	30~90	耐
	30	100	不耐
	71		耐
氢氟酸	20	≤40	尚耐
	60	40	耐
	20	75	尚耐
	20	98	不耐
氯 气	20	(±)10	尚耐
	40	(±)10	耐
	20	(±)100	尚耐

附录三 硬聚氯乙烯给水管水力坡降表

硬聚氯乙烯给水管水力坡降表

附表 3.1

Q		$d20$		d_e25		d_e32		d_e40		d_e50		d_e63		d_e75	
m³/h	l/s	v (m/s)	1000i	v (m/s)	1000i	v (m/s)	1000i	v (m/s)	1000i	v (m/s)	1000i	v (m/s)	1000i	v (m/s)	1000i
0.15	0.04	0.20	5.64												
0.25	0.07	0.32	12.91	0.20	4.08										
0.34	0.09	0.42	20.85	0.26	6.49										
0.47	0.13	0.59	38.51	0.35	10.95	0.20	2.89								
0.60	0.16	0.75	58.58	0.45	17.38	0.26	4.59								
0.75	0.20	0.91	82.97	0.56	25.06	0.32	6.62	0.20	2.13						
0.99	0.27	1.25	142.34	0.75	42.41	0.42	10.69	0.26	3.39						
1.23	0.34	1.55	207.90	0.91	60.08	0.52	15.84	0.32	4.39	0.20	1.58				
1.60	0.44	2.00	325.69	1.19	95.22	0.68	25.17	0.42	7.89	0.26	2.51				
1.96	0.54	2.47	473.99	1.46	135.53	0.84	36.09	0.51	11.24	0.32	3.60	0.20	1.19		
2.40	0.66			1.77	191.13	1.03	51.91	0.63	16.12	0.38	5.02	0.24	1.70		
3.01	0.83			2.24	287.45	1.28	76.15	0.78	23.63	0.48	7.52	0.30	2.50	0.21	1.08
3.85	1.07					1.64	119.70	1.01	37.13	0.62	11.73	0.39	3.91	0.27	1.67
4.90	1.36					2.09	181.24	1.28	56.79	0.79	17.91	0.50	5.30	0.35	2.56

续附表 3.1

Q		d_e40		d_e50		d_e63		d_e75		d_e90		d_e110		d_e125	
m³/h	l/s	v (m/s)	1000i	v (m/s)	1000i	v (m/s)	1000i	v (m/s)	1000i	v (m/s)	1000i	v (m/s)	1000i	v (m/s)	1000i
6.50	1.80	1.70	92.59	1.04	29.35	0.66	9.77	0.46	4.20	0.32	1.76				
8.02	2.22	2.09	133.77	1.29	42.52	0.81	13.98	0.57	6.10	0.39	2.57				
10.20	2.83	2.66	204.37	1.64	65.11	1.03	21.36	0.73	9.33	0.50	3.93	0.33	1.50		
13.56	3.76			2.19	107.38	1.35	34.26	0.96	15.35	0.67	6.46	0.45	2.48		
17.68	4.91			2.85	171.29	1.79	55.70	1.26	24.56	0.87	10.37	0.58	3.98		
23.42	6.50					2.38	93.30	1.67	40.25	1.16	16.97	0.77	6.51	0.60	3.56
28.09	7.80					2.85	128.55	2.00	55.43	1.39	23.36	0.92	8.97	0.72	4.92
36.01	10.00							2.57	85.82	1.78	36.17	1.19	13.89	0.92	7.58
46.02	12.78									2.28	55.73	1.53	21.40	1.18	11.67
55.58	15.44									2.76	77.72	1.85	29.84	1.43	16.28
68.80	19.11											2.28	43.44	1.77	23.72
83.11	23.08											2.76	60.58	2.14	33.06
103.50	28.75													2.66	48.65

附表 3.2 水温修正系数 K_1

水温(℃)	0	4	5	10	15	20	25	30	40
K_1	1.15	1.12	1.10	1.07	1.03	1	0.97	0.95	0.91

附表 3.3 1.00MPa不同管径管道的i值修正系数 K_2

外径 d_e	20	25	32	40	50	63	75	90	110
K_2	1.19	1.14	1.10	1.08	1.18	1.17	1.19	1.19	1.19
外径 d_e	125	140	160	180	200	225	250	280	315
K_2	1.19	1.19	1.19	1.19	1.19	1.20	1.19	1.19	1.19

续附表 3.1

Q		d_e140		d_e160		d_e180		d_e200		d_e225		d_e250		d_e280		d_e315	
m³/h	l/s	v (m/s)	1000i	v (m/s)	1000i	v (m/s)	1000i	v (m/s)	1000i	v (m/s)	1000i	v (m/s)	1000i	v (m/s)	1000i	v (m/s)	1000i
36.01	10.00	0.73	4.40	0.56	2.32	0.44	1.32	0.36	0.81								
46.02	12.78	0.93	6.77	0.72	3.58	0.57	2.04	0.46	1.24								
55.58	15.44	1.14	9.45	0.87	5.00	0.69	2.85	0.56	1.73	0.44	0.98						
68.80	19.11	1.41	13.76	1.07	7.28	0.85	4.15	0.69	2.52	0.54	1.43						
83.11	23.08	1.70	19.17	1.30	10.15	1.03	5.78	0.83	3.52	0.65	2.00	0.53	1.21				
103.50	28.75	2.12	28.24	1.62	14.93	1.28	8.52	1.04	5.18	0.82	2.95	0.66	1.78	0.53	1.04		
130.10	36.13	2.66	42.22	2.04	22.34	1.61	12.73	1.30	7.75	1.03	4.40	0.83	2.67	0.66	1.55		
163.93	45.53			2.57	33.56	2.03	19.14	1.64	11.64	1.30	6.62	1.05	4.02	0.84	2.33	0.66	1.33
207.53	57.64					2.57	28.99	2.08	17.63	1.64	10.03	1.33	6.08	1.06	3.54	0.84	2.02
255.73	71.03							2.57	25.48	2.03	14.49	1.64	8.78	1.31	5.11	1.03	2.92
324.12	90.03									2.57	22.00	2.08	13.34	1.66	7.77	1.31	4.43
399.92	111.09											2.57	19.31	2.05	11.25	1.61	6.43
501.85	139.40													2.57	16.78	2.03	9.58
634.94	176.37															2.57	14.50

注：①本表所列的i值是水温为20℃，额定压力为0.63MPa的不同管径管道的水力坡降。
②如果水温不是20℃，则i值均应乘以修正系数K_1（见附表3.2）。
③当额定压力为1.00MPa，水温为20℃不同管径管道的水力坡降时，表中i值均乘以相应的修正系数K_2（见附表3.3）。
④当计算额定压力为1.00MPa，水温不为20℃时，表中i值应同时乘以K_1与K_2。
⑤当流量Q为中间值时，可采用插入法计算。

附录四 本规程用词说明

一、执行本规程条文时，要求严格程度的用词说明如下，以便在执行中区别对待。

1. 表示很严格，非这样作不可的用词：
正面词采用"必须"；反面词采用"严禁"。

2. 表示严格，在正常情况下均应这样作的用词：
正面词采用"应"；反面词采用"不得"。

3. 表示允许稍有选择，在条件许可时首先应这样作的用词：
正面词采用"宜"或"可"；反面词采用"不宜"。

二、条文中指明应按其它有关标准、规范执行的写法为"应符合……规定"或"应要求……"或"应符合……的规定，非必须按所指定的标准、规范或规定执行的写法为"可参照……"。

附加说明

本规程主要起草人名单

主要起草人员：

上海市政工程设计院	卞启良	许友贵	胡泽敏
哈尔滨建筑工程学院	刘灿生	孟庆海	潘景龙
中国建筑技术发展研究中心	王真杰	章林伟	

审查单位：
中国建筑技术发展研究中心

中国工程建设标准化协会标准

室外硬聚氯乙烯给水管道工程设计规程

CECS 17:90

条 文 说 明

目 次

第一章 总则 …………………………………… 30—14
第二章 基本规定 ……………………………… 30—14
第三章 水力计算 ……………………………… 30—15
第四章 变形计算 ……………………………… 30—16
第五章 管道敷设 ……………………………… 30—17

第一章 总 则

第1.0.1条 硬聚氯乙烯管用于室外给水工程，其优越性十分明显。但是，如果使用不当，在质量、安全问题上会出现麻烦，故本条突出强调为了安全使用，确保质量，必须严格执行本规程。

第1.0.2条 明确本规程的适用范围，并特别说明"埋地管道"四个字，因为硬聚氯乙烯管不宜明露敷设，这在第五章中还有专款条文。

第1.0.3条 室外给水设计规范适用于所有材质管道和工艺的，故对于本规程未作具体规定的内容，均应遵守它的有关条文。

第1.0.4条 本规程与《室外硬聚氯乙烯给水管道施工及验收规程》是同时制定的。两者进行过多次协调，故设计人员也应该了解其施工及验收规程。

第1.0.5条 根据硬聚氯乙烯管的特点，有关结构计算的条文重点突出其变形计算问题；如需进行其它结构应力校核计算，可遵照现行的《给水排水工程结构设计规范》。

第1.0.6条 在特殊土壤中敷设硬聚氯乙烯管，也与其它材质管道一样，需要特殊处理，遵守相应规范的规定。

第二章 基 本 规 定

第2.0.1条 本规程制订过程中所做的水力试验、变形试验均采用符合这两个标准的管材和管件，非标准管材管件不属本规程范围。

第2.0.2条～第2.0.4条 此三条均摘自上述二个标准，在此进一步明确一下，便于设计人员使用。

第2.0.5条 根据聚氯乙烯稳定性标准，它具有一定的耐腐蚀性，显示了硬聚氯乙烯给水管的优越性。技术人员可以参照附录二选用。

第三章 水 力 计 算

第3.0.1条 硬聚氯乙烯管与其它管材一样,均匀流的沿程损失为 $h_f = \lambda \cdot L/d \cdot V^2/2g$,所不同的只是"$\lambda$"与管道材质和液体流态有关。

第3.0.2条 "λ"与管道材质和液体流态有关。

据有关资料分析证明,硬聚氯乙烯管在一定流速范围内属于水力光滑管。

假定 d_e315 的聚氯乙烯管流速范围 $V = 3.0 \text{m/s} \sim 0.3 \text{m/s}$, d_e20 的流速范围 $V = 2.0 \text{m/s} \sim 0.1 \text{m/s}$,则当水温为20℃时,它们的雷诺数范围 $Re = 9 \times 10^3 \sim 2 \times 10^3$,又据日本化学工业株式会社试验认为,硬聚氯乙烯管的管壁绝对粗糙度 $K = 0.007 \sim 0.01$,从摩包曲线图可知,以上雷诺数和绝对粗糙度的 λ 值均包含在光滑管区间内。

目前,表达光滑管 $\lambda = f(Re)$ 的公式形式有两种:

其一、勃拉修斯 (Blasius) 公式:$\lambda = A/Re^B$;

其二、卡门 (Karman) 公式:$1/\sqrt{\lambda} = 2LgRe\sqrt{\lambda} - 0.8$。

由于勃拉修斯 (Blasius) 公式很简单,使用方便,因此,我们选用它为原型,对常数 $A、B$ 进行研究。

常数 $A、B$ 通过聚氯乙烯管的水力试验来确定。管子以萍州塑料一厂产品为主,以江阴化工塑料厂产品为副,规定为 $d_e40、d_e50$ 和 d_e100 三种。测试段长度为 20.0m。

18组,经分析整理,流速从大到小,再从小到大反复多次,共测得数据测试时,流速从大到小,再从小到大反复多次,共测得数据18组,经分析整理,流速段长度为 20.0m。测试时,流速从大到小,再从小到大反复多次,共测得数据18组,经分析整理后送入微机作回归处理,得到如图3.0.2中的曲线,其表达式为

$$\lambda = \frac{0.304}{Re^{0.239}} \quad (3.0.2)$$

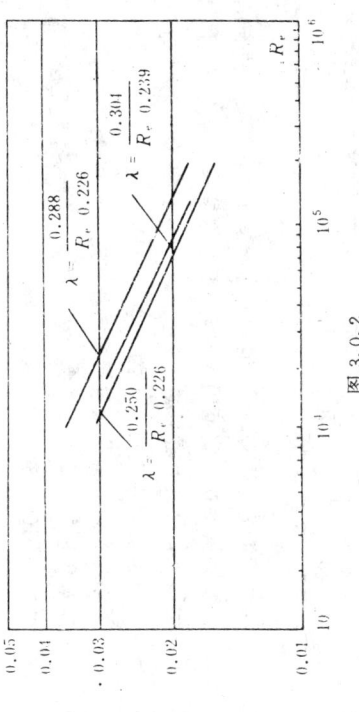

图 3.0.2

即常数 $A = 0.304;B = 0.239$。

图中另两条曲线分别是苏联合维列夫公式 $\lambda = 0.288/Re^{0.226}$ 和苏联水力地质所公式 $\lambda = 0.25/Re^{0.226}$。

第3.0.3条 雷诺数与水的运动粘滞度成反比,而水的运动粘滞度与水温有关。因此不同的水温其水头损失不一样。

第3.0.4条 根据式3.0.4,制成水温为20℃时0.63MPa时各种规格管材的水力计算表,以便应用。

第3.0.5条 硬聚氯乙烯管的局部阻力损失尚无实测资料,因在室外给水工程中,局部阻力损失所占的比重微乎其微,因此,暂按铸铁管局部阻力损失计算,其误差亦很小。

第3.0.6条 水锤计算在水力学中有详细叙述。

第四章 变形计算

第4.0.1条 温度变化所引起的线胀系数国外资料为 $6\sim8\times10^{-5}$ (m/m·℃)；上海建筑科学研究所所测定的排水用硬聚氯乙烯管为 7×10^{-5} (m/m·℃)，故本处亦采用此值。

与地面管相比，地下管线的膨胀问题很容易解决。据国外资料介绍，地下管线在地表0.5m以下土层温度一天之内是不变的，在 $0.6\sim1.2m$ 深处的土层温度接近于月的平均气温。地下管线受到的温度波动也是非常小的，另外管材与土壤间的摩擦力对温度所引起的伸缩也有一定的抑制作用，所以地下管线无需考虑热膨胀问题。

第4.0.2条 国外对埋地无压硬聚氯乙烯管的变形进行了长期观测和大量研究，结果表明，其径向相对变形量为20%时，管材不出现断裂现象。但此时对管内流体的流动状态有一定的影响。对于外径与壁厚之比为 D/δ (SDR) ≤34 的管材，相对变形不超过5%时，其管材强度和管内介质流态不产生大影响。因此，欧美各国普遍采用5%作为最大允许变形量。

第4.0.3条 变形量计算采用斯班格尔 (Spangler) 公式。

变形滞后系数 D_e，国外资料为 $1.25\sim1.50$，考虑到间距太大，刚性材料取下限，塑性材料取上限，故取其中值，即 $1.35\sim1.45$，并稍偏上限。

与管道支承角有关的常数 K 取0.11是将支承角作为0度来处理的。

弹性模量 E，通过三家产品的实测，取95%的保证率，则标准温度 (一般取18.5℃) 下的 E 值为 3.0×10^5 N/cm²。

其平均值为3.183×10⁵N/cm² 下的 E 值为 3.0×10^5N/cm²。

实测弹性模量表　　　　　　　　　　　　　表4.0.3

生产厂家	试件数量	E的平均值 (N/cm²)
福建漳州塑料厂	50	3.197×10⁵
河北长城化工厂	50	3.145×10⁵
江苏江阴化工塑料厂	50	3.169×10⁵

第4.0.4条 回填土的反作用模数 E'，与土壤性质和密实度有关，经我们验证测定，Ⅱ类土在密实度大于90%时，Ⅰ类土密实度大于90%时，如表4.0.4 (左、右、下) 的弹性模量 E 值如表4.0.4。断面 (左、右、下) 的弹性模量 E 值如表4.0.4。回填土为密实度大于90%的Ⅰ类土时。

管壁弹性模量表　　　　　　　　　　　　　表4.0.4

复土厚度 (m)	横断面位置	绝对变形 (cm)	E' (N/cm²)
0.60	左	0.045	760
0.90	左	0.045	1050
0.60	下	0.067	495
0.90	下	0.067	690
0.60	右	0.054	626
0.90	右	0.72	386

其平均值为668N/cm²。但管道铺设是在较长距离内进行的，回填土密实度要在一定范围内波动，不可能是一个定值。因此，为了安全起见，回填土密实度在90%～80%时，E'的推荐值为500～300N/cm²。日本的推荐值为560～165N/cm²。

第4.0.5条 总荷载包括静荷载和动荷载两种。

第4.0.6条、第4.0.7条 采用的是《给水排水工程结构设计规范》(GBJ69-84) 的公式。

第五章 管道敷设

第5.0.1条 硬聚氯乙烯管通常应敷设于地下。在山区岩石地带，覆盖层较浅或完全暴露在外时，必须加强保温、防热、防阳光等技术措施。

第5.0.2条 管材敷设在冰冻线以下，一般不会冻坏。1986年对北方地区的天津、青岛、沈阳和乌海市自来水公司的管埋深作了调查（见表5.0.2）。

管道埋深表　　表5.0.2

单位	管径 (mm)	冰冻线深度 (m)	埋深 (m)
天津市自来水公司	110～225	0.80	0.8～1.0
青岛市自来水公司	160～225	0.42	1.4～1.5
沈阳市自来水公司	110～225	1.39	1.4～1.5
乌海市自来水公司	110～225	1.80	1.5

美国规定，塑料管道埋深应不小于冰冻线以下0.30m，日本规定不小于0.20m。

管道还必须满足内、外压的要求。内压为最大水压和水锤压力；外压为土荷载和车辆荷载。

第5.0.3条 国外资料提供如表5.0.3-1；

国外资料沟宽表（国外）　　表5.0.3-1

管径 (mm)	200	250	300	350	400	450	500	600
沟宽 (m)	0.70	0.80	0.85	0.90	1.00	1.05	1.10	1.35

国内调查结果如表5.0.3-2：

不同管径沟宽表（国内）　　表5.0.3-2

单位	管径 (mm)	沟宽 (mm)
乌海市自来水公司	110～225	0.60～0.80
天津市自来水公司	110～225	0.40～0.50（接铸铁管做法）
青岛市自来水公司	160～225	
沈阳市自来水公司	110～225	0.50～0.60

第5.0.4条、第5.0.5条 国内调查：

青岛市：沟槽遇局部岩石地段，挖除岩石后用砂土填平。

沈阳市：沟底铺垫0.20～0.30m厚的砂土作为基础。

天津市：沟底清沟底平整，石块清除异物后铺一层厚度不小于0.10m的砂子。

国外资料是沟底平整，清除异物，石块后再铺一些细土。

第5.0.6条 管道连接方式根据《给水用硬聚氯乙烯管材、管件》标准确定。

第5.0.7条 硬聚氯乙烯管道由于不固定附属设施，在实例中，$d_e \geq 100$管由于硬聚氯乙烯管材和铸铁管差异，故在本规程中强调单独基础和固定问题。

第5.0.8条 在穿越铁路、公路、河流时，管道多次出现坏情况，遵照相应规定执行，加强相应防护措施。

中国工程建设标准化协会标准

室外硬聚氯乙烯给水管道工程施工及验收规程

CECS 18：90

主编单位：哈尔滨建筑工程学院
批准单位：中国工程建设标准化协会
批准日期：1990年9月25日

前 言

硬聚氯乙烯管是目前国内外都在大力发展和应用的新型化学建材。它与金属管道相比，具有重量轻、耐压强度好、输送流体阻力小、耐化学腐蚀性能强、安装方便、投资低、省钢节能、使用寿命长等特点。采用该种管材作供水管道，可对我国钢材紧缺、能源不足的局面起到积极的缓解作用，经济效益显著。

本规程在参照国外有关资料并通过国内大量试验和工程试点的基础上，反复征求了国内有关专家和单位的意见后编制而成。

现批准《硬聚氯乙烯给水管道工程设计规程》CECS17：90、《硬聚氯乙烯给水管道工程施工及验收规程》CECS18：90，并推荐给各工程建设设计、施工单位使用。在使用过程中，请将意见及有关资料寄交北京车公庄大街19号中国建筑技术发展研究中心（邮政编码：100044）。

中国工程建设标准化协会

1990年9月25日

目　次

第一章　总则 ································· 31—3
第二章　管材、配件的性能要求及其存放 ······· 31—3
　第一节　管材及配件的性能要求 ············· 31—3
　第二节　管材及配件的运输及堆放 ··········· 31—4
第三章　土方工程 ····························· 31—4
　第一节　测量 ······························· 31—4
　第二节　沟槽 ······························· 31—4
　第三节　回填 ······························· 31—6
第四章　管道安装与维修 ······················· 31—6
　第一节　一般规定 ··························· 31—6
　第二节　管道连接 ··························· 31—7
　第三节　管道的维修 ························· 31—9
第五章　管道系统的试压及验收 ················· 31—10
　第一节　管道系统的试压 ····················· 31—10
　第二节　管道的冲洗和消毒 ··················· 31—11
　第三节　管道系统的竣工验收 ················· 31—11
附录一　给水管道与构筑物及其它管道的间距 ···· 31—12
附录二　常用粘接剂的配方 ····················· 31—12
附录三　本规程用词说明 ······················· 31—13
附加说明 ····································· 31—13
条文说明 ····································· 31—14

第一章 总则

第 1.0.1 条 本规程适用于一般地质情况下室外硬聚氯乙烯（亦称 UPVC）给水管道工程的施工及验收。在湿陷性黄土地区、地震烈度大于 6 度的地震区等特殊地区施工硬聚氯乙烯给水管道时，除应遵守本规程外，尚应遵守有关规范的规定。硬聚氯乙烯给水管道的维修工程可参照本规程执行。

第 1.0.2 条 执行本规程时，应同时遵守《室外硬聚氯乙烯给水管工程设计规程》以及国家现行的安全、防火和卫生规程中的有关规定。

第 1.0.3 条 同给水管道工程有关的一般或特殊建筑工程及土方工程，除应遵守本规程的规定外，尚应符合国家现行规范、规程中的有关规定。

第二章 管材、配件的性能要求及其存放

第一节 管材及配件的性能要求

第 2.1.1 条 施工所使用的硬聚氯乙烯给水管材、管件应分别符合《给水用硬聚氯乙烯管材》（GB10002.1—88）及《给水用硬聚氯乙烯管件》（GB10002.2—88）的要求。如发现有损坏、变形、变质迹象或其存放超过规定期限时，使用前应进行抽样鉴定。

第 2.1.2 条 管材插口与承口的工作面，必须表面平整、尺寸准确，既要保证安装时插入容易，又要保证接口的密封性能。

第 2.1.3 条 硬聚氯乙烯给水管道工程上所采用的阀门及管件，其压力等级不应低于管道工作压力的 1.5 倍。

第 2.1.4 条 当管道采用橡胶圈接口（R-R 接口）时，所用的橡胶圈应符合下列要求：

一、邵氏硬度为 45～55 度；
二、伸长率≥500%；
三、拉断强度≥16MPa；
四、永久变形＜20%；
五、老化系数＞0.8（在 70℃温度情况下，历时 144h）。

第 2.1.5 条 当使用圆形橡胶圈作接口密封材料时，橡胶圈内径与管材插口外径之比宜为 0.85～0.9，橡胶圈断面直径压缩率一般采用 40%。

第 2.1.6 条 当管道采用粘接连接（T-S 接口）时，所选用的粘接剂的性能应符合下列基本要求：

一、粘附力和内聚力强,易于涂在接合面上;
二、固化时间短;
三、硬化的粘接层对水不产生任何污染;
四、粘接的强度应满足管道的使用要求。
当发现粘接剂沉淀、结块时,不得使用。

第二节 管材及配件的运输及堆放

第2.2.1条 硬聚氯乙烯管材及配件在运输、装卸及堆放过程中严禁抛扔或激烈碰撞,应遮免阳光暴晒,若存放期较长,则应放置于棚库内,以防变形和老化。

第2.2.2条 硬聚氯乙烯管材、配件堆放时,应放平垫实,相邻两层放高度不宜超过1.5m;对于承插式管材、配件堆放时,配件堆放时,相邻两层管材的承口应相互倒置并让出承口部位,以免承口受集中荷载。

第2.2.3条 管道接口所用的橡胶圈应按下列要求保存:

一、橡胶圈宜保存在低于40℃的室内,不应长期受日光照射,距一般热源距离不应小于1m。

二、橡胶圈不得同能溶解橡胶的溶剂(油类、苯等)以及对橡胶有害的酸、碱、盐等物质存放在一起,更不得与以上物质接触;

三、橡胶圈在保存运输中,不应使其长期受挤压,以免变形;

四、当管材出厂时配套使用的橡胶圈已放入承口内时,可不必取出保存,但应采取措施防止橡胶圈遗失。

第三章 土方工程

第一节 测 量

第3.1.1条 硬聚氯乙烯给水管道工程的线路测量应包括定线测量,水准测量和直接丈量。

第3.1.2条 定线测量要测定管道的中心线和转角;并应测量管道与相邻的永久性建筑物间的位置关系:±40$\sqrt{n}$(s),n为测站数。管道上设立标志。测量精度闭合差为:±40$\sqrt{n}$(s),n为测站数。管道与建筑物、构筑物的距离测量参见附录。

第3.1.3条 在进行管道水准测量时,应沿线设临时水准点,并用水准导线同固定所用水准点连接,固定水准点的精度不应低于四级,水准点闭和差:±12$\sqrt{K}$(mm),K为水准点之间的水平距离,单位为km。

第3.1.4条 直接丈量测距的允许偏差应符合表3.1.4的要求。

直接文量测距的允许偏差 表3.1.4

序号	固定测距间距(m)	允许偏差
1	<200	1/5000
2	200~500	1/10000
3	>500	1/20000

第二节 沟 槽

第3.2.1条 在无地下水的地区开槽时,如沟深不超过下列规定，沟壁可不设边坡。

填实的砂土和砾石土　　　1m;
亚砂土和亚粘土　　　　　1.25m;
粘土　　　　　　　　　　1.5m;
特别密实土　　　　　　　2m.

第3.2.2条 在无地下水和土壤具有天然湿度，构造均匀的条件下开挖沟槽时，如沟深超过第3.2.1条规定，但在5m以内，其沟壁最大允许边坡度应符合表3.2.2的规定。

深度在5m以内的沟槽最大沟边坡度（不加支撑）　表3.2.2

土类名称	人工挖土并将土抛于沟边上	机械挖土① 在沟底挖土	机械挖土 在沟上边挖土
砂　　土②	1:10	1:0.75	1:10
亚砂土	1:0.67	1:0.50	1:0.75
亚粘土	1:0.50	1:0.33	1:0.75
粘　　土	1:0.33	1:0.25	1:0.67
含砾石、卵石土	1:0.67	1:0.50	1:0.75
泥裂岩、白垩土	1:0.33	1:0.25	1:0.67
干黄土	1:0.25	1:0.10	1:0.33

注：①如人工挖土把土随时运走时，则可采用机械在沟底挖土的坡度。
②表中砂土不包括细砂和粉砂，干黄土不包括黄土。
③距离边0.8m以内，不应堆置弃土材料。

第3.2.3条 在回填土地段或采用支撑及其它相应雨季施工时，可酌情加大边坡或采用支撑。在地下水位较高的地段施工时，应采取降低水位的措施或排水的措施，其方法的选择应根据水文地质条件及沟槽深度等条件确定。

沟槽内积水应及时排出，不允许沟槽内长时间积水。

第3.2.4条 深度在5m以内的沟槽的垂直壁亦可按表3.2.4规定，采用适当的支撑型式加固。

深度在5m以内的沟槽的支撑型式　表3.2.4

土壤的情况	沟槽深度(m)	支撑型式
天然湿度的粘土类土，地下水很少	≤3	不连接的支撑
天然湿度的粘土类土，地下水很少	3~5	连续支撑
松散的和湿度很高的土，地下水较高的	不论深度如何	连续支撑
松散的和湿度很高的土，地下水很多且有走土粒的危险		如采用降低地下水法，则可用板桩加以支撑

第3.2.5条 开挖沟槽时，其沟底宽度一般为管外径加0.5m。

注：当沟深为2m以内及3m以内且有支撑时，沟底宽度应另加0.1m及0.2m。当沟槽为板桩支撑时，沟深2m以内及3m以内及，其沟底宽度应分别加0.2m及0.4m。当沟槽深度超过3m时，沟底宽度应另加0.2m。
0.6m.

第3.2.6条 开挖沟槽时，沟底设计标高以上0.2~0.3m的原状土应予保留，铺管前用人工清理，如局部超挖，需用砂或原土填补并分层夯实。

第3.2.7条 沟底埋有不易清除至设计标高以下的块石等坚硬物体或地基为岩石、半岩石或冻石时，应铲除至设计标高以下0.15~0.2m，然后铺上砂土整平夯实。

第3.2.8条 开挖沟槽，遇有管道、电缆、地下构筑物或文物古迹时，须予以保护，并及时与有关单位和设计部门联系协同处理。

第3.2.9条 生活饮用水管道严禁直接穿过粪坑、厕所和玫瑰等能造成污染的地段，若在沟槽开挖过程中发现这类情况应与设计及卫生等有关部门协同处理。

第三节 回 填

第3.3.1条 在管道安装铺设完毕后应尽快分层回填，回填的时间宜在一昼夜中气温最低的时刻；回填土中不应含有砾石、冻土块及其它杂硬物体。

第3.3.2条 管沟槽的回填一般分两次进行：

一、随着管道的两侧，一次回填高度宜为0.1～0.15m，捣实与沟顶以上至少0.1m处。在回填过程中，管道下部管底回填到管顶以上至少0.1m处。在回填过程中，管道下部与管底间的空隙处必须填实；管道接口前后0.2m范围内不得回填，以便观察试压时事故情况。

二、管道试压合格后的大面积回填，宜在管道内充满水的情况下进行，管顶0.5m以上部分，可用原土并夯实，采用机械回填时，要从管的两侧同时回填，机械不得在管道上行驶。

第3.3.3条 在管道试压前，管顶以上回填土厚度不应少于0.5m，以防试压时管道系统产生推移。

第四章 管道安装与维修

第一节 一般规定

第4.1.1条 管道铺设应在沟底标高和管基础质量检查合格后进行，在铺设前要对管材、管件、橡胶圈等重新作一次外观检查，发现有问题的管材、管件均不得采用。

第4.1.2条 管道的一般铺设过程是：管材放入沟槽、接口部分回填、试压、全部回填。在条件不允许、管径不大时，可将2或3根管在沟槽上接好、平稳放入沟槽内。

第4.1.3条 在沟槽内铺设硬聚氯乙烯给水管道时，如设计未规定采用其它材料的基础，应铺设在未经扰动的原土上。管道安装后，铺设管道时所用的垫块应及时拆除。

第4.1.4条 管道不得铺设在冻土上。铺设管道和管道压过程中，应防止沟底冻结。

第4.1.5条 管材在吊运及放入沟内时，应采用可靠的软带吊具，平稳下沟，不得与沟壁或沟底激烈碰撞。

第4.1.6条 在昼夜温差变化较大的地区，施工刚性接口管道时，应采取防止因温差产生的应力而破坏管道及接口的措施。粘接接口不宜在5℃以下施工，橡胶圈接口不宜在-10℃以下施工。

第4.1.7条 在安装法兰接口的阀门和管件时，应采取防止造成外加拉应力的措施。口径大于100mm的阀门下应设支墩。

第4.1.8条 管道转弯的三通和弯头处是否设置止推支墩及支墩的结构型式应由设计决定。管道的支墩不应设置在松土上，其后背应紧靠原状土，如无条件，应采取措施保证支墩的稳定，支墩与管道之间应设橡胶垫片，以防止管道的破坏。在无设计规定的情况下，管径小于100mm的弯头、三通可不设止推墩。

第4.1.9条 管道在铺设过程中可有适当的弯曲，但曲率半径不得大于管径的300倍。

第4.1.10条 在硬聚氯乙烯管道穿墙处，应设预留孔或安装套管，在套管范围内管道不得有接口，硬聚氯乙烯管道与套管间应用油麻填塞。

第4.1.11条 在硬聚氯乙烯管道穿越铁路、公路时，应设钢筋混凝土套管，套管的最小直径为硬聚氯乙烯管道管径加600mm。

第4.1.12条 管道安装和铺设工程中断时，应用木塞或其它盖堵将管口封闭，防止杂物进入。

第4.1.13条 硬聚氯乙烯管道上设置的井室的井壁应做密封措施防止抹面；井底应做防水处理；井壁与管道连接处应采用密封措施防止地下水的渗入。

第二节 管道连接

第4.2.1条 硬聚氯乙烯给水管道可以采用橡胶圈接口、法兰接等型式。最常用的是橡胶圈和粘接口。橡胶圈接口适用于管道外径为63～315mm的管道连接；粘接接口适用于管径小于160mm的连接；法兰连接一般用于硬聚氯乙烯管与铸铁管等其它管材阀件等的连接。

第4.2.2条 橡胶圈连接应遵守下列规定：

4.2.2-1 准备工作
一、检查管材、管件及橡胶圈质量，并根据作业项目按表4.2.2-1准备施工工具。

二、清理干净承口内橡胶圈沟槽、插口端及橡胶圈，不得有土或其它杂物。

三、将橡胶圈正确安装在承口内的橡胶圈沟槽区中，不得装反或扭曲，为了安装方便可先用水浸湿橡胶圈，但不得在橡胶圈上涂润滑剂安装。

各作业项目的施工工具表 表4.2.2-1

作业项目	工具种类
锯管及坡口	细齿锯或管割机、倒角器或中号板锉、万能笔、量尺
清理工作面	棉纱或干布
涂润滑剂	毛刷、润滑剂
连 接	手动葫芦或穿入机、绳
安装检查	塞尺

四、橡胶圈连接的管材在施工中被切断时，须在插口端另行倒角，并应划出插入长度标记线，然后再进行连接。最小插入长度应符合表4.2.2-2的规定。切断管材时，应保证断口平整且垂直管轴线。

管子接头最小插入长度 表4.2.2-2

公称外径(mm)	63	75	90	110	125	140	160	180	200	225	280	315
插入长度(mm)	64	67	75	78	81	86	90	94	100	112	113	

五、用毛刷将润滑剂均匀地涂在装接在承口处的橡胶圈和管插口端外表面上，但不得将润滑剂涂到承口内的橡胶圈沟槽内；润滑剂可采用V型脂防酸盐，禁止用黄油或其它油脂类作润滑剂。

六、将连接管道的插口对准承口，保持插入管段的平直，用手动葫芦或机械将管一次插入至标线，若插入阻力过大，切勿强行插入，以防橡胶圈扭曲。

七、用塞尺顺承插口间隙插入，沿管圆周检查橡胶圈的安装是否正常。

第4.2.3条 管道粘接连接应遵守下列规定：
一、检查管材、管件质量并根据作业项目按表4.2.3-1准备的施工工具。

各作业项目的施工工具表　表4.2.3－1

作业项目	工具种类
切管及坡口	同表4.2.2－1
清理工作面	除同表4.2.2－1外尚需丙酮、清洗剂
粘　接	毛刷、粘接剂

二、粘接连接的管道施工中被切断时，须将插口处倒角，燃成坡口后再进行连接。切断管口时，应保证断口平整且垂直管轴线。加工成的坡口应符合下列要求：坡口长度一般不小于3mm，坡口厚度约管壁厚的1/3～1/2。坡口完成后，应将残屑消除干净。

三、管材或管件在粘合前，应用干布将承口内侧和插口外侧擦拭干净，使被粘结面保持清洁、无尘砂与水迹。当表面沾有油污时，须用棉纱蘸丙酮等清洁剂擦拭。

四、粘接前应将插入深度配合情况符合要求，并在插入端划出插入承口深度的标线。管端插入承口深度应不小于表4.2.3－2的规定。

管材插入承口深度　表4.2.3－2

管材公称外径 (mm)	20	25	32	40	50	63	75
管端插入承口深度 (mm)	16.0	18.5	22.0	26.0	31.0	37.5	43.5
管材公称外径 (mm)	90	110	125	140	160		
管端插入承口深度 (mm)	51.0	61.0	68.5	76.0	86.0		

五、用毛刷将粘接剂迅速涂刷在插口外侧及承口内侧结合面上时，宜先涂承口，后涂插口，宜轴向涂刷，涂刷均匀适量。每个接口粘合剂用量参见表4.2.3－3。粘接剂配方见附录二。

粘接剂标准用量　表4.2.3－3

公称外径 (mm)	20	25	32	40	50	63	75
粘结剂用量 (g/个)	0.40	0.58	0.88	1.31	1.94	2.97	4.10
公称外径 (mm)	90	110	125	140	160		
粘接剂用量 (g/个)	5.73	8.43	10.75	13.37	17.28		

注：①使用量是按表面积200g/m²计算的。
②表中数值为插口和承口两表面的使用量。

六、承插口涂刷粘接剂后，应立即在正方向将管端插入承口，用力挤压，使管端插入的深度至所划标线，并保证承插接口的直度和接口位置正确，同时必须保持表4.2.3－4所规定的时间，以防止接口脱滑。

粘接接合最少保持时间　表4.2.3－4

公称外径 (mm)	63以下	63～160
保持时间 (s)	>30	>60

七、承插接口的养护：

承插接口连接完毕后，应及时将挤压出的粘接剂擦拭干净。粘接后，不得立即对接合部位施加强行加载，其静置固化时间不应低于表4.2.3－5的规定。

静置固化时间(min)　表4.2.3－5

公称外径 (mm)	管材表面温度		
	45～70℃	18～40℃	5～18℃
63以下	1～2	20	30
63～110	30	45	60
110～160	45	60	90

热空气温度宜为260~290℃。过热易使材料变形或碳化，压力过高可能导致冷却后焊缝的破裂。

三、焊道应超出被修补部位四周边缘各9~13mm。

第4.3.4条 对粘接剂粘接处渗漏的处理，可采用粘接剂补漏法修补。此法须先排干管内水，并使管内形成负压，然后将粘接剂注在渗漏部位的孔隙上。由于管内负压，粘接剂被吸入孔隙中，而达到止漏的目的。

第4.2.4条 当硬聚氯乙烯管与其它管材、阀门及消火栓等管件连接时，应采用专用接头。

第4.2.5条 在硬聚氯乙烯给水管道上可钻孔接支管。开孔直径小于50mm时，可用管道钻孔机钻孔。开孔直径大于50mm时可采用圆形切削器。在同一根管上开多孔时，相邻两孔孔口间的最小间距不得小于所开孔孔径的7倍。

第三节 管道的维修

第4.3.1条 若施工后的管道发生漏水时，可采用换管、焊接和粘接等方法修补。当管材大面积损坏需更换整根管时，可采用双承口连接件来更换管材，渗漏较小时，可采用焊接或粘接的方法修补。

第4.3.2条 用双承口连结换管的操作程序：

一、切掉全部损坏的管段，在与双承口连接件连接的管端上，标出插入长度的标线，将插口端毛刺去除并倒角。

二、确定替换管长，替换管上也要划出插入长度的标线。将替换管插入到双承口连接件的端部。

三、若替换管为带承口的管段时，则先将双承口与被修补管道的插口相连结，再将双承口连接件拉套在被修补管道的插口上。然后将替换管换管的承口与被修补管段的插口连结，若替换管为双承口，则应用二个双承口连接件，分别拉出后，套在已划标线的位置上。

第4.3.3条 焊接修补注意事项：

一、应使焊接部位干燥，同时清除其表面的灰尘、油污和其它杂质，在粘接接口处焊接修补时，只有任粘接剂已固化6h以上方可进行。

二、在修补轻微渗漏时，一般焊接一条焊道。采用多层焊接时，应焊3~5条焊道。焊接时，要冷却一段时间后，再进行下一层焊接，需保持适宜的温度和压力。

第五章 管道系统的试压及验收

第一节 管道系统的试压

第5.1.1条 直径大于110mm,长度大于50m的硬聚氯乙烯给水管道应进行水压试验(在没有水源条件的地方允许采用气压试验),以检验其耐压强度及严密性。

第5.1.2条 硬聚氯乙烯给水管道试压管段的长度不宜大于1km。对于无节点连接的管道,试压管段长度不宜大于1.5km;有节点的管道,试压管段长度不宜大于1km。

第5.1.3条 管道试压前必须做好下列准备工作:

一、对管道、节点、接口、支墩等其它附属构筑物的外观以及回填情况进行认真的检查,并根据设计用水准仪检查管道能否正常排气及放水。

二、对试压设备、压力表、放气管及进水管等设施加以检查,要保证支撑的牢固性及其功能。同时对管端堵板、弯头及三通等处支撑,自动排气阀、安全阀等处试压时应支撑板、将所有敞口堵严。

第5.1.4条 管道的水压试验应符合下列规定:

一、缓慢地向管道中注水,同时排出管道内的空气。管道充满水后,在无压情况下至少保持12h。

二、进行管道严密性试验,将管内水加压到0.35MPa,并保持2h。检查各部位是否有渗漏现象,管内试验压力不得超过设计工作压力的1.5倍,最低不宜小于0.5MPa,并保持试压2h或者满足设计时的特殊要求。每当压力降落0.02MPa时,则应向管内补水。为保持管内压力所增补的水为漏水量的计算值。根据有无异常和漏水量来判断强度试验的结果。

四、试验后,将管道内的水放出。

第5.1.5条 水压试验应符合下列规定:

一、严密性试验。在严密性试验时,若在2h中无渗漏现象为合格。

二、强度试验。在强度试验时,若漏水量不超过表5.1.5中所规定的允许值,则试验管段承受了强度试验。

不同管径每公里管段允许漏水量表 表5.1.5

管外径 (mm)	每公里长管段允许漏水量 (L/min)	
	粘接连接	橡胶圈连接
63~75	0.2~0.24	0.3~0.5
90~110	0.26~0.28	0.6~0.7
125~140	0.35~0.38	0.9~0.95
160~130	0.12~0.5	1.05~1.2
200	0.56	1.4
225~250	0.7	1.55
280	0.8	1.6
315	0.85	1.7

第5.1.6条 试压时应遵守下列规定:

一、对于粘接连接的管道须在安装完毕48h后才能进行试压。

二、管道的强度试压工作应在闭槽回填至第3.3.3条要求,并至少48h后才能进行。

三、试压管段上的三通、弯头特别是管端的盖堵的支撑要有足够的稳定性。若采用混凝土结构的止推块,试验前要有充分的凝固时间，使其达到额定的抗压强度。

四、试压时，向管道注水同时要排掉管道内的空气，水须慢慢进入管道，以防发生气锤或水锤。

第5.1.7条 试压合格后，须立即将阀门、消火栓、安全阀等处所设的堵板散下，恢复这些设备的功能。

第二节 管道的冲洗和消毒

第5.2.1条 硬聚氯乙烯给水管在验收前，应进行通水冲洗。冲洗水宜为浊度在10mg/L以下的净水，冲洗水流速直大于2m/s。直接冲洗到出口处的水的浊度与进水相当为止。

第5.2.2条 生活饮用水管道经冲洗后，还应用含20～30mg/L的游离氯的水灌满管道进行消毒。含氯水在管中应留置24h以上。

消毒完毕后，再用饮用水冲洗，并经有关部门取样检验水质合格后，方可交工。

第三节 管道系统的竣工验收

第5.3.1条 验收管道及有关构筑物时，应提交下列文件：

一、施工图、并附变更部分的证明文件；
二、材料、制品和设备的出厂合格证或试验记录；
三、隐蔽工程验收记录及有关资料；
四、管道系统的试压记录；
五、生活饮用水管道通水冲洗、消毒后的水质化验记录；
六、生活饮用水管道的消毒工程时，应具备工程基础资料及施工记录。

第5.3.2条 验收下列隐敝工程情况，井室和地沟等防水料)；

一、地下管道及构筑物的地基和基础（包括土壤和地下水资
二、地下管道的支墩设置情况，井室和地沟等防水的防水层；

三、埋入地下的弯头节点及管件的情况；
四、管道穿越铁路、公路、河流情况。

第5.3.3条 应检查及验收管道上所设置的阀门、消火栓、排气阀、安全阀等设施功能，同时具备各阀门开关方向的说明和标志。

第5.3.4条 管道的试压及管线试运行。管道分段试压合格后，应进行全管网试压由双方共同进行，无异常现象后方可正式交付使用。

附录一 给水管道与构筑物及其它管道的间距

给水管道与构筑物及其它管道的间距(m) 附表1.1

最小水平间距(m)	构筑物			管道			
	铁路	建筑红线	街树中心	电杆	电缆	煤气管	热力管	污水管
	5	5	1.5	1.0	1.0	1.0~2.0	1.5	1.5

附录二 常用粘接剂的配方

常用粘结剂的配方 附表2.1

编号	成分与配比		基本性能
1	共聚树脂 过氧化甲乙酮 环烷酸钴 307不饱和聚酯(50%的丙酮溶液)	110 3 1 0.5	有良好的耐水性和耐油性,剪切强度达70~80kg/cm²
2	过氯乙烯 二氯乙烷	110 400~900	剪切强度达100kg/cm²
3	过氯乙烯 二氯乙烷 偶联剂 KH-570, 1.1~1.5	100 500~590	剪切强度达148~152kg/cm²
4	过氯乙烯 二氯乙烷 四氢呋喃 偶联剂 KH-550, 1.5	100 300 200	
5	过氯乙烯 聚氯乙烯醇缩丁醛 二氯乙烷	100 25 110	
6	聚氯乙烯 四氢呋喃 甲乙酮 邻苯二甲酸二辛酸 有机锡 甲基异丁基酮	100 100 200 2 1.5 2.5	剪切强度达148~152kg/cm²
7	硅橡胶内加固化剂 $C_6H_5NHCH_3Si$ $(OC_2H_5)_3$ 和 $(C_2H_5)_2$ $NCH_3Si(OC_2H_5)_3$		剪切强度12~16kg/cm²

附录三 本规程用词说明

一、执行本规程条文时，要求严格程度的用词说明如下，以便执行中区别对待。

1. 表示很严格，非这样作不可的用词：
正面词采用"必须"；反面词采用"严禁"。

2. 表示严格，在正常情况下均应这样作的用词：
正面词采用"应"，反面词一般采用"不应"或"不得"。

3. 表示允许稍有选择，在条件许可时首先应这样作的用词：
正面词采用"宜"或"可"；反面词一般采用"不宜"。

二、条文中必须按指定的标准、规范或其它有关规定执行的写法为"应按……执行"或"应符合……要求"。非必须按所指的标准、规范执行的写法为"可参照……"。

附加说明

本规程主要起草人名单

起草人员：

哈尔滨建筑工程学院　刘灿生　孟庆海　杜茂安　吕炳南
上海市政工程设计院　卞启良　徐友贵
中国建筑技术发展研究中心　王真杰　章林伟

审查单位：
中国建筑技术发展研究中心

中国工程建设标准化协会标准

室外硬聚氯乙烯给水管道工程施工及验收规程

CECS 18:90

条文说明

目 次

第一章 总则 ·· 31—15
第二章 管材、配件的性能要求及其存放 ·········· 31—15
　第一节 管材及配件的性能要求 ····················· 31—15
　第二节 管材及配件的运输及堆放 ·················· 31—16
第三章 土方工程 ··· 31—16
　第一节 测量 ··· 31—16
　第二节 沟槽 ··· 31—17
　第三节 回填 ··· 31—18
第四章 管道安装与维修 ································ 31—18
　第一节 一般规定 ······································· 31—19
　第二节 管道连接 ······································· 31—19
　第三节 管道的维修 ···································· 31—20
第五章 管道系统的试压及验收 ······················· 31—20
　第一节 管道系统的试压 ······························ 31—21
　第二节 管道的冲洗和消毒 ··························· 31—21
　第三节 管道系统的竣工验收 ······················· 31—21

第一章 总 则

第1.0.1条 《室外硬聚氯乙烯给水管道施工及验收规程》是国家科委"七·五"攻关项目："室外硬聚氯乙烯给水管道应用技术开发研究"(75—01—014)专题之一。本规程自1986年开始收集国内外有关资料，在国内大量调查现状的基础上进行了相关硬聚氯乙烯管材中物质浸出规律、管材的冷脆性，管道上开孔对其强度的影响，埋地管的力学，管材的变形，实验研究。与此同时还进行了大量的工程试点及相应的施工技术专题研究，参考国内外文献编制成本规程的初稿，在征求国内诸多专家及使用单位的意见后又陆续编制了本规程的修改稿和送审稿，送审稿1989年5月份又在大连会议上通过专家审查后又根据专家的意见进行了朴充和修改。

本规程适用于在一般地质条件下的新建、扩建、改建的硬聚氯乙烯给水管道工程。当遇到本规程中未提及的特殊地质条件时，除应遵守本规程外，尚应遵守相应规范或规程的有关规定。

第1.0.2条、第1.0.3条 室外互不充相制约，因此应配合使用。执行本规程时亦应遵守现行的"室外给水设计规范"、"防火及卫生等规范，施工及验收规范中的有关规定。例如："室外给水设计规范"和"给排水管道施工及验收规范（试行）"等。

第二章 管材、配件的性能要求及其存放

第一节 管材及配件的性能要求

第2.1.1条 本规程所选用的塑料管材，管件是以《给水用硬聚氯乙烯管材》（GB10002.1—88）及《给水用硬聚氯乙烯管件》（GB10002.2—88）两个国家标准为准。条文中的"损坏，变形，变质迹象"系指管材在运输、装卸、堆放过程中发生的破坏，当存放时间过长，超过规定期限（一般规定为2年）时，可能导致管材的变质，这时需抽样调查。抽样必须具有代表性。

第2.1.2条 本条规定了管材插口与承口表面的平整及尺寸准确，但还应特别注意承口内与插口的尺寸的公差配合，才能保证插入时，才能保证插入时容易插入和保证接口的密封性能，要求安装前应认真检查。

第2.1.3条 硬聚氯乙烯管的强度较高，当发生水锤或其它原因压力突然增高时，为了防止系统上的阀门及其它管件发生故障，本条对硬聚氯乙烯给水管道上采用的阀门及阀门的耐压力作了规定，这样可保证整个系统的可靠性一致。

第2.1.4条 本条对橡胶圈的产品质量及性能作了规定。

第2.1.5条 某些橡胶圈接口所采用的橡胶圈为圆形，对其要求引自冶金部1975年制定的"给排水管道工程施工及验收规范"（试行）。

第二节 管材及配件的运输及堆放

第2.2.1条 硬聚氯乙烯管在常温下是稳定的，不易破坏，其强度一般为：抗拉强度500～550kg/cm²，弯曲强度900kg/cm²，抗压强度660kg/cm²，剪切强度440kg/cm²，抗冲击强度5kg·cm/

cm²。由于硬聚氯乙烯管比重小，搬运施工时容易出现抛扔现象，为此制定了橡胶圈在运输、装卸和堆放过程中应防止激烈碰撞，要轻拿轻放并要放平垫实的条款内容。硬聚氯乙烯管在阳光暴晒下易变形和老化，因此短期堆放应放置于遮盖，长期堆放应置于棚库内。

第2.2.2条 硬聚氯乙烯管材、管件堆放时，应放平垫实，否则能引起变形，管材堆放可以采用大管套小管套的堆放形式，但其堆放高度要考虑自重荷载对变形的影响。其堆放形式及具体要求详见图2.2.2。

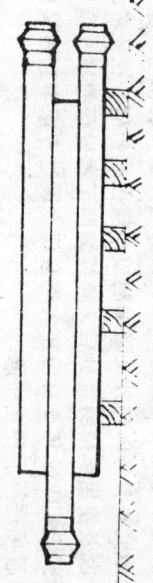

图2.2.2 硬聚氯乙烯管的堆放要求

第2.2.3条 本条规定了橡胶圈存放的要求、温度、日照等环境因素及橡胶圈的挤压规定时，会引起变形及老化，对橡胶有侵蚀作用的物质应严格隔离，以防沟触使得橡胶圈变质。对本条第四条重新清理后重新装入，不经检查的橡胶圈不得使用。

第三章 土方工程

第一节 测 量

第3.1.1条 本条规定了硬聚氯乙烯给水管道工程施工区线路测量的内容，测量方法应遵守有关规程的规定。

第3.1.2条～第3.1.4条 规定了硬聚氯乙烯给水管施工区定线测量、水准测量及直接丈量的定线要求，水准点设置要求，测量精度要求及直接丈量测距允许偏差范围。以上均引自市政工程质量检验评定暂行标准（CJ13-18）。

第二节 沟 槽

第3.2.1条～第3.2.4条 施工中应严格区分地质构造类型，并按沟造的地质构造决定沟槽是否设边坡或支撑以及沟边坡度和支撑形式。施工时可采用局部沟槽掏洞的型式，由于考虑到沟槽未开挖部分的支撑作用，可适当减小沟边坡度，但应注意不要把接口留在洞内。

第3.2.5条 沟槽的沟底宽度各地不尽一致，国外的资料列于表3.2.5-1中，国内管径部分单位的资料列于表3.2.5-2中。

不同管径沟沟底宽度增加表（国外） 表3.2.5-1

管 径 (mm)	200	250	300	350	400
沟 宽 (m)	0.70	0.80	0.85	0.90	1.00
管外径另加值 (m)	0.50	0.55	0.55	0.55	0.6

因为人在沟槽内的最小操作宽度为0.6m。为了保证施工质量及使操作工人顺利操作，将沟底宽度定为管外径加0.5m。当埋深很小时，可以采用在地面上将硬聚氯乙烯管道连接起来，整体放入沟槽的方法施工。除接口处外，其余地段的沟底宽可适当减小。

不同管径沟底宽度增加表（国内） 表3.2.5-2

单位	管径(mm)	沟底宽(m)	管外径另加值(m)
马鞍市	110～225	0.60～0.80	0.5～0.6
天津市	110～225	0.40～0.50	0.3
青岛市	160～225	0.75～0.8	0.6
沈阳市	110～225	0.50～0.60	0.4
青海钾肥厂	355	0.70～1.0	0.4～0.5

第3.2.6条 对于一般土壤，硬聚氯乙烯管宜直接铺设在原土上，但机械或人工开挖控制挖在设计标高上，这样就不易保证沟底高为原土。预留标高以上0.2～0.3m的原土，然后清理至设计标标高。人工开挖难控制挖在设计标高上，土容易挖到。若局部超挖应用砂土或大块石砾石、土块填其它硬物的原土填充夯实。当超挖过深时应分层回铺上砂土夯实。主要防止石或不平损坏管道。

第3.2.7条 铲除沟底的尖岩石或不平预防坏管道，应铺上砂土夯实。主要防止石或不平预防坏管道。

第3.2.8条 本条强调施工加保护，不容损坏。避免不必要的损失和影响工期。

第3.2.9条 本条目的是保证饮用水不受污染，如遇此情况，必须采取措施处理（或者将管道改变走向，或者将生活饮用水管道附近厕所、粪坑等设施在开工前正至卫生主管部门同意的地方）。

第三节 回 填

第3.3.1条 回填工序对硬聚氯乙烯管的施工质量是至关重要的。由于塑料管受温差变化影响，伸缩量较大，为防止因温差产生的附加应力破坏管子及接口，回填宜在一昼夜中气温最低时进行，夏季宜在早晨回填。为防止石块等硬杂物损坏硬聚氯乙烯管对回填土应有严格要求。

第3.3.2条 本条文根据硬聚氯乙烯给水管道工程试点总结，并参照国外有关条文制定。用砂土或符合要求的原土分层回填，是为保证管底的回填的密实，防止出现空穴造成管道受力不均，引起管底的管道变形而使接口漏水。在管道接口前后0.2m范围不回填，试压时可便于发现接口的严密程度及维修。管道充满水后回填，可保证管道受力均匀性，防止空管回填时由于回填土自重而使管材径向变形。当管径小于150mm时，回填时可不考虑管道是否充水。

第3.3.3条 管道在无回填或很少回填情况下试压时，可能出现使管道系统产生推移现象，增加接口漏水的可能。

采取预留伸缩量等措施防止产生外加拉应力及其对管道系统的影响。

对口径大于110mm的阀门下设置支墩，防止阀门及其它管件自重或开关阀门时施加外力而破坏硬聚氯乙烯管道。

第4.1.8条 因为我国给水系统工作压力偏低，一般在0.4MPa以下，管径小于110mm的管道没有设支墩的必要，管径在160~315mm的管道在设计时没有特殊要求下可设简易支墩，但支墩与管道间应设垫片，支墩要牢固。

第4.1.9条 管道转弯处应设弯头，某管材的弯曲转弯时，其管径愈大弯曲愈小。根据本条规定，允许弯曲度不能过大，而且管径大则允许弯曲愈小。某管材的弯曲半径及幅度列于表4.1.9中。

管道允许弯曲半径及幅度表 表4.1.9

管外径 (mm)	允许弯曲半径 R (m)	6m长管材允许转移幅度 a (m)
63	18.9	0.94
110	33.0	0.54
160	48.0	0.38
225	67.5	0.27
280	82.5	0.21
315	94.5	0.19

为保证弯曲的均匀性不变，在弯曲处应采用图4.1.9方式固定。

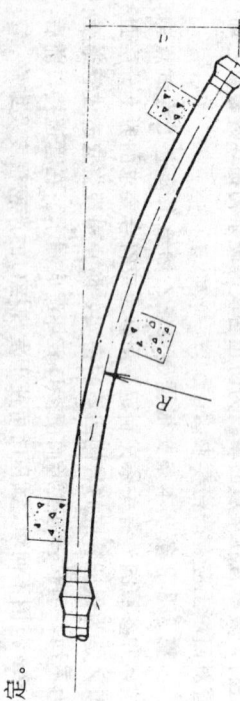

图4.1.9 管道转弯处的支设

第四章 管道安装与维修

第一节 一般规定

第4.1.1条 硬聚氯乙烯给水管材、管件、橡胶圈因运输、装卸、堆放或遮盖不严，因存放较长，都有可能造成管材、管件、橡胶圈的变形和变质，连接前进行一次外观的质量检查是必要的。

第4.1.2条 在地面上将管道连接后再下入沟槽是有条件的，一是沟槽较浅，二是沟槽较长，三是工程上必须。因为连接后的管段与已铺设管道相连接时，容易在连接的管段上出现脱节造成漏水。这在施工过程中要予以注意。

第4.1.3条 本条强调了硬聚氯乙烯管段在径及温差变化幅度。

第4.1.4条 硬聚氯乙烯给水管道的热膨胀冷缩性影响较大，在夏季施工可以采用蛇形铺设，这样，在输送较低温的水时，可避免冷缩对接口的破坏；对于粘接接口的连接可不设补偿装置。日本资料认为，粘接接口在5℃以下施工易造成粘结剂裂纹。苏联供水推荐管线塑料管接设计安装规程CH-478-80规定橡胶圈接口不宜于在-10℃以下温度中施工。

第4.1.5条 对于管径大于110mm的管材，可以直接把人工传到沟槽之内。管径小于110mm的管材，使管材慢慢滚动放入沟槽之用滚动式，用两根绳子套在管材上。

第4.1.6条 对于管径小于160mm的管材放入沟槽一般采用滚动式，用两根绳子套在管材上。

第4.1.7条 当硬聚氯乙烯给水管道上的法兰直接与阀门和管件连接时，要将法兰螺栓拧紧，这样管道上可能产生拉应力，应铺设沟底的平整性和固定性。

第4.1.10条 本条强调在穿墙套管内应有接口,避免接口操作困难,或当接口处漏水时增加维修困难。同时强调井筒的井壁不能直接压在管道上,以防井筒沉降,压坏管道。

第4.1.11条 为了防止管道穿越也的地面上的构筑物破坏或者影响其安全,需加设套管,套管的直径应能满足安装施工及维修的要求。

第4.1.12条 本条目的是强调管塞或影响管道的卫生。每天施工中止时均应将入管道,导致管道清塞或影响管道的卫生。每天施工中止时均应将铺设管道的管口堵塞。

第4.1.13条 本条强调硬聚氯乙烯管上井室的防水处理。以防地面渗水或地下水进入井室,对井室内的金属管道、阀门及其管件的浸蚀和污染。

第二节 管 道 连 接

第4.2.1条 与常用的橡胶圈连接、粘接连接两种连接方式适应的管径已在管材、管件标准中给出的,一般标准、橡胶圈连接适用于较大管径的管道,粘接接口适用于较小管径的管道。施工困难而且很难保证接口的质量。

第4.2.2条 橡胶圈接口时,要注意如下几点:
一、承口内装橡胶圈的槽口内不得留有各种油及润滑剂,防止在接口时将橡胶圈推出。
二、接口插管时,粘结剂一次插到底,无沉淀、结块现象。
三、粘接试插如两管的配合不合适,应另选一管再试,至合适为止。

第4.2.3条 粘接接口时,要注意如下几点:
一、粘结剂要合乎要求,无沉淀、结块现象。
二、在粘接前相互粘接的两管应试插一次,两管的配合要紧密,若插入阻力过大或发现插入管道反弹时,应退出检查橡胶圈是否正常。
三、当粘接面清理干净后再涂后选一管后涂粘接剂,粘结剂要涂均,不得遗漏。

四、涂毕粘接剂的管端在插入承口后,用手动葫芦或其他拉力器拉紧,并要保持一段时间(一般要一分钟左右)然后才能松开拉力器。

第4.2.4条 硬聚氯乙烯管与铸铁管、钢管相连接时应采用管件标准中所介绍的专用管件连接,也可用双承橡胶圈接头。接头不等连接。当与阀门、消火栓等管件连接时,应先将硬聚氯乙烯管用专用接头接在铸铁承式钢管后,再通过法兰与这些管件相连接。

第4.2.5条 在硬聚氯乙烯管道上钻孔接支管,一般都会使管道强度降低,在同一管材上如果多钻孔,其两相邻孔间距大于7倍的孔径,则其强度减少一个孔相同,故对此规定。当孔眼直径小于50mm时,可以采用不停水钻孔卡子和管道不停水钻孔机钻孔施工。

第三节 管道的维修

第4.3.1条 管道漏水原因多种,但从管道损坏的部位看只有三种可能:其一是接口部位漏水;其二是管身损坏;其三是钢塑专用接头损坏。如果管身漏水很小可以采用焊接补漏,漏水面很大则需要更换管。如果管接口处发生漏水,打个混凝土墩,可以采用将接口部位用混凝土包裹起来,但这种维修方法由于养护时间长,不可能短时间使管道恢复供水,经常采用的方法是连接同接口的管段,采用双承接头换管。

第4.3.2条 更换管材的维修操作过程见图4.3.2所示的两种情况。

第4.3.3条 焊接修补硬聚氯乙烯管时,除文中的注意事项外,下列操作细节还应予以注意:
一、焊接修补硬聚氯乙烯管的焊条应根据焊件厚度,按表4.3.3选定。
二、硬聚氯乙烯管的裂缝的修补,管壁厚度大于3毫米时,其管型製縫处应切成30°~35°的坡口。

三、焊接修补硬聚氯乙烯管所用的压缩空气，必须不含水分和油脂，一般可用过滤器处理，压缩空气的压力一般应保持在1kg/cm²左右。焊枪喷空气热空气的温度可用调压变压器调整。

四、焊接修补硬聚氯乙烯管时，环境气温不得低于5℃。

五、焊接修补硬聚氯乙烯管时，焊枪不断上下移动，使焊条及焊件均匀受热，并使焊条充分熔融，但不得有分解及烧焦现象。焊条应排列紧密，不得有空隙。

第4.3.4条 本条只有在修补粘接剂接口处的微小渗漏时才适用。

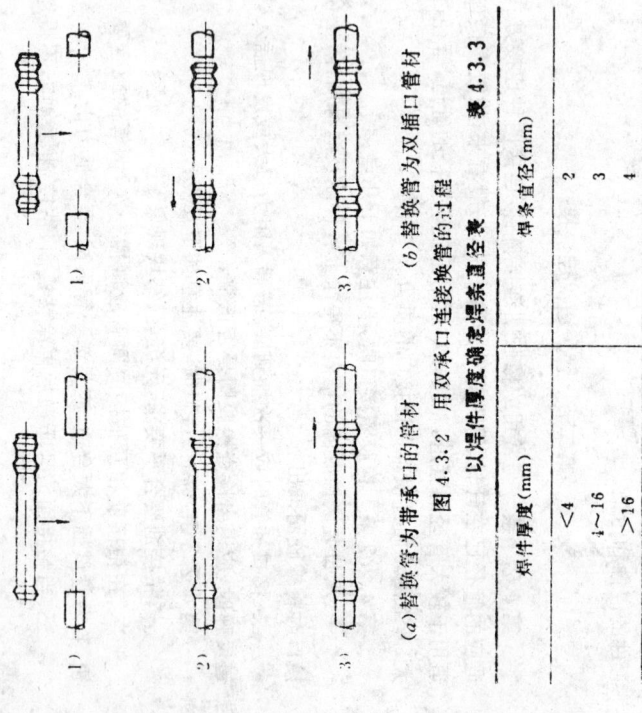

(a) 替换管为带承口的管材　　(b) 替换管为双承口管材

图 4.3.2 用双承口连接替换管的过程

表 4.3.3 以焊件厚度确定焊条直径

焊件厚度(mm)	焊条直径(mm)
≤4	2
1~16	3
>16	4

第五章 管道系统的试压及验收

第一节 管道系统的试压

第5.1.1条、第5.1.2条 管道铺设完毕后要进行管道系统的试压工作，这是工程质量自检及工程验收的重要步骤。由于硬聚氯乙烯管材的耐压性能好、安装质量容易保证、安装速度长度不设阀门，消火栓等节点的管道试压段长度放宽到1.5km。

第5.1.3条 对试压前的准备工作本条文所规定的内容都是非常重要的。特别是消火栓、安全阀、自动排气阀等处应设堵板，防止试验压力过大而遭损坏。管端堵板的做法是在试压管道的两端预留一段沟槽不被破坏。一般在试压试验拆卸的做法是：在试压管道的两端预留一段沟槽不开挖作为试压靠背，靠背土墙应墙面平整，并与管道轴线垂直。预留靠背的长度，支撑宽度和支撑面积应进行安全核算，一般土质可按承压15T/m²考虑。

第5.1.4条～第5.1.7条 由于硬聚氯乙烯管材弹性较大，在管道试压过程中必然由于压力升高而产生变形、扩大，导致管内试验压力下降。本条文中的允许漏水量参照了苏联CH-478-80的规准。本条文中粘接口管道须在粘接达到强度后才能进行管道试压，管径小于160mm的管道粘接需静止3h。本条文中确定回填48h后进行试压，一方面考虑到粘接口固化需要的时间，另一方面考虑到堵板，靠背支撑等要求。

采用混凝土止推块（或做靠背）时，其混凝土达到额定抗压强度的时间为28d。

第二节 管道的冲洗和消毒

第5.2.1条、第5.2.2条 冲洗和消毒对硬聚氯乙烯管道尤为重要，除了冲洗要使管道内的杂物冲出，消毒要杀死管道内的细菌外，还能减轻氯乙烯单体（VCM）的含量。氯乙烯单体从硬聚氯乙烯管中扩散入水中的规律的研究，在硬聚氯乙烯管使用初期，迁移到水中的氯乙烯浓度虽然不一定大于国家饮用水水质标准，但相对值仍然较高，经过几天的浸泡，硬聚氯乙烯中的氯乙烯大部分随冲洗水或消毒水排掉，使氯乙烯的浓度降至饮用水标准数的1%，保证了饮用水的绝对安全。因此，冲洗和消毒是十分必要的。

第三节 管道系统的竣工验收

第5.3.1条～第5.3.4条 管道系统的竣工验收除应满足本条文要求外，尚应符合建筑安装工程质量检验评定标准的有关规定。

中国工程建设标准化协会标准

供水文地质勘察遥感技术规程

CECS 34∶91

主编单位：冶金工业部勘察科学技术研究所
审查单位：全国工程勘测标准技术委员会
批准单位：中国工程建设标准化协会
批准日期：1991年12月27日

前 言

近20年来，国内外遥感技术在水文地质中的应用已取得明显的成绩，特别在遥感影像的判释与填图方面成效最为突出，具有提高工效、减少野外工作及降低成本的优点，因此，遥感水文地质方法已成为改善常规水文地质测绘、实现水文地质工作现代化的一项重要措施。

为了确保遥感技术在供水水文地质勘察工作中的作用和质量，我协会委托全国工程勘测标准技术委员会组织制订《供水水文地质勘察遥感技术规程》。本规程在制订过程中，广泛收集和总结国内外的有关资料和经验，并征求有关单位和专家的意见，最后经全国工程勘测标准技术委员会审查定稿。

现批准《供水文地质勘察遥感技术规程》CECS34∶91 为中国工程建设标准化协会标准，推荐给各有关单位使用。在使用过程中，请将意见及有关资料寄交河北保定东风中路51号冶金部勘察科学技术研究所（邮政编码 071067），以便修订。

中国工程建设标准化协会
1991年12月27日

目 次

第一章 总则 …………………………………… 32—3
第二章 遥感影像资料判释与填图 ……………… 32—4
 第一节 一般要求 ……………………………… 32—4
 第二节 判释和野外工作的精度要求 …………… 32—4
第三章 判释的内容和要求 ……………………… 32—6
 第一节 一般内容和要求 ……………………… 32—6
 第二节 各类地区判释内容和专门要求 ………… 32—6
第四章 判释作业程序 …………………………… 32—8
 第一节 准备工作 ……………………………… 32—8
 第二节 室内判释 ……………………………… 32—9
 第三节 野外工作 ……………………………… 32—9
 第四节 资料整理与成图 ……………………… 32—10
第五章 遥感图像处理 …………………………… 32—11
第六章 报告书的编写 …………………………… 32—12
附录一 地层符号及图例 ………………………… 32—13
附录二 本规程用词说明 ………………………… 32—13
附加说明 ………………………………………… 32—14
条文说明 ………………………………………… 32—14

第一章 总 则

第 1.0.1 条 为了充分发挥遥感技术在供水水文地质勘察工作中的作用,特制定本规程。

第 1.0.2 条 本规程适用于城镇和工矿企业各个阶段的供水水文地质勘察工作。在开展地下热水和矿泉水水文地质调查时,可参照本规程执行。

第 1.0.3 条 遥感水文地质调查的基本任务是从遥感影像(或数据)中取得调查区的地质、水文地质、环境地质信息,以解释水文地质条件,提高对水文地质规律的认识,减少外业工作量,缩短工程周期,获取常规地面调查难以取得的某些地质、水文地质信息,提高水文地质勘察成果的质量。

第 1.0.4 条 遥感影像判释应先于水文地质测绘。供水水文地质勘察工作应在供水水文地质勘察工作前期布置;遥感影像初步判释成果应供水文地质测绘和资料整理时参考。

第 1.0.5 条 接受遥感水文地质调查任务时,应明确和进行的工作包括下列主要内容:

一、遥感水文地质调查的任务;
二、调查区位置、范围以及精度要求;
三、搜集、分析现有资料,找出存在问题;
四、必要时进行现场了解或踏勘;
五、提出遥感水文地质调查纲要。

第 1.0.6 条 小比例尺调查的范围应根据所调查流域或水文地质单元的完整性确定。大比例尺调查范围宜比水文地质测绘略大。

第 1.0.7 条 根据任务和遥感地质专业技术力量的不同,可采用以下方式开展遥感水文地质工作:

一、独立承担遥感水文地质工作时,应提供遥感水文地质勘察最终成果报告和遥感影像判释图件和遥感水文地质调查报告;

二、参与供水水文地质工作(如编写影像判释纲要、野外调查、资料整理和编写报告书)时,应提供遥感影像判释图件和遥感水文地质初步最终成果图件。

第 1.0.8 条 在进行影像水文地质判释时,应充分利用现有地质、水文地质资料,并应通过野外工作,在室内综合分析和补充修正后,才能提供作为编制正式图件的成果资料。

第 1.0.9 条 遥感水文地质判释作业,应包括下列内容:

一、准备工作;
二、室内判释:室内编制勘察纲要时使用,可供编制勘察纲要时使用;
三、野外工作:经野外检验和补充修正的影像判释成果,应供勘察报告书中编出遥感水文地质成果图,或供勘察报告书中引用;
四、资料整理与成图:全部工作完成后,应编出遥感水文地质,可供设计部门和生产单位使用。

32—3

第二章 遥感影像资料判释与填图

第一节 一般要求

第 2.1.1 条 遥感水文地质调查宜利用现有遥感影像资料进行判释与填图。在遥感影像资料中应充分利用近期的黑白航空像片或彩色红外航空像片。有条件时，宜采用热红外航空扫描图像，并充分结合使用陆地卫星图像和其他遥感图像（包括机载侧视雷达图像，我国国土卫星图像和法国 SPOT 卫星图像等）。

遥感水文地质调查，宜采用多片种、多方法进行。对重点研究地区应搜集不同时期的遥感资料。必要时，可进行专门的航空遥感飞行。航空遥感详细的专题设计，并应达到一次飞行多种学科应用的目的。

第 2.1.2 条 遥感水文地质测绘的比例尺应与填图比例尺相同。普查阶段宜为 1：200000～1：50000；详查阶段宜为 1：50000～1：25000；勘探阶段宜为 1：10000 或更大的比例尺。

第 2.1.3 条 遥感影像资料比例尺的选用，宜符合下列要求：

一、航片的比例尺应与填图的比例尺接近；

二、陆地卫星 MSS 图像 1：200000 的黑白图像以及彩色合成或其它波段增强处理的图像；陆地卫星 TM 图像可放大到 1：200000 或 1：100000 的使用；

三、热红外图像的比例尺不小于 1：30000。

注：当收集的航片比例尺过小，而填图的面积又不太大时，可放大使用。

第 2.1.4 条 在进行小比例尺水文地质普查（包括大范围水资源可行性或流域水资源保护研究，以及大范围水文地质勘察）时，宜利用陆地卫星图像为主进行遥感水文地质调查或填图。

第 2.1.5 条 在详查和勘探阶段应进行遥感水文地质调查时，应以黑白航空像片或彩色航空像片为主要片种，以利于研究地质体和水文地质现象。

第二节 判释和野外工作的精度要求

第 2.2.1 条 对地质体判释精度的要求，应符合下列规定：

一、当填 1：50000 比例尺地质图时，对于出露宽度大于 100m（影像上为 2mm）的闭合地质体，长度大于 250m（影像上为 5mm）的线状地质体应予标定；

二、当填 1：25000 比例尺地质图时，对出露宽度大于 50m 的闭合地质体，长度大于 125m 的线状地质体应予标定；

三、当填 1：10000 比例尺地质图时，对出露宽度大于 20m 的闭合地质体，长度大于 50m 的线状地质体应予标定。

注：对小于上述规模但具有重要意义的地质体及水文地质现象，应适当放大表示。

第 2.2.2 条 当遥感影像判释成果在区域地质、水文地质规律和特征上与常规地质、水文地质调查成果有较大出入时，应到现场实地鉴证，对难以验证和不能统一的判释结果，在成果图中应用不同图例表示。

第 2.2.3 条 对调查区影像片的可判程度可按表 2.2.3 评价：

对调查区影像片的可判程度分类表　　表 2.2.3

等级	可判程度	地区特征
I	良	木本植被、冰雪和第四系覆盖面积小于 30%，基岩出露良好。判释标志稳定，岩类出露构造清晰，能判别绝大部分的地貌、地质、水文地质细节

续表

等级	可判程度	地 区 特 征
Ⅱ	较好	具有良好的基岩露头,但由于判释标志不稳定或地质构造复杂,以及30%~50%的地面有木本植被和第四系覆盖,判释时只能匀绘大的轮廓和部分细节
Ⅲ	较差	50%以上的面积被木本植被、冰雪和第四系覆盖,只有少量基岩露头,岩性和构造较复杂。判释标志不稳定,只能判释大致地质构造轮廓和个别细节
Ⅳ	困难	大部分面积被木本植被、沼泽、冰雪、耕地等。只能判释一些地貌要素和地质构造的大体轮廓,基本上判别不出细节

注:本表以航片为主要信息来源制定的。

第2.2.4条 野外检验后的室内判释成果判对率,宜符合下列规定:

一、判释效果良好和研究程度较高的地区,检验判对率应达到90%以上;

二、判释效果良好和研究程度中等的地区,检验判对率应达到80%以上;

三、判释效果较差或判释困难地区,检验判对率应达到50%~60%。

第2.2.5条 遥感影像判释填图的野外工作量,可采用下列规定:

一、地质观测点数宜为常规水文地质测绘地质观测点数的30%~50%;

二、水文地质观测点数宜为常规水文地质测绘水文地质观测点数的70%~100%;

三、观测路线长度宜为常规水文地质测绘观测路线长度的40%~60%。

第2.2.6条 遥感水文地质填图野外工作量技术定额,可按表2.2.6确定。

遥感水文地质填图野外工作量技术定额

表2.2.6

测绘比例尺	地质观测点数(个/km²)			水文地质观测点数(个/km²)	观测路线长度(km/km²)
	松散层地区	基岩地区			
1:100000	0.03~0.15	0.08~0.38		0.07~0.25	0.20~0.60
1:50000	0.09~0.30	0.23~1.00		0.21~0.60	0.40~1.20
1:25000	0.18~0.90	0.60~2.25		0.70~3.00	1.00~2.40
1:10000	0.54~1.80	1.35~4.50		2.10~7.00	1.80~4.20

注:1.本表是根据《供水水文地质勘察规范》(GBJ27—88)中表2.1.5的规定,结合遥感影像判释填图的特点制定的。

2.同时进行地质测绘和水文地质测绘时,表中的地质观测点数应采2.5。

第2.2.7条 野外检验工作量的布置应有重点。对供水有意义的含水岩组、构造线和水文地质测点以及其它关键部位的观测点和线应加密。对简单部位的观测点和线应适当放稀。

第三章 判释的内容和要求

第一节 一般内容和要求

第3.1.1条 水系的判释，宜进行下列内容：
一、划分水系的分布范围，并进行形态分类；
二、划分冲沟的分布范围；
三、圈定地表分水岭位置。

第3.1.2条 地貌的判释，宜包括下列内容：
一、识别和划分不同地貌形态、成因类型及各地貌单元的界线；
二、圈定微地貌，并判明其个体特征、组合特征和分布特征；
三、圈定与地下水有关的不良地质现象；
四、分析地貌单元间的关系；
五、判明地形地貌与地层岩性、地质构造的关系；
六、推断地形地貌与地下水的补给、径流和排泄关系。

第3.1.3条 岩性和地层的判释，宜包括下列内容：
一、根据地形、水系、冲沟、植被、土地利用和色调（色彩）、纹形图案等标志识别和划分岩性；
二、确定判释标志，并与地质资料对照，确定不同地层的成因类型和形态时代；
三、对不同地层的透水性、富水性进行分析和判断；
四、圈定有供水意义地层的分布范围。

第3.1.4条 地质构造的判释，宜包括下列内容：
一、判别褶皱的类型，轴部的位置，轴的长度及延伸和倾伏方向。判定两翼和核部地层的大致产状和裂隙发育特征；

二、判别节理裂集密带的位置，延伸方向和交接关系。判明节理密集带的分布密度和分布特征；
三、圈定各种岩脉，并判别岩脉的性质；
四、划定断层的位置，并确定其长度和延伸方向。分析断层的性质和相互交接关系；
五、识别和推断新构造运动产生的断裂；
六、推断隐伏断裂和活动性断裂；
七、推测构造与地下水的补给、径流和排泄关系。圈定有水河段及水的裸露区范围。

第3.1.5条 地表水的判释，宜包括下列内容：
一、识别和划定有水河床、冰冻覆盖河床、确定有水河段的出现点和隐没点；
二、圈定水塘、水库、湖、库床的岩性，并圈定对人工引渗有意义的地段；
三、判明河、湖、沼泽等的边界；
四、判明沿河污水排放点位置。

第3.1.6条 水文地质点的判释，宜包括下列内容：
一、判定较大泉点或泉群出露的位置和泉域范围；
二、圈定地下水渗出段的位置、范围，并进行成因分析；
三、在大比例尺航片上判定水井位置；
四、在彩红外图像上判定温泉、热水点位置、热水构造带和热污染以及浅层地下水范围等。

第二节 各类地区判释内容和专门要求

第3.2.1条 对各类地区，除判明一般水文地质条件外，尚应按各类地区的特点和任务要求，进行针对性的判释其专门内容。

第3.2.2条 山间河谷与阶地区
一、判明河谷地的表面形态、成因类型，划定分布范围；

二、圈定古、故河床的分布。分析古、故河床的变迁和沉积物选置情况及其特点；

三、分析地下水与河水的补给、排泄关系；

四、圈定芦苇、湿地、渗出段和泉水以及引水渠截流点、污水排放点等。

第3.2.3条 冲洪积扇地区的判释，宜包括下列内容：

一、识别山区与平原的接触关系，山前断裂与坳陷的展布特征；

二、圈定冲洪积扇的边界和分布。扇轴的位置和走向。判明沿扇轴方向的岩性变化特征；

三、分析古、故河床和主流道的分布，故河道的变迁；

四、判断冲洪积扇和掩埋冲洪积扇的沉积结构和分布；

五、推断山前洪积扇浅埋水区、扇前缘地带溢出带和盐渍化的分布及特征。

第3.2.4条 冲积、湖积平原地区的判释，宜包括下列内容：

一、划分古、故河道、古湖泊的分布范围，并分析其变迁；

二、分析冲积、湖积平原的成因类型、不同河系堆积物的关系和岩相特点；

三、分析冲积相与湖积相的接触关系；

四、判断潜水浅埋区和盐渍化和沉积面的分布及特征；

五、推断粗颗粒物质沉积场所及富水区范围。

第3.2.5条 滨海平原及河口三角洲地区的判释，宜包括下列内容：

一、判明海岸性质、海滨变迁。圈定海水入侵范围；

二、判定河口三角洲、河流冲积物和海相沉积层的分布范围；

三、分析地下水、河水与海水之间的补给、排泄关系；

四、推测淡水和咸水的分布范围。

第3.2.6条 岩溶地区的判释，宜包括下列内容：

一、识别和圈定各种微地貌（如漏斗、竖井、洼地等）；判明落水洞、地下河天窗、干谷；地下河出口及地表水消失和再现点位置等；

二、圈定可溶岩与非可溶岩的界线及分布范围；

三、圈定岩溶大泉出露地点及泉域范围；推断地下水的分布及地下河分水岭位置，分析岩溶大泉形成条件和主要控制因素；

四、判定断裂和断裂网络、褶皱剧烈部位及有利于岩溶形成和富集的地层位；

五、圈定岩溶水的分布及有利于地下水富集的地貌和构造部位。

第3.2.7条 红层地区的判释，宜包括下列内容：

一、划分和圈定红层中砂岩、砾岩和溶蚀孔隙发育的泥岩等含水层分布范围。圈定岩溶水断裂充水断裂的位置；

二、圈定浅层孔隙裂隙潜水的分布范围及有利地下水补给的地面和汇水范围。

第3.2.8条 碎屑岩地区的判释，宜包括下列内容：

一、判明软硬相间地层的组合情况、硬脆性岩层的分布、厚度和裂隙发育程度；

二、识别和划分可溶性夹层的分布及其溶蚀程度；

三、圈定不整合接触面和沉积间断面的分布；

四、判定脆性岩层的断裂。

第3.2.9条 玄武岩地区的判释，宜包括下列内容：

一、圈定和划分火山地貌（如火山锥、熔岩台地、熔岩洼地和堰塞湖等）的分布范围；

二、圈定玄武岩层分火山岩的组合及分布范围；

三、划分补给区范围，确定地表分水岭和推测地下水分水岭；

四、根据地貌和构造圈定富水地段。

第 3.2.10 条 块状结晶岩地区的判释，宜包括下列内容：

一、划分风化壳发育区和丘间洼地的分布。判别有一定汇水面积的富水地段；

二、判明岩浆岩围岩接触变带的类型、分布和裂隙破碎程度；

三、判明断裂带和节理密集的方位、长度、宽度和密度，并分析其交接关系；

四、岩脉岩脉的岩性、规模和穿插情况，岩脉迎水侧裂隙带、岩脉与断裂交叉部位的透水性和富水地段。

第 3.2.11 条 沙漠地区的判释，宜包括下列内容：

一、圈定古、故河道、潜蚀洼地、风蚀洼地和微地貌（如砂丘、草滩等）的分布；

二、判别喜水植物的分布、发育特征及其与浅层地下水埋深的关系；

三、分析近代河床两侧的淡水层的分布；

四、圈定地下水溢出带。

第 3.2.12 条 冻土地区的判释，宜包括下列内容：

一、圈定多年冻土和岛状冻土的分布及范围；

二、确定融陷、冰锥、冰丘和冰川水岩盘的分布及其与地下水的关系；

三、判明融区的成因、类型和分布范围及其与地下水的关系。

第四章 判释作业程序

第一节 准备工作

第 4.1.1 条 收集一般资料时，应包括下列主要内容：

一、按成图比例尺要求收集地形图；

二、地质、环境地质、水文地质、地质勘探有关文字资料；

三、有关物化探及地球物理波谱特征资料等。

第 4.1.2 条 收集（或选择）遥感影像资料时，应包括下列主要内容：

一、黑白航空像片或彩色红外航空像片可收集一套。当需制作影像镶嵌图时，尚应收集重点地区、彩色红外航空像片半套。对动态分析研究的重点地区，应收集不同时期的航片。在索取航片的同时，应收集航空测区索引图（即镶框复照图）；并需查明航摄时间、焦距、航高和平均比例尺。

二、陆地卫星图像可选择收集陆地卫星 MSS4.5.6.7 波段的黑白片，以及假彩色合成片；或陆地卫星 TM 图像。一般收集一至三套。当需要时，也可收集不同时期的卫星图图像，以便进行多时相对比判释；

三、热红外扫描图像可按工程特定的用途选择收集一套，并应了解成像条件、仪器型号、瞬间视场角、空间分辨力、温度灵敏度、地面测温等资料；

四、其它遥感图像，可根据实际需要与可能进行收集。

第 4.1.3 条 对收集和加工洗印的遥感影像资料，应进行质量检查和编录，并包括下列内容：成像时间、像片平均比例尺、加工洗印质量差别、影像反差度、影像清晰度、像片重迭度，并注记等。对像片质量检查的内容有：

选用的像片必须影像清晰，色调（或色彩）层次丰富，反差适中，注记清楚，影像无明显斑痕，无云等现象，变色或少云覆盖；

二、对航片的编录，可按1：50000国际图幅为单位，由北而南分航带和由西而东分张数，依次逐带逐张的进行，并在每张像片背面左上角按下述格式编录：

图幅编号		
J-49-87-A		
5-18-3	第5航带一共18张—第3张	

第4.1.4条 对收集的资料应及时整理、分析和评价，并应包括下列主要内容：

一、对现有地形、地质资料进行分析研究。并根据任务对地区的研究程度作出评价和注明存在的问题；

二、对可直接利用和具有重要参考价值的成果图件，宜统一缩放到与判释成果图相同的比例尺，以利相互印证和判释；

三、对收集到的航片，结合地形图进行识别和了解，确定判释范围点和交通线的名称转记在航片上，可隔张作。

第4.1.5条 遥感影像野外地质踏勘，除应配备常规野外地质装备和制、描图工具外，尚应增加遥感判释工作的专用仪器、工具和材料。

第4.1.6条 制作像片镶嵌图时，宜采用半控制中心放射式镶嵌法制作。

第二节 室 内 判 释

第4.2.1条 遥感影像判释阶段，应包括下列三个阶段的内容：

一、初步判释阶段，应在野外踏勘前进行。基本任务是分析现有资料的基础上，建立初步判释标志，对遥感影像进行判释，编制初步判释草图；

二、详细判释阶段，应在野外踏勘后进行。基本任务是根据踏勘时的详细判释标志，修订初步判释标志，对遥感影像进行判释，编制详细判释成果图；

三、综合性判释阶段，应在野外工作基本完成后进行。任务是结合野外调查资料和图像处理成果，对遥感影像进行综合分析，编制最终判释成果图。

第4.2.2条 建立初步判释经验，与地质体的影像对比，找出标志层（或标志构造），逐步推断相关地质体而建立。并应按不同片种和显示的特征分别建立下列直接和间接判释标志：

一、色调（或色彩）；
二、几何形状和大小；
三、阴影；
四、纹理图案及其组合特征；
五、地貌形态；
六、水系等。

第4.2.3条 进行遥感影像判释时，宜按下列内容顺序进行：

一、水系判释，必要时作出水系判释图（包括分水岭）；
二、地貌判释，必要时作出地貌判释图；
三、岩性地质构造判释，必要时作出地质判释图；
四、水文地质判释。

第4.2.4条 目视判释应采用多种方法相互配合使用。采用的方法有直判法、对比法、邻比延伸法、证据汇集法、逻辑推理法、水系分类法、影纹分类或综合景观分析法等。

第三节 野 外 工 作

第4.3.1条 遥感影像判释成果野外的野外工作，应符合下列要求：

一、踏勘性野外工作，应在室内初步判释阶段进行；

二、判释成果野外检验的野外工作（包括必要的水文地质地面调查），应在详判后进行。

第4.3.2条 踏勘性野外工作，应包括下列内容：
一、建立判释标志：地层岩性、地质构造、地形地貌、微地貌形态、水文和水文地质现象以及人工工程；
二、判释标志的观察内容宜按表格形式记录，其内容见第4.2.2条；
三、对野外判释标志点，应详细描述和记录。典型标志点应有野外素描图或实地拍摄的照片；
四、对各种地质体影像判释标志，应有文字总结说明。

第4.3.3条 遥感影像判释成果检验的野外工作，应包括下列内容：
一、检验判释标志；
二、检验判释结果；
三、检验外推结果；
四、对室内判释难以获得的资料，进行野外补充。

第4.3.4条 野外检验可按点线检查的方法进行。野外观察线的布置目的明确。观测路线宜以穿越路线为主，追索路线为辅，并对重要地段及对水文地质有重要意义的关键部位，应设点观测。

第4.3.5条 观测路线的布置（点）；观测路线（点）的布置，除符合常规地质要求外，尚应布置在下列地段：
一、圈定的地质体，地质现象，或地质成因不明的地段；
二、对判定的构造线，地质界线性质不能肯定的地段；
三、发现判释程度不够或与现有资料对比有较大出入的地段；
四、有重要水文地质意义的地点；
五、需专门量测观测或采集标本样品的地点。

第4.3.6条 地面地质观测与遥感影像现场判释，应紧密结合，并充分利用航片进行实地布点。对影像特征有关的各项要素，应加强观测描述和描绘，以提高地面地质测绘效率和野外观测质

量。

第4.3.7条 野外检验工作期间，应补充调查和搜集下列资料：
一、典型地质现象（如洞穴、地下河；断层结构面的产状，性质和岩层岩性，地层岩性，年代和重要微地貌等；
二、水文地质点（如水井、泉、钻孔等）；
三、污染源，污染类型和污染程度；
四、钻孔资料和岩石标本、土样、水样的采集等；
五、有关社会经济发展等资料。

第4.3.8条 野外工作结束前，应进行自检和互检，宜由工程技术负责人组织最后检查验收。野外检查验收，总工作量是否满足成图精度要求：
一、观测点、线布置是否合理，观测线间有无重大遗漏，总工作量是否满足成图精度要求；
二、各种影像判释现象和判释标志的建立是否正确；
三、各种地质现象和判释线的判释精度是否准确可靠；
四、各种记录、表格、照片和素描图是否齐全、整洁等。

第4.3.9条 野外资料验收时，应对影像判释质量和野外地质资料的完整程度进行评述。如发现判释程度不足、野外检验资料欠缺时，应补做必要的工作后，才予验收。

第四节 资料整理与成图

第4.4.1条 资料整理，应包括下列内容：
一、野外工作验收前的资料整理；
二、最终成果资料整理。

第4.4.2条 正式成图所采用的底图。使用的底图有下列内容：
图比例尺选择，正式成图所采用的底图，可根据编图内容和成图比例尺进行选择。使用成图的底图有下列内容：
一、水系图；
二、经过简化的地形图；
三、带地形线的像片平面图。

注：像片平面图所用的航片应经过纠正；所用的卫片也应经过去掉斜的几何纠正处理。

第4.4.3条 成图时，应把检查无误的单张像片或镶嵌图上的最终判释结果，准确地转绘到与成图比例尺相应的底图上。转绘误差一般不应超过1mm。

第4.4.4条 判释成果图，应根据任务要求编制，其图件宜包括下列内容：

一、水系图；
二、地貌图；
三、地质构造图；
四、第四纪地质图；
五、水文地质图。

注：1. 在平原或盆地区宜编制古、故河道及河流变迁图。
2. 必要和有条件的地区，宜编制污染源分布图、环境水文地质图等。

第五章 遥感图像处理

第5.0.1条 遥感图像处理是对遥感影像目视判释结果定量化，提高判释效果，进一步挖掘遥感信息潜力的重要手段。有条件时，应开展遥感图像处理工作。

第5.0.2条 遥感图像处理的准备工作，宜包括下列内容：

一、明确图像处理的目的和范围；
二、分析现有图像资料和光学密度有关数据；
三、搜集和分析处理区域或邻区有关地物波谱测试资料；
四、掌握主要图像处理功能的特点和效果；
五、编制图像处理方案。

第5.0.3条 常用的遥感图像处理方法主要有光学图像增强处理和计算机数字图像处理两类。遥感图像处理方法的选用，应根据图像处理的目的和选区范围、图像处理的内容和要求、遥感资料种类和处理设备状况等综合确定。

第5.0.4条 编制计算机数字图像处理方案时，宜包括下列内容：

一、处理区地质、水文地质概况；
二、影像判释结果及存在的问题；
三、图像处理的目的和选区范围；
四、选用的主要处理方法和功能；
五、处理成果的表达形式和要求；
六、计划上机日期和机时、人员和经费预算等。

第5.0.5条 为获取研究区高质量图像，可进行常规图像处理。如假彩色合成，应在分析目标景反射波谱特性的基础上，有目的地选取有代表性的波段和进行最佳波段组合。

第5.0.6条 根据水文地质任务要求，增强提取需用信息和压缩非用信息，应对原始图像特征进行专门图像处理。常用的图像处理可按下列特性选择性确定：

一、反差增强：处理反差较小的图像；
二、假彩色密度分割：适于单波段图像；
三、滤波增强：可对突出线性构造和地物边界的处理；
四、比值增强：可进行单波段之间比值运算，及比值图像合成。

第5.0.7条 室内判释工作后期，宜将遥感资料与其它已知的地形、地质、物化探资料，按下列方式进行综合处理：

一、常规判释时，可将收集到的有关资料和判释成果，缩放成相同比例尺的图件，进行相互选置，或提取各种图件要素，进行综合判释；
二、采用计算机时，可进行多源数据综合处理。

第六章 报告书的编写

第6.0.1条 遥感水文地质调查报告书及其附图是遥感水文地质工作的最终成果，应体现调查工作的全面质量，必须认真编制。

第6.0.2条 报告书编写，应符合下列基本要求：

一、充分综合利用遥感影像判释成果和地面调查取得的资料；
二、正确阐明调查区的水文地质条件和规律，并作出明确的评价；
三、报告的编写应力求条理分明，依据充分，结论明确，简明通顺。文、图、表密切配合，无错误和矛盾。

第6.0.3条 遥感水文地质调查报告书，完成的主要工作及其质量评述，宜包括下列内容：

一、序言：目的任务、研究程度；
二、区域自然地理、地质概况；
三、遥感地质工作：遥感方法选择的依据，判释工作方法和程序，航、卫片质量的评述和图像特征；
四、判释标志的影像特征；
五、遥感水文地质判释结果：包括水系地貌的判释，地质构造的判释，水文地质特征的判释，环境地质现象的判释和其它；
六、水文地质条件的综合评述；
七、结论；
八、附图及附表。

附图包括：水系判释图；地貌判释图；地质构造判释图；第四纪地质判释图；水文地质判释图等。
附表包括：判释标志一览表等。

附录一 地层符号及图例

本规程使用的地层符号和供水水文地质勘察常用图例及符号应按《供水水文地质勘察规范》(GBJ27—88)中附录二、附录三执行。

判释时，在影像上或覆在影像透明纸上的图例常用的颜色，宜按下列要求确定：

蓝色，表示地表水；
绿色，表示地下水；
紫色，表示地貌单元和微地貌特征；
棕色，表示地层分界线；
红色，表示地质构造线和人工工程。

一般地质背景可暗淡些，水文地质特征的颜色可比较鲜明一些。对标注用的符号、编号等的颜色，应随图例颜色而变，彼此取得一致。

附录二 本规程用词说明

一、执行本规程条文时要求严格程度的用词说明如下，以便在执行中区别对待。

1. 表示很严格，非这样不可的用词：

正面词一般采用"必须"；
反面词一般采用"严禁"。

2. 表示严格，在正常情况下均应这样作的用词：

正面词一般采用"应"；
反面词一般采用"不应"或"不得"。

3. 表示允许稍有选择，在条件许可时首先应这样作的用词：

正面词一般采用"宜"或"可"；
反面词一般采用"不宜"。

二、条文中指明必须按其他有关标准和规范执行的写法为："应按……执行"。或"应符合……要求或规定"。非必须按所指定的标准和规范执行的写法为："可参照……"。

中国工程建设标准化协会

供水水文地质勘察遥感技术规程

CECS 34：91

条 文 说 明

附加说明

本规程编制单位和起草人员

主编单位：
冶金工业部勘察科学技术研究所

参编单位：
地矿部水文地质工程地质技术方法研究所
机械电子工业部工程勘察研究院

起草人员： 刘光尧（执笔） 李景豪 孟昭栋

审查单位：
全国工程勘测标准技术委员会

目 次

第一章 总则 .... 32—15
第二章 遥感影像资料判释与填图 .... 32—17
　第一节 一般要求 .... 32—17
第三章 判释和野外工作的精度要求 .... 32—18
　第一节 判释的内容和要求 .... 32—19
第四章 判释作业程序 .... 32—19
　第一节 一般内容判释 .... 32—20
　第二节 各类地区判释内容和专门要求 .... 32—20
　第三节 准备工作 .... 32—20
　第四节 室内判释 .... 32—21
　第五节 野外工作 .... 32—21
第五章 资料整理与成图 .... 32—22
遥感图像处理

第一章 总 则

第 1.0.1 和 1.0.3 条 近 20 年来，国内外遥感技术在水文地质中的应用已取得明显的成绩。应用得最早、最多和最有成效的一个方面是遥感影像的判释影像与填图。一般认为，应用遥感地质方法进行区测填图，可减少野外工作 60—70%，工效提高 3 倍左右，成本可降低一半。如前联邦德国应用遥感技术进行水资源普查填图，观测点可减少 50%，每 100 平方公里野外费用由 600 美元减至 300 美元；大比例尺水资源填图，观测点可减少 70%，费用由 2400 美元减至 600 美元。前苏联的遥感影像填图发展较慢，但自 60 年代末以来，制订了一系列方法指南，规定"用遥感技术来武装和改造地质工作"，推动了填图工作的进展。

1978 年以来，我国地质工作中有 50—65%图幅应用了遥感资料。1:5 万的填图工作中有 50 个 1:20 万—1:50 万图幅或地区的水文地质普查中应用了遥感资料，并于 1981 年颁布了《区域地质普查中应用 1:20 万—1:50 万水文地质普查的技术要求（试行）》。为推动 1:5 万比例尺区测填图的发展，1983年 12 月又颁发了《区域地质调查工作要求》试行本有一百幅不同程度发挥遥感等新技术方法的作用。在 1985 年地质矿产部《集中供水水文地质勘察规范》中也规定了遥感技术方法。冶金工业部截至 1982 年共完成大比例尺遥感试验约 4500 平方公里，填图 8 万平方公里，编制出 1:5 万航空遥感地质图 4500 平方公里，煤炭工业部利用航片也完成了大量地质填图。1986 年铁道部出版了《大比例尺航空地质测量规范》，提出了《铁路勘测中遥感技术应用总结的原则与方法》。其它如能源部、机电部、建设部等单位也都不同程度地引进和使用了遥感技术。因此，遥感水文地质方法已成为供水水文地质勘察工作的有机组成部分，并成为改善常规水文地质测绘、实现水文地质勘察技术在供水水文地质工作中的作用和质量，特制订了本规程。

第1.0.2条 本规程的编制主要目的是为适用于我国的供水水文地质勘察，因而编制时很自然地尺量考虑到与中华人民共和国国家标准《供水水文地质勘察规范》(GBJ27—88) 相配合，以利于标准的统一和便于资料的使用与交流。当然，当编制了为遥感技术应用于水文地质勘察工作中的专业性和完整性。

地下热水和矿泉水勘察，遥感工作先于供水水文地质勘察进行，可指导供水勘察工作的放失，尤其在基岩地区。但是，有时由于收集遥感资料的时间上有矛盾，或其它原因，因此本条文规定"在开展地下热水和矿泉的地质调查时，可参照本规程执行"。

第1.0.4条 经验证明，在工作程序上，遥感工作先于供水水文地质勘察时，遥感工作更有作用，所以，本条文规定"遥感工作应在供水水文地质勘察工作前期布置。"

第1.0.5条 在《供水水文地质勘察规范》(GBJ27—88) 中使用了"勘察纲要"，而本规程在遥感水文地质调查中使用了"调查纲要"的用语，以示区别。"纲要"是根据勘察搜集已有资料和现场踏勘结果编制的，是指导勘察或调查工作，编制各项具体计划以及勘察结果所完成的主要依据，是十分重要的基础工作。另外，本规程使用"纲要"一词而未用"设计书"用语，是基于勘察部门和系统自建国以来已习用至今，同时又为避免与设计部门的有关设计书相混淆。

由于纲要内容涉及许多方面，有些内容如施工进度、设备、经济预算等，多属经营管理和劳动定额之方面的内容，人员和小工程内容悬殊，故本规程未编制调查纲要的具体内容，实施时

可根据具体工程的特点和实际需要加以编制。

第1.0.7条 根据对不同部门的了解，遥感应用于水文地质勘察中的技术力量和技术水平不尽相同，有的部门专门有的遥感兼做技术队伍；有的部门的遥感工作则是由水文地质专业人员兼做的，因而在做法上也有所不同。一种做法是独立的遥感影像判释工作和常规水文地质测绘和水文地质填图结合进行，提出一种做法是，遥感影像判释和水文地质填图结合进行，提出一套资料。在当前情况下，前一种做法花费较大，越来越难被生产单位所接受。

独立的遥感影像判释工作尽管可以取得成效，有时甚至可以取得显效，但无庸讳言，在很多情况下尚不足以全面、彻底地解决生产中需要解决的问题。鉴于此，本规程主要按遥感水文地质判释与常规水文地质判释相结合的系统进行编制，而回避了独立的遥感水文地质判释形式，仅在本条款中提出有两种水文地质判释工作形式。

第1.0.9条 随着遥感影像判释成果图、遥感水文地质初判成果图，可供不同的用途。

可以提出不同的判释成果，"遥感水文地质初判成果图"。可供仅由室内判释要使用。经野外检验和修正后，有两种情况：一是，如果检验和补充修正后又编制成了"遥感水文地质判释图"；二是，如果检验和补充修正的程度，可供勘察报告书引用以解决一定的生产问题。当四个阶段所得的最终图件，即经过综合性判释阶段完成的作业全阶段完成即"遥感水文地质图"，此图件的精度应与同一比例尺常规水文地质图的精度相同或更高。所以，此地区无须再进行常规水文地质测绘工作。虽然，遥感水文地质初判成果图或遥感水文地质判释图还不到同一比例尺常规水文地质测绘能满足常规水文地质测绘的部分要求，即能解决生产中的某些问题。所以，本条款对不同阶段完成的成果图的用途，作了不同层次的规定。

第二章 遥感影像资料判释与填图

第一节 一 般 要 求

第 2.1.1 条 根据我国多年来在供水水文地质勘察中使用遥感影像资料的经验,认为最基本的影像资料还是黑白航空像片或彩色红外航空像片。所以本条规定应予充分利用。热红外航空扫描图像对解决某些水文地质问题有特定的作用,但这种图像并不普遍都有,故本款规定有条件尽量采用。陆地卫星图像和其它遥感图像,有的比例尺较小,有的不易得到,但结合起来使用一般效果较好,因而也作了相应规定。

采用多种遥感手段和方法,可以提供多因素判释的条件,比单因素判释更能获得准确可靠的判断,特别对动态变化大的水文地质现象的判释尤为有利。

第 2.1.3 条 关于遥感影像资料比例尺的选用,应以保证图像质量以获得最佳判释效果为原则,使用的片种、选用的比例尺接近。如表(1)为煤炭工业部《大比例尺航空地质测量规程》规定的比例尺,即可供遥感水文地质填图参考:

一、利用航片填图时,使用的航片比例尺应与填图的比例尺接近。

航空地质测量使用的航片比例尺 表(1)

填图比例尺	航片比例尺
1:50000	1:30000～1:60000
1:25000	1:16000～1:30000
1:10000	1:10000～1:16000
1:5000	1:8000～1:15000

另外,本条注中规定,当收集的航片的航片比例尺过小,而填图面积又不太大时,可将航片放大后使用。我国早期的航片,胶片的分辨率一般为每毫米 70 条线,航摄机镜头的分辨率为每毫米 30～40 条线。而正常人眼睛的分辨率为每毫米 6～7 条线,这就是说,航片包含有眼睛不能辨别的某些细小目标,因而将航片放大4～5 倍,可获得更多的信息。

二、规定陆地卫星图像可选用不同时期的目的,一则可放大选用尺度;二则也可作动态比较。

陆地卫星 MSS 图像最佳放大倍数是 3 倍,相应所得影像的比例尺为 1:100 万。美国地质调查所和我国使用的经验表明,影像放大 6 倍(相应的比例尺为 1:50 万),仍能保证图片的质量。在地质应用中,有把影像放大成 1:20 万使用的,这样便于和我国 1:20 万水文地质普查图幅相配合。鉴于此,本条规定选用陆地卫星 MSS 图像的比例尺为 1:50 万或 1:20 万。

近年来,有些部门使用了陆地卫星 TM 图像,使用的经验表明,放大成 1:10 万的影像仍能保持较高的质量。但是由于卫片像元点分辨率的限制,放大本身并不能提高地面分辨率。对此,本条文也作了相应的规定。

三、条文中热红外图像规定的比例尺是根据表(2)的统计得出来的。其比例尺一般不应小于 1:3 万。

热红外图像应用效果统计表 表(2)

时间	单 位	地 区	传感器	波 长 (μm)	比例尺	有效显示
1978	原地矿部水文四队	湖南	JHY-1	3～5	1:6万	热污染、热水点
				8～14	1:7万	
1979	原地矿部水文四队	福州莆田	JHY-1	3～5	1:2.5万	温泉点、热污染、断裂
				8～14	1:8.6万	热异常

作或航空像片来得快捷和准确。因此，本条规定了利用陆地卫星图像来研究区域性水文地质特征。但是，在下列情况下：(1) 感兴趣的目标小于100m；(2) 在数天内即发生重大变化的水文条件；(3) 有些目标在影像上没有特殊的色调、图案和结构；(4) 需要有精确的位置和十分详细的圈定时，利用陆地卫星影像可能是比较困难的。

第2.1.5条 黑白航空像片在"大比例尺"判绘与填图中，仍然是主要的遥感资料。应充分发挥其几何分辨率高、像片质量稳定、成本低，并便于搜集的优点。彩色红外航空像片多是近年摄制的，信息量丰富，对许多目标物有良好的特殊的判读效果，在有资料的地区应尽量搜集。由于这两种和航空片的比例尺一般较大，有利于对地质体和水文地质现象细部的观察和研究，所以是"大比例尺"判绘与填图中是主要的片种。

第二节 判释和野外工作的精度要求

第2.2.1条 本款1：50000比例尺填图对地质体判释精度的要求，主要是根据地矿产部颁布的《区域地质调查工作精度要求》(比例尺1：50000)制订的。其它比例尺标准类比推算出来的精度要求，是以1：50000比例尺对标准类比推算出来的。

第2.2.4条 本条规定的野外检验后的判释成果对判释率的含义是：室内判释成果是指判释人员在室内标注出的肯定判释成果。而不包括在判释过程中标注的问题；在野外检验后是指室内判释成果经野外点、线方法检验后，判对率则是室内判释成果或对判释现象单元的判释成果与野外检验判释成果两者比较后计算的百分比率。

规定本条文的目的是为了在判释对率的约束下提高判释水平，更好地实施第2.2.5条和第2.2.6条。

第2.2.5条 本条规定与《供水水文地质勘察规范》国标《GBJ27—88》中第2.1.9条完全相同。

续表

时间	单位	地区	传感器	波长(μm)	比例尺	有效显示
1980	广东地质局	广州～从化	DS-1230	10～12	1:2.6万	热污染、地热增温异常显示
1980	岩溶所	桂林	DS-1230	10～12	1:5千 1:3.6万	区分白云岩和石灰岩、泉点、水库排泄渗漏点、浅埋富水带、古河道、热污染
1980	地矿部地质遥感中心	内蒙河套	DS-1230	10～12	1:2.5万	古河道
1981	地矿部地质遥感中心	大连沿海	DS-1230	8～10	航高400和800m	<1m的泉点、沿海波
1981—82	地矿部地质遥感中心	长江、黄浦江等地	DS-1230	10～12		水体污染(油膜、热流污染)
1983	原地矿部水文四队	广东珠山	JHY-2	8～14	1:5万	赋水断裂

第2.1.4条 陆地卫星图像的分辨率取决于目标与其周围的反差。例如，在林区，可以见到一些道路，而在开阔区却难于描出一些公路。面积超过1～2公倾的池塘，宽度超过30m的河流以及大于100m的单个目标在卫片上是容易看出来的。

与航空像片相比，卫片的优点在于：(1) 宏大的视域，卫片视域较大，可以发现和鉴别在地面上、图件上或在低空像片上不能鉴别和圈定的一些区域地形及地质构造、较低的分辨率。由于视域和鉴别圈定困难发生错觉，卫星影像低分辨率有助于低空像片在能力鉴定较大范围的水文地质标志，更大的潜在能力是对圈定区域大范围的水文地质标志比地面工

(GBJ27—88) 在1988年修订时，采用了遥感影像判释与填图的新技术，并对遥感影像判释的野外工作量作了规定。条文中有关观测点数和路线长度的数量要求，是根据我国14个应用航片填图的有关技术数据统计得出的。

第2.2.6条 第2.2.6条的表2.2.6是依据《供水水文地质勘察规范》(GBJ27—88)中的第2.1.5条表2.1.5条综合制定的。国标《供水水文地质勘察规范》(GBJ27—88)对第2.1.5条表2.1.5的编制有如下说明：1977年编制本条文时，统计了7本各部所编规范的有关指标，结合陕西、云南和四川等50多个工程实例资料进行综合制订的。考虑到上述资料的局限性，且又要作为通用表来使用，所以使用本条文的用语为第三级，并结合遥感影像判释填图的特点综合制定的表2.2.6，在执行时，应根据判释的研究程度、地区及影像上难以获见资料的多少等综合确定。鉴于客观实际情况的复杂性第2.2.6条用语也是第三级。

第三章 判释的内容和要求

第一节 一般内容和要求

第3.1.1～3.1.6条 遥感图像判释的一般内容和要求的规定，都具有普遍性。在执行时，应结合遥感水文地质调查的具体条件、特点、突出重点。

第二节 各类地区判释内容和专门要求

第3.2.1～3.2.12条 进行水文地质调查的地区本规程规定了11类。各类地区的含义，为避免混淆，特作如下说明：

山间河谷地区是指狭长山间河谷地区；

冲洪积扇地区是指山前冲、洪积倾斜平原和山间盆地冲、洪积扇地区；

冲积、湖积平原地区是指山前冲、洪积倾斜平原至滨海平原之间的、宽阔平原及大型盆地的中部地区；

滨海平原及河口三角洲地区是指滨海平原地区及河流入海口和内陆湖口三角洲地区；

岩溶地区是指碳酸盐岩类大片成块段分布地区；

红层地区主要指三叠纪以后的，以红色为主的泥岩、砂岩、砾岩分布地区；

碎屑岩地区是指侏罗纪以前的，页岩为主的地层分布区；

玄武岩地区主要指新生代玄武岩（孔洞裂隙水较特殊，故另列）块状结晶岩地区是指玄武岩之外的火成岩和变质岩，主要是埋藏较浅的花岗岩、片麻岩、混合岩等对供水有较有意义的地层分布区；

至于沙漠地区和冻土地区含义明确，不再说明。

本规程对这些地区规定了遥感水文地质调查时判释的专门要求，在具体执行时，应根据任务的技术要求，调查区的水文地质条件和遥感影像的特征来确定。

第四章 判释作业程序

第一节 准备工作

第 4.1.4 条 航片判释时通常选用下列几种方法进行勾绘或注记：

一、利用特种铅笔在像片上勾绘。特种铅笔是由蜡质和颜料制成，质软，在像片上勾绘起来线条较粗，但不宜长期保存。修改时非常方便，用棉花擦去即可。

二、利用广告色在像片上勾绘。先用棉花蘸去像片上的污垢，然后用绘图笔蘸广告色在像片上勾绘。修改时，可将棉花卷在小棍上沾上酒精即可轻轻擦去。

三、利用绘图墨水在像片上勾绘。用绘图墨水比用广告色还耐用。利用绘图墨水蒙在像片上勾绘。稍用棉花浸湿，用棉花蘸酒精即可擦去。忌用蓝色和红色墨水，因无法修改。

四、用透明纸或透明胶片蒙在像片上勾绘等。

第 4.1.5 条 本条文规定的遥感工作的专用仪器、工具和材料。一般包括：反光立体镜、袖珍立体镜、立体高差仪、航空像片转绘仪、手持放大镜、求积仪、照相机、航片夹、绘图聚脂薄膜、特种彩色铅笔、各种广告色、脱脂棉、乳胶、像片册、手术刀、小号剃点针和垫板等。

第二节 室内判释

第 4.2.1 条 本条款规定了遥感图像的室内判释分为三个阶段及相应提出的成果资料，为达此目的，必须把遥感图像判释贯穿于水文地质调查工作的始终，做到反复判释，不断深化，不断完善。

遥感图像不仅是调查工具，而且是记录详尽资料。在图像中蕴藏着大量信息。可以通过判释筛选出来，也就是说，可把部分野外工作转化为室内工作。鉴于遥感图像判释这一特点及其重要性，为了充分发掘遥感图像的有用信息，保证室内工作时间是必要的。根据一般经验，室内工作时间调查水文地质调查时间的 50%以上。

第 4.2.2 条 正确地建立成果质量有十分重要的作用，对提高调查工作效率和保证成果质量具有十分重要的作用，必须在勾绘初判草图前就开始建立，并通过野外踏勘、现场调查、地物波谱测试和室内综合分析，逐步充实和不断完善。本条规定了一些常见的判释标志，可根据不同片种的需要来选用。

第三节 野外工作

第 4.3.1 条 遥感影像判释的野外工作是遥感水文地质调查的重要环节。因为水文地质研究的自然客体是现场。本条规定了详判前进行的踏勘性野外工作和详判后进行的判释成果检验的野外工作。前者侧重在根据各种影像判释标志；后者侧重于检验判释结果和实地观察，修正和补充判释要素与数据，水文地质要素精心转绘到底图上，以提高最终成果的质量。

第 4.3.2 条 本条规定了踏勘性野外工作的要求，根据一般经验，野外建立判释标志，选

择典型的地质剖面，结合遥感影像特征对比观察，逐一建立。地质剖面位置应尽量选在各种地质体出露较齐全，基岩露头连续性较好，构造线较明显的有代表性的地段。当剖面上的内容不足以概括判释区的内容时，还必须另外增选目标建立。观测时应仔细描述与影像特征有关的各项要素，如各类岩组的颜色、机械强度、抗风化剥蚀能力、微地貌特征、植被盖度、土壤湿度和浅层地下水地表与判释标志的影响。不同地貌、构造条件下的差异，同一地质体的空间变异或同接因素影响引起的判释标志变化等。

第 4.3.4 条 在遥感影像上进行观察，可以从点、到线、到面；也可以从面、到线、到点，并可以反复推敲，几乎不受什么限制。按点线观察的方法，只能从点到线，到面、到体。因此野外检查的布置要以最经济的路线穿越最多的不同影像单元，最大限度地控制判释区内主要构造线、地质界线、地貌像图斑等地质体和地质现象为依据。对此，本条件了相应的规定。

第 4.3.6 条 充分发挥遥感水文地质作用的初衷是为了减少外业工作量和提高成果的质量，为此，地面地质观测只有和遥感影像现场判释紧密地结合起来才有可能达到目的。显然，地面观测和遥感影像检验要搞一查，势必要增加工作量，这是和初衷相背的，故此，本条件了明确地规定。

第 4.3.8 和 4.3.9 条 检查野外工作是确保工作质量的重要环节。必须认真对待。强调野外工作结束前的检查，目的是明确一是对已完成的工作全面的了解，看是否保证了质量，二是如发现有差误或遗漏，可以及时补救。

第四节 资料整理与成图

第 4.4.2 和 4.4.3 条 这两条款是对成图底图的要求和内容的规定。最终判释成果精心转绘到底图上，很明显，这是一道很重要的工序，为此，条款中作了明确的规定。

第 4.4.4 条 本条所指的判释成果图是指经过不同程度的野

外检验和修正后的影像资料或判释图件。条文中"根据任务要求编制"是指第1.0.9条规定的、提出的影像资料或判释图件按达到的精度供作不同用途来使用。

第五章 遥感图像处理

第5.0.3条 光学图像增强处理使用的设备简单，处理容量大，速度快，成本低，并能取得形象化的影像、胶片，一般宜于判释初期进行安排。处理时应选择合适的模片，才能取得最佳效果。

计算机数字图像处理具有快速准确、方法灵活多样、通用性和可重复性强的特点，并可直接得到定量化判释结果；但所需设备较复杂，资料要求较严，处理成本较高，宜在判释后期，选择重点地段有针对性地进行处理。

第5.0.6条 专门的图像处理方法很多。本条规定了四种常见的图像处理，要根据原始图像特征性进行选取。例如：一、为扩大目标物与背景反差比，突出目标的细致结构时，可进行反差度增强（扩展）处理。可根据预想增强或计算机数字图像目标及原图像的亮度特征等，选择采用光学反差增强或计算机数字图像线性和非线性反差扩展技术；二、对背景单调的单波段图像，在目标特征与地质反密度之间有较好线性关系的研究对象，对平原区地质及水文地质现象的分辨有较好效果。一般可用彩色数字图像分析仪进行处理；三、为突出线性构造和地物边界，可通过计算机频率域或空间域滤波功能来实现。处理的关键是要根据测定的图像亮度值，结合判释人员的经验及地物背景特点，选择适当的滤波器；四、为消除地形影响，识别岩性，区分植被，增强地表水体以及与水体有关的特殊地质现象，选用比值增强有较好的实用效果，是图像增强处理中较常用的方法。由于各种图像处理方法还在不断发展，故有待今后充实和补充。

中国工程建设标准化协会标准

饮用水除氟设计规程

DESIGN STANDARD FOR REMOVAL OF
FLUORIDES FROM DRINKING WATER

CECS 46:93

主编单位：中国市政工程华北设计院
批准部门：中国工程建设标准化协会
批准日期：1993年2月3日

前　言

我国高氟水分布广泛，范围遍及全国各省、市和自治区。氟中毒严重地损害着广大群众的身体健康，是我国一种主要地方病。为了保障人民的身体健康，改善饮用水水质，我国已进行了大量的除氟试验，目前已掌握了活性氧化铝、电渗析、电凝聚、絮凝沉淀、骨炭等方法，并在一些示范工程内实施和形成系列处理方法。为满足饮用水除氟工程设计和管理的要求，特编制《饮用水除氟设计规程》。

现批准《饮用水除氟设计规程》为中国工程建设标准化协会标准，编号为CECS 46:93。在使用过程中如发现有需要修改、补充之处，请将意见或有关资料寄交中国工程建设标准化协会城市给水排水委员会（上海市国康路3号，邮政编码200092）。

中国工程建设标准化协会

1993年2月1日

目 次

1 总则 ·· 33—3
2 活性氧化铝法 ······························ 33—3
  2.1 一般规定 ································ 33—3
  2.2 滤料 ······································· 33—3
  2.3 吸附 ······································· 33—4
  2.4 再生 ······································· 33—4
  2.5 滤池 ······································· 33—5
  2.6 除氟站 ···································· 33—6
3 电渗析法 ····································· 33—6
  3.1 一般规定 ································ 33—6
  3.2 工艺设计 ································ 33—7
  3.3 电渗析主机 ······························ 33—8
4 电凝聚法 ····································· 33—8
  4.1 一般规定 ································ 33—8
  4.2 工艺流程 ································ 33—8
  4.3 电解槽 ···································· 33—9
  4.4 电器设备 ································ 33—9
5 絮凝沉淀法 ································ 33—10
附录 A 本规范用词说明 ··················· 33—10
附加说明 ·· 33—11
条文说明

1 总 则

1.0.1 为指导我国饮用水除氟工程的设计，提高我国饮用水除氟设计技术水平，改善病区人民健康状况，特制定本规程。

1.0.2 饮用水氟化物含量应符合《生活饮用水卫生标准》(GB 5749—85)的规定，当氟化物含量大于1.0mg/L时应进行除氟处理。

1.0.3 本规程包括活性氧化铝法、电渗析法、电絮凝法、絮凝沉淀法的有关规定。

1.0.4 本规程适用于新建、扩建或改建的城镇、工业企业及农村的饮用水大批饮用水除氟工程的设计。

1.0.5 需饮用水除氟的给水工程，其供水方式宜实行分质供水。

1.0.6 对扩建、改建工程应充分利用原有的设施。

1.0.7 设计饮用水除氟工程时，除应符合本规程规定外，还应符合《室外给水设计规范》(GBJ 13—86)及国家现行有关标准的规定。

除氟净化过程中产生的废水及泥渣排放应符合《污水综合排放标准》(GB 8978—86)和《农用污泥中污染物控制标准》(GB 4284—84)的规定。

2 活性氧化铝法

2.1 一般规定

2.1.1 本规范适用于以活性氧化铝为滤料的除氟工艺。

2.1.2 除氟滤池的原水含氟量宜小于10mg/L，悬浮物不宜超过5mg/L。

2.1.3 当原水中含砷量超过0.05mg/L时，应通过试验确定除氟的工艺参数。

2.2 滤 料

2.2.1 活性氧化铝的粒径不得大于2.5mm，一般宜为0.4～1.5mm。

2.2.2 活性氧化铝应有足够的机械强度。

2.3 吸 附

2.3.1 在原水接触滤料之前，宜降低pH值，其降低值应通过技术经济比较确定，一般宜调整到6.0～7.0之间。

2.3.2 原水可采用投加硫酸、盐酸、醋酸等酸性溶液或投加二氧化碳气体降低pH值，投加量应根据原水碱度和pH值计算或通过试验来确定。

2.3.3 滤池的滤速可按下列两种方式采用：

（1）当进水pH值大于7.0时，应采用间断运行方式，连续运行时间4～6h，间断4～6h，其设计滤速为2～3m/h。

（2）当进水pH值小于7.0时，可采用连续运行方式，其滤速为6～10m/h。

2.3.4 原水通过滤料层的流向可采用自上而下或自下而上两种方式。

当采用硫酸铝溶液调节pH值时，宜采用自上而下方式。当采用二氧化碳调节pH值时，宜采用自下而上方式。

2.3.5 单个滤池周期终点除氟量可稍高于1mg/L，并应根据混合调节能力确定终点含氟量值，但混合后处理水含氟量应不大于1.0mg/L。

2.3.6 滤料的周期吸附容量主要根据原水含氟量、pH值、滤速、滤料厚度、终点含氟量及滤料性能等因素来选定。
（1）当硫酸铝溶液调节pH值为6.5～7.0时，一般可为4～5g（F）/kg（Al_2O_3）
（2）当采用二氧化碳调节pH值为6.0～6.5时，一般可为3～4g（F）/kg（Al_2O_3）

2.3.7 单个滤池滤料厚度按下列规定采用：
（1）当原水含氟量小于4mg/L时，滤料厚度宜大于1.5m；
（2）当原水含氟量在4～10mg/L时，滤料粒径大小，滤层厚度宜大于1.8m。

注：当硫酸铝调pH值低时，滤速较小，规模较小，滤厚度可降为0.8～1.2m。

2.4 再 生

2.4.1 当滤池出水含氟量达到终点含氟量值时，滤料应进行再生处理。

2.4.2 再生液宜采用氢氧化钠溶液，也可采用硫酸铝溶液。当采用氢氧化钠再生时，再生过程可分为首次反冲、二次反冲（或淋洗）及中和四个阶段。当采用硫酸铝再生时，上述中和阶段可以省去。

2.4.3 首次反冲滤层膨胀率采用30%～50%，反冲时间可采用10～15min，冲洗强度视滤料粒径大小，一般可采用12～16L/m²·s。

2.4.4 再生溶液宜自上而下通过滤层；再生液流速、浓度和用量可按下列规定采用：
（1）氢氧化钠再生：可采用浓度为0.75%～1%NaOH溶液，氢氧化钠的消耗量可按每去除1g氟化物需要8～10g固体氢氧化钠来计算。再生液用量为滤料容积为滤粒体积的3～6倍，再生时间为1～

2h，再生液流速为3～10m/h。
（2）硫酸铝再生：浓度为2%～3%，硫酸铝的消耗量可按每去除1g氟化物需要60～80g固体硫酸铝{$Al_2(SO_4)_3·18H_2O$}来计算。再生时间可选用2～3h，流速可选用1～2.5m/h。再生后滤池内的再生溶液必须排空。

2.4.5 二次反冲强度可采用3～5L/m²·s，流向自下而上通过滤层，反冲时间可采用1～3h。淋洗采用原水以1/2正常过滤流量从上部对滤粒进行淋洗，淋洗时间0.5h。

2.4.6 含氟废液作再生剂，二次反冲终点出水pH值应大于6.5，二次反冲终点出水pH值应大于6.5。

2.4.7 采用氢氧化钠作再生剂，二次反冲（或淋洗）后应进行中和。中和用1%硫酸铝溶液调节进水pH值至3左右，进水流速与正常除氟过程相同，中和时间约1～2h，直至出水pH值降至8～9时为止。

2.4.8 首次反冲、二次反冲、淋洗及中和的出水均可利用原水。

2.4.9 首次反冲、二次反冲、淋洗及中和中配制再生溶液均可利用，淋洗废水必须废弃。

2.5 滤 池

2.5.1 滤池可采用敞开式或压力方式，一般为圆型罐体。

2.5.2 硫酸的投加稀释后投加，应注入原水管的中心。二氧化碳气体的投加应通过微孔扩散器来完成。

2.5.3 滤池的结构用材料应满足下列条件的卫生要求：
（1）符合生活饮用水水质的卫生要求；
（2）适应环境温度；
（3）适应pH2～13；
（4）易于维修和配件的更换。

2.5.4 当采用滤头布水方式时，应在吸附层下面铺一层厚度50～150mm，粒径2～4mm的石英砂作为承托层。

2.5.5 计算滤池的高度时,滤层表面至池顶高度宜采用1.5～2.0m。
2.5.6 反冲洗进出水管必须按反冲洗强度来选择管径,敞开式滤池反冲出水管可不安装阀门。
2.5.7 滤池应设置下列配件:
(1) 进、出水取样管;
(2) 进水流量指示仪表;
(3) 观察滤层的视镜。

2.6 除 氟 站

2.6.1 除氟处理前必要时可进行预处理,消毒工艺应放在除氟工艺的后面。除氟站首应设置废液处理装置。再生活性氧化铝废液,二次反冲洗废水,淋洗废水及中和废水必须经处理后方可排放。
2.6.2 除氟工艺可按连续运转设计,当站内有调节构筑物时,可按最高日平均供水量设计,当无调节构筑物时,应按最高日最高时供水量设计。
2.6.3 滤池应建造在室内,其布置应留有足够的空间,以保证阀门和仪器操作方便。
2.6.4 多个滤池运行可根据实际情况确定串联或并联运行。
2.6.5 多个滤池的运行周期应互相错开,处理水可选择管道混合或水池混合。
2.6.6 设置储水池时,其最小容积可按50%的最高日用水量计算。
2.6.7 在接触酸的区域附近必须为操作人员设置紧急淋浴和洗眼设备,操作人员工作时必须穿防护服。必须准备中和酸碱溶液的化学品(如碳酸氢钠和硼酸溶液)处置溢漏,在可能出现溢漏的地区必须有盛装的容器。
2.6.8 除氟站应设置化验台,主要检测氟化物和pH值。
2.6.9 除氟站的管道一般可组成如下:

(1) 原水进水管;
(2) 处理水出水管;
(3) 废水排放管;
(4) 酸液管(或二氧化碳气体管);
(5) 再生液(碱液或硫酸铝液)管;
(6) 取样管。

酸、碱溶液管道的材料应采用塑料(例如聚氯乙烯)或不锈钢。
2.6.10 可用化学沉淀或蒸发的方法处理废水,浓缩的废水或沉淀物可进行填埋或者回收氟化物。

3 电渗析法[①]

3.1 一般规定

3.1.1 电渗析法适用于含盐量大于500mg/L，小于10000mg/L氟化物含量大于1.0mg/L小于12mg/L的原水。

3.1.2 进入电渗析器的原水水质应符合下列条件：
  （1）浊度5度以下。
  （2）耗氧量<3mg/L（COD_{Cr}法）。
  （3）铁<0.3mg/L。
  （4）锰<0.3mg/L。
  （5）游离余氯<1mg/L。
  （6）细菌总数不宜大于1000个/mL（符合饮用水源标准）。
  （7）水温5～40℃。

3.1.3 当原水水质指标超出3.1.2规定时，应进行相应预处理。

3.1.4 系统中的储水池、阀门、管道、泵等元器件，工程塑料、不锈钢或混凝土等材料。

3.1.5 经处理后出水含盐量不宜<200μg/L。

3.1.6 经处理后出水含氟量低于10μg/L时应采取加碘措施。

3.2 工艺设计

3.2.1 一般可采用下列工艺流程：
（1）原水→预处理→电渗析器→消毒→储水池

（2）电渗析可与活性氧化铝离子交换等方法串联使用。

3.2.2 电渗析除氟的主要设备应包括：电渗析器、倒极器、精密过滤器、原水箱或原水加压泵、淡水箱、酸洗槽、浓酸液泵、水循环泵、供水泵、压力表、流量计、配电柜、硅整流器、变压器、操作控制台、大修酸洗膜池、化验检测仪器等。

3.2.3 泵水箱容积应按大于时供水量的2倍来计算。

3.2.4 电渗析器及主要辅助设备可按下列要求选择：
（1）电渗析器：应根据原水及供水水质要求和氟离子的去除率选择主机型号、流量、级、段和膜对数。
（2）倒极器操作可采用手动或自动，电动机械等自动控制倒极方式。1）倒极器具有切换电极极性和改变浓淡水方向的作用。2）自动倒极装置同时具有切换电极工作电流方向的作用。3）倒极周期应根据原水水质及工作电流密度确定，一般宜采用0.5～1h，定期倒极周期不应超过4h。
（3）其有效容积除满足全系统用水外，还应留有1～2m³储存量。
（4）水质化验检测仪表：氟离子测定仪、温度计、电导仪、油度计、pH计等。

3.2.5 电渗析主机酸洗周期应根据原水硬度、含盐量确定，当除盐率下降5%时，应停机按下列规定进行酸洗：
（1）周期：采用倒换电极方式时，可为1～4周。
（2）方式：动态循环。
（3）时间：一般可为2h，以出水pH值不变为终点。
（4）酸洗液：宜采用工业盐酸，浓度可为1.0%～1.5%，但不得大于2%。

3.2.6 电渗析器大修每年应不少于1次。

3.2.7 配电设备或动力设备距能满足检修空间，并应采取防潮，防火措施。
（1）与电渗析主机间距应能满足检修空间，主要通道净宽应大于1.5m。
（2）变压器容量应根据原水含盐量，含氟量及倒换电极时最高冲击电流确定，一般应为正常工作电流的2倍。
（3）电渗析器必须采用可调的直流电源。

[①] 本规程仅包括电渗析部分。

（4）电渗析控制台应满足整流、调压、倒极操作及电极排示等要求。

3.2.8 处理站内可采用明渠或地漏排水。

3.2.9 电渗析淡水、浓水、极水流量可按下列要求设计：

（1）淡水流量可根据处理水量确定。

（2）浓水流量可略低于淡水流量，但不得低于2/3的淡水流量。

（3）极水流量一般可为1/3～1/4的淡水流量。

3.2.10 进入电渗析器的水压不应大于0.3MPa。

3.2.11 电渗析器工作电压可根据原水含盐量、含氟量及相应去除率，或通过极限电流试验确定。膜对电压可按表3.2.11选用。

电渗析器膜对电压   表3.2.11

用 途	原水含氟量 (mg/L)	不同厚度隔板的膜对电压 (V/对)	
		0.5～1mm	1～2mm
除氟	1.0～12	0.3～1.0	0.6～2.0

3.2.12 电渗析器工作电流可根据原水含盐量、含氟量及相应去除率，或通过极限电流试验确定。电渗析器的电流密度可按表3.2.12选用。

电渗析器电流密度   表3.2.12

原水含盐量(mg/L)	<500	500～2000	2000～10000
电流密度(mA/cm)	3.5～1.0	1～5	5～20

3.2.13 浓、淡水进出连通孔流速一般可采用0.5～1m/s。

3.2.14 电渗析除氟装置位置应尽量靠近用水设备，输水应选择最短距离。

3.2.15 电渗析主机应设置在底层。级、段数应按脱盐率确定，脱盐率可按公式3.2.15计算：

$$Z = \frac{100Y - C}{100 - C} \quad \quad (3.2.15)$$

式中 Z——脱盐率（%）；
Y——脱氟率（%）；
C——系数。重碳酸盐水型C为−45；氯化物水型C为−65；硫酸盐水型C为0。

3.3 电渗析主机

3.3.1 离子交换膜应符合下列要求：

（1）离子交换膜应采用选择透过率大于90%的硬质聚乙烯异相膜，其厚度宜采用0.5～0.8mm。

（2）离子交换阳膜的阳离子迁移数应大于0.9。离子交换阴膜的阴离子迁移数应大于0.9。

（3）离子交换膜必须无毒性。

（4）离子交换膜应有较好的化学稳定性，一般在正常工作条件下，应连续工作一年以上性能不变。

（5）离子交换膜有良好的爆破强度和尺寸稳定性。膜的爆破强度应大于0.3MPa。在使用中不因溶液浓度、温度变化而变形。平整，无孔洞，无裂缝。

3.3.2 隔板及隔网应符合下列要求：

（1）隔板厚度一般可采用0.5～2.0mm。

（2）隔板材质应耐酸碱，不受温度变化，必须无毒性，一般可采用硬质聚氯乙烯或鱼鳞网等。

（3）隔板尺寸一般为：400mm×800mm，400mm×1200mm，400mm×1600mm，800×1600mm。

（4）隔网厚度和孔眼分布应均匀，材质必须无毒性，可采用编织网、冲模网、鱼鳞网等。

3.3.3 电极应具有良好导电性能，电阻小，机械强度高，化学及电化学稳定性好，一般可采用高纯石墨电极，钛涂钌电极，当采用不锈钢电极时水中氯离子含量应小于100mg/L；若采用其它材质时，则应符合《生活饮用水卫生标准》，为不使淡水受污染，严禁采用铝电极。

3.3.4 在处理高浓度含氟苦咸水时，应设置保护室。

3.3.5 夹紧装置应在压紧时均匀受力，可用镀锌螺杆、夹紧装置可分别采用钢板、槽钢组合或铸铁压板。锁紧压力以不内渗外漏为度，一般不宜超过0.35MPa。

4 电凝聚法

4.1 一般规定

4.1.1 本法适用原水含氟量小于20mg/L。

4.1.2 原水进电凝聚器前应加酸降低pH值，并应通过试验确定经济技术上最佳的pH值，一般可调到5.5～7.0。

4.2 工艺流程

4.2.1 一般工艺流程如下（见图4.2.1）：

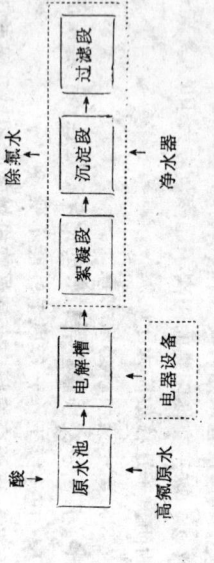

图4.2.1 电凝聚除氟工艺流程图

4.2.2 原水池的容积可按1h设计水量确定。

4.3 电解槽

4.3.1 电解槽的电路选择按照电极的极性可分为单极性电极串联电路和双极性电极串联电路两种。

4.3.2 电解槽的设计参数可按下列规定采用：

（1）铝的消耗量可按每去除1g氟需要6～10g金属铝来计算。

（2）电解槽电极板的电流密度可采用10～15A/m²。

(3) 电解铝板间距可采用3～10mm，上部出水，并应保证配水及集水均匀。

4.3.4 电解槽应采用自动倒极装置，倒极周期可采用5～10min。

4.3.5 电解槽运行到电流效率急剧降低时，必须更换电极，并对极板进行机械净化。

4.3.6 电解槽的工作电压根据水中必须加进的铝量及铝的电流效率确定。电解槽中的电压可根据电极联结系统和电极电阻抗的电压进行计算。电解槽上的工作电压不应超过36V。

4.4 电器设备

4.4.1 电解槽工作必须采用直流电源，一般可采用可控硅整流器。

4.4.2 电器设备控制台应设置直流电压表、电流表及电源开关。直流电压表及电流表的额定值应为工作电压电流的2倍。

4.4.3 变压器容量可根据原水含盐量、含氟量及最高冲击电压确定，一般应为正常工作量的2倍。

4.4.4 电器设备应设置过流保护、断相保护和报警等装置。

4.4.5 电器设备应设置倒极装置，一般可采用自动倒极。

4.4.6 电器设备与电解槽及净水装置的安装应留有维修及操作的间距，并应采取防潮、防火措施。

5 絮凝沉淀法

5.0.1 本法适用于处理水量≤30m³/d；含氟量≤4mg/L的原水。

5.0.2 原水水温适宜范围7～32℃。

5.0.3 本法所使用药剂宜采用铝盐。

5.0.4 药剂（按Al³⁺计）投加量应通过实验确定，一般宜为原水含氟量的10～15倍。

5.0.5 投加药剂后应控制水中碱度，使pH值保持在6.5～7.5。

5.0.6 本法可采用下述两种流程，宜优先选用流程（1）。

(1) 原水→混合→絮凝→沉淀→过滤→出水
        ↑加药

(2) 原水→混合→絮凝→沉淀→出水
        ↑加药

5.0.7 运行方式与设计参数：

（1）药剂应与原水充分混合，混合方式可采用泵前加药或管道混合器混合。

（2）絮凝可采用底部切线进水的旋流絮凝型式。

（3）沉淀宜采用静止沉淀方式。

（4）沉淀时间应通过实验确定，一般情况采用流程（1）时，宜采用4h，采用流程（2）时，宜采用8h。

5.0.8 滤池的滤速、采用周期、反洗强度等应符合《室外给水设计规范》（GBJ 13—86）的规定。

附录A 本规范用词说明

执行本规范条文时，对于要求严格程度的用词说明如下，以便在执行中区别对待。

（1）表示很严格，非这样做不可的用词：
正面词采用"必须"；
反面词采用"严禁"。

（2）表示严格，在正常情况下均应这样做的用词：
正面词采用"应"；
反面词采用"不应"或"不得"。

（3）表示允许稍有选择，在条件许可时，首先应这样做的用词：
正面词采用"宜"或"可"；
反面词采用"不宜"。

附加说明

主编单位：中国市政工程华北设计院
参编单位：同济大学
　　　　　上海市政工程设计院
主 编 人：刘晓园
主要起草人：徐国勋、朱列平、郑义滔

中国工程建设标准化协会标准

饮用水除氟设计规程

CECS 46:93

条 文 说 明

目 次

1 总则 ································ 33—12
2 活性氧化铝法 ······················· 33—12
　2.1 一般规定 ························· 33—12
　2.2 滤料 ····························· 33—12
　2.3 吸附 ····························· 33—13
　2.4 再生 ····························· 33—13
　2.5 滤池 ····························· 33—14
　2.6 除氟站 ··························· 33—14
3 电渗析法 ··························· 33—16
　3.1 一般规定 ························· 33—16
　3.2 工艺设计 ························· 33—16
　3.3 电渗析主机 ······················· 33—18
4 电凝聚法 ··························· 33—19
　4.1 一般规定 ························· 33—19
　4.2 工艺流程 ························· 33—20
　4.3 电解槽 ··························· 33—20
　4.4 电器设备 ························· 33—21
5 絮凝沉淀法 ························· 33—22

1 总 则

1.0.1 阐明编制本规程的宗旨。

1.0.2 关于饮用水除氟处理范围的规定。当含氟量大于1.0mg/L，小于1.5mg/L时，对人体健康影响轻微。关于氟除氟处理出水含氟量是否小于1.0mg/L的规定。由于除氟工艺过程中可能产生某些离子浓度的增减，例如SO_4^{2-}、Cl^-、Al^{3+}等，因此，在选择处理方法时应加以认真的考虑。我国生活饮用水卫生标准尚无铝的规定，参照日本、西德等国及世界卫生组织推荐的感观指标限值，要求低于0.2mg/L。但最高不超过0.5mg/L。

1.0.3 关于除氟处理所采用的除氟方法。除氟应用的方法很多，如活性氧化铝法、电渗析法、电凝聚法、骨炭法、化学沉淀法等，对其它几种方法除本规范除氟氧化铝法应用最为普遍，本规范除作了规定，对其它几种方法均未作了规定。

1.0.4 规定本规程的适用范围。

1.0.5 关于除氟工程供水方式的规定。除氟工程的布局和设计水量应视当地环境，技术和经济条件决定。除饮料，食品厂外，一般水质对含氟量没有严格的要求可不进行除氟处理。如果饮用水采用集中供水方式，日常洗涤用水可不进行除氟处理。

1.0.6 阐明设计除氟工程时应符合我国的有关标准。

1.0.7 阐明除氟工艺产生的废水和泥渣排放应应符合我国的有关污水及污泥的排放标准。

2 活性氧化铝法

2.1 一般规定

2.1.1 阐明本章的适用条件。

2.1.2 规定原水含氟量和悬浮物含量。活性氧化铝每个吸附周期的吸附容量是有限的。当原水含氟量大于10mg/L时，除氟效果不变影响，只是每个周期处理的水量小，再生频繁。同时悬浮物过高，滤料颗粒表面微孔会易堵塞，丧失吸附能力。参照《苏联给水设计规范》(1978)有关此条文的规定。如悬浮物高应经预处理后再进入除氟设备。机井水中含有的细砂不影响活性氧化铝对氟的吸附。

2.1.3 关于砷离子对活性氧化铝除氟效果的影响。当水中含有砷离子时，滤料在吸附氟离子的同时，对砷离子有作用。根据《生活饮用水卫生标准》(GB 5749—85)砷浓度不得大于0.05mg/L的规定。当原水含砷量过高时，活性氧化铝不仅除氟还要除砷。砷离子难以通过再生清除。由于砷对含砷量高的原水除氟时滤料的吸附容量将会明显下降。所以对于含砷量高的原水除氟时设计参数不应按照本规程执行。

2.2 滤 料

2.2.1 关于滤料粒径的规定。活性氧化铝对吸附性能越大，通常活性氧化铝粒径小于1mm的滤料越高。

2.2.2 关于活性氧化铝强度的要求。活性氧化铝粒径越大强度越高，粒径越小强度越差。一般能达到9.8N/粒。

2.3 吸 附

2.3.1 关于原水在进入滤池前调整pH值的要求。进水pH值为5.5左右时，活性氧化铝的吸附容量最高。一般pH不调整pH值时，当原水不调整pH值时，吸附容量仅为1gF/kg Al₂O₃左右，且只能间断运行。而进水pH值小于7.0时滤池缺陷能连续运行，具有较高除氟能力，降低成本的关键措施。若采用硫酸除氟液来降低pH值，宜将pH值调节到6.0~6.5；若采用二氧化碳气体来降低pH值，宜将pH初次调节到6.5~7.0。

2.3.2 关于降低原水pH值的方法。如果采用加酸的方法，也可用盐酸、醋酸等。用二氧化碳降低原水pH值，水质较好。

2.3.3 关于滤池的设计流速，高氟原水通常pH值大于7.5，偏碱性，如同2.3.1说明中所述，相当于国内外活性氧化铝滤速只能选用低值，本条系根据国内工程实践所采用的数据所作此项规定。所进行的试验研究表明所选用小粒径的活性氧化铝时，可允许较高的流速。

2.3.4 关于滤池内水的流向要求。国内除氟滤池两种流向均有采用。采用上向流时，滤池加二氧化碳气体调节pH值的方法，为防止气体的挥发，增加溶解量，流向宜自下而上。

2.3.5 关于单个滤池周期终点含氟量值的规定。活性氧化铝除氟滤池出水，在较长时间里一般含氟量小于1mg/L，出水含氟量需符合卫生标准为1.0mg/L，但以混合后水的含氟量需符合卫生标准为1.0mg/L原则。为延长除氟周期，降低制水成本，故作此规定。

2.3.6 关于滤料的工作吸附容量的选择。一般在pH值相同的条件下，原水含氟量高，周期的吸附容量就大。滤料初次使用时吸附容量大，以后逐渐下降，并趋于稳定。

2.3.7 关于滤料厚度的规定。苏联给水规范规定，压力式滤池中吸附层的厚度，当水中含氟量在5mg/L以下时为2m，8~10mg/L时为3m，敞开式滤池中吸附层的厚度，当含氟量在5mg/L以下时为2m，当8~10mg/L时为2.5m。同时根据国内一些单位的测试原水含氟量在3mg/L左右，吸附过渡带1.0~1.2m左右，为保证除氟效果的可靠性，提高滤料的吸附容量，故作此规定。

由于高氟病区多数位于经济不发达农村，根据中国预防医学科学院环境卫生工程研究所的科研成果，当处理水在5m³/h左右，进水用硫酸调pH值至6.0~6.5，滤速6m/h左右时，滤层厚度的规定适当放宽，可降低到0.8~1.2m。

2.4 再 生

2.4.1 规定再生时机和再生剂的选择。许多酸碱都对活性氧化铝有一定的再生作用，但作为再生剂常用的是氢氧化钠和硫酸铝，因硫酸铝再生后处理水中SO₄²⁻、Al³⁺增加，故推荐用氢氧化钠作再生剂。

2.4.2 关于再生过程四个步骤操作。再生一般可按首次反冲、再生、二次反冲和中和四个步骤操作。美国《活性氧化铝饮用水的氟化物设计手册》推荐再生过程分为首次反冲，自下而上再生，自下而上淋洗，中和五个阶段。中国预防医学科学院环境卫生工程研究所将再生过程分为首次反冲、再生、淋洗、中和、二次反冲五个阶段。

2.4.3 关于再生首次反冲洗技术参数的规定。再生前用水反冲很重要。第一，原水中的一些悬浮物被滤料截留，这些悬浮物堵塞了滤层。第二，由于经过一段时间吸附，滤层压实，需要疏松。如果使用的滤料粒径偏大，需要的反冲强度大，反冲消耗的水量多。如果滤料体积不能充分膨胀，容易造成板结现象。本条规定的技术参数是根据经验制订的。

2.4.4 关于再生前，排除所有吸附剂的氟离子。再生的目的是使滤料回到除氟过程前状态，国内多数采用浸泡方式，由干时间长不宜提倡，此条规定是参照国内外除氟工程运行的数据。当采用氢氧化钠或硫酸铝溶液时，其消耗量可按有效成分计算。为充分利用再生液，可重复使用。当采用再生液循环再生的方式时，可选用较大的流速；当采用推流再生的方式时，宜选用较小的流速。

2.4.5 关于再生过程二次反冲强度反冲时间的规定。二次反冲的目的是迅速地将颗粒间含有的再生液冲出去，降低出水的含氟量和碱度（或酸度）。本项规定系根据中国市政工程华北设计院在天津静海产生试验的数据作出的。反冲流速快，持续时间短，反冲速度低，持续时间长。对于氢氧化钠再生剂，二次反冲终点是可以用冲洗出水碱度接近进水碱度来判定。这一步骤也可以用淋洗来代替，淋洗的优点是可节省用水量。

2.4.6 关于硫酸铝作再生剂，二次反冲终点的要求。当反冲出水pH值达到饮用水卫生标准的规定大于6.5时，即到达反冲终点。这时如果测定出水的含氟量，要注意消除初期出水中铝离子的干扰。

2.4.7 关于氢氧化铝作再生过程进行中和的规定。中和的目的是使滤料尽快回到原来的吸附状态，使出水含氟量迅速降下来。安全接触氧化铝作中和剂的pH值是2.5，pH值低于此值，则侵蚀性过强，这时出水pH值的最低降至pH值9以下，含氟量开始降至原水含氟量以下，周期开始，出水始可排放。水的pH值显然偏高，并又可以与其它出水混合，对混合后的出水pH值反而有利。

2.4.8 关于再生废液严禁饮用的处理的规定。为了节约合格的饮用水，中和必须使用再生后的处理水，只需用原水。

2.4.9 关于悬浮物、二次反冲、淋洗和出水的规定。首次反冲和出水主要含有悬浮物，二次反冲、淋洗中和和出水除了含氟量高之外，pH值也超过标准。这些废水不得进入储水池和供水管网。

2.5 滤 池

2.5.1 关于滤池构造的分类。敞开式滤池构造简单，管理方便；压力式滤池可以节省二次提升和储水池。

2.5.2 关于酸和二氧化碳气体投加使用的要求。酸的投加主要考虑酸的扩散，有利于减少地腐蚀性溶液和稀释产生的热量。二氧化碳投加主要考虑的是有利于气体的溶解，故本条规定酸应注入原水管的中心。二氧化碳气体应通过微孔扩散器来溶解。

2.5.3 关于滤池结构材料的要求。一般中小型滤池可采用内防腐的低碳钢罐体或塑料罐体，大型滤池宜采用内防腐的混凝土池体。

2.5.4 关于滤池布水方式的要求。这是为了克服滤料泄水造成损失而采取的措施。一层层厚度为50～150mm，粒径2～4mm的石英砂。

2.5.5 关于滤池高度的规定。首次冲洗时滤池必须有足够的空间，为了防止滤料的损失而保护滤池的管壁。本项规定参照《室外给水设计规范》而制订。当采用较大的膨胀高度时，滤池高度应相应增加。

2.5.6 关于滤池反冲进、出水管设计的要求。为保证反冲时运管设计的流量，必须适当地选择进、出水管径。为了防止反冲洗水从池顶溢流，反时排出废水，故规定敞开式滤池反冲出水管可不安装阀门。

2.5.7 关于滤池设置滤池配件的规定。滤池应便于取样化验水质，控制流量和观察滤料的损失。

2.6 除 氟 站

2.6.1 关于除氟工艺与其他处理工艺流程布置和废水排放的要求。去除氟物、有机物应放在除氟工艺之前，是为了保护活性氧化铝免受污染、消毒放氯在除氟工艺之后是为了不使活性氧化铝因接触氯后而性能降低。由于再生废液成分复杂，尤其是氟化物、砷等的含量可很高（含氟量可达数百mg/L）因此必须处理，二次反冲、淋洗、中和废水由于含氟量、pH值超过排放标准的规定，故也必须处理后才能排放。

33—14

2.6.2 关于除氟站设计水量的要求。滤池宜连续运行,均衡出水。如果无调节构筑物,除氟处理的流量是变化的。滤池可以白天运行,晚上关闭。

2.6.3 关于滤池设置地点的要求。室外气候温度对设备使用寿命和卫生条件有影响,尤其是北方冬季严寒,设备易冻,故滤池应设在室内。

2.6.4 关于滤池连接方式的规定。为了保证安全供水,除氟站宜设2个以上滤池。当含氟量低于4mg/L时,宜采用多个并联操作,当含氟量大于4mg/L时,宜采用每两个为一组串联运行,以提高滤料的工作吸附容量。第一周期前滤池的出水进入后滤池,当前一个滤池出水达到含氟量终点,该除氟周期结束。再生前滤池滤料后,将它改为后滤池,原后滤池改为前滤池,进行下一个周期运行,如此循环。原后滤池的含氟量做为并限值,系国内运行参数。取4mg/L的含氟量做为并限值,系国内运行参数。

2.6.5 关于滤池出水含氟量变化系数的。由于每个周期单个滤池出水含氟量变化较大,可通过错开各个滤池的运行周期,储水池混合及与原水混合等多种措施,在保证水质的前提下,提高滤池吸附容量,降低制水成本。

2.6.6 关于滤后储水池容积的要求。容纳除氟后出水池并非必须设置,应根据工艺设计要求决定。容纳除氟储水池容积宜考虑下列因素:

(1)滤池的制水能力和运行时间与供水量及时变化系数的关系;

(2)水质混合的要求。

2.6.7 关于强酸除操作时的安全要求。参照美国《饮水中过量氟化物去除设计手册》(1984年)的内容制订。

2.6.8 关于除氟装置水质检测的要求。主要化验项目是氟化物和pH值。这不仅是水质处理要求也是正常运转的要求。测定

氟化物常采用氟离子选择电极法或茜素铬氰比色法。要特别注意水中干扰性离子(主要是铝离子)造成测定值低于实际值。可以通过更换离子强度缓冲溶液或蒸溜处理水样来消除干扰。

2.6.9 关于除氟站管道的组成、规定接触酸碱的管道应采用塑料管材。如采用普通钢管则应有良好的防腐措施。

2.6.10 关于废水处理的方法。氯化钙处理方法,可采用氯化钙或石灰沉淀法,自然蒸发法、闪蒸法等方法。氯化钙具有投药量省、上清液含氟量低的特点。具体操作如下:

(1)废水中投加硫酸中和至pH值8左右。

(2)投加工业氯化钙沉淀水中氟化物,氯化钙投加量为$2\sim4$kg/m³,废水投加前用少量废水将氯化钙溶解成溶液,投加时应开动搅拌装置,使之充分混合反应。

(3)沉淀后的上清液应与下一周期的首次冲洗水一起,排入下水道。

3 电渗析法

3.1 一般规定

3.1.1 关于本法适用范围的规定。当原水含盐量超过10000mg/L，含氟量大于12mg/L时虽也可通过加大电渗析台数、级段数仍可达标，但要通过技术经济比较综合确定。当原水含氟量超过12mg/L亦可采用与其它方法组合的工艺进行除氟除盐。

3.1.2 关于进入电渗析的原水具体规定。

（1）浊度负荷：小于5度。电渗析离子交换膜不能承受高于5度的浊度，否则膜失效。

（2）耗氧量小于3mg/L。

（3）铁<0.3mg/L。

（4）锰<0.3mg/L。

（5）游离余氯<1mg/L。

（6）细菌总数不宜大于1000个/mL（应符合饮用水水源标准）。

（7）水温5°～40℃为膜的正常工作温度范围，超过上下极限，膜将完全失效。

3.1.3 关于预处理的规定。当原水水质指标超出3.1.2规定时，应进行相应的预处理，预处理方法同《室外给水设计规范》。

3.1.4 关于系统中元器件材质的规定。水体中的多价离子，尤其是铁离子、锰离子都能与电渗析交换膜上的活性基团发生反应，并固定在膜上，形成不可逆反应，致使阳膜"中毒"。为此整个系统中应避免铁离子等多价阳离子的产生，为此规定全系统阀门、管道、储水设备、泵等元器件应采用非金属材料，常用聚乙烯或聚丙烯、混凝土等材质，不锈钢、不应采用钢铁等材质。

3.1.5 关于处理后出水含盐量迁出的规定，含盐量过低同样会影响健康。经处理后出水含盐量不宜低于200mg/L，否则一些离子迁出。

3.1.6 关于处理后出水含碘量的规定。本规程根据1976年"生活饮用水卫生体适合含量无明确规定。本规程根据1976年"生活饮用水卫生标准"参考含量，即：10μg/L，一般天然水体中含碘量在30～100μg/L。经电渗析处理后出水大于10μg/L时符合卫生标准。原水含碘量低于30μg/L时，虽出水硬度、含氟量、含盐量符合卫生标准，但碘化物将低于10μg/L，尤其在地方性甲状腺肿定多发地区必须采取加碘措施，以调整水质，一般可投加碘化钾。

3.2 工艺设计

3.2.1 关于工艺流程的规定。饮水除氟是原水预处理基础上的特殊处理工艺。因此，本规范不包括水源地至混凝、沉淀、过滤、消毒等预处理部分。其流程的确定应根据原水水质、水量、地形及厂站体规划等因素综合考虑。一般原水都应进行预处理。然后进入电渗析设备，也可以与离子交换柱串联使用。

3.2.2 规定了主要设备的组成内容。

3.2.3 关于原水箱容积的规定。原水箱，应有足够的储量，以保证电渗析进水的稳定性，一般应按大于2倍时供水量来计算。

3.2.4 关于选择电渗析器及主要辅助设施的规定。

（1）电渗析器：应根据原水水质，用水量及供水水质要求计算氟离子的去除率选择主型号、流量板、段数和膜对数。当处理量大时，可采用多台并联方式。为提高出水质量，可采用多台电渗析串联方式，也可采用多段串联即增加段数，延长处理流程；为增加产水量可以增加电渗析单台合的膜对数。

仪表。一般盘上设有直流电压表、电流表、电源开关、电渗析主机极性指示器等。直流电压表的额定值一般采用工作电压的2倍,电渗析主机直流电流表的额定值一般采用正常工作以防积水的额定流量的规定。

3.2.8 关于处理站内排污可采用明渠以防积水流量的规定。

3.2.9 关于电渗析浓、淡、极水流量生产确定。

(1) 淡水流量根据生产量确定。

(2) 浓水流量应略低于淡水,为保持两侧浓淡室压力的一致应取与淡水相同的流量,但为节约与淡水不低于淡水的2/3流量时,仍可以安全运行。

(3) 极水流量一般可为1/3~1/4淡水量。太高浪费,大低又同样低影响膜的寿命,并且会发生水的渗透污染。

3.2.10 关于电渗析进入电渗析器工作压力及膜对电压的规定。国内离子交换膜,最高爆破强度可达0.7MPa,为保护膜片,规定不应超过0.3MPa。

3.2.11 关于电渗析器工作电压电流密度及含氟量及相应去除率确定。电渗析器工作电压可根据原水含盐量、含氟量与膜电压、电渗析器规程中列出的表3.2.11系经验数据。

3.2.12 关于电渗析器工作电流及电流密度的规定。改变操作电流是控制脱盐率脱氟率的主要手段之一,根据原水含盐量、含氟量与相应去除率确定。一般在60A以下,如果严重结垢,含氟量明显提高,则电渗析膜已失去了交换能力,电流无量反相应提高。电渗析器限电流。电极限电流,电渗析工作效率降低,电流密度的选择应防止产生较小的电极化使电流降低,降低造价,但经常选用较大电流密度,反之,采用较小电流密度,经常费用降低,但频繁造成结垢,增加造价。

3.2.13 关于浓、淡水进出连通孔流速的规定。流速过低使悬浮物沉积,增加阻力,容易产生死角,使布水不均匀发生局部极化,并且使膜与流水面的滞流层过厚,易产生极化。流速过高停留时间减少,水质下降,电耗增大,容易发生漏氟。因此流速一般可采用0.5~1m/s。

3.2.14 关于电渗析除氟站配置的规定。为减少处理水的漏失及

(2) 倒极器。

1) 可采用手动、电动、气动、机械倒极装置。为降低造价,易于维修,宜采用自动化倒极装置。

2) 如采用自动化倒极装置,应同时具有切换电极极性和浓淡水方向的作用。

3) 国内电渗析器运行大部分采用手动倒极。由于不能严格地长期按时自动倒极操作,常产生结垢情况,而严重影响了电渗析的正常运行。倒极周期应根据原水水质而定,倒极周期一般可采用0.5~1h。频繁倒极可以使膜不结垢,而延长共使用寿命。

(3) 浓水箱。水量全部无满足全系统外,仍应有1~2m³储存余量。以保证系统的稳定运转。

(4) 水质化验仪器:氟离子测定仪(单一测定氟离子)、温度计、电导仪、pH计。

3.2.5 关于电渗析主机酸洗周期的规定。电渗析主机酸洗周期是根据水质含盐量、含氟量不同而有变化,并与运行管理好坏有直接关系。电渗析工作运转过程中水中的钙、镁及其它阴离子向阴极方向移动,并在交换膜面或多或少地积留,离子地反向移动,因此,甚至造成多或少地积留,离子地反向移动,因此,倒极即切换电极的极性,可以使膜消除,一般半年1h倒极一次,则酸洗周期可延长到一个月(动态循环1~2h),酸洗药品宜采用工业盐酸。浓度为1.0%~1.5%。

3.2.6 关于电渗析器大修年限的规定。本条按机械行业常规定,一年大修一次。

3.2.7 配电设备或动力设备的规定:

(1) 与电渗析主机间距应满足检修空间,并应防潮、防水。为操作管理方便,主通道净宽应大于1.5m。

(2) 变压器容量应根据原水含盐量、含氟量及最高冲击电流等因素确定,一般为正常工作容量的2倍。

(3) 电渗析器应采用直流电源,一般可采用可控硅整流器。

(4) 电渗析控制台应集中电渗析电器信号及控制按钮、

维修操作方便，本条规定电渗析除氟站位置应尽量靠近用水设备，输水应选择最短距离，一般电渗析主机应放置在场内底层。

3.2.15 规定了电渗析流程长度、级、段数的确定方法及脱盐率的计算方式。

3.3 电渗析主机

3.3.1 关于离子交换膜的有关规定。

（1）离子交换膜是电渗析器的重要组成部分，是影响饮用水电渗析除氟效果，电能消耗的主要因素。应采用对氟离子选择透过性最高的交换膜。目前国产离子交换膜有聚乙烯异相阴、阳膜、聚乙烯醇异相阴、阳膜、聚乙烯半均相膜、氯醇橡胶均相阴膜、聚丙烯异相阴、阳膜等。如国产部份离子变换膜性能由表3.3.1所示。

国产部份离子交换膜性能 表3.3.1

膜的种类	厚度(cm)	离子选择过率(%)	爆破强度(MPa)
聚乙烯异相膜(阴、阳)	0.38～0.5	≥90	≥0.4
聚乙烯醇异相膜(阴、阳)	0.7～1.0	≥85；≥90	≥0.3
聚乙烯半均相膜(阴、阳)	0.25～0.45	＞95	≥0.5
聚乙烯含浸法相阳膜	0.3	≥95	＞0.35
聚氯乙烯半均相膜(阴、阳)	0.25～0.45	≥90	≥0.1
氯醇橡胶均相阴膜	0.26～0.32	≥85	＞0.6
聚丙烯异相膜(阴、阳)	0.38～0.4	＞94；＞95	＞0.7

本条推荐采用国产硬质聚乙烯异相膜，厚度为：0.5～0.8mm，透过率≥90%。

（2）规定离子交换阳膜的阳离子迁移数应大于0.9；离子交换膜阴膜的阴离子迁移数应大于0.9。

（3）采用的离子交换膜必须符合饮用水的卫生要求，故本条规定必须无毒性。

（4）规定了离子交换膜应有较好的化学稳定性，离子交换膜应能连续工作一年以上无显著性能变化。

（5）规定了离子交换膜应有良好的机械强度和尺寸稳定性、平整、无孔洞、无裂缝、折皱。爆破强度应大于0.3MPa。聚乙烯异相膜爆破强度≥0.4MPa。在使用中不因溶液浓度、温度变化而变形。不得在5°～40℃温度范围内变形。

3.3.2 关于隔板及隔网的有关规定。

（1）隔板可分为填网式和冲膜式两种，又可分为有回路、无回路两大类。一般有回路隔板适用于小水量及除盐率、除氟率要求较高的水质。无回路板适用于较大水量、除盐率、除氟率较低的水质。

隔板厚度：板越薄，浓、淡水室电阻越小，电流效率越高，为此，一般可采用薄而均匀，平整的隔板，以降低电耗，便于组装。但也应考虑原水含盐量及预处理程度。当含盐量过高为苦咸水时，不宜选用太薄隔板，为此本条规定隔板厚度一般可采用0.5～2.0mm。

（2）隔板材质有聚氯乙烯、聚丙烯、聚乙烯、天然合成橡胶等。隔板在电渗析除氟操作中不应因系统中的酸、碱等腐蚀性化学药品，温度变化而变形，应有一定刚度和弹性，且必须无毒性。本规程推荐采用国产聚丙烯、硬质聚氯乙烯材质。

（3）规定了隔板的一般尺寸。

（4）为使水在板的水槽中呈满流状态，一般可采用在隔板中加隔网的方式，以减薄界面层厚度，提高电流密度和电流效率，使阳、阴膜保持一定距离。

隔网的网格厚度和孔眼应均匀、水头损失小，湍流搅拌效果好、变形小、且必须无毒性。

目前国内有编织网、冲膜网、鱼鳞网等。常采用冲模式隔板网。

3.3.3 关于电极的规定。电极应有良好的电性能，电阻小、机械强度高、化学稳定性好、价低、加工方便。

石墨电极：经石蜡或树脂浸渍处理后的石墨。一般在苦咸水或海水淡化中使用寿命较长。

不锈钢电极：导电性好、耐腐蚀性好，一般用作阴极。

钛涂钌电极：只适用于氯离子含量小于100mg/L的水质，一般用作阳极。本条规定宜采用高纯石墨电极或钛涂钌电极。

本工艺处理水作为饮用，为杜绝纯铝离子的渗入不得采用铝电极。

3.3.4 关于设置保护室的规定。在处理高浓度含氟苦咸水时，为使极水不污染淡水，保护出水水质良好，应设置保护室，它由一张保护膜和一张保护框组成。

3.3.5 关于夹紧装置的规定。夹紧装置可采用钢板与钢框组合由螺栓锁紧。或铸铁压板、螺杆锁紧。压紧时受力应均匀，可采用镀锌螺杆。锁紧压力以不内渗外漏及使膜片间距过小，过松会渗漏，因此国内一般采用的压力不超过0.35MPa。

4 电凝聚法

4.1 一般规定

4.1.1 规定原水适用范围。

本法对高氟饮水有较大的除氟容量。目前国内应用此法处理含氟量小于10mg/L的含氟地下水，为了检验除氟容量，国内曾将高碱度（348mg/LCaCO₃）低硬度（20mg/LCaCO₃），难处理的含氟化物（5mg/L）地下水的含氟量调至20.5mg/L，通过调整工作电流和电压，除氟效果仍可达95%。故本条以此规定原水含氟量可小于20mg/L的适用范围。

4.1.2 关于原水在进入电解槽前调pH值的要求。

pH值是影响除氟效果最主要的因素。在电解铝过程中，由于析氢和析氧过程的不平衡，导致了pH值上升。处理水pH值的变化直接影响到除氟效果和含钙量的变化。降低处理水的pH值可以在较低的工作电流下得到较好的除氟效果和保留水中的Ca²⁺，阻止CaCO₃与铝矾花共沉。原水中pH值越低，除氟效果越好。一般情况下，为了约调整原水pH值的升高，为发出水尽量接近中性，同时兼顾到电解反应引起pH值的升高，为使出水尽量接近中性，宜控制原水为微酸性。国内某除氟站经多次运行测试，当原水pH值改为6.5时，处理效果及成本最为理想。为此考虑到不同地区除氟处理的经济技术可靠性，本法规定进水pH值须调至5.5~7.0。

关于降低原水pH值的方法，通常可采用加盐酸降低原水的碱度，促进氢氧化铝沉淀物对氟化物的吸附，但相应地稍许增加了出水中的氯离子含量。

原水调pH值对于电凝聚除氟是一项提高处理效率，降成本的关键技术措施。由于原水水质不同,加酸量不同,需通过试验和计算确定投加量。

4.2 工 艺 流 程

4.2.1 电凝聚除氟工艺的组成。

电凝聚除氟工艺的选择要根据当地原水水质,含氟量以及当地已有除氟设备,厂房诸因素综合考虑。对于生活用水,根据当地的经济技术情况可全部进行除氟处理或仅对饮用水进行除氟处理,集中供水。对于流量较小的用水,可采用一元化装置。

除氟工艺的基本组成包括:1.原水池;2.加酸装置;3.原水供水泵;4.流量计;5.电解槽;6.电器设备;7.净化器;8.水质净化器;9.酸洗槽;10.清水池。

4.2.2 关于原水池容积的规定。原水池应有足够的容积,以保证加酸调节均匀,电解槽进水的稳定性,以此规定原水的容积,可按1h设计水量确定。

少,安装维修简便,可以采用高电压、低电流的直流电源设备,节省投资。

4.3.2 规定电解槽的主要设计参数。

(1)应用铝盐除氟时,消耗铝量与除去氟离子的质量比值即Al/F比值(单位克铝/克氟)是影响矾花凝聚性能、决定电解铝量、影响矾花密度的一个重要指标。经国内电凝聚除氟站进行测试,铝与氟的质量比一般均为6~10g。

(2)电流密度选定的电流密度值是一个重要的设计参数,可根据选定的电流密度值来计算极板总面积。当电解电流密度过大,会引起极板电压增大,使电耗增加,过小则使极板利用率降低,使电流分配不均匀影响处理效果。从电凝聚除氟实际运行资料表明,当电流密度提高时,处理效果提高不显著,可提高设计参数,根据国内实际运行经验规定15A/m²时,处理效果设计参数为10~15A/m²。定电流密度设计参数为10~15A/m²。

(3)规定电解槽极板间的距离。

从电气安全运行方面考虑,在单极性电极串联电路中,由于极板腐蚀不均匀等原因,造成相邻两极碰撞,会引起短路而发生严重的运行事故。而在双极性电极串联电路中极板碰撞、即使相邻两块极板碰撞,也不会造成局部短相邻极板碰撞的机会较少,不会发生运行事故。

从电能消耗上考虑,减少极板间距能降低极板间的电阻,使电能消耗降低。

综合考虑上述因素,并考虑到安装极板方便,极距(净距)规定可采用3~10mm。

4.3.3 为了保证含氟水在流动过程中能与电解铝板产生的铝聚合物反应所被吸附,要求电解槽进水均匀,不致造成局部短流,目前国内实际运行中,采用电解槽下部进水,利用穿孔板均匀布水,上部溢流出水。

4.3.4 电解除铝所涉及的多种氧化—还原—沉淀反应,是在电极表面进行的。电解时形成结垢型薄膜,产生电阻,

4.3 电 解 槽

4.3.1 关于电解槽极板的接电方式。

电解槽内部极板的接电方式有两种:在单极性电解槽中,电极和阴极是并联排列的,电极中的一半并联接即阳极,另一半并联接即阴极(阳极和阴极)的电位差。电流密度与电极的表面积成正比。因此单极性电解槽的接线复杂,检修或调换极板时需折除多组的线路。

在双极性电解槽中,电流仅对每组极板的外端二极。电源联接的阳极和阴极之间,插入金属导体,当通过直流电流时,导体与电解质接触的地方发生电极反应,与阴极相连的一极产生阳极反应,从阳极反应出的电极流入阴极反应,与阴极相连的一极产生阴极反应。电解槽的槽端电极电压等比例均分到两波极板间。与双极的块数成反比,电流密度与电极的表面积有关,而与双极电解槽中双极性电极申联电极的电解槽的接电面数量无关。因此双极电解槽电极申联电极的接数大减,

引起电压增高。要防止这层电阻超电压的形成，需要定时倒换电极，形成不稳定的结垢沉淀条件，从而减轻水垢的生成，一般倒极周期为 5～10min，不能超出 15min，否则将造成电压上升不再复原，形成钝化现象，此时对电极必须进行除氟能力下降处理。另外，电凝聚运行中总会产生少量水垢沉淀，累积到一定程度后，即使用倒换电极法也不能有效地解决，此时就应用酸洗法处理。

4.3.5 极性的变换有助于电极表面的活化，但运行时间过长会发生钝化作用，其表现是在阴极化期间阴极溶解形成碳酸盐沉淀。沉淀物在靠近阴极空间处由于酸介质的作用而变得疏松，并且很容易用机械方法除去。酸洗药品宜采用工业盐酸，浓度为 1%～2%。

4.3.6 电解槽的工艺和结构应按原水和净化后水规定的含氟量和水量确定，并应根据当地提供的原水资料及主要工艺参数，计算耗铝量，电化学净化过程所需的电流，铝电极的面积和厚度，选择电极联结系统，决定电解槽设备的尺寸，以及选择电器设备等。为保证操作人员安全，规定电解槽上的工作电压，不应超过 36V。

4.4 电器设备

4.4.1 规定电解槽采用直流电源，可采用硅整流器、硒整流器，一般采用可控硅整流器。

4.4.2 电器控制台应集中全系统电器信号及控制按钮、仪器等。电器设备应有直流电压表、电流表、电流开关，电解槽极板极性指示器。规定直流电压表的额定值应为工作电压的 2 倍，直流电流表的额定值应为正常电流的 2 倍。

4.4.3 规定变压器的容量应适应由于含盐量的变化或外电压变化产生的冲击电压。一般应为槽端电压的 2 倍。

4.4.4 规定要建立保护系统和报警系统。

4.4.5 倒极装置，可采用电动、机械倒极装置。为降低造价，易于操作、维修，宜采用到机械式自动频繁倒极装置。

4.4.6 规定电器设备与电解槽、净水装置间应留有一定距离，形成电器设备及操作，并应采取防潮、防火措施，便于维修及操作。

排泥时间应小于72h，沉渣放置时间过长水质下降。

5.0.8 阐明了滤池的设计规定。

5 絮凝沉淀法

5.0.1 当原水含氟量大于4mg/L不宜采用混凝沉淀法，否则处理水中会增加SO_4^{2-}、Cl^-等物质，影响感观质量。

5.0.2 温度影响混凝沉淀除氟效果。在投药量相同情况下，水温越高，需要沉淀时间越长，一般适应温度范围7～32℃。

5.0.3 药剂与净水药剂相同，一般可采用铝盐，效果较好，也可用氯化钙、硫酸铝和碱式氯化铝。

5.0.4 药剂投加量随原水含氟量、温度、pH值而变化，其投加量应通过实验确定。一般投药量（以Al^{3+}表示）应为原水含氟量的10～15倍（质量比）。同时，不同的铝盐对同一种水的投加量也不同。

5.0.5 投加药剂将引起pH值的变化，而pH值的变化将影响除氟沉淀的效果，根据中国预防医学科学院环境卫生工程研究所等单位实验证实，投加药剂后水中的pH值处于6.5～7.5之间，将获得最佳的沉淀效果。

原水的pH值可以在6.5～9范围内。

5.0.6 规定了两种工艺流程。

由于我国地域宽广并且广大农村尚处贫困状态，习惯性采用简单的絮凝、沉淀方法。因此考虑仍保留着不过滤的工艺。

5.0.7 阐明了运行方式及设计参数：

根据中国预防医学科学院环境卫生工程研究所及天津大港石油管理局卫生处等有关研究报告均证明泵前加药，水泵搅拌方式的混合反应效果最好，也可以采用管道混合器，为很好地分离残渣静止目前国内使用较多的是间歇沉淀法，时间必须大于8h。

中国工程建设标准化协会标准

滤池气水冲洗设计规程

CECS 50：1993

主编单位：广东省建筑设计研究院
批准部门：中国工程建设标准化协会
施行日期：1993 年 9 月

关于批准《滤池气水冲洗设计规程》的函

[93] 建标协字第 28 号

城市给水排水委员会：

现批准《滤池气水冲洗设计规程》，编号为 CECS50：93，由中国工程建设标准化协会办公室负责组织出版发行，供工程建设有关单位使用，亦可供国际交流。

中国工程建设标准化协会

1993 年 9 月 11 日

目 次

1 总则 ················ 34—3
2 术语 ················ 34—3
3 气水冲洗方式 ·········· 34—3
4 配气配水系统 ·········· 34—3
5 冲洗水的供应 ·········· 34—5
6 冲洗空气的供应 ········ 34—5
7 冲洗水排除 ············ 34—6
条文说明 ················ 34—7

1 总 则

1.0.1 为使滤池采用气水冲洗方式的设计达到技术先进、经济合理、安全可靠，特制定本规程。

1.0.2 本规程适用于新建、扩建和改建的滤池采用气水冲洗时的设计。

1.0.3 滤池的气水冲洗设计，除执行本规程外，还应遵守现行国家标准《室外给水设计规范》以及其他有关规范的规定。

2 术 语

2.0.1 滤料层微膨胀

滤料层在自下而上的冲洗水作用下，仅处于松动状态，尚观察不到滤料表面有明显升高，此时的滤料层称处于微膨胀状态。

2.0.2 均质石英砂滤料

为有效粒径较均匀的石英砂滤料，一般不均匀系数 K_{80} 为 1.3～1.4，不超过 1.6。

2.0.3 表面扫洗

滤池冲洗时，在滤料层面的排水槽的水平直排水槽的水平流动的辅助冲洗水，施放水流方向垂直于排水区内远离排水槽的侧面，制造横向推水流，将冲洗污水推向排水槽。

2.0.4 滤头固定板

专门用于安装滤头，滤头固定板底面至滤池底板板面、由池壁所围，具有足够强度和刚度的平板。

2.0.5 气水室

滤池下部、滤头固定板底面至滤池底板板面、由池壁所围成的空间。

2.0.6 气垫层

冲洗空气在气水室上部形成的稳定厚度的空气层。

3 气水冲洗方式

3.0.1 气水冲洗一般可采用下列方式：

3.0.1.1 先气冲洗、后水冲洗；

3.0.1.2 先气冲、再水气同时冲洗、后水冲洗。

其中水冲洗阶段，按滤料层的膨胀情况，又可分为滤料层产生膨胀和微膨胀两种情况。

3.0.2 双层滤料宜采用 3.0.1.1 的冲洗方式，在水冲洗阶段滤料层应产生膨胀；级配石英砂滤料阶段宜采用 3.0.1.1 和均质石英砂滤料宜采用 3.0.1.2 的冲洗方式，滤料层只产生微膨胀。

3.0.1.2 冲洗方式，滤料层采用 3.0.1.2 的冲洗方式，滤料层只产生微膨胀。

4 配气配水系统

4.1 配气配水系统的构造

4.1.1 滤池底部一般可采用下列配气配水系统：

4.1.1.1 长柄滤头配水系统；

4.1.1.2 气水共用一套大阻力配水系统；

4.1.1.3 气水各用一套大阻力配水系统。

4.1.2 各种配气配水系统所适用的冲洗方式见表 4.1.2。

表 4.1.2 各种配气配水系统适用的冲洗方式

配气配水系统类型	适用冲洗方式
长柄滤头配气系统	3.0.1 全部冲洗方式
气水共用一套大阻力配气水系统	3.0.1.1 冲洗方式
气水各用一套大阻力配气水系统	3.0.1 全部冲洗方式

4.1.3 大阻力配气配水系统应设置承托层；长柄滤头配气配

式中 h——空气通过大阻力配气系统的压力损失(Pa);
　　　v——孔眼空气流速(m/s)。

4.1.4 各种配气配水系统应设有排气装置。

4.1.5 大阻力配气配水系统的管道必须有固定牢固和保持水平的措施。

4.1.6 长柄滤头配水系统的滤帽缝隙总面积与滤池过滤面积之比为1.25%;每平方米的滤头数量为50个左右。

4.1.6 安装长柄滤头时,滤头与固定板的密封措施必须严密,可靠,不得漏气漏水。

4.1.7 滤头固定板的上表面应平整,每块板的水平误差不得大于±2mm,整个池内板的水平误差不得大于±5mm。

4.1.8 由气干管(渠)向滤头固定板底下气水室配气管有困难时,宜与滤头固定板底,但垂直距离不宜超过30mm;滤头固定板应相互沟通;由配水干管(渠)向气水室配水管底应平池底。

4.1.9 供气、供水系统的阀门应采用气动、电动或水力密闭门。大、中型水厂配水冲洗滤池,宜采用自动控制操作。

4.2 配水的冲洗强度和冲洗时间的设计计算

4.2.1 气水的冲洗强度和冲洗时间,可按表4.2.1选用。

4.2.2 大阻力配水系统的设计计算可按现行国家标准《室外给水设计规范》的有关规定执行。

4.2.3 大阻力配气系统的设计计算采用下列参数:

4.2.3.1 大阻力配气系统进口处的空气流速采用10m/s左右;

4.2.3.2 孔眼空气流速采用30～35m/s,孔眼间距70～100mm;孔眼布置呈45°向下交错排列;

4.2.3.3 大阻力配气系统的压力损失可按下式计算:

$$h = 1.5v^2 \quad (4.2.3)$$

4.2.4 长柄滤头配水系统的滤帽缝隙面积与滤池过滤面积之比为1.25%;每平方米的滤头数量为50个左右。

4.2.5 冲洗空气通过长柄滤头的水头损失,按产品的实测资料确定。

4.2.6 冲洗空气通过长柄滤头的压力损失,按产品的实测资料确定。

气水冲洗强度和冲洗时间 表4.2.1

滤料层结构和水冲洗时滤料层膨胀率	先气冲洗		气水同时冲洗		后水冲洗	
	强度(L/s·m²)	冲洗时间(min)	气强度(L/s·m²)	水强度(L/s·m²)	冲洗时间(min)	强度(L/s·m²)	冲洗时间(min)
双层滤料,膨胀40%	15～20	3～1	—	—	—	6.5～10	6～5
级配石英砂,膨胀率30%	15～20	3～1	12～18	3～4	4～3	8～10	7～5
均质石英砂,微膨胀	13～17 (13～17)	2～1 (2～1)	13～17 (13～17)	3～4.5	4～3	7～9	7～5
均质石英砂,微膨胀	13～17 (13～17)	2～1 (2～1)	13～17 (13～17)	3～4.5 (3～4.5)	4～3 (4～3)	4～8 (4～6)	8～5 (8～5)

注:表中均质石英砂栏,无括号的数值适用于无表面扫洗水的滤池,其表面扫洗水强度为1.4～2.3 L/s·m²。

4.2.7 冲洗水和气同时通过长柄滤头时的水头损失,按产品实测资料确定。无资料时可按下式计算其水头损失增量:

$$\Delta h = 9810n(0.01 - 0.01v_1 + 0.12v_1^2) \quad (4.2.7)$$

式中 Δh——气水同时通过长柄滤头时比单一水通过长柄滤头时的水头损失增量(Pa);
　　　n——气水比;

v_1——滤头柄中的水流速度(m/s)。

4.2.8 滤头固定板下的气水室应有检修人孔,气水室的高度应考虑进入内部检修的可能。冲洗时形成的气垫层厚度可为100～200mm。

4.2.9 长柄滤头配气配水系统中,向气水室配气的配气干管(渠)的进口流速为5m/s左右;配气支管或孔口流速为10m/s左右;配水干管(渠)进口流速为1.5m/s左右;配水支管或孔口流速为1～1.5m/s。

5 冲洗水的供应

5.0.1 冲洗水的供应,宜采用冲洗水箱。

5.0.2 冲洗水泵的扬程宜按下式计算:

$$H = 9810H_0 + (h_1 + h_2 + h_3 + h_4 + h_5) \quad (5.0.2)$$

式中 H——水泵扬程(Pa);
H_0——冲洗水排水槽顶面至吸水池水面的高度(m);
h_1——配水系统的总水头损失(Pa);
h_2——承托层的水头损失(Pa);
h_3——滤料层的水头损失(Pa);
h_4——富余扬程,9810～19620(Pa);
h_5——冲洗水泵吸水口至滤池的输水管道的总水头损失(Pa);

5.0.3 冲洗水泵应设备用水泵。

5.0.4 冲洗水泵的安装,冲洗水泵应设在靠近吸水池,宜有稳定水位的措施。冲洗水泵房设计的有关规定。

5.0.5 冲洗水箱的有效容积,应不小于一格滤池冲洗用水量的2倍;冲洗水箱的进水量,宜按能在6～8h内对各格滤池进行一次冲洗所需用水量之和来计算。

5.0.6 冲洗水箱的水深不宜大于3m;出水管口应设置防止空气进入出水管的装置;通气管口应设网罩,网罩孔为14～18目;溢流管径宜比进水管管径大一级;应有泄空管措施;人孔应封闭严密。

5.0.7 冲洗水箱底面高出滤池冲洗水排水槽顶面的垂直高度宜按下式计算:

$$H_t = \frac{1}{9810}(h_1 + h_2 + h_3 + h_4) + h_5 \quad (5.0.7)$$

式中 H_t——冲洗水箱底面至滤池冲洗水排水槽顶面的垂直高度(m);
h_1——冲洗水箱至滤池的冲洗水输水管道的总水头损失(Pa);
h_2,h_3,h_4——同(5.0.2);
h_5——富余高度,取1～2(m)。

5.0.8 冲洗水输水管上应设流量调节装置,并宜装设压力计。

6 冲洗空气的供应

6.0.1 冲洗空气的供应,宜采用鼓风机直接供气,经技术经济分析后认为合理时,亦可采用空气压缩机—贮气罐组合供气方式。

6.0.2 鼓风机出口或贮气罐调压阀出口的静应符合下列规定:

1 大阻力配气系统或长滤池采用先气后水冲洗方式时:

$$H_A = h_1 + h_2 + 9810K \cdot h_3 + h_4 \quad (6.0.2-1)$$

式中 H_A——鼓风机出口或贮气罐调压阀出口处的静压(Pa);

式中 h_1 —— 输气管道的压力总损失（Pa）；
h_2 —— 配气系统的压力损失（Pa）；
K —— 系数 1.05～1.10；
h_3 —— 配气系统出口至空气溢出面的水深（m）；
h_4 —— 富余压力，取 4900(Pa)。

6.0.2.2 长柄滤头采用气水同时冲洗方式时：

$$H_A = h_1 + h_2 + h_3 + h_4 \quad (6.0.2-2)$$

式中 h_3 —— 气水室中的冲洗水压（Pa）；
其余同(6.0.2-1)式。

6.0.3 鼓风机或贮气罐输出的空气流量，应取单格滤池冲洗空气流量的 1.05～1.1 倍。

6.0.4 空气压缩机-贮气罐组合供气，空气压缩机容量和贮气罐容积的关系应按下式计算：

$$W = (0.06q \cdot F \cdot t - V \cdot P)K/t \quad (6.0.4)$$

式中 W —— 空气压缩机的容量（m³/min）；
q —— 冲洗空气强度（L/s·m²）；
F —— 单格滤池面积（m²）；
t —— 空气冲洗时间（min）；
V —— 贮气罐容积（m³）；
P —— 贮气罐可调节的压力倍数（以绝对压力计）；
K —— 渗漏系数 1.05～1.10。

6.0.5 空气压缩机容量的选择，应能满足在 6～8h 内对全部滤池进行一次冲洗。

6.0.6 鼓风机或空气压缩机宜选用无油空气压缩机，当采用有油的空气压缩机时，应采取除油措施。

6.0.7 鼓风机、空气压缩机应有备用机组。

6.0.8 输气管应有防止滤池中的水倒灌的措施；水平管段宜有不小于 0.003 的坡度，其最低点设凝结水排除阀，管段应有伸缩补偿措施；输气管上宜装设压力计、流量计。

6.0.9 鼓风机房或空气压缩机房的装置的设计，应符合有关规范规定。振动和噪声应符合有关部门规定。机房宜靠近滤池。

7 冲洗水排除

7.0.1 气水冲洗滤池的冲洗水的收集，应采用排水槽。

7.0.2 冲洗时滤料层微膨胀的滤池，其排水槽顶面高出滤料层表面宜取 500mm。排水槽底面高出滤料层表面的净高宜取 100mm。

7.0.3 冲洗时滤料层产生膨胀的滤池，其排水槽底面应高出膨胀后的滤料层面 100～150mm。

7.0.4 采用表面扫洗冲洗的滤池，表面扫洗水配水孔口至排水槽边缘的水平距离宜在 3.5m 以内，最大不得超过 5m；表面扫洗水配水孔低于排水槽顶面的垂直距离一般可为 150mm。

7.0.5 排水槽内的水面宜低于排水槽底面 50mm。

7.0.6 冲洗排水应采用阀门控制直流排出池外，不得采用虹吸排水。

中国工程建设标准化协会标准

滤池气水冲洗设计规程

CECS 50:1993

条 文 说 明

1 总 则

1.0.1 滤池采用气水冲洗比采用单一水冲洗具有节水、节能、冲洗洁净度高和过滤周期长等明显的优点，从而可取得显著的经济效益和社会效益。滤池气水冲洗技术已有几十年的历史，并不断发展而日趋完善。我国改革开放以来，给水事业发展迅速，自来水厂规模越来越大，对节水、节能的技术也越来越重视，采用气水冲洗的滤池受到各地水厂的普遍欢迎。为此迫切需要在总结生产实践的基础上，制定适合我国国情的滤池气水冲洗设计规程来指导设计工作，使此技术得到推广使用。

1.0.2 本规程既列出了新的气水冲洗技术的内容，还列出了可适用于改现有单一水冲洗滤池改装成气水冲洗滤池的有关内容，以便使本技术推广应用时能做到因地制宜。

本规程的内容适用于生活饮用水净水厂的重力式过滤池，不适用于处理工业废水或生活污水的滤池或过滤器。

1.0.3 本规程是以滤池采用气水冲洗的共性来编制，不按滤池池型来编制，因此凡涉及到冲洗设计、供应及有关计算，应遵守《室外给水设计规范》；本规范作为滤池设计、供气冲洗用气的供应及有关计算，其他还应遵守环保、劳保部门的规定方面的有关规范和规定。

2 术 语

2.0.1 滤料层微膨胀

石英砂层的膨胀率与冲洗水强度的关系式为：

$$q = 100\frac{d\,e^{1.31}}{\mu^{0.54}} \cdot \frac{(e+m_0)^{2.31}}{(1+e)^{1.77}(1-m_0)^{0.54}}$$

如果令式中的 e（膨胀率）等于0，便可计算出各种当量粒径（d_e，以cm计）的石英砂滤层开始膨胀的临界冲洗水强度。如果冲洗水强度小于临界冲洗水强度时，石英砂滤层是没有产生膨胀的，但从微观上来说，石英砂滤层在自下而上的冲洗水流作用下是处于松动状态，它与过滤工况时在自上而下水流作用下的压实状态是有明显不同的，本规程用"滤料层微微膨胀"的术语来描述种这状态种处于松动状态的滤料层当的膨胀，才能使污泥冲洗干净。

2.0.2 均质石英砂滤料

常用的均质石英砂滤料的有效粒径为 $0.9\sim 1.2mm$，厚度 $1100\sim 1200mm$。

2.0.3 表面扫洗

表面扫洗与表面冲洗是不同的，表面冲洗的冲洗水具有较高的流速是在冲击滤料层表面来扰动滤料层的上部滤层。表面扫洗只是在冲洗水排水区内施放水平流向的冲洗水，以加速冲洗废水的排除，典型的有表面扫洗的滤池是长管长形的中央排水的滤池，表面扫洗水采用待洗水，经池两侧形的三角形配水槽流入滤池。

3 气水冲洗方式

3.0.1 滤池气水冲洗的运行方式可归纳为两种：

第一种是先气后水的冲洗方式，在老一代的气水冲洗滤池中使用较广。在气冲洗阶段，利用空气泡在滤料中的上升运动来扰动滤料，使滤料相互碰撞和摩擦，将附着在滤料颗粒上的污泥擦洗脱落，犹如洗衣服时的搓擦，故又有人称之谓"先用空气擦洗"。停止供气立即供水，用水将脱落污泥迅速冲洗出滤料层并迅入排水槽排出池外。为了使脱落污泥在水冲洗阶段排出滤料层，在水冲洗阶段应控制水冲洗强度产

生适当的膨胀，才能使污泥冲洗干净。

第二种是气水同时冲洗—水冲洗—水同时冲洗的冲洗方式。此方式的特点是有"气水同时冲洗"阶段，气水同时冲洗时滤料不但摩擦，还产生上下循环的运动，同时脱落污泥上浮排出滤料层，因此其冲洗效果比先气后水好。由于在气水同时冲洗阶段的污泥已基本上排出滤料层，因此其水冲洗阶段的冲洗水强度就可降低，滤料层可处在微膨胀状态，也可处在膨胀状态。

3.0.2 由于在气水同时冲洗时，滤料产生上下混合十分严重，虽然在最后水洗阶段可用滤层膨胀现象的办法充分的所需的水量，使气水冲层，但耗水量大，远远超过冲洗目的所需的水量，使气水冲洗的节水节能效果大为逆色。因此双层滤料滤池不宜选用先气后水气水同时冲洗过程的冲洗方式，但可以选用先气后水的冲洗方式，只要冲洗强度选择恰当，基本上不出现混层现象，冲洗效果也甚好，抚顺市自来水公司和珠海市自来水公司均有成功的运行实践。

级配石英砂滤料滤池采用先气后水的冲洗方式，并在水冲洗时使滤层膨胀实现水力筛分，这是老一代滤池使用最多的气水冲洗方式，也是大阻力普通快滤池改用气水冲洗时选用较多的方式，已有大量的实践成功经验。

级配石英砂滤池也已在浙江衢州石头水厂，丹东大东港水厂，青岛引黄水厂等取得成功。

均质石英砂滤料滤池是采用新型的滤床，随着国外技术的引进开始推广应用，由于滤料层是采用均质石英砂微膨胀的冲洗方式混杂问题，最适合气—水同时—水（滤层微膨胀）的冲洗方

式，也是使气水冲洗池优越性能最充分发挥的冲洗方式。

4 配气配水系统

4.1 配气配水系统的构造

4.1.4.1.2 气水共用一套大阻力配水系统是由于气水冲洗池较早的一种配气配水后水的冲洗方式。本配水系统一般水，所以只能用于配气配水后水的冲洗方式计算，就不大可同时满足配均按配水时的水力条件来设计计算，就不大可同时满足配气配水时的水力条件，因此在气水冲洗时配气就不大均匀。

气水共用一套大阻力配气配水系统共用一套系统的改进，气水分开，使配气系统可按配气的水力条件进行设计，使配气的均匀性得到改善。由于气水分开系统，故既可先气水同时进行冲洗。但因大阻力配水系统按水冲洗强度又可气水同时进行冲洗。但因大阻力配水系统按水冲洗强度较大值（即滤层膨胀度）设计时其开孔比比较合理，既能满足冲洗时配水均匀又能满足过滤时集水之均匀。如水冲洗强度较小时（即滤层微膨胀之强度），则开孔比比就过小，使通过滤池的水阻力过大，所以大阻力配气配水系统是不宜用于水冲洗强度小的滤层微膨胀的冲洗方式的。

长柄滤头均匀配气配水系统是新型的系统，国内对其配气孔眼同时的现有工程实例中冲洗时的工况和实测资料的分析，可以认为它对配气来说是大阻力系统，而对配水来说则是小阻力系统。因此它适用于各种冲洗方式。

4.1.3 大阻力配气配水系统应设承托层的原因是：防止滤料进入系统孔眼；使经孔眼喷出的气流和水流得到迅速扩散，达到均匀分布水目的。

长柄滤头因滤帽的缝隙宽度的尺寸小于滤料粒径，滤料就不会进入滤头，从这一点来讲，长柄滤头是不需设承托层的。气或从长柄滤头缝隙中喷出来时方向基本是水平的，气流和水水流的平面散布性能比能好孔眼得多了，因此本规程保留了设置承托层，厚度为50～150mm。因此本规程保留了承托层，承托层的厚度以层面平滤头顶面即可，粒径2～8mm。

4.1.4 各种配气配水系统在停止供应冲洗用水和水后，应将系统内残留的气排除。

4.1.5 大阻力配气配水系统的管道必须固定牢固，一是为了防止管道受弯损坏，二是管道和配气眼水平均匀。因此必须（配水系统对此要求严格）才能保证配气均匀。因此必须在施工时严格控制水平并固定牢固，防止移动和变形。

4.1.6 滤头固定板密封不严密将产生漏气、漏水、漏砂，滤池即不能运行。

国内已使用的滤头固定板做法有：

4.1.6.1 将有穿插滤头孔的预制钢筋混凝土板支托模板，再在上面现浇一层钢筋混凝土板。滤头套管埋设在现浇板内，现浇板达到强度后，将滤头扭入套管。

4.1.6.2 预制钢筋混凝土滤头固定板平后，在板缝下部嵌木条，再用膨角钢。滤头固定板铺放后，接缝上面骑放槽钢，槽钢与板上的角钢胀水泥砂浆压满，接缝上面满焊接。

4.1.6.3 预制钢筋混凝土滤头固定板后板缝的板缝做成企口形，找平固定后在板缝内填903胶。

4.1.6.4 某引进技术的滤池，滤头固定板为预制钢筋混凝土冷底土板，板缝上先在接缝时先在缝宽的混凝土面涂一层冷底子油，接缝呈企口形。

油,缝下部压海棉状填充物,再在企口部位热灌胶泥(专利产品),胶泥顶至盖板顶部应用普通水泥砂浆填满(约15mm厚)。

4.1.7 滤头平整是气水冲洗滤池配气均匀的关键,滤头平整的先决条件是滤头支固定板上表面要平整,本条规定是参考国外的资料和国内实践经验提出的。

4.1.8 按本条构造的做法才能保证气水室在冲洗时自上而下稳定地形成气垫层,停止冲洗后又能迅速将气垫层的气排净。

4.1.9 供气系统的阀门若漏气,就会造成一格滤池用气冲洗时其他格滤池留气现象,因此选择供气系统的阀门要严格。

4.2 配气配水系的设计计算

4.2.1 表4.2.1所列出的气水冲洗强度和冲洗时间是配气配水系统的设计计算的基本参数,气水冲洗强度与冲洗方式、滤层结构、滤层的膨胀率等因素有关。本表所列数据是在归纳国内气水冲洗滤池生产运行效果好的有珠海市拱北水厂和抚顺市自来水公司,珠海自来水公司采用的滤料层是无烟煤粒径0.8~2mm,厚450mm,石英砂粒径0.4~0.8mm,厚150mm。配气配水系统在生产运行中不断调整,最后确定承托层粒径0.8~8mm,厚500mm。经生产运行证明是合理的,冲洗水系的冲洗强度为:气冲洗强度20L/s·m²,冲洗时间3min;水冲洗强度6.5~7.8L/s·m²,冲洗时间5~6min。抚顺市自来水公司提供的资料是无烟煤粒径0.8~1.8mm,比重1.47;石英砂粒径0.5~1.2mm,比重2.65;使用的冲洗强度为:气20L/s·m²,水10L/s·m²。柳州市自来水公司的模型试验也提供了类似数据。共同的结论是气水洗阶段要控制好膨胀率和足够的冲洗时间,水洗强度过高或过低均不利于煤和砂的分层。

气水冲洗滤池采用级配石英砂滤料的水厂较多,有浙江衢州石头坪水厂,广东东莞水厂,丹东大东港水厂,抚顺市自来水公司,青岛引黄水厂等。其冲洗方式有先气后水和气水同时一水,其运行数据均在表列范围内,砂粒直径大的,宜选择较大的强度,粒径细者宜选用小一点的强度。抚顺市自来水公司还认为当气水同时冲洗时,气水冲洗强度之和不宜大于20L/s·m²,否则细砂流失严重。

采用均质石英砂滤料,冲洗方式为气一水同时一水,冲洗时滤层微微膨胀,是新型的气水冲洗滤池,投产运行的有西安曲江水厂,南京上元门水厂,其设计参数经运行证明是可行的。国内的试验资料提出,水洗阶段的气水冲洗强度不应低于4L/s·m²,否则水流的挟泥能力不够,砂面会出现沉泥现象。

气水同时冲洗阶段和水冲洗阶段,有采用相同的,也有采用不同的,对级配石英砂滤料滤池则肯定是不同的,当两者为强度不同时,设计时应有相应的措施。

4.2.3 本条列出了大阻力配气配水系统常用设计参数,孔眼的流速高,则布水均匀。

公式(4.2.3)是对常见滤池尺寸作大阻力配气配水系统计算后归纳的简化近似公式。从整个供气系统来说,配气系统的压力损失所占总压力的比例不大,所以计算时1500~2000Pa亦可。

4.2.4 本条是综合已投产的使用长柄滤头作配气配水系统滤池的使用效果和结合我国滤头产品规格基础上提出的。国产滤盖以滤帽宽0.25mm,一个滤头缝面积2.5cm²的弧形滤头的结构使用效果较好。

4.2.5 冲洗水通过长柄滤头的水头损失，主要由滤帽和滤头柄两部分的水头损失构成，各生产厂的产品虽然大同小异，但实测的水头损失就有差异，因此设计时应根据其实测资料来确定。

4.2.6 冲洗空气通过长柄滤头的压力损失，在气垫层开始形成时，空气通过滤柄上端的气孔进入滤柄，压力损失随流量增加而曲线上升，当气垫层底面降至滤柄侧槽顶以下时，侧槽开始进气，气量与槽进气面积之间就能自动调节使气垫层达到一个稳定的高度，设计时应按产品的实测资料，计算出气垫层的高度，气垫层高度不允许将滤柄露空，即滤柄插入水层一定的深度，此深度应不小于50mm左右。

4.2.7 当滤池在气水同时冲洗阶段时，冲洗水的水头损失比单为水流时为大，本公式是中国市政工程中南设计院对某厂的滤头产品测试后提出的。用此公式验证另一厂的滤头，在气水比1.5的条件下的测试曲线，基本上是符合的，因此列出供参考。

4.2.8 气水室的高度一般为700～900mm，单池面积小时可取低值，大时取高值。
气垫层厚度常取150mm，单池面积小时可取低一点，单池面积大时可取大一点。

5 冲洗的供应

5.0.1 冲洗水的供应对新建的气水冲洗滤池来说，宜首先使用冲洗泵直接供应，尤其是在"气水同时冲洗"和"水冲洗"阶段两者的冲洗水强度不同的情况下，可在气水同时冲洗阶段开一台供水，在水冲洗阶段开二台供水，是最方便的变更冲洗水强度的办法。另外，用水泵供应冲洗水可任意调整冲洗时间。

5.0.2 从冲洗水泵的扬程计算式中可看出，水泵的吸水池水位至滤池冲洗水排水槽顶面的几何高度，在水泵扬程中占的比重甚大，而其他项则是定值，因此要使水泵流量稳定，就必须使几何高度稳定，要流量稳定，要求吸水池水位经常就是使几何高度稳定，一般的做法是滤后水池盖顶以冲洗水泵不宜从清水池中吸水，冲洗水泵在溢流堰前吸水。

5.0.3 本条是水厂运行管理者提出的要求，要求冲洗水箱容积大一些，并能满足在一个工班内对全部滤池进行冲洗一次，因此向冲洗水箱补水的流量不宜过小。

5.0.5 本条关于网孔尺寸和人孔密封的规定是为了保护冲洗水箱的水质，防止昆虫（主要是蚊子）飞入。人孔口与盖之间应采用压缩性大的海棉垫层（压缩前厚30～50mm）。

6 冲洗空气的供应

6.0.1 鼓风机直接供气比空气压缩机—贮气罐组合供气的效率高，气冲洗时间可任意调节。大、中型水厂宜用鼓风机直接供气。
鼓风机常用的有罗茨风机和多级离心风机，在国内已投产的气水冲洗滤池中均有使用，两者都可正常工作，罗茨风机的特性是风量恒定，压力变化幅度大；离心风机的特性曲线类似离心水泵，当控制系统的自动化程度低时，直选用离心风机，它较易控制。

6.0.5 为保证冲洗用空气的清洁，鼓风机或空气压缩机的进气管上应装空气过滤器，一般的鼓风机或空气压缩机均带有空气过滤器，订货时应注意生产厂的样本是否有此附件。

7 冲洗水排除

7.0.1 气水冲洗时有很多泡沫产生浮在水面上,因而应使用溢流集水的排水槽排水。

7.0.3 气水同时冲洗时,易引起跑滤料,因而宜适当提高排水槽高度,防止滤料流失。

7.0.4 本条是参考国外资料。

7.0.5 本条是为了保证冲洗污水溢入排水槽为非淹没出流,使泡沫能顺利排除。

7.0.6 因虹吸管口是淹没的,泡沫就不能排除,因而不得采用。

附加说明

本规程主编单位和主要起草人名单

主编单位:广东省建筑设计研究院
主要起草人:何冠钦
主要参加人:张爱惠
审查单位:中国工程建设标准化协会城市给水排水委员会

中国工程建设标准化协会标准

农村给水设计规范

CECS 82：96

主编单位：北京市市政设计研究院研究所
批准单位：中国工程建设标准化协会
批准日期：1996 年 5 月 30 日

前 言

现批准《农村给水设计规范》CECS82：96 为中国工程建设标准化协会标准，推荐给各有关单位使用。在使用过程中，请将意见及有关资料寄交北京市平安里大帽胡同 26 号，北京市市政设计研究院研究所（邮政编码：100035），以便修订时参考。

中国工程建设标准化协会
1996 年 5 月 30 日

目 次

1 总则 …………………………………… 35—3
2 用水量、水质和水压 …………………… 35—3
3 给水系统 ………………………………… 35—5
4 水源 ……………………………………… 35—7
5 取水构筑物 ……………………………… 35—9
6 设计规模 ………………………………… 35—10
7 水泵与泵房 ……………………………… 35—11
8 输配水 …………………………………… 35—12
9 调节构筑物 ……………………………… 35—14
10 水厂总体设计 …………………………… 35—16
11 水的净化 ………………………………… 35—17
12 地下水特殊净化和深度净化 …………… 35—26
13 分散式给水 ……………………………… 35—29
附录 A 本规范用词说明 ………………… 35—31
附加说明 …………………………………… 35—31
条文说明 …………………………………… 35—32

1 总则

1.0.1 为指导我国农村给水工程建设，使农村给水工程设计科学化、规范化，确保供水水质、水量，提高人民身体健康水平和促进农村的社会经济发展，特制定本规范。

1.0.2 本规范适用于集中式给水工程，包括乡镇、中心村、基层村的新建、扩建和改建的永久性室外给水工程与独立的乡镇企业永久性室外给水工程设计，包括集中式给水工程与分散式给水工程。

1.0.3 农村给水工程设计必须从农村的实际情况出发，因地制宜，根据农村的经济和管理水平，选择适宜技术，力求简单可靠、经济合理、操作维修简便。

1.0.4 农村给水工程规划应服从当地乡镇的总体规划，以近期为主、近远期结合，合理利用水资源，优先保证优质水源供生活饮用。

设计年限，以15a至20a为宜，并应依据本地区发展规划，经济状况和水量需求，统一规划设计，可分期实施建设。

1.0.5 农村给水工程设计中优先采用符合本规范的标准设计、标准设备。若采用新技术、新工艺、新设备和新材料，必须经过工程实践和技术鉴定。

1.0.6 在地震、湿陷性黄土、多年冻土以及其它特殊地质构造地区进行农村给水工程设计，尚应按现行的有关规范的规定执行。

1.0.7 农村给水工程设计，除应执行本规范外，尚应符合国家现行的标准和规范的规定。

2 用水量、水质和水压

2.1 用水量

2.1.1 农村给水工程设计供水能力，即最高日用水量应包括下列水量：

2.1.1.1 生活用水量；
2.1.1.2 乡镇工业用水量；
2.1.1.3 畜禽饲养用水量；
2.1.1.4 公共建筑用水量；
2.1.1.5 消防用水量；
2.1.1.6 其它用水量。

2.1.2 生活用水量可按照表 2.1.2 中所规定的用水规定额计算。当实际生活资料与表 2.1.2 有较大出入时，可按当地生活用水量统计资料适当增减。

2.1.3 乡镇工业用水量应依据表 2.1.3 的规定计算。不同工艺现行用水定额，也可按照表 2.1.3 的规定计算。当用水量与表 2.1.3 有较大出入时，可按当地用水量统计资料，经主管部门批准，适当增减用水定额。

2.1.4 畜禽饲养用水量可按表 2.1.4 计算。表 2.1.4 中的用水定额未包括卫生清扫用水。

2.1.5 公共建筑用水量,应按现行的《建筑给水排水设计规范》的规定执行,也可按生活用水量的8%~25%计算。

2.1.6 消防用水量应按现行的《村镇建筑设计防火规范》GBJ39的规定执行。允许短时间断给水的集镇和村庄,在计算供水能力时,可不单列消防用水量,但供水能力必须高于最高日用水量。设计配水管网时,应按规定设置消火栓。

2.1.7 未预见水量及管网漏失水量可按最高日用水量的15%~25%合并计算。

2.2 水质

2.2.1 生活饮用水的水质,应按《农村实施"生活饮用水卫生标准"准则》中的规定执行。

2.3 水压

2.3.1 给水干管最不利点的最小服务水头,单层建筑可按5~10m计算,建筑每增加一层,水头应增加3.5m。

表2.1.2 农村生活用水定额

给水设备类型	社区类别	最高日用水量 (L/人·d)	时变化系数
从集中给水龙头取水	村庄	20~50	3.5~2.0
	镇区	20~60	2.5~2.0
户内有给水龙头无卫生设备	村庄	30~70	3.0~1.8
	镇区	40~90	2.0~1.8
户内有给水排水卫生设备	村庄	40~100	2.5~1.5
	镇区	85~130	1.8~1.5
户内有给水排水设备和淋浴设备	村庄	130~190	2.0~1.4
	镇区	130~190	1.7~1.4

注:采用定时给水时变化系数应取5.0~3.2。

表2.1.3 各类乡镇工业生产用水定额

工业类别	用水定额	工业类别	用水定额
榨油	6~30m³/t	制砖	7~12m³/万块
豆制品加工	5~15m³/t	屠宰	0.3~1.5m³/头
制糖	15~30m³/t	制革	0.3~1.5m³/张
罐头加工	10~40m³/t	制茶	0.2~0.5m³/担
酿酒	20~50m³/t		

表2.1.4 主要畜禽饲养用水定额

畜禽类别	用水定额	畜禽类别	用水定额
马	40~50L/(头·d)	羊	5~10L/(头·d)
牛	50~120L/(头·d)	鸡	0.5~1.0L/(只·d)
猪	20~90L/(头·d)	鸭	1.0~2.0L/(只·d)

3 给水系统

3.1 给水系统的分类与选择

3.1.1 农村给水系统可分为集中式给水系统与分散式给水系统。设计时应根据当地的村镇规划、地形、地质、水源、用水要求、经济条件、技术水平、电源条件,综合考虑进行方案比较后确定。

3.1.2 集中式给水系统,设计时可根据当地情况,选择城市给水管网延伸给水系统,适度规模的集镇或全区域统一给水系统,多水源给水系统,分压式给水系统以及村级独立给水系统。

3.1.3 分散式给水系统,设计时可选择深井手动泵给水系统或雨水收集给水系统。

3.2 常用工艺流程

3.2.1 以地下水为水源的集中式农村给水工艺流程系统:
3.2.1.1 自流系统:

高地泉水 → 泉室 →(消毒剂)→ 高位水池 → 管网 → 用户

3.2.1.2 抽升系统:

3.2.1.3 铁、锰超标的给水系统

管井 → 水泵 → 曝气装置 →(消毒剂)→ 滤池 → 清水池 → 水泵 → 管网 → 用户

地下水

3.2.1.4 氟超标的给水系统

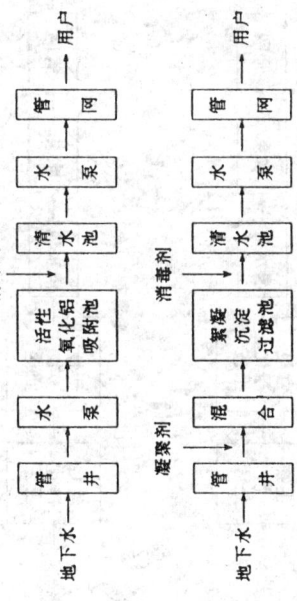

3.2.2 以地表水为水源的集中式农村给水工艺流程系统:
3.2.2.1 原水浑浊度长期不超过20度,瞬时不超过60度的地表水系统:

(1)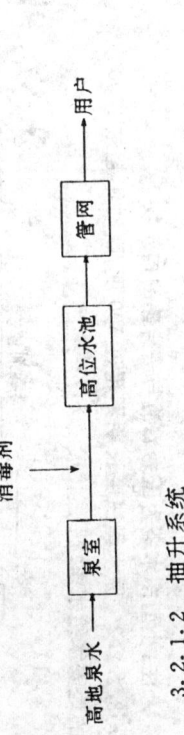

(2)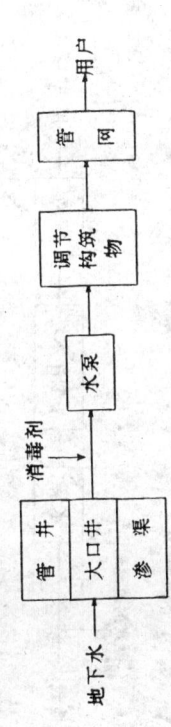

(3)

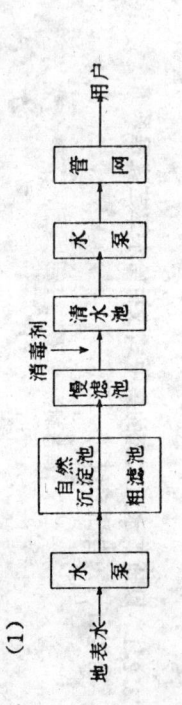

注：小型净水塔为压力滤池与塔合建的构筑物。

3.2.2.2 原水浑浊度长期不超过500度，瞬时不超过1000度的地表水给水系统：

(1)

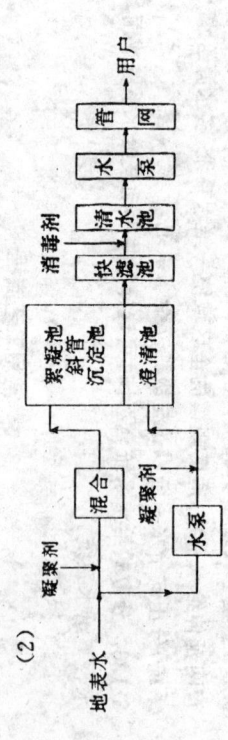

(2)

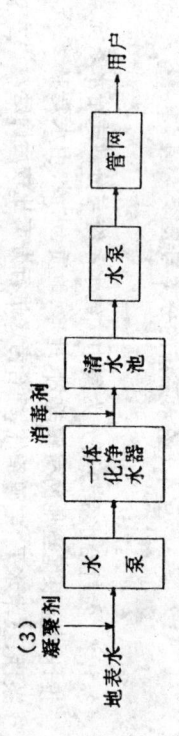

(3)

表水给水系统：

3.2.2.3 原水浑浊度经常超过500度，瞬时超过5000度的地表水给水系统：

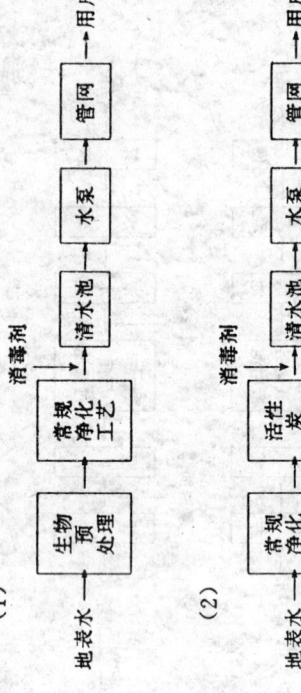

3.2.2.4 微污染的地表水给水系统：

(1)

(2)

3.2.3 深井手动泵系统

有良好水质的地下水水源地区，可选择此系统：

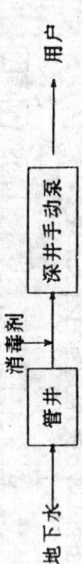

3.2.4 雨水收集系统

在缺水或苦咸水地区可选择此系统：

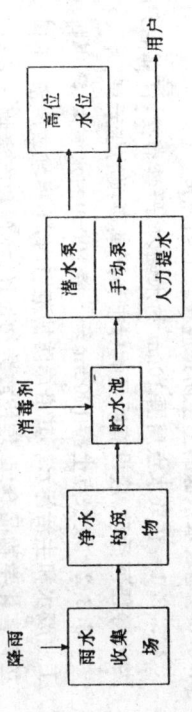

注：贮水池即水窖、水柜。

4 水源

4.1 水源选择原则

4.1.1 在水源选择前，应进行水资源的勘察，并作出评价。

4.1.2 水质应符合下列规定：

原水水质不得低于现行的《地面水环境质量标准》中关于Ⅲ类水质的规定或《生活饮用水水源水质标准》的要求。

4.1.2.1 当原水水质不能满足上述规定时，应征得市、县卫生主管部门同意，并采取必要的净化方法。

4.1.2.2 水量应符合下列规定：

选择地下水为水源时，其取水量应低于允许开采的水量；选择地表水为水源时，其枯水期的保证率不得低于90%。

4.1.3 应按照水质优先的供生活饮用的原则，统一规划，合理布局，做好水源的卫生防护，协调与农田灌溉、工业、养殖业等关系，合理利用水资源。

4.1.4 应优先选择水质符合国家有关标准规定的地下水为水源，对多个可供选择的水源，应进行技术经济比较，择优确定。

4.2 水源选择的一般顺序

4.2.1 地下水源为泉水；承压水(深层地下水)；潜水(浅层地下水)。

4.2.2 地表水源为水库水；山溪水；湖沿水；河水。

4.2.3 便于开采的尚需适当处理方可饮用的地下水，如水中所含铁、锰、氟等成份超过生活饮用水质标准的地下水。

4.2.4 需进行深度处理的地表水。

4.2.5 淡水资源匮乏地区，可修建雨水收集系统，直接收集雨水。

作为分散式给水水源。

4.3 水源的卫生防护

4.3.1 农村生活饮用水的水源,应按照现行的有关标准中的规定,做好水源卫生防护。

4.3.2 地下水水源的卫生防护应符合下列规定:

4.3.2.1 取水构筑物的型式和固定的标志,在水厂生产区及水厂水构筑物附近地区的卫生状况确定。在防护地带及水厂生产区外围10m范围内,不得设置生活居住区、禽畜饲养场、渗水厕所、渗水坑;不得堆放垃圾、粪便、废渣或铺设污水管道;并应保持良好的卫生状况。

4.3.2.2 水源周围含水层或生活污水灌溉和施用持久性或剧毒性的农药,不得修建渗水厕所、渗水坑,堆放废渣或铺设污水管道,不得从事破坏深层土壤的活动。

粉砂含水层井的周围25～30m、砾砂含水层井的周围400～500m为防护区。

4.3.2.3 分散式供水的水源井周围20～30m范围内,不得设置厕所、渗水坑,垃圾堆和废渣堆等污染源,并建立卫生检查制度。

4.3.3 地表水水源的卫生防护应符合下列规定:

4.3.3.1 在取水点周围100m的水域内,严禁捕捞、停靠船只、游泳等任何活动,应设有明显的标志和严禁事项的告示牌。

4.3.3.2 取水点上游1000m至下游100m的水域内,不得排放工业废水和生活污水,其沿岸防护范围内,不得堆放废渣,不得设立有害化学物品仓库、堆栈或装卸垃圾、粪便和有毒物品的码头,不得使用工业废水和生活污水灌溉农田及施用有持久性或剧毒的农药,不应从事放养畜禽等活动。

4.3.3.3 供生活饮用的水库和湖泊,应视具体情况,将取水点周围部分水域或整个水域及沿岸划为卫生防护地带,其防护措施与上述要求相同。

4.3.3.4 水厂生产区或单独设立的生活居住区和清水池外围距10m的范围内,不得设置生活居住区和修建禽畜饲养场,渗水厕所、渗水坑;不得堆放垃圾、粪便、废渣或铺设污水渠道,保持良好的卫生状况并注意绿化。

5 取水构筑物

5.1 地下水取水构筑物

5.1.1 地下水取水构筑物的位置，应根据水文地质条件选择，并应符合下列规定：

5.1.1.1 位于地质条件好，不易受污染的富水地段；

5.1.1.2 靠近主要用水地区；

5.1.1.3 按照地下水流向，在村镇的上游地区；

5.1.1.4 施工、运行和维修方便。

5.1.2 地下水取水构筑物型式适用条件，应根据水文地质条件通过技术经济比较确定。

5.1.2.1 管井：适用于厚度大于5m，其底板埋藏深度大于15m的含水层。井壁管埋藏深度小于200m，井径宜在150~500mm，井深宜在200m以内。

5.1.2.2 大口井：适用于厚度大于5m，其底板埋藏深度大于10m，用砖、石等砌筑，井径宜小于8m，井深为5～15m。

5.1.2.3 渗渠：主要用于集取埋藏较浅（小于5m）、厚度较薄（4～6m）的中砂、粗砂、砾石或卵石含水层。集水管断面宜流速0.5～0.8m/s，充满度不大于0.4计算，内径不小于200mm，需进行清理的渗渠，渠底宽应不小于600mm。渗渠外侧应作反滤层。

5.1.2.4 泉室：容积大小，视泉水量和用水量确定，可按最高日用水量25%～50%计算。

5.1.3 地下水取水构筑物的设计，应符合下列规定：

5.1.3.1 有防止地面污染和非取水层水渗入的措施；

5.1.3.2 过滤器有良好的进水条件，结构坚固，抗腐蚀性强，不易堵塞；

5.1.3.3 大口井、渗渠和泉室应有通气措施；

5.1.3.4 有测量水位的装置。

5.2 地表水取水构筑物

5.2.1 地表水取水构筑物位置的选择，应根据下列要求，通过技术经济比较确定。

5.2.1.1 位于水质较好的地带；

5.2.1.2 靠近主流，有足够的水深，有稳定的河床岸边，有良好的工程地质条件；

5.2.1.3 供生活饮用水的地表水取水构筑物的位置，应位于城镇上游的清洁河段，并靠近主要用水地区。

5.2.2 地表水取水构筑物按其构造，可分为固定式（岸边式、河床式、斗槽式和活动式（浮船式、缆车式）及底栏栅式取水构筑物。

5.2.2.1 岸边式取水：可用于潜水泵直接取水。凡河岸较陡，岸边具有足够水深，水位变化较小且地质条件较好的地方，均可采用的吸水管与吸水泵直接连接。

5.2.2.2 河床式取水：当河岸较平坦、枯水期主流离岸较远、边岸水深不足或江（河）心区有足够水深或水质较好时，由岸边水管与岸边水泵连接、进水管与吸水泵连接，从河床中取水。

5.2.2.3 浮船式取水：当河流水位变化幅度大，枯水期水深大于1m，水深平稳，停泊条件较好且冬季无冰凌，可采用取水头部与水泵均装设在浮船上，组成浮船式取水构筑物，由泵水管向岸上供水。

5.2.2.4 低坝式和底栏栅式取水构筑物。低坝式取水适用于水深较浅的山溪中取水。其中，低坝式取水构筑物，适用于推移质不多的山区浅水河流；底栏栅式取水构筑物，适用于大颗粒推移质较多的山区浅水河流。

流。

5.2.3 取水构筑物的设计最高水位，除日供水能力1000m³以下小型给水系统按50a一遇最高洪水位确定外，其余均应按100a一遇最高水位确定。

设计枯水位的保证率，须根据水源情况和供水重要性确定，应不小于90%。

5.2.4 取水头部要求

5.2.4.1 取水头部在河床中的位置：侧面进水孔下缘一般距河床底部的距离不应小于0.5m；顶部的进水孔，应高于河床底部1.0~1.5m。从湖泊取水，距离不应小于1.0m。

5.2.4.2 进水孔流速：河床式取水头部进水孔流速，有冰凌时采用0.1~0.3m/s，无冰凌时采用0.2~0.6m/s；岸边式取水头部进水孔流速，有冰凌时采用0.2~0.6m/s；无冰凌时采用0.4~1.0m/s。

5.2.4.3 格栅同隙与孔口直径：格栅同隙应采用10~30mm，孔口直径应采用10~20mm，总开孔（隙）面积，可参照本规范5.2.4.2中的允许流速计算。

5.2.4.4 进水管：农村给水工程中，当取水头部与水泵吸水管相连接时，进水管管径可按水泵吸水管流速计算。

6 设计规模

6.1 一般规定

6.1.1 设计规模应根据供水范围内的最高日用水量（单位以m³/d表示）、供水范围、设计年限、用水人口及各种用水定额确定。

6.1.2 最高日用水量包括：最高日生活用水量、乡镇工业用水量、饲养畜禽最高日用水量、公共建筑最高日用水量、消防用水量、未预见水量、管网漏失量。

6.1.3 设计年限可按15~20a计算。供水范围较大、经济条件较好、给水系统较为复杂的工程宜取高值。

6.1.4 用水人口为设计年限末的规划人口，应按下式计算：

$$P=P_0(1+a)^n+P_1 \qquad (6.1.4)$$

式中 P——设计用水人口总数（人）；
P_0——现状人口总数（人）；
a——年人口自然增长率（%）；
n——设计年限（a）；
P_1——设计年限内人口的机械增长数（人）。

6.1.5 消防水量参照本规范第2.1.6条规定执行。

6.1.6 未预见水量、管网漏失量，可按最高日生活用水量、乡镇工业用水量、饲养畜禽最高日用水量、公共建筑最高日用水量之和的15%~25%计算。

6.2 设计流量

6.2.1 取水构筑物与取水泵房的设计流量，一般可按最高日工作时用水量计算。24h连续工作，则可按最高日平均时用水量计算，并应考虑以地表水为水源水厂的自用水量（宜按最高日用水量的15%~25%计算。

5%～10%计算);只经消毒即直接供水入配水管网的给水系统,则应按最高时用水量计算。

6.2.2 净水厂中设清水池,其净水构筑物设计水量,应按最高日工作时用水量计算,24h连续工作,均应考虑净水厂自用水量。

6.2.3 净水厂在输水管终端,输水管的设计流量,净水厂在最高日工作时用水量计算。净水管前端,管网设置前置水塔或最高位水池时,输水管设计流量,可按最高日工作时用水量计算;无调节构筑物,直接向配水管网输水时,应按最高日最高时用水量计算。

6.2.4 配水泵房的设计流量,无调节构筑物时,应按最高日工作时用水量计算;无调节构筑物时,应按最高日最高时用水量计算。

6.2.5 配水管网的设计流量,应按最高日最高时用水量计算。

6.2.6 不允许短时间断供水的给水系统,以上各设计流量还应加上消防用水量。

7 水泵与泵房

7.1 水泵选择

7.1.1 选择工作水泵的型号及台数时,应根据水量变化、水压要求,调节水池容积、机组效率在工作时用水量计算,并应考虑水栓等条件综合确定。取水泵的设计水量,可按最高日工作时用水量计算,并应考虑水栓自用水量。配水泵的扬程应满足最不利配水点或消火栓所需压力;配水泵的设计水量,无调节构筑物时,应按管网设置最高位调节构筑物,按最高日工作时用水量计算;当管网设有调节构筑物,按最高日最高时用水量计算。当水泵兼有取水、配水功能时,应按配水泵设计流量计算。

7.2 泵房布置

7.2.1 泵房应根据水泵布置设计成圆形或矩形,无须修建泵房。

7.2.2 应按照泵房直接修建结构特点设计成地面式泵房或半地下式泵房,宜采用自灌充水。

7.2.3 泵房不宜修建过大,应以泵房内设备的安装、操作方便与安全合理为原则,按以下要求设计:

7.2.3.1 选择水泵直考虑大小水泵的搭配,台数不宜过多。

7.2.3.2 泵房宜设一至二台备用水泵,备用水泵型号至少一台应与工作水泵中的大泵一致。

7.2.3.3 配电盘与水泵机组(或气压罐、窗户)之间,应根据泵房大小,保持一定的距离。配电盘前面的通道宽度不应小于1.5m。

7.2.3.4 相邻两台水泵机组间的距离不应小于0.8m,水泵机组与墙壁的距离不应小于0.5m;如泵房内安装气压罐,气压罐距墙壁的距离不应小于0.5m;电接点压力表应引至墙壁上,以免振动。

7.2.4 泵房内水泵的吸水管流速按 0.8～1.2m/s、出水管的流速按 1.5～2.0m/s 计算。

7.2.5 泵房出水总干管上应安装计量装置。

7.2.6 附属设备

7.2.6.1 深井泵泵房：在井口上方室顶处，应开设吊装孔，以便拆装泵管；

7.2.6.2 泵房内应设排水沟、集水井，严禁将水泵或气压罐等设备的散水回流入井内或吸水池内；

7.2.6.3 泵房至少应有一个可以搬运最大设备的门。

7.2.6.4 泵房设计应根据具体情况采用相应采光、通风设施。

7.2.6.5 当泵房内水泵向高地输水时，应在出水总管上设置停泵水锤消除装置。

7.2.6.6 北方寒冷地区的泵房，应考虑冬季保温与采暖措施。

8 输配水

8.0.1 输水管线选择的一般原则：

8.0.1.1 应选择最短线路；

8.0.1.2 减少拆迁、少占农田；

8.0.1.3 管渠的施工、运行、维修方便；

8.0.1.4 应充分利用地形条件、优先考虑重力流输水；

8.0.1.5 应尽量减少穿越铁路、公路、河流等障碍物；

8.0.1.6 应当与地规划结合、考虑远期结合和分步实施的可能。

8.0.2 输水管道设计流量，应按本规范 6.2.3 条规定执行。

8.0.3 长距离输水管道，应在隆起点和低(凹)处分别设置排(进)气阀和泄水阀。地下管道埋(进)气阀应设置在井内。泄水管径约为输水管直径的 1/3 左右。

8.0.4 重力输水管道，地形高差超过 40m，应考虑单管输水，若输水距离远，可在适当位置设置跌水井或减压井，以保证输水安全。

8.0.5 农村水厂输水管线、可考虑单侧管布置，宣通过分区检修阀门，保证用水大户。在修建安全贮水池。

8.0.6 配水管网选择和布置的原则：

8.0.6.1 尽量缩短管线长度并整个供水区、保证有分段或分区布置或成环状。

8.0.6.2 配水管网一般设计成树枝状，必要时可设计成环状。

8.0.6.3 按树枝状布置，沿村中主要街道布置，宜通过两侧分别设泄水阀，其末端应设泄水阀。

8.0.7 配水管网中的干管水流流向应与供水流向一致，干管应在规划路面以下，沿村中主要街道布置，保证用户有足够的水量和水压。

8.0.8 配水管网设计流量与设计水压应分别按本规范 6.2.5 条与 2.3 节规定执行。

8.0.9 管道单位长度水头损失计算方法

8.0.9.1 塑料管

硬聚氯乙烯(UPVC)管

$$i = \frac{0.000875Q^{1.761}}{d_j^{4.761}} \qquad (8.0.9-1)$$

聚乙烯(PE)聚丙烯(PP)管

$$i = \frac{0.000951Q^{1.774}}{d_j^{4.774}} \qquad (8.0.9-2)$$

式中 i——每米管长的水头损失(m);
Q——管段计算流量(L/s);
d_j——管道的计算内径(m)。

8.0.9.2 旧钢管和铸铁管 当 $V<1.2$m/s 时,

$$i = \frac{0.000912V^2}{d_j^{1.3}}\left(1 + \frac{0.867}{V}\right)^{0.3}$$
(8.0.9-3)

$V \geq 1.2$m/s 时:

$$i = \frac{0.00107V^2}{d_j^{1.3}} \qquad (8.0.9-4)$$

式中 V——平均流速(m/s)。

8.0.9.3 混凝土管、钢筋混凝土管

$$i = \frac{V^2}{C^2R} \qquad (8.0.9-5)$$

$$C = \frac{1}{n}R^{1/6} \qquad (8.0.9-6)$$

式中 R——水力半径(m);
C——流速系数。
n——粗糙系数,采用 0.012~0.0132。

8.0.10 输配水管道的管径应按经济流速确定。

8.0.11 管道或配水管网的局部水头损失可按沿程水头损失的 5%~10%计算。

8.0.12 输配水管道材料的选择应根据水压、外部荷载、土的性质、施工维护和经济条件等确定。宜采用塑料管、铸铁管、钢管、预应力钢筋混凝土管。当采用塑料管材时,其材质必须对水质无污染,对人体无害,并应符合国家现行产品标准的规定。当采用金属管道时,应考虑内外防腐处理。生活饮用水管道内防腐,宜首先考虑水泥砂浆衬里,不得采用有毒涂料。

当金属管道敷设在土中、电气化铁路附近或其它有杂散电流存在的地区时,应考虑感应电蚀的可能,必要时应采取阴极保护措施。

8.0.13 配水管网布置时,应根据消防规定设置布置消火栓。室外消火栓的间距不应大于 120m。消火栓应设在交叉路口或醒目处。

8.0.14 输配水管道应根据具体情况设置分段和分区检修的阀门。配水管网上阀门间距,以不超过 5 个消火栓为宜。

8.0.15 支管与干管连接处,应在支管上设置阀门。

8.0.16 输配水管道施工设计原则

8.0.16.1 管道埋设深度,应根据冰冻情况、外部荷载、管材强度等因素确定。对于非冰冻地区,金属管顶的覆土深度应不小于0.7m,非金属管不小于1.0~1.2m。对于冰冻地区,应埋设于当地冰冻线以下,非金属管道应有伸缩的设施,并应根据需要采取防冻保温措施。露天管道应尽量避免露天敷设,否则应采取防护措施。

8.0.16.2 输、配水管的弯头、三通若在松软的土壤中,或承插式管道在水平或垂直的弯处,均应设置支墩,并应根据管径、转弯角度、试压标准和接口摩擦力等因素通过计算确定。支墩可采用 M5 水泥砂浆砌 MU7.5 砖建造或用 C10 混凝土。

8.0.16.3 输、配水管道与建筑物、铁路和其它管道的水平净距,应根据建筑物基础结构、路面种类、管道埋深、管内工作压力、管道上附属建筑物的大小及有关规定等确定。

8.0.16.4 生活饮用水管道应尽量避免穿过毒物污染及腐蚀性等地区,如必须穿过时应采取防护措施。

8.0.16.5 给水管道相互交叉时,其净距应不小于 0.15m。给水

9 调节构筑物

9.0.1 农村水厂采用的调节构筑物有清水池、高位水池、水塔、气压水罐。

9.0.2 清水池的有效容积，应根据产水曲线、配水曲线、自用水量及消防储备水量等确定，并应满足消毒所需接触时间的要求。在缺乏上述资料情况下，可按水厂最高日设计水量的20%～30%计算。

9.0.2.1 清水池可设计成圆形、矩形，材料为砖石结构或钢筋混凝土结构。个数或分格数不得少于2个。

9.0.2.2 清水池配管

9.0.2.2.1 进水管径按最高日工作时用水量计算，管口应在池内平均水位以下。

9.0.2.2.2 出水管应按最高日最高时用水量计算。可用水泵吸水管直接入池底集水坑吸水。

9.0.2.2.3 溢流管管径与进水管相同，管端为喇叭口并与池内最高水位持平，池外管口应设网罩。

9.0.2.2.4 排水管径不得小于100mm，管底应与集水坑底保持平。

9.0.2.5 池顶应设通风孔和人孔。通风孔直径不宜小于200mm，出口高度应高于覆土厚度0.7m，人孔直径不小于700mm。

9.0.3 高位水池的有效容积，应根据配水曲线与用水曲线确定。当上述资料缺乏时，宜按最高日用水量的25%～40%设计。对于经常停电地区，则可适当放大，可按最高日用水量的50%～100%设计。

9.0.3.1 池内水深为2.5～4.0m；
9.0.3.2 分格数或个数不得少于2个；
9.0.3.3 北方地区应注意防冻；

管与污水管道交叉时，给水管应设在污水管上方，且不应有接口重叠。当给水管与污水管平行设置时，管外壁净距应不小于1.5m。若给水管敷设在下面时，应采用钢管或钢套管，钢管伸出交叉管的长度每边不得小于3m，套管两端应采用防水材料封闭。

8.0.16.6 给水管道与铁路交叉时，应经铁路管理部门同意，宜在路基下面直垂直穿过。与机底垂直净距不小于1m，穿越管可采用钢管，并进行防腐处理。管径小，距离较短时，亦可采用铸铁管。

8.0.16.7 管道穿越河流时，应经水利管理部门同意，可采用管桥跨河底穿越型式。有条件时尽量利用已有或新建桥梁进行架设。

8.0.16.8 输配水管道上的阀门、消火栓、排（进）气阀等附属构筑物，均应设井。

8.0.17 公用水栓应设置在取水方便处或集中在院内。其服务半径不大于50m，间距70～100m为宜，在其下方应设排水池。寒冷地区需考虑简易建造取水房取水栓应采用防冻取水栓。

9.0.3.4 池顶应安装避雷设施；

9.0.3.5 进水管口位置在池内平均水位以下，出水管口距集水坑底不小于0.3m，溢流管端为喇叭口，管上不得安装阀门；排水管径不小于100mm；管底应与集水坑底持平。

9.0.3.6 池顶应设通风人孔，孔径与清水池有关规定相同，井应安装水位指示器。

9.0.3.7 大容积水池应设置导流隔墙。

9.0.4 水塔的有效容积应按最高日用水量的10%～15%设计，若用水塔水冲洗滤池，则应增加滤池中洗水量。

9.0.4.1 水塔中水柜可用钢筋混凝土或钢板建造，支座可用砖、石或钢筋混凝土砌筑。

9.0.4.2 进、出水管可分别设置，也可合有，竖管上需设伸缩接头。

9.0.4.3 溢流管、排水管可分别设置，也可合用，管径与进、出水管相同。

9.0.4.4 水柜中应设浮标水位计或水位自控装置。

9.0.4.5 塔顶应装避雷设施。

9.0.5 气压水罐设置应遵照以下规定：

9.0.5.1 气压水罐的总容积和罐内水的容积，应按下列公式计算：

$$V_q = \frac{V_s}{1-a_b} \quad (9.0.5-1)$$

$$V_x = \beta \cdot C \frac{q_b}{4n_{max}} \quad (9.0.5-2)$$

式中 V_q——空气和水的总容积(m^3)；
V_x——罐内水的容积(m^3)；
a_b——罐内空气最小工作压力与最大工作压力比(以绝对压力计)，宜采用0.65～0.85；
q_b——水泵出水量(m^3/h)，当罐内为平均压力时，水泵出

水量不应小于管网最大小时流量的1.2倍；

n_{max}——水泵一小时内最多启动次数，宜采用6～8次；

C——安全系数，宜采用1.5～2；

β——容积附加系数，卧式水罐宜为1.25，立式水罐宜为1.10；隔膜式水罐宜为1.05。

9.0.5.2 气压水罐最小工作压力，应按管网最不利处配水点所需水压计算确定。

$$P_1 = \frac{(h_1+h_2+h_3+h_4)}{1000} \quad (9.0.5-3)$$

式中 P_1——气压水罐最低工作压力(表压，MPa)；
h_1——管网最高供水点相对于水源最低水位的位置水头(KPa)；
h_2——水源最低水位至管网最高供水点的管路沿程阻力损失(KPa)；
h_3——水源最低水位至管网最高供水点的管路局部阻力损失(KPa)；
h_4——供水点卫生设备的流出水头或消防所需增加的压力(KPa)。

注：位置水头可近似地按几何高差(m)乘以10，单位以KPa计。

9.0.5.3 气压水罐应设安全阀、压力表、泄水管和密封人孔，水罐还应装设水位计。

9.0.5.4 气压水罐的水泵，应设自动开停装置。

9.0.5.5 气压水罐的设计单位和生产厂家，须分别持有压力容器设计与制造许可证。

10 水厂总体设计

10.0.1 水厂厂址的选择,应按以下要求通过技术经济比较后确定:

10.0.1.1 给水系统布局合理;
10.0.1.2 符合村镇建设规划的要求;
10.0.1.3 不受洪水威胁;
10.0.1.4 有良好的工程地质条件,充分利用地形,减少土石方工程量;
10.0.1.5 少拆迁,不占或少占农田,并留有发展的余地;
10.0.1.6 交通方便,靠近电源,并有较好的污水排除条件,良好的卫生环境;
10.0.1.7 当取水点选用水区时,水厂宜设在取水点处;当取水点远离用水区时,水厂应靠近用水区;
10.0.1.8 施工、运行和维护方便;
10.0.1.9 当不能满足上述条件时,应采用必要的防灾措施。

10.0.2 水厂生产构筑物布置应符合下列要求:

10.0.2.1 高程布置时应充分利用原有地形坡度;
10.0.2.2 生产构筑物布置宜紧凑,但应满足构筑物和管线的施工要求,也可按组合式布置;
10.0.2.3 构筑物间的连接管道布置,应尽量缩短,防止迂回;
10.0.2.4 在地形条件变化较大的区域,构筑物应按工程地质情况布置;
10.0.2.5 水厂平面布置宜采用平行布置,并考虑远近期的协调;

10.0.3 平面布置紧凑,构筑物紧凑,应符合下列要求:

10.0.3.1 生产、辅助生产和生活福利设施应分开布置;
10.0.3.2 构筑物间尽量避免交叉;
10.0.3.3 构筑物宜采用平行布置,并考虑远近期的协调;
10.0.3.4 加药间、絮凝池、沉淀池和滤池相互间的布置,宜通行方便;
10.0.3.5 絮凝池、沉淀池、澄清池排泥及滤池反冲洗水排除方便。

10.0.4 水厂管道布置,应按以下原则:

10.0.4.1 应考虑分期建设的衔接与互换使用;
10.0.4.2 排水管宜采用重力流设计,必要时可设排水泵站;
10.0.4.3 尽量减少管道交叉,必要时经绘制管线节点详图;
10.0.4.4 各类管线应设置必要的闸阀;
10.0.4.5 应设置必要的超越管;
10.0.4.6 水厂中生产构筑物的排水、排泥可合为一个系统,生活污水管道应另成体系,其排放口位置应符合水源卫生防护要求;水厂自用水管需来自二级泵房出水管,并自成体系;
10.0.4.7 水厂自用水管道应另成体系,其排放口位置应符合水源卫生防护要求;
10.0.4.8 构筑物间连接管道,宜采用金属管材。

10.0.5 水厂附属建筑物的面积及组成,应根据水厂规模、工艺流程和经济条件而定。

10.0.5.1 水厂应考虑绿化。其占地面积视规模、场地、经济条件而定。
10.0.5.2 水厂内应根据需要设置滤料、管配件等露天堆放场。
10.0.5.3 锅炉房、氯库防火设计应符合《村镇建筑设计防火规范》的要求。

10.0.6 水厂应设置通向各构筑物和附属构筑物的通道,可按下列要求设计。

10.0.6.1 主干路与厂外道路连接,单车道宽度为 3.5m,并应有回转车道。
10.0.6.2 车行道转弯半径不宜小于 6m;
10.0.6.3 人行道路宽度为 1.5~2.0m。

10.0.6.4 水厂道路应考虑雨水的排除,纵坡宜采用1%~2%,最小纵坡为0.4%,山区或丘陵宜控制在6%~8%。

10.0.7 水厂周围应设置围墙,其高度不宜小于2.5m。

11 水的净化

11.1 一般规定

11.1.1 净化工艺流程的选择及主要构筑物的组成,应根据原水水质、设计规模、净化后水质要求,结合当地条件,参照相似条件水厂的运行经验,通过技术经济比较后确定。

11.1.2 净水构筑物的设计流量,应按最高日最高时工作时用水量加自用水量确定。亦可按最高日用水量的5%~10%计算。

水厂的自用水量应根据原水水质、净化工艺及构筑物类型等因素,通过计算确定。

11.1.3 水处理构筑物应考虑任一构筑物或设备进行检修、清洗或发生事故时仍能满足最低供水的要求。

11.1.4 净水构筑物均应设置排泥管、排水管、溢流管和压力冲洗设备。

11.1.5 净水构筑物上面,应设安全防护措施。

11.1.6 在寒冷地区,净水构筑物应有防冻措施。

11.2 自然沉淀

11.2.1 当原水浑浊度瞬时超过10000度,必须采用自然沉淀方式进行预沉。

11.2.2 当原水浑浊度经常超过500度(瞬时超过5000度)或供水保证率较低时,也可将河水引入天然池塘或人工水池,进行自然沉淀并兼作贮水池。

11.2.3 自然沉淀池沉淀时间,与原水水质有关,可为8~12h。

11.2.4 自然沉淀池的有效水深宜为1.5~3.0m,保护高0.3m,底部存泥高度0.3~0.5m。

11.2.5 自然沉淀池面积,应按最高日用水量与有效水深计算。

11.3 粗滤和慢滤

11.3.1 粗滤池构筑物型式,分为平流、竖流(上向流或下向流),选择时应根据地理位置,通过技术经济比较后确定。

11.3.2 竖流粗滤池宜采用二级粗滤池串联,平流粗滤池通常由三个相连通的砾石室组成一体,并均与慢滤池串联。适用于净化原水浑浊度长期不超过1000度的地表水。

11.3.3 竖流粗滤池的滤料宜选用砾石或卵石,按三层铺设,其粒径与厚度,应符合表11.3.3的规定。

表11.3.3 竖流粗滤池滤料组成

粒径(mm)	厚度(m)
4~8	0.20~0.30
8~16	0.30~0.40
16~32	0.45~0.50

注:顺水流方向,粒径由大至小。

11.3.4 平流粗滤池的滤料,宜选用砾石或卵石,其粒径与池长,应符合表11.3.4的规定。

表11.3.4 平流粗滤池滤料的组成与池长

砾(卵)石室	粒径(mm)	池长
I	16~32	2
II	8~16	1
III	4~8	1

注:顺水流方向,粒径由大至小。

11.3.5 滤速宜为0.3~1.0m/h,原水浊度高时取低值。

11.3.6 竖流式粗滤池滤料表面以上水深为0.2~0.3m,保护高为0.2m。

11.3.7 竖流(上向流)粗滤池底部设有配水室、排水管和集水槽,闸阀宜采用快开蝶阀。

11.3.8 当原水浑浊度常年低于60度,可修建简易慢滤池,经加氯消毒后,即可用作生活饮用水。

11.3.9 慢滤池的设计参数选择,应根据原水水质按下列要求确定。

11.3.9.1 滤料宜采用石英砂,料径0.3~1.0mm,滤层厚度800~1200mm;

11.3.9.2 承托层可为卵石或砾石,自上至下,分为五层,其粒径与厚度,应符合表11.3.9.2的规定。

表11.3.9.2 慢滤池承托层组成

粒径(mm)	厚度(m)
1~2	50
2~4	100
4~8	100
8~16	100
16~32	100

11.3.9.3 滤速宜为0.1~0.3m/h,原水浊度高时取低值;

11.3.9.4 滤料表面以上水深为1.2~1.5m;

11.3.9.5 滤池长宽比为1.25:1~2.0:1;

11.3.9.6 滤池面积在10~15m²以内,可不设集水管,采用底部孔集水,井以上1%的坡度向集水坑倾斜。当滤池面积较大时,可设置穿孔集水管,管内流速一般采用0.3~0.5m/s。

11.4 凝聚剂和助凝剂的选择和投配

11.4.1 用于生活饮用水的凝聚剂或助凝剂，不得使净化后的水质对人体健康产生有害的影响。

11.4.2 凝聚剂和助凝剂品种的选择和用量，应根据当地或相似条件的水厂运行经验，或参照凝聚剂沉淀试验资料，通过技术经济比较后确定。

11.4.3 凝聚剂的投配方式宜采用湿投，凝聚剂的投加浓度，可采用1~5%。

11.4.4 溶液池和贮药池宜设两座，以便清洗或换药使用。

凝药池采用钢筋混凝土池体时，内壁需要进行防腐处理，也可选用符合产品标准的硬质聚氯乙烯材料。

11.4.5 水厂采用的凝聚剂为硫酸铝、碱式氯化铝、三氯化铁、明矾与原水可用聚丙烯酰胺作助凝剂。当采用石灰作助凝剂时，应制成乳液投加。高浊度原水可用聚丙烯酰胺作助凝剂。

11.4.6 投药地点应优先选择在泵前投加，将凝聚剂加注在取水泵吸水管中或吸水管喇叭口处；当采用距水泵较远的投加点时，也可采用泵后投加，将凝聚剂加在水泵出水管或絮凝池进口处，须设加压投药设备，可采用水射器或计量泵投加。在水泵出水管处加药，须设加压投药设备，可采用水射器或计量泵投加。

11.4.7 输送与投加凝聚剂的管道及配件，必须耐腐蚀，对人体无害。

11.4.8 投药时应设计量装置，以控制药量，确保净化效果的稳定性。计量装置可采用孔板流量计、转子流量计、浮杯、苗咀与计量泵等。

11.4.9 加药间宜设在投药点附近，并与药剂仓库毗邻。加药间地坪应有排水坡度。

11.4.10 加药间内应设有冲洗、排污、通风设施。

11.4.11 药剂仓库的固定储备量，应根据当地药剂供应、运输等条件确定，可按最大投药量的15~30d用量考虑。

11.5 混合

11.5.1 混合方式的选择应根据采用的凝聚剂品种，使凝聚剂和水进行充分的快速混合。

11.5.2 混合方式可采用水泵混合、管道混合、机械混合等。

11.5.3 混合是原水与凝聚剂和助凝剂进行充分混合的过程，应满足以下要求：

11.5.3.1 混合速度要快，凝聚剂与原水应在10~30s时间内均匀混合。

11.5.3.2 混合装置距离起始絮凝构筑物距离应小于120m，混合后的原水在管道内停留时间不超过2min。

11.6 絮凝

11.6.1 絮凝池型式的选择和絮凝时间，应根据原水水质和相似条件水厂的运行经验确定，或通过试验确定。

11.6.2 设计隔板絮凝池，应符合下列要求：

11.6.2.1 絮凝时间宜为20~30min；

11.6.2.2 絮凝池流速应由大渐小分变速设计，起始流速0.5~0.6m/s，终端流速0.1~0.2m/s；

11.6.2.3 隔板间净距宜大于0.5m；

11.6.2.4 隔板转弯处的过水断面积应为廊道过水断面的1.2~1.5倍；

11.6.2.5 池底呈锥形，倾角不小于45°，池底应设排泥管和放空管；

11.6.2.6 絮凝池超高宜为0.3m。

11.6.3 设计折板絮凝池，应符合下列要求：

11.6.3.1 絮凝时间宜为6~15min。

11.6.3.2 絮凝过程中的速度应逐段降低，分段数不宜小于三第二段：0.20～0.25m/s；
第三段：0.10～0.15m/s。

11.7 澄清和沉淀

11.7.1 一般规定

11.7.1.1 澄清、沉淀均系通过投加凝聚剂后的凝聚澄清和凝聚沉淀。

11.7.1.2 选择澄清和沉淀池类型时，应根据原水水质、设计生产能力、净化后水质要求，并结合澄凝池结构型式、当地条件等因素，通过技术经济比较后确定。

11.7.1.3 澄清池和沉淀池的个数或能够单独排空的分格数不宜少于两个。

11.7.1.4 设计澄清和沉淀池时应考虑均匀的配水和集水。

出水的浮浊度应小于10度。

11.7.1.5 澄清池沉泥浓缩区和沉淀池集泥区的容积，应根据进出水的悬浮物含量、处理水量、排泥周期和浓度等因素计算确定。

11.7.2 水力循环澄清池

11.7.2.1 水力循环澄清池适用于浑浊度长期低于2000度，瞬时不超过5000度的原水。单池生产能力不宜大于7500m³/d，多与无阀滤池配套使用。

11.7.2.2 水力循环澄清池泥渣回流量宜为进水量的2～4倍，原水浓度高取下限。

11.7.2.3 清水区的上升流速宜采用0.7～1.0mm/s，当原水为低温低浊时，上升流速应适当降低。清水区高度宜为2～3m，超高为0.3m。

11.7.2.4 水力循环澄清池的第二絮凝室有效高度，宜采用3～4m。

段，各段流速可分别为：
第一段：0.25～0.35m/s；
第二段：0.15～0.25m/s；
第三段：0.10～0.15m/s；
折板夹角宜为90～120°，第一、二段折板夹角宜采用90°；

11.6.3.4 折板宽度采用0.5m，折板长度为0.8～1.0m。

11.6.4 设计穿孔旋流絮凝池时，应符合下列要求：

11.6.4.1 絮凝时间宜为15～25min；
11.6.4.2 絮凝池孔口流速，应按由大到小的渐变流速设计，起始端流速宜为0.6～1.0m/s，末端流速宜为0.2～0.3m/s；
11.6.4.3 每格孔口应作上下对角交叉布置；
11.6.4.4 每组絮凝池分格数宜为6～12格。

11.6.5 设计波纹板絮凝池时，应符合下列要求：

11.6.5.1 絮凝时间宜为5～8min；
11.6.5.2 絮凝过程中的流速应逐段降低，宜采用三段，各段的同距和流速分别为：
第一段间距为100mm，流速0.12～0.18m/s；
第二段间距为150mm，流速0.09～0.14m/s；
第三段间距为200mm，流速0.08～0.12m/s。

11.6.5.3 波纹板波长宜采用131mm；波高宜为33mm；
11.6.5.4 波纹板按竖流板设计，可采用平行波布置，也可采用相对波布置；

11.6.6 设计网格絮凝池时，应符合下列要求：

11.6.6.1 絮凝时间宜为8～12min；
其中第一段和第二段分别为2.5～4.0min，第三段为3.0～4.0min。

11.6.6.2 过网流速
第一段为0.30～0.35m/s；

参照相似条件水厂的运行经验确定,宜为2.0~4.0h。

11.7.4.3 平流沉淀池的水平流速可采用10~20mm/s,水流应避免过多转折。

11.7.4.4 平流沉淀池的有效水深,可采用2.5~3.5m。沉淀池每格宽度(或导流墙间距),宜为3~8m,最大不超过15m。长度与宽度之比不得小于4;长度与深度之比不得小于10。

11.7.4.5 平流沉淀池宜采用穿孔墙配水和溢流堰集水,溢流率不宜大于20m²/(m·h)。

11.7.4.6 平流沉淀池的液面负荷率应符合表11.7.4的规定。

表11.7.4 平流沉淀池液面负荷率

原水条件	液面负荷率 m³/(m²·h)
浊度在100~250度	1.87~2.92
浊度大于500度	1.04~1.67
低浊高色度水	1.25~1.67
低温低浊水	1.04~1.46

11.7.5 竖流沉淀池

11.7.5.1 竖流沉淀池宜与絮凝池合建。池数不应小于2个。

11.7.5.2 竖流沉淀池直径不宜大于10m。有效水深应为3~5m,超高为0.3~0.4m。

11.7.5.3 竖流式沉淀池沉淀时间宜为1.5~3.0h。

11.7.5.4 竖流式沉淀池进水流速(带絮凝池)宜为1.0~1.2m/s,上升流速为0.5~0.6mm/s,出水管流速宜为0.6m/s。

11.7.5.5 竖流式沉淀池中心导流筒的高度应为沉淀池圆柱部分高度的8/10~9/10。导流筒圆锥斜壁与水平夹角不宜小于45°。

11.7.5.6 竖流沉淀池圆锥直径不应小于150mm。

喷嘴直径与喉管直径之比可采用1:3~1:4。喷嘴流速宜采用6~9m/s,喷咀水头损失为2~5m,喉管流速为2.0~3.0m/s。

11.7.2.6 第一絮凝室出口流速宜采用50~80mm/s;第二絮凝室进口流速采用40~50mm/s。

11.7.2.7 水力循环澄清池总停留时间为1~1.5h,第一絮凝室为15~30s;第二絮凝室为80~100s。进水管流速一般要求1~2m/s。

11.7.2.8 水力循环澄清池斜壁与水平面的夹角不应小于45°。

11.7.2.9 为适应原水水质变化,应有专用设施调节喷嘴与喉管进口的间距。

11.7.3 机械搅拌澄清池

11.7.3.1 机械搅拌澄清池适用于浑浊度长期低于5000度的原水。

11.7.3.2 机械搅拌澄清池清水区的上升流速,应按相似条件下的运行经验确定,一般可采用0.7~1.0mm/s,当处理低温低浊水可采用0.5~0.8mm/s。

11.7.3.3 水在机械搅拌池中总停留时间可采用1.2~1.5h,第一絮凝室与第二絮凝室停留时间宜控制在20~30min。

11.7.3.4 搅拌叶轮提升流量为进水量的3~5倍,叶轮直径可为第二絮凝室内径的70%~80%,并应设调整叶轮转速和开启度的装置。

11.7.3.5 机械搅拌澄清池是否设置刮泥装置,应根据池大小、进水悬浮物含量及其颗粒组成等因素确定。

11.7.4 平流沉淀池

11.7.4.1 平流沉淀适用于进水浑浊度长期低于5000度、瞬时不超过10000度的原水。

11.7.4.2 平流沉淀的沉淀时间,应根据原水水质、水温等

11.7.6 异向流斜管沉淀池

11.7.6.1 异向流斜管沉淀池适用于浑浊度长期低于1000度的原水。

11.7.6.2 斜管沉淀区液面负荷,应按相似条件下的运行经验确定,宜采用7.2～9.0m³/(m²·h)。

11.7.6.3 斜管设计可采用下列数据:管内切圆直径为25～35mm;斜长为1.0m;倾角为60°。

11.7.6.4 水在斜管内停留时间,宜为4～7min。

11.7.6.5 斜管沉淀池的清水区高度不宜小于1.0m;底部配水区高度不宜小于1.5m。

11.8 过 滤

11.8.1 一般规定

11.8.1.1 供生活饮用水的过滤池出水水质,经消毒后,应符合《农村实施"生活饮用水卫生标准"准则》的要求。

11.8.1.2 滤池型式的选择,应根据设计生产能力、原水水质和工艺流程的高程布置等因素,并结合当地条件,通过技术经济比较确定。

11.8.1.3 滤料可采用石英砂、无烟煤等,其杂质能应符合相关的水处理滤料标准。

11.8.1.4 滤池、无阀滤池和压力滤池的个数及滤池面积,应根据生产规模和运行维护等条件通过技术经济比较确定,但个数不得少于两个。

11.8.1.5 滤池的滤速及滤料组成,应符合表11.8.1-1的规定,滤池应按正常情况下的滤速设计,并以检修情况下的强制滤速校核。

11.8.1.6 滤池工作周期,宜采用12～24h。

11.8.1.7 快滤池宜采用大阻力或中阻力配水系统。大阻力配水系统孔眼总面积与滤池面积之比为0.20%～0.28%;中阻力配水系统孔眼总面积与滤池面积之比为0.6%～0.8%。
无阀滤池采用小阻力配水系统,其孔眼总面积与滤池面积之比为1.0%～1.5%。

11.8.1.8 滤池反冲洗用水的冲洗强度与冲洗时间,宜直接表11.8.1-2的规定设计。

表11.8.1-1 滤池的滤速及滤料组成

序号	类别	滤料组成			正常滤速 (m/h)	强制滤速 (m/h)
		粒径(mm)	不均匀系数 K_{80}	厚度 (mm)		
1	石英砂滤料过滤	$d_{min}=0.5$ $d_{max}=1.2$	<2.0	700	8～10	10～14
2	双层滤料过滤	无烟煤 $d_{min}=0.8$ $d_{max}=1.8$	<2.0	300～400	10～14	14～18
		石英砂 $d_{min}=0.5$ $d_{max}=1.2$	<2.0	400		

表11.8.1-2 水洗滤池的冲洗强度与冲洗时间(水温为20℃)

序号	类别	冲洗强度 L/(s·m²)	膨胀率 (%)	冲洗时间 (min)
1	石英砂滤料过滤	12～15	45	7～5
2	双层滤料过滤	13～16	50	8～6

11.8.1.9 每个滤池应设取样装置。

11.8.2 接触滤池

11.8.2.1 接触滤池,适用于浑浊度长期低于20度,短期不超过60度的原水,滤速宜采用6~8m/h。

11.8.2.2 滤池采用双层滤料,由石英砂和无烟煤组成。

11.8.2.2.1 石英砂 滤料粒径 $d_{min}=0.5mm$, $d_{max}=1.0mm$, $K_{80}≤1.8$; 滤料厚度 400~600mm;

11.8.2.2.2 无烟煤 滤料粒径 $d_{min}=1.2mm$, $d_{max}=1.8mm$, $K_{80}≤1.5$; 滤料厚度 400~600mm。

11.8.2.3 滤池冲洗前的水头损失,宜采用2~2.5m,滤层表面以上的水深可为2m。

11.8.2.4 滤池冲洗强度宜采用15~18L/(s·m²);冲洗时间6~9min,滤层膨胀率采用40%~50%。

11.8.3 压力滤池

11.8.3.1 压力滤池有关滤料级配、滤速、工作周期,可按本规范11.8.1过滤的一般规定。

11.8.3.2 压力滤池可采用立式,当直径大于3m时,宜采用卧式。

11.8.3.3 压力滤池冲洗强度采用15L/(s·m²),冲洗时间为10min。

11.8.3.4 压力滤池配水系统应采用小阻力方式,可用管式、滤头或格栅。

11.8.3.5 压力滤池应设排气阀、人孔、排水阀和压力表。

11.8.3.6 重力式无阀滤池

11.8.4.1 每座压力滤池应设单独的进水系统,并有防止空气进入滤池的措施。

11.8.4.2 滤速宜采用6~10m/h。

11.8.4.3 无阀滤池沉淀出水浊度常年在15度以内滤料,可分为单层滤料、双层滤料,宜采用单层石英砂滤料,原水或沉淀出水浊度经常超过20度(短期不超过50度),可采用双层滤料滤池。

11.8.4.4 无阀滤池冲洗前的水头损失,可采用1.5m。

11.8.4.5 冲洗强度宜采用15L/(s·m²);冲洗时间5~6min。

11.8.4.6 过滤室滤料表面以上的直壁高度,应等于冲洗时滤料的最大膨胀高度加上保护高。

11.8.4.7 无阀滤池冲洗水箱应位于滤池顶部,当冲洗水头不高时,可采用小阻力配水系统,常见的有平板孔式、格栅、各种成形滤头,可采用小阻力配水系统,常见的有平板孔式、格栅、各种成形滤头、滤板。

11.8.4.8 承托层材料及组成与配水方式有关,各种成形式可按表 11.8.4 选用。

11.8.4.9 无阀滤池应用辅助虹吸措施,并设有调节冲洗强度和强制冲洗的装置。

11.8.5 普通快滤池

11.8.5.1 普通快滤池滤料为石英砂、无烟煤、单层石英砂滤池滤速宜采用8~10m/h;双层滤料滤池可为12~14m/h。

11.8.5.2 普通快滤池的分格数,应根据技术经济比较确定,不得少于2个。可参考表11.8.5-1选用。

表11.8.4 承托层材料及组成

配水方式	承托层材料	粒径(mm)	厚度(mm)
滤板	粗砂	1~2	100
格栅	砂卵石	1~2 2~4 4~8 8~16	80 70 70 80
尼龙网	砂卵石	1~2 2~4 4~8	每层50~100
滤头	粗砂	1~2	100

表 11.8.5-1 滤池的分格数

滤池总面积（m²）	滤池分格数
小于 30	2
30～50	3
100	3 或 4
150	4～6
200	5～6

11.8.5.3 滤池个数少于 5 个时，宜采用单行排列。

11.8.5.4 单个滤池面积大于 50m² 时，管廊中应设置中央集水渠。

11.8.5.5 滤层厚度应不小于 700mm。滤层以上的水深宜为 1.5～2.0m。滤池超高宜采用 0.3m。

11.8.5.6 滤池工作周期宜为 12～24h。滤池冲洗前的水头损失应不超过 0.2m。

11.8.5.7 配水系统干管始端流速为 0.8～1.2m/s，支管始端流速为 1.4～1.8m/s，孔眼流速为 3.5～5m/s，孔眼直径约为 9～12mm，在支管上应设两排，与垂线呈 45°角向下交叉排列。

11.8.5.8 承托层宜用卵石或砾石，其组成和厚度见表 11.8.5-2。

表 11.8.5-2 承托层的组成和厚度

层次（自上而下）	粒径（mm）	厚度（mm）
1	2～4	100
2	4～8	100
3	8～16	100
4	16～32	本层顶面高度应高出配水系统孔眼 100

11.9 一体化净水器

11.9.1 一体化净水器是将絮凝、沉淀（澄清）、过滤工艺组合在一起的小型净水装置，净化能力为 5～50m³/h。

11.9.2 一体化净水器适用于浑浊度长期低于 500 度，瞬时不超过 1000 度的地表水。

11.9.3 一体化净水器型式的选择，应根据原水水质、设计生产能力、净化后水质要求，结合当地条件，通过调研进行产品性能、净化效果、价格等比较后确定。

11.9.4 一体化净水器产品应符合现行行业标准。

11.10 小型净水塔

11.10.1 小型净水塔是将压力式无阀滤池或单阀滤池、水泵、加药间、水塔合并建造的小型净水构筑物。

11.10.2 小型净水塔适用于浑浊度经常小于 20 度，短时不超过 60 度的原水。

11.10.3 小型净水塔中水柜有效容积按最高日用水量的 10～15%计算。考虑滤池反冲洗用水时，则宜按最高日用水量的 15～25%设计。

11.10.4 小型净水塔总容积确定后，出水管管径应与水管网起端管径相同，溢流管、排水管管径不应小于 100mm。

11.10.5 小型净水塔的进、出水管管径应与水管网起端管径相同，应考虑保护高度 0.3m（超高）所占的容积。

11.11 消毒

11.11.1 生活饮用水必须经过消毒，一般采用氯消毒（液氯、漂白粉、次氯酸钠）。

11.11.2 加氯点应根据原水水质、工艺流程和净化要求选定,滤后必须加氯,必要时也可在混凝沉淀前和滤后同时加氯。当农村水厂取用地下水时,加氯点可设在泵前(水泵吸水管)、泵后(水泵出水管或依靠水射器)或池中(高位水池、泵室)。

11.11.3 氯的设计用量,应根据相似条件下的运动经验,按最大用量确定。

氯与水的接触时间应不小于 30min,出厂水游离余氯含量应不低于 0.3mg/L,管网末端游离余氯含量应不低于 0.05mg/L。

11.11.4 投加液氯时应采用加氯机,加氯机应具备投加量的指示仪和防止水倒灌氯瓶的措施,以真空加氯机为宜。

11.11.5 加氯间应尽量靠近投加点,加氯间应设有旁样作为校核设备。加氯间内部的管线,应敷设在沟槽内。

11.11.6 加氯间必须与其它工作间分开,必须设观察窗和直接通向外部的门。

11.11.7 加氯间及氯库外部应备有防毒面具、抢救材料和工具箱。在直通室外的墙下方设有通风设施,照明和通风设备应另设室外开关。

11.11.8 通向加氯间的压力给水管道,应保证连续供水,并应保持水压稳定。

11.11.9 当加氯间需采暖时,宜用暖气采暖,与值班室、居住区应保持一定的安全距离。

11.11.10 氯库应设在水厂的下风口,与值班室、居住区应保持一定的安全距离。

11.11.11 消毒剂仓库的固定储备量应按当地供应、运输等条件确定,一般按最大用量的 15~30d 计算。

11.11.12 采用漂白粉消毒,其投加量应经过试验或依照相似条件运行经验确定。

11.11.13 漂白粉消毒须设溶药池和溶液池,溶液池设 2 个,池底有底坡度 $\geq$0.02,坡向排渣池,排渣管管径不小于 50mm,池底有 15%的容积作为贮渣部分,顶部超高应大于 0.15m,内壁应作防腐处理。

11.11.14 漂白粉的溶液池,其有效容积宜按一天所需投加的上清液体积计算,上清液浓度以 1%~2%为宜(每升水加 10~20g 漂白粉)。

11.11.15 投加消毒剂的管道及配件必须耐腐蚀,宜用无毒塑料管材。

11.11.16 使用次氯酸钠发生器时,其发生器应符合国家规定的次氯酸钠发生器标准。

11.11.17 采用次氯酸钠溶液,其投加方式与漂白粉溶液投加方式相同。

12 地下水特殊净化和深度净化

12.1 除铁和除锰

12.1.1 工艺流程的选择

12.1.1.1 当地下水中铁、锰含量超过《农村实施"生活饮用水卫生标准"准则》的规定时,应考虑除铁除锰。

12.1.1.2 地下水除铁除锰工艺流程的选择,应根据原水水质、净化后水质要求,以及相似条件水厂的运行经验或除锰试验,通过技术经济比较后确定。

12.1.1.3 地下水除铁除锰宜采用接触氧化法或曝气氧化法。

接触氧化法工艺:

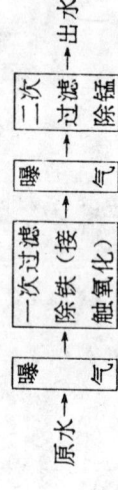

曝气氧化法工艺:

原水→曝气→氧化→过滤→出水

12.1.1.4 地下水除铁除锰宜采用接触氧化法。其工艺流程应根据下列条件确定:

12.1.1.4.1 当原水含铁量低于 2.0mg/L,含锰量低于 1.5mg/L 时,可采用:

原水→曝气→单级过滤→出水

12.1.1.4.2 当原水含铁量或含锰量超过上述数据时,应通过试验确定工艺,必要时可采用:

原水→曝气→一次过滤→二次过滤除锰→出水

12.1.1.4.3 当除铁受硅酸盐影响时,应通过试验确定工艺,必要时可采用:

原水→曝气→一次过滤除铁(接触氧化)→曝气→二次过滤除锰→出水

12.1.2 曝气装置

12.1.2.1 曝气装置的选择应根据原水水质及曝气程度的要求选定,可采用跌水、淋水、喷水、射流曝气、接触式曝气塔、板条式曝气塔等装置。

12.1.2.2 采用跌水曝气装置,可采用 1～3 级跌水,每级跌水高度 0.5～1.0mm,单宽流量 $20\sim50m^3/(h\cdot m)$。曝气后水中溶解氧应为 $2\sim5mg/L$。

12.1.2.3 采用淋水装置(穿孔管或莲蓬头)时,孔眼直径 4～8mm,孔眼流速 1.5～2.5m/s,开孔率为 10%～20%,距池内水面安装高度 1.5～2.5m。每个莲蓬头的服务面积为 1.0～1.5m²。当采用穿孔管曝气装置时可单独设置,也可设于曝气塔上或跌水曝气池上。

12.1.2.4 采用喷水装置时,每个喷嘴的服务面积为 1.5～2.5m²;喷嘴口径为 25～40mm,喷水处的工作压力应不低于 0.07MPa。

12.1.2.5 采用射流曝气装置时,设计应按下列要求:

12.1.2.5.1 喷嘴锥顶夹角宜取 15°～25°;喷嘴前端应有长为 $0.25d_0$ 的圆柱段(d_0 为喷嘴直径);

12.1.2.5.2 混合管为圆柱管,管长为管径的 4～6 倍;

12.1.2.5.3 喷嘴距混合管入口的距离为喷嘴直径 d_0 的 1～3 倍;

12.1.2.5.4 空气吸入口,应位于喷嘴之后;

12.1.2.5.5 扩散管的锥顶夹角为 8～10°;

12.1.2.5.6 工作水可采用原水或其它压力水。

12.1.2.6 采用板条式曝气塔时,板条长度采用 4～6 层,层

间净距400~600mm，淋水密度5~10m³/(h·m²)。

12.1.2.7 采用接触式曝气塔时，塔中填料粒径采用30~50mm，焦炭块或矿渣，填料层数可为1~3层，每层填料厚300~400mm，层间净距不小于600mm，接触式曝气塔多用于含铁量不高于10mg/L的地下水。

12.1.2.8 淋水装置、喷水装置、板条式曝气塔和接触式曝气塔的淋氮密度，可采用5~10m³/(h·m²)。接触式曝气塔底部集水池容积，应按30~40min净化水量计算。

12.1.2.9 当跌水、淋水、喷水、板条式曝气塔、接触式曝气塔设置在室内时，应考虑通风设施。

12.1.3 除铁滤池

12.1.3.1 除铁滤池的滤料宜采用天然锰砂或石英砂等。

12.1.3.2 除铁滤池滤料的粒径：石英砂一般为d_{min}=0.5mm，d_{max}=1.2mm，锰砂一般为d_{min}=0.6mm，d_{max}=1.2~2.0mm。厚度为800~1200mm，滤速为6~10m/h。

12.1.3.3 除铁滤池工作周期为8~24h。

12.1.3.4 除铁滤池宜采用大阻力配水系统，其承托层组成可按表12.1.3.4选用。

表12.1.3.4 锰砂滤池承托层的组成

层次（自上而下）	承托层材料	粒径（mm）	厚度（mm）
1	锰矿石块	2~4	100
2	锰矿石块	4~8	100
3	卵石或砾石	8~16	100
4	卵石或砾石	16~32	本层顶面度应高出配水系统孔眼100

12.1.3.5 除铁滤池冲洗强度和冲洗时间可按表12.1.3.5采用。

表12.1.3.5 除铁滤池冲洗强度、膨胀率、冲洗时间

序号	滤料种类	滤料粒径(mm)	冲洗方式	冲洗强度 L/(s·m²)	膨胀率(%)	冲洗时间(min)
1	石英砂	0.5~1.2	无辅助冲洗	13~15	30~40	>7
2	锰砂	0.6~1.2	无辅助冲洗	18	30	10~15
3	锰砂	0.6~1.5	无辅助冲洗	20	25	10~15
4	锰砂	0.6~2.0	无辅助冲洗	22	22	10~15
5	锰砂	0.6~2.0	有辅助冲洗	19~20	15~20	10~15

12.1.4 除锰滤池

12.1.4.1 除锰滤池的滤料可采用天然锰砂或石英砂等。

12.1.4.2 采用两级过滤除锰滤池设计宜按下列规定：

12.1.4.2.1 滤料粒径和厚度同除铁滤池；

12.1.4.2.2 滤速5~8m/h；

12.1.4.2.3 冲洗强度

锰砂滤料：16~20L/(s·m²)；
石英砂滤料：12~14L/(s·m²)；

12.1.4.2.4 膨胀率：15%~25%

石英砂滤料：27.5%~35%

12.1.4.2.5 冲洗时间5~15min。

12.1.4.3 单级过滤除锰滤池，可参照两级过滤除锰滤池的有关规定进行设计，滤速宜取5m/h，滤料层厚度宜取1200mm。

12.2 除氟

12.2.1 一般规定

12.2.1.1 作为生活饮用水源的地下水除氟，当含氟超过《农村实施"生活饮用水卫生标准"准则》的规定时，应考虑除氟。

12.2.1.2 地下水除氟的工艺流程选择及构筑物的组成，应根据原水水质、净化后水质要求，除氟试验或参照水质相似的水厂运行经验，通过技术经济比较确定。

12.2.1.3 地下水除氟宜采用活性氧化铝吸附过滤法、混凝沉淀法。

12.2.2 活性氧化铝吸附过滤法

12.2.2.1 除氟采用活性氧化铝吸附过滤，滤料粒径不得大于2.5mm，一般直采用0.45~1.50mm。

12.2.2.2 除氟滤池，滤料层厚度应按下列要求选用：当原水含氟量小于4mg/L时，滤料层厚度不得小于0.8~1.1m；

当原水含氟量大于10mg/L时，滤料层厚度不得小于1.5m。

12.2.2.3 除氟滤池，承托层一般采用砂卵石，厚度采用400~700mm，其粒径级配一般自上而下从小到大分层铺设，宜按表12.2.2.3选用。

表12.2.2.3 承托层粒径与厚度

粒径（mm）	厚 度（mm）
2~4	100
4~8	100
8~16	100
16~32	本层顶面高度应高出配水系统孔眼100

当布水方式采用缝隙式滤头时，应在滤料层下面铺设厚度150mm、粒径2~4mm石英砂作为承托层。

12.2.2.4 除氟滤池滤速的选择及运行方式可按下列要求：当原水PH值>7时，滤速为2~3m/h，宜采用间歇运行；当PH值<7时，滤速为6~10m/h，宜采用连续运行。

12.2.2.5 除氟滤池当采用活性氧化铝吸附过滤时，活性氧化铝需再生。再生剂一般可采用硫酸铝、氢氧化钠。再生可分为反冲、再生、一次反冲和中和四个阶段。当采用硫酸铝再生剂时，可省去中和。再生阶段一般可采用下列数据：

12.2.2.5.1 首次反冲的冲洗强度可采用12~30L/(m²·s)，冲洗时间10~15min，膨胀率30%~50%。

12.2.2.5.2 再生液流向自上而下，当采用硫酸铝再生时，再生液浓度为2%~3%，硫酸铝与除氟量之比为(60~80):1，流速为2~2.5m/h；当采用氢氧化钠再生时，再生液浓度为0.80%~0.85%，氢氧化钠与除氟量之比为(8~10):1，流速为3~5m/h。

12.2.2.5.3 二次反冲的冲洗强度可采用3~5L/(m²·s)，冲洗时间2~3h。

12.2.2.5.4 当采用氢氧化钠再生剂时，二次反冲后滤料必须进行中和。中和液可采用1%~2%硫酸，PH值调至3.0，中和时间1~2h。出水pH值达8.5时，完成中和过程。

12.2.3 混凝沉淀法

12.2.3.1 混凝沉淀法适用于氟化物含量不超过4.0mg/L的原水。

12.2.3.2 混凝沉淀法投加的凝聚剂一般采用三氯化铝、硫酸铝或碱式氯化铝。

12.2.3.3 凝聚剂投加量应通过试验确定，为原水含氟量的10~20倍。

12.3 深度净化

12.3.1 作为生活饮用水的水源，经一般的常规净化（混凝、沉淀、过滤）或接触过滤净化工艺，其无机或有机污染物含量超过《农村实施"生活饮用水卫生标准"准则》的规定时，应考虑水的深度净化。

12.3.2 深度净化工艺宜采用活性炭吸附。

12.3.3 活性炭吸附深度净化工艺，应根据原水水质要求，必须去除的污染物种类及含量，经活性炭吸附试验或参照水质相似的水厂运行经验，通过技术经济比较后确定。

12.3.4 粒状活性炭吸附滤池的设计，其活性炭的能性应符合国家规定净水用活性炭的现行标准；

12.3.4.1 选用的粒状活性炭
12.3.4.2 进水浊度不宜大于5度。
12.3.4.3 滤速 6~8m/h；
12.3.4.4 层厚 1000~1200mm；
12.3.4.5 配水系统宜选用小阻力的格网、尼龙网、孔板、穿孔管、滤料等；
12.3.4.6 反冲洗强度采用13~15L/(s·m²)，冲洗时间5~7min。
12.3.4.7 承托层应根据配水方式，按照快滤池有关规定设计。

13 分散式给水

13.0.1 目前尚无条件建造集中式给水系统的农村，可按照当地实际情况，设计建造分散式给水系统。

13.0.2 居住户数少，人口密度低、居住分散、电源没有保证、有水质良好的地下水源的农村，可设计建造深井手动泵给水系统。

13.0.2.1 深井手动泵给水系统，由管井、井台、手动泵组成。

13.0.2.2 管井的设计及卫生防护可参照本规范5.1.2.1与4.3.2中有关规定。由于供水分散，井深较浅，取水量小，可按单井水文地质条件和使用、保护条件选定井位。

井位宜选择在水量充足、水质良好、施工、使用、管理方便、环境卫生、安全可靠的地点，宜建在居住区的上游。

管井的单井出水量不得小于1m³/h，井水的含砂量应小于10mg/L。

管井内径要求比手动泵管最大部分外径大50mm。

13.0.2.3 手动泵必须安装在坚固的混凝土基础上，在基础周围修建井台。井台应高出井口100~200mm。井台可建成直径为1200~1500mm，高为100~150mm的圆形浅池，池底坡度为1：30，坡向排水沟，如井无出路需在排水沟末端建造渗水坑，渗水坑与水井的间距，按水源卫生防护规定要求，不得小于30m。在井台周围应建围栏。

寒冷地区，应采取防冻措施。

13.0.2.4 深井手动泵目前主要有活塞泵与螺杆泵。型式的选择，应根据水源井动水位、用水量，运行可靠性，使用寿命，价格等综合比较后确定。要求活塞泵或螺杆泵淹没在动水位1m以下。

13.0.3 在干旱缺水和苦咸水地区，可建造雨水收集水系统。该系统包括雨水收集场、净化构筑物、贮水池和取水设备。可根据需要与条件，联片供水或按户供水。

13.0.3.1 雨水收集场可选择屋顶集水场、地面集水场或二者结合的集水场。

屋顶集水场,是按用水量的要求,收集降落在屋顶的雨水。其汇流面积应按屋顶的水平投影面积计算。

地面集水场,是按用水量的要求,在地面上单独建造雨水收集场。一般可修建有一定坡度(不小于1:200)的条型集水区,集水场内地面应作防渗处理,并用围栏加以保护,为避免集水场外地面径流的污染,可在集水场上游建造截流沟。

13.0.3.2 集水面积与用水量、降雨量和径流系数的大小有关,可按下式计算:

$$F = \frac{1000Q \cdot K}{q \cdot \psi} \quad (13.0.3-1)$$

式中 F——集水面积(m²);
Q——用水量(m³/a);
q——10年一遇的最小降雨量(mm);
ψ——径流系数(0.6~0.9);
K——面积利用系数(1.2)。

13.0.3.3 为防止树叶、泥砂等进入贮水池,收集的雨水在流入贮水池前,应进行净化,净化构筑物可因陋就简,选择自然沉淀、粗滤、慢滤等。

13.0.3.4 贮水池可根据条件与给水系统的要求,建成地下式、半地下式或地面式构筑物,应设有进水管、溢流管、通风孔、检修孔等。进水管与取水口应分别布置在水池两侧。

13.0.3.5 贮水池容积与日用水量、非降雨期天数有关,可按下式计算:

$$V = M \cdot Q \cdot T$$

式中 V——贮水池容积(m³);
M——容积利用系数(1.5);
Q——日用水量(m³/d);
T——非降雨期天数(d),南方为90~120d,北方为150~180d。

13.0.3.6 贮水池中的水必须进行消毒,宜采用间歇法或持续法。要求消毒时间不小于30min,水中余氯含量不小于0.2mg/L。

13.0.3.7 该系统中,可使用专用水桶或安装手动泵人工取水,亦可安装水泵、管道,建成自来水系统。

附录 A 本规范用词说明

执行本规范条文时,对于要求严格程度的用词说明如下,以便在执行中区别对待。

(1)表示很严格,非这样做不可的词:
正面词采用"必须";
反面词采用"严禁"。
(2)表示严格,在正常情况下均应这样做的用词:
正面词采用"应";
反面词采用"不应"或"不得"。
(3)表示允许稍有选择,在条件许可时,首先应这样做的词:
正面词采用"宜"或"可";
反面词采用"不宜"。

附加说明

主编单位:北京市市政设计研究院研究所
参编单位:全国爱卫办农村改水项目办公室
建设部城市建设研究院
主要起草人:刘学功、刘家义、崔招女、崔国臣、郭青

中国工程建设标准化协会标准

农村给水设计规范

CECS82：96

条 文 说 明

目 次

1 总则 ………………………………………………… 35—33
2 用水量、水质和水压 ……………………………… 35—33
3 给水系统 …………………………………………… 35—34
4 水源 ………………………………………………… 35—35
5 取水构筑物 ………………………………………… 35—36
6 设计规模 …………………………………………… 35—38
7 水泵和泵房 ………………………………………… 35—40
8 输配水 ……………………………………………… 35—41
9 调节构筑物 ………………………………………… 35—43
10 水厂总体设计 …………………………………… 35—43
11 水的净化 ………………………………………… 35—44
12 地下水特殊净化和深度净化 …………………… 35—54
13 分散式给水 ……………………………………… 35—57

1 总则

1.0.1 本条阐述了编制本规范的宗旨。近年来，农村给水工程建设有了很大发展，有关部门制订并发布了农村给水的一些标准、规范，编写了设计手册，但为了使农村给水工程设计更加科学化、规范化，特编制本规范。

1.0.2 首先规定了本规范的适应范围。以与《室外给水设计标准》GBJ13—86的适用范围相衔接。村庄分为中心村、基层村。同时，本规范也适用于独立的乡镇企业永久性室外给水工程设计。

由于各地农村条件差异性很大，所以本规范内容不仅包括集中式给水工程，也包括分散式给水工程。

1.0.3 关于农村给水工程设计应遵循的主要原则。由于我国农村自然条件，经济水平，技术管理水平差异甚大，农村给水工程设计必须从实际情况出发，因地制宜，选择适宜技术，即要求技术可靠，经济合理，操作简便，便于维修。

1.0.4 关于农村给水工程规划设计与当地总体规划关系和考虑远期的规定。本条论述提出合理利用农村水资源，充分保证优质水生活饮用的原则。根据农村发展情况，结合各地实践，参考有关规定和手册，提出设计年限以 15a 至 20a 为宜。

1.0.5 在农村给水工程设计中优先采用标准设计和标准设备，若采用新工艺、新技术、新设备、新材料，应慎重态度，为此要求必须经过工程实践和鉴定。

1.0.6 提出特殊地质构造地区的农村给水工程设计，应遵守有关规定。

1.0.7 指出本规范与国家现行法规和标准的关系。

2 用水量、水质和水压

2.1 用水量

2.1.1 明确指出农村给水工程设计供水量，按最高日用水量计算，并对最高日用水量所应包括的内容作了规定。

2.1.2 关于生活用水定额，见表 2.1.2。按社区类别划分为镇区与村庄二大类，每一类又按给水设备类型分为 5 种。其中镇给水实用技术定额系参考《室外给水设计规范》GBJ13—86，《村镇给水实用技术手册》并结合对上海等地用水量调查综合而制订；村庄生活用水量主要依据《农村生活饮用水量卫生标准》GB11730—89，并结合实地调查资料综合制订。随着村镇人们在生活水平的提高，用水定额也有相应增加的趋势，主要反映在给水设备类型的档次在不断提高，有的地区甚至十分突出。因此，在选取定额时，要考虑发展，留有一定余地。由于我国农村地域广阔，各地气候、生活习惯、经济条件等差异甚大，定额中高低数值值有的相差一倍以上。设计时，可根据当地实际条件，参照已建水厂的用水量资料选定。

2.1.3 关于乡镇工业用水量的规定。表 2.1.3 设计依据为《给水排水标准规范实施手册》，《村镇给水实用技术手册》及部分调研资料综合。由于各地乡镇企业的生产性质和生产工艺各不相同，生产用水量标准也有较大差异，尤其生产车间的温度、劳动条件及卫生要求不同，其工作人员的生活用水量也有差别，应根据有关行业不同工艺现行用水定额也可技术选用。

2.1.4 关于畜禽饲养用水定额，表 2.1.4 畜禽饲养用水定额的依据是《给水排水标准规范实施手册》，《村镇给水实用技术手册》。

2.1.5 关于公共建筑用水量的原则规定。

2.1.6 关于消防用水量的原则规定。

2.1.7 关于未预见用水量及管网漏失水量的规定。

未预见用水量是指在给水系统设计中对难于预见的因素而保留的水量。由于乡镇企业的迅速发展，农民生活水平的提高，住宅对用水量估计不足而造成被动局面。考虑上述因素，未预见用水量应适当提高。管网漏失水量系指给水管网中未经使用而漏掉的水量，包括管道接口不严、管道腐蚀穿孔、水管爆裂、闸门封水圈不严以及消火栓等用水设备的漏水。由于各地情况不同，宜将上述二项水量一并计算，即未预见水量及管网漏失水量按最高日用水量的15%～25%合并计算。

2.2 水质

关于生活饮用水的水质应符合国家标准的规定。针对我国农村实际情况，全国爱卫会、卫生部发布了"农村生活饮用水卫生标准"，因此，农村生活饮用水质应按标准规定执行。

2.3 水压

关于水压的规定。条文中所说的给水管最不利点的最小服务水头系指干户上用户接管点，为满足用水要求所必须维持的最小水头。对于居住区来讲，不但以建筑层数确定，还要考虑投资和运行费用。

3 给水系统

3.1 给水系统的分类与选择

3.1.1 关于农村给水系统分类与选择的规定。结合我国农村目前的实际情况，参照《中国农村低造价给水手册》等资料，将农村分散式给水系统纳入到集中给水系统中。对于给水系统的选择，应依据该省地水给水系统进行技术经济比较后确定。有条件的地方，应优先选用集中式给水系统。

3.1.2 关于农村集中式给水系统的分类。集中式给水系统，除应满足用户对水质、水量、水压的要求，还要考虑供水安全、管理方便、节省工程投资、降低制水成本等因素。设计时应根据当地水源类型、地形特点、村镇大小、经济条件、技术水平、供电条件、综合考虑并进行技术经济比较后确定。

3.1.3 关于不具备建造集中式给水系统的农村，可建造分散式给水系统的规定。

本条规定仅提出有代表性的两种分散式给水系统。居住分散、电源没有保证，有地下水源良好水质地区，可选择深井手动泵给水系统；干旱缺水和苦咸水地区，可选择雨水收集给水系统。

3.2 农村给水常用工艺流程

目前从事农村给水工程规划设计人员，技术水平差异甚大，技术与设计资料搜集有一定困难，为便于使用本规范，本规范提供了农村给水常用的工艺流程以便选择。

其中，集中式给水系统工艺流程，按水源类型分为地下水与地表水两大类。分散式给水系统工艺流程，按水源类型与取水方式的不同，分类为深井手动泵系统与雨水收集系统。

3.2.1 关于以地下水为水源的集中式给水系统工艺流程的分类与其组成的规定。

其中,3.2.1.1与3.2.1.2中的水源水——高地泉水、地下水,其水质应符合"农村实施《生活饮用水卫生标准》准则"中的规定。

3.2.1.3 铁、锰超标的给水系统,应根据铁、锰超标的多少。

3.2.1.4 氟超标的给水系统,应根据氟超标的多少,参照相似水质的实际工程经验,选定工艺流程。

3.2.2 关于以地表水为水源的集中式给水系统工艺流程的分类与其组成的规定。原则上,按原水的浑浊度进行分类。对于微污染的地表水下,可选择3.2.2.4的工艺流程。

本条所提供的农村水厂工艺流程,均要求凝聚剂投加后进行快速混合,有条件的应优先选择混合泵混合。

3.2.3 关于深井手动泵系统的规定。

3.2.4 关于雨水收集系统的规定。

4 水源

4.1 水源的选择原则

4.1.1 水源选择前应先进行水资源勘察。由于各地水源的类型较复杂,水质差异较大,多年来,因在确定水源前对水资源的可靠性未进行详细勘察和综合评价,以致造成工程失误事例时有发生。因此必须进行水资源的勘察。

4.1.2 关于水质应符合的规定。水源的选择要求原水水质应符合GB3838—88《地面水环境质量标准》中规定的Ⅲ类水质标准或《生活饮用水水源水质标准》的要求。当原水水质不能满足上述规定,如遇到高浊度地表水或微量污染的水源时,应与其它类型水源进行技术经济比较采取相应的净化方法。

4.1.3 关于水量应符合的规定。确保水量的可靠水源是取水量的重要条件之一。本条文中规定了选择地下水为水源时,其取水量应低于允许开采量;选择地表水为水源时,其枯水期的保证率不得低于90%,这就要求必须掌握确切的开采量、水文资料。保证地下水的取水量不超过允许的开采量,以防出现长期过量开采地下水,造成区域性水位下降,引起地层下沉、管井阻塞等事故。以地表水作为水源的设计枯水期保证率在我国地区间差异。尤其是处于干旱地区和处于旱地带的枯水期水量保证率作为村镇给水工程的供水保证率不宜作硬性规定,故定于枯水期的保证率不低于90%,以便灵活掌握。

4.1.4 关于水质优先供生活饮用水的规定。随着乡镇企业的发展,用水量上升很快,不少地区特别是北方干旱地区,水资源缺乏,工业用水、工业与农业用水的矛盾日趋突出。因此生活用水与工业、农业用水应统一规划,合理分配,以保证优质水源优先供生活。

饮用。

4.1.5 关于优先选择符合卫生标准的地下水为水源的规定。由于近年来，地表水受到工业废水、农灌尾水不同程度的污染，增加了水净化的难度。一般地下水源不易受污染，水质较好，分布广，因此生活饮用水的水源，宜优先考虑水质符合要求的地下水。当有多个水源可供选择时，除考虑水源的质量和使用寿命外，还要考虑供水的可靠性、基建投资、运行费用、施工条件和施工方法等条件，进行全面技术经济比较，择优确定。

4.2 水源选择的一般顺序

4.2.1 关于从不同类型地下水源中，选择水源顺序的规定。
4.2.2 关于从不同类型地表水源中，选择水源的规定。
4.2.3 关于选择需净化方可饮用的地下水源的规定。
4.2.4 关于选择需进行深度净化的地表水水源的有关规定。
4.2.5 关于淡水资源匮乏地区，收集雨水作为给水水源的规定。

4.3 水源的卫生防护

4.3.1 规定了农村生活饮用水源的卫生防护，应按照现行的《生活饮用水卫生标准》中的规定执行。
4.3.2 关于地下水水源的卫生防护的规定。
4.3.3 关于地表水水源的卫生防护的规定。

5 取水构筑物

5.1 地下水取水构筑物

5.1.1 关于地下水取水构筑物位置选择的规定。首先，取水构筑物所处地带的水文地质条件，应保证取水量与水质的要求。在农村水厂条具体规定中，尤其应注意5.1.1.1中的要求，地质条件良好可保证取水构筑物的质量和使用寿命；不易受污染的要求，在农村水厂建设中也必须引起足够的重视。近年来，乡镇工业发展很快，但由于环保措施跟不上，已使不少地区的地下水井受到不同程度的污染。为此，在选择地下水取水构筑物位置时，必须注意防止污染，否则会置威胁到人们的健康。5.1.1.3中规定的按照地下水流向，在村镇的上游防止与减少人们的生产与生活活动对地下水源的污染，也是从防止污染的要求出发，根据农村水厂建设经验，提出的具体要求。

5.1.2 关于地下水取水构筑物型式与适用条件的规定

地下水取水构筑物的型式，主要有管井、大口井、渗渠和泉室等。正确选择取水构筑物的型式，对于确保取水量、水质和降低工程造价影响很大。选择时，除应注意含水层的岩性、厚度、埋深、给水度及变化幅度等因素，还应注意经济造价、施工条件和设备材料等因素，进行技术经济比较后确定。

5.1.2.1 关于管井适用条件及农村常用管井主要尺寸的规定。管井及其过滤器、沉淀管的设计，应根据住地状图及水文地质资料，提出封闭非取水层的要求；管井口应加设套管，井口应高出地面0.1m。以防止粘土或水泥等不透水材料封闭，井填入管井。

5.1.2.2 关于大口井适用条件及农村常用大口井主要尺寸的规定。坍落和地面污水直接流入管井。

表 5.1.2 大口井井底反滤层滤料粒径与厚度

含水层类别	第一层		第二层		第三层		第四层	
	滤料粒径(mm)	厚度(mm)	滤料粒径(mm)	厚度(mm)	滤料粒径(mm)	厚度(mm)	滤料粒径(mm)	厚度(mm)
细砂	1~2	300	3~6	300	10~20	300	60~80	200
中砂	2~4	300	10~20	200	50~60	200		
粗砂	4~8	200	20~30	200	60~100	200		
极粗砂	3~15	200	30~40	200	100~150	250		
砂砾石	15~30	200	50~150	200				

注：表中第一层为最下层，依次往上。

5.1.3 关于地下水取水构筑物设计的规定。因正文中 5.1.2 只对地下水取水构筑物的型式，主要尺寸与设计参数等作了规定，本条则对地下水取水构筑物设计中需注意的问题，做了补充规定。

5.2 地表水取水构筑物

5.2.1 关于选择地表水取水构筑物位置的规定。在选择取水构筑物位置时，应对水取的水源和河床地质情况，如冲刷与淤积、漂浮物、冰凌、水位和流量变化等，进行全面的分析论证；还应对河道规划与航行情况进行了解。尽可能不受泥砂、漂浮、冰凌、支流和咸潮等影响，不妨碍航行和排洪，以保证供水的安全。

5.2.2 关于取水构筑物型式的规定。选择型式时，应根据取水量和水质的要求，结合河道地形及地质、河床冲淤、水深及水位变幅、泥砂及漂浮物、冰情及航运等因素及施工条件，在保证取水安全可靠的前提下，通过技术经济比较确定。

5.2.3 岸边式取水构筑物适用于岸边地形、水文地质条件、水质较好的地形，水深及水位标高的地方，其泵房进口地坪设计标高，为设计最高水位加浪高再加 0.5m。

规定。

由于农村水厂规模小，根据各地资料，大口井井径一般小于 8m，井深一般为 5~15m。具体数据可参照大口井的含水层厚度、埋藏深度、含水层构造、施工条件反抽水试验资料等因素确定。

大口井的进水方式有井底进水、井壁进水、井底井壁同时进水、井壁加辐射管等，可根据取水量与当地水文地质条件确定。非完整井宜采用井底进水。

采用井底进水方式时，为保证出水水质和防止井底渗砂现象，需在井底作反滤层。井底反滤层宜做成回弧形。反滤层滤料粒径从上往下由大变小，反滤层层数、厚度、滤料粒径与含水层类别有关，设计时可参照表 5.1.2。反滤层厚度为 200~300mm，每层厚度可做 2~4 层。

为防止污染，大口井应加顶盖，并设通风孔与人孔，人孔需采用密封的盖板，井至少高出地面 0.5m。在大口井井口周围应设宽度不小于 1.5m 的散水坡，渗透性土壤地区，散水坡下部还应填厚度不小于 1.5m 的粘土层。

5.1.2.2 关于渗渠使用条件与主要设计参数的规定

渗渠适用及河滩漫渗渠应做反滤层，其层数、厚度和滤料粒径按表 5.1.2。渗渠外侧应做反滤法，其层数、厚度和滤料粒径表 5.1.2设计

位于河床及河滩漫渗渠，反滤层上部应根据河道冲刷情况设置防护措施。

需进入清理的渗渠、端部、转角等应置检查井，直线段部分检查井的间距一般不大于 50m。

5.1.2.4 关于泉室设计计算的规定

泉室设计前，应了解泉水出露处的地形、水文地质条件，最大限度地截取泉水。

泉水类型和补给条件，以便隐蔽地、井设人孔、通气孔、溢流管。井室应设顶盖密封，井设人孔、通气孔、溢流管等。

6 设计规模

6.1 一般规定

6.1.1 关于农村给水工程设计规模的规定。设计规模是指最大供水能力,应依据供水范围内的最高日用水量确定。选取水定额时,应考虑发展,留有余地。最高日用水量应为以下各用水量之和:最高日生活用水量、乡镇工业用水量、饲养畜禽最高日用水量、公共建筑最高日用水量、消防用水量、未预见水量、管网漏失水量。

从我国农村实际情况出发,暂不考虑浇洒道路绿化用水量、农村田园用水量,季节性较强,若工程中包括这部分供水,势必增加工程投资,因此计算最高日用水量时,未包括田园用水量。

6.1.2 关于工程设计年限的规定。随着农村经济的发展,生活水平的提高,用水量增长较快,为满足饮用水的要求,避免短期扩建,设计年限下限定为15a。

6.1.3 关于规划设计人口计算公式的规定。

6.1.4 关于消防用水量的规定。消防水量的计算,应根据设计人口数量,按《村镇建筑设计防火规范》GBJ139—90的规定执行。应根据设计人口数量、一次灭火用水量确定。如表6.1.5所示。

一时间内的火灾次数和一次灭火用水量

表6.1.5 室外消防用水量

人数(万人)	一时间内的火灾次数(次)	一次灭火用水量(L/s)
≤1.0	1	10
≤2.5	1	15
≤5.0	2	25
≤10.0	2	35
≤20.0	2	45

5.2.2.2 关于河床式取水构筑物适用条件和取水方式的规定。

5.2.2.3 关于浮船式取水构筑物适用条件和取水方式的规定。浮船设计应选择在河床较陡、停泊条件良好的地段,并应有可靠的锚固措施。

为保证浮船安全运行,浮船设计应满足平衡与稳定性要求,机组、管道等的布置,应考虑船体的平衡。

5.2.2.4 关于浮船式取水构筑物的位置、设备、停泊地。

低坝位置应选择在河床稳定,纵坡较大,水流集中和山洪影响较小的河段前的河床凹岸处。

底栏栅式取水构筑物应选择在河床稳定,取水深度要求满足,水量及水质要求,应有沉砂和冲砂设施。栏栅直组成分块活动形式。栏栅间隙宽度应根据河流泥沙粒径和数量、管廊排砂能力、取水水质要求确定。栏栅长度、取水位置的上下确定。为确保使用,应按设计频率设计。

5.2.3 关于地表水取水构筑物设计频率的规定。

设计水位的频率与水源、工程所要求的供水保证率等有关。目前,小型村镇水厂允许短时中断供水,要求的保证率较低,所以取水构筑物设计最高水位按五十年一遇频率,设计枯水位仍按百年一遇频率设计,参照城镇给水标准,设计枯水位频率为4.1.2低水位的频率90%。

5.2.4 关于取水头部设计参数的设计规定。因为无论什么型式取水头部格栅间隙与孔口直径以及总开孔(隙)面积的规定,均涉及取水头部,因而归纳、汇总在一起,提出统一的规定,以便操作。

5.2.4.1 关于取水头部在河床中位置的规定。

5.2.4.2 关于取水头部水下流速的设计规定。

5.2.4.3 关于取水头部格栅间隙与孔口直径以及总开孔(隙)面积的设计规定。

5.2.4.4 关于进水管计算的规定。

由于村级给水系统规模小，允许短时间内间断供水，因此可不单独考虑消防用水量。但需要按照消防用水量去复核供水能力，使供水能力不低于消防用水量，并应按规定设置消火栓。对于规模大、乡镇工业或公用建筑较多的村庄，仍应按设计考虑消防用水量。

6.1.6 关于未预见用水量及管网漏失水量的规定。未预见水量是针对设计时难以预见的因素而保留的水量。根据"中国农村饮水与环境卫生"项目规定及我国农村给水工程实践，一般以10%～20%为宜。管网漏失量是指给水管道接口、阀门、消火栓等处漏水以及管道爆裂、简独穿孔所流失的水量，由于农村管道长度较短，系统简单，一般为5%～15%。

考虑我国农村各地情况差异甚大，未预见水量及管网漏失水量可按最高日用水量的5%～10%计算。

所以本条文中规定，未预见水量、管网漏失水量及畜禽最高日用水量、公共建筑最高日用水量、工业、乡镇工业、饲养业用水量之和的15%～25%计算。

6.2 设计流量

6.2.1 关于取水构筑物与水泵房设计流量的规定。

考虑一些农村的实际情况，为满足用水需要，规定取水构筑物与水泵房取水构筑物并非24h连续工作，24h连续工作的实际流量，一般按照最高日工作时用水量计算。地表水水源取水构筑物与取水泵房日用水量即最高日平均时用水量，计算时应加上水厂自用水量，其数值可按最高日用水量的5%～10%计算。取用地下水，只经消毒就直接向配水管网供水的取水构筑物的设计流量，则应按最高日最高时用水量计算。

6.2.2 关于净水构筑物工作时间与连续工作的净水厂存在不必24h连续工作的规定。考虑一些农村水厂有足够的净化能

力，设置清水池的净水厂，其净水构筑物设计流量，应按照最高日工作时间内间断供水，因此可不设置清水池的净水厂，其净水构筑物设计流量，应按照最高日最高时用水量计算，并设置清水池的净水厂，其设计流量则应按最高日最高时用水量计算，并应考虑水厂的自用水量。

6.2.3 关于输水管道设计流量的有关规定。输水管道设计流量的计算，与净水厂位于输水管的前端或后端有关。配水管网中有无调节构筑物有关。考虑农村水厂的实际运行工作情况，并与取水构筑物、净水厂、取水泵房、净水厂设计流量相统一，均以最高日工作时用水量计算。

6.2.4 关于配水泵房设计流量的规定。配水泵房设计流量与管网中有无调节构筑物有关。有调节构筑物时，按最高日工作时用水量计算；无调节构筑物时，按最高日最高时用水量计算。

6.2.5 关于配水管网设计流量的规定。

6.2.6 关于考虑消防用水量的规定。

7 水泵和泵房

7.1 水泵的选择

关于选用工作水泵的型号及台数的规定。当水量变化较大,选用水泵的台数又较少时,需考虑大小水泵搭配。但是为方便管理和减少检修备件,选用水泵的型号不宜太多,电动机的电压也应一致。

7.2 水泵房的布置

泵房设计中,以地表水为水源的泵房,其取水泵房和配水泵房可分建也可合建。由于受水源水位的影响,取水泵房往往在较深、取水口应设在保证水源的枯水位以下。位置宜选择在村正主流游河岸供水条件较好并靠近主流的地段。在北方寒冷地区要考虑从冰下取水的可能性。修建以地表水为水源的配水泵房,除要考虑靠近主要用水地区外,还应注意到与其它净水构筑物的协调,合理布局。以地下水为水源的泵房,应尽可能与水源井合建,靠近主要用水地带,而且要求选择在不易受环境污染的地带,并要求便于施工、管理与维修。

7.2.1 关于水泵房外形设计和选用潜水泵的规定。

水泵房可根据当地施工条件、建筑材料供应情况以及工程造价等确定。

7.2.2 水泵房可设计为地面泵房或半地下式泵房。一般应根据水文,水文地质条件、施工能力等因素确定,为确保泵房安全运行,半地下式泵房要有可靠的排水措施

7.2.3 关于泵房设计的原则规定。

7.2.4 关于泵房内水泵吸水管、出水管设计流速的规定。

7.2.5 关于水泵房出水总干管上安装计量装置的规定。

为加强管理,进行成本核算,所有农村水厂均应在出水总干管上安装计量装置。

7.2.6 关于附属设备的要求规定。

7.2.6.1 规定设计深井泵房时应考虑的特殊要求,须满足吊装设备的需要

7.2.6.2 关于泵房内排水设施的规定。

7.2.6.3 泵房门的设计需考虑最大设备的进、出,保证泵房设备的维修、搬运等方便。

7.2.6.4 关于泵房采光通风的规定。

泵房高度应能满足采光通风的需要,还要注意周围环境对防止噪音的要求。

7.2.6.5 关于安装停泵水锤消除装置的规定。

7.2.6.6 关于北方寒冷地区泵房冬季保温及采暖的规定。

8 输配水

8.0.1 关于输水管线选择的原则规定。输水管线选择正确与否，对工程投资、建设周期、运行和维护等都会产生直接的影响。为此对设计选线应考虑的因素作了规定，强调选线时应尽量缩短线路长度，减少拆迁，少占农田，同时为施工和运行维护创造方便条件，从而达到节约工程投资，缩短建设周期的目的。

8.0.2 关于输水管道设计流量的规定。当净水厂构筑物后，输水管设计流量可按最高日工作时用水量加水厂自用水量计算。输水管日工作时间与输水管前端、净水厂构筑物同，则应按最高日最高时用水量计算。

8.0.3 根据农村给水工程的实践经验，长距离输水管道在高点存在气阻而影响输水通畅。为此，本条文规定在隆起点设置排（进）气阀。为便于维修常在低凹处设泄水阀。

8.0.4 依靠重力输水管道，当地形较陡时，一般可设计成树枝状，树枝网总长度较短，修建费用省，但断水可能性大。必要时也可按环状布置。

8.0.5 农村水厂允许考虑单程输水，是结合当前农村条件与实际经验定的。若输水距离较远时，可修建相当容量的安全贮水池。

8.0.6 关于配水管网选择和布置的原则规定。根据国内农村给水工程建设的经验，配水管网的选择涉及到农村建设多方面的问题，强调选线应尽量缩短管线并避免漏水整个供水区。

8.0.7 关于管网费用省，修建费用省。

8.0.8 关于配水管网允许干管流向应与供水流向一致的原则规定。

8.0.9 关于输配水管道水头损失计算公式的规定。在规范制订过程中，曾对目前农村常用的管道材料进行调查。目前农村输配水管道多采用塑料管、铸铁管、钢管和钢筋混凝土管。

8.0.9.1 关于塑料管水力计算公式。

8.0.9.2 对于旧钢管和铸铁管采用《室外给水设计规范》GBJ13—86中所列舍维列夫公式。

8.0.9.3 关于混凝土管、钢筋混凝土管，则采用谢才公式。

关于流速系数C的规定。本条对混凝土管、钢筋混凝土管C值主要取决于管内壁的粗糙度，n值一般可取0.012～0.0132。

值规定采用$C=(1/n)R^{1/5}$。n值主要取决于管内壁的粗糙度，n值一般可取0.012～0.0132。

8.0.10 关于输配水管道的管径应按经济流速设计的规定。经济流速见表8.0.10。

表8.0.10 经济流速范围表

管 道 种 类	流速 (m/s)
室外长距离管道、末端管道	0.5～0.75
水泵吸水管	1.0～1.2
水泵出水管	1.5～2.0
起端支管	0.75～1.0

8.0.11 关于输、配水管道的局部水头损失计算的参考数值。在一般流速范围内，局部阻力比沿程阻力小得多，为简便起见，局部水头损失可按沿程水头损失的5%～10%考虑。

8.0.12 关于钢筋混凝土管、重力流管道材料选择的原则规定。重力流管道采用混凝土或钢筋混凝土管，重力流管渠多采用砖、石砌造。大口径压力管道可采用自应力钢筋混凝土管、预应力钢筋混凝土管；小口径压力管道可采用铸铁管、塑料管、钢管。凡选用金属管道，应作内外防腐处理。

8.0.13 关于农村配水管网布置，应在适当位置布置消火栓的规定。

8.0.14 输配水管道的阀门设置应根据分段和分区检修的具体情况来确定。在设计中应注意检修阀门的间距，不应超过5个消火栓的布置长度。

8.0.15 关于支管和干管连接处，应在支管上设置阀门的规定。

8.0.16 关于输配水管道施工设计的一般原则规定。

8.0.16.1 有关管道埋设深度的原则规定。在设计时，应根据具体情况或通过计算确定。

8.0.16.2 关于干管、配水管、三通以及承插式管道应设置支墩的规定。支墩是防止由于管道内部水压作用而使承插式接口脱离的措施。国内外有关规范规定，承插式给水管道在水流转弯处应根据不同情况设置支墩。

8.0.16.3 关于给水管道与建筑物和其它管道的水平净距的原则规定。本条文中给水管道与建筑物和其它管道的水平净距，系根据各部门现行规范中规定的数据编列，一般不得小于表8.0.16所列数值。

8.0.16.4 关于生活饮用水管穿过有毒物污染及腐蚀性等地区的原则规定。生活饮用水管道对其所穿过地区主要满足两条要求，一是避免华物对水质的污染，二是避免腐蚀物对管道的腐蚀。

8.0.16.5 关于给水管道相互交叉以及与污水管道交叉时的规定。

8.0.16.6 关于给水管与铁路交叉的原则规定。其设计应按有关管道与铁路交叉的原则规定。

8.0.16.7 有关管道穿越河流采用型式的规定。

8.0.16.8 关于输配水管道上附属物布置的原则规定。《铁路工程技术规范》规定执行。

8.0.17 关于公用水栓设置地点和服务半径的规定。

表8.0.16 给水管道与其它管道的水平净距

构 筑 物 名 称	与给水管道的水平净距（m）
铁路远期路堤坡脚	5
铁路远期路堑坡顶	10
建筑红线	5
低、中压煤气管（<0.15MPa）	1.0
次高压煤气管（0.15～0.3MPa）	1.5
高压煤气管（0.3～0.8MPa）	2.0
热力管	1.5
街树中心	1.5
通讯及照明杆	1.0
高压电杆支座	3.0
电力电缆	1.0

9 调节构筑物

9.0.1 关于农村水厂常用调节构筑物的规定。

9.0.2 关于清水池有效容积的原则规定。根据农村水厂的实践经验,清水池的有效容积宜按最高日用水量的20%~30%计算。

9.0.2.1 关于清水池配套的规定。所用材料又个数或分格的选择、清水池形状、清水池配管须有进水管、出水管、溢流管、排水管,池顶应设通风孔和人孔。

9.0.2.2 关于清水池配管的规定。清水池配管须有进水管、出水管、溢流管、排水管,池顶应设通风孔和人孔。

9.0.3 关于高位水池有效容积的规定。

9.0.3.1 关于高位水池池内水深的规定。

9.0.3.2 关于高位水池分格数和个数的规定。

9.0.3.3 关于高位水池用于北方地区时防冻的规定。

9.0.3.4 关于高位水池设置避雷装置的规定。

9.0.3.5 关于高位水池各种配管的规定。

9.0.3.6 关于高位水池池顶设置通风孔和人孔的规定。

9.0.3.7 关于大容量高位水池设导流隔墙的规定。

9.0.4 关于水塔平面布置的原则规定。

9.0.4.1 关于水柜材料的规定。

9.0.4.2 关于水塔进、出水管道的规定。

9.0.4.3 关于水塔溢流管、排水管的规定。

9.0.4.4 关于水塔设置避雷装置的规定。

9.0.4.5 关于水柜设浮标的规定。

9.0.5 关于气压水罐设计规定的原则。气压水罐属于一类低压容器,是有爆炸危险的承压设备。选用气压水罐时,要求厂家必须具有压力容器许可证,避免由于粗制滥造而发生事故。

9.0.5.1 关于气压水罐最小工作压力计算公式的规定。

9.0.5.2 关于气压水罐总容积计算公式的规定。

9.0.5.3 关于气压水罐应装设安全阀、压力表、泄水管、密闭人孔、水位计的规定。

9.0.5.4 关于气压水罐的水泵设自动开关的规定。

9.0.5.5 关于气压水罐的设计单位与生产厂家严格的要求。

10 水厂总体设计

10.0.1 水厂厂址选择是净水厂设计的重要环节,它的选择正确与否,涉及到整个供水工程系统的合理性,并对整个工程投资、建设周期和运行维护等方面都会产生直接的影响。影响水厂厂址选择的因素很多,应通过技术经济比较确定水厂厂址,其中不受洪水威胁的要求,其标准与本规范5.2.3取水建筑物的标准相同。

10.0.2 关于水厂生产建筑物布置的原则规定。当水厂位于丘陵或山坡时,厂址上石方平整量往往很大,如生产建筑物能根据流程和埋深进行合理布置,充分利用地形,则可减少土石方。

为使操作管理方便,水厂生产构筑物宜布置紧凑,但构筑物间的间距必须满足各构筑物施工及埋设管道、闸阀安装的需要。构筑物间的联络管道应考虑近远期协调,以减少流程的水头损失。

水厂应考虑近远期协调,宜采用平行布置。为便于操作管理和生产管道应考虑防止过早回调,以减少流程的水头损失。

10.0.3 关于水厂平面布置的原则规定。

为使水厂布置合理与环境整洁,条文中规定生产、辅助生产、生活福利设施有排水系统,避免生活污水重力排泥有困难时,可在厂内设置水厂调节池和排水泵,通过提升后排放。

规定在加药间、絮凝池、沉淀池、澄清池排泥及滤池反冲洗水排除通畅,水厂应设有排水系统。若采用重力排水管道中人员流动和污水,污物排放。

10.0.4 关于水厂管道布置的原则规定。

水厂内各类管线较多,在布置时应周密考虑,必要时须进行管线综合。管道布置应考虑分期交叉,并尽量考虑重力流排放;管道布置应避免或减少检修建筑物的规定,水厂附属建筑物办水厂给水管道自动开关的衔接,否则会给检修造成一定的困难。

10.0.5 关于水厂绿化与附属建筑物的规定。水厂附属建筑物办公用房、化验、维修、车库、仓库、食堂、浴室、托儿所、锅炉房、传达室、宿舍、露天堆场)应根据水厂规模确定。

水厂应考虑绿化,绿化面积视规模、场地、经济条件而定。

在布置水厂附属建筑物时,需考虑设置堆放滤料、管配件的场地。场地宜设在水厂边缘地区。

水厂设置氯库房、氯库时,其设计必须符合《村镇建筑设计防火规范》的要求。

10.0.6 水厂道路的有关规定。车行道宽度应根据交通部颁发的《公路设计规范》中的规定,单车道为3.5m,车行道转弯半径等根据《道路设计手册》不宜小于6m。为排除雨水,车道应保持一定坡度,一般以1%～2%为宜。

10.0.7 关于水厂围墙的规定。水厂围墙主要为安全而设置,故围墙高度不宜太低。据调查,一般以2.5m以上为宜。

11 水的净化

11.1 一般规定

11.1.1 关于农村水厂的水净化工艺流程选择及主要构筑物组成选择的有关规定。

11.1.2 关于确定净水构筑物生产能力的有关规定。自用水量系指澄清池和沉淀池排泥水、溶解药剂用水、滤池反洗水和各种构筑物的清洗用水等。根据我国各地水厂经验:一般自用水量为总供水量的5%～10%。上限用于原水浑浊度较高、排泥频繁的水厂,下限用于原水浑浊度较低、净化工艺较简单的水厂。

11.1.3 农村水厂关于保证供水安全的有关规定。净水构筑物或设备因大修、清洗或突然事故,而供水量仍应满足最低要求。对于规模小、允许短时停止供水的水厂,可视情况放宽要求。

11.1.4 关于净水构筑物辅助管道安全防护措施的有关规定。
11.1.5 关于净水构筑物走道设安全防护措施的有关规定。
11.1.6 关于寒冷地区,应有防冻措施的规定。

11.2 自然沉淀

11.2.1 当原水浑浊度较高超过10000度,致使常规净水构筑物不能承担时,应在净水构筑物前,采用自然沉淀方式增设预沉池。

11.2.2 当原水浑浊度超过5000度(瞬时超过5000度)或供水保证率较低时的有关规定。可借地形将河水引入于天然池塘或建造人工水池进行自然沉淀,并兼有沉水作用。

11.2.3 有关自然沉淀同的规定。在自然沉淀过程中,悬浮颗粒的沉降速度较小,所以水流速度不宜过高,一般采用1.8～3.6m/h,故规定水在沉淀池内停留时间为8～12h。

11.2.4 关于自然沉淀池有关规定。

11.2.5 有关自然沉淀池面积的规定。

11.3 粗滤和慢滤

11.3.1 关于选择粗滤池构筑物型式的规定。影响粗滤池选择型式因素较多，应根据当地形、输水管的距离等选型。如西湖小江水厂，该厂原水采用常规净水构筑物，但由于一级泵站离水厂较远，致使长达960m的φ150mm塑料输水管道沉积大量泥沙，影响正常输水。经改造后，在一级泵站后建造一座上向流粗滤池，出水在重力作用下流至水厂的上向流粗滤池，经过两级粗滤池的预处理，使进入慢滤池前水的浊度保持在20度以下，从而保证了出水水质。

11.3.2 关于选择粗滤工艺的有关规定。平流粗滤池宜二级串联，平流粗滤池由三个砾石室组成一体并均与慢滤池串联，可替代常规净化工艺。净化原水浑浊度低于500度的地表水，本泵是根据浙江地区德清县金星水厂、西湖小江水厂以及该地区六个示范水厂运行经验制订。

11.3.3 关于竖流粗滤池滤料组成的规定。

11.3.4 关于平流粗滤池滤料组成与池长的规定。

11.3.5 关于粗滤池滤速的规定。

11.3.6 关于竖流式粗滤池设有配水室、排水管和集水槽的有关规定。

11.3.7 关于慢滤池的有关规定。

11.3.8 关于慢滤池设计参数选择的有关规定。

11.3.9 关于慢滤池设计的有关规定。农村小型水厂宜采用直滤式慢滤池，国家标准图集S778，提供有（4、7、10、14、20m³/h）五种规模慢滤池的设计图。

11.3.9.1 关于慢滤池滤料组成的设计规定。

11.3.9.2 关于慢滤池承托层组成的规定。

11.3.9.3 关于慢滤池滤层表面以上水深的规定。

11.3.9.4 关于慢滤池滤速的规定。

11.3.9.5 关于慢滤池滤层长宽比的规定。

11.3.9.6 关于慢滤池集水管设计的有关规定。

11.4 凝聚剂和助凝剂选择与投配

11.4.1 用于生活饮用水净化的凝聚剂和助凝剂的有关规定。上述两种药剂必须符合行业标准。目前国内有些地方生产的碱式氯化铝等净水药剂，带有某些有害杂质，为此使用时必须请卫生防疫部门严格把关，以免影响人体健康。

11.4.2 关于凝聚剂和助凝剂品种选择的规定。凝聚剂的品种直接影响凝聚效果，不同凝聚剂对不同的原水水质的适用范围也有差异，有条件时应进行凝聚沉淀试验比较后确定。缺乏试验条件时则可借鉴相似条件水厂运行经验确定。

11.4.3 关于投药配制采用湿投方式以及投配浓度、投药池个数的有关规定。投配溶液浓度系指重量百分比浓度，即包括结晶水的商品固体重量计算的浓度。

11.4.4 关于溶药池需进行内防腐处理，与选用塑料材料时应符合产品标准的规定。投药溶池内防腐处理是因为常用的凝聚剂，对混凝土与水溶液浆都有一定的腐蚀性，因此与凝聚剂接触的池壁、设备及管道都需要防腐措施。

11.4.5 关于农村水厂常用凝聚剂品种选择的规定。泥砂浆剂可供选择时，则应根据生产费用的运行和药剂的供应条件，进行比较确定。

11.4.6 关于投加地点的规定。投加药剂一般分为重力投加和压力投加两种，泵前投药一般采用重力投加方式，农村水厂应优先采用泵前投加,依靠重力作用把凝聚剂加入到吸水管内或吸水管喇叭口处。

11.4.7 关于输送与投加凝聚剂的管道及配件的有关规定。常用的凝聚剂对管道及配件都有一定的腐蚀性,因此均需具有耐腐蚀性,并对人体无害。

11.4.8 关于投药时计量装置的规定。常用计量装置较多,可根据具体条件选用。

11.4.9 关于加药间应设在投药点附近的规定。为便于操作管理,加药间应与药剂仓库近。

11.4.10 加药间应设冲洗、排污、通风设施的规定。有些凝聚剂在溶解过程中产生气味,影响人体健康,故必须考虑冲洗、排污及良好的通风条件。

11.4.11 关于药剂仓库储备量的规定。固定储备量系指由于非正常原因而导致药剂供应中断所必须的贮量,应根据当地药剂应情况,运输条件确定。

11.5 混合

11.5.1 关于混合方式选择的规定。混合系指凝聚剂放迅速放均匀分散到整个水体的过程,要求凝聚剂与水能够在瞬间达到急剧、快速的混合。

11.5.2 关于混合方法的规定。据调查,我国农村水厂大部分采用水泵混合,少部分采用管道混合以及管道静态混合器等。

11.5.3 对于混合过程要求的规定。

11.5.3.1 关于混合时间的规定。

11.5.3.2 关于混合装置离起始净水构筑物距离与管道停留时间的规定。

11.6 絮凝

11.6.1 关于絮凝池型式、絮凝时间以及絮凝池与沉淀池合建的规定。为使絮凝过程中形成的絮体不被打碎,故宜将絮凝池与沉淀池合建成一个整体构筑物。

11.6.2 关于隔板絮凝池设计的有关规定。隔板絮凝池设计系数选择与原水浊度,水温有关,根据多年多水厂的运行经验,一般可采用停留时间为20~30min,起始流速0.5~0.6m/s,终止流速0.1~0.2m/s;隔板净距考虑清洗和施工方便,宜大于0.5m。池底须设贮泥斗与排泥管,定时排泥,以保证絮凝效果。

11.6.3 关于折板絮凝池设计的有关规定。因折板具有对水质变化的适应性强,投药量少,絮凝效率高,池体容积小、能量消耗省等特点,是一种高效絮凝工艺。目前各地根据不同情况采用平流折板、竖流折板等型式。据调查絮凝时间一般为6~15min。流速大多根据逐段降低的要求,竖流絮凝池分为三段;第一段为0.25~0.35m/s;第二段为0.15~0.25m/s;第三段为0.10~0.15m/s。折板夹角大部分采用90~120°。

11.6.4 关于穿孔旋流絮凝池设计的有关规定。根据各地水厂调查资料表明,穿孔旋流絮凝池亦是一种较适宜农村水厂的絮凝构筑物。条文中絮凝时间和絮凝速度的规定每次根据各地水厂调查资料制订。

11.6.5 关于波纹絮板絮凝池设计参数的有关规定。波纹絮板絮凝池一般按竖流设计,絮凝时间是根据实际经验制订。

11.6.6 关于网格絮凝池设计参数的有关规定。其参数,系根据浙江、广东等地实际经验确定。

11.7 澄清和沉淀

11.7.1 关于澄清和沉淀的一般规定。

11.7.1.1 澄清和沉淀均指凝聚澄清和凝聚沉淀。本条文规定的各项指标不适用于自然沉淀（澄清）。

11.7.1.2 规定澄清池或沉淀构筑物的类型越来越多。随着净水技术的发展，澄清池或沉淀池子都有它的适用范围，正确选择澄清池或沉淀池，不仅对保证出水水质、降低工程造价，而且对投产后长期运行管理方面均有很大影响。设计时应根据原水水质结合当地成熟经验，通过技术经济比较后确定。

11.7.1.3 规定了澄清或沉淀池的最小个数。为了防止在检修或清洗时，不致影响供水，故规定了澄清池或沉淀池的个数不能够单独排空的分格数不宜少于2个。

11.7.1.4 规定了澄清池和沉淀池均匀配水和均匀集水的原则。因澄清池和沉淀池应考虑均匀配水和均匀集水，对于澄清净化效果，提高池的均匀性，设计中必须注意配水和集水的均匀性。

本条文还规定，进或沉淀池污泥浓缩处理后出水浊度一般不宜超过10度的规定。若遇高浊度原水或低温低浊度原水时，一般不宜超过15度。

11.7.1.5 关于澄清池和沉淀池适用范围的规定。根据各地水厂调查，原水浊度在2000度以下时，处理效果较稳定。池子直径若过大大于7500m³/d，处理效果也不理想，多与无阀滤池配套使用。对于经常间歇运行的水厂，设计应慎用。

11.7.2 关于水力循环澄清池的规定。

11.7.2.1 关于水力循环澄清池回流量的规定。当原水池浊度较高时，为了减少污泥量可取下限，宜按进水量的2倍设计。

11.7.2.2 关于水力循环澄清池上升流速的规定。清水区上升流速是澄清池设计的主要指标，据各地水厂调查，处理效果稳定在上升流速不大于1.0mm/s时，故条文中对水力循环澄清池的上澄清池上升流速指标规定为0.7~1.0mm/s。低温低浊时宜选用低值。

11.7.2.3 考虑到生活饮用水标准提高，本条文还对清水区高度作了有关规定。

11.7.2.4 关于第二絮凝室有效高度的规定。此有效高度对于稳定水流，进一步完善絮凝起重要作用。本条文综合各地的运行经验，规定第二絮凝室有效高度，一般宜采用3~4m。

11.7.2.5 关于喷嘴流速的有关规定。

11.7.2.6 关于第一絮凝室出口与第二絮凝室进口流速的规定。

11.7.2.7 关于喷嘴直径与喉管直径之比以及喷嘴流速、喉管流速的有关规定。

11.7.2.8 关于澄清池总停留时间的规定。根据我国实际运行经验，水力循环澄清池停留时间可采用1~1.5h是适宜的。但要保证清水区上升流速满足本规范11.7.2.3条规定的要求。

11.7.2.9 关于水力循环澄清池斜壁与水平面夹角不宜小于45度。本条文从排泥通畅考虑，规定了斜壁与水平面夹角不宜小于45度。

11.7.2.10 因水力循环澄清池，对水质变化适应性较差，设置专用调节喷嘴与喉管进口间距的设施，可使其适应原水水质变化。

11.7.3 机械搅拌澄清池

机械搅拌澄清池自六十年代以来各地陆续采用。机械搅拌澄清池较水力循环澄清池，对水质、水温变化适应性强，效果稳定，投平流沉淀池构造简单，处理效果稳定，暂停运行再启动后，恢复正常出水时间短，是目前水净化工艺中常用的净水构筑物。

11.7.3.1 机械搅拌澄清池进水浑浊度适用范围的规定。据调查，各地水厂一般进水浑浊度在5000度以下，个别地区短时间可达10000度。实践证明，当原水浑浊度经常在3000度以下时，处理效果稳定，运转正常。在3000～5000度，采用池底机械刮泥装置，也可达到稳定的效果。据此本条文规定机械搅拌澄清池宜用于浑浊度长期低于5000度的原水。

11.7.3.2 机械搅拌澄清池清水区上升流速的规定。

一般采用0.7～1.0mm/s。系考虑到饮用水水质标准的提高，为保证出水水质，减轻后续滤池负荷而确定的。低温低浊水可采用0.5～0.8mm/s。

11.7.3.3 机械搅拌澄清池停留时间及第一絮凝室与第二絮凝室停留时间的规定。根据各地水厂运行经验，条文中规定总停留时间为1.2～1.5h，第一絮凝室与第二絮凝室停留时间宜控制在20～30min。

11.7.3.4 关于机械搅拌叶轮提升流量及叶轮直径的规定。搅拌叶轮提升流量即第一絮凝室与第二絮凝室的回流量，它对循环的形成有很大影响。本条文参照各地水厂实践经验，确定搅拌叶轮提升流量可为进水流量的3～5倍。

11.7.3.5 机械搅拌澄清池设置机械刮泥装置的规定。机械搅拌澄清池是否设置机械刮泥装置，主要取决于池子直径大小、进水悬浮物含量及其颗粒组成等因素。

当池子直径在15m以内，原水悬浮物含量不高时，可采用斗式排泥，夹角不小于45度。当原水悬浮物含量较高时，为确保排泥通畅，应设置机械刮泥装置。原水悬浮物含量虽不高，但因池子直径较大，为了降低池子底部坡度影响沉淀效果，减小须增设机械刮泥装置，以防止池底积泥，确保出水均匀，增加池底稳定性。

11.7.4 平流沉淀池

平流沉淀池水平流时间短，且对水质的适应性较强，故在各地区仍普遍采用，尤其适用于50000m³/d以上的大型水厂。

11.7.4.1 关于平流沉淀池水平流速适用范围的规定。据调查，各地平流沉淀池的进水浑浊度，一般在5000度以内，个别地区短时间可达10000度。故本条文规定平流沉淀池用于进水浑浊度低于5000度，瞬时不超过10000度的原水。

11.7.4.2 关于平流沉淀池沉淀时间的规定。

沉淀池设计中的一项主要指标，它不仅影响出水水质，而且对出水水质和投药量也有较大影响。根据我国各地水厂运行经验，沉淀时间大多低于4h，出水水质均能符合进入滤池的要求。据此本条文规定平流沉淀池沉淀时间一般宜为2.0～4.0h。

11.7.4.3 关于平流沉淀池水平流速的规定。虽然池内水平流速降低有利于固液分离，但是在全降低水池的容积利用率与水流的稳定性，加大温差、异重流以及风力等对水流的影响。因此应多低行均能符合。所以本条文将平流沉淀池水平流速适当提高为10～20mm/s。

11.7.4.4 关于平流沉淀池池体尺寸的规定。根据沉淀池"浅层沉淀"原理，在相同沉淀时间的条件下，池子越深，沉淀截留悬浮物的效率越低。但池子过深，易使池内沉淀带长。根据各地水厂实际经验，平流沉淀池深度一般可采用2.5～3.5m。

平流沉淀池宜布置成狭长的型式，以改善池内水流条件，沉淀池每格宽宜为3～8m，最大不超过15m，并规定了长度与宽度之比不得小于4。

11.7.4.5 关于平流沉淀池配水和集水形式的规定。平流沉淀池进水与出水均匀与否直接影响沉淀效果。为使进水能达到整个水流断面上配水均匀，宜采用穿孔墙，但应避免絮粒在通过穿孔墙处的破碎。平流沉淀池出水一般采用溢流堰，为了不致造成堰负荷过高，而将已沉降的絮粒被溢流带出，参考《村镇给水实用技术手册》，本条文规定溢流率不宜大于20m³/(m·h)。

11.7.4.6 关于平流沉淀池液面负荷率的规定。

液面负荷率的大小是影响沉淀效率的重要因素之一。液面负荷率与原水水质，出水浑浊度，水温，药剂品种等因素有关。据调查，并考虑对沉淀池出水水质要求的提高，故本条文规定液面负荷率较低，对北方地区宜取低值。

11.7.5 竖流沉淀池

竖流式沉淀池较澄清池工艺管理简单，占地小，可与絮凝池合建，且排泥方便，因而，可作为农村水厂沉淀池合建的一种型式。为考虑检修，故本条文规定沉淀池数不应少于2个。

11.7.5.1 关于竖流式沉淀池与絮凝池合建的规定。

竖流式沉淀池与絮凝池合建时，絮凝池建在中心。竖流沉淀池的水力条件不佳，随着直径加大稳定性更差。故本条文规定竖流沉淀池直径不宜大于10m。竖流沉淀池有效水深，应保证水流紊动较小而又要保持足够的均匀性，故本条文规定有效水深为3m～5m，超高应为0.3～0.4m。

11.7.5.2 关于竖流式沉淀池合建的规定。由于竖流式沉淀池的水力条件不

11.7.5.3 关于竖流式沉淀池沉淀时间规定。沉淀时间是竖流式沉淀池设计中的一项主要指标。它不仅影响造价，而且直接影响出水水质。据调查，我国现采用沉淀时间一般为1.5～2.5h，故本条文规定竖流沉淀池沉淀时间不宜大于3h。

11.7.5.4 关于竖流式沉淀池进水管流速、上升流速、出水管流速的规定。

竖流沉淀池中自下向上流动，流速过大，会影响沉淀效果，故本条文规定竖流式沉淀池进水管经中央絮凝室絮凝后经导流速，在沉淀池中自下向上流动，流速过大，会影响沉淀效果，故本条文规定竖流式沉淀池进水管流速宜为1.0～1.2m/s，上升流速宜为0.5～0.6mm/s，出水管流速为0.6m/s。

11.7.5.5 关于竖流式沉淀池中心导流筒高度的规定。

11.7.5.6 关于竖流式沉淀池圆锥斜壁与水平夹角的规定。为了保证沉淀池排泥的通畅，故本条文规定竖流式沉淀池圆锥斜壁与水平夹角不小于45°，底部排泥管径不宜小于150mm。

11.7.6 异向流斜管沉淀池

异向流斜管沉淀池自七十年代在国内使用以来，具有适用范围广，处理效率高，占地面积小等优点。在国内实践经验的基础上，对异向流斜管沉淀池的设计作出了规定。

11.7.6.1 关于异向流斜管沉淀池适用浑浊度范围的规定。异向流斜管沉淀池，水在斜管中停留时间短，单位时间内沉泥量大，当原水浊度较高时，容易造成出水水质不稳定，故本条文规定异向流斜管沉淀池宜用于浑浊度长期低于1000度的原水。

11.7.6.2 关于异向流斜管沉淀区液面负荷的规定。

液面负荷是斜管沉淀池主要设计指标。比目前常采用上升流速概念更加科学。为此，本规范以液面负荷作为斜管沉淀池的主要设计指标。

液面负荷与原水水质，要求出水浑浊度，水温，药剂种类，投药量，斜管直径，斜板间距，长度有关。据调查，各地水厂斜管沉淀池的液面负荷一般为10～11m³/(m²·h)，故条文中规定对沉淀池出水水质的提高及农村水厂管理水平较低，北方寒冷地区宜取低值。采用7.2～9.0m³/(m²·h)。

11.7.6.3 关于斜管的几何尺寸与倾角的规定。

斜管沉淀池常用形式一般有正六边形、矩形和正方形，以正六边形居多。据调查，国内斜管直径，较多采用的内切圆直径25～35mm，斜长1m，倾角60°，故本条文采用此值。

11.7.6.4 关于水在斜管内停留时间的规定。各地水厂经验表明，水在斜管内停留时间一般为4～7min。原水水质变化较大的地区，宜取高值。

11.7.6.5 关于清水区保护高度及底部配水区高度的规定。

斜管沉淀池的集水一般多采用集水槽或集水管。为使整个斜管区的出水均匀，并防止藻类生长堵塞斜管，清水区保护高度不宜小于1.0m。斜管以下底部配水区的高度需满足进入斜管区的水流均布的要求，并考虑排泥设施检修的可能，为此规定底部配水区高度不宜小于1.5m。

11.8 过滤

11.8.1 过滤的一般规定。

过滤是使水流过人工滤层得以进一步净化的过程。

11.8.1.1 关于滤池出水水质标准的规定。滤池出水指标应符合饮用水的水质要求。除细菌等指标外，其它物理、化学指标均应符合《农村实施"生活饮用水卫生标准"准则》的要求。消毒后，应符合实施《农村实施"生活饮用水卫生标准"准则》的要求。

11.8.1.2 关于滤池型式选择的规定。滤池型式选择，主要根据原水水质、设计生产能力、工艺流程的高程布置，以及当地技术水平等。

11.8.1.3 关于滤料性能的规定。

11.8.1.4 关于滤池个数的规定。

为保证滤池检修时不致影响整个厂的供水，条文规定滤池个数不得少于两个。

11.8.1.5 关于滤池设计滤速与滤池组成的规定。滤池可按正常情况设计滤速，即全部滤池在工作时的滤速设计，而用强制滤速，即全部滤池中有一个或两个滤池在冲洗或检修时，其它工作的滤池所需要的滤速进行校核。

11.8.1.6 关于滤池工作周期的规定。理想的滤池工作周期是当达到规定滤层水头损失值的同时，滤池出水浊度也上升到某一设定的浊度。在本条文规定的滤速与进水浊度条件下，工作周期宜采用12～24h。

11.8.1.7 关于滤池配水系统的规定。滤池配水系统的开孔比是影响滤池冲洗均匀性的因素。开孔比越小，冲洗越均匀。本条文对各种型式配水系统作了规定。大阻力配水系统开孔比为0.20%～0.28%；中阻力配水系统开孔比为0.6%～0.8%；小阻力配水系统开孔比为1.0%～1.5%。

11.8.1.8 关于滤池冲洗强度和冲洗时间的规定。根据国内经验，规定了水洗滤池的冲洗强度和冲洗时间的同时的数值。冲洗强度可按表列值选用。当水温偏离20℃较大时，冲洗强度可适当增减。

11.8.1.9 关于滤池设取样装置的规定。为检测滤池的出水水质，滤池出水管上应设设置取样龙头。

11.8.2 接触滤池

接触滤池是原水投加凝聚剂后，不经沉淀或澄清而直接进行过滤的滤池。国内采用的接触滤池以双层滤料居多。由于双层滤料层截污能力高，滤层中水流阻力及水头损失的增加缓慢，工作周期可延长。

11.8.2.1 关于接触滤池适用范围和滤速的规定。据调查，原水投浑池度低于20度，处理效果较稳定，滤速采用6～8m/h，因煤层上层无烟煤的孔隙大，加凝聚剂后，絮凝反应主要在滤料上层无烟煤层中完成，故滤速不宜过高。

11.8.2.2 关于滤料组成的规定。

由于双层滤料粒径按水流方向由大到小，具有反粒度过滤的特点，故本条文规定滤池采用双层滤料，对滤料粒径规定以最小粒径和最大粒径以K80数值，并列出K80数值，系根据国内采用的滤料组成情况制订。其滤料层厚度数值为国内的常用值。

11.8.2.3 关于接触滤池冲洗前水头损失、双层滤池表面以上水深的规定。根据国内水厂运行经验，双层接触滤池的冲洗前水头损失宜采用2～2.5m，为保证接触滤池有足够的工作周期，避免砂层中产生负压并从工艺流程的高程布置、构筑物的造价考虑，条文中规定了水负压面以上的水深宜为2m。

11.8.2.4 关于滤池冲洗的规定。水洗滤池的冲洗强度、冲洗时间、滤层膨胀率的数值。

11.8.3 压力滤池

压力滤池工艺流程简单，利用余压将滤后水送至水塔或管网，可省去二级泵站。当原水浊度不超过60度时，可考虑选用压力滤池。适合于小型、分散式的给水工程。

11.8.3.1 关于压力滤池滤料级配、设计数据的规定。

11.8.3.2 关于压力滤池型式的规定。压力滤池高度一般为3m，由于立式压力滤池的过滤面积较卧式压力滤池的过滤面积小，当直径大于3m时，可选用卧式。

11.8.3.3 关于压力滤池冲洗水系统的规定。规定了水洗滤池的冲洗强度和冲洗时间的数值。

11.8.3.4 关于压力滤池配水系统的规定。压力滤池宜采用小阻力配水系统，一般用管式、滤头或格栅。

11.8.3.5 关于压力滤池安全运行需设置人孔、排水阀的规定。为了便于检修和安全运行需设置人孔、排水阀，顶部设排气阀、底部设排水阀，简体上部设压力表。

11.8.4 重力式无阀滤池

重力式无阀滤池适用于中、小型水厂，特别是和水力循环澄清池配套使用更为合适。可自动反冲洗，操作方便，工作稳定可靠。

11.8.4.1 关于重力式无阀滤池进水系统的规定。无阀滤池是属重力变水头、等滤速进水的滤型式，如不设置单独过滤系统，势必造成各个滤池进水量的相互干扰，并会发生在某滤池同时冲洗的现象，故每个滤池应设置单独的进水系统。

11.8.4.2 滤池在投入运行的初期，由于滤层水头损失较小，进水管中水位较低，易产生跌水和将空气带入，故进水系统应有防止空气进入的措施。

11.8.4.3 关于无阀滤池滤料和滤料适用范围的规定。根据各地使用情况调查，原水浊度常年在15度以内，可采用单层石英砂滤料；原水浊度常年不超过20度，短期内不超过50度，应采用双层滤料。

11.8.4.4 关于无阀滤池冲洗前水头损失的高度、冲洗周期及前处理构筑物的高度。无阀滤池冲洗前水头损失决定虹吸管的高度。无阀滤池冲洗前的水头损失的1.5m是根据历年来的设计经验的高度。本条文规定的1.5m是根据历年来的设计经验制订。

11.8.4.5 关于无阀滤池的冲洗强度和冲洗时间的数值。根据国内运行经验，规定了水洗滤池的冲洗强度和冲洗时间的数值。条文中规定了冲洗强度一般采用15L/(s·m²)；冲洗时间5～6min。

11.8.4.6 关于滤料表面以上直壁高度的规定。为防止冲洗时选滤料从过室中流走，滤料表面以上的直壁高度除考虑膨胀高度外，还应加保护高度（一般采用10～15cm）。

11.8.4.7 关于无阀滤池冲洗水箱的规定。冲洗水箱置于滤池顶部，以保证有一定的冲洗强度和冲洗水头，当冲洗水头不高时，宜采用小阻力配水系统。一般可采用平板孔式、格栅、滤头和豆石滤板。

11.8.4.8 关于无阀滤池承托层配水方式的有关规定。无阀滤池由于受冲洗水头的限制，而采用小阻力配水系统，为了提高配水的均匀性，故对承托层材料与配水方式列于表中，供设计时选用。

11.8.4.9 关于无阀滤池辅助虹吸、冲洗强度调节以及强制冲洗装置的规定。辅助虹吸措施能促进冲洗初始作用时的快速发生，设计时须加考虑。为避免实际冲洗强度与理论计算冲洗强度有较大出入，故应设置调节冲洗强度的装置。为使滤池能在未达到冲洗水头损失之前进行冲洗，滤池还需设有强制冲洗的装置

11.8.5 普通快滤池

11.8.5.1 关于普通快滤池滤料与滤速的规定。普通快滤池滤料一般为石英砂，无烟煤或煤砂双层滤料，滤速一般采用8～10m/h。

11.8.5.2 关于普通快滤池分格数的规定。滤池个数的数值及

滤池造价、冲洗效果和运行管理。个数多，冲洗效果好，运转灵活，强制滤速较低，但单位面积滤池造价提高，故滤池个数不宜少于2个，滤池个数或检修，其它滤池经济比较确定。在本条文中列出滤池总面积与滤池个数分格表，以供选用。

11.8.5.3 关于滤池个数少于5个时的布置规定。滤池个数少于5个，宜采用单行排列，管廊位于滤池的一侧，便于检修、管廊通风，采光都较好。

11.8.5.4 关于单个滤池大于50m²，管廊应设置中央集水渠的规定。

11.8.5.5 关于普通快滤池滤层以上水深与滤池超高的规定。根据各地水厂运行经验，普通快滤池滤层厚度一般不小于700mm。为保证普通快滤池有足够的工作周期，避免砂层中产生负压以及从工艺流程的高程布置和构筑物的造价考虑，条文规定了滤层以上水深，宜为1.5～2.0m。滤池超高宜采用0.3m。

11.8.5.6 关于滤池的工作周期和冲洗前水头损失的规定。

理想滤池也上升到某一设定的浊度，根据国内水厂运行的经验，在本规范规定的滤速与滤池冲洗前的水头损失条件下，工作周期宜采用12～24h。

11.8.5.7 关于普通快滤池配水系统设计的规定。根据国内运行经验，普通快滤池数据规定，在一般的冲洗强度下，即可满足滤池冲洗配水的均匀要求。普通快滤池一般采用管式大阻力配水系统。

11.8.5.8 关于普通快滤池承托层的规定。

11.9 一体化净水器

一体化净水器是80年代初在国内发展起来的一种小型净水设备。它具有体积小、占地面积小、一次性投资低等特点。

11.9.1 一体化净水器其功能相当于净化地表水的常规净化工艺。一体化净水器一般净化能力为5～50m³/h。

11.9.2 关于一体化净水器适用范围的规定。一体化净水器由于净水时间短，故原水水质变化不宜太大，原水浊度较高时，容易使出水水质不稳定，一体化净水器不宜用于净化常年浑浊度高于500度的地表水。

11.9.3 关于一体化净水器型式选择原则规定。目前我国生产20多种净水器产品，可分为重力式和压力式两大类，型式选择应通过调研，结合原水水质技术经济比较后确定。

11.9.4 一体化净水器的产品质量应符合行业标准的规定。

11.10 小型净水塔

小型净水塔构造简单、结构紧凑、占地少、造价低，是一种适用于原水池浊度较低的净水装置。

11.10.1 关于小型净水塔型式的有关规定。小型净水塔是将压力式无阀滤池或单阀滤池与水泵、水塔合并建造的小型净水构筑物。

11.10.2 关于小型净水塔适用范围的规定。小型净水塔是由接触滤池起净化作用，无絮凝与沉淀装置，故本条文规定宜用于进水浊度经常小于20度，短时不超过60度的原水。

11.10.3 关于小型净水塔柜有效容积计算的规定。

11.10.4 关于小型净水塔确定总容积时应考虑保护高度所占容积的规定。

11.10.5 关于小型净水塔进、出水管、溢流管、排水管管径的规定。

11.11 消毒

11.11.1 关于生活饮用水必须消毒和消毒方法的规定。消毒目的是杀灭原水微生物，使水质达到"生活饮用水卫生标准"准则的要求。我国目前仍以氯消毒为主，氯价格便宜，来源丰富。本规范根据目前国内实际使用情况，以氯作为消毒剂，如液氯、漂白粉、次氯酸钠溶液。

11.11.2 关于加氯点的规定。当原水水质较好、未受污染，一般采用滤后一次加氯。当水源水质较差时，常采用二次加氯，即在沉淀池或澄清池前先进行预加氯，以氧化水中有机物和藻类，去除水中色、嗅、味，经过滤后再加氯，以进行水的消毒。

11.11.3 关于氯的设计用量的规定。鉴于各地原水水质差异，加氯点不同，因此投氯量也不同，应根据相似条件下的运行经验确实。此外还对接触时间与余氯量作了规定。

11.11.4 关于投加液氯加氯机的有关规定。

11.11.5 关于加氯间位置的规定。加氯间应靠近投药点，避免加氯管过长、引起管道阻塞，且因管道水头损失较大，加氯间气不够，会导致投加困难，故本条文作此规定。另外还管道出加氯应设磅秤、加氯间内部管线应敷设在沟槽内，避免管道腐蚀等规定。

11.11.6 关于加氯间与其它工作间分开以及设置观察窗和外开门的规定。

11.11.7 关于加氯间及氯库设置安全措施的规定。根据我国《工业企业设计卫生标准》的规定，室内空气中氯气允许浓度不得超过 $1mg/m^3$，故规定加氯间应配备防毒面具、抢救材料和工具箱，并应有通风措施等。

11.11.8 关于通向加氯间给水管道的规定。为保证连续加氯要求连续供水，并保证水压稳定。

11.11.9 关于加氯间采暖方式的规定。从安全防爆出发，条文作了相应的规定。

11.11.10 关于氯库位置的规定。为防止氯瓶漏气，条文对氯库位置作了规定。

11.11.11 关于消毒仓库固定储备量的规定。一般设计中按最大量的15~30d计算，并可根据当地货源和运输条件确定。

11.11.12 关于漂白粉消毒的规定。其投加量应根据相似条件的运行经验。滤前水加氯量一般为1.0~2.5mg/L，滤后水或地下水加氯量一般为0.5~1.5mg/L。

11.11.13 关于漂白粉采用溶药池和溶液池的规定。

11.11.14 关于漂白粉采用溶液池有效容积的规定。

11.11.15 关于消毒药剂的管道及配件必须耐腐蚀的规定。

11.11.16 关于次氯酸钠发生器产品质量的规定。

11.11.17 关于次氯酸钠溶液投加方式的规定。

12 地下水特殊净化和深度净化

12.1 除铁和除锰

当地下水含铁、锰超过饮用水标准规定时，必须予以去除。微量的铁和锰是人体所必需的元素，但是当水中铁、锰超标时，不仅危害人体健康，还会使衣物、器具染色后留下斑痕。作为生活饮用水铁不得超过 0.3mg/L，锰不得超过 0.1mg/L。

12.1.1 工艺流程选择

12.1.1.1 关于地下水除铁、除锰的规定。

12.1.1.2 关于地下水除铁、除锰工艺流程选择的规定。合理选择工艺流程是地下水除铁、除锰成败的关键，并将直接影响水厂的经济效益。工艺流程选择与原水水质有关，在设计前宜进行除铁除锰试验，以取得可靠的设计依据。如无条件也可参照原水水质相似的水厂经验，通过技术经济比较后确定除铁除锰工艺流程。

12.1.1.3 关于地下水除铁方法及其工艺流程的规定。接触氧化除铁工艺是利用天然锰砂表面含有高价锰的氧化物，能对水中二价铁的氧化反应起催化作用。曝气氧化法，系指原水经曝气后利用铁的氧化反应除 CO_2，一般 pH 值达 7.0 以上，水中 Fe^{2+} 全部就大部分氧化为 Fe^{3+}，再进入滤池进行接触过滤去除。

12.1.1.4 本条文中列了 3 种，试验和生产实践表明，曝气接触氧化法除锰，具有投资省、制水成本低、管理简便、处理效果好且稳定等优点。铁锰共存时原水含铁<2.0mg/L，含锰量<1.5mg/L，其工艺流程可采用曝气——单级过滤。当铁锰含量超过上述数值时，应通过试验确定除锰工艺，当受条件限制时可采用二级过滤工艺。先接触氧化除锰后除铁，当原水碱度较低、硅酸盐含量愈高、塔塞愈快。一般每 1~2a 就应对填料层进行清理，层间净距一般不宜小于 600mm。

层致使出水水质恶化，因此应通过试验确定碱定除锰工艺，必要时可采用二次曝气、二次接触过滤工艺。

12.1.2 曝气装置

12.1.2.1 关于曝气装置选择的原则规定。曝气装置有多种，可根据原水水质和工程选用。

12.1.2.2 关于跌水曝气器装置主要设计参数的规定。从国内使用情况来看，跌水级数一般采用 1~3 级，每级跌水高度采用 0.5~1.0m，单宽流量低者 4.7m³/(h·m)，高者达 2800m³/(h·m)，多数采用 20~50m³/(h·m)。故本条文规定了单宽流量为 20~50m³/(h·m)。设计时不宜对跌水级数、跌水高度、单宽流量作最不利的数据组合，使曝气装置产生致差的曝气效果。

12.1.2.3 关于淋水装置主要设计参数的规定。目前国内淋水装置多采用穿孔管或穿孔蓬头，穿孔管加工简单，曝气效果良好。根据国内使用经验，孔眼直径以 4~8mm 为宜。淋水装置安装高度，对板条式淋水是指淋水出口至最高一层填料表面的高度；对直接设在滤池上的喷嘴是指淋水出口至滤池内最高水位的高度。

12.1.2.4 关于喷淋曝气装置主要设计参数的规定。条文中规定了每个喷嘴的服务面积为 1.5~2.5m²。

12.1.2.5 关于射流曝气塔的规定。射流曝气经实践表明，原水经射流曝气后溶解氧的构造必须通过计算来确定。实践表明，但 CO_2 散除率一般不超过 30%，pH 值饱和度可达 70%~80%，故射流曝气装置适用于原水铁锰含量较低，对散除 CO_2 和提高 pH 值要求不高的场合。

12.1.2.6 关于板条式曝气塔主要设计参数的规定。

12.1.2.7 关于接触氧化转运一段时间以后，填料层易堵塞，原水含铁愈高、塔塞愈快。一般每 1~2a 就应对填料层进行清理，为了方便清理、铁砂沉淀范围偏向酸性一侧，充分曝气使高铁穿过过

12.1.2.8 关于设有喷淋设备的曝气装置淋水密度的规定。根据生产经验，一般可采用5~10m³/(h·m²)。但直接安装在池上的喷淋设备，其淋水密度相当于滤池的滤速。

12.1.2.9 关于曝气装置设在室内时应考虑通风设施的原则规定。

12.1.3 除铁滤池

12.1.3.1 关于除铁滤池滤料的规定。按接触氧化除铁理论，无论何种滤料都能有效地除铁。均可选择活性滤膜载体的作用。因此，除铁滤池滤料可选择天然锰砂、石英砂均可作除铁滤料。根据调查结果，石英砂滤料更适用于除铁量低于15mg/L的原水。当原水含铁量>15mg/L时，宜采用无烟煤、石英砂双层滤料。

12.1.3.2 关于除铁滤池滤料主要设计参数的规定。条文系根据国内生产经验和试验研究结果而定。当采用石英砂时，最小粒径一般为0.5mm，最大粒径一般为1.2mm；当采用天然锰砂时，最小粒径一般为0.6mm，最大粒径一般为1.2~2.0mm。条文对滤层厚度的规定范围较大，使用时可根据原水水质和选用滤池型式确定。国内一般规定重力式滤池滤层厚度为800mm~1000mm，压力式滤池滤层厚度一般采用1000~1200mm。上述两种滤池并无实质区别，只是构造不同而已，主要应根据原水水质来确定滤层厚度。

12.1.3.3 关于除铁滤池工作周期的规定。据中南地区调查，石英砂滤池工作周期与原水含铁量、滤池滤速有关。当含铁<5mg/L，滤速5~10m/h，工作周期为15h。

12.1.3.4 关于除铁滤池冲洗配水系统和承托层选用的规定。

12.1.3.5 关于生产实践证实，滤池冲洗强度和冲洗时间的规定。通过试验研究和实践证实，致使滤层长时间不合格，也有个别水厂把承托层冲翻的实例。冲洗强度低则易使滤层结泥球、结块，甚至板结。因此，除铁滤池冲洗强度应适当，条文中列了除铁滤池冲洗强度、膨胀率以及冲洗时间对照表，供选用。

12.1.4 除锰滤池

12.1.4.1 关于除锰滤池滤料的规定。曝气接触氧化除锰工艺证实了天然锰砂、石英砂、无烟煤、石灰石等均可作除锰滤料。上述滤料均起着锰质活性滤膜载体作用，但是不同水质、不同水厂，成熟期不同。本条推荐除锰效果良好和经济已有水厂的成熟经验采用石英砂，但不作硬性规定，设计时也可参照已有水厂的成熟经验采用。

12.1.4.2 关于两级过滤除锰滤池主要设计参数的规定。试验研究和生产实践表明，除锰比除铁困难得多。因此除锰滤池设计参数的选择应慎重，滤料粒径和厚度同于除铁滤池。滤速一般可采用5~8m/h。原水含锰量高时宜取下限。锰质活性滤膜严重脱落影响净除锰的催化物质，冲洗强度过大。锰质活性滤膜会有变大趋势。除锰滤膜成熟后，滤料层有增厚现象，滤料颗粒有变大趋势，相对密度亦有所减小，石英砂与锰似上述情况发生，因此除锰滤池冲洗强度应略低于除铁滤池。

12.1.4.3 关于单级过滤除锰滤池设计参数选择原则的规定。单级过滤除锰滤池，一般是用于原水除锰含量较低的滤池。由于铁与锰成熟期又长，因此单级过滤除锰滤池滤速宜取低值，滤料厚度宜采用高值。一单级过滤工艺流程中既除铁，锰更不易除革，滤料更不易除革，铁干扰除锰，铁干扰除锰，也只有原水中共存，铁干扰除锰，一般不宜选用单级过滤除铁除锰滤池作饮用水。

12.2 除氟

12.2.1 一般规定

氟是人体生命活动所必需的微量元素之一，但过量氟则产生毒性作用。我国高氟地区的人们，由于长期饮用高氟水而患氟斑牙和氟骨症，身体健康受到危害；而饮用水中氟含量为0.2~0.3mg/L、龋齿病发病率达63.5%。因此《农村实施"生活饮用水卫生标准"准则》规定，饮用水中氟的含量不应超过1.0mg/L。

12.2.1.1 关于地下水源含氟超过水质标准时应除氟的规定。

12.2.1.2 关于地下水除氟工艺流程选择原则的规定。试验研究和实践经验表明，合理选择工艺流程是选择除氟工艺流程的关键，而地下水水质又是千差万别的。因此，掌握详尽的水质资料，以取得可靠的设计依据是必要的。如无条件进行试验时，可参照原水水质相似水厂的经验通过技术经济比较后确定除氟工艺流程。

12.2.1.3 关于地下水除氟方法种类的规定。据大量资料记载，除氟方法较多，主要有活性氧化铝吸附，混凝沉淀以及骨炭普遍的是活性氧化铝吸附和混凝沉淀法。这些方法中应用较普遍的是活性氧化铝吸附和混凝沉淀法，电渗析，电絮凝等方法。本规范仅对这两种方法加以规定。

12.2.2 活性氧化铝吸附过滤法

12.2.2.1 关于活性氧化铝过滤池吸附滤料的发展。近年来，我国地下水除氟技术得取了迅速的发展。滤料粒径一般采用0.45～1.50mm，不得大于2.5mm。因粒径太大，表面积减小，离子交换能力小，粒径过小则冲洗时易磨损，易受水冲击，滤料消耗太快。

12.2.2.2 关于氟含量与滤料层厚度的原则规定。滤层厚度一般与原水含氟量有关。根据运行经验，当原水含氟量小于4mg/L时，滤料层厚度不得小于0.8～1.1m；当原水含氟量>10mg/L时，滤料层厚度不得小于1.5m。

12.2.2.3 关于除氟滤池承托层和厚度的有关规定。表列的是当布水方式采用缝隙式滤头时，应在滤料下面铺设厚度150mm石英砂。

12.2.2.4 关于除氟滤池滤速与运行方式的规定。为保证出水水质，除氟滤池的滤速较低。当原水pH>7时，滤速2～3m/h，间歇运行能得到较好的水质；当pH<7时，滤速可取6～10m/h，直采用连续运行。

12.2.2.5 关于活性氧化铝滤料再生的规定。根据试验与生产实践表明，采用硫酸铝作再生剂时效果好，且较为经济，可省去中和阶段。

12.2.3 混凝沉淀法

12.2.3.1 关于混凝沉淀法除氟进水氟化物含量的适用范围的规定。

12.2.3.2 关于混凝沉淀法投加凝聚剂品种的规定。

12.2.3.3 关于凝聚剂投加量通过试验确定的规定。

12.3 深度净化

12.3.1 关于生活饮用水工艺，其无机或有机污染物含量仍超过"生活饮用水卫生标准》规定，当生活饮用水源经过常规净化工艺，其无机或有机污染物含量仍超过"生活饮用水卫生标准"时，应考虑水的深度净化。

12.3.2 关于深度净化工艺的规定。近几年深度净化技术在我国已得到迅速发展。有活性炭吸附、臭氧氧化、生物净化，折点加氯等多种方法。但考虑目前农村水厂经济状况与技术条件，本条文仅推荐适用于目前农村水厂的活性炭吸附工艺。

12.3.3 关于活性炭吸附的规定。活性炭吸附的有选择性的，这涉及活性炭的吸附性能。因此，应经活性炭吸附试验或参照相似水厂的运行经验，通过水的经济比较确定。

12.3.4 关于粒状活性炭吸附滤池主要参数的规定。制造活性炭的原料来源诸多，有木材、锯末、果壳、蔗渣、纸浆废液、煤、石油焦炭、石油、沥青等。原料中的灰分含量是关系原料质量的重要因素。故本条文规定活性炭质量标准应符合净水用活性炭标准的规定。

12.3.4.2 关于活性炭滤池中活性炭滤池进水浊度的规定。

12.3.4.3 关于粒状活性炭滤池滤速的规定。活性炭吸附滤池类似一般滤池，滤速可采用6~8m/h。

12.3.4.4 关于粒状活性炭滤池滤料层厚度的规定。使用时可根据原水水质，水与活性炭接触时间确定。条文中规定滤层厚度1000~1200mm。

12.3.4.5 关于粒状活性炭滤池配水系统的规定。配水系统宜用小阻力方式，一般采用格网、尼龙网、孔板、穿孔管、滤头。

12.3.4.6 关于粒状活性炭滤池反冲洗强度和冲洗时间的规定。当活性炭滤池截污过多以致使水头损失过大或出水水质恶化时，应及时进行反冲洗。水洗反冲强度采用13~15 L/(s·m²)冲洗时间5~7min。

12.3.4.7 关于活性炭滤池承托层的规定。

13 分散式给水

13.0.1 由于我国农村各地条件相差甚大，目前尚无条件建造集中式给水系统的农村，为改善饮用水卫生状况，可按本章规定，建造分散式给水系统。这是从我国农村的实际情况出发，使分散式给水系统设计正规化、保证饮用水的基本要求，而专门制订的。

13.0.2 该条为选择设计深井手动泵开发计划签署的全国爱卫生系统，作为我国政府和联合国儿童基金会的《农村廉价供水与环境卫生》项目中重要内容。取得了显著效果。我国自行设计的深井活塞泵，可从地下7~45m深的水位提水，流量达到1m³/h，可供250~300人的饮用水和500~600头牲畜的饮水，达到了国际先进水平。这种手动泵不用人工灌水，可减少污染，而且价格便宜，并在广西、云南、河北等地示范推广，已在新疆、内蒙古大量安装使用，操作、维修方便、可靠性好。因此，将深井手动泵系统，作为分散式给水的一种型式，列入本规范。选择深井手动泵系统，是根据工程实践经验总结而应。

13.0.2.1 关于深井手动泵系统的组成。

13.0.2.2 深井手动泵系统中的管井设计的规定。该系统中的管井，与第5章中的管井相同，是一种地下水取水构筑物，只是由于这个系统中的管井深较浅（一般小于45m），取水量小且井距较大，所以可按单井水文地质条件和使用、保护条件选定井位。工作出发，井水中的含砂量指标，从防止泵体磨损，保证正常生活使用出发，小于20~50mg/L即可，参照《农村实施"生活饮用水卫生标准"准则》的规定，以达到二级水质标准要求，确定井水中含砂量小于10mg/L。

13.0.2.3 关于深井手动泵系统中井台设计的规定。

13.0.2.4 关于深井手动泵选择的规定。

13.0.3 关于设计建造雨水收集给水系统的条件及雨水收集给水系统的组成。

在地表水资源和地下水资源缺乏的干旱地区和缺少淡水资源的海岛、岛屿地区，如陕西、甘肃、云南、新疆、浙江沿海等地农村，为解决生活饮用水问题，修建了雨水收集给水系统，积累了不少经验，但也程度不同地存在一些问题，为保证工程质量与水质卫生要求，将雨水收集给水系统作为分散式给水的一种型式，纳入本规范，并提出设计规定。

这种系统，可根据当地条件，联户供水或按户供水。

13.0.3.1 关于雨水收集场的形式，与各种形式收集场的基本要求的规定。

13.0.3.2 关于雨水收集场集水面积的计算公式。其中年降雨量是指10a一遇的年最小降雨量；径流系数与覆盖种类有关，屋顶集水场可取上限，地面式集水场与地材质有关，夯压粘土可取下限。

13.0.3.3 雨水收集系统中，为保证水质，应根据当地条件，进行必要的净化。

13.0.3.4 贮水池设计的基本要求，大型水池，可参照本规范第9.0.2条的规定进行设计。

13.0.3.5 关于贮水池容积计算公式的规定。

13.0.3.6 为保证水质卫生，对贮水池中的水必须进行消毒。

13.0.3.7 关于雨水收集给水系统取水方式。